ISBN 978-0-666-42750-2
PIBN 11042893

MATHEMATISCHE ANNALEN.

IN VERBINDUNG MIT C. NEUMANN

BEGRÜNDET DURCH

RUDOLF FRIEDRICH ALFRED CLEBSCH.

Unter Mitwirkung der Herren

Prof. P. GORDAN zu Erlangen, Prof. C. NEUMANN zu Leipzig,
Prof. K. VONDERMÜHLL zu Basel

gegenwärtig herausgegeben

von

Prof. **Felix Klein**
zu Göttingen.

Prof. **Walther Dyck**
zu München.

Prof. **Adolph Mayer**
zu Leipzig.

XXXIV. Band.

LEIPZIG,
DRUCK UND VERLAG VON B. G. TEUBNER.
1889.

Inhalt des vierunddreissigsten Bandes.

(In alphabetischer Ordnung.)

Recherches générales sur les courbes et les surfaces réglées algébriques.

Par

Corrado Segre à Turin.

IIe Partie.*)

Surfaces réglées algébriques.

Bien que les recherches qui suivent aient été pour la plupart achevées lors de l'apparition de la 1e Partie de ce travail, (comme il était dit dans son introduction) cependant le retard dans la publication de cette 2e Partie (retard causé par des raisons de santé qui m'ont aussi empêché de faire certains développements du thème que j'aurais désirés) a permis d' y ajouter des résultats nouveaux qui la rendront un peu moins incomplète.

On y trouvera des propositions très-générales sur les surfaces réglées de genre et ordre quelconques. Elles sont obtenues par la méthode si féconde de la projection étendue aux espaces supérieurs. Cependant ici, de même qu'en d'autres recherches récentes sur la géométrie projective à plusieurs dimensions, il ne s'agit pas (j'ajoute cela pour celui qui ne serait pas au courant des progrès que cette branche des mathématiques est en train de faire, surtout en Italie) de faciles extensions aux espaces supérieurs de résultats qui pour l'espace ordinaire soient déjà connus. Au contraire il s'agit de résoudre des questions qui, même pour celui-ci, sont nouvelles et non dépourvues d'intérêt ni de difficulté; et en introduisant les espaces de toutes les dimensions on n'a pas seulement l'avantage de la plus grande généralité, mais encore celui de pouvoir se servir dans toute sa force d'un instrument que ne possède pas celui qui veut se borner à l'espace ordinaire: c'est-à-dire la considération des êtres d'un espace comme projections de ceux des espaces supérieurs.

---

*) Voir la Ie Partie (*Courbes algébriques*) à pag. 203 et suiv. du t. XXX de ces Annales. On y trouvera des citations de travaux précédents et l'explication de certaines dénominations contenues dans celui-ci. (Dans les renvois aux différents nos de la Ie Partie je les ferai précéder par l'indication I.) — Je bornerai toujours la recherche aux surfaces réglées *irréductibles*: lorsqu'une telle surface se réduit à un *cône* on le dira expressément.

Parmi les applications qu'on verra ici de ces idées je citerai surtout une distinction des surfaces réglées en deux espèces, qui a la plus grande importance pour la géométrie de ces surfaces, et la détermination pour chaque surface réglée (avec quelques conditions) de toutes les courbes de chaque ordre qui en rencontrent une fois toutes les génératrices. Mais c'est surtout aux méthodes que je prie le lecteur de vouloir faire attention; car pour les applications il verra que j'en ai laissé de côté une foule qui se présentent naturellement et que je souhaite de voir faire par d'autres.

Propositions fondamentales sur les surfaces réglées et sur leurs courbes.

1. *Lorsqu'une courbe algébrique est tracée sur une surface réglée algébrique, les ordres et les genres de ces deux variétés sont liés par une relation très-importante**). Soient n l'ordre et p le genre de la surface réglée F, ν l'ordre et π le genre de la courbe γ, dont nous supposerons pour plus de simplicité qu'elle soit une courbe *simple* pour F; nommons en outre k le nombre, que nous supposerons > 1, des points de rencontre de γ avec chaque génératrice de la surface. La formule de correspondance de M. Zeuthen, appliquée à la correspondance $(1, k)$ entre la série de genre p des génératrices de F et la série de genre π des points de γ, en y faisant correspondre deux éléments lorqu'ils s'appartiennent, donne pour le nombre y des génératrices de F qui sont tangentes à γ l'expression:

$$y = 2(\pi - 1) - 2k(p - 1). \tag{1}$$

D'un autre côté en appliquant l'ordinaire principe de correspondance à un faisceau de plans, si l'on est dans l'espace ordinaire, ou à un faisceau de S_{d-1} si l'on est dans S_d, en y considérant comme correspondants deux éléments qui aillent à deux points de γ placés sur une même génératrice de F, on a

$$y + k(k - 1)n + 2\delta = 2(k - 1)\nu; \tag{2}$$

où δ désigne le nombre (≥ 0) de ces points doubles de la courbe γ, dont chacun compte deux fois parmi les k intersections de celle-ci avec une génératrice de F: tels sont les points doubles de γ qui sont simples

---

*) J'ai donné cette relation, avec la démonstration qui suit et les premières des conséquences que nous en tirerons, dans la Note *Intorno alla geometria su una rigata algebrica* (Rendiconti R. Acc. Lincei, 1887); mais (comme je l'ai déjà remarqué là) le cas particulier où la surface réglée est un cône avait déjà été trouvé par M. Sturm (Math. Ann., XIX, p. 487). En substituant à la surface réglée une variété (de genre p et ordre n) de ∞^1 S_r, c'est-à-dire une $S_r - F_{r+1}$, contenant la courbe, on a une relation plus générale et très-féconde que j'ai donnée peu après (dans les mêmes Rendiconti) avec quelques applications dans la Note *Sulle varietà algebriche composte di una serie semplicemente infinita di spazi.*

pour F, mais pas toujours ceux qui sont doubles aussi pour cette surface. En éliminant y entre les deux égalités (1) et (2), on a la relation cherchée, c'est-a-dire:

$$(3) \qquad (k-1)\nu - \pi - \delta = \frac{k(k-1)}{2} n - k(p-1) - 1 .$$

2. Un cas particulier de cette formule ayant beaucoup d'importance pour la suite est celui où $k = 2$, c. à. d. où la courbe γ rencontre deux fois chaque génératrice de la surface réglée F; la relation devient alors:

$$(4) \qquad \nu - \pi - \delta = n - 2p + 1 .$$

Elle donne l'ordre n de la surface réglée qui est le lieu des droites contenant les couples de points d'une involution du 2e dégré et de genre p sur une courbe d'ordre ν et genre π dont δ points doubles proviennent de la coincidence de deux points conjugués de l'involution.

Sur une surface réglée donnée F d'ordre n et genre p on peut tracer une infinité de courbes qui en rencontrent deux fois les génératrices et pour lesquelles il n'y ait pas de points doubles de l'espèce δ définie au n° 1; de telle sorte est, par exemple, lorsque F appartient à l'espace ordinaire, son intersection avec une quadrique qui ne lui soit tangente en aucun point. Si ν est l'ordre et π le genre d'une de ces courbes, on aura comme cas particulier de la (4):

$$(5) \qquad \nu - \pi = n - 2p + 1 .$$

3. Dans la suite nous entendrons toujours par p le genre des surfaces réglées que nous aurons à considérer et que nous désignerons par F^n lorsque nous voudrons représenter par n leur ordre. — Si l'on suppose qu'une courbe γ_π^ν tracée sur une F^n et de l'espèce considérée au n° précédent (c. à. d. rencontrant deux fois les génératrices de F et telle que $\delta = 0$) soit la projection d'une courbe de même ordre appartenant à un espace supérieur, l'involution de points de celle-ci qui a pour projection celle qui est déterminée sur γ par les génératrices de F sera évidemment aussi de l'espèce $\delta = 0$ et l'ordre de la surface réglée des droites qui en joignent les couples devra encore satisfaire à la relation (5), et sera par suite n encore; de sorte que la F^n que l'on avait sera la projection d'une autre surface réglée de même ordre, appartenant à l'espace supérieur.

Cela posé, rappelons (I, nos 4 et 5) qu'une γ_π^ν non spéciale est toujours la projection d'une courbe de même ordre appartenant à un $S_{\nu-\pi}$; tandis qu'une γ_π^ν spéciale a la propriété caractéristique d'être la projection d'une γ_π^ν appartenant à un espace de dimension $> \nu - \pi$:

plus brièvement *l'espace normal**) pour une γ_n^ν est $S_{\nu-\pi}$ si elle n'est pas spéciale, et un espace supérieur à celui-là si elle est spéciale. Par suite la remarque précédente et la relation (5) nous conduisent aux propositions suivantes:

*Chaque surface réglée de genre p et ordre n qui appartienne à un espace inférieur à S_{n-2p+1} est la projection d'une surface réglée de même ordre appartenant à ce dernier espace***).

Il y a deux espèces bien différentes de surfaces réglées de genre p et ordre n: 1° celles qui ont pour espaces normaux des espaces de dimension $> n-2p+1$, c. à. d. celles qui appartiennent à de tels espaces et leurs projections; 2° les autres surfaces, c. à. d. celles qui n'appartiennent pas à des espaces supérieurs à S_{n-2p+1} ni sont projections de surfaces (toujours, bien entendu, du même ordre) appartenant à de tels espaces: celles-ci ont précisément pour espace normal un S_{n-2p+1}, et pour elles on a évidemment $n \geq 2p+2$.

Nous appellerons par analogie et pour cause de brièveté „*spéciales*" les surfaces réglées de la 1e espèce, „*non spéciales*" les autres***). Ces

*) Lorsqu'une variété quelconque appartient à un S_d, ou bien est la projection d'une variété de même ordre qui appartienne à S_d, mais dans les deux cas *n'est pas* la projection d'une variété du même ordre appartenant à un espace supérieur à S_d, nous dirons que S_d est l'*espace normal* pour cette variété; et dans le premier cas, c'est-à-dire lorsque la variété appartient à son espace normal, nous dirons qu'elle est *normale*.

**) La première démonstration que j'aie trouvée de cette proposition fondamentale était tout-à-fait différente de celle-ci; elle était l'extension de celle donnée pour $p = 1$ au n° 5 des *Ricerche sulle rigate ellittiche* (citées dans la 1e P^e^.) et s'appuyait sur la considération de la F^n comme engendrée par les droites joignant les points correspondants de deux courbes en correspondance uniforme (ayant un certain nombre de points communs dont chacun se corresponde à soi-même). Mais comme elle était moins générale que celle donnée ci-dessus je crois inutile de la reporter ici.

***) On pourrait faire pour les surfaces réglées F^n de S_d une autre distinction en les considérant comme des *courbes* de genre p et ordre n de l'espace de dimension $\frac{d(d+1)}{2} - 1$ auquel appartient la variété de dimension $2(d-1)$ dont les *points* sont les droites de S_d: on pourrait alors nommer *spéciale* ou *non spéciale* une telle F^n suivant qu'elle forme en ce sens une courbe spéciale ou non, c'est-à-dire suivant que spéciale ou non est la série linéaire de dimension $\frac{d(d+1)}{2} - 1$ (en général) des groupes de n génératrices de la F^n déterminés par les différents *complexes linéaires de droites* de S_d. Mais cette distinction n'a pas pour notre but la même importance que celle faite ci-dessus. — Remarquons cependant que la considération des F^n de S_d comme *courbes* de l'espace de dimension $\frac{d(d+1)}{2} - 1$ peut donner des résultats utiles sur les surfaces réglées: par exemple, en appli-

dénominations se trouvent aussi justifiées par cette autre conséquence des choses dites: *Les courbes d'une surface réglée qui en rencontrent deux fois les génératrices et qui n'ont pas de points doubles de l'espèce δ (v. nº 1) sont toutes spéciales lorsque la surface réglée est spéciale, et toutes non spéciales dans le cas opposé.*

Par exemple, lorsque $n < 2p + 2$ toutes les courbes tracées de cette façon sur une F^n seront spéciales, car cette surface même (appartenant à un espace de dimension $> n - 2p + 1$) est spéciale*).

4. Une manière très-importante (bien que *particulière*) pour engendrer des surfaces réglées d'ordre n consiste à considérer les lieux des droites joignant les points correspondants de deux courbes d'ordres m, m' en correspondance uniforme, où $m + m' = n$. Lorsqu'une F^n peut être engendrée de cette façon, on reconnait facilement si elle est spéciale ou non par l'examen des dites courbes.

En effet si ces $\gamma^m, \gamma^{m'}$ peuvent être obtenues comme projections de courbes de mêmes ordres qui appartiennent resp. à S_h, $S_{h'}$, la surface sera projection d'une surface de même ordre engendrée par des courbes de cette dernière espèce et ayant leurs espaces indépendants, surface qui en conséquence appartiendra à $S_{h+h'+1}$**). Pour prouver cela remarquons avant tout que l'S_i-cône d'ordre m qui projette la γ^m d'un S_i quelconque sera (à cause de l'hypothèse faite sur cette courbe) la projection d'un S_i-cône de même ordre appartenant à un S_{i+h+1} (v. I., nº 10) et jouira par suite de la propriété (évidente pour ce second cône) de contenir une γ^m qui passe par $h + 1$ points donnés arbitrairement sur lui. Cela posé, si l'espace auquel appartient la surface réglée est de dimension $d < h + h' + 1$, projetons par un $S_{h+h'-d}$ indépendant de cet espace les deux courbes γ^m et $\gamma^{m'}$ et sur les

---

quant à ces *courbes* et à cet espace le théorème de Clifford (I., nº 4), ce qui déjà pour $d = 3$ donne quelques propositions particulières intéressantes.

*) Il faut remarquer que tout cône d'ordre n non rationnel, qu'il soit ou non spécial dans le sens de I., nº 10, est toujours spécial considéré comme surface réglée et dans le sens des dénominations introduites ci-dessus (car son espace normal est S_{n-p+1} ou un espace supérieur): c'est là un petit inconvénient de ces dénominations.

Ajoutons dès à-présent que dans la suite on verra que, pour n suffisamment grand par rapport à p, une F^n n'est spéciale que par exception. Ainsi (cfr. nºˢ 14, 18) une surface réglée pour $p = 0$ n'est jamais spéciale, pour $p = 1$ l'est seulement si elle se réduit à un cône, pour $p = 2$ seulement si elle est un cône ou bien si elle a une droite directrice double, etc. etc.

**) Dans cette proposition, de même que dans la suite, γ^m peut indiquer une courbe d'ordre a multiple suivant ϱ où $m = \varrho a$; la courbe nommée de même ordre m, dont elle est projection, peut présenter le même fait ou bien aussi être une courbe simple. Analoguement pour la $\gamma^{m'}$.

deux cônes projetants prenons (comme l'on voit facilement qu'on peut prendre) resp. deux groupes de $h+1$ et de $h'+1$ points qui tous ensemble soient indépendants: nous pourrons tracer sur ces cônes deux courbes resp. des ordres m et m' qui engendreront une F^n appartenant à un $S_{h+h'+1}$ (celui qui joint les $h+h'+2$ points nommés, c'est-à-dire qui joint l'S_d à l'$S_{h+h'-d}$) et ayant celle donnée pour projection.'

Il est aussi évident que si les espaces S_h, $S_{h'}$ sont ceux normaux pour les courbes considérées des ordres m, m', l'espace $S_{h+h'+1}$ sera celui normal pour la surface réglée d'ordre n engendrée par celles-ci.

De là cette conséquence que: *si une F^n de genre p peut être engendrée au moyen de deux courbes d'ordres m et $n-m$*, — et si l'on considère comme *spéciale* la γ^m, même dans le cas indiqué dans la dernière note, lorsque $h > m-p$ (h désignant encore la dimension de l'espace normal pour cette γ^m), et analoguement pour la γ^{n-m}, — *la surface réglée sera spéciale lorsque l'une au moins de ces deux courbes est spéciale, non spéciale si ces courbes sont toutes les deux non spéciales.*

5. Nous aurons plus loin l'occasion de nous servir de cette remarque particulière. Mais en revenant aux considérations générales du n° 3, considérons encore sur une F^n appartenant à S_d une courbe γ^ν de l'espèce considérée dans ce n°: nous pouvons en tirer pour la F^n un nouveau résultat. En effet supposons que γ^ν soit la projection d'une $\gamma^{\nu+1}$ appartenant à S_{d+1} faite par un point P' de cette nouvelle courbe: on en déduit que la F^n sera projection d'une surface réglée F^{n+1} d'ordre $n+1$ passant simplement par P'. La tangente à $\gamma^{\nu+1}$ en P' et la génératrice g' de F^{n+1} passant par P' et rencontrant encore $\gamma^{\nu+1}$ en un point G' auront pour traces sur S_d resp. deux points P et G de γ^ν qui seront les projections des points P' et G' de $\gamma^{\nu+1}$ et qui seront joints par une génératrice $\mathfrak{p}$ de F^n.

Or supposons que la F^n, et par suite chacune des γ^ν susdites, ne soit pas spéciale, et que l'on donne arbitrairement sur cette surface un point comme point G. Sur une de ces γ^ν qui passe par G soit P le point *conjugué* de G (c. à. d. placé avec G dans une même génératrice de la F^n). La γ^ν pourra être considérée d'une infinité de manières comme la projection d'une $\gamma^{\nu+1}$ non spéciale appartenant à S_{d+1} faite par l'un P' de ses points dans lequel la tangente à cette courbe soit la droite $P'P$: cela résulte du n° 12 de la I^e P^e (et pourrait cesser de valoir si la γ^ν, et par suite la F^n_π, était spéciale). Par suite on pourra toujours considérer la F^n non spéciale comme projection d'une F^{n+1} non spéciale appartenant à S_{d+1} de telle manière que la trace sur S_d de la génératrice de cette nouvelle surface qui passe par le centre de projection soit un point G donné arbitrairement sur la F^n.

Maintenant en répétant pour la F^{n+1} de S_{d+1} ce que l'on a fait pour la F^n de S_d, seulement en substituant à G un point de la F^{n+1} dont la projection sur la F^n soit un autre point donné arbitrairement sur celle-ci; et en remontant ainsi successivement à $S_{d+1}, S_{d+2}, S_{d+3}, \ldots$, on arrive à la proposition suivante:

Chaque F^n non spéciale appartenant à S_d peut être considérée d'une infinité de manières comme la projection d'une F^{n+l} non spéciale appartenant à S_{d+l} faite par l de ses points tels que les l génératrices de cette nouvelle surface qui en sortent se projettent suivant l points donnés arbitrairement sur la F^n).*

6. Tandis que lorsqu'une F^n est considérée comme projection d'une autre F^n les ordres des courbes correspondantes sur les deux surfaces sont égaux et le problème de la détermination de toutes les courbes d'un ordre donné est le même sur les deux F^n, même chose n'arrive plus dans les projections introduites dernièrement.

Une F^n soit la projection d'une F^{n+1} faite par un point P' et soient, comme au n⁰ précédent, $\mathbf{g}'$ la génératrice de la F^{n+1} qui passe par P', G sa trace sur la F^n et $\mathbf{p}$ la génératrice de celle-ci qui passe par cette trace, et qui sera évidemment la projection de la génératrice de F^{n+1} infiniment voisine à $\mathbf{g}'$, c. à. d. la trace du plan tangent à cette surface dans le centre de projection P'. Alors les points de F^{n+1} infiniment voisins de P' auront pour projections les différents points de $\mathbf{p}$, tandis que les points de F^n infiniment voisins de G seront les projections de différents points de $\mathbf{g}'$. Par suite une courbe quelconque d'ordre ν de la F^{n+1} qui ait en P' un point multiple d'ordre a et qui rencontre encore $\mathbf{g}'$ en b autres points, de sorte qu'elle rencontre chaque génératrice de cette surface en $a+b$ points, aura pour correspondante sur la F^n une courbe d'ordre $\nu - a$ qui en rencontre $a+b$ fois chaque génératrice mais qui a en G un point multiple suivant b; et réciproquement une telle courbe de la F^n correspond à une courbe de la dite espèce de la F^{n+1}. En particulier une courbe de la F^n appuyée simplement aux génératrices de celle-ci est la projection: d'une courbe de la F^{n+1} d'ordre supérieur de 1 unité et passant par P' si elle ne passe pas par G, et au contraire d'une courbe de même ordre ne passant pas par P' si elle passe par G. Par voie de successives élévations, et en appliquant la dernière proposition du n⁰ préc., on en tire entre autres le résultat suivant:

On peut toujours considérer une F^n non spéciale comme projection

---

*) Du n⁰ 3 découle aussi une autre proposition qu'il convient de remarquer. Comme la γ^ν que l'on obtient en projetant une $\gamma^{\nu+1}$ spéciale par l'un de ses points est toujours spéciale, il s'ensuit qu'*en projetant une surface réglée spéciale par* (un et par suite aussi par) *un nombre quelconque de ses points on obtient toujours une surface réglée spéciale.*

d'une F^{n+l} non spéciale faite par l de ses points (quel que soit l) de telle façon que chaque courbe d'ordre m qui rencontre simplement les génératrices de la F^n et qui passe par l points donnés arbitrairement sur celle-ci soit la projection d'une courbe du même ordre m de la F^{n+l}.

Ce résultat nous sera utile dans l'étude des courbes appuyées simplement aux génératrices d'une surface réglée: courbes qui sont les seules dont nous nous occuperons dorénavant et que nous indiquerons brièvement par le nom de «*directrices*». *)

Sur les courbes directrices d'une surface réglée: courbes minima.

7. *Soit F^n une surface réglée appartenant à $S_{n-p-i+1}$ et ayant une courbe directrice d'ordre m appartenant à un S_h (où $h \leq n-p-i$); alors si*

(1) $$n \geq 2p + 2i + 2h - m + 1,$$

on aura:

(2) $$m \leq h + i.$$

Dans cet énoncé l'on peut entendre que l' S_h ne rencontre F^n que suivant la γ^m nommée, mais que cette courbe peut fort bien se composer d'un certain nombre (≥ 0) de génératrices et d'une courbe irréductible (simple ou multiple pour la surface). — La démonstration de cette proposition, qui trouvera dans la suite plusieurs applications, est fort simple. Les S_{n-p-i} qui passent par l' S_h rencontrent encore la F^n suivant une série linéaire de dimension $n-p-i-h$ de groupes de $n-m$ génératrices variables, et l'on peut prendre arbitrairement sur la surface $n-p-i-h$ génératrices comme éléments d'un tel groupe, car par elles et l' S_h passe (au moins) un S_{n-p-i}. Or (cfr. I., n^0 2) cette série serait certes spéciale s'il était:

$$(n-p-i-h) > (n-m) - p \quad \text{c'est-à-dire } m > h + i;$$

on pourrait donc dans ce cas lui appliquer le théorème de Riemann et Roch (cfr. loc. cit.), en force duquel le nombre des génératrices que l'on pourrait prendre arbitrairement comme éléments d'un groupe serait tout au plus $(n-m) - (n-p-i-h)$: par suite l'on aurait

$$n-p-i-h \leq (n-m) - (n-p-i-h),$$

ou

$$n \leq 2p + 2i + 2h - m,$$

*) Ajoutons seulement à propos des autres courbes tracées sur une F^n que les relations (1) et (2) du n^0 1 pourraient conduire à des remarques sur elles assez importantes. Ainsi on en tire: $\pi \geq k(p-1) + 1$ et $2\nu \geq kn$. Donc *pour $k > 1$ les courbes d'ordre minimum d'une F^n seraient celles pour lesquelles $k = 2$, $\nu = n$,* (d'où $y = \delta = 0$) *et $\pi = 2p - 1$.*

ce qui est contraire à l'hypothèse (1). Ainsi dans cette hypothèse on ne peut pas avoir $m > h + i$: la relation (2) est donc prouvée.

Il est bon de remarquer que le théorème reste encore vrai si au lieu de la condition (1) on pose l'une quelconque des deux suivantes:

$$(1') \qquad n \geq 2p + i + h,$$

$$(1'') \qquad n \geq m + 2p - 1,$$

car l'une quelconque de celles-ci, combinée avec l'hypothèse

$$m > h + i,$$

donnerait précisément la relation (1), qui est contraire, comme nous l'avons vu, à cette hypothèse*).

8. Le théorème de Riemann et Roch peut encore être appliqué utilement dans les hypothèses du n⁰ précédent et si $i \leq p - 1$ à une autre série de groupes de génératrices de la F^n, c'est-à-dire à la g^h_m des groupes de génératrices qui sortent des points d'intersection des S_{h-1} contenus dans S_h avec la directrice γ^m appartenant à celui-ci. Cette série est certainement spéciale si

$$m \leq h + p - 1,$$

condition qui, pour $i \leq p - 1$, est satisfaite à cause du théorème précédent si les hypothèses de celui-ci, c. à. d. (1), ou (1'), ou (1''), ont lieu; et comme on peut évidemment prendre sur la surface réglée h génératrices arbitraires comme éléments d'un groupe de cette série, l'on devra avoir: $h \leq m - h$, c. à. d.:

$$(3) \qquad m \geq 2h.^{**})$$

Cette relation, comparée à la (2), donne:

$$(4) \qquad h \leq i.$$

On peut voir facilement dans quelles surfaces se présente le cas extrême de la (3), c. à. d. $m = 2h$. Par exemple, en appliquant une remarque de M. Nöther (*Raumcurven*, théor. III''.) à la g^h_{2h} déjà considérée, nous aurons que si la F^n n'est pas hyperelliptique on aura alors $h \geq p - 1$ et par suite: $h = p - 1$, $m = 2p - 2$. C'est ce qui arrivera toujours si la γ^{2h} est irréductible, car étant spéciale elle ne pourra pas être hyperelliptique. Si au contraire la γ^{2h} se réduit à une courbe multiple de la F^n, comme elle appartient à S_h, elle ne

---

*) Si dans le théorème de ce n⁰ l'on entend par m l'ordre de la partie irréductible de la courbe directrice qui appartient à S_h (dans le sens général de la note au n⁰ 4), c'est-à-dire si l'on n'y considère plus les génératrices qui peuvent se trouver sur S_h comme faisant partie de la γ^m, il sera encore vrai *à fortiori*.

**) Dans le cas où la γ^m serait une courbe irréductible, simple pour la surface, cette relation (3) s'obtiendrait directement en appliquant à cette courbe d'ordre m et genre p appartenant à S_h un théorème de Clifford.

pourra être qu'une courbe rationnelle normale d'ordre h double pour la F^n qui alors sera certainement hyperelliptique.

9. *Lorsque n est assez grand par rapport aux autres nombres que nous avons introduits au n° 7, la F^n qu'on y considérait peut être engendrée au moyen de la γ^m et d'une γ^{n-m}* *). — En supposant qu'un S_{n-p-i} contienne une γ^{n-m} de la F^n, il rencontrera encore cette surface suivant un groupe de m génératrices sortant des points de rencontre de la γ^m avec l' S_{h-1} d'intersection de l' S_{n-p-i} avec S_h. Ainsi pour trouver sur la F^n ses γ^{n-m} on doit chercher à mener par un groupe de m génératrices, qui sortent des points de rencontre de la γ^m avec un S_{h-1} de S_h, un S_{n-p-i} *qui ne contienne pas* γ^m, *c. à. d.* S_h. L'hypothèse où cela serait impossible reviendrait à dire que chacun des S_{h+m-1} qui contiennent de tels groupes de m génératrices contient aussi S_h. Supposons qu'il en soit réellement ainsi et considérons $(h+i-m+1)$ groupes de m génératrices de l'espèce nommée et autant de S_{h+m-1} qui les contiennent respectivement; comme ceux-ci passent tous par S_h, on pourra mener par eux un $S_{h'}$, où

$$h' = h + (h+i-m+1)(m-1),$$

c'est-à-dire:

$$h' = m(h+i-m+2) - i - 1,$$

pourvu que ce nombre soit $\leq n-p-i$, c. à. d. que

$$n \geq m(h+i-m+2) + p - 1.$$

Cet $S_{h'}$ contiendra une courbe directrice de la F^n composée de la γ^m et d'un nombre de génératrices $\geq m(h+i-m+1)$, de sorte qu'en nommant m' l'ordre de cette courbe, on aura:

$$m' \geq m(h+i-m+2),$$

ou bien, puisque le second membre en y introduisant l'expression de h' se réduit à $h'+i+1$,

$$m' > h' + i.$$

Or en appliquant le théorème du n° 7 à cette $\gamma^{m'}$ de l' $S_{h'}$ on voit que ce résultat est impossible si on a:

$$n \geq 2p + 2i + 2h' - m' + 1,$$

condition qui se réduit à (ou est embrassée par)

$$n \geq m(h+i-m+2) + 2p - 1, \tag{5}$$

qui absorbe celle qu'on avait posée précédemment. Donc lorsque la relation (5) est satisfaite, on est certain de pouvoir trouver sur la

*) Naturellement on prend ici γ^m dans le sens de la note à la fin du n° 7, c. à. d. en laissant de côté les génératrices de la F^n qui pourraient par hasard se trouver dans S_h. De même on ne considère ici que des γ^{n-m} n'embrassant pas des génératrices.

F^n des γ^{n-m} irréductibles qui avec la γ^m pourront servir à engendrer cette surface.

De cette proposition et de celle du n⁰ 4, en rappelant que l'une quelconque de ces γ_p^{n-m} est la projection d'une courbe de même ordre appartenant à S_{n-m-p}, nous tirons cette autre conséquence: que *si une F^n appartenant à $S_{n-p-i+1}$ a une courbe directrice d'ordre m appartenant à un S_h et si l'inégalité* (5) *est satisfaite et en même temps $m < h + i$, la surface sera projection d'une F^n appartenant à l'espace supérieur $S_{n-p+h-m+1}$ (et ayant encore une directrice d'ordre m appartenant à un S_h), et même d'une F^n appartenant à un espace plus élevé S_{n-p+h_1-m+1} si la courbe directrice nommée est projection d'une courbe de même ordre appartenant à un espace S_{h_1} supérieur à S_h.*

10. Commençons par appliquer les résultats des derniers n⁰ˢ aux surfaces réglées non spéciales. Si une F^n non spéciale est normale, c. à. d. appartient à S_{n-2p+1} (de sorte que dans ces n⁰ˢ on doive mettre $i = p$) et si sur cette surface il y a une courbe directrice d'ordre m, qui appartienne à un S_h, je dis qu'on ne peut pas avoir $h > m - p$.

En effet la F^n non spéciale peut être considérée (n⁰ 6) (quel que soit un nombre $n' > n$) comme la projection d'une $F^{n'}$ appartenant à $S_{n'-2p+1}$ et ayant encore pour directrice une γ^m dont celle nommée est la projection. On peut prendre n' si grand que la condition (5) de notre dernière proposition soit satisfaite pour cette $F^{n'}$ et sa γ^m; mais alors si l'on supposait que celle-ci appartînt à un espace de dimension $> m - p$, ou bien qu'elle fût la projection d'une courbe de même ordre appartenant à un tel espace, la proposition citée montrerait que la $F^{n'}$ serait projection d'une surface de même ordre appartenant à un espace supérieur à S_{n-2p+1}, et par suite qu'elle serait spéciale, tandis que la F^n qui en est la projection n'est pas spéciale: ce qui est absurde (v. la note à la fin du n⁰ 5).

Ainsi non seulement notre assertion est prouvée, mais en outre on voit que la γ^m de notre F^n non spéciale n'est la projection d'une courbe de même ordre qui appartienne à un espace supérieur à S_{m-p}. En appliquant encore une fois dans le cas d'une directrice multiple une dénomination déjà introduite à la fin du n⁰ 4, nous exprimerons ce résultat important brièvement ainsi: *une F^n non spéciale ne peut pas avoir de courbe directrice spéciale**). — On verra plus tard qu'au contraire avec certaines restrictions, *toute F^n spéciale à une courbe directrice spéciale.*

Mais, en revenant à la considération d'une F^n qui appartienne

*) Par exemple, si une surface réglée a pour directrice double une courbe rationnelle d'ordre $< p$, elle sera spéciale.

à S_{n-2p+1}, si l'on applique à elle et à sa γ^m le théorème du n⁰ 7, on en tire (qu'elle soit ou non spéciale) que, lorsque

$$m \leq n - 2p + 1,$$

on doit avoir $h \geq m - p$. Si la surface n'est pas spéciale, en combinant ce résultat avec le précédent, on conclut qu'on aura précisément $h = m - p$. Il s'ensuit que *toute courbe directrice simple d'ordre* $\leq n - 2p + 1$ *d'une* F^n *normale non spéciale est une courbe normale non spéciale.*

11. Nous allons maintenant déterminer toutes les courbes directrices d'un ordre quelconque μ d'une F^n non spéciale; c'est-à-dire nous chercherons la dimension x du système de ces directrices γ^μ, et en outre le nombre (que nous appellerons *indice* de ce système de courbes tracées sur la F^n) de celles parmi ces γ^μ qui passent par x points arbitraires de la surface réglée.

Dans ce but nous pouvons supposer que la F^n soit normale, c'est-à-dire appartienne à S_{n-2p+1}. Une proposition vue à la fin du n⁰ 6 nous prouve que ces γ^μ de cette surface qui passent par les x points peuvent être considérées comme les projections de toutes les γ^μ qui sont directrices d'une F^{n+x} non spéciale appartenant à $S_{n+x-2p+1}$ et ayant la F^n pour projection. Or ces γ^μ de la nouvelle surface seront sur des $S_{\mu-p}$ contenus dans cet espace si

$$\mu \leq n + x - p;$$

si l'on suppose qu'elles appartiennent à ces $S_{\mu-p}$, c'est-à-dire qu'elles soient normales (ce qui arrive nécessairement, à cause du n⁰ précédent, si $\mu \leq n + x - 2p + 1$),

on pourra mener par ces espaces et $(n + x - \mu - p)$ points indépendants arbitrairement fixés autant d'espaces S_{n+x-2p} qui rencontreront encore la F^{n+x} suivant $(n + x - \mu)$ génératrices. On a donc pour ces derniers espaces afin qu'ils passent par les points fixés et qu'ils contiennent $(n + x - \mu)$ génératrices (non données) un nombre de conditions qui en général doit égaler $n + x - 2p + 1$ afin que le problème soit déterminé. Ainsi en général:

$$(n + x - \mu - p) + (n + x - \mu) = n + x - 2p + 1,$$

d'où:

$$x = 2\mu - n - p + 1. \tag{6}$$

En substituant cette valeur de x dans les conditions trouvées précédemment, elles deviennent

$$\mu \geq 2p - 1, \quad \mu \geq 3p - 2; \tag{7}$$

mais nous verrons bientôt qu'elles ne sont pas nécéssaires pour la validité de notre résultat. Au contraire la formule (6) nous donne pour μ la condition

$$(8) \qquad 2\mu \geq n + p - 1,$$

dont il faut tenir compte. Ainsi:

Pour une F^n non spéciale les courbes directrices dont l'ordre μ est $\geq E\frac{n+p}{2}$ forment en général un système de dimension $2\mu - n - p + 1$.

Lorsque cette dimension se réduit à 0 ou à 1 l'on a ainsi la moindre valeur pour μ. Donc: *en général la surface a pour courbes du moindre ordre un certain nombre de courbes d'ordre $\frac{n+p-1}{2}$, ou bien une ∞^1 de courbes d'ordre $\frac{n+p}{2}$, suivant que l'une ou l'autre de ces deux expressions représente un nombre entier.* — Cependant il peut fort bien arriver que la surface ait des directrices d'ordre inférieur à ces nombres.

12. Quant à l'indice du système des directrices d'un ordre quelconque, considérons celui du système d'ordre $\mu + 1$, c'est-à-dire le nombre des directrices de cet ordre qui passent par $2(\mu+1) - n - p + 1$ points arbitraires, et remarquons que, si l'on prend deux de ces points sur une même génératrice, ce nombre (pourvu qu'il reste fini) ne doit pas changer; mais alors évidemment toutes ces courbes se décomposent en cette génératrice et les directrices d'ordre μ qui passent par les $2\mu - n - p + 1$ points restants. Il faut seulement ajouter que, lorsque la surface a pour courbe minima une courbe d'ordre m plus petit que le minimum trouvé, les points nommés doivent être pris hors de cette courbe, et celle-ci avec les génératrices qui passent par tous ces points ne doit former aucune courbe d'ordre $\mu + 1$ (ou moindre); c. à. d. on doit avoir:

$$m + 2\mu - n - p + 2 > \mu + 1,$$

ou

$$(10) \qquad \mu \geq n + p - m.$$

Donc sous cette condition l'indice du système de directrices d'ordre $\mu + 1$ est le même que celui des directrices d'ordre μ. Par suite: *l'indice du système des directrices d'ordre $\mu \geq n + p - m$ est indépendant de μ.**) — En particulier si la surface n'a pas de courbes minima particulières (c. à. d. faisant exception au théorème du n[0] préc.) cet indice reste constant quel que soit μ, et il est égal au nombre des directrices (minima) d'ordre $\frac{n+p-1}{2}$ lorsque cette expression représente un nombre entier.

---

*) Il suit en outre de notre raisonnement que ce nombre est d'une unité plus grand que l'indice du système de directrices d'ordre $n + p - m - 1$.

En projetant la F^n de S_{n-2p+1} sur S_3 par $(n-2p-2)$ de ses points on obtient une F^{2p+2} et il est bien clair que cet indice nommé est le même que celui relatif à cette nouvelle surface; il s'ensuit qu'il ne dépendra pas de n, mais seulement de p.*) Donc: *L'indice du système des directrices d'ordre μ d'une F^n non spéciale est un nombre qui dépend seulement de p et non de n ni de μ, pourvu toutefois que la surface soit générale, ou bien pourvu que dans le cas où elle ne le serait pas, ayant pour directrice minima une courbe d'ordre m, on se borne aux valeurs de $\mu \geq n+p-m$.*

13. Cette proposition vient à être confirmée par la recherche directe de cet indice. Les considérations du n⁰ 11 nous prouvent qu'il est le même que le nombre des γ^μ de la F^{n+x}, c'est-à-dire, à cause de (6), de la $F^{2\mu-p+1}$; pour celle-ci ces γ^μ sont, en force de (10), les courbes minima, car la γ^m de la F^n ne donne sur la nouvelle surface qu'une γ^{m+x}, et l'on a

$$m+x>\mu$$

à cause de (6) et (10). En projetant par les $(n+x-\mu-p)=\mu-2p+1$ points fixes du dit n⁰ 11 on voit que le nombre cherché est celui des γ^μ d'une $F^{2\mu-p+1}$ non spéciale appartenant à $S_{\mu-p+1}$: elles appartiennent, sous les conditions (7) de ce n⁰, à autant d' $S_{\mu-p}$ qui rencontreront encore cette surface suivant $\mu-p+1$ génératrices. Donc ce nombre est celui des $S_{\mu-p}$ qui contiennent $\mu-p+1$ génératrices de la $F^{2\mu-p+1}$. Or M. G. Castelnuovo a très-récemment établi**) que le nombre des S_{s-1} qui contiennent s génératrices d'une F^r appartenant à S_s est

*) Pour $p=0$ on sait bien que cet indice est 1. — Pour $p=1$ la F^{2p+2} devient la surface réglée du 4ᵉ degré elliptique de l'espace ordinaire: on sait qu'elle a *deux* droites doubles pour directrices (γ^2) et cela nous prouve que l'indice cherché pour $p=1$ est 2 (on voit d'ailleurs aussi facilement que 2 sont sur cette F^4 les γ^3 passant par deux de ses points et les γ^4 qui passent par quatre de ses points). — Pour $p=2$ la recherche de l'indice se réduit à trouver sur une F^6 de genre 2 de l'espace ordinaire les courbes planes du 4ᵉ ordre passant par un point de la surface: on voit tout-de-suite (par exemple en projetant la surface par ce point sur un plan) qu'elles sont *quatre*. — C'est ainsi que de la considération des premières valeurs de p j'arrivai par induction à penser qu'en général l'indice cherché soit égal à 2^p: ce qui sera prouvé au n⁰ 13.

**) «*Una applicazione della geometria enumerativa alle curve algebriche*» (Rendiconti del Circolo Matematico di Palermo, t. III), n⁰ 4. — La démonstration ingénieuse, que ce geomètre y donne de cette importante formule, pourrait laisser sur sa validité absolue des doutes, qui se réfléchiraient sur le n⁰ présent et plus loin sur les n⁰ˢ 20 et 21 de ces Recherches: cependant les confirmations qu'on trouve de ces résultats me portent à penser qu'ils sont absolument vrais.

$$\binom{r-s+1}{s} - p\binom{r-s-1}{s-2} + \binom{p}{2}\binom{r-s-3}{s-4} - \binom{p}{3}\binom{r-s-5}{s-6} + \cdots,$$

en s'arrêtant au premier terme nul. Il s'ensuit, en posant

$$r = 2\mu - p + 1, \quad s = \mu - p + 1$$

que l'indice cherché est égal à

$$\binom{\mu+1}{\mu-p+1} - p\binom{\mu-1}{\mu-p-1} + \binom{p}{2}\binom{\mu-3}{\mu-p-3} - \cdots,$$

expression qui (comme l'on voit sans difficulté par induction complète) tant que la 1ᵉ condition (7) à lieu se réduit à 2^p. Donc: *pour toute F^n non spéciale l'indice du système des directrices dont l'ordre μ satisfait aux conditions* (8) *et* (10) *est égal à 2^p; en particulier ce nombre est l'indice de tous les systèmes de directrices lorsque la surface n'a pas de courbe minima exceptionnelle.*

Dans le cas où la F^n aurait au contraire une courbe minima exceptionnelle γ^m, la recherche des directrices qui ne satisfont plus à la condition (10), c. à. d. dont l'ordre est $< n + p - m$, sera faite plus loin, après que nous aurons un peu examiné les surfaces réglées spéciales.

Mais dès à-présent remarquons à propos des derniers nᵒˢ du présent paragraphe que bien qu'il nous ait convenu d'y poser pour μ les conditions (7), leurs résultats sont vrais même si celles-ci ne sont pas satisfaites. Car on peut considérer les directrices γ^μ d'une F^n non spéciale comme projections de celles $\gamma^{\mu+l}$ d'une F^{n+l} non spéciale qui passent par les l points de celle-ci par lesquels on la projette; et si les conditions (8) et (10) ont lieu pour la F^n et les γ^μ, leurs analogues auront évidemment lieu pour la F^{n+l} et les $\gamma^{\mu+l}$, pour lesquelles on pourra en outre, en prenant l assez grand, rendre satisfaites les analogues de (7). En appliquant alors à ces nouvelles courbes les dernières propositions, on en tire que celles-ci ont lieu aussi pour les γ^μ de la F^n.

Surfaces réglées spéciales.

14. Nous bornerons notre recherche sur ces surfaces réglées aux F^n, dont les sections linéaires d'ordre n ne sont pas spéciales, et qui par suite ne peuvent appartenir à des espaces de plus que $n - p + 1$ dimensions (de cette sorte sont celles pour lesquelles $n > 2p - 2$).

En commençant justement par une F^n qui appartienne à S_{n-p+1}, les sections faites sur elle par deux S_{n-p} seront en général deux courbes d'ordre n et genre p, non spéciales par hypothèse, et appartenant respectivement à ces S_{n-p}, c. à. d. normales. Ces courbes sont mises par les génératrices de la surface en correspondance uniforme telle que les n points où elles sont rencontrées par l' S_{n-p-1} commun a leurs espaces se correspondent chacun à soi-même: cette correspondance sera donc projective (I., n⁰ 6), et la collinéation qu'elle détermine entre les deux S_{n-p}, ayant n points doubles sur l' S_{n-p-1} nommé, aura, si $n > (n-p-1)+1$, c. à. d. si $p > 0$, tous les points de ce dernier espace pour points doubles et sera par suite une perspective centrale. Par suite les génératrices de la F^n passeront toutes par un même point (le centre de perspective), et cette surface sera un cône. Ainsi:

*Les surfaces réglées de genre $p > 0$ et ordre n qui appartiennent à S_{n-p+1} sont toujours des cônes, lorsque leurs sections linéaires d'ordre n ne sont pas spéciales et en particulier lorsque $n > 2p-2$.**)

15. En général désignons par F une surface réglée (non conique) de genre $p > 0$ et d'ordre n appartenant à $S_{n-p-i+1}$ où $0 < i \leq p-1$: une surface réglée spéciale (à sections linéaires non spéciales) rentre toujours dans cette classe lorsqu'elle est normale (v. n⁰ 3). Par un groupe de $i+1$ génératrices quelconques de F on peut toujours mener un S_{n-p-i}, si $2(i+1)-1 \leq n-p-i$, c. à. d. si

(1) $$n \geq p + 3i + 1;$$

cet espace coupera encore F suivant une courbe directrice d'ordre $n-i-1$. Si l'on suppose qu'elle soit irréductible, et par suite de genre p, elle ne sera pas spéciale si son ordre $n-i-1 \geq 2p-1$, c. à. d. si

(2) $$n \geq 2p + i;$$

il s'ensuit qu'elle se trouvera alors dans un $S_{n-p-i-1}$. Mais dans ce cas les S_{n-p-i} qui passent par cet espace couperaient encore F suivant une série linéaire simplement infinie de groupes de $i+1$ génératrices, parmi lesquels il y aurait le groupe dont nous sommes partis et qui était tout-à-fait arbitraire. Or, puisque $i+1 \leq p$, cela est impossible à cause du théorème de Riemann (v. I., p. 206). Donc dans les hypothèses (1) et (2) chaque S_{n-p-i} passant par $i+1$ génératrices quelconques de F rencontrera encore cette surface suivant une courbe qui ne pourra pas être irréductible, mais au contraire se décomposera en un certain nombre (≥ 0) de génératrices et une directrice simple ou multiple γ^m appartenant à un S_h, où

(3) $$h > m - p,$$

puisque autrement la courbe totale d'ordre $n-i-1$ se trouverait dans un $S_{n-p-i-1}$, ce qu'on a reconnu pour impossible. Si cette γ^m est multiple, elle ne pourra pas changer en changeant l' S_{n-p-i} qu'on

*) Cette proposition a été prouvée pour la première fois, d'une autre façon au n⁰ 2 des *Ricerche sulle rigate ellittiche* déjà citées.

avait mené par un groupe de $i+1$ génératrices, ni même en changeant ce groupe; car F ne peut avoir une infinité de courbes multiples. Si au contraire la γ^m est une directrice simple, comme à cause de (3) elle est spéciale et par suite d'ordre $m \leq 2p-2$, elle ne peut changer que lorsque l'ordre de la surface réglée serait $\leq 4p-4$.*) En supposant qu'un tel changement n'arrive pas, on prouve facilement qu'on aura $h \leq i$. En effet alors l'espace (de dimension $\leq 2i+1$) qui joint chaque groupe de $i+1$ génératrices devra contenir la γ^m, c'est-à-dire son S_h. Si donc l'on supposait $h > i$, on pourrait, après avoir choisi $2i+1-h$ génératrices de telle façon qu'elles déterminent parfaitement avec l' S_h un S_{2i+1}, prendre encore tout-à-fait arbitrairement d'autres $h-i$ génératrices qui, formant avec celles-là un groupe de $i+1$, devraient déterminer avec elles un espace passant par l' S_h, et comme cet espace ne pourrait être autre que l' S_{2i+1} nommé, dans celui-ci devraient se trouver les $h-i$ génératrices arbitraires, c. à. d. toute la surface réglée, ce qui est contraire aux hypothèses. Ainsi l'on aura réellement

(4) $$h \leq i.$$

16. Ce dernier résultat peut d'ailleurs être tiré du n⁰ 8 si, outre les conditions (1) et (2), nous posons:

(5) $$n \geq m + 2p - 1,$$

ou bien si, outre la condition (1), nous posons, au lieu de la (2), la suivante qui l'embrasse:

(2') $$n \geq 2p + i + h.$$

---

*) Et dans ce cas seulement si une autre particularité se présente. En effet chaque S_{n-p-i} passant par un groupe de $i+1$ génératrices doit encore contenir au moins $(n-2p-i+1)$ autres génératrices; si celles-ci ne restent pas toutes fixes lorsque l' S_{n-p-i} change, c. à. d. ne se trouvent pas sur l'espace joignant les $i+1$ premières génératrices, il est clair que pour un S_{n-p-i} passant par cet espace la condition de contenir une génératrice arbitrairement donnée sera une condition *simple* (et non *double*) et que par suite toutes les génératrices rencontreront l'espace nommé joignant les $i+1$ genératrices, c. à. d. que cet espace contiendra la γ^m. Et celle-ci ne changera pas en changeant une de ces $i+1$ génératrices (et par suite en les changeant toutes) si F n'appartient pas à l'espace qui joint $i+2$ génératrices, et par suite si

$$n-p-i+1 > 2i+3,$$

ou

(1') $$n \geq p + 3i + 3.$$

Donc, sous les conditions (1') et (2), la γ^m nommée ci-dessus est toujours unique, pourvu que la surface réglée ne présente pas cette particularité que chaque espace joignant $i+1$ de ses génératrices en contienne encore au moins $n-2p-i+1$ autres: ce qui semble pouvoir être exclu facilement par la construction d'un espace convenable qui viendrait à contenir plus de n génératrices.

Non seulement alors le n⁰ cité nous donne la rélation (4), mais encore la suivante

(6) $$m \geq 2h.$$

D'un autre côté et sous les mêmes conditions le n⁰ 7 nous donne aussi

(7) $$m \leq h + i.$$

Si nous posons la condition

(8) $$n \geq 4p - 2,$$

on voit que, comme $i \leq p - 1$, les (1) et (2) seront satisfaites, et puis aussi, à cause de (4), la (2'); la (8) suffit donc pour entraîner (3), (4), (6) et (7). En l'adoptant *au seul but de simplifier les énonciations*, nous avons la proposition suivante:

Toute surface réglée spéciale de genre p et ordre $n \geq 4p - 2$ *a une courbe directrice spéciale* (cfr. n⁰ 10). *Si la surface appartient à* $S_{n-p-i+1}$, *où* $0 < i \leq p - 1$, *cette directrice appartient à un espace de dimension* $h \leq i$ *et a l'ordre m tel que* $2h \leq m \leq h + i$.

17. La remarque faite à la fin du n⁰ 8 nous donne en outre ce résultat particulier: *Si dans la proposition précédente on a précisément* $m = 2h$, — *et c'est ce qui arrivera toujours lorsque l'on aura* $h = i$, — *la surface réglée sera nécéssairement hyperelliptique, ayant pour directrice double une courbe rationnelle normale d'ordre h; il faut seulement excepter le cas où* $h = i = p - 1$, *car alors la surface peut au contraire avoir pour directrice simple une courbe normale de genre p et d'ordre* $2p - 2$.

L'existence sur la F^n de la g^h_m considérée au n⁰ 8 montre (I., n⁰ 2) que *si la surface réglée a des modules généraux, on aura*

(9) $$p - (h + 1)(p + h - m) \geq 0.$$

De cette relation et de la (7) on tire

$$p - (h + 1)(p - i) \geq 0,$$

c. à. d.

(10) $$h(p - i) \leq i,$$

qui embrasse la (4). Comme $h \geq 1$, la dernière relation prouve que *lorsque* $2i < p$ *les modules de la surface ne sont pas généraux.* De même (si $h \geq 2$, c. à. d.) *si la surface n'a pas de droite directrice et si* $3i < 2p$ *ses modules ne seront pas généraux.* Etc.

18. En appliquant tous ces résultats aux cas de $i = 1, 2, 3$ et par suite $p > 1, 2, 3$ resp., nous aurons comme exemples, *en posant encore pour simplicité* $n \geq 4p - 2$, (et en excluant encore les cônes) les propositions suivantes (qu'il convient de considérer comme faisant suite à celle du n⁰ 14):

Chaque F^n de genre $p > 1$ appartenant à S_{n-p} a une droite double pour directrice.

Chaque F^n de genre $p > 2$ appartenant à S_{n-p-1} a pour directrice une droite double ou triple, ou bien une conique double, ou enfin (dans le cas où $p = 3$) une courbe plane simple du 4e ordre.

Chaque F^n de genre $p > 3$ appartenant à S_{n-p-2} a pour directrice une droite double, triple ou quadruple, ou bien une conique double, ou bien une courbe plane simple du 5e ordre (et genre 4, 5 ou 6), ou bien une cubique gauche double, ou enfin une courbe gauche simple du 6e ordre et de genre 4.

Remarquons enfin, comme conséquence de la dernière proposition du n° 9, que (du moins lorsque n est assez grand pour satisfaire à la condition (5) de ce n°-là): *les F^n spéciales où $m < h + i$ ne sont pas normales; pour les F^n spéciales normales on a toujours $m = h + i$.* Par exemple *les F^n ayant une courbe rationelle d'ordre $h < p$ pour directrice double ont* (du moins lorsque $n \geq 4h + 2p - 1$) *pour espace normal* $S_{n-p-h+1}$.

Cônes et autres surfaces réglées particulières.

19. Occupons-nous maintenant des courbes *directrices* d'un cône non spécial de genre p et d'ordre ν, c. à. d. des courbes qui en dehors du centre du cône ne rencontrent chaque génératrice qu'en un seul point. Rappelons que dans la Pe I (nos 11 et 12) nous avons prouvé que les directrices d'ordre ν forment une série de dimension $\nu - p + 1$ et linéaire, c. à. d. d'indice 1, et que celles d'ordre $\nu + 1$ forment un système de dimension $\nu - p + 3$ et dont l'indice, lorsque $p = 0, 1, 2$, est $p + 1$; nous posions alors la question si cet indice valait $p + 1$ pour toutes les valeurs de p. Nous commencerons par établir qu'il en est réellement ainsi.

Dans ce but considérons une courbe normale non spéciale C_p^ν et sur elle une série linéaire ∞^1 de groupes de k points appartenant à des S_r, dans laquelle les seules *dégénérations* soient dans un certain nombre y de groupes où deux (seulement) des k points coincident entre eux. Les S_{t-1} $(t \leq r)$ qui joignent t à t les points d'un groupe forment une variété V_t dont l'ordre x_{t-1} résulte d'une série de rélations que M. Schubert a déduites du principe de correspondance ordinaire*); on trouve:

$$x_{t-1} = \binom{k-1}{t-1} \nu - \frac{1}{2} \binom{k-2}{t-2} y .$$

*) On les trouve dans ma Note «*Sulle varietà algebriche*, etc.» déjà citée.

En particulier, si $r = k - 1$, on aura:

$$x_{k-2} = (k-1)\nu - \frac{1}{2}(k-2)y.$$

Quant à la valeur de y, on l'obtient du principe de correspondance de M. Zeuthen appliqué à la C_p^ν et à la ∞^1 de groupes de k points, et en la substituant on aura:

$$x_{k-2} = (k-1)\nu - (k-2)(p+k-1).$$

Que l'on mette cette série ∞^1 en correspondance uniforme avec la série des points d'une droite **a** qui ne rencontre pas l'$S_{\nu-p}$ de la C_p^ν: les droites joignant les points correspondants de cette courbe et de cette droite formeront une surface réglée appartenant à un $S_{\nu-p+2}$, ayant **a** pour directrice multiple suivant k et dont le genre sera p et l'ordre $\nu + k$. Il est facile de déterminer les directrices (non spéciales) d'ordre $\nu + 1$ de cette surface. Elles se trouveront dans les $S_{\nu-p+1}$ qui contiennent $k-1$ génératrices, c. à. d. qui contiennent un des $\infty^1 S_{k-1}$ qui joignent un point de **a** à l'un des S_{k-2} contenant $k-1$ des k points du groupe de la C^ν qui correspond au point de **a**. Or ces $\infty^1 S_{k-1}$ forment une variété V_k qui est engendrée par la droite **a** en correspondance $(1, k)$ avec la V_{k-1} formée par les S_{k-2} nommés: cette V_k sera donc d'ordre $x_{k-2} + k$. Et comme elle a évidemment chaque point de notre surface réglée pour multiple suivant $k-1$, il suit que l'$S_{\nu-p-k+2}$ joignant $(\nu - p - k + 3)$ points indépendants de cette surface rencontrera ailleurs seulement

$$x_{k-2} + k - (k-1)(\nu - p - k + 3) = p + 1$$

des S_{k-1} de la V_k et que les points nommés se trouveront par suite sur autant de directrices d'ordre $\nu + 1$ de la surface.

Maintenant si l'on projette cette surface réglée par un point de la directrice **a** sur un $S_{\nu-p+1}$ mené par la C_p^ν, on obtiendra un cône non spécial de genre p et ordre ν; et il est même évident que tout cône de cette nature peut être obtenu ainsi comme projection d'une $F^{\nu+k}$ ayant la droite **a** pour directrice k-ple, car sur une C_p^ν on peut (I., nº 17) déterminer une série linéaire de groupes de points satisfaisant aux conditions dites (du moins pour ν assez grand, mais cette restriction n'est pas essentielle dans les questions qui nous occupent*)). Les $\gamma^{\nu+1}$ de cette surface qui passent par $\nu - p - k + 3$ quelconques de ses points se projettent alors suivant les $\gamma^{\nu+1}$ du cône qui passent par les projections de ces points et par les traces des k génératrices de la $F^{\nu+k}$ sortant du centre de projection. Donc nous concluons que réellement: *dans tout cône non*

*) Il suffit, pour s'en apercevoir, de remarquer que le cône non spécial d'ordre ν peut être considéré comme projection de celui d'ordre ν' ($> \nu$), quelque grand que soit ν'.

spécial de genre p et ordre ν les directrices d'ordre $\nu + 1$ qui passent par $\nu - p + 3$ points sont en nombre de $p + 1$.

20. L'artifice par lequel nous sommes arrivés à ce résultat pourra certes être généralisé en substituant à la droite k-ple a une courbe d'ordre k appartenant à $S_2, S_3, \ldots$, et en obtenant ainsi pour le cône nommé les directrices d'ordre $\nu + 2, \nu + 3, \ldots$. Mais nous tâcherons de parvenir à celles-ci par une autre voie.

Soit donnée une F^n appartenant à $S_{n-p-i+1}$ et ayant pour directrice une γ^m appartenant à un S_i, mais ne contenant pas d'autres courbes qui se trouvent dans des S_i. Ses directrices d'ordre $n - i$ non spéciales se trouveront dans des S_{n-p-i}: celles qui passent par $(n - p - 2i + 1)$ points de F^n (indépendants entre eux et de l'S_i) lorsque $i = 1$ seront données par les espaces qui joignent l'S_{n-p-2i} de ces points à chacune des $p + 1$ génératrices de la surface passant par les autres $p + 1$ points de rencontre de celle-ci avec cet espace, de sorte qu'elles sont alors au nombre de $p + 1$. Si au contraire $i > 1$, les directrices nommées d'ordre $n - i$ seront projetées par le dit S_{n-p-2i} sur un S_i suivant les directrices d'ordre $p + i - 1$ de la projection F^{p+2i-1} de F^n placées sur des S_{i-1} contenant i génératrices de cette nouvelle surface. Or le nombre de ces S_{i-1} est en général fini et donné par la formule de M. Castelnuovo qui a déjà été appliquée au n° 13; dans le cas actuel il faut remplacer dans cette formule s par i, et r par $p + 2i - 1$, de sorte qu'elle devient

$$\binom{p+i}{i} - p\binom{p+i-2}{i-2} + \binom{p}{2}\binom{p+i-4}{i-4} - \cdots,$$

expression à laquelle on peut aussi donner (comme ce même savant me fit remarquer) la forme plus simple:

$$[p, i] = 1 + p + \binom{p}{2} + \binom{p}{3} + \cdots + \binom{p}{i}.$$

Donc les directrices non spéciales γ^{n-i} de F^n forment une $\infty^{n-p-2i+1}$ d'indice $[p, i]$. Si $i \geq p$ on a évidemment $[p, i] = 2^p$, et comme *dans ce cas* la F^n peut être supposée non spéciale, ce résultat s'accorde alors avec celui du n° 13.

Soit maintenant Γ un cône d'ordre ν et genre p non spécial et normal. Par son centre menons un S_i (où $i < \nu - p$) qui ne rencontre l'$S_{\nu-p+1}$ du cône qu'en ce point et traçons-y une courbe γ^m qui lui appartienne et qui soit mise en correspondance uniforme avec la C^ν de section de Γ avec un $S_{\nu-p}$. Ces deux courbes engendreront une surface réglée F^n, où:

(1) $$n = \nu + m,$$

qui appartiendra à un $S_{n-p-i+1}$ si l'on a:

$$n - p - i + 1 = i + \nu - p + 1,$$

c'est-à-dire

$$n = \nu + 2i. \tag{2}$$

Cette surface sera dans les conditions du résultat précédent et par suite ses directrices non spéciales d'ordre

$$\mu = n - i \tag{3}$$

passant par $n - p - 2i + 1$ de ses points seront en nombre de $[p, i]$. Et comme la F^n est projetée sur l'$S_{\nu-p+1}$ par un S_{i-1} quelconque de l'S_i justement suivant le cône Γ, ces courbes γ^μ se projetteront suivant les directrices γ^μ de Γ qui passent par les projections des points nommés et par les traces des m génératrices de la F^n rencontrées par l'S_{i-1}, c'est-à-dire par $(n - p + m - 2i + 1)$ points. Or des relations (1), (2), (3) on tire

$$i = \mu - \nu \tag{4}$$

$$m = 2i, \tag{5}$$

qui servent à déterminer successivement i et m lorsque les nombres ν et μ sont donnés. On en conclut que

$$n - p + m - 2i + 1 = 2\mu - \nu - p + 1,$$

et on a comme résultat de notre recherche:

Sur tout cône de genre p et ordre ν non spécial il y a une infinité de directrices d'ordre $\mu \geq \nu$ telle que par $(2\mu - \nu - p + 1)$ points quelconques du cône il en passe en général

$$1 + p + \binom{p}{2} + \binom{p}{3} + \cdots + \binom{p}{\mu - \nu},$$

nombre qui atteint son maximum 2^p lorsque $\mu \geq \nu + p$.

On peut cependant faire une objection à notre raisonnement, en remarquant la relation (5) relative à la γ^m que nous avons construite appartenant à un S_i. Tant que i, c'est-à-dire $\mu - \nu$, est $\geq p - 1$ une telle courbe peut être construite avec des modules quelconques; mais dans les autres cas, c. à. d. pour $\mu - \nu < p - 1$, cette courbe doit nécéssairement (cfr. n⁰ 17) se composer d'une courbe rationnelle normale d'ordre i comptée deux fois, de sorte que pour qu'on puisse la mettre en correspondance uniforme avec la section C^ν de Γ il faut et il suffit que ce cône soit hyperelliptique. Ainsi le théorème qui précède ne serait établi, lorsque $\mu - \nu < p - 1$, que pour les cônes hyperelliptiques. Mais on voit bien que les nombres qui'il détermine ne peuvent pas changer lorsque par transformations continues des modules on rend hyperelliptique le cône; d'ailleurs du fait que les directrices d'ordre μ du cône pour μ assez grand sont $\infty^{2\mu-\nu-p+1}$ on voit qu'il en est encore ainsi lorsque μ s'abaisse par un raisonnement identique à celui du n⁰ 12, et qui reste confirmé pour les derniers cas de $\mu = \nu$ et $\mu = \nu + 1$ par les résultats rappelés ou établis au n⁰ précédent (qui d'un autre côté confirment aussi que l'indice trouvé pour les systèmes nommés ne dépend pas de l'hyperellipticité du cône). — On pourrait aussi remarquer que nous avons supposé dans notre construction $i < \nu - p$, c'est-à-dire, à cause de (4): $\mu < 2\nu - p$. Mais lorsque cette condition n'est pas satisfaite il suffit de réduire comme à la fin du n⁰ 13 la recherche des γ^μ du cône d'ordre ν à celle des $\gamma^{\mu+l}$ du cône d'ordre $\nu + l$ pour l assez grand; on voit ainsi que notre théorème reste toujours vrai.

21. De même que par la considération des surfaces réglées non coniques nous sommes parvenus aux courbes directrices des cônes, de même nous pouvons inversement de celles-ci remonter aux courbes directrices des surfaces réglées non coniques, en obtenant ainsi des résultats plus généraux que les précédents.

Supposons que l'on cherche les courbes directrices d'une F^n normale non spéciale ayant pour courbe minima une C^m où

$$m \leq n - 2p + 1.$$

Cette courbe appartiendra à un S_{m-p} (v. la fin du n⁰ 10). En projetant la surface par un S_{m-p-1} contenu dans cet espace on aura un cône Γ d'ordre $n - m$ appartenant à $S_{n-m-p+1}$ et non spécial (puisque son ordre est $\geq 2p - 1$. Les directrices γ^μ de la F^n se projetteront suivant les directrices γ^μ de ce cône qui passent par m points déterminés de celui-ci. Donc la proposition du n⁰ précédent nous donne la suivante*):

Sur une surface réglée non spéciale de genre p et ordre n ayant pour directrice minima une courbe d'ordre m, les directrices d'ordre μ forment en général un système tel que par $(2\mu - n - p + 1)$ *points il en passe*

$$1 + p + \binom{p}{2} + \binom{p}{3} + \cdots + \binom{p}{\mu + m - n},$$

bien entendu pourvu que $\mu \geq n - m$ et $2\mu \geq n + p - 1$.

Si $\mu \geq n + p - m$ on retrouve ainsi le résultat des n°s 11—13. On voit que l'indice du système, qui est alors 2^p, se réduit d'une unité en descendant à $\mu = n + p - m - 1$ (ce qui est d'accord avec la

*) Ici encore on aurait une restriction causée par l'hypothèse $m \leq n - 2p + 1$; mais on la ôte en considérant (n⁰ 6) la F^n comme projection d'une F^{n+l} contenant encore une C^m et en déduisant ainsi les γ^μ de la F^n des $\gamma^{\mu+l}$ (passant par l points fixes) de la nouvelle surface, à laquelle pour l assez grand notre démonstration devient applicable.

note à pag. 13), et puis encore de p unités, de $\binom{p}{2}$, etc., en descendant successivement aux valeurs inférieures de μ. (Ces abaissements sont alors produits par ∞ courbes directrices d'ordre μ passant par les $(2\mu - n - p + 1)$ points et qui *dégénèrent* en la courbe minima d'ordre m et $\mu - m$ génératrices).

Les deux inégalités auxquelles doit satisfaire μ pour l'existence de courbes directrices d'ordre μ se réduisent à

$$2\mu \geq n + p - 1$$

si l'on a

$$n + p - 1 \geq 2(n - m),$$

c'est-à-dire

$$2m \geq n - p + 1,$$

tandis qu'au contraire elles se réduisent à

$$\mu \geq n - m$$

si

$$2m < n - p + 1.$$

Donc: *Lorsque l'ordre m de la courbe minima est tel que $2m \geq n - p + 1$, pour les autres courbes directrices l'ordre μ est en général tel que $2\mu \geq n + p - 1$ et a par suite pour valeur minima $\frac{n+p-1}{2}$ ou bien $\frac{n+p}{2}$. Si au contraire on a $2m \leq n - p + 1$, la surface contient, en dehors de la courbe minima, des directrices de tous les ordres à partir de celles d'ordre $n - m$ qui forment une série linéaire $\infty^{n-2m-p+1}$* *).

On peut construire des F^n qui outre la *particularité* de contenir une γ^m, où $n - p + 1 \leq 2m < n + p - 1$, présentent celle de contenir une courbe d'ordre plus bas que $\frac{n+p-1}{2}$, et ainsi de suite. Dans ces cas particuliers les propositions précédentes devraient être modifiées. Mais nous ne nous occuperons pas de cela, et nous nous

*) Comme si la F^n était *générale* on devrait avoir $2m \geq n + p - 1$, et comme pour l'existence d'une directrice d'ordre $n - m$ on doit *en général* avoir $2m \leq n - p + 1$, en comparant ces deux conditions on en tire que seulement pour $p = 0$ et lorsque $p = 1$ et n est pair, une F^n peut être engendrée par deux courbes en correspondance uniforme *sans points communs dont chacun se corresponde à soi-même*; pour $p > 1$ de telles surfaces sont *particulières*. — Je crois inutile de reproduire ici quelques résultats obtenus sur ces surfaces, car on les établit sans aucune difficulté. Seulement comme exemples on remarquera que des n°s 6 et 7 de la 1e P^e on tire que: *La surface F^{2m} engendrée par deux courbes non spéciales d'ordre m n'a d'autres courbes de cet ordre que lorsque la correspondance entre celles-là est singulière et dans ce cas elle en a une ∞^1 linéaire. La F^{4p-4} engendrée par deux courbes spéciales d'ordre $2p - 2$ contient une ∞^1 linéaire de courbes de cet ordre.*

bornerons à ajouter que les méthodes qui ont servi dans les recherches qui précèdent peuvent aussi être employées avec succès pour ces cas et seront de même utiles pour la recherche des directrices des surfaces réglées spéciales (recherche qui n'a été faite ici que dans des cas particuliers) et pour celle des courbes tracées sur chaque surface réglée de façon à en rencontrer plusieurs fois les génératrices*).

Turin, Janvier 1889.

---

*) Dans ces recherches on pourra probablement employer aussi quelques remarques, contenues au n⁰ 5 de ma Note *Intorno alla geometria su una rigata algebrica* déjà citée, relativement aux correspondances uniformes entre les points de deux surfaces réglées telles que les génératrices se correspondent entre elles et en particulier aux transformations uniformes d'une surface réglée en elle-même. Il semble que celles-ci pourront servir à tirer des résultats sur les courbes qui rencontrent deux fois les génératrices de ceux relatifs aux directrices.

Zurückführung einer beliebigen algebraischen Gleichung auf eine Kette von Gleichungen.

Von

O. Hölder in Göttingen.

Die vorliegende Arbeit bezweckt die Verallgemeinerung des folgenden Satzes, welcher das Fundament des Abel'schen Beweises für die Nichtauflösbarkeit der allgemeinen Gleichungen von höherem als dem fünften Grad bildet.

Wenn eine Gleichung durch Wurzelzeichen aufgelöst werden kann, so vermag man stets der Auflösung eine solche Form zu geben, dass die sämmtlichen vorkommenden Radicale rationale Functionen der Wurzeln der gegebenen Gleichung sind.

Abel*) geht dabei von der Voraussetzung aus, dass die Coefficienten der Gleichung rationale Functionen von irgend welchen unabhängigen Veränderlichen sind, und nimmt keine Rücksicht auf die Natur der in die Rechnung eingehenden Constanten.

Will man die letzteren beachten, was selbstverständlich unumgänglich ist, wenn man Gleichungen mit constanten Coefficienten mit in den Kreis der Betrachtung ziehen will**), so muss der Ausspruch des Satzes etwas modificirt werden.

Es muss zuerst ein Rationalitätsbereich im Sinne des Herrn Kronecker***) definirt werden, dem die Coefficienten der gegebenen Gleichung angehören. Wie Herr Kronecker ausgeführt hat†), lautet dann die Behauptung dahin, dass die Hülfsgrössen, d. h. die Radicale,

---

*) Vergl. Abel's Werke II. Ausg., I. Bd. p. 72 bis 75.

**) Den Unterschied zwischen Gleichungen mit constanten und solchen mit variabeln Coefficienten hebt Abel ausdrücklich in einer nachgelassenen Abhandlung hervor: Werke Bd. II, p. 219.

***) Cf. Grundzüge einer arithmetischen Theorie der algebraischen Grössen. Berlin 1882. p. 3 bis 5.

†) Cf. Monatsberichte der Berl. Acad. Sitzung der phys.-math. Classe vom 3. März 1879, p. 208.

aus den Wurzeln der gegebenen Gleichung und *gewissen Einheitswurzeln* sich rational zusammensetzen. Es versteht sich dabei von selbst, dass die dem von vornherein gegebenen Rationalitätsbereich angehörenden Grössen in die Ausdrücke mit eingehen können.

Man muss also Einheitswurzeln mit herbeiziehen; diese letzteren sind nicht immer in den Wurzeln der ursprünglichen Gleichung rational. Darin liegt ein Missstand.

Es empfiehlt sich deswegen, statt der Auflösung einer Gleichung durch Wurzelzeichen, d. h. statt ihrer Reduction auf reine Gleichungen, zunächst nur die Reduction auf gewöhnliche Abel'sche Gleichungen von Primzahlgrad vorzunehmen. Ich folge hierin einem Vorschlag, den Herr F. Klein mir im mündlichen Verkehr gemacht hat. Wenn eine Gleichung sich überhaupt auf eine solche Kette Abel'scher Gleichungen zurückführen lässt, so kann man es dabei so einrichten, dass die Wurzeln der Hilfsgleichungen in den Wurzeln der ursprünglichen Gleichung rational sind, ohne dass man Einheitswurzeln einzuführen nöthig hätte. Man beschränkt sich also dann auf solche Irrationalitäten, welche im Sinne von Herrn F. Klein*) zu den „natürlichen" gehören. Es werden bei dieser Betrachtungsweise die Gleichungen der Galois'schen Methode directer zugänglich.

Die Reduction jeder einzelnen der erhaltenen Abel'schen Gleichungen von Primzahlgrad auf eine reine Gleichung ist dann jedesmal besonders auszuführen nach vorhergegangener Adjunction einer Einheitswurzel.

Bei den nach dem gewöhnlichen Sprachgebrauch nichtauflösbaren Gleichungen kann man nun ähnlich verfahren: Man führt eine solche Gleichung zuerst auf eine Kette von einfachen Gleichungen, d. h. von Gleichungen mit einfacher Galois'scher Gruppe, zurück. Die Reduction einer jeden solchen einfachen Gleichung auf eine Normalgleichung mit derselben Gruppe ist dann eine zweite Aufgabe, welche für sich behandelt werden kann und z. B. bei den Gleichungen fünften Grades ausführlich behandelt worden ist. Bei der Lösung der ersten Aufgabe kommt man mit den natürlichen Irrationalitäten aus.

Man wird dabei allgemein folgendermassen verfahren: Man stellt zunächst eine *einfache* Hülfsgleichung auf, deren Coefficienten dem ursprünglich gegebenen Rationalitätsbereich angehören. Wenn man nun sämmtliche Wurzeln dieser Hülfsgleichung adjungirt, so entsteht ein neuer Rationalitätsbereich. Dieser wird zu Grund gelegt für eine zweite Hülfsgleichung, welche auch eine einfache Gruppe haben soll.

---

*) Klein, Vorlesungen über das Icosaeder und die Auflösung der Gleichungen vom 5ten Grade, Leipzig 1884, p. 157. Den Gegensatz zu den natürlichen Irrationalitäten bilden die *accessorischen*.

Nachher wird die Gesammtheit der Wurzeln der zweiten Hülfsgleichung noch dazu adjungirt und so fortgefahren. Wenn man schliesslich die Wurzeln der letzten Hülfsgleichung adjungirt hat, so sollen die Wurzeln der ursprünglichen Gleichung nunmehr alle rational geworden sein.

Man kann nun fragen, welches die Gruppen der Hülfsgleichungen sein werden, in wie weit diese Gruppen bestimmt sind, wie gross die Zahl der Hülfsgleichungen sein muss, und wie deren Wurzeln, die Hülfsgrössen, beschaffen sein müssen.

Es wird sich zeigen, dass durch die Gruppe der ursprünglich gegebenen Gleichung gewisse vollständig bestimmté einfache Gruppen, die *Factorgruppen*, gegeben sind. Diese letzteren Gruppen müssen unter den Galois'schen Gruppen der Hülfsgleichungen jedenfalls vorkommen. Jede von den Factorgruppen ist unvermeidlich, auch wenn man in der Wahl der Hülfsgrössen aus dem Gebiet der natürlichen Irrationalitäten heraustritt. Es ergiebt sich hieraus ein Minimum für die Anzahl der Hülfsgleichungen. Ausserdem gilt der Satz, dass, wenn die Zahl der Hülfsgleichungen möglichst klein ist, die Hülfsgrössen von selbst alle rational werden in den Wurzeln der ursprünglichen Gleichung.

Den Schlüssel zur Behandlung der erwähnten Fragen bildet ein von Herrn C. Jordan aufgestellter Satz*). Es bedurfte nur einer weiteren Ausführung des Jordan'schen Resultats. Diese Ausführung erhält ein besonderes Interesse durch die Bedeutung der Sache für die Behandlung der höheren Gleichungen und durch das Hervortreten eines bis jetzt nicht hinreichend gewürdigten gruppentheoretischen Begriffs, nämlich des Begriffs der Factorgruppe.

Der Zusammenhang des Ganzen hat es mit sich gebracht, dass viel Bekanntes von Neuem entwickelt worden ist. Es werden im Folgenden nur die elementarsten gruppentheoretischen Begriffe und die Fundamentaleigenschaft der Galois'schen Gruppe einer Gleichung vorausgesetzt werden.

Die Arbeit zerfällt in einen rein gruppentheoretischen und einen algebraischen Theil.

I. Gruppentheoretischer Theil.

§ 1.

Die definirenden Eigenschaften der Gruppen.

Die in diesem Theil entwickelten Sätze gelten für alle Gruppen, die aus einer *endlichen* Anzahl von Operationen bestehen. Die Art

*) Vergl. C. Jordan, Traité des substitutions et des équations algébriques, Paris 1870, p. 269 und 270.

der Operationen ist dabei gleichgültig. Es wird nur die Gruppeneigenschaft vorausgesetzt, welche in die folgenden Bestimmungen zusammengefasst werden kann*):

1) Je zwei Operationen sollen in bestimmter Aufeinanderfolge zusammengesetzt (multiplicirt) eine eindeutig bestimmte Operation ergeben, welche gleichfalls derselben Gesammtheit angehört.

2) Für die Zusammensetzung der Operationen soll das associative Gesetz gelten, während das commutative nicht erfüllt zu sein braucht.

3) Aus jeder der beiden die Operationen A, B, C enthaltenden symbolischen Gleichungen

$$AB = AC, \quad BA = CA$$

soll geschlossen werden können, dass

$$B = C$$

ist.

Eine Folge dieser Bestimmungen im Zusammenhang mit der Endlichkeit der Operationenzahl ist es, dass eine sogenannte *identische* Operation J vorhanden ist, und zwar eine einzige, welche alle anderen bei der Multiplication unverändert lässt, und dass zu jeder Operation A eine eindeutig bestimmte umgekehrte Operation A^{-1} sich findet, so dass

$$AA^{-1} = A^{-1}A = J$$

ist.

§ 2.

Ausgezeichnete Untergruppen.

Wenn die Operationen

$$B, B_1, B_2, \ldots$$

eine „Untergruppe" der Gesammtgruppe bilden, so bilden auch die „mit Hülfe der Operation A transformirten" Operationen

$$A^{-1}BA, \quad A^{-1}B_1A, \quad A^{-1}B_2A, \ldots$$

eine Gruppe, welche selbst als aus der ersten Untergruppe *transformirt* bezeichnet wird.

Eine Untergruppe, welche identisch ist mit den sämmtlichen aus ihr transformirten, ist nach einem Ausdruck des Herrn Klein eine *ausgezeichnete*, nach Herrn König (Math. Annalen Bd. 21) eine *invariante* Untergruppe. Nach der älteren Ausdrucksweise nennt man eine solche Untergruppe „mit den sämmtlichen Operationen der Gesammtgruppe vertauschbar." Wenn nämlich A eine beliebige Operation

*) Hinsichtlich der Gruppendefinition vergl. auch Dyck, Gruppentheoretische Studien, Math. Ann. Bd. XX.

der Gesammtgruppe, und B eine Operation der Untergruppe bedeutet, so sind die Producte AB und BA beziehungsweise in den Formen $B'A$ und AB'' darstellbar, wo B' und B'' passend gewählte Operationen der Untergruppe bedeuten.

Eine ausgezeichnete Untergruppe heisst *ausgezeichnete Maximaluntergruppe*, falls es keine umfassendere sie enthaltende ausgezeichnete Untergruppe der Gesammtgruppe giebt.

§ 3.

Die Factoren der Zusammensetzung.

Von besonderer Wichtigkeit ist eine von Herrn C. Jordan eingeführte Reihe. Wenn nämlich G eine beliebige Gruppe bedeutet, so bilde man eine Reihe von Gruppen

$$G, G', G'', \ldots J$$

derart, dass jede Gruppe dieser Folge eine ausgezeichnete Maximaluntergruppe der vorhergehenden bedeutet, und die letzte, mit J bezeichnete Gruppe nur die identische Operation enthält. Man nennt jede solche Reihe *Reihe der Zusammensetzung*. Wenn nun die Gruppen der Reihe respective

$$n, n', n'', \ldots 1$$

Operationen enthalten, so sind

$$\frac{n}{n'}, \frac{n'}{n''}, \ldots$$

die Zahlen, welche Herr C. Jordan als *Factoren der Composition* in die Theorie eingeführt hat. Diese Factoren sind abgesehen von ihrer Aufeinanderfolge völlig bestimmt trotz der Möglichkeit die Reihe der Zusammensetzung abzuändern*).

Diese Theorie von den Factoren der Zusammensetzung muss aber dahin vertieft werden, dass die Factoren als *Gruppen* aufgefasst werden.

Es wird im nächsten Paragraphen gezeigt werden, dass durch das Verhältniss einer Gruppe zu einer in ihr ausgezeichnet enthaltenen Untergruppe stets eine neue Gruppe von im Allgemeinen anderen Operationen definirt ist. Diese letztere Gruppe ist völlig bestimmt von dem abstracten Standpunkt aus, welcher von dem Inhalt der Operationen absieht und nur deren gegenseitige Verknüpfung betrachtet, welcher deshalb auch eindeutig auf einander beziehbare (*holoedrisch isomorphe*) Gruppen als identisch auffasst**).

*) Vergl. Jordan, Traité des substitutions etc. p. 42.

**) Vergl. die Arbeit des Herrn Dyck in den Math. Ann. Bd. XX.

§ 4.

Der durch eine Gruppe und eine in ihr ausgezeichnet enthaltene Untergruppe definirte Quotient.

Wenn die Symbole

$$B,\ B_1,\ B_2,\ \ldots$$

die Operationen irgend einer Untergruppe H bedeuten, so kann man die sämmtlichen Operationen der Gesammtgruppe G in dem Schema

$$\begin{array}{llll} B, & B_1, & B_2, & \ldots \\ S_1B, & S_1B_1, & S_1B_2, & \ldots \\ S_2B, & S_2B_1, & S_2B_2, & \ldots \\ \cdot & \cdot & \cdot & \cdots \\ S_{n-1}B, & S_{n-1}B_1, & S_{n-1}B_2, & \ldots \end{array}$$

darstellen, wo die Operationen

$$S_1,\ S_2,\ \ldots\ S_{n-1}$$

passend aus der Gesammtheit ausgewählt sind. Dieses Schema findet sich schon bei Cauchy*). Dasselbe dient zum Beweis dafür, dass die Anzahl m der Operationen B, d. h. die Ordnung der Untergruppe, stets ein Theiler von der Gesammtzahl der Operationen, d. h. von der Ordnung der Gesammtgruppe ist.

Wenn nun die Untergruppe eine ausgezeichnete ist, so gilt der Satz, dass zwei beliebige Operationen aus zwei bestimmten Horizontalreihen des gegebenen Schema's in bestimmter Aufeinanderfolge zusammengesetzt eine Operation einer völlig bestimmten Horizontalreihe geben müssen. Wenn nämlich μ, ν, ϱ, σ vier beliebige Indices bedeuten, so ist immer

$$\begin{aligned} S_\nu B_\varrho S_\mu B_\sigma &= S_\nu S_\mu B_{\varrho'} B_\sigma \\ &= S_\varkappa B_\tau B_{\varrho'} B_\sigma, \end{aligned}$$

wo der Index $\varkappa$ nur von μ und ν abhängig ist.

Damit ist eine Zusammensetzung der Horizontalreihen definirt. Man erhält so neue Operationen, welche gleichfalls eine Gruppe bilden. Diese vollständig bestimmte Gruppe ist es, welche in die Betrachtung eingeführt werden soll. Man könnte sie den *Quotienten* der Gruppen G und H nennen, dieselbe soll im Folgenden mit

$$G|\mathsf{H}$$

bezeichnet werden.

---

*) Cauchy: Exercices d'analyse et de physique mathématique, Tome III, p. 184.

§ 5.

Die Ausführungen des vorhergehenden Paragraphen können auch so ausgedrückt werden: Es mögen zwei Operationen der Gesammtgruppe G als *äquivalent* bezeichnet werden, wenn sie in einander übergeführt werden können durch Multiplication mit einer Operation der ausgezeichneten Untergruppe H. Wegen der Vertauschbarkeit der Gruppe H mit den Operationen der Gesammtgruppe braucht man in dieser Definition die Multiplication rechts und links nicht zu unterscheiden. Aus demselben Grund folgt, dass Aequivalentes mit Aequivalentem multiplicirt Aequivalentes giebt. Theilt man also die Operationen der Gesammtgruppe G in Classen ein, indem man äquivalente Operationen in dieselbe Classe setzt und nichtäquivalente Operationen in verschiedene Classen, so erhält man eine Zusammensetzung der Classen, für welche die Gruppeneigenschaft besteht. Je m Operationen der ursprünglichen Gruppe G entspricht eine bestimmte Operation der neuen Gruppe. Die Zusammensetzung der Operationen ist bei beiden Gruppen eine entsprechende, d. h. es besteht zwischen den letzteren ein *Isomorphismus*. Dieser Isomorphismus heisst *meroedrisch*, weil einer Operation der zweiten Gruppe mehrere Operationen der ersten entsprechen.

Aus diesem Isomorphismus kann Folgendes geschlossen werden: Wenn gewisse von den definirten Classen eine ausgezeichnete Untergruppe der Classengruppe $G|$H bilden, so bilden die diesen Classen angehörenden Operationen der ursprünglichen Gruppe G eine ausgezeichnete Untergruppe H′ der letzteren. Ausserdem enthält die Gruppe H′ die Gruppe H in sich, denn die Operationen von H sind diejenigen, welche mit der Identität in dieselbe Classe gehören.

Wenn jetzt H eine ausgezeichnete *Maximal*untergruppe von G bedeutet, so kann eine Gruppe so wie die Gruppe H′ nicht vorhanden sein, es hat desshalb in diesem besonderen Fall auch die Gruppe $G|$H keine ausgezeichnete Untergruppe, ausgenommen die Identität und die Gruppe $G|$H selbst; die Gruppe $G|$H ist also dann *einfach*. Dieser Schluss kann umgedreht werden: Wenn die Gruppe $G|$H einfach ist, so ist die ausgezeichnete Untergruppe H eine ausgezeichnete Maximaluntergruppe.

In allen Fällen ist die Ordnung der Gruppe G gleich dem Product der Ordnungen der Gruppen $G|$H und H. Man kann auch sagen, dass die Gruppe G in zwei Factoren gespalten werde.*) Die Factoren spielen dabei eine verschiedene Rolle. Als erster Factor möge daher

*) Vergl. Dyck, Gruppentheoretische Studien, Math. Ann Bd. XX, p. 14.

stets die Gruppe $G|H$ aufgefasst werden, welche der Gruppe G isomorph ist, als zweiter Factor die Gruppe H, welche eine ausgezeichnete Untergruppe von G ist. Den Ausgangspunkt bildete hier die ausgezeichnete Untergruppe, man hätte aber auch vom meroedrischen Isomorphismus ausgehen können*).

Zu der Aufgabe, eine Gruppe in zwei Factoren zu spalten, kann man sich die umgekehrte stellen: Gegeben zwei Gruppen als Factoren, aus denselben eine Gruppe als Product zusammenzusetzen. Diese Aufgabe lässt manchmal mehrere Lösungen zu, ich hoffe dieselbe bei einer anderen Gelegenheit zu behandeln.

§ 6.

Zerlegung einer Gruppe in Factorgruppen.

Wenn nun eine beliebige Gruppe G gegeben ist, so spaltet man dieselbe zunächst in zwei Factoren, falls sie nicht etwa schon einfach ist. Es kann natürlich sein, dass diese Spaltung auf verschiedene Weisen möglich ist, in diesem Fall wählt man irgend eine Art aus. Nun spaltet man jeden der Factoren, wofern er nicht einfach ist, von Neuem und fährt so fort, bis man nur noch einfache Gruppen hat. Diese einfachen Gruppen sind dann die früher erwähnten Factorgruppen. Man gelangt so zugleich zum Begriff eines Products aus mehreren Gruppen.

Man erhält diese einfachen Factorgruppen auch aus der Reihe der Zusammensetzung (s. § 3). Wenn nämlich

$$G,\ G',\ G'',\ G''',\ \cdots J$$

eine Reihe der Zusammensetzung für die Gruppe G vorstellt, so sind die Gruppen

$$G|G',\ G'|G'',\ G''|G''',\ \cdots$$

alle einfach und es sind dies die Gruppen, um welche es sich handelt. Eine nähere Ueberlegung zeigt, dass man so aus den verschiedenen Reihen der Zusammensetzung dieselben Aggregate einfacher Gruppen erhält, wie durch das im Anfang des Paragraphen auseinandergesetzte Verfahren, welches verschiedener Abänderungen fähig sein kann. Es muss nur im Folgenden noch gezeigt werden, dass diese Aggregate einfacher Gruppen alle identisch sind, d. h. dass alle Reihen der Zusammensetzung, abgesehen von der Reihenfolge, dieselben Factorgruppen ergeben.

Diese Factorgruppen treten bei Herrn Dyck**) schon auf, es fehlt

*) Vergl. Dyck, Gruppentheoret. Studien, diese Ann. Bd. XX, p. 14.

**) Ueber regulär verzweigte Riemann'sche Flächen und die durch sie definirten Irrationalitäten. Inauguraldissertation, München 1879. p. 50.
Vergl. auch Dyck, Math. Ann. Bd. 17, p. 486.

aber dort der Satz, dass diese Gruppen vollständig bestimmt sind trotz der Möglichkeit die Zerlegung auf verschiedene Arten vorzunehmen. In den Werken der H.H. Jordan und Netto kommen die *Gruppen* nicht vor, sondern es sind die Factoren der Zusammensetzung als reine Zahlen aufgefasst. Für die Zahlen ist der entsprechende Satz von Herrn Jordan bewiesen worden. Diesen Beweis von der „Constanz der Factoren der Zusammensetzung" hat Herr Netto erheblich vereinfacht*). Man wird im Folgenden unschwer eine Modification des von Herrn Netto benutzten Gedankenganges erkennen.

§ 7.

Die Gruppe G besitze zwei *von einander verschiedene* ausgezeichnete Maximaluntergruppen H und H'. Die diesen beiden Gruppen gemeinsamen Operationen bilden die Gruppe Γ, und da eine Operation der letzteren Gruppe mit irgend einer Operation der Gesammtgruppe transformirt eine Operation sowohl von H als von H' ergeben muss, so ist die Gruppe Γ in der Gesammtgruppe und also auch in den Gruppen H und H' ausgezeichnet enthalten.

Die Operationen $A, A', A'', \ldots$ der Gruppe H und $B, B', B'', \ldots$ der Gruppe H' sollen auf alle möglichen Arten zusammengesetzt werden. Wofern nun eine so zusammengesetzte Operation, z. B. $ABB'A'$ mit einer beliebigen Operation C der Gesammtgruppe G transformirt wird, so erhält man

$$(C^{-1}AC)\,(C^{-1}BC)\,(C^{-1}B'C)(C^{-1}A'C),$$

also eine Operation, welche selbst aus den Operationen von H und H' sich zusammensetzen lässt. Die durch die Zusammensetzung der Operationen von H und H' gebildete Gruppe ist also eine ausgezeichnete Untergruppe der Gesammtgruppe. Die neue Gruppe müsste aber auch umfassender sein als jede der beiden Gruppen H und H'. Dies ist aber, weil die letzteren Gruppen ausgezeichnete Maximaluntergruppen sind, nur dann möglich, wenn die fragliche neue Gruppe mit der Gesammtgruppe identisch ist.

Ich definire jetzt einen Aequivalenzbegriff, indem ich zwei Operationen der Gruppe G dann als äquivalent bezeichne, wenn die eine dieser Operationen aus der andern sich durch Multiplication mit einer Operation der Gruppe Γ erhalten lässt.

Dadurch werden die Operationen in verschiedene Classen vertheilt. Die Gruppe H enthält die ganze Gruppe Γ und wird also jede Classe von Operationen ganz enthalten, von welcher sie überhaupt einen

*) Cf. Netto, Substitutionentheorie und ihre Anwendung auf die Algebra, Leipzig 1882, p. 87—90.

Theil enthält. Dasselbe gilt von der Gruppe H'. Jede dieser Gruppen kann also als aus einer Anzahl von Classen bestehend betrachtet werden. Da die Classen sich wie die Operationen selbst zusammensetzen, so erscheinen die Gruppen G, H, H' zugleich als Gruppen

$$G|\Gamma,\quad \mathsf{H}|\Gamma,\quad \mathsf{H}'|\Gamma$$

von Operationsclassen, welche letzteren Gruppen zur Abkürzung mit G_0, H_0, H_0' bezeichnet werden mögen.

Die isomorphe Beziehung zwischen den neuen und den ursprünglichen Gruppen (vergl. § 5) lässt erkennen, dass die Gruppe G_0 durch Zusammensetzung der Operationen von H_0 und H_0' muss erzeugt werden können, und dass die beiden letzteren Gruppen ausgezeichnete Maximaluntergruppen der Gruppe G_0 sind. Da die beiden Gruppen H und H' nur diejenigen Operationen gemeinsam enthalten, welche zur Gruppe Γ gehören, so haben die Gruppen H_0 und H_0' nur die identische Classe gemein.

§ 8.

Es mögen mit $S, S_1, S_2, \ldots$ die Operationen der Classengruppe H_0, mit $T, T_1, T_2, \ldots$ die Operationen der Gruppe H_0' bezeichnet werden. Das Product

$$T^{-1}S^{-1}TS$$

kann nun in die beiden Formen

$$(T^{-1}S^{-1}T)\,S,\qquad T^{-1}(S^{-1}TS)$$

gesetzt werden, von welchen die erste zur Anschauung bringt, dass das Product der Gruppe H_0 angehört, die zweite, dass dasselbe auch in der Gruppe H_0' enthalten ist. Es muss also das Product $T^{-1}S^{-1}TS$ gleich der identischen Operation der Gruppe G_0 sein, woraus folgt, dass

$$TS = ST$$

ist. Es sind die sämmtlichen Operationen S mit den sämmtlichen Operationen T vertauschbar.

Man kann also die Operationen der Gruppe G_0, welche sich alle aus den Operationen S und T zusammensetzen lassen, in die Form

$$S_\nu T_\varrho$$

bringen. Diese letztere Darstellung der Operationen ist ausserdem eindeutig. Wäre nämlich

$$S_\nu T_\varrho = S_\mu T_\sigma,$$

so würde daraus

$$S_\mu^{-1} S_\nu = T_\sigma T_\varrho^{-1}$$

folgen; die in diesen beiden Formen dargestellte Operation müsste also in den Gruppen H_0 und H_0' gleichzeitig enthalten sein, folglich mit der identischen Operation übereinstimmen.

Die Formel $S_\nu T_\varrho$ liefert also jede Operation der Gruppe G_0 einmal, und es ist zugleich

$$(S_\nu T_\varrho)(S_\mu T_\sigma) = (S_\nu S_\mu)(T_\varrho T_\sigma).$$

Es soll jetzt ein neuer Aequivalenzbegriff definirt werden: Zwei Operationen der Gruppe G_0 sollen in dieselbe Classe kommen, wenn die eine mit einer Operation S' der Gruppe H_0 multiplicirt der zweiten gleich wird. Jede solche Classe wird dann durch eine bestimmte Operation T charakterisirt, und die so gebildete Gruppe $G_0 | \mathsf{H}_0$ ist identisch mit der Gruppe der Operationen T, d. h. mit der Gruppe H_0'.

Die Gruppe G_0 ist das Product der Gruppen $G_0 | \mathsf{H}_0$ und H_0, d. h. der Gruppen H_0' und H_0. Der vorliegende Fall ist der denkbar einfachste der Productbildung, indem die Operationen der beiden productbildenden Gruppen zugleich dem Product angehören und als vertauschbar und von einander unabhängig erscheinen. Es würde vielleicht nützlich sein, für diesen Fall einen Ausdruck zu besitzen und ein solches Product etwa das *directe* zu nennen. Das directe Product ist durch seine beiden Factoren eindeutig bestimmt, dabei kommt es auch auf die Reihenfolge der Factoren nicht an. Der Begriff des directen Products kann sofort auf den Fall mehrerer Factoren ausgedehnt werden. Herr Dyck*) nennt eine Gruppe, welche so beschaffen ist wie im vorliegenden Fall G_0, eine „eigentlich zerfallende".

§ 9.

Die zuletzt ausgeführte Eintheilung der Operationen der Gruppe G_0 in Classen ist nichts Anderes als eine Eintheilung der früher eingeführten Classen in Classen zweiter Art. Diese neue Eintheilung hätte auch mit einem Schritt gemacht werden können.

Bedeuten C und C_1 zwei Operationen der ursprünglichen Gruppe G, so werden dieselben dann einer und derselben Classe zweiter Art zuzuweisen sein, wenn das Product $C^{-1} C_1$ einer derjenigen Classen erster Art angehört, aus welchen die Gruppe H_0 besteht, d. h. also dann, wenn $C^{-1} C_1$ eine Operation der Gruppe H ist.

Demnach ist die Gruppe $G | \mathsf{H}$ identisch mit der Gruppe $G_0 | \mathsf{H}_0$, von welcher letzteren bewiesen ist, dass sie mit der Gruppe H_0', d. h. mit $\mathsf{H}' | \Gamma$, holoedrisch isomorph ist.

Es kann somit das Resultat so ausgesprochen werden: *Wenn eine Gruppe G zwei verschiedene ausgezeichnete Maximaluntergruppen H und H' besitzt, und die diesen beiden letzteren Gruppen gemeinschaftliche Gruppe mit Γ bezeichnet wird, so sind die Gruppen $G | \mathsf{H}$ und $\mathsf{H}' | \Gamma$ und*

---

*) Vergl. Dyck: Ueber regulär verzweigte Riemann'sche Flächen etc. p. 40 und Mat Ann. Bd. 17, p. 482.

ebenso die Gruppen $G|\mathsf{H}'$ *und* $\mathsf{H}|\Gamma$ *holoedrisch isomorph; die Gruppe* $G|\Gamma$ *ist das directe Product der Gruppen* $\mathsf{H}|\Gamma$ *und* $\mathsf{H}'|\Gamma$.

Aus der Einfachheit der Gruppen $G|\mathsf{H}$ und $G|\mathsf{H}'$ folgt zugleich auch die Einfachheit der Gruppen $\mathsf{H}'|\Gamma$ und $\mathsf{H}|\Gamma$; es ist also Γ eine ausgezeichnete Maximaluntergruppe von H und H'.

§ 10.

Beweis der eindeutigen Bestimmtheit der Factorgruppen.

Jetzt soll der Beweis dafür geführt werden, dass jene Factorgruppen vollständig bestimmt sind. Für die kleinsten Ordnungen ist der Satz selbstverständlich. Es wird desshalb vorausgesetzt, dass der Satz richtig ist für Gruppen, deren Ordnung kleiner oder gleich n ist, und gezeigt, dass er dann auch gelten muss für Gruppen deren Ordnung die Zahl $2n$ nicht übersteigt.

Zu diesem Zweck nehme man an, dass die Gruppe G, deren Ordnung $\leqq 2n$ ist, mehrere Reihen der Zusammensetzung zulasse, darunter die beiden folgenden:

$$1)\quad G,\ \mathsf{H},\ \mathsf{K},\ \ldots I,$$
$$2)\quad G,\ \mathsf{H}',\ \mathsf{K}',\ \ldots I.$$

Von den Gruppen H und H' möge zunächst angenommen werden, dass sie verschieden seien; die denselben gemeinsame Gruppe möge Γ heissen. Man kann dann die Reihen

$$3)\quad G,\ \mathsf{H}\ \ \Gamma,\ \ldots I,$$
$$4)\quad G,\ \mathsf{H}',\ \Gamma,\ \ldots I$$

bilden, welche von dem mit Γ bezeichneten Glied an übereinstimmen und welche beide Reihen der Zusammensetzung für die Gruppe G sind. Die Reihen 3) und 4) geben vermöge des zuletzt bewiesenen Satzes dieselben Factoren. Weil aber die Reihen

$$\mathsf{H},\ \mathsf{K},\ \ldots I,$$
$$\mathsf{H},\ \Gamma,\ \ldots I$$

zugleich Reihen der Zusammensetzung für die Gruppe H sind, deren Ordnung $\leqq n$ ist, so müssen nach Voraussetzung die beiden letzten Reihen, und also auch die Reihen 1) und 3) dieselben Factorgruppen liefern. Dasselbe gilt für 2) und 4) und desshalb ergeben auch die Reihen 1) und 2) abgesehen von der Reihenfolge dieselben Gruppen. Sollten die Gruppen H und H' zusammenfallen, so würde die Uebereinstimmung der aus den Reihen 1) und 2) sich ergebenden Factorgruppen daraus unmittelbar folgen, dass der Satz für die Gruppe H schon als bewiesen zu betrachten ist. Damit ist aber alles gezeigt.

Es kann natürlich auch eine und dieselbe Gruppe mehrmals auftreten, sie muss dann in beiden Reihen gleich oft vorkommen.

Die definirten einfachen Factorgruppen sind also in der That als wesentliche Bestandtheile der Gruppe anzusehen.

§ 11.

Die hier entwickelte Auffassung lässt noch andere Sätze in einem neuen Licht erscheinen. Ausser der Reihe der Zusammensetzung definiren die Herren Jordan und Netto noch die *Hauptreihe:*

$$G, G_1, G_2, \ldots I.$$

Dieselbe ist durch folgende Bestimmungen gegeben:

1) Jede Gruppe der Reihe ist ein Theil der vorangehenden und zugleich in der *Gesammtgruppe* ausgezeichnet enthalten.

2) Es ist nicht möglich zwischen zwei aufeinanderfolgenden Gruppen eine neue so einzuschieben, dass dieselbe eine Untergruppe der vorangehenden ist, die folgende enthält und in der Gesammtgruppe ausgezeichnet enthalten ist.

3) Die letzte Gruppe besteht nur aus der identischen Operation.

Wofern nun $\mu, \mu_1, \mu_2, \ldots, 1$ die Ordnungen der Gruppen bedeuten, so hat Herr C. Jordan auch für die Quotienten $\frac{\mu}{\mu_1}, \frac{\mu_1}{\mu_2}, \ldots,$ welche ganze Zahlen sind, bewiesen, dass dieselben abgesehen von der Reihenfolge vollkommen bestimmt sind, trotzdem man die Hauptreihe unter Umständen auf mehrere Arten bilden kann. Auch der Satz von der Constanz dieser Zahlfactoren lässt sich auf die Gruppen

$$G|G_1, G_1|G_2, \ldots$$

übertragen.

Aus einer Hauptreihe kann nun eine Reihe der Zusammensetzung abgeleitet werden, indem man zwischen den Gruppen der ersteren nöthigenfalls weitere Gruppen einschiebt. Wenn auf diese Weise eine der Zahlen $\frac{\mu}{\mu_1}, \frac{\mu_1}{\mu_2}, \ldots$ in ein Product zerlegt wird, so wird dieselbe, wie Herr C. Jordan bewiesen hat*), in ein Product gleicher Factoren zerlegt.

Dieser Satz kann nunmehr so ausgesprochen werden:

Jede der aus der Hauptreihe abgeleiteten Gruppen

$$G|G_1, \quad G_1|G_2, \ldots,$$

welche nicht einfach ist, stellt sich als directes Product von mehreren unter einander holoedrisch isomorphen einfachen Gruppen dar.

---

*) Traité des substitutions etc. p. 48.

Für die letzte von den erwähnten Gruppen ist dieser Satz in anderer Form in dem Werke des Herrn Netto*) ausgesprochen.

Die zuletzt ohne Beweis ausgesprochenen Sätze werden im Folgenden nicht gebraucht werden.

II. Algebraischer Theil.

§ 12.

Die constituirenden Eigenschaften der Gleichungsgruppe.

Es sei eine Gleichung

$$F(x) = 0$$

vom n^{ten} Grad vorgelegt. Ein gegebener Rationalitätsbereich (r) bilde für das Folgende die Grundlage; es müssen demselben natürlich die Coefficienten der Gleichung angehören. Die Wurzeln der Gleichung mögen $\xi_1, \xi_2, \ldots \xi_n$ genannt werden. Diese Grössen ξ sollen alle von einander verschieden sein, während im Uebrigen die Gleichung keiner Beschränkung unterliegt, insbesondere auch reducibel sein darf.

Es existirt nun immer eine Gruppe Γ von Vertauschungen der Grössen ξ, so dass der folgende Satz gilt:

Eine rationale Function von $\xi_1, \xi_2, \ldots \xi_n$ hat dann und nur dann einen rationalen Werth, wenn sie bei den Vertauschungen der Gruppe Γ numerisch unverändert bleibt.

Was als rational zu betrachten ist, wird durch den gegebenen Bereich (r) bestimmt, dem auch die Coefficienten der rationalen Functionen von $\xi_1, \xi_2, \ldots \xi_n$ angehören müssen.

Die Gruppe Γ ist die der Gleichung $F(x) = 0$ zugehörende Galois'sche Gruppe**).

§ 13.

Eine Vertauschung S, welche jede rationale Function von $\xi_1, \xi_2, \ldots \xi_n$ mit rationalem Werth numerisch ungeändert lässt, muss der Galois'schen Gruppe Γ angehören.

Man kann nämlich rationale Functionen der Grössen ξ bilden, die bei einer beliebig gegebenen Substitutionsgruppe unverändert bleiben und bei allen anderen Vertauschungen sich ändern. Bildet man nun eine Function, welche nur für die Substitutionen von Γ invariant ist, so muss diese einen rationalen Werth haben, sie kann

---

*) Vergl. p. 95, Lehrsatz XXI, Zusatz IV.

**) Galois Werke p. 37. Es ist zu bemerken dass a. a. O. die Permutationen zur Darstellung benutzt sind und daselbst nicht gezeigt ist, dass die zugehörigen Substitutionen eine Gruppe bilden. Vergl. in dieser Hinsicht C. Jordan, Traité des substitutions etc. p. 258.

also auch durch die Substitution S nicht geändert werden. Somit muss diese Vertauschung S auch der Galois'schen Gruppe angehören.*)

Durch dieses Verhalten sind also die Substitutionen der Gruppe Γ bestimmt. *Die Gruppe selbst ist somit durch ihre charakteristische Eigenschaft eindeutig definirt.*

§ 14.

Ueber numerische Unveränderlichkeit im Gegensatz zur formellen.

Es handelt sich hier immer um die *numerische* Unveränderlichkeit nicht um die *formelle*. Wenn die rationale Function $\varphi(\xi_1, \xi_2, \dots \xi_n)$ numerisch unverändert bleiben soll, falls an die Stelle von $\xi_1, \xi_2, \dots \xi_n$ dieselben Grössen in der neuen Reihenfolge $\xi_{i_1}, \xi_{i_2}, \dots \xi_{i_n}$ gesetzt werden, so besagt diess, dass *vermöge der Werthe der Wurzeln* ξ die Gleichung

$$\varphi(\xi_1, \xi_2, \dots \xi_n) = \varphi(\xi_{i_1}, \xi_{i_2}, \dots \xi_{i_n})$$

besteht. Dabei muss man sich für die Function φ einen *ganz bestimmten Ausdruck* gegeben denken. Wenn die Vertauschung

$$\begin{pmatrix} \xi_1, & \xi_2, & \dots & \xi_n \\ \xi_{i_1}, & \xi_{i_2}, & \dots & \xi_{i_n} \end{pmatrix}$$

eine beliebige ist, so gilt keineswegs für jeden dem Ausdruck $\varphi(\xi_1, \xi_2, \dots \xi_n)$ numerisch gleichen, aber formell von demselben verschiedenen Ausdruck $\psi(\xi_1, \xi_2, \dots \xi_n)$ die entsprechende Gleichung

$$\psi(\xi_1, \xi_2, \dots \xi_n) = \psi(\xi_{i_1}, \xi_{i_2}, \dots \xi_{i_n}).$$

Dagegen kann das letztere allerdings behauptet werden, wenn die in Frage stehende Vertauschung der Grössen ξ der Galois'schen Gruppe der Gleichung angehört.

Angenommen nämlich, dass für irgend zwei Functionen φ und ψ die Differenz

$$\varphi(\xi_1, \xi_2, \dots \xi_n) - \psi(\xi_1, \xi_2, \dots \xi_n)$$

den Werth Null, also einen dem Rationalitätsbereich angehörigen Werth besitzt, so wird dieselbe sich nicht ändern, wenn man irgend eine Vertauschung der Gruppe in ihr vornimmt.

Es ist also auch, wenn die Vertauschung der Gruppe angehört,

$$\varphi(\xi_{i_1}, \xi_{i_2}, \dots \xi_{i_n}) - \psi(\xi_{i_1}, \xi_{i_2}, \dots \xi_{i_n}) = 0.$$

Wenn nun die Functionen φ bei der Vertauschung

$$\begin{pmatrix} \xi_1, & \xi_2, & \dots & \xi_n \\ \xi_{i_1}, & \xi_{i_2}, & \dots & \xi_{i_n} \end{pmatrix}$$

---

*) Cf. J. A. Serret, Cours d'algèbre supérieure cinquième édition, Paris 1885, T. II, p. 642.

ungeändert bleibt, so folgt, dass auch die Function ψ bei derselben Vertauschung ungeändert bleibt. Wenn aber die Function φ sich in eine Function $\chi(\xi_1, \xi_2, \ldots \xi_n)$ mit numerisch anderem Werth ändert, so ändert sich auch die Function ψ in eine Function, die mit χ denselben Werth hat.

Man kann demnach auch sagen, dass die in den Wurzeln $\xi_1 \ldots \xi_n$ rationale *Grösse* φ bei der Vertauschung im einen Fall unverändert bleibe, im andern Fall in die Grösse χ übergehe. Man kann von der Art der Darstellung einer in den Wurzeln rationalen Grösse abstrahiren; es ist aber dann nothwendig, dass man sich auf die Vertauschungen der Galois'schen Gruppe der Gleichung beschränkt.

§ 15.

Es gehe der Ausdruck $\varphi(\xi_1, \xi_2, \ldots \xi_n)$ durch eine Vertauschung S in den Ausdruck $\varphi_1(\xi_1, \xi_2, \ldots \xi_n)$ über, und ebenso gehe der dem Ausdruck φ_1 numerisch gleiche Ausdruck $\psi_1(\xi_1, \xi_2, \ldots \xi_n)$ durch die Vertauschung T in $\psi_2(\xi_1, \xi_2, \ldots \xi_n)$ über. Die zweite Vertauschung T möge nun jedenfalls der Galois'schen Gruppe angehören. Dann wird der Ausdruck φ_1 durch dieselbe Vertauschung T in einen dem Ausdruck ψ_2 numerisch gleichen Ausdruck $\varphi_2(\xi_1, \xi_2, \ldots \xi_n)$ übergehen. Dann aber wird der letzte Ausdruck vermöge der Vertauschung ST direct aus $\varphi(\xi_1, \xi_2, \ldots \xi_n)$ hervorgehen.

Dabei verstehe ich also das Zeichen ST so, dass zum Zweck der Zusammensetzung der Vertauschungen S und T die links stehende Vertauschung S zuerst vorgenommen wird.

Es folgt aus dem Vorhergehenden der Satz: Wenn die in den Wurzeln rationale Grösse g durch die der Gleichungsgruppe angehörende Vertauschung S in die Grösse g_1 übergeht, und die Grösse g_1 durch die gleichfalls der Gruppe angehörende Vertauschung T in die Grösse g_2, so geht die Grösse g in g_2 über durch die Vertauschung ST.

Man erhält aus diesem Satz das Corollar:

Die Gesammtheit der Vertauschungen der *Galois'schen Gruppe*, welche eine Grösse numerisch ungeändert lassen, bildet immer eine Gruppe.

Es gilt diess durchaus nicht immer von der Gesammtheit *aller* Vertauschungen, welche eine Function numerisch ungeändert lassen*).

*) Weil in diesem Punkt schon gefehlt worden ist, mag ein Beispiel hier Platz finden: Es werde die Gleichung

$$x^{n-1} + x^{n-2} + \cdots + x + 1 = 0$$

betrachtet und

$$\xi_\nu = e^{\frac{2\pi i \nu}{n}}$$

Es ist also gestattet, mit den in den Wurzeln der Gleichung rationalen Grössen hinsichtlich der Vertauschungen der Gleichungsgruppe ganz ebenso zu verfahren, als ob es sich um Functionen von unabhängigen Veränderlichen handelte.

§ 16.

Conjugirte Werthe.

Insbesondere kann man die Betrachtungen übertragen, welche bei Functionen von unabhängigen Veränderlichen über die „conjugirten" Functionen angestellt werden können. Es sei g_1 eine in den Wurzeln der gegebenen Gleichung $F(x) = 0$ rationale Grösse, welche vermöge der Vertauschungen der Gruppe Γ der Gleichung die verschiedenen Werthe

$$g_1, g_2, \ldots g_\varkappa$$

und nur diese anzunehmen fähig ist. Wenn nun S eine Vertauschung bedeutet, welche die Grösse g_1 numerisch unverändert lässt, und T eine Vertauschung, welche g_1 in g_2 überführt, so wird die Vertauschung $T^{-1}ST$ die Grösse g_2 unverändert lassen. Bei näherer Ueberlegung ergiebt sich hieraus, dass die Gruppe derjenigen Vertauschungen von Γ, welche die Grösse g_2 unverändert lässt, aus der Gruppe H der Vertauschungen von Γ, welche g_1 unverändert lässt, durch Transformation hervorgeht. Entsprechendes gilt von den übrigen Grössen g, und man erkennt zugleich, dass man in den Gruppen, welche $g_2, g_3, \ldots g_\varkappa$ unverändert lassen, auch alle Gruppen besitzt, welche aus der Gruppe H durch Transformation erhalten werden können. Die Ordnung einer jeden von diesen Gruppen ist der $\varkappa^{\text{te}}$ Theil der Ordnung der Gruppe Γ.

Jede Vertauschung der Wurzeln ξ der Gleichung

$$F(x) = 0,$$

welche in der Gruppe Γ der Gleichung enthalten ist, ergiebt in den Grössen $g_1, g_2, \ldots g_\varkappa$ ausgeführt eine Vertauschung der letzteren. Dabei wird das Product zweier Vertauschungen der Grössen ξ dem in derselben Aufeinanderfolge gebildeten Product der entsprechenden Ver-

---

gesetzt. Die Gesammtheit der Vertauschungen der Grössen $\xi_1, \xi_2, \ldots \xi_{n-1}$, welche den Ausdruck $\xi_1 \cdot \xi_{n-1}$ numerisch ungeändert lassen, bilden niemals eine Gruppe, wenn $n > 5$ ist.

Der von Herrn Söderberg gegebene neue Beweis für das Galois'sche Fundamentaltheorem ist falsch (vergl. Deduktion af nödvändiga och tillräckliga vilkoret för möjligheten af algebraiska eqvationers solution med radikaler, Upsala Universitets Arsskrift 1886 und Acta Mathematica 11 : 3, p. 297). Der ganze Beweis beruht auf der stillschweigendend eingeführten Annahme, dass die Gesammtheit der Substitutionen, welche eine Function der Wurzeln numerisch ungeändert lassen, eine Gruppe bilde.

tauschungen der Grössen g entsprechen. Sämmtliche Vertauschungen der Grössen g, welche man auf diese Weise erhalten kann, bilden also eine Gruppe G. Diese Gruppe ist der Gruppe Γ isomorph. Jeder Vertauschung von Γ entspricht eine Vertauschung von G. Einer Vertauschung der Gruppe G können aber mehrere Vertauschungen der Gruppe Γ entsprechen; in diesem Fall ist der Isomorphismus meroedrisch.

§ 17.

Für das Folgende ist der Fall von besonderer Wichtigkeit, in welchem die Gruppe H von Vertauschungen der Grössen ξ, für welche g_1 sich nicht ändert, in der Gruppe Γ ausgezeichnet enthalten ist. Es ist dann auch H die Gruppe der Vertauschungen von Γ, welche g_2 ungeändert lassen, ebenso $g_3, \ldots g_\varkappa$. Jede Vertauschung der Grössen ξ, welche eine der Grössen g ungeändert lässt, lässt alle ungeändert.

Zwei Vertauschungen S und T der Gleichungsgruppe werden dieselbe Vertauschung der Grössen g nach sich ziehen, wenn die Vertauschung $S^{-1}T$ die Grössen g ungeändert lässt, d. h. wenn $S^{-1}T$ der Gruppe H angehört.

Wenn also die Vertauschungen der Gruppe Γ in der früher ausgeführten Weise in Classen eingetheilt werden mit Hülfe der ausgezeichneten Untergruppe H, so kommen solche Vertauschungen in dieselbe Classe und nur solche, denen dieselbe Vertauschung der Grössen g entspricht.

Es folgt daraus, dass die Gruppe G von Vertauschungen der Grössen $g_1, g_2, \ldots g_\varkappa$ in diesem Fall mit der Gruppe $\Gamma \mid \mathsf{H}$ holoedrisch isomorph ist. Vom abstracten Standpunkte aus, sind diese Gruppen also als identisch zu betrachten.

§ 18.

Adjunction einer natürlichen Irrationalität.

Bis jetzt ist der in § 12 eingeführte Rationalitätsbereich $(\mathfrak{r})$ durchaus festgehalten worden. Es ist für die Theorie wesentlich, dass man in der Auffassung von dem, was als rational gelten soll, eine Aenderung eintreten lassen kann. Man kann den Rationalitätsbereich erweitern, in den Rationalitätsbereich $(\mathfrak{r}')$, indem man irgend welche Irrationalitäten „adjungirt". Es kann dann durch diese Adjunction die Gruppe eine andere werden.

Zunächst möge nun irgend eine in den Wurzeln ξ der Gleichung rationale Grösse g_1 adjungirt werden. Nach der Adjunction sei Γ' die Gruppe der Gleichung. Was früher als rational betrachtet wurde, ist es jetzt a fortiori. Die rationalen Functionen von $\xi_1, \xi_2, \ldots \xi_n$, deren Werth und deren Coefficienten dem alten Bereich $(\mathfrak{r})$ angehören, müssen somit alle auch bei den Vertauschungen der neuen Gruppe ungeändert bleiben. Also muss (§ 13) die Gruppe Γ' in der Gruppe Γ enthalten sein.

Die Grösse g_1 ist darstellbar durch einen in $\xi_1, \xi_2, \ldots \xi_n$ rationalen Ausdruck, dessen Coefficienten dem Rationalitätsbereich $(\mathfrak{r})$ angehören. Diejenigen Vertauschungen der Gruppe Γ, bei welchen dieser Ausdruck numerisch ungeändert bleibt, bilden eine nicht nothwendig ausgezeichnete Untergruppe H. Da nun der Werth dieses Ausdrucks im neuen Rationalitätsbereich $(\mathfrak{r}')$ liegt, und die Coefficienten desselben zugleich dem Bereich $(\mathfrak{r}')$ mit angehören, so müssen die Vertauschungen der neuen Gruppe Γ' unter den Vertauschungen von H auftreten.

Es ist noch zu zeigen, dass auch alle Vertauschungen der Gruppe H in der Gruppe Γ' vorkommen. Zu diesem Zweck beweist man (Vergl. § 13), dass jede Vertauschung von H alle Functionen der Wurzeln unverändert lässt, welche nunmehr einen rationalen Werth besitzen. In die Coefficienten dieser rationalen Functionen muss man aber jetzt auch die Grösse g_1 mit hineinnehmen. Es können also die rationalen Functionen der Wurzeln, welche nun in Betracht kommen, in die Form

$$\chi(g_1;\ \xi_1, \xi_2, \ldots \xi_n)$$

gesetzt werden, wo jetzt die Coefficienten der Function χ dem alten Rationalitätsbereich $(\mathfrak{r})$ angehören. Soll der Werth der Function im neuen Rationalitätsbereich $(\mathfrak{r}')$ liegen, so ist

$$\chi(g_1;\ \xi_1, \xi_2, \ldots \xi_n) = \omega(g_1),$$

wo jetzt alle Coefficienten dem Bereich $(\mathfrak{r})$ angehören. In dieser Gleichung darf nun zwischen den Grössen ξ (Vergl. § 14) jede Vertauschung der Gruppe Γ vorgenommen werden; diese Vertauschung ist aber auch innerhalb der Grösse g_1 auszuführen. Ich mache jetzt eine der Gruppe H angehörende Vertauschung. Diese ändert die Grösse g_1 nicht. Es ändert sich also die rechte Seite der letzten Gleichung gar nicht, und auf der linken Seite wird dasselbe Resultat erhalten, wie wenn man die Grössen $\xi_1, \xi_2, \ldots \xi_n$ nur in so weit unter einander vertauscht hätte, als sie explicite im Ausdruck auftreten. Es ist damit gezeigt, dass ein in den Wurzeln rationaler Ausdruck, dessen Werth rational ist und dessen Coefficienten rational sind, niemals durch eine Substitution der Gruppe H geändert werden kann, wobei der Begriff des Rationalen jetzt durch den Bereich $(\mathfrak{r}')$ fixirt ist. Es ist also die Gruppe H in der Gruppe Γ' enthalten und es folgt daraus in Verbindung mit dem früher bewiesenen, dass diese beiden Gruppen identisch sind.

*Durch die Adjunction der in den Wurzeln der Gleichung rationalen Grösse g_1 wird also die Gruppe der Gleichung auf denjenigen Theil ihrer Substitutionen reducirt, welcher die Grösse g_1 ungeändert lässt**).

---

*) Cf. C. Jordan Traité des substitutions etc. p. 261.

Wenn also die Grösse g_1 nicht dem ursprünglichen Rationalitätsbereich angehört, so wird nach der Adjunction die Ordnung der Gruppe wirklich kleiner sein, somit die Gleichung ein einfacheres Problem darstellen.

§ 19.

Die Gleichung für die adjungirte Irrationalität.

Es fragt sich aber, durch was für eine Gleichung nun die Grösse g_1 bestimmt wird. Die Werthe, welche diese Grösse vermöge der Vertauschungen der Gruppe Γ annimmt, seien

$$g_1, g_2, \ldots g_\varkappa.$$

Es wird dann die Gleichung

$$(x - g_1)(x - g_2) \ldots (x - g_\varkappa) = 0,$$

welche zur Abkürzung mit

$$f(x) = 0$$

bezeichnet werden möge, durch die Grösse g_1 befriedigt werden. Die Coefficienten der Gleichung sind rationale Functionen der Grössen ξ und werden durch die Vertauschungen der Gruppe Γ nicht geändert, sind also Grössen des Bereichs ($\mathfrak{r}$). Die Gleichung ist auch irreducibel. Wenn nämlich irgend eine Function $f_0(x)$, deren Coefficienten dem Bereich ($\mathfrak{r}$) angehören, für $x = g_1$ verschwindet, so kann man in der Gleichung

$$f_0(g_1) = 0$$

die Substitutionen der Gruppe Γ ausführen, woraus dann folgt, dass auch

$$f_0(g_2) = \cdots = f_0(g_\varkappa) = 0$$

ist.

Um die Gruppe der Gleichung

$$f(x) = 0$$

zu finden, betrachte man eine rationale Function der Grössen

$$g_1, g_2, \ldots g_\varkappa.$$

Diese Function ist zugleich eine rationale Function von $\xi_1, \xi_2, \ldots \xi_n$; die Coefficienten gehören in beiden Fällen dem ursprünglichen Rationalitätsbereich an. Die fragliche Function wird nun einen rationalen Werth haben oder nicht, je nachdem die Substitutionen der Gruppe Γ sie unverändert lassen oder nicht. Die Wirkung jeder dieser Substitutionen der Grössen ξ auf die Function kommt einer Vertauschung der Grössen g gleich. Die Gesammtheit der so entstehenden Vertauschungen der Grössen $g_1, g_2, \ldots g_\varkappa$ bildet die früher mit G bezeichnete Gruppe. Diese Gruppe wird somit die der Gleichung $f(x) = 0$ zugehörige sein.*)

*) Vergl. z. B. F. Klein Vorlesungen über das Ikosaeder etc. pag. 88.

Wenn insbesondere die Vertauschungen der Gruppe Γ, welche die Grösse g_1 nicht ändern, eine *ausgezeichnete* Untergruppe H der Gruppe Γ bilden, so ist die Gruppe der Gleichung $f(x) = 0$ holoedrisch isomorph mit der mit dem Symbol Γ | H bezeichneten Gruppe.

§ 20.

Ueber die Reduction einer Gleichung mit zusammengesetzter Gruppe.

Die Aufgabe, die Wurzeln einer Gleichung von der Gruppe Γ zu bestimmen, kann also in zwei Schritte zerlegt werden, wenn die Gruppe eine ausgezeichnete Untergruppe H besitzt. Es ist zuerst eine Gleichung von der Gruppe Γ | H zu bilden, und indem man nun eine Wurzel der letzteren Gleichung als rational bekannt annimmt, hat man zur Bestimmung der gesuchten Wurzeln noch die ursprüngliche Gleichung, welche jetzt die Gruppe H besitzt.

Ich betrachte noch den speciellen Fall, in welchem die Gruppe Γ als das *directe* Product der Gruppen Γ | H und H sich darstellt. Man kann in diesem Fall (Vergl. § 8) aus den einzelnen Classen der Substitutionen von Γ, welche die Gruppe Γ | H constituiren, je eine Substitution so auswählen, dass die Gesammtheit der ausgewählten Substitutionen eine in Γ ausgezeichnete Untergruppe H′ bildet. Die Gruppen H und H′ haben dann ausser der Identität keine Substitution gemein.

Man kann nun in diesem Fall ausser der Grösse g_1, welche bei den Substitutionen der Gruppe H ungeändert bleibt, eine zweite in den Gleichungswurzeln rationale Grösse g' einführen, welche bei den Substitutionen der Gruppe H′ und nur bei diesen ungeändert bleibt. Aus den Grössen g_1 und g' kann man jetzt eine neue

$$ag_1 + bg'$$

linear zusammensetzen, welche die Eigenschaft hat durch jede Substitution der Gruppe Γ, ausser der identischen, geändert zu werden. Die Adjunction dieser linearen Function reducirt die Gruppe der ursprünglichen Gleichung auf die Identität. Die Wurzeln der vorgegebenen Gleichung sind also in g_1 und g' rational.*)

Man hat also in diesem besonderen Fall eine Wurzel einer Gleichung von der Gruppe Γ | H oder H′ zu bestimmen, dann, unter Festhaltung des ursprünglichen Rationalitätsbereichs, eine Wurzel einer Gleichung von der Gruppe Γ | H′ oder H zu bestimmen; aus den beiden so gewonnenen Irrationalitäten kann man dann die Wurzeln der gegebenen Gleichung unmittelbar zusammensetzen.

Für eine Gleichung mit beliebiger Gruppe Γ gewinnt man durch

---

*) Hinsichtlich des Verhältnisses der drei Irrationalitäten g_1, g' und $ag_1 + bg'$ vergl. auch Kneser, Math. Ann. Bd. 30 p. 179.

Wiederholung des am Anfang dieses Paragraphens auseinandergesetzten Verfahrens das Resultat: Jede Gleichung lässt sich auf eine Kette von Gleichungen mit einfachen Gruppen zurückführen. Die dabei auftretenden Gruppen sind die früher definirten Factorgruppen der Gruppe Γ. Die Wurzeln der Hülfsgleichungen sind rational in den Wurzeln der ursprünglichen Gleichung.

§ 21.

Adjunction accessorischer Irrationalitäten.

Die wesentlichste Aufgabe ist jetzt die, zu beweisen, dass diese einfachen Gruppen unvermeidlich*) sind und sich auch nicht umgehen lassen, wenn man als Hülfsgrössen „accessorische" Irrationalitäten einführt, d. h. solche, welche sich nicht aus den Wurzeln der gegebenen Gleichung rational zusammensetzen.

Zu diesem Ziel führt der schon einmal citirte Satz von Herrn C. Jordan**). Ich reproducire denselben hier mit sammt dem Beweise, indem ich ihn zugleich in der Richtung vervollständige, welche durch den früher gewonnenen gruppentheoretischen Begriff gegeben ist:

Wenn die Gruppe G einer Gleichung $F(x) = 0$ bei der Adjunction der sämmtlichen Wurzeln einer zweiten Gleichung $\mathfrak{F}(x) = 0$ sich auf die Gruppe G' reducirt, so reducirt sich auch die Gruppe $\mathfrak{G}$ der zweiten Gleichung bei der Adjunction der sämmtlichen Wurzeln der ersten Gleichung auf eine Gruppe $\mathfrak{G}'$; G' und $\mathfrak{G}'$ sind ausgezeichnete Untergruppen von G beziehungsweise $\mathfrak{G}$. Dabei sind die durch die Symbole $G \mid G'$ und $\mathfrak{G} \mid \mathfrak{G}'$ dargestellten Gruppen holoedrisch isomorph.

Der Rationalitätsbereich für die beiden Gleichungen $F(x) = 0$ und $\mathfrak{F}(x) = 0$ wird ursprünglich als ein und derselbe vorausgesetzt.

§ 22.

Zum Beweis bilde man eine rationale Function g_1 der Wurzeln $\xi_1, \xi_2, \ldots \xi_n$ der ersten Gleichung, so dass diese Function bei den Vertauschungen der Gruppe G' sich nicht ändert und bei allen anderen Vertauschungen eine Aenderung ihres Werths erfährt. Die Coefficienten der Function sollen dem ursprünglichen Rationalitätsbereich angehören, der wieder mit $(\mathfrak{r})$ bezeichnet werden möge. Es ist dann nach Voraussetzung

---

*) Dies ist auch die Verallgemeinerung der von Galois ausgesprochenen Thatsache, dass eine Gleichung mit einfacher Gruppe durch Transformation nicht auf Gleichungen mit kleineren Gruppen reducirt werden kann. Vergl. den berühmten Brief an Chevalier in den Galois'schen Werken p. 25: „on aura beau transformer cette équation" etc.

**) Traité des subst. etc. pg. 269, 270.

$$g_1 = \varphi_1(\eta_1, \eta_2, \ldots \eta_m),$$

wenn $\eta_1, \eta_2, \ldots \eta_m$ die Wurzeln der Gleichung $\mathfrak{F} = 0$ bedeuten. Nun sollen $g_1, g_2, \ldots g_\varkappa$ die sämmtlichen numerisch verschiedenen Werthe bedeuten, welche die Grösse g_1 durch die in der Gruppe G enthaltenen Vertauschungen der Grössen $\mathfrak{x}$ erhalten kann. Die Gruppe G' enthält also den $\varkappa^{\text{ten}}$ Theil der Substitutionen der Gruppe G. Ferner seien $\varphi_1, \varphi_2, \ldots \varphi_l$ die sämmtlichen numerisch verschiedenen Werthe, welche die Grösse φ_1 vermöge der Gruppe $\mathfrak{G}$ von Vertauschungen der Grössen η erhält. Sowohl die $\varkappa$ Grössen g, als auch die l Grössen φ sind Wurzeln einer irreducibeln Gleichung. Diese beiden irreducibeln Gleichungen haben die eine Wurzel $g_1 = \varphi_1$ jedenfalls gemeinsam, dieselben müssen also vollständig übereinstimmen. Es werden also die Grössen $g_1, g_2, \ldots g_\varkappa$ mit den Grössen $\varphi_1, \varphi_2, \ldots \varphi_l$ abgesehen von der Ordnung zusammenfallen, woraus zugleich folgt, dass $\varkappa = l$ ist.

Die Grössen $\varphi_1, \varphi_2, \ldots \varphi_l$ sind rationale Functionen der Grössen $\eta_1, \eta_2, \ldots \eta_m$ und der Grössen des Bereichs $(\mathfrak{r})$. Es sind also die Grössen $g_1, g_2, \ldots g_\varkappa$ alle rational, nachdem man der ersten Gleichung die sämmtlichen Grössen η adjungirt hat. Es folgt daraus, dass die Grössen g, aufgefasst als Functionen der Grössen $\mathfrak{x}$, bei den Vertauschungen der Gruppe ungeändert bleiben, welche nach der Adjunction der Gleichung $F(x) = 0$ zugehört, d. h. bei den Vertauschungen der Gruppe G'. Andererseits bildet die Gesammtheit der Substitutionen der Gruppe G, welche die Grösse g_2 numerisch ungeändert lassen, eine Gruppe, welche aus G' durch Transformation hervorgeht, welche also auch mit G' dieselbe Ordnung haben muss. Diese transformirte Gruppe muss zugleich die Gruppe G' selbst enthalten, ist also mit der letzteren identisch. Dasselbe gilt für die Gruppen, welche die übrigen Grössen g ungeändert lassen, woraus folgt, dass G' eine ausgezeichnete Untergruppe der Gruppe G ist.

Die Gruppe der irreducibeln Gleichung $f(x) = 0$, welcher die Grösse g_1 genügt, ist also (s. § 19) mit der Gruppe $G \mid G'$ holoedrisch isomorph.

Nun sei $\mathfrak{H}$ die Gesammtheit der in der Gruppe $\mathfrak{G}$ enthaltenen Vertauschungen der Grössen η, welche die Function

$$\varphi_1(\eta_1, \eta_2, \ldots \eta_m)$$

ungeändert lassen. Da die Grösse φ_1 Wurzel einer irreducibeln Gleichung vom $\varkappa^{\text{ten}}$ (l^{ten}) Grad ist, wird nach § 16 und § 19 die Gruppe $\mathfrak{H}$ den $\varkappa^{\text{ten}}$ Theil der Substitutionen der Gruppe $\mathfrak{G}$ enthalten. Die Adjunction der Grösse φ_1 oder, was dasselbe ist, g_1 wird also die Gruppe $\mathfrak{G}$ der Gleichung $\mathfrak{F} = 0$ auf den $\varkappa^{\text{ten}}$ Theil ihrer Substitutionen reduciren (§ 18).

Die Grösse g_1 ist in den Grössen $\mathfrak{x}_1, \mathfrak{x}_2, \ldots \mathfrak{x}_n$ rational. Wenn man also die letzteren Grössen der Gleichung $\mathfrak{F} = 0$ adjungirt, so wird dieselbe eine Gruppe erhalten, welche eine Untergruppe der Gruppe $\mathfrak{H}$ ist, falls sie nicht mit dieser zusammenfällt. Die Gruppe $\mathfrak{G}'$ ist also in der Gruppe $\mathfrak{H}$ enthalten.

Man hat also das Resultat: Die Gruppe der Gleichung $\mathfrak{F} = 0$ wird durch die Adjunction der sämmtlichen Wurzeln der Gleichung $F = 0$ mindestens auf den $\varkappa^{\text{ten}}$ Theil reducirt, wenn die Gruppe der Gleichung $F = 0$ durch die Adjunction der Wurzeln der anderen genau auf den $\varkappa^{\text{ten}}$ Theil reducirt wird. Dieser Schluss kann aber umgekehrt werden, indem man die Gleichungen $F = 0$ und $\mathfrak{F} = 0$ in dem Ausspruch desselben vertauscht. Es folgt daraus, dass auch die Gruppe der Gleichung $\mathfrak{F} = 0$ durch die Adjunction der Wurzeln der andern genau auf den $\varkappa^{\text{ten}}$ Theil reducirt wird. Nach der Adjunction ist $\mathfrak{G}'$ die Gruppe, diese muss also mit $\mathfrak{H}$, d. h. mit der Gesammtheit der Substitutionen von $\mathfrak{G}$, welche die Function $\varphi_1(\eta_1, \eta_2, \ldots \eta_m)$ unverändert lassen, vollständig zusammenfallen.

Die Gruppe $\mathfrak{G}'$ ist nun eine ausgezeichnete Untergruppe von $\mathfrak{G}$ aus demselben Grund, aus dem G' in G ausgezeichnet enthalten ist. Die irreducible Gleichung, welcher die Grösse φ_1 genügt, hat also nach § 19 eine Gruppe, welche der mit dem Symbol $\mathfrak{G} \mid \mathfrak{G}'$ bezeichneten holoedrisch isomorph ist.

Diese Gleichung ist aber mit der Gleichung $f(x) = 0$ identisch. Die Gruppen $G|G'$ und $\mathfrak{G} | \mathfrak{G}'$ sind demnach holoedrisch isomorph.

Wenn insbesondere die Gruppe $\mathfrak{G}$ einfach ist, so muss bei der Adjunction, falls überhaupt eine Reduction der Gruppen eintreten soll, die Gruppe $\mathfrak{G}$ sich auf die Identität reduciren. Es ist dann die Gruppe $G|G'$ mit der Gruppe $\mathfrak{G}$ selbst holoedrisch isomorph. Die sämmtlichen Wurzeln der zweiten Gleichung $\mathfrak{F}(x) = 0$ sind in diesem Fall rational in den Wurzeln der ersten Gleichnng $F(x) = 0$.*)

§ 23.

Lösung des im Eingang gestellten Problems.

Nun kann man zur Beantwortung der in der Einleitung aufgeworfenen Frage schreiten; dieselbe soll gleich etwas allgemeiner gefasst werden.

Es sei eine Gleichung $F(x) = 0$ vorgelegt, deren Coefficienten einem gegebenen Rationalitätsbereich $(\mathfrak{r})$ angehören. Statt nun die Wurzeln der vorgelegten Gleichung direct zu bestimmen, kann man folgendermassen verfahren: Man stellt zuerst eine Hülfsgleichung $F_1(x) = 0$ auf, deren Coefficienten auch dem Rationalitätsbereich $(\mathfrak{r})$ angehören, und von welcher eine oder mehrere Wurzeln später als

*) Vgl. C. Jordan a. a. O. p. 270, Nr. 380 Corollaire II.

Hülfsgrössen gebraucht werden. Dann stellt man eine zweite Hülfsgleichung $F_2(x) = 0$ auf, deren Coefficienten in den eingeführten Hülfsgrössen rational sind und nimmt eine oder mehrere Wurzeln dieser neuen Hülfsgleichung zu den Hülfsgrössen hinzu. So fährt man fort; schliesslich soll es möglich sein, die sämmtlichen Wurzeln der vorgelegten Gleichung $F = 0$ in den allmählig eingeführten Hülfsgrössen rational auszudrücken.

Es ist zu bemerken, dass die Grössen des ursprünglichen Rationalitätsbereichs $(\mathfrak{r})$ mit in die Ausdrücke eingehen, ohne dass dies überall besonders hinzugefügt ist.

Von den Hülfsgleichungen möge jetzt gar nichts weiter vorausgesetzt werden, als dass dieselben keine mehrfachen Wurzeln besitzen. Dasselbe werde auch von der Gleichung $F(x) = 0$ selbst angenommen.

§ 24.

Die Gruppe der gegebenen Gleichung $F(x) = 0$ werde mit Γ bezeichnet. Dabei wird der gegebene Rationalitätsbereich $(\mathfrak{r})$ zu Grund gelegt. Hinsichtlich der für die Hülfsgleichungen zu Grund zu legenden Rationalitätsbereiche ist noch eine gewisse Willkürlichkeit vorhanden. Die Coefficienten der Gleichung $F_2(x) = 0$ sollen nämlich in gewissen von den Wurzeln der Gleichung $F_1(x) = 0$ rational sein, und man kann nun zum Zweck der Betrachtung der Gleichung $F_2 = 0$ entweder nur diese Wurzeln oder alle Wurzeln der Gleichung $F_1 = 0$ adjungiren. Es ist aber auch nicht ausgeschlossen, dass die Coefficienten der Gleichung $F_2 = 0$ noch dem Bereich $(\mathfrak{r})$ selbst angehören, und dass die durch die Gleichung $F_1 = 0$ eingeführten Hülfsgrössen erst später gebraucht werden. In diesem Fall ist für die Betrachtung der Gleichung $F_2 = 0$ zunächst keine Erweiterung des Rationalitätsbereichs erforderlich. Die allgemeinste Auffassung wird desshalb die im Folgenden gewählte sein.

Für jede Hülfsgleichung $F_\nu(x) = 0$ werde irgend ein Rationalitätsbereich $(\mathfrak{r}_\nu)$ besonders eingeführt, nur so, dass die sämmtlichen Grössen des Bereichs $(\mathfrak{r}_\nu)$ rational sind in den Grössen des Bereichs $(\mathfrak{r})$ und den Wurzeln der Hülfsgleichungen, welche der Gleichung $F_\nu = 0$ vorangehen; natürlich muss der Bereich $(\mathfrak{r}_\nu)$ die Coefficienten von F_ν umfassen, und es wird ausserdem angenommen, dass die ursprünglich als rational betrachteten Grössen des Bereichs $(\mathfrak{r})$ sämmtlich im Bereich $(\mathfrak{r}_\nu)$ enthalten seien.

§ 25.

Unter dieser Voraussetzung mögen die Gruppen

$$\Gamma_1, \Gamma_2, \Gamma_3, \ldots$$

den Gleichungen

$$F_1 = 0,\ F_2 = 0,\ F_3 = 0,\ \ldots$$

zugehören.

Jede dieser Gleichungen, welche keine einfache Gruppe hat, wird in der früher angegebenen Weise (§ 20) durch eine Kette von einfachen Gleichungen ersetzt. Man erhält dadurch eine neue Folge von Gleichungen

$$f_1 = 0,\ f_2 = 0,\ f_3 = 0,\ \ldots\ f_\sigma = 0,$$

welche zusammen mit der Reihe der zugeordneten Rationalitätsbereiche (Vgl. § 19 und § 20) dieselben Eigenschaften aufweist wie die vorangehende Reihe, wobei aber die den letzten Gleichungen zugehörigen Gruppen

$$G_1,\ G_2,\ G_3,\ \ldots\ G_\sigma$$

alle einfach sind. Die früheren Gleichungen $F_\nu = 0$ treten unter diesen Gleichungen $f_\tau = 0$ mit auf, nur erscheinen sie jetzt als mit neuen Rationalitätsbereichen versehen.

Die einfachen Gruppen

$$G_1,\ G_2,\ G_3,\ \ldots\ G_\sigma$$

sind nichts Anderes als die Gesammtheit der Factorgruppen des Aggregats

$$\Gamma_1,\ \Gamma_2,\ \Gamma_3,\ \ldots$$

Es kann dabei eine der Gruppen auch mehrmals vorkommen, dieselbe muss dann unter den Gruppen $G_1,\ G_2,\ \ldots\ G_\sigma$ genau ebenso oft auftreten, als sie in dem Aggregat

$$\Gamma_1,\ \Gamma_2,\ \Gamma_3,\ \ldots$$

als Factor enthalten ist.

§ 26.

Jetzt möge in der Festlegung der Rationalitätsbereiche eine Aenderung eintreten:

Rationalitätsbereich für die erste Gleichung $f_1 = 0$ ist und bleibt der Bereich $(\mathfrak{r})$. Der zweiten Gleichung $f_2 = 0$ sollen aber jetzt die sämmtlichen Wurzeln der Gleichung $f_1 = 0$ adjungirt werden, wofern diese Wurzeln nicht überhaupt schon alle zum Rationalitätsbereich der zweiten Gleichung gehören. Es kann nun der Satz angewendet werden, dass bei der Adjunction der sämmtlichen Wurzeln einer Gleichung die Gruppe sich auf eine ausgezeichnete Untergruppe reducirt (Vgl. § 21 und § 22). Allerdings war früher vorausgesetzt worden, dass der Rationalitätsbereich der Gleichung, deren Wurzeln adjungirt werden, übereinstimme mit dem Rationalitätsbereich der Gleichung, welcher jene Wurzeln adjungirt werden. Es hat jedoch keine Schwierigkeit, für den Augenblick den der Gleichung $f_2 = 0$ zugehörigen Rationalitätsbereich auch als Bereich für die Gleichung $f_1 = 0$ anzusehen, denn die Coefficienten von f_1 gehören zum Bereich (r) und sind desshalb auch in dem andern Rationalitätsbereich enthalten. Wenn also die Gruppe G_2 der Gleichung $f_2 = 0$ sich durch die gemachte Adjunction überhaupt reducirt, so reducirt sie sich auf eine ausgezeichnete Untergruppe; die Gruppe G_2 sollte aber einfach sein, dieselbe reducirt sich also in dem angenommenen Fall auf die Identität. Es sind also dann alle Wurzeln der Gleichung $f_2 = 0$ rational in den Grössen des Bereichs (r) und in den Wurzeln der ersten Gleichung $f_1 = 0$; man kann also die Gleichung $f_2 = 0$ unbeschadet der Eigenschaften des Gleichungssystems weglassen.

Ganz in derselben Weise kann man nun die sämmtlichen Wurzeln der Gleichung $f_1 = 0$ der Reihe nach jeder der Gleichungen

$$f_3 = 0, f_4 = 0, \ldots$$

adjungiren. Es gilt dabei immer der Satz, dass eine solche Adjunction die Gruppe der betreffenden Gleichung entweder unverändert lässt, oder auf die Identität reducirt. Ist letzteres z. B. bei der Gleichung $f_\nu = 0$ der Fall, so sind deren Wurzeln Grössen des so erweiterten Rationalitätsbereichs der Gleichung, diese Wurzeln sind also jedenfalls rational in den Grössen des Bereichs (r) und in den Wurzeln der Gleichungen $f_\tau = 0$, wo $\tau = 1, 2, \ldots \nu - 1$. Man kann in diesem Fall die Gleichung $f_\nu = 0$ unbeschadet der Eigenschaften des Gleichungssystems weglassen.

Man findet so eine Reihe von Gleichungen

$$f_1(x) = 0, f_{\mu_2}(x) = 0, \ldots$$

mit den Gruppen

$$G_1, G_{\mu_2}, \ldots.$$

Dabei bestehen dieselben Eigenschaften wie vorher, nur ist in dieser Reihe der Rationalitätsbereich der zweiten Gleichung durch die sämmtlichen Grössen gebildet, welche aus den Grössen des Bereichs (r) und den Wurzeln der ersten Gleichung rational zusammengesetzt werden können, und dieser Rationalitätsbereich ist auch in den andern, den nachfolgenden Gleichungen zugehörigen Rationalitätsbereichen mit enthalten. Die neue Reihe entstand aus der Reihe

$$f_1 = 0, f_2 = 0, f_3 = 0, \ldots f_\sigma = 0$$

durch Aenderung der Rationalitätsbereiche und eventuelle Weglassung einzelner Gleichungen.

§ 27.

Nun adjungire man die sämmtlichen Wurzeln der Gleichung

$$f_{\mu_2}(x) = 0$$

den sämmtlichen Gleichungen der gefundenen neuen Reihe von der dritten an und wiederhole genau dieselbe Betrachtung.

Durch Fortsetzung dieses Verfahrens erhält man schliesslich eine Gleichungskette

$$f_1(x) = 0,\ f_{\mu_2}(x) = 0,\ f_{\mu_3}(x) = 0,\ \ldots\ f_{\mu_r}(x) = 0$$

von folgenden Eigenschaften:

Der Rationalitätsbereich der ersten Gleichung ist der Bereich $(\mathfrak{r})$. Der Rationalitätsbereich jeder anderen Gleichung ist durch die Gesammtheit der Grössen gegeben, welche in den Wurzeln der vorangehenden Gleichungen und den Grössen des Bereichs $(\mathfrak{r})$ rational sind. Die Gruppen

$$G_1,\ G_{\mu_2},\ G_{\mu_3},\ \ldots\ G_{\mu_r}$$

der Gleichungen sind alle einfach. Mit Hülfe der sämmtlichen Wurzeln aller dieser Gleichungen lassen sich die sämmtlichen Wurzeln der ursprünglich gegebenen Gleichung $F(x) = 0$ rational ausdrücken.

Dabei bilden die Gleichungen dieser letzten Kette einen Theil der Gleichungen

$$f_1 = 0,\ f_2 = 0,\ f_3 = 0,\ \ldots\ f_\sigma = 0.$$

§ 28.

Es mögen jetzt der Gleichung $F(x) = 0$, welcher ursprünglich der Rationalitätsbereich $(\mathfrak{r})$ zukommt, die sämmtlichen Wurzeln der Gleichung $f_1 = 0$ adjungirt werden. Die Gruppe der Gleichung $F = 0$ war Γ; nach der Adjunction sei dieselbe Γ'. Entweder ist nun Γ' mit Γ identisch, oder, wenn wirklich eine Reduction eintritt, ist die mit $\Gamma | \Gamma'$ bezeichnete Gruppe holoedrisch isomorph mit der Gruppe G_1 der Gleichung $f_1 = 0$ (Vgl. den Schluss von § 22), so dass also die Gruppe Γ sich im abstracten Sinne als Product der Gruppen G_1 und Γ' darstellt. In diesem Fall sind die sämmtlichen Wurzeln der Gleichung $f_1 = 0$ rational in den Wurzeln der Gleichung $F(x) = 0$.

Nachdem diese Adjunction vollzogen ist, sollen alle Wurzeln der Gleichung $f_{\mu_2}(x) = 0$ noch ausserdem der Gleichung $F(x) = 0$ adjungirt werden. Nach dieser Adjunction sei Γ'' die Gruppe. Es ist dann entweder Γ'' mit Γ' identisch, oder es stellt sich die Gruppe Γ' dar als Product der Gruppen G_{μ_2} und Γ'', in welchem Fall die Wurzeln der Gleichung $f_{\mu_2} = 0$ alle rational sind in den Wurzeln der Gleichung $F = 0$ und denen der Gleichung $f_1 = 0$.

Man adjungirt jetzt ausserdem noch die sämmtlichen Wurzeln der Gleichung $f_{\mu_3} = 0$ und fährt so fort. Es gilt allgemein: Wenn bei der Adjunction der Wurzeln der Gleichung $f_{\mu_\varkappa} = 0$ eine Reduction der Gruppe eintritt, so sind die Wurzeln dieser Gleichung rational in den

Wurzeln der Gleichung $F(x) = 0$ und den Wurzeln der Gleichungen $f_{\mu_t} = 0$, welche der Gleichung $f_{\mu_x} = 0$ vorangehen; zugleich spaltet sich in diesem Fall die Gruppe, welche der Gleichung $F = 0$ vor dieser Adjunction zukam, in ein Product, dessen erster Factor der Gruppe der Gleichung $f_{\mu_x} = 0$ holoedrisch isomorph ist, und dessen zweiter Factor die Gruppe ist, die nach der Adjunction der Gleichung $F = 0$ zugehört.

Da man durch die genannte Folge von Adjunctionen schliesslich dazu gelangen muss, die Wurzeln der Gleichung $F = 0$ rational auszudrücken, so muss die Gruppe dieser Gleichung schliesslich auf die Identität reducirt werden.

Es folgt daraus, dass die Gruppe Γ als Product eines Theils der Gruppen

$$G_1, \; G_{\mu_2}, \; G_{\mu_3}, \; \ldots \; G_{\mu_r}$$

darstellbar ist.

Wenn somit ϱ die Anzahl der einfachen Factorgruppen der Gruppe Γ bedeutet, so ist

$$r \geq \varrho.$$

Es kann nur dann

$$r = \varrho$$

sein, wenn bei jeder der in diesem Paragraphen erwähnten Adjunctionen wirklich eine Reduction der Gruppe eintritt. Wie eine genauere Ueberlegung zeigt, sind dann alle Wurzeln der sämmtlichen Gleichungen $f_{\mu_t} = 0$ rational in den Wurzeln der ursprünglich gegebenen Gleichung.

§ 29.

Ich gehe jetzt zu den Gleichungen

$$F_1(x) = 0, \; F_2(x) = 0, \; \ldots$$

zurück. Zur Gleichung $F_\nu = 0$ gehörte die Gruppe Γ_ν. Die sämmtlichen Gruppen $\Gamma_1, \Gamma_2, \ldots$ geben zusammen die einfachen Factoren

$$G_1, G_2, \ldots G_\sigma.$$

Ein Theil dieser letzteren Gruppen constituirt die Reihe

$$G_1, \; G_{\mu_2}, \; G_{\mu_3}, \ldots \; G_{\mu_r}.$$

Die Gesammtheit der ϱ einfachen Factoren der der Gleichung $F(x) = 0$ zugehörigen Gruppe Γ muss in der letzten Reihe enthalten sein. Es müssen also auch die sämmtlichen einfachen Factoren der Gruppe Γ in der Gesammtheit der einfachen Factoren des Aggregats $\Gamma_1, \Gamma_2, \Gamma_3, \ldots$ enthalten sein.

Zwischen den Zahlen σ, r, ϱ besteht die Beziehung

$$\sigma \geq r \geq \varrho.$$

Ich betrachte jetzt den Fall $\sigma = \varrho$, d. h. den Fall, in welchem die einfachen Factoren der Gruppe Γ mit den einfachen Factoren des Aggregats $\Gamma_1, \Gamma_2, \Gamma_3, \ldots$ abgesehen von der Ordnung übereinstimmen. Die Annahme $\sigma = \varrho$ zieht die beiden Folgerungen nach sich, dass $r = \varrho$ und $\sigma = r$ ist. Die erste dieser Bedingungen bringt es mit sich, dass die Wurzeln der mit $f_{\mu_t} = 0$ bezeichneten Gleichungen (Vgl. § 28) in den Wurzeln der Gleichung $F = 0$ rational sind. Aus der Gleichung $\sigma = r$ folgt, dass bei den in § 26 und § 27 vorgenommenen Aenderungen der Rationalitätsbereiche keine einzige von den mit

$$f_1 = 0,\ f_2 = 0,\ \ldots\ f_\sigma = 0$$

bezeichneten Gleichungen in Wegfall kommen darf. Das System der letzteren Gleichungen ist also in diesem Fall identisch mit dem System

$$f_1 = 0,\ f_{\mu_2} = 0,\ f_{\mu_3} = 0,\ \ldots\ f_{\mu_r} = 0.$$

In diesem System treten also auch die Gleichungen

$$F_1 = 0,\ F_2 = 0,\ \ldots$$

auf, denn diese müssen nach § 25 in dem andern System auftreten. Also sind auch die Wurzeln der Gleichungen $F_\nu = 0$ im angenommenen Fall alle rational in denen der Gleichung $F = 0$.

§ 30.

Schlussergebniss.

Ich fasse jetzt das Resultat zusammen:

Als gegeben wird vorausgesetzt eine Gleichung $F(x) = 0$ und dazu ein Rationalitätsbereich $(\mathfrak{r})$, dem die Coefficienten der Gleichung angehören. Die der Gleichung zugehörige Gruppe heisse Γ. Die Gleichung sei jetzt auf eine Kette von Hülfsgleichungen

$$F_1 = 0,\ F_2 = 0,\ F_3 = 0,\ \ldots$$

zurückgeführt, so dass also die sämmtlichen Wurzeln der Gleichung $F(x) = 0$ sich aus den Grössen des Bereichs $(\mathfrak{r})$ und den Wurzeln der Hülfsgleichungen von der ersten bis zur letzten rational zusammensetzen. Die Hülfsgleichungen bilden eine Kette, sofern die Coefficienten einer jeden rational sind in den Wurzeln der vorangehenden Hülfsgleichungen und den Grössen des Bereichs $(\mathfrak{r})$. Der Rationalitätsbereich der Gleichung $F_1 = 0$ ist der Bereich $(\mathfrak{r})$. Der Rationalitätsbereich für die Gleichung $F_\nu = 0$ enthält deren Coefficienten, umfasst den Bereich $(\mathfrak{r})$ und ist in dem Rationalitätsbereich enthalten, der aus dem Bereich $(\mathfrak{r})$ und den Wurzeln der Gleichungen

$$F_1 = 0,\ F_2 = 0,\ \ldots\ F_{\nu-1} = 0$$

zusammengesetzt werden kann; im Uebrigen darf derselbe beliebig ge wählt werden.

Unter diesen Voraussetzungen kann der folgende Satz ausgesproche werden.

Die Gruppen der Hülfsgleichungen enthalten in ihrer Gesammthe das Aggregat der ϱ einfachen Factorgruppen der Gruppe Γ. Für d Zahl der einfachen Factoren, welche die Gruppen der Hülfsgleichunge zusammen aufweisen, ist also damit ein Minimum gegeben. Wen ferner jene Zahl das Minimum ϱ nicht übertrifft, so sind die sämm lichen Wurzeln aller Hülfsgleichungen rational in den Wurzeln d gegebenen Gleichung $F(x) = 0$ und den Grössen des Bereichs $(\mathfrak{r})$.

Setzt man von Anfang an voraus, dass die Hülfsgleichungen ei fache Gruppen besitzen, so ist ϱ die Minimalzahl der nothwendige Hülfsgleichungen. Wenn ausserdem die Zahl der Hülfsgleichungen d Minimalzahl nicht übertrifft, so sind die Wurzeln derselben sämmtli natürliche Irrationalitäten.

Man kann einen ähnlichen, nicht ganz so einfachen Satz form liren, falls durch die Kette der Hülfsgleichungen nur eine einzi Wurzel der Gleichung $F(x) = 0$ bestimmt werden soll.

Stuttgart, den 10. October 1888.

Die Zusammensetzung der stetigen endlichen Transformationsgruppen.

Von

WILHELM KILLING in Braunsberg, Ostpr.

Dritter Theil.

Der vorliegende Theil meiner Untersuchungen über die Zusammensetzung der Transformationsgruppen stellt sich die Aufgabe, die Zusammensetzung aller derjenigen Gruppen zu finden, welche ihre eigenen Hauptuntergruppen sind, oder für welche die durch die $(X_\iota X_\varkappa)$ bestimmte Gruppe mit der durch die $X_\iota f$ bestimmten identisch ist; derselbe schliesst sich eng an die vorangehenden Theile an und stützt sich wesentlich auf die darin gewonnenen Resultate, setzt aber auch die Ergebnisse derselben und in mancher Beziehung ihre Beweismethoden voraus. Das Ergebniss meiner Untersuchungen ist ein überraschend einfaches, indem sich zeigt, wie alle zusammengesetzten Gruppen, welche der genannten Forderung genügen, sich ganz zwanglos und natürlich auf einfache Gruppen zurückführen. Um das Resultat recht einfach aussprechen zu können, hat man die Gruppen einzutheilen in zerfallende und nicht zerfallende; enthält nämlich eine Gruppe G die Untergruppen $G_1 \dots G_\iota \dots G_\varkappa \dots G_m$, gehört jede Transformation von G einer und mit Ausnahme der identischen nur einer dieser Untergruppen an, und ist dann jede Transformation von G_ι mit jeder von $G_\varkappa$ vertauschbar, so sage ich, G zerfalle in $G_1 \dots G_m$. Wenn nun eine r-gliedrige Gruppe ihre eigene Hauptuntergruppe ist, ohne zu zerfallen, so kann man die sie bestimmenden r inf. Transformationen $X_1 \dots X_r$ so wählen, dass die ersten r_1 Transformationen $X_1 \dots X_{r_1}$ eine einfache Gruppe bestimmen, während die Transformationen $X_{r_1+1} \dots X_r$ eine Gruppe vom Range null ergeben, welche für die r-gliedrige Gruppe eine invariante Untergruppe ist; zudem gelingt es, die Coefficienten c wenigstens zum grössten Theile ohne jede Rechnung hinzuschreiben, so dass für die explicite Darstellung nur wenig mehr hinzuzufügen ist. Wofern aber eine solche Gruppe zerfällt, hat man erst die Zerfällung vorzunehmen, und dann kommt jeder Theilgruppe die genannte Eigenschaft zu.

Dem Beweise liegen dieselben Betrachtungen zu Grunde, aus denen sich die Resultate in den beiden ersten Theilen ergeben haben. Die Herleitung würde sehr einfach sein, wenn man annehmen könnte, dass die nicht verschwindenden Wurzeln der charakteristischen Gleichung sämmtlich einfache Wurzeln wären. Aber während man bei vielen Untersuchungen, wo es sich um die Wurzeln einer Gleichung handelt, nur einfache Wurzeln zu betrachten braucht und dann durch stetige Uebergänge den Fall gleicher Wurzeln abmachen kann, ist das für die charakteristische Gleichung der Gruppen deshalb nicht möglich, weil immer ganz bestimmte Relationen zwischen den Wurzeln bestehen. Es kann aber nicht geleugnet werden, dass die Betrachtung der mehrfachen Wurzeln manches Lästige mit sich führt, da es nothwendig wird, verschiedene Fälle zu untersuchen, welche sich nicht leicht auf einen einheitlichen Typus zurückführen lassen. Bei der Nothwendigkeit, stets mehrere Fälle zu unterscheiden, liegt die Befürchtung ausserordentlich nahe, dass ich eine Möglichkeit könnte übersehen haben. Schon aus diesem Grunde verhehle ich mir nicht, dass es wünschenswerth wäre, die von mir gewonnenen Ergebnisse auf einem directeren oder, vielleicht besser gesagt, einem einheitlicheren Wege zu erweisen. Ein solcher dürfte sich in der Betrachtung der Determinante

$$\begin{vmatrix} \sum \eta_\varrho c_{\varrho 11} & \cdots & \sum \eta_\varrho c_{\varrho r 1} \\ \cdot & \cdot & \cdot \\ \sum \eta_\varrho c_{\varrho 1 r} & \cdots & \sum \eta_\varrho c_{\varrho r r} \end{vmatrix}$$

darbieten, und zwar scheint es angemessen, die Werthe der Unterdeterminante zunächst zu berechnen, wenn die $c_{i\varkappa\sigma}$ nur der Bedingung unterliegen $c_{i\varkappa\sigma} + c_{\varkappa i\sigma} = 0$, und dann erst die aus der Jacobi'schen Identität*) fliessenden Beziehungen hinzuzunehmen. Meine hierauf

*) Das Bestreben, mich den Bezeichnungen des Herrn Lie, sobald ich mit dessen Arbeiten bekannt geworden war, vollständig anzuschliessen, hat mich mehreremale zu kleinen Irrthümern verleitet; konnte doch die erste Durchsicht seiner Arbeiten nur eine oberflächliche sein, da mein Streben hauptsächlich darauf gerichtet war, zu erkennen, wo mir Herr Lie in seinen Entdeckungen zuvorgekommen war. Hierbei habe ich z. B. Jacobi'sche Identität mit Jacobi'scher Relation verwechselt und geglaubt, Herr Lie habe eine für die Gruppentheorie wichtige Gleichung mit letzterem Namen belegt (wozu er als erster Entdecker ein Recht hatte), um ihre Beziehung zu Jacobi's bekannter Entdeckung hervorzuheben; da ich jetzt sehe, dass Herr Lie den Namen Jacobi'sche Identität vorzieht, habe ich keinen Grund, den andern Namen beizubehalten. Auch zeigt mir sein Werk, dass mehrere Bezeichnungen und Zuordnungen Herrn Lie allein gehören, während ich bei Abfassung des ersten Theiles der vorliegenden Unter

bezüglichen Untersuchungen sind bis jetzt nicht zu einem genügenden Abschluss gelangt.

Ein zweiter Mangel der Arbeit liegt darin, dass die Zahl derjenigen von einander unabhängigen Transformationen, welche mit einer ganz allgemeinen Transformation vertauschbar sind, jedesmal den Ausgangspunkt der Untersuchung bildet. Dass diese Zahl (in der Arbeit mit k bezeichnet) für die Gruppe sehr wichtig ist, zeigen viele Sätze, welche sich leicht ergeben, ohne im Folgenden mitgetheilt zu sein; aber weit wichtiger ist die Zahl l, welche angiebt, wie viele unter den Coefficienten der charakteristischen Gleichung von einander unabhängig sind. Es würde aber ein wesentlicher Fortschritt sein, wenn man die letztere Zahl direct der Untersuchung zu Grunde legen könnte.

§ 19.

Weitere Untersuchungen über verschwindende Wurzeln.

Wenn in der charakteristischen Gleichung

$$\omega^r - \omega^{r-1}\varphi_1(\eta) + \omega^{r-2}\varphi_2(\eta) - \cdots = 0$$

die letzten k Coefficienten $\varphi_r(\eta)$, $\varphi_{r-1}(\eta) \ldots \varphi_{r-k+1}(\eta)$ identisch verschwinden, so muss jede beliebige Transformation, wie wir in § 10 gesehen haben, einer k-gliedrigen Untergruppe vom Range null angehören. Indem also $X_r f$ in der r-gliedrigen Gruppe als ganz allgemeine inf. Transformation vorausgesetzt wird, können $k-1$ weitere inf. Transformationen $X_{r-1}f$, $X_{r-2}f \ldots X_{r-k+1}f$ nach § 9 so gewählt werden, dass ist:

$$(1)\ (X_r X_{r-1}) = a_1 X_{r-2},\ (X_r X_{r-2}) = a_2 X_{r-3} \cdots (X_r X_{r-k+2}) = a_{k-2} X_{r-k+1},$$
$$(X_r X_{r-k+1}) = 0,$$

wo alle Coefficienten $a_1 \ldots a_{k-2}$ gleich eins oder gleich null vorausgesetzt werden dürfen. Die inf. Transformation X_{r-1} kann in der k-gliedrigen Untergruppe ganz beliebig, nur mit Ausschluss besonderer Lagen, gewählt werden; dann bestimmen die Gleichungen (1) die $X_{r-2} \ldots X_{r-k'+1}$ vollständig, wofern $a_{k'-1}$ der erste verschwindende

suchungen nicht wusste, ob nicht Herr Engel daran mitbetheiligt sei und deshalb von der Bezeichnung (u. dgl.) der Herren Lie und Engel sprach. Ebenso dürfte die in der Einleitung zum ersten Theile (Bd. 31, S. 255 u. 256) angegebene Bemerkung über die Gruppen, in denen keine Kegelschnittsgruppen vorkommen, dem Verdienst des Herrn Lie nicht völlig gerecht werden und das des Herrn Engel zu sehr hervorheben. Auch einige andere derartige Notizen in jener Arbeit sind, wie ich aus seinem Werke über Transformationsgruppen sehe, nicht ganz genau, gleichwie ich an einer andern Stelle den ganzen Inhalt der §§ 3 u. 4 meiner Abhandlung: „Erweiterung des Raumbegriffs", Herrn Lie zuschrieb, obwohl einige darin enthaltene kleinere Einzelheiten zuerst von mir angegeben sind.

Coefficient ist. $X_{r-k'}$ ist wiederum willkürlich bis auf eine lineare Function von $X_{r-1} \dots X_{r-k'+1}$ u. s. w.

Um die Entwicklung recht übersichtlich zu gestalten und denjenigen Fall zunächst zu erörtern, wo alle Formeln sich vollständig hineinschreiben lassen, machen wir vorläufig die beiden Voraussetzungen:

a) die Coefficienten $a_1 \dots a_{k-2}$ in (1) sollen sämmtlich gleich eins sein;

b) für jede nicht verschwindende Wurzel ω_α, welche die charakteristische Gleichung bei $\eta_1 = \eta_2 = \dots = \eta_{r-1} = 0$, $\eta_r = 1$ hat, sollen nicht die sämmtlichen Unterdeterminanten $r - 1^{\text{ten}}$ Grades der Determinante $|c_{r\iota\varkappa} - \delta_{\iota\varkappa}\,\omega_\alpha|$ verschwinden.

Dann gehören zu jeder $(\lambda + 1)$-fachen Wurzel ω_α gerade $\lambda + 1$ inf. Transformationen X_{α_0}, $X_{\alpha_1} \dots X_{\alpha_\lambda}$, so dass ist:

$$(2) \qquad (X_r X_{\alpha_0}) = \omega_\alpha X_{\alpha_0}, \quad (X_r X_{\alpha_1}) = \omega_\alpha X_{\alpha_1} + c_{r\alpha_1\alpha_0} X_{\alpha_0}, \dots$$
$$(X_r X_{\alpha_\lambda}) = \omega_\alpha X_{\alpha_\lambda} + c_{r\alpha_\lambda\alpha_{\lambda-1}} X_{\alpha_{\lambda-1}} + \dots + c_{r\alpha_\lambda\alpha_0} X_{\alpha_0},$$

wo $c_{r\alpha_1\alpha_0}$, $c_{r\alpha_2\alpha_1} \dots c_{r\alpha_\lambda\alpha_{\lambda-1}}$ von null verschieden sind.

Aus $(r, r-k+1, \alpha_i)$ folgt zunächst, dass im Ausdruck für $(X_{r-k+1} X_{\alpha_i})$ nur X_{α_0}, $X_{\alpha_1} \dots X_{\alpha_i}$, aber nicht $X_{\alpha_{i+1}} \dots X_{\alpha_\lambda}$ vorkommen können, und zugleich ergiebt sich:

$$c_{(r-k+1)\,\alpha_i\,\alpha_i} = c_{(r-k+1)\,\alpha_{i-1}\,\alpha_{i-1}} = \omega_\alpha^{(k-1)}.$$

Nun bildet man die Relationen $(r, r-k+2, \alpha_0)$, $(r, r-k+2, \alpha_1) \dots$ und zeigt zunächst, dass $(X_{r-k+2} X_{\alpha_i})$ ausser $X_{\alpha_0} \dots X_{\alpha_i}$ nur noch $X_{\alpha_{i+1}}$ enthalten kann. Der Coefficient von X_{α_i} liefert dann die Gleichungen:

$$\omega_\alpha^{(k-1)} = c_{r\alpha_1\alpha_0}\, c_{(r-k+2)\,\alpha_0\,\alpha_1},$$
$$\omega_\alpha^{(k-1)} = c_{r\alpha_2\alpha_1}\, c_{(r-k+2)\,\alpha_1\,\alpha_2} - c_{r\alpha_1\alpha_0}\, c_{(r-k+2)\,\alpha_0\,\alpha_1},$$
$$\dots\dots\dots\dots\dots\dots\dots\dots$$

durch deren Addition sich ergiebt:

$$\omega_\alpha^{(k-1)} = 0, \quad c_{(r-k+2)\,\alpha_0\,\alpha_1} = c_{(r-k+2)\,\alpha_1\,\alpha_2} = \dots = 0.$$

Jetzt kann man dieselbe Untersuchung für X_{r-k+2}, $X_{r-k+3} \dots$ anstellen und daraus die entsprechenden Gesetze für $(X_{r-k+2} X_{\alpha_i}) \dots (X_{r-2} X_{\alpha_i})$ herleiten. Für $(X_{r-1} X_{\alpha_i})$ ergeben sich aus $(r, r-1, \alpha_0) \dots (r, r-2, \alpha_\lambda)$ natürlich andere Ausdrücke, aber wie in früheren Fällen muss auch hier die charakteristische Gleichung für X_{r-1} dieselbe Zahl mehrfacher Wurzeln haben, wie für X_r. Indem wir diess berücksichtigen, erhalten wir folgende Formeln:

$$(3)\quad\begin{cases}(X_{r-2}X_{\alpha_0})=0 \quad \cdots\cdots \quad (X_{r-k+1}X_{\alpha_0})=0,\\ (X_{r-2}X_{\alpha_1})=0 \quad \cdots\cdots \quad (X_{r-k+1}X_{\alpha_1})=0,\\ (X_{r-2}X_{\alpha_2})=c_{(r-2)\alpha_2\alpha_0}X_{\alpha_0},\quad (X_{r-3}X_{\alpha_2})=\cdots=(X_{r-k+1}X_{\alpha_2})=0,\\ \cdots\cdots\cdots\cdots\cdots\cdots\\ (X_{r-\nu}X_{\alpha_{\nu+\mu}})=[\alpha_\mu,\alpha_{\mu-1}\ldots\alpha_0],\\ (X_{r-\nu}X_{\alpha_\nu})\;=c_{(r-\nu)\alpha_\nu\alpha_0}X_{\alpha_0},\quad (X_{r-\nu}X_{\alpha_{\nu-\varrho}})=0\end{cases}$$

für positive Werthe von μ, ν, ϱ, $\nu-\varrho$, wobei die eckige Klammer eine homogene lineare Function der mit den entsprechenden Marken versehenen $X_{\alpha_\mu}\ldots$ bezeichnet.

Wie in § 8 zeigt sich auch hier unter Anwendung von $(r,\alpha_0,\beta_0)\ldots$, dass die Operation $(X_{\alpha_i}X_{\beta_k})$ nur dann zu den inf. Transformationen $X_r\ldots X_{r-k+1}$ führt, wenn die zugehörigen Wurzeln ω_α und ω_β entgegengesetzt gleich sind. Indem wir wieder annehmen, dass zu den Marken α und α' entgegengesetzt gleiche Wurzeln ω_α und $-\omega_\alpha$ gehören, folgt unter Bildung von (r,α_0,α_0') aus dem Umstande, dass X_r nur mit X_{r-k+1} vertauschbar ist, die Gleichung:

$$(4)\qquad (X_{\alpha_0}X_{\alpha_0'})=c_{\alpha_0\alpha_0'(r-k+1)}X_{r-k+1}.$$

Wir verfolgen jetzt die Voraussetzung, dass der Coefficient $c_{\alpha\alpha_0'(r-k+1)}$ nicht verschwindet, und bilden die Relationen (r,α_0,α_ν'). Indem wir in denselben nur den Coefficienten des mit der höchsten Marke versehenen $X_{r-\varrho}$ berücksichtigen, und die Abkürzungen einführen:

$$(5)\qquad \begin{aligned}c_{r\alpha_\nu\cdots\alpha_\mu}&=c_{r\alpha_\nu\alpha_{\nu-1}}c_{r\alpha_{\nu-1}\alpha_{\nu-2}}\cdots c_{r\alpha_{\mu+1}\alpha_\mu}\\ c_{r\alpha_\nu'\cdots\alpha_\mu'}&=c_{r\alpha_\nu'\alpha_{\nu-1}'}c_{r\alpha_{\nu-1}'\alpha_{\nu-2}'}\cdots c_{r\alpha_{\mu+1}'\alpha_\mu'}\end{aligned}\quad(\text{für } \nu>\mu),$$

erhalten wir:

$$(6)\qquad \begin{aligned}c_{\alpha_0\alpha_\nu'(r-k+\nu+1)}&=c_{r\alpha_\nu'\cdots\alpha_0'}\,c_{\alpha_0\alpha_0'(r-k+1)},\\ c_{\alpha_\nu\alpha_0'(r-k+\nu+1)}&=c_{r\alpha_\nu\cdots\alpha_0}\,c_{\alpha_0\alpha_0'(r-k+1)}.\end{aligned}$$

Diese beiden Gleichungen gelten auch für $\nu=k-2$; dagegen folgt für $\nu=k-1$:

$$c_{r\alpha_{k-1}\alpha_{k-2}}=0,\quad c_{r\alpha_{k-1}'\alpha_{k-2}'}=0,$$

oder ω_α und $-\omega_\alpha$ können unter den gemachten Voraussetzungen keine k-fachen Wurzeln sein.

Wir gehen jetzt über zu den Relationen (α_1,α_ν',r) und (α_ν,α_1',r), welche in entsprechender Weise liefern:

$$(7)\qquad \begin{aligned}c_{\alpha_\nu\alpha_1'(r-k+\nu+2)}&=(\nu+1)\,c_{r\alpha_\nu\cdots\alpha_0}\,c_{r\alpha_1'\alpha_0'}\,c_{\alpha_0\alpha_0'(r-k+1)},\\ c_{\alpha_1\alpha_\nu'(r-k+\nu+2)}&=(\nu+1)\,c_{r\alpha_1\alpha_0}\,c_{r\alpha_\nu'\cdots\alpha_0'}\,c_{\alpha_0\alpha_0'(r-k+1)}.\end{aligned}$$

Diese Gleichungen behalten ihre Gültigkeit für $\nu=k-3$; aber die Relation $(r,\alpha_1,\alpha_{k-2}')$ liefert:

$$c_{r\alpha_1\alpha_0}\, c_{\alpha_0\alpha'_{k-2}(r-1)} + c_{r\alpha'_{k-2}\alpha'_{k-3}}\, c_{\alpha_1\alpha'_{k-3}(r-1)} = 0$$

oder

$$(k-1)\, c_{r\alpha_1\alpha_0}\, c_{r\alpha'_{k-2}\cdots\alpha_0'}\, c_{\alpha_0\alpha_0'(r-k+1)} = 0,$$

so dass $c_{r\alpha'_{k-2}\alpha'_{k-3}}$ gleich null sein muss, und $-\omega_a$ keine $(k-1)$-facl Wurzel sein kann, und ebensowenig ω_a.

Indem wir in entsprechender Weise weitergehen, kommen w zu der Gleichung:

(8) $$c_{\alpha_\mu\alpha_\nu'(r-k+\mu+\nu+1)} = \binom{\mu+\nu}{\mu} c_{r\alpha_\mu\cdots\alpha_0}\, c_{r\alpha_\nu'\cdots\alpha_0'}\, c_{\alpha_0\alpha_0'(r-k+1)},$$

welche noch für $\mu = k-\nu-2$ gilt. Suchen wir aber den Coei cienten von X_{r-1} in $(r, \alpha_{k-\nu-1}, \alpha_\nu')$, so folgt:

$$\binom{k-1}{\nu} c_{r\alpha_{k-\nu-1}\cdots\alpha_0}\, c_{r\alpha_\nu'\cdots\alpha_0'}\, c_{\alpha_0\alpha_0'(r-k+1)} = 0.$$

Kommt also eine $(\nu+1)$-fache Wurzel $-\omega_a$ vor, so darf kei $(k-\nu)$-fache Wurzel ω_a vorkommen, und umgekehrt. Demna können X_r und X_{r-1} für jedes Paar entgegengesetzt gleicher Wurze höchstens einmal vorkommen; entweder nämlich in dem Ausdruck f $(X_{\alpha_{k-2}} X_{\alpha_0'})$, wobei $-\omega_a$ keine mehrfache Wurzel ist, oder in de Ausdruck für $(X_{\alpha_{k-3}} X_{\alpha_1'})$, wobei $-\omega_a$ keine dreifache Wurzel se kann u. s. w. Dabei ergeben sich gewisse Beziehungen zwischen d Coefficienten $c_{r\alpha_\mu\alpha_{\mu-1}}$, $c_{(r-1)\alpha_\mu\alpha_{\mu-1}}$ und den $c_{(r-1)(r-\varrho)(r-\varrho-1)}$, auf welc wir aufmerksam machen wollen, um das Material zur expliciten Da stellung der in Frage kommenden Gruppen möglichst vollständ zu bieten.

Aus $(r-1, \alpha_\nu, \alpha_0')$ folgt für $\nu < k-2$, unter Einsetzung d Werthe (6):

(9) $$c_{(r-1)\alpha_\nu\alpha_{\nu-1}} = c_{r\alpha_\nu\alpha_{\nu-1}}\, c_{(r-1)(r-k+\nu+1)(r-k+\nu)},$$

ebenso aus $(r-1, \alpha_\nu, \alpha_1')$ für $\nu < k-3$:

$$(\nu+1)c_{(r-1)(r-k+\nu+2)}\, c_{(r-k+\nu+1)} = \nu\, c_{(r-1)(r-k+\nu+1)(r-k+\nu)} + c_{(r-1)(r-k+2)(r-k\cdot}$$

und hieraus:

(10) $$c_{(r-1)(r-k+\nu+1)(r-k+\nu)} = c_{(r-1)(r-k+2)(r-k+1)}$$
$$(\nu < k-3).$$

Dann wird auch jede Gleichung erfüllt, welche man aus $(r-1, \alpha_\mu, \alpha$ durch Einsetzung der aus (8) folgenden Werthe erhält. In viel Fällen wird man bereits hieraus schliessen können, dass, wenn X_r ui X_{r-1} für mehrere Paare entgegengesetzt gleicher Wurzeln erhalt werden, das Verhältnis der Coefficienten $c_{\iota\varkappa r}$ und $c_{\iota\varkappa(r-1)}$ jedesm dasselbe ist.

Um dies ganz allgemein zu erkennen, berücksichtige man die § 8 betreffs der Gleichungen (19) und (20) angestellte Untersuchun aus welcher sich ergiebt, das $(X_{\alpha_\iota} X_{\beta_\varkappa})$ nur durch solche X_{γ_ϱ} dargestellt wird, für welche $\omega_\alpha + \omega_\beta = \omega_\gamma$ ist. Nun seien in

$$(X_{\alpha_\mu} X_{\alpha'_\nu}) = \sum^\varrho c_{\alpha_\mu \alpha'_\nu (r-\varrho)} X_{r-\varrho}$$

die $c_{\alpha_\mu \alpha'_\nu r}$ und $c_{\alpha_\mu \alpha'_\nu (r-1)}$ nicht beide gleich null. Wenn $\mu \geqq \nu$ und infolge dessen $\mu > 0$ ist, so bilde man die Jacobi'schen Identitäten $(\alpha_\mu, \alpha'_\nu, \alpha_0)$, $(\alpha_\mu, \alpha'_\nu, (2\alpha)_0)$ .... Da $\mu + \nu = k - 2$ ist, so ist

$$((X_{\alpha'_\nu} X_{\alpha_0}) X_{\alpha_\mu}) = 0,$$

und so ergiebt sich durch Addition der erhaltenen Gleichungen:

$$c_{\alpha_\mu \alpha'_\nu r}\, \omega_\alpha + c_{\alpha_\mu \alpha'_\nu (r-1)}\, \omega'_\alpha = 0.$$

Jetzt sei ω_β irgend eine andere Wurzel und $X_{\beta_0}, X_{\beta_1} \ldots$ die zugehörigen inf. Transformationen. Man bilde die Jacobi'schen Identitäten $(\alpha_\mu, \alpha'_\nu, \beta_0)$, $(\alpha_\mu, \alpha'_\nu, \beta_1) \ldots$ sowie diejenigen Gleichungen, welche man hieraus erhält, indem man ω_β durch $\omega_\beta \pm \omega_\alpha$ ersetzt. Die Addition derselben liefert

(11) $$c_{\alpha_\mu \alpha'_\nu r}\, \omega_\beta + c_{\alpha_\mu \alpha'_\nu (r-1)}\, \omega'_\beta = 0.$$

Ist nun

$$(X_{\beta_\varrho} X_{\beta'_\sigma}) = \sum^\tau c_{\beta_\varrho \beta'_\sigma (r-\tau)} X_{r-\tau},$$

so muss auch die Gleichung

$$c_{\beta_\varrho \beta'_\sigma r}\, \omega_\beta + c_{\beta_\varrho \beta'_\sigma (r-1)}\, \omega'_\beta = 0$$

bestehen, so dass sich

$$c_{\beta_\varrho \beta'_\sigma r} X_r + c_{\beta_\varrho \beta'_\sigma (r-1)} X_{r-1} \quad \text{und} \quad c_{\alpha_\mu \alpha'_\nu r} X_r + c_{\alpha_\mu \alpha'_\nu (r-1)} X_{r-1}$$

nur durch einen constanten Factor unterscheiden.

Wir machen jetzt die Annahme, $(X_{\alpha_0} X_{\alpha'_0}) \ldots$ und alle $(X_{\alpha_\varrho} X_{\alpha'_\sigma})$ seien Null, für welche $\varrho + \sigma < i$ ist, dagegen gebe es einen nicht verschwindenden Ausdruck $(X_{\alpha_\varrho} X_{\alpha'_{i-\varrho}})$. Dann wird derselbe durch X_{r-k+1} allein dargestellt, und für $\varrho = 0 \ldots i$ werden alle $(X_{\alpha_\varrho} X_{\alpha'_{i-\varrho}})$, wofern X_{α_ϱ} und $X_{\alpha'_{i-\varrho}}$ beide vorkommen, sich nur durch einen constanten Factor unterscheiden. Man hat jetzt wiederum, wie bei der Herleitung der Gleichungen (6) — (8) die Identitäten $(r, \alpha_\iota, \alpha'_\varkappa)$ zu bilden und in jeder den Coefficienten des höchsten $X_{r-k+\varrho}$ zu suchen. Dies liefert folgende Gleichungen:

$$(13) \begin{cases} c_{\alpha_0 \alpha'_{i+\nu} (r-k+\nu+1)} = c_{r \alpha'_{i+\nu} \cdots \alpha'_i}\, c_{\alpha_0 \alpha'_i (r-k+1)}, \\ c_{\alpha_1 \alpha'_{i+\nu} (r-k+\nu+2)} = \binom{\nu+1}{1} c_{r \alpha_1 \alpha_0}\, c_{r \alpha'_{i+\nu} \cdots \alpha'_i}\, c_{\alpha_0 \alpha'_i (r-k+1)} + c_{r \alpha'_{i+\nu} \cdots \alpha'_{i-1}} \\ \qquad \cdot\, c_{\alpha_1 \alpha'_{i-1} (r-k+1)}, \\ \cdot\;\cdot\;\cdot\;\cdot\;\cdot\;\cdot\;\cdot\;\cdot\;\cdot\;\cdot\;\cdot\;\cdot\;\cdot\;\cdot\;\cdot\;\cdot \\ c_{\alpha_\mu \alpha'_\nu (r-k+\mu+\nu-i+1)} = \binom{\mu+\nu-i}{\mu} c_{r \alpha_\mu \cdots \alpha_0}\, c_{r \alpha'_\nu \cdots \alpha'_i}\, c_{\alpha_0 \alpha'_i (r-k+1)} + \\ \qquad + \binom{\mu+\nu-i}{\mu-1} c_{r \alpha_\mu \cdots \alpha_0}\, c_{r \alpha'_\nu \cdots \alpha'_{i-1}}\, c_{\alpha_1 \alpha'_{i-1} (r-k+1)} + \cdots \end{cases}$$

Hiernach ergiebt sich, wie im vorigen Falle:

$$c_{r\alpha'_{i+k-2}\cdots\alpha'_i}\left[(k-1)\,c_{r\alpha_1\alpha_0}\,c_{\alpha_0\alpha'_i(r-k+1)}+c_{r\alpha'_i\alpha'_{i-1}}\,c_{\alpha_1\alpha'_{i-1}(r-k+1)}\right]=0,$$

. . . .

$$\binom{k-1}{\mu}c_{r\alpha_\mu\cdots\alpha_0}\,c_{r\alpha'_{k+i-\mu-1}\cdots\alpha'_i}\,c_{\alpha_0\alpha'_i(r-k+1)}$$
$$+\binom{k-1}{\mu-1}c_{r\alpha_\mu\cdots\alpha_1}\,c_{r\alpha'_{k+i-\mu-1}\cdots\alpha'_{i-1}}\,c_{\alpha_1\alpha'_{i-1}(r-k+1)}$$
$$+\binom{k-1}{\mu-2}c_{r\alpha_\mu\cdots\alpha_2}\,c_{r\alpha'_{k+i-\mu-1}\cdots\alpha'_{i-2}}\,c_{\alpha_2\alpha'_{i-2}(r-k+1)}+\cdots=0.$$

Daraus erkennt man, dass die Zahl der Transformationen, welche zu ω_α und $-\omega_\alpha$ gehören, nicht beliebig gross sein kann. Sollte das nämlich der Fall sein, so müssten die sämmtlichen Determinanten verschwinden, welche durch irgend $i+1$ auf einander folgende Verticalreihen der Matrix gebildet werden:

$$\left|\begin{matrix}
\binom{k-1}{1} & \binom{k-1}{2} & \binom{k-1}{3}\cdot & \binom{k-1}{i} & \binom{k-1}{i+1}\cdot \\
\binom{k-1}{0} & \binom{k-1}{1} & \binom{k-1}{2}\cdot & \binom{k-1}{i-1} & \binom{k-1}{i}\cdot \\
 & \binom{k-1}{0} & \binom{k-1}{1}\cdot & \cdot\;\cdot\;\cdot & \cdot\;\cdot\;\cdot \\
\cdot\;\cdot\;\cdot & \cdot\;\cdot\;\cdot & \cdot\;\cdot\;\cdot & \cdot\;\cdot\;\cdot & \cdot\;\cdot\;\cdot \\
 & & & \binom{k-1}{0} & \binom{k-1}{1}\cdot
\end{matrix}\right|$$

Von diesen Determinanten kann aber keine einzige verschwinden; denn wenn man mit der ν^{ten} Verticalreihe beginnt und diese mit den folgenden i zu einer Determinante vereinigt, so ist deren Werth gleich:

$$\frac{(k+i-1)!\,(k+i-2)!\cdots(k+i-\nu)!}{(k-2)!\,(k-3)!\cdots(k-\nu-1)!}\times\frac{0!\,1!\cdots(\nu-1)!}{(i+1)!\,(i+2)!\cdots(i+\nu)!}.$$

Somit können auch hier X_r und X_{r-1} nur in einem einzigen Ausdruck $(X_{\alpha_\mu}X_{\alpha'_\nu})$ für jedes Paar entgegengesetzt gleicher Wurzeln vorkommen. Die weitere Entwicklung unterscheidet sich nicht von der vorhin durchgeführten; in (9) und (10) ändern sich nur die Grenzen für ν, und (11) bleibt bestehen, somit auch die daraus gezogene Folgerung, dass das Verhältniss $c_{\alpha_\mu\alpha'_\nu r}$ zu $c_{\alpha_\mu\alpha'_\nu(r-1)}$ immer dasselbe ist.

Sehen wir jetzt von der Voraussetzung ab, welche wir betreffs der Wurzeln gemacht haben, so erleidet die Herleitung der Formeln (3) eine kleine Aenderung, wenn zu einer Wurzel ω_α noch eine zweite, dritte ... Reihe $\overline{X}_{\alpha_0}$, $\overline{X}_{\alpha_1}$ ... $\overline{\overline{X}}_{\alpha_0}$, $\overline{\overline{X}}_{\alpha_1}$ ... gehört. Aber der Umstand, dass $X_r f$ als ganz allgemeine inf. Transformation vorausgesetzt wurde, sowie die Hinzunahme der Identitäten $(r, r-\varrho, \bar{\alpha}_i)$, $(r, r-\varrho, \bar{\bar{\alpha}}_i)$ ... für $\varrho = k-1 \dots 1$ lässt leicht erkennen, dass das Ergebniss ungeändert bleibt. Die Herleitung der weiteren Formeln ändert sich fast gar nicht. . . . .

Wir haben demnach folgenden Satz bewiesen:

Wenn in der charakteristischen Gleichung: . . . .

$$\omega^r - \omega^{r-1}\varphi_1(\eta) + \omega^{r-2}\varphi_2(\eta) - \dots = 0$$

die letzten k (> 2) Coefficienten $\varphi_r(\eta)$, $\varphi_{r-1}(\eta) \dots \varphi_{r-k+1}(\eta)$ identisch verschwinden, ohne dass alle Unterdeterminanten $r-2^{\text{ten}}$ Grades der Determinante $\left|\sum_\varrho \eta_\varrho c_{\varrho \iota \varkappa}\right|$ identisch gleich Null sind, so gehört jede allgemeine Transformation der Gruppe einer k-gliedrigen Untergruppe vom Range Null an, und die diese Untergruppe bestimmenden inf. Transformationen X_r, $X_{r-1} \dots X_{r-k+1}$ können so gewählt werden, dass ist:

$$(X_r X_{r-1}) = X_{r-2} \cdots (X_r X_{r-k+2}) = X_{r-k+1}, \quad (X_r X_{r-k+1}) = 0.$$

Soll die Haupt-Untergruppe mehr als $r-2$ Glieder haben, so muss die charakteristische Gleichung entgegengesetzt gleiche Würzeln besitzen und die zu ihnen gehörigen Transformationen dürfen nicht sämmtlich vertauschbar sein. Aber auch in diesem Falle hat die Haupt-Untergruppe höchstens $r-1$ Glieder, und zugleich enthält die Gruppe stets eine ausgezeichnete Untergruppe, d. h. eine solche, welche mit allen Transformationen der Gruppe vertauschbar ist.

Für die weitere Zusammensetzung der Gruppe dienen die Gleichungen (3) — (13).

Es erübrigt noch, die Aenderungen anzugeben, welche eintreten, wenn in der k-gliedrigen Untergruppe nicht eine eingliedrige, sondern eine mehrgliedrige ausgezeichnete Untergruppe enthalten ist. Die durch die Gleichungen (1) bezeichnete Operation führe (bei nicht specieller Annahme von X^r und X_{r-1}) zum ersten Male für X_{r-k_1+1} zu der Relation: $(X_r X_{r-k_1+1}) = 0$; dann sei X_{r-k_1} nach den Festsetzungen des § 9 gewählt, und man gelange wieder für X_{r-k_2+1} zu $(X_r X_{r-k_2+1}) = 0$, u. s. w. Lässt man dann in den Formeln (3) die Marke ν kleiner als k_1 sein, so bleiben dieselben ungeändert; bei der Uebertragung derselben auf ein zwischen k_1 und k_2 gelegenes ν hat man zu berücksichtigen, welche lineare Function von $X_{r-1} \dots X_{r-k_1+1}$ bei der Wahl von X_{r-k_1} hinzugenommen ist. Unter Anwendung der eckigen Klammern zur Bezeichnung einer linearen Function der mit den entsprechenden Marken versehenen X ergiebt sich:

$$(X_{\alpha_0} X_{\alpha_0'}) = [r - k_1 + 1, \; r - k_2 + 1 \cdots r - k + 1].$$

Wendet man dann wieder $(r, \alpha_0, \alpha_\nu') \dots (r, \alpha_\mu, \alpha_\nu')$ an, so gelten den

Formeln (5) — (8) entsprechende Formeln, so lange man für kein $k_{\varrho+1}$ auf k_ϱ gelangt; sobald das geschieht, ist wieder die bei der Bildung von X_{r-k_ϱ} benutzte lineare Function in Betracht zu ziehen. So können im Ausdruck für $c_{\alpha_\mu \alpha'_\nu (r-k_\varrho+\mu+\nu+1)}$, wenn $\mu + \nu - k_\varrho < k_{\varrho-1}$ ist, die $c_{\alpha_0 \alpha_0' (r-k_{\varrho+1}+1)}$, $c_{\alpha_0 \alpha_0' (r-k_\varrho+1)} \dots$ vorkommen. Indessen bleibt das Wesen des Beweises ungeändert, wonach zunächst Beziehungen zwischen den $c_{r \alpha_\mu \alpha_{\mu-1}}$, $c_{r \alpha'_\nu \alpha'_{\nu-1}}$ und den $c_{\alpha_0 \alpha_0' (r-k_\varrho+1)}$ bestehen; diese Beziehungen gestatten nicht, dass mehrere Ausdrücke $(X_{\alpha_\mu} X_{\alpha'_\nu})$ für dasselbe Paar entgegengesetzt gleicher Wurzeln die X_r, X_{r-1}, X_{r-k_1}, $X_{r-k_2} \dots$ enthalten. Ganz entsprechend zeigt sich aber für irgend zusammengehörige Wurzeln ω_β, ω'_β, $\omega_\beta^{(k_1)} \dots$, dass ist:

$$c_{\alpha_\mu \alpha'_\nu r}\, \omega_\beta + c_{\alpha_\mu \alpha'_\nu (r-1)}\, \omega'_\beta + c_{\alpha_\mu \alpha'_\nu (r-k_1)}\, \omega_\beta^{(k_1)} + \dots = 0.$$

Wenngleich wir demnach hier auf einen expliciten Ausdruck verzichten müssen, sind wir doch zu folgendem Resultate gelangt:

Wenn für eine r-gliedrige Gruppe die k letzten Coefficienten $\varphi_r(\eta)$, $\varphi_{r-1}(\eta) \dots \varphi_{r-k+1}(\eta)$ *der charakteristischen Gleichung identisch verschwinden, ohne dass die sämmtlichen Unterdeterminanten* $r-k+1^{ten}$ *Grades der Determinante* $\left|\sum_\varrho \eta_\varrho c_{\varrho \iota \varkappa}\right|$ *identisch gleich Null sind, so ist die Gliederzahl der Haupt-Untergruppe kleiner als r und die Gruppe selbst enthält eine ausgezeichnete Untergruppe.*

Die Umkehrung lässt sich in folgender Weise aussprechen:

Soll eine r-gliedrige Gruppe, in deren charakteristischer Gleichung die letzten k Coefficienten identisch verschwinden, ihre eigene Haupt-Untergruppe sein, so müssen auch alle Unterdeterminanten $r-k+1^{ten}$ *Grades von* $\left|\sum_\varrho \eta_\varrho c_{\varrho \iota \varkappa}\right|$ *identisch verschwinden; jede Transformation gehört also einer k-gliedrigen Untergruppe an, deren Transformationen sämmtlich mit einander vertauschbar sind.*

§ 20.

Verallgemeinerung einiger früher gewonnenen Resultate.

Da das Ergebniss des vorigen Paragraphen über das des § 10 hinausgeht, so bedürfen einige Bemerkungen der §§ 11 u. 12 einer kleinen Veränderung. Namentlich ist es nicht nöthig, neben die Forderung, dass die Gruppe ihre eigene Haupt-Untergruppe sei, noch die weitere Forderung zu stellen, dass in derselben keine ausgezeichnete Untergruppe enthalten sei; denn die letztere Forderung hat an der bezeichneten Stelle nur den Zweck, zu erreichen, dass mit dem Verschwinden von $\varphi_r(\eta) \dots \varphi_{r-k+1}(\eta)$ auch alle Unterdeterminanten

$(r-k+1)^{\text{ten}}$ Grades verschwinden, was nach dem vorigen Paragraphen schon eine Folge der ersten Forderung ist.

Andererseits haben wir in den §§ 11 und 12 betreffs der nicht verschwindenden Wurzeln einige besondere Voraussetzungen gemacht, und es dürfte nothwendig sein, unsere Untersuchung von diesen Beschränkungen zu befreien.

Wir setzen wiederum $X_r f$ als ganz allgemeine inf. Transformation voraus und suchen die nicht verschwindenden Wurzeln der Gleichung $|c_{r\iota\varkappa} - \omega\delta_{\iota\varkappa}| = 0$. Wenn ω_α eine einfache Wurzel dieser Gleichung ist, so lässt sich eine und nur eine inf. Transformation $X_\alpha f$ so bestimmen, dass $(X_r X_\alpha) = \omega_\alpha X_\alpha f$ ist. Wenn aber ω_α eine $(\lambda+1)$-fache Wurzel ist, ohne dass alle Unterdeterminanten $r-1^{\text{ten}}$ Grades von $|c_{r\iota\varkappa} - \omega_\alpha\delta_{\iota\varkappa}|$ verschwinden, so giebt es $\lambda+1$ inf. Transformationen $X_{\alpha_\lambda} \cdots X_{\alpha_1}, X_{\alpha_0}$, so dass ist:

$$(X_r X_{\alpha_0}) = \omega_\alpha X_{\alpha_0},\ (X_r X_{\alpha_1}) = \omega_\alpha X_{\alpha_1} + c_{r\alpha_1\alpha_0} X_{\alpha_0} \cdots$$
$$(X_r X_{\alpha_\lambda}) = \omega_\alpha X_{\alpha_\lambda}^{*} + c_{r\alpha_\lambda\alpha_{\lambda-1}} X_{\alpha_{\lambda-1}} + \cdots,$$

wo keiner der Coefficienten $c_{r\alpha_1\alpha_0}, c_{r\alpha_2\alpha_1} \cdots c_{r\alpha_\lambda\alpha_{\lambda-1}}$ verschwindet.

Um den Zusammenhang der Wurzeln mit gewissen inf. Transformationen ganz allgemein zu übersehen, wenden wir für die Determinante $|c_{r\iota\varkappa} - \delta_{\iota\varkappa}\omega|$ den Weierstrass'schen Begriff des Elementartheilers an. Wir denken uns nämlich diese Determinante in Factoren $\omega - \omega_\alpha$ zerlegt. Wenn ein Factor $\omega - \omega_\alpha$ in der Determinante s-mal, in allen Unterdeterminanten $r-1^{\text{ten}}$ Grades mindestens s'-mal, in denen $(r-2)^{\text{ten}}$ Grades mindestens s''-mal vorkommt u. s. w., so sind $(\omega-\omega_\alpha)^{s-s'}, (\omega-\omega_\alpha)^{s'-s''} \cdots$ die Elementartheiler der Determinante. Ist nun eine der Zahlen $s^{(\varrho)} - s^{(\varrho+1)} = \lambda+1$, so können wir dem Elementartheiler $(\omega-\omega_\alpha)^{\lambda+1}$ gerade $\lambda+1$ inf. Transformationen $X_{\alpha_0} \cdots X_{\alpha_\lambda}$ in der Weise zuordnen, dass ist:

$$(1)\quad (X_r X_{\alpha_\lambda}) = \omega_\alpha X_{\alpha_\lambda} + X_{\alpha_{\lambda-1}},\ (X_r X_{\alpha_{\lambda-1}}) = \omega_\alpha X_{\alpha_{\lambda-1}} + X_{\alpha_{\lambda-2}} \cdots$$
$$\cdots (X_r X_{\alpha_1}) = \omega_\alpha X_{\alpha_1} + X_{\alpha_0},\qquad (X_r X_{\alpha_0}) = \omega_\alpha X_{\alpha_0}.$$

Wenn ein zweiter Elementartheiler die $\mu+1^{\text{te}}$ Potenz desselben linearen Factors $\omega - \omega_\alpha$ ist, so gelten für $\mu+1$ weitere inf. Transformationen die Gleichungen:

$$(1\text{a})\ (X_r \overline{X}_{\alpha_\mu}) = \omega_\alpha \overline{X}_{\alpha_\mu} + \overline{X}_{\alpha_{\mu-1}},\ (X_r \overline{X}_{\alpha_{\mu-1}}) = \omega_\alpha \overline{X}_{\alpha_{\mu-1}} + \overline{X}_{\alpha_{\mu-2}} \cdots$$

Wenn die vorstehenden Gleichungen bestehen, so sollen $X_{\alpha_0}, \overline{X}_{\alpha_0} \ldots$ als *erste zur Wurzel ω_α gehörige* Transformationen oder als solche erster Ordnung bezeichnet werden, ebenso $X_{\alpha_1}, \overline{X}_{\alpha_1} \ldots$ als *zweite zugehörige* $\ldots X_{\alpha_\lambda}, \overline{X}_{\alpha_\lambda} \ldots$ als $(\lambda+1)^{\text{te}}$ *zugehörige* Transformationen. Die durch die Gleichungen (1) resp. (1a) gegebene Definition kann auch durch die folgende ersetzt werden. Wenn X_{α_0}, $\overline{X}_{\alpha_0}$ ... dur die Definition

(2) $(X_r X_{\alpha_0}) = \omega_\alpha X_{\alpha_0}$, $(X_r \overline{X}_{\alpha_0}) = \omega_\alpha \overline{X}_{\alpha_0}$, $(X_r \overline{\overline{X}}_{\alpha_0}) = \omega_\alpha \overline{\overline{X}}_{\alpha_0}$ ...

als erste zugehörige Transformationen bestimmt sind, so werd X_{α_1}, $\overline{X}_{\alpha_1}$ ... zugehörige Transformationen zweiter Ordnung sein, w fern die Gleichungen bestehen:

$$(3) \qquad \begin{aligned} (X_r X_{\alpha_1}) &= \omega_\alpha X_{\alpha_1} + [\alpha_0, \bar{\alpha}_0, \bar{\bar{\alpha}}_0 \ldots], \\ (X_r \overline{X}_{\alpha_1}) &= \omega_\alpha \overline{X}_{\alpha_1} + [\alpha_0, \bar{\alpha}_0, \bar{\bar{\alpha}}_0 \ldots] \ldots, \end{aligned}$$

wo keine der linearen Functionen $[\alpha_0, \bar{\alpha}_0, \bar{\bar{\alpha}}_0 \ldots]$ identisch verschwind Wie schon früher bemerkt, braucht der Coefficient von X_{α_0} im Au druck für $(X_r X_{\alpha_1})$ nicht gleich dem von X_{α_0} in $(X_r \overline{X}_{\alpha_1})$ zu sein.

Ebenso werden die dritten zugehörigen Transformationen X_{α_2}, $\overline{X}_{\alpha_2}$ durch die Gleichungen definirt:

$$(4) \qquad \begin{aligned} (X_r X_{\alpha_2}) &= \omega_\alpha X_{\alpha_2} + [\alpha_1, \alpha_0, \bar{\alpha}_1, \bar{\alpha}_0 \ldots], \\ (X_r \overline{X}_{\alpha_2}) &= \omega_\alpha \overline{X}_{\alpha_2} + [a_1, a_0, \bar{\alpha}_1, \bar{\alpha}_0, \ldots] \ldots, \end{aligned}$$

wo die Coefficienten von X_{α_1}, $\overline{X}_{\alpha_1}$ ... in keinem [...] sämmtlich v schwinden dürfen.

Dieser Weg führt zur Definition auch der zugehörigen Wurz höherer Ordnung.

So angemessen die Darstellung (1) ist, wofern man es nur einem X_r zu thun hat, wird man doch die den Gleichungen (2)— entsprechende Darstellung nicht entbehren können, sobald man X_r eine weitere inf. Transformation hinzunimmt und hierfür eine äl liche Darstellung sucht. Wenn alle Unterdeterminanten $(r-k+1$ Ordnung von $\left|\sum^\varrho \eta_\varrho c_{\varrho\iota\varkappa}\right|$ identisch verschwinden, so giebt es k — weitere Transformationen $X_{r-1} \ldots X_{r-k+1}$, welche mit X_r und un einander vertauschbar sind. Wird X_{r-1} in der k-gliedrigen Unt gruppe als allgemein vorausgesetzt, so hat jeder Elementartheiler für X_{r-1} gebildeten Determinante $|c_{(r-1)\iota\varkappa} - \omega\delta_{\iota\varkappa}|$ denselben G wie für X_r, und beidemal werden entsprechende Elementarthei Potenzen gleicher linearer Ausdrücke sein. Wendet man jetzt Jacobi'schen Identitäten $(r, r-1, \alpha_0)$, $(r, r-1, \bar{\alpha}_0) \ldots (r, r-1, \alpha_1)$. an und verbindet damit einfache Stetigkeitsbetrachtungen, so ble die Darstellung (2)—(4) im wesentlichen ungeändert, so dass ist:

$$(X_{r-1} X_{\alpha_0}) = \omega'_\alpha X_{\alpha_0}, \quad (X_{r-1} X_{\alpha_1}) = \omega'_\alpha X_{\alpha_1} + [\alpha_0 \bar{\alpha}_0 \ldots],$$
$$(X_{r-1} X_{\alpha_2}) = \omega'_\alpha X_{\alpha_2} + [\alpha_1\ \alpha_0\ \bar{\alpha}_1\ \bar{\alpha}_0 \ldots].$$

Man kann auch wieder die Darstellung (1) benutzen, aber da gelangt man zu einer andern Reihe $X_{\alpha_{\lambda-1}} \ldots$; so ist:

$(X_{r-1}\,X_{\alpha_\lambda}) = \omega_\alpha' X_{\alpha_\lambda} + X'_{\alpha_{\lambda-1}}, \quad (X_{r-1}\,X'_{\alpha_{\lambda-1}}) = \omega_\alpha' X'_{\alpha_{\lambda-1}} + X'_{\alpha_{\lambda-2}} \ldots,$

aber im Ausdruck für $X'_{\alpha_{\lambda-1}}$ können nicht bloss die durch (1) definirten $X_{\alpha_{\lambda-1}} \ldots X_{\alpha_0}$, sondern auch $\overline{X}_{\alpha_\mu} \ldots \overline{X}_{\alpha_0}$ u. s. w. vorkommen.

Sind ω_α, ω_β und $\omega_\alpha + \omega_\beta$ Wurzeln der charakteristischen Gleichung für $X_r f$, so mögen die zu $\omega_\alpha + \omega_\beta$ gehörigen inf. Transformationen die Marke $\alpha + \beta$ erhalten, und zwar entsprechend der Gleichung (2) die Marken: $(\alpha+\beta)_0$, $(\overline{\alpha+\beta})_0 \ldots$, und wenn die Gleichung (3) besteht, die Marken $(\alpha+\beta)_1$, $(\overline{\alpha+\beta})_1 \ldots$; ebenso bei Geltung der Gleichung (4): $(\alpha+\beta)_2$, $(\overline{\alpha+\beta})_2 \ldots$ u. s. w. Die Entwicklungen des § 8 lehren in diesem Falle:

$$(5)\quad \begin{cases} (X_{\alpha_0} X_{\beta_0}) = [(\alpha+\beta)_0,\ (\overline{\alpha+\beta})_0,\ (\overline{\overline{\alpha+\beta}})_0 \ldots], \\ (X_{\alpha_0} X_{\beta_1}) = [(\alpha+\beta)_1,\ (\overline{\alpha+\beta})_1 \ldots (\alpha+\beta)_0,\ (\overline{\alpha+\beta})_0 \ldots], \\ (X_{\alpha_0} X_{\beta_2}) = [(\alpha+\beta)_2,\ (\overline{\alpha+\beta})_2 \ldots (\alpha+\beta)_1,\ (\overline{\alpha+\beta})_1 \ldots \\ \qquad\qquad \ldots (\alpha+\beta)_0,\ (\overline{\alpha+\beta})_0 \ldots]. \\ \ldots\ldots\ldots\ldots\ldots\ldots\ldots\ldots \end{cases}$$

Hierzu treten noch, wenn $2\omega_\alpha$ eine Wurzel ist und zu ihr die Transformationen $X_{(2\alpha)_0}$, $\overline{X}_{(2\alpha)_0} \ldots X_{(2\alpha)_1}$, $\overline{X}_{(2\alpha)_1} \ldots$ gehören, folgende Gleichungen:

$$(6)\quad \begin{cases} (X_{\alpha_0} X_{\alpha_0}) = [(2\alpha)_0,\ (\overline{2\alpha})_0 \cdots], \\ (X_{\alpha_0} X_{\alpha_1}) = [(2\alpha)_0,\ (\overline{2\alpha})_0 \cdots], \\ (X_{\alpha_0} X_{\alpha_2}) = [(2\alpha)_1,\ (\overline{2\alpha})_1 \cdots (2\alpha)_0,\ (\overline{2\alpha})_0 \cdots]. \\ \ldots\ldots\ldots\ldots\ldots\ldots \end{cases}$$

Nach diesen Festsetzungen übersieht man unmittelbar, wie sich die am Schluss von § 11 zusammengestellten Resultate auf den allgemeinen Fall übertragen.

Jetzt seien ω_ι und $\omega_{\iota'}$ zwei entgegengesetzt gleiche Wurzeln, und zu ihnen mögen die Transformationen $X_{\iota_0} f$ und $X_{\iota_0'} f$ gehören, so dass ist: $(X_r X_{\iota_0}) = \omega_\iota X_{\iota_0} f$, $(X_r X_{\iota_0'}) = -\omega_\iota X_{\iota_0'} f$. Zugleich sei

$$(X_{\iota_0} X_{\iota_0'}) = \sum_0^{k-1} e_\iota^{(\nu)} X_{r-\nu} f,$$

wo die Coefficienten e_ι^ν nicht sämmtlich verschwinden. Dann bleiben die Entwicklungen des § 12 im wesentlichen ungeändert. Namentlich bestehen die Gleichungen:

$$(7)\qquad \sum e_\iota^{(\nu)} \omega_\alpha^{(\nu)} = \sum_\delta (c_{\iota\alpha_0\delta}\, c_{\delta\iota'\alpha_0} - c_{\iota'\alpha_0\delta}\, c_{\delta\iota\alpha_0}),$$

(8) $$\sum e_\iota^{(\nu)}(2\omega_\alpha^{(\nu)} + a_{\alpha\iota}\,\omega_\iota^{(\nu)}) = 0,$$

wo $a_{\alpha\iota}$ eine ganze Zahl ist.

Um die Formel (8) herzuleiten, müssen wir alle diejenigen Jacol schen Identitäten

$$(\iota_0, \iota_0', \alpha_0),\ (\iota_0, \iota_0', \bar{\alpha}_0),\ (\iota_0, \iota_0', \alpha_0)\cdots \big(\iota_0, \iota_0', (\alpha+\iota)_0\big),\ \big(\iota_0, \iota_0', (\overline{\alpha+\iota})_0\big)$$

benutzen, für welche sich aus einer Wurzel ω_α durch Addition oc Subtraction von ω_ι eine neue Wurzel ergiebt. Indem wir dann $\iota_0, \iota_0', \alpha_0 \cdots$ die Marke Null weglassen, wird das erste Glied d rechten Seite von (7) für $(\iota_0, \iota_0', \alpha_0)$:

$$c_{\iota\alpha(\alpha+\iota)}\,c_{(\alpha+\iota)\iota'\alpha} + c_{\iota\alpha(\overline{\alpha+\iota})}\,c_{(\overline{\alpha+\iota})\iota'\alpha} + \cdots$$

und entsprechend für $(\iota_0, \iota_0', \bar{\alpha}_0)$:

$$c_{\iota\bar{\alpha}(\alpha+\iota)}\,c_{(\alpha+\iota)\iota'\bar{\alpha}} + c_{\iota\bar{\alpha}(\overline{\alpha+\iota})}\,c_{(\overline{\alpha+\iota})\iota'\bar{\alpha}} + \cdots,$$

woraus dasselbe für $(\iota_0, \iota_0', \bar{\bar{\alpha}}_0)$ unmittelbar ersichtlich ist. Das zwei Glied der rechten Seite von (7) für $\big(\iota_0, \iota_0', (\alpha+\iota)_0\big)$ wird:

$$-\,c_{\iota'(\alpha+\iota)\alpha}\,c_{\alpha\iota(\alpha+\iota)} - c_{\iota'(\alpha+\iota)\bar{\alpha}}\,c_{\bar{\alpha}\iota(\alpha+\iota)}$$

und für $\big(\iota_0, \iota_0', (\overline{\alpha+\iota})_0\big)$:

$$-\,c_{\iota'(\overline{\alpha+\iota})\alpha}\,c_{\alpha\iota(\overline{\alpha+\iota})} - c_{\iota'(\overline{\alpha+\iota})\bar{\alpha}}\,c_{\bar{\alpha}\iota(\overline{\alpha+\iota})} - \cdots$$

Sobald also alle entsprechenden Gleichungen gebildet werden, he sich die Summe der ersten Glieder gegen die Summe der zweit Glieder weg, so dass der in § 12 geführte Beweis keiner weiter Veränderung bedarf.

Gehört zu einer Wurzel ω_α eine Transformation $X_{\alpha\lambda}$ als $(\lambda+1$ in dem durch die Gleichungen (1)—(4) bezeichneten Sinne, so beste die Gleichung:

$$\sum c_\iota^{(\nu)}\omega_\alpha^{(\nu)} = \sum\nolimits^{\delta}\left(c_{\iota_0\alpha_\lambda\delta}\,c_{\delta\iota_0\alpha_\lambda} - c_{\iota_0'\alpha_\lambda\delta}\,c_{\delta\iota_0\alpha_\lambda}\right).$$

Damit aber einer der Ausdrücke $(X_\delta X_{\iota_0'})$ und $(X_\delta X_{\iota_0})$ die $X_{\alpha\lambda}f$ er hält, muss $X_\delta f$ eine $(\lambda+1)^{\text{te}}$ Transformation sein, welche zu d Wurzel $\omega_\alpha + \omega_\iota$ resp. $\omega_\alpha - \omega_\iota$ gehört. Demnach muss für zusamme gehörige Wurzeln auch der Grad der Zugehörigkeit von Transform tionen auf dieselbe Zahl steigen.

Wie im vorigen Theile sollen auch im vorliegenden nur solc Gruppen untersucht werden, für welche $p = r$ ist. Wenn dann X eine ganz allgemeine Transformation ist und wenn mit ihr die k — Transformationen $X_{r-1}f \cdots X_{r-k+1}f$ vertauschbar sind, so sollen au die übrigen $r - k$ inf. Transformationen, welche die Gruppe besti men, so gewählt werden, dass sie zu den $r - k$ nicht verschwindend Wurzeln der charakteristischen Gleichung für $X_r f$ gehören. Dan nun $p = r$ wird, müssen mindestens k Paare der letzten $r - k$ Transformationen, durch die bekannte Operation $(X_\iota X_\varkappa)$ zusammengesetzt, zu Ausdrücken führen, welche $X_r \cdots X_{r-k+1}$ enthalten. Es liegt jetzt zunächst die Annahme nahe, dass alle diese als *erste* Transformationen zu den betreffenden Wurzeln gehören, dass also k Tripel von Gleichungen bestehen:

$$(9) \qquad (X_r X_{\iota_0}) = \omega_\iota X_{\iota_0} f, \quad (X_r X_{\iota_0'}) = -\omega_\iota X_{\iota_0'} f,$$
$$(X_{\iota_0} X_{\iota_0'}) = \sum^{\nu} e_{\iota_0}^{(\nu)} X_{r-\nu} f.$$

Damit sollen zwei weitere Voraussetzungen verbunden werden, nämlich

1) dass $\sum^{\nu} e_\iota^{(\nu)} \omega_\iota^{(\nu)} \neq 0$,

und 2) dass die Determinante $|\omega_\iota^{(\nu)}|$, wenn ι die k den Gleichungen (9) entsprechenden Werthe und ν die Werthe $0, 1 \ldots k-1$ annimmt, nicht verschwindet.

Wir wissen, dass der Rang l der Gruppe höchstens gleich k ist; bei den hier gemachten Annahmen erreicht l diesen Werth, wie sogleich gezeigt werden soll. Dagegen wird eine spätere Untersuchung lehren, dass nur die gemachten Voraussetzungen $k = l$ sein lassen, so dass bei jeder anderen Annahme alle Unterdeterminanten $(r-l)^{\text{ten}}$ Grades von $\left|\sum^{\varrho} \eta_\varrho c_{\varrho\iota\varkappa}\right|$ identisch verschwinden. Indem wir dies Resultat hier bereits als richtig voraussetzen, können wir die Bedingungen, denen die zunächst zu untersuchenden Gruppen genügen sollen, in folgender Weise aussprechen:

1) *die Gruppe soll ihre eigene Hauptuntergruppe sein*,

2) *wenn der Rang der Gruppe gleich l ist, so soll der Coefficient $\psi_{r-l}(\eta)$ von ω^l in der charakteristischen Gleichung nicht identisch verschwinden.*

Hier möge darauf aufmerksam gemacht werden, dass jedes ω_ι, wie es den Gleichungen (9) entspricht, eine einfache Wurzel ist. Denn gehört zu ω_ι noch eine weitere inf. Transformation $\overline{X}_\iota f$ als erste, so würden die Gleichungen (7) und (8) die Folgerung nach sich ziehen, dass mehr als l Wurzeln gleich Null sind. Gehörte aber $X_{\iota_1} f$ als Transformation zweiter Ordnung zu ω_ι, so müsste $c_{r\iota_1\iota_0} \neq 0$ sein, was mit der Relation (r, ι_1, ι_0') oder der Gleichung

$$c_{r\iota_1\iota_0}(X_{\iota_0} X_{\iota_0'}) = 0$$

nicht vereinbar ist.

Nun ist durch die vorangehenden Entwicklungen bereits der Weg vollständig angegeben, welcher die Uebertragung des Schlussresultates von § 12 auf diesen allgemeineren Fall liefert. Es genüge also, das Resultat hinzuschreiben.

Unter den beiden angegebenen Bedingungen lassen sich alle $r - l$ nicht verschwindenden Wurzeln der für ein allgemeines System (η) genommenen charakteristischen Gleichung durch l unter ihnen homogen linear darstellen; die Coefficienten sind rationale Zahlen und von der Wahl der $\eta_1 \dots \eta_r$ ganz unabhängig.

Jedes ω_ι, für welches die drei Gleichungen (9) *bestehen, ist eine einfache Wurzel. Ist ω_α irgend eine andere Wurzel und gehören zu ihr in Folge des durch die Gleichung* (8) *definirten Coefficienten $a_{\alpha\iota}$ weitere Wurzeln $\omega_\iota + a\omega_\alpha$ hinzu, so steigt die Ordnung, in welcher zu jeder von ihnen in dem durch die Gleichungen* (1)—(4) *definirten Sinne inf. Transformationen gehören, für alle diese auf dieselbe Zahl.*

§ 21.

Die einfachen und die halbeinfachen Gruppen.

Indem wir l Marken $\iota, \varkappa \dots$, für welche die Gleichungen (9) des vorigen Paragraphen bestehen, mit $1 \dots l$ bezeichnen, erhalten wir vermittelst der Gleichung (8) § 20 l^2 ganzzahlige Coefficienten $a_{\iota\varkappa}$ für $\iota, \varkappa = 1 \cdots l$, wo $a_{\iota\iota} = -2$ ist. Diese Systeme sind in den §§ 13—15 vollständig untersucht, so dass es möglich ist, bei gegebenem l alle endlichen Systeme unmittelbar hinzuschreiben.

Jedes von Null verschiedene $a_{\iota\varkappa}$ verlangt, dass ausser den Wurzeln ω_ι und $\omega_\varkappa$ noch mindestens eine weitere Wurzel vorkommt, und die nächstliegende Annahme besteht darin, dass ausser den $2l$ Wurzeln $\omega_1, -\omega_1, \omega_2, -\omega_2, \dots \omega_l, -\omega_l$ nur diejenigen vorkommen sollen, welche durch die $a_{\iota\varkappa}$ gefordert sind. Dann sind alle nicht verschwindenden Wurzeln ungleich, und wir können daher die Untermarke Null an jedem ι_0 weglassen.

Zunächst soll das System der Coefficienten $a_{\iota\varkappa}$ selbst einfach sein. Dann ist, wie bereits in § 16 hervorgehoben wurde, die Gruppe selbst einfach, d. h. sie besitzt keine invariante Untergruppe. Es ist vielleicht gut, nochmals auf den Beweis einzugehen und einen Punkt näher zu erläutern. Zunächst ersieht man unmittelbar, dass die Transformation $\eta_r X_r + \eta_{r-1} X_{r-1} + \cdots + \eta_{r-l+1} X_{r-l+1}$ keiner invarianten Untergruppe angehören kann. Ebenso ist sofort klar, dass wenn $\sum_1^r{}_\varrho\, \eta_\varrho X_\varrho f$ einer invarianten Untergruppe angehört, derselben auch eine Transformation $\sum_1^{r-l}{}_\varrho\, \eta'_\varrho X_\varrho f$ angehören muss, wo die Summation sich nur auf die Zahlen $1 \cdots r - l$ erstreckt. Kommt aber die Transformation $\eta_\alpha X_\alpha + \eta_\beta X_\beta + \cdots + \eta_\varepsilon X_\varepsilon$ vor, wo $\alpha, \beta, \dots \varepsilon$ m Nummern aus der Reihe $1 \cdots r - l$ sind, so muss dieselbe invariante Untergruppe auch die Transformation

$$(X_r, \eta_\alpha X_\alpha + \eta_\beta X_\beta + \cdots + \eta_s X_s) = (\eta_\alpha \omega_\alpha X_\alpha + \eta_\beta \omega_\beta X_\beta + \cdots + \eta_s \omega_s X_s) f$$

enthalten. Eine Gruppe aber, welche sowohl $\eta_\alpha X_\alpha + \eta_\beta X_\beta + \cdots + \eta_s X_s$ als $\eta_\alpha \omega_\alpha X_\alpha + \eta_\beta \omega_\beta X_\beta + \cdots + \eta_s \omega_s X_s$ enthält, hat nothwendig auch (wegen der Ungleichheit von ω_α, $\omega_\beta \cdots$) eine Transformation

$$\eta_\beta' X_\beta + \cdots + \eta_s' X_s.$$

Man kann daher die Zahl m immer kleiner werden lassen. Somit müsste jede etwa vorkommende invariante Untergruppe eine inf. Transformation $X_\iota f$ enthalten, was wegen der Einfachheit des Systems der $a_{\iota\varkappa}$ nicht möglich ist.

An zweiter Stelle soll das System $a_{\iota\varkappa}$ zusammengesetzt sein und es sollen nur die durch das System geforderten Wurzeln vorkommen, so dass auch eine andere Wahl der l ersten Wurzeln kein einfaches System liefert. Indem wir die Marken passend ordnen, soll das System $a_{\iota\varkappa}$ für $\iota, \varkappa = 1 \cdots l_1$ einfach sein; ebenso je das System der $a_{\iota\varkappa}$ für $(l_1+1, l_1+2 \cdots l_2)$, $(l_2+1, l_2+2 \cdots l_3) \cdots (l_\nu+1, l_\nu+2 \cdots l)$. Dabei ist der Fall nicht auszuschliessen, dass z. B. $l_1 = 1$ oder $l_2 = l_1 + 1$ ist. Zu den Wurzeln $\omega_1 \cdots \omega_{l_1}$ nehmen wir die entgegengesetzt gleichen nebst allen denjenigen hinzu, welche durch das einfache System der $a_{\iota\varkappa}$ für $\iota, \varkappa = 1, \cdots l_1$ gefordert werden. Die Ausdrücke $(X_1 X_{1'})$, $(X_2 X_{2'}) \cdots (X_\iota X_{\iota'})$ werden dargestellt durch l, von einander unabhängige lineare Functionen von $X_r f \cdots X_{r-l+1} f$. Die Jacobi'sche Identität $\big(\iota, \varkappa, (\iota+\varkappa)'\big)$, nämlich die Gleichung:

$$c_{\iota\varkappa(\iota+\varkappa)} (X_{(\iota+\varkappa)} X_{(\iota+\varkappa)'}) + c_{\varkappa(\iota+\varkappa)'\iota'} (X_{\iota'} X_\iota) + c_{(\iota+\varkappa)'\iota\varkappa'} (X_{\varkappa'} X_\varkappa) = 0$$

lehrt, dass wenn mit ω_ι, $\omega_\varkappa$ auch $\omega_\iota + \omega_\varkappa$ eine Wurzel ist, der Ausdruck für $(X_{(\iota+\varkappa)} X_{(\iota+\varkappa)'})$ sich linear homogen durch $(X_\iota X_{\iota'})$ und $(X_\varkappa X_{\varkappa'})$ darstellt. Wenn daher irgend eine Wurzel ω_α sich vermittelst $\omega_1 \cdots \omega_{l_1}$ linear darstellen lässt und eine Folge des zwischen diesen bestehenden Constantensystems ist, so ist auch $(X_\alpha X_{\alpha'})$ nothwendig von Null verschieden und eine homogene lineare Function von

$$(X_1 X_{1'}),\ (X_2 X_{2'}) \ldots (X_{l_1} X_{l_1'}).$$

Die l_1 Ausdrücke $\sum e_i^{(\nu)} X_{r-\nu} f$ für $i = 1 \cdots l_1$ bestimmen also mit $X_1 \cdots X_{l_1}$, $X_{1'} \cdots X_{l_1'}$ und den weiteren hierdurch geforderten $X_\alpha f$ eine einfache Gruppe des Ranges l_1, welche eine Untergruppe der gegebenen Gruppe ist.

Ebenso bestimmen die $l_2 - l_1$ Ausdrücke für

$$(X_{l_1+1} X_{(l_1+1)'}) \cdots (X_{l_2} X_{l_2'}) \quad \text{nebst} \quad X_{l_1+1} \cdots X_{l_2},\ X_{(l_1+1)'} \cdots X_{l_2'},$$

und denjenigen inf. Transformationen, welche zu den durch die $\omega_{l_1+1} \cdots \omega_{l_2}$ nach dem Systeme der $a_{\iota\varkappa}$ für $\iota, \varkappa = l_1 + 1 \cdots l_2$ ge-

forderten weiteren Wurzeln gehören, eine einfache Gruppe des Ra
$l_2 - l_1$ u. s. w.

Wenn nun ω_α zu den Wurzeln $\omega_1 \cdots \omega_{l_1}$ oder zu den durch geforderten Wurzeln gehört, und ω_β entsprechend durch $\omega_{l_1+1} \cdots$ darstellbar ist, so ist offenbar $(X_\alpha X_\beta) = 0$. Zugleich ist auch

$$\left(\sum e_\alpha^{(\nu)} X_{r-\nu},\ X_\beta\right) = 0,$$

da

$$\sum e_\alpha^{(\nu)} \omega_\beta^{(\nu)} = 0$$

ist. Demnach ist jede Transformation der ersten Gruppe mit j der zweiten vertauschbar. Dasselbe gilt umgekehrt, sowie überh von je zwei Transformationen der bezeichneten Untergruppen. S ist jede eine invariante Untergruppe, und zwar eine solche, d Transformationen nicht mit einander vertauschbar sind, sondern gera eine einfache Gruppe bilden.

Die Zusammensetzung der vorliegenden Gruppe können wir in folgender Weise charakterisiren: wir stellen mehrere einf Gruppen, welche ausser der identischen keine Transformation gem schaftlich haben, neben einander, und setzen fest, dass je zwei Tr formationen aus verschiedenen Gruppen mit einander vertauschbar sollen. Eine jede auf diese Weise gebildete Gruppe hat ma Eigenschaften mit den einfachen Gruppen gemeinschaftlich. Sol ein besserer Name fehlt, möge es gestattet sein, eine solche als *halbeinfache* zu bezeichnen. Wir stellen folgende Definitionen sammen:

Sind G_ϱ und G_σ zwei Gruppen und ist jede Transformation G_ϱ mit jeder von G_σ vertauschbar, so heissen die beiden Gruppen mit einander vertauschbar.

Wir sagen von einer Gruppe, dass sie in die Gruppen $G_1, G_2 \cdots$ zerfällt, wenn

1) *jede Transformation der Gruppe einer und (mit Ausschluss identischen Transformation) nur einer der Gruppen $G_1 \cdots G_m$ gehört, und*

2) *je zwei der Gruppen $G_1, G_2 \cdots G_m$ mit einander vertau bar sind.*

In diesem Falle werden wir zuweilen auch den Ausdruck gebrauc die Hauptgruppe sei durch *Nebeneinanderstellung* der Untergru gebildet.

Eine Gruppe heisst halbeinfach, wenn sie in lauter einfache Gru zerfällt.

Eine halbeinfache Gruppe ist die Gruppe der starren Bewegu eines dreidimensionalen Riemann'schen Raumes, oder was für

Zusammensetzung keinen Unterschied macht, die Gruppe der allgemeinen Transformationen einer Ebene, welche Kreise in Kreise verwandeln. Dieser Charakter tritt am deutlichsten bei der Darstellung hervor, welche Herr Lie von derselben gegeben hat;*) dann sieht man, dass die Gruppe in zwei Kegelschnittsgruppen zerfällt. Ganz entsprechend lasse man $X_1 f \cdots X_8 f$ nach Art der allgemeinen projectiven Gruppe der zweidimensionalen Ebene, und lasse $X_9 f$, $X_{10} f$, $X_{11} f$ eine Kegelschnittsgruppe bestimmen, deren Transformationen mit denen der ersten vertauschbar sind.

Es möge darauf aufmerksam gemacht werden, dass man die Eigenschaft einer Gruppe, zu zerfallen, nicht bei jeder Darstellung derselben unmittelbar übersieht. So kann man die so eben angeführte sechsgliedrige Gruppe auch in folgender Weise darstellen. Man wähle für $\iota, \varkappa = 1 \cdots 4$ sechs inf. Transformationen $X_{\iota\varkappa} f$, indem man festsetzt, dass $X_{\iota\varkappa} + X_{\varkappa\iota} = 0$, $(X_{\iota\varkappa}, X_{\iota\lambda}) = X_{\varkappa\lambda} f$, $(X_{\iota\varkappa}, X_{\lambda\mu}) = 0$ sein soll. Hier scheint die Gruppe gleichgebildet mit einfachen Gruppen; denn wenn die Zahl der Marken gleich 3 oder grösser als 4 angenommen wird, gelangt man bei dieser Bildung immer auf einfache Gruppen. Die Zerfällbarkeit tritt zu Tage, wenn man

$$X_{12} + X_{34} = Y_1 \cdots, \quad X_{12} - X_{34} = Y_4 \cdots$$

setzt.

Das Ergebniss der vorangehenden Untersuchung lässt sich in folgender Weise zusammenfassen:

Wenn für eine Gruppe vom Range l die charakteristische Gleichung im allgemeinen l verschwindende und $r - l$ nicht verschwindende Wurzeln besitzt, und wenn dann die sämmtlichen nicht verschwindenden Wurzeln sich ergeben als eine Folge des zwischen l Wurzeln bestehenden Systems von Coefficienten $a_{\iota\varkappa}$, so ist die Gruppe entweder einfach oder halbeinfach; ersteres, wenn das System der $a_{\iota\varkappa}$ selbst einfach, letzteres, wenn dasselbe zusammengesetzt ist.

Was die charakteristische Gleichung anbetrifft, so versteht es sich von selbst, dass, wenigstens für $p = r$, zu einer irreducibeln Gleichung nothwendig eine einfache Gruppe gehört; dagegen ist die charakteristische Gleichung nicht für jede einfache Gruppe irreducibel. Zerfällt aber die Gleichung für eine einfache Gruppe, so sind die Coefficienten von ω in dem einen Factor durch die des andern Factors darstellbar. Für eine halbeinfache Gruppe zerfällt die charakteristische Gleichung nothwendig, und die Zahl der von einander unabhängigen Factoren ist gleich der Zahl der in der Gruppe enthaltenen einfachen invarianten Untergruppen.

---

*) Diese Annalen Bd. XVI, S. 624, drittletzte Gruppe unter C).

§ 22.

Bestimmung aller Gruppen, welche den beiden aufgestellten Bedingungen genügen.

Die charakteristische Gleichung muss für eine Gruppe vom Range l, welche ihre eigene Hauptuntergruppe ist, unter Zugrundelegung einer allgemeinen Transformation, mindestens $2l$ nicht verschwindende Wurzeln haben; zudem müssen alle diejenigen Wurzeln vorkommen, welche durch das System der $a_{\iota\varkappa}$ gefordert sind. Alle diese Wurzeln sollen als die *Hauptwurzeln* der Gleichung bezeichnet werden. Jede weitere Wurzel ist nicht mehr willkürlich, sondern durch ein System von l ganzen Zahlen in der Weise bestimmt, welche am Ende von § 12 angegeben ist. Sobald aber irgend eine weitere Wurzel angenommen ist, müssen noch weitere Wurzeln vorkommen. Sollten zwei solche Wurzeln entgegengesetzt gleich sein und gehörten zu diesen als erste Transformationen die $X_\alpha f$ und $X_{\alpha'} f$, so muss nothwendig $(X_\alpha X_{\alpha'}) = 0$ sein. Denn entweder wird dies durch die Jacobi'schen Relationen gefordert, oder man kann die Wurzeln $\omega_1 \cdots \omega_l$ und die zwischen ihnen bestehenden Coefficienten $a_{\iota\varkappa}$ so wählen, dass auch die neue Wurzel zu den Hauptwurzeln gehört. Alle weiteren Wurzeln der charakteristischen Gleichung sollen als *Nebenwurzeln* bezeichnet werden. Es wird sich zeigen, dass keine Nebenwurzel einer Hauptwurzel gleich werden darf, wenn die Gruppe den beiden am Schluss von § 20 aufgestellten Bedingungen genügen soll. Ebenso gestatten diese Bedingungen nicht, dass die Summe zweier Nebenwurzeln einer dritten Nebenwurzel gleich werde.

Die Frage nach der Zusammengehörigkeit der Nebenwurzeln soll uns an einer spätern Stelle genauer beschäftigen. Hier erinnern wir nur an eines: für jede Wurzel ω_α müssen ganze Zahlen $a_{\alpha 1}, a_{\alpha 2} \cdots a_{\alpha l}$ existiren, so dass die Gleichung (8) § 20 erfüllt ist; und dann müssen auch $\omega_\alpha + a_{\alpha 1}\omega_1$, $\omega_\alpha + a_{\alpha 2}\omega_2 \cdots$ neue Wurzeln sein, und wenn hier $a_{\alpha\iota}$ von Null und Eins verschieden ist, so muss für ein zwischen Null und $a_{\alpha\iota}$ gelegenes $\mathfrak{a}$ auch $\omega_\alpha + \mathfrak{a}\omega_\iota$ eine Wurzel sein. So sahen wir in § 8, dass wenn für eine Gruppe vom Range Eins die Hauptwurzeln ± 2 sind, eine Nebenwurzel für ein ganzes positives m gleich $2m+1$ gewählt werden kann; dann müssen auch $2m-1$, $2m-3 \cdots 3, 1$ und die entgegengesetzt gleichen Zahlen Wurzeln sein.

Zuvörderst machen wir die Voraussetzung, dass das die Hauptwurzeln bestimmende System der $a_{\iota\varkappa}$ einfach ist und dass auch alle Nebenwurzeln einfach sind und durch eine einzige bestimmt werden. Wir bezeichnen die Hauptwurzeln mit ω_ι, $\omega_\varkappa \cdots$, die Nebenwurzeln mit ω_α, ω_β, $\omega_\gamma \cdots$ und durch entsprechende Marken die zugehörigen inf. Transformationen. Gehen wir von einer beliebig gewählten ω_α aus und bilden die Summe $\omega_\alpha + \omega_\iota$, indem wir ω_ι der Reihe nach gleich allen Hauptwurzeln setzen, so müssen wir mindestens zu einer weiteren Nebenwurzel ω_β gelangen (ohne aber zu einer Wurzel $\omega_\varkappa$ gelangen zu können). Zu jedem so erlangten ω_β addiren wir alle Hauptwurzeln und behalten nur diejenigen Summen, welche Wurzeln der charakteristischen Gleichung sind. Indem wir so fortfahren, gelangen wir zu allen Nebenwurzeln. Zugleich lehrt die Gleichung (7) § 20, dass, wenn $\omega_\alpha + \omega_\iota = \omega_\beta$ ist, $(X_\alpha X_\iota)$ nicht verschwinden kann. Bringt man also ein beliebiges $X_\alpha f$ mit allen $X_\iota f$ durch die Operation $(X_\alpha X_\iota)$ zusammen und fährt damit betreffs der erlangten X_β u. s. w. fort, so gelangt man zu allen einer Nebenwurzel zugeordneten inf. Transformationen.

Ferner ist jedes $(X_\alpha X_\beta) = 0$. Denn zunächst kann $\omega_\alpha + \omega_\beta$ nicht gleich ω_γ sein. Ist aber $\omega_\alpha + \omega_\beta = 0$, so kann $(X_\alpha X_\beta)$ nicht durch $X_r f \cdots X_{r-l+1} f$ dargestellt werden, weil sonst ω_α zu den Hauptwurzeln gehören würde. Wenn aber $\omega_\alpha + \omega_\beta = \omega_\iota$ ist, so müsste $(X_\alpha X_\beta) = c_{\alpha\beta\iota} X_\iota f$ sein; hier verlangt aber die Jacobi'sche Identität für $(\alpha\beta\iota')$, dass $c_{\alpha\beta\iota} = 0$ ist.

Somit bilden die zu den Nebenwurzeln gehörigen inf. Transformationen $X_\alpha f$, $X_\beta f$, $X_\gamma f \cdots$ eine invariante Untergruppe, deren Transformationen mit einander vertauschbar sind. Zugleich ist dies die einzige invariante Untergruppe, welche in der Gruppe vorkommt. Denn wie im vorangehenden Paragraphen zeigen wir, dass jede invariante Untergruppe eine einzige der inf. Transformationen $X_1 f \cdots X_{r-l} f$ enthalten muss. Diese zerfallen aber in die $X_\iota f$ und die $X_\alpha f$. Durch Verbindung einer beliebigen $X_\iota f$ mit allen Transformationen der Gruppe gelangt man aber allmählich zu allen Transformationen, so dass eine solche keiner invarianten Untergruppe angehört; dagegen bilden die sämmtlichen $X_\iota f$ mit $X_r f \cdots X_{r-l+1} f$ eine einfache Gruppe desselben Ranges.

Um jetzt eine weitere Möglichkeit zu übersehen, setzen wir wiederum das System $a_{\iota\varkappa}$ als einfach voraus, nehmen aber ausser den Hauptwurzeln noch zwei verschiedene Nebenwurzeln an, mit deren jeder weitere Wurzeln nothwendig verbunden sind. Zunächst können nicht nur die gegebenen Wurzeln, sondern auch alle damit verbundenen ungleich sein. (Um ein Beispiel anzuführen, mögen für $l = 2$ die $\pm\omega_1$, $\pm\omega_2$, $\pm(\omega_1 - \omega_2)$ Hauptwurzeln sein; damit kann man einmal $-\frac{1}{3}(\omega_1 + \omega_2)$, $\frac{1}{3}(2\omega_1 - \omega_2)$, $\frac{1}{3}(-\omega_1 + 2\omega_2)$, und ferner $\frac{1}{3}(\omega_1 + \omega_2)$, $-\frac{1}{3}(2\omega_1 - \omega_2)$, $-\frac{1}{3}(-\omega_1 + 2\omega_2)$ als Nebenwurzeln verbinden). Wir unterscheiden die Wurzeln dadurch, dass wir der einen Reihe die Marken $\alpha, \alpha_1, \alpha_2 \ldots$, der andern die Marken $\beta, \beta_1, \beta_2 \cdots$

geben; ebenso sollen die zugehörigen inf. Transformationen bezeichnet werden. Dann ist jede Transformation X_α, X_{α_1}, $X_{\alpha_2}\cdots$ mit jeder Transformation X_β, X_{β_1}, $X_{\beta_2}\cdots$ vertauschbar. Denn sollte die Summe $\omega_\alpha + \omega_\beta$ entweder Null oder eine neue Wurzel ω_ι ergeben, welche in diesem Falle zu den Hauptwurzeln gehören müsste, so würde, wie bereits nachgewiesen, im ersten Falle $c_{\alpha\beta r}$, $c_{\alpha\beta(r-1)}\cdots$, im letzten $c_{\alpha\beta\iota}$ gleich Null sein. Somit bilden sowohl die X_α, X_{α_1}, $X_{\alpha_2}\ldots$, wie die X_β, X_{β_1}, $X_{\beta_2}\ldots$ je eine invariante Untergruppe. Es ist selbstverständlich, dass auch die Gesammtheit beider eine invariante Untergruppe bildet; aber eine weitere existirt nicht, wie man im Anschluss an die im vorigen Paragraphen durchgeführte Betrachtung ersieht.

Ferner kann die zweite Wurzel durch die erste mitbestimmt sein, ohne dass dies auch umgekehrt gilt. Soll dann nicht der schon betrachtete Fall eintreten, dass alle Nebenwurzeln durch eine einzige bestimmt sind, so haben wir vorauszusetzen, dass alle mit der zweiten verbundene Wurzeln Doppelwurzeln sind. Zum Beispiel seien für $l = 1$, $r = 13$ die Hauptwurzeln ± 2, daneben sollen $+5$ und -5 einfache, $+3$, $+1$, -1, -3 je doppelte Wurzeln sein; für $l = 2$, $r = 17$ seien $\pm\omega_1$, $\pm\omega_2$, $\pm(\omega_1 - \omega_2)$ die Hauptwurzeln,

$$\frac{2}{3}(\omega_1 + \omega_2),\quad \frac{2}{3}(-2\omega_1 + \omega_2),\quad \frac{2}{3}(\omega_1 - 2\omega_2)$$

seien einfache,

$$-\frac{1}{3}(\omega_1 + \omega_2),\quad \frac{1}{3}(2\omega_1 - \omega_2),\quad \frac{1}{3}(-\omega_1 + 2\omega_2)$$

seien Doppelwurzeln. Wir bezeichnen die einfachen Wurzeln mit ω_α, ω_β, $\omega_\gamma\ldots$, die Doppelwurzeln mit $\overline{\omega}_s,\ldots$ Für jedes $\overline{\omega}_s$ müssen dann die Unterdeterminanten $r-1^{\text{ten}}$ Grades von $|c_{r\iota\varkappa} - \delta_{\iota\varkappa}\overline{\omega}|$ verschwinden. Somit wird durch die Gleichung $(X_r X_\alpha) = \omega_\alpha X_\alpha f$ das $X_\alpha f$ eindeutig bestimmt, aber es besteht für unbestimmte η_s und $\overline{\eta}_s$ die Gleichung $(X_r, \eta_s X_s + \overline{\eta}_s X_s) = \overline{\omega}_s(\eta_s X_s + \overline{\eta}_s X_s)f$.

Um nun X_s und $\overline{X}_s$ passend zu wählen, nehmen wir ω_α als eine solche einfache Wurzel an, für welche man durch Addition von ω_ι zu einer Doppelwurzel gelangt; durch weitere Addition von ω_ι gelange man zunächst ebenfalls zu Doppelwurzeln $\omega_\alpha + 2\omega_\iota\cdots\omega_\alpha + \mathfrak{a}\,\omega_\iota$; dann muss $\omega_\alpha + (\mathfrak{a}+1)\omega_\iota$ wiederum eine einfache Wurzel sein. Dann setze man $(X_\alpha X_\iota)$ bis auf einen constanten Factor gleich $X_{(\alpha+\iota)}f$, ebenso $(X_\iota X_{(\alpha+\iota)} = c_{\iota(\alpha+\iota)(\alpha+2\iota)} X_{(\alpha+2\iota)}f$ u. s. w. Dann lehrt die Jacobi'sche Identität für $(\iota, \iota'\,\alpha+\iota)$, dass $c_{\iota(\alpha+\iota)(\alpha+2\iota)}\, c_{(\alpha+2\iota)\iota'\overline{(\alpha+\iota)}} = 0$ ist; entsprechendes gilt für $(\iota, \iota', \alpha+2\iota)\cdots$. Man kann also den sämmtlichen Doppelwurzeln $\overline{\omega}_s$ je eine Transformation $X_s f$ so zuordnen, dass die Zusammenstellung mit ganz bestimmten $X_\iota f$ und $X_{\iota'} f$ in der gewählten Reihe bleibt, zu welcher die sämmtlichen $X_\alpha f$ gehören.

Kann man aber zu $\bar{\omega}_s$ einmal durch Addition einer Hauptwurzel ω_ι zu ω_α und dann durch Addition einer andern Hauptwurzel $\omega_\varkappa$ zu ω_β gelangen, ist also $\omega_\iota + \omega_\alpha = \bar{\omega}_s$ und $\omega_\varkappa + \omega_\beta = \bar{\omega}_s$, so zeigt die Jacobi'sche Identität für $(\varkappa, \beta, \iota')$ und $(\iota, \alpha, \varkappa')$, dass man beidemal zu derselben Transformation $X_s f$ gelangt.

Um jetzt die zweiten Transformationen, welche zu den $\bar{\omega}_s \cdots$ gehören, passend zu bestimmen, setzen wir fest, dass sein soll

$$(X_\iota, \overline{X}_{\alpha + \alpha\iota}) = 0, \quad (X_\iota, \overline{X}_{\alpha + (\alpha - 1)\iota}) = \overline{X}_{\alpha + \alpha\iota} f \cdots .$$

Dieselben Jacobi'schen Identitäten, welche soeben durchgeführt wurden, lassen sich dann wiederum anwenden, und zeigen, dass auch die $\overline{X}_s f$ eine invariante Untergruppe bestimmen. In dem betrachteten Falle gehören also der Gruppe zwei invariante Untergruppen an.

Wir betrachten jetzt den Fall, dass sämmtliche Nebenwurzeln Doppelwurzeln sind, und zwar untersuchen wir die Gruppe zunächst unter der Bedingung, dass für eine Wurzel ω_α (und damit für jede) alle Unterdeterminanten $r - 1^{\text{ten}}$ Grades von $| c_{r\iota\varkappa} - \delta_{\iota\varkappa}\omega_\alpha |$ verschwinden. Dann gehören zu jeder Wurzel ω_α zwei Transformationen $X_\alpha f$ und $\overline{X}_\alpha f$, so dass ist:

$$(X_r X_\alpha) = \omega_\alpha X_\alpha f, \quad (X_r \overline{X}_\alpha) = \omega_\alpha \overline{X}_\alpha f.$$

Nimmt man hier $X_\alpha f$ willkürlich, so kann man für $\omega_\alpha + \omega_\iota = \omega_\beta$ das $X_\beta f$ dadurch bestimmen, dass $(X_\iota X_\alpha)$ nur durch $X_\beta f$ dargestellt wird. Ebenso wähle man $\overline{X}_\alpha f$ willkürlich und leite hieraus die $\overline{X}_\beta f$ in derselben Weise her, wie $X_\beta f$ sich aus $X_\alpha f$ ergab. Man hat also wieder dieselbe Betrachtung anzustellen wie vorher und gelangt zu dem Satze, dass sowohl die $X_\alpha f, X_\beta f \cdots$ wie die $\overline{X}_\alpha f, \overline{X}_\beta f \cdots$ eine invariante Untergruppe bestimmen. Nun ergeben sich die $c_{\alpha\iota(\alpha+\iota)}$ und $c_{\bar{\alpha}\iota(\overline{\alpha+\iota})}$ je aus denselben Gleichungen.

Man kann also die Coefficienten in beiden Fällen gleich wählen, und somit bilden auch $\eta X_\alpha + \bar{\eta}\overline{X}_\alpha$, $\eta X_\beta + \bar{\eta}\overline{X}_\beta \cdots$ eine invariante Untergruppe. Die Gruppe hat also eine einfach unendliche Schaar von invarianten Untergruppen.

Wir wollen jetzt nachweisen, dass alle überhaupt möglichen Fälle auf einen der aufgezählten hinauskommen, dass also Elementartheiler höherer Ordnung nicht vorkommen können. Angenommen, die charakteristische Gleichung besitze einen Elementartheiler $\lambda + 1^{\text{ter}}$ Ordnung und zu ω_α gehören die inf. Transformationen $X_{\alpha_0}, X_{\alpha_1} \cdots X_{\alpha_\lambda}$ in der durch die Gleichungen

(1) $$(X_r X_{\alpha_\lambda}) = \omega_\alpha X_{\alpha_\lambda} + c_{r\alpha_\lambda\alpha_{\lambda-1}} X_{\alpha_{\lambda-1}} + \cdots,$$

$$\cdots (X_r X_{\alpha_1}) = \omega_\alpha X_{\alpha_1} + c_{r\alpha_1\alpha_0} X_{\alpha_0}, \; (X_r X_{\alpha_0}) = \omega_\alpha X_{\alpha_0}$$

bestimmten Weise, so ist bereits in § 8 (B. 31, S. 282) bewiesen, dass alle Wurzeln ω_β, welche mit ω_α nothwendig verbunden sind, auch zu gleich hohen Elementartheilern gehören. Ist nun ω_ι irgend ein Hauptwurzel, so muss, wofern weder $\omega_\alpha + \omega_\iota$ noch $\omega_\alpha - \omega_\iota$ ein Wurzel ist, sein:

$$\sum c_{\iota\iota'(r-\nu)}(X_{r-\nu}\, X_{\alpha_\lambda}) = 0,$$

also speciell

$$\sum c_{\iota\iota'(r-\nu)}\, c_{(r-\nu)\alpha_\lambda\alpha_{\lambda-1}} = 0.$$

Wenn aber diese Bedingung nicht erfüllt ist, so bilden wir alle die jenigen Wurzeln, welche aus ω_α durch wiederholte Addition und Sub traction von ω_ι erhalten werden. Betrachten wir etwa diejenige ω_α für welche $\omega_\alpha + \omega_\iota$ keine Wurzel ist, wohl aber $\omega_\alpha - \omega_\iota$. Indem wi die $X_{\alpha_{\mu-1}}$ mit passenden Factoren multipliciren, können wir bewirken dass ist:

(2) $$c_{\iota'\alpha_\lambda(\alpha-\iota)_\lambda} = c_{\iota'\alpha_{\lambda-1}(\alpha-\iota)_{\lambda-1}},\quad c_{\iota(\alpha-\iota)_\lambda\alpha_\lambda} = c_{\iota(\alpha-\iota)_{\lambda-1}\alpha_{\lambda-1}} \text{ u. s. w.}$$

Aus der Jacobi'schen Identität für (r, ι', α_μ) folgt:

(3) $$c_{r(\alpha-\iota)_\mu(\alpha-\iota)_{\mu-1}} = c_{r\alpha_\mu\alpha_{\mu-1}},$$

und der Coefficient von $X_{\alpha_{\mu-1}}$ in $(\iota, \iota', \alpha_\mu)$ liefert:

$$\sum c_{\iota\iota'(r-\nu)}\, c_{(r-\nu)\alpha_\lambda\alpha_{\lambda-1}} = -\, c_{\iota'\alpha_\lambda(\alpha-\iota)_\lambda}\, c_{(\alpha-\iota)_\lambda\iota\alpha_{\lambda-1}} - \\ -\, c_{\iota'\alpha_\lambda(\alpha-\iota)_{\lambda-1}}\, c_{(\alpha-1)\iota\alpha_{\lambda-1}},$$

während entsprechend aus $(\iota, \iota', (\alpha-\iota)_\mu)$ folgt:

$$\sum c_{\iota\iota'(r-\nu)}\, c_{(r-\nu)(\alpha-\iota)_\lambda(\alpha-\iota)_{\lambda-1}} = c_{\iota(\alpha-\iota)_\lambda\alpha_\lambda}\, c_{\alpha_\lambda\iota'(\alpha-\iota)_{\lambda-1}} + \\ +\, c_{\iota(\alpha-\iota)_\lambda\alpha_{\lambda-1}}\, c_{\alpha_{\lambda-1}\iota'(\alpha-\iota)_{\lambda-1}}.$$

Da aber infolge von (3) die linken Seiten gleich und infolge vo (2) die rechten entgegengesetzt gleich sind, so ergiebt sich:

(4) $$\sum c_{\iota\iota'(r-\nu)}\, c_{(r-\nu)\alpha_\lambda\alpha_{\lambda-1}} = 0.$$

Diese Gleichung ist allerdings nur unter den Voraussetzunge bewiesen, dass 1) $\omega_\alpha + \omega_\iota$ keine Wurzel sei, und dass 2) nicht noc mehrere gleiche Elementartheiler vorhanden sind. Die Unabhängigke des Resultats von der ersten Annahme folgt aus der Gleichung (3 und dass die zweite Annahme keinen Einfluss auf das Resultat ha lässt sich leicht zeigen. Betrachtet man also $c_{r\alpha_\lambda\alpha_{\lambda-1}} \cdots c_{(r-l+1)\alpha_\lambda\alpha_{\lambda-}}$ als Unbekannte, so gilt für dieselben ganz allgemein das System de l Gleichungen:

$$\sum c_{\iota\iota'(r-\nu)}\, c_{(r-\nu)\alpha_\lambda\alpha_{\lambda-1}} = 0,$$

$$\sum c_{\varkappa\varkappa'(r-\nu)}\, c_{(r-\nu)\alpha_\lambda\alpha_{\lambda-1}} = 0$$

wo die aus den Coefficienten gebildete Determinante nicht verschwindet. Folglich müssen alle $c_{(r-\nu)\alpha_\lambda \alpha_{\lambda-1}}$ verschwinden und ω_α kann nur einem Elementartheiler erster Ordnung angehören. Somit folgt der Satz:

Wenn für eine Gruppe, welche ihre eigene Hauptuntergruppe ist, die Zahl der identisch verschwindenden Coefficienten $\psi_r(\eta) \cdots \psi_{r-l+1}(\eta)$ nicht grösser ist als der Rang l der Gruppe, so hat die Determinante

$$\left| \sum_\varrho \eta_\varrho c_{\varrho \iota \varkappa} - \delta_{\iota \varkappa} \omega \right| \quad (\iota, \varkappa = 1 \cdots r)$$

nur Elementartheiler ersten Grades. Sobald also in diesem Falle ω_α eine i-fache Wurzel der charakteristischen Gleichung ist, müssen auch alle Determinanten verschwinden, welche man aus $\left|\sum \eta_\varrho c_{\varrho \iota \varkappa} - \delta_{\iota \varkappa} \omega_\alpha\right|$ durch Weglassung von $i-1$ Horizontal- und ebensovielen Verticalreihen erhält.

Bei diesem Ausspruch ist vorausgesetzt, dass ein am Schluss von § 20 angegebener Satz bereits bewiesen sei. Die Voraussetzungen, aus denen der Satz unmittelbar hergeleitet ist, sind:

a) für l Paare von Transformationen X_ι und $X_{\iota'}$, welche je als erste zu zwei entgegengesetzt gleichen Wurzeln ω_ι und $-\omega_\iota$ gehören, bestehen die Gleichungen:

$$(X_\iota X_{\iota'}) = \sum e_\iota^{(\nu)} X_{(r-\nu)};$$

b) die l auf der rechten Seite stehenden inf. Transformationen sind von einander unabhängig;

c) es ist

$$\sum e_\iota^{(\nu)} \omega_\iota^{(\nu)} \neq 0,$$

d) die Determinante der $\omega_\iota^{(\nu)}$ verschwindet nicht.

Diese Voraussetzungen haben wir also zunächst dem vorangehenden Satze zu Grunde zu legen. Wir können aber auch, gestützt auf die durchgeführten Untersuchungen, die Zusammensetzung aller Gruppen charakterisiren, welche den angegebenen Bedingungen genügen und demnach folgenden Satz aussprechen:

Wenn man in allgemeinster Weise eine Gruppe des Ranges l bestimmen soll, welche den soeben angegebenen Bedingungen genügt, so kann man folgenden Weg einschlagen:

Man setze fest, dass die $X_r f$ eine ganz allgemeine inf. Transformation sein soll und dass dann $X_{r-1} f \cdots X_{r-l+1} f$ mit ihr vertauschbar sind. Die charakteristische Gleichung für $X_r f$ hat dann l verschwindende und $r-l$ nicht verschwindende Wurzeln. Von letzteren wähle man l willkürlich, setze zwischen ihnen ein System von $a_{\iota \varkappa}$ fest und bestimme mittelst desselben alle Hauptwurzeln der charakteristischen Gleichung.

Jeder Hauptwurzel ω_ι ordne man eine inf. Transformation $X_\iota f$ zu nac der Gleichung:

$$(X_r X_\iota) = \omega_\iota X_\iota f.$$

Man wähle jetzt eine Nebenwurzel ω_a, welche mit den Hauptwurzel nach dem Schlusssatz von § 12 vereinbar ist, und suche alle weitere Wurzeln, welche mit derselben nothwendig verbunden sind. Die Wal ist so zu treffen, dass man hierbei zu keiner verschwindenden Wurz gelangt. Jeder dieser Wurzeln ordne man eine Transformation X_a zu vermittelst der Gleichung:

$$(X_r X_a) = \omega_a X_a f.$$

Soll die Gruppe mehr Glieder enthalten als hierdurch bestimm sind, so wähle man in entsprechender Weise eine Nebenwurzel ω_β suche alle mit ihr verbundenen Wurzeln und ordne jeder nach der ge gebenen Gleichung eine inf. Transformation zu.

In gleicher Weise fahre man beliebig fort.

Für die so bestimmte Gruppe ist die aus den $X_r \cdots X_{r-l+1}$ nebs den sämmtlichen $X_\iota f$ gebildete Gruppe eine (einfache oder halbeinfache Untergruppe desselben Ranges. Alle diejenigen Transformationen, welch zu den Nebenwurzeln gehören, bilden eine invariante Untergruppe, dere Transformationen mit einander vertauschbar sind. Die Gruppe ist als zusammengesetzt aus einer einfachen oder halbeinfachen Gruppe m einer invarianten Untergruppe, deren Transformationen mit einande vertauschbar sind.

Die angegebene invariante Untergruppe wird nur dann nicht i mehrere invariante Untergruppen zerfallen, wenn alle Nebenwurzel sich aus einer einzigen vermittelst der entwickelten Beziehungen ergebe Die Gruppe kann sogar eine unendliche Schaar von invarianten Unte gruppen besitzen. Dieser Fall tritt z. B. ein, wenn die Gesammthe der Wurzeln ω_a mit der Gesammtheit der Wurzeln ω_ι identisch ist.

Da $X_r f$ eine ganz beliebige Transformation ist, bei der nu specielle Lagen ausgeschlossen sind, so folgt:

Jede allgemeine Transformation einer Gruppe der angegebenen A gehört einer, und zwar einer einzigen, einfachen oder halbeinfache Untergruppe desselben Ranges an, durch deren Zusammensetzung m der invarianten Untergruppe die gegebene Gruppe erzeugt wird. Bestel die gegebene Gruppe aus r, diejenige einfache oder halbeinfache Unte gruppe, aus der sie gebildet ist, aus r' Gliedern, so enthält sie ein $(r-r')$-fach ausgedehnte Mannigfaltigkeit solcher Untergruppen. Be stimmt man für eine allgemeine Transformation die hindurchgehende zweigliedrigen Untergruppen ohne vertauschbare Elemente, so wird vo deren Hauptelementen stets dieselbe Zahl der invarianten Untergrupp angehören; die übrigen Hauptelemente liegen mit der gegebenen Trans formation in derselben einfachen oder halbeinfachen Untergruppe.

Die in § 12 gestellte Aufgabe, eine Gruppe zu bestimmen, für welche die $r - l$ nicht verschwindenden Wurzeln sämmtlich ungleich sind, kann als eine naturgemässe Aufgabe nicht bezeichnet werden, da ihre Lösungen keinen charakteristischen Unterschied von denen verwandter Aufgaben zeigen. Eine Gruppe, welche dieser Bedingung genügt, kann zerfallen, und sie kann mehrere invariante Untergruppen mit vertauschbaren Elementen enthalten; die Zahl der letzteren kann, soweit sie von einander unabhängig sind, höchstens l betragen, und niemals zu einer unendlichen Schaar solcher Untergruppen führen.

Jede Gruppe, welche den beiden aufgestellten Bedingungen genügt, muss, wenn sie nicht einfach ist, invariante Untergruppen enthalten; soll sie nur eine einzige invariante Untergruppe besitzen, so müssen alle Hauptwurzeln der charakteristischen Gleichung vermittelst eines einfachen Systems $a_{\iota\varkappa}$ zusammenhängen, und alle Nebenwurzeln müssen sich aus einer einzigen unter ihnen herleiten lassen.

Um zu übersehen, welche Schritte zur expliciten Darstellung der gesuchten Gruppen jetzt noch zu thun sind, beachten wir zuvörderst den Fall, dass das System der $a_{\iota\varkappa}$ zusammengesetzt ist. Dieser Fall führt sich sofort auf den Fall eines einfachen Systems zurück, da offenbar der Satz gilt:

Wenn für eine Gruppe, welche den gestellten Bedingungen genügt, das System $a_{\iota\varkappa}$ zusammengesetzt ist, so zerfällt die Gruppe nothwendig in Bestandtheile, deren jeder nach den angegebenen Regeln zu bilden ist.

Lassen wir aber das System $a_{\iota\varkappa}$ einfach sein, so ist die Aufgabe, die entsprechende einfache Gruppe zu finden, in den §§ 17 und 18 gelöst. Dadurch wird die Beziehung zwischen den $X_r \cdots X_{r-l+1}$, $X_\iota, X_\varkappa \cdots$ angegeben. Die gestellte Aufgabe ist also auf folgende zwei Aufgaben zurückgeführt:

I. Nachdem eine einfache Gruppe gegeben ist, diejenigen Wurzeln zu bestimmen, welche mit den Wurzeln der einfachen Gruppe als Nebenwurzeln vereinbar sind, und welche aus einer einzigen sich herleiten lassen.

II. Wenn $X_r \cdots X_{r-l+1}$ mit $X_\iota, X_\varkappa \cdots$ eine gegebene einfache Gruppe bestimmen, $\omega_\alpha, \omega_\beta \cdots$ weitere damit vereinbare Wurzeln sind, welche sich aus einer einzigen ergeben und auf keine verschwindende Wurzeln führen, und wenn dann jeder der letzteren Wurzeln eine inf. Transformation zugeordnet ist, durch die Gleichung:

$$(X_r X_\alpha) = \omega_\alpha X_\alpha ,$$

so sollen für die durch diese inf. Transformationen gegebenen Gruppen die Coefficienten $c_{\iota\alpha(\alpha+\iota)}$ bestimmt werden.

Unter Zugrundelegung der wichtigsten einfachen Gruppen soll uns die erstere Aufgabe in § 25, die zweite in § 26 beschäftigen. Für $l=1$ sind beide Aufgaben bereits in § 7 gelöst. Die in § 8 (Bd. 31, S. 282)

...gebene Bildung ist dahin abzuändern, dass die Zahlen λ, ...kumal gleich Null zu setzen sind.

Die bisherige Untersuchung beruhte auf den Voraussetzungen die charakteristische Gleichung im allgemeinen k verschwin... Wurzeln hat, und dass, wenn zu den entgegengesetzt gleichen W... ω_ι und $-\omega_\iota$ die inf. Transformationen nach der Formel

$$(X_r X_\iota) = \omega_\iota X_\iota, \quad (X_r X_{\iota'}) = -\omega_\iota X_{\iota'}$$

gehören, k von Null verschiedene und unter einander unabh... Ausdrücke $(X_\iota X_{\iota'})$ vorkommen. Bisher sind, nach der am S... von § 20 getroffenen Festsetzung, noch die beiden Fälle ausgeschl... dass

a) $$\sum c_{\iota\iota'(r-\nu)}\,\omega_\iota^{(\nu)} = 0$$

ist, und dass

b) die Determinante

$$\begin{vmatrix} \omega_1 & \omega_1' & \cdots & \omega_1^{(l-1)} \\ \omega_2 & \omega_2' & \cdots & \omega_2^{(l-1)} \\ \vdots & \vdots & & \vdots \\ \omega_l & \omega_l' & \cdots & \omega_l^{(l-1)} \end{vmatrix} = 0$$

ist.

Wir wollen diese beiden Fälle jetzt ebenfalls behandeln u... nächst zeigen, dass sie auf dasselbe hinauskommen. Wenn als... der zweite Fall eintritt, so giebt es gewisse Constanten $\mu_1 \cdots$ dass für jedes ν ist:

$$\mu_1 \omega_1^{(\nu)} + \mu_2 \omega_2^{(\nu)} + \cdots + \mu_l \omega_l^{(\nu)} = 0.$$

Bilden wir nun die Gleichungen:

$$\sum c_{11'(r-\nu)}(2\omega_2^{(\nu)} + a_{21}\omega_1^{(\nu)}) = 0,$$

$$\sum c_{11'(r-\nu)}(2\omega_3^{(\nu)} + a_{31}\omega_1^{(\nu)}) = 0 \cdots,$$

multipliciren die erste mit μ_2, die zweite mit $\mu_3 \cdots$ und a... so folgt:

$$\sum c_{11'(r-\nu)}\,\omega_1^{(\nu)} = 0,$$

wenn nicht speciell die Gleichung besteht:

$$-2\mu_1 + a_{21}\mu_2 + a_{31}\mu_3 + \cdots + a_{l1}\mu_l = 0.$$

Allgemein wird entweder

$$\sum c_{\iota\iota'(r-\nu)}\,\omega_\iota^{(\nu)} = 0$$

oder

$$\sum \mu_\nu\, a_{\nu\iota} = 0$$

sein müssen. Damit die letztere Gleichung für $\iota = 1 \cdots l$ besteht, muss die Determinante der $a_{\iota\varkappa}$ gleich Null sein. Nun sind die Untersuchungen des § 13 unabhängig von der über die Determinante $|\omega_\iota^{(\nu)}|$ gemachten Voraussetzung; der dort bewiesene Satz, dass die Determinante $|a_{\iota\varkappa}| \neq 0$ sein muss, gilt also auch in unserem Falle. Daher muss im Falle des Verschwindens von $|\omega_\iota^{(\nu)}|$ mindestens ein Ausdruck $\sum c_{\iota\iota'(r-\nu)}\, \omega_\iota^{(\nu)}$ gleich Null sein.

Umgekehrt muss aber mit

$$\sum c_{\iota\iota'(r-\nu)}\, \omega_\iota^{(\nu)} = 0,$$

auch für jedes andere $\varkappa$ sein:

$$\sum c_{\iota\iota'(r-\nu)}\, \omega_\varkappa^{(\nu)} = 0,$$

und daraus folgt das Verschwinden der Determinante $|\omega_\iota^{(\nu)}|$.

Die Voraussetzung

$$\sum c_{\iota\iota'(r-\nu)}\, \omega_\iota^{(\nu)} = 0$$

kann offenbar nicht für jedes ν gemacht werden, weil sonst die Gruppe ihre eigene Hauptuntergruppe nicht sein kann. Es seien also

$$(X_\iota X_{\iota'}),\ (X_\varkappa X_{\varkappa'}) \cdots$$

l Paare, durch welche l von einander unabhängige Ausdrücke

$$\sum c_{\iota\iota'(r-\nu)}\, X_{(r-\nu)}$$

geliefert werden, und wo ist:

$$\sum c_{\iota\iota'(r-\nu)}\, \omega_\iota^{(\nu)} \neq 0, \qquad \sum c_{\varkappa\varkappa'(r-\nu)}\, \omega_\varkappa^{(\nu)} \neq 0 \cdots.$$

Hierzu mögen $k-l$ von einander unabhängige Paare

$$(X_\alpha X_{\alpha'}),\ (X_\beta X_{\beta'}) \cdots$$

treten, für welche in

$$\sum c_{\alpha\alpha'(r-\nu)}\, X_{r-\nu}$$

die $c_{\alpha\alpha' r},\ c_{\alpha\alpha'(r-1)} \cdots c_{\alpha\alpha'(r-k+1)}$ nicht sämmtlich verschwinden und zugleich ist:

$$\sum c_{\alpha\alpha'(r-\nu)}\, \omega_\alpha^{(\nu)} = 0, \qquad \sum c_{\beta\beta'(r-\nu)}\, \omega_\beta^{(\nu)} = 0 \cdots.$$

Hierbei bleibt es, wie früher, unentschieden, ob noch weitere Paare der ersten und der zweiten Art vorkommen.

Wir setzen etwa:

$$(X_\alpha X_{\alpha'}) = X_{r-k+1}, \quad (X_\beta X_{\beta'}) = X_{r-k+2} \cdots.$$

Dann folgt für jede Wurzel ω_δ:

$$\omega_\delta^{(k-1)} = \omega_\delta^{(k-2)} = \cdots = \omega_\delta^{(l)} = 0.$$

Ebenso mögen der Einfachheit wegen die $(X_\iota X_{\iota'})$, $(X_\varkappa X_{\varkappa'})$ · nur durch X_r, $X_{r-1} \cdots X_{r-l+1}$ ausgedrückt werden. Zwischen je zv Wurzeln ω_ι und $\omega_\varkappa$ müssen, entsprechend den frühern Sätzen, Co ficienten $a_{\iota\varkappa}$ bestehen, und demnach sind mit ω_ι, $\omega_\varkappa \cdots$ noch weit Wurzeln hinzuzunehmen, wenn nicht alle Coefficienten $a_{\iota\varkappa}$ für ι verschwinden. Somit ist durch $X_r \cdots X_{r-l+1}$ und die sämmtlic $X_\iota \cdots$ eine einfache oder halbeinfache Gruppe bestimmt.

Aus der Jacobi'schen Identität (ι, ι', δ) folgt, dass alle Wurz der charakteristischen Gleichung sich durch die ω_ι, $\omega_\varkappa \cdots$ lin homogen vermittelst rationaler Coefficienten darstellen lassen. Hier gehören auch die ω_α, $\omega_\beta \cdots$, welche in Bezug auf die ω_ι, $\omega_\varkappa \cdots$ Charakter von Nebenwurzeln haben. Auch muss die Wahl der treffenden ganzen Zahlen so geschehen, dass man durch Addition ei Haupt- und einer Nebenwurzel nicht zu einer Hauptwurzel gelan Demnach bleibt auch die Bestimmung der weiteren Coefficien $c_{\iota\alpha(\iota+\alpha)}$, $c_{\iota\delta(\iota+\delta)}$ ungeändert; dagegen wird $c_{\alpha(\alpha+\iota)'\iota'} = 0$ und überha wenn ω_δ und ω_ϵ irgend zwei Nebenwurzeln sind, so muss $(X_\delta X_\epsilon) =$ sein mit Ausnahme der $(X_\alpha X_{\alpha'})$, $(X_\beta X_{\beta'}) \cdots$

Aber auch die Annahme der letzteren ist nicht ganz willkürli wie die Relation $\big(\iota, \alpha, (\iota+\alpha)'\big)$ unter der Annahme, dass $\omega_\iota + \omega_\alpha$ e neue Wurzel ist, unmittelbar zeigt. Diese Relation, welche die Ges annimmt:

$$c_{\iota\alpha(\iota+\alpha)}(X_{(\iota+\alpha)} X_{(\iota+\alpha)'}) = c_{\iota(\iota+\alpha)'\alpha'}(X_{\alpha'} X_\alpha),$$

lehrt, dass wenn $(X_\alpha X_{\alpha'})$ von Null verschieden ist, dasselbe auch jedes $(X_{(\iota+\alpha)} X_{(\iota+\alpha)'})$ der Fall sein muss, und dass diese sich nur du einen constanten Factor unterscheiden. Sollen also die Ausdrü $(X_\alpha X_{\alpha'})$ und $(X_\beta X_{\beta'})$ von einander unabhängig sein, so müssen Wurzeln ω_α und ω_β ebenfalls in dem oben bezeichneten Sinne einander unabhängig sein, so dass weder ω_α durch ω_β noch ω_β du ω_α gefordert wird; der Fall der Gleichheit ist natürlich nicht geschlossen.

Somit ergiebt sich:

Den beiden Voraussetzungen, dass

1) *die charakteristische Gleichung im allgemeinen k verschwinde Wurzeln hat, und*

2) *k Paare von Transformationen, welche je als Transformatio erster Ordnung zu entgegengesetzt gleichen Wurzeln gehören, durch Combination k von einander unabhängige Ausdrücke liefern, genügt n ausser durch die oben gebildeten Gruppen noch auf folgende Weise:*

Man gehe von einer einfachen oder halbeinfachen Gruppe des Ra l aus, stelle für dieselbe die charakteristische Gleichung auf und wi eine weitere Wurzel so, dass sie a) mit den gegebenen Wurzeln verein ist, und b) keine Hauptwurzel nach sich zieht. Dieser Wurzel füge man alle weiteren Wurzeln bei, welche durch dieselbe gefordert werden. Wenn nicht die entgegengesetzt gleiche hierunter vorkommt, so ist diese (sammt den weiter geforderten) hinzuzunehmen. Jeder solchen Wurzel ordne man eine inf. Transformation als solche erster Ordnung bei. Wenn hiernach die Transformationen X_α, $X_{\alpha+\iota}\cdots$ *hinzugefügt werden, so gehorcht die Combination dieser mit jeder Transformation der ursprünglich gegebenen Gruppe ganz den früheren Gesetzen; man wähle jetzt noch* $(X_\alpha X_{\alpha'})$ *als neue, von den frühern unabhängige inf. Transformation, und setze fest, dass sie mit allen Transformationen der Gruppe vertauschbar sein soll.*

Jetzt kann man eine weitere Nebenwurzel ω_β *und alle dadurch geforderten (nebst entgegengesetzt gleichen) hinzufügen, ihnen weitere Transformationen* X_β, $X_{\iota\beta}\cdots$ *zuordnen und* $(X_\beta X_{\beta'})$ *als neue Transformation festsetzen. U. s. w.*

Weitere Nebenwurzeln können ganz wie vorhin hinzugefügt werden.

Unter den nach dieser Vorschrift gebildeten Gruppen erwähne ich die beiden von Herrn Lie gefundenen Gruppen für drei Variabele:

$$r,\ xr+\beta p,\ yr-\beta p,\ xq,\ xp-yq,\ yp$$

und

$$r,\ p,\ q,\ xr,\ yr,\ xq,\ xp-yq,\ yp.$$

§ 23.

Bestimmung weiterer Gruppen, welche ihre eigenen Hauptuntergruppen sind.

Dass die in den beiden vorangehenden Paragraphen angegebenen Bildungen von Gruppen, welche ihre eignen Hauptuntergruppen sind, nicht alle derartigen Gruppen erschöpfen, hat sich für $l=1$ bereits in den §§ 7 und 8 gezeigt und kann für ein grösseres l leicht erkannt werden. Um die allgemeine Lösung vorzubereiten, dürfte es sich empfehlen zunächst eine Annahme zu verfolgen, welche sich nach Ausschluss der bisher zu Grunde liegenden, als die einfachste darstellt.

Wir gehen also wieder von einer ganz allgemeinen inf. Transformation $X_r f$ aus und stellen für dieselbe die charakteristische Gleichung auf. Wenn dieselbe k verschwindende Wurzeln hat, so lehrt § 19, dass der Gruppe noch $k-1$ von X_r und von einander unabhängige Transformationen $X_{r-1}\cdots X_{r-k+1}$ angehören, welche mit X_r und unter einander vertauscht werden können. Weitere $r-k$ von den $X_r\cdots X_{r-k+1}$ und von einander unabhängige inf. Transformationen werden dann durch die nicht verschwindenden Wurzeln bestimmt und mögen durch Doppelmarken ι_ϱ, $\varkappa_\sigma\cdots$ bezeichnet werden. Jetzt müssen k von einander unabhängige Ausdrücke $(X_{\iota_\varrho} X_{\varkappa_\sigma})$

die $X_r \dots X_{r-k+1}$ enthalten. Das ist nur möglich, wenn die zugehörigen Wurzeln ω_ι und $\omega_\varkappa$ entgegengesetzt gleich sind. Indem wir zu $-\omega_\iota$ die $X_{\iota_0'}$ zuordnen, haben wir bisher angenommen, dass gerade k Ausdrücke $(X_{\iota_0} X_{\iota_0'})$ [von Null verschieden und] von einander unabhängig sind. Wir verfolgen jetzt die Annahme, dass $(X_{\iota_0} X_{\iota_0'}) = 0$, aber $(X_{\iota_0} X_{\iota_1'})$ von Null verschieden ist. Dann folgt aus (r, ι_0, ι_2'), nämlich aus der Gleichung:

$$c_{r \iota_2' \iota_1'} (X_{\iota_1} X_{\iota_0}) = 0,$$

dass $(\omega - \omega_\iota)^3$ kein Elementartheiler ist.

Es sei also

$$(1) \qquad (X_{\iota_0} X_{\iota_0'}) = 0, \quad (X_{\iota_0} X_{\iota_1'}) = \sum_0^{k-1} {}^{\nu} c_{\iota_0 \iota_1' (r-\nu)} X_{r-\nu} f,$$

wo die Coefficienten $c_{\iota_0 \iota_1' (r-\nu)}$ nicht sämmtlich verschwinden dürfen.

Unter den Vielfachen von $-\omega_\iota$ mögen als Wurzeln der charakteristischen Gleichung vorkommen: $-\omega_\iota, -2\omega_\iota \cdots -\mathfrak{m}\omega_\iota$. Wir setzen der Kürze wegen

$$\sum {}^{\nu} c_{\iota_0 \iota_1' (r-\nu)} \omega_\iota^{(\nu)} = M,$$

und wollen zunächst annehmen, jede der angegebenen Wurzeln gehöre nur zu einem einzigen Elementartheiler der Determinante. Ist nun $\mathfrak{a}$ irgend eine der Zahlen $1 \dots \mathfrak{m}$, so bilde man die Jacobi'sche Identität für $\left(\iota_0, \iota_1', (\mathfrak{a}\iota)_0'\right)$, welche zu den beiden Gleichungen führt:

$$(2) \qquad \mathfrak{a} M = c_{\iota_1' (\mathfrak{a}\iota)_0' (\mathfrak{a}\iota+\iota)_0'} c_{(\mathfrak{a}\iota+\iota)_0' \iota_0 (\mathfrak{a}\iota)_0'} + \\ + c_{\iota_1' (\mathfrak{a}\iota)_0' (\mathfrak{a}\iota+\iota)_1'} c_{(\mathfrak{a}\iota+\iota)_1' \iota_0 (\mathfrak{a}\iota)_0'} - c_{\iota_0 (\mathfrak{a}\iota)_0' (\mathfrak{a}\iota-\iota)_0'} c_{(\mathfrak{a}\iota-\iota)_0' \iota_1' (\mathfrak{a}\iota)_0'},$$

$$(2^*) \qquad 0 = c_{\iota_1' (\mathfrak{a}\iota)_0' (\mathfrak{a}\iota+\iota)_1'} c_{(\mathfrak{a}\iota+\iota)_1' \iota_0' (\mathfrak{a}\iota)_1'} - c_{\iota_0 (\mathfrak{a}\iota)_0' (\mathfrak{a}\iota-\iota)_0'} c_{(\mathfrak{a}\iota-\iota)_0' \iota_1' (\mathfrak{a}\iota)_1'}.$$

Setzen wir in dieser Gleichung zunächst $\mathfrak{a} = \mathfrak{m}$, so wird M nur dann nicht verschwinden, wenn $c_{(\mathfrak{m}\iota-\iota)_0' \iota_1' (\mathfrak{m}\iota)_1'} = 0$ ist. Berücksichtigen wir dies und wählen dann $\mathfrak{a}$ der Reihe nach gleich $\mathfrak{m}-1, \mathfrak{m}-2 \dots$, so verlangt die Bedingung $M \neq 0$, dass allgemein $c_{(\mathfrak{a}\iota-\iota)_0' \iota_1' (\mathfrak{a}\iota)_1'} = 0$ ist. Addiren wir jetzt die Gleichungen (2) für $\mathfrak{a} = \mathfrak{m}, \mathfrak{m}-1 \dots 1$, so folgt $M = 0$.

Wenn mehrere Elementartheiler der Determinante gleich $\omega + \mathfrak{a}\omega_\iota$ sind, wenn also die Wurzel $-\mathfrak{a}\omega_\iota$ zu mehreren Reihen von inf. Transformationen führt, so ändern sich die rechten Seiten von (2) und (2*), aber das Resultat bleibt ungeändert, wofern man auch die Relationen $\left(\iota_0, \iota_1', \overline{(\mathfrak{a}\iota)}_1'\right) \dots$ bildet. Somit folgt aus den gemachten Voraussetzungen die Gleichung:

$$(3) \qquad \sum {}^{\nu} c_{\iota_0 \iota_1' (r-\nu)} \omega_\iota^{(\nu)} = 0.$$

In gleicher Weise setzen wir jetzt für den Augenblick der Kürze wegen

$$\sum^{\nu} c_{\iota_0 \iota_1' (r-\nu)} \omega_\alpha^{(\nu)} = N,$$

wo ω_α eine beliebige Wurzel der charakteristischen Gleichung für $X_r f$ und $\omega_\alpha^{(\nu)}$ die entsprechende Wurzel für $X_{r-\nu} f$ ist. Die Jacobi'sche Identität $(\iota_0, \iota_1', \alpha_0)$ liefert, wofern zu jeder Wurzel nur eine Reihe von Transformationen gehört, die beiden Gleichungen:

$$(4) \quad N = c_{\iota_0 \alpha_0 (\alpha+\iota)_0} c_{(\alpha+\iota)_0 \iota_1' \alpha_0} - c_{\iota_1' \alpha_0 (\alpha-\iota)_0} c_{(\alpha-\iota)_0 \iota_0 \alpha_0} - c_{\iota_1' \alpha_0 (\alpha-\iota)_1} c_{(\alpha-\iota)_1 \iota_0 \alpha_0},$$

$$(4^*) \quad 0 = c_{\iota_0 \alpha_0 (\alpha+\iota)_0} c_{(\alpha+\iota)_0 \iota_1' \alpha_1} - c_{\iota_1' \alpha_0 (\alpha-\iota)_1} c_{(\alpha-\iota)_1 \iota_0 \alpha_1}.$$

Man suche alle Wurzeln, welche aus ω_α durch Addition und Subtraction eines Vielfachen von ω_ι gewonnen werden. Unter diesen giebt es eine, für welche man durch Addition, aber nicht durch Subtraction von ω_ι eine neue Wurzel erhält. Giebt man ω_α gerade diesen Werth, so muss, damit N nicht verschwindet, $c_{(\iota+\alpha)_0 \iota_1' \alpha_1} = 0$ sein. Jetzt ersetzen wir in (4) und (4*) ω_α durch $\omega_\alpha + \omega_\iota$, wobei die linke Seite von (4) ungeändert bleibt, und finden: $c_{(\alpha+2\iota)_0 \iota_1' (\alpha+\iota)_1} = 0$, wofern N nicht verschwindet. In derselben Weise fahren wir fort und addiren schliesslich die so erhaltenen Gleichungen (4), woraus sich ergiebt: $N = 0$.

Es dürfte gut sein, die sämmtlichen Voraussetzungen, auf denen das gewonnene Resultat beruht, in folgenden Lehrsatz zusammenzufassen:

In einer Gruppe sei X_r eine allgemeine inf. Transformation, $X_{r-1} \ldots X_{r\ k+1}$ seien mit X_r und mit einander vertauschbar; die charakteristische Gleichung habe unter anderen die Wurzeln ω_ι, $-\omega_\iota$, ω_α, denen für $X_{r-\nu}$ die Wurzeln $\omega_\iota^{(\nu)}$, $-\omega_\iota^{(\nu)}$, $\omega_\alpha^{(\nu)}$ entsprechen. Ferner soll sein:

$$(X_r X_{\iota_0}) = \omega_\iota X_{\iota_0}, \quad (X_r X_{\iota_0'}) = -\omega_\iota X_{\iota_0'}, \quad (X_r X_{\iota_1'}) = -\omega_\iota X_{\iota_1'} + c_{r \iota_1' \iota_0'} X_{\iota_0'},$$

$$(X_{\iota_0} X_{\iota_0'}) = 0, \quad (X_{\iota_0} X_{\iota_1'}) = \sum^{\nu} c_{\iota_0 \iota_1' (r-\nu)} X_{r-\nu};$$

dann besteht die Gleichung:

$$(5) \qquad \sum c_{\iota_0 \iota_1' (r-\nu)} \omega_\alpha^{(\nu)} = 0.$$

Diese Gleichung bleibt auch gültig, wenn man $\omega_\alpha^{(\nu)}$ durch $\omega_\iota^{(\nu)}$ ersetzt.

Die Gleichung (5) ist an sich bemerkenswerth, sie wird aber besonders wichtig durch mehrere Folgerungen, welche sich unmittelbar aus derselben ergeben. Verbinden wir nämlich mit (2) die Gleichung $(X_{\varkappa_0} X_{\varkappa_0'}) \neq 0$, wo $(X_r X_{\varkappa_0}) = \omega_\varkappa X_\varkappa$, $(X_r X_{\varkappa_0'}) = -\omega_\varkappa X_{\varkappa'}$ ist, so zeigt die Gl. (5) unmittelbar, dass die Gruppe zerfällt. Wollen wir also zu einer nicht zerfallenden Gruppe gelangen, so dürfen wir mit der Voraussetzung $(X_{\iota_0} X_{\iota_0'}) = 0$, $(X_{\iota_0} X_{\iota_1'}) \gtrless 0$ nicht $(X_{\varkappa_0} X_{\varkappa_0'}) \gtrless$ verbinden. Auf dieselbe Weise zeigt sich, dass für eine nicht z fallende Gruppe mit $(X_{\iota_0} X_{\iota_0'}) = 0$, $(X_{\iota_0} X_{\iota_1'}) \gtrless 0$ nicht zugleich Beziehungen $(X_{\varkappa_0} X_{\varkappa_0'}) = 0$, $(X_{\varkappa_0} X_{\varkappa_1'}) = 0$, $(X_{\varkappa_0} X_{\varkappa_2'}) \gtrless 0$ besteh können. Ebensowenig genügt es, wenn $p = r$ sein soll, weit $(X_{\varkappa_0} X_{\varkappa_1'})$ als von Null verschieden vorauszusetzen. Zunächst müss wir, wie wir hier $-\omega_\iota$ als mehrfache Wurzel vorausgesetzt hab auch die entgegengesetzt gleiche Wurzel ω_ι als zweifache Wurzel nehmen. Dann ist, wie bereits bemerkt:

$$(6) \qquad \frac{c_{r\iota_1'\iota_0'}}{c_{r\iota_1\iota_0}} = \frac{c_{(r-\nu)\iota_1'\iota_0'}}{c_{(r-\nu)\iota_1\iota_0}} = \frac{(X_{\iota_0} X_{\iota_1'})}{(X_{\iota_1} X_{\iota_0'})}.$$

Zugleich muss $(X_{\iota_1} X_{\iota_1'})$ als von Null verschieden und von sämmtlic $(X_{\varkappa_0} X_{\varkappa_1'})$ unabhängig angenommen werden. Endlich ergiebt si dass nicht nur kein X_{ι_2}, $X_{\varkappa_2} \ldots$, sondern auch kein $X_{(\iota+\varkappa)_2}$ vorkomm kann; man hat nur $\left(r, (\iota+\varkappa)_1, (\iota+\varkappa)_1'\right)$ zu bilden.

In der Jacobi'schen Identität $(r, \iota_1, \varkappa_1)$

$$(7) \quad c_{r\iota_1\iota_0}(X_{\iota_0} X_{\varkappa_1}) + c_{r\varkappa_1\varkappa_0}(X_{\iota_1} X_{\varkappa_0}) = c_{r(\iota+\varkappa)_1(\iota+\varkappa)_0}\, c_{\iota_1\varkappa_1(\iota+\varkappa)_1}\, X_{(\iota+\varkappa)_0}$$

beachten wir den Coefficienten von $X_{(\iota+\varkappa)_1}$ und verbinden damit aus $(r, \iota_0, \varkappa_1)$ und $(r, \iota_1, \varkappa_0)$ folgenden Gleichungen, von denen erstere ist:

$$c_{r\varkappa_1\varkappa_0}\, c_{\iota_0\varkappa_0(\iota+\varkappa)_0} = c_{\iota_0\varkappa_1(\iota+\varkappa)_1}\, c_{r(\iota+\varkappa)_1(\iota+\varkappa)_0},$$

so ergiebt sich:

$$(8) \qquad c_{\iota_0\varkappa_0(\iota+\varkappa)_0} = 0, \quad c_{\iota_1\varkappa_0(\iota+\varkappa)_1} = 0.$$

Aus der Jacobi'schen Identität für $(\iota_1, \iota_1', \alpha_0)$:

$$(9) \quad \sum^{\nu} c_{\iota_1\iota_1'(r-\nu)}\, \omega_\alpha^{(\nu)} = c_{\iota_1\alpha_0(\alpha+\iota)_0}\, c_{(\alpha+\iota)_0\iota_1'\alpha_0} - c_{\iota_1'\alpha_0(\alpha-\iota)_0}\, c_{(\alpha-\iota)_0\iota_1\alpha_0}$$

leiten wir in der schon öfters angegebenen Weise her:

$$(10) \qquad \sum^{\nu} c_{\iota_1\iota_1'(r-\nu)} \left(2\omega_\alpha^{(\nu)} + a_{\alpha\iota}\, \omega_\iota^{(\nu)}\right) = 0,$$

wo $a_{\alpha\iota}$ eine ganze (positive oder negative) Zahl mit Einschluss Null ist. Ist also $\sum^{\nu} c_{\iota_1\iota_1'(r-\nu)}\, \omega_\iota^{(\nu)} = 0$, so muss auch für jede Wurz reihe $\omega_\alpha^{(\nu)}$ sein: $\sum^{\nu} c_{\iota_1\iota_1'(r-\nu)}\, \omega_\alpha^{(\nu)} = 0$. Damit die Gruppe ihre eig Haupt-Untergruppe ist, müssen mindestens l Paare ω_ι und $-\omega_\iota$ v kommen, für welche

$$(X_{\iota_1} X_{\iota_1'}) = \sum^{\nu} c_{\iota_1\iota_1'(r-\nu)}\, X_{r-\nu}$$

und zugleich

$$\sum^{\nu} c_{\iota_1\iota_1'(r-\nu)}\, \omega_\iota^{(\nu)} \gtrless 0$$

ist. Zugleich lassen sich alle Wurzeln ω_α als homogene lineare Fu tionen der ω_ι mit rationalen Coefficienten darstellen.

Ganz entsprechend der Gleichung (9) ist die folgende:

$$(11)\quad \sum^{\nu} c_{\iota_1 \iota_1'(r-\nu)}\, \omega_{\varkappa}^{(\nu)} = c_{\iota_1 \varkappa_1 (\varkappa+\iota)_1}\, c_{(\varkappa+\iota)_1 \iota_1' \varkappa_1} - c_{\iota_1' \varkappa_1 (\varkappa-\iota)_1}\, c_{(\varkappa-\iota)_1 \iota_1 \varkappa_1'},$$

welche sich aus dem Coefficienten von $X_{\varkappa_1}$ in $(\iota_1, \iota_1', \varkappa_1)$ ergiebt.

Jetzt leiten wir aus der Jacobi'schen Identität die Relationen $(\iota_1, \iota_1', \iota_0)$, $\big(\iota_1, \iota_1', (2\iota)_0\big) \ldots$ her, deren erste ist:

$$\sum^{\nu} c_{\iota_1 \iota_1'(r-\nu)}\, \omega_{\iota}^{(\nu)} = c_{\iota_1 \iota_0 (2\iota)_0}\, c_{(2\iota)_0 \iota_1' \iota_0} - \sum^{\nu} c_{\iota_1' \iota_0 (r-\nu)}\, c_{(r-\nu) \iota_1 \iota_0}$$

und addiren dieselben, so folgt:

$$(12)\quad \sum^{\nu} c_{\iota_0 \iota_1'(r-\nu)}\, c_{(r-\nu)\iota_1 \iota_0} = \mathfrak{a} \sum^{\nu} c_{\iota_1 \iota_1'(r-\nu)}\, \omega_{\iota}^{(\nu)},$$

wo $\mathfrak{a}$ eine positive ganze Zahl mit Ausschluss der Null ist. Hiermit bringen wir noch $(\iota_0, \iota_1', \varkappa_1)$ zusammen, nämlich:

$$(13)\quad \sum^{\nu} c_{\iota_0 \iota_1'(r-\nu)}\, c_{(r-\nu)\varkappa_1 \varkappa_0} = c_{\iota_0 \varkappa_1 (\varkappa+\iota)_0}\, c_{(\varkappa+\iota)_0 \iota_1' \varkappa_0} - c_{\iota_1' \varkappa_1 (\varkappa-\iota)_1}\, c_{(\varkappa-\iota)_1 \iota_0 \varkappa_0}.$$

Die Gleichung $\big(\iota_0, \varkappa_1, (\iota+\varkappa)_1'\big)$, nämlich:

$$c_{\iota_0 \varkappa_1 (\iota+\varkappa)_0} (X_{(\iota+\varkappa)_0} X_{(\iota+\varkappa)_1'}) + c_{\varkappa_1 (\iota+\varkappa)_1' \iota_1'} (X_{\iota_1'} X_{\iota_0}) + c_{(\iota+\varkappa)_1' \iota_0 \varkappa_0'} (X_{\varkappa_0'} X_{\varkappa_0}) = 0$$

lehrt unmittelbar, dass unter den sämmtlichen $(X_{\iota_0} X_{\iota_1'})$ höchstens l von einander unabhängig sein können. Diese Zahl wird auch jedesmal erreicht, wenn das System der $a_{\iota\varkappa}$ nicht dem System A) äquivalent ist. Denn wenn weder $\omega_\iota + \omega_\varkappa$ noch $\omega_\iota - \omega_\varkappa$ mit ω_ι und $\omega_\varkappa$ eine neue Wurzel ist, so wird die rechte Seite von (13) verschwinden. Demnach muss $\sum^{\nu} c_{\iota_0 \iota_1'(r-\nu)}\, c_{(r-\nu)\varkappa_1 \varkappa_0} = 0$ sein, während entsprechend $\sum c_{\iota_0 \iota_1'(r-\nu)}\, c_{(r-\nu)\iota_1 \iota_0}$ nicht gleich Null sein kann; und es können $(X_{\iota_0} X_{\iota_1'})$ und $(X_{\varkappa_0} X_{\varkappa_1'})$ nicht durch Multiplication mit einem constanten Factor in einander übergeführt werden. Diese specielle Voraussetzung über die Wurzeln ω_ι und $\omega_\varkappa$ kann aber immer gemacht werden, wenn das System der $a_{\iota\varkappa}$ nicht in A) übergeführt werden kann. Alsdann ist also die Zahl k der verschwindenden Coefficienten $\psi_r \ldots \psi_{r-k+1}$ mindestens gleich $2l$. Nur wenn das System $a_{\iota\varkappa}$ auf A) hinauskommt, müssen wir es wenigstens als möglich hinstellen, dass die sämmtlichen $(X_{\iota_0} X_{\iota_1'})$ auf weniger als l von einander unabhängige inf. Transformationen hinauskommen.

Man wähle jetzt l von einander unabhängige Hauptwurzeln $\omega_1, \omega_2 \ldots$ und stelle die l Gleichungen auf:

$$(14)\quad \sum^{\nu} \eta_{r-\nu}\, c_{(r-\nu)\iota_1 \iota_0} = 0, \qquad \sum^{\nu} \eta_{r-\nu}\, c_{(r-\nu)\varkappa_1 \varkappa_0} = 0 \cdots$$

Dann bestimmen diejenigen η, welche diesen Gleichungen genügen, mindestens eine $(l-1)$-fach ausgedehnte Mannigfaltigkeit. Diess ist unmittelbar klar, wenn $k \geqq 2l$ ist. Sollte das aber nicht der Fall sein, so werden auch die Gleichungen (14) nicht sämmtlich von einander unabhängig sein. So oft von diesen Gleichungen mehrere von einander unabhängig sind, muss auch die Zahl der von einander unabhängigen $(X_{\iota_0} X_{\iota_1'})$, $(X_{\varkappa_0} X_{\varkappa_1'}) \dots$ zunehmen.

Um das zu beweisen, beachte man $(r-\nu,\ \iota_1,\ \varkappa_1)$ und $\left(r-\nu,\ (\iota+\varkappa)_1,\ \varkappa_1'\right)$, nämlich die Gleichungen:

$$c_{(r-\nu)\iota_1\iota_0}\, c_{\iota_0\varkappa_1(\iota+\varkappa)_0} + c_{(r-\nu)\varkappa_1\varkappa_0}\, c_{\iota_1\varkappa_0(\iota+\varkappa)_0} = c_{(r-\nu)(\iota+\varkappa)_1(\iota+\varkappa)_0}\, c_{\iota_1\varkappa_1(\iota+\varkappa)_1}$$

$$c_{(r-\nu)(\iota+\varkappa)_1(\iota+\varkappa)_0}\, c_{(\iota+\varkappa)_0\varkappa_1'\iota_0} + c_{(r-\nu)\varkappa_1'\varkappa_0'}\, c_{(\iota+\varkappa)_0\varkappa_0'\iota_0} = c_{(r-\nu)\iota_1\iota_0}\, c_{(\iota+\varkappa)_1\varkappa_1'\iota_1}.$$

Da der Quotient $c_{(r-\nu)\varkappa_1'\varkappa_0'} : c_{(r-\nu)\varkappa_1\varkappa_0}$ von ν unabhängig ist, so können die vorstehenden Gleichungen nur dann von einander unabhängig sein, wenn die Gleichung

$$c_{\iota_0\varkappa_1(\iota+\varkappa)_0}\, c_{(\iota+\varkappa)_0\varkappa_1'\iota_0} = c_{\iota_1\varkappa_1(\iota+\varkappa)_1}\, c_{(\iota+\varkappa)_1\varkappa_1'\iota_1},$$

sowie diejenige Gleichung besteht, welche man hieraus durch Vertauschung der Marken ι und $\varkappa$ erhält. Indem man X_{ι_0} und $X_{\varkappa_0}$ mit passenden Factoren multiplicirt, kann man erreichen, dass

(15) $$c_{\iota_0\varkappa_1(\iota+\varkappa)_0} = c_{\iota_1\varkappa_0(\iota+\varkappa)_0} = c_{\iota_1\varkappa_1(\iota+\varkappa)_1}$$

ist, und man kann bewirken, dass entsprechende Gleichungen für alle diejenigen Marken bestehen, zu denen man durch Addition und Subtraction der Wurzeln ω_ι und $\omega_\varkappa$ gelangt.

Die Wurzeln ω_ι und $\omega_\varkappa$ seien durch die Zahlen $a_{\iota\varkappa}$ und $a_{\varkappa\iota}$ verbunden; aus $\omega_\varkappa$ erhalte man durch Addition und Subtraction von ω_ι die Wurzeln

$$\omega_\varkappa - \mathfrak{a}\,\omega_\iota \cdots \omega_\varkappa - \omega_\iota,\quad \omega_\varkappa \cdots \quad \omega_\varkappa + \mathfrak{b}\,\omega_\iota,$$

wo $\mathfrak{b} - \mathfrak{a} = a_{\varkappa\iota}$ ist; ebenso mögen die Wurzeln

$$\omega_\iota - \mathfrak{a}'\omega_\varkappa, \cdots \quad \omega_\iota \cdots \quad \omega_\iota + \mathfrak{b}'\omega_\varkappa$$

vorkommen, wo $\mathfrak{b}' - \mathfrak{a}' = a_{\iota\varkappa}$ sein muss Sind für $X_{(\iota+\varkappa)_0}, X_{(\iota+\varkappa)_1} \dots$ constante Factoren passend gewählt, so gelten folgende Relationen:

$$c_{(r-\nu)(\varkappa+\iota)_1(\varkappa+\iota)_0} = c_{(r-\nu)\varkappa_1\varkappa_0} + c_{(r-\nu)\iota_1\iota_0},$$
$$c_{(r-\nu)(\varkappa-\iota)_1(\varkappa-\iota)_0} = c_{(r-\nu)\varkappa_1\varkappa_0} - c_{(r-\nu)\iota_1\iota_0},$$
$$c_{(r-\nu)(\varkappa+2\iota)_1(\varkappa+2\iota)_0} = c_{(r-\nu)\varkappa_1\varkappa_0} + 2c_{(r-\nu)\iota_1\iota_0}$$
$$\cdots\cdots\cdots\cdots\cdots\cdots$$

Indem man nun in (13) $\omega_\varkappa$ durch alle Wurzeln $\omega_\varkappa - \mathfrak{a}\,\omega_\iota \cdots \omega_\varkappa + \mathfrak{b}\,\omega_\iota$ ersetzt und addirt, erhält man die Gleichung:

$$\sum\nolimits^{\nu} c_{\iota_0\iota_1'(r-\nu)} \left\{2c_{(r-\nu)\varkappa_1\varkappa_0} + a_{\varkappa\iota}\, c_{(r-\nu)\iota_1\iota_0}\right\} = 0$$

und entsprechend:

$$\sum\nolimits^{\nu} c_{\varkappa_0\varkappa_1'(r-\nu)} \left\{a_{\iota\varkappa}\, c_{(r-\nu)\varkappa_1\varkappa_0} + 2c_{(r-\nu)\iota_1\iota_0}\right\} = 0.$$

Da $a_{\iota\varkappa} a_{\varkappa\iota}$ nicht $= 4$ sein kann, so müssen jedesmal, wenn die beiden ersten Gleichungen (14) von einander unabhängig sind, auch $(X_{\iota_0} X_{\iota_1'})$ und $(X_{\varkappa_0} X_{\varkappa_1'})$ wesentlich verschiedene inf. Transformationen darstellen.

Ersetzt man in der ersten Gleichung (14) die Marke ι durch ι', so erhält man die erste Gleichung wieder bis auf einen constanten Factor. Bildet man die entsprechende Gleichung für die Marke $\iota + \varkappa$, so erhält man eine Gleichung, welche sich aus den beiden ersten Gleichungen (14) homogen linear zusammensetzt. Man kann also l von einander unabhängige inf. Transformationen $\sum \eta_{r-\nu} X_{r-\nu}$ so bestimmen, dass für alle Marken ι ist:

$$(16) \qquad \left(\sum \eta_{r-\nu} X_{r-\nu},\ X_{\iota_1}\right) = \varpi_\iota X_{\iota_1} f.$$

Die Gleichungen (14) ändern sich nicht, wenn man X_{ι_1} durch $X_{\iota_1} + \eta_\iota X_{\iota_0}$ ersetzt. Nimmt man jetzt X_{ι_1} in der Schaar $\mu X_{\iota_1} + \nu X_{\iota_0}$ willkürlich an, so soll zunächst $\eta_{\iota'}$ so gewählt werden, dass wenn gesetzt wird:

$$(X_{\iota_1},\ X_{\iota_1'} + \eta_{\iota_1} X_{\iota_0'}) = \sum^{\nu} \eta_{r-\nu} X_{r-\nu},$$

für die Coefficienten $\eta_r \ldots \eta_{r-k+1}$ die Gleichungen (14) bestehen. Diess giebt die Gleichungen:

$$(17) \quad \begin{cases} \sum^{\nu} c_{\iota_1 \iota_1' (r-\nu)}\, c_{(r-\nu) \iota_1 \iota_0} + \eta_{\iota'} \sum^{\nu} c_{\iota_1 \iota_1' (r-\nu)}\, c_{(r-\nu) \iota_1 \iota_0} = 0, \\ \sum^{\nu} c_{\iota_1 \iota_1' (r-\nu)}\, c_{(r-\nu) \varkappa_1 \varkappa_0} + \eta_{\iota'} \sum^{\nu} c_{\iota_1 \iota_0' (r-\nu)}\, c_{(r-\nu) \varkappa_1 \varkappa_0} = 0. \\ \ldots\ldots\ldots\ldots\ldots\ldots\ldots\ldots \end{cases}$$

Wir haben zu beweisen, dass diese l Gleichungen auf eine einzige hinauskommen. Nun haben wir bereits bewiesen, dass wenn der Quotient

$$c_{(r-\nu) \iota_1 \iota_0} : c_{(r-\nu) \varkappa_1 \varkappa_0}$$

nicht für alle ν denselben Werth hat, dann die Gleichungen (15) und die entsprechenden für $\iota + \varkappa$ u. s. w. bestehen. Wir suchen dann in $(\iota_1, \iota_1', \varkappa_1)$ den Coefficienten von $X_{\varkappa_0}$, welcher liefert:

$$\sum^{\nu} c_{\iota_1 \iota_1' (r-\nu)}\, c_{(r-\nu) \varkappa_1 \varkappa_0} = c_{\iota_1 \varkappa_1 (\varkappa+\iota)_1}\, c_{(\varkappa+\iota)_1 \iota_1' \varkappa_0} + c_{\iota_1 \varkappa_1 (\varkappa+\iota)_0}\, c_{(\varkappa+\iota)_0 \iota_1' \varkappa_0} + \\ - c_{\iota_1' \varkappa_1 (\varkappa-\iota)_1}\, c_{(\varkappa-\iota)_1 \iota_1 \varkappa_0} - c_{\iota_1' \varkappa_1 (\varkappa-\iota)_0}\, c_{(\varkappa-\iota)_0 \iota_1 \varkappa_0}.$$

Daraus folgt in der bereits oben durchgeführten Weise:

$$\sum^{\nu} c_{\iota_1 \iota_1' (r-\nu)} \left(2 c_{(r-\nu) \varkappa_1 \varkappa_0} + a_{\varkappa \iota}\, c_{(r-\nu) \iota_1 \iota_0}\right) = 0.$$

Somit wird auch in diesem Falle die zweite Gleichung (17) aus der ersten durch einfache Multiplication mit einem constanten Factor erhalten.

Man wähle überhaupt l inf. Transformationen $X_{\iota_1}, X_{\varkappa_1} \ldots$ je in den betreffenden Schaaren beliebig und bestimme die $X_{\iota_1'}, X_{\varkappa_1'}, \ldots$ so, dass die Gleichungen (17) und die entsprechenden für $\eta_\iota', \eta_\varkappa' \ldots$ erfüllt sind. Um für $X_{(\iota+\varkappa)_1}$ die richtige Wahl zu treffen, lasse man

$(X_{\iota_1} X_{\varkappa_1}) = c_{\iota_1 \varkappa_1 (\iota+\varkappa)_1} X_{(\iota+\varkappa)_1}$ sein. Hierbei ist das Verfahren einzuhalten, welches im vorigen Paragraphen (S. 78) für einen ähnlichen Zweck eingeschlagen ist. Auch ist der Beweis, dass man hierdurch für jede Marke zu einer ganz bestimmten Transformation gelangt, wenn auch die zugehörige Wurzel auf mehrfachem Wege aus den l zuerst gewählten Wurzeln ω_ι, $\omega_\varkappa \ldots$ erhalten werden kann, ganz dem dort gelieferten Beweis gleich: man hat die Relationen $(\iota_1, \varkappa_1, (\iota+\varkappa)_1')$ und $(\iota_1, \varkappa_1, \lambda_1)$ zu benutzen.

Jetzt vertreten die Wurzeln ω_ι, $\omega_\varkappa \ldots$ und alle daraus vermittelst der Coefficienten $a_{\iota\varkappa}$ erhaltenen die früher definirten Hauptwurzeln und sollen auch als solche bezeichnet werden. Zu ihnen gehören inf. Transformationen X_{ι_1}, $X_{\varkappa_1}, \ldots$, welche in der angegebenen Weise gewählt sein sollen. Diese bestimmen mit l inf. Transformationen $\sum \eta_{r-\nu} X_{r-\nu}$, für welche die Gleichungen (14) erfüllt sind, und welche jetzt als $X_r \ldots X_{r-l+1}$ bezeichnet werden sollen, eine einfache oder halbeinfache Gruppe. Die übrigen inf. Transformationen, durch welche nach den obigen Festsetzungen die Gruppe bestimmt ist, und zu denen die sämmtlichen X_{ι_0}, sowie die $(X_{\iota_0} X_{\iota_1'})$ gehören, bestimmen eine invariante Untergruppe.

Gleichwie bei den Voraussetzungen des vorigen Paragraphen alle Elementartheiler vom ersten Grade sind, so können sie hier höchstens vom zweiten Grade sein; aber wenn auch für eine ganz allgemeine inf. Transformation ein Elementartheiler vom zweiten Grade ist, so wird derselbe in zwei Elementartheiler ersten Grades zerfallen, sobald durch die gewählte Transformation diejenigen Bedingungen befriedigt werden, welche für $X_r \ldots X_{r-l+1}$ vorausgesetzt sind. Diese Folgerungen ergeben sich aus den Entwicklungen des vorigen Paragraphen (S. 80).

Indem wir jetzt dazu übergehen, die einzelnen Classen von Gruppen, welche den hier aufgestellten Bedingungen genügen, kennen zu lernen und näher zu charakterisiren, ist es angebracht, nur den Fall einer einzigen invarianten Untergruppe in's Auge zu fassen. Wir haben dann zwei Fälle zu unterscheiden, von denen jeder in mehrere Unterabtheilungen zerfällt: 1) mögen überhaupt nur die Wurzeln ω_ι, $\omega_\varkappa \ldots$ vorkommen, oder es sollen doch alle weiteren Wurzeln aus ihnen vermittelst ganzzahliger Coefficienten gebildet sein; und 2) es sollen ausserdem noch Wurzeln vorkommen, welche sich aus den Hauptwurzeln nicht vermittelst ganzzahliger Coefficienten bilden lassen. Im ersten Falle mögen ausser den Hauptwurzeln ω_ι, $\omega_\varkappa \ldots$ noch als Nebenwurzeln vorkommen $m_\iota \omega_\iota + m_\varkappa \omega_\varkappa \ldots$, wo die m_ι ganze Zahlen sind; jede solche soll mit ω_α, $\omega_\beta \ldots$ bezeichnet werden. Wenn dann zu ω_α und $-\omega_\alpha$ gehören X_{α_0}, X_{α_1} resp. $X_{\alpha_0'}$, $X_{\alpha_1'}$, so nehmen wir zuvörderst an, es sei $(X_{\alpha_0} X_{\alpha_0'}) = (X_{\alpha_0} X_{\alpha_1'}) = (X_{\alpha_1} X_{\alpha_1'}) = \cdots = 0$.

Dann gehört jede Nebenwurzel einem Elementartheiler ersten Grades an, und wenn nur eine einzige invariante Untergruppe vorhanden sein soll, so müssen die Nebenwurzeln einfache Wurzeln sein. Da für jede Nebenwurzel ω_α nothwendig $\left((X_{\iota_0} X_{\iota_1'})\, X_\alpha\right) = 0$ ist, so muss wegen $(\iota_0, \iota_1', \alpha)$ auch $c_{\alpha\iota_0(\alpha+\iota)_0} = 0$ sein, wie man erkennt, indem man zunächst ω_α so wählt, dass $\omega_\alpha - \omega_\iota$ keine Wurzel ist, und indem man dann in der angegebenen Relation die ω_α der Reihe nach durch $\omega_\alpha - \omega_\iota$, $\omega_\alpha - 2\omega_\iota \ldots$ ersetzt. Die Gleichung $c_{\alpha\iota_0(\alpha+\iota)_0} = 0$ gilt auch noch, wenn $\omega_\alpha + \omega_\iota$ eine Hauptwurzel ist. Andererseits sei ω_α eine Nebenwurzel, zu welcher man durch Addition zweier Hauptwurzeln ω_ι und $\omega_\varkappa$ gelangt; dann lehrt die Jacobische Identität für $(\alpha, \iota_0', \varkappa_1')$: $c_{\alpha\varkappa_1'\iota_1} = 0$, $c_{\alpha\iota_0'\varkappa_0} = 0$. Ebenso folgt $c_{(\alpha+\varkappa)\alpha'\varkappa_0} = 0$. Die hier gefundene Classe von Wurzeln kann demnach in folgender Weise charakterisirt werden:

Man gehe von einer einfachen (oder halbeinfachen) Gruppe G_r vom Range l aus; in dieser wähle man $X_r \ldots X_{r-l+1}$ mit einander vertauschbar, aber sonst ganz allgemein; die Haupttransformationen der zweigliedrigen Untergruppen, denen X_r angehört, bezeichnen wir mit $X_{\iota_1}, X_{\varkappa_1}, \ldots$. Man suche nach den Anweisungen von § 12 weitere Wurzeln, welche mit den gegebenen Wurzeln vereinbar sind, und richte die Wahl so ein, dass die Coefficienten ganzzahlig sind. Ausserdem hat man eine gewisse Anzahl verschwindender Wurzeln hinzuzufügen. Jeder Nebenwurzel ω_α ordne man eine inf. Transformation X_α so zu, dass $(X_r X_\alpha) = \omega_\alpha X_\alpha$ ist; für $\omega_\alpha = \omega_\iota$ ersetze man X_α durch X_{ι_0}. Die zu den weiteren verschwindenden Wurzeln gehörigen inf. Transformationen mögen mit $X_{r-l} \ldots X_{r-k+1}$ bezeichnet werden. Dann bestimmen die $X_{r-l} \ldots X_{r-k+1}$, X_{ι_0}, X_α eine invariante Untergruppe, deren Transformationen mit einander vertauschbar sind. Wenn $\omega_\iota + \omega_\alpha = \omega_\beta$ ist, so wird $(X_{\iota_1} X_\alpha)$ durch X_β ausgedrückt und $c_{\iota_1\alpha\beta}$ verschwindet nicht. Hier kann ω_α oder ω_β gleich einem $\omega_\varkappa$ sein. Ganz entsprechend wird $(X_{\iota_1} X_{\iota_0'})$ durch $X_{r-l} \ldots X_{r-k+1}$ und $(X_{\iota_1} X_{r-l})$ durch X_{ι_0} dargestellt, ohne dass die Coefficienten verschwinden.

Wollte man die Nebenwurzeln als einfach voraussetzen und dabei annehmen, dass $(X_\alpha X_{\alpha'})$ von Null verschieden ist, so müssen sich alle $(X_{\iota_0} X_{\iota_1'})$ durch eine einzige inf. Transformation darstellen lassen. Wenn auch die Nebenwurzeln zu Elementartheilern zweiten Grades gehören, so hat man zu denjenigen Transformationen, durch welche die $(X_{\iota_0} X_{\iota_1'})$ dargestellt werden können, höchstens zwei hinzuzufügen, um alle $(X_{\alpha_0} X_{\alpha_1'})$ und $(X_{\alpha_1} X_{\alpha_1'})$ darstellen zu können. In beiden Fällen müssen noch bestimmte weitere Bedingungen erfüllt sein; ob aber überhaupt diesen Voraussetzungen Gruppen entsprechen, kann ich noch nicht angeben.

Wir nehmen jetzt an, es kämen auch solche Nebenwurzeln vor, deren Ausdruck gebrochene Coefficienten erfordert; und dabei wollen wir die Entwicklungen nur in dem Falle durchführen, wenn alle Nebenwurzeln diese Eigenschaft haben. Indem wir die $X_r \ldots X_{r-l+1}$ und die X_{ι_1} in der festgesetzten Weise bestimmen, ist durch diese eine einfache oder halbeinfache Gruppe gegeben, in welcher alle Coefficienten c als bekannt vorauszusetzen sind. Zugleich wird durch diese Transformationen nebst den X_{ι_0} und den $(X_{\iota_0} X_{\iota_1'})$ eine Untergruppe bestimmt. Daraus folgt, dass die $(X_{\iota_0} X_{\iota_1'})$ sich durch l von einander unabhängige inf. Transformationen, aber nicht durch weniger darstellen lassen. Man kann also

$$c_{\iota_0 \iota_1' (r-l-\nu)} = c_{\iota_1 \iota_0' (r-l-\nu)} = c_{\iota_1 \iota_1' (r-\nu)}$$

machen für $\nu = 0 \ldots l-1$; ebenso

$$(X_{r-l-\nu} X_{\iota_1}) = \omega_\iota^{(\nu)} X_{\iota_0},$$

und für

$$\omega_\iota + \omega_\varkappa = \omega_\lambda : c_{\iota_1 \varkappa_0 \lambda_0} = c_{\iota_0 \varkappa_1 \lambda_0} = c_{\iota_1 \varkappa_1 \lambda_1}.$$

Machen wir zuerst die Voraussetzung, dass die Nebenwurzeln nicht nur zu Elementartheilern ersten Grades gehören, sondern sogar einfach sind, so folgt aus $(\iota_0, \iota_1', \alpha)$, nämlich aus der Gleichung:

$$c_{\iota_1' \alpha (\alpha-\iota)} c_{(\alpha-\iota) \iota_0 \alpha} + c_{\alpha \iota_0 (\alpha+\iota)} c_{(\alpha+\iota) \iota_1' \alpha} = 0,$$

dass $c_{\alpha \iota_0 (\alpha+\iota)} = 0$ ist. Die Relation $\left(\alpha, (\iota - \alpha), \iota_1'\right)$ lehrt, dass alle $(X_\alpha X_{\alpha'})$ sich entweder aus den $(X_{\iota_0} X_{\iota_1'})$ allein oder mit Hinzufügung einer einzigen weitern Grösse ergeben. Es erübrigt nur noch die $c_{\alpha\beta\iota_0}$ für $\omega_\alpha + \omega_\beta = \omega_\iota$ zu bestimmen, worauf hier nicht näher eingegangen werden soll. Um ein Beispiel anzuführen, bestimme man eine Gruppe durch die Transformationen $Y_0, Y_2, Y_{-2}, X_0, X_2, X_{-2}, X_1, X_{-1}, Z$, indem wir festsetzen:

$$\begin{array}{lll}
(Y_2 Y_{-2}) = Y_0, & (X_2 Y_{-2}) = (Y_2 X_{-2}) = X_0, & (Y_0 Y_2) = -2 Y_2, \\
(Y_0 Y_{-2}) = 2 Y_{-2}, & (Y_0 X_2) = -2 X_2, & (Y X_{-2}) = 2 X_{-2}, \\
(X_0 Y_2) = -2 X_2, & (X_0 Y_{-2}) = 2 X_{-2}, & (Y X_1) = - X_1, \\
(Y X_{-1}) = X_{-1}, \quad (Y_2 X_{-1}) = X_1, & (Y_{-2} X_1) = X_{-1}, & (X_1 X_{-1}) = Z,
\end{array}$$

wo Z eine ausgezeichnete eingliedrige Untergruppe ist. Im vorliegenden Falle zerfällt die sechsgliedrige invariante Untergruppe in zwei dreigliedrige; ob das allgemein stattfindet, möge offen gelassen werden.

Wir nehmen jetzt an, auch die Nebenwurzeln gehörten zu Elementartheilern zweiten Grades. Indem dann zu ω_α die inf. Transformationen X_{α_0} und X_{α_1} und zu $-\omega_\alpha$ die $X_{\alpha_0'}$ und $X_{\alpha_1'}$ zugeordnet werden, muss $(X_{\alpha_0} X_{\alpha_0'}) = 0$ sein. Wir bilden die Jacobi'sche Identität für $(\iota_0, \iota_1', \alpha_1)$ und ersetzen ω_α hier der Reihe nach durch alle Wurzeln, zu denen man aus einer solchen durch Addition und Subtraction von

ω_ι gelangt. Dann zeigt sich, dass wenn $((X_{\iota_1'} X_{\iota_0}) X_{\alpha_1})$ nicht verschwindet, auch kein $c_{\iota_0 \alpha_1 (\iota+\alpha)_0}$ verschwindet, wofern $\omega_\alpha + \omega_\iota$ eine neue Wurzel ist. Fügt man hierzu eine passend gewählte Relation $(\iota_0, \alpha_1, \varkappa_1)$, so erkennt man, dass überhaupt, wenn irgend einmal $c_{\iota_0 \alpha_1 (\iota+\alpha)_0}$ von Null verschieden ist, diess jedesmal für $c_{\varkappa_0 \beta_1 (\varkappa+\beta)_0}$ eintreten muss, wofern nur $\omega_\varkappa + \omega_\beta$ eine neue Wurzel ist.

Ganz entsprechend zeigen wir unter Anwendung von $(\alpha_0, \alpha_1', \iota_1)$, dass mit $(X_{\alpha_0} X_{\alpha_1'}) \neq 0$ für $\omega_\alpha + \omega_\beta = \omega_\iota$ auch $c_{\alpha_1 \beta_0 \iota_0}$ von Null verschieden sein muss, und dass umgekehrt das Nicht-Verschwinden eines Coefficienten $c_{\alpha_1 \beta_0 \iota_0}$ dasselbe für $(X_{\alpha_0} X_{\alpha_1'})$ nach sich zieht.

Man kann immer eine Hauptwurzel ω_ι und zwei Nebenwurzeln ω_α und ω_β so auswählen, dass $\omega_\alpha + \omega_\iota$ eine neue Nebenwurzel ω_γ und $\omega_\alpha + \omega_\beta + \omega_\iota$ eine weitere Hauptwurzel $\omega_\varkappa$, dass aber $\omega_\iota + \omega_\beta$ keine neue Wurzel ist. Dann lehrt die Relation $(\iota_0, \alpha_1, \beta_1) : c_{\iota_0 \alpha_1 \gamma_0} c_{\gamma_0 \beta_1 \varkappa_0} = 0$, dass entweder $(X_{\iota_0} X_{\alpha_1})$ oder $(X_{\gamma_0} X_{\beta_1})$ gleich Null sein muss. Somit werden wir hier auf zwei sich gegenseitig ausschliessende Möglichkeiten geführt, nämlich ob die Coefficienten $c_{\iota_0 \alpha_1 (\alpha+\iota)_0}$ oder ob die $c_{\alpha_1 \beta_1 \iota_0}$ von Null verschieden sind. Der letztere Fall liefert allerdings Elementartheiler ersten Grades.

Umgekehrt kann man aber den Fall, dass derartige Doppelwurzeln vorhanden sind, immer in der angegebenen Weise behandeln, wenn man nur die X_{α_0} so wählt, dass $(X_{\iota_0} X_{\alpha_0})$ stets gleich Null ist.

In der ersten Classe bilden bereits die X_{α_0} für sich eine invariante Untergruppe, und zwar eine solche, deren Transformationen sämmtlich mit einander vertauschbar sind; dagegen enthält die invariante Untergruppe für die zweite Classe keine invariante Untergruppe von geringerer Gliederzahl unter sich. Wollten wir annehmen, dass sowohl die $(X_{\alpha_1} X_{\beta_0})$ wie die $(X_{\iota_0} X_{\alpha_1})$ immer gleich Null sind, so würden wir zu vollständig getrennten invarianten Untergruppen gelangen.

Jede der beiden angegebenen Möglichkeiten schliesst wieder die beiden Fälle ein, dass auch alle $(X_{\alpha_0} X_{\alpha_1'})$, $(X_{\alpha_1} X_{\alpha_1'})$ sich bereits durch die $(X_{\iota_0} X_{\iota_1'})$ darstellen lassen oder neue inf. Transformationen bedürfen. Im ersten Fall ist $k = 2l$, im zweiten $= 2l + 1$ oder $= 2l + 2$. Es unterscheiden sich nämlich die $(X_{\alpha_0} X_{\alpha_1'})$ nur durch einen constanten Factor, die $(X_{\alpha_1} X_{\alpha_1'})$ dagegen lassen sich durch eine unter ihnen und die $(X_{\iota_0} X_{\iota_1'})$ ausdrücken.

Als Beispiele führe ich zwei zehngliedrige Gruppen vom Range Eins an, von denen zehn inf. Transformationen mit X_0, X_1, X_1', Y_0, Y_1, Y_1', U, U', V, V' bezeichnet werden mögen. In beiden Gruppen soll sein:

$$(X_0 X_1) = -2 X_1, \quad (X_0 X_1') = 2 X_1', \quad (X_0 Y_1) = -2 Y_1, \quad (X_0 Y_1') = 2 Y_1,$$
$$(X_0 U) = -U, \quad (X_0 U') = U', \quad (X_0 V) = -V, \quad (X_0 V') = V',$$

$$(Y_0 X_1) = -2 Y_1, \quad (Y_0 X_1') = 2 Y_1', \quad (Y_0 U) = -V, \quad (Y_0 U') = V$$

$$(X_1 X_1') = X_0, \quad (Y_1 X_1') = (X_1 Y_1') = Y_0,$$

$$(X_1' V) = -V', \quad (X_1' U) = -U', \quad (X_1 V') = V, \quad (X_1 U') = U.$$

Hierzu treten in dem einen Falle:

$$(Y_1 U') = V, \quad (Y_1' U) = -V', \quad (Y_0 U) = -V, \quad (Y_0 U') = V$$

$$(U V) = (U' V') = (U V') = (U' V) = 0.$$

Im zweiten Falle dagegen ist:

$$(Y_1 U') = (Y_1' U) = (Y_0 U) = (Y_0 U') = 0,$$

$$(U V) = 2 Y_1, \quad (U' V') = 2 Y_1', \quad (U V') = Y_0, \quad (U' V) = Y_0.$$

Die nicht hingeschriebenen Combinationen geben ein verschwi dendes Resultat. Die erste Gruppe lässt sich in vier Variabe x, y, u, v, wenn denselben die Differentialquotienten p, q, r, s e sprechen, in folgender Weise darstellen:

$$X_1 = p, \; Y_1 = q, \; U = r, \; V = s, \quad X_0 = 2xp + 2yq + ru + s$$

$$Y_0 = 2xq + 2ys, \quad X_1' = x^2 p + 2xyq + (ur + vs) xr + yus,$$

$$Y_1' = x^2 q + xus, \quad U' = ys + xr, \quad V' = xs.$$

Die zweite drücken wir in drei Variabeln entsprechend aus:

$$X_1 = p, \; Y_1 = q, \; U = r, \; V = 2sq, \; X_0 = 2xp + 2yq + sr,$$

$$Y_0 = 2xq, \quad X_1' = x^2 p + 2xyq + xsr,$$

$$Y_1' = x^2 q, \quad U' = xr, \quad V' = 2xsq.$$

§ 24.

Zusammensetzung aller Gruppen, welche ihre eigenen Haupt-untergruppen sind.

In einer Gruppe, welche ihre eigene Haupt-Untergruppe ist, $X_r f$ als eine inf. Transformation ganz allgemeiner Art vorausgeset Für diese habe die charakteristische Gleichung k verschwinder Wurzeln, so dass nach einem früher bewiesenen Satze $k - 1$ weit Transformationen $X_{r-1} \ldots X_{r-k+1}$ vorkommen müssen, welche X_r und unter einander vertauschbar sind. Zu jeder nicht v schwindenden Wurzel ω_ι gehören bestimmte Transformationen $X_{\iota_0} \ldots$ für welche die Gleichungen bestehen:

$$(X_r X_{\iota_0}) = \omega_\iota X_{\iota_0},$$

$$(X_r X_{\iota_1}) = \omega_\iota X_{\iota_1} + c_{r \iota_1 \iota_0} X_{\iota_0} \cdots (X_r X_{\iota_a}) = \omega_\iota X_{\iota_a} + \cdots.$$

Die r auf diese Weise gefundenen inf. Transformationen werden Untersuchung zu Grunde gelegt. Da die durch die $(X_\iota X_\varkappa)$ bestimn

Gruppe mit der gegebenen zusammenfallen soll, so müssen zu gewissen Wurzeln die entgegengesetzt gleichen vorkommen, und wenn $X_{\iota_0'}, X_{\iota_1'} \dots$ zu $-\omega_\iota$ gehören, so müssen für gewisse Paare entgegengesetzt gleicher Wurzeln die Beziehungen bestehen:

$$(1) \qquad (X_{\iota_\mathfrak{a}} X'_{\iota_\mathfrak{b}}) = \sum_\nu c_{\iota_\mathfrak{a} \iota'_\mathfrak{b} (r-\nu)} X_{(r-\nu)},$$

wo wenigstens einige der Coefficienten nicht verschwinden. Da aber nach den Entwicklungen, welche im Anfang des vorigen Paragraphen im Anschluss an die Gleichungen (2) — (4) durchgeführt sind und welche sich unmittelbar übertragen lassen, zugleich mit der Gleichung

$$\sum_\nu c_{\iota_\mathfrak{a} \iota'_\mathfrak{b} (r-\nu)} \omega_\iota^{(\nu)} = 0 \quad \text{auch} \quad \sum_\nu c_{\iota_\mathfrak{a} \iota'_\mathfrak{b} (r-\nu)} \omega_\alpha^{(\nu)} = 0$$

sein muss, wo $\omega_\alpha \dots \omega_\alpha^{(k-1)}$ irgend zusammengehörige Wurzeln für $X_r \dots X_{r-k+1}$ sind, so muss es möglich sein, die ω_ι und $-\omega_\iota$ und die Marken $\mathfrak{a}$ und $\mathfrak{b}$ so zu wählen, dass

$$(2) \qquad \sum_\nu c_{\iota_\mathfrak{a} \iota'_\mathfrak{b} (r-\nu)} \omega_\iota^{(\nu)} \neq 0$$

ist.

Aus dieser Gleichung ergeben sich weitere Folgerungen. Die Relation $(\iota_\mathfrak{a}, \iota_\mathfrak{b}', \iota_0')$, zu der man für den Fall, dass $-2\omega_\iota \dots$ Wurzeln sind, noch $\left(\iota_\mathfrak{a}, \iota_\mathfrak{b}', (2\iota)_0'\right) \dots$ fügt, sowie überhaupt die Relationen $(\iota_\mathfrak{a}, \iota_\mathfrak{b}', \iota_\mathfrak{c}')$ für $\mathfrak{c} = 0 \dots \mathfrak{b} - 1$, liefern das Resultat, dass

1) nicht alle Coefficienten $c_{\iota_\mathfrak{a} \iota_0' (r-\nu)}$ gleich Null sind, und dass

2) für $\mathfrak{c} = 0 \dots \mathfrak{b} - 1: \sum c_{\iota_\mathfrak{a} \iota'_\mathfrak{c} (r-\nu)} \omega_\iota^{(\nu)} = 0$ ist.

Ebenso dürfen, wenn $\mathfrak{d} < \mathfrak{a}$ ist, die Coefficienten $c_{\iota_\mathfrak{d} \iota'_\mathfrak{b} (r-\nu)}$ nicht sämmtlich verschwinden, aber es muss $\sum c_{\iota_\mathfrak{d} \iota'_\mathfrak{b} (r-\nu)} \omega_\iota^{(\nu)} = 0$ sein.

Die Jacobi'sche Identität für $(r, \iota_\mathfrak{c}, \iota_0')$ liefert:

$$c_{r \iota_\mathfrak{c} \iota_{\mathfrak{c}-1}} (X_{\iota_{\mathfrak{c}-1}} X_{\iota_0'}) + c_{r \iota_{\mathfrak{c}-1} \iota_{\mathfrak{c}-2}} (X_{\iota_{\mathfrak{c}-2}} X_{\iota_0'}) + \cdots = 0.$$

Nimmt man hier an, $(X_{\iota_{\mathfrak{c}-2}} X_{\iota_0'}) \dots (X_{\iota_0} X_{\iota_0'})$ seien gleich Null, aber $(X_{\iota_{\mathfrak{c}-1}} X_{\iota_0'})$ nicht, so folgt $c_{r \iota_\mathfrak{c} \iota_{\mathfrak{c}-1}} = 0$; dann kann also ω_ι keinem Elementartheiler $(\mathfrak{c} + 1)^{\text{ten}}$ Grades angehören. Wenden wir diess auf die oben gemachte Voraussetzung an, so folgt:

1) ω_ι kann zu keinem $(\mathfrak{a} + 2)$-fachen Elementartheiler gehören;

2) es ist $(X_{\iota_{\mathfrak{a}-1}} X_{\iota_0'}) = \cdots = (X_{\iota_0} X_{\iota_0'}) = 0$.

Ebenso folgt, dass nur $(\omega + \omega_\iota)^{\mathfrak{b}+1}$, nicht aber $(\omega + \omega_\iota)^{\mathfrak{b}+2}$ ein Elementartheiler sein kann, und zugleich $(X_{\iota_0} X'_{\iota_{\mathfrak{b}-1}}) = \cdots = 0$ ist.

Die Jacobi'sche Identität für $(r, \iota_\mathfrak{c}, \iota_\mathfrak{d}')$ liefert für $\mathfrak{c} + \mathfrak{d} = \mathfrak{b} + 1$, wofern $\mathfrak{b}$ die kleinere der Zahlen $\mathfrak{a}$ und $\mathfrak{b}$ ist, die Gleichung:

$$c_{r \iota_\mathfrak{c} \iota_{\mathfrak{c}-1}} (X_{\iota_{\mathfrak{c}-1}} X'_{\iota_\mathfrak{d}}) = c_{r \iota'_\mathfrak{d} \iota'_{\mathfrak{d}-1}} (X_{\iota_\mathfrak{c}} X'_{\iota_{\mathfrak{d}-1}}),$$

woraus sich ergiebt, dass alle $(X_{\iota_\varrho} X'_{\iota_\sigma})$, für welche $\varrho + \sigma = \mathfrak{b}$ ist von Null verschieden sind und sich von $(X_{\iota_0} X'_{\iota_\mathfrak{b}})$ nur durch einen con stanten Factor unterscheiden. Hieraus folgt denn, dass in (1) un (2) die Nummern $\mathfrak{a}$ und $\mathfrak{b}$ einander gleich sind. In gleicher Weis sind überhaupt, wenn $\mathfrak{m} + \mathfrak{n} = \mathfrak{c} + \mathfrak{b}$ und $2\mathfrak{a} > \mathfrak{c} + \mathfrak{b} > \mathfrak{a}$ ist, di $(X_{\iota_\mathfrak{m}} X'_{\iota_\mathfrak{n}})$ und $(X_{\iota_\mathfrak{c}} X'_{\iota_\mathfrak{b}})$ ausser durch einen constanten, von Null ve schiedenen Factor nur um solche Grössen $(X_{\iota_\varrho} X'_{\iota_\sigma})$ verschieden, fi welche $\varrho + \sigma < \mathfrak{m} + \mathfrak{n}$ ist.

Die Relationen $(\iota_0, \iota_\mathfrak{c}, \iota_\mathfrak{a}')$ und $(\iota_\mathfrak{c}, \iota_\mathfrak{a}, \iota_\mathfrak{a}')$ zeigen entsprechen der Gl. (12) des vorigen Paragraphen, dass für $\mathfrak{b} < \mathfrak{c} \leqq \mathfrak{a}$

$$\sum c_{\iota_0 \iota'_\mathfrak{a} (r-\nu)}\, c_{(r-\nu)\iota_\mathfrak{c}\iota_\mathfrak{b}} = 0$$

ist, dass dagegen

$$\sum c_{\iota_\mathfrak{c} \iota'_\mathfrak{a} (r-\nu)}\, c_{(r-\nu)\iota_\mathfrak{a}\iota_\mathfrak{c}}$$

sich von

$$\sum c_{\iota_\mathfrak{a} \iota'_\mathfrak{a} (r-\nu)}\, \omega_\iota^{(\nu)}$$

nur durch einen constanten Factor unterscheidet. Daraus folgt, da sich $(X_{\iota_\mathfrak{c}} X'_{\iota_\mathfrak{a}})$ nicht durch $(X_{\iota_0} X'_{\iota_\mathfrak{a}}) \ldots (X_{\iota_{\mathfrak{c}-1}} X'_{\iota_\mathfrak{a}})$ darstellen läs dass überhaupt die sämmtlichen Ausdrücke $(X_{\iota_\varrho} X'_{\iota_\sigma})$ gerade $\mathfrak{a} +$ wesentlich von einander unabhängige Functionen der $X_r \ldots X_{r-k+1}$ si

Wir fassen die vorstehenden Resultate in folgender Weise sammen:

Damit die Gruppe ihre eigene Haupt-Untergruppe ist, muss i charakteristische Gleichung für eine ganz allgemeine inf. Transformat mindestens ein Paar entgegengesetzt gleicher Wurzeln haben. Wenn der Coefficienten $\psi_r, \psi_{r-1} \ldots \psi_{r-k+1}$ identisch verschwinden und da alle Unterdeterminanten $r - k + 1^{ten}$ Grades der charakteristisc Determinante, so mögen mit der einmal angenommenen allgemeinen Transformation $X_r f$ die weiteren $X_{r-1} \ldots X_{r-k+1}$ vertauschbar se Zugleich möge einer Wurzel ω_ι für X_r die Wurzel $\omega_\iota^{(\nu)}$ für $X_{r-\nu}$ sprechen. Zugleich mögen zu ω_ι $\mathfrak{a} + 1$ inf. Transformationen gehör so dass die Gleichungen erfüllt sind:

$$(X_r X_{\iota_\mathfrak{a}}) = \omega_\iota X_{\iota_\mathfrak{a}} + X_{\iota_{\mathfrak{a}-1}},$$
$$(X_r X_{\iota_{\mathfrak{a}-1}}) = \omega_\iota X_{\iota_{\mathfrak{a}-1}} + X_{\iota_{\mathfrak{a}-2}} \cdots (X_r X_{\iota_0}) = \omega_\iota X_{\iota_0},$$

und ebenso mögen zu $-\omega_\iota$ die Transformationen gehören:

$$(X_r X'_{\iota_\mathfrak{a}}) = -\omega_\iota X'_{\iota_\mathfrak{a}} + X'_{\iota_{\mathfrak{a}-1}},$$
$$(X_r X'_{\iota_{\mathfrak{a}-1}}) = -\omega_\iota X'_{\iota_{\mathfrak{a}-1}} + X'_{\iota_{\mathfrak{a}-2}} \cdots (X_r X_{\iota_0'}) = -\omega_\iota X_{\iota_0'}.$$

Endlich dürfen X_{ι_α} und X'_{ι_α} nicht mit einander vertauschbar und soll $\sum^\nu c_{\iota_\alpha \iota'_\alpha (r-\nu)} \omega_\iota^{(\nu)}$ von Null verschieden sein.

Dann muss je einer der zu ω_ι und $-\omega_\iota$ gehörigen Elementartheiler den Grad $\mathfrak{a}+1$, aber keiner derselben darf einen höheren erreichen. Ferner ist $(X_{\iota_\varrho} X'_{\iota_\sigma}) = 0$, wenn $\varrho + \sigma < \mathfrak{a}$ ist, aber $(X_{\iota_\varrho} X'_{\iota_\sigma}) \neq 0$ für $\varrho + \sigma \geqq \mathfrak{a}$; ist $\mathfrak{r} + \mathfrak{s} = \mathfrak{m} + \mathfrak{n}$, so ist bis auf einen von Null verschiedenen Factor das $(X_{\iota_\mathfrak{m}} X'_{\iota_\mathfrak{n}})$ gleich $(X_{\iota_\mathfrak{r}} X'_{\iota_\mathfrak{s}})$ vermehrt um Ausdrücke von solchen $(X_{\iota_\varrho} X'_{\iota_\sigma})$, für welche $\varrho + \sigma < \mathfrak{m} + \mathfrak{n}$ ist. Alle diese $(X_{\iota_\varrho} X'_{\iota_\sigma})$ stellen $\mathfrak{a}+1$ von einander unabhängige Ausdrücke dar. Aber wenn $\varrho + \sigma < 2\mathfrak{a}$ ist, so ist

$$\sum^\nu c_{\iota_\varrho \iota'_\sigma (r-\nu)} \, \omega_\alpha^{(\nu)} = 0,$$

wenn ω_α, ω'_α ... $\omega_\alpha^{(k-1)}$ irgend einander entsprechende Wurzeln für X_r, X_{r-1} ... X_{r-k+1} sind.

Wenn eine Wurzel den im voranstehenden Lehrsatze aufgezählten Bedingungen genügt, so möge sie als Hauptwurzel bezeichnet werden. Dazu ist erforderlich, dass auch die entgegengesetzt gleiche Grösse eine Wurzel ist, und dass, wenn zur ersten die Transformationen $X_{\iota_0}, X_{\iota_1} \ldots X_{\iota_\mathfrak{a}}$ gehören, zur zweiten die $X_{\iota_0'}, X_{\iota_1'} \ldots X'_{\iota_\mathfrak{a}}$ gehören, und dass diejenige Transformation, welche man durch Combination von $X_{\iota_\mathfrak{a}}$ und $X'_{\iota_\mathfrak{a}}$ erhält, mit keinem $X_{\iota_\mathfrak{a}} \ldots X_{\iota_0}$ vertauscht werden kann. Es ergiebt sich unmittelbar, dass wenn ω_ι eine Hauptwurzel ist, dasselbe von $-\omega_\iota$ gilt.

Wir suchen jetzt alle von einander unabhängigen Hauptwurzeln. Dabei betrachten wir mehrere Hauptwurzeln, z. B. ω_ι, $\omega_\varkappa$, ω_λ nur dann als unabhängig, wenn die Gleichungen

$$\sum^\nu (a c_{\iota_\mathfrak{a} \iota'_\mathfrak{a} (r-\nu)} + b c_{\varkappa_\mathfrak{b} \varkappa'_\mathfrak{b} (r-\nu)} + c c_{\lambda_\mathfrak{c} \lambda'_\mathfrak{c} (r-\nu)}) \, \omega_\alpha^{(\nu)} = 0,$$

$$\sum^\nu (a c_{\iota_\mathfrak{a} \iota'_\mathfrak{a} (r-\nu)} + b c_{\varkappa_\mathfrak{b} \varkappa'_\mathfrak{b} (r-\nu)} + c c_{\lambda_\mathfrak{c} \lambda'_\mathfrak{c} (r-\nu)}) \, \omega_\beta^{(\nu)} = 0,$$

. . . .

für alle Wurzeln ω_α, ω_β ... und constante Werthe a, b, c nur dann erfüllt werden können, wenn a, b, c gleich Null sind. Da die Gruppe ihre eigene Haupt-Untergruppe ist, so müssen, wenn l die Zahl der von einander unabhängigen Hauptwurzeln ist, zwischen den $r-k$ Wurzelreihen noch $k-l$ lineare Bedingungen bestehen. Somit ist l gleich dem Range der Gruppe.

Wir machen die Voraussetzung, dass alle Hauptwurzeln zu Elementartheilern von demselben Grade gehören, indem wir hoffen, dass diese Voraussetzung selbst in den Fällen, wo sie nicht nothwendig

ist, uns für die Bildung der Gruppen den nöthigen Anhalt lief
So seien ω_ι, $\omega_\varkappa$, $\omega_\iota + \omega_\varkappa$ drei Hauptwurzeln und alle drei se
$(\mathfrak{a}+1)$-fache Wurzeln im Sinne der Gleichungen (1). Dann b
man für $\mathfrak{c} < \mathfrak{a}$ die Jacobi'sche Identität $\left(\iota_\mathfrak{a}, \varkappa_\mathfrak{a}, (\iota+\varkappa)'_\mathfrak{c}\right)$:

$$\sum_0^\mathfrak{a}{}^\mathfrak{m} \left\{c_{\iota_\mathfrak{a} \varkappa_\mathfrak{a} (\iota+\varkappa)_\mathfrak{m}} (X_{(\iota+\varkappa)_\mathfrak{m}} X_{(\iota+\varkappa)'_\mathfrak{c}}) + c_{\varkappa_\mathfrak{a} (\iota+\varkappa)'_\mathfrak{c} \iota'_\mathfrak{m}} (X_{\iota'_\mathfrak{m}} X_{\iota_\mathfrak{a}}) + \right.$$
$$\left. + c_{(\iota+\varkappa)'_\mathfrak{c} \iota_\mathfrak{a} \varkappa'_\mathfrak{m}} (X_{\varkappa'_\mathfrak{m}} X_{\varkappa_\mathfrak{a}})\right\} = 0.$$

Da ω_ι und $\omega_\varkappa$ unabhängig sind und demnach $(X_{\varkappa'_\mathfrak{a}} X_{\varkappa_\mathfrak{a}})$ nicht du
$(X_{\iota_\mathfrak{a}} X_{\iota'_\mathfrak{a}})$ und solche $(X_{\lambda_\varrho} X_{\lambda'_\sigma})$ dargestellt werden kann, für we
$\varrho + \sigma < 2\mathfrak{a}$ ist, so muss

(3) $$c_{\varkappa_\mathfrak{a} (\iota+\varkappa)'_\mathfrak{c} \iota'_\mathfrak{a}} = c_{(\iota+\varkappa)'_\mathfrak{c} \iota_\mathfrak{a} \varkappa'_\mathfrak{a}} = 0 \quad (\text{für } \mathfrak{c} < \mathfrak{a})$$

sein. Ebenso folgt für $\mathfrak{b}$ und $\mathfrak{c} < \mathfrak{a}$, dass ist:

$$c_{\varkappa_\mathfrak{b} (\iota+\varkappa)'_\mathfrak{c} \iota'_\mathfrak{a}} = 0.$$

Die vorstehende Entwicklung gilt auch für $\mathfrak{c} = \mathfrak{a}$, wenn $\omega_\iota +$
keine Hauptwurzel ist; dann folgt:

$$c_{\varkappa_\mathfrak{a} (\iota+\varkappa)'_\mathfrak{a} \iota'_\mathfrak{a}} = 0.$$

Ebenso, wenn ω_α, $-\omega_\alpha$, $\omega_\alpha + \omega_\iota$, $-\omega_\alpha - \omega_\iota$ Nebenwurzeln s
zu denen etwa die Marken $\mathfrak{c}$ und $\mathfrak{b}$ gehören, so liefert die Rela
$\left(\iota_\mathfrak{a}, \alpha_\mathfrak{c}, (\alpha+\iota)'_\mathfrak{b}\right)$ in gleicher Weise:

$$c_{\alpha_\mathfrak{c} (\alpha+\iota)'_\mathfrak{b} \iota'_\mathfrak{a}} = 0.$$

Hieraus folgt der bereits früher erwähnte Satz:

Wenn eine r-gliedrige Gruppe des Ranges l einfach oder auch halbeinfach sein soll, so muss die charakteristische Gleichung für allgemeine inf. Transformation r — l von Null verschiedene ungl Wurzeln haben, welche paarweise entgegengesetzt gleich sind, und zu entgegengesetzt gleichen Wurzeln gehörigen Transformationen di nicht vertauschbar sein.

Die Jacobi'sche Identität für $(r, \iota_\mathfrak{m}, \varkappa_\mathfrak{n})$ liefert die Gleichun

$$c_{r\iota_\mathfrak{m} \iota_{\mathfrak{m}-1}} (X_{\iota_{\mathfrak{m}-1}} X_{\varkappa_\mathfrak{n}}) + c_{r\iota_\mathfrak{m} \iota_{\mathfrak{m}-2}} (X_{\iota_{\mathfrak{m}-2}} X_{\varkappa_\mathfrak{n}}) + c_{r\iota_\mathfrak{m} \iota_{\mathfrak{m}-3}} (X_{\iota_{\mathfrak{m}-3}} X_{\varkappa_\mathfrak{n}})$$
$$+ c_{r\varkappa_\mathfrak{n} \varkappa_{\mathfrak{n}-1}} (X_{\iota_\mathfrak{m}} X_{\varkappa_{\mathfrak{n}-1}}) + c_{r\varkappa_\mathfrak{n} \varkappa_{\mathfrak{n}-2}} (X_{\iota_\mathfrak{m}} X_{\varkappa_{\mathfrak{n}-2}}) + c_{r\varkappa_\mathfrak{n} \varkappa_{\mathfrak{n}-3}} (X_{\iota_\mathfrak{m}} X_{\varkappa_{\mathfrak{n}-3}})$$

(4) $$= c_{\iota_\mathfrak{m} \varkappa_\mathfrak{n} (\iota+\varkappa)_{\mathfrak{m}+\mathfrak{n}}} \Big(c_{r (\iota+\varkappa)_{\mathfrak{m}+\mathfrak{n}} (\iota+\varkappa)_{\mathfrak{m}+\mathfrak{n}-1}} X_{(\iota+\varkappa)_{\mathfrak{m}+\mathfrak{n}-1}} +$$
$$+ c_{r (\iota+\varkappa)_{\mathfrak{m}+\mathfrak{n}} (\iota+\varkappa)_{\mathfrak{m}+\mathfrak{n}-2}} X_{(\iota+\varkappa)_{\mathfrak{m}+\mathfrak{n}-2}} +$$
$$+ c_{\iota_\mathfrak{m} \varkappa_\mathfrak{n} (\iota+\varkappa)_{\mathfrak{m}+\mathfrak{n}-1}} \Big(c_{r (\iota+\varkappa)_{\mathfrak{m}+\mathfrak{n}-1} (\iota+\varkappa)_{\mathfrak{m}+\mathfrak{n}-2}} X_{(\iota+\varkappa)_{\mathfrak{m}+\mathfrak{n}-2}} +$$
$$+ c_{r (\iota+\varkappa)_{\mathfrak{m}+\mathfrak{n}-1} (\iota+\varkappa)_{\mathfrak{m}+\mathfrak{n}-3}} X_{(\iota+\varkappa)_{\mathfrak{m}+\mathfrak{n}-3}} + \cdots\Big) + \cdot$$

Hierin nehme man den Coefficienten von $X_{(\iota+\varkappa)_{\mathfrak{m}+\mathfrak{n}-1}}$. Indem zunächst $\mathfrak{m} + \mathfrak{n} = \mathfrak{a}$ sein lässt, wird der rechts stehende Coefficient gleich Null; nun setze man $\mathfrak{m} = \mathfrak{a}$, $\mathfrak{n} = 0$ und erhält

$$c_{\iota_{\mathfrak{a}-1} \varkappa_0 (\iota+\varkappa)_{\mathfrak{a}-1}} = 0;$$

mit Berücksichtigung dieser Gleichung folgt für $\mathfrak{m} = \mathfrak{a} - 1$, $\mathfrak{n} = 1$:

$$c_{\iota_{\mathfrak{a}-2} \varkappa_1 (\iota+\varkappa)_{\mathfrak{a}-1}} = 0$$

und so fahre man fort, indem man für $\mathfrak{m} + \mathfrak{n} = \mathfrak{a}$ der Reihe nach $\mathfrak{n} = 2, 3 \ldots$ sein lässt. Daraus folgt, dass für $\mathfrak{m} + \mathfrak{n} = \mathfrak{a} - 1$ der Coefficient

$$c_{\iota_\mathfrak{m} \varkappa_{\mathfrak{a}-\mathfrak{m}-1} (\iota+\varkappa)_{\mathfrak{a}-1}} = 0$$

sein muss.

Jetzt setze man in dieser selben Gleichung:

$$c_{r \iota_\mathfrak{m} \iota_{\mathfrak{m}-1}} \, c_{\iota_{\mathfrak{m}-1} \varkappa_\mathfrak{n} (\iota+\varkappa)_{\mathfrak{m}+\mathfrak{n}-1}} + c_{r \varkappa_\mathfrak{n} \varkappa_{\mathfrak{n}-1}} \, c_{\iota_\mathfrak{m} \varkappa_{\varkappa-1} (\iota+\varkappa)_{\mathfrak{m}+\mathfrak{n}-1}} =$$
$$= c_{\iota_\mathfrak{m} \varkappa_\mathfrak{n} (\iota+\varkappa)_{\mathfrak{m}+\mathfrak{n}}} \, c_{r (\iota+\varkappa)_{\mathfrak{m}+\mathfrak{n}} (\iota+\varkappa)_{\mathfrak{m}+\mathfrak{n}-1}}$$

$\mathfrak{m} + \mathfrak{n} = \mathfrak{a} - 1$, wodurch die rechte Seite verschwindet, und lasse wiederum, wie eben, $\mathfrak{n}$ der Reihe nach die Werthe $0, 1 \ldots \mathfrak{a} - 1$ annehmen, woraus sich ergiebt, dass auch für $\mathfrak{m} + \mathfrak{n} = \mathfrak{a} - 2$ der Coefficient $c_{\iota_\mathfrak{m} \varkappa_\mathfrak{n} (\iota+\varkappa)_{\mathfrak{m}+\mathfrak{n}}} = 0$ ist. So kann man beliebig fortfahren und erhält allgemein:

$$c_{\iota_\mathfrak{m} \varkappa_\mathfrak{n} (\iota+\varkappa)_{\mathfrak{m}+\mathfrak{n}}} = 0. \tag{5}$$

Indem man diese Gleichung berücksichtigt und den Coefficienten von $X_{(\iota+\varkappa)_{\mathfrak{m}+\mathfrak{n}-2}}$ in (4) sucht, erhält man die Gleichung:

$$(6) \quad c_{r \iota_\mathfrak{m} \iota_{\mathfrak{m}-1}} \, c_{\iota_{\mathfrak{m}-1} \varkappa_\mathfrak{n} (\iota+\varkappa)_{\mathfrak{m}+\mathfrak{n}-2}} + c_{r \varkappa_\mathfrak{n} \varkappa_{\mathfrak{n}-1}} \, c_{\iota_\mathfrak{m} \varkappa_{\mathfrak{n}-1} (\iota+\varkappa)_{\mathfrak{m}+\mathfrak{n}-2}} =$$
$$= c_{r (\iota+\varkappa)_{\mathfrak{m}+\mathfrak{n}-1} (\iota+\varkappa)_{\mathfrak{m}+\mathfrak{n}-2}} \, c_{\iota_\mathfrak{m} \varkappa_\mathfrak{n} (\iota+\varkappa)_{\mathfrak{m}+\mathfrak{n}-1}}.$$

Indem man in der Gleichung (6) $\mathfrak{m} + \mathfrak{n} = \mathfrak{a} + 1$ setzt und der Reihe nach $\mathfrak{n} = 1, 2, \ldots \mathfrak{a}$ nimmt, dann $\mathfrak{m} + \mathfrak{n} = \mathfrak{a}$ sein lässt u. s. f., erkennt man, dass alle $c_{\iota_\mathfrak{m} \varkappa_\mathfrak{n} (\iota+\varkappa)_{\mathfrak{m}+\mathfrak{n}-1}}$ durch eine einzige dargestellt werden können vermittelst eines nicht verschwindenden Factors. Nun enthält aber $(X_{\iota_\mathfrak{a}} X'_{\iota_{\mathfrak{a}-1}})$ wegen der Möglichkeit, $X'_{\iota_{\mathfrak{a}-1}}$ durch eine lineare Function von $X'_{\iota_{\mathfrak{a}-1}}, X'_{\iota_{\mathfrak{a}-2}} \ldots X'_{\iota_0}$ zu ersetzen und wegen der Unabhängigkeit von $(X_{\iota_\mathfrak{a}} X'_{\iota_0}) \ldots (X_{\iota_\mathfrak{a}} X'_{\iota_{\mathfrak{a}-1}})$ noch $\mathfrak{a} - 1$ willkürliche Grössen, während $(X_{\varkappa_\mathfrak{a}} X_{\varkappa'_{\mathfrak{a}-2}})$ nur $\mathfrak{a} - 2$ willkürliche Constanten enthält. Folglich kann man $(X_{\iota_\mathfrak{a}} X'_{\iota_{\mathfrak{a}-1}})$ nicht durch $(X_{\varkappa_\mathfrak{a}} X_{\varkappa_0'}) \ldots (X_{\varkappa_\mathfrak{a}} X_{\varkappa'_{\mathfrak{a}-2}})$ und $(X_{(\iota+\varkappa)_\mathfrak{a}} X_{(\iota+\varkappa)_0'}) \ldots (X_{(\iota+\varkappa)_\mathfrak{a}} X_{(\iota+\varkappa)'_{\mathfrak{a}-2}})$ vermittelst fester Constanten darstellen. Bildet man also $(\iota_\mathfrak{m}, \varkappa_\mathfrak{n}, (\iota+\varkappa)_\mathfrak{a}')$ für $\mathfrak{m} + \mathfrak{n} = \mathfrak{a}$ und $\mathfrak{m} > 0$, $\mathfrak{n} > 0$ so folgt:

$$c_{\iota_\mathfrak{m} \varkappa_\mathfrak{n} (\iota+\varkappa)_{\mathfrak{a}-1}} (X_{(\iota+\varkappa)_{\mathfrak{a}-1}} X_{(\iota+\varkappa)'_\mathfrak{a}}) + \cdots + c_{\varkappa_\mathfrak{n} (\iota+\varkappa)'_\mathfrak{a} \iota'_{\mathfrak{a}-1}} (X'_{\iota_{\mathfrak{a}-1}} X_{\iota_\mathfrak{m}}) + \cdots$$
$$+ c_{(\iota+\varkappa)'_\mathfrak{a} \iota_\mathfrak{m} \varkappa'_{\mathfrak{a}-1}} (X_{\varkappa'_{\mathfrak{a}-1}} X_{\varkappa_\mathfrak{m}}) + \cdots = 0,$$

so dass für $\mathfrak{m}+\mathfrak{n}=\mathfrak{a}$ auch $c_{\iota_\mathfrak{m}\varkappa_\mathfrak{n}(\iota+\varkappa)_{\mathfrak{a}-1}}=0$ sein muss. Folglich g
allgemein die Gleichung:

$$c_{\iota_\mathfrak{m}\varkappa_\mathfrak{n}(\iota+\varkappa)_{\mathfrak{m}+\mathfrak{n}-1}}=0. \tag{7}$$

Jetzt bleibt der Beweis ungeändert. Man bestimme in (4) d
Coefficienten von $X_{(\iota+\varkappa)_{\mathfrak{m}+\mathfrak{n}-3}}$, welcher das Resultat liefert:

$$c_{r\iota_\mathfrak{m}\iota_{\mathfrak{m}-1}}c_{\iota_{\mathfrak{m}-1}\varkappa_\mathfrak{n}(\iota+\varkappa)_{\mathfrak{m}+\mathfrak{n}-3}}+c_{r\varkappa_\mathfrak{n}\varkappa_{\mathfrak{n}-1}}c_{\iota_\mathfrak{m}\varkappa_{\mathfrak{n}-1}(\iota+\varkappa)_{\mathfrak{m}+\mathfrak{n}-3}}=$$
$$=c_{\iota_\mathfrak{m}\varkappa_\mathfrak{n}(\iota+\varkappa)_{\mathfrak{m}+\mathfrak{n}-2}}c_{r(\iota+\varkappa)_{\mathfrak{m}+\mathfrak{n}-2}(\iota+\varkappa)_{\mathfrak{m}+\mathfrak{n}-3}}.$$

In $(\iota_\mathfrak{m},\varkappa_\mathfrak{n},(\iota+\varkappa)_\mathfrak{a}')$ lasse man $\mathfrak{m},\mathfrak{n}>1$ und $\mathfrak{m}+\mathfrak{n}=\mathfrak{a}+1$ s
und wende wieder die vorangehende Betrachtung an. Auf dies
Wege kann man beliebig fortfahren und gelangt zu dem Resultat

$$c_{\iota_\mathfrak{m}\varkappa_\mathfrak{n}(\iota+\varkappa)_\mathfrak{r}}=0,\quad \text{für}\quad \mathfrak{r}>\mathfrak{m}+\mathfrak{n}-\mathfrak{a}, \tag{8}$$

während erst $c_{\iota_\mathfrak{m}\varkappa_\mathfrak{n}(\iota+\varkappa)_{\mathfrak{m}+\mathfrak{n}-\mathfrak{a}}}$ von Null verschieden sein kann. Ord
man also jeder Hauptwurzel ω_ι die inf. Transformationen $X_{\iota_0}\ldots X_{\iota_\mathfrak{c}}$
zu und fügt die entsprechende $(X_{\iota_\mathfrak{m}}X_{\iota_\mathfrak{a}'})$ hinzu, so erhält man ei
Untergruppe vom Range Null.

Die Jacobi'sche Identität für $(r, r-\nu, \iota_\mathfrak{c})$ liefert:

$$c_{(r-\nu)\iota_\mathfrak{c}\iota_{\mathfrak{c}-1}}c_{r\iota_{\mathfrak{c}-1}\iota_{\mathfrak{c}-2}}=c_{r\iota_\mathfrak{c}\iota_{\mathfrak{c}-1}}c_{(r-\nu)\iota_{\mathfrak{c}-1}\iota_{\mathfrak{c}-2}},$$
$$c_{(r-\nu)\iota_\mathfrak{c}\iota_{\mathfrak{c}-1}}c_{r\iota_{\mathfrak{c}-1}\iota_{\mathfrak{c}-3}}+c_{(r-\nu)\iota_\mathfrak{c}\iota_{\mathfrak{c}-2}}c_{r\iota_{\mathfrak{c}-2}\iota_{\mathfrak{c}-3}}=$$
$$=c_{r\iota_\mathfrak{c}\iota_{\mathfrak{c}-1}}c_{(r-\nu)\iota_{\mathfrak{c}-1}\iota_{\mathfrak{c}-3}}+c_{r\iota_\mathfrak{c}\iota_{\mathfrak{c}-2}}c_{(r-\nu)\iota_{\mathfrak{c}-2}\iota_{\mathfrak{c}-}} \tag{9}$$
$$\cdots\cdots\cdots\cdots\cdots\cdots\cdots\cdots\cdots$$
$$c_{(r-\nu)\iota_\mathfrak{c}\iota_{\mathfrak{c}-1}}c_{r\iota_{\mathfrak{c}-1}\iota_0}+c_{(r-\nu)\iota_\mathfrak{c}\iota_{\mathfrak{c}-2}}c_{r\iota_{\mathfrak{c}-2}\iota_0}+\cdots+c_{(r-\nu)\iota_\mathfrak{c}\iota_1}c_{r\iota_1\iota_0}=$$
$$=c_{r\iota_\mathfrak{c}\iota_{\mathfrak{c}-1}}c_{(r-\nu)\iota_{\mathfrak{c}-1}\iota_0}+c_{r\iota_\mathfrak{c}\iota_{\mathfrak{c}-2}}c_{(r-\nu)\iota_{\mathfrak{c}-2}\iota_0}+\cdots+c_{r\iota_\mathfrak{c}\iota_1}c_{(r-\nu)\iota}$$

Solcher Gleichungen giebt es $\frac{\mathfrak{a}(\mathfrak{a}-1)}{2}$. Dieselben sind von ein
der unabhängig und gestatten alle $c_{r\iota_\mathfrak{c}\iota_\mathfrak{b}}$ durch $c_{r\iota_\mathfrak{a}\iota_{\mathfrak{a}-1}}\ldots c_{r\iota_\mathfrak{a}\iota_0}$ lin
homogen auszudrücken, wobei die Coefficienten Functionen der $c_{(r-\nu)}$
sind.

Jetzt bestimme man die $\eta_r\ldots\eta_{r-k+1}$ aus den Gleichungen:

$$\sum_0^{k-1}{}_\varrho\,\eta_{r-\varrho}c_{(r-\varrho)\iota_\mathfrak{a}\iota_{\mathfrak{a}-1}}=0,\quad \sum_0^{k-1}{}_\varrho\,\eta_{r-\varrho}c_{(r-\varrho)\iota_\mathfrak{a}\iota_{\mathfrak{a}-2}}=0\cdots,\quad \sum_0^{k-1}{}_\varrho\,\eta_{r-\varrho}c_{(r-\varrho)\iota}$$
$$\sum{}_\varrho\,\eta_{r-\varrho}c_{(r-\varrho)\varkappa_\mathfrak{a}\varkappa_{\mathfrak{a}-1}}=0\cdots \tag{10}$$
$$\cdots\cdots\cdots\cdots$$

Diese Gleichungen sind nicht nur mit einander vereinbar, sond
die η, welche denselben genügen, bilden mindestens eine $(l-1)$-fa

Unendlichkeit. Wenn nämlich die vorstehenden Gleichungen alle von einander unabhängig sind, so muss k mindestens gleich $(\mathfrak{a}+1)l$ sein, und jede Verminderung der letzteren Zahl hat auch eine entsprechende Vergeringerung der von einander unabhängigen Gleichungen (10) zur Folge (man vergleiche die entsprechenden Entwickelungen des vorigen Paragraphen). Sobald aber die obigen Gleichungen erfüllt werden, bleiben sie für dieselben η erfüllt, wenn man $X_{\iota_\mathfrak{a}}$ durch $X'_{\iota_\mathfrak{a}}$ oder durch $X_{(\iota+\varkappa)_\mathfrak{a}} \dots$ ersetzt, wie sich aus den Gleichungen (4) ergiebt. Mit der ersten Reihe (10) ist aber auch wegen (9) für jedes $\mathfrak{c}$ und $\mathfrak{b}$ $(\mathfrak{c} > \mathfrak{b})$ die Gleichung erfülllt:

$$\sum^\varrho \eta_{r-\varrho}\, c_{(r-\varrho)\iota_\mathfrak{c}\iota_\mathfrak{b}} = 0.$$

Auch ändert sich das Resultat nicht, wenn man $X_{\iota_\mathfrak{a}}$ ersetzt durch eine lineare Function von $X_{\iota_\mathfrak{a}} \dots X_{\iota_0}$, also etwa durch

$$X_{\iota_\mathfrak{a}} + \eta_\iota X_{\iota_{\mathfrak{a}-1}} + \cdots + \eta_\iota^{(\mathfrak{a}-1)} X_{\iota_0}.$$

Indem wir also wieder die l Hauptwurzeln ω_ι, $\omega_\varkappa \dots$ so bestimmen, dass die übrigen Hauptwurzeln sich aus den zwischen diesen l bestehenden Coefficienten $a_{\iota\varkappa}$ ergeben, denken wir $X_{\iota_\mathfrak{a}}$, $X_{\varkappa_\mathfrak{a}} \dots$ willkürlich als eine k^{te} zu ω_ι, resp. $\omega_\varkappa \dots$ gehörige inf. Transformation gewählt; jetzt suchen wir $\mathfrak{a}$ Coefficienten $\eta_0 \dots \eta_{\mathfrak{a}-1}$ so, dass für

$$(X_{\iota_\mathfrak{a}},\, X'_{\iota_\mathfrak{a}} + \eta_{\mathfrak{a}-1} X'_{\iota_{\mathfrak{a}-1}} + \cdots + \eta_0 X_{\iota_0'}) = \sum_{\prime} \eta_{r-\varrho} X_{r-\varrho}$$

die $\eta_{r-\varrho}$ den obigen Gleichungen (10) genügen. Dies giebt, wenn $\mathfrak{c} = 0 \dots \mathfrak{a}-1$ genommen wird, die Gleichungen:

$$(11)\quad \begin{cases} \sum^\varrho c_{\iota_\mathfrak{a}\iota'_\mathfrak{a}(r-\varrho)}\, c_{(r-\varrho)\iota_\mathfrak{a}\iota_\mathfrak{c}} + \eta_{\mathfrak{a}-1} \sum^\varrho c_{\iota_\mathfrak{a}\iota'_{\mathfrak{a}-1}(r-\varrho)}\, c_{(r-\varrho)\iota_\mathfrak{a}\iota_\mathfrak{c}} + \cdots \\ \qquad\qquad + \eta_0 \sum^\varrho c_{\iota_\mathfrak{a}\iota_0'(r-\varrho)}\, c_{(r-\varrho)\iota_\mathfrak{a}\iota_\mathfrak{c}} = 0, \\ \sum^\varrho c_{\iota_\mathfrak{a}\iota'_\mathfrak{a}(r-\varrho)}\, c_{(r-\varrho)\varkappa_\mathfrak{a}\varkappa_\mathfrak{c}} + \eta_{\mathfrak{a}-1} \sum^\varrho c_{\iota_\mathfrak{a}\iota'_{\mathfrak{a}-1}(r-\varrho)}\, c_{(r-\varrho)\varkappa_\mathfrak{a}\varkappa_\mathfrak{c}} + \cdots = 0. \\ \cdots\cdots\cdots\cdots\cdots\cdots\cdots\cdots \end{cases}$$

Hier haben wir zu zeigen, dass wenn die $\mathfrak{a}$ Gleichungen erfüllt sind, welche man aus der ersten Gleichung für $\mathfrak{c} = 0 \dots \mathfrak{a}-1$ erhält, zugleich auch alle übrigen Gleichungen erfüllt werden. Dieser Nachweis ergiebt sich ganz entsprechend dem für $\mathfrak{a} = 1$ geführten Beweise des entsprechenden Satzes. Daraus folgt, dass man zur Bildung der Gruppen folgenden Weg einschlagen kann:

Wenn jede Transformation einer k-gliedrigen Untergruppe angehört, deren Transformation mit einander vertauschbar sind, so wähle man in einer solchen Untergruppe l eingliedrige Untergruppen $X_r \dots X_{r-l+1}$

dass für jede als $\mathfrak{a}+1^{\text{te}}$ zu einer Hauptwurzel gehörige inf. Tra formation $X_{\iota_\mathfrak{a}}$ die Gleichungen bestehen:

$$(X_{r-\nu} X_{\iota_\mathfrak{a}}) = \omega_\iota^{(\nu)} X_{\iota_\mathfrak{a}} \quad \text{für} \quad \nu = 0 \cdots l-1.$$

Nachdem unter den Hauptwurzeln l beliebig ausgewählt s $\omega_\iota, \omega_\varkappa \ldots$ und ihnen $X_{\iota_\mathfrak{a}}, X_{\varkappa_\mathfrak{a}} \ldots$ ohne weitere Beschränkung geordnet sind, bestimme man in der Schaar

$$X'_{\iota_\mathfrak{a}} + \eta_{\mathfrak{a}-1} X'_{\iota_{\mathfrak{a}-1}} + \cdots + \eta_0 X_{\iota_0}$$

die $X'_{\iota_\mathfrak{a}}$ so, dass $(X_{\iota_\mathfrak{a}} X'_{\iota_\mathfrak{a}})$ nur durch die l gewählten inf. Transforn tionen $X_r \ldots X_{r-l+1}$ dargestellt wird; entsprechend bestimme m $X'_{\varkappa_\mathfrak{a}} \ldots$. Wenn $\omega_\iota + \omega_\varkappa$ eine weitere Hauptwurzel ist, so lege m $X_{(\iota+\varkappa)_\mathfrak{a}}$ durch die Forderung fest, dass $(X_{\iota_\mathfrak{a}} X_{\varkappa_\mathfrak{a}})$ bis auf einen co stanten Factor gleich $X_{(\iota+\varkappa)_\mathfrak{a}}$ sein soll, und fahre in gleicher Wei fort, bis man alle Hauptwurzeln erschöpft hat. Alle diese Forderung können erfüllt werden und führen zu einer einfachen oder halbeinfach Gruppe, welche eine Untergruppe der gegebenen Gruppe und mit : von demselben Range ist. Sucht man die Wurzeln der charakteristisch Gleichung bei beiden Gruppen für dieselbe eingliedrige Untergrup so sind alle für die Untergruppe gefundenen Wurzeln auch Wurz für die gegebene Gruppe selbst; und alle weiteren Wurzeln für letzt Gruppe lassen sich durch die Wurzeln der ersteren linear darstell wobei die Coefficienten rationale Zahlen sind. Alle weiteren inf. Tra formationen, welche die gegebene Gruppe bestimmen, sind die $X_{\iota_\mathfrak{c}}$ $\mathfrak{c} = 0 \cdots \mathfrak{a}-1$, wo ω_ι irgend eine Hauptwurzel sein soll; ferner $X_{\alpha_\mathfrak{b}}$, wo ω_α eine Nebenwurzel darstellt, sowie $k-l$ mit $X_r \ldots X_{r-}$ und unter einander vertauschbare Transformationen $X_{r-l} \ldots X_{r-k}$ welche den Bedingungen genügen: $(X_{r-l-\varrho} X_{\iota_\mathfrak{a}}) = [\iota_{\mathfrak{a}-1} \ldots \iota_1, \iota_0]$, ϱ alle Werthe von 0 bis $k-1$ annimmt und die eckige Klammer e lineare Function bezeichnet. Besteht also die gegebene Gruppe r, die oben angegebene einfache oder halbeinfache aus r' Gliedern, können $r-r'$ von einander und von den r' Transformationen letzteren Gruppe unabhängige inf. Transformationen so gewählt werd dass sie eine invariante Untergruppe bestimmen; es sind dies $X_{\iota_{\mathfrak{a}-1}} \ldots X_{\iota_0}, X_{\alpha_\mathfrak{b}} \ldots X_{\alpha_0}, X_{r-l} \ldots X_{r-k+1}$. Diese Untergruppe aber vom Range Null. Dies kann man einmal in derselben We zeigen, wie im vorangehenden Paragraphen geschehen, indem n nämlich die einzelnen Möglichkeiten kurz charakterisirt. Dieser W lehrt dann unmittelbar, wenn man die am Schlusse des § 22 gestell Aufgaben als gelöst betrachtet, eine grosse Zahl von Coefficienter kennen. Man kann aber auch die charakteristische Gleichung dir bilden. Diejenigen inf. Transformationen, durch welche die einfa oder halbeinfache Gruppe bestimmt wird, mögen die Marken $\iota, \varkappa, \lambda \ldots$, die der invarianten Untergruppe die Marken $\varrho, \sigma, \tau \ldots$ erhalten, während die Marken $\alpha, \beta, \gamma \ldots$ über alle Nummern $1 \ldots r$ ausgedehnt werden sollen. Dann ist $\sum^{\alpha} \eta_\alpha c_{\alpha\varrho\iota} = 0$; folglich zerfällt die Determinante

$$\left| \sum^{\alpha} \eta_\alpha c_{\alpha\beta\gamma} - \delta_{\beta\gamma}\,\omega \right| \quad (\beta, \gamma = 1 \cdots r)$$

in die Factoren

$$\left| \sum^{\alpha} \eta_\alpha c_{\alpha\varrho\sigma} - \delta_{\varrho\sigma}\,\omega \right|_{(\varrho\sigma)} \cdot \left| \sum^{\alpha} \eta_\alpha c_{\alpha\iota\varkappa} - \delta_{\iota\varkappa}\,\omega \right|_{(\iota\varkappa)}.$$

Der zweite Factor ist aber, da $c_{\varrho\iota\varkappa} = 0$ ist, identisch mit der charakteristischen Determinante für die einfache oder halbeinfache Gruppe. Die Coefficienten der verschiedenen Coefficienten von ω in dieser Determinante lassen sich durch l von einander unabhängige Functionen $P(\eta_\iota, \eta_\varkappa, \eta_\lambda \ldots)$ darstellen. Durch dieselben l Functionen müssen sich auch die verschiedenen Coefficienten von ω in dem Factor

$$\left| \sum \eta_\alpha c_{\alpha\varrho\sigma} - \delta_{\varrho\sigma}\,\omega \right|$$

ausdrücken lassen. Also sind die Coefficienten der einzelnen Potenzen von ω in dieser Gleichung blosse Functionen von $\eta_\iota, \eta_\varkappa, \eta_\lambda \ldots$ und daher hat die charakteristische Gleichung für die invariante Untergruppe selbst nur verschwindende Wurzeln, da man in deren Determinante die Summation α nur auf $\varrho, \sigma \ldots$ erstrecken darf.

Somit sind wir zu dem wichtigen Satze gelangt:

Jede Gruppe, welche ihre eigene Hauptuntergruppe ist, kann zusammengesetzt werden aus einer einfachen oder halbeinfachen Gruppe desselben Ranges mit einer invarianten Untergruppe vom Range Null.

Nun haben wir freilich in § 9 gestehen müssen, dass es uns noch nicht möglich ist, alle Gruppen des Ranges Null in expliciter Form anzugeben. Aber davon wird die Darstellung der hier in Betracht kommenden Gruppen nicht berührt. Sobald die einfachen Gruppen angegeben und die beiden am Schluss von § 22 aufgestellten Aufgaben gelöst sind, erfordert die explicite Darstellung aller Gruppen von der verlangten Beschaffenheit nur die Bestimmung von sehr wenigen Constanten.

Die durchgeführten Untersuchungen zeigen, so weit diejenigen Gruppen in Betracht kommen, welche ihre eigenen Hauptuntergruppen sind, wie berechtigt es ist, nach dem Vorschlage des Herrn Lie die Gruppen als zusammengesetzte und einfache zu unterscheiden, jenachdem sie eine invariante Untergruppe besitzen oder nicht. Zwar zeigt sich ein wesentlicher Unterschied zwischen einfachen Gruppen und Primzahlen, sowie zwischen zusammengesetzten Gruppen und zusammengesetzten Zahlen, aber die Analogie tritt doch beidemal so deutlich zu Tage, dass es nicht nothwendig sein dürfte, dieselbe hier noch im Einzelnen darzulegen.

Nachdem durch die Entwicklungen der vier letzten Paragraphen alle Möglichkeiten erschöpft sind, ist auch ein Satz bewiesen, der bereits in § 20 ausgesprochen wurde, nämlich der Satz, dass, wenn von den Coefficienten der charakteristischen Gleichung der letzte nicht verschwindende gerade $\psi_{r-l}(\eta)$ ist, wo l der Rang der Gruppe ist, dann alle Hauptwurzeln einfach sind; dass dann ferner unter Beibehaltung der frühern Bezeichnung $\sum^{\nu} c_{\iota\iota'(r-\nu)}\omega_{\iota}^{(\nu)} \neq 0$ und die Det. $|\omega_{\iota}^{(\nu)}| \neq 0$ ist, sowie alle Transformationen der invarianten Untergruppe vertauschbar sind. In diesem Falle, und nur in diesem, kann man eine Transformation, welche der einfachen Gruppe angehören soll, ganz allgemein wählen, während in jedem andern Falle eine Transformation besondern Bedingungen genügen muss, wenn sie der einfachen Gruppe angehören soll.

§ 25.

Zusammenhang der Nebenwurzeln unter einander und mit den Hauptwurzeln.

Wie schon öfters bemerkt, können l der Hauptwurzeln als $\omega_1 \ldots \omega_l$ so gewählt werden, dass alle andern durch das System der zwischen den gewählten bestehenden Coefficienten $a_{\iota\varkappa}$ gefordert werden. Wie in § 12 und § 20 weiter gezeigt ist, müssen dann alle weiteren Wurzeln homogene lineare Functionen der l Wurzeln $\omega_1 \ldots \omega_l$ mit rationalen Coefficienten sein, also in der Form erscheinen:

$$m_1\omega_1 + m_2\omega_2 + \cdots + m_l\omega_l. \tag{1}$$

Um die Coefficienten m_ι zu bestimmen, hat man l ganze Zahlen $g_1 \ldots g_l$ anzunehmen und dann das Gleichungssystem zu lösen:

$$g_\varkappa = \sum_1^l m_\lambda a_{\lambda\varkappa} \qquad (\varkappa = 1 \cdots l). \tag{2}$$

Eine Wurzel (1) kann niemals für sich allein vorkommen, sondern mit derselben sind stets weitere Wurzeln nothwendig verbunden. Wie in § 13 auf eine Hauptwurzel, können wir hier auf die Wurzel (1) die Transformation $b_{\iota\varkappa}$ anwenden, wo die $b_{\iota\varkappa}$ allmählich nach folgenden Regeln berechnet werden:

$$
(3)\qquad \begin{cases}
\text{für } \iota = \varkappa \text{ ist } b_{\iota\iota} = \sum\limits_{1}^{\iota-1}{}^{\varrho}\, b_{\iota\varrho}\, a_{\varrho\iota} - 1, \\[2ex]
\text{für } \iota > \varkappa \text{ ist } b_{\iota\varkappa} = \sum\limits_{1}^{\varkappa-1}{}^{\varrho}\, b_{\iota\varrho}\, a_{\varrho\varkappa} + a_{\iota\varkappa}, \\[2ex]
\text{für } \iota < \varkappa \text{ ist } b_{\iota\varkappa} = \sum\limits_{1}^{\varkappa-1}{}^{\varrho}\, b_{\iota\varrho}\, a_{\varrho\varkappa}.
\end{cases}
$$

Diese Transformation führt nach einer bestimmten Zahl von Wiederholungen auf die identische Substitution. Dabei gilt folgender Satz:

Die Summe aller verschiedenen Wurzeln, welche man aus einer beliebigen durch die genügend wiederholte Anwendung der Substitution $b_{\iota\varkappa}$ erhält, ist gleich Null.

Es sei

$$m_\iota' = \sum{}^{\varkappa} m_\varkappa b_{\varkappa\iota}, \quad m_\iota'' = \sum{}^{\varkappa} m_\varkappa' b_{\varkappa\iota} \cdots m_\varkappa = \sum{}^{\varkappa} m_\varkappa^{(\mu-1)} b_{\varkappa\iota},$$

wo $\mu_\varkappa^{(\mu)} = m_\varkappa$ vorausgesetzt wird. Die Addition liefert, wenn man $m_\iota + m_\iota' + \cdots + m_\iota^{(\mu-1)} = M_\iota$ setzt:

$$M_\iota = \sum{}^{\varkappa} M_\varkappa b_{\varkappa\iota} \quad (\text{für } \iota = 1 \ldots l).$$

Soll dies Gleichungssystem erfüllt sein, ohne dass alle M_ι verschwinden, so muss die Determinante

$$
\begin{vmatrix}
b_{11} - s & b_{21} & \cdots & b_{l1} \\
b_{12} & b_{22} - s & \cdots & b_{l2} \\
\cdot & \cdot & \cdot & \cdot \\
b_{1l} & b_{2l} & \cdots & b_{ll} - s
\end{vmatrix}
$$

für $s = 1$ verschwinden, was nach § 13 auf das Verschwinden der Determinante $|a_{\iota\varkappa}|$ hinauskommt und nicht möglich ist.

Noch einige andere Bemerkungen über die Substitution $b_{\iota\varkappa}$ dürften hier angebracht sein. Die reciproke Transformation $B_{\iota\varkappa}$ wird erhalten, wenn man die Reihenfolge $1 \ldots l$ durch die entgegengesetzte Reihenfolge $1 \ldots l$ ersetzt. Demnach gelten zur Bestimmung der $B_{\iota\varkappa}$, indem man mit $\iota = l$ beginnt, folgende Regeln:

$$\iota = \varkappa : B_{\iota\varkappa} = \sum\limits_{l}^{\varkappa+1}{}^{\varrho} B_{\iota\varrho}\, a_{\varrho\iota} - 1,$$

$$\iota < \varkappa : B_{\iota\varkappa} = \sum\limits_{l}^{\varkappa+1}{}^{\varrho} B_{\iota\varrho}\, a_{\varrho\iota} + a_{\iota\varkappa},$$

$$\iota > \varkappa : B_{\iota\varkappa} = \sum\limits_{l}^{\varkappa+1}{}^{\varrho} B_{\iota\varrho}\, a_{\varrho\varkappa}.$$

Wenn die m_ι durch die Transformation $b_{\iota\varkappa}$ umgeändert werden in m_ι', und wenn dann zu m_ι' die ganzen Zahlen g_ι' gehören, so werden auch die g_ι in g_ι' umgewandelt durch eine ganz ähnliche Substitution. Wird gesetzt:

$$g_\varkappa = \sum^\iota g_\iota' h_{\iota\varkappa},$$

so gelten für deren Bildung folgende Regeln:

$$\iota > \varkappa : h_{\iota\varkappa} = \sum_1^{\iota-1}{}^\varrho a_{\iota\varrho} h_{\varrho\varkappa},$$

$$\iota = \varkappa : h_{\iota\iota} = \sum_1^{\iota-1}{}^\varrho a_{\iota\varrho} h_{\varrho\iota} - 1,$$

$$\iota < \varkappa : h_{\iota\varkappa} = \sum_1^{\iota-1}{}^\varrho a_{\iota\varrho} h_{\varrho\varkappa} + a_{\iota\varkappa},$$

deren reciproke Substitution wieder durch Vertauschung der Marken $1, 2 \ldots l$ mit $l, l-1, \ldots 1$ erhalten wird.

Im Allgemeinen erhält man ein anderes System von Transformationen, wenn man bei der Bildung der Coefficienten $b_{\iota\varkappa}$ eine andere Reihenfolge der Marken einschlägt; ebenso, wenn man nicht alle l Marken $1 \ldots l$ berücksichtigt, sondern aus denselben eine kleinere Anzahl beliebig auswählt. Alle Wurzeln aber, welche man auf diese Weise erhält, hängen in der Weise zusammen, dass, wenn man aus $\sum m_\iota \omega_\iota$ auf irgend eine der hier angegebenen Weisen $\sum m_\iota' \omega_\iota$ herleitet, auch wiederum mit $\sum m_\iota' \omega_\iota$ nothwendig $\sum m_\iota \omega_\iota$ verbunden ist.

Das Gesetz, nach welchem hier neue Wurzeln erhalten werden, beruht darauf, dass mit der Wurzel $\sum m_\iota \omega_\iota$ auch die Wurzel

$$\sum m_\iota \omega_\iota + \omega_\varkappa \sum^\lambda m_\lambda a_{\lambda\varkappa} \quad \text{oder} \quad \sum m_\iota \omega_\iota + g_\varkappa m_\varkappa$$

vorkommt. Wenn hier aber $g_\varkappa$ von $0, \pm 1$ verschieden ist und $\mathfrak{a}_\varkappa$ irgend eine zwischen 0 und $g_\varkappa$ gelegene ganze Zahl ist, so muss die charakteristische Gleichung auch eine Wurzel $\sum m_\iota \omega_\iota + \mathfrak{a}_\varkappa \omega_\varkappa$ haben. Dies giebt wieder Veranlassung zu neuen Wurzeln, aber während die früher gefundenen Wurzeln nothwendig mit einander verbunden sind, wird durch die Wurzel $\sum^\iota m_\iota \omega_\iota + \mathfrak{a}_\varkappa \omega_\varkappa$ nicht die Wurzel $\sum m_\iota \omega_\iota$ nicht mitverlangt. Hiernach sind die Nebenwurzeln, wenn nicht alle g_ι gleich ± 1 oder 0 sind, in der Weise zu unterscheiden, dass jedesmal diejenigen als besonders zusammengehörig betrachtet werden, welche einander wechselseitig bedingen. So ist für $l = 1$, wenn die Hauptwurzeln $+2$ und -2 sind, mit der Wurzel $2m+1$ die $-2m-1$ in eine Reihe zu stellen; diese Wurzeln bedingen für $m > 0$ noch die Wurzeln $\pm(2m-1)$, $\pm(2m-3)$, ± 3, ± 1; aber die letzten Wurzeln verlangen nicht das Vorkommen der Wurzel $2m+1$.

Wenn alle m_ι dasselbe Zeichen haben und einige m_ι ihrem absoluten Werthe nach grösser als Eins sind, so zeigt man unmittelbar, dass Wurzeln vorkommen, in denen kein m_ι einen grösseren, aber einige einen kleineren Werth annehmen. Hieraus folgt:

Wenn die m_ι, welche nach (2) *durch das System $g_1 \dots g_l$ gefunden werden, ganze Zahlen sind, so gelangt man durch Aufsuchung aller Wurzeln, welche mit der Wurzel $\sum m_\iota \omega_\iota$ verbunden sind, zu solchen, welche Hauptwurzeln gleich sind.*

Nun ist freilich in den beiden vorangehenden Paragraphen schon angegeben, was man zu thun habe, wenn man von Nebenwurzeln durch Addition einer Hauptwurzel wieder zu einer Hauptwurzel gelangt. Aber in dem angeführten Beweise ist, wie schon bemerkt, noch eine Lücke, und diese wird durch die beiden folgenden Sätze ausgefüllt:

Wenn für eine allgemeine Transformation $X_r f$ die ω_ι eine einfache Wurzel der charakteristischen Gleichung ist und zugleich bei der frühern Bezeichnung $\sum_\nu c_{\iota\iota'(r-\nu)}\,\omega_\iota^{(\nu)}$ nicht verschwindet, so kann 2ω keine Wurzel der charakteristischen Gleichung für X_r sein.

Die Summe zweier einfachen Hauptwurzeln kann nicht gleich einer Nebenwurzel sein, die Summe einer Haupt- und einer Nebenwurzel kann keine einfache Hauptwurzel ergeben.

Der Beweis des zweiten Satzes folgt unmittelbar aus der Jacobi'schen Identität $(\iota, \varkappa, (\iota+\varkappa)')$; für den Beweis des ersten nehme man an, es kämen die Wurzeln $2\omega_\iota, 3\omega_\iota \dots \mathfrak{a}\omega_\iota$ vor. Dann bilde man die Jacobi'schen Identitäten $(\iota, \iota', (2\iota))$, $(\iota, \iota', (3\iota)) \cdots (\iota, \iota', (\mathfrak{a}\iota))$, deren beide ersten für $\mathfrak{a} > 3$ sind:

$$2\sum_\nu c_{\iota\iota'(r-\nu)}\,\omega_\iota^{(\nu)} = c_{\iota(2\iota)(3\iota)}\,c_{(3\iota)\iota'(2\iota)},$$

$$3\sum_\nu c_{\iota\iota'(r-\nu)}\,\omega_\iota^{(\nu)} = c_{\iota(3\iota)(4\iota)}\,c_{(4\iota)\iota'(3\iota)} - c_{\iota'(3\iota)(2\iota)}\,c_{(2\iota)\iota(3\iota)},$$

so dass sich durch Addition aller ergiebt:

$$\sum c_{\iota\iota'(r-\nu)}\,\omega_\iota^{(\nu)} = 0. \quad \text{(c. h.).}$$

Daraus folgt: Wenn die Coefficienten m_ι sämmtlich ganze Zahlen sind, so hat man diejenigen Hauptwurzeln aufzusuchen, welche durch die gegebene Wurzel gefordert werden; alle diese müssen in diesem Falle mindestens Doppelwurzeln sein. Hiernach ist vollständig erwiesen, was über die Behandlung dieses Falles im vorigen Paragraphen gesagt ist.

Um nach der im § 22 (S. 81, 82) angegebenen Methode Gruppen zu bilden, hat man die Constanten $g_1 \dots g_l$ so zu wählen, dass sich als Lösungen der l Gleichungen (1) nicht lauter ganzzahlige Werthe $m_1 \dots m_l$ ergeben; wenn nach der Wahl von $g_1 \dots g_l$ die $m_1 \dots m_l$ ganze Zahlen werden, so wird man auf die im letzten Paragraphen angegebene Bildung geführt. Wenn speciell die Determinante der $a_{\iota\varkappa}$ gleich Eins ist, so wird jede Wahl der Constanten g_ι ganzzahlige m_ι zur Folge haben; in diesem Falle ist also nur diejenige Zusammensetzung möglich, welche im letzten Paragraphen angegeben ist; oder:

Wenn für eine r-gliedrige einfache Gruppe vom Range l die Determinante der $a_{\iota\varkappa}$ gleich Eins ist, so haben die hiermit zusammengesetzten Gruppen, welche ihre eigenen Hauptuntergruppen sind, folgende Eigenschaften:

1) *die Zahl der verschwindenden Wurzeln der charakteristischen Gleichung ist mindestens gleich $2l$;*

2) *soll eine Transformation der zusammengesetzten Gruppe zugleich einer einfachen Gruppe des Ranges l angehören, so muss sie mindestens l beschränkenden Bedingungen genügen.*

Um mit der vierzehngliedrigen einfachen Gruppe vom Range zwei eine r-gliedrige Gruppe zusammenzusetzen, in welcher $p = r$ ist, hat man mindestens sechs Nebenwurzeln, welche Hauptwurzeln gleich sind, und zwei verschwindende Wurzeln beizufügen, so dass die Zahl der Glieder mindestens 22 beträgt.

Die obigen Gesetze über die g_ι sollen jetzt auf die vier einfachen Gruppen angewandt werden, welche in § 17 angegeben sind. Von der Ausführung der Beweise wird man bei ihrer Einfachheit absehen können.

Mit einer einfachen Gruppe des Ranges l von der Zusammensetzung der allgemeinen projectiven Gruppe des l-dimensionalen Raumes soll eine Gruppe zusammengesetzt werden, in welcher $p = r$ ist. Wenn die Hauptwurzeln sind $\pm\,\omega_\iota$, $\pm\,(\omega_\iota - \omega_\varkappa)$, und wenn eine Nebenwurzel durch die $g_1 \dots g_l$ bestimmt wird, so erhält man weitere Wurzeln, welche sich gegenseitig bedingen, indem man zu dem Systeme

$$(g_1, g_2 \dots g_l)$$

hinzufügt:

$$(-g_1, g_2 - g_1, g_3 - g_1 \cdots g_l - g_1),\ (g_1 - g_2, -g_2, g_3 - g_2 \cdots g_l - g_2)$$
$$\cdots (g_1 - g_l, g_2 - g_l \cdots g_{l-1} - g_2, -g_l),$$

und wenn man in jedem dieser Systeme alle möglichen Umstellungen vornimmt. Wenn also alle $g_1 \dots g_l$ unter einander und von Null verschieden sind, so ist die Zahl der einander gegenseitig bedingenden Wurzeln gleich $(l+1)\cdot l! = (l+1)!$ Wenn aber α unter ihnen gleich, und keine gleich Null ist, so erhalten wir

$$\frac{l!}{\alpha!} + (l-\alpha)\frac{l!}{\alpha!} + \frac{l!}{(\alpha-1)!} = \frac{(l+1)!}{\alpha!};$$

und wenn β gleich Null und alle übrigen von einander verschieden sind, so ist die Zahl $\frac{l!}{\beta!} + (l-\beta)\frac{l!}{(\beta+1)!} = \frac{(l+1)!}{(\beta+1)!}$. Wenn endlich β gleich Null und die übrigen in Schaaren von $\alpha_1, \alpha_2 \dots$ gleichen zerfallen, so ist die Zahl der einander gegenseitig bedingenden Wurzeln gleich $\frac{(l+1)!}{\alpha_1!\,\alpha_2!\cdots(\beta+1)!}$.

Wir können annehmen, von den Zahlen $g_1 \dots g_l$ sei keine negativ; ist dann etwa $g_1 > 1$, so muss auch diejenige Wurzel vorkommen, zu der die Constanten $(g_1-2,\ g_2-1,\ g_3-1 \cdots g_l-1)$ gehören. Hierdurch gelangen wir zu einer zweiten Reihe von Wurzeln.

Damit die Coefficienten $m_1 \dots m_l$ ganzzahlig werden, ist nothwendig und hinreichend, dass $g_1 + g_2 + \cdots + g_l$ durch $l+1$ theilbar ist. Zugleich erkennt man, dass, wie auch immer die $g_1 \dots g_l$ gewählt sind, immer unter den Nebenwurzeln folgende vorkommen:
entweder $l(l+1)$ solche, welche den Hauptwurzeln gleich sind, für

$$\sum g \equiv 0,$$

oder

$$\frac{1}{l+1}(\omega_1+\omega_2+\cdots+\omega_l),\quad \frac{1}{l+1}(\omega_1+\cdots+\omega_l)-\omega_1,$$
$$\frac{1}{l+1}(\omega_1+\cdots+\omega_l)-\omega_2 \cdots \frac{1}{l+1}(\omega_1+\cdots+\omega_l)-\omega_l$$

für

$$\sum g \equiv 1,$$

oder

$$\frac{1}{l+1}\Big(-(l-1)(\omega_1+\omega_2)+2(\omega_3+\cdots+\omega_l)\Big), \cdots$$
$$\frac{1}{l+1}\Big(-(l-1)\,\omega_1+2\omega_2+\cdots+2\omega_l\Big)\cdots$$

für

$$\sum g \equiv 2,$$

oder

$$\frac{1}{l+1}\Big(-(l-2)(\omega_1+\omega_2+\omega_3)+3(\omega_4+\cdots+\omega_l)\Big)\cdots$$
$$\frac{1}{l+1}\Big(-(l-2)(\omega_1+\omega_2)+3(\omega_3+\cdots+\omega_l)\Big)\cdots$$
$$\frac{1}{l+1}\Big(-(l-2)\,\omega_1+3(\omega_2+\cdots+\omega_l)\Big)\cdots$$

für

$$\sum g \equiv 3 \quad \text{u. s. w.}$$

Soll daher aus dieser Gruppe eine zusammengesetzte gebil werden, welche ihre eigene Hauptuntergruppe ist, so muss der Gliederzahl mindestens $l^2 + 3l + 1$ betragen. Es giebt nur eine einzi so gebildete Gruppe von dieser Gliederzahl, da die beiden in Betra kommenden Systeme (1, 0, 0 ... 0) und (1, 1, 1 ... 1) entgegengese gleiche Wurzeln liefern.

Um mit der einfachen Gruppe B), nach deren Typus die Grup der allgemeinen projectiven Transformationen eines eigentlichen $(2l-$ dimensionalen Gebildes zweiter Ordnung in einem $(2l)$-dimensiona Raume gebildet ist, eine Gruppe zusammenzusetzen, nehmen wir Wurzeln $\omega_1 \dots \omega_l$ so an, dass sich die $2l^2$ Hauptwurzeln in der Fo $\pm \omega_\iota$, $\pm \omega_\iota \pm \omega_\varkappa$ darstellen. Wenn dann für eine weitere Wur $g_1 \dots g_l$ die bestimmenden Constanten sind, so müssen dieselben e weder sämmtlich gerade oder sämmtlich ungerade sein. Dann kom man zu allen einander wechselseitig bedingenden Wurzeln, indem m einmal die $g_1 \dots g_l$ beliebig permutirt und dann beliebig vielen un ihnen das entgegengesetzte Vorzeichen giebt. Wenn also unter ihn β gleich Null sind und die übrigen sich in Schaaren von α_1, α_2 . gleichen zerlegen, so ist die Zahl der einander bedingenden Wurz gleich

$$\frac{l!\, 2^{l-\beta}}{\alpha_1!\, \alpha_2! \cdots \beta!}.$$

Um zu erkennen, welche Systeme $(g_1' \dots g_l')$ dem gegebe System untergeordnet sind, hat man folgendes zu beachten: zunäc müssen die $g_1' \dots g_l'$ mit den $g_1 \dots g_l$ zugleich gerade oder unger sein; ferner darf die Summe aus den absoluten Beträgen der g_ι' ni grösser sein, als die der g_ι, und endlich darf kein g_ι' dem absolu Betrage nach grösser sein als das absolut grösste der g_ι. So komn mit (6, 0, 0) folgende vor: (4, 2, 0), (2, 2, 2), (4, 0, 0), (2, 2, 0), (2, 0, Wenn die $g_\varkappa$ sämmtlich gerade sind, so müssen jedesmal auch Wurzeln $\pm \omega_\varkappa$ als Nebenwurzeln vorkommen; für ungerade $g_\varkappa$ s unter den Nebenwurzeln jedesmal die 2^l Ausdrücke: $\frac{\pm \omega_1 \pm \omega_2 \pm \cdots \pm}{2}$ enthalten.

Ganz ähnlich werden die Resultate für die mit einer einfac Gruppe C) zusammengesetzten Gruppen, wenn die Hauptwurzeln $\iota, \varkappa = 1 \cdots l$ unter der Form $\pm \omega_\varkappa$, $\frac{\pm \omega_\iota \pm \omega_\varkappa}{2}$ vorausgesetzt werd Man kann die l ganzen Zahlen $g_1 \dots g_l$ beliebig wählen; mit ihn darf man jede Permutation und jede Aenderung der Vorzeichen v nehmen. Die Zahl der sich gegenseitig bedingenden Wurzeln bl dieselbe wie vorher. Für ein untergeordnetes System $g_1' \dots g_l'$ ist Summe der absoluten Beträge dieselbe oder um eine gerade Zahl klei auch darf keine unter ihnen ihrem absoluten Betrage nach grösser s als die grösste der gegebenen. Jenachdem $g_1 + g_2 + \cdots + g_l$ gerade oder ungerade ist, werden einzelne Nebenwurzel Hauptwurzeln gleich oder nicht.

Zur Bestimmung der Hauptwurzeln in der einfachen Gruppe D) (projective Gruppe eines eigentlichen $(2l-2)$-dimensionalen Gebildes zweiter Ordnung in einem $(2l-1)$-dimensionalen Raume) kann man l Grössen $\pi_1 \ldots \pi_l$ wählen und dann alle Hauptwurzeln in der Form $\pm \pi_\iota \pm \pi_\varkappa$ darstellen. Um eine Nebenwurzel zu bestimmen, wähle man l ganze Zahlen $h_1 \ldots h_l$, welche entweder sämmtlich gerade oder sämmtlich ungerade sind. Dann ordnet man der Wurzel $\pi_\iota + \pi_\varkappa$ die Zahl $\frac{1}{2}(h_\iota + h_\varkappa)$, der Wurzel $\pi_\iota - \pi_\varkappa$ die Zahl $\frac{1}{2}(h_\iota - h_\varkappa)$ zu; die Nebenwurzel selbst ist dann $-\frac{1}{2}(h_1 \pi_1 + h_2 \pi_2 + \cdots + h_l \pi_l)$. Um zu den sich gegenseitig bedingenden Wurzeln zu gelangen, kann man einmal die $h_1 \ldots h_l$ beliebig permutiren, zweitens bei je zweien das Vorzeichen in das entgegengesetzte verwandeln. Betreffs der $h_\varkappa$ hat man zu unterscheiden, ob sich verschwindende unter ihnen befinden und ob mehrere ihrem absoluten Betrage nach gleich sind. Wenn kein $h_\varkappa$ gleich Null ist und alle in Schaaren von $\alpha_1, \alpha_2 \ldots$ zerfallen, welche ihrem absoluten Betrage nach gleich sind, so ist die Zahl der einander gegenseitig bedingenden Wurzeln gleich

$$\frac{l!\, 2^{l-1}}{\alpha_1!\, \alpha_2! \cdots};$$

wenn aber zugleich β verschwinden, so ist diese Zahl gleich

$$\frac{l!\, 2^{l-\beta}}{\alpha_1!\, \alpha_2! \cdots \beta!}.$$

Um die untergeordneten Systeme $(h_1' \ldots h_\iota')$ zu finden, hat man folgende Regeln zu beachten:

a) die neuen Zahlen müssen mit den früheren zugleich entweder sämmtlich gerade oder ungerade sein;

b) die Summe der absoluten Beträge der neuen darf nicht grösser sein, als die der gegebenen, und die neue Summe darf sich überhaupt von der frühern nur um Vielfache von vier unterscheiden;

c) keine einzelne Zahl $h_\varkappa'$ darf ihrem absoluten Betrage nach grösser sein als die grösste der $h_\varkappa$.

Demnach werden die Hauptwurzeln wieder unter den Nebenwurzeln vorkommen, wenn alle $h_\varkappa$ gerade sind und ihre Summe durch vier theilbar ist. Ueberhaupt kommen unter den Nebenwurzeln, wenn alle $\varepsilon_\iota = \pm 1$ sind, entweder alle diejenigen $\frac{1}{2}(\varepsilon_1 \omega_1 + \varepsilon_2 \omega_2 + \cdots + \varepsilon_l \omega_l)$ vor, für welche die Zahl der positiven $\varepsilon_\varkappa$ gerade ist, oder diejenigen, für welche diese Zahl negativ ist, oder alle $\pm \pi_\varkappa$ oder endlich die $\pm \pi_\iota \pm \pi_\varkappa$.

Auf die weiteren einfachen Gruppen gehen wir nicht ein. Die vorstehenden Entwicklungen würden genügen, um eine Reihe wichtiger Sätze über die Zusammensetzung der Gruppen mit Leichtigkeit aufzustellen. Darauf gehen wir jedoch nicht ein. Nur die einfachste Folgerung, welche daraus unmittelbar ersichtlich ist, soll hier erwähnt werden. indem wir den Satz aussprechen:

Soll eine Gruppe vom Range l ihre eigene Hauptuntergruppe sein, so muss ihre Gliederzahl mindestens $3l$ betragen, und die einzige, der dies der Fall ist, zerfällt in l Kegelschnittsgruppen; dagegen kann keine Gruppe l^{ten} Ranges von $3l+1$ Gliedern ihre eigene Hauptuntergruppe sein. Soll eine Gruppe vom Range l, ohne zu zerfallen, ihre eigene Hauptuntergruppe sein, so muss sie mindestens $l(l+2)$ G haben. Um eine zusammengesetzte, nicht zerfallende Gruppe de zeichneten Art zu bilden, hat man zu der betreffenden einfachen mindestens $l+1$ Glieder hinzuzufügen.

Dieser Satz bildet die Erweiterung des schon von Herrn bewiesenen Satzes, dass keine viergliedrige Gruppe ihre eigene Hauptuntergruppe sein kann.

§ 26.

Explicite Form der Gestaltung gewisser zusammengesetzter Forme

Wir stellen uns die Aufgabe, für gewisse zusammengesetzte Gruppen alle Coefficienten c vollständig zu bestimmen. Jede solche Gruppe soll folgenden Bedingungen genügen:

a) sie soll nicht zerfallen,

b) sie soll eine einzige invariante Untergruppe besitzen und deren Transformationen sollen mit einander vertauschbar sein,

c) die einfache Gruppe, aus der sie hergeleitet ist, soll eine der vier Gestalten A) — D) besitzen.

Diese Aufgabe ist nicht nur für sich von besonderem Interesse, da diejenigen Gruppen, welche den genannten Bedingungen genügen, eine hervorragende Wichtigkeit beanspruchen dürften, sondern ihre Lösung ist auch für alle weiteren Gruppen, welche ihre eigenen Hauptuntergruppen sind, (somit nicht die andern einfachen Gruppen in Betracht kommen) unbedingt nothwendig. Können wir aber die bezeichnete Aufgabe für alle einfachen Gruppen als gelöst voraussetzen, so ist die Lösung der allgemeinen Aufgabe, alle Gruppen anzugeben, welche ihre eigenen Hauptuntergruppen sind, nur unbedeutenden Schwierigkeiten unterworfen.

Wir gehen von der Gestaltung A) aus, welche sich bei der allgemeinen projectiven Gruppe des l-dimensionalen Raumes findet. Die inf. Transformationen, durch welche die Gruppe bestimmt wird, seien

$Y_a, X_a, X_{-a}, X_{a-b}$ für $a, b = 0 \dots l$. Zwischen ihnen mögen folgende Beziehungen stattfinden:

$$
(1) \quad \begin{array}{l}
(Y_a Y_b) = 0, \ (Y_a X_a) = -X_a, \ (Y_a X_b) = 0, \ (Y_a X_{-a}) = X_{-a}, \\
(Y_a X_{-b}) = 0, \ (Y_a X_{a-b}) = -X_{a-b}, \ (Y_b X_{a-b}) = X_{a-b}, \\
(X_a X_{-a}) = Y_a + \sum Y_m, \ (X_{a-b} X_{b-a}) = -Y_a + Y_b, \\
(X_a X_{-b}) = -X_{a-b}, \ (X_a X_{b-a}) = X_b, \ (X_{-a} X_{a-b}) = -X_{-b}.
\end{array}
$$

Vorläufig lassen wir jede andere Wurzel durch ein System von l ganzen Zahlen $g_1 \dots g_l$ bestimmt sein, wobei z. B. der obigen Marke a entspricht: $g_1 = \cdots g_{a-1} = g_{a+1} = \cdots = g_l = -1$, $g_a = -2$. Wenn jetzt zu den Marken $(g_1 \dots g_l)$ und $(g_1 - 1 \dots g_a - 2 \dots g_l - 1)$, aber nicht zu $(g_1 + 1 \dots g_a + 2 \dots g_l + 1)$ eine Wurzel gehört, so gelten in Folge der Jacobi'schen Identitäten

$$\big(a, a', (g_1 \dots g_l)\big), \ \big(a, a', (g_1 - 1 \dots g_a - 2 \dots g_a - 1)\big) \dots$$

die Gleichungen:

$$
(2) \quad \left\{ \begin{array}{l}
c_{(a)(g_1 \cdots g_l)(g_1 - 1 \cdots g_a - 2 \cdots g_l - 1)} \, c_{(-a)(g_1 - 1 \cdots g_a - 2 \cdots g_l - 1)(g_1 \cdots g_l)} = g_a, \\
c_{(a)(g_1 - 1 \cdots g_a - 2 \cdots g_l - 1)(g_1 - 2 \cdots g_a - 4 \cdots g_l - 2)} \\
\qquad c_{(-a)(g_1 - 2 \cdots g_a - 4 \cdots g_l - 2)(g_1 - 1 \cdots g_a - 2 \cdots g_l - 1)} = 2(g_a - 1), \\
c_{(a)(g_1 - 2 \cdots g_a - 4 \cdots g_l - 2)(g_1 - 3 \cdots g_a - 6 \cdots g_l - 3)} \\
\qquad c_{(-a)(g_1 - 3 \cdots g_a - 6 \cdots g_l - 3)(g_1 - 2 \cdots g_a - 4 \cdots g_l - 2)} = 3(g_a - 2), \\
\cdot \quad \cdot \quad \cdot \quad \cdot \quad \cdot \quad \cdot \quad \cdot \quad \cdot \quad \cdot \quad \cdot \\
c_{(a)(g_1 - g_a + 1 \cdots)(g_1 - g_a \cdots - g_a \cdots g_l - g_a)} \, c_{(-a)(g_1 - g_a \cdots)(g_1 - g_a + 1 \cdots)} = g_a.
\end{array} \right.
$$

Aehnliche Gleichungen gelten für die Marken $(a - b)$, aber es ist nicht nöthig, dieselben herzusetzen.

Aus dem vorigen Paragraphen wissen wir, dass unter den sich gegenseitig bedingenden Systemen $(g_1 \dots g_l)$ sich immer mindestens eins befindet, dessen Zahlen entweder sämmtlich positiv oder sämmtlich negativ mit Ausschluss der Null sind. Wir betrachten ein System $(g_1 \dots g_l)$ von positiven Zahlen und nehmen an, dieselben seien nach der Grösse geordnet, so dass

$$g_1 \geqq g_2 \geqq g_3 \cdots \geqq g_l$$

ist.

Nun bilden wir die Jacobi'sche Identität für

$$\big((I), (+II), (g_1 \dots g_l)\big)$$

und für

$$\big((-I), (-II), (g_1 - 3, g_2 - 3, g_3 - 2 \dots g_l - 2)\big),$$

welche liefern:

$$c_{II(g_1\cdots g_l)(g_1-1,g_2-2\cdots g_l-1)}\,c_{(g_1-1,g_2-2\cdots g_l-1)I(g_1-3,g_2-3\cdots g_l-2)}$$
$$+\,c_{(g_1\cdots g_l)I(g_1-2,g_2-1\cdots g_l-1)}\,c_{(g_1-2,g_2-1\cdots g_l-1)II(g_1-3,g_2-3\cdots g_l-2)} = 0,$$

$$c_{(-II)(g_1-3,g_2-3\cdots g_l-2)(g_1-2,g_2-1\cdots g_l-1)}\,c_{(g_1-2,g_2-1\cdots g_l-1)(-I)(g_1\cdots g_l)}$$
$$+\,c_{(g_1-3,g_2-3\cdots g_l-2)(-I)(g_1-1,g_2-2\cdots g_l-1)}\,c_{(g_1-1,g_2-2\cdots g_l-1)(-II)(g_1\cdots g_l)} = 0$$

Bezeichne ich den Werth von

$$c_{II(g_1-2,g_2-1\cdots g_l-1)(g_1-3,g_2-3\cdots g_l-2)}\,c_{(-II)(g_1-3,g_2-3\cdots g_l-2)(g_1-2,g_2-1\cdots g_l-1)}$$

mit m, so folgt aus den vorstehenden Gleichungen:

$$g_2(g_1-1) = mg_1.$$

Nun hat für $g_1 = g_2 = g$ das m den Werth $g-1$, und in je andern Falle den Werth $2(g_2-1)$; letzterer genügt aber der vorsteh den Gleichung nicht, folglich muss $g_1 = g_2$ sein. Ebenso folgt

$$g_2 = g_3 = \cdots = g_l.$$

Da die Behandlung des Falles, in welchem alle g_ι negativ sind, kei wesentlichen Unterschied macht, so ergiebt sich der Satz:

Soll mit der einfachen Gruppe (A) *eine Gruppe der bezeichn Art zusammengesetzt sein, so ergeben sich bis auf eine sofort her tretende Ausnahme alle Nebenwurzeln aus einem Systeme* $(g_1 \ldots g_l)$ *welchem alle Nummern* $g_1 \ldots g_l$ *einander gleich sind.*

Aus dem gegebenen Systeme leite ich alle vorkommenden einem ganz bestimmten Wege her und bestimme durch diesen W auch die jeder Nebenwurzel zukommende Marke. Ich lasse etwa $g_1 = g_2 = \cdots = g_l$ sämmtlich negativ $= -g$ sein und bezeichne zugehörige inf. Transformation als Z_0. Zu der hierdurch bezeichne Wurzel addire ich diejenige Hauptwurzel, deren Marke a_1 ist, welche also -2 auf der a_1^{ten} Stelle steht, während auf allen and Stellen -1 steht. Derjenigen Nebenwurzel, zu der ich durch α_1-ma Addition dieser Wurzel gelange, gebe ich die Marke $\alpha_1 a_1$ und s dieselbe Marke an Z zur Bezeichnung der entsprechenden Transfor tion. Auf das System $\alpha_1 a_1$ wende ich das Hauptsystem a_2 an, $g-\alpha_1$-mal angeht. Dasjenige System, zu welchem ich durch α_2-fa Anwendung dieser Operation gelange, bezeichne ich mit $(\alpha_1 a_1, \alpha_2$ Für dasselbe ist $g_{a_1} = -g + 2\alpha_1 + \alpha_2$, $g_{a_2} = -g + \alpha_1 + 2$ während jedes andere $g_\iota = -g + \alpha_1 + \alpha_2$ ist. Folglich kann Reihenfolge der Operationen $[a_1]$ und $[a_2]$ beliebig vertauscht wer wenn nur die erste überhaupt α_1-, die zweite α_2-mal ausgeführt w Ebenso wende man auf $(\alpha_1 a_1, \alpha_2 a_2)$ die Operation $[a_3]$ etwa α_3- an, wo α_3 höchstens gleich $g-\alpha_1-\alpha_2$ sein kann, und bezeichne entsprechende Sytem mit $(\alpha_1 a_1, \alpha_2 a_2, \alpha_3 a_3)$. Auf diesem Wege fi man fort. Dann ist es gestattet in $(\alpha_1 a_1, \alpha_2 a_2 \ldots \alpha_\nu a_\nu)$ die Reih folge der einzelnen Operationen beliebig zu vertauschen. Auf die

Wege gelangt man zu jedem mit $(-g, -g \cdots -g)$ nothwendig verbundenen Systeme und zu jedem nur einmal. Somit werden hierdurch auch alle inf. Transformationen erhalten, welche zu Nebenwurzeln gehören, und jede solche soll mit $Z_{(\alpha_1 a_1, \alpha_2 a_2 \cdots \alpha_\nu a_\nu)}$ bezeichnet werden. Die Zahl der Nebenwurzeln beträgt $\binom{g+l}{l}$. Da jede zugehörige inf. Transformation noch mit einem constanten Factor multiplicirt werden kann, so ist es immer möglich, folgende Gleichungen zu bekommen:

$$(X_{a_i}, Z_{(\alpha_1 a_1, \alpha_2 a_2 \cdots \alpha_\nu a_\nu)}) = (\alpha_i + 1) Z_{(\alpha_1 a_1, \alpha_2 a_2 \cdots (\alpha_i+1) a_i \cdots \alpha_\nu a_\nu)},$$

für

$$\alpha_1 + \cdots + \alpha_\nu < g,$$

worunter auch die Gleichung fällt:

$$(X_b, Z_{(\alpha_1 a_1, \alpha_2 a_2 \cdots \alpha_\nu a_\nu)}) = (Z_{\alpha_1 a_1, \alpha_2 a_2 \cdot \cdot \alpha_\nu a_\nu, b}) \text{ für } b \gtrless a_1, a_2 \ldots a_\nu,$$

$$(X_{a_i}, Z_{(\alpha_1 a_1, \alpha_2 a_2 \cdots \alpha_\nu a_\nu)}) = 0 \text{ für } \alpha_1 + \cdots + \alpha_\nu = g,$$

$$(X_{-a_i}, Z_{(\alpha_1 a_1, \alpha_2 a_2 \cdots \alpha_i a_i \cdots \alpha_\nu a_\nu)}) =$$
$$= (g - \alpha_1 - \alpha_2 - \cdots - \alpha_\nu + 1) Z_{(\alpha_1 a_1, \alpha_2 a_2 \cdots (\alpha_i - 1) a_i \cdots \alpha_\nu a_\nu)}$$

$$(X_{-b}, Z_{(\alpha_1 a_1, \alpha_2 a_2 \cdot, \cdot \alpha_\nu a_\nu)}) = 0 \text{ für } b \gtrless a_1, a_2 \ldots a_\nu,$$

$$(X_{(a_1 - a_2)}, Z_{(\alpha_1 a_1, \alpha_2 a_2 \cdots \alpha_\nu a_\nu)}) = (\alpha_1 + 1) Z_{((\alpha_1 + 1) a_1, (\alpha_2 - 1) a_2 \cdots \alpha_\nu a_\nu)}.$$

Die vorstehenden Gruppen können in keinem Raume von l Dimensionen vorkommen, dagegen stets in einem solchen von $l+1$ Dimensionen. Speciell für $g = 1$ können wir folgende inf. Transformationen zu Grunde legen:

$$p_a, \; p_{l+1}, \; x_{l+1} p_a, \; x_a p_{l+1}, \; x_b p_a, \; x_{l+1} p_{l+1} - x_a p_a,$$

wo $a, b = 1 \ldots l$ zu setzen sind. Für jedes beliebige g können gewählt werden:

$$g x_{l+1} p_{l+1} + (l+1) x_a p_a, \; p_a, \; x_a(g x_{l+1} p_{l+1} + x_1 p_1 + \cdots + x_l p_l),$$
$$p_a x_b, \; p_{l+1}, \; x_{a_1}^{\alpha_1} x_{a_2}^{\alpha_2} \cdots x_{a_\nu}^{\alpha_\nu} p_{l+1},$$

bei welcher Wahl allerdings die obigen Coefficienten eine kleine Veränderung erleiden. Werden zwei derartige invariante Untergruppen vorausgesetzt, so erhält man in $l+2$ Veränderlichen eine ganz ähnliche Darstellung.

Um die Coefficienten c für die einfache Gruppe B) anzugeben, ist es am einfachsten, wie in § 6 geschehen, bestimmte inf. Transformationen zu benutzen und diese mit Doppelmarken zu versehen. Aber zur Bildung zusammengesetzter Gruppen empfiehlt es sich, diejenigen inf. Transformationen zu Grunde zu legen, welche den Wurzeln

$\pm\omega_a$, $\pm\omega_a\pm\omega_b$ entsprechen. Dann können wir dieselbe in $2l+1$ Variabeln auf folgende Weise darstellen:

$$X_1 = p_1,\ X_{1+a} = p_{1+a},\ X_{1-a} = p_{1-a},\quad X_a = x_1 p_{1+a} + 2x_{1-a}p_1,$$

$$X_{-1} = p_1\left(x_1^2 + 4\sum x_{1+a}x_{1-a}\right) + 2x_1\sum(x_{1+a}p_{1+a} + x_{1-a}p_{1-a}),$$

$$X_{a+b} = 2x_{1-a}p_{1+b} - 2x_{1-b}p_{1+a} \text{ für } |a|<|b|,$$

$$X_{-1+a} = 4x_{1-a}\left[x_1p_1 + \sum(x_{1+m}p_{1+m} + x_{1-m}p_{1-m})\right]$$
$$- p_{1+a}\left(-x_1^2 + 4\sum x_{1+m}x_{1-m}\right),$$

$$Y_1 = x_1p_1 + \sum(x_{1+m}p_{1+m} + x_{1-m}p_{1-m}),\quad Y_a = x_{1+a}p_{1+a} - x_{1-a}p_{1-a},$$

wo a, b als Marken an einem X auch negativ sein können.

Es sei $(g_1 \dots g_l)$ ein System von lauter positiven Marken, durch welches bei der eingeführten Wahl der $\omega_1 \dots \omega_l$ eine Nebenwurzel bestimmt ist; diese Nebenwurzel soll zudem alle andern liefern. Wir setzen ferner voraus, dass $g_1 \geqq g_2 \geqq \dots \geqq g_l$ sei. Dann bilden wir die Identitäten $\left(-1, -1-2, (g_1 .., g_l)\right)$ und

$$(1,\ 1+2,\ g_1-4,\ g_2-2,\ g_3 \dots g_l),$$

durch deren Multiplication sich ergiebt:

$$c_{1(g_1-4,g_2-2\cdots)(g_1-2,g_2-2\cdots)}\, c_{(-1)(g_1-2,g_2-2\cdots)(g_1-4,g_2-2\cdots)}$$
$$\times\, c_{(1+2)(g_1-2,g_2-2\cdots)(g_1,g_2\cdots)}\, c_{(-1-2)(g_1,g_2\cdots)(g_1-2,g_2-2\cdots)} =$$
$$= c_{1(g_1-2,g_2\cdots)(g_1,g_2\cdots)}\, c_{(-1)(g_1,g_2\cdots)(g_1-2,g_2\cdots)}$$
$$\times\, c_{(1+2)(g_1-4,g_2-2\cdots)(g_1-2,g_2\cdots)}\, c_{(-1-2)(g_1-2,g_2\cdots)(g_1-4,g_2-2\cdots)}.$$

Hier hat das erste Product der linken Seite (aus zwei Factoren gebildet) den Werth: $2(g_1-1)$, das zweite: $2(g_1+g_2)$; auf der rechten Seite hat das erste Product den Werth g_1, das zweite $2(g_1+g_2-2)$. Demnach kann die obige Gleichung nicht erfüllt werden oder alle g_ν können nur die Werthe 0, 1, 2 annehmen. Im Gegensatze zu den einfachen Gruppen der Form A) giebt es daher nur sehr wenige Arten von Gruppen, welche aus der Form B) durch Zusammensetzung erhalten werden können; diese Formen vollständig anzugeben, bietet keine Schwierigkeit.

Für die einfache Form C) waren die Coefficienten c in § 17 noch von willkürlichen Constanten abhängig gemacht. Diese können wir so wählen, dass folgende Beziehungen gelten, wobei festgesetzt ist, dass $a, b \dots$ stets positiv, aber $m, n \dots$ sowohl positiv wie negativ sind:

$$(Y_a\ X_a) = -2X_a, \quad (Y_a\ Y_b) = 0, \quad (Y_a X_{-a}) = 2X_{-a},$$
$$(Y_a\ X_{-b}) = 0, \quad \left(Y_a\ X_{\frac{a+n}{2}}\right) = -X_{\frac{a+n}{2}},$$
$$\left(Y_a\ X_{\frac{-a+n}{2}}\right) = X_{\frac{-a+n}{2}}, \quad (X_a\ X_{-a}) = Y_a,$$
$$\left(X_{\frac{a+b}{2}} X_{\frac{-a-b}{2}}\right) = Y_a + Y_b, \quad \left(X_{\frac{a-b}{2}} X_{\frac{-a+b}{2}}\right) = Y_b - Y_a,$$
$$\left(X_a\ X_{\frac{-a+n}{2}}\right) = X_{\frac{a+n}{2}}, \quad \left(X_{-a}\ X_{\frac{a+n}{2}}\right) = -X_{\frac{-a+n}{2}},$$
$$\left(X_{\frac{a+n}{2}} X_{\frac{-a+n}{2}}\right) = X_n, \quad \left(X_{\frac{a+m}{2}} X_{\frac{-a+n}{2}}\right) = X_{\frac{m+n}{2}}.$$

In $2l-1$ Variabeln kann man diese Gruppe folgendermassen darstellen:

$$X_1 = p_1, \quad X_{\frac{1+a}{2}} = p_{\frac{1+a}{2}}, \quad X_{\frac{1-a}{2}} = p_{\frac{1-a}{2}} + 2p_1 x_{\frac{1+a}{2}}$$
$$Y_1 = 2p_1x_1 + \sum\left(x_{\frac{1+n}{2}} p_{\frac{1+n}{2}} + x_{\frac{1-n}{2}} p_{\frac{1-n}{2}}\right),$$
$$Y_a = p_{\frac{1+a}{2}} x_{\frac{1+a}{2}} - p_{\frac{1-a}{2}} x_{\frac{1-a}{2}}, \quad X_a = -p_1 x^2_{\frac{1-a}{2}} - p_{\frac{1+a}{2}} x_{\frac{1-a}{2}},$$
$$X_{-a} = p_1 x^2_{\frac{1+a}{2}} + p_{\frac{1-a}{2}} x_{\frac{1+a}{2}},$$
$$X_{\frac{a+b}{2}} = -2x_{\frac{1-a}{2}} x_{\frac{1-b}{2}} p_1 - x_{\frac{1-b}{2}} p_{\frac{1+a}{2}} - x_{\frac{1-a}{2}} p_{\frac{1+b}{2}},$$
$$X_{\frac{a-b}{2}} = x_{\frac{1+b}{2}} p_{\frac{1+a}{2}} - x_{\frac{1-a}{2}} p_{\frac{1-b}{2}},$$
$$X_{\frac{-a-b}{2}} = 2x_{\frac{1+a}{2}} x_{\frac{1+b}{2}} p_1 + x_{\frac{1+b}{2}} p_{\frac{1-a}{2}} + x_{\frac{1+a}{2}} p_{\frac{1-b}{2}},$$
$$X_{-1} = \left(x_1 - \sum x_{\frac{1+n}{2}} x_{\frac{1-n}{2}}\right)\Big[p_1x_1 + p_1 \sum x_{\frac{1+n}{2}} x_{\frac{1-n}{2}} +$$
$$+ \sum\left(x_{\frac{1+n}{2}} x_{\frac{1+n}{2}} + x_{\frac{1-n}{2}} p_{\frac{1-n}{2}}\right)\Big],$$
$$X_{\frac{-1+a}{2}} = p_{\frac{1+a}{2}}\left(x_1 - \sum x_{\frac{1+n}{2}} x_{\frac{1-n}{2}}\right) -$$
$$- x_{\frac{1-a}{2}}\Big[2p_1 \sum x_{\frac{1+n}{2}} x_{\frac{1-n}{2}} + \sum\left(x_{\frac{1+n}{2}} p_{\frac{1+n}{2}} + x_{\frac{1-n}{2}} p_{\frac{1-n}{2}}\right)\Big],$$
$$X_{\frac{-1-a}{2}} = p_{\frac{1-a}{2}}\left(x_1 - \sum x_{\frac{1+n}{2}} x_{\frac{1-n}{2}}\right) +$$
$$+ x_{\frac{1+a}{2}}\Big[2p_1x_1 + \sum\left(x_{\frac{1+n}{2}} p_{\frac{1+n}{2}} + x_{\frac{1-n}{2}} p_{\frac{1-n}{2}}\right)\Big].$$

Es sei gestattet, eine Darstellung in $\frac{l(l+1)}{2}$ Variabeln hier beizufügen

$$X_a = p_a,\quad X_{\frac{a+b}{2}} = p_{a+b},\quad Y_a = 2p_a x_a + \sum^{n} p_{a+n} x_{\frac{a+n}{2}},$$

$$X_{-a} = p_a x_a^2 + x_a \sum p_{\frac{a+n}{2}} x_{\frac{a+n}{2}} + \sum p_a x^2_{\frac{a+n}{2}} + \sum p_{\frac{m+n}{2}} x_{\frac{a+m}{2}} x_{\frac{a+}{2}}$$

$$X_{\frac{a-b}{2}} = 2p_a x_{\frac{a+b}{2}} + x_b p_{\frac{a+b}{2}} + \sum^{n} p_{\frac{a+n}{2}} x_{\frac{b+n}{2}},$$

$$X_{\frac{-a-b}{2}} = x_{\frac{a+b}{2}} \Big(2x_a p_a + 2x_b p_b + x_{\frac{a+b}{2}} p_{\frac{a+b}{2}} + x_a x_b p_{\frac{a+b}{2}}$$

$$+ \sum \Big(x_{\frac{a+n}{2}} p_{\frac{a+n}{2}} + x_{\frac{b+n}{2}} p_{\frac{b+n}{2}} + x_a x_{\frac{b+n}{2}} p_{\frac{a+n}{2}} + x_b x_{\frac{a+n}{2}} p_{\frac{b+n}{2}}$$

$$+ 2 \sum x_{\frac{a+n}{2}} x_{\frac{b+n}{2}} p_n\Big).$$

Um zu zeigen, dass betreffs der Zusammensetzung mit Gr von der Form C) dasselbe Gesetz gilt, wie für B), können wi genau dasselbe Beweisverfahren einschlagen. Indem wir also f $g_1 \ldots g_l$ dieselbe Voraussetzung machen wie vorher, bilden wi Jacobi'sche Identität für $\left(-1, \frac{-1-2}{2}, (g_1 \ldots g_l)\right)$ und für

$$\left(1, \frac{1+2}{2}, g_1 - 3, g_2 - 1, g_3 \ldots g_l\right).$$

Da $(g_1 + 1, g_2 - 1 \ldots)$ nicht vorkommen kann, muss $(g_1 - 1)(g_1$ entweder gleich $g_1(g_1 + g_2 - 2)$ oder gleich $2g_1(g_1 + g_2 - 4)$ sei beides nicht möglich ist.

Einfache Gruppen von der Gestaltung D) können für jede $2l - 2$ Variabeln vorkommen; man erlangt dieselben aus der angegebenen Darstellung von B) indem man sowohl x_1 wie p_1 schwinden lässt. (Für $l = 3$, wo die Formen D) und A) äqui sind, kommt die letztere Darstellung auf die allgemeine proj Transformation der Geraden eines dreidimensionalen Raumes hi Ueber die Zusammensetzung brauchen wir nach den vorangeb Untersuchungen nichts mehr beizufügen.

Braunsberg, im October 1888.

Die Hesse'sche Curve in rein geometrischer Behandlung.

Von

Ernst Kötter in Berlin.

Wenn, gemäss seinem Titel, der nachfolgende Aufsatz in der Hauptsache einer rein geometrischen Untersuchung der Hesse'schen Curve einer gegebenen gewidmet ist, so stellt er sich doch auch die Aufgabe, eine frühere Arbeit*) des Verfassers, welche sich mit rein geometrischer Begründung der Hauptresultate aus der Curvenlehre befasste, in einigen wesentlichen Punkten zu ergänzen. Die beiden ersten Abschnitte nämlich beschäftigen sich mit jenen wohlbekannten Lehrsätzen, welche sich auf Curven mit mehrfachen Punkten und auf das Verhalten der Curvenpolaren in solchen Punkten beziehen. Besonderes Interesse scheint dem Verfasser der im zweiten Abschnitt gegebene Nachweis des Satzes von der gemischten Polare in Anspruch nehmen zu dürfen.

Im dritten Abschnitt wird die Jacobi'sche Curve eines Netzes zweiter Stufe einer genauen Betrachtung unterzogen, und zwar wird sie, der Gleichungsform $0 = \sum \pm \varphi \frac{\partial \psi}{\partial x_2} \frac{\partial \chi}{\partial x_3}$ entsprechend, als Ort derjenigen Punkte gedeutet, in denen zwei Curven zur Berührung gelangen, die aus irgend zwei festen Netzbüscheln entstammen. Hieraus lassen sich zwei projectivische Curvenbüschel ableiten, welche die Jacobi'sche Curve zusammen mit irgend einer Hülfsgeraden und mit der gemeinsamen Curve der beiden Netzbüschel erzeugen. Indem man die beiden Netzbüschel passend auswählt, kann man nach Methoden, wie sie Herr Cremona in seinem „introduzione" ausgebildet hat, das Verhalten der Jacobi'schen Curve eines Netzes in der Umgebung jedes Punktes, mag er nun in den Curven eines Büschels oder in allen Netzcurven vorkommen, genau untersuchen.

Bei dem Uebergang zur Hesse'schen Curve erhalten wir nun einmal diejenigen Lehrsätze über das Verhalten der Hesse'schen Curve ausser-

---

*) Vergl. „Grundzüge einer rein geometrischen Theorie der algebraischen ebenen Curven". Abhandlungen der Berliner Academie, 1887.

halb mehrfacher Punkte der Grundcurve, welche die Herren Geise und Del Pezzo**) auf analytischem Wege entwickelt haben. Ander seits folgt ein Satz, der als einen speciellen Fall Herrn Voss* elegantes Kriterium für gemeinsame Wendepunkte einer Grundcu mit ihrer Hesse'schen Curve enthält.

I.

Allgemeine Sätze über Curven mit mehrfachem Punkt.

A ist ein ϱ-facher Punkt einer Curve K^n n^{ter} Ordnung, wenn j von A ausgehende Grade in A ϱ-fach, also ausserhalb A im all gemeinen in $n-\varrho$ Punkten K^n trifft. Man lege durch einen Pu O von K^n zunächst einen Strahl o_ν und durch seine $n-1$ ande Schnittpunkte eine K_ν^{n-1}, die A zum ϱ-fachen Punkt hat. Alsdann ka man†) K^n durch das Strahlbüschel $o_1 o_2 o_3 \ldots$ und ein bestimmtes d projectivisches Kurvenbüschel $K_1^{n-1} K_2^{n-1} K_3^{n-1} \ldots$ erzeugen. Da Curven $o_\nu K_\lambda^{n-1}$, $o_\lambda K_\nu^{n-1}$, K^n zu einem Büschel gehören, so muss j Curve K_λ^{n-1} des zweiten Büschels A zum ϱ-fachen Punkt haben. J Gerade trifft nämlich die drei Curven $o_\nu K_\lambda^{n-1}$, $o_\lambda K_\nu^{n-1}$, K^n in (Gruppen einer Involution; zwei von ihnen enthalten, wenn die Ger durch A geht, diesen Punkt ϱ-fach, und dasselbe muss natürlich der dritten Gruppe, die $o_\nu K_\lambda^{n-1}$ ausschneidet, der Fall sein. K^n ka also durch ein Strahlbüschel, dessen Centrum auf der Curve willkürl ist, und durch ein projectivisches Büschel von Curven $(n-1)^{ter}$ C nung, die in A ϱ-fache Punkte haben, erzeugt werden. Ist A $(n-1)$-facher Punct der Curve, so führt dies auf die bekannte zeugung derselben durch ein Strahlbüschel und eine projectivis Strahleninvolution mit dem Centrum A.

Von dem Punkt A gehen ϱ Tangenten der K^n aus, von de jede einzelne die K^n in $\varrho+1$ bei A vereinigten und in $n-\varrho$ - anderen Punkten schneidet. Irgend eine von A ausgehende Gerad schneidet auf K^n die Coincidenzpunkte der beiden projectivischen bilde:

$$a(o_1 o_2 o_3 \ldots) \barwedge a(K_1^{n-1} K_2^{n-1} K_3^{n-1} \ldots)$$

aus. Die Involution $(n-1)^{ter}$ Ordnung zerfällt in den ϱ-fach zähl

*) „Sopra la teoria delle curve piane di quarto grado etc." Brioschi A Serie II, Bd. 9, S. 35—41.

**) „Sulla curva Hessiana." Nap. Rend., 1883, S. 203—218.

***) „Zur Theorie der Hesse'schen Determinante." Diese Zeitschrift, Bd. X S. 418—424.

†) Vergl. a. a. O. §§ 143—147.

den Punkt A und in eine Involution $(n - \varrho - 1)^{\text{ter}}$ Ordnung, die mit $a(o_1 o_2 o_3 \ldots)$ die ausserhalb A liegenden Punkte der Gruppe $a(K^n)$ gemeinsam hat. Ist nun a eine Tangente der Curve, so fällt noch einer dieser Coincidenzpunkte nach A; der Linie OA oder o_1 entspricht eine K_1^{n-1}, die mit a $\varrho + 1$ bei A vereinigte Punkte gemein hat. Die Tangenten von K^n sind mit denen von K_1^{n-1} identisch. Offenbar ist also durch einen Schluss von $n-1$ auf n unser Satz, der für $n = \varrho + 1$ selbstverständlich ist, erwiesen.

(1.) „*Eine Curve K^n mit einem ϱ-fachen Punkte A ist das Erzeugniss eines Strahlbüschels, dessen Centrum auf der Curve willkürlich ist, mit einem Büschel von Curven K^{n-1}, die A zum ϱ-fachen Punkt haben. Die ϱ Tangenten der Curve K^n in A gehören auch der Curve an, die dem nach A führenden Strahle entspricht.*"

Wenn von zwei Curven K_1^n, K_2^n die eine A zum ϱ-fachen, die andere aber zum ν-fachen Punkt hat, und ϱ grösser als ν ist, so enthält auch jede andere Curve K_3^n des Büschels K_1^n, K_2^n A ν-fach und weist dieselben Tangenten, wie K_2^n, auf. Denn jede Gerade trifft K_1^n, K_2^n, K_3^n in drei Gruppen einer Involution; wenn a durch A geht, so kommt dieser Punkt in $a(K_1^n)$ ϱ-fach, in $a(K_2^n)$ aber und folglich auch in jeder dritten Gruppe $a(K_3^n)$ nur ν-fach vor; eine Tangente von K_2^n schneidet aus K_2^n eine A $(\nu + 1)$-fach enthaltende Gruppe aus, und, da ϱ grösser als ν ist, auch aus K_3^n.

Wenn ferner K_2^n und K_3^n den Punkt A beide ν-fach enthalten und überdies dieselbe Tangentengruppe zeigen, so muss eine Curve K_1^n des Büschels K_2^n, K_3^n den Punkt A mehr als ν-fach, etwa ϱ-fach, enthalten. Eine beliebige von A ausgehende Gerade a bestimmt eine Involution $a(K_2^n, K_3^n)$, von der *eine* Gruppe A ϱ-fach $(\varrho > \nu)$ enthält. Diese Gruppe gehört einer Curve K_1^n des gegebenen Büschels an, die A nicht nur ν-fach enthalten kann, da sie sonst $\nu + 1$ Tangenten in A berühren müsste.

Enthalten alle Curven U^n, V^n, W^n, ... eines Büschels A ϱ-fach, so bilden ihre Tangentengruppen eine zum Büschel projectivische Involution $u^\varrho\, v^\varrho\, w^\varrho \ldots$. Denn ist O ein allen Curven des Büschels gemeinsamer Punkt, so können dieselben durch das Strahlbüschel

$$o_1\, o_2\, o_3\, o_4 \ldots$$

und die zu ihm und unter sich projectivischen Büschel

$$U_1^{n-1} U_2^{n-1} U_3^{n-1} U_4^{n-1} \ldots \barwedge V_1^{n-1} V_2^{n-1} V_3^{n-1} V_4^{n-1} \ldots$$
$$\barwedge W_1^{n-1} W_2^{n-1} W_3^{n-1} W_4^{n-1} \ldots \barwedge \ldots$$

einer „Schaar" erzeugt werden*). Homologe Curven der bezeichneten Büschel reihen sich zu neuen Büscheln

*) Vergl. a. a. O. §§ 148 und 152.

$$U_1^{n-1}\, V_1^{n-1}\, W_1^{n-1} \ldots \barwedge U_2^{n-1}\, V_2^{n-1}\, W_2^{n-1} \ldots$$
$$\barwedge U_3^{n-1}\, V_3^{n-1}\, W_3^{n-1} \ldots \barwedge \ldots,$$

die alle zu $U^n\, V^n\, W^n \ldots$ projectivisch sind. Wir können anneh dass alle Curven U_λ^{n-1}, V_μ^{n-1}, $W_\nu^{n-1}, \ldots$ A ϱ-fach enthalten. E der „Leitbüschel" enthält die Curven, die dem Strahle OA der R nach zugeordnet werden müssen, damit U^n, V^n, $W^n, \ldots$ entste Hieraus folgt aber, da nur von $n-1$ auf n zu schliessen ist, der hauptete Satz. Für $n = \varrho + 1$, wo alle Curven U_λ^{n-1}, V_μ^{n-1}, W_ν^{n-1} Strahlengruppen sind, ist derselbe evident.

Sollten U^n, V^n, $W^n, \ldots$ ausserhalb A gar keinen Punkt meinsam haben, so benutzen wir eine Hülfscurve K^n, die A $(\varrho+1)$-fachen Punkt hat. Das Netz zweiter Stufe aus K^n, U^n, V^n se durch O die Curven $\mathfrak{U}^n$, $\mathfrak{V}^n$, $\mathfrak{W}^n, \ldots$ eines zu $U^n\, V^n\, W^n \ldots$ jectivischen Büschels, wenn wir annehmen, dass U^n und $\mathfrak{U}^n$, V^n $\mathfrak{V}^n$, W^n und $\mathfrak{W}^n, \ldots$ je dieselbe Tangentengruppe zeigen. Folg gilt der Satz ganz allgemein. Das Gesagte lässt sich so zusamm fassen.

(2.) *„Ist A ein ϱ-facher Punkt einer Curve K_1^n und ein ν-fa Punkt einer zweiten, K_2^n, so kommt er, wenn $\varrho > \nu$ ist, auch ν- in allen anderen Curven K_3^n, $K_4^n, \ldots$ des Büschels K_1^n, K_2^n vor, zwar haben alle Curven, ausser K_1^n, dieselbe Tangentengruppe. . halten K_1^n und K_2^n den Punkt A beide ϱ-fach, so kommt er in e Curve des Büschels K_1^n, K_2^n mehr als ϱ-fach vor, wenn die gegeb Curven dieselbe Tangentengruppe zeigen. Im anderen Falle ist A ϱ-facher Punkt aller Curven des Büschels, und die Tangentengru bilden eine zum Büschel projectivische Involution."*

Das Erzeugniss der beiden Büschel

$$K_1^m K_2^m K_3^m \ldots \barwedge K_1^n K_2^n K_3^n \ldots$$

gehört zu jedem einzelnen der Büschel $K_i^m K_k^n$, $K_k^m K_i^n$. Hierau leicht der folgende Lehrsatz abzuleiten:

(3.) *„Zwei projectivische Büschel von Curven m^{ter}, bez. n^{ter} (nung erzeugen eine K^{n+m}, welche in A einen $(\lambda+\mu)$-fachen P besitzt, wenn A ein λ-facher Punkt für alle K^m, ein μ-facher Punkt alle K^n ist. Die Tangenten von K^{n+m} enthält die Coincidenzgruppe Tangenteninvolutionen der beiden gegebenen Büschel. Sollten die be Involutionen in dieselbe Involution σ^{ter} Ordnung und in je eine , Strahlengruppe zu $\lambda-\sigma$, bez. $\mu-\sigma$ Strahlen zerfallen, so muss K A wenigstens $(\lambda+\mu+1)$-fach enthalten."*

II.

Gemischte Polaren. — Verhalten der Polaren für Curven mit mehrfachem Punkt.

Die Polare P^{n-1} einer Curve K^n hinsichtlich eines beliebigen Punktes P erwies sich als Ort der Polargruppen, die hinsichtlich P zu den Schnittgruppen $p(K^n)$ gehören, wo p eine um P rotierende Gerade war. Als Polargruppe einer Gruppe U von n Punkten hinsichtlich eines Punktes P soll nämlich fortab die Gruppe der $n-1$ ferneren Doppelpunkte der Involution bezeichnet werden, die durch die Gruppe U und den n-fachen Punkt P bestimmt wird. Auf der anderen Seite war P^{n-1} mit einer beliebigen Geraden r zusammen ein Glied des Büschels, das K^n mit seinem unendlich nahen perspectivisch-collinearen Abbild hinsichtlich P und r bildet*).

Ich hatte aus diesen Definitionen drei der bekannten Polareigenschaften gefolgert, nämlich

(4.) (α) *„Die Polaren der Curven eines Büschels hinsichtlich eines Punktes bilden ein zweites zum ersten projectivisches Büschel.“*

(β) *„Ist Q ein Punkt von P^{n-1}, so ist P ein Punkt von Q^1, der Polargeraden von K^n hinsichtlich Q.“*

(γ) *„Die ersten Polaren von K^n hinsichtlich der Punkte einer Geraden bilden ein zu der Punktreihe projectivisches Büschel.“*

Ich will jetzt einen Beweis des Satzes von der gemischten Polare anschliessen, also zeigen, dass man zu derselben Curve $(n-2)^{\text{ter}}$ Ordnung gelangt, ob man hinsichtlich Q die Polare von P^{n-1} oder hinsichtlich P die Polare von Q^{n-1} nimmt. Es sind mit einander identisch die beiden Curven:

$$(P, Q)^{n-2} : K^n \quad \text{und} \quad (Q, P)^{n-2} : K^n.$$

*) Vergl. a. a. O. §§ 161—165. Offenbar enthält die Polargruppe die harmonischen Mittelpunkte erster Ordnung der Gruppe $p(K^n)$ hinsichtlich P und die erste Definition deckt sich daher mit der Cremona-Grassmann'schen. [Vergl. Herrn Cremona's „introduzione“ Nr. 68 ff.] Eine allgemeine Definition der harmonischen Mittelpunkte beliebig hoher Ordnung, welche die obige als speciellen Fall enthält, gab zuerst Herr Kohn [„Zur Theorie der harmonischen Mittelpunkte etc.“ Wien. Ber., Bd. 88_2, S. 424—431.] Die obige Umformung der Cremona'schen Definition, übrigens ohne rein geometrischen Beweis, benutzte derselbe in der Abhandlung: „Ueber Satellitcurven und Flächen“, Wien. Ber., Bd. 89_2, S. 144—172. Herr Castelnuovo dehnte Herrn Kohn's Theorie auf gemischte Polargruppen aus. Vergl.: „Studio dell' involuzione generale etc.“ Ven. Jst. Atti (6), Bd. 4, S. 1167—1200. Die Polaren-Definition liegt seiner Arbeit „Studii sulla teoria della involuzione nel piano“ ibidem, (S. 1559—1594) zu Grunde. Dass die Polare auch mit einer P nicht enthaltenden Curve nur $n-1$ Punkte gemein hat, zeigt Herr Castelnuovo durch Behandlung des Netzes der Curven, welche hinsichtlich P dieselbe Polare haben. Im übrigen verweise ich auf die a. a. O., Note 37, gemachten Literaturangaben.

Hierzu nehme ich r oder PQ als Axe, P und Q als Centren zweier perspectivischer Beziehungen. Für beide treffen sich homologe Gerade auf PQ; homologe Punkte liegen für die erste mit P, für die zweite mit Q auf einer Geraden. Zu A gehöre A' vermöge der ersten, A'' vermöge der zweiten Beziehung, so dass eben O, A, A', bez. Q, A, A'' in je einer Geraden liegen. PA'' und QA' mögen sich in A''' treffen. Alsdann entsprechen sich A'' und A''' in der ersten perspectivischen Beziehung, da nämlich QA und QA' homologe Gerade sind. Ebenso entsprechen sich A' und A''' in der zweiten perpectivischen Beziehung. Bewegt man nun A über eine K^n, so durchlaufen A', A'', A''' drei andere Curven n^{ter} Ordnung K_1^n, K_2^n, K_3^n, und zwar sind

$$K^n,\ K_1^n, \quad \text{sowie} \quad K_2^n,\ K_3^n,$$

Paare homologer Curven der ersten perspectivischen Beziehung. In der zweiten Beziehung entsprechen sich

$$K^n \text{ und } K_2^n, \quad \text{sowie} \quad K_1^n \text{ und } K_3^n.$$

Alle vier Curven haben mit PQ oder r dieselbe Gruppe von n Punkten gemeinsam. Je zwei von ihnen bestimmen ein solches Büschel, in dem r zusammen mit einer Curve $(n-1)^{ter}$ Ordnung vorkommt. Ich will annehmen, dass

$$K^n,\ K_1^n,\ r\mathfrak{P}^{n-1}; \quad K^n,\ K_2^n,\ r\mathfrak{Q}^{n-1};$$
$$K_2^n,\ K_3^n,\ r\mathfrak{P}_2^{n-1}; \quad K_1^n,\ K_3^n,\ r\mathfrak{Q}_1^{n-1}$$

je zu einem Büschel gehören. $\mathfrak{Q}^{n-1}$ und $\mathfrak{Q}_1^{n-1}$ entsprechen einander in der ersten perspectivischen Beziehung, denn jedenfalls wird das Büschel K^n, K_2^n in das andere K_1^n, K_3^n umgewandelt, und der zerfallenden Curve $r\mathfrak{Q}^{n-1}$ des ersteren kann hierbei nur die zerfallende Curve des zweiten Büschels entsprechen. $\mathfrak{Q}^{n-1}$ und $\mathfrak{Q}_1^{n-1}$ schneiden folglich auf r dieselbe Punktgruppe aus. Ganz ähnlich ist zu zeigen, dass $\mathfrak{P}^{n-1}$ und $\mathfrak{P}_2^{n-1}$ sich in der zweiten perspectivischen Beziehung entsprechen und wiederum in $n-1$ Punkten auf r sich schneiden. Auf der anderen Seite können

$$r\mathfrak{P}^{n-1},\ r\mathfrak{P}_2^{n-1},\ r\mathfrak{Q}^{n-1},\ r\mathfrak{Q}_1^{n-1}$$

als solche vier Curven des Netzes dritter Stufe aus K^n, K_1^n, K_2^n, K_3^n betrachtet werden, die irgend einen bestimmten Punkt S von r enthalten. Derartige Curven gehören aber zu einem Netze zweiter Stufe. Die in einem Netze zweiter Stufe liegenden Büschel $\mathfrak{P}^{n-1}, \mathfrak{P}_2^{n-1}$ und $\mathfrak{Q}^{n-1}, \mathfrak{Q}_1^{n-1}$ müssen also eine Curve gemeinsam haben*). Da diese die beiden Gruppen, welche r auf $\mathfrak{P}^{n-1}$ und $\mathfrak{Q}^{n-1}$ ausschneidet, enthält, so zerfällt sie in r und in eine Curve $(\mathfrak{P}, \mathfrak{Q})^{n-2}$ $(n-2)^{ter}$ Ordnung von der Art dass

*) Vergl. a. a. O. § 137 u. § 151.

$$\mathfrak{P}^{n-1},\ \mathfrak{P}_2^{n-1},\ r(\mathfrak{P},\ \mathfrak{Q})^{n-2}$$

zu einem, und

$$\mathfrak{Q}^{n-1},\ \mathfrak{Q}_1^{n-1},\ r(\mathfrak{P},\ \mathfrak{Q})^{n-2}$$

zu einem anderen Büschel gehören. Wenn man nun A' und A'' an A heranrückt so gehen $\mathfrak{Q}^{n-1}$ und $\mathfrak{Q}_1^{n-1}$ in die Polare Q^{n-1}, $\mathfrak{P}^{n-1}$ und $\mathfrak{P}_2^{n-1}$ in P^{n-1} über, $(\mathfrak{P},\ \mathfrak{Q})^{n-2}$ geht in eine Curve $(n-2)^{\text{ter}}$ Ordnung über, welche nach der ersten Definition die Polare von P^{n-1} hinsichtlich Q, nach der zweiten Definition aber die Polare von Q^{n-1} hinsichtlich P ist. Hiermit ist der Satz von der gemischten Polare überhaupt bewiesen.

(5.) *„Wenn man von K^n die Polare hinsichtlich P_1, von dieser Curve die Polare hinsichtlich P_2, von der neuen Curve die Polare hinsichtlich P_3 nimmt, u. s. f., so hängt die schliesslich entstehende Curve*

$$(P_1,\ P_2,\ \ldots\ P_m)^{n-m} : K^n$$

$(n-m)^{\text{ter}}$ Ordnung wohl von den Punkten P_1, P_2, ... P_m, nicht aber von ihrer Reihenfolge ab.“

Aus dem Satz von der gemischten Polare folgt bekanntlich sofort der nachstehende

(6.) *„Ist Q ein Punkt von $(P_1,\ P_2,\ \ldots\ P_m)^{n-m} : K^n$, so liegt P_m auf der gemischten Polargeraden $(P_1,\ P_2,\ \ldots\ P_{m-1})^1 : Q^m$.“*

Denn diese Gerade kann als Polargerade hinsichtlich Q von

$$(P_1,\ P_2,\ \ldots\ P_{m-1})^{n-m+1} : K^n$$

bezeichnet werden, während

$$(P_1,\ P_2,\ \ldots\ P_{m-1},\ P_m)^{n-m} : K^n$$

als die erste Polare derselben Curve hinsichtlich P_m zu betrachten ist.

Wir schreiten jetzt zur Begründung des folgenden Satzes.

(7.) *„Wenn eine Curve K^n n^{ter} Ordnung Q zum ϱ-fachen Punkt hat, so tritt derselbe in P^{n-1} $(\varrho-1)$-fach auf. Die Tangenten der letzteren Curve bilden die Polargruppe der Tangentengruppe von K^n hinsichtlich PQ.“*

„Ist die Tangentengruppe von K^n mit dem ϱ-fach zählenden Strahle QP identisch, so enthält P^{n-1} den Punkt Q im allgemeinen und mindestens ϱ-fach, möglicher Weise aber $(\varrho+\varrho')$-fach, doch muss dann die Schnittgruppe zwischen PQ und K^n Q mindestens $(\varrho+\varrho'+1)$-fach enthalten; keinesfalls kann es mehr als einen solchen ausgezeichneten Punkt P auf PQ geben.“

„Ist P ein ϱ-facher Punkt von K^n, so ist er auch ein ϱ-facher Punkt von P^{n-1}; P^{n-1} und K^n haben dieselbe Tangentengruppe.“

Man setze $r = n - \varrho$. Für $r = 0$ ist dann der Satz selbstverständlich, denn K^n besteht aus n, P^{n-1} aus $n-1$ in Q sich treffenden Geraden; und zwar bilden diese nach der ersten Definition die

Polargruppe der ersteren Strahlengruppe hinsichtlich PQ. Um d allgemeinen Satz zu erhärten, braucht man daher nur noch von r — auf r zu schliessen. Hierzu ziehe man eine K^{n-1}, welche in Q di selbe Tangentengruppe wie K^n hat, ferner lege man durch P eine b liebige Gerade p und betrachte das Büschel K^n, pK^{n-1}, in de sich eine bestimmte Curve K_1^n vorfindet, die Q mindestens $(\varrho +$ fach (Satz 2) enthält. Die Polaren dieser Curven hinsichtlich bilden (4. α) ein zweites zum ersten projectivisches Büschel. N ist der Satz für K_1^n vorauszusetzen, da für sie $r - 1 = n - (\varrho +$ an die Stelle von r tritt, folglich hat P_1^{n-1} Q zum mindestens ϱ-fach Punkt. Die Polare von $p\ K^{n-1}$ besteht nach der zweiten Definiti aus p und aus der Polare P^{n-2} von K^{n-1} hinsichtlich P. Für K^n tritt aber wieder $r - 1 = (n - 1) - \varrho$ an die Stelle von r. Dem folge hat P^{n-2} in Q einen $(\varrho - 1)$-fachen Punkt, und sie berührt in die Polargruppe der auch bei K^n auftretenden Tangentengruppe hi sichtlich PQ. Da nun P^{n-1}, pP^{n-2}, P_1^{n-1} einem Büschel angehöre so gilt nach Satz 2 auch für K^n der aufgestellte Lehrsatz, der dan bewiesen ist.

Ist QP die einzige, mithin ϱ-fach zählende Tangente, so zie man durch P die Hülfsgeraden $P, P_1, P_2, P_3 \ldots$. Zu P_λ gehört eine P_λ^{n-} die $Q (\varrho - 1)$-fach enthält und QP zur $(\varrho - 1)$-fach zählenden Ta gente hat. Diese Curven P_1^{n-1}, P_2^{n-1}, P_3^{n-1}, ... bilden also (Satz 4 ein Büschel, in dem (Satz 2) auch eine Curve vorkommt, die Q me als $(\varrho - 1)$-fach enthält. Diese Curve kann aber nur P^{n-1} sein*). I die Schnittgruppe von PQ und K^n den Punkt Q $(\varrho + \varrho' + 1)$-fa enthält, so vereinigt Q in sich $\varrho + \varrho'$ Doppelpunkte der Involuti P^n, $PQ(K^n)$**) und die Polare P^{n-1} enthält daher Q höchste $(\varrho + \varrho')$-fach, im allgemeinen aber ϱ-fach.

Ist P selbst ein ϱ-facher Punkt von K^n, so zerfällt jede der I volutionen P^n, $p(K^n)$ in den ϱ-fachen Punkt P und in eine Involuti P^{n-m}, (U^{n-m}), wo die Gruppe (U^{n-m}) aus den ferneren Schnittpunkt zwischen p und K^n besteht. Demzufolge enthält die Gruppe der Do pelpunkte $n - m - 1$ von P verschiedene Punkte, es ist P wirkli ein genau m-facher Punkt von P^{n-1}. Dass die Tangenten von P^n mit denen von K^n sich decken, folgt nun, wenn man die zweite E stehungsart der Polare ins Auge fasst.

(8.) *„Ist Q ein ϱ-facher Punkt der m^{ten} Polare P^{n-m} von K^n, ist P ein mindestens ϱ-facher Punkt der Polare $Q^{m+\varrho-1} : K^n$."*

---

*) Man könnte auch, wenn p^n eine Strahlengruppe mit dem Centrum P i die PQ ϱ-fach enthält, benutzen, dass eine Curve des Büschels p^n, K^n Q m destens $(\varrho + 1)$-fach enthält, aber hinsichtlich P dieselbe Polare hat, wie K^n

**) Vergl. a. a. O. § 56 bez. 34b.

Denn nach Lehrsatz 7. wird $(P_1, P_2, \ldots P_{\varrho-1})^{n-m-\varrho+1} : P^{n-m}$ ebenfalls Q enthalten, wobei $P_1, P_2, \ldots P_{\varrho-1}$ ganz willkürliche Punkte sind. Die letztgenannte Curve kann auch als

$$(P_1, P_2, \ldots P_{\varrho-1}, P^m)^{n-m-\varrho+1} : K^n$$

bezeichnet werden. Folglich muss

$$(P_1, P_2, \ldots P_{\varrho-1} P^{m-1})^1 : Q^{m+\varrho-1}$$

durch den Punkt P gehen. Diese Curve kann aber auch als

$$(P_1, P_2, \ldots P_{\varrho-1}) : \{P^{m-1} : Q^{m+\varrho-1}\}$$

bezeichnet werden. Hieraus geht hervor, dass $P^{m-1} : Q^{m+\varrho-1}$ in P einen mindestens ϱ-fachen Punkt hat. Dasselbe gilt von

$$P^{m-2} : Q^{m+\varrho-1};\ P^{m-3} : Q^{m+\varrho-1}; \ldots P : Q^{m+\varrho-1}; Q^{m+\varrho-1}.$$

III.

Jacobi'sche Curve eines Netzes zweiter Stufe.

Ich will bei meiner rein geometrischen Behandlung die Jacobi'sche Curve eines Netzes nach der zweiten der üblichen Arten definiren, nämlich als Ort derjenigen Punkte, in welchen alle Curven eines bestimmten Büschels eine Berührung mit einander eingehen. Indem man aus jedem derartigen Büschel die beiden Curven herausgreift, welche aus zwei festen Büscheln des Netzes entstammen, wird man auf den Ort derjenigen Punkte hingewiesen, in denen Curven zweier Büschel

$$K_1^p K_2^p K_3^p \ldots \quad \text{und} \quad L_1^q L_2^q L_3^q \ldots$$

eine Berührung eingehen. Es mögen K_μ^p und L_ν^q sich in B längs b berühren, welche Gerade einer anderen festen a in P begegne. Alsdann treffen sich in B die vier Curven K_μ^p, L_ν^q, P_μ^{p-1}, $\mathfrak{P}_\nu^{q-1}$, wobei unter P_μ^{p-1} und $\mathfrak{P}_\nu^{q-1}$ die Polaren von K_μ^p und L_ν^q hinsichtlich P zu verstehen sind. Betrachtet man für alle Punkte $P, Q, R, S, \ldots$ der Geraden a diese Zusammenstellungen von vier Curven, so kann man alle verschiedenen Punkte B erhalten. Nun erzeugen

$$K_1^p K_2^p K_3^p \ldots \quad \text{und} \quad P_1^{p-1} P_2^{p-1} P_3^{p-1} \ldots \quad \text{eine} \quad P^{2p-1},$$

$$L_1^q L_2^q L_3^q \ldots \quad \text{und} \quad \mathfrak{P}_1^{q-1} \mathfrak{P}_2^{q-1} \mathfrak{P}_3^{q-1} \ldots \quad \text{eine} \quad \mathfrak{P}^{2q-1},$$

und es gehören alle Schnittpunkte zwischen P^{2p-1} und $\mathfrak{P}^{2q-1}$ ausser P zu dem gesuchten Orte. Lässt man P in andere Punkte $Q, R, S, \ldots$ von a übergehen, so erhält man die Büschel

$$P_1^{p-1} P_2^{p-1} P_3^{p-1} \ldots \barwedge Q_1^{p-1} Q_2^{p-1} Q_3^{p-1} \ldots$$

$$\barwedge R_1^{p-1} R_2^{p-1} R_3^{p-1} \ldots \barwedge S_1^{p-1} S_2^{p-1} S_3^{p-1} \ldots \barwedge \ldots$$

und

$$\mathfrak{P}_1^{q-1}\mathfrak{P}_2^{q-1}\mathfrak{P}_3^{q-1}\ldots \barwedge \mathfrak{Q}_1^{q-1}\mathfrak{Q}_2^{q-1}\mathfrak{Q}_3^{q-1}\ldots$$
$$\barwedge \mathfrak{R}_1^{q-1}\mathfrak{R}_2^{q-1}\mathfrak{R}_3^{q-1}\ldots \barwedge \mathfrak{S}_1^{q-1}\mathfrak{S}_2^{q-1}\mathfrak{S}_3^{q-1}\ldots \barwedge \ldots$$

zweier bestimmter Schaaren. Jedes der ersteren Büschel ist zu

$$K_1^p\, K_2^p\, K_3^p \ldots$$

projectivisch; sie bilden eine Schaar, da homologe Curven in zu $PQRS\ldots$ projectivischen Leitbüscheln angeordnet liegen.

$$P_1^{p-1}\, Q_1^{p-1}\, R_1^{p-1}\, S_1^{p-1}\ldots$$

enthält die Polaren einer festen K_1^p hinsichtlich $P, Q, R, S, \ldots$ Mithin sind die Curvenreihen

$$P^{2p-1}Q^{2p-1}R^{2p-1}S^{2p-1}\ldots \quad \text{und} \quad \mathfrak{P}^{2q-1}\mathfrak{Q}^{2q-1}\mathfrak{R}^{2q-1}\mathfrak{S}^{2q-1}\ldots$$

zwei zu $PQRS\ldots$ projectivische Büschel, welche neben dem fraglichen Orte die Gerade a erzeugen, da homologe Curven sich der Reihe nach in $P, Q, R, S, \ldots$ treffen. Also ist die gesuchte Curve eine $K^{2p+2q-3}$, welche die Grundpunkte der beiden Büschel enthält*).

Bei zwei Büscheln desselben Netzes, wo $p = q = n$ wird, löst sich von $K^{2p+2q-3}$ oder K^{4n-3} noch eine Curve n^{ter} Ordnung ab; es ist dies offenbar die beiden Netzbüscheln gemeinsame Netzcurve. Hiernach behalten wir als eigentliche Jacobi'sche Curve des Netzes eine K^{3n-3} übrig. Es ist also auch rein geometrisch die Thatsache erwiesen.

(9.) *„In einem Netze zweiter Stufe giebt es eine einfache Mannigfaltigkeit von Curven, die mehrfache Punkte enthalten. Der Ort derselben, die Jacobi'sche Curve, ist von der* $(3n-3)^{\text{ten}}$ *Ordnung.“***)

Um das Verhalten der Jacobi'schen Curve in ihren einzelnen Punkten zu untersuchen, ist nun die soeben erläuterte Methode bekanntlich

---

*) Vergl. Herrn Cremona's „Introduzione etc.“ Nr. 87 und 90.

**) Auch Herr Cremona benutzt bekanntlich zur Discussion der allgemeinen Jacobi'schen Curve dreier Curven C, C', C'' eine projectivische Erzeugung, welche aber die Curve zusammen mit einer ersten Polaren einer dieser Curven ergiebt. Während ein Strahl S um o rotiert, werden jedesmal die zu seiner Punktreihe gehörigen Polarbüschel hinsichtlich der drei Curven C, C', C'' genommen, von denen regelmässig zwei mit dem dritten zur Coincidenz kommen. Die so entstehenden veränderlichen Curven K' und K'' müssen jedenfalls zwei eindeutig aufeinander bezogene Reihen vom Index 1, also zwei projectivische Büschel durchlaufen. Sie erzeugen die erwähnte zusammengesetzte Curve (Vergl. a. a. O. Nr. 93 ff. Ein im strengsten Sinne des Wortes rein geometrischer Beweis für die Büschelnatur der beiden Cremona'schen Reihen ist ziemlich schwer zu führen. Demzufolge habe ich die obige Betrachtungsweise in dem speciellen Fall eines vorliegenden Netzes bevorzugt.

vorzüglich geeignet. Ich betrachte hierzu zunächst einen nicht allen Curven des Netzes gemeinsamen Punkt X. Das Büschel der ihn enthaltenden Curven diene zur Herstellung des in der soeben gegebenen Entwickelung auftretenden Büschels $P^{2n-1} Q^{2n-1} R^{2n-1} \ldots$ Es sei zuerst X für alle Curven des Netzbüschels ein ϱ-facher Punkt und $x_1^\varrho x_2^\varrho x_3^\varrho \ldots$ die zugehörige Tangenteninvolution. Alsdann besitzen alle Curven des Büschels $P_1^{n-1} P_2^{n-1} P_3^{n-1} \ldots$ X zum $(\varrho - 1)$-fachen Punkt, und die Tangenteninvolution $x_{p1}^{\varrho-1} x_{p2}^{\varrho-1} x_{p3}^{\varrho-1} \ldots$ besteht aus den Polargruppen der früheren Involutionsgruppen hinsichtlich PX (Satz 7). Enthält x_λ^ϱ einen zweifachen Strahl, so kommt er einfach in $x_{p\lambda}^{\varrho-1}$ vor, enthält x_λ^ϱ einen μ-fachen Strahl, so kommt er $(\mu - 1)$-fach in $x_{p\lambda}^{\varrho-1}$ vor. Mithin haben die projectivischen Involutionen

$$x_1^\varrho x_2^\varrho x_3^\varrho \ldots \barwedge x_{p1}^{\varrho-1} x_{p2}^{\varrho-1} x_{p3}^{\varrho-1} \ldots$$

zunächst die Doppelstrahlen-Gruppe der Involution x_1^ϱ, x_2^ϱ gemeinsam, die Gruppe, welche einen Strahl $(\mu - 1)$-fach enthält, der μ-fach in einer Gruppe der ersten Involution auftritt. Neben dieser Gruppe von $2\varrho - 2$ unveränderlichen Tangenten hat P^{2n-1} als einzige bewegliche den Strahl PX. Denn PX kommt in einer bestimmten Gruppe von x_1^ϱ, x_2^ϱ und von selbst in der Polargruppe derselben hinsichtlich PX vor. Alle Curven des Büschels $P^{2n-1} Q^{2n-1} R^{2n-1} \ldots$ haben also X zum $(2\varrho - 1)$-fachen Punkt, eine Tangente beschreibt das Büschel $X(PQR\ldots)$, die anderen Tangenten sind fest und bilden die Doppelstrahlen-Gruppe von x_1^ϱ, x_2^ϱ.

Das zweite Büschel $K_1^n \mathfrak{K}_2^n \mathfrak{K}_3^n \mathfrak{K}_4^n \ldots$, welches zur Herstellung von $\mathfrak{P}^{2n-1} \mathfrak{Q}^{2n-1} \mathfrak{R}^{2n-1} \ldots$ dient, habe mit dem ersten K_1^n gemeinsam. $\mathfrak{P}^{2n-1}$ hat alsdann X zum $(\varrho - 1)$-fachen Punkt und berührt die Gruppe $x_{p1}^{\varrho-1}$. Denn die beiden Involutionen, welche die projectivischen Büschel

$$K_1^n \mathfrak{K}_2^n \mathfrak{K}_3^n \mathfrak{K}_4^n \ldots \barwedge P_1^{n-1} \mathfrak{P}_2^{n-1} \mathfrak{P}_3^{n-1} \mathfrak{P}_4^{n-1} \ldots$$

auf irgend einem von X ausgehenden Strahle x bestimmen, haben $X(\varrho - 1)$-fach mit einander gemeinsam, da dieser Punkt $(\varrho - 1)$-fach in $x(P_1^{n-1})$, hingegen ϱ-fach in $x(K_1^n)$ vorkommt; eine Tangente von P_1^{n-1}, also ein Strahl von $x_{p1}^{\varrho-1}$ bestimmt zwei homologe Gruppen, die X ϱ-fach enthalten. Da diese Ueberlegung für alle Curven des zweiten Büschels gilt, so erzeugen die Büschel

$$P^{2n-1} Q^{2n-1} R^{2n-1} S^{2n-1} \ldots \barwedge \mathfrak{P}^{2n-1} \mathfrak{Q}^{2n-1} \mathfrak{R}^{2n-1} \mathfrak{S}^{2n-1} \ldots$$

eine K^{4n-2}, welche X zum $(3\varrho - 2)$-fachen Punkt hat. Dieselbe berührt einmal die allen Curven des ersten Büschels gemeinsamen Tangenten, zweitens, wie es sein muss, die in x_1^ϱ vorkommenden Strahlen. Denn jeder derselben kommt, wie bemerkt, in der Polargruppe von x_1^ϱ

hinsichtlich seiner vor und berührt also zwei homologe Curven d
beiden letzteren Büschel.

Nachdem man von K^{4n-2} die Hülfsgerade a und $K_1{}^n$ abgelöst h
bleibt die Jacobi'sche Curve übrig, für die folgender Satz gilt:

(10.) *„Kommt ein Punkt X in allen Curven eines Netzbüsch ϱ-fach vor, so ist er ein $(2\varrho - 2)$-facher Punkt der Jacobi'schen Cu des Netzes. Als Tangente der letzteren zählt jeder Strahl (μ — fach, welcher eine μ-fache Tangente für eine Curve des betrachte Büschels ist."*

Im zweiten möglichen Fall enthält eine Netzcurve, $K_1{}^n$, den Pu. X ϱ-fach, während er in den anderen Curven $K_2{}^n, K_3{}^n, K_4{}^n, \ldots$ durch X bestimmten Büschels nur σ-fach auftritt ($\varrho > \sigma$). $x_1{}^\varrho$ sei Tangentengruppe von $K_1{}^n$, während die Tangentengruppen $x_2{}^\sigma, x_3{}^\sigma, x_4{}^\sigma$ mit einander übereinstimmen. Da P^{2n-1}, $K_1{}^n P_2{}^{n-1}$, $K_2{}^n P_1{}^{n-1}$ c Curven eines Büschels sind, so enthält P^{2n-1} den Punkt X ($\varrho + \sigma$ — fach; die zugehörige Tangentengruppe kommt in der Involution

$$x_1^\varrho x_{P2}^{\sigma-1},\ x_2^\sigma x_{P1}^{\varrho-1}$$

vor und enthält also alle den beiden homologen Gruppen $x_{P2}^{\sigma-1}$ u $x_{P1}^{\varrho-1}$ etwa gemeinsamen Strahlen. Wird als zweites Netzbüschel

$$K_1{}^n \mathfrak{K}_2{}^n \mathfrak{K}_3{}^n \mathfrak{K}_4{}^n \ldots$$

zu Grunde gelegt, so enthält $\mathfrak{P}^{2n-1}$ X $(\varrho - 1)$-fach und berührt Strahlen der Gruppe $x_{P1}^{\varrho-1}$. Folglich enthält das Erzeugniss K^{4n-2} d Büschel

$$P^{2n-1} Q^{2n-1} R^{2n-1} S^{2n-1} \ldots \barwedge \mathfrak{P}^{2n-1} \mathfrak{Q}^{2n-1} \mathfrak{R}^{2n-1} \mathfrak{S}^{2n-1} \ldots$$

X $(2\varrho + \sigma - 2)$-fach. Als Tangenten der Curve erhalten wir einm diejenigen von $K_1{}^n$, dann die $\varrho + \sigma - 2$ Strahlen, deren jeder zw homologen Polargruppen der beiden gegebenen Tangentengruppen a gehört. Dieselben sind Tangenten der nach Ablösung von a und K verbleibenden Jacobi'schen Curve. Gemeinsame Tangenten von $K_1{}^n$ u $K_2{}^n$ sind einfache Tangenten derselben.

Der Fall, wo für eine der beiden Curven alle Tangenten zusa menfallen, ist jetzt besonders ins Auge zu fassen. $K_2{}^n$ habe zunäc XP zur σ-fach zählenden Tangente. Wir benutzen wieder, dass

$$P^{2n-1},\ K_1{}^n P_2{}^{n-1},\ K_2{}^n P_1{}^{n-1}$$

zu einem Büschel gehören. Nun enthält $P_1{}^{n-1}$ X $(\varrho - 1)$-fach und rührt die Strahlen der Gruppe $x_{P1}^{\varrho-1}$; $P_2{}^{n-1}$ hingegen enthält X m destens σ-fach (Satz 7). Da also $K_1{}^n P_2{}^{n-1}$ einen $(\varrho + \sigma)$-fach $K_2{}^n P_1{}^{n-1}$ aber nur einen $(\varrho + \sigma - 1)$-fachen Punkt in X hat, so g letzteres (Satz 2) von P^{2n-1}; diese Curve berührt XP σ-fach u überdies $x_{\mathfrak{P}1}^{\varrho-1}$. Da auch $\mathfrak{P}^{2n-1}$ diese Gruppe berührt, so gilt dasselbe von K^{4n-2} und K^{3n-3}.

Ferner gehören zu einem Büschel Q^{2n-1}, $K_1{}^n Q_2{}^{n-1}$, $K_2{}^n Q_1{}^{n-1}$. Demzufolge hat jede Curve des ersten Büschels und mithin auch die untersuchte den Strahl XP zur $(\sigma - 1)$-fachen Tangente. Q^{2n-1} berührt ferner eine Gruppe der Involution x_1^ϱ, $QPx_{\mathfrak{Q}1}^{\varrho-1}$, hingegen $\mathfrak{Q}^{2n-1}$ die Gruppe $x_{\mathfrak{Q}1}^{\varrho-1}$ selbst. Nach Abscheidung der allen Curven

$$P^{2n-1}, Q^{2n-1}, R^{2n-1}, \ldots \text{ bez. } \mathfrak{P}^{2n-1}\mathfrak{Q}^{2n-1}\mathfrak{R}^{2n-1}, \ldots$$

gemeinsamen Tangenten bleiben also zwei projectivische aber nothwendig von einander verschiedene Involutionen übrig, deren homologe Gruppen homologe Curven

$$P^{2n-1}, \mathfrak{P}^{2n-1}; \; Q^{2n-1}, \mathfrak{Q}^{2n-1}; \; R^{2n-1}, \mathfrak{R}^{2n-1}; \; \ldots$$

berühren. Daher kann K^{3n-3} X gewiss nicht mehr als $(\varrho + \sigma - 2)$-fach enthalten.

Aehnlich ist der Fall zu behandeln, wo $K_1{}^n$ einen Strahl XQ zur einzigen ϱ-fach zählenden Tangente hat. Es ist leicht zu sehen, dass alle Curven des zweiten Büschels bis auf $\mathfrak{Q}^{2n-1}$, welche X mindestens ϱ-fach enthält, X zum $(\varrho - 1)$-fachen Punkt haben, und allein XQ berühren. Von den Curven des ersten Büschels schliesst sich jede einzelne QX $(\varrho - 1)$-fach an, Q^{2n-1} berührt den Strahl QX ϱ-fach, ausserdem aber die Gruppe $x_{Q,2}^{\sigma-1}$. Da nun

$$K^{4n-2}, \; P^{2n-1}\mathfrak{Q}^{2n-1}, \; \mathfrak{P}^{2n-1}Q^{2n-1}$$

drei Curven eines Büschels sind, von denen die zweite X mindestens $(2\varrho + \sigma - 1)$-fach enthält, während er in der dritten nur $(2\varrho + \sigma - 2)$-fach vorkommt, so gilt letzteres von K^{4n-2}. Von den Tangenten sind ferner $2\varrho - 1$ mit XQ identisch, und die anderen machen die Gruppe $x_{Q2}^{\sigma-1}$ aus.

Wenn endlich $K_1{}^n$ und $K_2{}^n$ denselben Strahl XP zur ϱ-fachen bez. σ-fachen Tangente haben, so enthält K^{4n-2} X mindestens, also im allgemeinen, $(2\varrho + \sigma - 1)$-fach. Denn X kommt mindestens ϱ-fach in $P_1{}^{n-1}$, mindestens σ-fach in $P_2{}^{n-1}$ und folglich in jeder der drei einem Büschel angehörigen Curven P^{2n-1}, $K_1{}^n P_2{}^{n-1}$, $K_2{}^n P_1{}^{n-1}$ mindestens $(\varrho + \sigma)$-fach vor. $\mathfrak{P}^{2n-1}$ enthält X mindestens ϱ-fach. Ferner ist X ein $(\varrho + \sigma - 1)$-facher Punkt für Q^{n-1}, ein $(\varrho - 1)$-facher Punkt für $\mathfrak{Q}^{2n-1}$, und zwar berühren die letzteren Curven nur XP. Schliesslich muss K^{4n-2}, als Glied des Büschels $P^{2n-1}\mathfrak{Q}^{2n-1}$, $\mathfrak{P}^{2n-1}Q^{2n-1}$ X $(2\varrho + \sigma - 1)$-fach enthalten und XP, wie man sich leicht überzeugt, $(\varrho + \sigma - 1)$-fach berühren.

In besonderen Fällen giebt es auf XP einen Punkt R, hinsichtlich dessen K_λ^n eine Polare zeigt, die X öfter als diese Curve selbst enthält. Jeder andere Punkt von XP ergiebt dann eine Polare, sich XP eben so oft anschmiegt, wie K_2^n selbst. Von diesen Beson heiten wollen wir (im nächsten Abschnitt) nur die bei der He schen Curve möglichen behandeln.

Die gewonnenen Resultate spricht der folgende Satz aus:

(11.) „*Enthält eine Curve eines Netzes zweiter Stufe einen P X ϱ-fach, der in den anderen Curven des durch ihn bestimmten I büschels σ-fach vorkommt, ($\varrho > \sigma$), so ist er ein ($\varrho + \sigma - 2$)-fa Punkt der Jacobi'schen Curve des Netzes. Jede Tangente ders gehört zwei homologen Polargruppen der beiden Gruppen an, deren jede X enthaltende Curve des Netzes sich anschmiegt. Geht eine beiden Gruppen in ein Strahlenvielfach über, so berührt die Jacobi Curve einmal die Polargruppe der anderen Tangentengruppe hinsich dieses Strahles, ausserdem aber nur ihn selbst* ((*$\varrho - 1$)-fach* ($\sigma - 1$)-*fach*)."

„*Wenn beide Gruppen Vielfache desselben Strahles XP sind, nur in diesem Falle, enthält die Jacobi'sche Curve X mehr als* ($\varrho + \sigma$-*fach, im allgemeinen also* ($\varrho + \sigma - 1$)-*fach. Den Strahl XP be dieselbe alsdann* ($\sigma - 1$)-*fach*."

Wir gehen nunmehr zur Untersuchung derjenigen, im allgeme nicht vorkommenden Punkte Y über, die in sämmtlichen Curven Netzes zweiter Stufe auftreten. Hierbei sind vier verschiedene I zu unterscheiden.

Zunächst können alle Curven Y genau ϱ-fach enthalten, wo ihre Tangentengruppen ein eigentliches Involutionsnetz zweiter S bilden.

Im zweiten Fall enthält eine Curve Y ϱ-fach, während er in anderen Curven σ-fach vorkommt ($\varrho > \sigma$). Die verschiedenen in tracht kommenden Tangentengruppen der letzteren Curven bilden eigentliche Involution.

Im dritten Fall kommt Y in den allgemeinen Netzcurven σ vor, und dieselben haben dieselbe Tangentengruppe. Hingegen kc Y ϱ-fach in allen Curven eines bestimmten Büschels vor ($\varrho > \sigma$)

Im letzten Falle kommt Y in den allgemeinen Netzcurven τ- in denen eines bestimmten Büschels σ-fach und schliesslich in einzigen Curve desselben ϱ-fach vor ($\varrho > \sigma > \tau$).

Der rein geometrischen Behandlung fügen sich am leichteste zweite und der dritte Fall*). Im zweiten Falle benutzen wi

*) Man vergl. Herrn Cremona's Entwickelungen a. a. O. No. 96, die nur auf die beiden einfachsten Fälle sich beziehen, die im Netze der ersten Pc auftreten, die aber sofort auf die allgemeinen Fälle ausgedehnt werden kör

Herstellung von K^{4n-2} irgend ein Büschel $K_1^n K_2^n K_3^n \ldots$, dessen sämmtliche Curven Y σ-fach enthalten, und daneben ein zweites Büschel $K_1^n \mathfrak{K}_2^n \mathfrak{K}_3^n \ldots$, welches die Curve $\mathfrak{K}_3^n$ mit dem ϱ-fachen Punkt Y enthält. Die Tangentengruppen der ersteren mögen die Involution $y_1^\sigma y_2^\sigma y_3^\sigma \ldots$ bilden. $\mathfrak{y}_3^\varrho$ sei die Tangentengruppe der Curve $\mathfrak{K}_3^n$. Alle übrigen Curven des zweiten Büschels berühren y_1^σ.

Nach dem Obigen berühren alle Curven des ersten Büschels $P^{2n-1} Q^{2n-1} R^{2n-1} S^{2n-1} \ldots$ (Beweis zum Satz 7) die Doppelstrahlen der Involution x_1^σ, x_2^σ; die einzige bewegliche Tangente beschreibt das Strahlbüschel $Y(PQRS \ldots)$. Die Tangentengruppen der Curven von $\mathfrak{P}^{2n-1}$; $\mathfrak{Q}^{2n-1}$; $\mathfrak{R}^{2n-1}$; $\mathfrak{S}^{2n-1}$; ... bilden eine Involution und gehören der Reihe nach zu den Involutionen $y_1^\sigma \mathfrak{y}_{P3}^{\varrho-1}$, $\mathfrak{y}_3^\varrho y_{P1}^{\sigma-1}$; $y_1^\sigma \mathfrak{y}_{Q3}^{\varrho-1}$, $\mathfrak{y}_3^\varrho y_{Q1}^{\sigma-1}$; $y_1^\sigma \mathfrak{y}_{R3}^{\varrho-1}$, $\mathfrak{y}_3^\varrho y_{R1}^{\sigma-1}$; ...

K^{4n-2} hat also Y zum $(\varrho + 3\sigma - 2)$-fachen Punkt. Als Tangenten stellen sich einmal die Doppelstrahlen von y_1^σ, y_2^σ heraus, da sie Tangenten aller Curven des ersten Büschels sind. Ferner ergeben sich als Tangenten von K^{4n-2} nur noch die Strahlen der beiden Gruppen y_1^σ, $\mathfrak{y}_3^\varrho$. Wird XP z. B. mit einem Strahl von $\mathfrak{y}_3^\varrho$ identisch, so wird er auch in der Polargruppe $\mathfrak{y}_{P3}^{\varrho-1}$ von $\mathfrak{y}_3^\varrho$ hinsichtlich seiner und folglich auch in allen Gruppen der Involution $y_1^\sigma \mathfrak{y}_{P3}^{\varrho-1}$, $\mathfrak{y}_3^\varrho y_{P1}^{\sigma-1}$ vorkommen und eine gemeinsame Tangente von P^{2n-1}, $\mathfrak{P}^{2n-1}$ und K^{4n-2} sein. Nach Ablösung von a und K_1^n von K^{4n-2} bleibt die Jacobi'sche Curve übrig, die also Y zum $(\varrho + 2\sigma - 2)$-fachen Punkt hat; sie berührt die Gruppe $\mathfrak{y}_3^\varrho$ und die Doppelstrahlen der Involution y_1^σ, y_2^σ. Ganz ebenso verfährt man im dritten Fall, nur nimmt man in das Büschel $K_1^n K_2^n K_3^n \ldots$ die Curven auf, welche Y ϱ-fach enthalten und greift das zweite Büschel, von dem alle Curven bis auf eine Y σ-fach enthalten, beliebig heraus. Das Resultat ist hier, dass Y $(2\varrho + \sigma - 2)$-fach der Jacobi'schen Curve angehört; dieselbe berührt die σ den allgemeinen Netzcurven gemeinsamen Tangenten und überdies die Doppelstrahlen der zu K_1^n, K_2^n gehörigen Involution.

Beide Ergebnisse lassen sich in folgender Weise zusammenziehen.

(12.) *„Schliesst sich jede Curve eines Netzes zweiter Stufe in einem bestimmten Punkte Y entweder einer Gruppe einer Involution λ ter Ordnung oder einer festen Gruppe von μ Strahlen an, so wird die Jacobi'sche Curve des Netzes Y $(2\lambda + \mu - 2)$-fach enthalten, sie berührt ausser den letzteren μ Strahlen die Doppelstrahlen der Involution.“*

Ganz anders ist in dem Falle zu verfahren, wo alle Curven des Netzes Y ϱ-fach enthalten. Wir heben irgend zwei Curvenbüschel $K_1^n K_2^n K_3^n \ldots$ und $K_1^n \mathfrak{K}_2^n \mathfrak{K}_3^n \ldots$ heraus und ermitteln die zugehörigen Büschel

$$P^{2n-1} Q^{2n-1} R^{2n-1} S^{2n-1} \ldots \barwedge \mathfrak{P}^{2n-1} \mathfrak{Q}^{2n-1} \mathfrak{R}^{2n-1} \mathfrak{S}^{2n-1} \ldots$$

die K^{4n-2} erzeugen. Während für jedes Büschel $2\varrho-2$ Tangenten festgelegt sind, beschreibt eine letzte bewegliche in beiden Fällen das Büschel $Y(PQRS\ldots)$. Da sonach je zwei homologe Curven einander in Y längs einer beweglichen Tangente berühren, enthält K^{4n-2} den Punkt Y $(4\varrho-1)$-fach*), und es sind nun die Tangenten die nicht auch $K_1{}^n$ berühren, zu bestimmen; p oder YP sei eine von ihnen. In dem Büschel von Netzcurven, die p in Y berühren, wir sich im allgemeinen *eine* finden, in deren Tangentengruppe p doppel vorkommt. Diese Curve sei oben mit $K_2{}^n$ bezeichnet. Da dann p ei Doppelstrahl der zu $K_1{}^n$, $K_2{}^n$ gehörigen Involution ist, so berühren all Curven des Büschels $P^{2n-1}Q^{2n-1}R^{2n-1}\ldots$ den Strahl p einfach. Hin gegen wird nur eine Curve, $\mathfrak{P}^{2n-1}$, des Büschels $\mathfrak{P}^{2n-1}\mathfrak{Q}^{2n-1}\mathfrak{R}^{2n-1}\ldots$ berühren.

Die Schnittpunkte von K^{4n-2} mit p sind Coincidenzpunkte de beiden Involutionen

$$p(P^{2n-1}Q^{2n-1}R^{2n-1}S^{2n-1}\ldots)\barwedge p(\mathfrak{P}^{2n-1}\mathfrak{Q}^{2n-1}\mathfrak{R}^{2n-1}\mathfrak{S}^{2n-1}\ldots).$$

Von der ersteren Involution löst sich Y 2ϱ-fach ab, da alle Curve p in Y berühren. Von der zweiten Involution hingegen nur $(2\varrho-1)$ fach. Ausserhalb Y können die beiden Involutionen nur

$$4n-2-2\varrho-2\varrho+1=4n-4\varrho-1$$

Punkte gemeinsam haben. Da p eine Tangente von K^{4n-2} sein sol so muss noch einer dieser Punkte mit Y identisch werden, es mu in den beiden Involutionen zwei homologe Gruppen geben, die bez. $(2\varrho+1)$-fach und 2ϱ-fach enthalten. Da nun allein $\mathfrak{P}^{2n-1}$ p in 2ϱ-fach schneidet, so muss P^{2n-1} $(2\varrho+1)$-fach treffen. Das kar aber nur dann der Fall sein, wenn $K_2{}^n$ die Tangente p in $\varrho+2$ b Y vereinigten Punkten trifft. Die untersuchte Gruppe P^{2n-1} enthä nämlich die Coincidenzpunkte der Involutionen

$$p(K_1{}^nK_2{}^nK_3{}^n\ldots)\barwedge p(P_1{}^{n-1}P_2{}^{n-1}P_3{}^{n-1}\ldots);$$

ausserhalb Y finden wir auf P^{2n-1} einmal den Punkt P selbst u dann die $2n-2\varrho-2$ Doppelpunkte der eigentlichen Involutio welche nach Abscheidung des ϱ-fachen Punktes Y von der Involuti $p(K_1{}^n, K_2{}^n)$ übrig bleibt. Von diesen $2n-2\varrho-1$ Punkten mu noch ein einzelner nach Y fallen; es muss Y ein Doppelpunkt d durch ihn bestimmten Gruppe der Involution $(n-\varrho)$ter Ordnung od ein $(\varrho+2)$-facher Punkt von $p(K_2{}^n)$ sein. Die Singularität, welc $K_2{}^n$ aufweist, kann folglich als Vereinigung einer Schnabelspitze m anderen zweifachen Punkten gedeutet werden. Es gilt der Satz:

(13.) „*Enthalten alle Curven eines Netzes zweiter Stufe ein Punkt Y ϱ-fach, so ist derselbe im allgemeinen ein $(3\varrho-1)$-fach*

---

*) Vergl. Clebsch-Lindemann, Vorlesungen, S. 383.

Punkt der Jacobi'schen Curve. Jede ihrer Tangenten ist zugleich diejenige einer Schnabelspitze, durch deren Vereinigung mit anderen zweifachen Punkten man bei einer bestimmten Netzcurve die Singularität in Y erklären kann."

Weniger bestimmtes lässt sich in dem allein übrigen vierten Fall behaupten, wo die allgemeinen Netzcurven Y τ-fach enthalten und eine Gruppe y_3^τ berühren, die Curven eines Büschels, K_2^n, K_3^n, $K_4^n, \ldots$, ihn zum σ-fachen Punkt haben und dieselbe Gruppe y_2^σ berühren, eine bestimmte Curve K_1^n desselben aber Y ϱ-fach enthält und die Gruppe y_1^ϱ berührt. Die Curven P^{2n-1}, Q^{2n-1}, $R^{2n-1}, \ldots$, die zu dem ausgezeichneten Büschel gehören, enthalten $Y(\varrho + \sigma - 1)$-fach, die Tangentengruppen gehören der Reihe nach den Involutionen an $y_1^\varrho y_{P2}^{\sigma-1}, y_2^\sigma y_{P1}^{\varrho-1}$; $y_1^\varrho y_{Q2}^{\sigma-1}, y_2^\sigma y_{Q1}^{\varrho-1}$; $y_1^\varrho y_{R2}^{\sigma-1}, y_2^\sigma y_{R1}^{\varrho-1}; \ldots$ und bilden ihrerseits eine Involution. Wählt man ein zweites K_1^n umfassendes Büschel $K_1^n \mathfrak{K}_2^n \mathfrak{K}_3^n \ldots$, so enthalten die zugehörigen Curven $\mathfrak{P}^{2n-1}, \mathfrak{Q}^{2n-1}, \mathfrak{R}^{2n-1}, \ldots$ den Punkt Y $(\varrho + \tau - 1)$-fach, und ihre Tangentengruppen bestimmen sich ähnlich, wie vorher. Y ist mithin ein $(2\varrho + \sigma + \tau - 2)$-facher Punkt von K^{4n-2} und ein $(\varrho + \sigma + \tau - 2)$-facher Punkt von K^{3n-3}. Aus der Entstehungsweise der Curve geht hervor, dass als Tangente der Jacobi'schen Curve jeder Strahl anzusehen ist, der in zwei verschiedenen der drei Gruppen y_1^ϱ, y_2^σ, y_3^τ überhaupt, oder in einer von ihnen mehrfach auftritt.

Bestimmteres lässt sich über die Tangentengruppe in dem Falle sagen, wenn zwei verschiedene der drei Strahlengruppen, etwa y_2^σ und y_3^τ, zu Strahlenvielfachen, von PY bez. QY, werden. Alsdann muss PY $(\sigma - 1)$-fach, QY $(\tau - 1)$-fach als Tangente der Jacobi'schen Curve zählen. Die Gruppe der übrigen tritt in einer Involution auf, in welcher y_1^ϱ und jeder der Strahlen YP und YQ zusammen mit der Polargruppe von y_1^ϱ hinsichtlich des anderen Strahles vorkommt. Man überzeugt sich leicht, dass P^{2n-1} den Strahl YP σ-fach und ausserdem die Gruppe $y_{P1}^{\varrho-1}$ berührt. Q^{2n-1} hingegen berührt YP nur $(\sigma - 1)$-fach und daneben eine Gruppe $\{y_1^\varrho, \; YP \, y_{Q1}^{\varrho-1}\}$ der Involution, die durch y_1^ϱ und $YP \, y_{Q1}^{\varrho-1}$ bestimmt wird. Ganz ähnliche Erwägungen gelten, mit Vertauschung von P und Q, für $\mathfrak{P}^{2n-1}$ und $\mathfrak{Q}^{2n-1}$. Mithin bilden die Tangenten, die ausserhalb YP und YQ an K^{4n-2} auftreten, eine Gruppe der Involution $YP \, YQ \, y_{P1}^{\varrho-1} y_{Q1}^{\varrho-1}$, $\{y_1^\varrho, \; YP y_{Q1}^{\varrho-1}\} \, \{y_1^\varrho; \; YQ y_{P1}^{\varrho-1}\}$ oder ein Glied des aus den Gruppen $y_1^\varrho y_1^\varrho$; $y_1^\varrho \, YQ \, y_{P1}^{\varrho-1}$; $y_1^\varrho \, YP \, y_{Q1}^{\varrho-1}$; $YP \, YQ \, y_{P1}^{\varrho-1} y_{Q1}^{\varrho-1}$ zu bildenden Netzes. Dasselbe ist aber nur von der zweiten Stufe, da die projectivischen Reihen

$$Y(PQRS \ldots) \barwedge y_{P1}^{\varrho-1} \, y_{Q1}^{\varrho-1} \, y_{R1}^{\varrho+1} \, y_{S1}^{\varrho-1} \ldots$$

y_1^ϱ zur Coincidenzgruppe haben, und mithin y_1^ϱ; $YP \, y_{Q1}^{\varrho-1}$; $YQ \, y_{P1}^{\varrho-1}$

zu einer Involution gehören. Dasselbe gilt auch von den drei ersten der vier vorliegenden Gruppen. Da nun $K^{4n-2}\,K_1{}^n$ mit der Tangentengruppe $x_1{}^\varrho$ zum Bestandtheil hat, so müssen die gesuchten Tangenten nothwendig eine Gruppe der Involution $y_1{}^\varrho\, YP\, y_{Q_1}^{\varrho-1}$; $y_1{}^\varrho\, YQ\, y_{P_1}^{\varrho-1}$ bilden.

Fallen YP und YQ zusammen, so gilt dieser Strahl als Tangente der Jacobi'schen Curve $(\sigma+\tau-1)$-fach, und die übrigen $\varrho-1$ Tangenten bilden die Polargruppe von $y_1{}^\varrho$ hinsichtlich YP. Dass Y nicht etwa ein mehr als $(\varrho+\sigma+\tau-2)$-facher Punkt der Jacobi'schen Curve sein kann, zeigt sich, wenn man dem ganzen Verfahren die Büschel

$$K_2{}^n\,\mathfrak{K}_2{}'^n\,\mathfrak{K}_3{}'^n\,\mathfrak{K}_4{}'^n \ldots \quad \text{und} \quad K_1{}^n\,K_2{}^n\,K_3{}^n\,K_4{}^n \ldots$$

zu Grunde legt.

Endlich betrachte man den Fall, wo $K_1{}^n$, $K_2{}^n$, $\mathfrak{K}_3{}^n, \ldots$ sämmtlich nur einen und denselben Strahl YP berühren.

Alsdann enthalten Q^{2n-1} und $\mathfrak{Q}^{2n-1}$ Y genau $(\varrho+\sigma-1)$-fach bez. $(\varrho+\tau-1)$-fach und berühren nur YP. P^{2n-1} bez. $\mathfrak{P}^{2n-1}$ enthalten Y hingegen im allgemeinen und mindestens $(\varrho+\sigma)$- bez. $(\varrho+\tau)$-fach. Von den Tangenten sind σ, bez. τ mit YP identisch, da $\varrho>\sigma$, $\varrho>\tau$ ist. K^{4n-2}, als Glied des Büschels $P^{2n-1}\,\mathfrak{Q}^{2n-1}$, $\mathfrak{P}^{2n-1}\,Q^{2n-1}$ enthält also Y im allgemeinen und mindestens $(2\varrho+\sigma+\tau-1)$-fach und berührt YP $(\varrho+\sigma+\tau-1)$-fach, während für die übrigen Tangenten eine einfache Bestimmung sich nicht ergiebt.

Von den Besonderheiten, die sich ergeben, wenn die Polare einer Netzcurve hinsichtlich eines Punktes von YP Y öfter enthält als diese selbst, wollen wir nur die bei der Hesse'schen Curve möglichen betrachten.

Die entwickelten Resultate lassen sich so aussprechen:

(14.) *„Schliesst sich jede Curve eines Netzes zweiter Stufe in einem Punkte Y einer der drei Gruppen $y_1{}^\varrho$, $y_2{}^\sigma$, $y_3{}^\tau$ an, so enthält die Jacobi'sche Curve des Netzes Y $(\varrho+\sigma+\tau-2)$-fach und berührt jeden Strahl, der mehrfach in einer oder überhaupt in zwei der drei Gruppen auftritt. Arten zwei Gruppen in Strahlenvielfache von YP und YQ aus, so enthält die Jacobi'sche Curve jeden dieser Strahlen als Tangente einmal weniger, als er der betreffenden Tangentengruppe angehört. Ihre übrigen Tangenten bilden eine Gruppe einer Involution, in der zu jedem der beiden Strahlen YP oder YQ die Polargruppe der dritten Tangentengruppe hinsichtlich des anderen Strahles gehört."*

„Fallen YP und YQ zusammen, so berührt die Jacobi'sche Curve die Polargruppe der dritten Tangentengruppe hinsichtlich dieses Strahls, überdies aber nur noch ihn selbst. Sind alle drei Tangentengruppen Vielfache desselben Strahles, so ist er eine $(\sigma+\tau-1)$-fache Tangente der Jacobi'schen Curve, die Y $(\varrho+\sigma+\tau-1)$-fach im allgemeinen enthält $(\varrho>\sigma>\tau)$."

IV.

Die Hesse'sche Curve.

Bei der Hesse'schen Curve fallen alle diese Sätze viel bestimmter aus, indem man von dem Satze von der gemischten Polare ausgiebigsten Gebrauch machen kann.

Die Hesse'sche Curve einer Curve n^{ter} Ordnung, als Jacobi'sche Curve des Netzes ihrer ersten Polaren, ist eine Curve K^{3n-6} $(3n-6)^{ter}$ Ordnung.

Ein Punkt H derselben komme zunächst nur in den Polaren eines Büschels vor, er liege also ausserhalb der Curve K^n selbst, oder er sei ein einfacher Wende- bez. Undulationspunkt derselben. Der erste Fall ist nun der, dass eine Polare H_1^{n-1} den Punkt H ϱ-fach enthält, während die von H_1 verschiedenen Punkte $H_2, H_3, H_4, \ldots$ der Polargeraden H^1 Polaren $H_2^{n-1}, H_3^{n-1}, H_4^{n-1}, \ldots$ ergeben, die H nur σ-fach enthalten ($\varrho > \sigma$). Ist $\sigma > 1$, so gehört die ganze Polargerade H^1 zur Steiner'schen Curve, im anderen Falle dagegen nur H_1 selbst.

Man benutze jetzt die Identität der beiden Curven $(H_1, H_2)^{n-2}$ und $(H_2, H_1)^{n-2}$. H_1^{n-1} enthält H ϱ-fach, ihre Polare hinsichtlich H_2 also mindestens $(\varrho-1)$-fach. Daher enthält die Polare von H_2^{n-1} hinsichtlich H_1 den Punkt H mindestens eben so oft, als H_2^{n-1} selbst, denn es ist $\varrho - 1 \geq \sigma$. Demzufolge müssen die σ Tangenten der Curven $H_2^{n-1}, H_3^{n-1}, H_4^{n-1}, \ldots$ *sämmtlich mit HH_1 identisch sein.* (Satz 7) K^{3n-6} berührt daher (Satz 11) einmal $(\sigma-1)$-fach die Linie HH_1, zweitens aber die Tangenten von H_1^{n-2}, wofern diese Curve H nur $(\varrho-1)$-fach enthält, also nicht sämmtliche Tangenten von H_1^{n-1} mit HH_1 zusammenfallen.

Ehe wir diesem Specialfall näher treten, untersuchen wir die Ordnung der Berührung, welche die einzelnen Zweige von K^{3n-6} mit denen von H_1^{n-2} eingehen. Hierbei wird sich ein geometrischer Beweis für den in der Einleitung erwähnten Satz des Herrn Voss ergeben. Man lege dem Verfahren zur Herstellung von K^{4n-6}, die sich von K^{3n-6} um a und H_1^{n-1} unterscheidet, die beiden Büschel

$$H_1^{n-1} H_2^{n-1} H_3^{n-1} \ldots \quad \text{und} \quad H_1^{n-1} \mathfrak{H}_2^{n-1} \mathfrak{H}_3^{n-1} \ldots$$

zu Grunde, benutze aber eine von H ausgehende Hülfsgerade $H_1 QRS \ldots$, so dass für unser früheres P (Beweis zu Satz 8) jetzt H_1 eintritt. Für P^{2n-1} tritt das Erzeugniss H_1^{2n-3} der Büschel

$$H_1^{n-1} H_2^{n-1} H_3^{n-1} \ldots \barwedge H_1^{n-2}(H_1, H_2)^{n-2}(H_1, H_3)^{n-2} \ldots$$

ein. Alle Curven des zweiten Büschels enthalten H $(\varrho-1)$-fach; ihre Tangentengruppen fallen im allgemeinen nicht zusammen, nämlich dann nicht, wenn $H_1 H_2$ von $H_1 H$ verschieden ist. H_1^{2n-3}, $H_2^{n-1} H_1^{n-2}$, $H_1^{n-1}(H_1, H_2)^{n-2}$ sind drei Curven eines Büschels; die zweite von ihnen enthält H $(\varrho+\sigma-1)$-fach, die dritte hingegen $(2\varrho-1)$-fach. Auch H_1^{2n-3} enthält also H $(\varrho+\sigma-1)$-fach, hat aber mit jedem Zweige von H_1^{n-2} $2\varrho-1$ H benachbarte Punkte gemeinsam. Mit jedem Zweige von H_1^{n-2} geht ein Zweig von H_1^{2n-3} eine $(\varrho-\sigma+1)$ punktige Berührung ein. Jede andere Curve Q^{2n-3}, R^{2n-3}, S^{2n-3},.. des ersten ins Auge zu fassenden Büschels enthält H ebenfalls $(\varrho+\sigma-1)$ fach. Jetzt betrachten wir ebenso $\mathfrak{H}_1^{2n-3}$, das Erzeugniss der Büschel

$$H_1^{n-1}\mathfrak{H}_2^{n-1}\mathfrak{H}_3^{n-1}\ldots \barwedge H_1^{n-2}(H_1, \mathfrak{H}_2)^{n-2}(H_1, \mathfrak{H}_3)^{n-2}\ldots$$

Die Curven des zweiten Büschels enthalten H sämmtlich $(\varrho-1)$-fach. Nun gehören $\mathfrak{H}_1^{2n-3}$, $H_1^{n-1}(H_1, \mathfrak{H}_2)^{n-2}$, $\mathfrak{H}_2^{n-1}H_1^{n-2}$ zu einem Büschel. Da $\mathfrak{H}_2^{n-1}$ H nicht enthält, so kann $H_1^{n-2}\mathfrak{H}_2^{n-1}$ H nur $(\varrho-1)$-fach enthalten; dasselbe gilt (Satz 2) von $\mathfrak{H}_1^{2n-3}$, da H ein $(2\varrho-1)$-facher Punkt von $H_1^{n-1}(H_1 \mathfrak{H}_2)^{n-2}$ ist. Mit jedem Zweige von H_1^{n-2} hat $\mathfrak{H}_1^{2n-3}$ $2\varrho-1$ in H vereinigte Punkte gemeinschaftlich, oder jeder dieser Zweige berührt einer der ihrigen $(\varrho+1)$-punktig.

Die beiden homologen Curven H_1^{2n-3} und $\mathfrak{H}_1^{2n-3}$ der zu betrachtenden Büschel

$$H_1^{2n-3}Q^{2n-3}R^{2n-3}S^{2n-3}\ldots \barwedge \mathfrak{H}_1^{2n-3}\mathfrak{Q}^{2n-3}\mathfrak{R}^{2n-3}\mathfrak{S}^{2n-3}\ldots$$

enthalten mithin $\varrho-1$ Paare von Zweigen, die einander und Zweige von H_1^{n-2} $(\varrho-\sigma+1)$-punktig berühren. Demzufolge müssen $\varrho-1$ verschiedene Zweige der Hesse'schen Curve die Zweige von H_1^{n-2} $(\varrho-\sigma+1)$ punktig berühren.

Die Ordnung der Berührung wird um eine Einheit höher, wenn H ein einfacher Curvenpunkt ist. $\varrho-1$ Zweige von $\mathfrak{H}_1^{2n-3}$ berühren, wie vorher, diejenigen von H_1^{n-2} $(\varrho+1)$-punktig. Da H^{n-1} zu den H enthaltenden Curven gehört, so ist $\sigma=1$; $H_2, H_3, H_4, \ldots$ liegen auf HH_1, und zu einem Büschel gehören nun H_1^{2n-3}, H^{n-1} H_1^{n-2}, $H_1^{n-1}(H, H_1)^{n-2}$. $(H, H_1)^{n-2}$ enthält H offenbar ϱ-fach, da es sich um die Polare von H_1^{n-1} hinsichtlich H handelt, und H ein ϱ-facher Punkt dieser Curve ist. Demnach enthält H_1^{2n-3} den Punkt H $(\varrho+\sigma-1)$-fach und je einer von ihren Zweigen geht mit je einem von H_1^{n-2} eine $(\varrho-\sigma+2)$-punktige, das heisst eine $(\varrho+1)$-punktige Berührung ein. Dasselbe gilt von der Hesse'schen Curve. Die bisher bewiesenen Thatsachen sind in folgendem Satze ausgedrückt:

(15.) „*Von den ersten Polaren einer* K^n *möge eine*, H_1^{n-1}, H *zum* ϱ-*fachen Punkt haben, während er in den übrigen Polaren eines Büschels* H_2^{n-1}, H_3^{n-1}, H_4^{n-1}, …, σ-*fach vorkomme. Wenn nun nicht alle Tangenten von* H_1^{n-1} *mit* $H H_1$ *zusammenfallen, so enthält die Hesse'sche Curve* H $(\varrho+\sigma-2)$-*fach, sie hat* HH_1 *zur* $(\sigma-1)$-*fachen Tangente* *und mit jedem Zweige von H_1^{n-2} geht einer der ihrigen im allgemeinen eine $(\varrho-\sigma+1)$-punktige Berührung ein, jedoch eine $(\varrho+1)$-punktige, wenn H ein einfacher Punkt der Grundcurve ist, und demnach $\sigma=1$ wird."*)*

Eine Specialisirung ergiebt eben den Satz des Herrn Voss. Für einen gewöhnlichen Wendepunkt ist $\varrho=2$, $\sigma=1$. Gehört also zu einem gewöhnlichen Wendepunkt H der K^n der Punkt H_1 der Steiner'schen Curve, so geht die Hesse'sche Curve eine dreipunktige Berührung mit H_1^{n-2} ein; nur wenn H ein Wendepunkt dieser Curve ist, ist er auch ein solcher der Hesse'schen Curve.**)

Es ist nun der Fall zu untersuchen, wo auch die ϱ Tangenten von H_1^{n-1} mit HH_1 identisch sind, so dass die Hesse'sche Curve nach unseren allgemeinen Entwickelungen (Satz 11) H zum $(\varrho+\sigma-1)$-fachen Punkt haben muss. Zunächst giebt es auf HH_1 einen Punkt L von der Art, dass alle Curven des Büschels $(H_1, L)^{n-2}(H_2, L)^{n-2}(H_3, L)^{n-2}\ldots$ H mehr als σ-fach enthalten. In der That enthält ja $(H_\lambda, H_1)^{n-2}$ den Punkt H $(\varrho-1)$-fach; L ist also mit H_1 identisch, wenn $\varrho>\sigma+1$ ist; wenn aber $\varrho=\sigma+1$ wird, so berührt doch z. B. $(H_2, H_1)^{n-2}$ ebenso wie $(H_2, H)^{n-2}$ die Gerade HH_1 σ-fach. Nun gehören, wenn auch M auf HH_1 liegt, die Curven $(H, H_2)^{n-2}$, $(H_1, H_2)^{n-2}$, $(M, H_2)^{n-2}$ zu demselben Büschel. Da die allgemeinen Curven dieselbe Tangentengruppe besitzen, so muss eine Curve desselben, $(L, H_2)^{n-2}$, H mehr als σ-fach enthalten; da ferner $(L, H_1)^{n-2}$, $(L, H_2)^{n-2}$, $(L, H_3)^{n-2}$, ... zu einem Büschel gehören, so muss überhaupt $(L, H_\lambda)^{n-2}$ H mehr als σ-fach enthalten.

Die Tangentengruppen der Curven $(H, H_1)^{n-2}$, H_1^{n-2}, $(L, H_1)^{n-2}$, $(M, H_1)^{n-2}$, ... bilden im allgemeinen eine Involution mit dem ϱ-fachen Strahle HH_1 als Gruppe, im besonderen Falle enthält eine von ihnen mehr als ϱ Strahlen, während jede andere aus dem ϱ-fachen Strahle HH_1 besteht. Letzteres wollen wir zunächst ausschliessen. Die Hilfsgerade ziehen wir von H_1 aus. Dann werden Q^{2n-3} und $\mathfrak{Q}^{2n-3}$ nothwendig genau $(\varrho+\sigma-1)$-fach, bez. $(\varrho-1)$-fach H enthalten und nur HH_1 berühren. Für die letzte Curve ist dies selbstverständlich, da ja $\mathfrak{Q}^{2n-3}$, $H_1^{n-1}(Q, \mathfrak{H}_2)^{n-2}$, $(Q, H_1)^{n-2}\mathfrak{H}_2^{n-1}$ zu einem Büschel gehören, und $(Q, H_1)^{n-2}$ $(\varrho-1)$-fach, H_1^{n-1} aber ϱ-fach sich HH_1 anschliesst. Q^{2n-3} aber ist das Erzeugniss der beiden Büschel

$$H_1^{n-1}H_2^{n-1}H_3^{n-1}\ldots \barwedge (Q, H_1)^{n-2}(Q, H_2)^{n-2}(Q, H_3)^{n-2}\ldots$$

und hat daher mit HQ ausser H und Q noch die von H verschiedenen

*) Die in dem obigen liegende Bestimmung der Tangenten der Hesse'schen Curve geht wirklich für den gewöhnlichen Punkt derselben ($\varrho=2$, $\sigma=1$) in die allbekannte über; in dieser Allgemeinheit hat sie Herr Del Pezzo a. a. O., § II auf analytischem Wege entwickelt.

**) Vergl. a. a. O., S. 423.

Doppelpunkte der Involution gemeinsam, die von $QH(H_1^{n-1}, H$
nach Abscheidung des σ-fachen Punktes H übrig bleibt. Die An
dieser Punkte aber ist $2n - 3 - \varrho - \sigma$. Daher kann H nicht
als $(\varrho + \sigma - 1)$-fach in Q^{2n-3} vorkommen. Weiter liegen H_1^2
$H_1^{n-1}(H_1, H_2)^{n-2}$, $H_2^{n-1} H_1^{n-2}$ in einem Büschel. H_1^{2n-3} berührt mi
immer HH_1 σ-fach; die anderen Tangenten sind mit denen von E
nothwendig identisch, wenn L mit H_1 zusammenfällt, also $(H_1, H$
H mehr als σ-fach enthält. Ist aber L von H_1 verschieden, so
die $\sigma (= \varrho - 1)$ Tangenten von $(H_1, H_2)^{n-2}$ mit HH_1 identisch und H
berührt daher HH_1 σ-fach und daneben die Tangenten einer C
$(N, H_1)^{n-2}$, wo N *einen von H_1 verschiedenen Punkt von HH_1 bed*
(vergl. vorige Seite). $\mathfrak{H}_1^{2n-3}$ hingegen berührt stets H_1^{n-2}, denn $\mathfrak{H}_1^2$
$H_1^{n-1}(\mathfrak{H}_2, H_1)^{n-1}$, $H_1^{n-2}\mathfrak{H}_2^{n-1}$ sind drei Curven eines Büschels. K
als Glied des Büschels $Q^{2n-3}\mathfrak{H}_1^{2n-3}$, $\mathfrak{Q}^{2n-3}H_1^{2n-3}$ enthält gewis
$(\varrho + \sigma - 1)$-fach, wenn L und demnach N von H_1 verschieden sind;
nämlich zeigen die letzteren Curven von einander verschiedene T
gentengruppen. Man sieht, dass $\varrho + \sigma - 1$ Tangenten von K
also $\sigma - 1$ Tangenten der Hesse'schen Curve mit HH_1 zusamm
fallen, die übrigen aber eine Curve $(M, H_1)^{n-2}$ berühren, wo M
von H_1 verschiedener Punkt der Geraden HH_1 ist. Ist dagegen
mit H_1 identisch, so wird K^{4n-6} H im allgemeinen $(\varrho + \sigma - 1)$-
enthalten, alsdann aber HH_1 $(\sigma - 1)$-fach berühren und ausser
die Tangenten von H_1^{n-2} besitzen.

Ebenso sieht man, dass K^{4n-3} $H (\varrho + \sigma - 1)$-fach (im allgemei
enthält und nur HH_1 berührt, wenn eine Polare $(L_1, H_1)^{n-2}$ den Pu
H mehr als ϱ-fach enthält.

Das Gesagte bedarf noch einer kleinen Modification für den
dass H der Curve angehört, und mithin $\sigma = 1$ ist. Alsdann li
alle Punkte $H_2, H_3, H_4, \ldots$ auf der ϱ-fachen Tangente HH_1
H_1^{n-1}. Demnach ist H ein mindestens ϱ-facher Punkt von $(H_2, H_1$
und es ist der Punkt L der obigen Deduction auch dann mit
identisch, wenn $\varrho = \sigma + 1 = 2$ sein sollte.

Unser Lehrsatz lautet folgendermassen:

(16.) *„Ist ein Punkt H in einer Polare H_1^{n-1} ϱ-fach enthalten
den anderen Polaren eines Büschels aber σ-fach ($\varrho > \sigma$), und fallen
Tangenten von H_1^{n-1} mit HH_1 zusammen, so enthält die Hesse
Curve den Punkt H im allgemeinen und mindestens $(\varrho + \sigma - 1)$-f
während $\sigma - 1$ Tangenten mit HH_1 identisch sind, fallen die übr
mit denen einer Curve $(H_1, M)^{n-2}$ zusammen, wo M ein von H_1
schiedener Punkt von HH_1 nur dann ist, wenn $\varrho = \sigma + 1$ ist,
H ausserhalb der Curve liegt."* *)

*) Die Ordnung der Berührung zwischen den Zweigen von H^{3n-6}
H_1^{n-2} ist gleich $\varrho - \sigma$, bez. ϱ, jenachdem H ausserhalb der Curve liegt,

Viel leichter erledigt sich der Fall, wo alle Polaren G_1^{n-1}, G_2^{n-1}, $G_3^{n-1}, \ldots$ eines Büschels einen Punkt G ϱ-fach enthalten; wir wissen aus der allgemeinen Theorie (Satz 10), dass K^{3n-6} den Punkt G $(2\varrho-2)$-fach enthält und sich dabei der Gruppe der Strahlen anschliesst, deren jeder als Tangente einer der betrachteten Polaren doppelt zählt.*)

Die gewonnenen Criterien für die Vielfachheit eines Punktes H in der Hesse'schen Curve lassen sich zusammenziehen, wenn man die successiven Polaren des Punktes ins Auge fasst. Enthält H_1^{n-m} den Punkt H ϱ-fach, so muss $H^{m+\varrho-1}$ den Punkt H_1 ϱ-fach enthalten; da hier $m=1$ ist, so muss H^ϱ in eine Strahlengruppe mit dem Centrum H_1 ausarten. Enthalten alle Polaren H_2^{n-1}, H_3^{n-1}, $H_4^{n-1}, \ldots$, die zu von H_1 verschiedenen Punkten der Polargeraden H^1 gehören, den Punkt H σ-fach, so enthält H^σ jeden einzelnen Punkt H_1, H_2, $H_3, \ldots$ σ-fach und artet daher in die σ-fach zählende Polargerade aus. Enthält auch H_1^{n-2} den Punkt H ϱ-fach, so liegt H_1 ϱ-fach in $H^{\varrho+1}$; $(m=2;\ \varrho=\varrho)$. Mit Rücksicht auf das Erwiesene folgt also:

(17.) „*Es sei ein Punkt H der Hesse'schen Curve nicht zugleich ein mehrfacher Punkt der Grundcurve. Von den successiven Polaren der Grundcurve hinsichtlich desselben mögen die ϱ letzten in Strahlengruppen mit dem Centrum H_1, die σ letzten in Vielfache der Polargeraden H^1 ausarten. Man entscheide noch, ob $H^{\varrho+1}$ den Punkt H_1 ϱ-fach enthält oder nicht. Im zweiten Fall enthält die Hesse'sche Curve H stets $(\varrho+\sigma-2)$-fach, im ersten Fall im allgemeinen und mindestens $(\varrho+\sigma-1)$-fach, wenn $\varrho>\sigma$ ist, sonst aber $(2\varrho-2)$-fach. Allemal dann, wenn $\sigma>1$ ist, gehört zu H kein bestimmter Punkt der Steiner'schen Curve.*“

„*Soll also H ein Doppelpunkt der Hesse'schen Curve sein, so muss der Polarkegelschnitt H^2 entweder in eine Doppelgerade ausarten oder einen für beide mehrfachen Punkt mit der cubischen Polare H^3 gemein haben.*“**)

Für die Curven dritter Ordnung ergiebt sich der bekannte Satz:

(18.) „*Die Hesse'sche Curve einer vorliegenden allgemeinen K^3 ist entweder allgemein, oder sie zerfällt in drei Gerade QR, RP, PQ.*

---

ein Undulationspunkt derselben ist. Herr Del Pezzo untersucht (§ 2) von dem obigen nur einen sehr speciellen Fall, wo nämlich $\varrho=r$, $\sigma=1$ ist und überdies die Polare H_1^{n-2} den Punkt H $2(r-1)$-fach enthält; von besonderer Wichtigkeit ist der besondere Fall, wo $\varrho=r=2$, $\sigma=1$ ist. Die Hesse'sche Curve hat in Herrn Del Pezzo's allgemeinem Fall H zum $2(r-1)$-fachen Punkt.

*) Auch dies letztere zeigt Herr Del Pezzo a. a. O., § II.

**) Diese Criterien sind in der That von Herrn Del Pezzo a. a. O., §§ III und IV entwickelt worden. Dass die Hesse'sche Curve im ersten Fall einen Doppelpunkt besitzt, hat schon Herr Geiser a. a. O. gezeigt.

*In jedem der drei Punkte P, Q, R treffen sich drei Wendetangen von $K^{3\,\alpha}$.**)

Einen Doppelpunkt P zeigt die Hesse'sche Curve einer K^3 da und nur dann, wenn P^2 in eine Doppelgerade von P^1 ausartet. nun die Hesse'sche Curve von K^3 zugleich ihre Steiner'sche Curve so zerfällt sie in die Gerade P^1 und zwei andere in P sich kreuzei Gerade die P^1 in Q und R treffen. Auch die Polarkegelschnitte Q und R arten in Doppelgerade aus, nämlich in die zweifach zählten Geraden RP und QP. Von jedem der drei Punkte P, Q, gehen drei Wendetangenten aus, deren Wendepunkte je auf der geg überliegenden Seite des Dreieckes PQR liegen.

Bei der Curve vierter Ordnung entwickelt Herr Del Pezzo na stehenden Lehrsatz:

(19.) „*Wenn von der Steiner'schen Curve einer K^4 eine Gerade s nicht ablöst, so treten die etwaigen, von den mehrfachen Punkten K^4 verschiedenen Doppelpunkte der Hesse'schen Curve nur paarwe auf. Die Punkte eines solchen Paares HH_1 entsprechen sich wech seitig als homologe Punkte der Hesse'schen und der Steiner'schen Curve.*"

Damit H ein Doppelpunkt der Hesse'schen Curve sei, muss den gemachten Voraussetzungen H^2 einen Doppelpunkt, H^3 entwe einen zwei- oder einen dreifachen Punkt in H_1 haben. Aus der ers Festsetzung geht hervor, dass $H_1{}^3$ einen mindestens zweifachen Pu in H hat, aus der zweiten ergiebt sich entweder unmittelbar, d $H_1{}^2$ H zum Doppelpunkt hat, oder zunächst, dass $H_1{}^3$ einen dı fachen Punkt in H besitzt, wo dann selbstverständlich $H_1{}^2$ wieder zum Doppelpunkt hat. Demnach ist H_1 auch ein Doppelpunkt Hesse'schen Curve und H entspricht ihm auf der Steiner'schen Curve

Wir fassen jezt die im allgemeinen nicht vorhandenen mehrfacl Punkte der Grundcurve ins Auge. In einem σ-fachen Punkte $F(\sigma \gtrless$ seien zunächst nicht alle Tangenten mit einander identisch. Alsda enthält die einzige Polare F^{n-1} den Punkt F σ-fach, während er allen anderen Polaren $(\sigma - 1)$-fach auftritt. Dieselben schliessen s den Polargruppen der gegebenen Tangentengruppe hinsichtlich der F ausgehenden Strahlen an. Nach der allgemeinen Entwickelı (Satz 12) ist mithin F ein $(3\sigma - 4)$-facher Punkt der Hesse'schen Cur dieselbe berührt einmal alle Tangenten von F^{n-1}, also von K^n, zweit diejenigen Strahlen, die als Tangenten der allgemeinen Polaren eines F^{n-1} enthaltenden Büschels doppelt zählen.

---

*) Vergl. z. B. Clebsch-Lindemann, „Vorlesungen über Geometrie", S.

**) Vergl. a. a. O., § III. H und H_1 sind jedenfalls mehrfache Punkte auch Steiner'schen Curve, da H^3 und $H_1{}^3$ entweder beide dreifache Punkte oder be Spitzen besitzen. Vergl. Clebsch-Lindemann „Vorlesungen etc.", S. 368, 369-

Fallen alle Tangenten in eine, f, zusammen, so zeigt im allgemeinen jeder Punkt P dieser Geraden eine Polare mit σ-fachem Punkt F; die Tangentengruppen dieser Polaren bilden eine Involution mit dem σ-fachen Strahl f. Die ferneren Doppelstrahlen der Involution bilden also die Polargruppe irgend einer Involutionsgruppe hinsichtlich f, oder sie berühren, wenn P ein von F verschiedener Punkt von f ist, die Polare P^{n-2}. Die Polaren aller Punkte ausserhalb f enthalten F $(\sigma-1)$-fach und haben f zur $(\sigma-1)$-fachen Tangente. Nach der allgemeinen Theorie hat die Hesse'sche Curve hiernach F zum $(3\sigma-3)$-fachen Punkt, sie berührt die Tangentengruppe der allgemeinen Netzcurve, ferner die Doppelstrahlen der zu dem ausgezeichneten Büschel gehörigen Tangenteninvolution. In unserem Fall zählt also f als Tangente $(2\sigma-2)$-fach und die anderen Tangenten gehören zu P^{n-2}.

Mithin gilt der Lehrsatz:

(20.) „*In einem σ-fachen Punkte F einer Curve K^n hat ihre Hesse'sche Curve einen $(3\sigma-4)$-fachen Punkt, wenn nicht alle Tangenten von K^n zusammenfallen. Die Hesse'sche Curve schliesst sich einmal den Tangenten von K^n, zweitens den Strahlen an, die als Tangenten der ersten Polaren eines F^{n-1} enthaltenden Büschels mehrfach auftreten.**) *Ein μ-facher Strahl der Tangentengruppe zählt als $(3\mu-2)$-fache Tangente der Hesse'schen Curve.*“

„*Sind alle σ Tangenten einer Curve K^n in einem σ-fachen Punkte F in einem σ-fachen Strahle f vereinigt, und zeigt die zweite Polare P^{n-2} irgend eines von F verschiedenen Punktes von f einen genau $(\sigma-1)$-fachen Punkt in F, so enthält die Hesse'sche Curve F genau $(3\sigma-3)$-fach,***) *und berührt ausser f selbst die Tangenten von P^{n-2}.*“

In besonderen Fällen kann es auf f einen bestimmten Punkt P geben, dessen Polare F mehr als σ-fach, etwa ϱ-fach, enthält. Es seien nämlich von einer Strahlengruppe p^n mit dem Centrum P σ Strahlen mit f identisch, während K_1^n $F(\varrho+1)$-fach enthält. Alsdann wird jede Curve K^n des Büschels p^n, K_1^n F σ-fach enthalten und f zur σ-fachen Tangente haben. Alle diese Curven haben aber hinsichtlich P dieselbe Polare wie K_1^n, also eine Polare, die F ϱ-fach enthält. Tritt diese Anordnung ein,***) so wird nach der allgemeinen Ent-

---

*) Vergl. wegen dieser Bestimmung der K^n nicht berührenden Tangenten die Arbeit des Herrn Brill: „Ueber die Hesse'sche Curve“, diese Zeitschr., Bd. 13, S. 176—182 (Seite 178). Sie lassen sich, wie auch aus der geometrischen Entwickelung hervorgeht, durch die Hesse'sche Determinante der jene σ Tangenten bestimmenden binären Form darstellen.

**) ibidem, S. 178, Fussnote 2.

***) Es ist klar, dass sich in unendlicher Nähe von F selbst nun noch andere mehrfache Punkte der Grundcurve finden. Ist F z. B. ein Selbstberührungspunkt der Curve, so wird $\varrho = 3$, $\sigma = 2$, und die folgende Entwickelung ergiebt im Einwickelung F im allgemeinen ein $(2\sigma+\rho-3)$-facher Punkt der Hesse schen Curve sein, dieselbe wird P^{n-2} berühren und f zur $(2\sigma-2$ fachen Tangente haben. Berührt freilich P^{n-1} nur die Tangente, so enthält die Hesse'sche Curve F mindestens $(2\sigma+\rho-2)$-fach, un es handelt sich um die Bestimmung der Tangenten.

Wir wollen annehmen, dass $P^{n-2}\,F$ ν-fach enthalte, wobei $\nu=\rho-$ ist, wenn P^{n-1} nicht blos f berührt, im allgemeinen gleich ρ i wenn alle Tangenten von P^{n-1} mit f zusammenfallen, aber dann au grösser als ρ sein kann. Dem Verfahren zur Herstellung von K^{4} legen wir für $\nu \geqq \rho$ die beiden Büschel

$$F^{n-1}P_1^{\,n-1}P_2^{\,n-1}P_3^{\,n-1}\dots \quad \text{und} \quad F^{n-1}F_1^{\,n-1}F_2^{\,n-1}F_3^{\,n-1}\dots$$

zu Grunde, wo $P_1, P_2, P_3, \dots$, Punkte von f sind, F_1, F_2, F_3, . aber auf einer anderen von F ausgehenden Geraden liegen. N gehören K^{4n-6}; $P^{2n-3}\mathfrak{Q}^{2n-3}$; $\mathfrak{P}^{2n-3}Q^{2n-3}$ zu einem Büschel, wo irgend ein Punkt ausserhalb f ist. Q^{2n-3} und $\mathfrak{Q}^{2n-3}$ enthalten F ge $(\sigma+\rho-1)$-fach, bez. $(2\sigma-2)$-fach; beide haben f zur einzigen T gente. Ferner gehören auch

$$\mathfrak{P}^{2n-3},\ F^{n-1}(F_1, P)^{n-2},\ F_1^{\,n-1}(F, P)^{n-2}$$

zu einem Büschel. Nun enthält $(F_1, P)^{n-2}$ F $(\rho-1)$-fach und rührt nur f, $(F, P)^{n-2}$ hingegen berührt f ρ-fach. $\mathfrak{P}^{2n-3}$ enthält a F im allgemeinen und mindestens $(\rho+\sigma-1)$-fach und berührt da nur f. Schliesslich ist F ein mindestens $(2\rho+2\sigma-2)$-facher Pu der Curve $\mathfrak{P}^{2n-3}Q^{2n-3}$ und f im allgemeinen ihre einzige Tangente

Drei Glieder eines Büschels sind ferner

$$P^{2n-3},\ F^{n-1}P^{n-2},\ P^{n-1}(F, P)^{n-2}.$$

F ist ein $(\sigma+\nu)$-facher Punkt der zweiten, dagegen ein 2ρ-fach Punkt der dritten Curve. Jenachdem also $\sigma+\nu<2\rho$ oder $\sigma+\nu>2$ ist, schliesst sich P^{2n-3} der ersteren oder der letzteren Curve an. I ersten Fall sind σ Tangenten von P^{2n-3} mit f identisch, währe die übrigen P^{n-2} berühren, im zweiten Falle sind alle Tangent mit f identisch. Im Zwischenfall $\sigma+\nu=2\rho$ ist ebenfalls F ein 2 facher Punkt von P^{2n-3}.

$P^{2n-3}\mathfrak{Q}^{2n-3}$ enthält F $(\nu+3\sigma-2)$-fach, also nicht so oft, w $\mathfrak{P}^{2n-3}Q^{2n-3}((2\rho+2\sigma-2)$-fach), sobald $\nu+\sigma<2\rho$ ist. Daher schmie sich K^{4n-6} der ersteren Curve an, enthält F $(\nu+3\sigma-2)$-fach u berührt ausser den Tangenten von P^{n-2} nur die Gerade f. Ist hi gegen $\nu+\sigma>2\rho$, so berühren im allgemeinen $P^{2n-3}\mathfrak{Q}^{2n-3}$ u $\mathfrak{P}^{2n-3}Q^{2n-3}$ f $(2\rho+2\sigma-2)$-fach, dasselbe gilt von K^{4n-6}; auch f

---

klang mit Herrn Brill's Resultat, (a. a. O., S. 178) dass die Hesse'sche Cur F vierfach enthält und f zur zweifachen Tangente hat.

$\nu+\sigma=2\varrho$ enthält K^{4n-6} $F(2\varrho+2\sigma-2)$-fach, aber nur noch $2\sigma-2$ Tangenten stimmen mit f überein.

Lösen wir die Hülfsgerade PQ und die Curve F^{n-1} ab, und berücksichtigen wir, dass der allgemeine Fall $\nu=\varrho-1$ bereits erledigt ist, so erhalten wir den Lehrsatz:

(21.) „*Kommt ein σ-facher Punkt F einer Curve $n$ter Ordnung in der ersten Polare P^{n-1} eines Punktes P ϱ-fach ($\varrho>\sigma$), in der zweiten Polare desselben Punktes aber ν-fach ($\nu\geqq\varrho-1$) vor, so enthält die Hesse'sche Curve von K^n denselben Punkt F genau $(\nu+2\sigma-2)$-fach, sobald $\nu+\sigma<\varrho$ ist; sie berührt dann die Tangenten von P^{n-2} und daneben $(2\sigma-2)$-fach den Strahl FP oder f. Ist $\nu+\sigma\geqq2\varrho$, so enthält die Hesse'sche Curve F im allgemeinen und mindestens $(2\varrho+\sigma-2)$-fach. Alle Tangenten derselben sind mit f identisch, sobald $\nu+\sigma>2\varrho$ ist, dagegen nur $2\sigma-2$ von ihnen, wenn $\nu+\sigma=2\varrho$ ist.*“

Berlin, October 1888.

Lineare Differentialgleichungen zwischen den Perioden d hyperelliptischen Integrale erster Gattung.

Von

Ed. Wiltheiss in Halle a./S.

Die allgemeinen Thetafunctionen von ϱ Argumenten enthalten kanntlich $\frac{1}{2}\varrho(\varrho+1)$ wesentliche Parameter. Wenn nun diese Th functionen zur Umkehrung hyperelliptischer Differentialgleichun dienen sollen, so werden die Parameter derselben in bestimmter W zusammengesetzt aus den $2\varrho^2$ Systemen der Perioden der hyperelli schen Integrale erster Gattung

$$(1) \qquad \begin{array}{l} 2\omega_{1\alpha},\ 2\omega_{2\alpha},\ \ldots\ 2\omega_{\varrho\alpha}, \\ 2\omega'_{1\alpha},\ 2\omega'_{2\alpha},\ \ldots\ 2\omega'_{\varrho\alpha}, \end{array}$$

(für $\alpha = 1, 2, \ldots \varrho$), zwischen denen noch die $\frac{1}{2}\varrho(\varrho-1)$ Bedingu gleichungen

$$(2) \qquad \sum_{\gamma=1}^{\varrho} (\omega_{\alpha\gamma}\omega'_{\beta\gamma} - \omega'_{\alpha\gamma}\omega_{\beta\gamma}) = 0$$

bestehen. Die hyperelliptischen Integrale enthalten aber bekann nur $2\varrho - 1$ wesentliche Constanten, und demgemäss hängen $\frac{1}{2}\varrho(\varrho+1)$ Parameter der Thetafunction nur von $2\varrho - 1$ Grössen so dass zwischen ihnen

$$\frac{1}{2}\varrho(\varrho+1) - (2\varrho-1) = \frac{1}{2}(\varrho-1)(\varrho-2)$$

Beziehungen existiren. Ebensoviel Beziehungen bestehen dann n wendig auch, ausser den Bedingungsgleichungen (2), zwischen den rioden $2\omega_{\alpha\beta}, 2\omega'_{\alpha\beta}$, da sich ja, wie schon oben erwähnt, die Paran der Thetafunctionen durch die Perioden ausdrücken lassen. Diese ziehungen müssen, worauf ich durch eine Unterredung mit den He Gordan und Klein aufmerksam wurde, in den von mir aufgeste Differentialgleichungen der hyperelliptischen Thetafunctionen, bez.

Perioden der hyperelliptischen Integrale*), enthalten sein; und in der That lassen sich diese Differentialgleichungen leicht so umformen, dass die Constanten der Integrale und die Perioden der Integrale zweiter Gattung aus denselben verschwinden und $\frac{1}{2}(\varrho-1)(\varrho-2)$ *lineare Differentialgleichungen erster Ordnung zwischen den Perioden der hyperelliptischen Integrale erster Gattung* entstehen. Die Existenz dieser Differentialgleichungen wird charakteristisch dafür sein, dass das Periodensystem von hyperelliptischen Integralen erster Gattung herstammt und wird dasselbe von den Periodensystemen der allgemeinen Abel'schen Integrale unterscheiden.

Da die hyperelliptischen Integrale erster Gattung bei linearer Substitution der Variablen hyperelliptische Integrale bleiben, so müssen auch die $\frac{1}{2}(\varrho-1)(\varrho-2)$ charakteristischen Differentialgleichungen bei den Veränderungen, welche die Perioden in Folge dieser Substitution erleiden, ihre Form beibehalten. Nimmt man nun

$$\int \frac{(-x_1)^{\alpha-1} x_2^{\varrho-\alpha}}{2y}(x_2 dx_1 - x_1 dx_2), \qquad (\alpha = 1, 2, \ldots \varrho),$$

wo

$$y^2 = f(x) = \sum_{\varkappa=0}^{2\varrho+2} \binom{2\varrho+2}{\varkappa} A_\varkappa x_1^\varkappa x_2^{2\varrho+2-\varkappa},$$

als die Integrale erster Gattung, so hat

$$\sum_{\alpha=1}^{\varrho} \binom{\varrho-1}{\alpha-1} t_1^{\varrho-\alpha} t_2^{\alpha-1} \int \frac{(-x_1)^{\alpha-1} x_2^{\varrho-\alpha}}{2y}(x_2 dx_1 - x_1 dx_2)$$
$$= \int \frac{(t_1 x_2 - t_2 x_1)^{\varrho-1}}{2y}(x_2 dx_1 - x_1 dx_2),$$

wie unmittelbar ersichtlich, die Invarianteneigenschaft, sobald man x_1, x_2 und t_1, t_2 als cogrediente Variablenpaare betrachtet. Daraus folgt, dass

$$(3) \quad \sum_{\alpha=1}^{\varrho} \binom{\varrho-1}{\alpha-1} \omega_{\alpha\beta} t_1^{\varrho-\alpha} t_2^{\alpha-1} \quad \text{und} \quad \sum_{\alpha=1}^{\varrho} \binom{\varrho-1}{\alpha-1} \omega'_{\alpha\beta} t_1^{\varrho-\alpha} t_2^{\alpha-1}$$

je Covarianten sind, sobald man die Perioden entsprechend der linearen Substitution der Integrale erster Gattung ändert. Demgemäss müssen auch alle Beziehungen zwischen den Perioden, welche in dieser Weise invariant sein sollen, insbesondere auch die hier aufzustellenden Differentialgleichungen, durch simultane Invarianten und Covarianten der Systeme (3) ausgedrückt werden können. —

*) Mathematische Annalen, Bd. 31, S. 134 und Bd. 33, S. 267.

Die Differentialgleichungen für die Perioden der hyperelliptische Integrale erster Gattung, aus denen hier die Differentialgleichung zwischen den Perioden selbst hergeleitet werden sollen, kann ma wenn von den 4 Differentialgleichungen, welche die Invarianteneige schaft ausdrücken, abgesehen wird, in der folgenden *einen* Gleichu zusammenfassen (vergl. meine oben angeführten Arbeiten):

$$(4)\quad 4(\varrho+1)\delta\omega_\alpha = 2\sum_\beta k_{\beta\alpha}\omega_\beta + \sum_\beta(-v_1)^{\alpha+\beta-2}v_2^{2\varrho-\alpha-\beta}\eta_\beta,$$

wo die Summation über β, wie überall im folgenden, wo dieser Buc stabe, oder die Summationsbuchstaben $\alpha, \gamma, \varepsilon, \gamma', \varepsilon'$ vorkommen, v 1 bis ϱ auszuführen ist. In dieser Gleichung bedeuten

$$2\omega_1,\ 2\omega_2, \ldots 2\omega_\varrho$$

eines der Systeme (1) der Perioden der Integrale erster Gattung, wä rend mit

$$2\eta_1,\ 2\eta_2, \ldots 2\eta_\varrho$$

das entsprechende der Periodensysteme der Integrale zweiter Gattu

$$2\eta_{1\alpha},\ 2\eta_{2\alpha}, \ldots 2\eta_{\varrho\alpha},$$
$$2\eta'_{1\alpha},\ 2\eta'_{2\alpha}, \ldots 2\eta'_{\varrho\alpha}$$

bezeichnet ist, welche mit den Perioden $2\omega_{\alpha\beta}$, $2\omega'_{\alpha\beta}$ durch die Gl chungen

$$(5)\quad \sum_\gamma(\eta_{\alpha\gamma}\omega'_{\beta\gamma} - \eta'_{\alpha\gamma}\omega_{\beta\gamma}) = \begin{cases} 0, & \text{für } \alpha \gtrless \beta, \\ \frac{1}{2}\pi i & \text{für } \alpha = \beta \end{cases}$$

verbunden sind. Ferner hat man unter δ den Aronhold'schen Proce

$$(6)\quad \sum_{\varkappa=0}^{2\varrho+2} F_\varkappa \frac{\partial}{\partial A_\varkappa}$$

zu verstehen, in welchem bei symbolischer Bezeichnung — wenn

$$f(x) = a_x^{2\varrho+2} = b_x^{2\varrho+2}$$

gesetzt wird —:

$$\sum_{\varkappa=0}^{2\varrho+2}\binom{2\varrho+2}{\varkappa}F_\varkappa x_1^\varkappa x_2^{2\varrho+2-\varkappa} = (ab)a_x^2 a_v^{2\varrho-1} b_x^{2\varrho+1} : (xv)$$

ist; sodann ist bei dieser symbolischen Bezeichnung

$$\sum_{\alpha\beta}\binom{\varrho-1}{\alpha-1}k_{\beta\alpha}(-x_1)^{\beta-1}x_2^{\varrho-\beta}t_1^{\varrho-\alpha}t_2^{\alpha-1} =$$

$$=\left\{(tv)^{\varrho-1}a_x^{\varrho+1}a_v^{\varrho+1} - (tx)^{\varrho-1}a_x^2 a_v^{2\varrho} - (\varrho-1)(xv)(tx)^{\varrho-2}a_x^2 a_t a_v^{2\varrho-1}\right\} : (x$$

Endlich bedeuten v_1, v_2 ein willkürliches Variablenpaar, so dass m die $2\varrho - 1$ einzelnen in (4) zusammengefassten Differentialgleichungen dadurch erhält, dass man die $2\varrho - 1$ verschiedenen Coefficienten gleich hoher Potenzen der v_1, v_2 auf beiden Seiten einander gleich setzt.

Wenn ich nun diese Gleichungen umformen will, so wird es vortheilhaft sein, die Zusammenfassung der Perioden, wie es in den wesentlichen Parametern $\tau_{\alpha\beta}$ der Thetafunctionen geschieht, einzuführen; dies findet bekanntlich durch die Gleichungen

$$\omega'_{\gamma\beta} = \sum_{\alpha} \omega_{\gamma\alpha} \tau_{\alpha\beta} \tag{7}$$

statt, in denen

$$\tau_{\alpha\beta} = \tau_{\beta\alpha}$$

ist, wie man mit Hülfe der Gleichungen (2) nachweisen kann. Auf diese Gleichung wende ich nun die Operation δ an:

$$\delta\,\omega'_{\gamma\beta} = \sum_{\alpha} \omega_{\gamma\alpha}\,\delta\tau_{\alpha\beta} + \sum_{\alpha} \tau_{\alpha\beta}\,\delta\omega_{\gamma\alpha},$$

und substituire für $\delta\omega'_{\gamma\beta}$, bez. $\delta\omega_{\gamma\alpha}$ die Ausdrücke, die ich dafür aus (4) erhalte, wenn ich daselbst für $\omega_1, \omega_2, \ldots$ und $\eta_1, \eta_2, \ldots$ die Grössen $\omega'_{1\beta}, \omega'_{2\beta}, \ldots$ und $\eta'_{1\beta}, \eta'_{2\beta}, \ldots$, bez. $\omega_{1\alpha}, \omega_{2\alpha}, \ldots$ und $\eta_{1\alpha}, \eta_{2\alpha}, \ldots$ setze:

$$4(\varrho + 1) \sum_{\alpha} \omega_{\gamma\alpha}\,\delta\tau_{\alpha\beta} \tag{8}$$

$$= 2\sum_{\varepsilon}\Big(\omega'_{\varepsilon\beta} - \sum_{\alpha} \omega_{\varepsilon\alpha}\tau_{\alpha\beta}\Big)k_{\varepsilon\gamma} + \sum_{\varepsilon}\Big(\eta'_{\varepsilon\beta} - \sum_{\alpha}\eta_{\varepsilon\alpha}\tau_{\alpha\beta}\Big)(-v_1)^{\gamma+\varepsilon-2}v_2^{2\varrho-\gamma-\varepsilon}.$$

Hierin ist der Coefficient von $k_{\varepsilon\gamma}$ in Folge der Gleichung (7) gleich Null, so dass die erste Summe auf der rechten Seite verschwindet. Den Werth der zweiten Summe findet man, indem man die Gleichungen (5) mit

$$(\omega)_{\beta\varepsilon} : \omega$$

multiplicirt, (wo $(\omega)_{\beta\varepsilon}$ die adjungirte Subdeterminante von $\omega_{\beta\varepsilon}$ in der Determinante

$$\omega = \begin{vmatrix} \omega_{12} & \omega_{12} & \cdots & \omega_{1\varrho} \\ \omega_{21} & \omega_{22} & \cdots & \omega_{2\varrho} \\ \cdot & \cdot & \cdots & \cdot \\ \cdot & \cdot & \cdots & \cdot \\ \omega_{\varrho 1} & \omega_{\varrho 2} & \cdots & \omega_{\varrho\varrho} \end{vmatrix}$$

bedeutet und also

$$\sum_{\beta} \frac{\omega_{\beta\gamma}(\omega)_{\beta\varepsilon}}{\omega} = \sum_{\beta} \frac{\omega_{\gamma\beta}(\omega)_{\varepsilon\beta}}{\omega} = \begin{cases} 0 \text{ für } \gamma \gtrless \varepsilon \\ 1 \text{ für } \gamma = \varepsilon \end{cases} \tag{9}$$

ist,) und über β summirt mit Berücksichtigung der Gleichungen
und (9):

$$\sum_\gamma \eta_{\alpha\gamma}\, \tau_{\epsilon\gamma} - \eta'_{\alpha\epsilon} = \frac{\pi i}{2} \frac{(\omega)_{\alpha\epsilon}}{\omega}.$$

Demgemäss nimmt die zweite Summe auf der rechten Seite der Gl
chung (8) den Werth

$$-\frac{\pi i}{2} \sum_\epsilon \frac{(\omega)_{\epsilon\beta}}{\omega} (-v_1)^{\gamma+\epsilon-2} v_2^{2\varrho-\gamma-\epsilon}$$

an, so dass jetzt die Gleichung selbst sich auf

$$(10)\quad 4(\varrho+1) \sum_\alpha \omega_{\gamma\alpha}\, \delta\tau_{\alpha\beta} = -\frac{\pi i}{2} \sum_\epsilon \frac{(\omega)_{\epsilon\beta}}{\omega} (-v_1)^{\gamma+\epsilon-2} v_2^{2\varrho-\gamma-}$$

reducirt hat. Hierin kommen nun nicht mehr die Coefficienten $A_\varkappa$
plicite vor und auch nicht mehr die Perioden $\eta_{\alpha\beta}$ und $\eta'_{\alpha\beta}$, wohl a
ist dies noch mit den Variablen v_1, v_2 der Fall. Diese müssen je
entfernt werden.

Zu diesem Zwecke, und zugleich um invariante Ausdrücke ein
führen, multiplicire ich die Gleichung (10) mit $\binom{\varrho-1}{\gamma-1} t_1^{\varrho-\gamma} t_2^{\gamma-}$
wo t_1, t_2 ein neues, willkürliches Variablenpaar ist, und summire
über γ, indem ich zugleich die Bezeichnung

$$\sum_\gamma \binom{\varrho-1}{\gamma-1} \omega_{\gamma\alpha}\, t_1^{\varrho-\gamma} t_2^{\gamma-1} = \Omega_\alpha$$

einführe:

$$4(\varrho+1) \sum_\alpha \Omega_\alpha\, \delta\tau_{\alpha\beta} = -\frac{\pi i}{2} (t_1 v_2 - t_2 v_1)^{\varrho-1} \sum_\epsilon \frac{(\omega)_{\epsilon\beta}}{\omega} (-v_1)^{\epsilon-1} v_2^{\varrho-}$$

Beide Seiten dieser Gleichung überschiebe ich λ-mal mit Ω_β:

$$4(\varrho+1) \sum_\alpha (\Omega_\alpha, \Omega_\beta)_\lambda\, \delta\tau_{\alpha\beta} = \frac{\pi i}{2} (t_1 v_2 - t_2 v_1)^{\varrho-\lambda-1}$$

$$\cdot \sum_\epsilon \frac{(\omega)_{\epsilon\beta}}{\omega} (-v_1)^{\epsilon-1} v_2^{\varrho-\epsilon} \sum_{p=0}^{\lambda} \sum_{q=1}^{\varrho-\lambda} \binom{\lambda}{p} \binom{\varrho-\lambda-1}{q-1} \omega_{p+q,\beta} v_1^{\lambda-p} v_2^{p} t_1^{\varrho-\lambda-q} t_2^{q-}$$

wo $(\Omega_\alpha, \Omega_\beta)_\lambda$ die λ^{te} Ueberschiebung dieser beiden Formen Ω_α und
bedeuten soll.

Sodann summire ich diese Gleichung über β: links ergiebt sich einfa

$$4(\varrho+1) \sum_{\alpha\beta} (\Omega_\alpha, \Omega_\beta)_\lambda\, \delta\tau_{\alpha\beta},$$

und rechts erhält man mit Rücksicht auf (9)

$$\frac{\pi i}{2}(t_1 v_2 - t_2 v_1)^{\varrho-\lambda-1} \sum_{p=0}^{\lambda} \sum_{q=1}^{\varrho-\lambda} (-1)^{\lambda+p} \binom{\lambda}{p} \binom{\varrho-\lambda-1}{q-1} (-v_1)^{\lambda+q-1} v_2^{\varrho-q} t_1^{\varrho-\lambda-q} t_2^{q-1},$$

d. i. Null, weil $\sum_{p=0}^{\lambda}(-1)^p \binom{\lambda}{p} = (1-1)^\lambda$ verschwindet. Folglich ist

$$\sum_{\alpha\beta} (\Omega_\alpha, \Omega_\beta)_\lambda \, \delta \tau_{\alpha\beta} = 0.$$

Von diesen Gleichungen sind diejenigen mit ungeradem Index λ identisch erfüllt, da $(\Omega_\alpha, \Omega_\alpha)_{2\mu-1} = 0$ und $(\Omega_\alpha, \Omega_\beta)_{2\mu-1} = -(\Omega_\beta, \Omega_\alpha)_{2\mu-1}$ ist. Als thatsächliche Bedingungsgleichungen bleibt daher nur das System

$$\sum_{\alpha\beta} (\Omega_\alpha, \Omega_\beta)_{2\mu} \, \delta \tau_{\alpha\beta} = 0 \tag{11}$$

übrig. —

Damit wäre die Umformung des Systems der Differentialgleichungen (4) beendigt. Es handelt sich jetzt noch darum von der Operation δ zu den Differentialen der Perioden überzugehen. Um dies zu erreichen, ersetze ich in (11) δ durch seinen Differentialausdruck (6):

$$\sum_{\varkappa=0}^{2\varrho+2} \sum_{\alpha\beta} (\Omega_\alpha, \Omega_\beta)_{2\mu} F_\varkappa \frac{\partial \tau_{\alpha\beta}}{\partial A_\varkappa} = 0. \tag{12}$$

Sodann ziehe ich den Umstand mit in Betracht, dass $\tau_{\alpha\beta}$ eine absolute Invariante der Formen (3) ist, und also auch bei der linearen Transformation der Integrale unverändert bleiben muss. Demgemäss bestehen die bekannten Gleichungen:

$$\begin{aligned} &\sum_\lambda \lambda A_{\lambda-1} \frac{\partial \tau_{\alpha\beta}}{\partial A_\lambda} = 0, \quad \sum_\lambda (2\varrho+3-\lambda) A_\lambda \frac{\partial \tau_{\alpha\beta}}{\partial A_{\lambda-1}} = 0, \\ &\sum_\lambda \lambda A_\lambda \frac{\partial \tau_{\alpha\beta}}{\partial A_\lambda} = 0, \quad \sum_\lambda (2\varrho+3-\lambda) A_{\lambda-1} \frac{\partial \tau_{\alpha\beta}}{\partial A_{\lambda-1}} = 0, \end{aligned} \tag{13}$$

wo bezüglich λ je von 1 bis $2\varrho+2$ zu summiren ist; und daher ist

$$\sum_\lambda \lambda A_{\lambda-1} \sum_{\alpha\beta} (\Omega_\alpha, \Omega_\beta)_{2\mu} \frac{\partial \tau_{\alpha\beta}}{\partial A_\lambda} = 0,$$

$$\sum_\lambda (2\varrho+3-\lambda) A_\lambda \sum_{\alpha\beta} (\Omega_\alpha, \Omega_\beta)_{2\mu} \frac{\partial \tau_{\alpha\beta}}{\partial A_{\lambda-1}} = 0,$$

$$\sum_\lambda \lambda A_\lambda \sum_{\alpha\beta} (\Omega_\alpha, \Omega_\beta)_{2\mu} \frac{\partial \tau_{\alpha\beta}}{\partial A_\lambda} = 0,$$

$$\sum_\lambda (2\varrho+3-\lambda) A_{\lambda-1} \sum_{\alpha\beta} (\Omega_\alpha, \Omega_\beta)_{2\mu} \frac{\partial \tau_{\alpha\beta}}{\partial A_{\lambda-1}} = 0.$$

Diese 4 Gleichungen und die in Folge der Unbestimmtheit von v_1 in (12) zusammengefassten $2\varrho - 1$ Gleichungen sind linear in $2\varrho + 3$ Ausdrücken

$$\sum_{\alpha\beta} (\Omega_\alpha, \Omega_\beta)_{2\mu} \frac{\partial \tau_{\alpha\beta}}{\partial A_\varkappa};$$

die Diskriminante dieser linearen Gleichungen kann nicht verschwin weil zwischen den 4 Differentialausdrücken (13) und den $2\varrho - 1$ ferentialausdrücken, die in $\sum_\varkappa F'_\varkappa \frac{\partial}{\partial A_\varkappa}$ enthalten sind, keine lin Beziehung besteht. Demnach ist nothwendig

$$\sum_{\alpha\beta} (\Omega_\alpha, \Omega_\beta)_{2\mu} \frac{\partial \tau_{\alpha\beta}}{\partial A_\varkappa} = 0.$$

Indem ich diese Gleichung mit $dA_\varkappa$ multiplicire, über $\varkappa$ summire für $\sum_\varkappa \frac{\partial \tau_{\alpha\beta}}{\partial A_\varkappa} dA_\varkappa$ jetzt $d\tau_{\alpha\beta}$ setze, bin ich *zu dem aufzustellen System von Differentialgleichungen für die Perioden gelangt:*

$$(14) \qquad \sum_{\alpha\beta} (\Omega_\alpha, \Omega_\beta)_{2\mu}\, d\,\tau_{\alpha\beta} = 0.$$

In demselben müssen die $\tau_{\alpha\beta}$ als Aggregate der Perioden betrac werden, und μ hat alle möglichen Werthe, d. i., wenn ϱ gerade die Werthe

$$1, 2, 3, \cdots \tfrac{1}{2}(\varrho - 2),$$

und wenn ϱ ungerade ist, die Werthe

$$1, 2, 3, \cdots \tfrac{1}{2}(\varrho - 1)$$

anzunehmen.

Die Gleichungen (14) enthalten noch das willkürliche Variab paar t_1, t_2; demnach müssen die Coefficienten dieser Variablen ein gleich Null sein, und dies giebt die eigentlichen Differentialgleichun der Perioden. Es sind deren $\frac{1}{2}(\varrho - 1)(\varrho - 2)$, genau so viel wie oben ausgeführt, Beziehungen zwischen den Perioden beste müssen. Ist nämlich ϱ gerade, so sind die Gleichungen (14) von Dimensionen

$$2,\ 6,\ 10, \ldots 2\varrho - 6$$

in t_1, t_2 und haben demgemäss

$$3 + 7 + 11 + \cdots + (2\varrho - 5) = \tfrac{1}{2}(\varrho - 1)(\varrho - 2)$$

Coefficienten, während, wenn ϱ ungerade, die Dimensionen der Gleichungen gleich

$$0,\ 4,\ 8,\ \ldots\ 2\varrho - 6$$

sind, und diese also

$$1 + 5 + 9 + \cdots (2\varrho - 5) = \frac{1}{2}(\varrho - 1)(\varrho - 2)$$

Coefficienten und damit auch Differentialgleichungen liefern. —

Das Gleichungssystem (14) kann selbstverständlich noch in anderer Weise dargestellt werden. Eine der andern Formen des Systems, die sehr einfach ist, aber die Invarianteneigenschaft der Gleichungen nicht unmittelbar zum Ausdruck kommen lässt, will ich hier noch entwickeln. Ich knüpfe dabei an die Gleichung (10) an, indem ich dieselbe mit $\omega_{\gamma'\beta}$ multiplicire und über β summire:

$$4(\varrho + 1) \sum_{\alpha\beta} \omega_{\gamma\alpha}\, \omega_{\varepsilon'\beta}\, \delta\tau_{\alpha\beta} = -\frac{\pi i}{2}(-v_1)^{\gamma+\varepsilon'-2}\, v_2^{2\varrho-\gamma-\varepsilon'}.$$

Hieraus erkennt man, dass

$$\sum_{\alpha\beta} (\omega_{\gamma\alpha}\, \omega_{\varepsilon'\beta} - \omega_{\gamma'\alpha}\, \omega_{\varepsilon\beta})\, \delta\tau_{\alpha\beta} = 0,$$

sobald $\gamma + \varepsilon' = \gamma' + \varepsilon$. Die nämliche Betrachtung, die ich oben angestellt habe, führt nun auch hier wieder dazu, $\delta\tau_{\alpha\beta}$ durch $d\tau_{\alpha\beta}$ zu ersetzen. Auf diese Weise bekomme ich

$$\sum (\omega_{\gamma\alpha}\, \omega_{\varepsilon'\beta} - \omega_{\gamma'\alpha}\, \omega_{\varepsilon\beta})\, d\tau_{\alpha\beta} = 0,$$

wo

$$\gamma + \varepsilon' = \gamma' + \varepsilon.$$

Hierin sind dann die *sämmtlichen* $\frac{1}{2}(\varrho - 1)(\varrho - 2)$ *Differentialgleichungen des Systems zusammengefasst*, die man einzeln bekommt, indem man den γ, ε, γ', ε' alle möglichen Werthe giebt. Es ist dies unschwer nachzuweisen. —

Halle a./S., im October 1888.

Ueber den Gordan'schen Beweis des Fundamentalsatzes der Algebra.

Von

F. v. Dalwigk in Marburg.

In Band X dieser Annalen gab Herr Gordan eine bedeutende Ve
einfachung des zweiten Gauss'schen Beweises für den Fundamentalsat
der Algebra. In seiner Ausführung ist indessen ein Versehen vo
gekommen, welches noch nicht beachtet worden zu sein schein
wenigstens findet sich dasselbe auch in den von Herrn Kerschenstein
herausgegebenen Vorlesungen Gordan's über Invariantentheorie (I. Thei
pag. 166 ff). Die Richtigstellung des Beweises ist der Zweck dies
Zeilen.

Gegeben sei eine Gleichung mit reellen Coefficienten

$$f(x) = x^n + a_1 x^{n-1} + \cdots + a_n = 0,$$

deren Grad die Form $n = 2^k \cdot (2\nu + 1)$ habe. Als bewiesen wer
vorausgesetzt, dass jede Gleichung mit reellen Coefficienten eine Wurz
habe, in deren Grad $n_1 = 2^{k_1}(2\nu_1 + 1)$ entweder $k_1 < k$ und ν_1 b
liebig oder $k_1 = k$ und $\nu_1 < \nu$ ist. Lässt sich unter diesen Annahm
die Existenz von mindestens einer Wurzel von $f(x) = 0$ nachweise
so ist damit nach bekannten Schlüssen allgemein bewiesen, dass je
algebraische Gleichung mindestens eine Wurzel besitzt.

Gordan untersucht nun die Resultante von $f(x)$ und

$$\frac{f(x+u) - f(x)}{u} = P(x, u)$$

und zeigt, dass sie eine gerade Function von u mit reellen Coefficient
ist und als Function von u^2 den nur durch 2^{k-1} theilbaren Grad $\frac{n}{2} \cdot (n-$
besitzt, wesshalb sie nach den gemachten Annahmen eine Wur
haben muss. Es giebt also mindestens einen Werth v von u dera
dass $f(x)$ und $P(x, v)$ einen Theiler gemein haben, d. h. $f(x)$ ist a
mindestens eine Art in zwei Factoren zerlegbar.

Giebt es nun eine Zerlegung von $f(x)$ in zwei Factoren mit reell
Coefficienten, so folgt aus den gemachten Annahmen, dass $f(x) =$

mindestens eine Wurzel hat. Denn die Grade der beiden Factoren von $f(x)$ sind kleiner als n und nicht gleichzeitig durch eine höhere als die k^{te} Potenz von 2 theilbar.

Wenn aber $f(x)$ in zwei Factoren mit complexen Coefficienten zerfällt und diese nicht von demselben Grad sind, dann betrachtet man denjenigen Factor, dessen Grad kleiner als $\frac{n}{2}$ ist, und die dazu conjugirt imaginäre Function. Sind diese beiden Functionen relativ prim, so ist ihr Product in $f(x)$ enthalten; haben sie aber einen Theiler gemein, dann haben sie auch einen reellen gemeinsamen Theiler. Und so erkennt man, dass immer, wenn $f(x)$ in zwei complexe Factoren verschiedener Grade zerfällt, auch eine Zerlegung in zwei reelle Factoren vorhanden ist und darum $f(x) = 0$ mindestens eine Wurzel besitzt.

Endlich ist noch der Fall zu betrachten, wo $f(x)$ in zwei complexe Factoren des Grades $\frac{n}{2}$ zerlegbar ist, welche also conjugirt imaginär sind. Denkbar sind dann drei Fälle:

1) Beide Factoren haben einen gemeinsamen reellen Theiler.
2) Beide Factoren sind zwar theilerfremd, aber jeder ist auf mindestens eine Art in zwei complexe Factoren niedrigeren Grades zerlegbar.
3) Die beiden Factoren sind theilerfremd und durchaus nicht weiter zerlegbar.

In den beiden ersten Fällen erkennt man aus den früheren Betrachtungen sofort die Existenz mindestens einer Wurzel von $f(x) = 0$. Im dritten Fall aber würde kein Linearfactor von $f(x)$, keine Wurzel von $f(x) = 0$ existiren. Der Fundamentalsatz der Algebra ist also bewiesen, sobald es gelingt aus dieser letzten Annahme einen Widerspruch herzuleiten und dieselbe damit als unberechtigt zu erweisen.

$\varphi(x)$ sei der complexe gemeinsame Theiler von $f(x)$ und $P(x, v)$ und $\psi(x)$ die dazu conjugirte Function. Beide haben den Grad $\frac{n}{2}$ und als Coefficient der höchsten Potenz von x werde $+1$ vorausgesetzt, wie schon früher bei $f(x)$. Dann hat man $f(x) = \varphi(x) \cdot \psi(x)$, und das sei die einzig mögliche Factorenzerlegung von $f(x)$. So giebt es für $f(x+v)$ auch nur die eine Zerlegung

$$f(x+v) = \varphi(x+v) \cdot \psi(x+v)$$

und weil $f(x+v) = f(x) + v \cdot P(x, v)$ den Factor $\varphi(x)$ besitzt, so muss $\varphi(x)$ in $\varphi(x+v)$ oder $\psi(x+v)$ enthalten oder vielmehr mit einer dieser Functionen identisch sein.*) Aber $\varphi(x+v) - \varphi(x)$ kann nicht

*) Gordans Versehen liegt hier in folgendem Schluss: Wenn $\varphi(x)$ und $\psi(x)$ keinen gemeinsamen Theiler haben und man für sie keine weitere Zerlegung in niedere Factoren kennt, dann folgt aus der Theilbarkeit von $f(x+v)$ durch $\varphi(x)$

identisch verschwinden, denn $x^{\frac{n}{2}-1}$ hat darin den Coefficienten $\frac{n}{2}\cdot v$ und v ist gewiss nicht 0 (zu reellem v würde immer ein reeller grösster gemeinsamer Theiler $\varphi(x)$ von $f(x)$ und $P(x, v)$ gehören).

Die gemachte Annahme, dass $f(x)$ *nur* in das Product von $\varphi(x)$ und $\psi(x)$ zerlegbar sei, führt demnach zu

$$\varphi(x)=\psi(x+v)=\psi(x+\alpha+i\beta)$$

und das liefert einerseits durch Vertauschung von i mit $-i$

$$\psi(x)=\varphi(x+\alpha-i\beta)$$

und andrerseits

$$\varphi(x-\alpha-i\beta)=\psi(x)$$

$\varphi(x+\alpha-i\beta)-\varphi(x-\alpha-i\beta)$ müsste also identisch verschwinden, wenn die ursprünglich gemachte Annahme zulässig sein soll. Die Bildung des Coefficienten von $x^{\frac{n}{2}-1}$ zeigt nun, dass α den Werth 0 haben muss. β wird dann gewiss nicht auch verschwinden. Die Formel $\varphi(x)=\psi(x+v)=\psi(x+i\beta)$ liefert nun

$$\varphi\left(x-\frac{i\beta}{2}\right)=\psi\left(x+\frac{i\beta}{2}\right);$$

$\varphi\left(x-\frac{i\beta}{2}\right)$ würde sich demnach bei einer Vertauschung von i mit $-i$ gar nicht ändern, es hätte, nach Potenzen von x geordnet, reelle Coefficienten. Daraus würde aber folgen, dass $\varphi\left(x-\frac{i\beta}{2}\right)=0$ eine Wurzel und damit die Function $\varphi(x)$ selbst einen Linearfactor besitze, was mit der gemachten Annahme, dass $\varphi(x)$ in keiner Weise in Factoren zerlegbar sei, in Widerspruch steht. Damit ist diese Annahme selbst als unzulässig erwiesen und ein vollständiger Beweis des Fundamentalsatzes der Algebra aufgestellt.

Marburg, im Januar 1889.

---

entweder $\varphi(x+v)=\varphi(x)$ oder $\psi(x+v)=\varphi(x)$ Aber nicht, wenn man keine andere Zerlegung kennt, sondern nur, wenn man keine andere als möglich annimmt, darf man diesen Schluss ziehen. Und indem G. das übersieht, erkennt er in der sich ergebenden Realität von $\varphi\left(x-\frac{i\beta}{2}\right)$ und dem damit zusammenhängenden Vorhandensein einer Wurzel von $\varphi(x)=0$ keinen Widerspruch und schliesst direct: also hat auch $f(x)=0$ eine Wurzel. — Nur ein indirectes Beweisverfahren ist hier richtig.

r eine durchaus differentiirbare, stetige Function mit Oscillationen in jedem Intervalle.

Von

Alfred Köpcke in Ottensen.

Die von mir im XXIX. Bande dieser Annalen S. 123—140 ver-lichte differentiirbare stetige Function mit Maximis und Minimis lem Intervall leistet im Punkte der Differentiirbarkeit nicht Alles, sich verlangen lässt. Denn sie besitzt wohl nach vorwärts und rückwärts überall einen Differentialquotienten, nach S. 135 haben diese beiden Differentialquotienten mindestens in den überall vor-nenden Maximis und Minimis verschiedene Werthe. (Auf S. 135 ider ein Fehler stehen geblieben in Betreff der rückwärts ge-nenen Differentialquotienten; da ein solcher als

$$\lim_{\Delta x=0} \frac{\mathfrak{G}_{n+1}(x-\Delta x)-\mathfrak{G}_n(x)}{-\Delta x}$$

finiren ist, muss es in Zeile 10 und 11 heissen: $P_E(n)$ statt $^E(n)$ und in Zeile 16 und 17 ähnlich $-P^{E'}(n)$ statt $P^{E'}(n)$; ch haben dann die beiderseits genommenen Differentialquotienten hiedenes Vorzeichen, wie es in solchen Maximis und Minimis, nen der Differentialquotient nicht verschwindet, sich gehört). Es ir inzwischen gelungen, aus der Function $\mathfrak{G}(x)$ eine andere zu ten, deren Differentialquotienten überall beiderseits gleiche Werthe ı; u. z. ergab sich dieser Erfolg leicht, als ich erkannte, in ıer Beziehung der von mir erbrachte Beweis der Differentiirbarkeit $\mathfrak{G}(x)$ zu den nothwendigen und hinreichenden Bedingungen steht, denen eine unendliche Reihe von Functionen gliedweise diffe-irt werden darf. Derartige Bedingungen hat Dini in den Para-hen 100—103 seiner Fondamenti aufgestellt, und mein Beweis 29—134 der citirten Arbeit ist im Grunde nichts Anderes, als Nachweis, dass $\mathfrak{G}(x)=\mathfrak{G}_0(x)+\Sigma g_n(x)$ den Bedingungen genügt, he Dini's Teorema X in § 103 verlangt. Dieses Theorem lautet:

„Dafür, dass die Summe $f(x)$ einer Reihe Σu_n, deren Glied differentiirbare Functionen von x für das Intervall $a - \varepsilon_1$ bis $a +$ sind, eine eindeutig definirte endliche Ableitung im Punkte $x =$ besitze, und dass diese Ableitung gleich der Reihe $\Sigma u_n'$ aus den A leitungen der Glieder $u_1 u_2 u_3 \ldots u_n \ldots$ sei, sind die folgenden B dingungen nothwendig und hinreichend:

1) die Reihe $\Sigma u_n'$ der Ableitungen muss convergent sein;
2) wenn σ eine beliebig klein gewählte Grösse ist und m' ei beliebig gegebene Zahl bezeichnet, muss sich ein von Nı verschiedenes positives ε angeben lassen mit dem Erfolg, da die drei Grössen

$$\sum_1^m \left\{\frac{u_n(a+\delta)-u_n(a)}{\delta} - u_n'\right\}, \quad \frac{R_m(a+\delta)}{\delta}, \quad \frac{R_m(a)}{\delta}$$

für alle $|\delta| < \varepsilon$, für welche $a + \delta$ im Intervall $a - \varepsilon_1$ bi $a + \varepsilon_2$ liegt, numerisch kleiner als σ sind, falls man für m eine endliche Zahl wählt, die von δ abhängig sein kann, abe nicht kleiner als m' sein darf."

Die Function $\mathfrak{G}(x)$ ist eine Reihe, deren Glieder $u_1 = \mathfrak{G}_0(x)$ $u_2 = g_1(x) \ldots u_n = g_{n+1}(x) \ldots$ sämmtlich für das Intervall $x =$ bis $x = a + \varepsilon_2$ differentiirbar sind (es ist erlaubt, im Theorem $\varepsilon_1 =$ zu setzen, falls man nur wünscht, dass es eine vorwärts genommen Ableitung gebe). Dass die durch Differentiation der einzelnen Gliede erhaltene Reihe $\Sigma u_n'$ convergirt, ist S. 130 bewiesen; denn es ist

$$\mathfrak{G}_0'(x) + \sum_1^{n_1+m} g_n'(x) = P^x(n_1 + m),$$

und bezeichnen wir den Reihenrest $g_n(x) + g_{n+1}(x) + \cdots$ mit $R_n(x)$ so lässt sich n_1 so gross wählen, dass

$$|R_{n_1+m}'(x)| < \frac{\sigma}{5} \cdots m \geq 1,$$

weil nach S. 130 die $P^x(n)$ eine eindeutig definirte endliche Grenz besitzen.

Bei diesen Bezeichnungen ist ferner

$$P^x(n_1 + m) = P^x(n_1 + m + 1) + \sigma_1 \quad \text{und} \quad |\sigma_1| < \frac{2\sigma}{5}.$$

Wählt man jetzt, wie S. 133 vorgeschrieben, n_1 so gross, das $\frac{P}{10^{n_1}}$ kleiner als die beliebig klein gewählte Grösse $\frac{\sigma}{5}$ ist, und fern $n_2 \geq n_1$ so gross, dass $x < \xi^x_{n_1+1} \leq x + \Delta x \leq \xi^x_{n_2} \leq \xi^x_{n_1}$, so kann ma setzen

$$x = \xi^x_{n_2+1} - \Delta_2, \quad x + \Delta x = \xi^x_{n_2+1} + \Delta_1$$

und es folgt aus der Schlussformel S. 133:

$$\left.\begin{aligned} R_{n_2+1}(x) &= \beta \cdot \frac{P}{10^{n_2+1}} \cdot \Delta_2 \\ R_{n_2+1}(x+\Delta x) &= \beta' \cdot \frac{P}{10^{n_2+1}} \cdot \Delta_1 \end{aligned}\right\} \cdots |\beta|, \ |\beta'| < 1,$$

also, weil Δ_2 und Δ_1 kleiner sind, als Δx, auch:

$$\left|\frac{R_{n_2+1}(x)}{\Delta x}\right| < \frac{P}{10^{n_2+1}} < \frac{\sigma}{5} \quad \text{und} \quad \left|\frac{R_{n_2+1}(x+\Delta x)}{\Delta x}\right| < \frac{P}{10^{n_2+1}} < \frac{\sigma}{5}.$$

Es giebt also zu jedem $\delta = \Delta x < \varepsilon = \xi^x_{n_1} - x$ ein (von δ abhängiges) $m = n_2 + 1$, nicht kleiner als die gegebene Zahl $m' = n_1$, sodass $\frac{R_m(a)}{\delta}$ und $\frac{R_m(a+\delta)}{\delta}$ numerisch kleiner als σ sind.

Für dasselbe $m = n_2 + 1$ ist

$$\sum_1^m \left\{\frac{u_n(a+\delta) - u_n(a)}{\delta} - u_n'\right\} = \sum_1^m \frac{u_n(a+\delta) - u_n(a)}{\delta} - \sum_1^m u_n'$$

$$= \frac{\Delta \mathfrak{G}_{n_2+1}(x)}{\Delta x} - P^x(n_2+1).$$

Um den Nachweis zu führen, dass auch diese Differenz kleiner ist als σ, ist die Ungleichheit (A) auf S. 133 unentbehrlich; aus ihr folgt:

$$\frac{\Delta \mathfrak{G}_{n_2+1}(x)}{\Delta x} = P^x(n_2+1) - \frac{6P^x(n_2)}{10^{n_2+1}} + \sigma''$$

$$= P^x(n_2+1) - \sigma' + \sigma''.$$

Hierin ist

$$|\sigma''| < \left|P^x(n_2) - P^x(n_2+1) + \frac{7}{10}\frac{P^x(n_2)}{10^{n_2}}\right| < \frac{3\sigma}{5}$$

und

$$|\sigma'| = \left|\frac{6P^x(n_2)}{10^{n_2+1}}\right| < \frac{\sigma}{5},$$

also folgt:

$$\left|\frac{\Delta \mathfrak{G}_{n_2+1}(x)}{\Delta x} - P^x(n_2+1)\right| < \frac{4}{5}\sigma.$$

$\mathfrak{G}(x)$ befriedigt hiermit alle Bedingungen des Theorems, es besitzt also einen Differentialquotienten, den man durch Differentiation der einzelnen Glieder bilden darf. An der Unentbehrlichkeit der Ungleichheit (A) erkennt man, dass ein derartig complicirter Bau, wie ich ihn für $\mathfrak{G}(x)$ vorgeschrieben habe, nicht zu umgehen war. Natürlich waren für die Bildung von $\mathfrak{G}(x)$ nicht gerade Potenzen von 10 erforderlich; nur hätte man bei einer Basis, die kleiner als 6 wäre, im letzten Beweise statt von $\frac{\sigma}{5}$ von $\frac{\sigma}{10}$ auszugehen.

Um nun in ähnlicher Weise eine differentiirbare Function mit Maximis und Minimis in jedem Intervall zu bilden, deren vorwärts und rückwärts genommene Differentialquotienten übereinstimmen, wird man in den erzeugenden Functionen die Ecken vermeiden wollen; man kann dieselben ja leicht nach irgend welchem Gesetze abschleifen, z. B. durch Kreisbogen, welche die zusammenstossenden geradlinigen Theile berühren, wobei man nur für die Lage der Berührungspunkte eine Definition zu wählen hat. Vollzieht man diese Abschleifungen an den Ecken der $\mathfrak{G}_n(x)$, so ist die Grenzcurve, welcher sich die so veränderten $\mathfrak{G}_n(x)$ nähern, dieselbe Function $\mathfrak{G}(x)$, die wir bereits kennen; denn von den Abschleifungen nach beliebigem Gesetze werden alle *Mitten* der geradlinigen Theile der $\mathfrak{G}_n(x)$ nicht betroffen; diese Punkte, die wir früher mit M bezeichneten, liegen in unendlicher Anzahl in jedem Intervall; die neue Grenzcurve muss also mit der alten in jedem Intervall für unzählige Werthe von x übereinstimmen, und da beide Functionen stetig sind, stimmen sie folglich durchaus überein. Anders wird es, wenn man die Abschleifungen an den $g_n(x)$ anbringt, wodurch dann die $\mathfrak{G}_n(x)$ gänzlich verändert werden und sich auch einer ganz neuen Grenzcurve nähern; dann lässt sich allerdings nachweisen, dass diese Grenzcurve differentiirbar ist, aber nicht mehr, dass sie Maxima und Minima in jedem Intervall hat, was im Gegentheil nicht der Fall zu sein scheint. Nach diesen Vorbemerkungen will ich die Definitionen für eine neue alle Anforderungen erfüllende Function aufstellen.

Als Grundlage dient die folgende Construction, die mit Hülfe der Figuren zur Function $\mathfrak{G}(x)$, welche der früheren Arbeit beigegeben sind, verständlich sein wird.

Schneide von der Strecke AB an beiden Enden die Stücke Aa und Bb ab, deren jedes $\frac{1}{20}\,AB$ betragen mag; halbire ab in m; lege dann durch a eine Gerade G_0, für welche $\frac{\Delta y}{\Delta x} = \frac{1}{10^n}$, durch m aber $\frac{10^n}{2} + 1$ Gerade $G_1 G_3 G_5 \cdots$, für welche $\frac{\Delta y}{\Delta x} = -\frac{1}{10^n}, -\frac{3}{10^n}, \ldots$. Lege dann durch den Schnittpunkt $(G_0 G_3)$ von G_0 mit G_3 eine Parallele G_1' zu G_1; ferner durch $(G_1' G_5)$ eine Gerade $G_3' \| G_3$ u. s. w., so entsteht von A bis m eine gebrochene Linie; von m bis B setze sie sich durch einen symmetrischen und noch negativ genommenen Ast fort.

Trage jetzt auf G_0 ab $aA' = aA$ und beschreibe den Kreisbogen, welcher Aa und G_0 in A und A' berührt. An jeder anderen Ecke der gebrochenen Linie schneide auf beiden dort zusammenstossenden Seiten vom Eckpunkte aus $\frac{1}{10}$ der kürzeren dieser Seiten ab und ichne den Kreisbogen, welcher die abgeschnittenen Stücke zu angenten, deren Endpunkte zu Berührungspunkten hat. So entsteht on A bis B eine stetig gekrümmte Linie, die als Function mit $A \ldots B)_n$ bezeichnet werde; ihre Gestalt hängt von n, ihr Massstab n der Länge AB ab, ihre relativen Dimensionen und damit ihr ifferentialquotient werden geändert, wenn sie mit irgend einem Factor ultiplicirt wird.

Man denke sich in einem Kreisquadranten die Sehne gezogen; gt man diese Sehne horizontal und benutzt sie als Abscissenaxe, ren einen Endpunkt als Coordinatenanfang, ihre Länge als Einheit, möge die durch den Bogen dargestellte Function mit $\mathfrak{H}_0(x)$ beichnet werden; dieselbe besitzt in $x = \frac{1}{2}$ ein Maximum; ihr Diffentialquotient ist $= 1$ in $x = 0$, in $x = \frac{1}{2}$ ist er $= 0$; sein Werth $x = \frac{1}{4}$ sei A_0 $\left(\text{man erhält leicht } \mathfrak{H}_0(x) = -\frac{1}{2} + \sqrt{\frac{1}{4} + x - x^2}\right.$ d hieraus $\left. A_0 = \sqrt{\frac{1}{7}}\right)$. Zeichne nun die Curve $A_0 \cdot \left(0 \cdots \frac{1}{2}\right)_1$ und $A_0 \cdot \left(\frac{1}{2} \cdots 1\right)_1$ und bezeichne die aus diesen beiden Stücken behende Curve als Function mit $h_1(x)$; ihr Differentialquotient ist $= 0$ $x = 0$, $x = \frac{1}{2}$ und $x = 1$; für uns wichtig ist, dass in $x = \frac{1}{4}$ r Differentialquotient $= -\frac{11}{10} A_0$ ist, sodass also $\mathfrak{H}_0(x) + h_1(x) = \mathfrak{H}_1(x)$ selbst einen *negativen* Differentialquotienten $-\frac{1}{10} A_0$ besitzt. Hieraus gt, dass $\mathfrak{H}_1(x)$ dicht vor $x = \frac{1}{4}$, in $\xi_1{}^1$, ein Maximum, dicht nach $= \frac{1}{4}$, in $\xi_1{}^2$, ein Minimum, dann in $\xi_1{}^3 = \frac{1}{2}$ ein Maximum, in $= 1 - \xi_1{}^2$ ein Minimum, in $\xi_1{}^5 = 1 - \xi_1{}^1$ endlich ein Maximum itzt (ähnlich wie $\mathfrak{G}_1(x)$ — siehe Fig. 1 der früheren Abhandlung — r die Maxima und Minima E und E' liegen an anderen Stellen).

Man halbire nun die Strecken $0 \ldots \xi_1{}^1$, $\xi_1{}^1 \ldots \xi_1{}^2$, $\xi_1{}^2 \ldots \xi_1{}^3$, u. s. w. l bezeichne die Werthe des Differentialquotienten von $\mathfrak{H}_1(x)$ in den lbirungspunkten mit $A_1{}^1$, $A_1{}^2$, $A_1{}^3$, u. s. w. Dann zeichne man ter einander die Curven $A_1{}^1 \cdot (0 \ldots \xi_1{}^1)_2$, $A_1{}^2 \cdot (\xi_1{}^1 \ldots \xi_1{}^2)_2, \ldots$ l bezeichne die gesammte Curve als Function mit $h_2(x)$; dann bet $\mathfrak{H}_2(x) = \mathfrak{H}_0(x) + h_1(x) + h_2(x)$ von $x = 0$ bis $x = 1$ bereits Maxima und 8 Minima.

Man fahre so fort, d. h. man theile für $\mathfrak{H}_n(x)$ die Abscissenaxe Strecken $\xi_n^s \ldots \xi_n^{s+1}$, in denen $\mathfrak{H}_n(x)$ stets wächst oder stets abmt; man halbire dann jede dieser Strecken, wähle den Werth $^{+1}$ von $\frac{d\mathfrak{H}_n(x)}{dx}$ in diesem Halbirungspunkte und zeichne die Curve

$A_n^{s+1} \cdot (\xi_n^s \ldots \xi_n^{s+1})_{n+1}$; die Gesammtheit dieser Curven als Function bezeichne man mit $h_{n+1}(x)$; dann besitzt $\mathfrak{H}_{n+1}(x) = \mathfrak{H}_n(x) + h_{n+1}(x)$ in jeder Strecke ein Maximum und ein Minimum; die Strecken selbst sind jede kleiner, als $\frac{1}{2^{n+1}}$. Ich behaupte:

„Die Functionen $\mathfrak{H}_n(x)$ nähern sich mit wachsendem n einer Grenzfunction $\mathfrak{H}(x)$, welche

1) überall eindeutig endlich definirt ist;
2) überall stetig ist;
3) überall einen endlichen Differentialquotienten besitzt, welcher vor- und rückwärts genommen denselben Werth hat;
4) in jedem beliebigen Intervalle Maxima und Minima besitzt."

Man beachte zunächst, dass alle A_n^{s+1} numerisch kleiner sind als

$P = \prod_{n=1}^{\infty} \left(1 + \frac{1}{10^n}\right)$; daher ist auch überall

$$|h_{n+1}(x)| < \frac{1}{2} \cdot \frac{P}{20^{n+1}},$$

$$|h_{n+1}(x) + h_{n+2}(x) + \cdots| < \frac{P}{2} \cdot \frac{1}{20^n},$$

sodass sich über $\mathfrak{H}(x)$ in derselben Weise, wie S. 128 u. 129 der früheren Abhandlung über $\mathfrak{G}(x)$, schliessen lässt, dass sie eindeutig endlich definirt und stetig ist.

Den Beweis für die Existenz eines Differentialquotienten $\frac{d\mathfrak{H}(x)}{dx}$ in jedem Punkte führen wir nun genau im Anschluss an das voraufgeschickte Dini'sche Theorem, durch dessen Hülfe wir feststellen können, dass $\mathfrak{H}(x) = \mathfrak{H}_0(x) + \Sigma h_n(x)$ gliedweise differentirt werden darf.

Das Theorem verlangt zuerst, dass $\frac{d\mathfrak{H}_0(x)}{dx} + \sum_1^{\infty} h_n'(x)$ convergent sei. Es sei $\frac{d\mathfrak{H}_0(x)}{dx} + \sum_1^{n} h_n'(x) = B_n^x$, dann haben die unendlich vielen Grössen B_{n+m}^x eine *obere* Grenze $\leq P$ und eine untere Grenze $q_n \geqq -P$, d. h. es ist *kein* $B_{n+m}^x < q_n$, wohl aber giebt es Fälle in denen

$$q_n \leq B_{n+m}^x < q_n + \varepsilon$$

gilt, wie klein auch ε gegeben sein mag. Wähle nun n so gross dass $\frac{P}{10^n} < \varepsilon$.

Wenn x zwischen ξ_n^s und ξ_n^{s+1} liegt, ist

$$B^x_{n+1} = B^x_n + A^{s+1}_n \cdot \frac{\gamma}{10^{n+1}} \quad \cdots \quad 1 \geqq \gamma \geqq -(10^n + 1)$$

und

$$B^x_{n+m} = B^x_n + A^{s+1}_n \cdot \frac{\gamma}{10^{n+1}} + A^{s'+1}_{n+1} \cdot \frac{\gamma'}{10^{n+2}} + \cdots$$

$$\leqq B^x_n + P\left(\frac{1}{10^{n+1}} + \frac{1}{10^{n+2}} + \cdots\right) = B^x_n + \frac{P}{10^n}.$$

Es ist aber zugleich $B^x_{n+m} \geqq q_n$.

Wenn also für n gilt:

$$q_n \leqq B^x_n \leqq q_n + \varepsilon,$$

so gilt für jedes m:

$$q_n \leqq B^x_{n+m} \leqq q_n + 2\varepsilon.$$

Die Grössen q_n können nun mit n nur wachsen, besitzen also eine obere Grenze q, sodass *kein* $q_n > q$ ist, wohl aber für irgend einen Werth $n = N$ gilt:

$$q - \varepsilon < q_N \leqq q.$$

Damit ist dann

$$q - \varepsilon < q_N \leqq B^x_{N+m} \leqq q_N + 2\varepsilon \leqq q + 2\varepsilon$$

für jedes m; d. h. B^x_n nähert sich mit wachsendem n dem Werthe q, den wir als Function von x mit $Q(x)$ bezeichnen wollen. Hiernach lässt sich n_1 so gross wählen, dass

$$Q(x) - \varepsilon \leqq B^x_{n_1+m} \leqq Q(x) + \varepsilon$$

und zugleich $\dfrac{P}{10^{n_1}} < \varepsilon$.

Ich bezeichne mit ξ^x_n, wie schon ähnlich in der früheren Abhandlung (S. 131), den Argumentwerth für das auf $\mathfrak{H}_n(x)$ zunächst folgende Maximum oder Minimum der Function $\mathfrak{H}_n(x)$. Dann sei Δx so klein gewählt, dass $x + \Delta x \leqq \xi^x_{n_1}$, und n_2 so gross, dass

$$x < \xi^x_{n_2+1} \leqq x + \Delta x \leqq \xi^x_{n_2} \leqq \xi^x_{n_1}.$$

Nun gilt:

$$h_{n_2+1+m}(\xi^x_{n_2+1}) = 0,$$

$$|h_{n_2+1+m}(\xi^x_{n_2+1} \pm \Delta)| < \frac{P}{10^{n_2+1+m}} \cdot \Delta.$$

Setzt man also $\Delta x = \Delta_1 + \Delta_2$, nämlich $x = \xi^x_{n_2+1} - \Delta_2$ und $x + \Delta x = \xi^x_{n_2+1} + \Delta_1$, und bezeichnet man den Rest der Reihe $\mathfrak{H}(x)$ durch $r_n(x)$, so folgt

$$\left.\begin{aligned} r_{n_2+1}(x) &= \beta \cdot \frac{P}{10^{n_2+1}} \cdot \Delta_2 \\ r_{n_2+1}(x + \Delta x) &= \beta' \cdot \frac{P}{10^{n_2+1}} \cdot \Delta_1 \end{aligned}\right\} \cdots \quad \begin{aligned} |\beta| &< 1 \\ |\beta'| &< 1 \end{aligned}$$

und weil Δ_2 und Δ_1 kleiner sind, als Δx, auch:

$$\left|\frac{r_{n_2+1}(x)}{\Delta x}\right| < \frac{P}{10^{n_2+1}} \quad \text{und} \quad \left|\frac{r_{n_2+1}(x+\Delta x)}{\Delta x}\right| < \frac{P}{10^{n_2+1}},$$

wie es das Dini'sche Theorem verlangt.

Hätten wir bei der Construction der $h_n(x)$ die abschleife Kreisbogen fortgelassen, sodass diese Functionen $\mathfrak{h}_n(x)$ gebroc Linien darstellen würden, so gälte die Ungleichheit (nach S. 131 132 der früheren Abhandlung):

$$\frac{d\mathfrak{h}_{n+1}(x)}{dx} - \frac{6A_n^{s+1}}{10^{n+1}} < \frac{\Delta\mathfrak{h}_{n+1}(x)}{\Delta x} \leqq \frac{A_n^{s+1}}{10^{n+1}}$$

für $x + \Delta x \leqq \xi_n^x$. Zur Befestigung der Vorstellung nehmen wi dass A_n^{s+1} positiv ist. Die Function $\frac{\Delta h_{n+1}(x)}{\Delta x}$ hat mit $\frac{\Delta\mathfrak{h}_{n+1}}{\Delta}$ dieselbe *obere* Grenze; sie hat aber auch *keine kleinere untere* Gr Denn betrachten wir $\frac{YZ}{XZ}$ in den Figuren 3ᵃ—3ᶜ der früheren handlung, so hat dieser Quotient den kleinsten Werth, wenn eine Ecke, z. B. nach e' fällt; ist bei e' der Kreisbogen const so muss in den Fällen 3ᵇ und 3ᶜ von X aus an diesen die Tan gelegt werden, wenn man den kleinsten Werth von $\frac{YZ}{XZ}$ darst will; dieser kleinste Werth wird dadurch *grösser*, als er war, und grösser wird er, falls auch X bei der Construction von $h_{n+1}(x)$ einen Kreisbogen fällt; liegt X noch über e' hinaus, so kann (wie bei $g_{n+1}(x)$) $\frac{\Delta h_{n+1}(x)}{\Delta x}$ nicht kleiner werden als $\frac{dh_{n+1}(x)}{dx}$.

$\frac{dh_{n+1}(x)}{dx} = B_{n+1}^x - B_n^x$ kann von $\frac{d\mathfrak{h}_{n+1}(x)}{dx}$ abweichen; g kann es aber an den meisten Ecken nur um $\frac{2A_n^{s+1}}{10^{n+1}}$, an Ecken e o allerdings um $\frac{4A_n^{s+1}}{10^{n+1}}$ geworden sein, d. h. es ist immer

$$B_{n+1}^x - B_n^x - \frac{4A_n^{s+1}}{10^{n+1}} < \frac{d\mathfrak{h}_{n+1}(x)}{dx},$$

also gilt:

$$B_{n+1}^x - B_n^x - \frac{10A_n^{s+1}}{10^{n+1}} < \left(\frac{\Delta h_{n+1}(x)}{\Delta x}\right) \leqq \frac{A_n^{s+1}}{10^{n+1}}$$
$$x + \Delta x \leqq \xi_n^x.$$

Für $\mathfrak{H}_{n+1}(x)$ haben wir hiernach die Ungleichheit:

$$B_{n+1}^x - \frac{10A_n^{s+1}}{10^{n+1}} < \left(\frac{\Delta\mathfrak{H}_{n+1}(x)}{\Delta x}\right) < \frac{A_n^{s+1}}{10^{n+1}} + B_n^x$$
$$x + \Delta x \leqq \xi_n^x.$$

Ist nun $\frac{P}{10^{n_1}} < \frac{\sigma}{5}$ und zugleich $r'_{n_1}(x) < \frac{\sigma}{5}$, und ist $n_2 > n_1$ so gewählt, dass $x < \xi^x_{n_2+1} \leqq x + \Delta x \leqq \xi^x_{n_2} \leqq \xi^x_{n_1}$ gilt, so ist zunächst

$$B^x_{n_2} = B^x_{n_2+1} + \sigma_1 \cdots |\sigma_1| < \frac{2\sigma}{5}$$

und also weiter:

$$\left| B^x_{n_2} + \frac{A^{s+1}_{n_2}}{10^{n_2+1}} - \left[B^x_{n_2+1} - \frac{10 A^{s+1}_{n_2}}{10^{n_2+1}} \right] \right|$$

$$= \left| B^x_{n_2} - B^x_{n_2+1} + \frac{11}{10} \cdot \frac{A^{s+1}_{n_2}}{10^{n_2+1}} \right| < \frac{4\sigma}{5}.$$

Folglich ist in:

$$\frac{\Delta \mathfrak{H}_{n_2+1}(x)}{\Delta x} = B^x_{n_2+1} - \frac{10 A^{s+1}_{n_2}}{10^{n_2+1}} + \sigma''$$

$$= B^x_{n_2+1} - \sigma' + \sigma''$$

die Grösse σ'' numerisch kleiner als $\frac{4\sigma}{5}$ und σ' kleiner als $\frac{\sigma}{5}$, also ist

$$\left| \frac{\Delta \mathfrak{H}_{n_2+1}(x)}{\Delta x} - B^x_{n_2+1} \right| < \sigma.$$

Hiermit erfüllt $\mathfrak{H}(x)$ alle Bedingungen des Dini'schen Theorems; es darf also gliedweise differentiirt werden; die Differentiation führt aber bei jedem Gliede *vorwärts* und *rückwärts* zu demselben Werthe, also hat auch $\mathfrak{H}(x)$ überall nach *vorwärts* und *rückwärts* denselben Differentialquotienten.

Es muss noch bewiesen werden, dass $\mathfrak{H}(x)$ in jedem beliebigen Intervall Maxima und Minima besitzt. Hat $\mathfrak{H}_n(x)$ in $x = \xi$ ein Maximum, so ist $\frac{d\mathfrak{H}_{n+m}(x)}{dx} = 0$, also auch $\frac{d\mathfrak{H}(x)}{dx} = 0$. Man mag nun um ξ ein noch so kleines Intervall abgrenzen, man kann $n + m$ stets so gross wählen, dass in diesem Intervall sowohl vor wie hinter ξ noch mindestens *ein* Minimum von $\mathfrak{H}_{n+m}(x)$ liegt; da die beiderseits nächstgelegenen Minima jedenfalls kleiner sind als $\mathfrak{H}_{n+m}(\xi) = \mathfrak{H}_n(\xi)$, weil dieser Werth ja auch für $\mathfrak{H}_{n+m}(x)$ ein Maximum ist, so giebt es also sicher für $\Delta\mathfrak{H}(x)$ beiderseits in jeder Nähe *negative* Werthe; $\Delta\mathfrak{H}(x)$ kann zwar ausserdem in jeder Nähe *positive* Werthe haben (worüber sich Nichts entscheiden lässt) — der Beweis aber, dass $\mathfrak{H}(x)$ Maxima und Minima in jedem Intervall hat, ist hiermit erbracht. Denn giebt es nicht in jeder Nähe *positive* $\Delta\mathfrak{H}(x)$, so ist $\mathfrak{H}(\xi)$ selbst ein Maximum; giebt es aber ausser den *negativen* $\Delta\mathfrak{H}(x)$ auch *positive* in jeder Nähe von $x = \xi$ (selbst nur auf einer Seite), so liegen auch Maxima und Minima in beliebiger Nähe bei $x = \xi$ (mindestens einseitig); Werthe $x = \xi$, welche irgend ein $\mathfrak{H}_n(x)$ zum Maximum machen, giebt es aber überall.

Gegen die Betrachtungen, mit welchen ich die Veröffentlich der Function $\mathfrak{G}(x)$ begleitet habe, sind von Herrn **Pasch** auf Gr der rein empirischen Raumauffassung Bedenken erhoben (Bd. X dieser Annalen S. 130, 131). Ich kann mich indessen nicht ü zeugen, dass wirklich die idealisirende Raumauffassung aufgeg werden müsste.

Man findet einen Widerspruch darin, dass gewisse ideali Linien, die durch stetige Functionen definirt sind, Eigenschaften sitzen, welche denen aller physischen Linien widersprechen. Es l aber gar nicht behauptet werden, dass idealisirte Linien alle Ei schaften der physischen Linien theilen müssten. Es lässt sich a von den idealisirten Punkten, welche $y = \mathfrak{H}(x)$ in der Coordina ebene definirt, leicht zeigen, dass sie eine idealisirte Linie bil denn die Linien $y_1 = \mathfrak{H}_n(x) - \frac{P}{20^n}$ und $y_2 = \mathfrak{H}_n(x) + \frac{P}{20^n}$ la zwischen sich einen Streifen frei, dessen Breite sich bei Vergrösser von n gesetzmässig verringert, und $y = \mathfrak{H}(x)$ ist das Grenzgeb welchem sich dieser Streifen hierbei nähert; da auch jeder Str ganz im vorhergehenden liegt, entspricht dieses Grenzgebilde g der Definition einer idealisirten Linie, wenn man eine solche allmäl aus einem stabförmigen Körper entstanden denkt. Wie bewiesen hat die Linie $y = \mathfrak{H}(x)$ in jedem ihrer Theile unendlich viele Ma und Minima; hierdurch wird die Vorstellung unmöglich, dass idealisirter Punkt sie durchlaufen könnte in derselben Weise, in wel ein solcher einen idealisirten Kreis beschreiben oder wie ein empiris Punkt eine physische Linie durch Bewegung erzeugen kann. kann aber weder aus der Definition der stetigen Function noch den Erklärungen der mathematischen Linie und des mathematis Punktes folgern, dass für die Linie $y = \mathfrak{H}(x)$ eine derartige stellung möglich sein müsste; es ist also gar kein Widerspruch handen. Ich habe diejenigen idealisirten Linien, welche eine fassung als Bewegungscurven erlauben, „anschaulich" genannt behauptet: „anschauliche Curven haben auch anschauliche Differen und Integralcurven"; für die Theorie der stetigen Functionen s damit gesagt sein: „Stetige Functionen, denen idealisirte Linien sprechen, die durch Bewegung eines idealisirten Punktes erzeugt dacht werden können, besitzen Differential- und Integralfunctio denen idealisirte Linien entsprechen, für welche dieselbe Erzeug denkbar ist." Ich habe hinzugefügt, dass dieser Satz in der ma matischen Physik vorausgesetzt wird; ich verstand hierunter dieje Behandlung der Physik, bei welcher die Schwerpunkte der Mole mathematische Punkte sind, die bei ihren Bewegungen mathemati Linien beschreiben; nur weil die Physik voraussetzen muss, dass von diesen Punkten beschriebenen Linien Bewegungscurven sind, darf sie auch den obigen Satz benutzend annehmen, dass ihre Differentialgleichungen nie auf Linien führen werden, welche *keine* Bewegungscurven sind. Wo man in der Physik von physischen Linien reden will, passt der Satz nicht mehr; dann tritt, wie Herr Pasch mit Recht hervorhebt, an seine Stelle der Satz: „Jede physische Linie lässt sich durch eine beliebig oft differentiirbare Function mit hinreichender Genauigkeit darstellen“; aber auch hierbei wird es wichtig sein, zur Darstellung nur Functionen zu benutzen, denen idealisirte *Bewegungs*curven entsprechen. Es muss also unter allen Umständen das Problem gelöst werden, welche analytische Bedingung diejenigen stetigen Functionen, denen idealisirte Bewegungscurven zugehören, von jenen scheidet, deren zugehörige Linien sich nur als Grenzen zweier Flächenstücke auffassen lassen.

Aus den Eigenschaften physischer Linien lässt sich begründen, dass dieselben Differential- und Integralcurven haben; aber die darstellenden *Functionen* könnten sehr wohl noch Eigenschaften besitzen, welche man an physischen Linien nicht gewohnt ist und daher auch nicht bei Geschwindigkeiten, Kräften und Potentialen erwartet. Da ist es wichtig, dass Nichts hiervon eintritt, wenn nur *entweder* die Bewegungen selbst *oder* die Geschwindigkeiten *oder* die Kräfte *oder* deren Potentiale durch Functionen ohne solche Eigenschaften dargestellt sind.

Ottensen, im November 1888.

Ueber Gruppen von Transformationen des Raumes in sich.

Von

A. Schönflies in Göttingen.

Diejenigen Gruppen von Transformationen des Raumes in sich, mit denen sich die nachfolgende Arbeit beschäftigt, sind solche Gruppen von endlichen Transformationen, bei denen eine beliebige Raumfigur stets in eine ihr congruente oder symmetrisch gleiche übergeht.

Bleibt die Raumfigur sich stets congruent, so ist die zugehörige Gruppe eine Gruppe von Bewegungen. Die Bewegungsgruppen sind bekanntlich schon verschiedentlich abgeleitet worden.

Diejenigen Gruppen, welche auch symmetrische Transformationen enthalten, d. h. solche, welche den Raum symmetrisch in sich überführen, sind noch nicht studirt worden. Sie sollen *erweiterte Gruppen* genannt werden. Auf die Zweckmässigkeit, die Theorie der Bewegungsgruppen durch Hinzunahme des Symmetriebegriffes zu erweitern, hat mich Herr Klein gelegentlich aufmerksam gemacht. *Die Gesammtheit derselben aufzustellen, bildet den Zweck der folgenden Arbeit.*

Wenn auch diese Gruppen unter allen Transformationsgruppen einen mehr elementaren Charakter besitzen, so scheinen sie doch dadurch ein erhöhtes Interesse zu verdienen, dass sie mit dem Problem der *regulären Raumtheilung* und mit den neueren Versuchen, eine befriedigende *Theorie der Krystallstructur* zu schaffen, aufs engste zusammenhängen. Auf den Zusammenhang mit der Raumtheilung habe ich bereits früher in den Göttinger Nachrichten kurz hingewiesen.*)

Die Bedeutung der Gruppen für die Theorie der Krystallstructur beruht auf der Erkenntniss, dass die Betrachtung der Bewegungsgruppen allein hier nicht mehr ausreicht;**) so dass die Einführung der

*) Ueber reguläre Gebietstheilungen des Raumes, Jahrgang 1888, S. 223ff.

**) Vergl. Wulff „Ueber die regelmässigen Punktsysteme" (Zeitschr. für Krystallogr. Bd. 13. 1887), Sohncke „Bemerkungen zu Herrn Wulffs Theorie der Krystallstructur" und „Erweiterung der Theorie der Krystallstructur" (ebenda Bd. 14, 1888) sowie meinen vor Kurzem erschienenen „Beitrag zur Theorie der Krystallstructur" (Gött. Nachr. 1888, p. 483ff.)

erweiterten Gruppen nicht allein mathematisch, sondern auch krystallographisch nothwendig erscheint. In der That wird es erst mit ihrer Hilfe möglich, die Theorie der Krystallstructur für *alle* Hauptkrystallsysteme und ihre Unterabtheilungen einheitlich zu gestalten.

Die Methode, deren ich mich bei der Ableitung der erweiterten Gruppen bediene, beruht auf folgenden Ueberlegungen. Zunächst möge daran erinnert werden, dass das Product von zwei *symmetrischen Transformationen* eine wirkliche Bewegung ist. Andrerseits ist evident, dass in jeder erweiterten Gruppe von Raumtransformationen die Bewegungen eine ausgezeichnete Untergruppe bilden; also folgt sofort, dass *jede erweiterte Gruppe durch Multiplication einer Bewegungsgruppe mit einer einzigen symmetrischen Operation ableitbar ist.* Es handelt sich also nur noch darum, die sämmtlichen fundamentalen Transformationen dieser Art, welche in Frage kommen, zu kennen, und zu prüfen, ob sich die einzelnen Bewegungsgruppen mit den bezüglichen Operationen erweitern lassen. Dies soll in engem Anschluss an meine früheren Arbeiten über Bewegungsgruppen ausgeführt werden.*) Die dort eingeführten Bezeichnungen werde ich bis auf wenige jedesmal zu nennende Ausnahmen hier beibehalten, resp. benutzen. Das Gleiche gilt von den a. a. O. gezeichneten Figuren.

Ich beschränke mich auf solche Gruppen, welche auch Translationen enthalten. Diejenigen Gruppen, bei denen ein Punkt fest bleibt, sind bereits von Herrn Minnigerode erschöpfend behandelt worden.**) Wie die allgemeinen Gruppen mit der Theorie der *Krystallstructur* zusammenhängen, so liefern die Gruppen mit festem Punkt sämmtliche *Krystallsysteme.*

Diese Gruppen lassen sich nämlich kurz als Gruppen von Symmetrieen***) in Bezug auf einen festen Punkt charakterisiren, so dass andere Verbindungen von Symmetrieen, als in einer dieser Gruppen enthalten sind, in der Natur nicht vorkommen können. Jede wirklich vorhandene Krystallsymmetrie muss daher stets einer dieser Gruppen entsprechen. Von dieser Erwägung ausgehend, leitet Herr Minnigerode die bezüglichen Gruppen in der Weise ab, dass er alle Untergruppen einzelner Hauptgruppen aufstellt. Die Hauptgruppen entsprechen dabei den sieben Hauptclassen von Krystallsystemen, die Untergruppen den Hemiedrieen und Tetartoedrieen dieser einzelnen Classen.

Bei der geringen Anzahl der Hauptgruppen, welche auf ihre

---

*) Diese Annalen, Bd. 28, S. 319 und Bd. 29, S. 30. Ich werde dieselben unter B. G. I, resp. B. G. II citiren.

**) Untersuchungen über die Symmetrieverhältnisse der Krystalle. Neues Jahrbuch f. Mineral. Beilageband 5, S. 145.

***) Das Wort „Symmetrie" ist hier in krystallographischer Bedeutung gebraucht.

Untergruppen zu untersuchen sind, führt das von Herrn Minnigerod eingeschlagene Verfahren leicht und sicher zum Ziele. Bei den all gemeinen Gruppen scheint mir jedoch die oben erwähnte Methode de Vorzug zu verdienen; denn einerseits ist die Zahl der Hauptgruppe die in Frage kommen, eine sehr grosse, und andrerseits sind sie j selbst bereits erweiterte Gruppen, müssten daher ebenfalls erst bestimn werden.

Uebrigens kann die im Folgenden anzuwendende Methode auc zur Aufstellung der Gruppen mit festem Punkt gut benutzt werden.

§ 1.

Bedingung für die Erweiterungsfähigkeit der Bewegungsgruppen.

Es ist bereits erwähnt worden, dass in jeder erweiterten Grupp die Bewegungen eine ausgezeichnete Untergruppe bilden*). Soll sic daher eine Bewegungsgruppe Γ durch Multiplication mit der sym metrischen Transformation $\mathfrak{S}$ zu einer Gruppe $\bar{\Gamma}$ erweitern lassen welche Γ als ausgezeichnete Untergruppe enthält, so muss $\mathfrak{S}$ da Axensystem von Γ — resp. wenn ein solches nicht besteht, das au den Translationen gebildete Raumgitter — in sich überführen. Welch Axen hierbei zur Deckung gelangen dürfen, ergiebt sich durch folgend Ueberlegung.

Bei jeder symmetrischen Operation dreht sich bekanntlich de Windungssinn der einzelnen Bewegungen um; d. h. linksgewunden Bewegungen gehen in rechtsgewundene über, und umgekehrt. Ist nu a die Axe einer Bewegung

$$\mathfrak{A}(\omega, t),$$

deren Drehungswinkel ω, und deren Translation t ist, und kommt durch die symmetrische Operation mit a_1 zur Deckung, so geht di Bewegung $\mathfrak{A}$ in

$$\mathfrak{A}_1(-\omega, t)$$

über. Sind a und a_1 gleichartige Axen in Bezug auf die Gruppe I so existirt auch die Bewegung

$$\mathfrak{A}_1(\omega, t)$$

und demnach auch die Translation $2t$ parallel zu a und a_1; *daher h t entweder den Werth Null, oder es ist eine halbe Translation.*

Sind dagegen a und a_1 nicht gleichartige Axen in Bezug auf di Gruppe Γ, so können sie sich nur durch ihren Windungssinn unte scheiden; ist die eine die Axe einer linksgewundenen Bewegung, s

*) Hier, sowie im Folgenden, ist natürlich nur von solchen Untergrupp die Rede, welche dieselbe Translationsgruppe besitzen, wie die Hauptgrupp Vgl. B. G. II, S. 52.

gehört zu der andern die analoge rechtsgewundene Bewegung. Ist dies nicht der Fall, so lässt sich aus Γ keine erweiterte Gruppe bilden. Dies trifft z. B. immer zu, wenn alle Axen gleichartig sind, und die Gleitungscomponente der zugehörigen Bewegung weder Null, noch eine halbe Translation ist. Ferner folgt, dass erweiterte Gruppen, welche sich nur durch den Windungssinn der Schraubenbewegungen unterscheiden, nicht existiren. Die bezüglichen Bewegungsgruppen (vgl. B. G. I, S. 331, 333, 334) sind der Erweiterung nicht fähig.

Die eben gefundene Bedingung ist zur Ableitung der erweiterten Gruppe $\bar{\Gamma}$ nothwendig, aber nicht hinreichend. Da nämlich Γ ausgezeichnete Untergruppe von $\bar{\Gamma}$ sein soll, so ist noch nöthig, dass die Potenzen der Operation $\mathfrak{S}$ nicht etwa neue Bewegungen liefern, welche in Γ nicht enthalten sind*). *Wenn aber diese beiden Bedingungen erfüllt sind, so existirt auch stets eine erweiterte Gruppe $\bar{\Gamma}$, welche Γ zur ausgezeichneten Untergruppe hat, und auf die genannte Art aus Γ entsteht.*

§ 2.

Die einfachen symmetrischen Operationen.

Es handelt sich nunmehr darum, die symmetrischen Operationen zu finden, welche zur Erweiterung benutzt werden können. Dieselben ergeben sich leicht aus den bekannten Sätzen über in einander liegende symmetrische Räume.

Zwei derartige Räume, Σ und Σ_1 haben bekanntlich stets eine Ebene $\sigma = \sigma_1$ entsprechend gemein, und zwar so, dass σ und σ_1 congruent in einander liegen. Daher haben σ und σ_1 einen Punkt $O = O_1$, also Σ und Σ_1 eine zu σ senkrechte Axe $s = s_1$ entsprechend gemein; es folgt, dass Σ und Σ_1 durch Spiegelung an σ und durch Drehung um s zur Deckung gebracht werden können. Ist ω der bezügliche Drehungswinkel, so möge diese symmetrische Operation durch

$$\mathfrak{S}(\omega)$$

bezeichnet werden.

Eine Ausnahme kann nur dann eintreten, wenn der Punkt O im Unendlichen liegt. Alsdann genügt eine Spiegelung an σ in Verbindung mit einer zu σ parallelen Gleitung t, um Σ und Σ_1 in einander überzuführen; diese Operation wollen wir durch

$$\mathfrak{S}(t)$$

bezeichnen.

---

*) Ist diese Bedingung nicht erfüllt, so entsteht zwar auch noch eine erweiterte Gruppe; aber die in ihr enthaltene Bewegungsgruppe ist nicht mehr die Gruppe Γ.

Die beiden symmetrischen Operationen $\mathfrak{S}(\omega)$ und $\mathfrak{S}(t)$ sind daher die einzigen, welche als erweiternde Operationen in Frage kommen. Nun ist

$$\mathfrak{S}^2(t) = 2t;$$

also folgt, dass t nur eine halbe Translation sein kann. Ferner ist

$$\mathfrak{S}^2(\omega)$$

eine Drehung um die Gerade s vom Winkel 2ω; wenn daher ω nicht etwa den Werth 0 oder π hat, so muss s mit einer Bewegungsaxe a zusammenfallen, um welche die Bewegung $\mathfrak{A}(2\omega)$ ausführbar ist. Zur Axe a gehört daher entweder Winkel 2ω selbst, oder ω; im letzten Fall kann die zugehörige Bewegung noch $\mathfrak{A}(\omega)$ oder auch $\mathfrak{A}(\omega, t)$ sein, wo t eine halbe Translation ist.

Wenn aber ω der Drehungswinkel der Axe a ist, so giebt das Product $\mathfrak{S} \cdot \mathfrak{A}^{-1}$ stets eine reine Spiegelung*). Die mit $\mathfrak{S}$ ableitbare Gruppe lässt sich also auch durch Multiplication mit einer reinen Spiegelung erzeugen, und es ist daher in diesem Fall nicht nöthig, die Operation $\mathfrak{S}(\omega)$ zur Gewinnung neuer Gruppen zu verwenden.

Die Operation $\mathfrak{S}(\omega)$ braucht daher nur dann geprüft zu werden, wenn die Axe a, mit der s zusammenfällt, zu einer Drehung $\mathfrak{A}(2\omega)$ gehört. Nun soll aber $\mathfrak{S}(\omega)$ das Axensystem der Gruppe in sich überführen; daher kann ω nur die Werthe

$$\pi, \quad \frac{2\pi}{3}, \quad \frac{\pi}{2}, \quad \frac{\pi}{3}, \quad 0$$

haben. Aber es ist

$$\mathfrak{S}^3\left(\frac{\pi}{3}\right) = \mathfrak{S}(\pi)$$

und

$$\mathfrak{S}^3\left(\frac{2\pi}{3}\right) = \mathfrak{S}(0);$$

eine mit $\mathfrak{S}\left(\frac{\pi}{3}\right)$, resp. $\mathfrak{S}\left(\frac{2\pi}{3}\right)$ erweiterte Gruppe enthält daher stets die Operationen $\mathfrak{S}(\pi)$, resp. $\mathfrak{S}(0)$, und *es bleiben als diejenigen symmetrischen Operationen, auf die wir uns zur Erzeugung erweiterter Gruppen beschränken können, nur*

$$\mathfrak{S}(0), \quad \mathfrak{S}\left(\frac{\pi}{2}\right), \quad \mathfrak{S}(\pi), \quad \mathfrak{S}(t)$$

übrig. Die Operation $\mathfrak{S}(\pi)$ ist eine Inversion, wir bezeichnen sie durch $\mathfrak{J}$. Ferner möge noch

$$\mathfrak{S}\left(\frac{\pi}{2}\right) = \mathfrak{S}_2$$

gesetzt werden; wie eben gezeigt, kommt diese Operation nur dann in Frage, wenn ihre Axe s mit einer reinen Umklappungsaxe zusammenfallen kann.

*) Vgl. § 4.

§ 3.

Kriterium für die Identität oder Verschiedenheit der Gruppen.

Wenn die Ebene σ resp. die Axe s einer der vorstehenden Operationen so gelegt werden können, dass sie das Axensystem einer Bewegungsgruppe Γ — resp. wenn Γ eine Translationsgruppe ist, das Raumgitter derselben — in erlaubter Weise in sich überführt, so entsteht durch Multiplication von Γ mit der bezüglichen Operation eine erweiterte Gruppe $\bar{\Gamma}$. Die Aufgabe, alle erweiterten Gruppen aufzustellen, ist daher identisch mit derjenigen, alle symmetrischen Operationen zu bestimmen, welche die Axen resp. die Raumgitter der verschiedenen Gruppen in erlaubter Weise in sich überführen. Diese Aufgabe wird für jede Classe von Bewegungsgruppen besonders gelöst werden.

Es bedarf aber noch der Prüfung, ob wir auf diese Weise zu jeder erweiterten Gruppe nur einmal gelangen, oder nicht. Es handelt sich also noch darum *zu entscheiden, ob und wann zwei Gruppen* $\bar{\Gamma}$ *und* $\bar{\Gamma}_1$, *die aus* Γ *mittelst der symmetrischen Operationen* $\mathfrak{S}$ *und* $\mathfrak{S}_1$ *abgeleitet sind, identisch sein können.*

Nun ist zunächst evident, dass zwei solche Gruppen $\bar{\Gamma}$ und $\bar{\Gamma}_1$ stets identisch sind, wenn das Product $\mathfrak{S} \cdot \mathfrak{S}_1$ eine Bewegung von Γ ist. Dagegen bedarf die umgekehrte Frage, nämlich was für $\bar{\Gamma}$ und $\bar{\Gamma}_1$ folgt, wenn $\mathfrak{S} \cdot \mathfrak{S}_1$ keine Bewegung der Gruppe Γ ist, einer etwas genauern Erörterung. Wie wir oben sahen, giebt es nur vier Arten symmetrischer Operationen, die zur Erweiterung zu benutzen sind, nämlich

$$\mathfrak{S}(0), \quad \mathfrak{J}, \quad \mathfrak{S}_q, \quad \mathfrak{S}(t).$$

In jeder der beiden erweiterten Gruppen werden entweder alle diese Operationen vorkommen, oder nur gewisse von ihnen. Wie dem aber auch sei, so ist klar, dass die Gruppen $\bar{\Gamma}$ und $\bar{\Gamma}_1$ stets dann verschieden sind, wenn sie nicht dieselben Arten symmetrischer Operationen enthalten. Wir können uns daher auf den Fall beschränken, dass $\mathfrak{S}$ und $\mathfrak{S}_1$ gleichartige Operationen sind. Wenn dann $\mathfrak{S} \cdot \mathfrak{S}_1$ keine Bewegung der Gruppe Γ ist, so *kann es nur in geometrischem Sinn möglich sein die mit* $\mathfrak{S}$ *und* $\mathfrak{S}_1$ *gebildeten Gruppen als identisch zu betrachten;* nämlich nur dann, wenn die zu den Operationen $\mathfrak{S}$ und $\mathfrak{S}_1$ gehörigen Ebenen, Axen oder Punkte eine analoge Lage zu dem Axensystem von Γ haben.

Dies ist ein sehr wichtiges Princip, welches in mannigfachen Fällen zur Anwendung kommt. Wenn beispielsweise eine cyklische Gruppe durch Spiegelung an einer zu den Axen senkrechten Ebene erweitert werden kann, so ist die Lage dieser Ebene beliebig; aber alle so entstehenden Gruppen sind geometrisch nicht verschieden. Ferner giebt es bei manchen Gruppen Classen gleichberechtigter Axen, die, was ihre Lage im Raume anlangt, ein völlig symmetrisches Verhalten gegen einander aufweisen. Dies trifft z. B. für diejenigen Vierergruppen zu, deren Axen nach den drei zu einander senkrechten Richtungen gleichmässig im Raume vertheilt sind. Lässt eine solche Gruppe eine Erweiterung zu, die durch irgend eine dieser Axenarten charakterisirt ist, so lässt sie auch diejenigen Erweiterungen zu, welche auf gleiche Weise durch die andern Axenclassen bestimmt sind. Diese Gruppen unterscheiden sich aber offenbar nur durch die Bezeichnung von einander, und sind daher als *geometrisch identisch* zu betrachten. Es genügt daher, in jedem Fall nur eine derselben anzuführen.

§ 4.

Einige Sätze über Zusammensetzung symmetrischer Operationen.

Im vorstehenden Paragraphen hat sich herausgestellt, dass die Frage nach der Identität der einzelnen erweiterten Gruppen im Wesentlichen von der Kenntniss der Bewegung $\mathfrak{S} \cdot \mathfrak{S}_1$ abhängt. Die Fälle, in denen wir Operationen $\mathfrak{S}$ und $\mathfrak{S}_1$ zusammenzusetzen haben, sind meist sehr einfacher Natur. Die Sätze, die im Folgenden öfters anzuwenden sind, sollen hier zusammengestellt werden; die meisten derselben sind unmittelbar einleuchtend.

Das Product von zwei Inversionen, ebenso das Product von zwei Spiegelungen an parallelen Ebenen ist eine Translation; die Grösse derselben ist gleich dem doppelten Abstand der Inversionscentra resp. der spiegelnden Ebenen.

Das Product von zwei Spiegelungen, deren Ebenen sich unter dem Winkel α schneiden, ist eine Drehung um die Schnittlinie; der Drehungswinkel ist 2α.

Das Product aus einer Inversion und einer Spiegelung ist eine Bewegung um das vom Inversionscentrum J auf die spiegelnde Ebene σ gefällte Lot. Der zugehörige Winkel beträgt 180^0, während die Translationscomponente gleich dem Abstand von J und σ ist.

Diese Sätze gelten natürlich auch umgekehrt. Es fliessen aus ihnen im Besonderen nachstehende Folgerungen:

Das Product aus einer Spiegelung und einer zur spiegelnden Ebene senkrechten Translation ist wieder eine Spiegelung.*)

Enthält eine Spiegelebene σ eine Umklappungsaxe u, so enthält die bezügliche Gruppe auch eine Spiegelung, deren Ebene senkrecht zu σ durch u geht.

*) Hiervon wurde oben, S. 176 Anwendung gemacht.

Fällt das Inversionscentrum in eine Axe, deren Drehungswinkel 180° betragen kann, so enthält die zugehörige Gruppe stets eine Spiegelung. Diese Gruppe ist also auch mittelst einer Spiegelung ableitbar. Ich werde nun in jedem Fall zunächst diejenigen Gruppen aufstellen, die sich durch Multiplication einer Bewegungsgruppe mit einer reinen Spiegelung ergeben. Alsdann braucht die Inversion nur dann als erweiternde Operation benutzt zu werden, wenn ihr Centrum nicht in eine Axe vom Drehungswinkel 180° fällt.

Endlich bedürfen wir noch eines Satzes über die Operation $\mathfrak{S}_q$. Sei wieder σ ihre Ebene und s ihre Axe. Wir multipliciren sie mit einer Spiegelung $\mathfrak{S}$, deren Ebene durch s geht, so ist das Product äquivalent mit der Drehung um s und der Umklappung um die Schnittlinie d der beiden spiegelnden Ebenen. Diese Bewegungen zusammen geben aber bekanntlich eine Umklappung um diejenige Gerade der Ebene σ, welche durch den Schnittpunkt von s und σ geht und mit d einen Winkel von 45° einschliesst. Umgekehrt folgt, dass, wenn in einer Gruppe, die mit $\mathfrak{S}_q$ gebildet ist, durch den Schnittpunkt von s und σ eine Umklappungsaxe geht, diese Gruppe auch mittelst einer Spiegelung $\mathfrak{S}$ erzeugt werden kann.

§ 5.

Isomorphismus der allgemeinen erweiterten Gruppen mit den erweiterten Rotationsgruppen.

Wie in B. G. II, S. 51 nachgewiesen worden, ist jede allgemeine Bewegungsgruppe Γ einer Gruppe von Rotationen Γ' isomorph, deren Axen sämmtlich durch denselben Punkt gehen, und zwar so, dass der Identität der letzteren die Translationsgruppe Γ_τ von Γ entspricht, und jeder Drehung

$$\mathfrak{A}'\left(\frac{2\pi}{n}\right)$$

von Γ' in der Gruppe Γ eine unendliche Reihe von Bewegungen

$$\mathfrak{A}\left(\frac{2\pi}{n}, \tau\right), \quad \mathfrak{A}_1\left(\frac{2\pi}{n}, \tau_1\right) \cdots,$$

deren Axen sämmtlich parallel sind, und die sich ergeben, wenn die Translationsgruppe Γ_τ mit irgend einer Bewegung $\mathfrak{A}_x$ dieser Reihe multiplicirt wird. Es folgt, dass also auch jeder Axe a' von Γ' eine Schaar paralleler Axen $a, a_1, a_2 \ldots$ von Γ entspricht.

Die Existenz eines solchen Isomorphismus kann auch leicht für die erweiterten Gruppen statuirt werden. Ich habe bereits oben (S. 173) darauf hingewiesen, dass jede erweiterte Rotationsgruppe — sie möge durch $\bar{\Gamma}'$ bezeichnet werden — durch Multiplication einer Gruppe von

Drehungen mit einer einzigen symmetrischen Operation abgelei werden kann; nach § 2 folgt, dass die Operationen, die allein Frage kommen, Spiegelung, Inversion und die Operation $\mathfrak{S}_q$ sind.

Die allgemeinen erweiterten Gruppen $\bar{\Gamma}$ lassen sich aber auch dur Multiplication einer Bewegungsgruppe mit einer der vier Operation

$$\mathfrak{S}(0), \quad \mathfrak{S}(t), \quad \mathfrak{J}, \quad \mathfrak{S}_q$$

ableiten. Ist nun $\mathfrak{S}$ irgend eine dieser Operationen, und Γ eine I wegungsgruppe, aus welcher mittelst $\mathfrak{S}$ die Gruppe

$$\bar{\Gamma} = \{\Gamma, \mathfrak{S}\}$$

ableitbar ist, so muss es stets eine analoge Operation $\mathfrak{S}'$ geben, dass sich aus der zu Γ isomorphen Gruppe Γ' die erweiterte Grupp

$$\bar{\Gamma}' = \{\Gamma', \mathfrak{S}'\}$$

bilden lässt; und zwar ist die Operation $\mathfrak{S}'$ im allgemeinen die gleic wie $\mathfrak{S}$; nur, wenn $\mathfrak{S}$ die Operation $\mathfrak{S}(t)$ ist, so ist $\mathfrak{S}'$ die entsprechen reine Spiegelung.

Die Richtigkeit der vorstehenden Behauptung springt unmittell in die Augen, wenn wir bedenken, dass die Operation $\mathfrak{S}$ die sämı lichen Axenschaaren von Γ in einander überführt. Wir nennen Ebene der Operation $\mathfrak{S}$ wieder σ, wobei zu bemerken ist, dass, we $\mathfrak{S}$ eine Inversion ist, für σ eine beliebige durch das Inversionscentr gehende Ebene gewählt werden kann. Nun seien a und b irgend zı gleichberechtigte oder ungleichberechtigte Axen von Γ, welche du die Operation $\mathfrak{S}$ zur Deckung gelangen, so bilden a und b mit Ebene σ von $\mathfrak{S}$ denselben Winkel wie a' und b' mit der Ebene von $\mathfrak{S}'$. Daher muss auch $\mathfrak{S}'$ die Axen a' und b' in einander üb gehen lassen; wobei noch zu beachten, dass, wenn a und b paral sind, die Operation $\mathfrak{S}'$ die Axe a' in sich selbst überführt. Damit aber der oben behauptete Satz bewiesen. Beachten wir nun, dass der Zusammensetzung von Operationen die Translationscomponent auf die Richtung der Axen und die Stellung der Spiegelebenen keı Einfluss haben, so folgt, dass in der That *die Gruppen* $\bar{\Gamma}$ *und* $\bar{\Gamma}'$ *die oben genannte Art isomorph sind.*

Ist die erweiterte Gruppe $\bar{\Gamma}'$ durch die Gleichung

$$\bar{\Gamma}' = \{\Gamma', \mathfrak{S}\}$$

bestimmt, so enthält sie bekanntlich ausser der Operation $\mathfrak{S}'$ im A gemeinen noch andere einfache symmetrische Operationen. Beispi weise giebt es in derjenigen Gruppe $\bar{\Gamma}'$, die sich aus einer cyklisc Gruppe Γ' für $n = 4$ durch eine Inversion ableiten lässt, auch e Spiegelung $\mathfrak{S}_h'$ an einer zur Drehungsaxe senkrechten Ebene. D ist jedoch, wie das Folgende zeigen wird, bei den analogen allgemeiı

Gruppen nur selten der Fall. Ist nämlich $\bar{\Gamma}$ eine Gruppe, die aus einer allgemeinen cyklischen Gruppe ($n=4$) durch Multiplication mit einer Inversion $\mathfrak{J}$ abzuleiten ist, so giebt es in ihr stets unendlich viele Operationen, welche bei der isomorphen Beziehung der Spiegelung $\mathfrak{S}_i'$ entsprechen und zu jeder derselben gehört eine zu den Hauptaxen senkrechte Ebene; aber diese Operationen sind niemals reine Spiegelungen; sie müssen, wie aus dem vorigen Paragraphen folgt, mit Drehungen oder Gleitungen verbunden sein. Dass solche Gruppen $\bar{\Gamma}$ wirklich existiren, wird das Folgende lehren.

Wenn wir nun die Annahme machen, dass der Symmetriecharakter einer Gruppe nur durch die *einfachen* symmetrischen Operationen die in ihr enthalten sind, wie Spiegelungen und Inversionen, bestimmt ist, so gehören in diesem Sinn zu jeder der 32 Gruppen $\bar{\Gamma}'$ mehrere Gruppen $\bar{\Gamma}$. Die Gruppen $\bar{\Gamma}$ sind daher mehr specificirt als die Gruppen $\bar{\Gamma}'$, und man darf sich vorstellen, dass, wenn die Translationsgruppe den Werth Null erhält, die verschiedenen Symmetriecharaktere, die den einzelnen zu derselben Gruppe $\bar{\Gamma}'$ isomorphen Gruppen $\bar{\Gamma}$ entsprechen, sich sämmtlich vereinigen. In welcher Weise, sozusagen, die Vertheilung des Symmetriecharakters einer Gruppe $\bar{\Gamma}'$ auf die einzelnen isomorphen Gruppen $\bar{\Gamma}$ stattfindet, tritt bei den einzelnen Classen von Gruppen von selbst hervor und ist auch durch die Bezeichnung kenntlich gemacht worden.

§ 6.

Die erweiterten Translationsgruppen.

Da die Translationsgruppen keine Bewegungsaxen enthalten, so kommen nur Spiegelung, Inversion und Spiegelung in Verbindung mit einer halben Translation als erweiternde Operationen in Frage. Nun lässt aber jedes Raumgitter eine Inversion gegen einen Gitterpunkt zu; *jede Translationsgruppe kann daher durch eine Inversion erweitert werden.*

Dagegen geht ein beliebiges Raumgitter im Allgemeinen durch Spiegelung nicht in sich über. Diese Eigenschaft kommt vielmehr nur speciellen Translationsgruppen zu. Wenn aber eine Translationsgruppe Γ_t eine Spiegelung zulässt, so gestattet sie, wie jede Translationsgruppe, auch eine Inversion; wir dürfen auch festsetzen, dass das Inversionscentrum in die Spiegelungsebene fällt. Die Gruppe Γ_t geht daher auch durch das Product beider Operationen, d. h. durch eine Bewegung in sich über.

Jede Translationsgruppe, welche durch eine Spiegelung erweitert werden kann, geht daher durch Bewegungen in sich über. Diese

Gruppen können daher keine andern sein, als diejenigen, welche de sogenannten Bravais'schen Raumgittern entsprechen*). Als erweiternd Operation kann jede der zulässigen Spiegelungen benutzt werden.

Lässt sich eine Translationsgruppe Γ_t durch Spiegelung an ein Ebene σ erweitern, so kann als erweiternde Operation auch die Spiegelung im Verein mit irgend einer halben in die Ebene σ falle den Translation benutzt werden.

Es giebt daher im Ganzen drei verschiedene Arten erweiterter Tran lationsgruppen; sie ergeben sich mittelst der Operationen $\mathfrak{J}$, $\mathfrak{S}(0)$ un $\mathfrak{S}(t)$. Bei den Gruppen mit festem Punkt giebt es nur zwei ihne isomorphe Gruppen; sie entstehen durch Multiplication der Identit mit einer Spiegelung oder einer Inversion.

§ 7.

Allgemeine Bemerkungen über die Erweiterung der cyklischen Gruppen.

Bei der Discussion der cyklischen Gruppen beschränken wir u auf diejenigen, deren Translationsgruppe räumlich ist. Einerseits si die andern Gruppen untergeordneter Natur; andrerseits ergeben si die auf sie bezüglichen Resultate, wenn wir eine oder zwei der prin tiven Translationen verschwinden lassen.

Wir müssen uns zunächst eine Methode verschaffen, welche u in den Stand setzt, alle erweiterten cyklischen Gruppen abzuleit Dies geschieht folgendermassen.

Jede cyklische Gruppe Γ enthält mehrere Classen gleichberechtig Axen; dieselben mögen durch $a, b, c \ldots$ bezeichnet werden. Di Axen sind sämmtlich parallel zu einander. Die symmetrischen Tra formationen der erweiterten Gruppe führen entweder jede Axensch in sich über, oder die Axen verschiedener Schaaren kommen un einander zur Deckung. Nun lassen sich an jeder Axe zwei entgeg gesetzte Richtungen unterscheiden; die eine mag für den Augenbl als positiv, die andere als negativ bezeichnet werden. Zwei A können daher auf zwei verschiedene Arten zur Deckung gelang nämlich entweder so, dass die positiven und negativen Richtung sich einzeln decken, oder auch so, dass die positive Richtung der ei Axe mit der negativen Richtung der andern zusammenfällt.

Die symmetrischen Operationen, welche für die cyklischen Grup in Frage kommen, sind entweder Inversionen oder sie besitzen e Spiegelungsebene σ; diese läuft entweder senkrecht zu den Axen, o

*) Vgl. z. B. die von Bravais gegebene Herleitung derselben im Jo de l'école polyt. Bd. 19, S. 1—128.

sie ist ihnen parallel. Es ist klar, dass nur die letzteren Operationen d. h. diejenigen, bei denen die spiegelnde Ebene den Axen parallel liegt, die Axen ohne Umkehr der Richtung in sich überführen; die andern Operationen dagegen vertauschen sämmtlich die beiden Axenrichtungen.

Da jede Bewegung die Axen einer cyklischen Gruppe ohne Umkehr der Richtung in einander überführt, so bringen die symmetrischen Operationen einer erweiterten cyklischen Gruppe die Axen sämmtlich auf gleiche Art zur Deckung. Es ist daher zunächst evident, dass zwei erweiterte cyklische Gruppen $\bar{\Gamma}$ und $\bar{\Gamma}_1$ immer dann verschieden sind, wenn die erweiternden Operationen die Axenschaaren $a, b, c \ldots$ auf verschiedene Art in einander übergehen lassen. Es fragt sich, ob auch das umgekehrte wahr ist; d. h. ob zwei solche Gruppen $\bar{\Gamma}$ und $\bar{\Gamma}_1$ identisch sind, wenn sie die Axenschaaren auf gleiche Art in einander überführen.

Sind $\mathfrak{S}$ und $\mathfrak{S}_1$ die beiden symmetrischen Operationen, mit denen $\bar{\Gamma}$ und $\bar{\Gamma}_1$ abgeleitet sind, so ist $\mathfrak{S} \cdot \mathfrak{S}_1$ jedenfalls eine Bewegung. Andrerseits führt diese Bewegung jede Schaar gleichberechtigter Axen der Gruppe Γ in sich über. Daher ist $\mathfrak{S} \cdot \mathfrak{S}_1$ eine Bewegung von Γ den einen einzigen Fall ausgenommen, dass $\mathfrak{S} \cdot \mathfrak{S}_1$ einer den Axen parallelen Translationsverschiebung äquivalent ist. Eine solche Translation ist nämlich die einzige Bewegung, welche die Axen in sich verschiebt, ohne doch im Allgemeinen eine Bewegung der Gruppe Γ zu sein. *Von dem eben genannten Ausnahmefall abgesehen, sind daher zwei erweiterte cyklische Gruppen wirklich identisch, wenn sie die Axenschaaren auf gleiche Weise mit einander zur Deckung bringen.*

Es handelt sich jetzt nur noch um Erledigung des Ausnahmefalles.

Ist das Product der beiden symmetrischen Operationen $\mathfrak{S}$ und $\mathfrak{S}_1$ einer den Axen parallelen Translationsverschiebung äquivalent, so können zunächst $\mathfrak{S}$ und $\mathfrak{S}_1$ Inversionen sein, deren Centra auf einer den Axen parallelen Geraden liegen. In diesem Fall sind die zugehörigen Gruppen als geometrisch identisch zu betrachten. Dasselbe findet statt, wenn $\mathfrak{S}$ und $\mathfrak{S}_1$ gleichartige Operationen mit je einer zu den Axen senkrechten Spiegelungsebene sind. Es bleibt daher nur der Fall übrig, dass $\mathfrak{S}$ eine Spiegelung $\mathfrak{S}_v$ oder eine Operation $\mathfrak{S}_v(t)$ ist, deren Ebene σ_v den Axen parallel ist, und $\mathfrak{S}_1$ dieselbe Operation in Verbindung mit der Translation τ, wo 2τ die den Axen parallele Translation der Gruppe ist.*)

Dieser Fall tritt aber auch wirklich ein. *Lässt nämlich die cyklische Gruppe Γ die Spiegelung $\mathfrak{S}_v$ oder die Operation $\mathfrak{S}_v(t)$ zu, so muss sie*

*) In der oben erwähnten Abhandlung B. G. I, S. 325 hatte ich diese Translation durch τ selbst bezeichnet.

auch die Operation $\mathfrak{S}_v(\tau)$, *resp.* $\mathfrak{S}_v(t+\tau)$ *zulassen;* denn die Translat
τ, nach $\mathfrak{S}_v$, resp. $\mathfrak{S}_v(t)$ ausgeführt, verschiebt jede Axe nur in si
Dabei ist nur noch darauf zu achten, dass die allgemeine Beding
des § 2 erfüllt ist. Für $\mathfrak{S}_v(\tau)$ ist dies stets der Fall; für $\mathfrak{S}_v(t+$
dagegen ist dies an und für sich nicht nöthig und bedarf jedesmal
Untersuchung.

Zwei solche Gruppen werden im Allgemeinen von einander
schieden sein; es kann aber auch vorkommen, dass sie in geometrisch
Sinn als identisch zu betrachten sind. Das Genauere hierüber
bei den einzelnen Gruppen selbst ausgeführt werden.

§ 8.

Die erweiterten cyklischen Gruppen.

Diejenigen Axen einer cyklischen Gruppe, für welche der
gehörige Drehungswinkel den kleinsten Werth hat, sollen wie B. (
S. 326, *Hauptaxen*, die andern hingegen *Nebenaxen* genannt wer
Die den Axen parallele Translation der Gruppe soll jedoch, wie sc
oben, nicht durch τ, sondern durch 2τ bezeichnet werden.

Die Hauptaxen bestimmen in einer zu ihnen senkrechten Eb
ein *Netz von Parallelogrammen*. Dieses Netz soll wiederum ben
werden, um die Lage der Spiegelungsebenen u. s. w. einfacher
bezeichnen. Das Fundamentalparallelogramm heisse wieder ABC

Diejenigen vorstehend erwähnten Gruppen, welche sich mitt
der Operationen $\mathfrak{S}(\tau)$, resp. $\mathfrak{S}(t+\tau)$ ergeben, sollen übrigens zunä
ausser Betracht bleiben; sie werden am Schluss dieses Paragrap
gemeinsam behandelt werden.

Entsteht aus der Gruppe Γ durch Multiplication mit der s
metrischen Operation $\mathfrak{S}$ eine erweiterte Gruppe $\bar{\Gamma}$, so führt, wie
sahen, $\mathfrak{S}$ die Axen von Γ irgend wie in einander über. Die z
malige Anwendung der Operation $\mathfrak{S}$ bringt aber jede Axensc
wieder mit sich selbst zur Deckung; *jede Vertauschung der A
welche durch die Operation* $\mathfrak{S}$ *ausgeführt werden kann, muss daher
Periode 2 haben.* Wir haben daher alle Permutationen dieser Ar
bilden, und für jede zu prüfen, ob es eine symmetrische Opera
giebt, welche die bezügliche Vertauschung bewirkt. Ist P eine Pe
tation, für welche dies der Fall ist, so gehört zu ihr eine erweit
Gruppe $\bar{\Gamma}$; sie kann aus Γ durch *irgend eine* Operation abgel
werden, welche die bezügliche Vertauschung hervorbringt.

Jede der cyklischen Gruppen

$$\mathfrak{C}_1(2),\quad \mathfrak{C}_2(2),\quad \mathfrak{C}_3(2)$$

besitzt vier Axenschaaren a, b, c, d. Für $\mathfrak{C}_1(2)$ und $\mathfrak{C}_2(2)$ sind selben sämmtlich gleichartig. Wir nehmen zunächst an, dass die Translationsgruppe keinen speciellen Charakter hat, so müssen sie als geometrisch gleichwerthig betrachtet werden. Beachten wir überdies, dass bei allgemeiner Translationsgruppe Spiegelungen, deren Ebenen den Axen parallel sind, ausgeschlossen sind, so folgt, dass Vertauschungen ohne Umkehr der Axenrichtung nicht möglich sind. Es kommen daher nur folgende Permutationen

$$(a),\ (b),\ (c),\ (d),$$
$$(ab),\ (cd),$$
$$(ab),\ (c),\ (d)$$

in Frage, und zwar so, dass jede derselben von Richtungsänderung begleitet ist.

Wirkliche Gruppen entsprechen bei beliebiger Translationsgruppe nur den ersten beiden Fällen. Die erste entsteht durch die Spiegelung $\mathfrak{S}_h$ an einer zu den Axen senkrechten Ebene; die zweite durch eine Inversion $\mathfrak{J}$, deren Centrum in der Mitte zwischen irgend zwei der vier Axen fällt. Sie sind daher definirt durch die Gleichungen

$$\mathfrak{C}_\varkappa^h(2) = \{\mathfrak{C}_\varkappa(2),\ \mathfrak{S}_h\} \qquad \varkappa = 1, 2,$$
$$\mathfrak{C}_\varkappa^i(2) = \{\mathfrak{C}_\varkappa(2),\ \mathfrak{J}\} \qquad \varkappa = 1, 2.$$

Hat die Translationsgruppe speciellen Charakter, so ist $ABCD$ ein Rhombus, ein Rechteck oder ein Quadrat. In diesem Fall sind Spiegelungen zulässig, deren Ebenen den Axen parallel sind; für sie lassen sich die vier Axen so in zwei Paare sondern, dass je zwei gegenüberliegende Ecken von $ABCD$ ein Paar bilden, nämlich a und b einerseits, und c und d andrerseits. Alsdann sind je zwei Axen eines Paares, als auch die Paare untereinander geometrisch gleichwerthig. Es sind daher in diesem Fall höchstens folgende Permutationen zulässig

(1) $(a),\ (b),\ (c),\ (d),$

(2) $(ab),\ (cd),$

(3) $(ac),\ (bd),$

(4) $(ab),\ (c),\ (d),$

(5) $(ac),\ (b),\ (d),$

wobei zu beachten ist, dass jede derselben mit oder ohne Umkehr der Axenrichtung erfolgen kann.

Zuvörderst ist leicht zu sehen, dass eine symmetrische Operation, welche der Vertauschung

$$(ac),\ (b),\ (d)$$

entspricht, nicht existirt. Denn da diese Permutation die Axen b und d in sich überführen soll, so müsste es mindestens eine symmetrische Operation dieser Art geben, welche eine Axe b, und mith auch eine Axe d unverändert lässt. Gleichzeitig soll dieselbe aber mit c vertauschen; dies ist jedoch nicht möglich.

Es sind daher nur die vier ersten Permutationen zu prüfen. W betrachten zunächst diejenigen, welche nicht von Umkehr der Axe richtung begleitet sind. Von ihnen ist die letzte Permutation, nämli

$$(ab),\ (c),\ (d)$$

nur bei rhombischen Netzen möglich; die erweiternde Operation eine Spiegelung $\mathfrak{S}_d$, deren Ebene die Diagonale CD enthält, und d Axen parallel läuft. Ist das Fundamentalparallelogramm ein Rechte so sind die andern drei Vertauschungen

$$(a),\ (b),\ (c),\ (d),$$
$$(ac),\ (bd),$$
$$(ab),\ (cd)$$

zulässig. Die spiegelnde Ebene ist stets den Axen parallel. Sie ge im ersten Fall durch eine Rechteckseite, im zweiten läuft sie in mi lerem Abstand zwischen den Seiten AD und BC. Die zugehörig Operationen seien $\mathfrak{S}_s$ und $\mathfrak{S}_m$. Die erweiternde Operation, welche d dritten Permutation entspricht, ist eine Operation $\mathfrak{S}_m(t)$, nämlich ei Spiegelung an der eben genannten Ebene, in Verbindung mit ein halben zu den Axen senkrechten Translation. Die bezüglichen Grupp sind daher durch folgende Gleichungen gegeben

$$\mathfrak{C}_x^d(2) = \{\mathfrak{C}_x(2),\ \mathfrak{S}_d\},$$
$$\mathfrak{C}_x^s(2) = \{\mathfrak{C}_x(2),\ \mathfrak{S}_s\},$$
$$\mathfrak{C}_x^m(2) = \{\mathfrak{C}_x(2),\ \mathfrak{S}_m\}, \quad x = 1, 2,$$
$$\mathfrak{C}_x^{m_1}(2) = \{\mathfrak{C}_x(2),\ \mathfrak{S}_m(t)\}.$$

Erfolgt die Permutation mit Umkehr der Axenrichtung, so müss diejenigen von ihnen, welche auch bei allgemeiner Translation zuläs sind, wieder zu den schon oben gefundenen erweiterten Gruppen führ Eine neue Gruppe kann daher nur der Permutation

$$(ab),\ (c),\ (d)$$

entsprechen. Dieselbe entsteht bei quadratischem Netz mittelst Operation $\mathfrak{S}_q$; doch lässt sich gemäss § 2 diese Gruppe nur aus $\mathfrak{C}_1$ ableiten; sie ist bestimmt durch

$$\mathfrak{C}_1^q(2) = \{\mathfrak{C}_1(2),\ \mathfrak{S}_q\}.$$

Wir haben daher im Ganzen aus $\mathfrak{C}_1$ sieben und aus $\mathfrak{C}_2$ se erweiterte Gruppen gebildet.

Für die Gruppe $\mathfrak{C}_3(2)$ sondern sich die vier Axen a, b, c, d v selbst in zwei Paare; das eine enthält die Drehungsaxen a, b das and die Schraubenaxen c, d. Beide Paare sind jetzt nicht mehr gleichwerthig; für $\mathfrak{C}_3(2)$ sind daher nur solche Erweiterungen möglich, welche die Axen jedes Paares unter einander vertauschen. Erweiterte Gruppen, welche die Axen mit Richtungsumkehr in einander überführen, giebt es drei, den Permutationen

$$(a),\ (b),\ (c),\ (d).$$
$$(ab),\ (cd),$$
$$(a),\ (b),\ (cd)$$

entsprechend; die zugehörigen symmetrischen Operationen sind dieselben, wie bei den Gruppen $\mathfrak{C}_1$ und $\mathfrak{C}_2$; dies führt zu den drei erweiterten Gruppen

$$\mathfrak{C}_3^h(2),\ \mathfrak{C}_3^i(2),\ \mathfrak{C}_3^q(2).$$

Da gemäss § 2 die Axe s der Operation $\mathfrak{S}_q$ nur mit a und b zusammenfallen kann, so ist die Permutation (ab), (c), (d) ausgeschlossen.

Von Permutationen, welche die Axen ohne Richtungsänderung zur Deckung bringen, kommen

$$(a),\ (b),\ (c),\ (d),$$
$$(ab),\ (cd),$$
$$(ab),\ (c),\ (d),$$
$$(cd),\ (a),\ (b)$$

in Frage. Sie führen sämmtlich zu neuen Gruppen, die zwei ersten bei rechtwinkligem Netz, die letzten zwei bei rhombischem.

Bei beiden Netzen sind aber für die Lage der Axen noch zwei verschiedene Fälle zu unterscheiden. Nämlich die Axen jedes Paares, z. B. die Drehungsaxen a, b können an und für sich entweder durch zwei gegenüberliegende oder durch zwei anliegende Ecken des bezüglichen Rhombus resp. Rechtecks hindurchgehen. Gruppen mit rhombischem Netz sind aber nur dann erweiterungsfähig, wenn die Axen a, b die gegenüberliegenden Ecken treffen. Die bezüglichen Gruppen sind

$$\mathfrak{C}_3^d(2) \quad \text{und} \quad \mathfrak{C}_3^{d_1}(2);$$

von ihnen ist die erste mit der Spiegelung $\mathfrak{S}_d$ gegen die Ebene (cd), und die zweite mit der Spiegelung $\mathfrak{S}_{d_1}$ gegen die Ebene (ab) gebildet.

Dagegen lassen die Gruppen mit rechtwinkligem Netz in beiden Fällen eine Erweiterung zu. Gehen a und b durch gegenüberliegende Ecken, so ergeben sich die Gruppen

$$\mathfrak{C}_3^s(2) \quad \text{und} \quad \mathfrak{C}_3^{m_1}(2),$$

die ebenso gebildet sind, wie die analogen Gruppen aus $\mathfrak{C}_2(2)$; dabei ist nur zu beachten, dass die zu $\mathfrak{C}_3^{m_1}(2)$ gehörige Operation jetzt

$\mathfrak{S}(\tau_1+\tau)$ ist, wo erst $4\tau_1$ eine Translation der Gruppe ist*). Gel die Axen a und b durch zwei anliegende Ecken, so lassen sich glei falls zwei erweiterte Gruppen aufstellen, die eine mittelst der Spiegelu $\mathfrak{S}_{s_1}$, deren Ebene durch die Axen ab geht, die zweite durch Spiegelu gegen eine Mittelebene. Diese Gruppen seien

$$\mathfrak{C}_3^{s_1}(2) = \{\mathfrak{C}_3(2), \mathfrak{S}_{s_1}\}$$

und

$$\mathfrak{C}_3^m(2) = \{\mathfrak{C}_3(2), \mathfrak{S}_m\}.$$

Aus $\mathfrak{C}_3(2)$ ergeben sich so 9 erweiterte Gruppen; *aus den Grup $\mathfrak{C}(2)$ daher im Ganzen* 22.

Von den Gruppen $\mathfrak{C}(3)$ sind gemäss § 1 nur $\mathfrak{C}_1(3)$ und $\mathfrak{C}_3$ einer Erweiterung fähig. Jede derselben enthält drei Axenschaar das durch sie bestimmte Parallelogrammnetz besteht aus lauter glei seitigen Dreiecken.

Wir betrachten zunächst die Gruppe $\mathfrak{C}_1(3)$. Sie ist im Sinn § 3 symmetrisch bezüglich der drei Axenschaaren. Vertauschun dieser drei Schaaren von der Periode 2 kann es daher nur z geben; diese sind

$$(a), (b), (c)$$

und

$$(a), (bc).$$

Von den Gruppen, welche diesen Permutationen mit Umkehr Axenrichtung entsprechen, entsteht die zu $(a), (b), (c)$ gehörige du die Spiegelung $\mathfrak{S}_h$ an einer zu den Axen senkrechten Ebene; die and durch eine Inversion, deren Centrum in eine Axe a fällt. Die bestimmten Gruppen sind daher

$$\mathfrak{C}_1^h(3) = \{\mathfrak{C}_1(3), \mathfrak{S}_h\}$$

und

$$\mathfrak{C}_1^i(3) = \{\mathfrak{C}_1(3), \mathfrak{J}\}.$$

Die letztere Gruppe enthält übrigens keine Spiegelung, obwohl Inversionscentrum in einer Axe liegt.

Die Gruppen, welche die Axenrichtung nicht ändern, entste wieder durch Spiegelungen, deren Ebenen den Axen parallel lau Der ersten Permutation entspricht eine Spiegelung $\mathfrak{S}_s$, deren Eb eine Seite des Dreiecks ABC enthält, der zweiten die Spiegelung deren Ebene durch zwei nächste Axen a geht. Dies liefert die Grup

$$\mathfrak{C}_1^s(3) = \{\mathfrak{C}_1(3), \mathfrak{S}_s\}$$

und

$$\mathfrak{C}_1^a(3) = \{\mathfrak{C}_1(3), \mathfrak{S}_a\}.$$

Für die Gruppe $\mathfrak{C}_3(3)$ kommen nach § 1 keine Permutationen

*) Vgl B. G. I, S. 329.

Frage, welche die Axen b, resp. c in sich überführen. Es kann daher nur die Vertauschung

$$(a),\ (bc)$$

möglich sein. Dies ist auch wirklich der Fall; die entsprechenden Gruppen ergeben sich mittelst derselben Operationen, wie bei $\mathfrak{C}_1(3)$; die eine also mittelst der Inversion $\mathfrak{J}$, die andere mittelst der Spiegelung $\mathfrak{S}_a$, diese Gruppen sind daher

$$\mathfrak{C}_3^i(3) = \{\mathfrak{C}_3(3),\ \mathfrak{J}\},$$
$$\mathfrak{C}_3^a(3) = \{\mathfrak{C}_3(3),\ \mathfrak{S}_a\}.$$

Es ergeben sich also im Ganzen sechs derartige erweiterte Gruppen $\mathfrak{C}(3)$.

Von den Gruppen $\mathfrak{C}(4)$ brauchen gemäss § 1 nur

$$\mathfrak{C}_1(4),\ \mathfrak{C}_3(4),\ \mathfrak{C}_4(4),\ \mathfrak{C}_5(4)$$

berücksichtigt zu werden. Jede derselben enthält zwei Schaaren von Hauptaxen, a, b, und eine Schaar Nebenaxen c. Wir haben daher nur zwei Permutationen zu prüfen, nämlich

$$(a),\ (b) \quad \text{und} \ (ab).$$

Jeder derselben entsprechen wieder zwei symmetrische Operationen, je nachdem die Vertauschung mit oder ohne Richtungsumkehr vor sich geht. Die Permutation (a), (b) wird entweder durch Spiegelung $\mathfrak{S}_h$ an einer zu den Axen senkrechten Ebene bewerkstelligt, oder durch die Spiegelung $\mathfrak{S}_s$ an der durch a und b gelegten Ebene. Dagegen sind die erzeugenden Operationen für die Permutation (ab) entweder die Inversion $\mathfrak{J}$ gegen die Mitte von AB, oder die Spiegelung $\mathfrak{S}_d$, deren Ebene durch zwei Axen c kürzesten Abstandes läuft.

Beachten wir nun, dass bei den Gruppen $\mathfrak{C}_4(4)$ und $\mathfrak{C}_5(4)$ die Axen a und b nicht gleichartig sind, so ergeben sich mit Rücksicht auf § 1 folgende Resultate:

Alle Gruppen ausser $\mathfrak{C}_4(4)$ *gestatten die Spiegelung* $\mathfrak{S}_h$ *und die Spiegelung* $\mathfrak{S}_s$, *ebenso alle Gruppen ausser* $\mathfrak{C}_5(4)$ *die Inversion* $\mathfrak{J}$ *und die Spiegelung* $\mathfrak{S}_d$.

Wir erhalten demnach im Ganzen 12 *solche erweiterte Gruppen;* sie sind durch folgende Gleichungen definirt

$$\left.\begin{aligned}\mathfrak{C}_\varkappa^h(4) &= \{\mathfrak{C}_\varkappa(4),\ \mathfrak{S}_h\}\\ \mathfrak{C}_\varkappa^s(4) &= \{\mathfrak{C}_\varkappa(4),\ \mathfrak{S}_s\}\end{aligned}\right\};\quad \varkappa = 1, 3, 5,$$

$$\left.\begin{aligned}\mathfrak{C}_\varkappa^i(4) &= \{\mathfrak{C}_\varkappa(4),\ \mathfrak{J}\}\\ \mathfrak{C}_\varkappa^d(4) &= \{\mathfrak{C}_\varkappa(4),\ \mathfrak{S}_d\}\end{aligned}\right\};\quad \varkappa = 1, 3, 4.$$

Von den Gruppen $\mathfrak{C}(6)$ bedürfen gemäss § 1 nur

$$\mathfrak{C}_1(6) \quad \text{und} \quad \mathfrak{C}_4(6)$$

der Untersuchung. Beide enthalten je eine Schaar Hauptaxen. *Es sind*

daher nur vier erweiterte Gruppen $\mathfrak{C}(6)$ *möglich.* Diejenige, welche di
Hauptaxen mit Richtungsänderung in sich überführt, entsteht durc
Spiegelung $\mathfrak{S}_h$ an einer zu den Axen senkrechten Ebene. Di
erweiternde Operation der andern ist die Spiegelung $\mathfrak{S}_a$; die Eben
derselben verbindet zwei Axen *a* kürzesten Abstandes. Diese Gruppe
sind

$$\mathfrak{C}_x^h(6) = \{\mathfrak{C}_x(6), \mathfrak{S}_h\}; \quad x = 1, 4$$

und

$$\mathfrak{C}_x^a(6) = \{\mathfrak{C}_x(6), \mathfrak{S}_a\}; \quad x = 1, 4.$$

Es steht noch aus, diejenigen Gruppen zu discutiren, welche si
gemäss § 6 mit der Operation $\mathfrak{S}(\tau)$, resp. $\mathfrak{S}(t+\tau)$ bilden lasse
wenn die spiegelnde Ebene σ und die halbe Translation τ den Ax
parallel sind. Jede dieser Gruppen steht einer andern zur Seite, welc
durch dieselbe Operation, aber ohne die Translation τ abgeleitet ist

Wir haben bereits oben darauf hingewiesen, dass die Existe
solcher Gruppen in dem Fall, dass die erweiternde Operation $\mathfrak{S}(t+$
ist, der Prüfung bedarf. Diese Operation kann nur bei denjenig
der vorstehenden Gruppen in Frage kommen, die selbst mit ein
Operation $\mathfrak{S}(t)$ abgeleitet sind, d. h. bei den Gruppen

$$\mathfrak{C}_x^{m_1}(2) \text{ und } \mathfrak{C}_3^{m_1}(2).$$

Für $\mathfrak{C}_x$ ist t eine zu den Axen senkrechte halbe Translation τ_1*), al
ist auch $t + \tau = \tau_1 + \tau$ eine halbe Translation der Gruppe; die fra
liche Gruppe existirt daher. Für $\mathfrak{C}_3$ jedoch ist t von der Form $\tau_1 + \tau$,**
daher $t + \tau$ äquivalent τ_1; τ_1 ist aber keine halbe Translation, u
daher lässt sich aus $\mathfrak{C}_3^{m_1}$ eine derartige erweiterte Gruppe nicht a
leiten.

Zwei solche, mit $\mathfrak{S}(t)$ *resp.* $\mathfrak{S}(t+\tau)$ *gebildete Gruppen sind*
Allgemeinen verschieden; sie können nur im Sinn von § 3 geometris
identisch sein. Es ist leicht ersichtlich, dass *diese Identität nur*
dem einen Fall möglich ist, wenn unter den Bewegungen von $\mathfrak{C}_n$ *sol*
vorkommen, deren Translationscomponente τ *ist.*

Da nämlich die erweiternden Operationen $\mathfrak{S}$ und $\mathfrak{S}_1$ sich nur dur
die Componente τ unterscheiden, so kann nur in diesem Fall d
Product aus einer Bewegung und $\mathfrak{S}$ einer Operation äquivalent se
welche die Translationscomponente τ enthält.

Die Identität derartiger Gruppen kann daher nur für die Grupp

$$\mathfrak{C}_2(2),\ \mathfrak{C}_3(2),\ \mathfrak{C}_3(4),\ \mathfrak{C}_4(4),\ \mathfrak{C}_5(4),\ \mathfrak{C}_4(6)$$

in Frage kommen, wo $\mathfrak{C}_2(2)$ und $\mathfrak{C}_3(2)$ nur unter der Voraussetzu
zu prüfen sind, dass das Fundamentalparallelogramm des Netzes e
Rhombus oder Rechteck ist.

---

*) Vgl. S. 186.

**) Vgl. S. 187 u. 188.

Es sind jedoch keineswegs alle erweiterten Gruppen zu prüfen, die im vorstehenden aus obigen Gruppen abgeleitet sind. Denn es lässt sich allgemein aussagen, (vgl. § 4), dass wenn die erweiternde Operation $\mathfrak{S}$ eine reine Spiegelung ist, deren Ebene nur Umklappungsaxen enthält, die mit $\mathfrak{S}$ und $\mathfrak{S}_1 = \mathfrak{S}(\tau)$ abgeleiteten Gruppen verschieden sein müssen. Solche Gruppen brauchen daher nicht berücksichtigt zu werden.

Unter den aus $\mathfrak{C}_2(2)$ abgeleiteten Gruppen sind

$$\mathfrak{C}_2^d(2),\ \mathfrak{C}_2^s(2),\ \mathfrak{C}_2^m(2),\ \mathfrak{C}_2^{m_1}(2)$$

zu untersuchen. Sie sind mit

$$\mathfrak{S}_d,\ \mathfrak{S}_s,\ \mathfrak{S}_m,\ \mathfrak{S}_m(\tau_1)$$

gebildet. Wir bezeichnen die entsprechenden Operationen mit

$$\mathfrak{S}_d(\tau),\ \mathfrak{S}_s(\tau),\ \mathfrak{S}_m(\tau),\ \mathfrak{S}_m(\tau_1+\tau).$$

Bilden wir nun für jede der obigen Gruppen das Product aus der bezüglichen symmetrischen Operation mit der Bewegung $\mathfrak{A}(\pi, \tau)$, so folgt leicht, dass *nur die mit $\mathfrak{S}_m$ und $\mathfrak{S}_m(\tau)$ abgeleiteten Gruppen verschieden sind;* die übrigen sind geometrisch identisch.

Ferner sind die Gruppen

$$\mathfrak{C}_3^d(2),\ \mathfrak{C}_3^s(2),\ \mathfrak{C}_3^{s_1}(2)\ \text{ und }\ \mathfrak{C}_3^m(2)$$

zu untersuchen; die ersten beiden sind mit denjenigen, die sich mittelst $\mathfrak{S}_d(\tau)$ und $\mathfrak{S}_s(\tau)$ ableiten lassen, geometrisch identisch; bei den beiden letzteren ist dies jedoch nicht der Fall.

Für $\mathfrak{C}_3(4)$ und $\mathfrak{C}_4(4)$ können nur die Gruppen in Betracht kommen, die mit der Operation $\mathfrak{S}_s$ gebildet sind, deren Ebene die Axen a und b enthält. Für $\mathfrak{C}_4$ existirt eine solche Gruppe nicht. (S. 189). Für $\mathfrak{C}_3(4)$ ist die mit $\mathfrak{S}_s(\tau)$ gebildete Gruppe von der oben gefundenen verschieden. Es ist aber wichtig zu bemerken, dass diese Gruppe sich auch durch eine reine Spiegelung ableiten lässt. Denn gemäss § 4 ist das Product aus $\mathfrak{S}_s(\tau)$ und der Bewegung $\mathfrak{A}$ eine Spiegelung $\mathfrak{S}_a$, deren Ebene durch die Netzseite AA_1 geht. Diese Gruppe möge durch

$$\mathfrak{C}_3^a(4) = \{\mathfrak{C}_3(4),\ \mathfrak{S}_a\}$$

bezeichnet werden.

Bei der Gruppe $\mathfrak{C}_5(4)$ sind die mit

$$\mathfrak{S}_s \text{ und } \mathfrak{S}_d$$

gebildeten Gruppen zu prüfen. Hier ist die mit $\mathfrak{S}_d(\tau)$ gebildete Gruppe von $\mathfrak{C}_5^d(4)$ nicht verschieden; dagegen ergiebt sich mittelst der Operation $\mathfrak{S}_s(\tau)$ eine neue Gruppe. Dieselbe lässt sich auch durch Multiplication mit einer Spiegelung $\mathfrak{S}_b$ erzeugen, deren Ebene zwei nächste Hauptaxen b enthält; sie ist durch die Gleichung

$$\mathfrak{C}_5^b(4) = \{\mathfrak{C}_5(4),\ \mathfrak{S}_b\}$$

bestimmt.

Endlich ist noch die Gruppe $\mathfrak{C}_4(6)$ zu erledigen, resp. die aus ihr mit $\mathfrak{S}_s$ abgeleitete Gruppe. Sie ist mit der durch $\mathfrak{S}_s(\tau)$ erzeugbaren nicht identisch. Die letztere lässt sich übrigens ebenfalls mittelst einer reinen Spiegelung $\mathfrak{S}_d$ bilden. Die Ebene derselben geht durch AC; diese Gruppe bezeichnen wir durch

$$\mathfrak{C}_4^d(6) = \{\mathfrak{C}_4(6), \mathfrak{S}_d\}.$$

Die mit Hilfe der Operationen $\mathfrak{S}(t)$, resp. $\mathfrak{S}(t+\tau)$ ableitbaren Gruppen sind daher bis auf sechs von den früheren sämmtlich verschieden, es ergeben sich also noch 18 solcher Gruppen. *Die Gesammtzahl der erweiterten cyklischen Gruppen beträgt daher* 62.

§ 9.

Allgemeine Bemerkungen über die Erweiterung der Vierer-, Dieder-, Tetraeder- und Octaedergruppen.

Die Diedergruppen haben eine cyklische Gruppe als ausgezeichnete Untergruppe, die Tetraedergruppen eine Vierergruppe und die Octaedergruppen eine Tetraedergruppe. Jede dieser Gruppen kann daher nur solche erweiternden Operationen zulassen, mit denen sich die bezügliche ausgezeichnete Untergruppe erweitern lässt. Bei den Vierergruppen ist die Zahl der ausgezeichneten Untergruppen drei; sie müssen durch jede symmetrische Operation $\mathfrak{S}$, die zur Erweiterung tauglich ist, in einander übergehen. Da aber die Vertauschung, welche $\mathfrak{S}$ bewirkt, die Periode zwei hat, so muss es stets mindestens eine cyklische Untergruppe geben, welche durch $\mathfrak{S}$ in sich selbst übergeführt wird. *Es kommen daher stets nur solche symmetrischen Operationen in Frage, welche bei den bezüglichen ausgezeichneten Untergruppen auftreten.*

Ist wieder Γ irgend eine dieser Gruppen, und Γ_a die ausgezeichnete Untergruppe, so entsteht Γ aus Γ_a durch Multiplication mit einer einzigen Bewegung $\mathfrak{R}$. *Die nothwendige und hinreichende Bedingung, dass sich die Gruppe* Γ *mit der Operation* $\mathfrak{S}$ *erweitern lässt, ist daher die, dass* $\mathfrak{S}$ *die Bewegung* $\mathfrak{R}$ *in sich oder eine gleichartige Bewegung überführt.*

Von den oben genannten Operationen $\mathfrak{S}$ brauchen die Operationen von der Form $\mathfrak{S}(t)$ nicht geprüft zu werden. Wir brauchen dies nur für die Vierer- und Diedergruppen zu beweisen; denn ist es für sie bewiesen, so folgt es für die Tetraeder- und Octaedergruppen von selbst.

Ist die Gruppe, welche die Operation $\mathfrak{S}(t)$ zulässt, zunächst eine Diedergruppe, so läuft, wie aus dem vorstehenden Paragraphen folgt, die spiegelnde Ebene σ den Hauptaxen parallel. Die Diedergruppe enthält aber in jedem Fall eine Umklappung $\mathfrak{A}$, deren Axe auf der

Ebene σ senkrecht steht. Es gehört daher auch die Operation $\mathfrak{A}\cdot\mathfrak{S}$ der erweiterten Gruppe an; dies ist aber (§ 4) eine Inversion; die Gruppe ist daher bereits unter denen enthalten, welche sich durch Inversion aus der bezüglichen Diedergruppe ableiten lassen.

Bei den Vierergruppen bedarf der Beweis einer weiteren Ausführung. Wir benutzen dazu im Anschluss an die frühere Abhandlung das rechtwinklige Parallelepipedon, dessen Kanten halbe Translationen sind, und bezeichnen dasselbe wieder durch Π.*) Setzen wir nun zunächst voraus, dass die Translationsgruppe der Vierergruppe keinen speciellen Charakter besitzt, so ist evident, dass die Ebene σ nur einer Fläche von Π parallel laufen kann. Alsdann giebt es aber wieder Axen der Vierergruppe, die auf σ senkrecht stehen, und wie oben folgt, dass die durch $\mathfrak{S}(t)$ ableitbare Gruppe unter denen enthalten ist, welche sich aus der Vierergruppe mit einer Inversion bilden lassen.

Besitzt die Translationsgruppe besonderen Symmetriecharakter, so kann dies nur so möglich sein, dass mindestens eine der cyklischen Untergruppen in den zu ihren Axen senkrechten Ebenen ein quadratisches Netz bestimmt. Diese Gruppe muss durch die Operation $\mathfrak{S}(t)$ in sich selbst übergehen und die Ebene σ ist daher parallel einer Diagonalebene von Π. Es giebt daher Axen a der Vierergruppe, welche die Ebene σ unter einem Winkel von 45^0 treffen. Das Product der zugehörigen Bewegung $\mathfrak{A}$ mit $\mathfrak{S}(t)$ ist, wenn wir zunächst von der Translationscomponente absehen, eine Operation $\mathfrak{S}_q$, deren Axe in σ liegt und zu a senkrecht ist. Dasselbe gilt daher auch, wenn wir die Translation berücksichtigen. Die mit $\mathfrak{S}(t)$ ableitbare Gruppe ist daher unter denen enthalten, welche sich mittelst der Operation $\mathfrak{S}_q$ erzeugen lassen.

Es sind also in der That nur Inversion, Spiegelung und die Operation $\mathfrak{S}_q$ zur Erzeugung der erweiterten Gruppen der hier betrachteten Art zu verwenden. Ob die so erhaltenen Gruppen verschieden oder identisch sind, ergiebt sich stets in einfacher Weise an der Hand des oben (§ 3) ausgesprochenen allgemeinen Satzes. Dabei möchte ich bemerken, dass zwei erweiterte Gruppen durchaus nicht immer verschieden sind, wenn sie aus verschiedenen Untergruppen gebildet sind. Der Grund hierfür ist leicht ersichtlich. Betrachten wir z. B. die Diedergruppen. Die cyklische Untergruppe möge eine Spiegelung sowohl senkrecht als parallel zu den Axen zulassen, so geben beide Operationen zu zwei verschiedenen erweiterten Gruppen Veranlassung. Nun enthält die Diedergruppe Umklappungen, deren Axen zu den Hauptaxen senkrecht sind; die erweiterte Diedergruppe, welche mit einer zu den Hauptaxen senkrechten Spiegelung $\mathfrak{S}_h$ ge-

*) Vgl. B. G. I. S. 336.

bildet ist, wird daher, wenn die Ebene von $\mathfrak{S}_h$ eine Umklappungsa: enthält, von selbst auch (§ 4) Spiegelungen zulassen, deren Ebene parallel zu den Hauptaxen sind.

§ 10.

Die erweiterten Vierergruppen.

Die Discussion der Vierergruppen knüpfen wir, wie im vorige Paragraphen, an die dort erwähnten rechtwinkligen Parallelepipeda I Die Ebenen, welche durch die Mitte von Π parallel zu den Fläche laufen, sollen *Mittelebenen* genannt werden.

Wie im vorigen Paragraphen gezeigt, führt jede zulässige Operatic $\mathfrak{S}$ mindestens eine der drei ausgezeichneten Untergruppen in sich übe Wir brauchen daher nur eine derselben in Betracht zu ziehen, z. I diejenige, welche von den z-Axen gebildet wird. Das zugehöri Parallelogrammnetz besteht aus Rhomben oder Rechtecken; es könn daher als erweiternde Operationen nur die für solche Gruppen z lässigen in Frage kommen, d. h. Inversion und Spiegelung an ein zu den Seitenflächen von Π parallelen Ebene.

Das Inversionscentrum muss stets zwischen zwei gleicharti z-Axen kürzesten Abstandes fallen; wobei jedoch die Fälle, dass in eine x- oder y-Axe fällt, gemäss § 4 nicht zu berücksichtigen sin

Wir betrachten zunächst diejenigen Vierergruppen, deren Ax nach allen drei Richtungen symmetrisch im Raum vertheilt sind. Di sind die Gruppen

$$\mathfrak{V}_1, \mathfrak{V}_2, \mathfrak{V}_4, \mathfrak{V}_5, \mathfrak{V}_9.$$

Für sie brauchen nach § 3 nur diejenigen Spiegelebenen geprüft werden, welche der Grundfläche von Π parallel sind.

Alle genannten Gruppen lassen sich durch die Spiegelung $\mathfrak{S}_h$ der Grundfläche von Π erweitern; diese Erweiterung liefert die Grupp

$$\mathfrak{V}_k^h = \{\mathfrak{V}_k, \mathfrak{S}_h\}, \quad k = 1, 2, 4, 5, 9.$$

Für $\mathfrak{V}_1$ und $\mathfrak{V}_4$ ergiebt sich auch durch die Spiegelung $\mathfrak{S}_m$ gegen Mittelebene eine neue erweiterte Gruppe, nämlich

$$\mathfrak{V}_k^m = \{\mathfrak{V}_k, \mathfrak{S}_m\}, \quad k = 1, 4.$$

Diese Spiegelung ist zwar auch bei $\mathfrak{V}_5$ und $\mathfrak{V}_9$ gestattet, aber spiegelnde Ebene hat in beiden Fällen analoge Lage gegen das Axe system, wie die Ebene σ_h. Die zugehörigen Gruppen sind daher n der ersteren geometrisch identisch.

Ein Inversionscentrum ist für $\mathfrak{V}_1$ nach § 4 unmöglich. $\mathfrak{V}_2$ g stattet eine Inversion; das Centrum fällt in die Mitte von Π. F $\mathfrak{V}_4$ kann es ausserdem auch in die Mitte der Grundfläche fallen; beid Lagen entsprechen zwei verschiedene erweiterte Gruppen. Aus und $\mathfrak{B}_9$ ergiebt sich ebenfalls nur je eine erweiterte Gruppe und zwar durch Inversion gegen den Mittelpunkt von Π. Wir erhalten also die Gruppen

$$\mathfrak{B}_k^i = \{\mathfrak{B}_k, \mathfrak{J}\}, \quad k = 2, 4, 5, 9$$

und

$$\mathfrak{B}_4^{i_1} = \{\mathfrak{B}_4, \mathfrak{J}_1\}.$$

Wir können daher aus

$$\mathfrak{B}_1, \mathfrak{B}_2, \mathfrak{B}_4, \mathfrak{B}_5, \mathfrak{B}_9$$

bei beliebiger Translationsgruppe im Ganzen 12 erweiterte Gruppen ableiten.

Die Gruppen

$$\mathfrak{B}_3, \mathfrak{B}_6, \mathfrak{B}_7, \mathfrak{B}_8$$

verhalten sich nur bezüglich der x- und y-Axen symmetrisch. Die Spiegelungen, deren Ebenen der Grundfläche, resp. den Seitenflächen parallel sind, können daher verschiedene Gruppen liefern. Ob dies der Fall ist, oder nicht, lässt sich aus den Sätzen des § 4 unmittelbar entscheiden.

Sämmtliche Gruppen gestatten eine Spiegelung $\mathfrak{S}_s$ gegen eine Seitenfläche, sowie eine Spiegelung $\mathfrak{S}_{m_1}$ gegen die zu ihr parallele Mittelebene. Die so bestimmten Gruppen

$$\mathfrak{B}_k^s = \{\mathfrak{B}_k, \mathfrak{S}_s\}$$

und

$$\mathfrak{B}_k^{m_1} = \{\mathfrak{B}_k, \mathfrak{S}_{m_1}\}, \quad k = 3, 6, 7, 8$$

sind in allen vier Fällen von einander verschieden.

Ferner lassen sich alle Gruppen durch die Spiegelung $\mathfrak{S}_h$ an der Grundfläche, sowie durch die Spiegelung $\mathfrak{S}_m$ gegen die zu ihr parallele Mittelebene erweitern. Neue Gruppen ergeben sich aber hierdurch nur für $\mathfrak{B}_3$ und $\mathfrak{B}_8$; und zwar für $\mathfrak{B}_8$ in beiden Fällen, für $\mathfrak{B}_3$ dagegen nur mittelst der Operation $\mathfrak{S}_m$; die bezüglichen Gruppen sind

$$\mathfrak{B}_8^h = \{\mathfrak{B}_8, \mathfrak{S}_h\};$$

$$\mathfrak{B}_k^m = \{\mathfrak{B}_k, \mathfrak{S}_m\}, \quad k = 3, 8.$$

Endlich sind noch diejenigen Gruppen zu nennen, die sich durch Inversion ableiten lassen. Solcher Gruppen ergeben sich fünf neue; das Inversionscentrum liegt stets in der Mitte zwischen den beiden Grundflächen, und fällt ausserdem entweder in die Mitte einer Seitenfläche oder in die Mitte von Π. Aus $\mathfrak{B}_3$ entsteht nur im ersten Fall eine neue Gruppe. Aus $\mathfrak{B}_6$ lässt sich eine solche Gruppe nicht ableiten; dagegen giebt es für $\mathfrak{B}_7$ und $\mathfrak{B}_8$ wieder je zwei erweiterte Gruppen dieser Art; das Inversionscentrum fällt ebenfalls in die Mitte von Π oder in die Mitte einer Seitenfläche, wo natürlich § 4 zu beachten ist. Die so definirten Gruppen mögen durch

$$\mathfrak{B}_k^i = \{\mathfrak{B}_k, \mathfrak{J}\}, \quad k = 3, 7, 8$$

und

$$\mathfrak{B}_k^{i_1} = \{\mathfrak{B}_k, \mathfrak{J}_1\}, \quad k = 7, 8$$

bezeichnet werden.

Die Gruppen

$$\mathfrak{B}_3, \mathfrak{B}_6, \mathfrak{B}_7, \mathfrak{B}_8$$

geben daher bei beliebiger Translationsgruppe zu 16 erweiterten Gruppen Veranlassung.

Es ist schliesslich noch der Fall zu erledigen, dass die Translationsgruppe besondere Symmetrieebenen besitzt. Dies ist, wie schon oben erwähnt wurde, nur so möglich, dass die von den s Axen gebildete cyklische Gruppe ein quadratisches Netz besitzt. Alsdann kann nach § 6 auch die Spiegelung $\mathfrak{S}_d$, deren Ebene durch eine s-Axe läuft und einer auf der Grundfläche senkrechten Diagonalebene von Π parallel ist, und die Operation $\mathfrak{S}_q$ zu neuen Gruppen führen.

Die Spiegelung $\mathfrak{S}_d$ ist offenbar dann unmöglich, wenn durch einen Punkt einer s Axe nur eine andere Axe hindurchgeht. Daraus folgt sofort, dass eine erweiterte Gruppe dieser Art nur für

$$\mathfrak{B}_1, \mathfrak{B}_2, \mathfrak{B}_3, \mathfrak{B}_4, \mathfrak{B}_8$$

existiren kann; es bestehen daher die 5 Gruppen

$$\mathfrak{B}_k^d = \{\mathfrak{B}_k, \mathfrak{S}_d\}; \quad k = 1, 2, 3, 4, 8.$$

Die Ebene von $\mathfrak{S}_d$ ist stets die Diagonalebene selbst; überdies muss sie für $\mathfrak{B}_2$ durch die Drehungsaxen s hindurchgehen.

Die Axe s der Operation $\mathfrak{S}_q$ ist nothwendig eine Drehungsaxe (§ 2). Geht aber durch ihren Schnittpunkt mit der spiegelnden Ebene ebenfalls eine Drehungsaxe hindurch, so ist die zugehörige Gruppe gemäss § 4 mit einer der vorstehenden identisch. Daraus folgt, dass die Operation $\mathfrak{S}_q$ höchstens bei

$$\mathfrak{B}_1, \mathfrak{B}_2, \mathfrak{B}_3, \mathfrak{B}_4, \mathfrak{B}_5, \mathfrak{B}_8$$

zu neuen Gruppen führt. Für $\mathfrak{B}_1$ und $\mathfrak{B}_4$ ist die spiegelnde Ebene σ die Mittelebene von Π; für $\mathfrak{B}_2$ ist sie eine Grundfläche, und für $\mathfrak{B}_5$ ist sie von der Grundfläche um den vierten Theil der Höhe von Π entfernt. Da aber $\mathfrak{B}_1{}^q$ und $\mathfrak{B}_1{}^d$ identisch sind, giebt es nur die Gruppen

$$\mathfrak{B}_k^q = \{\mathfrak{B}_k, \mathfrak{S}_q\}, \quad k = 2, 4, 5.$$

Aus $\mathfrak{B}_3$ lassen sich drei verschiedene Gruppen

$$\mathfrak{B}_3^q = \{\mathfrak{B}_3, \mathfrak{S}_q\}$$

ableiten, je nachdem die Axe s in eine Kante oder in die Mittellinie von Π gelegt wird; im ersteren Fall ist die Ebene σ die Mittelebene von Π, im letzteren kann sie sowohl Mittelebene als Grundfläche sein.

Endlich sind noch die aus $\mathfrak{B}_8$ ableitbaren Gruppen

$$\mathfrak{B}_8^q = \{\mathfrak{B}_8, \mathfrak{S}_q\}$$

zu nennen. Es giebt deren zwei; als spiegelnde Ebene kann nämlich sowohl die Grundfläche, als die Mittelebene gewählt werden.

Es giebt also 8 erweiterte Gruppen dieser Art, so dass *die Gesammtzahl aller erweiterten Vierergruppen* 41 *beträgt.*

§ 11.

Die erweiterten Diedergruppen.

Gemäss § 9 kommen bei jeder Diedergruppe nur diejenigen symmetrischen Operationen $\mathfrak{S}$ in Frage, welche auch für die cyklische Untergruppe zulässig sind. Nun entsteht jede Diedergruppe aus der cyklischen Untergruppe durch Multiplication mit einer Umklappung $\mathfrak{H}$*); die Operation $\mathfrak{S}$ giebt daher (§ 9) stets und immer dann eine erweiterte Diedergruppe, wenn sie die Axe von $\mathfrak{H}$ in eine gleichartige Axe überführt.

Wir benutzen wieder die in B. G. II. gezeichneten Figuren. Das durch jede derselben dargestellte Prisma möge durch P bezeichnet werden. Die durch den Mittelpunkt desselben gehende zur Grundfläche parallele Ebene soll wieder *Mittelebene* heissen.

Die zu prüfenden Operationen sind entweder Inversionen oder sie haben eine spiegelnde Ebene. Ist dieselbe senkrecht zu den Hauptaxen der Diedergruppe, so kann sie eventuell mehrere Lagen annehmen; dasselbe gilt von dem Centrum der Inversion, nur muss die Verbindungslinie dieser Centra stets den Axen parallel laufen. Dagegen sind von Spiegelungen, deren Ebenen den Hauptaxen parallel laufen, nur diejenigen möglich, die auch bei den bezüglichen cyklischen Gruppen auftreten.

Von den Gruppen $\mathfrak{C}(3)$ gestatten nur

$$\mathfrak{C}_1 \text{ und } \mathfrak{C}_3$$

eine Erweiterung. Daher können von den Diedergruppen $\mathfrak{D}(3)$ auch nur

$$\mathfrak{D}_1,\ \mathfrak{D}_3,\ \mathfrak{D}_5$$

zu erweiterten Gruppen führen.

Die Operationen, welche bei $\mathfrak{C}_1(3)$ zulässig sind, sind die Inversion $\mathfrak{J}$ und die Spiegelungen $\mathfrak{S}_h$, $\mathfrak{S}_a$, $\mathfrak{S}_s$. Wir erhalten daher für $\mathfrak{D}_1(3)$ und $\mathfrak{D}_3(3)$ folgende Resultate: Zunächst gestatten beide Gruppen eine Inversion, deren Centrum in die Mitte des Prisma P fällt. Aus § 9 folgt übrigens, dass in jeder Hauptaxe Inversionscentra liegen. Ferner liefert die Spiegelung $\mathfrak{S}_h$ gegen die Grundfläche, sowie die Spiegelung $\mathfrak{S}_m$ gegen die Mittelebene sowohl bei $\mathfrak{D}_1$ als $\mathfrak{D}_3$ je eine neue erweiterte Gruppe. Die zugehörigen Gruppen sind

*) Vgl. B. G. II. S. 53 u. 54.

$$\mathfrak{D}_k^i(3) = \{\mathfrak{D}_k(3), \mathfrak{J}\},$$
$$\mathfrak{D}_k^h(3) = \{\mathfrak{D}_k(3), \mathfrak{S}_h\}, \quad k = 1, 3,$$
$$\mathfrak{D}_k^m(3) = \{\mathfrak{D}_k(3), \mathfrak{S}_m\}.$$

Die mit $\mathfrak{S}_h$ abgeleitete Gruppe enthält (§ 4) bei $\mathfrak{D}_1$ auch die Operati $\mathfrak{S}_s$ und bei $\mathfrak{D}_3$ auch die Operation $\mathfrak{S}_a$; Gruppen, die von den vı stehenden verschieden sind, ergeben sich daher nur noch aus mittelst $\mathfrak{S}_a$ und aus $\mathfrak{D}_3$ mittelst $\mathfrak{S}_s$; dieselben sind

$$\mathfrak{D}_1^a(3) = \{\mathfrak{D}_1(3), \mathfrak{S}_a\}$$

und

$$\mathfrak{D}_3^s(3) = \{\mathfrak{D}_3(3), \mathfrak{S}_s\}.$$

Die Gruppe $\mathfrak{C}_3(3)$ gestattet nur die Inversion $\mathfrak{J}$ und die Operati $\mathfrak{S}_a$; mit jeder dieser Operationen lässt sich aus $\mathfrak{D}_5$ je eine erweite Gruppe bilden; nämlich

$$\mathfrak{D}_5^i(3) = \{\mathfrak{D}_5(3), \mathfrak{J}\}$$

und

$$\mathfrak{D}_5^a(3) = \{\mathfrak{D}_5(3), \mathfrak{S}_a\}.$$

Das Centrum der Inversion fällt wieder in die Mitte von P; in dies Fall liegen aber Inversionscentra nur in den Drehungsaxen.

Es giebt also im Ganzen 10 *erweiterte Gruppen* $\mathfrak{D}(3)$.

Von den Gruppen $\mathfrak{C}(4)$ lassen

$$\mathfrak{C}_1, \mathfrak{C}_3, \mathfrak{C}_4, \mathfrak{C}_5$$

Erweiterungen zu. Die erweiterungsfähigen Diedergruppen $\mathfrak{D}(4)$ s daher

$$\mathfrak{D}_1, \mathfrak{D}_2, \mathfrak{D}_5, \mathfrak{D}_6, \mathfrak{D}_7, \mathfrak{D}_8 \text{*)}.$$

Die zu prüfenden symmetrischen Operationen sind zunächst die Inversi deren Centrum in die Mitte zwischen zwei nächste Hauptaxen fi ferner die Spiegelungen $\mathfrak{S}_h$, $\mathfrak{S}_d$ und $\mathfrak{S}_s$; endlich für $\mathfrak{C}_3$ und $\mathfrak{C}_5$ müss S. 191 auch die Spiegelung $\mathfrak{S}_a$, resp. $\mathfrak{S}_b$.

Die Inversion ist zulässig bei

$$\mathfrak{D}_1, \mathfrak{D}_2, \mathfrak{D}_5, \mathfrak{D}_8$$

und liefert die Gruppen

$$\mathfrak{D}_k^i(4) = \{\mathfrak{D}_k(4), \mathfrak{J}\}; \quad k = 1, 2, 5, 8.$$

Das Centrum derselben liegt bei $\mathfrak{D}_1$ und $\mathfrak{D}_2$ in der Mittelebene Prismas P, bei $\mathfrak{D}_5$ dagegen in der Grundfläche. Für $\mathfrak{D}_8$ (F. 38) k das Inversionscentrum sowohl in den Mittelpunkt der Grundfläche in die Mittelebene fallen; die so gebildeten Gruppen sind aber identi da das Product beider Inversionen eine Translation der Gruppe is

*) Ich bemerke, dass in B. G. II, S. 64 die Geraden k und k_1 irrthü als ungleichberechtigt aufgeführt sind. Sie sind jedoch gleichberechtigt.

Die Spiegelung $\mathfrak{S}_h$ gegen die Grundfläche von P ist bei den Gruppen

$$\mathfrak{D}_1,\ \mathfrak{D}_2,\ \mathfrak{D}_5,\ \mathfrak{D}_6,\ \mathfrak{D}_7$$

zulässig. Dieselben Gruppen lassen sich auch durch die Spiegelung $\mathfrak{S}_m$ gegen die Mittelebene erweitern, und zwar sind die so gebildeten Gruppen sämmtlich verschieden. Wir erhalten dadurch die Gruppen

$$\mathfrak{D}_k^h(4) = \{\mathfrak{D}_k(4),\ \mathfrak{S}_h\}$$

und

$$\mathfrak{D}_k^m(4) = \{\mathfrak{D}_k(4),\ \mathfrak{S}_m\};\quad k = 1, 2, 5, 6, 7.$$

Diese Gruppen enthalten (§ 4) auch zum Theil schon Operationen $\mathfrak{S}_s$ resp. $\mathfrak{S}_d$. Im Einzelnen ist ersichtlich, dass sich mit der Operation $\mathfrak{S}_s$ nur aus $\mathfrak{D}_2$ und $\mathfrak{D}_6$ die neuen Gruppen

$$\mathfrak{D}_k^s(4) = \{\mathfrak{D}_k(4),\ \mathfrak{S}_s\},\quad k = 2, 6$$

und mit der Operation $\mathfrak{S}_d$ nur aus $\mathfrak{D}_1$, $\mathfrak{D}_5$, $\mathfrak{D}_8$ die neuen Gruppen

$$\mathfrak{D}_k^d(4) = \{\mathfrak{D}_k(4),\ \mathfrak{S}_d\},\quad k = 1, 5, 8$$

ableiten lassen. Keine dieser letzteren 5 Gruppen enthält eine zu den Hauptaxen senkrechte Spiegelung.

Endlich ist für $\mathfrak{D}_5$ und $\mathfrak{D}_6$ noch die Spiegelung $\mathfrak{S}_a$ und für $\mathfrak{D}_7$ die Spiegelung $\mathfrak{S}_b$ zu prüfen. Die letztere giebt keine neue Gruppe, dagegen entsteht aus $\mathfrak{D}_6$ durch Multiplication mit $\mathfrak{S}_a$ noch eine neue Gruppe

$$\mathfrak{D}_6^a(4) = \{\mathfrak{D}_6(4),\ \mathfrak{S}_a\}.$$

Die spiegelnde Ebene fällt in irgend eine Seitenfläche von P. Auch diese Gruppe enthält keine zu den Hauptaxen senkrechte Spiegelung.

Aus jeder der Gruppen $\mathfrak{D}_1$, $\mathfrak{D}_2$, $\mathfrak{D}_5$, $\mathfrak{D}_6$ lassen sich daher vier erweiterte Gruppen ableiten; aus $\mathfrak{D}_7$ und $\mathfrak{D}_8$ dagegen je zwei. *Die Gesammtheit der erweiterten Diedergruppen* $\mathfrak{D}(4)$ *beträgt daher* 20.

Die einzigen Gruppen $\mathfrak{C}(6)$, welche sich erweitern lassen, sind

$$\mathfrak{C}_1(6) \quad \text{und} \quad \mathfrak{C}_4(6).$$

Demgemäss können auch nur

$$\mathfrak{D}_1(6) \quad \text{und} \quad \mathfrak{D}_4(6)$$

erweiterungsfähig sein. Die zu prüfenden symmetrischen Operationen sind die Spiegelungen $\mathfrak{S}_h$ und $\mathfrak{S}_a$; für $\mathfrak{D}_4(6)$ ausserdem gemäss S. 192 auch die Spiegelung $\mathfrak{S}_d$.

Jede dieser Operationen ist auch für $\mathfrak{D}_1(6)$ und $\mathfrak{D}_4(6)$ zulässig. Beide Gruppen lassen sich sowohl mit der Spiegelung $\mathfrak{S}_h$ gegen die Grundfläche von P, als auch mit der Spiegelung $\mathfrak{S}_m$ gegen die Mittelebene erweitern. Die so gebildeten Gruppen

$$\mathfrak{D}_k^h(6) = \{\mathfrak{D}_k(6),\ \mathfrak{S}_h\}$$

und

$$\mathfrak{D}_k^m(6) = \{\mathfrak{D}_k(6),\ \mathfrak{S}_m\},\quad k = 1, 4$$

sind verschieden. Die aus $\mathfrak{D}_1$ mit $\mathfrak{S}_h$ abgeleiteten Gruppen enthalten aber bereits die Operation $\mathfrak{S}_s$, und ebenso enthalten die mit $\mathfrak{S}_h$ resp. $\mathfrak{S}_m$ aus $\mathfrak{D}_4$ abgeleiteten Gruppen bereits die Operation $\mathfrak{S}_d$ resp. $\mathfrak{S}_s$, so dass neue Gruppen auf diese Weise nicht entstehen.

Es giebt daher nur 4 erweiterte Diedergruppen $\mathfrak{D}(6)$. Die Gesammtzahl aller erweiterten Diedergruppen beträgt demgemäss 34.

§ 12.

Die erweiterten Tetraedergruppen.*)

Diejenigen Vierergruppen, welche sich zur Erzeugung von Tetraedergruppen benutzen lassen, sind

$$\mathfrak{V}_1,\ \mathfrak{V}_2,\ \mathfrak{V}_4,\ \mathfrak{V}_5,\ \mathfrak{V}_9.$$

Aus jeder derselben entsteht eine Tetraedergruppe durch Multiplication mit einer Drehung $\mathfrak{R}'$ um eine Körperdiagonale des Würfels Π. Die Tetraedergruppen lassen sich daher (§ 9) nur mit solchen Operationen erweitern, die einerseits für die obigen Vierergruppen zulässig sind, und andrerseits die Eigenschaft haben, die Bewegung $\mathfrak{R}'$ in sich oder eine gleichartige Bewegung überzuführen. Ich bemerke, dass natürlich auch solche Operationen in Betracht zu nehmen sind, welche den Vierergruppen nur bei quadratischem Netz zukommen. Die zu prüfenden Operationen sind daher die Inversion, die Operation $\mathfrak{S}_q$, und diejenigen Spiegelungen, deren Ebenen den Flächen oder Diagonalebenen des Würfels Π parallel sind.

Im Anschluss an meine frühere Arbeit bezeichne ich jetzt den Würfel Π übrigens wieder durch w, und nenne W denjenigen Würfel, dessen Seite das Doppelte der Seite von w ist*).

Die Tetraedergruppen

$$\mathfrak{T}_1,\ \mathfrak{T}_2,\ \mathfrak{T}_3,\ \mathfrak{T}_4,\ \mathfrak{T}_5$$

lassen sich in zwei Classen sondern; die erste enthält $\mathfrak{T}_1$, $\mathfrak{T}_2$, $\mathfrak{T}_3$, die zweite $\mathfrak{T}_4$ und $\mathfrak{T}_5$. Die Gruppen $\mathfrak{T}_4$ und $\mathfrak{T}_5$ sind dadurch gekennzeichnet, dass keine Axe r von einer andern Axe r im Endlichen getroffen wird.

Bei den Tetraedergruppen

$$\mathfrak{T}_1,\ \mathfrak{T}_2,\ \mathfrak{T}_3$$

geht durch jeden Würfel w nur eine Drehungsaxe r hindurch; überdies wird ausser den zwei Ecken, welche r verbindet, keine weitere Würfelecke von einer Axe r getroffen. Daraus folgt sofort, dass *erstens als spiegelnde Ebene nur eine Seitenfläche oder eine solche Diagonalebene von w zulässig ist, welche die Axe r enthält, und dass*

*) Vgl. B. G. II, S. 67.

zweitens das Inversionscentrum nur im Mittelpunkt von w liegen kann; denn fiele es in den Mittelpunkt einer Seitenfläche, so würde die zugehörige Inversion die Axe r in eine unerlaubte Lage bringen.

Im Einzelnen folgt, dass die Spiegelung $\mathfrak{S}_h$ gegen die Grundfläche von w, resp. W, und die Spiegelung $\mathfrak{S}_d$ gegen die durch r gehende Diagonalebene bei allen Gruppen $\mathfrak{T}_1$, $\mathfrak{T}_2$, $\mathfrak{T}_3$ gestattet ist; zudem sind alle so gebildeten Gruppen verschieden; diese Gruppen sind

$$\mathfrak{T}_k^h = \{\mathfrak{T}_k, \mathfrak{S}_h\}$$

und

$$\mathfrak{T}_k^d = \{\mathfrak{T}_k, \mathfrak{S}_d\}, \quad k = 1, 2, 3.$$

Da für $\mathfrak{V}_1$ die mit der Inversion $\mathfrak{J}$ und der Operation $\mathfrak{S}_h$ abgeleiteten Gruppen identisch sind, so kann die Erweiterung mit $\mathfrak{J}$ nur bei $\mathfrak{T}_2$ und $\mathfrak{T}_3$ zu neuen Gruppen führen; in der That sind die so bestimmten Gruppen

$$\mathfrak{T}_k^i = \{\mathfrak{T}_k, \mathfrak{J}\}, \quad k = 2, 3$$

von den vorstehenden verschieden.

Die Ebene σ der Operation $\mathfrak{S}_q$, welche schliesslich noch zu berücksichtigen ist, ist gemäss § 10 bei $\mathfrak{V}_4$ die Mittelebene von w, bei $\mathfrak{V}_2$ dagegen die Grundfläche. Sie führt bei allen beiden Tetraedergruppen die Axe r in eine gleichartige Axe über, wenn nur bei $\mathfrak{T}_3$ die Axe s in eine solche Kante von w gelegt wird, die nicht von r getroffen wird. Bei $\mathfrak{V}_2$ ist die Kante, in welche s fällt, an und für sich bestimmt. Wir erhalten also noch die Gruppen

$$\mathfrak{T}_k^q = \{\mathfrak{T}_k, \mathfrak{S}_q\}, \quad k = 2, 3.$$

Da bei den Gruppen

$$\mathfrak{T}_4 \text{ und } \mathfrak{T}_5$$

zwei nicht parallele Axen r windschief zu einander liegen, so ist eine Spiegelung als erweiternde Operation unmöglich. Dagegen lässt sich durch Inversion aus $\mathfrak{T}_4$ und $\mathfrak{T}_5$ je eine erweiterte Gruppe

$$\mathfrak{T}_k^i = \{\mathfrak{T}_k, \mathfrak{J}\}, \quad k = 4, 5$$

ableiten; das Inversionscentrum fällt, wie auch bei den Untergruppen $\mathfrak{V}_5$ und $\mathfrak{V}_9$, in die Mitte des Würfels w. Die Gruppe $\mathfrak{T}_4{}^i$ enthält übrigens, wie $\mathfrak{V}_5{}^i$, auch in jeder Ecke von w ein Inversionscentrum. Bei $\mathfrak{T}_5$ kann das Inversionscentrum zwar auch in eine Ecke von w fallen, aber die zugehörige Gruppe ist mit der eben erwähnten geometrisch identisch, (vgl. § 3), weil bei $\mathfrak{T}_4$ und $\mathfrak{T}_5$ durch *jede* Ecke von w eine Drehungsaxe geht.

Für $\mathfrak{T}_4$ ist endlich noch die Operation $\mathfrak{S}_q$ zu prüfen, da diese bei der Untergruppe $\mathfrak{V}_5$ zulässig ist. Die Ebene σ ist von der Grundfläche von w um ein Viertel der Höhe entfernt; daher würde die Axe

r' durch die Operation $\mathfrak{S}_q$ in eine unerlaubte Lage kommen; es giebt daher keine erweiterte Tetraedergruppe dieser Art.

Die Anzahl der erweiterten Tetraedergruppen beträgt daher 12.

§ 13.

Die erweiterten Octaedergruppen*).

Jede Octaedergruppe entsteht durch Multiplication einer Tetraedergruppe mit einer einzigen neuen Bewegung. Hierfür dürfen wir eine Bewegung

$$\mathfrak{A}\left(\frac{\pi}{4}, t\right)$$

wählen, deren Axe a auf der Grundfläche des Würfels W senkrecht steht*). *Die Octaedergruppe lässt sich daher mit allen denjenigen Operationen erweitern, welche bei der bezüglichen Tetraedergruppe zulässig sind, und die Bewegung* $\mathfrak{A}$ *in eine gleichartige überführen.*

Bei der Bestimmung dieser Gruppen werden wir durch folgende Ueberlegung unterstützt. Jede Octaedergruppe enthält als Untergruppe eine Diedergruppe $\mathfrak{D}(4)$, deren Hauptaxen auf der Grundfläche des Würfels W senkrecht stehen. Nun führt jede der Operationen, mit denen sich die Tetraedergruppen erweitern lassen, die Axe a in eine ebenfalls auf der Grundfläche von W senkrechte Axe über; die genannte Diedergruppe wird daher bei jeder der symmetrischen Operationen, die wir zu prüfen haben, in sich, nie in eine andere Diedergruppe übergehen. Die zur Erweiterung der Octaedergruppen geeigneten Operationen sind daher nur solche, durch welche nicht allein die Tetraedergruppe, sondern auch die genannte Diedergruppe erweitert werden kann. Umgekehrt ist evident, dass jede Operation dieser Art auch wirklich zu einer erweiterten Octaedergruppe führt.

Die Octaedergruppen

$$\mathfrak{O}_1 \text{ und } \mathfrak{O}_2$$

enthalten die Gruppe $\mathfrak{D}_7(4)$ als diedrische Untergruppe. Dieselbe lässt sich mit $\mathfrak{S}_h$ und $\mathfrak{S}_m$ erweitern. Aus $\mathfrak{O}_1$ entsteht daher nur mittelst der Operation $\mathfrak{S}_h$ eine erweiterte Gruppe, nämlich

$$\mathfrak{O}_1^h = \{\mathfrak{O}_1, \mathfrak{S}_h\},$$

aus $\mathfrak{O}_2$ jedoch durch beide Operationen. Die Ebene von $\mathfrak{S}_m$ ist nämlich bei $\mathfrak{O}_1$ die Mittelebene von w, bei $\mathfrak{O}_2$ dagegen die Mittelebene des Würfels W, da ja die Höhe dieses Würfels bei $\mathfrak{T}_2$ und $\mathfrak{O}_2$ nur gleich einer halben Translation ist. Wir finden so die Gruppen

$$\mathfrak{O}_2^h = \{\mathfrak{O}_2, \mathfrak{S}_h\} \text{ und } \mathfrak{O}_2^m = \{\mathfrak{O}_2, \mathfrak{S}_m\}.$$

---

*) Vgl. B. G. II, S. 73.

ntergruppe von $\mathfrak{O}_3$ ist $\mathfrak{D}_8(4)$. Es giebt zwei symmetrische n, die sowohl bei $\mathfrak{T}_2$, als bei $\mathfrak{D}_8$ gestattet sind, nämlich ung $\mathfrak{S}_d$ und die Inversion gegen die Mitte von w. Es giebt erweiterte Gruppen

$$\mathfrak{O}_3^d = \{\mathfrak{O}_3, \mathfrak{S}_d\} \quad \text{und} \quad \mathfrak{O}_3^i = \{\mathfrak{O}_3, \mathfrak{J}\}.$$

en Gruppen $\mathfrak{O}_4$ und $\mathfrak{O}_5$, die beide aus $\mathfrak{T}_3$ abgeleitet sind, erstere $\mathfrak{D}_1(4)$, die andere $\mathfrak{D}_5(4)$ als diedrische Untergruppe. beiden Gruppen lässt zwei Erweiterungen zu, die auch $\mathfrak{T}_3$; zunächst beide die Spiegelung $\mathfrak{S}_h$, ausserdem $\mathfrak{D}_1(4)$ eine gegen die Mitte von w, und $\mathfrak{D}_5(4)$ die Spiegelung $\mathfrak{S}_d$ rch r gehenden Diagonalebene. Auch für $\mathfrak{D}_1(4)$ ist aller- Spiegelung $\mathfrak{S}_d$ zulässig; aber die spiegelnde Ebene enthält Axe r. Die Spiegelung an der durch r gehenden Diagonal- rt schon der mit $\mathfrak{S}_h$ gebildeten Gruppe an. Es lassen sich $\mathfrak{O}_4$ und $\mathfrak{O}_5$ mittelst der genannten Operationen je zwei er- ruppen ableiten, nämlich

$$\mathfrak{O}_4^h = \{\mathfrak{O}_4, \mathfrak{S}_h\} \quad \text{und} \quad \mathfrak{O}_4^i = \{\mathfrak{O}_4, \mathfrak{J}\}$$

$$\mathfrak{O}_5^h = \{\mathfrak{O}_5, \mathfrak{S}_h\} \quad \text{und} \quad \mathfrak{O}_5^d = \{\mathfrak{O}_5, \mathfrak{S}_d\}.$$

ruppe $\mathfrak{O}_6$ enthält $\mathfrak{T}_4$ und $\mathfrak{D}_8$ als Untergruppen. Nur die gegen die Mitte von w ist bei beiden Gruppen gestattet; t nur sie zu einer erweiterten Gruppe

$$\mathfrak{O}_6^i = \{\mathfrak{O}_6, \mathfrak{J}\}.$$

$)_7$ dagegen lässt sich eine erweiterte Gruppe nicht ableiten, die diedrische Untergruppe $\mathfrak{D}_4(4)$ nicht möglich ist.

bt demnach 10 *erweiterte Octaedergruppen.*

esammtzahl der vorstehend gefundenen Gruppen beträgt 162. die 65 Bewegungsgruppen*) mit räumlicher Transformations- izu, so gelangen wir zu dem Resultat, dass *es im Ganzen en von Transformationen giebt, welche eine räumliche Trans- pe besitzen und den Raum congruent oder symmetrisch in ihren. Unter ihnen giebt es* 65 *Gruppen von Bewegungen ruppen, die auch symmetrische Operationen enthalten.*

ingen, November 1888.

B. G. I und II. Dabei sind diejenigen Gruppen, die sich nur durch ngssinn der Schraubenbewegungen unterscheiden, als verschieden

Allgemeine Sätze über die scheinbaren Singularitäten beliebiger Raumcurven.

Von

Adolf Kneser in Dorpat.

Bei Untersuchungen über die verschiedenen scheinbaren Gestalten einer gegebenen Raumcurve, welche von verschiedenen Punkten aus projicirt wird, ist es besonders wichtig, diejenigen Verschiebungen des Projectionscentrums zu betrachten, bei welchen die scheinbaren Singularitäten der Raumcurven, d. h. die Singularitäten ihrer Projection sich ändern. Dies tritt im Allgemeinen nur ein, wenn das Projectionscentrum durch gewisse Flächen hindurchgeht, und es erhebt sich dann die Frage, welche Aenderung die scheinbaren Singularitäten erleiden, wenn eine dieser Flächen in einem bestimmten Punkte und einer bestimmten Richtung durchschritten wird.

Anfänge einer solchen Untersuchung, und zwar mit alleiniger Berücksichtigung der scheinbaren Wendepunkte, finden sich in einer Abhandlung, welche ich im XXXI. Bande dieser Annalen unter dem Titel „Synthetische Untersuchungen über die Schmiegungsebenen beliebiger Raumcurven ..." veröffentlicht habe. Auf den folgenden Blättern will ich analoge auf die scheinbaren Doppelpunkte bezügliche Untersuchungen durchführen, zuvor aber die wichtigsten der früher erhaltenen Resultate nach einer übersichtlicheren Methode ableiten, welche zu einigen auch sonst verwendbaren neuen geometrischen Sätzen führt.

Die Ergebnisse der citirten wie der vorliegenden Abhandlung beziehen sich, wenn von „Curven" die Rede ist, selbstverständlich nicht auf den viel zu allgemeinen Begriff einer stetigen oder auch nur einer überall mit Tangenten versehenen Punktreihe, sondern auf einen engeren Curvenbegriff, der durch die Gültigkeit gewisser Sätze von axiomatischer Natur charakterisirt wird. Es sind dies in der vorliegenden Untersuchung hauptsächlich gewisse Sätze, welche von Staudt in § 15 seiner „Geometrie der Lage" ausgesprochen hat; sie bilden den Ausgangspunkt der Deduction, während weitere die betrachteten Curven betreffende Berufungen auf anschaulich evidente, aber unbewiesene Sätze ausgeschlossen sind. Bei einer solchen Darstellungsweise ist der Geltungsbereich der abzuleitenden Resultate von vornherein zu übersehen; ihre Gültigkeit für alle in der geometrischen Praxis vorkommenden Fälle ist dadurch gesichert, dass die Staudt'schen Sätze evident, d. h. für anschauliche Curven richtig sind, und dass sie für die von Singularitäten freien reellen Theile analytischer Gebilde leicht bewiesen werden können.

Im Grunde genommen sind übrigens die in meiner citirten Abhandlung stillschweigend oder ausdrücklich der Anschauung entnommenen Sätze, welche den dort behandelten Curvenbegriff charakterisiren, mit den hier an die Spitze gestellten Staudt'schen Sätzen identisch.

Vor Beginn der Untersuchung möge noch auf einige mehrfach anzuwendende Bezeichnungen hingewiesen werden, welche von Staudt in den Nrn. 10, 13, 22 und 23 des erwähnten classischen Werkes eingeführt hat. Als „vollkommene ebene Winkelfläche" oder kurz „vollkommener ebener Winkel" wird jeder Theil eines Strahlenbüschels, als „vollkommener Flächenwinkel" jeder Theil eines Ebenenbüschels bezeichnet, sodass irgend zwei Gerade die Ebene in zwei vollkommene ebene Winkelflächen, irgend zwei Ebenen den Raum in zwei vollkommene Flächenwinkel zerlegen, deren jeder im Sinne der projectiven Auffassung ein zusammenhängendes Gebiet bildet. Ein „vollkommener Winkelraum" ist ein Theil eines Strahlenbündels, sodass ein vollkommener Flächenwinkel auch als ein von zwei Ebenen begrenzter vollkommener Winkelraum betrachtet werden kann.

I.

Allgemeine Sätze über ebene Bögen.

§ 1.

Unter einem nirgends singulären ebenen Bogen verstehen wir eine im Sinne der projectiven Anschauung stetige, von Doppelpunkten und Doppeltangenten freie Punktreihe mit überall eindeutig bestimmter und stetig variirender Tangente, für welche die folgenden *Staudt'schen* Sätze gelten.

I. Durchläuft der Punkt T den Bogen in bestimmter Richtung und ist t seine jedesmalige Tangente, so ändert der Schnittpunkt (gt) der Tangente mit einer festen Geraden g die Richtung seiner Bewegung längs dieser in den und nur den Lagen der Elemente t und T, in welchen die Gerade g durch T geht, ohne mit t identisch zu sein.

II. Die Verbindungslinie FT ändert, wenn F ein fester Punkt ist, den Sinn ihrer Drehung in den und nur den Lagen der Elemente t und T, in welchen der Punkt F auf t liegt, ohne mit T zusammenzufallen.

Offenbar ist die hiermit gegebene Definition eines von Singularitäten freien ebenen Bogens in sich reciprok, sodass den Punkten eines solchen in jeder reciproken Verwandtschaft die Tangenten eines Bogens von denselben charakteristischen Eigenschaften entsprechen.

Die Sätze I und II sind specielle Fälle eines allgemeinen Satzes, welchen von Staudt in Nr. 201 seiner „Geometrie der Lage" aufgestellt hat; sie formuliren nur in präciser Weise die Grundvorstellung, dass eine ebene Curve durch stetige Bewegung eines Punktes in einer Geraden und gleichzeitige Drehung der Geraden um den Punkt erzeugt wird, wobei sich die Richtung der Bewegung und der Sinn der Drehung nur in einzelnen singulären Lagen der erzeugenden Elemente ändern.

§ 2.

Ein nirgends singulärer Bogen der definirten Art werde nun in A, B, C von einer Geraden l geschnitten, die mit den Stücken AB und BC des Bogens ausser den Endpunkten keinen Punkt gemein hat. Läuft dann der Punkt T längs des Bogens von A nach B, und ist g eine Gerade, welche mit dem ganzen Stück ABC keinen Punkt gemein hat, so überschreitet der Punkt T während seiner Bewegung keine der Geraden g und l, verbleibt also in einem und demselben der beiden von diesen Geraden begrenzten vollkommenen ebenen Winkel. Dasselbe gilt deshalb auch von der Geraden $|(gl)T|$, welche demnach sicher nicht den ganzen Strahlenbüschel mit dem Centrum (gl) beschreibt. Da nun diese Gerade, wenn der Punkt T in seine Endlage B rückt, zu ihrer Anfangslage l zurückkehrt, so muss sie den Sinn ihrer Drehung geändert haben; das kann sie aber nach dem Staudt'schen Satze II nur, wenn sie während der Bewegung des Punktes T mindestens einmal Tangente des Bogens AB geworden ist. Durch den Punkt (gl) geht also mindestens *eine* Tangente des Bogens AB und ebenso mindestens *eine* des Bogens BC.

Hieraus folgt, wenn die Gerade t die Tangenten des Bogens ABC durchläuft, dass der Punkt (gt) die Lage (gl) mindestens zweimal erreicht; da aber eine Aenderung seiner Bewegungsrichtung nach dem Staudt'schen Satze I ausgeschlossen ist, so muss der Punkt (gt) die ganze Gerade g durchlaufen.

Nun kann man in der Umgebung jedes einem nirgends singulären Bogen angehörigen Punktes T', dessen Tangente t' ist, wegen der stetigen Aenderung der Tangente ein solches Stück des Bogens abgrenzen, dass, wenn die Gerade t die Tangenten dieses Stückes durchläuft, der Punkt (gt) auf irgend einer das Stück nicht schneidenden Geraden g nur eine beliebig kleine Strecke durchläuft; dann lehrt das am Bogen ABC erhaltene Resultat, dass das abgegrenzte Stück keiner Geraden mehr als zweimal begegnen kann. Diesem Ergebniss kann das dualistisch entsprechende bei der in sich reciproken Natur unseres Curvenbegriffs beigefügt werden, sodass man folgenden Satz erhält:

In der Umgebung jedes Punktes eines von Singularitäten freien ebenen Bogens kann von diesem ein Stück abgeschnitten werden, welches keiner Geraden mehr als zweimal begegnet und durch keinen Punkt mehr als zwei seiner Tangenten schickt.

Dieser Satz bleibt richtig, wenn man unter den Schnittpunkten einer Geraden mit einer Curve jeden Berührungspunkt doppelt zählt, und die dualistisch entsprechende Zählungsweise für die durch einen Punkt gehenden Tangenten einführt. Denn hat ein Bogenstück mit der in T' berührenden Tangente noch den von T' verschiedenen Punkt F gemein, so kann man diesen als den festen Punkt des Staudt'schen Satzes II betrachten und unmittelbar aus diesem Satze schliessen, dass es Gerade giebt, welche unserm Bogenstück mindestens dreimal begegnen.

§ 3.

Jetzt habe ein beliebiger nirgends singulärer Bogen $\mathfrak{B}$, dessen Endpunkte A und B, dessen Endtangenten a und b sind, mit a ausser A noch $\mathfrak{m}$ Punkte P, also im ganzen $\mathfrak{m} + 2$ Punkte gemein. Schneidet man dann, was nach § 2 möglich ist, von $\mathfrak{B}$ einen in A beginnenden Bogen $\mathfrak{B}_0$ ab, der keiner Geraden mehr als zweimal begegnet, so hat der Rest des Bogens $\mathfrak{B}$, welcher durch $\mathfrak{B}_1$ bezeichnet werde, mit a die $\mathfrak{m}$ Punkte P gemein; von diesen ist keiner ein Berührungspunkt, da Doppeltangenten des Bogens $\mathfrak{B}$ ausgeschlossen sind.

Wenn nun keiner der Punkte P mit B zusammenfällt, so kann man aus dem Staudt'schen Satze II, indem man unter F irgend einen Punkt der Geraden a versteht, schliessen, dass jede von a hinreichend wenig verschiedene Gerade mit $\mathfrak{B}_1$ genau $\mathfrak{m}$ getrennte Punkte gemein hat, und zwar je einen, der von einem gegebenen Punkte P beliebig wenig verschieden ist. Speciell also haben bei hinreichender Beschränkung des Bogens $\mathfrak{B}_0$ alle Tangenten desselben mit $\mathfrak{B}_1$ genau $\mathfrak{m}$ Punkte und mit $\mathfrak{B}$ im Ganzen $\mathfrak{m} + 2$ Punkte gemein, da der Bogen $\mathfrak{B}_0$ keiner seiner Tangenten ausserhalb ihres Berührungspunktes begegnet.

Diese Schlussreihe kann man, wie auf den Punkt A und den Bogen AB, so auf jeden Punkt T' unseres Bogens $\mathfrak{B}$ und den Bogen $T'B$ anwenden, wenn die in T' berührende Tangente t' entsprechend der für die Punkte P gemachten Voraussetzung nicht durch B geht; alle von t' hinreichend wenig verschiedene Tangenten des Bogens $T'B$

haben also mit diesem dieselbe Gesammtzahl von Punkten wie t' selbst gemein. Durchläuft also die Gerade t, indem sie in T berührt, die Tangenten des Bogens von a nach b hin, so kann sich die Gesammtzahl der Punkte, welche sie mit dem Bogen TB gemein hat, nur in solchen Lagen der Geraden t ändern, in welchen sie durch B geht. Nähert sich nun die Gerade t der Endlage b, so hat sie schliesslich nach § 1 mit BT ausser T keinen Punkt gemein; sie muss also während ihrer Bewegung $\mathfrak{m}$ Schnittpunkte mit dem Bogen TB verloren haben. Da nun, so lange T von B verschieden ist, die Tangente t niemals mit b zusammenfällt, so kann immer nur jedesmal einer ihrer Schnittpunkte mit TB in die Lage B übergehen; es giebt also mindestens $\mathfrak{m}$ Lagen der Geraden t, in welchen sie durch B geht. Daraus folgt $\mathfrak{m}' \geqq \mathfrak{m}$, wenn durch $\mathfrak{m}'$ die Gesammtzahl der ausser b noch durch B gehenden Tangenten des Bogens $\mathfrak{B}$ bezeichnet wird; die dualistisch zugeordnete Betrachtung ergiebt aber $\mathfrak{m} \geqq \mathfrak{m}'$, sodass die Gleichung $\mathfrak{m} = \mathfrak{m}'$ resultirt. Damit ist folgendes bewiesen:

Bei jedem nirgends singulären ebenen Bogen ist die Gesammtzahl der durch den einen Endpunkt gehenden Tangenten des Bogens gleich der Gesammtzahl der Punkte, welche die Tangente des andern Endpunktes mit dem Bogen gemein hat.

§ 4.

Speciell habe keine Endtangente des betrachteten Bogens mit diesem einen Punkt ausser ihrem Berührungspunkte gemein; unter dieser Voraussetzung heisse unser Bogen $\mathfrak{B}'$. Werden dann die Tangenten desselben von der Geraden t, welche in T berührt, von a nach b hin durchlaufen, so kann nach § 3 die Anzahl der Schnittpunkte von t mit dem Bogen TB und ebenso mit dem Bogen AT sich niemals ändern; also enthält keine Tangente des Bogens $\mathfrak{B}'$ Punkte desselben, die vom Berührungspunkte verschieden sind. Da ferner nach § 3 die charakteristischen Eigenschaften des Bogens $\mathfrak{B}'$ in sich reciprok sind, so geht auch durch keinen Punkt desselben eine in ihm nicht berührende Tangente.

Nun bewegt sich der Schnittpunkt (at) längs der Geraden a nach dem Staudt'schen Satze I ohne Aenderung seiner Richtung von A nach $B_1 = (ab)$; da er nun die Lage A nicht zum zweiten Mal erreichen kann, so überstreicht er nur die eine Strecke AB_1 einfach; durch einen Punkt der Tangente a geht also ausser ihr höchstens noch eine Tangente des Bogens $\mathfrak{B}'$, und das entsprechende gilt offenbar von der Tangente b.

Jetzt sei t' irgend eine von a und b verschiedene Tangente des Bogens $\mathfrak{B}'$; dann kann nach dem Staudt'schen Satze I der Schnittpunkt (tt') seine Bewegungsrichtung längs der Geraden t' nicht ändern und gt sich aus der Anfangslage (at') in die Endlage (bt'). Da nun gezeigt, durch (at') nicht mehr als zwei, also ausser a und t' ı Tangenten des Bogens gehen, so kann der Punkt (tt') seine ngslage (at') nicht zum zweiten Male erreichen, durchläuft also die eine von den Punkten (at') und (bt') abgegrenzte Strecke ein-

Durch irgend einen Punkt der Tangente t' geht somit ausser r höchstens noch eine Tangente des Bogens $\mathfrak{B}'$. Fügt man hierzu lualistisch entsprechende Resultat, was bei der in sich reciproken r des Bogens $\mathfrak{B}'$ erlaubt ist, so ergiebt sich folgender Satz:

Geht durch keinen Endpunkt eines von Singularitäten freien ebenen ns ausser der in ihm berührenden noch eine weitere Tangente des ns, so gehen überhaupt durch keinen Punkt mehr als zwei Tan-n des Bogens, und dieser begegnet keiner Geraden mehr als zwei-

Dasselbe gilt, wenn keine Endtangente des Bogens mit diesem r dem Berührungspunkt einen weiteren Punkt gemein hat.

Als Corollar ergiebt sich bei der in § 2 eingeführten Zählungs-e, dass ein Bogen, wenn er keiner Geraden mehr als zweimal gnet, durch keinen Punkt mehr als zwei seiner Tangenten schickt, umgekehrt.

II.

einfachsten Sätze über Raumcurven und ihre Schmiegungsebenen.

§ 3.

Um den bisherigen analoge Betrachtungen für Raumcurven durch-en zu können, gehen wir, entsprechend den in § 1 über die Er-ung der ebenen Curven gemachten Bemerkungen von der Vor-ung aus, dass ein die Curve durchlaufender Punkt sich stetig in r Geraden, der Tangente, bewegt, dass diese sich gleichzeitig in r Ebene, der Schmiegungsebene, um den Punkt dreht, die Ebene um die Tangente rotirt, und dass die Richtung der Bewegung e die Sinne der Rotationen sich nur in einzelnen singulären Lagen bewegten Elemente ändern. Diese Vorstellung führt zu der folgen-schärferen Definition.

Als ein nirgends singulärer Raumcurvenbogen werde jede im pro-iven Sinne stetige, von Doppeltangenten und Doppelschmiegungs-nen freie Punktfolge betrachtet, welche überall bestimmte und stetig irende Tangenten und Schmiegungsebenen besitzt, und durch die genden *Staudt'schen Sätze* näher gekennzeichnet wird.

III. Beschreibt die Ebene τ in bestimmter Richtung den Büschel der Schmiegungsebenen des Bogens und osculirt im Punkte T, dessen Tangente durch t bezeichnet werden möge, so ändert der Schnittpunkt $(g\tau)$ der Ebene τ mit einer festen

Geraden g die Richtung seiner Bewegung in den und nur den Lagen der Elemente τ, t, T, in welchen entweder die Geraden g und t einen von T verschiedenen Punkt gemein haben und in einer von τ verschiedenen Ebene liegen, oder die Gerade g, ohne mit t zusammenzufallen, in der Ebene τ liegt und den Punkt T enthält.

IV. Die Ebene $[gT]$, welche durch T und die feste Gerade g geht, ändert den Sinn ihrer Drehung dann und nur dann, wenn entweder die Geraden g und t in einer von τ verschiedenen Ebene liegen und einen von T verschiedenen Punkt gemein haben, oder die Gerade g, ohne mit t identisch zu sein, durch T geht und in der Ebene τ liegt.

V. Die Projection des Bogens von einem Punkte aus, der entweder in keiner Schmiegungsebene oder auf dem Bogen selbst liegt, kann an Singularitäten höchstens Doppelpunkte und Doppeltangenten besitzen.

VI. Der Schnitt der von den Tangenten des Bogens gebildeten abwickelbaren Fläche mit einer Ebene, die entweder keinen Punkt des Bogens enthält, oder eine Schmiegungsebene desselben ist, kann an Singularitäten nur Doppelpunkte oder Doppeltangenten besitzen.

Diese Sätze sind specielle Fälle derjenigen, welche von Staudt in den Nrn. 208 und 209 seiner „Geometrie der Lage" ausgesprochen hat. Wie man sich dieselben für anschauliche Curven evident machen kann, hat Herr Wiener in seinem „Lehrbuch der descriptiven Geometrie" (Bd. I, S. 214) sowie in einer früheren Mittheilung (Schlömilch's Zeitschrift Bd. XXV) gezeigt.

Die Sätze IV und VI könnten offenbar entbehrlich gemacht werden durch die Festsetzung, dass in einer reciproken Verwandtschaft den Punkten eines nirgends singulären Bogens die Schmiegungsebenen eines eben solchen entsprechen, während dies andrerseits aus den Sätzen III bis VI folgt.

§ 6.

Eine weitere unmittelbare Folgerung ergiebt sich, wenn man den Satz III auf alle durch einen Punkt P gehenden Geraden und alle diejenigen Schmiegungsebenen des Bogens, welche von einer der durch P gehenden hinreichend wenig verschieden sind, anwendet; man sieht dann sofort, dass von diesen Schmiegungsebenen eine hinreichend beschränkte Umgebung des Punktes P einfach erfüllt wird, wenn dieser weder auf einer Endschmiegungsebene noch auf der abwickelbaren Fläche des Bogens gelegen ist; dass deshalb nur, wenn einer dieser beiden Fälle eintritt, bei stetiger Bewegung des Punktes P die Anzahl der durch ihn gehenden Schmiegungsebenen sich ändern kann.

Hieraus ergiebt sich durch eine Schlussreihe, welche der in § 3 benutzten analog ist, ein allgemeiner Satz, der zwar im Folgenden keine Verwendung findet, aber seiner einfachen Form halber bemerkenswerth erscheint:

Gehen durch den einen Endpunkt eines von Singularitäten freien unebenen Bogens, von dessen Tangenten keine zwei sich schneiden, ausser der in diesem Endpunkt osculirenden noch k Schmiegungsebenen des Bogens, so hat die Schmiegungsebene des andern Endpunktes ausser diesem noch k Punkte mit dem Bogen gemein.

§ 7.

Speciell werde ein nirgends singulärer unebener Bogen wie in meiner citirten Abhandlung als „Bogen Γ" bezeichnet, wenn er die in sich reciproken Eigenschaften besitzt, dass keine zwei seiner Tangenten sich schneiden und keine seiner Schmiegungsebenen ausser ihrem Osculationspunkt noch einen weiteren Punkt des Bogens enthält. Dass jeder hinreichend kleine Theil eines beliebigen von Singularitäten freien Bogens ein Bogen Γ ist, ergiebt mit Berücksichtigung des § 2 die Betrachtung der Schnittcurve der abwickelbaren Fläche mit einer Schmiegungsebene, welche in der Umgebung des Osculationspunktes dieser Ebene nach dem Staudt'schen Satze VI nicht singulär ist.

Die Endpunkte des Bogens Γ seien nun A und B, die in ihnen berührenden Tangenten a und b, die zugehörigen Schmiegungsebenen α und β; die von den Tangenten des Bogens gebildete abwickelbare Fläche habe mit der Ebene α ausser der Tangente a die Curve $\mathfrak{A}$ gemein.

Durchläuft dann die Ebene τ alle Schmiegungsebenen des Bogens von α nach β hin, so kann nach dem Staudt'schen Satze III der Schnittpunkt $(a\tau)$ die Richtung seiner Bewegung längs der Geraden a nicht ändern; seine Anfangs- und Endlage sind die Punkte A und $E = (a|\alpha\beta|) = (a\beta)$. Da nun durch A ausser α keine Schmiegungsebene des Bogens geht, so kann der Punkt $(a\tau)$ die Lage A nicht zum zweiten Mal erreichen, er kann also bei der Unveränderlichkeit seiner Bewegungsrichtung nur die eine der beiden Strecken AE einfach durchlaufen, sodass durch jeden Punkt der Geraden a höchstens eine von α verschiedene Ebene τ geht. Es sind aber die Schnittlinien $|\alpha\tau|$ die Tangenten der Curve $\mathfrak{A}$; diese kann also keine Doppeltangenten besitzen. Sie kann ferner keine Doppelpunkte haben, da ein solcher ein Schnittpunkt zweier Tangenten des Bogens Γ wäre; sonstige Singularitäten sind nach dem Staudt'schen Satze VI ausgeschlossen; die Curve $\mathfrak{A}$ ist also von Singularitäten frei.

Da ferner durch den Punkt A keine von α verschiedene Ebene τ, also keine von a verschiedene Tangente $|\alpha\tau|$ der Curve $\mathfrak{A}$ geht, und die Gerade a von keiner Tangente des Bogens Γ geschnitten wird, also ausser A keinen Punkt der Curve $\mathfrak{A}$ enthält, so folgt nach § 3, dass auch die andere Endtangente dieser Curve, die Schnittlinie $|\alpha\beta|$, ausser ihrem Berührungspunkt (αb) keinen Punkt des Bogens $\mathfrak{A}$ enthält, also überhaupt von keiner Tangente des Bogens Γ ausser a und b geschnitten wird; hieraus aber ergiebt sich nach § 4, *dass durch keinen Punkt mehr als zwei Tangenten der Curve $\mathfrak{A}$ gehen, und dass keine Gerade dieser Curve mehr als zweimal begegnet.*

Eine unmittelbare Consequenz dieses Resultats ist, dass keine drei Schmiegungsebenen des Bogens eine Gerade gemein haben können, da die Spur dieser Geraden in der Ebene α ein Punkt wäre, welcher drei Tangenten des Bogens $\mathfrak{A}$ angehört; auch kann die Ebene α keine Schnittlinie zweier Schmiegungsebenen enthalten, da eine solche eine Doppeltangente der Curve $\mathfrak{A}$ sein würde.

§ 8.

Von diesen Resultaten ausgehend kann man nun leicht auch die Beschaffenheit der Curve $\mathfrak{C}$ untersuchen, welche eine beliebige von α und β verschiedene Schmiegungsebene τ' ausser der in ihr liegenden Tangente t' mit der abwickelbaren Fläche des Bogens Γ gemein hat. Zunächst sieht man, da die Tangenten der Curve $\mathfrak{C}$ die Spuren der Schmiegungsebenen des Bogens Γ in der Ebene τ' sind, dass keine zwei dieser Tangenten zusammenfallen, also keine Doppeltangenten der Curve $\mathfrak{C}$ vorhanden sein können, da in diesem Falle drei Schmiegungsebenen durch eine Gerade gingen, was nach § 7 ausgeschlossen ist. Doppelpunkte besitzt die Curve $\mathfrak{C}$ nicht, da keine zwei Tangenten des Bogens Γ sich schneiden; sonstige Singularitäten sind nach dem Staudt'schen Satze VI ausgeschlossen; die Curve $\mathfrak{C}$ ist also von Singularitäten frei.

Die Endtangenten dieser Curve sind die Geraden $|\alpha\tau'|$ und $|\beta\tau'|$, deren erstere zugleich Tangente der Curve $\mathfrak{A}$ ist, also nach § 7 keinen Punkt der Curve $\mathfrak{A}$ ausser ihrem Berührungspunkt $(\alpha t')$ enthält. Da nun die Spuren der von a verschiedenen Tangenten des Bogens Γ in der Ebene α die Punkte der Curve $\mathfrak{A}$ sind, so folgt, dass die Gerade $|\alpha\tau'|$ von keiner Tangente des Bogens Γ ausser a und t' geschnitten wird. In der Ebene τ' sind aber die Spuren der von t' verschiedenen Tangenten des Bogens Γ die Punkte der Curve $\mathfrak{C}$; diese hat also mit der Geraden $|\alpha\tau'|$ ausser dem Berührungspunkt $(a\tau')$ keinen Punkt gemein.

Diese Betrachtungen kann man offenbar auch durchführen, indem man überall an Stelle der Elemente a und α die entsprechenden b und β

verwendet; es enthält also auch die Gerade $|\beta\tau'|$ ausser ihrem Berührungspunkt $(b\tau')$ keinen weiteren Punkt des Bogens $\mathfrak{C}$. Dieser wird aber von den Geraden $|\alpha\tau'|$, $|\beta\tau'|$ in seinen Endpunkten berührt; nach § 4 folgt also, dass durch keinen Punkt der Ebene τ' mehr als zwei Tangenten der Curve $\mathfrak{C}$, d. h. Spuren von τ' verschiedener Schmiegungsebenen des Bogens Γ gehen. Da nun als Punkt einer Ebene τ' jeder Punkt betrachtet werden kann, durch den mindestens eine Schmiegungsebene des Bogens Γ geht, so folgt, *dass durch keinen Punkt mehr als drei Schmiegungsebenen des Bogens Γ gehen.**)

Die charakteristischen Eigenschaften dieses Bogens sind aber in sich reciprok; also *hat auch keine Ebene mit Γ mehr als drei Punkte gemein.*

Zählt man unter den Schnittpunkten einer Ebene mit einer Curve einen Berührungspunkt doppelt, einen Osculationspunkt dreifach und führt die dual entsprechende Zählungsweise für die durch einen Punkt gehenden Schmiegungsebenen ein, so ergiebt sich sofort das Corollar, dass ein unebener von Singularitäten freier Bogen, wenn er keiner Ebene mehr als dreimal begegnet, durch keinen Punkt mehr als drei seiner Schmiegungsebenen schickt, und umgekehrt.

III.

Secanten des Bogens Γ und seiner abwickelbaren Fläche.

§ 9.

Wie in § 7 bemerkt ist, begegnet die Gerade $|\alpha\beta|$ keiner Tangente des Bogens Γ mit Ausnahme von a und b; lässt man also den Punkt T von A nach B hin den Bogen Γ entlang laufen, so folgt aus dem Staudt'schen Satze IV, dass die Ebene $\varepsilon = [T|\alpha\beta|]$ den Sinn ihrer Drehung um die Axe $|\alpha\beta|$ niemals ändern kann; dabei geht sie stetig aus der Anfangslage α in die Endlage β über. Die Lage α kann aber nach Beginn der Bewegung des Punktes T nicht wieder erreicht werden, da die Ebene α ausser A keinen Punkt des Bogens Γ enthält; die Ebene ε kann also sicher nicht den ganzen Ebenenbüschel mit der Axe $|\alpha\beta|$ beschreiben, und demnach, bei der Unveränderlichkeit ihres Drehungssinnes, keine ihrer Lagen zweimal erreichen. Daraus folgt, dass keine zwei Punkte des Bogens Γ mit der Geraden $|\alpha\beta|$ in einer Ebene liegen, dass also diese Gerade von keiner Secante des Bogens Γ getroffen wird.

Sind nun T' und T'' irgend zwei Punkte des Bogens Γ, von denen der erste in der Richtung von A nach B hin vorangeht, und schneidet

---

*) Der früher von mir gegebene Beweis dieses Satzes hat eine leicht erkennbare, übrigens auch leicht auszufüllende Lücke. Vgl. Bd. XXXI dieser Annalen S. 515.

die Gerade $s = |T' T''|$ die Ebenen α und β in $M = (s\alpha)$ und $N = (s\beta)$, so durchläuft der Schnittpunkt $(s\varepsilon)$ zufolge den über die Drehung der Ebene ε angestellten Betrachtungen die eine der beiden Strecken MN einfach und erreicht dabei den Punkt T' eher als T''; diese gehören also beide einer und derselben Strecke MN an, und die auf der Geraden s fixirten Punkte haben in einer bestimmten Richtung die Reihenfolge M, T', T'', N.

§ 10.

Jetzt durchlaufe wieder die Ebene τ die Gesammtheit der Schmiegungsebenen des Bogens Γ in der Richtung von α nach β hin. Dann bewegt sich nach dem Staudt'schen Satze III der Schnittpunkt $(s\tau)$ ohne Richtungsänderung; denn die Gerade s liegt in keiner Schmiegungsebene des Bogens Γ, weil aus einer solchen Annahme die Existenz einer dem Bogen viermal begegnenden Ebene folgen würde, was den Ergebnissen des § 8 widerspricht. Offenbar sind M und N die Anfangs- und Endlage des Punktes $(s\tau)$, und dieser erreicht die Lagen T' und T'' nur je einmal, da durch keinen dieser Punkte ausser der in ihm osculirenden eine weitere Schmiegungsebene des Bogens Γ geht.

Wegen der Reihenfolge der Punkte T', T'' auf dem Bogen Γ erreicht der Punkt $(s\tau)$ die Lage T' eher als T''; er kann also von M aus nicht in die die Punkte T' und T'' nicht enthaltenden Strecken MN hineinrücken, da er dann bei der Unveränderlichkeit seiner Bewegungsrichtung und der in § 9 festgestellten Reihenfolge der auf s fixirten Punkte über N in die andere, die Punkte T' und T'' enthaltende Strecke MN hineinrücken und demnach die Lage T'' eher als T' erreichen würde, was nicht der Fall ist. Der Punkt $(s\tau)$ bewegt sich also von M aus in die T' und T'' enthaltende Strecke MN hinein; erreicht er die Lage N zum ersten Mal, so muss die Ebene τ schon ihre Endlage β erreicht haben, da andernfalls der Punkt $(s\tau)$ die ganze Gerade s nochmals durchlaufen, also z. B. die Lage T' zum zweiten Mal erreichen müsste, was unmöglich ist. *Der Punkt $(s\tau)$ durchläuft also nur die T' und T'' enthaltende Strecke MN einfach.* Diese Strecke gehört dem einen der beiden durch α und β abgegrenzten vollkommenen Flächenwinkel an, und zwar demjenigen, in welchem der Bogen Γ ganz verbleibt, da er keine der Ebenen α und β überschreitet. Dieser Flächenwinkel werde durch $(\alpha\beta)_1$, der andere durch $(\alpha\beta)_2$ bezeichnet; nennt man ferner $(\mathfrak{m})$ das Gebiet aller Punkte, durch welche je $\mathfrak{m}$ Schmiegungsebenen des Bogens Γ gehen, so kann das, was über die Bedeckung der Geraden s durch die Punkte $(s\tau)$ abgeleitet ist, in folgender Weise formulirt werden:

Eine Verbindungslinie zweier Punkte des Bogens Γ gehört im Winkelraum $(\alpha\beta)_2$ ganz dem Gebiet (0) an.

cken die Punkte T' und T'' zusammen, sodass die Secante s Tangente übergeht, so bedarf, wie aus der Beweismethode er- ı ist, das erhaltene Resultat nur insofern einer Modification, h jeden Punkt der Tangente die im Berührungspunkt derselben nde Schmiegungsebene geht; ausser dieser nach § 8 doppelt ınden geht durch keinen Punkt einer Tangente, welcher dem :aum $(\alpha\beta)_2$ angehört, noch eine weitere Schmiegungsebene des Γ.

§ 11.

ade dies speciellere Resultat giebt noch zu einigen Bemerkungen

sei P ein dem Winkelraum $(\alpha\beta)_2$ angehöriger Punkt der e t', in deren Berührungspunkt T' die Schmiegungsebene τ' ı möge; g sei eine durch P gehende, der Ebene τ' nicht an- Gerade. Durchläuft dann die Ebene τ in bestimmter Richtung miegungsebenen eines hinreichend kleinen den Punkt T' ent- n Theils Γ_0 des Bogens Γ, so folgt aus dem Staudt'schen Satze s der Punkt $(g\tau)$ von einer Seite her in die Lage P hinein- d in ihr die Richtung seiner Bewegung umkehrt; die successive n Lagen des Punktes $(g\tau)$ bedecken also die Gerade g in der ng des Punktes P auf der einen Seite desselben zweifach, auf rn gar nicht. Da nun von dem nach Abscheidung des Bogens bleibenden Rest des Bogens Γ nach § 10 durch P keine ungsebene geht, und nach § 6 dasselbe von allen hinreichend P liegenden Punkten gilt, so folgt, dass von den Schmiegungs- des Bogens Γ durch einen Punkt der Geraden g in der Um- von P entweder zwei oder keine hindurchgehen, je nachdem kt auf der einen oder andern Seite von P liegt. Ein längs aden g die Lage P passirender Punkt kommt also bei einer ten Bewegungsrichtung aus dem Gebiet (0) in das Gebiet (2). jeder durch g gelegten Ebene sind nun die Tangenten ihrer urve mit der abwickelbaren Fläche die Spuren der Schmiegungs- les Bogens Γ; in der Richtung, welche längs der Geraden g nach (2) führt, kommt man also bei jeder ebenen Schnittcurve ıkten, durch welche keine, zu Punkten, durch welche zwei en der Curve gehen, also von der concaven zur convexen Seite. n hiernach auch auf der abwickelbaren Fläche eine concave convexe Seite unterscheiden; längs einer Geraden, welche he in einem Punkte des Winkelraums $(\alpha\beta)_2$ durchschneidet, r Uebergang aus dem Gebiet (0) in das Gebiet (2) zugleich concaven auf die convexe Seite der Fläche.

§ 12.

Hat also die Gerade g im Winkelraum $(\alpha\beta)_2$ ausser P noch die Punkte $Q, R, \ldots$ mit der abwickelbaren Fläche gemein, von denen bei stetiger Bewegung längs der Geraden g ohne Ueberschreitung der Ebenen α und β von P aus zuerst der Punkt Q erreicht werden möge, so liegt eine bestimmte Strecke PQ, die durch $\overline{PQ}$ bezeichnet werde, ganz im Winkelraum $(\alpha\beta)_2$ und enthält ausser ihren Endpunkten keine Punkte der abwickelbaren Fläche, liegt also nach den §§ 11 und 6 entweder ganz im Gebiet (2) oder ganz im Gebiet (0).

Nehmen wir an, das erstere sei der Fall, so liegt der Punkt $(g\tau)$ stets auf der Strecke $\overline{PQ}$, wenn man τ die von τ' hinreichend wenig verschiedenen Schmiegungsebenen des Bogens Γ durchlaufen lässt. Der Punkt Q liege dann auf der Tangente t'', deren Berührungspunkt T'' etwa dem Bogen BT' angehören möge; lässt man die variabele Schmiegungsebene τ von τ' aus in die Lage τ'' übergehen, so läuft der Punkt $(g\tau)$ nach dem Staudt'schen Satze III von P nach Q; da er nun zu Anfang seiner Bewegung in die Strecke $\overline{PQ}$ fällt, die Lage P aber nach § 10 nicht zum zweiten Mal erreichen kann, so durchläuft er die Strecke $\overline{PQ}$ einfach.

Lässt man dagegen den Osculationspunkt der Ebene τ von T' aus den Bogen AT' entlang laufen, so bewegt sich der Punkt $(g\tau)$ auch jetzt noch von P aus in die Strecke $\overline{PQ}$ hinein; seine Richtung kann er nach dem Staudt'schen Satze III nur ändern, wenn er in einen Punkt der abwickelbaren Fläche übergeht; aufhören kann seine Bewegung nur, wenn τ die Lage α, also der Punkt $(g\tau)$ die Lage $(g\alpha)$ erreicht. Da nun auf der Strecke $\overline{PQ}$ von den Endpunkten abgesehen weder Punkte der abwickelbaren Fläche noch der Punkt $(g\alpha)$ gelegen sind, so muss auch jetzt noch der Punkt $(g\tau)$ die ganze Strecke $\overline{PQ}$ von P nach Q hin durchlaufen, und erreicht die Lage Q bei einer Lage τ''' der Ebene τ, welche sicher von τ'' verschieden ist; denn von den Osculationspunkten der Ebenen τ'' und τ''' liegt der erste auf dem Bogen BT', der zweite auf dem Bogen AT'. Durch Q würden also die beiden Schmiegungsebenen τ'' und τ''' gehen, was nach § 10 unmöglich ist. Die Annahme also, dass die Strecke $\overline{PQ}$ in dem Gebiet (2) verlaufe, führt auf eine unstatthafte Folgerung; die Strecke $\overline{PQ}$ gehört daher stets dem Gebiet (0) an.

Dabei kann die Gerade PQ in Q nicht die abwickelbare Fläche berühren; denn unter dieser Annahme würde die in Q berührende Ebene τ'' durch P gehen, was wiederum nach § 10 unmöglich ist. Ueberschreitet also ein längs der Geraden g laufender Punkt, indem er die Strecke $\overline{PQ}$ verlässt, die Lage Q, so gelangt er nach § 11 in das Gebiet (2). Erreicht er bei unveränderter Bewegungsrichtung in R zum ersten Male die abwickelbare Fläche wieder, und liegt R im Gebiet $(\alpha\beta)_2$, so gehört nach § 6 die ganze durchlaufene Strecke QR dem Gebiet (2) an. Das würde aber, wie bei der Strecke $\overline{PQ}$ gezeigt ist, zu einem Widerspruch führen; im Gebiet $(\alpha\beta)_2$ kann also ein solcher Punkt R nicht vorhanden sein. Damit ist folgender Satz bewiesen:

Eine beliebige Gerade kann im Winkelraum $(\alpha\beta)_2$ mit der abwickelbaren Fläche des Bogens Γ nicht mehr als zwei Punkte gemein haben; hat sie mit der Fläche die Punkte P und Q gemein, so liegt die dem Winkelraum $(\alpha\beta)_2$ angehörige Strecke PQ ganz im Gebiet (0), *der übrige in $(\alpha\beta)_2$ fallende Theil der Geraden PQ im Gebiet* (2).

§ 13.

Die auf den Flächenwinkel $(\alpha\beta)_2$ bezüglichen Ergebnisse der beiden letzten Paragraphen behalten ihre Gültigkeit, wenn statt der abwickelbaren Fläche ein diesem Flächenwinkel angehöriges Kegelflächenstück mit den Endtangentialebenen α und β betrachtet wird, welches von seinem Scheitel aus einen nirgends singulären ebenen Bogen $\mathfrak{B}$ projicirt. Dieser hat offenbar, da die Kegelfläche im Gebiet $(\alpha\beta)_2$ verbleibt, mit keiner seiner Endtangenten ausser dem Berührungspunkt einen weiteren Punkt gemein, kann also nach § 4 keiner Geraden mehr als zweimal begegnen und durch keinen Punkt mehr als zwei seiner Tangenten schicken; da nun alle erwähnten Eigenschaften des Bogens $\mathfrak{B}$ von projectiver Natur sind, so übertragen sie sich unmittelbar auf jeden ebenen Schnitt der Kegelfläche. Ist dann P ein beliebiger Punkt der Fläche und g eine durch ihn gehende, die Fläche nicht berührende Gerade, so ergiebt die Anwendung des Staudt'schen Satzes I auf irgend einen durch g gelegten ebenen Schnitt der Fläche, dass der Punkt $(g\tau)$ die Richtung seiner Bewegung in P ändert, wenn die Ebene τ von α nach β hin die Tangentialebenen der Kegelfläche durchläuft. Da ferner zufolge den über die Tangenten des Bogens $\mathfrak{B}$ gemachten Bemerkungen durch keinen Punkt mehr als zwei Tangentialebenen der Fläche gehen, so folgt, dass ein längs der Geraden g laufender Punkt in der Lage P aus einem der Gebiete (0) und (2) in das andere gelangt, wenn $(\mathfrak{m})$ das Gebiet aller Punkte ist, durch welche je $\mathfrak{m}$ Tangentialebenen gehen; offenbar liegt auch hier das Gebiet (0) auf der concaven, das Gebiet (2) auf der convexen Seite der Kegelfläche.

Auf Grund dieser Bemerkungen und der durch Anwendung des Staudtschen Satzes I auf der Curve $\mathfrak{B}$ leicht zu erschliessenden Thatsache, dass ein Uebergang von einem der Gebiete $(\mathfrak{m})$ in ein anderes nur bei Ueberschreitung der Fläche oder einer der Ebenen α und β stattfindet, kann man die Entwicklungen des § 12 wörtlich wiederholen, indem an Stelle der Bögen AT' und BT' die Stücke zu b trachten sind, in welche die durch P gehende Generatrix die Kege fläche zerlegt; an Stelle der Tangenten und Schmiegungsebenen d Bogens Γ treten die Erzeugenden und Tangentialebenen der Kege fläche; es ergiebt sich also auch für diese das in § 12 erhalten übrigens einleuchtende Resultat, dass die dem Winkelraum $(\alpha\beta)_2$ a gehörige Verbindungsstrecke zweier Punkte der Fläche ganz im Gebi (0) liegt.

IV.

Die Erfüllung des Raumes durch die Secanten einer beliebigen Raumcurve.

§ 14.

Nach den bisherigen auf den Bogen Γ bezüglichen Untersuchunge kann jetzt die Theorie der Secanten einer beliebigen von Singularitäte freien Raumcurve Λ, welche auch in mehrere Stücke zerfallen da in Angriff genommen werden.

Es seien M und N zwei von den Endpunkten verschiedene Punk dieser Curve, deren Tangenten m und n sich nicht schneiden; A und CD seien zwei Stücke der Curve Λ, deren erstes den Punkt M das zweite den Punkt N umgiebt. Auf ersterem sei V, auf letzere W ein beliebiger Punkt; beschränkt man dann die Ausdehnung diese Stücke hinreichend, und bezeichnet durch V', V'' irgend zwei ve schiedene specielle Lagen des Punktes V, durch W', W'' verschieden specielle Lagen des Punktes W, so ist die Gerade $V'V''$ so weni wie man will von m, die Gerade $W'W''$ beliebig wenig von n ve schieden. Da nun die Tangenten m und n keinen Punkt gemei haben, so gilt dasselbe von den Geraden $V'V''$ und $W'W''$; al können auch die Geraden $V'W'$ und $V''W''$ sich nicht schneide Somit folgt, *dass im Gebiet aller von MN hinreichend wenig ve schiedenen Secanten der Curve Λ irgend zwei sich nur schneiden könne wenn sie einen Punkt der Curve gemein haben.*

§ 15.

Liegen also die beiden Bögen AB und CD ganz im Endliche was man durch hinreichende Beschränkung derselben und nöthige falls durch collineare Transformation erreichen kann, so bilden d bei sämmtlichen möglichen Lagen von V und W erhaltenen endliche Strecken AW, BW, CV, DV eine sich selbst nicht durchdringen und offenbar in sich zusammenhängende Oberfläche, welche in vi gekrümmte Dreiecke zerfällt; diese stossen in den Bögen AB und C sowie in den endlichen Strecken AC, AD, BC, BD an einand und bilden demnach eine tetraederartige Fläche.

Diese Fläche werde nun parallel der Geraden MN auf eine gegen iese geneigte Ebene η projicirt, und allgemein das Bild jedes Punktes nd jeder Geraden vom Original durch Anheftung des Index 0 unterchieden. Zieht man dann durch den unendlich fernen Punkt der eraden MN eine unendlichferne Gerade g^∞, welche mit m und n einen Punkt gemein hat, so können nach dem Staudt'schen Satze III ie Bögen AB und CD derartig beschränkt werden, dass die Ebenen $[g^\infty V]$ und $[g^\infty W]$ ihre Drehungssinne nicht ändern, wenn man V on A nach B und W von C nach D längs der Curve Λ laufen lässt. ann kann der Punkt V_0, der jedesmal der Ebene $[g^\infty V]$ angehört, ur unter der Bedingung der Lage $M_0 = N_0$ unendlich nahe rücken, ass der entsprechende Punkt V sich dem Punkt M unbegrenzt nähert, nd analoges gilt vom Punkte W_0. Man kann demnach in der Ebene η ine Umgebung (M_0) des Punktes M_0 und auf den Bögen AB und D die Stücke M und N, welche beziehentlich die Punkte M und N nthalten, so klein abgrenzen, dass der Punkt V_0 und W_0 in das ebiet (M_0) nur fallen, wenn die entsprechenden Punkte V und W, eziehentlich den Bögen M und N angehören. Die hiermit definirte eziehung der Gebiete (M_0), M, N bleibt offenbar bestehen, wenn an die beiden letzteren durch kleinere, beziehentlich die Punkte M nd N enthaltende Bögen ersetzt.

§ 16.

Nun hat bei hinreichender Beschränkung der Bögen AB und CD er erstere mit der Ebene $[nM]$, der zweite mit der Ebene $[mN]$ ur je einen einzigen Punkt, welcher nicht Berührungspunkt ist, geein; man kann also annehmen, dass die Punkte C und D auf verhiedenen Seiten der Ebene $[mN]$, die Punkte A und B auf verhiedenen Seiten der Ebene $[nM]$ gelegen sind. Daraus folgt, dass der Ebene η die Punkte C_0 und D_0 auf verschiedenen Seiten der eraden m_0 liegen.

Beschränkt man dann das Stück M hinreichend und bezeichnet urch V^1 und V^2 irgend zwei seiner Punkte, so ist die Gerade $|V^1 V^2|$ wenig wie man will von der Tangente m, also $V_0^1 V_0^2$ beliebig wenig on m_0 verschieden; die Punkte C_0 und D_0 liegen also in der Ebene η uch auf verschiedenen Seiten der Geraden $V_0^1 V_0^2$. Daraus folgt, dass ie endlichen Strecken $C_0 V_0^1$, $C_0 V_0^2$ auf der einen, $D_0 V_0^1$, $D_0 V_0^2$ auf er anderen Seite der Geraden $|V_0^1 V_0^2|$ liegen; sicher hat deshalb eine der endlichen Strecken $C_0 V_0^1$ und $D_0 V_0^1$ mit einer der Strecken $D_0 V_0^1$ und $D_0 V_0^2$ abgesehen von C_0 und D_0 einen Punkt gemein. urchläuft also der Punkt V das ganze Stück M, so bedecken die ndlichen Strecken $C_0 V_0$ und $D_0 V_0$ eine gewisse Umgebung des unktes M_0 genau einfach; dasselbe ergiebt sich durch eine der eben durchgeführten analoge auf das Stück N bezügliche Betrachtung für die Strecken $A_0 W_0$, $B_0 W_0$. Beschränkt man die hiernach von den endlichen Strecken $A_0 W_0$, $B_0 W_0$, $C_0 V_0$, $D_0 V_0$ genau doppelt bedeckte Umgebung des Punktes M_0 so, dass sie im Gebiet (M_0) enthalten ist, so ragt in dieselbe nach § 15 überhaupt keine der Strecken $A_0 W_0$, $B_0 W_0$, $C_0 V_0$, $D_0 V_0$ hinein, bei welcher nicht die Punkte V und W beziehentlich den Stücken M und N angehören. Von den Projectionen sämmtlicher gerader Strecken, welche die Oberfläche des in § 15 definirten Tetraeders bilden, wird also eine gewisse Umgebung des Punktes M_0 genau zweifach bedeckt.

Hieraus ist ersichtlich, dass eine hinreichend wenig von MN verschiedene Parallele dieser Geraden mit der bezeichneten Tetraederfläche genau zwei Punkte M' und N' gemein hat, deren erster beliebig wenig von M, der zweite beliebig wenig von N entfernt liegt; offenbar kann eine solche Parallele g gewählt werden, dass die Punkte M' und N' keiner Kante des Tetraeders angehören. Dabei findet keine Berührung zwischen g und der Tetraederfläche statt, da diese von der Geraden MN offenbar nicht berührt wird; in M' und N' tritt also die Gerade g aus dem Aeussern des Tetraeders in das Innere über, sodass die endliche Strecke $M'N'$ ganz dem Innern, die unendliche ganz dem Aeusseren desselben angehört. Da nun erstere so wenig wie man will von der endlichen Strecke MN verschieden ist, so folgt, dass jeder von M und N verschiedene Punkt dieser Strecke MN dem Innenraum des Tetraeders angehört; daraus aber ergiebt sich, dass dasselbe von einer hinreichend eng begrenzten Umgebung eines solchen Punktes gilt.

§ 17.

Ein Punkt dieser Umgebung, welcher der Geraden MN nicht angehört, sei P; lässt man dann die Punkte A', B', C', D' beziehentlich von den Anfangslagen A, B, C, D ausgehen und längs der Bögen AB und CD sich stetig so bewegen, dass A' und B' gegen die Lage M, C' und D' gegen N convergiren, und construirt in jeder Lage dieser Punkte die Tetraederfläche, welche aus allen endlichen Verbindungsstrecken der Punkte A' und B' mit Punkten des Bogens $C'D'$ und der Punkte C' und D' mit Punkten des Bogens $A'B'$ besteht, so wird diese Fläche sich stetig ändern und schliesslich in ihrer ganzen Ausdehnung sich von der endlichen Strecke MN beliebig wenig entfernen; man kann also durch hinreichende Verkleinerung der Bögen $A'B'$ und $C'D'$ erreichen, dass der Punkt P ausserhalb der construirten Tetraederfläche $A'B'C'D'$ liegt. Da nun diese mit einer Anfangslage begann, in welcher sie nach § 16 den Punkt P umfasste, so folgt, dass bei mindestens einer speciellen Lage der Punkte A'. B'. C', D' der Punkt auf der zugehörigen Tetraederfläche selbst liegen, also auf einer die Bögen AB und CD verbindenden Secante der Curve Λ liegen muss. Nach § 14 aber kann es nur eine durch P gehende Secante dieser Art geben; bedenkt man also noch, dass eine beliebige der beiden Strecken MN durch collineare Transformation in's Endliche gebracht werden kann, so ergiebt sich folgender Satz:

Hat eine durch den Punkt O gehende Gerade mit der nirgends singulären Curve Λ, welche auch aus mehreren Stücken bestehen kann, die von den Endpunkten und von O verschiedenen Punkte M und N gemein, deren Tangenten sich nicht schneiden, so kann man auf der Curve Λ beliebig kleine beziehentlich die Punkte M und N enthaltende Bögen AB und CD derartig abgrenzen, dass durch jeden von O hinreichend wenig verschiedenen Punkt eine einzige die Bögen AB und CD verbindende Secante der Curve Λ geht.

§ 18.

Hieraus folgt unmittelbar, dass bei stetiger Bewegung des Punktes O jede einzelne der durch ihn gehenden Secanten der Curve Λ, welche die Eigenschaften der Secante $|MN|$ hat, sich stetig ändert; die Anzahl der durch O gehenden Secanten kann sich also nur ändern, wenn der Punkt O in solche Lagen rückt, in welchen nicht mehr alle durch ihn gehenden Secanten den für $|MN|$ geltenden Voraussetzungen genügen, d. h. wenn entweder ein Schnittpunkt einer Secante mit der Curve in einen Endpunkt rückt, oder die beiden Schnittpunkte einer Secante zusammenrücken, oder endlich die Tangenten dieser Punkte zum Schnitt kommen; lässt man also den Punkt O nie auf die Curve Λ selbst fallen, so ändert sich die Anzahl der durch den Punkt O gehenden Secanten nur, wenn dieser

a) in eine die Curve von einem Endpunkt aus projicirende Kegelfläche,

b) in die von den Tangenten der Curve gebildete abwickelbare Fläche,

c) in die abwickelbare Fläche, welche von den die Curve doppelt berührenden Ebenen umhüllt wird,

hineinrückt. Der Fall a) braucht nicht näher betrachtet zu werden, da es sich in den meisten Anwendungen um geschlossene Curven handelt; die Fälle b) und c) sollen einer genaueren Untersuchung unterworfen werden.

V.

Die beiden Hauptfälle, in denen die Anzahl der scheinbaren Doppelpunkte einer Raumcurve sich ändert.

§ 19.

Es sei, um zunächst den Fall b) des vorigen Paragraphen zu erledigen, O' ein beliebiger Punkt der Tangente t', welche in dem von

O' und den Endpunkten verschiedenen Punkte T' die Curve Λ berührt. Durchläuft dann die Ebene τ die hinreichend nahe bei T' osculirenden Schmiegungsebenen der Curve Λ, so sind die Punkte $(t'\tau)$ nach dem Begriff der Schmiegungsebene so wenig wie man will von T' verschieden. Daraus folgt nach § 6, dass man einen T' enthaltenden „Bogen Γ“ im Sinne des § 7 von der Curve Λ abschneiden kann, von dessen Schmiegungsebenen ausser der in T' osculirenden keine durch O' geht, sodass dieser Punkt nach § 10 — unter Beibehaltung der dort gebrauchten Bezeichnungen — dem Winkelraum $(\alpha\beta)_2$ angehört. Dann sind für den Punkt O' mit Bezug auf die Secanten des Bogens Γ die Fälle a) und c) des vorigen Paragraphen ausgeschlossen, da keine Ebene dem Bogen mehr als dreimal begegnet. In der Umgebung des Punktes O' gehen also dieselbe Anzahl von Secanten des Bogens Γ durch irgend zwei Punkte, welche durch die abwickelbare Fläche nicht von einander getrennt werden, also nach § 11 entweder beide dem Gebiet (0) oder beide dem Gebiet (2) des Bogens Γ angehören. Im Gebiet (2) aber liegt nach § 10 kein Stück einer Secante des Bogens Γ; andrerseits giebt es offenbar Secanten, welche beliebig wenig von t' verschieden sind, also durch eine beliebig eng begrenzte Umgebung des Punktes O' hindurchgehen. Da nun durch keinen Punkt mehr als eine Secante des Bogens Γ geht, so folgt, dass durch alle von O' hinreichend wenig entfernten Punkte des Gebietes (0) je eine einzige Secante des Bogens Γ geht. Diese eine Secante geht also unter den durch O gehenden Secanten der Curve Λ verloren, wenn man O in der Lage O' durch die abwickelbare Fläche hindurch vom Gebiet (0) nach dem Gebiet (2) hin gehen lässt. — Berücksichtigt man die in § 11 eingeführte Unterscheidung der verschiedenen Seiten der abwickelbaren Fläche, so kann das hiermit erhaltene Resultat in folgender Form ausgesprochen werden:

Eine nirgends singuläre Raumcurve Λ, welche auch aus mehreren Stücken bestehen kann, werde von verschiedenen Punkten projicirt. Bewegt sich dann das Projectionscentrum durch die von den Tangenten gebildete abwickelbare Fläche hindurch von der concaven nach der convexen Seite hin, so geht ein scheinbarer Doppelpunkt der Curve verloren, während gleichzeitig zwei scheinbare Wendepunkte gewonnen werden.

§ 20.

Um endlich auch den Fall § 18 c) zu untersuchen, werde angenommen, es seien M und N zwei im Endlichen liegende Punkte der Curve Λ, deren Tangenten m und n in einer Ebene τ' liegen. Dabei soll vorausgesetzt werden, was aus den Staudt'schen Sätzen schwerlich abzuleiten sein dürfte und eine neue Bestimmung unseres Curvenbegriffs involvirt, dass die die Curve Λ doppelt berührenden

Ebenen eine abwickelbare Fläche Δ umhüllen, die entweder eine von einzelnen Punkten abgesehen den Staudt'schen Sätzen III bis VI unterworfene Rückkehrkante besitzt, oder speciell eine Kegelfläche ist, welche einen im Allgemeinen nicht singulären ebenen Bogen im Sinne des § 1 projicirt. Selbstverständlich kann die Fläche Δ auch in mehrere Stücke der angegebenen Art zerfallen, wie dies ja schon bei den einfachsten Beispielen algebraischer Curven eintritt.

Es seien nun $\mathfrak{M}$ und $\mathfrak{N}$ zwei später noch näheren Bestimmungen zu unterwerfende Bögen der Curve Λ, deren erster den Punkt M, der zweite den Punkt N enthält; $\mathfrak{M}'$ und $\mathfrak{N}'$ seien beliebig kleine, beziehentlich die Punkte M und N umfassende Theile der Bögen $\mathfrak{M}$ und $\mathfrak{N}$. Dann ist aus dem Staudt'schen Satze IV leicht ersichtlich, dass Ebenen construirt werden können, welche mit jedem der Bögen $\mathfrak{M}'$ und $\mathfrak{N}'$ zwei Punkte gemein haben; sind M_1 und M_2 ihre Schnittpunkte mit $\mathfrak{M}'$, N_1 und N_2 mit $\mathfrak{N}'$, so seien in dem endlichen Viereck $M_1 M_2 N_1 N_2$ etwa $M_1 N_2$ und $M_2 N_1$ die Diagonalen, sodass der Punkt

$$K = (|M_1 N_2|, \ |M_2 N_1|)$$

im Endlichen liegt.

Lässt man nun entweder durch Verkleinerung des Bogens $\mathfrak{M}'$ die Punkte M_1 und M_2 gegen M, oder durch Verkleinerung von $\mathfrak{N}'$ die Punkte N_1 und N_2 gegen N convergiren, so kommt im ersten Falle der Punkt K der Lage M, im zweiten Falle der Lage N so nahe wie man will; lässt man also die Ebene $M_1 M_2 N_1 N_2$ stetig aus einer Lage der ersten Art in eine solche der zweiten Art übergehen, und fällt in jeder Lage von K aus ein Loth auf die Gerade $|MN|$, so bewegt sich der Fusspunkt derselben stetig, indem er stets im Endlichen bleibt, aus beliebiger Nähe von M in beliebige Nähe von N, durchläuft also jeden von M und N verschiedenen Punkt der endlichen Strecke MN. Da ferner die Länge dieses Lothes bei hinreichender Beschränkung der Bögen $\mathfrak{M}'$ und $\mathfrak{N}'$ so klein bleibt wie man will, so folgt, dass in jeder Nähe eines beliebig fixirten Punktes der endlichen Strecke MN Punkte K vorhanden sind. Bedenkt man endlich, dass bei hinreichender Beschränkung der Bögen $\mathfrak{M}$ und $\mathfrak{N}$ die unendliche Strecke MN durch eine diese Bögen im Endlichen lassende collineare Transformation in's Endliche gebracht und der eben durchgeführten Betrachtung unterworfen werden kann, so erhält man folgendes Resultat:

Sind M und N Punkte der Curve Λ, deren Tangenten sich schneiden, sind ferner $\mathfrak{M}$ und $\mathfrak{N}$ hinreichend kleine beziehentlich die Punkte M und N umfassende Stücke der Curve Λ, so giebt es in jeder Nähe eines beliebigen von M und N verschiedenen Punktes der Geraden $|MN|$ Punkte, von denen gesehen die Bögen $\mathfrak{M}$ und $\mathfrak{N}$ zwei scheinbare Durchschnittspunkte haben.

§ 21.

Die Bögen $\mathfrak{M}$ und $\mathfrak{N}$ mögen nun so beschränkt werden, dass die sämmtlichen einen von ihnen treffenden Erzeugenden der Fläche Δ längs der Rückkehrkante derselben Tangenten eines „Bogens Γ“ im Sinne des § 7 sind; ist dann O irgend ein Punkt der Geraden $|MN|$, welcher von ihrem Berührungspunkte T' mit der Rückkehrkante der Fläche Δ sowie von M und N verschieden ist, so kann der Bogen Γ durch Beschränkung der Stücke $\mathfrak{M}$ und $\mathfrak{N}$ so verkleinert werden, dass die Schnittpunkte seiner sämmtlichen Schmiegungsebenen mit der Geraden $|MN|$ von T' so wenig wie man will verschieden sind; man kann also annehmen, dass der Punkt O von T' durch die Endschmiegungsebenen α und β des Bogens Γ getrennt wird, also nach § 11 dem Winkelraum $(\alpha\beta)_2$ angehört. Die Tangentenfläche des Bogens Γ heisse Δ_0.

Wenn dagegen die Fläche Δ eine Kegelfläche mit der Spitze T' ist, so kann man durch Beschränkung der Bögen $\mathfrak{M}$ und $\mathfrak{N}$ erreichen, dass sämmtliche mindestens einem von ihnen begegnenden Erzeugenden des Kegels Δ ein Flächenstück Δ_0 bilden, das keiner Geraden mehr als zweimal begegnet; die Endtangentialebenen desselben mögen durch α und β bezeichnet werden, und derjenige von diesen Ebenen begrenzte vollkommene Flächenraum, in welchem die Fläche Δ_0 ganz verbleibt, durch $(\alpha\beta)_2$.

In jedem der beiden Fälle sei (m) das Gebiet der Punkte, durch welche genau m Berührungsebenen des betrachteten abwickelbaren Flächenstückes Δ_0 gehen. Ist dann M' irgend ein Punkt des Bogens $\mathfrak{M}$, ebenso N' ein Punkt des Bogens $\mathfrak{N}$, so liegt nach den §§ 12 und 13 diejenige Strecke $M'N'$, welche ganz dem Winkelraum $(\alpha\beta)_2$ angehört, ganz im Gebiet (0). Alle möglichen hiermit definirten Strecken $M'N'$ sind bei hinreichender Beschränkung der Bögen $\mathfrak{M}$ und $\mathfrak{N}$ endlich, wenn nöthigenfalls durch collineare Transformation die in dem Winkelraum $(\alpha\beta)_2$ verlaufende Strecke MN in's Endliche gebracht worden ist.

§ 22.

Nach diesen Vorbemerkungen können die Punkte in der Nähe von O leicht auf die Anzahl der durch sie gehenden Secanten der Curve Λ hin untersucht werden.

Zunächst weiss man nach den §§ 12 und 13, dass keine Gerade mit Δ_0 mehr als zwei dem Winkelraum $(\alpha\beta)_2$ angehörige Punkte gemein haben kann; also geht durch O keine der Kegelflächen, welche das Curvensystem $\mathfrak{M}$, $\mathfrak{N}$ von einem seiner Endpunkte aus projiciren. Ferner geht offenbar durch O keine Tangente der Bögen $\mathfrak{M}$ und $\mathfrak{N}$ bei hinreichender Beschränkung dieser; die beiden Fälle § 18 a) und b) sind also für den Punkt O ausgeschlossen. In einer hinreichend eng grenzten Umgebung desselben gehen demnach durch irgend zwei Punkte selbe Anzahl von Secanten des Curvensystems $\mathfrak{M}$, $\mathfrak{N}$, wenn sie rch die Fläche Δ_0 nicht von einander getrennt werden, also nach den 11 und 13 entweder beide dem Gebiet (0) oder beide dem Gebiet) angehören.

§ 23.

Liegt zunächst der Punkt O auf der endlichen Strecke MN, lcher nach § 21 der Punkt T' nicht angehört, so können in bebiger Nähe von O nur Punkte der endlichen Strecken $M'N'$ vornden sein, welche nach § 21 ganz dem Gebiet (0) angehören; in ier hinreichend eng begrenzten Umgebung des Punktes O enthält o keine Gerade $|M'N'|$ Punkte des Gebiets (2). Da nun nach 20 in dieser Umgebung Punkte vorhanden sind, durch welche je ei Gerade $|M'N'|$ gehen, so folgt, dass durch einen Punkt der ngebung von O zwei oder keine Gerade $M'N'$ geht, je nachdem Punkt dem Gebiet (0) oder (2) angehört.

Liegt dagegen der Punkt O auf der unendlichen Strecke MN, liegen in einer hinreichend eng begrenzten Umgebung desselben r Punkte der unendlichen Strecken $M'N'$, welche, soweit sie dem nkelraum $(\alpha\beta)_2$ angehören, nach § 21 ganz im Gebiet (2) verlaufen; Berücksichtigung des § 20 folgt also, dass jetzt in der Umgebung O durch jeden Punkt des Gebiets (2) zwei, durch Punkte des biets (0) keine Geraden $M'N'$ hindurchgehen.

Berücksichtigt man noch, dass bei Projection der Curve Λ jeder ch das Projectionscentrum gehenden Tangentialebene der Fläche Δ e scheinbare Doppeltangente entspricht; erinnert man sich ferner in § 11 eingeführten Unterscheidung der zwei Seiten einer abkelbaren Fläche, so kann man die erhaltenen Resultate zu folgendem ze zusammenfassen:

Es sei Λ eine nirgends singuläre Raumcurve, die auch aus mehreren icken bestehen kann; die Ebenen welche die Curve doppelt berühren, gen die Developpabele Δ umhüllen; eine Erzeugende dieser Fläche e mit der Curve Λ die Punkte M und N gemein; T' sei der Berungspunkt der Geraden $|MN|$ mit der Rückkehrkante der Fläche Δ, r, wenn diese conisch ist, die Spitze derselben.

Geht dann das Projectionscentrum, von dem aus die Curve Λ prort wird, durch die Fläche Δ hindurch, und zwar entweder in einem nkte der Geraden $|MN|$, der durch M und N von T' getrennt wird, der concaven Seite der Fläche nach der convexen hin, oder in einem nkte der Geraden $|MN|$, der von T' durch M und N nicht getrennt rd, von der convexen nach der concaven Seite hin, so gewinnt die

Curve Λ zwei scheinbare Doppelpunkte. Dabei werden zwei scheinbare Doppeltangenten im ersten Falle gewonnen, im zweiten verloren.

Geht also das Projectionscentrum im Punkte O von der concaven zur convexen Seite der Fläche Δ, so ändern die den Punkten M und N benachbarten Theile der Curve Λ ihre scheinbare Gestalt, je nachdem die Punkte O und T' durch M und N getrennt werden oder nicht, in der durch die erste oder zweite Figurenreihe angedeuteten Weise.

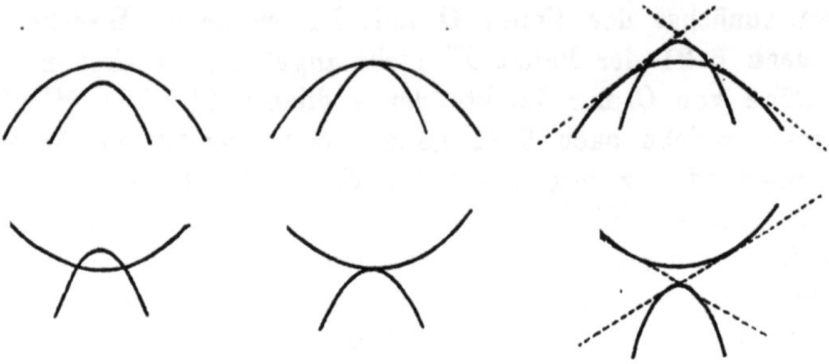

§ 24.

Vielfache Gelegenheit zur Anwendung der erhaltenen Sätze bietet die Untersuchung der Realitäts- und Gestaltsverhältnisse der im Flächenbüschel zweiter Ordnung auftretenden geometrischen Gebilde, und zwar auch dann, wenn die Grundcurve Singularitäten besitzt. Für sie ist die Fläche Δ der Inbegriff der im Büschel vorkommenden Kegelflächen; ist O ein Punkt eines solchen Kegels, so ergiebt sich aus § 23 sofort, dass im Punkte O, jenachdem derselbe von der Spitze des Kegels auf der ihn enthaltenden Generatrix desselben durch zwei Punkte der Grundcurve getrennt ist oder nicht, der Uebergang von der concaven Seite des Kegels auf die convexe aus dem von elliptischen Flächen des Büschels in den von hyperbolischen erfüllten Raum führt, oder umgekehrt. Letzteres findet, wie man leicht sieht, auch dann statt, wenn die betrachtete Generatrix überhaupt keinen reellen Punkt der Curve enthält. Hieraus kann man leicht auch bei einer mit Singularitäten behafteten Grundcurve sehen, welche der von den Kegelflächen abgegrenzten Raumtheile durch die elliptischen, und welche durch die hyperbolischen Flächen des Büschels erfüllt werden.

Breslau, December 1888.

Ueber polyedrale Configurationen.

Von

Jan de Vries in Kampen (Holland).

Die Geraden und Ebenen eines vollständigen räumlichen n-Ecks erden von einer beliebigen Ebene in einer Configuration

$$\left(\binom{n}{2}_{n-2},\ \binom{n}{3}_3\right)$$

schnitten, welche Herr Jung eine polyedrale Configuration der n^{ten} rdnung nennt.*) Werden die Ecken des n-Ecks mit den Zahlen 2, 3, ... n, seine Seiten mit den Combinationen zweiter Classe, seine benen mit den Combinationen dritter Classe jener Zahlen bezeichnet, nn liegt es nahe, die Bezeichnung der Geraden und Ebenen auf re Spuren zu übertragen. Obige nunmehr aus $\binom{n}{2}$ Punkten ik und $\binom{n}{3}$ Geraden ikl zusammengesetzte polyedrale Cf., welche ich der ürze halber π_n nenne, ist offenbar gleichartig mit der Cf., die durch e äusseren Aehnlichkeitspunkte n beliebiger Kreise gebildet wird.**)

§ 1.

Allgemeine Sätze.

1. Die nach dem Cf.punkte 12 zielenden Cf.geraden $12i$ ($i = 3, 4, \ldots n$) thalten je eine Ecke der beiden vollständigen $(n-2)$-Ecke

$$13,\ 14,\ 15,\ \ldots\ 1n,$$
$$23,\ 24,\ 25,\ \ldots\ 2n,$$

---

*) „Sopra una classe di configurazioni d'indice 3." (Rendiconti d. Reale tituto Lombardo, Ser. II, tomo XVIII). Nach Abschluss meiner Arbeit erhalte h Kenntniss von einer weiteren hier anzuführenden Arbeit von Jung: „Sull' uilibrio dei poligoni articolati in connessione col problema delle configurazioni." nnali di Matematica, Ser. II, tom. XII). Es finden sich dort neben verschiedenen ndeutungen über Zerlegungen allgemeiner Art die Sätze über Cyklen von Sieben- cken resp. Neunecken, welche ich auf pag. 242/43 der vorliegenden Arbeit egeben habe.

**) Die nachstehenden Sätze habe ich zum Theil veröffentlicht in meiner rbeit „Over vlakke polyedrale cf." (Sitz. Ber. der Holl. Akad. d. Wiss. Ser. III, d. VI, S. 9).

deren Seiten der π_n angehören; die übrigen Cf.punkte kl sind die Schnitte homologer Seiten $1kl$, $2kl$, die übrigen Cf.geraden die Perspectivitätsaxen der $\binom{n-2}{3}$ Paare von Dreiecken $(1k, 1l, 1m)$, $(2k, 2l, 2m)$, für welche 12 das Perspectivitätscentrum ist. Die π_n gehören somit jener von Herrn Kantor*) bemerkten Gattung von Cf. an, welche durch p einem q-strahligen Büschel eingeschriebene vollständige q-Ecke bestimmt werden.**)

„*Eine polyedrale Cf. n^{ter} Ordnung ist durch zwei perspectivisch belegene $(n-2)$-Ecke vollständig bestimmt.*"

Die Schnitte homologer Seiten und die Perspectivitätsaxen der oben erwähnten $\binom{n-2}{3}$ Dreieckspaare bilden offenbar eine π_{n-2}, welche als die Restfigur des Punktes 12 erscheint.

2. In meiner Arbeit „Ueber gewisse ebene Configurationen"***) habe ich die π_6 gelegentlich erwähnt; dabei ergab sich, dass sie auf 10 verschiedene Arten betrachtet werden kann als die Zusammenstellung zweier Gruppen von je drei Dreiecken, deren Ecken 9 Cf.punkte liefern, indess von den übrigen 6 drei die Perspectivitätscentra der einen Gruppe, drei die Centra der anderen Gruppe sind; die Träger jener Tripel von Centra habe ich als *associirte* Gerade bezeichnet.

Indem jede Gerade der π_n als Seite $(n-3)$ vollständiger Vierseite erscheint, daher $\binom{n-3}{3}$ Cf. π_6 gemeinschaftlich ist, sind ihr $\binom{n-3}{3}$ Gerade associirt; für die Gerade 123 sind dies die Geraden ikl ($i = 4$ bis n, $k = 5$ bis n, $l = 6$ bis n), welche offenbar mit den ihnen incidenten Punkten ik ($i = 4$ bis n, $k = 5$ bis n) eine π_{n-3} bilden.

„*Die associirten Geraden einer Geraden der π_n bilden eine π_{n-3}.*"

„*Eine π_n ist vollständig bestimmt durch $(n-3)$ Vierseite, welche drei allineirte Ecken gemein haben.*"

Die Punkte $1i$ ($i = 2$ bis n) bilden mit den Geraden $1ik$ ($i = 2$ bis n, $k = 3$ bis n) ein vollständiges $(n-1)$-Eck, dessen Seiten je einen Punkt der π_{n-1} tragen, welche durch Entfernung jenes $(n-1)$-Ecks aus der π_n erhalten wird.

---

*) „Ueber eine Gattung von Conf." (Sitzber. der Wiener Akademie, Bd. 80).

**) In einer Arbeit „Over eene groep van regelmatige vlakke cf." Sitzungsberichte der Holländischen Akademie der Wissenschaften Ser. III, Bd. VI, S. 45) habe ich gezeigt, dass die Elemente sämmtlicher von Herrn Kantor gefundenen ebenen Cf. durch die Combinationen i^{ter} bez. $(i+1)^{ter}$ Classe von n Zahlen bezeichnet werden können. Daraus ergiebt sich, dass die Mehrzahl der Eigenschaften polyedraler Cf. auf jene allgemeinere Cf. übertragen werden kann.

***) Acta Mathematica 12, Seite 70.

„Eine π_n lässt sich auf n verschiedene Arten in eine π_{n-1} und ein vollständiges $(n-1)$-Eck spalten."

Für die π_5 (die bekannte Cf. des Desargues) wurde diese Eigenschaft schon von Herrn Kantor*) bemerkt.

§ 2.

Gruppen gegenseitig getrennter Cf.punkte.

3. Die Cf. π_6 enthält 15 Tripel getrennter Punkte ik, jl, mp. Aus den 12 einem solchen Tripel incidenten Cf.geraden lassen sich 3 Vierseite bilden, indess die übrigen Cf.geraden mit den übrigen Cf.punkten eine $(12_2, 8_3)$ bilden. Nachstehende Tabelle veranschaulicht diese Spaltung in Bezug auf das Tripel 12, 34, 56; $iklm$ bezeichne das von der Geraden ikl, ikm, ilm, klm begrenzte Vierseit.

(A)

1234	1256	3456	$(12_2, 8_3)$	
123	125	345	135	235
124	126	346	136	236
134	156	356	145	245
234	256	456	146	246

Jede π_{2n} lässt sich auf diese Weise aus einer Gruppe von π_4 und einer gewissen Cf. zusammensetzen. Die n getrennten Punkte 12, 34, 56, ... $(2n-1)2n$, welche ich unter dem Namen „*Neben-n-eck*" zusammenfasse**), sind mit je $(2n-2)$ Geraden incident, welche je ausserdem noch zwei Punkte tragen; sie zielen somit zu je zweien nach den übrigen $2n(n-1)$ Cf.punkten. Jene $2n(n-1)$ Geraden sind die Seiten von $\frac{1}{2}n(n-1)$ Vierseiten $iklm$ mit je einem dem Neben-eck angehörenden Gegeneckenpaar; werden sie aus der π_{2n} fortgelassen, so ergiebt sich eine Cf.

$$\left(4\binom{n}{2}_{2n-4}, 8\binom{n}{3}_3\right).$$

Für π_8 zeigt Tabelle (B) die Trennung in 6 Cf. π_4 und eine Cf. $(24_4, 32_3)$.

*) „Die Conf. $(3, 3)_{10}$" (Sitz. Wiener Akad. Bd. 84).

**) Mit „*Hauptrieleck*" bezeichne ich eine Gruppe getrennter Cf.punkte, welche zusammen allen Cf.geraden incident sind. Diese Ausdrücke sind den von Herrn Martinetti benutzten Bezeichnungen moltilatero principale und m. non principale nachgebildet. (Sopra alcune cf. piane, Ann. di Mat. Ser. IIa, tomo XIV).

1234	1256	1278	3456	3478	5678
123	125	127	345	347	567
124	126	128	346	348	568
134	156	178	356	378	578
234	256	278	456	478	678

(B)

$(24_4, 32_3)$			
135	136	137	138
147	148	146	145
168	157	158	167
238	237	235	236
246	245	248	247
257	268	267	258
367	358	368	357
458	467	457	468

Während in π_8 der Punkt 13 den fünfzehn π_4 angehörte, in welc einer der von ihm getrennten Punkte seine Gegenecke war, fi er sich in jener $(24_4, 32_3)$ nur noch in den Vierseiten 1357, 1 1367, 1368; es sind nämlich ausser dem Vierseite 1234 die 4 von Geraden 132 und die 4 von 134 begrenzten π_4 verschwunden, schl lich aber auch die beiden Vierseite, welche 13 mit 56 und 78 bestim

Aus der π_{2n} verschwindet für den Punkt 13 das Vierseit 1 die $2(2n-4)$ von den Geraden 132, 134 gebildeten π_4 und die (n Vierseite, in welchen 13 die Gegenecke ist von einem der Cf.pu die ausser 12, 34 in dem Neben-n-ecke enthalten sind; in der n Cf. ist 13 somit Eckpunkt in $\binom{2n-2}{2}-(5n-9)$ oder $2(n-2)(n$ Cf.vierseiten, also gemeinschaftliche Ecke von $4(n-2)(n-3)$ dreiecken; der Kürze halber nenne ich 13 einen

$$8\binom{n-2}{2}\text{-}\textit{trigonischen Punkt:}$$

die Punkte der aus π_8 abgeleiteten $(12_2, 8_3)$ bezeichne ich dem als *atrigonisch*.

„*Aus einer π_{2n} geht durch Entfernung eines der* $(2n)!:(2^n$ *Neben-n-ecke und der seinen Punkten incidenten Cf.geraden allema*

$$\left(4\binom{n}{2}_{2n-4}, 8\binom{n}{3}_3\right)$$

ror, deren Punkte $8\binom{n-2}{2}$*-trigonisch sind, indess sie in* π_{2n} $\binom{n-2}{2}$*-trigonisch waren.*"

4. In der Cf. $(60_8, 160_3)$, welche durch Ausscheidung der nach Punkten 12, 34, 56, 78, 9(10), (11)(12) zielenden Geraden aus entsteht, giebt es Nebenzwölfecke. Indem nämlich die Geraden 124, 134, 234 verschwunden sind, bilden die Punkte 13, 14, 23, in getrenntes Quadrupel; demnach lässt sich z. B. aus den Punkten 4, 23, 24; 57, 58, 67, 68; 9(11), 9(12), (10)(11), (10)(12) eine nnte Gruppe zusammensetzen. Die übrigen 48 Punkte sind mit der durch jene 12 Punkte laufenden Geraden der $(60_8, 160_3)$ int: werden diese 96 Geraden fortgelassen, so entsteht eine Cf. $64_3)$, in der 15 mit vier Punktepaaren 19, 59; 1(10), 5(10); , 5(11); 1(12), 5(12) allineirt ist, zwischen denen die frühere indung durch die Entfernung der Punkte 9(10), 9(11), 9(12), 11), (10)(12), (11)(12) aufgehoben worden: die neue Cf. ist somit *atrigonische.* Sie entsteht offenbar aus π_{12} durch Abtrennung der len, welche nach den Ecken der Vierseite 1234, 5678, 9(10)(11)(12) ; hieraus erhellt, dass eine analoge Betrachtung nur für polyedrale er Ordnung $4m$ angestellt werden kann.

n einer π_{4m} sind die Ecken der Vierseite 1234, 5678, . . ., -3) $(4m-2)(4m-1)4m$ ausser mit deren Seiten noch mit je -4) Cf.geraden incident, welche in Sextupeln durch die übrigen $-1)$ Cf.punkten laufen; diese bilden daher mit den übrigen $)- 4m - 6m(4m-4)\big] = \frac{32}{3}m(m-1)(m-2)$ Geraden der π_{4m} neue Cf., in welcher jeder Punkt $(4m-8)$ Gerade, jede Gerade Punkte enthält.

n π_{4m} bildet der Punkt 15 mit jedem der von ihm getrennten te ein Gegeneckenpaar einer π_4; in der neuen Cf. erübrigen von n Gegenecken nur diejenigen Punkte, deren Bezeichnung aus Zahl der Gruppe $(4i-3)$, $(4i-2)$, $(4i-1)$, $4i$ und einer der Gruppe $(4k-3)$, $(4k-2)$, $(4k-1)$, $4k$ zusammengesetzt ro $i = 3, 4, 5 \ldots m$, $k = 4, 5, 6 \ldots m$. Jeder Punkt der neuen hört demnach $16\binom{m-2}{2}$ Vierseiten und $32\binom{m-2}{2}$ Dreiecken an.

„Eine π_{4m} enthält $(4m)! : 24^m \times m!$ Gruppen von m Vierseiten, Bezeichnung sämmtliche Zahlen von 1 bis $4m$ erfordert. Durch heidung der Geraden, welche nach den $6m$ Ecken einer solchen pe zielen, entsteht eine Cf.

$$\left(16\binom{m}{2}_{4m-8},\ 64\binom{m}{3}_3\right)$$

$16(m-2)(m-3)$-trigonischen Punkten."

§ 3.

Zahlenfremde Punktgruppen.

5. Für eine π_{3m} giebt die Aufstellung der aus m Geraden bestehenden Gruppe

$$|123|456|789|\cdots|(3i-2)(3i-1)(3i)|\cdots|(3m-2)(3m-1)3m|$$

ebenfalls Anlass zu einer Zerlegung der Cf. Die durch diese Geraden verbundenen $3m$ Cf.punkte sind nämlich mit je $(3m-3)$ Cf.geraden incident, welche in Quadrupeln durch die übrigen $\frac{9}{2}m(m-1)$ Cf.punkte laufen; diese bilden daher mit den übrigen $\frac{9}{2}m(m-1)(m-2)$ Cf.-geraden eine in π_{3m} enthaltene Cf. mit den Indices $(3m-6)$ und 3. In der neuen Cf. ist der Punkt 14 getrennt von denjenigen Punkten, deren Bezeichnung aus einer Zahl der Gruppe $(3i-2)$, $(3i-1)$, $3i$ nebst einer Zahl der Gruppe $(3k-2)$, $(3k-1)$, $3k$ besteht ($i=3$ bis m, $k=4$ bis m); er ist also Gegenecke von $9\binom{m-2}{2}$ Punkten in ebensovielen Vierseiten, somit gemeinschaftliche Ecke von $18\binom{m-2}{2}$ Cf.dreiecken.

„*Jede π_{3m} liefert durch Ausscheidung der Geraden, welche verbunden sind mit den m Geraden einer Gruppe, deren Bezeichnung sämmtliche Zahlen von 1 bis $3m$ erfordert, eine $9(m-2)(m-3)$-trigonische Cf.*

$$\left(9\binom{m}{2}_{3m-6},\ 27\binom{m}{3}_3\right).“$$

6. Bezeichnet man mit $abcde$ die π_5, deren Punkte und Gerade durch die Combinationen 2ter bez. 3ter Classe der Zahlen a, b, c, d, e dargestellt werden, und dehnt dieses Verfahren auf eine π_p aus, so ist die obige Betrachtung einer Verallgemeinerung fähig. Theilt man nämlich die zur Bezeichnung einer π_{pm} erforderlichen Zahlen 1 bis pm in Gruppen von je p Zahlen, dann sind die Geraden, welche nach den Punkten einer jeden durch eine dieser Gruppen vorgestellten π_p zielen, vollständig getrennt von den Punkten der übrigen $(m-1)$ Cf. π_p. Werden die Geraden der m Cf. π_p ausser Acht gelassen, so liefern die $m\binom{p}{2}$ Punkte jener Cf. zusammen $m\binom{p}{2}\cdot p(m-1)$ Gerade der π_{pm}, welche mit den übrigen $\binom{mp}{2}-m\binom{p}{2}=p^2\binom{m}{2}$ Cf.punkten incident sind. Durch jeden dieser $p^2\binom{m}{2}$ Punkte laufen somit $2(p-1)$ jener Geraden, daher $(mp-2)-2(p-1)$ oder $p(m-2)$ von den übrigen $\binom{mp}{3}-m\binom{p}{3}-m\binom{p}{2}\cdot p(m-1)$ Geraden der π_{pm}.

In der Cf., welche durch Abtrennung jener mit den Punkten der m Cf. π_p incidenten Geraden entsteht, ist jeder Punkt $\alpha\beta$ Ecke von $p^2\binom{m-2}{2}$ Vierseiten; jede Gegenecke dieses Punktes $\alpha\beta$ wird nämlich bezeichnet durch eine Zahl aus einer p-zahligen Gruppe, welche weder α noch β enthält, nebst einer Zahl aus einer zweiten Gruppe, für welche dasselbe zutrifft.

„*Bildet man in einer* π_{pm} *eine Gruppe von* m *Cf.* π_p, *deren Bezeichnung sämmtliche Zahlen von* 1 *bis* pm *erfordert, so lässt sich die Cf. spalten in jene* m *Cf.* π_p, *die Geraden, welche nach deren Punkten zielen und eine Cf.*

$$\left(p^2\binom{m}{2}_{p(m-2)},\ p^3\binom{m}{3}_3\right)$$

mit lauter $p^2(m-2)(m-3)$*-trigonischen Punkten.*“

Für $m = 3$ gilt daher der Satz:

„*Aus jeder* π_{3p} *lassen sich durch Abspaltung gewisser Geraden atrigonische Cf.*

$$(3p^2_p,\ p^3_3)$$

bilden.“

In obiger Cf.

$$\left(p^2\binom{m}{2}_{p(m-2)},\ p^3\binom{m}{3}_3\right)$$

ist jeder Punkt $p^2\binom{m-2}{2}$ Vierseiten gemeinschaftlich: sie enthält also im Ganzen $\frac{1}{6}p^2\binom{m-2}{2}\cdot p^2\binom{m}{2}$ oder $p^4\binom{m}{4}$ Cf. π_4; jede ihrer Geraden begrenzt $4p^4\binom{m}{4} : p^3\binom{m}{3}$ oder $p(m-3)$ Vierseite.

§ 4.

Hauptvielseite.

7. Die Geraden, welche in einer π_n von der Geraden 123 getrennt sind, werden durch Geradentripel bezeichnet, die entweder eine oder keine der Zahlen 1, 2, 3 enthalten. In π_5 giebt es somit nur *Paare* getrennter Geraden, z. B. 123, 145; π_6 besitzt *Quadrupel*, wie 123, 145, 256, 346, die zusammen zwölf Cf.punkte tragen, indess die übrigen drei, also 16, 24, 35, getrennt liegen. Für π_7 lässt sich das folgende *Geradensextupel* bilden.

(C)

1	1	1	2	2	3	3
2	4	6	4	5	4	5
3	5	7	6	7	7	6

.

Ein solches Sextupel nenne ich ein „*Hauptsiebenseit*" der π_7; im Allgemeinen möge „*Hauptvielseit*" der Name sein für eine Gruppe getrennter Geraden, welche zusammen alle Punkte einer Cf. tragen.

Wird aus π_7 ein Hauptseptupel fortgelassen, so ergiebt sich eine Cf. $(21_4, 28_3)$ mit lauter oktotrigonischen Punkten; für den Punkt 12 werden die 8 Cf.dreiecke, welchen er angehört, von den Geraden 245, 247, 256, 267; 146, 147, 156, 157 herausgeschnitten.

Weil die Gerade 123 allen Hauptseptupeln gemein ist, welche durch Permutation der Zahlen 1, 2, 3 aus (C) hervorgehen, giebt es im Ganzen $\binom{7}{3} \times 6 : 7 = 30$ solcher Gruppen.

Nachstehendes Hauptsiebenseit hat mit (C) keine Gerade gemein.

$$\text{(D)} \qquad \left|\begin{array}{c|c|c|c|c|c|c} 1 & 1 & 1 & 2 & 2 & 4 & 4 \\ 2 & 3 & 5 & 3 & 5 & 3 & 6 \\ 4 & 6 & 7 & 7 & 6 & 5 & 7 \end{array}\right| .$$

Es bildet mit dem Septupel (C) eine Cf. $(21_2, 14_3)$, deren Entfernung aus π_7 eine ditrigonische Cf. 21_3 liefert, in der z. B. der Punkt 12 nur mit den Geraden 156 und 267 verbunden ist; es kann leicht eingesehen werden, dass sie keine Hauptsiebenseite besitzt, also nicht wie π_7 und obige $(21_4, 28_3)$ zu einfacheren Cf. Anlass bietet. Jene 21_3 wird weiter unten aus einem anderen Gesichtspunkte betrachtet werden.

8. Offenbar besteht ein *Hauptvielseit* der π_n aus $\binom{n}{2} : 3$ Geraden, woraus erhellt, dass $n \equiv 0$ oder $\equiv 1 \pmod{3}$ sein muss. Nun kann die Zahl 1 entweder mit $(n-1):2$ oder mit $(n-2):2$ aus den Zahlen 2 bis n gebildeten Paaren zu getrennten Geraden zusammengesetzt werden, je nachdem n ungerade oder gerade ist. Im ersten Falle giebt es $n(n-1):6$, im zweiten $n(n-2):6$ getrennte Gerade; die erforderliche Anzahl $\binom{n}{2} : 3$ kann also nur für ungerades n erhalten werden, wonach $n \equiv 1$ oder $\equiv 3 \pmod{6}$ sein muss.

Weil die Tabelle für ein Hauptvielseit der Cf. π_n jede Zahl $(n-1):2$ mal enthält und die Zahlen in Tripel geordnet werden, liefert sie zugleich die Bezeichnung für eine regelmässige Cf.

$$\left(n_{(n-1).2},\ \frac{1}{6}n(n-1)_3\right).$$

Diese Bemerkung kann zur Erleichterung der Bestimmung eines Hauptvielseits benutzt werden. In einer solchen Cf. ist nämlich jeder Punkt 1 mit allen übrigen verbunden durch die $(n-1):2$ in ihm zusammenlaufenden Geraden; die Ausscheidung dieser Geraden sammt dem Punkte 1 giebt somit eine

$$\left((n-1)_{(n-3):2},\ \frac{1}{6}(n-1)(n-3)_3\right)$$

mit getrennten Punktepaaren, indem z. B. der Punkt 2 mit allen übrigen Punkten bis auf einen verbunden ist. Nimmt man aus dieser neuen Cf. das von den Punkten 2 und x gebildete getrennte Paar nebst den mit ihnen incidenten Geraden fort, so entsteht eine

$$\left((n-3)_{(n-7):2},\ \frac{1}{6}(n-3)(n-7)_3\right)$$

welche für $n \equiv 3 \pmod{4}$ getrennte Quadrupel enthält; es tragen ja die nach einem ihrer Punkte zielenden Geraden je $(n-7)$ Punkte, wonach der betreffende Punkt von drei weiteren Punkten getrennt ist, die wegen der Regelmässigkeit der Cf. auch unter sich nicht verbunden sein können. Man kann also ein solches Quadrupel sammt den nach seinen Punkten convergirenden Geraden ausscheiden und stösst dann auf eine

$$\left((n-7)_{(n-15):2},\ \frac{1}{6}(n-7)(n-15)_3\right)$$

mit getrennten Octupeln falls $n \equiv 7 \pmod{8}$. Auf diese Weise wird für $n \equiv 2^p - 1 \pmod{2^p}$ die Bestimmung der betreffenden Tabelle abhängig von der einer Tabelle für eine regelmässige

$$\left((n+1-2^p)_{(n+1-2^{p+1}):2},\ \frac{1}{6}(n+1-2^p)(n+1-2^{p+1})_3\right)$$

mit getrennten aus je 2^p Punkten bestehenden Gruppen. Offenbar kann die Cf.

$$\left((n-1)_{(n-3):2},\ \frac{1}{6}(n-1)(n-3)_3\right)$$

umgangen werden, indem die Ausscheidung der Geraden 123 nebst den mit ihr verbundenen $3(n-3):2$ Geraden sofort die Cf.

$$\left((n-3)_{(n-7):2},\ \frac{1}{6}(n-3)(n-7)_3\right)$$

aus der ursprünglichen entstehen lässt.

9. Als Beispiel möge die Bestimmung der Tabelle eines Hauptfünfundreissigseits der π_{15} hier einen Platz finden. Indem jene Tabelle zugleich eine $(15_7, 35_3)$ darstellt, wird man durch obige Bemerkung auf eine $(12_4, 16_3)$ mit drei getrennten Punktquadrupeln geführt, deren Diagonalen sich in drei getrennte Sextupel anordnen lassen; dieser Bedingung genügt die von mir in einer anderen Arbeit betrachtete Cf. $(12_4, 16_3)$ A*). Werden die dort benutzten Zeichen $1', 2', 3', 4'$; $1'', 2'', 3'' 4''$

*) Acta Mathematica 12_1, S. 64.

bezüglich durch die Zahlen 5, 6, 7, 8; 9, 10, 11, 12 ersetzt, so entsteht die Tabelle:

(E)

1	1	1	1	2	2	2	2	3	3	3	3	4	4	4	4
5	6	7	8	5	6	7	8	5	6	7	8	5	6	7	8
9	10	11	12	10	9	12	11	11	12	9	10	12	11	10	9

Von den 18 Seiten der vollständigen Vierecke 1234, 5678, 9(10)(11)(12) müssen nun in der Cf. $(15_7, 35_3)$ deren 6 nach einem Punkte 13, 6 nach einem Punkte 14, 6 nach einem Punkte 15 convergiren; die 35ste Gerade ist dann (13)(14)(15). Demnach wird (E) zur gewünschten Tabelle ergänzt durch nachstehende Tafel (F)

(F)

1	3	5	7	9	11	1	2	5	6	9	10	1	2	5	6	9	10	13
2	4	6	8	10	12	3	4	7	8	11	12	4	3	8	7	12	11	14
13	13	13	13	13	13	14	14	14	14	14	14	15	15	15	15	15	15	15

In der Cf.

$$\left(\binom{n}{2}_{n-3},\ \tfrac{1}{6}n(n-1)(n-3)_3\right),$$

welche aus π_n durch Abtrennung eines Hauptvielseits hervorgeht, ist jeder Punkt ik mit $(n-3)$ Paaren il, kl allineirt, welche in der π_n unter sich durch $2\binom{n-3}{2}$ Gerade verbunden werden; von diesen sind aber $2\times\frac{n-3}{2}$ als Gerade des Hauptvielseits verschwunden, nämlich für jeden Punkt eine; es ist daher in der neuen Cf. jeder Punkt Ecke von $(n-3)(n-5)$ Cf.dreiecken.

„*Wenn* $n\equiv 1$ *oder* $\equiv 3$ (*mod.* 6), *so besitzt die Cf.* π_n *Hauptvielseite; werden die Geraden einer solchen Gruppe aus der Cf. fortgelassen, so ergibt sich allemal eine* $(n-3)(n-5)$-*trigonische*

$$\left(\binom{n}{2}_{n-3},\ \tfrac{1}{6}n(n-1)(n-3)_3\right).\text{“}$$

10. Für die π_9 erhält man die Tabelle eines Hauptzwölfseits am leichtesten, wenn man aus den Zahlen 1 bis 9 drei zahlenfremde Tripel bildet, jede Zahl des ersten Tripels mit jeder des zweiten combinirt und die dadurch entstandenen Paare durch je eine Zahl des dritten Tripels zu Tripeln ergänzt. Auf diese Weise wurden die nachstehenden Hauptzwölfseite aufgestellt, welche keine Gerade gemein haben.

(G)

123	147	159	168
456	258	267	249
789	369	348	357

,

(H)

129	134	178	156
367	268	235	247
458	579	469	389

.

Die Entfernung eines dieser Hauptzwölfseite liefert eine 24-trigonische $(36_6, 72_3)$, die Ausscheidung der beiden Gruppen eine $(36_5, 60_3)$ mit 12-trigonischen Punkten, indem z. B. der Punkt 12 in dieser Cf. den durch die Geraden 145, 146, 148, 157, 158, 167; 245, 246, 248, 256, 257, 278 herausgeschnittenen Dreiecken angehört.

Als Ausgangspunkt für die Bestimmung der nachstehenden Tabelle eines Hauptsechsundzwanzigseits der π_{13} diente, den Betrachtungen des § 8 gemäss, die von Herrn Kantor als $10_3 A$ bezeichnete regelmässige Cf.; die als $10_3 B$ bezeichnete Desargues'sche Cf., (welche mit π_5 identisch ist), konnte nicht benutzt werden, weil ihre getrennten Punktepaare sich nicht in drei von einander unabhängige Quintupel ordnen lassen.

	1	1	1	1	1	1	2	2	2	2	2	3	3	3	3	3	4	4	4	5	5	5	6	6	7	11
(I)	2	4	6	8	9	10	4	5	7	8	10	4	5	6	7	9	7	10	9	6	7	8	8	9	8	12.
	3	5	7	11	12	13	6	11	13	9	12	8	12	13	11	10	12	11	13	10	9	13	12	11	10	13

11. Die Geraden der aus π_8 abgeleiteten $(24_4, 32_3)$ wurden in Tabelle (B) in vier Octupel geordnet, welche offenbar vier Hauptachtseite darstellen, es können somit aus jener Cf. durch Ausscheidung von einem oder zwei dieser Octupel Cf. 24_3 und $(24_2, 16_3)$ gebildet werden.

Im Allgemeinen wird eine aus π_{2n} hervorgegangene

$$\left(4\binom{n}{2}_{2n-4}, 8\binom{n}{3}_3\right)$$

nur dann Hauptvielseite gestatten, falls $\binom{n}{2}$ ein Vielfaches von 3, also $2n \equiv 0$ oder $\equiv 2$ (mod. 3) ist. In der betreffenden Tabelle ist jede Zahl dann mit $(n-1)$ aus den übrigen $(2n-1)$ Zahlen gebildeten Paaren zu Tripeln vereinigt, und die Gesammtheit dieser Tripel stellt eine Cf.

$$\left(2n_{(n-1)}, \frac{2}{3}n(n-1)_3\right)$$

dar, deren Punkte n getrennte Paare bilden, wonach die Ausscheidung der mit einem solchen Paare incidenten Geraden eine Cf.

$$\left((2n-2)_{(n-3)}, \frac{2}{3}(n-1)(n-3)_3\right)$$

liefert; hierdurch wird die Bestimmung der Tabelle auf ähnliche Weise wie in N. 8 wesentlich erleichtert.

Beispielsweise wurde nachstehende $(12_5, 20_3)$ mit Hülfe der oben erwähnten $10_3 A$ abgeleitet. Werden die durch diese Tabelle dargestellten Geraden aus einer in π_{12} enthaltenen Cf. $(60_8, 160_3)$ fortgelassen, so ergibt sich eine Cf. $(60_7, 140_3)$.

	1	1	1	1	1	2	2	2	2	3	3	3	3	4	4	5	5	6	6	7
(K)	2	4	6	8	9	4	5	8	10	4	5	7	9	7	10	6	7	8	9	8
	3	5	7	11	12	6	11	9	12	8	12	11	10	12	11	10	9	12	11	10

Aus Tabelle (K) ist leicht ersichtlich, dass die betreffende $(60_8, 160_3)$ aus π_{12} entsteht durch Entfernung der mit den Punkten 1(10), 27, 36, 49, 58, (11)(12) incidenten Geraden. Die oben erwähnte $(60_7, 140_3)$ ist keine regelmässige Cf., indem von den zwölf Vierseiten, welchen jeder ihrer Punkte angehört, je vier durch die Geraden 126, 12(12), je drei durch die übrigen in 12 zusammenlaufenden Geraden begrenzt werden.

Die durch die Tabelle (L) dargestellte, von (K) unabhängige, Gruppe von 20 getrennten Geraden erlaubt die Aufstellung einer in der $(60_7, 140_3)$ enthaltenen $(60_6, 120_3)$, in welcher jeder Punkt in vier Vierseiten vorkommt; dabei gehören zwei der nach jenem Punkte zielenden Geraden je zwei dieser Vierseite, jede der übrigen je einem der Vierseite an.

	1	1	1	1	1	2	2	2	2	3	3	3	4	4	5	5	6	6	7	9
(L)	2	3	4	5	8	3	4	8	10	4	5	8	6	7	6	7	7	8	9	10
	6	7	11	12	9	9	5	12	11	12	11	10	10	8	9	10	12	11	11	12

„*Wenn* $n \equiv 0$ *oder* $\equiv 1$ (*mod.* 3), *so sind in der aus* π_{2n} *abgeleiteten Cf.*

$$\left(4\binom{n}{2}_{2n-4},\ 8\binom{n}{3}_3\right)$$

Cf.

$$\left(4\binom{n}{2}_{2n-5},\ \tfrac{2}{3}n(n-1)(2n-5)_3\right)$$

enthalten, die durch Abtrennung eines Hauptvielseits aus ihr hervorgehen."

12. Werden aus der π_9 die Geraden 147, 258, 369 sammt den mit ihnen verbundenen Geraden entfernt, so ergiebt sich eine atrigonische Cf. 27_3 (vgl. § 3, 5) mit den Geraden:

	123	234	378
	126	237	456
	129	246	468
	135	249	459
(M)	138	267	489
	156	279	567
	159	345	579
	168	348	678
	189	357	789

Aus dieser 27_3 kann eine $(27_2, 18_3)$ hergeleitet werden mit Hülfe des nachstehenden Hauptneunseits

(N)

1	1	1	2	2	3	3	4	6
2	5	8	4	7	5	4	5	7
3	6	9	6	9	7	8	9	8

Die

$$\left(9\binom{m}{2}_{3m-6}, \; 27\binom{m}{3}_3\right)$$

welche aus π_{3m} entsteht durch Entfernung der mit m zahlenfremden Geraden verbundenen Geraden, kann nur für ungerades m Hauptvielseite besitzen; indem nämlich die Tabelle der $3\binom{m}{2}$ getrennten Geraden jede der $3m$ Zahlen gleich oft aufweisen muss, kann $(m-1)$ nur gerade sein.

13. Für die $(48_4, 64_3)$, welche in § 2, 4 aus π_{12} hergeleitet wurde, enthält Tabelle (E) ein Hauptsechszehnseit, dessen Beseitigung eine 48_3 ergiebt. Diese 48_3 erlaubt die Aufstellung des in (O) dargestellten Hauptsechszehnseits, durch dessen Ausscheidung eine $(48_2, 32_3)$ entsteht.

(O)

1	1	1	1	2	2	2	2	3	3	3	3	4	4	4	4
5	6	7	8	5	6	7	8	5	6	7	8	5	6	7	8
10	11	12	9	11	10	9	12	12	9	10	11	9	12	11	10

„*Jede atrigonische*

$$(3p_p^2, \; p_3^3),$$

welche durch Entfernung der mit p zahlenfremden Geraden verbundenen Cf.geraden aus π_{3p} *gebildet werden kann, besitzt Haupt-*p^2*-seite, deren jedes eine*

$$\left(3p_{p-1}^2, \; p^2(p-1)_3\right)$$

entstehen lässt."

Aehnliche Sätze, auf die ich hier nicht näher eingehe, können aufgestellt werden für die in § 3, 6 abgeleiteten Cf.

§ 5.

Gruppen gegenseitig getrennter Cf. π.

14. Im § 2, 4 gab die Betrachtung zahlenfremder Vierseite Anlass zur Bildung neuer Cf.; hiernach lässt sich vermuthen, dass es polyedrale Cf. gebe, für welche eine Gruppe getrennter Vierseite sämmtliche Cf.punkte enthalte; eine solche dem Hauptvielseite analoge Gruppe müsste dann aus $\binom{n}{2}:6$ Vierseiten bestehen, woraus sich die Bedingung $n \equiv 0, 1, 4$ oder 9 (mod. 12) ergibt. Indem nun zwei π_4,

welche keinen Punkt gemein haben, höchstens in einer Zahl übereinstimmen, muss in der Tabelle für eine „*Haupt-π_4-gruppe*“ jede Zahl mit $(n-1):3$ zahlenfremden Tripeln zu Quadrupeln vereinigt sein; diese zweite Bedingung beschränkt die Möglichkeit solcher Gruppen auf die Fälle, wo $n \equiv 1$ oder $\equiv 4$ (mod. 12).

Offenbar stellt die Tabelle einer Haupt-π_4-Gruppe zugleich eine

$$\left(n_{\frac{1}{3}(n-1)},\ \frac{1}{12}n(n-1)_4\right)$$

dar, in der jeder Cf.punkt mit allen übrigen Punkten verbunden ist, wonach die Ausscheidung der mit ihm incidenten Geraden eine

$$\left((n-1)_{\frac{1}{3}(n-4)},\ \frac{1}{12}(n-1)(n-4)_4\right)$$

ergibt. Es lässt sich somit die Bestimmung der betreffenden Tabelle, ebenso wie für die Hauptvielseite, auf einfachere Aufgaben zurückführen.

Für den kleinsten Werth, den n den Bedingungen gemäss haben kann, also für $n = 13$, wurde Tabelle (P) aus der Tabelle eines Hauptzwölfseits der π_9 abgeleitet.

(P)

1	1	1	2	2	3	3	6	1	2	3	4	10
2	4	5	4	5	5	4	7	8	7	6	5	1
3	7	6	6	8	7	8	8	9	9	9	9	12
10	1	2	13	11	13	12	0	13	12	11	10	13

Werden die dreizehn durch (P) versinnlichten π_4 aus der π_{13} fortgelassen, so entsteht eine Cf. $(78_9, 234_3)$, in welcher die Gerade 124 sechs π_4 begrenzt, indem die Vierseite 1234, 1246, 1247, 124(13) durch die Abtrennung der Geraden 123, 246, 147, 24(13) aufgehoben sind.

Für die π_{16} giebt die Tabelle (Q) eine aus zwanzig Vierseiten bestehende Gruppe, deren Ausscheidung eine $(120_{12}, 480_3)$ liefert.

(Q)

1	5	9	13	1	2	3	4		2	3	4	1	2	3	4		2	3	4
2	6	10	14	5	8	6	7	6	7	5	8	7	6	8	5	8	5	7	6
3	7	11	15	9	1	12	0	10	12	1	9	11	9	10	12	2	10	9	11
4	8	12	16	13	14	6	15	4	13	5	16	6	15	13	14	15	16	14	13

„*Für $n \equiv 1$ oder $\equiv 4$ (mod. 12) besitzt eine π_n „Haupt-π_4-gruppen“; durch Entfernung der Seiten dieser π_4 ergibt sich dann eine*

$$\left(\frac{1}{2}n(n-1)_{n-4},\ \frac{1}{6}n(n-1)(n-4)_3\right).“$$

15. Aus Tabelle (Q) lässt sich eine 21_5 bilden, indem die ersten vier Quadrupel durch den Punkt (17), die anderen Quadrupel bezüglich durch (18), (19), (20), (21) zu Quintupeln ergänzt und ihnen das Quintupel (17), (18), (19), (20), (21) zugesellt wird. So entsteht Tabelle (R), welche eine *„Haupt-π_5-Gruppe"* der π_{21} darstellt, d. h. eine Gruppe von Cf. π_5, die zusammen alle Punkte der π_{21} enthalten; die Ausscheidung der jenen π_5 angehörenden Geraden gibt daher eine $(210_{16}, 1120_3)$.

	1	5	9	13	1	2	3	4	1	2	3	4	1	2	3	4	1	2	3	4	17
	2	6	10	14	5	8	6	7	6	7	5	8	7	6	8	5	8	5	7	6	18
(R)	3	7	11	5	9	11	12	10	10	12	11	9	11	9	10	12	12	10	9	11	19 .
	4	8	12	16	13	14	16	15	14	13	15	16	16	15	13	14	15	16	14	13	20
	7	7	17	7	18	18	18	18	19	19	19	19	20	20	20	20	21	21	21	21	21

Offenbar kann eine aus getrennten Cf. π_p zusammengesetzte Gruppe nur dann sämmtliche Punkte der π_n enthalten, wenn $\binom{n}{2}$ ein Vielfaches von $\binom{p}{2}$, also $n(n-1) \equiv 0 \pmod{p(p-1)}$ ist. Indem in der Tabelle einer solchen „Haupt-π_p-Gruppe" jede der Zahlen 1 bis n gleich oft vorkommt, also jede mit $(n-1):(p-1)$ zahlenfremden Gruppen verbunden ist, muss $(p-1)$ ein Theiler von $(n-1)$ sein. Durch Entfernung der Geraden, welche den Cf. π_p der Hauptgruppe angehören, verliert jeder Punkt der π_n $(p-2)$ von den nach ihm zielenden Geraden, und es ergibt sich eine aus $\binom{n}{2}$ Punkten und

$$\binom{n}{3} - \frac{n(n-1)}{p(p-1)} \binom{p}{3}$$

Geraden zusammengesetzte Cf.

„Wenn $(n-1)$ ein Vielfaches von $(p-1)$ und zugleich $\binom{n}{2}$ ein Vielfaches von $\binom{p}{2}$ ist, so erlaubt die Cf. π_n die Aufstellung von „Haupt-π_p-Gruppen", denen die Eigenschaft zukommt, dass die Ausscheidung sämmtlicher einer Gruppe angehörenden Geraden eine in π_n enthaltene

$$\left(\binom{n}{2}_{n-p},\ \frac{1}{6} n(n-1)(n-p)_3\right)$$

ergibt."

§ 6.

Cyklen von Vielecken in der Cf. π.

16. Bekanntlich lässt sich die Desargues'sche Cf. π_5 auf sechs verschiedene Arten auffassen als bestehend aus zwei Fünfecken, deren

jedes dem andern gleichzeitig ein- und umbeschrieben ist.*) Es sind beispielsweise 12, 23, 34, 45, 51 die Ecken eines Fünfecks, dessen Seiten 123, 234, 345, 451, 512 bezüglich die Ecken 13, 24, 35, 41, 52 des von den Geraden 135, 241, 352, 413, 524 begrenzten Fünfecks tragen, indess diese Seiten in der obigen Reihenfolge die Ecken 15, 12, 23, 34, 45 des ersten Fünfecks enthalten. Betrachtet man 12 als den ersten, 23 als den zweiten Eckpunkt, 123 als die erste Seite des ersten Fünfecks, 13 als den ersten, 35 als den zweiten Eckpunkt, 135 als die erste Seite des zweiten Fünfecks, so ist allemal der i^{te} Eckpunkt der zweiten mit der $(2i-1)^{ten}$ Seite der ersten Figur, aber die i^{te} Ecke der ersten mit der $(1-2i)^{ten}$ Seite der zweiten Figur incident, vorausgesetzt, dass für die nach dieser Regel bestimmten Zahlen ihre kleinsten positiven Reste mod. 5 eintreten.

In der Cf. π_7 begrenzen die nachstehenden drei Geradenseptupel drei Siebenecke mit den in Tabelle (T) aufgezählten Eckpunkten; sie bilden eine bereits von Herrn Cayley bemerkte Figur, in welcher in der cyklischen Reihenfolge *a*, *b*, *c*, *a* jedes Siebeneck dem vorangehenden einbeschrieben, daher dem folgenden umbeschrieben ist.

	I.	123,	234,	345,	456,	567,	671,	712.
(S)	II.	135,	357,	572,	724,	246,	461,	613.
	III.	152,	526,	263,	637,	374,	741,	415.

	a.	12,	23,	34,	45,	56,	67,	71.
(T)	b.	13,	35,	57,	72,	24,	46,	61.
	c.	15,	52,	26,	63,	37,	74,	41.

Diese Figur weicht darin von π_5 ab, dass der i^{te} Eckpunkt von *b*, *c*, *a* jedesmal mit der $(2i-1)^{sten}$ Seite von *a*, *b*, *c* incident ist. Sie ist also nach der Bezeichnung des Herrn Schönflies eine *Cf. erster Art*, indess π_5 als eine *Cf. zweiter Art* zu betrachten wäre.**) Diese Cf. 21_3 entsteht aus π_7 durch Abtrennung der beiden Hauptseptupel

$$\begin{cases} 124, & 137, & 156, & 235, & 267, & 346, & 457, \\ 126, & 134, & 157, & 237, & 245, & 356, & 467, \end{cases}$$

ist also gleichartig mit der im § 4, 7 abgeleiteten ditrigonischen 21_3.

Jede Permutation der Zahlen 1 bis 7 erlaubt die Aufstellung einer 21_3; bildet man in der Reihenfolge jener Permutation die Tabellen für I und a, so ergiebt sich die Reihenfolge für b, wenn man, cyklisch verfahrend, die erste, dritte, ... $(2k+1)^{ste}$ Zahl herausgreift, für *c*,

*) Wie Herr Schroeter „Ueber lineare Konstructionen zur Herstellung der Konf. n_3" (Gött. Nachr. Nr. 9, 1888) bemerkt hat, wurden diese Figur und die hiernach erwähnte 21_3 zuerst von Cayley in der Abhandlung „Sur quelques théorèmes de la géometrie de position" (Crelle XXXI, S. 215 und 217) beschrieben.

**) Ueber die regelmässigen Cf. n_3 (Math. Ann. XXXI, S. 61).

wenn die erste, fünfte, ... $(4k+1)^{\text{ste}}$ Zahl genommen wird. Demnach enthält $\varkappa_7$ $(7!:7\times 3!)$ oder 120 verschiedene 21_3.

Eine den Figuren $\varkappa_5$ und 21_3 analoge aus einem Cyklus von Vielecken gebildete Cf. ist offenbar nur für polyedrale Cf. ungerader Ordnung möglich. Für $\varkappa_9$ ergiebt obiges Verfahren eine 27_3, welche aus nachstehenden drei Neunecken a, b, c besteht, und identisch ist mit der durch Tabelle (M) dargestellten atrigonischen 27_3; sie ist eine *Cf. zweiter Art.*

(U)	a.	12,	23,	34,	45,	56,	67,	78,	89,	91;
	b.	13,	35,	57,	79,	92,	24,	46,	68,	81;
	c.	15,	59,	94,	48,	83,	37,	72,	26,	61;

17. Bildet man aus den Zahlen 1 bis $(2n+1)$ nachstehende Tabelle, wo die Zahlen $>2n+1$ ihre kleinsten positiven Reste mod. $2n+1$ vertreten, so stellt sich heraus, dass es zwei Arten aus Cyklen von Vielecken bestehender Cf. p_3 giebt, deren Elemente einer $\varkappa_{2n+1}$ angehören.

(V)	1	2	3	4 ...	k	...	$(2n+1)$,
	1	3	5	7 ...	$(2k-1)$	...	$2n$,
	1	5	9	13 ...	$(4k-3)$	...	$(2n-2)$,
	1	9	17	25 ...	$(8k-7)$	...	$(2n-6)$,
	. . .	. . .	. . .	. . .	. . .	. . .	. . .
	1	$(1+2^x)$	$(1+2\cdot 2^x)$	$(1+3\cdot 2^x)$	....		$(1+2n\cdot 2^x)$.

Ist nämlich x die kleinste Zahl, welche der Congruenz $2^x\equiv -1$ (mod. $2n+1$) genügt, so wird die letzte Zeile von (V) mit der in umgekehrter Reihenfolge genommenen ersten Zeile identisch; die ersten x Zeilen gestatten dann die Aufstellung von x Vielecken $a_1, a_2, \ldots a_x$, deren Ecken durch je zwei benachbarte Zahlen der bezüglichen Zeile bezeichnet werden; es liegt jedesmal der i^{te} Eckpunkt eines $(2n+1)$-ecks auf der $(2i-1)^{\text{ten}}$ Seite des vorangehenden Vielecks, mit Ausnahme des letzten Polygons, dessen $(1-2i)^{\text{te}}$ Seite den i^{ten} Eckpunkt des ersten trägt; die Cf. ist *zweiter Art.*

Ist dagegen obige Congruenz keiner Lösung fähig und x der kleinste Werth, welcher die Congruenz $2^x\equiv 1$ befriedigt, so wird die $(x+1)^{\text{ste}}$ Zeile mit der ersten identisch, und die Tabelle giebt die Bezeichnung einer aus x Polygonen bestehenden Cf. $(2n+1)\,x_3$, in der allemal die i^{te} Ecke jedes Vielecks mit der $(2i-1)^{\text{ten}}$ Seite des vorhergehenden incident ist; die Cf. gehört der *ersten Art* an.

Bezeichnet $\tau(2n+1)$ den Totient von $(2n+1)$, so ist bekanntlich $2^{\tau(2n+1)}\equiv 1$ (mod. $2n+1$), daher $2^{\frac{1}{2}\tau(2n+1)}\equiv\pm 1$ (mod. $2n+1$) und $x\leqq\frac{1}{2}\tau(2n+1)$ oder $x\leqq n$, weil der Totient höchstens $2n$.

Die zur Cf. $(2n+1)\,x_3$ vereinigten Polygone haben zusammen eine Anzahl Ecken, welche also höchstens $(2n+1)\,n$, d. h. gleich der Anzahl aller der π_{2n+1} angehörenden Punkte ist.

Indem der auf der zweiten Seite 234 des ersten Vielecks belegene Punkt 24 die $(n+2)^{\text{te}}$ Ecke des zweiten Vielecks ist, hat die von Herrn Schönflies mit l bezeichnete Zahl für beide Arten von $(2n+1)\,x_3$ den Werth $(n+1)$; für die der ersten Art angehörenden Cf. ergibt sich also $r=0$, für die Cf. der zweiten Art $r\equiv -1 \pmod{2n+1}$, was mit der obigen Betrachtung übereinstimmt.

18. Die vorletzte Zeile der Tabelle (V) enthält die Zahlen 1, $(1+2^{x-1})$, $(1+2\cdot 2^{x-1})$, $(1+3\cdot 2^{x-1})$ u. s. w. Gibt es eine Zahl x, welche der Congruenz $2^x \equiv -1 \pmod{2n+1}$ genügt, so wird $2^{x-1}\equiv n$, $3\cdot 2^{x-1}\equiv n-1$ und jene Zeile geht über in $1,\ n+1,\ 2n+1,\ n,\ 2n,\ n-1$, u. s. w. Hat jene Congruenz keine Wurzel, und befriedigt x die Congruenz $2^x\equiv 1 \pmod{2n+1}$, so enthält die betreffende Reihe die Zahlen $1,\ n+2,\ 2,\ n+3,\ 3,\ n+4$ u. s. w. In der aus π_{2n+1} abgeleiteten $(2n+1)\,x_3$ ist der Punkt 12 somit in beiden Fällen mit den Geraden 123, $12(n+2)$ und $12(2n+1)$ incident. Beachtet man, dass zwei Punkte ab und ac nur dann durch eine Gerade der $(2n+1)\,x_3$ verbunden werden, wenn die Zahlen $a,\ b,\ c$ (wo nöthig durch ihnen mod. $(2n+1)$ congruente Zahlen ersetzt) in irgend einer Reihenfolge eine arithmetische Progression bilden, so ergibt sich, dass die Punkte 13 und $1(n+2)$ nur für $2n+1=5$ oder 7, die Punkte 13 und $1(2n+1)$ nur für $2n+1=5$, die Punkte $1(n+2)$ und $1(2n+1)$ ebenfalls nur für $2n+1=5$ verbunden sind. Die Cf. $(2n+1)\,x_3$ sind daher *atrigonisch*, wofern nicht $2n+1=5$ oder 7.

Nachstehendes Schema zeigt, inwiefern die in der $(2n+1)\,x_3$ mit 12, 23, 13 allineirten Punkte durch Cf. gerade verbunden werden.

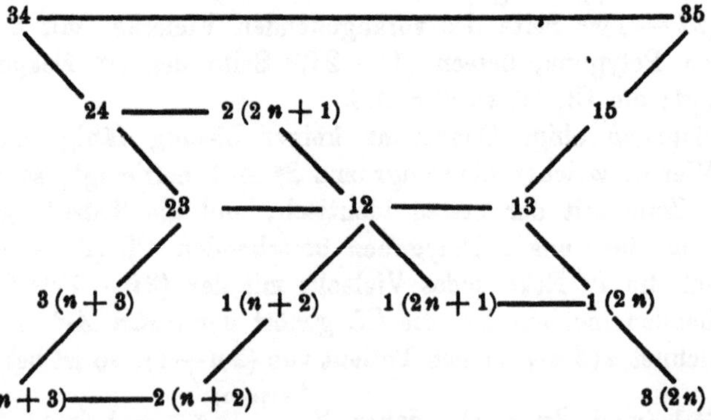

Ausser den in diesem Schema angedeuteten Verbindungslinien sind in der oben erwähnten 27_3 noch die Punktepaare $34,\ 3(2n)$; $35,\ 3(n+3)$;

$3(n+3)$, $3(2n)$; 15, $1(2n+1)$; 15, $1(n+2)$; 24, $2(n+2)$; $1(2n)$, $1(n+2)$; $2(n+3)$, $2(2n+1)$ durch Cf. gerade verbunden; in der aus π_{15} abgeleiteten 60_3 ist diess für die Paare 15, $1(n+2)$ und $3(n+3)$, $3(2n)$ der Fall.

„*Bezeichnet x die kleinste Wurzel der Congruenz* $2^x \equiv -1$ (*mod.* $2n+1$), *oder wenn diese unmöglich ist, die kleinste Wurzel der Congruenz* $2^x \equiv 1$ (*mod.* $2n+1$), *so enthält die Cf.* π_{2n+1} $[(2n+1)!:(2n+1)\,2x]$ *Cf.* $(2n+1)\,x_3$, *welche aus einem Cyklus von x einfachen* $(2n+1)$*-Ecken derart zusammengesetzt sind, dass jedes Vieleck einem Vielecke eingeschrieben, einem anderen umbeschrieben ist. Diese Cf. sind, (die Fälle* $2n+1=5$ *oder* 7 *ausgenommen), atrigonisch; jede Gerade begrenzt vier einfache Vierecke, mit Ausnahme der aus* π_9 *und* π_{15} *gebildeten Cf.* 27_3 *und* 60_3, *wo diese Anzahl zwölf bezüglich sechs beträgt.*“

§ 7.

Halb-regelmässige Cf. in der π.

19. In der π_7 ist die Gerade 123 ausser von den Geraden 456, 457, 467, 567 noch von den in (W) aufgezählten Geraden getrennt.

(W)

145	146	147	156	157	167
245	246	247	256	257	267
345	346	347	356	357	367

Diese Geraden bilden offenbar eine Cf. 18_3, welche aus vier paarweise perspectivisch gelegenen Punkttripeln $1i$, $2i$, $3i$ ($i=4, 5, 6, 7$) sammt den sechs Centren und den Perspectivitätsstrahlen zusammengesetzt ist; sie enthält 3 vollständige Vierecke, also 12 Cf.dreiecke; jeder der 12 Punkte $1i$, $2i$, $3i$ ist tritrigonisch, die übrigen sind atrigonisch.

Denkt man sich die 4 Punkttripel $1i$, $2i$, $3i$ bezüglich mit 4 nach einem Punkte c zielenden Geraden incident, so haben jene 3 Vierecke in Bezug auf c eine solche perspectivische Lage, dass sie das von je zweien aus Perspectivitätsaxen gebildete Vierseit gemein haben. Diese Bemerkung gestattet die Herstellung einer mit jener 18_3 gleichartigen Cf.

Allgemein sind in der π_{2n+1} die n-punktigen Gruppen $1i$, $2i$, $3i, \ldots ki, \ldots ni$ ($i=n+1, n+2, \ldots, 2n, 2n+1$) paarweise perspectivisch in Bezug auf die $\binom{n+1}{2}$ Punkte ij ($i=n+1$ bis $2n+1$, $j=n+2$ bis $2n+1$), bilden also mit diesen $\binom{n+1}{2}$ Punkten und den $n\binom{n+1}{2}$ Perspectivitätsstrahlen eine

$$\left(\frac{3}{2}n(n+1)_n,\ \frac{1}{2}n^2(n+1)_3\right).$$

Die übrigen Geraden der π_{2n+1} gehören theilweise einer π_n mit der Bezeichnung $1\,2\,3\ldots(n-1)\,n$, zum Theil einer von den Punkten ij bestimmten π_{n+1} mit der Bezeichnung $(n+1)\,(n+2)\ldots 2n(2n+1)$ an, indess der Rest jener Geraden nach den Punkten der π_n zielt.

„Entfernt man aus einer π_{2n+1} eine der $\binom{2n+1}{n}$ in ihr enthaltenen π_n, die in den Punkten dieser π_n zusammenlaufenden Geraden und die Geraden der von den übrigen Punkten der π_{2n+1} bestimmten π_{n+1}, so ergibt sich eine Cf.

$$\left(3\binom{n+1}{2}_n,\ n\binom{n+1}{2}_3\right)$$

mit $n(n+1)$ Punkten, welche $\binom{n}{2}$-trigonisch, und $\binom{n+1}{2}$ Punkten, die atrigonisch sind. Die Cf. lässt sich auffassen als die Zusammenstellung von $(n+1)$ aus je n Punkten gebildeten Gruppen mit den $\binom{n+1}{2}$ zu den Gruppenpaaren gehörigen Perspectivitätscentren und den betreffenden Perspectivitätsstrahlen.“

Kampen, im December 1888.

Ueber die Darstellung der hypergeometrischen Transcendenten durch eindeutige Functionen.

Von

Erwin Papperitz in Dresden.

Der Begriff einer *hypergeometrischen Function*, wie ich ihn dem Folgenden zu Grunde legen will, deckt sich mit dem der *Riemann'schen Function*

$$P\left\{\begin{matrix} 0 & \infty & 1 & \\ \alpha & \beta & \gamma & x \\ \alpha' & \beta' & \gamma' & \end{matrix}\right\}.$$

Eine solche Function ist also die Lösung einer linearen Differentialgleichung 2. Ordnung:

$$\frac{d^2P}{dx^2} - \frac{(\alpha+\alpha'-1)+(\beta+\beta'+1)\,x}{x(1-x)}\cdot\frac{dP}{dx}$$
$$+\frac{\alpha\alpha' - (\alpha\alpha'+\beta\beta'+\gamma\gamma')\,x+\beta\beta' x^2}{x^2(1-x)^2}\cdot P = 0$$

mit reellen, an die Bedingung

$$\alpha+\alpha'+\beta+\beta'+\gamma+\gamma' = 1$$

gebundenen Coefficienten. Die Bestimmung derselben hängt wesentlich ab von den Differenzen der Parameter:

$$\lambda = \alpha-\alpha',\quad \mu = \beta-\beta',\quad \nu = \gamma-\gamma'.$$

Dies hat zur Folge, dass es in mehreren Fragen genügt, statt der hypergeometrischen Function, den Quotienten zweier unabhängiger Zweige derselben zu betrachten, welcher λ, μ, ν als alleinige Bestimmungsstücke enthält, und durch $s(\lambda, \mu, \nu, x)$ bezeichnet wird.

Es sei y eine hypergeometrische Function von x, so wird im Allgemeinen weder y eindeutig in x sein, noch umgekehrt x eindeutig in y, und dieselbe Bemerkung gilt natürlich von der Beziehung zwischen s und x. Hiermit hängt weiter die Thatsache zusammen, dass durch die gebräuchlichen Reihenentwickelungen, welche nach Potenzen von x oder einer linearen Function von x fortschreiten, die Function y (oder ebenso s) immer nur für einen Theil des Werthegebietes x dargestellt werden kann, in verschiedenen Theilen der x-Ebene dagegen verschiedene Entwickelungen angewendet werden müssen.

In den soeben genannten beiden Umständen wurzelt aber die Mehrzahl der Schwierigkeiten, denen man in der Theorie der hypergeometrischen Functionen begegnet. Diese lassen sich vermeiden. Es gelingt nämlich, x und y als eindeutige Functionen einer dritten Variablen darzustellen und zwar so, dass beide Grössen eine für alle zulässigen Werthe der neuen Veränderlichen gleichmässig geltende analytische Definition erhalten.

Es ist klar, dass man in der Durchführung einer solchen Darstellung ein für die Theorie unserer Functionen fundamentales Problem zu erblicken hat. Eine Lösung desselben zu entwickeln, ist der Zweck der vorliegenden Arbeit.

Die Möglichkeit einer Darstellung der hypergeometrischen Transcendenten durch eindeutige Functionen findet sich zuerst in einer Abhandlung des Hrn. F. Klein ausgesprochen in folgendem Satze*): „Alle hypergeometrischen Reihen, welche nach dem Doppelverhältniss $\sigma (= \varkappa^2)$ fortschreiten, lassen sich als eindeutige Modulfunctionen darstellen". $\varkappa^2$ bedeutet den Legendre'schen Modul eines elliptischen Integrales 1. Gattung und als neue Variable soll das Periodenverhältniss τ, der transcendente Modul, eingeführt werden.

Dieser Satz ist andererseits als specieller Fall unter den Ergebnissen der neueren Untersuchungen enthalten, welche Hr. Poincaré über periodische Functionen in allgemeinerem Sinne veröffentlicht hat.**)

Ich will sogleich betonen, dass das Studium dieser bedeutenden Arbeiten einen grossen Einfluss auf die Richtung meiner gegenwärtigen Untersuchung ausgeübt hat. Die von Hrn. Poincaré allgemein angewandte Darstellungsmethode lässt sich ausdehnen auf den hier zu behandelnden specielleren Fall. Doch würde dies zunächst noch eine Umformung unseres Problems erfordern, bei welcher man auf einen Theil der ursprünglichen Einfachheit desselben verzichten müsste, ich meine: auf die elementare arithmetische Definition der Gruppe g, welche von allen linearen Transformationen der Grösse τ gebildet wird, welche die Werthe von $x = \varkappa^2(\tau)$ ungeändert lassen.

Aus diesem Grunde habe ich, dem besonderen Charakter der hier vorliegenden Aufgabe entsprechend, es unternommen, die Poincaré'sche Darstellungsweise durch eine andere zu ersetzen, welche jener allerdings in mehreren wichtigen Beziehungen analog ist, in anderen

*) Klein, Ueber die Transformation der elliptischen Functionen und die Auflösung der Gleichungen fünften Grades. Math. Ann. Bd. 14, p. 159.

**) Poincaré, Mémoire sur les fonctions fuchsiennes, Acta Math. Bd. 1, und Mémoire sur les fonctions zétafuchsiennes, Acta Math. Bd. 5.

wesentlichen Punkten von ihr abweicht. Mit Hülfe derselben werden die hypergeometrischen Functionen ausgedrückt durch zwei eindeutige transcendente Functionen $Z_1(\tau)$ und $Z_2(\tau)$; die zur Definition dieser letzteren benutzten convergenten Processe aber besitzen eine doppelte Eigenthümlichkeit: sie lassen einerseits die homogenen linearen Substitutionen erkennen, welche Z_1 und Z_2 erleiden, wenn τ den Substitutionen der Gruppe g unterworfen wird, andererseits treten bei ihnen die wesentlich singulären Stellen dieser Functionen unmittelbar in Evidenz.

---

§ 1.

Beweis der Darstellbarkeit der hypergeometrischen Functionen von $x = \varkappa^2(\tau)$ als eindeutiger Functionen von τ.

Unseren Darlegungen stellen wir einen einfachen Beweis des Klein'schen Satzes voran, beschränken uns aber auf die Betrachtung der Function $s(\lambda, \mu, \nu, x)$, was in der That für unsere Zwecke ausreicht.

Der Satz selbst lautet dann, wie folgt:

Theorem I. *Jede Lösung* $s(\lambda, \mu, \nu, x)$ *der Differentialgleichung*

$$\text{(A)}\qquad \frac{s'''}{s'} - \frac{3}{2}\left(\frac{s''}{s'}\right)^2 = \frac{(1-\lambda^2) + (\lambda^2+\mu^2-\nu^2-1)\,x + (1-\mu^2)\,x^2}{2x^2(1-x)^2}$$

wird, wenn $x = \varkappa^2(\tau)$ *gesetzt wird, eine eindeutige Function von* τ.

Die Function $\tau(\varkappa^2)$ ist selbst eine s-Function mit den Parametern $\lambda = \mu = \nu = 0$; die singulären Punkte sind, wie bei $s(x)$, die Punkte $x = 0, \infty, 1$. Die Umkehrfunction $\varkappa^2(\tau)$ ist eindeutig.

Die zu einem Werthe x gehörigen verschiedenen Werthe eines particulären Integrales s von (A) gehen aus einem derselben hervor, wenn x nach irgend welchen Umkreisungen der singulären Punkte $x = 0, \infty, 1$ zum Ausgangswerthe zurückgeführt wird. Der mit x verbundene Werth des τ wird jeder vollständigen Umkreisung eines singulären Punktes entsprechend eine lineare Substitution erfahren, welche in der Gruppe g der (mod. 2) zur Identität congruenten ganzzahligen Substitutionen

$$\tau' = \frac{\alpha\tau + \beta}{\gamma\tau + \delta}$$

von der Determinante $\alpha\delta - \beta\gamma = 1$ enthalten ist. Gesetzt nun, es gehörten zu einem bestimmten Werthe τ (welchem ein und nur ein Werth von x entspricht) irgend zwei verschiedene Werthe von s, so muss es möglich sein, den einen in den anderen überzuführen, indem man x einen geeigneten geschlossenen Weg beschreiben lässt, auf welchem einer oder mehrere der Punkte $x = 0, \infty, 1$ in bestimmter

Folge und eventuell mehrfach umkreist werden*). Dem würde eine Folge linearer Transformationen von τ entsprechen, welche zur Identität führen müsste. Letzteres ist unmöglich, da die Gruppe g keine periodischen Substitutionen enthält. Daher gehört zu jedem Werthe von τ ein einziger Werth von s, w. z. b. w.

§ 2.

Die Differentialgleichung des Problems in verschiedenen Formen.

Es soll zuerst durch den Ansatz

(1) $$x = \varkappa^2(\tau)$$

aus der Differentialgleichung (A) eine Differentialgleichung 3. Ordnung (I) abgeleitet werden, welche $s(x)$ als Function von τ definirt. Ferner ordnen wir (A) eine lineare Differentialgleichung 2. Ordnung (B) zu, welche eine hypergeometrische Function $y(x)$ definirt. Diese wird ebenfalls durch Einführung von τ transformirt in eine Differentialgleichung (II). Endlich wird noch der Uebergang zu einer besonders einfachen linearen Differentialgleichung 2. Ordnung (III) gemacht, auf welche die vorige leicht reducirt werden kann.

Gebrauchen wir zur Abkürzung das Symbol

$$R(\lambda, \mu, \nu, x) = \frac{(1-\lambda^2) + (\lambda^2 + \mu^2 - \nu^2 - 1)\,x + (1-\mu^2)\,x^2}{2x^2(1-x)^2},$$

so haben wir als Ausgangspunkt die Differentialgleichung der s-Function:

(A) $$[s]_x = R(\lambda, \mu, \nu, x)$$

und die Differentialgleichung für das Periodenverhältniss τ eines elliptischen Integrales 1. Gattung als Function von $x = \varkappa^2$:

(2) $$[\tau]_x = R(0, 0, 0, x).$$

Führt man aber in dem Differentialausdruck $[s]_x$ statt x eine neue Variable τ ein, so gilt der Satz:

$$[s]_x = [s]_\tau \cdot \left(\frac{d\tau}{dx}\right)^2 + [\tau]_x.$$

Hieraus folgt unmittelbar, dass $s(\lambda, \mu, \nu, x)$ als Function von τ durch die Differentialgleichung

(I) $$[s]_\tau = \left\{R\left(\lambda, \mu, \nu, \varkappa^2(\tau)\right) - R\left(0, 0, 0, \varkappa^2(\tau)\right)\right\} \cdot \left(\frac{d\varkappa^2(\tau)}{d\tau}\right)^2$$

definirt werden kann. Die rechte Seite derselben werde durch

$$\Phi(\lambda, \mu, \nu, \tau)$$

bezeichnet; ihre explicite Form soll alsbald angegeben werden.

*) Man kann leicht zeigen, dass die Differentialgleichung (A) nur ein System untereinander zusammenhängender Integrale besitzt.

Nach einem bekannten Satze lässt sich der Differentialgleichung (A) die folgende

(B) $$\frac{d^2y}{dx^2} + \frac{1}{2} R(\lambda, \mu, \nu, x) \cdot y = 0$$

durch die Relation

$$s = \frac{y_1}{y_2}$$

zuordnen. Diese definirt eine hypergeometrische Function y von x, für welche die Parameterdifferenzen $\alpha - \alpha'$, $\beta - \beta'$, $\gamma - \gamma'$ die beliebig gegebenen Werthe λ, μ, ν haben. Sie ist nicht die allgemeinste hypergeometrische Function dieser Art (welche fünf willkürliche Parameter enthalten müsste); diese würde vielmehr erst erhalten werden, indem man y mit einem Factor der Form

$$x^{\delta}(1-x)^{\varepsilon}$$

multiplicirt, wo δ und ε beliebige reelle Zahlen bedeuten. Indessen können wir, ohne die Allgemeinheit zu beeinträchtigen, die Differentialgleichung (B) der Untersuchung zu Grunde legen, da die Darstellung einer Grösse $x^{\delta}(1-x)^{\varepsilon}$ als eindeutiger Function von τ keine Schwierigkeit bietet.

Wir werden annehmen, dass *keine der Grössen* λ, μ, ν *Null oder einer ganzen Zahl gleich* sei, indem wir uns die Aufhebung dieser Beschränkung und die genaue Erörterung der einfachen Modificationen, die ein solcher Fall bedingen würde, für eine spätere Gelegenheit vorbehalten.

Transformirt man (B) durch Einführung der unabhängigen Variablen τ, so entsteht die Differentialgleichung:

(II) $$\frac{d^2y}{d\tau^2} - \frac{d}{d\tau}\left(\log \frac{dx^2(\tau)}{d\tau}\right) \cdot \frac{dy}{d\tau} + \frac{1}{2} R\left(\lambda, \mu, \nu, x^2(\tau)\right) \cdot \left(\frac{dx^2(\tau)}{d\tau}\right)^2 \cdot y = 0,$$

welche der Differentialgleichung (I) in dem oben angegebenen Sinne zugeordnet ist.

Andererseits lässt sich derselben Gleichung die folgende einfachere direct zuordnen:

(III) $$\frac{d^2\eta}{d\tau^2} + \frac{1}{2} \Phi(\lambda, \mu, \nu, \tau) \cdot \eta = 0.$$

Zwischen den Integralen von (II) und (III) aber besteht, wie leicht zu verificiren, die Relation:

(3) $$y = c \cdot \sqrt{\frac{dx^2(\tau)}{d\tau}} \cdot \eta.$$

Es bleibt noch übrig, die Form der eindeutigen Function $\Phi(\lambda, \mu, \nu, \tau)$ genauer anzugeben. Man hat zuerst:

$$\Phi(\lambda, \mu, \nu, \tau) = -\frac{\lambda^2(1-\varkappa^2) - \mu^2\varkappa^2(1-\varkappa^2) + \nu^2\varkappa^2}{2\varkappa^4(1-\varkappa^2)^2} \cdot \left(\frac{d\varkappa^2}{d\tau}\right)^2.$$

Der Werth von $\varkappa^2$ sei durch die der Theorie der elliptischen Transcendenten entnommene Formel

$$\varkappa^2 = \frac{\vartheta_2^4(0|\tau)}{\vartheta_3^4(0|\tau)}$$

definirt, so wird:

$$1 - \varkappa^2 = \frac{\vartheta_0^4(0|\tau)}{\vartheta_3^4(0|\tau)}.$$

Ferner findet man aus der Gleichung

$$\varkappa^2 = 16h \cdot \frac{\prod_{n=1}^{\infty}(1+h^{2n})^8}{\prod_{n=1}^{\infty}(1+h^{2n-1})^8}, \quad h = e^{i\pi\tau},$$

ohne Mühe:

$$\frac{d \log \varkappa^2}{d\tau} = i\pi \cdot \vartheta_0^4(0|\tau).$$

Hieraus folgt:

(4) $$\Phi(\lambda, \mu, \nu, \tau)$$
$$= \frac{\pi^2}{2}\left(\lambda^2 \cdot \vartheta_3^4(0|\tau) \cdot \vartheta_0^4(0|\tau) - \mu^2 \cdot \vartheta_0^4(0|\tau) \cdot \vartheta_2^4(0|\tau) + \nu^2 \cdot \vartheta_2^4(0|\tau) \cdot \vartheta_3^4(0|\tau)\right).$$

§ 3.

Die Form der nach Potenzen von $h = e^{i\pi\tau}$ fortschreitenden Entwickelungen, welche dem Probleme genügen.

Die Differentialgleichung (III) lässt sich unter Einführung der Variablen

(1) $$h = e^{i\pi\tau}$$

in die folgende umsetzen:

(IV) $$\frac{d^2\eta}{dh^2} + \frac{1}{h} \cdot \frac{d\eta}{dh} - \frac{1}{2\pi^2 h^2} \cdot \Phi(\lambda, \mu, \nu, \tau) \cdot \eta = 0.$$

Andererseits kann die Grösse $\Phi(\lambda, \mu, \nu, \tau)$ leicht nach Potenzen von h vollständig entwickelt werden. Dies vorausgesetzt, lassen sich zwei linear unabhängige Integrale η_1 und η_2 auf Grund recurrenter Rechnungen ebenfalls nach Potenzen von h entwickeln. Diese Potenzreihen convergiren, was man a priori feststellen kann, für

$$\text{mod. } h < 1$$

und stellen also die Functionen η_1 und η_2 in dem ganzen Gebiete der Veränderlichen τ dar, für welches sie überhaupt definirt sind, nämlich für alle Werthe τ mit positivem imaginären Theile. Aber als eine befriedigende Lösung unseres Problemes können die fraglichen Reihen nicht angesehen werden. Ihre Bildungsweise ist derart complicirt, dass sie weder zur Rechnung tauglich erscheinen, noch einen Einblick in die Natur der dargestellten Functionen gewähren.

Wenn ich es nun aus diesem Grunde vermeiden werde, in der Folge einen ausgedehnteren Gebrauch von diesen Potenzreihen zu machen, so kann ich sie doch nicht mit Stillschweigen übergehen, da die Existenz derselben sowie einige ihrer Eigenschaften mir als Ausgangspunkt dienen werden. Ich werde also folgenden Hilfssatz beweisen:

Lemma I. *Eine Differentialgleichung von der Form* (IV) *besitzt zwei linear unabhängige Integrale:*

$$(2)\qquad \begin{cases} \eta_1 = h^{\frac{\lambda}{2}} \cdot \Psi(\lambda, \mu, \nu, h), \\ \eta_2 = h^{-\frac{\lambda}{2}} \cdot \Psi(-\lambda, \mu, \nu, h), \end{cases}$$

in denen Ψ eine eindeutige Function des Argumentes h bedeutet, die für das Gebiet mod. $h < 1$ durch eine nach ganzen positiven Potenzen von h fortschreitende Reihe definirt ist und für $h = 0$ den Werth 1 *annimmt. Die Coefficienten der Reihe sind rationale Functionen der Parameter λ, μ, ν und so beschaffen, dass die identische Gleichung*

$$\Psi(\lambda, \mu, \nu, h) = \Psi(\lambda, \nu, \mu, -h)$$

stattfindet.

Man benutze zuerst die Entwickelungen

$$\vartheta_3^4(0|\tau) \cdot \vartheta_0^4(0|\tau) = 1 + 16 \sum_{n=1}^{\infty} (-1)^n \cdot n^3 \cdot \frac{h^{2n}}{1 - h^{2n}},$$

$$\vartheta_0^4(0|\tau) \cdot \vartheta_2^4(0|\tau) = 16 \sum_{n=1}^{\infty} (-1)^{n-1} \cdot n^3 \cdot \frac{h^n}{1 - h^{2n}},$$

$$\vartheta_2^4(0|\tau) \cdot \vartheta_3^4(0|\tau) = 16 \sum_{n=1}^{\infty} n^3 \cdot \frac{h^n}{1 - h^{2n}},$$

so ergiebt sich:

$$(3)\qquad \frac{1}{2\pi^2} \cdot \Phi(\lambda, \mu, \nu, \tau)$$

$$= \frac{\lambda^2}{4} + 4 \sum_{n=1}^{\infty} [\lambda^2(-h)^n + \mu^2(-1)^n + \nu^2]\, n^3 \cdot \frac{h^n}{1 - h^{2n}},$$

oder auch:

$$\frac{1}{2\pi^2}\cdot\Phi(\lambda,\mu,\nu,\tau)=\frac{\lambda^2}{4}+4\lambda^2\sum_{m=0}^{\infty}\sum_{n=1}^{\infty}(-1)^n n^3 h^{2n(m+1)}$$
$$+4\mu^2\sum_{m=0}^{\infty}\sum_{n=1}^{\infty}(-1)^n n^3 h^{n(2m+1)}$$
$$+4\nu^2\sum_{m=0}^{\infty}\sum_{n=1}^{\infty} n^3 h^{n(2m+1)}.$$

Um die hier auftretenden Doppelsummen in einfache verwandeln und diese bequemer schreiben zu können, mögen auf folgende Art zwei Symbole $\psi(q)$ und $\chi(q)$ definirt werden. Es sei für jede ganze Zahl q:

$$\psi(q)=\sum(-1)^p p^3,$$

wo p alle ganzen Zahlen durchläuft, die Theiler von q sind. Für ein gebrochenes q sei $\psi(q)=0$. Ferner werde

$$\chi(q)=\sum p^3$$

gesetzt, wo p entweder alle, oder alle geraden Theiler von q durchläuft, jenachdem q selbst ungerade oder gerade ist.

Hierauf findet sich:

(4) $$\frac{1}{2\pi^2 h^2}\cdot\Phi(\lambda,\mu,\nu,\tau)=\frac{\lambda^2}{4h^2}+4\sum_{n=1}^{\infty}A_n h^{n-2},$$

wo

(5) $$A_n=\lambda^2\cdot\psi\left(\frac{n}{2}\right)+\mu^2\cdot(-1)^n\cdot\chi(n)+\nu^2\cdot\chi(n)$$

zu setzen ist.

Um jetzt eine Lösung der vollständig entwickelten Differentialgleichung

(IV) $$\frac{d^2\eta}{dh^2}+\frac{1}{h}\frac{d\eta}{dh}-\left(\frac{\lambda^2}{4h^2}+4\sum_{n=1}^{\infty}A_n h^{n-2}\right)\cdot\eta=0$$

zu finden, substituire man in dieselbe die Reihe

(6) $$\eta=h^{\varrho}\cdot\sum_{m=0}^{\infty}a_m h^m,$$

wodurch die nach Potenzen von h geordnete Gleichung

$$\left(\varrho^2-\frac{\lambda^2}{4}\right)a_0+\sum_{m=1}^{\infty}\left\{\left[(m+\varrho)^2-\frac{\lambda^2}{4}\right]a_m-4\sum_{r=0}^{m-1}a_r A_{m-r}\right\}\cdot h^m=0$$

hervorgeht, welche eine identische werden muss. Der Exponent ϱ bestimmt sich mithin aus der Gleichung

(7) $$\varrho^2-\frac{\lambda^2}{4}=0,$$

so dass den Annahmen $\varrho = \pm \frac{\lambda}{2}$ entsprechend, zwei verschiedene Lösungen erhalten werden, von denen, wie es unser Lemma behauptet, die eine aus der anderen abgeleitet wird, indem man λ sein Zeichen wechseln lässt. Wählen wir:

$$(8) \qquad \varrho = \frac{\lambda}{2},$$

so ergiebt sich die Recursionsformel:

$$(9) \qquad a_m = \frac{4}{m(m+\lambda)} \cdot \sum_{r=0}^{m-1} a_r A_{m-r}, \qquad m = 1, 2, 3, \text{ etc.}$$

Der erste Coefficient a_0 bleibt unbestimmt; er mag $= 1$ gesetzt werden. Beachtet man noch, dass für ein gerades n der Coefficient A_n eine symmetrische Function der Elemente μ, ν, für ein ungerades n aber eine alternirende Function derselben Elemente darstellt, so erkennt man aus der Recursionsformel, dass auch die Coefficienten a_1, a_2, a_3, etc. abwechselnd alternirende und symmetrische Functionen von μ und ν werden, woraus die in das Lemma I. aufgenommene Functionalgleichung folgt.

Da sich, wie man leicht erkennt, im Innern des Einheitskreises um den Punkt $h = 0$ keine singulären Stellen der Function η befinden können, so ist der Convergenzbereich unserer Ψ-Reihen durch

$$(10) \qquad \text{mod. } h < 1$$

gegeben. Eine analytische Fortsetzung über den Einheitskreis hinaus ist unmöglich, da derselbe überall dicht mit singulären Stellen besetzt ist.

Von dem complicirten Charakter der Reihencoefficienten erhält man eine ohngefähre Vorstellung durch ihre allgemeine Darstellung in Determinantenform:

$$(11) \qquad a_m = \frac{4^m}{m!\,(\lambda+1)(\lambda+2)\cdots(\lambda+m)} \cdot \Delta_m,$$

$$\Delta_m = \begin{vmatrix} A_1 & \frac{1\cdot(\lambda+1)}{4} & 0 & \cdots 0 & 0 & 0 \\ A_2 & A_1 & \frac{2(\lambda+2)}{4} & \cdots 0 & 0 & 0 \\ A_3 & A_2 & A_1 & \cdots 0 & 0 & 0 \\ \cdot & \cdot & \cdot & \cdots \cdot & \cdot & \cdot \\ \cdot & \cdot & \cdot & \cdots \cdot & \cdot & \cdot \\ A_{m-2} & A_{m-3} & A_{m-4} & \cdots A_1 & \frac{(m-2)(\lambda+m-2)}{4} & 0 \\ A_{m-1} & A_{m-2} & A_{m-3} & \cdots A_2 & A_1 & \frac{(m-1)(\lambda+m-1)}{4} \\ A_m & A_{m-1} & A_{m-2} & \cdots A_3 & A_2 & A_1 \end{vmatrix}.$$

§ 4.

Einführung neuer Variablen.

Auf Grund der für jede lineare Function τ' von τ geltenden Gleichung

(1) $$[s]_\tau = [s]_{\tau'} \cdot \left(\frac{d\tau'}{d\tau}\right)^2$$

und der bekannten Verwandlungsformeln der elliptischen ϑ-Functionen (für den Werth 0 ihres ersten Argumentes) findet man folgenden Satz:

Die Differentialgleichung (I) *hat die Eigenschaft, dass sich bei Einführung einer neuen Variablen τ' durch eine ganzzahlige Substitution*

(2) $$\tau' = \frac{\alpha\tau + \beta}{\gamma\tau + \delta}, \quad \alpha\delta - \beta\gamma = 1$$

ihre Form nicht ändert, sondern sich lediglich die Parameter λ, μ, ν permutiren.

Die Permutationen

(3) $\lambda, \mu, \nu;\ \lambda, \nu, \mu;\ \mu, \lambda, \nu;\ \mu, \nu, \lambda;\ \nu, \mu, \lambda;\ \nu, \lambda, \mu$

entsprechen bezw. den Variablen

(4) $$\tau, \quad \tau - 1, \quad \frac{\tau}{1-\tau}, \quad \frac{1}{1-\tau}, \quad -\frac{1}{\tau}, \quad \frac{\tau-1}{\tau}$$

und den mit diesen 6 *Repräsentanten durch eine* (*mod.* 2) *zur Identität congruente Substitution äquivalenten Variablen τ'. Diese entsprechen ihrerseits den Variablen*

(5) $$x, \quad \frac{x}{x-1}, \quad \frac{1}{x}, \quad \frac{1}{1-x}, \quad 1-x, \quad \frac{x-1}{x}.$$

Ist die zu irgend einem τ' gehörige Permutation der λ, μ, ν etwa λ', μ', ν', so hat man:

(6) $$[s]_{\tau'} = \Phi(\lambda', \mu', \nu', \tau').$$

Die Einführung von τ' in (III) führt diese Differentialgleichung über in:

(7) $$\frac{d^2\eta}{d\tau'^2} + \frac{2}{\tau' - \frac{\alpha}{\gamma}} \cdot \frac{d\eta}{d\tau'} + \frac{1}{2}\Phi(\lambda', \mu', \nu', \tau') \cdot \eta = 0.$$

Setzt man aber:

(8) $$\eta = \frac{1}{\tau' - \frac{\alpha}{\gamma}} \cdot \eta',$$

so kommt die Differentialgleichung für η' auf die frühere Form zurück:

(9) $$\frac{d^2\eta'}{d\tau'^2} + \frac{1}{2}\Phi(\lambda', \mu', \nu', \tau') \cdot \eta' = 0.$$

Durch Einführung von

(10) $$h' = e^{i\pi\tau'}$$

geht diese natürlich über in die Gleichung

$$(11)\qquad \frac{d^2\eta'}{dh'^2}+\frac{1}{h'}\frac{d\eta'}{dh'}-\frac{1}{2\pi^2 h'^2}\cdot\Phi(\lambda',\mu',\nu',\tau')\cdot\eta'=0,$$

auf welche wiederum das Lemma I Anwendung findet.

Schreibt man jetzt den Factor $\left(\tau'-\frac{\alpha}{\gamma}\right)^{-1}$ in der Form:

$$(12)\qquad -\gamma(\gamma\tau+\delta)=-\gamma\cdot\sqrt{\frac{d\tau}{d\tau'}},$$

so zeigt sich, dass die Differentialgleichung (III) folgende unendlich vielen Integralsysteme besitzt:

$$(13)\qquad \begin{cases}\eta_1=\sqrt{\dfrac{d\tau}{d\tau'}}\cdot e^{\frac{i\pi\lambda'}{2}\tau'}\cdot\Psi(\lambda',\mu',\nu',e^{i\pi\tau'}),\\[2mm] \eta_2=\sqrt{\dfrac{d\tau}{d\tau'}}\cdot e^{-\frac{i\pi\lambda'}{2}\tau'}\cdot\Psi(-\lambda',\mu',\nu',e^{i\pi\tau'}).\end{cases}$$

Mithin besitzt die Gleichung (II) folgende Integralsysteme:

$$(14)\qquad \begin{cases}y_1=\sqrt{\dfrac{d\varkappa^2(\tau)}{d\tau'}}\cdot e^{\frac{i\pi\lambda'}{2}\tau'}\cdot\Psi(\lambda',\mu',\nu',e^{i\pi\tau'}),\\[2mm] y_2=\sqrt{\dfrac{d\varkappa^2(\tau)}{d\tau'}}\cdot e^{-\frac{i\pi\lambda'}{2}\tau'}\cdot\Psi(-\lambda',\mu',\nu',e^{i\pi\tau'}).\end{cases}$$

§ 5.

Die Fundamentalintegrale.

Wählt man für die Variable τ' insbesondere die 6 *Repräsentanten*

$$(1)\qquad \tau,\ \tau-1,\ \frac{\tau}{1-\tau},\ \frac{1}{1-\tau},\ \frac{-1}{\tau},\ \frac{\tau-1}{\tau},$$

so erhält man 6 *Integralsysteme*, welche sich indess auf nur 3 wesentlich unterschiedene reduciren, insofern sich zufolge der im Lemma I angeführten Functionalgleichung die Integrale je eines der 6 Systeme von denen eines anderen nur durch constante Factoren unterscheiden.

Diese Integralsysteme stellen sich mit Rücksicht auf die Formel

$$(2)\qquad \sqrt{\frac{d\varkappa^2(\tau)}{d\tau}}=\sqrt{i\pi}\cdot\frac{\vartheta_0^2(0|\tau)\cdot\vartheta_2^2(0|\tau)}{\vartheta_3^2(0|\tau)},$$

wenn der Factor $\sqrt{i\pi}$ unterdrückt und abkürzend

$$(3)\qquad f(\tau)=\frac{\vartheta_0^2(0|1)\cdot\vartheta_2^2(0|\tau)}{\vartheta_3^2(0|\tau)}$$

geschrieben wird, in folgende Form:

$$
\begin{cases}
y_1 = & f(\tau).e^{\frac{i\pi\lambda}{2}\tau} . \Psi(\lambda, \mu, \nu, e^{i\pi\tau}) \\
\quad = e^{\frac{i\pi\lambda}{2}} . & f(\tau).e^{\frac{i\pi\lambda}{2}(\tau-1)} . \Psi(\lambda, \nu, \mu, e^{i\pi(\tau-1)}), \\
y_2 = & f(\tau).e^{-\frac{i\pi\lambda}{2}\tau} . \Psi(-\lambda, \mu, \nu, e^{i\pi\tau}) \\
\quad = e^{-\frac{i\pi\lambda}{2}} . & f(\tau).e^{-\frac{i\pi\lambda}{2}(\tau-1)} . \Psi(-\lambda, \nu, \mu, e^{i\pi(\tau-1)});
\end{cases}
$$

$$
(4) \quad \begin{cases}
y_1' = & (1-\tau).f(\tau).e^{\frac{i\pi\mu}{2}\cdot\frac{\tau}{1-\tau}} . \Psi\left(\mu, \lambda, \nu, e^{i\pi\frac{\tau}{1-\tau}}\right) \\
\quad = e^{-\frac{i\pi\mu}{2}} . & (1-\tau).f(\tau).e^{\frac{i\pi\mu}{2}\cdot\frac{1}{1-\tau}} . \Psi\left(\mu, \nu, \lambda, e^{i\pi\frac{1}{1-\tau}}\right), \\
y_2' = & (1-\tau).f(\tau).e^{-\frac{i\pi\mu}{2}\cdot\frac{\tau}{1-\tau}} . \Psi\left(-\mu, \lambda, \nu, e^{i\pi\frac{\tau}{1-\tau}}\right) \\
\quad = e^{\frac{i\pi\mu}{2}} . & (1-\tau).f(\tau).e^{-\frac{i\pi\mu}{2}\cdot\frac{1}{1-\tau}} . \Psi\left(-\mu, \nu, \lambda, e^{i\pi\frac{1}{1-\tau}}\right);
\end{cases}
$$

$$
\begin{cases}
y_1'' = & \tau.f(\tau).e^{\frac{i\pi\nu}{2}\cdot\frac{-1}{\tau}} . \Psi\left(\nu, \mu, \lambda, e^{i\pi\cdot\frac{-1}{\tau}}\right) \\
\quad = e^{-\frac{i\pi\nu}{2}} . & \tau.f(\tau).e^{\frac{i\pi\nu}{2}\cdot\frac{\tau-1}{\tau}} . \Psi\left(\nu, \lambda, \mu, e^{i\pi\cdot\frac{\tau-1}{\tau}}\right), \\
y_2'' = & \tau.f(\tau).e^{-\frac{i\pi\nu}{2}\cdot\frac{-1}{\tau}} . \Psi\left(-\nu, \mu, \lambda, e^{i\pi\cdot\frac{-1}{\tau}}\right) \\
\quad = e^{\frac{i\pi\nu}{2}} . & \tau.f(\tau).e^{-\frac{i\pi\nu}{2}\cdot\frac{\tau-1}{\tau}} . \Psi\left(-\nu, \lambda, \mu, e^{i\pi\cdot\frac{\tau-1}{\tau}}\right).
\end{cases}
$$

Die Systeme y_1, y_2; y_1', y_2'; y_1'', y_2'' entsprechen der Reihe nach den singulären Punkten $x = 0, \infty, 1$. Wir werden für dieselben die drei an erster Stelle angeführten Ausdrücke benutzen.

Auf Grund der folgenden Verwandlungsformeln (für den Werth 0 des ersten Argumentes der ϑ-Functionen):

$$
(5) \quad \frac{\vartheta_2^2(\tau)\cdot\vartheta_0^2(\tau)}{\vartheta_3^2(\tau)} = \frac{i}{\tau-1}\cdot\frac{\vartheta_2^2\left(\frac{\tau}{1-\tau}\right)\vartheta_0^2\left(\frac{1}{1-\tau}\right)}{\vartheta_2^2\left(\frac{\tau}{1-\tau}\right)}
$$

$$
= \frac{i}{\tau}\cdot\frac{\vartheta_2^2\left(\frac{-1}{\tau}\right)\vartheta_0^2\left(\frac{-1}{\tau}\right)}{\vartheta_3^2\left(\frac{-1}{\tau}\right)}
$$

kann man statt der vorigen Integralsysteme die folgenden anschreiben, welche mit jenen, abgesehen von multiplicativen vierten Einheitswurzeln übereinstimmen:

$$\begin{cases} y_1 = e^{\frac{i\pi\lambda}{2}\tau} \cdot \dfrac{\vartheta_2^2(\tau)\,\vartheta_0^2(\tau)}{\vartheta_3^2(\tau)} \cdot \Psi(\lambda, \mu, \nu, e^{i\pi\tau}), \\ y_2 = e^{-\frac{i\pi\lambda}{2}\tau} \cdot \dfrac{\vartheta_2^2(\tau)\,\vartheta_0^2(\tau)}{\vartheta_3^2(\tau)} \cdot \Psi(-\lambda, \mu\ \nu, e^{i\pi\tau}); \end{cases}$$

$$(6)\quad \begin{cases} y_1' = e^{\frac{i\pi\mu}{2}\cdot\frac{\tau}{1-\tau}} \cdot \dfrac{\vartheta_3^2\left(\frac{\tau}{1-\tau}\right)\vartheta_0^2\left(\frac{\tau}{1-\tau}\right)}{\vartheta_2^2\left(\frac{\tau}{1-\tau}\right)} \cdot \Psi\left(\mu, \lambda, \nu, e^{i\pi\frac{\tau}{1-\tau}}\right), \\ y_2' = e^{-\frac{i\pi\mu}{2}\cdot\frac{\tau}{1-\tau}} \cdot \dfrac{\vartheta_3^2\left(\frac{\tau}{1-\tau}\right)\vartheta_0^2\left(\frac{\tau}{1-\tau}\right)}{\vartheta_2^2\left(\frac{\tau}{1-\tau}\right)} \cdot \Psi\left(-\mu, \lambda, \nu, e^{i\pi\frac{\tau}{1-\tau}}\right); \end{cases}$$

$$\begin{cases} y_1'' = e^{\frac{i\pi\nu}{2}\cdot\frac{-1}{\tau}} \cdot \dfrac{\vartheta_2^2\left(\frac{-1}{\tau}\right)\vartheta_0^2\left(\frac{-1}{\tau}\right)}{\vartheta_3^2\left(\frac{-1}{\tau}\right)} \cdot \Psi\left(\nu, \mu, \lambda, e^{i\pi\frac{-1}{\tau}}\right), \\ y_2'' = e^{-\frac{i\pi\nu}{2}\cdot\frac{-1}{\tau}} \cdot \dfrac{\vartheta_2^2\left(\frac{-1}{\tau}\right)\vartheta_0^2\left(\frac{-1}{\tau}\right)}{\vartheta_3^2\left(\frac{-1}{\tau}\right)} \cdot \Psi\left(-\nu, \mu, \lambda, e^{i\pi\frac{-1}{\tau}}\right). \end{cases}$$

Zum Zwecke einfacherer Darstellung führen wir die Exponenten

$$(7)\quad \begin{cases} \alpha = \dfrac{\lambda+1}{2}, & \beta = \dfrac{\mu-1}{2}, & \gamma = \dfrac{\nu+1}{2}, \\ \alpha' = \dfrac{-\lambda+1}{2}, & \beta' = \dfrac{-\mu-1}{2}, & \gamma' = \dfrac{-\nu+1}{2} \end{cases}$$

ein, welches genau die *Exponenten* der zu den singulären Punkten $x = 0, \infty, 1$ gehörigen *Fuchs'schen Fundamentalsysteme* der Differentialgleichung (B) sind. Zugleich bedienen wir uns von jetzt ab der Buchstaben r und s als Substitutionssymbole im Sinne der Gleichungen

$$(8)\quad r(\tau) = \frac{\tau}{1-\tau}, \quad s(\tau) = \frac{-1}{\tau}.$$

Endlich setzen wir unter Berücksichtigung der Form der Entwickelung von

$$\vartheta_2^2(0|\tau) = 4e^{\frac{i\pi\tau}{2}}(1 + 2e^{2i\pi\tau} + \cdots),$$
$$\vartheta_3^2(0|\tau) = 1 + 4e^{i\pi\tau} + \cdots,$$
$$\vartheta_0^2(0|\tau) = 1 - 4e^{i\pi\tau} + \cdots$$

zur Abkürzung:

17*

$$\begin{cases} \varphi_1(e^{i\pi\tau}) = e^{-\frac{i\pi\tau}{8}} \cdot \dfrac{\vartheta_2^2(\tau)\vartheta_0^2(\tau)}{4\vartheta_3^2(\tau)} \cdot \Psi(\lambda, \mu, \nu, e^{i\pi\tau}), \\ \varphi_2(e^{i\pi\tau}) = e^{-\frac{i\pi\tau}{8}} \cdot \dfrac{\vartheta_2^2(\tau)\vartheta_0^2(\tau)}{4\vartheta_3^2(\tau)} \cdot \Psi(-\lambda, \mu, \nu, e^{i\pi\tau}); \end{cases}$$

$$(9)\quad \begin{cases} \psi_1(e^{i\pi r(\tau)}) = 4e^{\frac{i\pi}{8}\cdot\frac{\tau}{1-\tau}} \cdot \dfrac{\vartheta_3^2\left(\frac{\tau}{1-\tau}\right)\vartheta_0^2\left(\frac{\tau}{1-\tau}\right)}{\vartheta_2^2\left(\frac{\tau}{1-\tau}\right)} \cdot \Psi\left(\mu, \lambda, \nu, e^{i\pi\frac{\tau}{1-\tau}}\right), \\ \psi_2(e^{i\pi r(\tau)}) = 4e^{\frac{i\pi}{8}\cdot\frac{\tau}{1-\tau}} \cdot \dfrac{\vartheta_3^2\left(\frac{\tau}{1-\tau}\right)\vartheta_0^2\left(\frac{\tau}{1-\tau}\right)}{\vartheta_2^2\left(\frac{\tau}{1-\tau}\right)} \cdot \Psi\left(-\mu, \lambda, \nu, e^{i\pi\frac{\tau}{1-\tau}}\right); \end{cases}$$

$$\begin{cases} \chi_1(e^{i\pi s(\tau)}) = e^{\frac{i\pi}{8\tau}} \cdot \dfrac{\vartheta_2^2\left(\frac{-1}{\tau}\right)\vartheta_0^2\left(\frac{-1}{\tau}\right)}{4\vartheta_3^2\left(\frac{-1}{\tau}\right)} \cdot \Psi\left(\nu, \mu, \lambda, e^{i\pi\cdot\frac{-1}{\tau}}\right), \\ \chi_2(e^{i\pi s(\tau)}) = e^{\frac{i\pi}{8\tau}} \cdot \dfrac{\vartheta_2^2\left(\frac{-1}{\tau}\right)\vartheta_0^2\left(\frac{-1}{\tau}\right)}{4\vartheta_3^2\left(\frac{-1}{\tau}\right)} \cdot \Psi\left(-\nu, \mu, \lambda, e^{i\pi\cdot\frac{-1}{\tau}}\right). \end{cases}$$

Es sind dann die Functionen $\varphi_1, \varphi_2, \psi_1, \psi_2, \chi_1, \chi_2$ unter der gemeinsamen Form enthalten:

$$(10)\qquad 1 + c_1 e^z + c_2 e^{2z} + \cdots,$$

wo z von der Form ist:

$$(11)\qquad z = i\pi \cdot \frac{a\tau + b}{c\tau + d}.$$

Unsere *Fundamentalsysteme von Integralen* aber stellen sich jetzt so dar:

$$(\mathrm{V})\quad \begin{cases} y_1 = e^{i\pi\alpha\tau} \cdot \varphi_1(e^{i\pi\tau}), & y_1' = e^{i\pi\beta r(\tau)} \cdot \psi_1(e^{i\pi r(\tau)}), \\ y_2 = e^{i\pi\alpha'\tau} \cdot \varphi_2(e^{i\pi\tau}); & y_2' = e^{i\pi\beta' r(\tau)} \cdot \psi_2(e^{i\pi r(\tau)}); \\ & y_1'' = e^{i\pi\gamma s(\tau)} \cdot \chi_1(e^{i\pi s(\tau)}), \\ & y_2'' = e^{i\pi\gamma' s(\tau)} \cdot \chi_2(e^{i\pi s(\tau)}). \end{cases}$$

Der zwischen ihnen nothwendig stattfindende *lineare Zusammenhang* werde ausgedrückt durch die Formeln

$$(\mathrm{VI})\quad \begin{cases} y_1' = A'y_1 + B'y_2, & y_1'' = A''y_1 + B''y_2, \\ y_2' = C'y_1 + D'y_2, & y_2'' = C''y_1 + D''y_2. \end{cases}$$

Abkürzend werden wir diese linearen Transformationen durch

$$(12)\quad \begin{cases} y_1' = R(y_1), & y_1'' = S(y_1), \\ y_2' = R(y_2), & y_2'' = S(y_2) \end{cases}$$

wiedergeben. Ihre Determinanten sind von Null verschieden.

§ 6.

Die Gruppen g und G der Differentialgleichung II. Singuläre Stellen.

Es sei Γ *die Gruppe der reellen ganzzahligen Substitutionen*

$$(1) \qquad \tau' = \frac{a\tau + b}{c\tau + d}, \qquad ad - bc = 1.$$

In ihr ist als *ausgezeichnete Untergruppe* die *Gruppe* g *der* (*mod.* 2) *zur Identität congruenten Substitutionen* enthalten, welche die Werthe der Function

$$x = \varkappa^2(\tau)$$

ungeändert lassen. Wir bezeichnen diese, wie folgt:

$$(2) \qquad t_0(\tau) = \tau, \qquad t_i(\tau) = \frac{\alpha_i\tau + \beta_i}{\gamma_i\tau + \delta_i},$$

wobei stets

$$(3) \quad \alpha_i\delta_i - \beta_i\gamma_i = 1, \quad \alpha_i \equiv 1, \ \beta_i \equiv 0, \ \gamma_i \equiv 0, \ \delta_i \equiv 1 \ (\text{mod. } 2)$$

ist. Ferner bedeute G *eine zu* g *isomorphe Gruppe homogener linearer Substitutionen:*

$$(4) \quad \begin{cases} T_0(y_1) = y_1, \\ T_0(y_2) = y_2; \end{cases} \begin{cases} T_i(y_1) = A_{i1}y_1 + A_{i2}y_2, \\ T_i(y_2) = A_{i3}y_1 + A_{i4}y_2; \end{cases} \quad A_{i1}A_{i4} - A_{i2}A_{i3} = 1.$$

Diese Gruppe G sei dadurch definirt, dass die beiden Integrale y_1 und y_2 der Differentialgleichung (II) die zu ihr gehörige Substitution T_i erfahren sollen, wenn auf τ die lineargebrochene Substitution t_i von g angewendet wird, mithin x nach gewissen Umkreisungen der Punkte $x = 0, \infty, 1$ zum Ausgangswerthe zurückkehrt.*)

Die Besprechung der Eigenschaften der Substitutionen von Γ und g, welche für unsere Zwecke verwerthet werden sollen, knüpfen wir an bekannte geometrische Vorstellungen an, nämlich an die Eintheilung der positiv zur reellen Axe gelegenen Halbebene τ in Kreisbogenvierecke, welche auseinander durch die Transformationen der Gruppe hervorgehen. Näheres hierüber findet man in der bereits citirten Abhandlung des Herrn Klein, (Math. Ann. Bd. 14).

Der *Aufbau der einzelnen Substitutionen von G aus erzeugenden Substitutionen* ist vermöge des Isomorphismus beider Gruppen der nämliche, wie in g, wenn die erzeugenden einander entsprechen. Die *explicite Darstellung* der Substitutionen in G, welche den gegebenen erzeugenden Substitutionen von g entsprechen, ist ihrerseits stets mit bekannten Mitteln durchführbar.

---

*) In der Bezeichnungsweise des Herrn Poincaré ist x eine „fonction fuchsienne“ von τ, g ihr zugeordnet als „groupe fuchsien“, andererseits y eine „fonction zétafuchsienne“.

Kann sonach die Gruppe G als mit g zugleich bekannt angesehen werden, so bildet die Aufsuchung der Substitutionen in G, welche gegebenen Substitutionen in g correspondiren, für uns das Mittel, um das *Verhalten der Integrale* y_1 *und* y_2 *an den singulären Stellen der Ebene* τ festzustellen und weiterhin um zu einer *Darstellung dieser Functionen* zu gelangen.

Die *singulären Stellen* der Differentialgleichung (II) sind ihrer Lage nach bekannt. Sie erfüllen überall dicht die reelle Axe in der Ebene τ und vertheilen sich in *drei Kategorieen* von je unendlich vielen Punkten, welche bezw. den drei singulären Punkten $x = 0, \infty, 1$ der ursprünglichen Differentialgleichung (B) entsprechen, d. h. mit den correspondirenden Punkten

$$\tau = \infty, 1, 0 \tag{5}$$

vermöge der Substitutionen von g äquivalent sind. In ihrer Gesammtheit entsprechen sie den *reellen Werthen der Variablen* τ.

Jenachdem aber der reelle rationale Punkt $\tau = \varepsilon$ durch einen irreduciblen Bruch einer der drei Formen

$$\varepsilon = \frac{2p+1}{2q}, \quad \frac{2p+1}{2q+1}, \quad \frac{2p}{2q+1} \tag{6}$$

dargestellt wird, ist er durch Substitutionen von g äquivalent mit $\tau = \infty, 1, 0$. Die betreffenden Substitutionen sind nur bestimmt bis auf eine hinzutretende beliebige (positive oder negative) Potenz derjenigen parabolischen Substitutionen in g, welche resp. $\tau = \infty, 1, 0$ festlassen.

Die in obige drei Kategorieen vertheilten reellen rationalen Zahlen ε ordnen sich als *Unendlichkeitsstellen* bestimmten Classen *lineargebrochener Functionen von* τ zu, deren Coefficienten ganze Zahlen von der Determinante 1 sind. Es entsprechen nämlich die Stellen

$$\varepsilon = \frac{2p+1}{2q}, \quad \varepsilon = \frac{2p+1}{2q+1}, \quad \varepsilon = \frac{2p}{2q+1}$$

den Functionen von der Form

$$\left\{\begin{matrix} t_i(\tau) \quad , \\ t_i(\tau) - 1, \end{matrix}\right. \quad \left\{\begin{matrix} \dfrac{t_i(\tau)}{1 - t_i(\tau)}, \\ \dfrac{1}{1 - t_i(\tau)}, \end{matrix}\right. \quad \left\{\begin{matrix} \dfrac{-1}{t_i(\tau)} \quad , \\ \dfrac{t_i(\tau) - 1}{t_i(\tau)}; \end{matrix}\right. \tag{7}$$

in denen t_i irgend eine Substitution in g bedeutet.

Irgend einem gegebenen Werthe ε entsprechen hierbei unendlich viele lineare Functionen mit demselben Nenner. Will man aber jedem reellen rationalen Werthe ε *eine* bestimmte unter den obigen Functionen zuordnen, die für $\tau = \varepsilon$ unendlich wird, so kann man sich etwa auf die Betrachtung der drei Functionsformen

(8) $$t_i(\tau), \quad \frac{t_i(\tau)}{1-t_i(\tau)}, \quad \frac{-1}{t_i(\tau)}$$

beschränken und hat weiter noch in jedem dieser drei Fälle die anzuwendenden Substitutionen t_i passend auszuwählen.

In Bezug auf diesen Gegenstand mögen einige Einzelheiten erörtert werden.

Die obengenannten drei Functionsformen geben wir durch

(9) $$t_i(\tau), \quad t_i r(\tau), \quad t_i s(\tau)$$

wieder*).

Für die folgenden Substitutionen der Gruppe g fixiren wir die Bezeichnung:

(10) $$\begin{aligned} t_1(\tau) &= \tau + 2, \\ t_2(\tau) &= \frac{\tau - 2}{2\tau - 3} = r t_1 r^{-1}, \\ t_3(\tau) &= \frac{\tau}{1 - 2\tau} = s t_1 s^{-1}. \end{aligned}$$

Sie sind parabolisch und haben die festbleibenden Punkte $\tau = \infty, 1, 0$. Uebrigens genügen sie der Relation

(11) $$t_1 t_2 t_3(\tau) = \tau$$

und es erzeugen zwei von ihnen, z. B. t_1 und t_3 durch Iteration und Combination die Gruppe g.

Jetzt sei ein reeller rationaler Werth ε gegeben und es mögen diejenigen Substitutionen t_i aufgesucht werden, welche man auf die Variable τ anzuwenden hat, um (jenachdem ε der 1., 2., 3. Kategorie angehört) aus

$$\tau, \quad r(\tau), \quad s(\tau)$$

solche lineare Functionen hervorgehen zu lassen, welche für $\tau = \varepsilon$ unendlich werden.

Bezeichnet t irgend eine unserer Forderung genügende Substitution, so sind (was oben schon angedeutet wurde) alle die gesuchten Substitutionen, jenen drei Fällen entsprechend, durch

(12) $$t t_1^k, \quad t t_2^k, \quad t t_3^k$$

gegeben, wo k eine beliebige positive oder negative ganze Zahl bedeutet.

---

*) In einem Producte von Substitutionen mögen die einzelnen Substitutionen von links nach rechts in derselben Folge geschrieben werden, wie sie nach einander angewandt werden. Es ist also:

$$t r(\tau) = r\big(t(\tau)\big), \text{ etc.}$$

Die Aufsuchung einer Substitution t vollzieht sich aber nach folgenden einfachen Regeln.

Man setze:

$$(13)\qquad t(\tau) = \frac{(2a+1)\tau+2b}{2c\tau+2d+1}$$

und füge die Bedingung

$$(14)\qquad 2ad-2bc+a+d=0$$

hinzu, welche ausdrückt, dass die Determinante der Substitution $=1$ sein soll. Hierauf sind die ganzen Zahlen a, b, c, d so zu bestimmen, dass bezw. eine der folgenden Gleichungen besteht:

$$1^0.\qquad -\frac{2d+1}{2c} = \frac{2p+1}{2q},$$

$$2^0.\qquad \frac{2(d-b)+1}{2(a-c)+1} = \frac{2p+1}{2q+1},$$

$$3^0.\qquad -\frac{2b}{2a+1} = \frac{2p}{2q+1}.$$

1^0. Man setze, da $2d+1$ und $2c$ ohne gemeinsamen Theiler sein müssen,

$$d=p,\quad c=-q,$$

so bilden a und b eine Lösung der Diophantischen Gleichung

$$(2p+1)a+2qb=-p.$$

Aus irgend einer speciellen Lösung derselben erhält man die allgemeine in der Form:

$$a-2qk,\quad b+(2p+1)k.$$

2^0. Da $2(d-b)+1$ und $2(a-c)+1$ relativ prim sein müssen (ein ihnen etwa gemeinsamer Theiler müsste auch ihr Product, welches $=1-2b(2a-2c+1)-2c(2d-2b+1)$ gefunden wird, also auch 1 theilen), setze man:

$$d=p+b,\quad c=a-q,$$

so bilden a und b eine ganzzahlige Lösung der Gleichung

$$(2p+1)a+(2q+1)b=-p.$$

Hier ist die allgemeine Form der Lösungen:

$$a+(2q+1)k,\quad b-(2p+1)k.$$

3^0. Die Zahlen $2a+1$ und $2b$ sind theilerfremd zu nehmen. Man hat also

$$a=q,\quad b=-p$$

zu setzen und für c und d Lösungen der Diophantischen Gleichung

$$(2q+1)d+2pc=-q$$

zu wählen; diese stehen unter der allgemeinen Form:

$$c-(2q+1)k,\quad d+2pk.$$

Die angegebenen Diophantischen Gleichungen sind stets in ganzen Zahlen lösbar. Die allgemeine Form ihrer Lösungen steht im Einklang mit dem, was oben über die Unbestimmtheit der Substitution t gesagt wurde.

Zwei Substitutionen einer Gruppe von der Form

$$t \quad \text{und} \quad t t_\alpha^k$$

nennen wir *bezüglich* t_α *äquivalent.* Ferner: vertheilen wir alle Substitutionen einer Gruppe in Classen, so dass jede Classe die untereinander bezüglich t_α äquivalenten Substitutionen und nur solche umfasst, so mag ein *vollständiges System nach* t_α *inäquivalenter Substitutionen* ein solches heissen, welches aus jeder Classe einen Repräsentanten enthält.

Dann können wir sagen:

Lemma II. *Das allgemeinste Verfahren, welches dazu führt, einem jeden reellen rationalen Punkte* ε *eine und nur eine für* $\tau = \varepsilon$ *unendlich werdende lineare Function der Formen*

$$t_i(\tau), \quad t_i r(\tau), \quad t_i s(\tau)$$

zuzuordnen, besteht darin, dass man in den Ausdrücken

$$u(\tau), \quad v r(\tau), \quad w s(\tau)$$

die Symbole u, v, w *resp. ein vollständiges System bezüglich* t_1, t_2, t_3 *inäquivalenter Substitutionen der Gruppe* g *durchlaufen lässt.*

Fasst man u, vr, ws als Substitutionen der Gruppe Γ auf, so bilden sie in dieser ein vollständiges System bezüglich der Substitution

$$\tau' = \tau + 1$$

inäquivalenter Substitutionen. Hieraus folgt:

Lemma III. *Das allgemeinste Verfahren, jedem Punkte* ε *eine einzige für* $\tau = \varepsilon$ *unendlich werdende ganzzahlige lineare Function*

$$l(\tau) = \frac{a\tau + b}{c\tau + d}, \quad ad - bc = 1$$

zuzuweisen, besteht darin, dass man das Symbol l *ein vollständiges System nach* $\tau' = \tau + 1$ *inäquivalenter Substitutionen der Gruppe* Γ *durchlaufen lässt.*

Wir werden hauptsächlich von dem Lemma II Gebrauch machen.

Aus der Gruppe g ist also zuerst ein *System* H von unendlich vielen Substitutionen

(15) $$u_0(\tau) = \tau, \quad u_1(\tau), \quad u_2(\tau), \quad u_3(\tau), \ldots$$

auszuscheiden, welche mit Bezug auf $t_1(\tau)$ sämmtlich inäquivalent und so beschaffen sind, dass jede gegebene Substitution $t_i(\tau)$ in g sich auf eine einzige Art in die Form setzen lässt:

(16) $$t_i(\tau) = u_n t_1^{\,k}(\tau) = u_n(\tau) + 2k.$$

Die *Auswahl* dieses Systemes H, welche auf unendlich mannichfache Weise erfolgen kann, wird sich für unsere Zwecke als *gleichgültig* erweisen. Um aber die Vorstellungen zu fixiren, treffen wir sie so, dass, wenn dem Punkte

$$\tau = \xi + i\eta$$

das oberhalb der Kreise $\xi(\xi \pm 1) + \eta^2 = 0$ und zwischen den Geraden $\xi = \pm 1$ gelegene Gebiet R_0 als Spielraum angewiesen wird, die zu allen Substitutionen u_n gehörigen Gebiete R_n gerade den oberhalb der reellen Axe und zwischen den nämlichen Geraden gelegenen Streifen der τ-Ebene einfach und lückenlos bedecken.

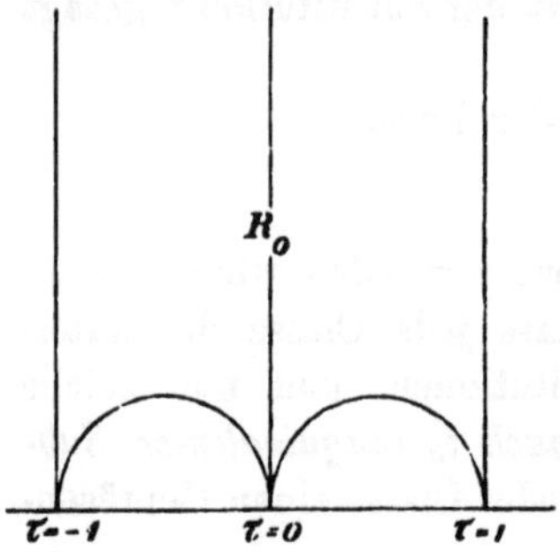

Fig. 1.

Es ist zweitens aus der Gruppe g ein *System* H' von Substitutionen

$$(17) \qquad v_0(\tau) = \tau, \quad v_1(\tau), \quad v_2(\tau), \quad v_3(\tau), \ldots$$

auszuscheiden, welche nach $t_2(\tau)$ sämmtlich inäquivalent und so beschaffen sind, dass jede gegebene Substitution $t_i(\tau)$ sich nur auf eine Art in der Form:

$$(18) \qquad t_i(\tau) = v_n t_2^k(\tau) = \frac{(2k-1)v_n(\tau) - 2k}{2k \cdot v_n(\tau) - (2k+1)}$$

schreiben lässt. Die noch in unserer Willkür gelegene Wahl des Systemes H' treffen wir zweckmässig so, dass wir für jeden Werth von n

$$(19) \qquad v_n = r u_n r^{-1}$$

setzen. In der That folgt leicht, dass v_n ein vollständiges System nach t_2 inäquivalenter Substitutionen durchläuft, wenn u_n das System H durchläuft. Man braucht nur zu beachten, dass aus der Annahme

$$v_n = v_m t_2^k \quad \text{oder} \quad r u_n r^{-1} = r u_m r^{-1} t_2^k,$$

zufolge der Beziehung

$$t_2^k = r t_1^k r^{-1},$$

die unzulässige Relation

$$u_n = u_m t_1^k$$

folgen würde.

Drittens soll aus der Gruppe g ein *System* H'' solcher Substitutionen

$$(20) \qquad w_0(\tau) = \tau, \quad w_1(\tau), \quad w_2(\tau), \quad w_3(\tau), \ldots$$

ausgewählt werden, welche, nach $t_3(\tau)$ inäquivalent, es gestatten jede Substitution $t_i(\tau)$ auf eine Art in die Form zu bringen:

$$(21)\qquad t_i(\tau) = w_n\, t_3^k(\tau) = \frac{w_n(\tau)}{1 - 2k\cdot w_n(\tau)}.$$

Wir fixiren dieses System H', indem wir allgemein

$$(22)\qquad w_n = s\, u_n\, s^{-1}$$

setzen.

Es mögen noch zwei Hilfssätze angeführt werden, auf welche wir später Bezug nehmen werden.

Lemma IV. *Sind t_α und t_β zwei gegebene Substitutionen einer Gruppe und durchläuft das Symbol t_i ein vollständiges System nach t_α inäquivalenter Substitutionen dieser Gruppe, so bilden auch alle Substitutionen $t_\beta t_i$ ein solches System.*

Zum Beweise braucht man nur zu zeigen, dass aus der Annahme

$$t_\beta t_i(\tau) = t_\beta t_h t_\alpha^k(\tau)$$

stets

$$t_i = t_h$$

folgt. Ersetzt man aber in der angenommenen Gleichung τ durch $t_\beta^{-1}(\tau)$, so folgt:

$$t_i = t_h t_\alpha^k,$$

eine Beziehung, welche der Voraussetzung unseres Satzes solange widerspricht, als nicht $h = i$, $k = 0$ genommen wird.

Wir ziehen hieraus noch als eine weitere Folgerung:

Lemma V. *Setzt man, was immer möglich ist, jede Substitution $t_\beta t_i$ in die Form:*

$$t_\beta t_i = t_h t_\alpha^k,$$

wo t_h demselben vollständigen Systeme bezüglich t_α inäquivalenter Substitutionen einer Gruppe angehört, wie t_i selbst, so stimmen die sämmtlichen t_h mit den sämmtlichen t_i bis auf die Reihenfolge überein.

Der *Isomorphismus der Gruppen g und G* kann *holoëdrisch* oder *meroëdrisch* sein. Welcher von diesen beiden Fällen aber auch eintreten mag, immer kann jede Relation zwischen Substitutionen t_i von g zugleich als eine Relation zwischen den entsprechenden Substitutionen T_i von G geschrieben werden.

Wir nennen T_1, T_2, T_3 und U_n, V_n, W_n die Substitutionen in G, welche resp. t_1, t_2, t_3 und u_n, v_n, w_n in g correspondiren. Definiren wir ferner drei rein multiplicative homogene lineare Substitutionen Θ_1, Θ_2, Θ_3 durch ihre Coefficientensysteme:

$$(23)\qquad \Theta_1 = \begin{Bmatrix} e^{2i\pi\alpha} & 0 \\ 0 & e^{2i\pi\alpha'} \end{Bmatrix},\quad \Theta_2 = \begin{Bmatrix} e^{2i\pi\beta} & 0 \\ 0 & e^{2i\pi\beta'} \end{Bmatrix},$$

$$\Theta_3 = \begin{Bmatrix} e^{2i\pi\gamma} & 0 \\ 0 & e^{2i\pi\gamma'} \end{Bmatrix}$$

und bedeuten R, S die Substitutionen, welche die Integrale y_1, y_2 resp. in y_1', y_2' und y_1'', y_2'' überführen (Siehe § 5 am Schlusse), so gelten die Beziehungen

$$(24)\quad T_1 = \Theta_1,\; T_2 = R\Theta_2 R^{-1},\; T_3 = S\Theta_3 T^{-1};\; T_1 T_2 T_3 = \begin{Bmatrix} 1 & 0 \\ 0 & 1 \end{Bmatrix}.$$

§ 7.

Das Verhalten der Integrale y_1, y_2 an den singulären Stellen.

Von den *Integralen der Differentialgleichung* (II) mögen jetzt die folgenden beiden linearunabhängigen:

$$(1)\quad \begin{cases} y_1 = e^{i\pi\alpha\tau} \cdot \varphi_1(e^{i\pi\tau}), \\ y_2 = e^{i\pi\alpha'\tau} \cdot \varphi_2(e^{i\pi\tau}) \end{cases}$$

in Bezug auf ihr *Verhalten an den singulären Stellen der Ebene* τ genauer untersucht werden.

Zu jedem singulären Punkte $\tau = \varepsilon$ gehört eine Darstellung dieser Integrale von der Form:

$$(2)\quad \begin{cases} y_1 = A \cdot e^{\varrho_1 \frac{\varpi}{\tau-\varepsilon}} \cdot \mathfrak{P}_1\left(e^{\frac{\varpi}{\tau-\varepsilon}}\right) + B \cdot e^{\varrho_2 \frac{\varpi}{\tau-\varepsilon}} \cdot \mathfrak{P}_2\left(e^{\frac{\varpi}{\tau-\varepsilon}}\right), \\ y_2 = C \cdot e^{\varrho_1 \frac{\varpi}{\tau-\varepsilon}} \cdot \mathfrak{P}_1\left(e^{\frac{\varpi}{\tau-\varepsilon}}\right) + D \cdot e^{\varrho_2 \frac{\varpi}{\tau-\varepsilon}} \cdot \mathfrak{P}_2\left(e^{\frac{\varpi}{\tau-\varepsilon}}\right). \end{cases}$$

Hierbei bedeuten $\varpi, \varrho_1, \varrho_2, A, B, C, D$ Constanten, $\mathfrak{P}_1$ und $\mathfrak{P}_2$ aber Potenzreihen, die nach positiven ganzen Potenzen ihres Argumentes fortschreiten und mit verschwindendem Argument den Werth 1 annehmen. Die Constante ϖ ist so gewählt zu denken, dass $e^{\frac{\varpi}{\tau-\varepsilon}}$ nach Null convergirt, wenn der Punkt τ sich dem reellen rationalen Punkte τ von der positiven Seite auf einem Wege nähert, der die reelle Axe nicht berührt. Ein solcher *Weg* soll *direct* heissen.

Es handelt sich zuerst darum, zu zeigen, wie für jeden gegebenen Punkt ε die Functionen y_1 und y_2, welche nur für Werthe von τ mit positiv imaginärem Theile erklärt sind, die reelle Axe aber als natürliche Grenze haben, in die obige Form gesetzt werden können.

Man hat vor Allem wieder die drei Fälle 1⁰, 2⁰, 3⁰, nämlich:

$$\varepsilon = \frac{2p+1}{2q},\quad \frac{2p+1}{2q+1},\quad \frac{2p}{2q+1}$$

zu unterscheiden, hierauf aus den Functionen

$$u_n(\tau),\quad v_n r(\tau),\quad w_n s(\tau)$$

diejenige auszuwählen, welche für $\tau = \varepsilon$ unendlich wird. Ist dies geschehen, so nimmt auf Grund der Gleichungen (V) und (VI) die Darstellung von y_1 und y_2 eine der nachfolgenden Formen an:

$$
(3)\begin{cases}
1^0.\begin{cases} y_1 = A_1\cdot e^{i\pi\alpha\cdot u(\tau)}\cdot\varphi_1(e^{i\pi\cdot u(\tau)}) + B_1\cdot e^{i\pi\alpha'\cdot u(\tau)}\cdot\varphi_2(e^{i\pi\cdot u(\tau)}),\\ y_2 = C_1\cdot e^{i\pi\alpha\cdot u(\tau)}\cdot\varphi_1(e^{i\pi\cdot u(\tau)}) + D_1\cdot e^{i\pi\alpha'\cdot u(\tau)}\cdot\varphi_2(e^{i\pi\cdot u(\tau)});\end{cases}\\
2^0.\begin{cases} y_1 = A_2\cdot e^{i\pi\beta\cdot vr(\tau)}\cdot\psi_1(e^{i\pi\cdot vr(\tau)}) + B_2\cdot e^{i\pi\beta'\cdot vr(\tau)}\cdot\psi_2(e^{i\pi\cdot vr(\tau)}),\\ y_2 = C_2\cdot e^{i\pi\beta\cdot vr(\tau)}\cdot\psi_1(e^{i\pi\cdot vr(\tau)}) + D_2\cdot e^{i\pi\beta'\cdot vr(\tau)}\cdot\psi_2(e^{i\pi\cdot vr(\tau)});\end{cases}\\
3^0.\begin{cases} y_1 = A_3\cdot e^{i\pi\gamma\cdot ws(\tau)}\cdot\chi_1(e^{i\pi\cdot ws(\tau)}) + B_3\cdot e^{i\pi\gamma'\cdot ws(\tau)}\cdot\chi_2(e^{i\pi\cdot ws(\tau)}),\\ y_2 = C_3\cdot e^{i\pi\gamma\cdot ws(\tau)}\cdot\chi_1(e^{i\pi\cdot ws(\tau)}) + D_3\cdot e^{i\pi\gamma'\cdot ws(\tau)}\cdot\chi_2(e^{i\pi\cdot ws(\tau)}).\end{cases}
\end{cases}
$$

Diese Formeln weichen von der Form der Gleichungen (2) in einem nur unwesentlichen Punkte ab. Es erscheint nämlich in jedem einzelnen Falle die Exponentialgrösse, nach welcher in (2) entwickelt wird, hier mit einer Constanten multiplicirt wieder. Indess ist es gerade dieser Umstand, welcher die folgenden Betrachtungen vereinfacht.

Setzt man in den Gleichungen (3) für u, v, w resp. die Substitutionen der Systeme H, H', H'' ein, so erhält man die zu allen singulären Punkten gehörigen Darstellungen der Functionen y_1 und y_2.

Es sei $\varepsilon = -\frac{d}{c}$ und a, b, c, d ganze Zahlen von der Determinante $ad - bc = 1$, so haben die Functionen φ_1, φ_2 resp. ψ_1, ψ_2, oder χ_1, χ_2, welche in die zu $\tau = \varepsilon$ gehörige Darstellung von y_1 und y_2 eingehen, die Form:

$$1 + c_1 e^{i\pi\frac{a\tau+b}{c\tau+d}} + c_2 e^{2i\pi\frac{a\tau+b}{c\tau+d}} + \cdots.$$

Nähert sich aber τ dem Punkte ε auf directem Wege, so convergirt $e^{i\pi\frac{a\tau+b}{c\tau+d}}$ nach Null. Man schreibe nämlich, um dies deutlich erkennen zu lassen, die fragliche lineare Function von τ in der Gestalt:

$$\frac{a\tau+b}{c\tau+d} = \frac{a}{c} - \frac{1}{c(c\tau+d)}$$

und setze:

$$\tau = -\frac{d}{c} + \varrho e^{i\omega},$$

wo ϱ positiv ist, so hat man:

$$e^{i\pi\frac{a\tau+b}{c\tau+d}} = e^{i\pi\frac{a}{c}}\cdot e^{-\frac{\pi}{c^2\varrho}(\sin\omega + i\cos\omega)}.$$

Offenbar wird stets:

$$\lim_{\varrho=0}\left(e^{i\pi\frac{a\tau+b}{c\tau+d}}\right) = 0 \quad \text{für} \quad \lim\sin\omega \gtrless 0.$$

Die soeben gemachte Bemerkung lässt ersehen, dass die Formeln (3) das Verhalten von y_1 und y_2 in der Nähe jedes singulären Punktes vollständig charakterisiren, wenn man annimmt, dass eine hinreichende Anzahl Terme der früher bereits definirten Entwickelungen

$$\varphi_1,\ \varphi_2,\ \psi_1,\ \psi_2,\ \chi_1,\ \chi_2$$

berechnet vorliegen und wenn überdies die Constanten

$$A_1,\ B_1,\ C_1,\ D_1,\ A_2,\cdots,D_3$$

in jedem Falle angegeben werden können. Letztere setzen sich aus den Coefficienten der Uebergangssubstitutionen R und S und denen der Substitutionen von G in einfacher Weise zusammen.

Wir betrachten zunächst das erste Integralsystem (V):

$$(4)\qquad \begin{cases} y_1 = e^{i\pi\alpha\tau}\cdot\varphi_1(e^{i\pi\tau}),\\ y_2 = e^{i\pi\alpha'\tau}\cdot\varphi_2(e^{i\pi\tau}).\end{cases}$$

Unterwerfen wir in diesem die Variable τ einer Substitution u_n des Systemes H, so erleiden y_1, y_2 die homogene Substitution U_n. Man hat daher*):

$$(5)\qquad \begin{cases} y_1 = U_n^{-1}\left(e^{i\pi\alpha u_n}\cdot\varphi_1(e^{i\pi u_n})\right),\\ y_2 = U_n^{-1}\left(e^{i\pi\alpha' u_n}\cdot\varphi_2(e^{i\pi u_n})\right).\end{cases}$$

Unterwerfen wir aber τ in (4) einer beliebigen Substitution t_i der Gruppe g, so kann diese auf eine einzige Art in der Form

$$(6)\qquad t_i = u_n t_1^k = u_n + 2k$$

geschrieben werden. Mithin lässt sich T_i analog schreiben:

$$(7)\qquad T_i = U_n T_1^k \quad\text{und}\quad T_i^{-1} = T_1^{-k}\,U_n^{-1}.$$

Man hat hiernach:

$$(8)\qquad \begin{cases} y_1 = T_1^{-k}\,U_n^{-1}\left(e^{i\pi\alpha(u_n+2k)}\cdot\varphi_1(e^{i\pi u_n})\right),\\ y_2 = T_1^{-k}\,U_n^{-1}\left(e^{i\pi\alpha'(u_n+2k)}\cdot\varphi_2(e^{i\pi u_n})\right)\end{cases}$$

und es folgen auf Grund der Form von T_1 die identischen Gleichungen

$$(9)\qquad \begin{cases} T_i^{-1}\left(e^{i\pi\alpha t_i}\cdot\varphi_1(e^{i\pi t_i})\right) = U_n^{-1}\left(e^{i\pi\alpha u_n}\cdot\varphi_1(e^{i\pi u_n})\right),\\ T_i^{-1}\left(e^{i\pi\alpha' t_i}\cdot\varphi_2(e^{i\pi t_i})\right) = U_n^{-1}\left(e^{i\pi\alpha' u_n}\cdot\varphi_2(e^{i\pi u_n})\right),\end{cases}$$

vorausgesetzt, dass zwischen t_i und u_n die Beziehung (6) obwaltet.

Wir drücken jetzt y_1, y_2 mit Hülfe von (VI) durch das zweite Integralsystem (V) aus:

$$(10)\qquad \begin{cases} y_1 = R^{-1}\left(e^{i\pi\beta\tau}\cdot\psi_1(e^{i\pi\tau})\right),\\ y_2 = R^{-1}\left(e^{i\pi\beta'\tau}\cdot\psi_2(e^{i\pi\tau})\right).\end{cases}$$

Wenden wir in (10) auf τ eine beliebige Substitution v_n des Systemes

*) Ich werde in der Folge, wo Missverständnisse ausgeschlossen sind, in der Bezeichnung der auf τ anzuwendenden Substitutionen den Zusatz (τ) weglassen.

H' an, so tritt $v_n r$ an Stelle von r und gleichzeitig erleiden y_1 und y_2 die homogene Substitution V_n. Daher wird

$$(11)\quad \begin{cases} y_1 = R^{-1} V_n^{-1}\left(e^{i\pi\beta v_n r} \cdot \psi_1(e^{i\pi v_n r})\right), \\ y_2 = R^{-1} V_n^{-1}\left(e^{i\pi\beta' v_n r} \cdot \psi_2(e^{i\pi v_n r})\right). \end{cases}$$

Unterwerfen wir aber in (10) die Variable τ einer beliebigen Substitution t_i und ist

$$(12)\quad t_i = v_n t_2^k, \quad \text{also} \quad t_i r = v_n r + 2k,$$

so wird:

$$(13)\quad T_i = V_n T_2^k, \quad \text{oder} \quad T_i^{-1} = R\Theta_2^{-k} R^{-1} V_n^{-1}.$$

Aus den Gleichungen

$$(14)\quad \begin{cases} y_1 = R^{-1} T_i^{-1}\left(e^{i\pi\beta t_i r} \cdot \psi_1(e^{i\pi t_i r})\right), \\ y_2 = R^{-1} T_i^{-1}\left(e^{i\pi\beta' t_i r} \cdot \psi_2(e^{i\pi t_i r})\right) \end{cases}$$

geht aber, durch Einführung der letzten Formeln,

$$(15)\quad \begin{cases} y_1 = \Theta_2^{-k} R^{-1} V_n^{-1}\left(e^{i\pi\beta(v_n r + 2k)} \cdot \psi_1(e^{i\pi v_n r})\right), \\ y_2 = \Theta_2^{-k} R^{-1} V_n^{-1}\left(e^{i\pi\beta'(v_n r + 2k)} \cdot \psi_2(e^{i\pi v_n r})\right) \end{cases}$$

hervor. Diese Gleichungen sind von (11) nicht verschieden, vielmehr bestehen die identischen Beziehungen

$$(16)\quad \begin{cases} T_i^{-1}\left(e^{i\pi\beta t_i r} \cdot \psi_1(e^{i\pi t_i r})\right) = V_n^{-1}\left(e^{i\pi\beta v_n r} \cdot \psi_1(e^{i\pi v_n r})\right), \\ T_i^{-1}\left(e^{i\pi\beta' t_i r} \cdot \psi_2(e^{i\pi t_i r})\right) = V_n^{-1}\left(e^{i\pi\beta' v_n r} \cdot \psi_2(e^{i\pi v_n r})\right). \end{cases}$$

Ganz analoge Resultate stellen sich natürlich ein, wenn schliesslich y_1 und y_2 durch das dritte Integralsystem (V) ausgedrückt werden:

$$(17)\quad \begin{cases} y_1 = S^{-1}\left(e^{i\pi\gamma s} \cdot \chi_1(e^{i\pi s})\right), \\ y_2 = S^{-1}\left(e^{i\pi\gamma' s} \cdot \chi_2(e^{i\pi s})\right). \end{cases}$$

Bei Anwendung der Substitution w_n des Systemes H'' auf τ erhalten wir:

$$(18)\quad \begin{cases} y_1 = S^{-1} W_n^{-1}\left(e^{i\pi\gamma w_n s} \cdot \chi_1(e^{i\pi w_n s})\right), \\ y_2 = S^{-1} W_n^{-1}\left(e^{i\pi\gamma' w_n s} \cdot \chi_2(e^{i\pi w_n s})\right). \end{cases}$$

Für eine beliebige Substitution t_i hat man ferner unter den Voraussetzungen:

$$(19)\quad t_i = w_n t_3^k, \qquad t_i s = w_n s + 2k;$$

$$(20)\quad T_i = W_n T_3^k, \qquad {}_i^{-1} = S\Theta_3^{-k} S^{-1} W_n^{-1}$$

die Identitäten

$$(21)\quad \begin{cases} T_i^{-1}\left(e^{i\pi\gamma t_i s}\cdot \chi_1(e^{i\pi t_i s})\right) = W_n^{-1}\left(e^{i\pi\gamma w_n s}\cdot \chi_1(e^{i\pi w_n s})\right), \\ T_i^{-1}\left(e^{i\pi\gamma' t_i s}\cdot \chi_2(e^{i\pi t_i s})\right) = W_n^{-1}\left(e^{i\pi\gamma' w_n s}\cdot \chi_2(e^{i\pi w_n s})\right). \end{cases}$$

Durch unsere Darlegung ist die *Bestimmung der Constanten* $A_1, B_1, \ldots D_3$ in der Gleichung (3) zurückgeführt auf die *Ermittelung der Substitutionen* U_n, V_n, W_n. Die Identitäten (9), (16), (21) lassen erkennen, welcher Spielraum bei der Auswahl dieser Substitutionen, oder — was gleichbedeutend ist — bei der Wahl der Systeme H, H', H'' offen steht.

Wir fassen unsere Resultate zusammen:

Theorem II. *Nähert sich der Punkt* τ *einem singulären Punkte* ε *auf directem Wege, so ist das Verhalten der Functionen* $y_1(\tau)$ *und* $y_2(\tau)$ *für* $\tau = \varepsilon$ *aus den Gleichungen* (5), (11) *oder* (18) *zu entnehmen, jenachdem* $\varepsilon = \frac{2p+1}{2q}$, $= \frac{2p+1}{2q+1}$, *oder* $= \frac{2p}{2q+1}$ *ist.*

Zur *Vereinfachung* der weiteren Untersuchung soll von jetzt ab angenommen werden, es seien $\alpha, \alpha', \beta, \beta', \gamma, \gamma'$ *ihren absoluten Werthen nach* < 1. Hierin liegt keine Beschränkung der Allgemeinheit, da jede hypergeometrische Function, deren Parameter sich von $\alpha, \alpha', \beta, \beta', \gamma, \gamma'$ nur durch ganze Zahlen unterscheiden, sich durch die hier zu betrachtende Function und ihre Ableitung nach x auf Grund der bekannten Relationen zwischen verwandten Functionen linear und homogen mit rationalen Coefficienten in x ausdrücken lässt. Eine solche Reduction des Falles einer beliebig gegebenen hypergeometrischen Function auf den hier angenommenen speciellen Fall entspricht, was die zugehörige Function $s(\lambda, \mu, \nu, x)$ angeht, der Ersetzung von λ, μ, ν durch ihre absolut kleinsten Reste (mod. 2).

§ 8.

Die Functionen $\Theta(\tau)$, $\zeta_1(\tau)$ und $\zeta_2(\tau)$. Reihenentwickelungen und Convergenzbeweise.

Es kann, nachdem alle Vorbereitungen getroffen, jetzt zur *Bildung gewisser unendlicher Reihen* geschritten werden, welche den Substitutionen der Gruppe g gegenüber dasselbe Verhalten zeigen, wie die Θ-*Reihen* und ζ-*Reihen* des Herrn Poincaré, dagegen bezüglich ihres Aufbaues von jenen abweichen.

Zuerst werde eine *Function* $\Theta(\tau)$ definirt durch die Gleichung:

$$(1)\qquad \Theta(\tau) = \sum_n \left(\frac{du_n}{d\tau}\right)^m + \sum_n \left(\frac{dv_n r}{d\tau}\right)^m + \sum_n \left(\frac{dw_n s}{d\tau}\right)^m.$$

Sodann definiren wir *zwei Functionen* $\zeta_1(\tau)$ *und* $\zeta_2(\tau)$, welche sich ebenso, wie dies für $\Theta(\tau)$ ersichtlich ist, aus drei Theilsummen zusammensetzen. Letztere betrachten wir zweckmässig gesondert, setzen demgemäss zunächst:

$$(2)\qquad \begin{cases} \xi_1(\tau) = \sum\limits_n U_n^{-1}(e^{i\pi\alpha u_n}) \cdot \left(\dfrac{du_n}{d\tau}\right)^m, \\ \xi_2(\tau) = \sum\limits_n U_n^{-1}(e^{i\pi\alpha' u_n}) \cdot \left(\dfrac{du_n}{d\tau}\right)^m, \\ \xi_1'(\tau) = \sum\limits_n R^{-1}\, V_n^{-1}(e^{i\pi\beta v_n r}) \cdot \left(\dfrac{dv_n r}{d\tau}\right)^m, \\ \xi_2'(\tau) = \sum\limits_n R^{-1}\, V_n^{-1}(e^{i\pi\beta' v_n r}) \cdot \left(\dfrac{dv_n r}{d\tau}\right)^m, \\ \xi_1''(\tau) = \sum\limits_n S^{-1}\, W_n^{-1}(e^{i\pi\gamma w_n s}) \cdot \left(\dfrac{dw_n s}{d\tau}\right)^m, \\ \xi_2''(\tau) = \sum\limits_n S^{-1}\, W_n^{-1}(e^{i\pi\gamma' w_n s}) \cdot \left(\dfrac{dw_n s}{d\tau}\right)^m \end{cases}$$

und schliesslich:

$$(3)\qquad \begin{cases} \zeta_1(\tau) = \xi_1(\tau) + \xi_1'(\tau) + \xi_1''(\tau), \\ \zeta_2(\tau) = \xi_2(\tau) + \xi_2'(\tau) + \xi_2''(\tau). \end{cases}$$

Die Summation soll sich in (1) und (2) auf alle Substitutionen u_n, v_n, w_n der Systeme H, H', H'' in g und die entsprechenden Substitutionen U_n, V_n, W_n der isomorphen Gruppe G erstrecken. Es soll bewiesen werden, dass die aufgestellten Reihen für alle Werthe der Variabeln τ mit positiv imaginärem Theile unbedingt convergiren, sobald m hinreichend gross gewählt wird.

Die unbedingte *Convergenz der Reihe* (1) *für* $\Theta(\tau)$, welche eintritt, sobald $m > 1$ ist, lässt sich auf verschiedene Art beweisen. Am einfachsten geschieht dies, indem man sich auf folgenden bekannten Satz stützt:

Die unendliche Doppelsumme

$$G_m = \sum_\mu \sum_\nu{}' \left(\frac{1}{\mu\omega_1 + \nu\omega_2}\right)^{2m},$$

in welcher μ *und* ν *alle positiven und negativen Zahlen durchlaufen (mit Ausschluss der Combination* $\mu = \nu = 0$), *convergirt unbedingt für beliebige Werthe von* ω_1 *und* ω_2, *deren Verhältniss keine reelle Zahl ist, solange* $m > 1$.

Die Reihe für $\Theta(\tau)$ lässt sich in der Form schreiben:

$$\Theta(\tau)=\sum_{\mu'}\sum_{\nu'}\left(\frac{1}{\mu'\tau+\nu'}\right)^{2m},$$

wo μ' alle ganzen Zahlen von 0 bis ∞, ν' aber jedesmal alle positiven und negativen Zahlen durchläuft, welche zu μ' relativ prim sind (sodass die Zahl 0 nur in den Combinationen $\mu'=0$, $\nu'=1$, und $\mu'=1$, $\nu'=0$ auftritt). Da nämlich die Gesammtheit der Zahlen $\frac{\nu'}{\mu'}$ sich mit der Gesammtheit der positiven und negativen reellen rationalen Zahlen genau deckt, so stellt sich die Zulässigkeit dieser Schreibweise als Folge unserer früheren Festsetzung ein, wonach in jedem reellen rationalen Punkte eine und nur eine der linearen Functionen u_n, $v_n r$, $w_n s$ unendlich wird.

Wir multipliciren $\Theta(\tau)$ hierauf mit der für $m>1$ ebenfalls unbedingt convergenten Reihe

$$\left(\frac{1}{\omega_2}\right)^{2m}\cdot\sum_{\varrho=-\infty}^{+\infty}\left(\frac{1}{\varrho}\right)^{2m},$$

deren Summe durch

$$\left(\frac{2\pi}{\omega_2}\right)^{2m}\cdot\frac{B_m}{(2m)!}$$

gegeben ist, wenn B_m die m^{te} Bernouilli'sche Zahl bedeutet; dann wird offenbar für $\tau=\frac{\omega_1}{\omega_2}$ die Gleichung

$$\left(\frac{2\pi}{\omega_2}\right)^{2m}\cdot\frac{B_m}{(2m)!}\cdot\Theta(\tau)=G_m$$

erhalten; denn es durchlaufen $\varrho\mu'$ und $\varrho\nu'$ dieselben Zahlen wie oben μ und ν. Zugleich erhält man eine nach $h=e^{i\pi\tau}$ fortschreitende Entwickelung*). Hierdurch ist der Beweis erbracht.

Theorem III. *Die unendliche Reihe:*

$$\Theta(\tau)=\sum_n\left(\frac{du_n}{d\tau}\right)^m+\sum_n\left(\frac{dv_n r}{d\tau}\right)^m+\sum_n\left(\frac{dw_n s}{d\tau}\right)^m$$

convergirt unbedingt für alle Werthe von τ, die reellen ausgenommen, sobald $m>1$ ist. Sie lässt sich für $h=e^{i\pi\tau}$ in die Reihe umsetzen:

$$\Theta(\tau)=1+\frac{(-1)^m}{B_m}\cdot 4m\cdot\sum_{k=1}^{\infty}k^{2m-1}\cdot\frac{h^{2k}}{1-h^{2k}}.$$

Diesem *ersten Convergenzbeweise* fügen wir noch einen *zweiten* an. Letzterer wird unter Benutzung einer Methode geführt, welche mit der

*) S. Hurwitz, Grundlagen einer independenten Theorie der elliptischen Modulfunctionen etc. Math. Ann. Bd. 18, p. 547.

von Herrn Poincaré an bereits citirter Stelle angewandten im Princip übereinstimmt und soll uns dazu dienen, die Grundlage für den noch zu erbringenden Convergenzbeweis der ξ-Reihen zu gewinnen.

Im Sinne einer *Nicht-Euklidischen Geometrie* mögen solche Figuren in der Ebene τ, welche auseinander durch reelle lineare Transformationen der Variablen τ hervorgehen, als congruent betrachtet werden. Den Linien und Flächen congruenter Figuren kommen dann invariante Grössen zu, welche ihre Länge oder ihren Flächeninhalt in Nicht-Euklidischer Massbestimmung darstellen und durch die Symbole L und S bezeichnet werden mögen.

Man erhält das L einer begrenzten Linie, wenn man für $\tau = \xi + i\eta$ in der Formel

$$L = \int \frac{\text{mod.}\, d\tau}{\eta}$$

das Integral längs jener Linie nimmt, und das S einer begrenzten Fläche, wenn man in

$$S = \int\int \frac{d\xi\, d\eta}{\eta^2}$$

das Doppelintegral über das Innere der Fläche erstreckt.

Wir betrachten jetzt Substitutionen der Gruppe Γ. Irgend eine derselben sei durch s_i, ausführlich:

$$s_i(\tau) = \frac{a_i\tau + b_i}{c_i\tau + d_i}, \quad a_i d_i - b_i c_i = 1,$$

bezeichnet. Uebrigens werde

$$s_i(\tau) = \xi_i + i\eta_i$$

gesetzt. Es sei ferner ω_0 die Fläche eines unendlichen kleinen Kreises C_0, welcher den Punkt τ umschliesst, ω_i die Fläche des Kreises C_i, welcher aus ihm durch die lineare Transformation s_i hervorgeht und den Punkt $s_i(\tau)$ umschliesst. C_i hat mit C_0 keinen Punkt gemein. Das L solcher Bögen, die Orthogonalkreisen der reellen Axe (oder verticalen Geraden) angehören und ganz von C_0 bez. C_i umschlossen sind, kann dann offenbar eine gewisse Constante δ nicht überschreiten. Man hat ferner:

$$\frac{\omega_i}{\omega_0} = \text{mod.} \left(\frac{ds_i}{d\tau}\right)^2 = \text{mod.} \frac{1}{(c_i\tau + d_i)^4}.$$

Das S der unendlich kleinen Kreise C_0 und C_i hat eine und dieselbe Grösse σ; diese wird aber das eine Mal durch

$$\int\int \frac{d\xi\, d\eta}{\eta^2} = \frac{\omega_0}{\eta^2},$$

das andere Mal durch

$$\int\int \frac{d\xi\, d\eta}{\eta_i^2} = \frac{\omega_i}{\eta_i^2}$$

ausgedrückt. Demnach findet sich:

$$\text{mod.}\,\frac{1}{(c_i\tau + d_i)^2} = \sqrt{\frac{\omega_i}{\omega_0}} = \frac{\eta_i}{\eta}.$$

Oberhalb der Punkte τ und $s_i(\tau)$ mag in dem Abstande η_0 von der reellen Axe eine Parallele zu dieser gezogen werden. Ferner setzen wir:

$$l = \int_\eta^{\eta_0} \frac{d\eta}{\eta} = \log\frac{\eta_0}{\eta},$$

$$l_i = \int_{\eta_i}^{\eta_0} \frac{d\eta}{\eta} = \log\frac{\eta_0}{\eta_i},$$

woraus

$$\frac{\eta_i}{\eta} = e^{l - l_i}$$

folgt. Demnach haben wir:

Lemma VI. *Bedeutet l resp. l_i das L der senkrechten Abstände der Punkte τ und $s_i(\tau)$ von der Horizontalen $\eta = \eta_0$, so ist*

$$\text{mod.}\,\frac{1}{(c_i\tau + d_i)^2} = \text{mod.}\left(\frac{ds_i}{d\tau}\right) = e^{l - l_i}.$$

Es sei $\eta_0' < \eta_0$. Zwei Parallelen zur reellen Axe $\eta = \eta_0$ und $\eta = \eta_0'$ begrenzen mit den beiden senkrechten Geraden $\xi = 0$ und $\xi = 1$ eine rechteckige Fläche F, deren S dargestellt wird durch

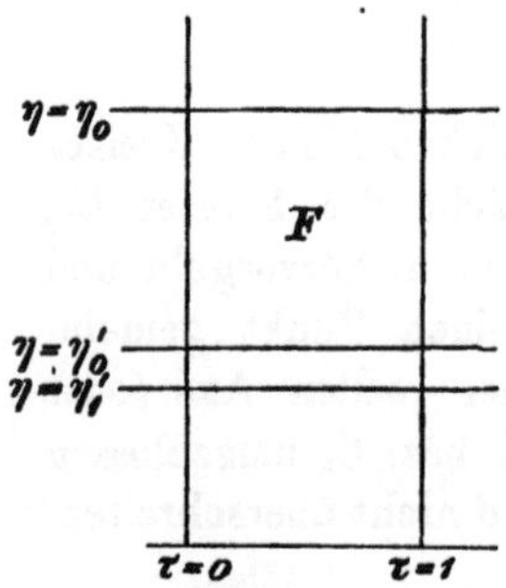

Fig. 2.

$$S = \int_0^1\int_\eta^{\eta_0} \frac{d\xi\, d\eta}{\eta^2} = \frac{1}{\eta_0'} - \frac{1}{\eta_0},$$

oder, wenn l' das L des senkrechten Abstandes von $\eta = \eta_0'$ und $\eta = \eta_0$ bedeutet,

$$S = \frac{1}{\eta_0}(e^{l'} - 1).$$

Wir betrachten nach diesen vorbereitenden Bemerkungen speciell diejenigen Substitutionen in Γ, welche durch

$$u_n,\ v_n r,\ w_n s,$$

oder — was gleichbedeutend ist — durch

$$u_n,\ r u_n,\ s u_n$$

gegeben sind, und die Gesammtheit der Punkte, welche durch Anwendung vorstehender Transformationen auf den Punkt τ erhalten werden.

Man erkennt leicht, dass (solange nur τ keinen reellen Werth erhält) für die Ordinaten der Transformirten des Punktes τ eine *obere Grenze* existirt. Demnach giebt es auch eine bestimmte Grösse η_0, so beschaffen, dass alle Kreise C_i ganz unterhalb der Horizontalen $\eta = \eta_0$ liegen. Wir nennen nun N die Anzahl der Transformirten von τ, die oberhalb der Geraden $\eta = \eta_0'$ liegen. Es enthält dann das Rechteck F jedenfalls genau N Punkte, die mit den hier betrachteten durch die Substitution $s_1(\tau) = \tau + 1$ äquivalent sind. Und da es uns gegenwärtig nur auf die Anzahl N ankommt, so dürfen wir statt der Transformirten von τ durch unsere obigen Substitutionen die ihnen bezüglich s_1 äquivalenten Punkte betrachten, welche zwischen den Geraden $\xi = 0$ und $\xi = 1$ enthalten sind. Unter ihnen mag der mit $s_i(\tau)$ äquivalente Punkt durch P_i, der ihn umgebende unendlich kleine Kreis durch K_i bezeichnet werden.

Liegt nun P_i oberhalb $\eta = \eta_0'$, so liegt K_i ganz oberhalb der Horizontalen $\eta = \eta_1'$, für welche

$$\frac{\eta_0}{\eta_1'} = e^{l+\delta}$$

ist. In dem Rechteck F_1 oberhalb $\eta = \eta_1'$, unterhalb $\eta = \eta_0$ und zwischen $\xi = 0$ und $\xi = 1$ liegen also wenigstens N Kreise K_i, deren gesammtes $S = N\sigma$ ist. Das S von F_1 ist aber

$$\frac{1}{\eta_0}(e^{l+\delta} - 1) > N\sigma.$$

Mithin folgt:

Lemma VII. *Für die Anzahl N der Punkte, welche durch die Transformationen u_n, $v_n r$, $w_n s$ aus dem Punkte τ hervorgehen und oberhalb der Horizontalen $\eta = \eta_0$. liegen, besteht die Ungleichung*

$$N < \frac{1}{\sigma\eta_0}(e^{l+\delta} - 1).$$

Jetzt denke man sich eine Reihe horizontaler Geraden

$$\eta = \eta_0', \eta_0'', \eta_0''', \cdots, \eta_0^{(p)}, \cdots$$

construirt, für welche das L ihres Abstandes von $\eta = \eta_0$ in arithmetischer Progression wächst, mithin

$$\frac{\eta_0}{\eta_0'} = e^{l}, \quad \frac{\eta_0}{\eta_0''} = e^{2l}, \cdots, \frac{\eta_0}{\eta_0^{(p)}} = e^{pl}, \cdots$$

ist. Ferner schreibe man die unendliche Reihe

$$(4) \qquad \sum_n \text{mod.}\left(\frac{du_n}{d\tau}\right)^m + \sum_n \text{mod.}\left(\frac{dv_n r}{d\tau}\right)^m + \sum_n \text{mod.}\left(\frac{dw_n s}{d\tau}\right)^m$$

in der Form:

$$Q_1 + Q_2 + \cdots + Q_p + \cdots,$$

indem man in Q_p alle Terme von (4) zusammenfasst, welche oberhalb

$\eta = \eta_0^{(p)}$ und unterhalb $\eta = \eta_0^{(p-1)}$ gelegenen Punkten der τ-Ebene entsprechen. Diese Anordnung ist zulässig, da alle Terme positiv sind. Die Anzahl der Terme in U_p ist nach Lemma VII kleiner als

$$\frac{1}{\sigma\eta_0}(e^{p\zeta+\delta}-1) < \frac{1}{\sigma\eta_0}\cdot e^{p\zeta+\delta};$$

jeder einzelne Term ist nach Lemma VIII kleiner als

$$e^{m(l-(p-1)\zeta)}$$

also ist:

$$Q_p < \frac{1}{\sigma\eta_0}\cdot e^{ml+m\zeta+\delta}\cdot e^{(1-m)\zeta p}.$$

Setzt man noch:

$$C = \frac{1}{\sigma\eta_0}\cdot e^{ml+m\zeta+\delta}, \quad z = e^{(1-m)\zeta},$$

so ist C vom Index p unabhängig und $z < 1$ für $m > 1$, und dabei

$$Q_p < C\cdot z^p.$$

Die Terme unserer Reihe sind also bezw. kleiner als die der unbedingt convergenten geometrischen Reihe

$$C(z+z^2+z^3+\cdots) = C\cdot\frac{z}{1-z}.$$

Hiermit ist abermals die Convergenz der Reihe (1) bewiesen.

Wir gehen dazu über, die *Convergenz der ξ-Reihen* zu beweisen. Bemerken wir vorab, dass, wenn τ einen Punkt innerhalb der positiven Halbebene und s_i eine beliebige Substitution der Gruppe Γ bedeutet, jederzeit eine positive Zahl M gefunden werden kann, so beschaffen, dass die Moduln der Grössen

(5) $e^{i\pi\alpha s_i}$, $e^{i\pi\alpha' s_i}$, $R^{-1}(e^{i\pi\beta s_i})$, $R^{-1}(e^{i\pi\beta' s_i})$, $S^{-1}(e^{i\pi\gamma s_i})$, $S^{-1}(e^{i\pi\gamma' s_i})$

alle unterhalb M liegen. In der That giebt es, solange τ nicht einen reellen rationalen Werth annimmt, kein System ganzer Zahlen a, b, c, d mit der Determinante 1, für welches in

$$\frac{a\tau+b}{c\tau+d} = \xi + i\eta$$

die Grösse η und mithin der Modul $e^{\pi\eta}$ von $e^{-i\pi\frac{a\tau+b}{c\tau+d}}$ über jede Grenze wüchse. Vielmehr lässt sich in jedem Falle für den Modul $e^{\pi\varrho\eta}$ von $e^{i\pi\varrho\frac{a\tau+b}{c\tau+d}}$, wo ϱ eine positive oder negative reelle Constante bedeutet, eine obere Grenze fixiren, mithin auch für die Moduln der oben genannten sechs Grössen.

Es handelt sich sonach lediglich um die Untersuchung der Coefficienten der linearen homogenen Substitutionen

$$U_n, \ V_n, \ W_n$$

der Gruppe G, welche bei der Bildung der einzelnen Terme der ξ-Reihen anzuwenden sind.

Als erzeugende Substitutionen von G nehmen wir

$$(6) \qquad T_1 = \Theta_1, \quad T_2 = R\Theta_2 R^{-1}, \quad T_3 = S\Theta_3 S^{-1}$$

mit der Relation

$$(7) \qquad T_1 T_2 T_3 = 1.$$

In Θ_1, Θ_2, Θ_3 und allen ihren positiven und negativen Potenzen sind die Moduln der nicht verschwindenden Coefficienten sämmtlich $= 1$. In R, R^{-1}, S, S^{-1} sei P die obere Grenze der Coefficientenmoduln, so gilt für alle positiven wie negativen Potenzen irgend einer der Substitutionen T_1, T_2, T_3 als obere Grenze der Coefficientenmoduln die Grösse $2P^2$.

Eine beliebige Substitution T_i von G kann in der Form geschrieben werden:

$$(8) \qquad T_i = S_1^{\alpha_1} S_2^{\alpha_2} \cdots S_p^{\alpha_p}$$

wenn $S_1, S_2, \ldots S_p$ unter den Substitutionen

$$T_1, \ T_1^{-1}, \ T_2, \ T_2^{-1}, \ T_3, \ T_3^{-1}$$

ausgewählt werden (sodass eine und dieselbe Substitution auch mehrfach in die Formel eintreten kann) und

$$\alpha_1, \ \alpha_2, \cdots \alpha_p$$

positive ganze Zahlen bedeuten.

Ist nun für zwei Substitutionen S_i und S_k die obere Grenze der Coefficienten resp. P_i und P_k, so liegt diese Grenze für die zusammengesetzte Substitution $S_i S_k$ nicht oberhalb $2P_i P_k$.

Demnach erreicht keiner der Coefficientenmoduln von T_i die obere Grenze $2^{2p-1} \cdot P^{2p}$, geschweige denn

$$e^{\varpi p},$$

wenn $4P^2 = e^{\varpi}$ gesetzt wird.

Jetzt kommt es nur noch darauf an, für die Anzahl p der Potenzen von Fundamentalsubstitutionen S_i, welche in T_i eingehen, eine obere Grenze zu suchen.

Wegen des Isomorphismus der Gruppen g und G können wir von der Zerlegung der correspondirenden Substitution t_i in g, nämlich:

$$(9) \qquad t_i = s_1^{\alpha_1} s_2^{\alpha_2} \cdots s_n^{\alpha_n},$$

ausgehen, wo $s_1, s_2, \cdots s_n$ unter den Substitutionen

$$t_1, \ t_1^{-1}, \ t_2, \ t_2^{-1}, \ t_3, \ t_3^{-1}$$

auszuwählen sind, und die Anzahl n zu bestimmen suchen, welche im Falle des holoëdrischen Isomorphismus mit p übereinstimmt, bei meroëdrischem für p eine obere Grenze bildet.

Zu dem Ende bedienen wir uns wiederum eines geometrischen Hilfsmittels, indem wir die Gebietseintheilung der positiven Halbebene τ betrachten, welche der Gruppe g entspricht.

Als Ausgangsviereck R_0 für die Gruppe g wählen wir das Gebiet, welches oberhalb der Kreise $\xi(\xi \pm 1) + \eta^2 = 0$ und zwischen den

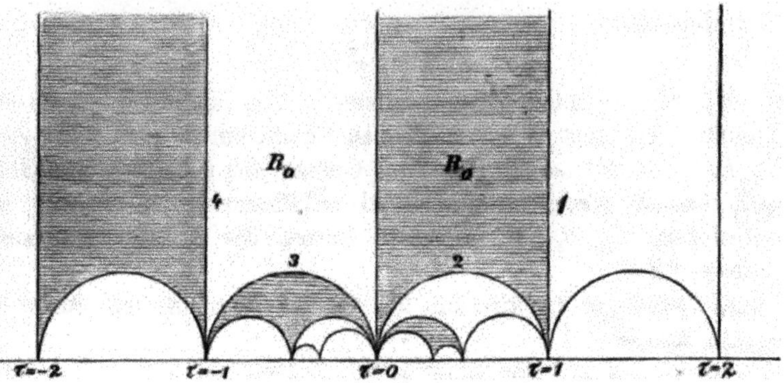

Fig. 3.

Geraden $\xi = \pm 1$ gelegen ist. Aus R_0 gehen durch die Substitutionen t_i alle anderen Fundamentalvierecke R_i hervor. — Sodann werde ein Kreis von endlichem aber sehr kleinem Radius construirt, der die reelle Axe im Punkte $\tau = 0$ von oben berührt und dieser durch alle Substitutionen von Γ transformirt. Auf diese Art werden sämmtliche Eckpunkte der Fundamentalvierecke R_i durch kleine Kreise umgeben, welche in ihnen die reelle Axe berühren. Jeder einzelne derselben geht bei allen parabolischen Substitutionen von g, die seinen Berührungspunkt fest lassen, in sich über. Alle sind sie in Nicht-Euklidischem Sinne congruent und es haben keine zwei von ihnen einen Punkt gemein, sofern nur der ursprüngliche Kreis hinreichend klein gewählt wurde. Letzteres folgt daraus, dass ein Kreis, welcher die reelle Axe in $\tau = \varepsilon$ berührt, ganz innerhalb des Complexes derjenigen Fundamentalvierecke verläuft, deren eine Ecke mit $\tau = \varepsilon$ zusammenfällt. Das L eines Curvenbogens, der einen Punkt eines unserer Kreise mit einem Punkte eines anderen verbindet, ist unserer letzten Bemerkung zufolge stets grösser als eine gewisse positive Grösse ϱ. Ist das L eines Curvenbogens A, der mehrere der kleinen Kreise passirt, gleich L_i, so liegt die Anzahl der passirten Kreise unterhalb $\frac{L_i}{\varrho}$. Das L eines Curvenbogens, der zwei Randpunkte eines Fundamentalviereckes verbindet, ohne einen der kleinen Kreise zu überschreiten, ist stets grösser als eine gewisse positive Grösse σ. Die Anzahl der Seiten von Fundamentalvierecken, welche der Curvenbogen A ausserhalb der kleinen Kreise passirt, liegt demnach unterhalb $\frac{L_i}{\sigma}$.

Die Seiten von R_0 seien durch 1, 2, 3, 4 bezeichnet (s. Fig. 3). R_k sei dasjenige Fundamentalviereck, welches an R_0 längs der Seite k angrenzt, s_k diejenige unter den Substitutionen t_1, t_1^{-1}, t_3, t_3^{-1}, welche R_0 in R_k überführt, S_k die entsprechende Substitution in G. Wir haben dann:

$$s_1 = t_1, \quad s_2 = t_3^{-1}, \quad s_3 = t_3, \quad s_4 = t_1^{-1}.$$

Um zu einem geeigneten Ausdrucke für t_i zu gelangen, können wir für den Punkt τ eine beliebige Lage fixiren. Es liege also τ in R_0. Wir folgen dem Laufe eines Curvenbogens A, welcher die Punkte τ und $t_i(\tau)$, oder — noch allgemeiner zu reden — irgend einen Punkt von R_0 mit einem Punkte des Fundamentalviereckes verbindet, in welchem sich $t_i(\tau)$ befindet. Der Curvenbogen A trete aus R_0 über die Seite a in ein Nachbarviereck ein, aus diesem über die zu b äquivalente Seite in ein folgendes Viereck, u. s. f., aus dem vorletzten Viereck über die zu q äquivalente Seite in das letzte Viereck, welches $t_i(\tau)$ enthält. Dann setzen wir:

$$t_i = s_a s_b \cdots s_q. \tag{10}$$

Der Uebertritt des Bogens A aus einem Fundamentalviereck in ein benachbartes kann erstens ausserhalb der kleinen Kreise erfolgen, die Anzahl der betreffenden Uebergänge, bezw. der ihnen in t_i entsprechenden Substitutionen s (von denen überdies noch unmittelbar einander folgende gleiche Substitutionen zu Potenzen zusammenzuziehen sind) liegt unterhalb $\frac{L_i}{\sigma}$.

Durchschreitet andererseits A innerhalb eines der kleinen Kreise eine Reihe dort zusammenstossender Vierecksseiten, so sind zwei Fälle zu trennen. Entweder nämlich folgen sich hierbei lauter solche Seiten, welche mit einer und derselben Seite von R_0 äquivalent sind (und dies ist der Fall, wenn der Berührungspunkt des betreffenden kleinen Kreises mit $\tau = \infty$ oder $\tau = 0$ — immer durch Substitutionen von g — äquivalent ist), oder es wechseln solche Seiten ab, welche mit zwei nicht zusammengehörigen Seiten von R_0 äquivalent sind (dies tritt ein, wenn der Berührungspunkt mit $\tau = 1$ äquivalent ist). Im ersten Falle entspricht der Ueberschreitung des kleinen Kreises eine positive Potenz einer der Substitutionen t_1, t_1^{-1}, t_3, t_3^{-1}, im anderen Falle eine Potenz von $t_2 = t_1^{-1}t_3^{-1}$ oder $t_2^{-1} = t_3 t_1$ resp. das Product derselben in eine oder zwei der vorigen Substitutionen.*) Jedenfalls erfährt dabei die Zahl n eine Vermehrung um höchstens 3 Einheiten.

---

*) Man findet folgende mögliche Fälle:

$$t_2^k, \ t_2^k s_4, \ s_2 t_2^k, \ s_2 t_2^k s_4, \ t_2^{-k}, \ t_2^{-k} s_3, \ s_1 t_2^{-k}, \ s_1 t_2^{-k} s_3.$$

Die Anzahl n der in t_i nacheinander aufzunehmenden Substitutionspotenzen ist also sicher kleiner als

$$L_i\left(\frac{3}{\varrho}+\frac{1}{\sigma}\right).$$

Setzen wir abkürzend:

$$\varkappa_0=\varpi\left(\frac{3}{\varrho}+\frac{1}{\sigma}\right), \tag{11}$$

so dürfen wir sagen:

Lemma VIII. *Geht durch die Substitution t_i das Fundamentalviereck R_0 über in R_k und ist L_i das L eines Bogens, dessen beide Endpunkte in R_0 resp. R_k liegen, so erreicht keiner der Coefficientenmoduln der homogenen Substitution T_i die Grösse $e^{\varkappa_0 L_i}$, wo $\varkappa_0$ eine positive Constante bezeichnet.*

Die in den Gleichungen (2) auftretenden ξ-Reihen, werden, da die Moduln der Grössen

$$e^{i\pi\alpha u_n},\quad e^{i\pi\alpha' u_n},\quad R^{-1}(e^{i\pi\beta v_n r}),\quad R^{-1}(e^{i\pi\beta' v_n r}),\quad S^{-1}(e^{i\pi\gamma w_n s}),\quad S^{-1}(e^{i\pi\gamma' w_n s})$$

unterhalb der festen Grenze M liegen, für ein hinreichend grosses m unbedingt convergiren, wenn dies mit den folgenden Reihen der Fall ist:

$$\left\{\begin{aligned}&\sum_n \text{mod. } A_{nq}\left(\frac{du_n}{d\tau}\right)^m,\\ &\sum_n \text{mod. } B_{nq}\left(\frac{dv_n r}{d\tau}\right)^m, \qquad q=1,2,3,4,\\ &\sum_n \text{mod. } C_{nq}\left(\frac{dw_n s}{d\tau}\right)^m,\end{aligned}\right. \tag{12}$$

in denen A_{nq}, B_{nq}, C_{nq} resp. die Coefficienten der Substitutionen U_n^{-1}, V_n^{-1}, W_n^{-1} bedeuten.

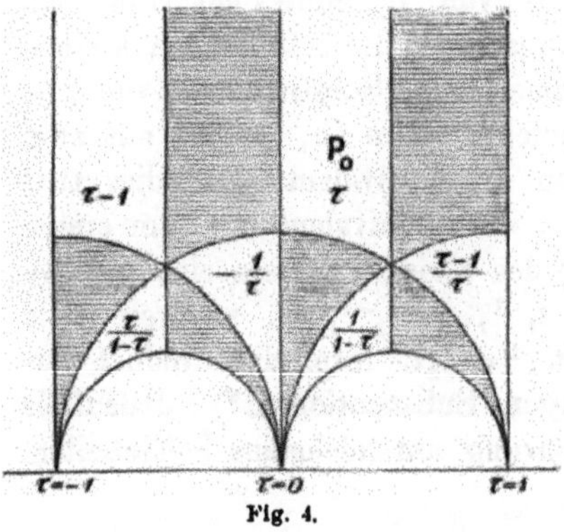

Fig. 4.

Der Beweis der Convergenz der Reihen (12) lässt sich am einfachsten unter der Annahme führen, dass dem Punkte τ der Bereich P_0 als Spielraum angewiesen werde, welcher oberhalb des Kreises

$$(\xi+1)(\xi-1)+\eta^2=0$$

und zwischen den Geraden

$$\xi=0,\ \xi=\frac{1}{2}$$

liegt. Ist dies geschehen, so kann man daraus leicht folgern, dass die Convergenz für eine beliebige Lage des Punktes τ innerhalb der positiven Halbebene stattfindet.

Es sei $\tau = \xi + i\eta$ ein Punkt in P_0 und $u_n(\tau) = \xi_n + i\eta_n$, ferner $\eta_0 > \eta_n$, so hat man nach Lemma VI:

$$\text{mod.}\left(\frac{du_n}{d\tau}\right)^m = e^{m(l-l_n)},$$

wenn

$$l = \log\frac{\eta_0}{\eta}, \quad l_n = \log\frac{\eta_0}{\eta_n}$$

gesetzt wird. Zieht man eine verticale Gerade vom Punkte $u_n(\tau)$ aufwärts bis zur Höhe des Punktes τ über der reellen Axe, so liegt ihr Endpunkt unseren Festsetzungen nach innerhalb R_0; sie verbindet einen Punkt von R_0 mit einem Punkte von R_k, wo R_k aus R_0 durch u_n hervorgeht. Ihr L aber ist $= l_n - l$. Sonach ist

$$\text{mod.}\, A_{nq} < e^{-\varkappa_0(l-l_n)}$$

und

$$\text{(13)} \qquad \text{mod.}\, A_{nq}\left(\frac{du_n}{d\tau}\right)^m < e^{(m-\varkappa_0)(l-l_n)}.$$

Man braucht daher m nur so gross zu wählen, dass

$$\text{(14)} \qquad m - 2 > \varkappa_0$$

wird, so hat man:

$$\text{mod.}\, A_{nq}\left(\frac{du_n}{d\tau}\right)^m < \text{mod.}\left(\frac{du_n}{d\tau}\right)^2$$

und darf sicher sein, dass die Reihe

$$\sum_n \text{mod.}\, A_{nq}\left(\frac{du_n}{d\tau}\right)^m$$

convergirt.

Setzt man ferner

$$v_n r(\tau) = r u_n(\tau) = \xi_n' + i\eta_n'$$

und

$$l_n' = \log\frac{\eta_0}{\eta_n'},$$

so hat man:

$$\text{mod.}\left(\frac{dv_n r}{d\tau}\right)^m = e^{m(l-l_n')},$$

Der Punkt $r(\tau)$ liegt, wie man leicht constatirt (s. Fig. 4), mit τ in R_0, also der Punkt $r u_n(\tau)$ in R_k. Eine von letzterem ausgehende verticale Gerade, die sich bis zur Höhe des Punktes τ erhebt, und deren $L = l_n' - l$ ist, endet wiederum in R_0. Man hat daher, wie oben:

$$\text{(15)} \qquad \text{mod.}\, B_{nq}\left(\frac{dv_n r}{d\tau}\right)^m < \text{mod.}\left(\frac{dv_n r}{d\tau}\right)^2,$$

wenn $m - 2 > \varkappa_0$, und schliesst daraus die Convergenz der Reihe

$$\sum_n \text{mod.}\, B_{nq}\left(\frac{dv_n r}{d\tau}\right)^m.$$

Ganz analog wird die Reihe

$$\sum_n \text{mod. } C_{n\varrho} \left(\frac{dw_{n}s}{d\tau}\right)^m$$

als convergent erkannt. Alles zusammenfassend erhält man:

Theorem IV. *Die für die Functionen* $\xi_1(\tau)$, $\xi_2(\tau)$, ..., $\xi_2''(\tau)$ *in den Gleichungen* (2) *aufgestellten Reihen convergiren unbedingt für alle Werthe von* τ *mit positiv imaginärem Theile, wenn* $m-2>\varkappa_0$ *ist.*

Was die Grösse $\varkappa_0$ angeht, so ist dieselbe allerdings noch nicht genau fixirt worden, vielmehr wurde nur nachgewiesen, dass es einen endlichen positiven Werth geben muss, welchem sie gleichgesetzt werden kann.

§ 9.

Eigenschaften der Functionen $\Theta(\tau)$, $\xi_1(\tau)$ und $\xi_2(\tau)$.

Wir wollen jetzt zusehen, welche Wirkung es hat, wenn man in der Θ-Reihe und den ξ-Reihen die Variable τ einer beliebigen Substitution t_ϱ der Gruppe g unterwirft.

Für die Function $\Theta(\tau)$ findet man auf Grund des Lemma V ohne Weiteres folgenden Satz.

Theorem V. *Die Function* $\Theta(\tau)$ *genügt der identischen Gleichung*

$$\Theta\big(t_\varrho(\tau)\big) = \left(\frac{dt_\varrho(\tau)}{d\tau}\right)^{-m} \cdot \Theta(\tau).$$

Diese Gleichung gilt übrigens auch für den Fall, dass t_ϱ irgend eine Substitution der Gruppe Γ bedeutet.

Hierauf beschäftigen wir uns zuerst mit den Functionen $\xi_1(\tau)$ und $\xi_2(\tau)$. — Man setze:

$$t_\varrho u_n = u_\sigma t_1^k = u_\sigma + 2k,$$

so ergiebt sich:

$$(1)\quad \begin{cases} \xi_1(t_\varrho) = \sum\limits_n U_n^{-1}\big(e^{i\pi\alpha(u_\sigma+2k)}\big) \cdot \left(\dfrac{du_n}{d\tau}\right)^m \cdot \left(\dfrac{dt_\varrho}{d\tau}\right)^{-m}, \\ \xi_2(t_\varrho) = \sum\limits_n U_n^{-1}\big(e^{i\pi\alpha'(u_\sigma+2k)}\big) \cdot \left(\dfrac{du_n}{d\tau}\right)^m \cdot \left(\dfrac{dt_\varrho}{d\tau}\right)^{-m}. \end{cases}$$

Andererseits findet wegen des Isomorphismus der Gruppen g und G zwischen den Substitutionen U_n, U_σ, T_1, T_ϱ, welche u_n, u_σ, t_1, t_ϱ entsprechen, die Beziehung statt:

$$T_\varrho U_n = U_\sigma T_1^k, \quad \text{oder} \quad U_n^{-1} = \Theta_1^{-k} U_\sigma^{-1} T_\varrho.$$

Berücksichtigt man noch, dass nach Lemma V u_σ und U_σ resp. dieselben Systeme von Substitutionen (von der Reihenfolge abgesehen) zu durchlaufen haben, wie u_n und U_n, so folgt aus (1):

$$(2)\quad \begin{cases} \xi_1(t_\varrho) = \left(\frac{dt_\varrho}{d\tau}\right)^{-m} \cdot \sum\limits_\sigma U_\sigma^{-1} T_\varrho(e^{i\pi\alpha u_\sigma}) \cdot \left(\frac{du_\sigma}{d\tau}\right)^m, \\ \xi_2(t_\varrho) = \left(\frac{dt_\varrho}{d\tau}\right)^{-m} \cdot \sum\limits_\sigma U_\sigma^{-1} T_\varrho(e^{i\pi\alpha' u_\sigma}) \cdot \left(\frac{du_\sigma}{d\tau}\right)^m. \end{cases}$$

Diese Gleichungen sind aber identisch mit den folgenden:

$$(3)\quad \begin{cases} \xi_1(t_\varrho) = \left(\frac{dt_\varrho}{d\tau}\right)^{-m} \cdot T_\varrho\big(\xi_1(\tau)\big), \\ \xi_2(t_\varrho) = \left(\frac{dt_\varrho}{d\tau}\right)^{-m} \cdot T_\varrho\big(\xi_2(\tau)\big). \end{cases}$$

Wenden wir jetzt die Substitution t_ϱ in $\xi_1'(\tau)$ und $\xi_2'(\tau)$ an! Wir setzen:

$$t_\varrho v_n = v_\sigma t_2^k,$$

woraus die Relation

$$t_\varrho v_n r = v_\sigma t_2^k r = v_\sigma r t_1^k = v_\sigma r + 2k$$

folgt. Hierauf ergiebt sich:

$$(4)\quad \begin{cases} \xi_1'(t_\varrho) = \sum\limits_n R^{-1} V_n^{-1}(e^{i\pi\beta(v_\sigma r+2k)}) \cdot \left(\frac{dv_\sigma r}{d\tau}\right)^m \cdot \left(\frac{dt_\varrho}{d\tau}\right)^{-m}, \\ \xi_2'(t_\varrho) = \sum\limits_n R^{-1} V_n^{-1}(e^{i\pi\beta'(v_\sigma r+2k)}) \cdot \left(\frac{dv_\sigma r}{d\tau}\right)^m \cdot \left(\frac{dt_\varrho}{d\tau}\right)^{-m}. \end{cases}$$

Es besteht aber, analog wie oben, die Beziehung

$$T_\varrho V_n = V_\sigma T_2^k \quad \text{oder} \quad V_n^{-1} = R\,\Theta_2^{-k} R^{-1} V_\sigma^{-1} T_\varrho.$$

Weiter ist aus Lemma V ersichtlich, dass v_σ und V_σ resp. dieselben Substitutionen wie v_n und V_n zu durchlaufen haben. Demnach folgt

$$(5)\quad \begin{cases} \xi_1'(t_\varrho) = \left(\frac{dt_\varrho}{d\tau}\right)^{-m} \cdot \sum\limits_\sigma R^{-1} V_\sigma^{-1} T_\varrho(e^{i\pi\beta v_\sigma r}) \cdot \left(\frac{dv_\sigma r}{d\tau}\right)^m, \\ \xi_2'(t_\varrho) = \left(\frac{dt_\varrho}{d\tau}\right)^{-m} \cdot \sum\limits_\sigma R^{-1} V_\sigma^{-1} T_\varrho(e^{i\pi\beta' v_\sigma r}) \cdot \left(\frac{dv_\sigma r}{d\tau}\right)^m, \end{cases}$$

oder, was gleichbedeutend ist:

$$(6)\quad \begin{cases} \xi_1'(t_\varrho) = \left(\frac{dt_\varrho}{d\tau}\right)^{-m} \cdot T_\varrho\big(\xi_1'(\tau)\big), \\ \xi_2'(t_\varrho) = \left(\frac{dt_\varrho}{d\tau}\right)^{-m} \cdot T_\varrho\big(\xi_2'(\tau)\big). \end{cases}$$

In völlig analoger Weise werden auf Grund des Ansatzes

$$t_\varrho w_n = w_\sigma t_3^k, \qquad t_\varrho w_n s = w_\sigma s + 2k,$$
$$W_n^{-1} = S\,\Theta_3^{-k} S^{-1} W_\sigma^{-1} T_\varrho$$

successive die Gleichungen

$$(7)\quad \begin{cases} \xi_1''(t_\varrho) = \sum\limits_n S^{-1} W_n^{-1}\left(e^{i\pi\gamma(w_\sigma s+2k)}\right)\cdot\left(\frac{d w_\sigma s}{d\tau}\right)^m\cdot\left(\frac{dt_\varrho}{d\tau}\right)^{-m}, \\ \xi_2''(t_\varrho) = \sum\limits_n S^{-1} W_n^{-1}\left(e^{i\pi\gamma'(w_\sigma s+2\gamma)}\right)\cdot\left(\frac{d w_\sigma s}{d\tau}\right)^m\cdot\left(\frac{dt_\varrho}{d\tau}\right)^{-m}; \end{cases}$$

$$(8)\quad \begin{cases} \xi_1''(t_\varrho) = \left(\frac{dt_\varrho}{d\tau}\right)^{-m}\cdot\sum\limits_\sigma S^{-1} W_\sigma^{-1} T_\varrho\left(e^{i\pi\gamma w_\sigma s}\right)\cdot\left(\frac{d w_\sigma s}{d\tau}\right)^m, \\ \xi_2''(t_\varrho) = \left(\frac{dt_\varrho}{d\tau}\right)^{-m}\cdot\sum\limits_\sigma S^{-1} W_\sigma^{-1} T_\varrho\left(e^{i\pi\gamma' w_\sigma s}\right)\cdot\left(\frac{d w_\sigma s}{d\tau}\right)^m \end{cases}$$

hergeleitet, von denen die beiden letzten identisch sind mit:

$$(9)\quad \begin{cases} \xi_1''(t_\varrho) = \left(\frac{dt_\varrho}{d\tau}\right)^{-m}\cdot T_\varrho\left(\xi_1''(\tau)\right), \\ \xi_2''(t_\varrho) = \left(\frac{dt_\varrho}{d\tau}\right)^{-m}\cdot T_\varrho\left(\xi_2''(\tau)\right). \end{cases}$$

Auf Grund der Identitäten (3), (6), (9) folgt:

Theorem VI. *Die Functionen $\zeta_1(\tau)$ und $\zeta_2(\tau)$ gehen bei Anwendung der Substitution t_ϱ auf die Variable τ über in*

$$\begin{cases} \zeta_1\left(t_\varrho(\tau)\right) = \left(\frac{dt_\varrho(\tau)}{d\tau}\right)^{-m}\cdot T_\varrho\left(\zeta_1(\tau)\right), \\ \zeta_2\left(t_\varrho(\tau)\right) = \left(\frac{dt_\varrho(\tau)}{d\tau}\right)^{-m}\cdot T_\varrho\left(\zeta_2(\tau)\right), \end{cases}$$

wenn die homogene lineare Transformation T_ϱ in G der Transformation t_ϱ in g durch den Isomorphismus beider Gruppen entspricht.

§ 10.

Die Functionen $Z_1(\tau)$ und $Z_2(\tau)$.

Aus den bisher betrachteten Functionen setzen wir zwei neue zusammen:

$$(1)\quad \begin{cases} Z_1(\tau) = \frac{\zeta_1(\tau)}{\Theta(\tau)}, \\ Z_2(\tau) = \frac{\zeta_2(\tau)}{\Theta(\tau)}, \end{cases}$$

und suchen die *charakteristischen Eigenschaften* derselben auf. Als solche bieten sich unmittelbar folgende dar:

1⁰. *Z_1 und Z_2 sind als eindeutige Functionen von τ für alle Werthe von τ mit positiv imaginärem Theile erklärt und besitzen innerhalb dieses Werthegebietes keine wesentlich singulären Stellen.*

2⁰. *Z_1 und Z_2 erleiden die homogene lineare Transformation T_ϱ der Gruppe G, wenn τ die linear gebrochene Transformation t_ϱ der Gruppe g erfährt.*

3°. *Die Nullstellen von $\Theta(\tau)$ bilden im Allgemeinen polare Unstetigkeitsstellen von Z_1 und Z_2.*

4°. *Jeder reelle rationale Werth von τ bildet für Z_1 und Z_2 eine wesentlich singuläre Stelle. Also ist überhaupt die reelle Axe eine natürliche Grenze, über welche hinaus Z_1 und Z_2 nicht analytisch fortgesetzt werden können.*

Das Verhalten der Functionen Z_1 und Z_2 an den reellen rationalen Stellen bedarf einer genaueren Betrachtung.

Unter der *Umgebung* einer solchen Stelle $\tau = \varepsilon$ verstehen wir das Innere eines Kreises, welcher die reelle Axe im Punkte ε berührt und keinen polaren Unstetigkeitspunkt umschliesst.

Es sei erstens ein reeller rationaler Werth

$$\varepsilon = \frac{2p+1}{2q}$$

gegeben und $u_n(\tau)$ diejenige lineare Function des Systemes H, welche für $\tau = \varepsilon$ unendlich wird, so enthalten Z_1 und Z_2 im Zähler je ein für $\tau = \varepsilon$ unendlich werdendes Glied, nämlich:

$$U_n^{-1}(e^{i\pi a u_n}) \cdot \left(\frac{du_n}{d\tau}\right)^m, \quad \text{resp.} \quad U_n^{-1}(e^{i\pi a' u_n}) \cdot \left(\frac{du_n}{d\tau}\right)^m$$

und ihr gemeinsamer Nenner weist das unendliche Glied

$$\left(\frac{du_n}{d\tau}\right)^m$$

auf. Unterdrückt man die genannten Terme, so bleiben im Zähler und Nenner Reihen übrig, welche nach Multiplication mit

$$\left(\frac{du_n}{d\tau}\right)^{-m}$$

die Null zur Grenze haben, wenn τ auf directem Wege nach ε convergirt.

Der Nachweis dieser Behauptung braucht nur für die Function $\Theta(\tau)$ erbracht zu werden, von welcher man ihn ohne Schwierigkeit auf die Functionen $\zeta_1(\tau)$ und $\zeta_2(\tau)$ übertragen kann. Man beachte zu dem Ende die Entwickelung

$$\Theta(\tau) = 1 + \frac{(-1)^m}{B_m} \cdot 4m \cdot \sum_{k=1}^{\infty} \cdot k^{2m-1} \cdot \frac{e^{2ki\pi\tau}}{1 - e^{2ki\pi\tau}}$$

in Verbindung mit der Relation

$$\Theta(u_n) = \left(\frac{du_n}{d\tau}\right)^{-m} \cdot \Theta(\tau).$$

Man erhält dann durch Unterdrückung des Termes $\left(\frac{du_n}{d\tau}\right)^m$ und Multiplication mit $\left(\frac{du_n}{d\tau}\right)^{-m}$ die Reihe

$$\Theta(\tau) \cdot \left(\frac{du_n}{d\tau}\right)^{-m} - 1 = \frac{(-1)^m}{B_m} \cdot 4m \cdot \sum_{k=1}^{\infty} k^{2m-1} \cdot \frac{e^{2ki\pi u_n}}{1 - e^{2ki\pi u_n}}.$$

Da aber

$$\lim e^{i\pi u_n} = 0$$

wird, wenn τ auf directem Wege nach ε convergirt, so folgt unter derselben Bedingung:

$$(2) \qquad \lim \left\{ \Theta(\tau) \cdot \left(\frac{d u_n}{d \tau} \right)^{-m} - 1 \right\} = 0.$$

Es soll jetzt festgestellt werden, in welcher Art Z_1 und Z_2 unendlich werden, wenn τ auf directem Wege nach ε convergirt. Um uns hierbei präcis ausdrücken zu können, setzen wir fest, dass die *Ordnung des Unendlichwerdens* gemessen werden soll mit Hülfe der Grösse

$$h = e^s, \quad \text{wo} \quad s = i\pi u_n(\tau),$$

so zwar, dass wir eine unserer Functionen unendlich von der Ordnung ϱ nennen, wenn sie unendlich wird wie $h^{-\varrho}$ an der Stelle $h = 0$.

Es sei ferner darauf hingewiesen, dass es die gegenwärtigen Betrachtungen sind, zu deren Vereinfachung die am Schlusse des § 7 angegebenen Voraussetzungen eingeführt wurden. In der That würde ohne dieselben ein Theil der folgenden Schlüsse hinfällig werden.

Multiplicirt man in Z_1 und Z_2 Zähler und Nenner mit $\left(\frac{d u_n}{d \tau} \right)^{-m}$ und lässt darauf τ direct nach ε convergiren, so zeigt sich, dass Z_1 und Z_2 von derselben Ordnung unendlich werden, wie die Ausdrücke

$$U_n^{-1}(h^\alpha), \quad U_n^{-1}(h^{\alpha'}).$$

Hieraus ergiebt sich weiter, dass

$$(3) \qquad \begin{cases} \lim U_n(Z_1) = \lim h^\alpha, \\ \lim U_n(Z_2) = \lim h^{\alpha'} \end{cases}$$

sein muss. Sonach werden wir setzen dürfen:

$$\begin{cases} U_n(Z_1) = h^\alpha \cdot \Phi_1(s), \\ U_n(Z_2) = h^{\alpha'} \cdot \Phi_2(s), \end{cases}$$

wo Φ_1 und Φ_2 innerhalb des der Umgebung von $\tau = \varepsilon$ entsprechenden Werthegebietes als eindeutige und endliche Functionen von s zu erklären sind, welche für $s = -\infty$ den Grenzgleichungen (3) genügen. Wir haben dann:

$$(4) \qquad \begin{cases} Z_1 = U_n^{-1}\left(e^{\alpha s} \cdot \Phi_1(s)\right), \\ Z_2 = U_n^{-1}\left(e^{\alpha' s} \cdot \Phi_2(s)\right). \end{cases}$$

Wenden wir jetzt auf τ die Substitution

$$t = u_n t_1^k u_n^{-1}$$

der Gruppe g an, welche $u_n(\tau)$ in $u_n(\tau) + 2k$ und folglich s in $s + 2k\pi i$ überführt, so ergiebt sich:

$$\begin{cases} Z_1(t) = U_n T_1^k U_n^{-1}\big(Z_1(\tau)\big) = T_1^k U_n^{-1}\big(e^{\alpha z} \cdot \Phi_1(z)\big), \\ Z_2(t) = U_n T_1^k U_n^{-1}\big(Z_2(\tau)\big) = T_1^k U_n^{-1}\big(e^{\alpha' z} \cdot \Phi_2(z)\big). \end{cases}$$

Hieraus aber folgen die für alle zulässigen Werthe z und eine beliebige (positive oder negative) ganze Zahl k gültigen Gleichungen

$$(5) \qquad \begin{cases} \Phi_1(z + 2k\pi i) = \Phi_1(z), \\ \Phi_2(z + 2k\pi i) = \Phi_2(z). \end{cases}$$

Sonach steht jetzt fest, dass Φ_1 und Φ_2 eindeutige Functionen der Grösse $h = e^z$ darstellen, mithin (da $\tau = \varepsilon$ die Stelle $h = 0$ entspricht) in einer gewissen Umgebung der Stelle $h = 0$ nach ganzen Potenzen von h entwickelt gedacht werden können. Diese Entwickelungen können aber negative Potenzen von h nicht enthalten, da andernfalls die Grenzbedingungen (3) nicht stattfinden würden. Es sind daher Φ_1 und Φ_2 nothwendig beide von der Form:

$$1 + c_1 h + c_2 h^2 + \cdots.$$

Ist ferner

$$\varepsilon = \frac{2p+1}{2q+1}$$

gegeben, so sei $v_n r(\tau) = r u_n(\tau)$ diejenige lineare Function, welche für $\tau = \varepsilon$ unendlich wird. Man findet durch die nämliche Methode, wie oben, dass für

$$h = e^z, \quad z = i\pi v_n r(\tau)$$

die Functionen Z_1 und Z_2 von derselben Ordnung unendlich werden wie die Ausdrücke

$$R^{-1} V_n^{-1}(h^\beta), \quad R^{-1} V_n^{-1}(h^{\beta'}),$$

wenn τ auf directem Wege nach ε convergirt.

Demgemäss erhalten wir:

$$(6) \qquad \begin{cases} \lim V_n R(Z_1) = \lim h^\beta, \\ \lim V_n R(Z_2) = \lim h^{\beta'} \end{cases}$$

und können wiederum den Ansatz

$$(7) \qquad \begin{cases} Z_1(\tau) = R^{-1} V_n^{-1}\big(e^{\beta z} \cdot \Psi_1(z)\big), \\ Z_2(\tau) = R^{-1} V_n^{\,1}\big(e^{\beta' z} \cdot \Psi_2(z)\big) \end{cases}$$

machen, wo Ψ_1 und Ψ_2 innerhalb einer gewissen Umgebung von $z = -\infty$ endliche und eindeutige Functionen von z sind, so beschaffen, dass den Bedingungen (6) Genüge geschieht.

Wenden wir sodann auf τ die Substitution

$$t = v_n t_2^k v_n^{-1} = v_n r t_1^k r^{-1} v_n^{-1}$$

der Gruppe g an, welche $v_n r(\tau)$ in $v_n r(\tau) + 2k$, mithin z in $z + 2k\pi i$ überführt, so hat man:

$$- V_n T_2^k V_n^{-1}(Z_1(\tau)) = R^{-1} T_2^k V_n^{-1}(e^{\beta z} \cdot \Psi_1(z)),$$
$$- V_n T_2^k V_n^{-1}(Z_2(\tau)) = R^{-1} T_2^k V_n^{-1}(e^{\beta' z} \cdot \Psi_2(z)).$$

[illegible] ist

$$T_2^k = R\Theta_2^k R^{-1},$$

[illegible]

$$\begin{cases} Z_1(t) = \Theta_2^k R^{-1} V_n^{-1}(e^{\beta z} \cdot \Psi_1(z)), \\ Z_2(t) = \Theta_2^k R^{-1} V_n^{-1}(e^{\beta' z} \cdot \Psi_2(z)), \end{cases}$$

woraus die identischen Gleichungen

(8)
$$\begin{cases} \Psi_1(z + 2k\pi i) = \Psi_1(z), \\ \Psi_2(z + 2k\pi i) = \Psi_2(z), \end{cases}$$

gefolgert werden. Aus ihnen erkennt man, dass Ψ_1 und Ψ_2 die Form

$$1 + c_1 h + c_2 h^2 + \cdots$$

haben müssen.

Endlich erschliesst man, dass für die Umgebung des reellen rationalen Punktes

$$\varepsilon = \frac{2p}{2q+1}$$

die Gleichungen gelten:

(9)
$$\begin{cases} Z_1(\tau) = S^{-1} W_n^{-1}(e^{\gamma z} \cdot X_1(z)), \\ Z_2(\tau) = S^{-1} W_n^{-1}(e^{\gamma' z} \cdot X_2(z)), \end{cases}$$

wo

$$z = i\pi w_n s(\tau)$$

zu setzen ist und X_1, X_2 eindeutige und endliche Functionen von $h = e^z$ bedeuten, welche für eine gewisse Umgebung des Punktes $h = 0$ durch eine nach steigenden Potenzen von h geordnete Entwickelung mit dem Anfangsglied 1 definirbar sind. Dabei bedeutet $w_r s(\tau) = su_n(\tau)$ eine für $\tau = \varepsilon$ unendliche lineare Function.

Fassen wir die Resultate zusammen, so ergiebt sich als eine neue Eigenschaft der Functionen Z_1 und Z_2 die folgende:

5⁰. *In der Umgebung eines beliebigen reellen rationalen Punktes $\tau = \varepsilon$ sind beide Functionen Z_1 und Z_2 unter der Form darstellbar:*

$$Z = \text{const.}\ e^{\varrho z} \cdot \mathfrak{P}(e^z) + \text{const.}\ e^{\varrho' z} \cdot \mathfrak{P}'(e^z),$$

wo

$$z = \frac{\varpi}{\tau - \varepsilon}$$

gesetzt ist, ϖ, ϱ, ϱ' geeignete Constanten, $\mathfrak{P}$ und $\mathfrak{P}'$ aber Potenzreihen von der Form

$$1 + c_1 e^z + c_2 e^{2z} + \cdots$$

bedeuten.

§ 11.

Darstellung der hypergeometrischen Functionen y_1 und y_2 durch die Functionen Z_1 und Z_2.

Die im vorausgehenden Artikel zusammengestellten Eigenschaften der Functionen $Z_1(\tau)$ und $Z_2(\tau)$ lassen erkennen, dass Z_1 und Z_2 alle Bedingungen erfüllen, welche zur Definition eines *Systemes von Zetafunctionen* im Sinne des Hrn. Poincaré nothwendig und hinreichend sind.

Indem ich zum Vergleich auf die Arbeiten des Hrn. Poincaré*) hinweise, erscheint es mir doch für den vorliegenden Zweck nicht nöthig, die dort zu findenden allgemeinen Sätze heranzuziehen, insofern einerseits über die hier allein in Betracht kommenden Gruppen reeller ganzzahliger linearer Substitutionen bereits seit längerer Zeit eingehende Untersuchungen bekannt sind, andererseits die noch anzuwendenden functionentheoretischen Schlüsse sich ungezwungen aus der Anwendung Riemann'scher Principien ergeben.

Ich kennzeichne daher sogleich eine Gattung speciellerer Probleme, auf welche die hier für den Fall hypergeometrischer Functionen angestellten Betrachtungen unmittelbar ausgedehnt werden können, indem ich neben die gebräuchliche Definition der *Modulfunctionen* die folgende neue *Definition* stelle:

Unter einem *System von Zeta-Modulfunctionen* sollen *n eindeutige Functionen* $Z_1, Z_2, \ldots, Z_n$ *einer Variablen* τ verstanden werden, welche folgenden *Bedingungen* genügen:

1°. Sie sollen, wenn auf das Argument τ eine gewisse Gruppe g ganzzahliger linearer Substitutionen mit der Determinante 1 angewendet wird, selbst eine (zu g isomorphe) Gruppe G homogener linearer Substitutionen erfahren.

2°, Sie sollen für die positive Halbebene τ analytisch definirbar sein und innerhalb derselben keine wesentlich singulären Stellen besitzen. In der Umgebung einer reellen rationalen Stelle $\tau = \varepsilon$ werden sie von der Form vorausgesetzt (vergl. 5° in § 10):

$$Z = \sum_{i=1}^{p} g_i(z) \cdot e^{\varrho_i z} \cdot \mathfrak{P}_i(e^z), \quad z = \frac{\varpi}{\tau - \varepsilon},$$

wo $g_1, g_2, \ldots, g_p$ ganze Functionen resp. vom Grade $n_1, n_2, \ldots, n_p$ mit der Bedingung

$$n_1 + n_2 + \cdots + n_p = n - p$$

bedeuten.

---

*) Siehe namentlich Acta Math. V, p. 227 u. f.

Hieraus können wir unsere bisherigen Ausführungen folgendermassen zusammenfassen:

Theorem VII. *Z_1 und Z_2 bilden ein zu den Gruppen g und G gehöriges System von Zeta-Modulfunctionen.*

Da andererseits das *Fundamentalpolygon unserer Gruppe G* das *Geschlecht Null* hat und $x = \varkappa^2(\tau)$ eine zu g gehörige *Modulfunction* ist, so folgt:

Theorem VIII. *Z_1 und Z_2, als Functionen von $x = \varkappa^2(\tau)$ betrachtet, genügen einer linearen Differentialgleichung 2. Ordnung:*

$$\text{(C)} \qquad \frac{d^2 Z}{dx^2} + p_1(x) \cdot \frac{dZ}{dx} + p_2(x) \cdot Z = 0$$

mit rationalen Coefficienten $p_1(x)$ und $p_2(x)$

Die *Integrale y_1 und y_2 der hypergeometrischen Differentialgleichung* (B) sind ihrerseits, als Functionen von τ aufgefasst, ebenfalls *Zeta-Modulfunctionen* mit den Gruppen g und G. Daher folgt auf Grund eines Riemann'schen Satzes*) das Bestehen zweier Gleichungen von der Form

$$\text{(1)} \qquad \begin{cases} y_1 = F_0(x) \cdot Z_1 + F_1(x) \cdot \dfrac{dZ_1}{dx}, \\ y_2 = F_0(x) \cdot Z_2 + F_2(x) \cdot \dfrac{dZ_2}{dx}, \end{cases}$$

in denen F_0 und F_1 *rationale Functionen* bedeuten.

Zwei lineare Differentialgleichungen, wie in unserem Falle (B) und (C), deren Integrale dieselben eigentlichen singulären Stellen (hier $x = 0, \infty, 1$) und die nämliche Gruppe von Periodicitätssubstitutionen besitzen, heissen bei Riemann zu derselben *Classe* gehörig (*espèce* bei Hrn. Poincaré). Sie können nur bezüglich etwa vorhandener *polarer Unstetigkeitsstellen* von einander *abweichen*. Da y_1 und y_2 ausser $x = 0, \infty, 1$ überhaupt keine singulären Stellen besitzen, so kann gegenwärtig nur die *Differentialgleichung* (C) im Allgemeinen noch *polare Unstetigkeitsstellen* aufweisen, den *Nullstellen der Function $\Theta(\tau)$ innerhalb der positiven Halbebene τ* entsprechend.

Die rationalen Functionen $F_0(x)$ und $F_1(x)$ sind durch

$$\text{(2)} \qquad F_0 = \frac{\Delta_0}{\Delta_2}, \quad F_1 = \frac{\Delta_1}{\Delta_2}$$

zu definiren, wo

$$\text{(3)} \qquad \begin{cases} \Delta_0 = y_1 \dfrac{dZ_2}{dx} - y_2 \dfrac{dZ_1}{dx}, \\ \Delta_1 = y_2 Z_1 - y_1 Z_2, \\ \Delta_2 = Z_1 \dfrac{dZ_2}{dx} - Z_2 \dfrac{dZ_1}{dx} \end{cases}$$

---

*) S. Riemann, Zwei allgemeine Sätze über lineare Differentialgleichungen. Ges. Werke, p. 362.

gesetzt ist. Wir wollen die Form dieser Functionen genauer feststellen.

Betrachten wir zuerst die eigentlichen singulären Stellen! — Durch das Symbol $\mathfrak{P}(t)$ bezeichnen wir allgemein irgend eine Potenzreihe von der Form

$$c_0 + c_1 t + c_2 t^2;$$

ferner setzen wir abkürzend:

$$(4)\quad \begin{cases} Y_1 = x^{\alpha} \cdot \mathfrak{P}(x), & Y_1' = \left(\frac{1}{x}\right)^{\beta} \cdot \mathfrak{P}\left(\frac{1}{x}\right), & Y_1'' = (1-x)^{\gamma} \cdot \mathfrak{P}(1-x), \\ Y_2 = x^{\alpha'} \cdot \mathfrak{P}(x), & Y_2' = \left(\frac{1}{x}\right)^{\beta'} \cdot \mathfrak{P}\left(\frac{1}{x}\right), & Y_2'' = (1-x)^{\gamma'} \cdot \mathfrak{P}(1-x). \end{cases}$$

Die Functionen y_1 und y_2 sind für die Umgebung aller von $x = 0, \infty, 1$ verschiedenen Stellen eindeutig und endlich, während sie sich in der Umgebung eben dieser Stellen resp. in der Form

$$(5)\quad \begin{cases} Y_1 = R^{-1}(Y_1') = S^{-1}(Y_1''), \\ Y_2 = R^{-1}(Y_2') = S^{-1}(Y_2'') \end{cases}$$

darstellen lassen.

Z_1 und Z_2, als Functionen von τ betrachtet, sind in der Umgebung der Stellen $\tau = \infty, 1, 0$ (andere brauchen wir nicht zu betrachten, da äquivalente Stellen gleiche Endresultate liefern) entwickelbar in der Form

$$(6)\quad \begin{cases} Z_1 = R^{-1}(Z_1') = S^{-1}(Z_1''), \\ Z_2 = R^{-1}(Z_2') = S^{-1}(Z_2''), \end{cases}$$

wobei

$$(7)\quad \begin{cases} Z_1 = e^{i\pi\alpha\tau} \cdot \mathfrak{P}(e^{i\pi\tau}), & Z_1' = e^{i\pi\beta\frac{\tau}{1-\tau}} \cdot \mathfrak{P}\left(e^{i\pi\frac{\tau}{1-\tau}}\right), \\ Z_2 = e^{i\pi\alpha'\tau} \cdot \mathfrak{P}(e^{i\pi\tau}); & Z_2' = e^{i\pi\beta'\frac{\tau}{1-\tau}} \cdot \mathfrak{P}\left(e^{i\pi\frac{\tau}{1-\tau}}\right); \\ & Z_1'' = e^{i\pi\gamma\cdot\frac{-1}{\tau}} \cdot \mathfrak{P}\left(e^{-\frac{i\pi}{\tau}}\right), \\ & Z_2'' = e^{i\pi\gamma'\cdot\frac{-1}{\tau}} \cdot \mathfrak{P}\left(e^{-\frac{i\pi}{\tau}}\right) \end{cases}$$

zu schreiben ist. Berücksichtigt man noch die Formen der aus der Theorie der elliptischen Transcendenten bekannten Entwickelungen

$$e^{i\pi\tau} = \varkappa^2 \cdot \mathfrak{P}(\varkappa^2), \quad e^{i\pi\frac{\tau}{1-\tau}} = \frac{1}{\varkappa^2} \cdot \mathfrak{P}\left(\frac{1}{\varkappa^2}\right), \quad e^{-\frac{i\pi}{\tau}} = (1-\varkappa^2) \cdot \mathfrak{P}(1-\varkappa^2),$$

so zeigt sich, dass

$$Z_1, \; Z_2, \; Z_1', \; Z_2', \; Z_1'', \; Z_2'',$$

als Functionen von x betrachtet, mit

$$Y_1, \; Y_2, \; Y_1', \; Y_2', \; Y_1'', \; Y_2''$$

der Form nach übereinstimmen.

Es mögen endlich den *Nullstellen* der Function $\Theta(\tau)$ in der x-Ebene die Stellen

(8) $$x = a_1, a_2, \cdots, a_q$$

als *polare Unstetigkeitsstellen der Functionen* Z_1 *und* Z_2 entsprechen, und zwar sollen letztere daselbst resp. von der Ordnung

(9) $$\nu_1, \nu_2, \cdots, \nu_q$$

unendlich werden.

Wir machen Gebrauch von den Beziehungen

$$\begin{cases} \Delta_0 = Y_1 \frac{dZ_2}{dx} - Y_2 \frac{dZ_1}{dx} = \frac{1}{\Delta'}\left(Y_1' \frac{dZ_2'}{dx} - Y_2' \frac{dZ_1'}{dx}\right) \\ \qquad = \frac{1}{\Delta''}\left(Y_1'' \frac{dZ_2''}{dx} - Y_2'' \frac{dZ_1''}{dx}\right), \\ \Delta_1 = Y_2 Z_1 - Y_1 Z_2 = \frac{1}{\Delta'} (Y_2' Z_1' - Y_1' Z_2') \\ \qquad = \frac{1}{\Delta''} (Y_2'' Z_1'' - Y_1'' Z_2''), \\ \Delta_2 = Z_1 \frac{dZ_2}{dx} - Z_2 \frac{dZ_1}{dx} = \frac{1}{\Delta'}\left(Z_1' \frac{dZ_2'}{dx} - Z_2' \frac{dZ_1'}{dx}\right) \\ \qquad = \frac{1}{\Delta''}\left(Z_1'' \frac{dZ_2''}{dx} - Z_2'' \frac{dZ_1''}{dx}\right), \end{cases}$$

wo

$$\text{Det.}\,(R) = \Delta', \quad \text{Det.}\,(S) = \Delta''$$

gesetzt ist, und können hierauf über $\Delta_0, \Delta_1, \Delta_2$ folgende nähere Angaben machen.

Die Functionen $\Delta_0, \Delta_1, \Delta_2$ sind allenthalben eindeutig und endlich, die Stellen

$$x = 0, \infty, 1, a_\varrho, \quad (\varrho = 1, 2, \cdots, q)$$

ausgenommen, an denen sie von ganzer Ordnung unendlich werden können. Denkt man sich diese Functionen für die Umgebung der fraglichen Stellen (unter Benutzung der Gleichungen (4) und (7)) nach steigenden Potenzen von x, $\frac{1}{x}$, $1-x$, resp. $x - a_\varrho$ entwickelt, so ergeben sich aus der Betrachtung der Anfangsglieder als Ordnungszahlen des Unendlichwerdens resp. an den Stellen:

	$x = 0,$	$x = \infty,$	$x = 1,$	$x = a_\varrho$
für Δ_0:	$1-\alpha-\alpha'=0,$	$-1-\beta-\beta'=0,$	$1-\gamma-\gamma'=0,$	$\nu_\varrho+1;$
für Δ_1:	$-\alpha-\alpha'=-1,$	$-\beta-\beta'=1,$	$-\gamma-\gamma'=-1,$	$\nu_\varrho;$
für Δ_2:	$1-\alpha-\alpha'=0,$	$-1-\beta-\beta'=0,$	$1-\gamma-\gamma'=0,$	$2\nu_\varrho+1.$

Hierzu ist noch zu bemerken, dass (speciell bezüglich der Function Δ_1) nicht feststeht, ob die angegebenen Ordnungszahlen thatsächlich erreicht werden, insofern nicht ausgeschlossen ist, dass die ersten Terme der gedachten Entwickelungen verschwindende Coefficienten erhalten.

Setzen wir noch

$$n = \sum_{\varrho=1}^{q} \nu_\varrho,$$

so sind die überall eindeutigen Functionen

$$(10)\quad \begin{cases} \Delta_0 \cdot \prod\limits_{\varrho=1}^{q} (x - a_\varrho)^{\nu_\varrho + 1}, \\ \Delta_1 \cdot x^{-1} \cdot (1-x)^{-1} \cdot \prod\limits_{\varrho=1}^{q} (x - a_\varrho)^{\nu_\varrho}, \\ \Delta_2 \cdot \prod\limits_{\varrho=1}^{q} (x - a_\varrho)^{2\nu_\varrho + 1} \end{cases}$$

für alle endlichen Werthe von x endlich, bei $x = \infty$ aber höchstens unendlich resp. von der Ordnung $n + q$, $n - 1$, $2n + q$. Sie stellen also *ganze Functionen* entsprechenden Grades dar. Nennen wir diese $G_0(x)$, $G_1(x)$, $G_2(x)$, so haben wir:

$$(11)\quad \begin{cases} F_0 = \prod\limits_{\varrho=1}^{q} (x - a_\varrho)^{\nu_\varrho} \cdot \dfrac{G_0(x)}{G_2(x)}, \\ F_1 = x(1-x) \cdot \prod\limits_{\varrho=1}^{q} (x - a_\varrho)^{\nu_\varrho + 1} \cdot \dfrac{G_1(x)}{G_2(x)}. \end{cases}$$

Beachtet man endlich die Beziehung

$$(12)\quad \frac{d\tau}{d(\varkappa^2)} = \frac{1}{i\pi\varkappa^2} \cdot \vartheta_0^{-4}(0|\tau)$$

und setzt:

$$(13)\quad F_0(\varkappa^2) = f_0(\tau), \qquad \frac{1}{i\pi\varkappa^2} \cdot F_1(\varkappa^2) = f_1(\tau),$$

so sind f_0 und f_1 bestimmte eindeutige Modulfunctionen. Unsere Resultate aber können wir dahin zusammenfassen:

Theorem IX. *Die hypergeometrischen Functionen $y_1(x)$ und $y_2(x)$ stellen sich für $x = \varkappa^2(\tau)$ durch die eindeutigen Functionen $Z_1(\tau)$ und $Z_2(\tau)$ in der Form dar:*

$$\begin{cases} y_1 = f_0(\tau) \cdot Z_1(\tau) + f_1(\tau) \cdot \vartheta_0^{-4}(0|\tau) \cdot \dfrac{dZ_1(\tau)}{d\tau}, \\ y_2 = f_0(\tau) \cdot Z_2(\tau) + f_1(\tau) \cdot \vartheta_0^{-4}(0|\tau) \cdot \dfrac{dZ_2(\tau)}{d\tau}, \end{cases}$$

wo f_0 und f_1 elliptische Modulfunctionen bedeuten.

Die Functionen

$$(14) \qquad \vartheta_0^{-4}(0|\tau)\cdot\frac{dZ_1(\tau)}{d\tau}, \quad \vartheta_0^{-4}(0|\tau)\cdot\frac{dZ_2(\tau)}{d\tau}$$

sind offenbar, ebenso wie Z_1 und Z_2 selbst, *Zeta-Modulfunctionen* mit den Gruppen g und G.

Der zuletzt ausgesprochene Satz bezeichnet etwa den Punkt, bis zu welchem auf Grund der vorliegenden Untersuchung die Lösung des Problemes der Darstellung hypergeometrischer Functionen mittels eindeutiger Processe durchgeführt werden kann. Die Beantwortung weiterer Fragen, welche sich hieran knüpfen, hängt grösstentheils ab von der Fixirung der ganzen Zahl m, welche bei der Definition der Functionen $\Theta(\tau)$, $\zeta_1(\tau)$ und $\zeta_2(\tau)$ eine wesentliche Rolle spielt (vgl. § 8).

Ich bezeichne schliesslich einige der hierher gehörigen Fragen als solche, welche mir einer genaueren Erörterung vorzugsweise zu bedürfen scheinen und mit denen ich mich daher in einer späteren Mittheilung zu beschäftigen beabsichtige. Es sind die folgenden: *Präcisirung der unteren Grenze* x_0 *für* $m = 2$; hiermit im Zusammenhang die *Bestimmung der Nullstellen von* $\Theta(\tau)$ und die *explicite Angabe von* $F_0(x)$ *und* $F_1(x)$. Ferner wird es sich darum handeln, die *Fälle ganzzahliger Parameterdifferenzen* λ, μ, ν in den Kreis der Betrachtung zu ziehen. Als Endziel dieser Untersuchung aber ist die *Herstellung der einfachsten Entwickelungsformen für die Functionen* $Z_1(\tau)$ *und* $Z_2(\tau)$ zu betrachten.

Dresden, Anfang November 1888.

Bestimmung der optischen Wellenfläche aus einem ebenen Centralschnitte derselben*).

Von

A. Brill in Tübingen.

Die Methoden, deren man sich zur Bestimmung der Hauptfortpflanzungsgeschwindigkeiten in Krystallen und der Gestalt der Wellenfläche bedient, beschränken sich auf Beobachtungen in solchen Schnittebenen, die gegen die Hauptelasticitätsaxen des Krystalls eine ausgezeichnete Lage haben — nicht zum mindesten, wie es scheint, wegen der rechnerischen Schwierigkeiten, die mit der Verwerthung von Beobachtungen in anderen Ebenen verbunden sind. Diese Beschränkung zu beseitigen ist bei dem Interesse, das eine genaue Erforschung der Gestalt der Wellenfläche besitzt, um so wünschenswerther, als die experimentellen Methoden sich neuerdings beträchtlich vervollkommnet haben. Ich beabsichtige nun im Folgenden zu zeigen, dass, wenn man die Fresnel'sche Theorie der Doppelbrechung zu Grunde legt, es hinreicht, die Fortpflanzungsgeschwindigkeiten der Wellen (oder auch der Strahlen) in einer beliebig angenommenen Schliffebene eines Krystalls zu messen — wozu sechs Beobachtungen ausreichen — um aus einer so bekannten ebenen Querschnittsfigur der Wellenfläche (beziehungsweise Strahlenfläche) die Hauptfortpflanzungsgeschwindigkeiten in dem Krystall sowie die Lage der Schliffebene gegen die Hauptelasticitätsaxen vollständig und mit geringer Mühe bestimmen zu können. Durch die Annahme also, dass es möglich ist, die Figur eines ebenen Centralschnitts einer Wellenfläche auf experimentellem Wege zu bestimmen**), wird die Frage, um die es sich handelt, zu

---

*) Abgedruckt aus den Sitzungsberichten der k. bayr. Academie d. Wiss. vom Jahre 1883.

**) Durch Beobachtungen an dem sinnreichen Apparat zur Bestimmung von Lichtgeschwindigkeiten in Krystallen, den Herr F. Kohlrausch (Wiedemann's Annalen 1878 Band IV, p. 15) „Totalreflectometer" genannt hat, kann man, wie eine einfache Ueberlegung lehrt, die oben verlangte ebene Querschnittsfigur der

einer rein geometrischen und den Hilfsmitteln der analytischen Geometrie zugänglich gemacht.

Ein ebener Centralschnitt der Kugel enthält als einziges Bestimmungsstück den Radius der Kugel; diese Fläche ist also durch einen ihrer Centralschnitte bestimmbar. Für jede andere Fläche mit Mittelpunkt dagegen muss die Zahl der Constanten, von welcher die Fläche abhängt, von der Zahl derjenigen der ebenen Curve, die von einer beliebigen durch den Mittelpunkt gelegten Ebene aus ihr ausgeschnitten wird, übertroffen werden, und zwar im Allgemeinen um drei, wenn die Fläche aus dem Centralschnitt gerade bestimmbar sein soll. Denn denkt man sich die ebene Schnittcurve auf ein beliebiges in ihrer Ebene gelegenes rechtwinkliges Coordinatensystem mit dem Mittelpunkt der Fläche als Ursprung bezogen, so erfordert die Orientirung dieses Systems gegen ein fest mit der Fläche verbundenes räumliches Coordinatensystem (mit demselben Ursprunge) drei Constante, welche ausser denen der Fläche noch in die Gleichung der Curve eingehen, und um welche also die letztere reicher sein muss als die der Fläche. Aus diesem Grunde ist die erwähnte Aufgabe bei den Mittelpunktsflächen zweiter Ordnung, wie auch bei ihren Fusspunktsflächen, unbestimmt, indem die ebene Schnittfigur nur drei Constante enthält, ebensoviele aber in die Gleichung der Fläche eingehen.

Dagegen ist das Problem wieder bestimmt für die aus dem Ellipsoid durch eine bekannte Punktconstruction entstehende *Fresnel'sche Wellenfläche* (wie auch für die aus den anderen Mittelpunktsflächen zweiter Ordnung auf ähnliche Weise ableitbaren Flächen vierter Ordnung). Für dieselbe lassen sich nämlich, wie unten gezeigt wird, aus den sechs Coefficienten der Gleichung eines ebenen Centralschnitts in einfacher Weise die Coefficienten dieser Gleichung für die drei Hauptfortpflanzungsgeschwindigkeiten (die Hauptaxen des Ellipsoids, aus dessen Centralschnittaxen Fresnel die Wellenfläche construirt) zusammensetzen. Diese Gleichung erweist sich jedoch nicht, wie es dem Falle der Eindeutigkeit des Problems entsprochen haben würde, als vom dritten, sondern als vom vierten Grade. Da sich vier Grössen auf vier verschiedene Arten zu dreien gruppiren lassen, so ist *die Lösung eine vierdeutige;* darunter befinden sich nur *zwei reelle* Flächen: *Durch die Schnittcurve also einer Wellenfläche mit einer Ebene, die*

Wellen- oder Strahlenfläche — ausser in den Hauptschnitten — nicht unmittelbar bestimmen. (Vergl. W. Kohlrausch, ibd. Bd. VII, p. 430). — Dass man nichtsdestoweniger die Resultate unseres Textes den Beobachtungen an diesem Instrument zugänglich machen kann, hat inzwischen (1889) Herr Ch. Soret (Zeitschrift f. Krystallogr. XV, 1888, S. 45) gezeigt. S. auch Perrot, Arch. des sc. phys. et nat. 1889. — Die Theorie des Totalreflectometers hat ferner Herr Th. Liebisch zum Gegenstand eingehender Untersuchungen gemacht (Neues Jahrb. f. Mineral. 1885, 1886).

durch ihren Mittelpunkt geht, lässt sich immer und nur noch eine bebestimmte reelle von der ersten im Allgemeinen verschiedene Wellenfläche legen, die sie gleichfalls als ebenen Schnitt enthält. Ausserdem gehen noch zwei imaginäre Wellenflächen hindurch. — Ein Beispiel zu diesem Satze bietet die Bemerkung, dass eine aus einem Kreis und einer concentrischen (denselben nicht schneidenden) Ellipse bestehende Schnittcurve ebensowohl als Hauptschnitt einer Fresnel'schen Wellenfläche, wie als schiefer Centralschnitt einer optisch einaxigen Wellenfläche aufgefasst werden kann, welche letztere bekanntlich durch Gleichsetzen zweier Hauptfortpflanzungsgeschwindigkeiten eines optisch zweiaxigen Krystalls aus der Fresnel'schen Wellenfläche entsteht, und in eine Kugel und ein dieselbe in den Endpunkten eines Durchmessers berührendes Rotationsellipsoid zerfällt.

Der obige Satz gilt nicht nur von der eigentlichen Fresnel'schen Wellenfläche vierter Ordnung, deren Gleichung, auf die Symmetrieebenen (Hauptschnittebenen) als Coordinatenebenen bezogen, bekanntlich:

$$\frac{x^2 a^2}{r^2 - a^2} + \frac{y^2 b^2}{r^2 - b^2} + \frac{z^2 c^2}{r^2 - c^2} = 0$$

ist, wo:

$$r^2 = x^2 + y^2 + z^2$$

ist, und die Constanten a, b, c die drei Hauptfortpflanzungsgeschwindigkeiten bedeuten, sondern auch von der ebenfalls häufig als Wellenfläche bezeichneten Fusspunktfläche 6. Ordnung der Fresnel'schen, welche von den Endpunkten der von einem Punkte des Krystalls ausgehenden Fortpflanzungsgeschwindigkeiten gebildet wird, und deren Gleichung lautet:

$$\frac{x^2}{r^2 - a^2} + \frac{y^2}{r^2 - b^2} + \frac{z^2}{r^2 - c^2} = 0.$$

Ich werde im Folgenden an die Fresnel'sche Wellenfläche anknüpfen und am Schlusse die wesentlichen Ergebnisse auf ihre Fusspunktfläche übertragen.

Transformirt man die Gleichung:

$$(1) \qquad \frac{x^2 a^2}{r^2 - a^2} + \frac{y^2 b^2}{r^2 - b^2} + \frac{z^2 c^2}{r^2 - c^2} = 0$$

auf ein neues rechtwinkliges Coordinatensystem $x' y' z'$ mit demselben Ursprung, dessen Axe X' mit den Axen X, Y, Z des alten Systems Winkel bildet, deren Cosinus wir bez. mit α, β, γ bezeichnen wollen, sind α_1, β_1, γ_1; α_2, β_2, γ_2 die Cosinus der Winkel, die in gleicher Weise den Axen Y', Z' zugehören, so lauten die Transformationsgleichungen:

$$x = \alpha x' + \alpha_1 y' + \alpha_2 z'$$
$$y = \beta x' + \beta_1 y' + \beta_2 z'$$
$$z = \gamma x' + \gamma_1 y' + \gamma_2 z',$$

wo zwischen den neun Grössen α_i, β_i, γ_i die bekannten Relationen bestehen:

$$\begin{array}{ll} \alpha^2 + \beta^2 + \gamma^2 = 1 & \alpha_1\alpha_2 + \beta_1\beta_2 + \gamma_1\gamma_2 = 0 \\ \alpha_1^2 + \beta_1^2 + \gamma_1^2 = 1 & \alpha_2\alpha + \beta_2\beta + \gamma_2\gamma = 0 \\ \alpha_2^2 + \beta_2^2 + \gamma_2^2 = 1 & \alpha\alpha_1 + \beta\beta_1 + \gamma\gamma_1 = 0. \end{array}$$

Wenn es sich nur um die Schnittcurve der Ebene $Y'Z'$ mit der Fläche handelt, so kann man der Vereinfachung halber gleich eingangs setzen:

$$x' = 0.$$

Dann wird zunächst:

$$r^2 = x^2 + y^2 + z^2 = y'^2 + z'^2 = r'^2,$$

und man erhält durch Einführung der neuen Coordinaten in die Gleichung der Fläche:

$$\frac{a^2(\alpha_1 y' + \alpha_2 z')^2}{r'^2 - a^2} + \frac{b^2(\beta_1 y' + \beta_2 z')^2}{r'^2 - b^2} + \frac{c^2(\gamma_1 y' + \gamma_2 z')^2}{r'^2 - c^2} = 0,$$

oder ausgeführt, unter Weglassung des Factors r'^2:

$$\text{(1)} \quad \begin{aligned} & r'^2 \cdot y'^2 \cdot [\alpha_1^2 a^2 + \cdots] - y'^2 \cdot [\alpha_1^2 a^2(b^2 + c^2) + \cdots] + \\ & + r'^2 \cdot z'^2 \cdot [\alpha_2^2 a^2 + \cdots] - z'^2 \cdot [\alpha_2^2 a^2(b^2 + c^2) + \cdots] + \\ & + r'^2 \cdot 2y'z' \cdot [\alpha_1\alpha_2 a^2 + \cdots] - 2y'z' \cdot [\alpha_1\alpha_2 a^2(b^2 + c^2) + \cdots] \\ & + a^2b^2c^2 = 0, \end{aligned}$$

wo in den eckigen Klammern die beiden Glieder, die durch cyklische Vertauschung von a mit b, c; α_1 mit β_1, γ_1; α_2 mit β_2, γ_2 aus den angeschriebenen entstehen, durch Punkte angedeutet sind.

Dies ist die Gleichung der ebenen Schnittcurve, die durch Einführung von Polarcoordinaten ϱ, φ mittelst der Formeln:

$$y' = \varrho \cos\varphi$$
$$z' = \varrho \sin\varphi$$
$$r' = \varrho$$

die Gestalt annimmt:

$$\text{(3)} \quad \begin{aligned} & \varrho^4(A_1 \cos^2\varphi + A_2 \sin^2\varphi + 2A \cos\varphi \sin\varphi) - \\ & - \varrho^2(B_1 \cos^2\varphi + B_2 \sin^2\varphi + 2B \cos\varphi \sin\varphi) + 1 = 0, \end{aligned}$$

wo zur Abkürzung gesetzt ist:

$$(4)\quad\begin{cases}
A_1 = \frac{1}{a^2b^2c^2}\left(a^2\alpha_1^2 + b^2\beta_1^2 + c^2\gamma_1^2\right)\\
A_2 = \frac{1}{a^2b^2c^2}\left(a^2\alpha_2^2 + b^2\beta_2^2 + c^2\gamma_2^2\right)\\
A = \frac{1}{a^2b^2c^2}\left(a^2\alpha_1\alpha_2 + b^2\beta_1\beta_2 + c^2\gamma_1\gamma_2\right)\\
B_1 = \frac{1}{a^2b^2c^2}\left(a^2(b^2+c^2)\,\alpha_1^2 + b^2(c^2+a^2)\,\beta_1^2 + c^2(a^2+b^2)\,\gamma_1^2\right)\\
B_2 = \frac{1}{a^2b^2c^2}\left(a^2(b^2+c_2)\,\alpha_2^2 + b^2(c^2+a^2)\,\beta_2^2 + c^2(a^2+b^2)\,\gamma_2^2\right)\\
B = \frac{1}{a^2b^2c^2}\left(a^2(b^2+c^2)\alpha_1\alpha_2 + b^2(c^2+a^2)\beta_1\beta_2 + c^2(a^2+b^2)\gamma_1\gamma_2\right).
\end{cases}$$

Es handelt sich nun darum, das Gleichungssystem (4) nach den a, b, c und den $\alpha_i, \beta_i, \gamma_i$ aufzulösen. Aus den beiden in $\alpha_1^2, \beta_1^2, \gamma_1^2$ linearen Gleichungen für A_1 und B_1 und der Bedingungsgleichung:

$$1 = \alpha_1^2 + \beta_1^2 + \gamma_1^2$$

findet man leicht:

$$(5)\quad\begin{aligned}
\alpha_1^2 &= b^2c^2\cdot\frac{A_1a^4 - B_1a^2 + 1}{(a^2-b^2)(a^2-c^2)}\\
\beta_1^2 &= c^2a^2\cdot\frac{A_1b^4 - B_1b^2 + 1}{(b^2-a^2)(b^2-c^2)}\\
\gamma_1^2 &= a^2b^2\cdot\frac{A_1c^4 - B_1c^2 + 1}{(c^2-a^2)(c^2-b^2)}.
\end{aligned}$$

Man erhält ebenso aus den Gleichungen für A_2 und B_2:

$$(5\,a)\quad \alpha_2^2 = b^2c^2\cdot\frac{A_2a^4 - B_2a^2 + 1}{(a^2-b^2)(a^2-c^2)}$$

und die analog gebildeten Ausdrücke für β_2^2 und γ_2^2.

Von den Ausdrücken für $\alpha_1\alpha_2$, $\beta_1\beta_2$, $\gamma_1\gamma_2$, für deren Berechnung noch die Gleichung:

$$\alpha_1\alpha_2 + \beta_1\beta_2 + \gamma_1\gamma_2 = 0$$

zur Verfügung steht, schreibe ich gleichfalls nur den ersten an:

$$\alpha_1\alpha_2 = b^2c^2\cdot\frac{Aa^4 - Ba^2}{(a^2-b^2)(a^2-c^2)}.$$

Vergleicht man das Quadrat desselben mit dem Product der Ausdrücke für α_1^2 und α_2^2, so erhält man:

$$(A_1a^4 - B_1a^2 + 1)(A_2a^4 - B_2a^2 + 1) = (Aa^4 - Ba^2)^2.$$

Dies ist aber eine Gleichung vom vierten Grade für a^2, welcher zugleich die Grössen b^2 und c^2 genügen müssen, weil die Vergleichung der Ausdrücke für $\beta_1^2\beta_2^2$ u. s. w. genau dieselbe Gleichung für b^2 und c^2 ergeben würde.

Führt man daher statt a^2 die Bezeichnung u für die Unbekannte ein, so erhält man durch Ausrechnung:

$$(6)\quad\begin{cases}
u^4(A_1A_2 - A^2) - u^3(A_1B_2 + B_1A_2 - 2AB) +\\
+ u^2(A_1 + A_2 + B_1B_2 - B^2) - u(B_1 + B_2) + 1 = 0.
\end{cases}$$

Nun lässt sich der Coefficient des vorletzten Gliedes vermöge der Beziehungen (4) auf die Form bringen:

$$B_1 + B_2 = \frac{1}{a^2} + \frac{1}{b^2} + \frac{1}{c^2} + \frac{\alpha^2}{a^2} + \frac{\beta^2}{b^2} + \frac{\gamma^2}{c^2}.$$

Hieraus erhellt, dass wenn a^2, b^2, c^2 drei von den Wurzeln der Gleichung für u sind, die vierte Wurzel d^2 den Werth hat:

$$d^2 = \frac{1}{\frac{\alpha^2}{a^2} + \frac{\beta^2}{b^2} + \frac{\gamma^2}{c^2}}.$$

Man kann nun irgend drei Wurzeln der Gleichung vierten Grades als die Quadrate der Hauptfortpflanzungsgeschwindigkeiten: a^2, b^2, c^2 ansprechen. Dann ergeben sich die Neigungswinkel der Ebene $X' = 0$ gegen die Hauptschnitte der durch diese Annahme bestimmten Wellenfläche vermöge der Ausdrücke für die $\alpha_i\, \beta_i\, \gamma_i$ und der Gleichungen:

$$\alpha^2 + \beta^2 + \gamma^2 = 1, \text{ u. s. w.}$$

wie folgt:

$$\alpha^2 = \frac{a^4 b^2 c^2}{(a^2 - b^2)(a^2 - c^2)} \cdot \left\{ \frac{1}{b^2 c^2} + \frac{1}{d^2 a^2} - (A_1 + A_2) \right\}$$

$$(7) \qquad \beta^2 = \frac{b^4 c^2 a^2}{(b^2 - a^2)(b^2 - c^2)} \cdot \left\{ \frac{1}{c^2 a^2} + \frac{1}{d^2 b^2} - (A_1 + A_2) \right\}$$

$$\gamma^2 = \frac{c^4 a^2 b^2}{(c^2 - a^2)(c^2 - b^2)} \cdot \left\{ \frac{1}{a^2 b^2} + \frac{1}{d^2 c^2} - (A_1 + A_2) \right\}$$

wo wie oben d^2 die vierte Wurzel der Gleichung (6) ist.

Die Gleichungen (3), (6), (7) enthalten die Lösung der gestellten Aufgabe. Sechs Beobachtungen nämlich in der gewählten Schliffebene des Krystalls reichen hin, um die Constanten A, B in der Gleichung der Curve (3), aus welchen sich die Coefficienten der Gleichung (6) zusammensetzen, zu bestimmen. Sind alsdann:

$$u_1 \geqq u_2 \geqq u_3 \geqq u_4$$

die vier Wurzeln der Gleichung (6), und bezeichnet man irgend drei derselben mit a^2, b^2, c^2, die vierte mit d^2, so entspricht dieser Annahme eine Wellenfläche mit den Hauptfortpflanzungsgeschwindigkeiten a, b, c, während die Grössen α, β, γ (7) zur Orientirung der Schnittebene gegen die Hauptschnitte dienen. Wenn noch:

$$a^2 \geqq b^2 \geqq c^2$$

vorausgesetzt wird, so entsprechen den vier möglichen Annahmen die vier Colonnen der Tabelle:

	I	II	III	IV
u_1	a^2	a^2	a^2	d^2
u_2	b^2	d^2	b^2	a^2
u_3	d^2	b^2	c^2	b^2
u_4	c^2	c^2	d^2	c^2

von denen die 2., 3., 4. aus der 1. durch Vertauschung von bezw. b mit d; c mit d; a mit d mit b mit a (cyklisch) hervorgeht. Gehört also das Formelsystem (7) etwa zur ersten Colonne, so erhält man die Orientirungswinkel der den drei anderen entsprechenden Schnittebenen, deren Cosinusse mit $\alpha'\beta'\gamma'$, $\alpha''\beta''\gamma''$, $\alpha'''\beta'''\gamma'''$ bezeichnet werden mögen, durch Anwendung dieser Vertauschungen auf die Formeln (7). Vergleicht man die so erhaltenen Ausdrücke mit (7), so bekommt man:

$$\alpha'^2 = \gamma^2 \cdot \frac{a^2 d^2 (b^2 - c^2)}{b^2 c^2 (a^2 - d^2)}; \qquad \alpha''^2 = \beta^2 \cdot \frac{a^2 d^2 (c^2 - b^2)}{b^2 c^2 (a^2 - d^2)};$$

$$(7\,\mathrm{a}) \quad \beta'^2 = \beta^2 \cdot \frac{d^4 (b^2 - a^2)(b^2 - c^2)}{b^4 (d^2 - a^2)(d^2 - c^2)}; \qquad \beta''^2 = \alpha^2 \cdot \frac{b^2 d^2 (c^2 - a^2)}{a^2 c^2 (b^2 - d^2)};$$

$$\gamma'^2 = \alpha^2 \cdot \frac{c^2 d^2 (a^2 - b^2)}{a^2 b^2 (d^2 - c^2)}; \qquad \gamma''^2 = \gamma^2 \cdot \frac{d^4 (c^2 - a^2)(c^2 - b^2)}{c^4 (d^2 - a^2)(d^2 - b^2)};$$

$$\alpha'''^2 = \beta'^2; \qquad \beta'''^2 = \gamma^2 \cdot \frac{a^2 d^2 (b^2 - a^2)}{c^2 b^2 (d^2 - a^2)}; \qquad \gamma'''^2 = \alpha^2 \cdot \frac{c^2 d^2 (a^2 - b^2)}{a^2 b^2 (c^2 - d^2)}.$$

Indem wir uns nun zur Discussion der Realitätsverhältnisse wenden, machen wir zunächst die Annahme, dass a^2, b^2, c^2 *positive* Grössen sind, d. h. dass wir es mit einer Fresnel'schen Wellenfläche zu thun haben, indem die negativen Werthen dieser Grössen entsprechenden Flächen, auf welche das Vorstehende noch anwendbar war, von jetzt ab ausgeschlossen sind. Wegen:

$$\frac{1}{d^2} = \frac{\alpha^2}{a^2} + \frac{\beta^2}{b^2} + \frac{\gamma^2}{c^2}$$

kann die vierte Wurzel d^2 der Gleichung (6) als das Quadrat des Halbmessers eines Ellipsoids von den Halbaxen a, b, c angesehen werden, *welcher seiner Grösse nach zwischen a und c gelegen sein muss*, wenn die Cosinusse α, β, γ reell sind. *Um also einem reellen Schnitt einer Wellenfläche zu entsprechen, müssen die Wurzeln der Gleichung* (6) *alle vier reell und positiv sein.*

Alsdann giebt es aber immer zwei reelle Lösungen der Aufgabe, aus dem Centralschnitt die Fläche zu bestimmen, wenn es eine giebt. Denn vermöge der Beziehungen (7a) zieht die Realität des Werthsystems der $\alpha\beta\gamma$ die von $\alpha'\beta'\gamma'$ nach sich, während $\alpha''\beta''\gamma''$ und

... sind. Die beiden reellen Wellenflächen, die der ... unterscheiden sich also nur hinsichtlich ihrer ... (bez. d), während die grösste a und kleinste c über-

...

... eintreten, dass von den Wurzeln der Gleichung (6) zwei ... *einander gleich* werden. Ist z. B. $u_1 = u_2$, und u_3 und u_4 ... verschieden, so hat man die beiden oben in der Einleitung er- ... reellen Lösungen:

$$\text{I.}\quad u_1 = u_2 = a^2;\quad u_4 = c^2;\quad u_3 = d^2$$

... eine *optisch einaxige Wellenfläche*, und

$$\text{II.}\quad u_1 = a^2;\quad u_4 = c^2;\quad u_3 = b^2,$$

wobei sich noch aus 7a:

$$\gamma'^2 = \beta'^2 = 0;\quad \alpha'^2 = 1$$

ergiebt. Diese Lösung entspricht einem *Hauptschnitt* einer Wellenfläche mit den Axen a, b, c.

Eine Uebereinstimmung der beiden reellen Lösungen findet nur statt, wenn die der Grösse nach mittleren Wurzeln u_2 und u_3 einander gleich sind, d. h. wenn:

$$b^2 = d^2$$

ist. Dann ergiebt sich aber, wegen:

$$\frac{1}{d^2} = \frac{\alpha^2}{a^2} + \frac{\beta^2}{b^2} + \frac{\gamma^2}{c^2}$$

die Beziehung:

$$\alpha \cdot c\sqrt{\frac{a^2 - b^2}{a^2 - c^2}} \pm \gamma \cdot a\sqrt{\frac{b^2 - c^2}{a^2 - c^2}} = 0,$$

d. h. die Richtung α, β, γ steht senkrecht auf einer der beiden in der XZ-Ebene gelegenen Linien, welche die Knotenpunkte der Wellenfläche mit dem Mittelpunkt verbindet, und die man *secundäre optische Axen* der Wellenfläche nennt. *Für diejenigen Centralebenen also, welche durch zwei gegenüberstehende Knotenpunkte der Wellenfläche hindurchgehen, und nur für diese fallen die beiden reellen Lösungen zusammen.* Durch die von einer solchen ausgeschnittene Curve lässt sich also keine von der ersten verschiedene Wellenfläche legen.

Es erübrigt noch, die vorstehenden Entwicklungen auf diejenige Fläche zu übertragen, deren Gleichung:

$$\frac{x^2}{r^2 - a^2} + \frac{y^2}{r^2 - b^2} + \frac{z^2}{r^2 - c^2} = 0$$

ist. Dies geschieht am bequemsten durch die Bemerkung, dass diese Fläche aus der Fresnel'schen Wellenfläche auch *mit Hilfe reciproker* ...*ienvectoren*, den Mittelpunkt zum Inversionscentrum genommen, ...leitet werden kann. In der That, setzt man:

$$x = \frac{x'}{r'^2};\quad y = \frac{y'}{r'^2};\quad z = \frac{z'}{r'^2};\quad r = \frac{1}{r'};$$

$$a = \frac{1}{a'};\quad b = \frac{1}{b'};\quad c = \frac{1}{c'},$$

wo

$$r^2 = x^2 + y^2 + z^2;\quad r'^2 = x'^2 + y'^2 + z'^2$$

ist, so gehen die beiden Flächengleichungen in einander über. Dies gilt auch von den vorstehend erhaltenen Resultaten, wenn man noch die Vertauschungen vornimmt:

$$d = \frac{1}{d'};\quad \varrho = \frac{1}{\varrho'};\quad u = \frac{1}{u'},$$

während sowohl die Coefficienten A, B in der Gleichung der ebenen Schnittcurve, wie auch die Cosinusse α, β, γ und der Winkel φ ungeändert bleiben.

Die zu Grunde liegende Curvengleichung lautet alsdann (die Striche oben an den Buchstaben sind wieder getilgt):

$$\varrho^4 - \varrho^2(B_1\cos^2\varphi + B_2\sin^2\varphi + 2B\cos\varphi\sin\varphi) +$$
$$+ A_1\cos^2\varphi + A_2\sin^2\varphi + 2A\cos\varphi\sin\varphi = o.$$

Die Gleichung vierten Grades für die Grössen

$$a^2 \leqq b^2 \leqq c^2;\quad d^2$$

wird:

$$u^4 - u^3(B_1 + B_2) + u^2(A_1 + A_2 - B_1B_2 - B^2) -$$
$$- u(A_1B_2 + B_1A_2 - 2AB) + (A_1A_2 - A^2) = 0.$$

Die vierte Wurzel d^2 steht mit den drei anderen in der Beziehung:

$$d^2 = a^2\alpha^2 + b^2\beta^2 + c^2\gamma^2$$

und muss, damit eine reelle Schnittebene möglich ist, zwischen a^2 und c^2 liegen. Für die Winkel der Letzteren gegen die Hauptschnittebenen erhält man die Gleichung:

$$\alpha^2 = \frac{b^2c^2 + a^2d^2 - (A_1 + A_2)}{(a^2 - b^2)(a^2 - c^2)}$$

und die entsprechenden.

Die fundamentalen Syzyganten der binären Form sechster Ordnung.

Von

E. Stroh in München.

Im Band 33 dieser Annalen pag. 100 u. f. habe ich einen Weg angegeben, um alle fundamentalen Syzyganten, die zu einer binären Form gehören, aufzufinden; auch wurde daselbst das allgemeine Verfahren auf die binäre Form fünfter Ordnung — als einfachstes Beispiel — angewendet. Im Folgenden werden nun in gleicher Weise die fundamentalen Syzyganten der binären Form sechster Ordnung entwickelt werden. Aus diesen können dann alle übrigen Syzyganten erster Art durch elementare Rechnung, nämlich durch Eliminationsprocesse, abgeleitet werden*).

---

*) Anmerkung. Die Theorie der Syzyganten von Formen höherer Ordnungen wurde in letzter Zeit durch folgende Arbeiten gefördert:

Brioschi „Sulle relazione esistendi fra covarianti ed invarianti di una stessa forma binaria" Annali di Matematica. Vol. XI, pag. 291—304.

Stephanos, Comptes rendus Vol. XCVI, pag. 232—235 und pag. 1564—1567: „Sur les relations qui existent entre les covariants et les invariants de la forme binaire du sixième ordre."

Perrin, „Sur les relations qui existent etc." Comptes rendus Vol XCVI, pag. 426, 479, 1717 und 1776.

Hammond, American Journal of Math. Vol. VII, pag. 327 und Vol. VIII, pag. 126 etc.

v. Gall, Math. Annalen Bd. 31. pag. 424.

Die in diesen Arbeiten verwendeten Methoden beruhen entweder auf der durch Clebsch begründeten typischen Darstellung der Ausgangsform durch Einführung neuer Veränderlicher, wodurch der zweite Coefficient Null wird (Brioschi und Perrin), oder sie stützen sich auf einige von Clebsch gegebene symbolische Identitäten (für das Product zweier Functionaldeterminanten etc.) (Stephanos und v. Gall). Die von Hammond gegebenen fundamentalen Syzyganten sind durch directe Berechnung auf Grund der von Cayley veröffentlichten Tabellen für die Grundformen gefunden worden (vgl. American Journal Vol. VII, pag. 343 unten). Unter den von Stephanos Comptes rendus 96, pag. 232 mittelst Clebsch'scher Identitäten gefundenen Syzyganten befinden sich indessen 10, welche nicht fundamental sind. Ihre Reduction auf fundamentale Syzyganten wurde von Perrin a. a. O. pag. 1777 bewerkstelligt.

§ 1.

Wahl der Grundformen.

Dem vorliegenden Zwecke entsprechend müssen bei der Wahl derjenigen Ueberschiebungen, die als Grundformen gelten sollen, zwei Gesichtspunkte im Auge behalten werden; nämlich einerseits soll jede Grundform als möglichst *niedrige* Ueberschiebung definirt sein, während andrerseits die überzuschiebenden Formen beide von möglichst hohem Grade sein sollen. Zu vermeiden ist unter allen Umständen, dass, von den Grundformen vierten Grades angefangen, die Form f unter den überzuschiebenden Formen sich befindet. Darnach ergiebt sich folgende Zusammenstellung:

$$
(\mathrm{I})\qquad
\begin{array}{ll}
\text{Grad } 1: & f; \\
\text{,, } 2: & (ff)^2 = H,\ (ff)^4 = i,\ (ff)^6 = A; \\
\text{,, } 3: & (fH) = T,\ (fi) = q,\ (fi)^2 = p,\ (fi)^4 = l; \\
\text{,, } 4: & (Hi) = r,\ (Hi)^3 = s,\ (ii)^2 = \Delta,\ (ii)^4 = B; \\
\text{,, } 5: & (Hl) = t,\ (il) = u,\ (il)^2 = m; \\
\text{,, } 6: & (pl) = w,\ (i\Delta) = v,\ (i\Delta)^4 = C; \\
\text{,, } 7: & (im) = \pi,\ (im)^2 = n; \\
\text{,, } 8: & (lm) = \nu; \\
\text{,, } 9: & (in) = \varrho; \\
\text{,, } 10: & (nl) = \mu,\ (nl)^2 = D; \\
\text{,, } 12: & (mn) = \lambda; \\
\text{,, } 15: & (\lambda l)^2 = R.
\end{array}
$$

Diese Formen sind ausserdem nach steigendem Grade und Gewichte geordnet und es wird bei Aufstellung der Syzyganten an dieser Reihenfolge festgehalten werden. Alle anderen Covarianten von f, die in vorstehender Tabelle nicht schon enthalten sind, müssen nun durch die angegebenen 26 Formen rational und ganz ausgedrückt werden können. Einige dieser Beziehungen, die später benützt werden, sollen nun zunächst entwickelt werden.

§ 2.

Reduction einiger Ueberschiebungen auf die Grundformen.

Als wichtiges Hilfsmittel bei Aufstellung der gesuchten Relationen erweist sich eine Formel, welche in diesen Annalen Bd. 31, p. 448 abgeleitet wurde und die, mit geringfügiger Abänderung, in folgender Weise geschrieben werden kann:

$$
\begin{aligned}
\begin{pmatrix} f_1 & f_2 & f_3 \\ k_1 & k_2 & k_3 \end{pmatrix}_g = (-1)^{k_2+\varepsilon_3} \sum_{i=0}^{k_1-1} a_i^{(1)} \left((f_1 f_2)^{\gamma+\varepsilon_3-i} f_3\right)^{\varepsilon_1+\varepsilon_2+i} \\
\text{(II)} \qquad + (-1)^{k_3+\varepsilon_1} \sum_{i=0}^{k_2-1} a_i^{(2)} \left((f_2 f_3)^{\gamma+\varepsilon_1-i} f_1\right)^{\varepsilon_2+\varepsilon_3+i} \\
+ (-1)^{k_1+\varepsilon_2} \sum_{i=0}^{k_3-1} a_i^{(3)} \left((f_3 f_1)^{\gamma+\varepsilon_2-i} f_2\right)^{\varepsilon_3+\varepsilon_1+i} = 0.
\end{aligned}
$$

Dabei haben die Zahlencoefficienten a die Werthe

$$
a_i^{(1)} = \sum_{\lambda=0}^{k_1-i-1} (-1)^\lambda \binom{k_1+k_3-i-\lambda-2}{k_3-1} \binom{\gamma}{i+\lambda} \frac{\binom{n_1-\gamma-\varepsilon_2-\varepsilon_3+i+\lambda}{\lambda}\binom{\varepsilon_1+i+\lambda}{\lambda}}{\binom{n_1+n_2-2\gamma-2\varepsilon_3+2i+\lambda+1}{\lambda}}
$$

nebst ähnlichen durch cyklische Vertauschung der n, k und ε hieraus hervorgehenden Ausdrücken für $a_i^{(2)}$ und $a_i^{(3)}$. Das Gewicht, welches allen in der Formel vorkommenden Ueberschiebungen gemeinsam ist, wurde g genannt, und die Zahlen ε sind die Differenzen

$$
\varepsilon_1 = g - n_1, \quad \varepsilon_2 = g - n_2, \quad \varepsilon_3 = g - n_3
$$

mit der Bedingung, dass dieselben statt negativ stets Null sein sollen. Endlich hat das reducirte Gewicht den Werth

$$
\gamma = g - \varepsilon_1 - \varepsilon_2 - \varepsilon_3
$$

und die Zahlen k haben die Bedingung zu erfüllen:

$$
k_1 + k_2 + k_3 = \gamma + 2.
$$

In obiger Formel kommen demnach im ganzen $\gamma + 2$ Ueberschiebungen vor. Dieselben sind Anfangsformen der drei Gruppen, die aus den Ueberschiebungen von $f_1 f_2 f_3$, die vom Gewicht g sind, gebildet werden können. Ist beispielsweise $g = 2$ und alle $n_i \gtreqless 2$, dann sind alle $\varepsilon_i = 0$ und die drei Gruppen sind die folgenden:

$$
\begin{aligned}
\text{I.} \quad & (f_1 f_2)^2 f_3, \quad \left((f_1 f_2)^1 f_3\right)^1, \quad \left((f_1 f_2)^0 f_3\right)^2, \\
\text{II.} \quad & (f_2 f_3)^2 f_1, \quad \left((f_2 f_3)^1 f_1\right)^1, \quad \left((f_2 f_3)^0 f_1\right)^2, \\
\text{III.} \quad & (f_3 f_1)^2 f_2, \quad \left((f_3 f_1)^1 f_2\right)^1, \quad \left((f_3 f_1)^0 f_2\right)^2.
\end{aligned}
$$

Zwischen je 4 Anfangsformen besteht eine lineare Relation und man hat z. B.

$$
\begin{aligned}
\begin{pmatrix} f_1 & f_2 & f_3 \\ 2 & 1 & 1 \end{pmatrix}_2 = \frac{n_1 - n_2}{n_1 + n_2 - 2} (f_1 f_2)^2 f_3 - 2\left((f_1 f_2)^1 f_3\right)^1 - (f_2 f_3)^2 f_1 \\
+ (f_3 f_1)^2 f_2 = 0
\end{aligned}
$$

eine bekannte Relation, welche häufig zur Reduction der an zweiter Stelle stehenden Ueberschiebung benützt wird. (Vgl. Gordan, Formensystem pag. 22).

1. Ueberschiebungen von Grundformen über f.

Durch Anwendung der Formel II ergeben sich leicht folgende Beziehungen.

Durch die Substitutionen

$$\begin{pmatrix} f & f & f \\ 3 & 2 & 1 \end{pmatrix}_4, \quad \begin{pmatrix} f & f & f \\ 4 & 2 & 1 \end{pmatrix}_5, \quad \begin{pmatrix} f & f & f \\ 5 & 2 & 1 \end{pmatrix}_6, \quad \begin{pmatrix} f & f & f \\ 4 & 1 & 1 \end{pmatrix}_7 \quad \text{und} \quad \begin{pmatrix} f & f & f \\ 3 & 1 & 0 \end{pmatrix}_8$$

in die allgemeine Formel erhält man

$$(fH)^2 = \frac{3}{14}\, if; \quad (fH)^3 = \frac{1}{7}\, q; \quad (fH)^4 = \frac{2}{15} Af - \frac{5}{7} p;$$

$$(fH)^5 = 0; \quad (fH)^6 = \frac{5}{7}\, l;$$

Die Ueberschiebungen von f über i sind sämmtlich Grundformen bis auf $(fi)^3$, welches identisch verschwindet.

Ferner ergiebt sich aus $\begin{pmatrix} f & i & f \\ 2 & 1 & 1 \end{pmatrix}_2$ und $\begin{pmatrix} f & i & f \\ 3 & 1 & 1 \end{pmatrix}_3$

$$(fq)^1 = \frac{3}{8}\, pf - \frac{1}{2}\, iH; \quad (fq)^2 = \frac{1}{4}\, r.$$

Dabei wurde die aus $\begin{pmatrix} f & i & f \\ 2 & 1 & 2 \end{pmatrix}_3$ folgende Beziehung benützt: $(fp) = -r$.

Die übrigen Ueberschiebungen von f über p erhält man durch die Substitutionen

$$\begin{pmatrix} f & i & f \\ 3 & 2 & 1 \end{pmatrix}_4, \quad \begin{pmatrix} f & i & f \\ 3 & 2 & 1 \end{pmatrix}_5, \quad \begin{pmatrix} f & i & f \\ 3 & 2 & 1 \end{pmatrix}_6, \quad \begin{pmatrix} f & i & f \\ 2 & 1 & 1 \end{pmatrix}_7 \quad \text{und} \quad \begin{pmatrix} f & i & f \\ 1 & 0 & 1 \end{pmatrix}_8$$

und zwar

$$(fp)^2 = \frac{1}{6}\, i^2 + \frac{1}{15}\, lf; \quad (fp)^3 = \frac{3}{5}\, s; \quad (fp)^4 = \frac{2}{15}\, Ai - \frac{1}{5}\Delta;$$

$$(fp)^5 = 0; \quad (fp)^6 = B.$$

Die Ueberschiebungen von f über l ergeben sich aus $\begin{pmatrix} f & i & f \\ 1 & 2 & 3 \end{pmatrix}_5$ und $\begin{pmatrix} f & i & f \\ 1 & 2 & 3 \end{pmatrix}_6$ nämlich

$$(fl) = -2s \quad \text{und} \quad (fl)^2 = 2\Delta + \frac{1}{3} Ai.$$

Durch Benützung dieser letzten Relation hat man ferner

$$(\Delta f)^\lambda = \frac{1}{2}\left((fl)^2 f\right)^\lambda - \frac{1}{6} A (if)^\lambda$$

und indem man die rechts zuerst stehende Ueberschiebung vermittelst der Substitutionen $\begin{pmatrix} f & l & f \\ 1 & 0 & 3 \end{pmatrix}_{2+\lambda}$ auf die Grundformen reducirt, ergeben sich die Beziehungen

$$(f\Delta) = -\frac{1}{2}t - \frac{1}{6}Aq; \quad (f\Delta)^2 = \frac{1}{2}il - \frac{1}{6}Bf;$$
$$(f\Delta)^3 = -\frac{1}{2}u; \quad (f\Delta)^4 = \frac{1}{2}m.$$

Von den übrigen Ueberschiebungen kommen hier nur noch in Betracht

$$(fm) = -2v - 2w;$$
$$(fm)^2 = \frac{1}{3}Bi + \frac{1}{3}A\Delta + \frac{1}{2}l^2,$$
$$(fn) = \frac{1}{3}Av - \frac{4}{3}Bs - \frac{5}{6}ul,$$
$$(fn)^2 = \frac{1}{3}B\Delta - \frac{1}{3}Ci + ml,$$

die sich durch die Substitutionen

$$\begin{pmatrix} i & l & f \\ 1 & 1 & 2 \end{pmatrix}_3, \quad \begin{pmatrix} i & l & f \\ 1 & 1 & 2 \end{pmatrix}_4, \quad \begin{pmatrix} \Delta & l & f \\ 1 & 1 & 2 \end{pmatrix}_3, \quad \begin{pmatrix} \Delta & l & f \\ 1 & 1 & 2 \end{pmatrix}_4$$

aus der allgemeinen Formel ableiten lassen. Dabei wurden bei Entwicklung der beiden letzten Relationen noch die aus

$$\begin{pmatrix} i & i & l \\ 3 & 1 & 0 \end{pmatrix}_4 \quad \text{und} \quad \begin{pmatrix} i & l & l \\ 2 & 1 & 1 \end{pmatrix}_2$$

folgenden Beziehungen

$$(\Delta l)^2 = n - \frac{1}{3}Bl$$

und

$$(ul) = \frac{3}{4}ml - Ci - \frac{1}{6}ABi$$

zur Reduction benützt. Die Formen $(i\Delta)^2$ und $(\Delta\Delta)^2$, die ebenfalls auftreten, können auf Grund der Theorie der binären Form vierter Ordnung reducirt werden. Man hat

$$(i\Delta)^2 = \frac{1}{6}Bi \quad \text{und} \quad (\Delta\Delta)^2 = -\frac{1}{6}B\Delta + \frac{1}{3}Ci.$$

2. Ueberschiebungen von Grundformen über H und i.

Die folgenden Substitutionen

$$\begin{pmatrix} f & f & H \\ 3 & 2 & 1 \end{pmatrix}_4, \quad \begin{pmatrix} f & f & i \\ 3 & 2 & 1 \end{pmatrix}_4, \quad \begin{pmatrix} f & f & i \\ 5 & 2 & 1 \end{pmatrix}_6 \quad \begin{pmatrix} f & f & p \\ 3 & 2 & 0 \end{pmatrix}_3 \quad \begin{pmatrix} f & f & l \\ 3 & 1 & 0 \end{pmatrix}_4$$

liefern die Beziehungen

$$(HH)^2 = \frac{1}{18}Af^2 - \frac{1}{8}pf - \frac{1}{14}iH,$$
$$(Hi)^3 = \frac{1}{6}fl - \frac{5}{42}i^2,$$
$$(Hi)^4 = \frac{2}{7}\Delta + \frac{2}{15}Ai,$$

$$(Hp) = \frac{1}{3} sf - \frac{1}{6} iq,$$

$$(Hl)^2 = \frac{1}{3} Ap - \frac{1}{3} Bf + \frac{5}{7} il.$$

Von den Ueberschiebungen über i sind nur zu erwähnen

$(i\Delta)^3 = 0$ (aus der Theorie der binären Form 4. O.)

und

$$(in)^2 = \frac{1}{2} Bm + \frac{1}{3} Cl,$$

welches durch die Substitution $\begin{pmatrix} l & \Delta & i \\ 1 & 3 & 0 \end{pmatrix}_4$ erhalten wird.

3. Ueberschiebungen von Grundformen über l und Δ.

Ausser der schon oben angegebenen Ueberschiebung $(l\Delta)^2$ kommt blos die bekannte Relation

$$(ll)^2 = 2C + \frac{1}{3} AB$$

vor, welche aus $\begin{pmatrix} f & i & l \\ 1 & 0 & 1 \end{pmatrix}_6$ erhalten wird. Ferner hat man

$(\Delta\Delta)^4 = \frac{1}{6} B^2$ (aus der Theorie der binären Form 4. Ord.)

und

$(\Delta m) = -\varrho$ aus der Substitution $\begin{pmatrix} i & i & m \\ 3 & 0 & 1 \end{pmatrix}_3$.

§ 3.

Syzyganten zwischen einfachen Ueberschiebungen von drei und vier binären Formen.

Aus den Entwicklungen der eingangs erwähnten Abhandlung geht hervor, dass zwischen den *einfachen* Ueberschiebungen dreier binärer Formen nur die einzige Syzygante

$$(f_1 f_2 f_3) = f_1 (f_2 f_3) + f_2 (f_3 f_1) + f_3 (f_1 f_2) = 0$$

existirt. Für vier Formen hat man die wichtige Syzygante

$$(f_1 f_2 f_3 f_4)_i = \sum_\lambda \binom{i}{\lambda} (f_1 f_2)^\lambda (f_3 f_4)^{i-\lambda} - \sum_\lambda \binom{i}{\lambda} (f_1 f_4)^\lambda (f_3 f_2)^{i-\lambda} = 0$$

welche — mit einigen Modificationen — hier ausschliesslich benützt wird. Wenn nämlich die Ordnung einer der Formen f kleiner als das Gewicht i der Syzygante ist, dann wird diese letztere in der angeschriebenen Form unbrauchbar. Dieselbe muss alsdann derart umgeformt werden, dass keine identisch verschwindenden Ueberschiebungen darin vorkommen. Auch lassen sich die allgemeinen Syzyganten für

$i = 2, 3, 4$ derart vereinfachen, dass die Gliederzahl eine geringere wird und dieses soll nun zunächst vorgenommen werden.

Für $i = 2$ heisst die vereinfachte Syzygante

$$[f_1f_2f_3f_4]_2 = f_1f_2(f_3f_4)^2 + (f_1f_2)^2f_3f_4 - f_1f_4(f_3f_2)^2 - (f_1f_4)^2f_3f_2 + 2(f_1f_3)(f_2f_4) = 0,$$

welche ein Glied weniger enthält als die allgemeine.

Bildet man ferner

$$\frac{1}{2}\{(f_1f_2f_3f_4)_3 + (f_1f_3f_4f_2)_3 + (f_1f_3f_2f_4)_3\},$$

dann erhält man die vereinfachte Syzygante vom Gewichte 3:

$$[f_1f_2f_3f_4]_3 = f_1f_2(f_3f_4)^3 + f_2f_3(f_4f_1)^3 + f_2f_4(f_1f_3)^3 + 3(f_1f_2)^2(f_3f_4) + 3(f_2f_3)^2(f_4f_1) + 3(f_2f_4)^2(f_1f_3) = 0,$$

welche 2 Glieder weniger enthält als $(f_1f_2f_3f_4)_3 = 0$.

In gleicher Weise ergiebt sich aus

$$\frac{1}{2}\{(f_1f_2f_3f_4)_4 + (f_1f_2f_1f_3)_4 + (f_1f_3f_2f_4)_4\}$$

die vereinfachte Syzygante vom Gewichte 4:

$$\begin{aligned}[f_1f_2f_3f_4]_4 = {} & f_1f_2(f_3f_4)^4 + 6(f_1f_2)^2(f_3f_4)^2 + (f_1f_2)^4f_3f_4 \\ & - f_1f_4(f_2f_3)^4 - 6(f_1f_4)^2(f_2f_3)^2 - (f_1f_4)^4f_2f_3 \\ & + 4(f_1f_3)(f_2f_4)^3 + 4(f_1f_3)^3(f_2f_4) = 0.\end{aligned}$$

Dieselbe enthält ebenfalls zwei Terme weniger als die allgemeine Syzygante vom gleichen Gewichte.

In ähnlicher Weise lassen sich auch die Syzyganten von noch höherem Gewichte auf einfachere Formen bringen.

§ 4.

Specialisirung der allgemeinen Syzyganten für Formen niederer Ordnungen.

Zunächst soll die Syzygante vom Gewicht 3 für den Fall specialisirt werden, dass eine der Formen z. B. f_4 von der zweiten Ordnung sei. In den Ausdrücken für $[f_1f_2f_3f_4]_3$ oder auch $(f_1f_2f_3f_4)_3$ sondern wir den Theil $f_2\big(f_1(f_3f_4)^3 - f_3(f_1f_4)^3\big)$ ab. Ersetzen wir nun die Formen durch ihre symbolischen Ausdrücke, dann lässt sich der zweite Factor in folgender Weise umformen:

$$f_1(f_3f_4)^3 - f_3(f_1f_4)^3 = a_x^{n_1}(cd)^3c_x^{n_3-3}d_x^{n_4-3} - c_x^{n_3}(ad)\,a_x^{3\,n_1-3}d_x^{n_4-3}$$

$$= a_x^{n_1-3}c_x^{n_3-3}d_x^{n_4-3}\big(a_x(cd) - c_x(ad)\big)\big(a_x^2(cd)^2 + a_xc_x(cd)(ad) + c_x^2(ad)^2\big)$$

$$= a_x^{n_1-3}c_x^{n_3-3}d_x^{n_4-2}(ca)\Big(\frac{3}{2}a_x^2(cd)^2 + \frac{3}{2}c_x^2(ad)^2 - \frac{1}{2}(ac)^2d_x\Big).$$

Nun ist ersichtlich, dass aus der ganzen Syzygante der Factor $d_x^{n_1-2}$ heraustritt. Lässt man denselben weg, dann bleibt die gesuchte Relation zurück. Für den abgesonderten Theil ist demnach einzusetzen

$$\frac{3}{2}\left((f_3 i)^2 f_1\right) - \frac{3}{2}\left((f_1 i)^2 f_2\right) + \frac{1}{2}(f_1 f_3)^3 i,$$

wobei die quadratische Form i genannt ist. Die beiden specialisirten Syzyganten werden alsdann:

$$\begin{aligned}(f_1 f_2 f_3 i)_3 = (f_1 f_2)^3 f_3 i &+ 3(f_1 f_2)^2 (f_3 i) + 3(f_1 f_2)(f_3 i)^2 \\ &+ \frac{3}{2} f_2 \left((f_3 i)^2 f_1\right) - f_1 i (f_3 f_2)^3 - 3(f_1 i)(f_3 f_2)^2 - 3(f_1 i)^2 (f_3 f_2) \\ &- \frac{3}{2}\left((f_1 i)^2 f_3\right) \cdot f_2 + \frac{i}{2} f_2 (f_1 f_3)^3 = 0\end{aligned}$$

und

$$\begin{aligned}[f_1 f_2 f_3 i]_3 = i f_2 (f_1 f_3)^3 &- f_2\left((f_1 i)^2 f_3\right) + f_2\left((f_3 i)^2 f_1\right) \\ &+ 2(f_1 f_2)^2 (f_3 i) - 2(f_2 f_3)^2 (f_1 i) + 2(f_1 f_3)(f_2 i)^2 = 0.\end{aligned}$$

Dabei wurde in letzterem Ausdrucke ein Zahlenfactor $\frac{3}{2}$ weggelassen.

Durch letzteres Resultat ist auch zugleich der Fall erledigt, wenn noch eine weitere Form von der zweiten Ordnung wird. Da nämlich die Form f_2 in keiner dritten Ueberschiebung auftritt, so kann sie als quadratische Form τ angenommen werden und man hat

$$\begin{aligned}[f\varphi i\tau]_3 = 2(i\tau)^2(f\varphi) &- 2(fi)(\varphi\tau)^2 + 2(f\tau)^2(\varphi i) \\ &- \tau\left[\left((fi)^2\varphi\right) - \left((\varphi i)^2 f\right)\right] + i\tau(f\varphi)^3 = 0.\end{aligned}$$

Sind endlich drei Formen von der zweiten Ordnung, dann wird die entsprechende Syzygante:

$$[fi\tau\varkappa]_3 = f\left((i\tau)^1\varkappa\right)^2 - (if)^2(\tau\varkappa) + (\tau f)^2(i\varkappa) - (\varkappa f)^2(i\tau) = 0.$$

Dieselbe wird am leichtesten direct aus der Identität

$$(xy)^2(i\tau)(\tau\varkappa)(i\varkappa) = i_y^{\,2}(\tau\varkappa)\tau_x\varkappa_x + \tau_y^{\,2}(\varkappa i)\varkappa_x i_x + k_y^{\,2}(i\tau)i_x\tau_x$$

abgeleitet.

Die allgemeine Syzygante vom Gewicht 4 soll nun für den Fall specialisirt werden, dass zwei der Formen von der zweiten Ordnung seien. Dabei scheint es zweckmässig, ein allgemeineres Verfahren einzuschlagen, als dies bisher geschehen ist. Die Relation

$$\begin{aligned}(ff\varphi\varphi)_4 = f^2(\varphi\varphi)^4 &+ 6(ff)^2(\varphi\varphi)^2 + \varphi^2(ff)^4 \\ &- 2f\varphi(f\varphi)^4 + 8(f\varphi)^3(f\varphi) - 6(f\varphi)^2(f\varphi)^2 = 0\end{aligned}$$

verliert ihre Giltigkeit nicht, wenn an Stelle von φ i^2 eingeführt wird, wobei i eine Form zweiter Ordnung bedeuten soll. Benützt man nun die Beziehungen:

$$(i^2 i^2)^4 = \frac{2}{3}(ii)^2(ii)^2; \quad (i^2 i^2)^2 = \frac{1}{3}(ii)^2 i^2;$$

$$(fi^2)^2 = i(fi)^2 - \frac{1}{3}(ii)^2 f;$$

$$2\left((fi)^2 i\right)\cdot(fi) = if(fi^2)^4 + i(fi)^2(fi)^2 - (ii)^2 f(fi)^2 - i^2\left((fi)^2 f\right)^2$$

zur Reduction des Ausdrucks, so findet sich, dass der Factor $2i^2$ sich wegheben lässt, so dass die Syzygante

$$(ffii)_4 = f(fi^2)^4 - 2i\left((fi)^2 f\right)^2 - (fi)^2(fi)^2 + (ii)^2(ff)^2$$
$$+ \frac{1}{2} i^2 (ff)^4 = 0$$

zurück bleibt.

Aus derselben können nun zwei allgemeinere Syzyganten abgeleitet werden. An Stelle von f lässt sich $f + \lambda\varphi$ einführen, wo φ eine Form von gleicher Ordnung wie f ist. Ordnet man das Resultat nach Potenzen von λ, dann müssen die Coefficienten dieser Potenzen einzeln verschwinden. Man erhält

$$(ffii)_4 + (f\varphi ii)_4 \lambda + (\varphi\varphi ii)_4 \lambda^2 \equiv 0$$

und folglich

$$(f\varphi ii)_4 = f(\varphi i^2)^4) + \varphi(fi^2)^4 - 2i\left[\left((fi)^2\varphi\right)^2 + \left((\varphi i)^2 f\right)^2\right]$$
$$- 2(fi)^2(\varphi i)^2 + 2(ii)^2(f\varphi)^2 + i^2(f\varphi)^4 = 0.$$

Hieraus lässt sich dann durch dasselbe Verfahren noch die allgemeinere Syzygante $(f\varphi i\tau)_4$ ableiten, welche jedoch im Folgenden nicht benützt wird. Auch behalten dieselben ihre Gültigkeit, wenn die Ordnungen von f und φ *ungleich* werden, wie durch Zufügen oder Entfernen von symbolischen Factoren φx leicht nachgewiesen werden kann.

§ 5.

Die fundamentalen Syzyganten der binären Form sechster Ordnung.

Nach diesen Vorbereitungen erfordert die Aufstellung der fundamentalen Syzyganten nur noch einfache Rechnung. Die Resultate folgen hier:

$$S_1 = [fHHf]_2 = \frac{1}{3}f^3 p + \frac{1}{2}f^2 Hi - \frac{1}{18}f^4 A - H^3 - 2T^2 = 0,$$

$$S_2 = [ffiH]_2 = \frac{1}{6}f^3 l - \frac{1}{3}f^2 i^2 - fHp + H^2 i + 2Tq = 0,$$

$$S_3 = (fHi) = f\cdot r - Hq + iT = 0,$$

$$S_4 = [ffHi]_3 = f^2 s - \frac{1}{2}fiq + 3Hr + 3Tp = 0,$$

$$S_5 = [ffii]_2 = f^2\Delta - 2fip + Hi^2 + 2q^2 = 0,$$

$$S_6 = [ffii]_4 = f^2B - 2fil + 6H\Delta + i^3 - 6p^2 = 0,$$
$$S_7 = (fHl) = ft + 2Hs + Tl = 0,$$
$$S_8 = (fil) = fu + 2is + ql = 0,$$
$$S_9' = [ffil]_2 = f^2m - fpl - 2fi\Delta - \frac{1}{3}fAi^2 + Hil - 4qs = 0.$$

Diese Syzygante kann jedoch vereinfacht werden. Bildet man nämlich

$$[Hiif]_4 = fpl - fHB - fi\Delta + Hil - 4qs = 0,$$

dann wird die Differenz der beiden Syzyganten durch f theilbar und man erhält

$$S_9 = fm - 2lp - i\Delta + BH - \frac{1}{3}Ai^2 = 0.$$
$$S_{10} = (fpl) = fw + 2ps - lr = 0,$$
$$S_{11} = (fi\Delta) = fv + \frac{1}{2}it + \frac{1}{6}Aqi + q\Delta = 0,$$
$$S_{12}' = [ffi\Delta]_4 = f^2C - \frac{1}{2}fim + fBp - fl\Delta + HiB + i^2\Delta - 3ipl - 2qu = 0.$$

Diese Syzygante lässt sich ebenfalls vereinfachen. Man bilde

$$[fiil]_2 = fim - fl\Delta + ilp - 2i^2\Delta - \frac{1}{3}Ai^3 + 2qu = 0.$$

Sodann wird die Combination

$$[ffi\Delta]_4 + [fiil]_2 - iS_9$$

durch f theilbar und es bleibt zurück

$$S_{12} = fC - 2l\Delta - \frac{1}{2}im + Bp = 0.$$
$$S_{13} = (fim) = f\pi + 2iv + 2iw + qm = 0,$$
$$S_{14} = \frac{1}{2}\left[(ffll)_4 - \frac{1}{3}AS_9\right] = fn + HC - 2\Delta^2 - \frac{3}{4}il^2 - \frac{1}{2}iA\Delta = 0,$$
$$S_{15} = (flm) = fv + 2lv + 2lw - 2ms = 0,$$
$$S_{16} = (fin) = f\varrho - \frac{1}{3}Aiv + \frac{4}{3}Bis + \frac{5}{6}iul + nq = 0,$$
$$S_{17} = (fnl) = f\mu + 2ns + \frac{1}{3}Alv - \frac{4}{3}Bls - \frac{5}{6}ul^2 = 0,$$
$$S_{18} = (f\Delta ll)_4 = fD - \frac{4}{8}fBC + \frac{4}{3}pAC + \frac{4}{3}Cil + 2Bl\Delta - \frac{3}{2}ml^2 - Am\Delta - 2n\Delta = 0,\text{*)}$$

---

*) Vereinfacht mittelst:

$$[fill]_4 = \Delta m - Cp - \frac{1}{2}in + \frac{1}{2}Bil - \frac{1}{6}fB^2 = 0.$$

$$S_{19} = (fmn) = f\lambda - \frac{1}{3} Am\nu + \frac{4}{3} Bms + \frac{5}{6} uml - 2n\nu - 2nw = 0,$$

$$S_{20} = [flmn]_3 = fR - \frac{1}{3} i(A\lambda + B\mu - C\nu) - \frac{1}{3} \Delta(6\lambda + A\mu + B\nu)$$
$$- \frac{1}{2} l^2\mu - ml\nu = 0.$$

§ 6.

Berechnung der übrigen Syzyganten erster Art.

Aus der Theorie der associirten Formen ist bekannt, dass die sechs Grundformen

$$f, \; H, \; i, \; A, \; T \text{ und } q,$$

welche in der angenommenen Ordnung auch die sechs *ersten* Formen sind, durch keine algebraische Relation verbunden sein können. Der Grund liegt in der eigenthümlichen Zusammensetzung der Leitglieder dieser Covarianten, von denen jedes einem besonderen Coefficienten der Form f zugeordnet werden kann und die desshalb auch wie letztere in gleicher Weise unabhängig von einander sein müssen. Alle übrigen Grundformen sind nun durch die 6 ersten rational gebrochen ausdrückbar. In vorstehenden 20 Syzyganten sind diese Ausdrücke implicite enthalten. Denn mittelst $S_1 = 0$ lässt sich zunächst p in der gewünschten Weise darstellen. Führt man diesen Ausdruck in $S_2 = 0$ ein, so ergiebt sich daraus auch der entsprechende Ausdruck für l und in gleicher Weise lässt sich, wie leicht zu sehen, jede folgende Grundform durch die sechs ersten Grundformen darstellen. Auch ist ersichtlich, dass der auftretende Nenner nur eine Potenz von f sein kann. Der ganze algebraische Zusammenhang zwischen den 26 Grundformen ist nun durch die angegebenen Syzyganten vollständig bekannt. Denn jede andere Syzygante kann — bis auf einen Factor, der eine Potenz von f ist — als lineare Function der fundamentalen Syzyganten dargestellt werden. Das Verfahren kann an folgendem Beispiele klargelegt werden.

Die Syzygante

$$\mathfrak{S} = [Hiif]_4 = fpl - fHB - fi\Delta + Hil - 4qs = 0$$

enthält nur Grundformen, welche der Form B in der angenommenen Reihenfolge vorausgehen, B selbst inbegriffen. Bildet man nun

$$f \cdot \mathfrak{S} + H \cdot S_6 = f^2pl - f^2i\Delta - fHil - 4fqs + 6H^2\Delta + Hi^3$$
$$- 6Hp^2 = 0,$$

so hat man eine neue Syzygante, welche B nicht mehr enthält. In gleicher Weise lässt sich nun Δ beseitigen und es würde schliesslich nur noch eine Syzygante zwischen den sechs ersten Grundformen zurückbleiben, die aber nicht existiren kann. Daher ist $\mathfrak{S}$ in der Form darstellbar

$$f^4\mathfrak{S} = -f^2HS_6 + (6H^2-f^2i)S_5 - 4fqS_4 + 12HqS_3 + 6(fp-Hi)S_2.$$

Auch ist leicht einzusehen, dass diese Darstellung *eindeutig* sein muss. Umgekehrt können nun auch alle Syzyganten erster Art durch Combination der fundamentalen Syzyganten berechnet werden. Man verfährt etwa in folgender Weise.

Setzen wir in allen fundamentalen Syzyganten $f=0$, so werden zwischen den übrigbleibenden Ausdrücken lineare Relationen stattfinden, welche vorher nicht existiren konnten. Diese sind dann aufzusuchen. So hat man z. B. aus

$$s_1 = -H^3 - 2T^2, \quad s_2 = H^2i + 2qT; \quad s_3 = iT - Hq$$

etc. etc.

durch Elimination von H^3 und H^2i aus den beiden ersten Gleichungen

$$is_1 + Hs_2 = 2qHT - 2iT^2$$

und weiter durch Benützung der dritten Gleichung

$$is_1 + Hs_2 + 2Ts_3 = 0.$$

Bildet man nun dieselbe Combination für die vollständigen Syzyganten, so ergiebt sich

$$iS_1 + HS_2 + 2TS_3$$

$$= f\left(-\frac{1}{18}f^3Ai + \frac{1}{3}f^2ip + \frac{1}{6}f^2Hl + \frac{1}{6}fHi^2 - H^2p + 2rT\right) = 0.$$

Demnach giebt dieselbe, da sich der Factor f absondern muss, eine neue Syzygante erster Art. Dieselbe ist auch irreducibel, weil sie den Term rT enthält. Ferner ist zugleich eine fundamentale Syzygante *zweiter Art* gewonnen, welche durch

$$\mathfrak{S}_1 = iS_1 + HS_2 + 2TS_3 - fS' = 0$$

dargestellt werden kann.

In ganz ähnlicher Weise können nun auch alle diejenigen Combinationen der fundamentalen Syzyganten, aus denen sich der Factor f^2 absondern muss, gewonnen werden. Es ist nur erforderlich, in den fundamentalen Syzyganten alle Terme, welche die zweite oder eine höhere Potenz von f enthalten, wegzulassen, ferner in gleicher Weise mit den Syzyganten $fS_1 = 0$, $fS_2 = 0$, etc. zu verfahren und alle linearen Relationen zwischen den entstehenden Ausdrücken zu bestimmen. Auf diese Weise können dann allmählich sämmtliche Syzyganten nur durch Eliminationsprocesse aus den oben angegebenen erhalten werden.

Hierzu muss jedoch bemerkt werden, dass die wirkliche Berechnung der abgeleiteten Syzyganten practischer auf demselben Wege geschieht, auf dem die fundamentalen Syzyganten erhalten wurden. So ergiebt sich die oben durch S' bezeichnete Syzygante einfach aus

$$S' = [fHHi]_2 = 0$$

oder auch aus

$$S' = 2(HiT) = 0.$$

Zwischen solchen Syzyganten vom Gewicht 1 besteht dann die Identität (in Bezug auf die Grundformen)

$$(fHiT) = f(HiT) - H(fiT) + i(fHT) - T(fHi) = 0,$$

welche offenbar mit der oben abgeleiteten Syzygante zweiter Art $\mathfrak{S}_1$ bis auf einen Zahlenfactor übereinstimmt. Die Mehrzahl der Syzyganten zweiter Art kann mittelst dieser Identität gewonnen werden. Auch ist es nicht schwer, eine allgemeinere Syzygante zweiter Art von beliebigem Gewichte i aufzustellen. Man findet

$$(f_1f_2f_3f_4f_5f_6)_i = \sum_\lambda \binom{i}{\lambda} [(f_1f_2)^\lambda (f_3f_4f_5f_6)_{i-\lambda} - (f_1f_4)^\lambda (f_3f_2f_5f_6)_{i-\lambda}$$
$$+ (f_3f_6)^\lambda (f_1f_2f_5f_6)_{i-\lambda} - (f_5f_6)^\lambda (f_1f_2f_3f_4)_{i-\lambda}] = 0.$$

Setzt man hierin $f_1 = f_2 = f$ und ist $(f_3f_4f_5f_6)_i$ eine irreducible abgeleitete Syzygante erster Art, dann stellt diese Relation eine *fundamentale* Syzygante *zweiter* Art dar. Dieselbe erlangt jedoch erst Bedeutung, wenn $i > 2$ wird.

München, den 10. December 1888.

On the finite Number of the Covariants of a Binary Quantic.

By

A. Cayley of Cambridge.

The process by which Hilbert in his recent paper „Ueber die Endlichkeit des Invariantensystems für binäre Grundformen", t. XXXIII pp. 223—226, has established the finite number of the invariants of a binary quantic, is very much simplified if we apply it to the covariants, or, what is the same thing, the seminvariants of the binary quantic: for writing $(a, b, \cdots \between x, y)^n = a(x-\alpha y)(x-\beta y)\cdots$,we have then to consider an expression $\{a(\alpha-\beta)\}^p\{a(\alpha-\gamma)\}^q\{a(\beta-\gamma)\}^r\cdots$, where the exponents $p, q, r, \cdots$ have any positive integer values whatever, and we are in no wise concerned with the linear relations which express the equally-frequent occurrence of the several roots respectively, and thus make the function an invariant.

I remark that in general a seminvariant means a rational seminvariant viz. one which is a rational and integral function of the coefficients; but when (as at present) we are concerned with seminvariants expressed in terms of the roots, it is proper to distinguish between rational and irrational seminvariants; the foregoing expression is in general an unsymmetrical function of the roots, and is thus an irrational seminvariant: but by taking the sum of two or more such expressions so as to obtain a symmetrical function of the roots, or if the original function be symmetrical, then we have a seminvariant which is a rational and integral function of the coefficients, that is a rational seminvariant.

Now $a(\alpha-\beta)$ is a root of the equation of differences, that is, if $\lambda = n^2 - n$, we have an equation

$$\{a(\alpha-\beta)\}^{\lambda} + L_1\{a(\alpha-\beta)\}^{\lambda-2}\cdots + L_{\frac{1}{2}\lambda} = 0,$$

where $L_1, L_2, \cdots L_{\frac{1}{2}\lambda}$ are rational seminvariants or say they are rational and integral functions of certain rational seminariants (in particular the last coefficient $L_{\frac{1}{2}\lambda}$ is a numerical multiple of a power of a into the discriminant). We can by means of this equation express any power $\{a(\alpha-\beta)\}^p$ where the exponent p is greater than $\lambda-1$, in terms of like powers with exponents not exceeding $\lambda-1$; and proceeding in the same manner with every other factor the exponent whereof is greater than $\lambda-1$, we see that it is only necessary to consider the seminvariants

$$\{a(\alpha-\beta)\}^p\{a(\alpha-\gamma)\}^q\{a(\beta-\gamma)\}^r\cdots$$

where each of the exponents $p, q, r, \cdots$ is at most $=\lambda-1$. The number of these irrational seminvariants is obviously finite; and denoting the complete system of them by $A, B, C, D, \cdots$ we see that every other seminvariant whatever will be of the form

$$AX+BY+CZ+DW+\cdots,$$

where $X, Y, Z, W, \cdots$ are rational and integral functions of the coefficients of the equation of differences, that is of a certain finite number of rational seminvariants.

Suppose that the whole number of terms $A, B, C, D, \cdots$ is $=k$, and that forming with these any linear combinations $\alpha A+\beta B+\cdots$ (with numerical multipliers $\alpha, \beta, \cdots$) we obtain the rational seminvariants $A, B, C, \cdots$; let the whole number of these be $=l$ (this is of course a number less than k): then instead of the original system $A, B, C, D, \cdots$ of k terms, we may consider the system composed of the l rational seminvariants $A, B, C, \cdots$ and any $k-l$ terms, say $F, G, \cdots$ of the original system of k terms: the general form of a seminvariant thus is $AX+BY+CZ+\cdots+FU+GV+\cdots$, where $X, Y, Z, \cdots U, V, \cdots$ are rational and integral functions of a certain number of rational seminvariants; and if we now attend only to rational seminvariants, these are of the form

$$AX+BY+CZ+\cdots;$$

vzi. using now the word seminvariant as meaning rational seminvariant, and omitting the word rational accordingly, the conclusion is: every seminvariant of a binary quantic $(a, b\cdots\between x, y)^n$ is a linear function $AX+BY+CZ+\cdots$ of a finite system of seminvariants $A, B, C, \cdots$, the coefficients $X, Y, Z, \cdots$ being rational and integral functions of a certain number of seminvariants: and the entire system of the seminvariants of the binary quantic is thus finite.

Cambridge, 24. January 1889.

Ueber das vollständige Combinantensystem zweier binärer Formen.

Von

E. Stroh in München.

Um das vollständige Combinantensystem der binären Formen m^{ter} Ordnung φ, ψ zu erhalten, hat man nach einem Satze von Gordan das simultane System der ungeraden Ueberschiebungen

(1) $$(\varphi\psi)^1,\ (\varphi\psi)^3,\ (\varphi\psi)^5,\ \text{etc. etc.}$$

aufzustellen, dann sind alle Combinanten durch die Grundformen dieses Systems rational und ganz ausdrückbar. Wegen der Abhängigkeit, welche zwischen den Formen (1) stattfindet, wird jedoch das simultane System derselben nicht das *allgemeinste* seiner Art sein, sondern es werden *Reductionen* eintreten, so dass schliesslich eine *kleinste* Zahl von Combinanten zurückbleibt, durch welche alle anderen ausdrückbar sind*). Voraussetzung zu dieser Untersuchung ist dabei selbstverständlich die Kenntniss des simultanen Formensystems von Formen der Ordnungen

$$2m-2,\ 2m-6,\ 2m-10,\ \text{etc. etc.}$$

Im Folgenden wird jedoch gezeigt werden, dass diese Kenntniss entbehrt werden kann, dass vielmehr das vollständige Combinantensystem zweier binärer Formen *nichts Anderes ist, als das System einer einzigen binären Form höherer Ordnung.*

Es möge die von Cayley zur Bestimmung der Resultante von φ und ψ verwendete Form durch

$$F=\frac{\varphi(x_1x_2)\,\psi(y_1y_2)-\varphi(y_1y_2)\,\psi(x_1x_2)}{(xy)}$$
$$=\sum_{k=0}^{m-1}\sum_{i=0}^{m-1} c_{ik}\,x_1^{\,i}\,x_2^{\,m-i-1}\,y_1^{\,k}\,y_2^{\,m-k-1}$$

*) Für den einfachsten Fall von Formen vierter Ordnung wurde das System auf diesem von Gordan vorgezeichneten Wege von Stephanos, Comptes rendus Vol. 97, S. 27, aufgestellt.

dargestellt sein, dann ist die Resultante

$$R = \begin{vmatrix} c_{00} & c_{01} & \cdots & c_{0\,m-1} \\ c_{10} & c_{11} & \cdots & c_{1\,m-1} \\ \vdots & & & \\ c_{m\,1\,0} & c_{m-1\,1} & \cdots & c_{m-1\,m-1} \end{vmatrix}$$

und die Unterdeterminanten derselben haben die von Jacobi bemerkte Eigenschaft, dass sie bloss $2m-1$ verschiedene Werthe haben, da stets

$$\gamma_{ik} = \gamma_{rs} \quad \text{wenn} \quad i+k = r+s \quad \text{ist.}$$

Dieselben können daher auch durch

$$\gamma_0, \gamma_1, \gamma_2, \cdots \gamma_{2m-2}$$

bezeichnet werden. Diese Grössen lassen sich nun in folgender Weise in die Form F einführen. Multiplicirt man nämlich F mit R^{m-2}, dann kann jedes Product $c_{ik} R^{m-2}$ durch die zu γ_{ik} adjungirte Determinante im System der γ ersetzt werden und es wird

$$F \cdot R^{m-2} = -\begin{vmatrix} \gamma_0 & \gamma_1 & \cdots \gamma_{m-1} & x_2^{m-1} \\ \gamma_1 & \gamma_2 & \cdots \gamma_m & x_2^{m-2} x_1 \\ \vdots & \vdots & \vdots & \vdots \\ \vdots & \vdots & \vdots & \vdots \\ \gamma_{m-1} & \gamma_m & \cdots \gamma_{2m-2} & x_1^{m-1} \\ y_2^{m-1} & y_2^{m-2} y_1 & \cdots y_1^{m-1} & 0 \end{vmatrix}.$$

In dieser Gestalt ist nun aber F eine *Covariante* der binären Form $(2m-2)^{\text{ter}}$ Ordnung

$$f = \gamma_0 x_1^{2m-2} - \binom{2m-2}{1} \gamma_1 x_1^{2m-3} x_2 + \cdots + \gamma_{2m-2} x_2^{2m-2},$$

die symbolisch durch

$$f = a_x^{2m-2} = b_x^{2m-2} = \cdots = h_x^{2m-2}$$

bezeichnet werden soll und auch durch Ränderung der Resultante R mit den Grössen $(-1)^\lambda \binom{m-1}{\lambda} x_1^\lambda x_2^{m-1-\lambda}$ erhalten werden kann. Um die Covariauteneigenschaft von $F \cdot R^{m-2}$ nachzuweisen, multiplicire man jede Verticalreihe — mit Ausnahme der letzten — mit y_2 und subtrahire davon die mit y_1 multiplicirte vorhergehende. Dadurch kann der Grad der Determinante um eins erniedrigt werden. Verfährt man in ähnlicher Weise mit den Horizontalreihen, so tritt eine weitere Reduction ein und wenn die symbolischen Coefficienten von f eingeführt werden, dann wird schliesslich

$$R^{m-2} \cdot F = \begin{vmatrix} a_1^{2m-4} a_x a_y & a_1^{2m-5} a_2 a_x a_y & \cdots & a_1^{m-2} a_2^{m-2} a_x a_y \\ b_1^{2m-5} b_2 b_x b_y & \cdots\cdots & \cdots & b_1^{m-3} b_2^{m-1} b_x b_y \\ \cdots & \cdots & \cdots & \cdots \\ h_1^{m-2} h_2^{m-2} h_x h_y & \cdots\cdots & \cdots & h_2^{2m-4} h_x h_y \end{vmatrix},$$

oder in Factoren zerlegt

$$R^{m-2} \cdot F = \frac{1}{(m-1)!} \prod (ab)^2 \prod a_x a_y,$$

worin die Producte auf alle Vertauschungen der $m-1$ Symbole $a, b, c \ldots h$ sich erstrecken.

Demnach erhellt die Richtigkeit des Satzes:

Die Cayley'sche Form

$$(2) \qquad \frac{\varphi(x_1 x_2)\,\psi(y_1 y_2) - \varphi(y_1 y_2)\,\psi(x_1 x_2)}{(xy)}$$

kann durch Multiplication mit einer Potenz der Resultante von φ und ψ in eine Covariante einer einzigen Form $(2m-2)^{ter}$ Ordnung übergeführt werden.

Nun sind aber alle Combinanten von φ und ψ aus der Cayley'schen Form durch invariante Processe ableitbar. Wenn daher eine solche Combinante mit einer passenden Potenz von R multiplicirt wird, so kann sie auch als eine Covariante bez. Invariante der Form f betrachtet werden. Insbesondere gilt daher für die einfachsten Combinanten der Satz:

Die Ueberschiebungen

$$(3) \qquad (\varphi\psi)^1,\ (\varphi\psi)^3,\ (\varphi\psi)^5 \text{ etc. etc.}$$

können durch Multiplication mit einer Invariante sämmtlich als Covarianten einer einzigen Form $(2m-2)^{ter}$ Ordnung dargestellt werden. Das simultane System dieser Ueberschiebungen fällt daher — bis auf einen Factor, der eine Invariante ist, — mit dem vollständigen Formensysteme dieser einen Form zusammen.

Damit ist nicht nur der ganze Zusammenhang zwischen diesen ungeraden Ueberschiebungen festgelegt, sondern es ist auch das simultane System derselben, soweit dies erreichbar, genau umgrenzt. Auch die Combinante f, welche von Jacobi und Gordan zur Resultantenbildung wiederholt benutzt worden war, erscheint durch diesen Satz in ihrer wahren Bedeutung.

Es hat auch keine Schwierigkeit, diejenigen Covarianten von f näher zu bestimmen, denen die ungeraden Ueberschiebungen entsprechen.

Die Form F kann nach der Gordan'schen Reihe entwickelt werden

$$(4) \qquad F = 2\sum_{\nu} \frac{\binom{m}{2\nu+1}\binom{m}{2\nu+1}}{\binom{2m-2\nu}{2\nu+1}} (\varphi\psi)^{2\nu+1}_{y^{m-2\nu-1}} (xy)^{2\nu}.$$

Ferner lässt sich $R^{n-2}F$ nach Polaren der folgenden Covarianten entwickeln

$$
\begin{aligned}
k^{(0)} &= \Pi(ab)^2 \cdot a_x^2 b_x^2 \cdots h_x^2, \\
(5) \qquad k^{(1)} &= \Pi(ab)^2 \cdot (ab)^2 c_x^2 \cdots h_x^2, \\
k^{(2)} &= \Pi(ab)^2 \cdot (ab)^2 (cd)^2 l_x^2 \cdots h_x^2
\end{aligned}
$$

etc. etc. worin das Product $\Pi(ab)^2$ sich über alle $\binom{m-1}{2}$ verschiedene Vertauschungen der $m-1$ Symbole $a, b, c, \ldots h$ erstreckt.

Am schnellsten ergiebt sich diese Entwicklung durch Benützung der von Gordan, Math. Annalen Bd. 3, pag. 372 abgeleiteten Formel

$$
r_{x_1} r_{x_2} r_{x_3} \cdots r_{x_n} \cdot s_{x_1} s_{x_2} \cdots s_{x_n} =
$$

$$
= \sum_{\nu} (-1)^{\nu} \frac{1}{4^{\nu} \binom{n-\nu+\frac{1}{2}}{\nu} \nu!} \sum (rs)^{2\nu}_{x_{i_1}^2 x_{i_2}^2 \cdots x_{i_{n-2\nu}}^2} \left(x_{i_{n-2\nu+1}} x_{i_{n-2\nu+2}}\right)^2 \cdots
$$

wo die Zahlen $i_1 i_2 \ldots i_n$ eine Permutation von $1, 2, 3, \ldots n$ bedeuten und die zweite Summe nur diejenigen Werthe des ungeschriebenen Ausdrucks umfasst, welche von einander verschieden sind.

Indem man in dieser Relation die Variabeln mit Symbolen und umgekehrt vertauscht, ergiebt sich die Beziehung

$$
a_x b_x \cdots h_x \cdot a_y b_y \cdots h_y =
$$

$$
= \sum_{\nu} \frac{(-1)^{\nu}}{4^{\nu} \nu! \binom{m-\nu-\frac{1}{2}}{\nu}} p_x^{(\nu)m-1-2\nu} \cdot p_y^{(\nu)m-1-2\nu} (xy)^{2\nu},
$$

worin die Formen p die Bedeutung haben

$$
\begin{aligned}
p^{(0)} &= a_x^2 \cdot b_x^2 \cdots h_x^2, \\
p^{(1)} &= \sum (ab)^2 c_x^2 \cdots h_x^2, \\
p^{(2)} &= \sum (ab)^2 (cd)^2 e_x^2 \cdots h_x^2
\end{aligned}
$$

etc. etc.

Darin erstrecken sich wieder die Summen über alle Permutationen der Symbole $a, b, c, \ldots h$, welche Verschiedenes liefern. Man bestimmt leicht die Zahl dieser unter sich gleichen Summanden allgemein gleich

$$
\binom{m-1}{2\nu} \binom{2\nu}{\nu} \frac{\nu!}{2^{\nu}}
$$

und wenn ferner die erhaltene Gleichung noch mit dem symbolischen Factor $\Pi(ab)^2$ multiplicirt wird, so resultirt die gewünschte Entwicklung

$$
(6) \quad R^{m-2} \cdot F = \sum_{\nu} (-1) \frac{\nu \binom{m-1}{2\nu} \binom{2\nu}{\nu}}{(m-1)!\, 8^{\nu} \binom{m-\nu-\frac{1}{2}}{\nu}} k_x^{(\nu)m-1-2\nu} k_y^{(\nu)m-1-2\nu} (xy)^{2\nu}.
$$

Aus den beiden Entwicklungen (4) und (6) folgt demnach

$$2\,\frac{\binom{m}{2\nu+1}\binom{m}{2\nu+1}}{\binom{2m-2\nu}{2\nu+1}}\,R^{m-2}(\varphi\psi)^{2\nu+1}=(-1)^{\nu}\,\frac{\binom{m-1}{2\nu}\binom{2\nu}{\nu}}{(m-1)!\,8^{\nu}\binom{m-\nu-\frac{1}{2}}{\nu}}\,k^{(\nu)}$$

und hieraus nach Vereinfachung des Zahlencoefficienten

$$R^{m-2}(\varphi\psi)^{2\nu+1}=(-1)^{\nu}\,\frac{(\nu+1)\binom{2\nu+1}{\nu+1}}{2^{\nu}m!\binom{m}{\nu}}\,k^{(\nu)}.$$

Es sind also der Reihe nach die ungeraden Ueberschiebungen in folgende Covarianten von f überführbar:

$$R^{m-2}(\varphi\psi)^{1}=\frac{1}{m!}\,\Pi(ab)^2\cdot a_x^2\,b_x^2\cdots h_x^2,$$

$$R^{m-2}(\varphi\psi)^{3}=-\frac{3}{m\cdot m!}\,\Pi(ab)^2\cdot(ab)^2\,c_x^2\cdots h_x^2,$$

$$R^{m-2}(\varphi\psi)^{5}=\frac{3\cdot 5}{m\cdot \overline{m-1}\cdot m!}\,\Pi(ab)^2\cdot(ab)^2\,(cd)^2\,e_x^2\cdots h_x^2,$$

etc. etc.

Besondere Fälle. Für $m=3$ wird f von der 4ten Ordnung und man erhält

$$R\cdot(\varphi\psi)^1=\frac{1}{6}\,(ab)^2\,a_x^2\,b_x^2=\frac{1}{6}\,H,$$

$$R\cdot(\varphi\psi)^3=-\frac{1}{6}\,(ab)^4=-\frac{1}{6}\,i.$$

Für $m=4$ wird f von der 6ten Ordnung und es ergiebt sich

$$R^2\cdot(\varphi\psi)^1=\frac{1}{24}\,(ab)^2\,(ac)^2\,(bc)^2\,a_x^2\,b_x^2\,c_x^2=\frac{1}{24}\,j,$$

$$R^2\cdot(\varphi\psi)^3=-\frac{1}{32}\,(ab)^4\,(ac)^2\,(bc)^2\,c_x^2=-\frac{1}{32}\,l.$$

Für $m=5$ wird f von der 8ten Ordnung und

$$R^3\cdot(\varphi\psi)^1=\frac{1}{120}\,(ab)^2\,(ac)^2\,(ad)^2\,(bc)^2\,(bd)^2\,(cd)^2\,a_x^2\,b_x^2\,c_x^2\,d_x^2,$$

$$R^3\cdot(\varphi\psi)^3=-\frac{1}{200}\,(ab)^4\,(ac)^2\,(ad)^2\,(bc)^2\,(bd)^2\,(cd)^2\,c_x^2\,d_x^2,$$

$$R^3\cdot(\varphi\psi)^5=\frac{1}{160}\,(ab)^4\,(cd)^4\,(ac)^2\,(ad)^2\,(bc)^2\,(bd)^2.$$

Der erste dieser symbolischen Ausdrücke kann in folgender Weise umgestaltet werden.

Für vertauschbare Symbole a, b, c gilt die folgende Identität

$$(ab)^2\,(bc)^2\,(ca)^2\,a_x^2\,b_x^2\,c_x^2=\frac{1}{2}\,(ab)^6\,c_x^6-(ab)^4\,(bc)^2\,a_x^2\,c_x^4$$

und daraus

$$(ab)^2(bc)^2(ca)^2(ad)^2(bd)^2(cd)^2 = \frac{1}{2}(ab)^6(cd)^6 - (ab)^4(bc)^2(ad)^2(cd)^4.$$

Durch Benützung derselben geht der erste Ausdruck unter Weglassung des Zahlencoefficienten zunächst über in

$$\frac{1}{2}k^2 - (ab)^4(bc)^2(ad)^2(cd)^4 a_x^2 b_x^2 c_x^2 d_x^2,$$

wo k die Covariante $(ff)^6$ bedeutet.

Mit Hilfe der Reihenentwicklung

$$(ab)^4 a_x^2 b_x^2 a_y^2 b_z^2 = i_x^4 i_y^2 i_z^2 + \frac{3}{7}k(yz)^2 - \frac{1}{7}k_x^2 k_y^2 (xz)^2$$
$$- \frac{1}{7}k_x^2 k_z^2 (yx)^2 + \frac{1}{30}A(xy)^2(xz)^2$$

ergiebt sich für den zweiten Term der Werth

$$i_x^4(ia)^2(ib)^2(ab)^4 a_x^2 b_x^2 + \frac{3}{7}k^2 - \frac{2}{7}k_x^2(ka)^2(ab)^4 a_x^2 b_x^4 + \frac{1}{30}Ai,$$

der durch Benützung der Beziehungen

$$(ab)^4 a_x^2 b_x^2 (ai)^2 (bi)^2 i_x^4 = (ii)^4 - \frac{2}{7}i_2 + \frac{1}{30}Ai,$$
$$(ab)^4 a_x^2 b_x^4 (ak)^2 k_x^2 = i_2 + \frac{2}{7}k^2$$

weiter vereinfacht werden kann, so dass schliesslich, weil auch

$$(ii)^4 = -\frac{8}{35}i_2 - \frac{1}{30}Ai + \frac{1}{15}Bf + \frac{6}{5\cdot 49}k^2$$

ist, der gesuchte Werth der folgende wird

$$R^3(\varphi\psi)^1 = \frac{1}{1200}\left(8i_2 + \frac{9}{7}k^2 - \frac{Ai + 2Bf}{3}\right).$$

Darin bedeuten i, k und A die Covarianten zweiten Grades

$$i = (ff)^4, \quad k = (ff)^6, \quad A = (ff)^8,$$

während

$$B = (fi)^8 \text{ und } i_2 = (ik)^2$$

gesetzt ist. In ähnlicher Weise ergiebt sich

$$R^3(\varphi\psi)^3 = -\frac{1}{200}\left(\frac{2}{7}k_2 - i_4 + \frac{2}{15}Ak\right),$$
$$R^3(\varphi\psi)^5 = \frac{1}{800}\left(\frac{1}{3}A^2 - 2C\right),$$

wo $C = (kk)^4$ ist.

Damit sind dann die ungeraden Ueberschiebungen $(\varphi\psi)^1$, $(\varphi\psi)^3$ und $(\varphi\psi)^5$ durch die gebräuchlichen Grundformen der binären Form achter Ordnung f ausgedrückt.

Als *Nebenresultat* ergiebt sich aus Vorigem noch der formentheoretische Satz: *Jede Grundform der Form f kann als simultane*

Covariante der Formen $k^{(0)}$, $k^{(1)}$, *etc. dargestellt werden, wenn sie mit einer passenden Potenz der Invariante* $E = (fk^0)^{2n-2}$ *multiplicirt wurde.* Dies folgt nämlich daraus, weil $E^{m-1} \cdot f$ selbst in der angegebenen Weise darstellbar ist.

Anwendungen des bewiesenen Theorems.

Jede Aufgabe, welche sich in Rücksicht auf die Combinanten von φ und ψ stellen lässt, ist mittelst des bewiesenen Theorems überführbar in eine Aufgabe, welche *innerhalb des vollständigen Formensystems einer binären Form* gelöst werden kann. So lautet die mehrfach behandelte Aufgabe: „Aus der gegebenen Form $(\varphi\psi)^1$ sollen alle übrigen Combinanten abgeleitet werden"*) nunmehr folgendermassen:

„Im vollständigen Formensysteme der Form f von der $(2m-2)^{\text{ten}}$ Ordnung ist die Covariante $k^{(0)} = \prod (ab)^2 \cdot a_x^2 b_x^2 \cdots h_x^2$ vom $(m-1)^{\text{ten}}$ Grade (in den Coefficienten) gegeben. Es soll das Formensystem aus derselben bestimmt werden."

Wenn die Formen von der vierten Ordnung sind, dann wird die Covariante $k^{(0)} = j$ und man erhält 5 Formensysteme, welche zu j gehören.**)

Eine andere Anwendung des Theorems ergiebt sich, wenn die *Resultante von* φ *und* ψ durch simultane Invarianten der Formen $(\varphi\psi)^1$, $(\varphi\psi)^3$, etc. ausgedrückt werden soll.

Es ist leicht zu sehen, dass die $(2m-2)^{\text{te}}$ Ueberschiebung der Form f über $(\varphi\psi)^1$ gerade R ist, da die Beziehung existirt

$$mR = \sum_{i=0}^{m-1} \sum_{k=0}^{m-1} c_{ik} \gamma_{ik}.$$

Bildet man nun die $(2m-2)^{\text{te}}$ Ueberschiebung von f über die Gleichung

$$R^{m-2} (\varphi\psi)^1 = \frac{1}{m!} k^{(0)},$$

so ergiebt sich

$$R^{m-1} = \frac{1}{m!} (k^0 f)^{2m-2} = \frac{1}{m!} E.$$

Die Resultante, gebildet für die Formen

$$R^{m-2} (\varphi\psi)^1, \quad R^{m-2} (\varphi\psi)^3, \text{ etc.}$$

---

*) Vgl. Hilbert, Math Annalen Bd. 33, p. 227, wo die frühere Literatur angegeben ist.

**) In einer schon im Mai 1881 an der techn. Hochschule München eingereichten Preisschrift ist diese Lösung im Zusammenhange mit der Theorie der Combinanten *dreier* binärer Formen von mir durchgeführt worden.

wird aber $R^{(m-1)^2}$, demnach ist

$$E^{m-1} = (m!)^{m-1} \cdot R(k^0, k^1 \cdots)$$

und es gilt der Satz:

Im vollständigen Formensysteme der Form f mit den Covarianten $k^{(0)}, k^{(1)}, \cdots$ *kann die* $(m-1)^{te}$ *Potenz der Invariante**) $(fk^0)^{2m-2}$ *durch simultane Invarianten der Formen* $k^{(\nu)}$ *rational und ganz ausgedrückt werden. Dieser Ausdruck stellt zugleich die Resultante zweier Formen* m^{ter} *Ordnung in der einfachsten Form dar.*

Es ist beipielsweise für $m = 3$

$$E = (ab)^2 (ac)^2 (bc)^2 = j.$$

Demnach muss j^2 durch simultane Invarianten von H und i ausdrückbar sein. In der That ist

$$j^2 = 3\left((HH)^2 H\right)^4 + \frac{1}{12} i^3.$$

Da nun

$$H = 6(\varphi\psi)^1 = 6u,$$
$$i = -6(\varphi\psi)^3 = -6u',$$

so wird

$$j^2 = 18\left[36\left((uu)^2 u\right)^4 - u'^3\right]$$

und ferner

$$R = 18\left((uu)^2 u\right)^4 - \frac{1}{2} u'^3.$$

Für 2 *Formen vierter Ordnung* ist

$$E = (fj)^6 = \frac{1}{6} A^2 - B$$

und demnach lässt sich E^3 durch simultane Invarianten von j und l ausdrücken. Mit Hilfe der Beziehungen

$$(jj)^6 = A_0 = \frac{1}{6} AE - \frac{1}{10} L \quad \left((ll)^2 = L\right),$$
$$(jj)^4 = i_0 = \frac{3}{50} l^2 - \frac{1}{10} Ei,$$
$$(i_0 i_0)^4 = B_0 = \frac{3}{500} (3E^2 B - 4A_0 L)$$

wird

$$150E^3 = \frac{54}{5} L^2 - 24A_0 L + 1080A_0^2 - 10^4 B_0.$$

Führt man an Stelle der Formen j und l nun wieder $(\varphi\psi)^1$ und $(\varphi\psi)^3$ ein und bezeichnet deren Invarianten durchweg mit dem Index 1, dann wird die gesuchte Resultante**):

$$\frac{375}{32} R = (8L_1 - 5A_1)^2 + 250(8A_1^2 - 75B_1).$$

---

*) Diese Invariante ist die *Catalecticante* Sylvesters, wie aus ihrer symbolischen Form direct folgt.

**) Vgl. Gordan, Math. Annalen Bd. 3, S. 383. Die dort gegebenen Recursionsformeln müssen demnach auf obiges Resultat führen.

In gleicher Weise kann bei Formen höherer Ordnung verfahren werden. Der Vorzug dieses Verfahrens besteht darin, dass die Resultante direct in der einfachsten Form erhalten wird und alle unnöthigen Zwischenoperationen hier wegfallen.

Ferner möge noch darauf hingewiesen werden, dass aus dem Theorem (3) vermöge des Brill'schen Combinantensatzes sofort ein ähnliches, welches sich auf die Combinanten von $m-1$ Formen m^{ter} Ordnung bezieht, abgeleitet werden kann. Auch ist es nicht ohne Interesse, einen directen Beweis für dieses letztere zu führen. Seien die gegebenen Formen durch

$$\varphi_1 = a_x^m, \quad \varphi_2 = b_x^m, \cdots \varphi_{m-1} = h_x^m$$

dargestellt, dann lassen sich die zugehörigen Formen

$$\alpha_x^{m-2}, \quad \beta_x^{m-2}, \cdots \eta_x^{m-2}$$

stets so bestimmen, dass die Combination

$$\psi = r_x^m s_y^{m-2} = a_x^m \alpha_y^{m-2} + b_x^m \beta_y^{m-2} + \cdots + h_x^m \eta_y^{m-2}$$

Polare einer Form $(2m-2)^{\text{ter}}$ Ordnung wird. Denn die $(m-2)$ Gleichungen

$$(rs)\, r_x^{m-1} s_x^{m-3} = 0, \quad (rs)^2\, r_x^{m-2} s_x^{m-4} = 0 \quad \text{etc.}$$

liefern im Ganzen $m(m-2)$ lineare Bestimmungsgleichungen für die Coefficienten der obigen Hilfsformen. Es darf demnach ψ in der Form angenommen werden

$$\psi = e_x^m e_y^{m-2}.$$

Es möge nun die Determinante aus den Coefficienten der Hilfsformen Θ genannt werden, dann lässt sich die Gordan'sche Combinante P, wenn sie mit Θ multiplicirt wird, in folgender Weise darstellen

$$\Theta P = \begin{vmatrix} e_1^{m-2}\, e_x^m & e_1^{m-3}\, e_2\, e_x^m & \cdots & e_2^{m-2}\, e_x^m \\ e_1'^{m-2}\, e_y'^m & e_1'^{m-3}\, e_2'\, e_y'^m & \cdots & e_2'^{m-2}\, e_y'^m \\ \cdot & \cdot & \cdot & \cdot \\ \overset{m-2}{e_1^{(m-2)}}\, \overset{m}{e_t^{(m-2)}} & & \cdots & \overset{m-1}{e_2^{(m-2)}}\, \overset{m}{e_t^{(m-2)}} \end{vmatrix}$$

oder in ein symbolisches Product umgewandelt

$$\Theta \cdot P = \Pi(e^{(i)} e^{(k)})\, \Pi \overset{m}{e_x^{(i)}} \quad \begin{pmatrix} i = 0, 1, 2 \cdots m-2 \\ k = 0, 1, 2 \cdots m-2 \end{pmatrix}.$$

Ebenso kann auch die gleichwerthige Combinante Q*) ausgedrückt werden. Man erhält

---

*) Vgl. Math. Annalen Bd. 22, pag. 393.

$$\Theta \cdot Q = \frac{1}{(xy)} \begin{vmatrix} e_1^{2m-2} & e_1^{2m-3} e_2 & \cdots & e_1^{m-2} & e_2^m \\ e_1'^{2m-3} e_2' & e_1^{2m-4} e_2'^2 & \cdots & e_1'^{m-3} & e_2^{m+1} \\ \cdot & \cdot & \cdot & \cdot & \cdot \\ x_2^m & -x_2^{m-1} x_1 & & \cdots & (-1)^m x_1^m \\ y_2^m & -y_2^{m-1} y_1 & & \cdots & (-1)^m y_1^m \end{vmatrix}$$

oder

$$\Theta \cdot Q = \frac{1}{(m-1)!} \cdot \Pi (e^{(i)} e^{(k)})^2 \, \Pi e_x^{(i)} e_y^{(i)}$$
$$\begin{pmatrix} i = 0, 1, 2 \cdots m-2 \\ k = 0, 1, 2 \cdots m-2 \end{pmatrix}.$$

Es gilt demnach auch hier der Satz:

Jede Combinante von $(m-1)$ *Formen* m^{ter} *Ordnung kann durch Multiplication mit einer Invariante als Covariante einer einzigen Form* $(2m-2)^{ter}$ *Ordnung dargestellt werden. Das vollständige Combinantensystem von* $(m-1)$ *Formen* m^{ter} *Ordnung fällt daher ebenfalls mit dem System einer einzigen Form* $(2m-2)^{ter}$ *Ordnung zusammen.**)

Von anderen Combinantensystemen kann nur das System *dreier ternärer quadratischer Formen* in derselben Art behandelt werden und es zeigt sich, wie auch aus geometrischen Untersuchungen bekannt ist, dass dasselbe mit dem System *einer cubischen ternären Form* in Uebereinstimmung gebracht werden kann. Dieselbe sei $f = \alpha_x^3$, dann wird die Gordan'sche Form

$$\Theta \cdot P = (\alpha\beta\gamma)\, \alpha_x^2 \beta_y^2 \gamma_z^2$$
$$= \frac{2}{3} \Delta_x \Delta_y \Delta_z (xyz) - \frac{1}{3} u_\Sigma v_\Sigma w_\Sigma$$

wo

$$\Delta = (\alpha\beta\gamma)^2 \alpha_x \beta_x \gamma_x \qquad \Sigma = (\alpha\beta\gamma)(\alpha\beta u)(\alpha\gamma u)(\beta\gamma u)$$

bekannte Covarianten von f sind.

Entwickelt man die Gordan'sche Form direct nach Polaren der Combinanten

$$J = (abc)\, a_x b_x c_x \quad \text{und} \quad H = (abu)(acu)(bcu),$$

dann ergiebt sich

$$P = 4 J_x J_y J_z (xyz) - 2 u_h v_h w_h.$$

Somit durch Vergleichung

$$\Theta \cdot J = \frac{1}{6} \Delta \quad \text{und} \quad \Theta \cdot H = \frac{1}{6} \Sigma.$$

Demnach kann das simultane System der Jacobi'schen Form J und der Hermite'schen Form H durch Multiplication *mit Potenzen einer*

*) Für Formen vierter Ordnung finden sich Satz und Beweisgang in obenerwähnter Preisschrift.

Invariante in das System einer einzigen cubischen Form übergeführt werden.

Diese Form bestimmt sich leicht als

$$f = 2\Delta^{(J)} + \Sigma^{(H)},$$

während die Invariante, deren Potenzen zu den Combinanten zutreten müssen, gleich

$$S^{(H)} - S^{(J)}$$

gefunden wird.

Schliesslich mag noch darauf hingewiesen werden, dass in den behandelten Fällen alle Combinanten aus *einer* unter ihnen *rational* ableitbar sind. Der zuerst von Brill eingeschlagene Weg, alle Combinanten (Formenbüschel) aus der ersten Elementarcombinante (Wendepunktsform) abzuleiten, führt bekanntlich auf *Irrationalitäten*, wodurch eine weitere Untersuchung des Combinantensystems auf Grund dieser Darstellung unmöglich gemacht wird.

München, den 14. Januar 1889.

Die Grundsyzyganten zweier simultanen biquadratischen binären Formen.*)

Von

Frhr. v. Gall in Darmstadt.

§ 1.

Einleitung.

An dem angeführten Orte wurde gezeigt, dass sich eine fast beliebige Menge von Syzyganten zwischen den 28 Grundformen G_i dieses simultanen Systems ohne weiteres hinschreiben lässt, sobald man nur einmal die ersten und zweiten Ueberschiebungen der Covarianten G_2 und G_4, wie daselbst geschehen, durch die Grundformen ausgedrückt hat. Im Anschluss an die Definition Hammond's (American Journal Vol. VII, pag. 2) müssen wir aber erwarten, dass die meisten der hierdurch zu erhaltenden Syzyganten zusammengesetzt sind. Unter der unübersehbaren Menge der auftretenden Beziehungen werden aber alle im Hammond'schen Sinne *Grundsyzyganten* genannt werden können, die eine binäre Combination der Grundformen als Summand enthalten (American Jour. Vol. VIII, pag. 126). — Die Absonderung dieser wird das Ziel und die Aufgabe der nachfolgenden Untersuchung sein. Es ist bekannt, dass bei allen bis jetzt nach Sylvester'schen Principien durch Abzählung verificirten vollen Systemen von Grundsyzyganten jede einzelne wirklich einen solchen Term $G_i G_k$ enthält; dagegen ist es leider noch nicht gelungen die volle oder teilweise Umkehrung dieses augenscheinlichen Satzes und mithin auch die absolute Vollständigkeit des durch die hier angewandte Art von Sichtung (tamisage) erhaltenen Systems von Grundsyzyganten zu erweisen. Soviel andere Grundsyzyganten im Verlauf der vorliegenden Arbeit aber auch untersucht wurden, gelang es andererseits nur in einem Falle eine *nicht zerlegbare* Syzygante zu finden, die einer vollständigen Umkehrung zu widersprechen scheint. Es ist dies die *eine* zwischen den 8 Invarianten G_0 bestehende

*) Der Aufsatz bildet die Fortsetzung der gleichnamigen Arbeit des Verfassers im 33. Bande dieses Journals.

Relation, die als einfachsten Term erst die 4te Potenz der Invariante D enthält. Es war trotz unzähliger Versuche weder möglich diese zu zerlegen, noch andere als identisch verschwindende Syzyganten zu finden, die den Term D^2 enthielten.*)

Ein Produkt $G_i G_k$ von Grundformen, das *nur in einer* Syzygante als Summand auftritt, nennen wir die *Charakteristik* dieser Relation. Wiederholt finden sich für eine Syzygante mehrere Charakteristiken $G_i G_k$, die in keiner zweiten wieder erscheinen. Häufig haben mehrere Syzyganten gewisse Summanden $G_i G_k$ gemein, ohne dass sich für diese die entsprechende Grundsyzygante aufstellen lässt. Wir nennen solche deshalb *accessorische* Produkte $G_i G_k$. *Indifferente* Produkte $G_i G_k$ sind endlich diejenigen, die in keiner Relation als Summand auftreten. Wie gebräuchlich verstehen wir unter (ikl) eine Syzygante vom i^{ten} bezüglich k^{ten} Grade in den Coefficienten der Formen f und φ und von der l^{ten} Ordnung in den Variabeln x. Alsdann sind z. B. alle Grundsyzyganten $(ik4)$ durch Producte $G_2 . G_2'$ und $G_0 . G_4$ charakterisirt. Oft freilich erfordert es eingehender Rechnung, um eine grössere Zahl von Syzyganten gleicher Stufe (ikl) so zu combiniren, dass man *rein charakterisirte* $[ikl]$ erhält, d. h. solche (ikl), von denen jede ausser accessorischen Produkten nur ein für sie charakteristisches Produkt zeigt. So erhalten wir 14 Syzyganten (3, 3, 6), während es nur 12 mögliche Charakteristiken

$$\varphi\nu,\ \nabla\mu,\ fn,\ \Theta\chi,\ S\lambda,\ \Delta m,\ \Sigma l,\ \mathrm{B}t,\ C\varrho,\ \Gamma r,\ D\xi,\ B\tau$$

giebt. Man kann aber 8 lineare Combinationen dieser vierzehn (3, 3, 6) finden, von denen jede eines der Producte

$$\varphi\nu,\ fn,\ S\lambda,\ \Sigma l,\ \nabla\mu,\ \Delta m,\ \Theta\chi \text{ und } D\xi$$

als Characteristik, die 4 übrigen Producte: $\mathrm{B}t$, $C\varrho$, Γr und $B\tau$ aber als accessorische enthält. Die 14 gefundenen (3, 3, 6) erscheinen sodann als lineare Combinationen dieser acht [3, 3, 6].

Es empfiehlt sich ferner nicht immer, zur Aufstellung neuer (ikl) die Rechnung nur auf die in der citirten einleitenden Arbeit gegebenen Methoden zu beschränken. Häufig erspart die Anwendung des dort definirten d und δ Processes langwierige Reductionen und weitschweifige Rechnung. Zur Gewinnung von Proberechnungen für die erhaltenen Resultate sind diese Prozesse geradezu unentbehrlich.

Ohne weiteres ist klar, dass alle Syzyganten von der Form

$$(ik2),\ (ik4),\ (ik6),\ (ik8),\ (ik10) \text{ oder } (ik12)$$

sein müssen, sobald sie ein additives Glied $G_i G_k$ enthalten. Es werden

*) Vergl. die Arbeit des Verfassers über die irreduciblen Syzyganten zweier cubischen Formen im 31. Bande dieses Journals.

daher nachfolgend alle Grundsyzyganten des Systems unter diesen 8 Rubriken zusammengestellt und aufgeführt werden und zwar innerhalb jeder Rubrik (ikl) geordnet nach steigenden Werten von i und k.

§ 2.

Grundsyzyganten $[ik0]$.

Nach Clebsch's binären Formen § 79 besteht zwischen den 8 Invarianten des simultanen Systems nur 1 Relation. Nun ist keine dieser Invarianten eine forme gauche. Die niedrigste Invariante ungeraden Charakters ist die Functionaldeterminante der zweiten Polaren der drei Covarianten

$$\psi_x^2 \quad l_x^2 \quad \lambda_x^2:$$

$$R = [(l\lambda)\psi]^2 = (l\lambda)(l\psi)(\lambda\psi).$$

Dieselbe ist vom 4. Grade in den Coefficienten jeder der beiden Formen, also bedeutend niedrigeren Grades als die schiefe Invariante M, die in Art. 222 von Salmon-Fiedler's Algebra der linearen Transformationen angeführt ist. Dieselbe lässt sich unschwer als ein Aggregat von Producten der Grundformen darstellen. Mit Benutzung des gefundenen Werthes von $(l\lambda)$ erhält man

$$R = \frac{1}{2} D(\psi\psi)_2 + \frac{1}{4} A(m\psi)_2 - \frac{1}{4} \mathsf{A}(\mu\psi)_2 - \frac{1}{2} E(\chi\psi)_2.$$

Die identischen Relationen

$$(\psi\chi)_2 = -(l\lambda)_2 \text{ und } (ll)_2 - \frac{1}{6}\mathsf{A}(\psi\psi)_2 = (\psi m)_2$$

bezw.

$$(\lambda\lambda)^2 - \frac{1}{6} A(\psi\psi)_2 = -(\psi\mu)_2$$

gestatten dieselbe auch in der Form

$$R = (\psi\psi)_2\left[\frac{1}{2} D - \frac{1}{12} A\mathsf{A}\right] + \frac{1}{4}\left(A(ll)_2 + \mathsf{A}(ll)^2\right) + \frac{1}{2} E(l\lambda)_2$$

darzustellen.

Ersetzen wir hierin die 2ten Ueberschiebungen $(G_2 G_2')^2$ durch ihre Werthe, so geht diese Gleichung über in

$$R = \frac{3}{4} D^2 - \frac{1}{8} DE^2 - \frac{1}{8} A\mathsf{A}D + \frac{1}{48} A\mathsf{A}E^2 + \frac{1}{8}(A\mathsf{B}\Gamma + \mathsf{A}BC)$$
$$- \frac{1}{8}(AC^2 + \mathsf{A}\Gamma^2) + \frac{1}{8} E(C\Gamma - B\mathsf{B}).$$

Eine Verification dieser Zerlegung liefert $dR \equiv 0$.

Nach einem bekannten Satze (vergl. Gordan's Invariantentheorie pag. 53) ist aber

$$2R^2 - \begin{vmatrix} (\psi\psi)^2 & (\psi l)^2 & (\psi\lambda)^2 \\ (l\psi)^2 & (ll)^2 & (l\lambda)^2 \\ (\lambda\psi)^2 & (\lambda l)^2 & (\lambda\lambda)^2 \end{vmatrix} = 0. \qquad (8,\ 8,\ 0).$$

Ersetzen wir in der dreigliedrigen Determinante die zweiten Ueberschiebungen ebenfalls durch ihre Werthe, so erhalten wir eine Syzygante (8, 8, 0) zwischen den 8 Invarianten des Systems. Dieselbe ist eine Grundsyzygante oder höchstens eine Potenz einer solchen, da der in R^2 auftretende Term D^4 nicht in der entwickelten, rechtsstehenden Determinante auftritt. Wie schon oben erwähnt, ist es mir aber nicht gelungen, dieselbe auf eine solche mit der Charakteristik D^2 zurückzuführen. Sie ist aber wesentlich niederen Grades als die Syzygante Bertini's (12, 12, 0)

$$\sum \pm\, ((\psi\psi)_2,\ (ll)^2,\ (\lambda\lambda)^2,\ (\chi\chi)^2),$$

von der derselbe behauptet, dass es sei

> une relation entre les invariants qui sera la seule qui puisse subsister entre eux.

Die Invariante R scheint ferner für die Theorie zweier biquadratischen Formen von fundamentaler Wichtigkeit zu sein. Bezeichnen wir nämlich die drei Covarianten $(l\lambda)l_x\lambda_x$; $(\lambda\psi)\lambda_x\psi_x$; $(\psi_x l)\psi_x l_x$ bezüglich mit u, v, w, so ist nach früherem

$$u = \frac{1}{2}D\psi + \frac{1}{4}(Am - \mathsf{A}\mu) - \frac{1}{2}E\chi$$

$$v = -\frac{1}{2}\Gamma\psi + \frac{3}{2}\nu - \frac{1}{2}E\lambda$$

$$w = \frac{1}{2}C\psi + \frac{3}{2}n - \frac{1}{2}El;$$

und wegen der leicht zu erweisenden Relation

$$R\cdot\Phi = u\cdot(\Phi\psi)_2 + v\cdot(\Phi l)_2 + w\cdot(\Phi\lambda)_2$$

mithin jede Covariante des Systems bis auf den Nenner R gleich der Summe dreier binären Producte $u\,.\,K_2$. So haben wir z. B.

$$R\cdot f = u\cdot\lambda - v\cdot\chi + w\left(-\mu + \frac{1}{6}A\psi\right)$$

$$R\cdot\varphi = -u\cdot l + w\cdot\chi + v\left(-m - \frac{1}{6}\mathsf{A}\psi\right).$$

Die eben so einfache Identität

$$2R\cdot(\Phi\Psi) = \begin{vmatrix} (\Phi l)_2 & (\Phi\lambda)_2 & (\Phi\psi)_2 \\ (\Psi l)_2 & (\Psi\lambda)_2 & (\Psi\psi)_2 \\ l & \lambda & \psi \end{vmatrix}$$

gestattet eine ähnliche Darstellung aller Functionaldeterminanten mit Hülfe der Covarianten l, λ, ψ.

§ 3.

Grundsyzyganten $[i, k, 2]$.

Hier sind 64 Characteristiken möglich, die alle die Form $G_0 \,.\, G_2$ haben. Obgleich 6 derselben, nämlich $D\psi$, Γl, Am, $C\lambda$, $E\chi$, $\mathsf{A}\mu$ von der Stufe (3, 3, 2) sind, so besteht keine Syzygante dieses Grades, wie für alle niederen Stufen (1, 3, 2) (1, 4, 2) u. s. w. Erst die 6 Charakteristiken (3, 4, 2) liefern eine Syzygante. Man erhält dieselbe durch die Entwickelung der doppelten Functionaldeterminante

$$[(\psi l)\psi]$$

und Benutzung des gefundenen Ausdruckes von (ψl) in der Form:

$$\frac{1}{2}\, l(\psi\psi)_2 - \frac{1}{2}\, \psi(l\psi)^2 = \frac{8}{2}\,(n\psi) - \frac{1}{2}\, E(l\psi).$$

Dieselbe geht nach einigen leichten Reductionen über in

$$\mathsf{A}\Gamma\psi - 6Dl - 3\Gamma m + \mathsf{A}E\lambda + 6C\chi + 3En + 3\mathsf{B}\mu - 3\mathsf{A}\nu = 0. \qquad [3, 4, 2]$$

Durch Vertauschung von f mit φ erhalten wir ihr Gegenbild

$$-AC\psi - 6D\lambda - 3C\mu + AEl - 6\Gamma\chi + 3E\nu + 3Bm - 3An = 0. \qquad [4, 3, 2]$$

Zur Probe liefert $d(4, 3, 2) \equiv 0$.

Ebenso giebt die Entwickelung von $[(\psi l)l]$ die zwei weiteren

$$(-\mathsf{A}D + 2\mathsf{B}\Gamma)\psi - \mathsf{A}\Gamma l - 3Dm + (2\mathsf{B}E - \mathsf{A}C)\lambda$$
$$+ \mathsf{A}E\chi + 3Cn + \frac{1}{2}\mathsf{A}^2\mu - 3\mathsf{B}\nu = 0 \qquad [3, 5, 2]$$

und

$$(+AD - 2BC)\psi - AC\lambda - 3D\mu + (2BE - A\Gamma)l$$
$$- AE\chi + 3\Gamma\nu + \frac{1}{2}A^2 m - 3Bn = 0. \qquad [5, 3, 2]$$

Zu demselben Resultat führt $[(\psi m)\psi]$. Aber $d(5, 3, 2) = (6, 2, 2)$ verschwindet identisch, was indirect die Indifferenz des Productes $B\nu$ beweist. Aus $[(\psi\chi)\psi]$ erhalten wir die auch aus $d(3, 5, 2)$ erweisbare Syzygante

$$(DE - 3C\Gamma - B\mathsf{B} + \frac{1}{6}A\mathsf{A}E)\psi + (2E\Gamma - AC + \mathsf{A}B)l$$
$$+ (-2EC + \mathsf{A}\Gamma - A\mathsf{B})\lambda + (-2E^2 - A\mathsf{A} + 6D)\chi$$
$$+ AEm - \mathsf{A}E\mu - 6\Gamma n + 6C\nu = 0. \qquad [4, 4, 2]$$

Dieselbe geht durch Vertauschung von f mit φ in sich selbst über.

$[(\psi\chi)l]$ erzeugt als (4, 5, 2) die einfach theilbare Syzygante $[4, 3, 2]. \; \frac{\mathsf{A}}{24} = 0$.

$\delta(4, 4, 2)$ dagegen gibt die Grundsyzygante (5, 4, 2) und (4, 5, 2)

$$\psi\left(\frac{1}{3}ABE-2CD-\frac{1}{6}A^2B-\frac{1}{6}AAC\right)+l\left(3DE-\frac{1}{6}AAE-C\Gamma+BB\right)$$
$$+ACm+\lambda\left(-2C^2+2B\Gamma-\frac{1}{6}AA^2-AD\right)+\chi(A\Gamma-2CE-AB)$$
$$-6Dn+\mu(AC-2BE)+AE\nu=0. \qquad [4,5,2]$$

$$\psi\left(\frac{1}{3}ABE-2\Gamma D-\frac{1}{6}A^2B-\frac{1}{6}AA\Gamma\right)+l\left(2\Gamma^2-2BC+\frac{1}{6}A^2A+AD\right)$$
$$+m(2BE-A\Gamma)+\lambda\left(-3DE+\frac{1}{6}AAE+C\Gamma-BB\right)+\chi(AC-2\Gamma E-AB)$$
$$-AEn-A\Gamma\mu+6D\nu=0. \qquad [5,4,2].$$

Neben anderen können wir

$$Dl,\ Dm,\ D\lambda,\ D\chi,\ Dn,\ D\mu,\ D\nu$$

als Charakteristiken der erhaltenen Syzyganten betrachten.

Alle Versuche zur Aufstellung weiterer Grundsyzyganten scheiterten. So gibt $[(\psi n)\psi]$ eine $(4, 5, 2)$ die durch Addition des Ausdrucks

$$-\frac{1}{4}E\cdot(3,4,2)-\frac{1}{12}A(4,3,2)$$

in $\frac{1}{4}\cdot[4,5,2]$ übergeht. $\delta[3,5,2]$ liefert eine identisch verschwindende $(4, 5, 2)$.

§ 4.

Grundsyzyganten $(i, k, 4)$.

Als mögliche Charakteristiken haben wir hier die 56 Produkte $G_0 . G_4$ und die 36 Produkte $G_2 . G_2'$. Jedes der letzteren mit Ausnahme des indifferenten ψ^2 erscheint als charakteristisches Glied einer Syzyganten, die bis zu $(3, 4, 4)$ resp. $(4, 3, 4)$ einige der ersteren als accessorische Terme enthalten. Die meisten der letzteren aber treten als indifferente Glieder auf. Aus Raumersparniss werden wir von nun an die Gegenbilder der aufgefundenen Syzyganten weglassen. Die einfachste Grundsyzygante erhält man durch Entwickelung der doppelten Functionaldeterminante $[(\alpha\psi)\psi]$ mit Benutzung des Ausdruckes für $(\alpha\psi)$ in der Form:

$$-\frac{1}{2}E(\alpha\psi)+\frac{1}{4}A(a\psi)+\frac{3}{2}(S\psi)=\frac{1}{4}\psi(\alpha\psi)^2+\frac{1}{2}\psi(a\psi)^2-\frac{1}{2}\alpha\cdot(\psi\psi)^2$$

oder

$$-6ES-6A\Sigma-6C\Theta+3D\varphi+3\Gamma\nabla+3B\Delta+AEf$$
$$+\frac{1}{2}AA\varphi+12\psi l=0. \qquad [2,3,4]$$

Dieselbe erhält man auch aus $\delta(\Delta\nabla)^2$. Dagegen liefert $\delta(3, 2, 4)$ eine Syzygante mit der Charakteristik λ^2; deren Gegenbild aber lautet:

$$12\mathsf{B}\Sigma+12CS+2\mathsf{A}E\Theta-\varphi(\mathsf{A}\Gamma+AB)-2\mathsf{B}Ef-6D\nabla-\mathsf{A}^2\Delta$$
$$-2\mathsf{A}\psi^2-12l^2=0. \qquad [2,4,4]_1.$$

Zur Probe liefert $[(4,2,4)\nabla]^4=(4,4,0)\equiv 0$. Dagegen folgern wir durch $\delta[2,3,4]$ eine $(3,3,4)$

$$-6\Gamma S-6C\Sigma-2\Theta(A\mathsf{A}+3D-E^2)+f(A\mathsf{B}+\mathsf{A}\Gamma-CE)$$
$$+\varphi(\mathsf{A}B+AC-\Gamma E)+\frac{1}{2}\mathsf{A}E\Delta+\frac{1}{2}AE\nabla-2E\psi^2$$
$$-12l\lambda+12\psi\chi=0 \qquad (3,3,4)'$$

und aus $d[2,4,4]$ eine weitere $(3,3,4)$:

$$24\Gamma S+24C\Sigma+2\Theta(A\mathsf{A}-6D+2E^2)-f(A\mathsf{B}+\mathsf{A}\Gamma+2CE)$$
$$-\varphi(\mathsf{A}B+AC+2\Gamma E)-2\mathsf{A}E\Delta-2AE\nabla-4E\psi^2+24l\lambda=0.$$
$$[3,3,4]_1.$$

Durch Combination beider $(3,3,4)$ erhalten wir dann die rein charakterisirte $(3,3,4)$

$$12\Gamma S+12C\Sigma-2\Theta(A\mathsf{A}+12D-4E^2)+f(A\mathsf{B}+\mathsf{A}\Gamma-4CE)$$
$$+\varphi(\mathsf{A}B+AC-4\Gamma E)-\mathsf{A}E\Delta-AE\nabla-8E\psi^2+24\psi\chi=0.$$
$$[3,3,4]_2.$$

Eine sehr übersichtliche und brauchbare $(3,3,4)$ entsteht durch Combination der beiden $[3,3,4]$ in der Form:

$$2\Theta\cdot(\psi\psi)^2-f(\psi l)^2+\varphi(\psi\lambda)^2+E\psi^2+2l\lambda-4\psi\chi=0. \qquad (3,3,4)_\alpha.$$

$d(3,3,4)_\alpha$ gibt uns eine zweite $(4,2,4)$ und $(2,4,4)$

$$\nabla(\psi\psi)^2-\varphi(\psi l)^2+\frac{1}{6}\mathsf{A}\psi^2-l^2-2\psi m=0. \qquad (2,4,4)_\alpha.$$

In Verbindung mit $[2,4,4]_1$ ergibt sich hieraus

$$12(\mathsf{B}\Sigma+CS)+\varphi(2\mathsf{A}\Gamma-6CE+2A\mathsf{B})+2\mathsf{A}E\Theta-2\mathsf{B}Ef$$
$$+\nabla(6E^2-3A\mathsf{A}-24D)-\mathsf{A}^2\Delta-4\mathsf{A}\psi^2+24\psi m=0. \qquad [2,4,4]_2.$$

$\delta(4,2,4)_\alpha$ gestattet uns weiter die übersichtliche Darstellung von $[5,2,4]$ und $[2,5,4]$. Man findet

$$3(ll)^2\cdot\varphi-3(\psi l)^2\cdot\nabla-\mathsf{B}\psi^2+\mathsf{A}\psi l+6lm=0. \qquad [2,5,4].$$

Leicht folgern aus dem vorhergehenden die drei $(3,4,4)$ ψn, $l\chi$ und $m\lambda$. So geben $d(2,5,4)$ und $\delta(2,4,4)_\alpha$ mit Berücksichtigung von $(\psi\chi)_2=-(l\lambda)_2$:

$$-6\varphi(l\lambda)_2+6\nabla(\psi\lambda)_2+\mathsf{A}\psi\lambda-6\lambda m+6\psi n+6l\chi=0, \qquad (3,4,4)_1$$
$$3f(ll)_2-6\varphi(l\lambda)_2+3\nabla(\psi\lambda)_2-6\Theta(\psi l)_2-3C\psi^2$$
$$-\mathsf{A}\psi\lambda-6\lambda m+12l\chi=0. \qquad (3,4,4)'$$

Aus der zweifachen Functionaldeterminante $[(\psi\chi)f]$ erhalten wir eine weitere $(3, 4, 4)$; nehmen wir dieselbe 48 mal und vermehren sie um $A \cdot (2\,3\,4)$, so geht diese über in

$$3f(ll)_2 - 6\Theta(\psi l)_2 - 3\nabla(\psi\lambda)_2 + 6\chi l - 6\psi n - 2\mathrm{A}\psi\lambda - 3C\psi^2 = 0. \qquad (3, 4, 4)_2$$

Da $(3, 4, 4)' \equiv (3, 4, 4)_1 + (3, 4, 4)_2$ ist, so haben wir hierin eine Probe für die Richtigkeit der beiden letzteren. $\delta(3\,3\,4)_\alpha$ endlich gibt uns $(4, 3, 4)_3$ und $(3, 4, 4)_3$ in der Form

$$2S(\psi\psi)_2 + 4\Theta(\psi l)_2 + \nabla(\psi\lambda)_2 + 2\varphi(l\lambda)_2 - f\left[(ll)_2 + \frac{1}{3}\mathrm{A}(\psi\psi)_2\right]$$
$$+ 2\mathrm{A}\psi\lambda + C\psi^2 + 2E\psi l - 6l\chi = 0. \qquad [3, 4, 4]_3$$

Man sieht ohne weiteres, dass durch successive Elimnation von $l\chi$ und ψn auch die vorhergehenden $(3, 4, 4)$ in rein charakterisierte verwandelt werden können.

Ebenso entsteht aus $\delta(3, 4, 4)_1$

$$\psi[2A(\psi l)_2 - 6(\lambda\chi)_2] - 6\nabla(\lambda\lambda)_2 - 2A\nabla(\psi\psi)_2 - \mathrm{A}\lambda^2 - \frac{1}{2}A\mathrm{A}\psi^2$$
$$+ 4A\psi m - 12\lambda n + 6\chi^2 + 2Al^2 = 0 \qquad (4, 4, 4)_1$$

und als Gegenbild

$$f[-2\mathrm{A}(\psi\lambda)_2 + 6(l\chi)_2] - 6\Delta(ll)_2 - 2\mathrm{A}\Delta(\psi\psi)_2 - Al^2 - \frac{1}{2}A\mathrm{A}\psi^2$$
$$- 4\mathrm{A}\psi\mu - 12l\nu + 6\chi^2 + 2\mathrm{A}\lambda^2 = 0. \qquad (4, 4, 4)_2'$$

Eine weitere, vollständig symmetrische $(4, 4, 4)$ gibt uns die Identität

$$\sum (\psi l)\lambda = 0 \quad \text{d. h.} \quad (\psi l)\lambda + (l\lambda)\psi + (\lambda\psi)l = 0$$

$$: 3(n\lambda + \nu l) + \psi(C\lambda - \Gamma l) + D\psi^2 + \frac{1}{2}\psi(Am - \mathrm{A}\mu) - E\chi\psi - El\lambda = 0. \qquad (4, 4, 4)_3$$

Aus diesen könnte man leicht die drei rein charakterisirten $n\lambda$, νl und χ^2 darstellen. Addiren wir zu $(4\,4\,4)_1$ zweimal $A \cdot (2\,4\,4)_\alpha$ hinzu, so gehen die beiden ersten über in die einfacheren

$$6\varphi(\lambda\chi)_2 + 6\nabla(\lambda\lambda)_2 + \mathrm{A}\lambda^2 + \frac{1}{6}A\mathrm{A}\psi^2 + 12\lambda n - 6\chi^2 = 0, \qquad (4\,4\,4)_1$$

$$-6f(l\chi)_2 + 6\Delta(ll)_2 + Al^2 + \frac{1}{6}A\mathrm{A}\psi^2 + 12l\nu - 6\chi^2 = 0. \qquad (4\,4\,4)_2$$

$\delta(2\,5\,4)$ liefert uns

$$6\varphi(l\chi)_2 - 6\nabla(\psi\chi)_2 + 2\mathrm{B}\psi\lambda - \mathrm{A}l\lambda + \mathrm{A}\psi\chi + 6m\chi + 6ln = 0. \qquad (3\,5\,4)_1$$

Zur Probe erhält man das Gegenbild der letzteren auch aus $\delta(4\,3\,4)_1$. Diese Syzygante gestattet nun endlich auch die Darstellung der letzten $(4\,4\,4)_4$ mit der Charakteristik $m\mu$. Unterwerfen wir dieselbe nämlich dem d Process, berücksichtigen die leicht zu verificirende absolute

Identität: $A(\psi l)_2 - 6(\lambda\chi)_2 - 6(l\mu)_2 = -12(\lambda\chi)_2$ und addiren zu dem Resultate der Rechnung: $-(4\ 4\ 4)_2$, so findet man:

$$12[f(l\chi)_2 - \varphi(\lambda\chi)_2] - 6[\Delta(ll)_2 + \nabla(\lambda\lambda)_2] - 12\Theta(\psi\chi)_2 \\ + 6\cdot\psi[C\lambda - \Gamma l] - 6El\lambda + Al^2 + \mathsf{A}\lambda^2 + \psi(Am - \mathsf{A}\mu) \\ + 18\chi^2 - 6(l\nu + \lambda n) - 6m\mu = 0. \qquad (4\ 4\ 4)_4$$

$d(5\ 3\ 4)_1$ gibt eine $(6\ 2\ 4)$, die wir durch Addition von $A\,.\,(4\ 2\ 4)_\alpha$ und Benutzung der Reductionsformel

$$A(\psi\psi)^2 - 6(\lambda\lambda)^2 = 6(\psi\mu)^2$$

in die einfache Form bringen können

$$6f(\lambda\mu)_2 + 6\Delta(\psi\mu)_2 + 4B\psi\lambda + 2A\lambda^2 + \tfrac{1}{8}A^2\psi^2 + 6\mu^2 = 0, \qquad [6, 2, 4]$$

bezw.

$$6\varphi(lm)_2 - 6\nabla(\psi m)_2 - 4\mathsf{B}\psi l + 2\mathsf{A}l^2 + \tfrac{1}{8}\mathsf{A}^2\psi^2 + 6m^2 = 0. \qquad [2, 6, 4]$$

Unterwerfen wir die letzte dem d Process und addiren zu dem Resultate $-2E(2\ 4\ 4)_\alpha$, so gelangen wir zu einer zweiten $(3\ 5\ 4)$

$$6f(lm)_2 + 6\varphi[2(l\chi)_2 - (\lambda m)_2] - 12\Theta(\psi m)_2 - 12\nabla(\psi\chi)_2 - 12C\psi l \\ + 4\mathsf{B}\psi\lambda + 6El^2 - 4\mathsf{A}l\lambda + \mathsf{A}E\psi^2 + 24m\chi = 0. \qquad [3\ 5\ 4]_2$$

Die Identität $\sum(\psi l)m_x = 0$ liefert uns

$$3mn + \psi\left[-\tfrac{1}{8}\mathsf{A}El - \tfrac{1}{6}\mathsf{A}\lambda^2 - \mathsf{B}\chi + 2Cm - \tfrac{1}{6}\mathsf{A}C\psi + \tfrac{1}{8}\mathsf{B}E\psi\right] \\ + l[Cl + \mathsf{B}\lambda + \mathsf{A}\chi - 2Em] = 0 \qquad [3\ 6\ 4]$$

und $\sum(\psi l)\chi_x = 0$ die weitere:

$$3n\chi + \psi\left[2C\chi - Dl + \mathsf{B}\mu - \tfrac{1}{2}\mathsf{A}\nu\right] \\ - l\left[E\chi - C\lambda - \Gamma l + \tfrac{1}{2}Am + \tfrac{1}{2}\mathsf{A}\mu\right] = 0. \qquad [4\ 5\ 4]_1$$

Addiren wir zu der aus $\sum(\psi l)\mu = 0$ resultirenden Syzygante: $-\frac{1}{6}\psi\cdot(4\ 3\ 2)$ so gelangen wir zu einer zweiten $(4\ 5\ 4)$ bezüglich $(5\ 4\ 4)$:

$$3m\nu - \psi\left[\tfrac{1}{6}A\mathsf{A}l - \tfrac{1}{6}A\mathsf{B}\psi + C\chi\right] - \lambda[Cl + \mathsf{B}\lambda + \mathsf{A}\chi] = 0. \qquad [4\ 5\ 4]_2$$

Zur Probe gibt $d[5\ 4\ 4]_2 = [6\ 3\ 4]$. Ferner gestattet $\delta[4\ 5\ 4]_2$ die Darstellung von $[5\ 5\ 4]$:

$$3n\nu + \psi\left[\tfrac{1}{6}A\mathsf{A}\chi - D\chi + \tfrac{1}{3}(A\mathsf{B}\lambda - \mathsf{A}Bl) + \tfrac{1}{8}B\mathsf{B}\psi\right] \\ - l\lambda\left[D + \tfrac{1}{6}A\mathsf{A}\right] = 0. \qquad [5\ 5\ 4]$$

Dasselbe folgt auch aus $\sum (\psi l)\nu_x = 0$, wenn man hierzu $-\frac{1}{6}l(432)$ addirt. Es erübrigt noch die Entwickelung der Syzygante n^2 oder (4 6 4).

Das Quadrat der Functionaldeterminante (ψl) zeigt uns diese ohne weiteres in der Form

$$2[(\psi l)]^2 + (\psi\psi)^2 \cdot l^2 + (ll)^2 \cdot \psi^2 - 2(\psi l)^2 \psi l = 0$$

oder

$$\frac{1}{2}(C\psi + 3n - El)^2 + (\psi\psi)^2 l^2 + (ll)^2 \psi^2 - 2(\psi l)^2 \psi \,.\, l = 0. \quad (4\ 6\ 4)$$

Es gibt also wirklich 35 Syzyganten $(ik4)$, von denen jede durch eines der 35 Producte $G_2 \,.\, G_2'$ charakterisirt ist. Wie schon oben bemerkt fehlt unter diesen nur die Charakteristik ψ^2. Es ist mir in keinem Falle gelungen eine durch ein Glied $G_0 G_4$ bestimmte Syzygante darzustellen. Bei den Syzyganten höherer Stufe verschwinden sogar die G_4 vollständig oder können durch Elimination aus denselben entfernt und durch Producte $J \,.\, G_2 G_2'$ ersetzt werden. So erscheint durch $\delta(2\ 6\ 4)$ die Syzygante [3 6 4] noch in der Form:

$$3\varphi[(\chi m)_2 + (ln)_2] + 2\nabla[(\lambda m)_2 - (\psi n)_2] + 2\mathsf{B}(l\lambda - \psi\chi)$$
$$+ 2\mathsf{A}l\chi - \frac{1}{3}\mathsf{A}^2\psi\lambda + 6mn = 0.$$

§ 5.

Grundsyzyganten $(i, k, 6)$,

Die Charakteristiken der $(i, k, 6)$ sind von der Form $G_0 G_6$ und $G_2 G_4$. Von den 40 ersteren sind die meisten nur accessorische Terme von Syzyganten, $\mathsf{A}\tau$, $\mathsf{A}\xi$, $\mathsf{B}\tau$, $E\xi$ und deren Gegenbilder indifferente Producte; $D\tau$, $D\xi$, Dr, $D\varrho$, Dt hingegen treten als Charakteristiken von $(ik6)$ auf. Mit Ausnahme der indifferenten Terme $\varphi\psi$, φl, $\varphi\lambda$, $\nabla\psi$, $f\psi$, fl, $\Theta\psi$, sowie der accessorischen Terme ∇l, fm und $S\psi$ und deren Gegenbilder sind alle übrigen $G_4 G_2$ für gewisse Syzyganten charakteristisch.

Man erhält leicht eine Menge Relationen derselben Stufen, und es ist oft recht mühsam diese auf eine beschränkte Anzahl rein charakterisirter Syzyganten zu reduciren. Die einfachste $(ik6)$ ist eine (1 4 6). Dieselbe erhält man aus $[(\alpha\psi), \nabla]$ oder $[(\alpha l)\alpha]$ in der Form:

$$2\nabla l + \varphi m - E\tau + \mathsf{A}r - \mathsf{B}\xi - \frac{1}{6}\mathsf{A}\varphi\psi = 0. \quad [1\ 4\ 6]$$

Aus $\delta[4\ 1\ 6]$ oder $[(\alpha l)\nabla]$ entsteht:

$$\nabla m - C\tau + \mathsf{B}r + \frac{1}{3}\mathsf{A}\nabla\psi + \frac{1}{3}\mathsf{A}\varphi l - \frac{2}{3}\mathsf{B}\varphi\psi - \frac{1}{6}\mathsf{A}^2\xi = 0. \quad [1\ 5\ 6]$$

$[(a\psi)\nabla]$, $[(\nabla\psi)a]$, $[(al)a]$ liefern uns drei (2 3 6):

$$2\varphi\chi - 2fm + 2S\psi + \mathsf{A}\varrho - 2Er + A\tau + \tfrac{1}{3}\mathsf{A}f\psi = 0, \qquad [2\,3\,6]_1$$

$$-2\nabla l + fm + 2S\psi + \mathsf{A}\varrho - Er - C\xi + \tfrac{1}{3}\mathsf{A}f\psi = 0, \qquad [2\,3\,6]_2$$

$$4\varphi\chi - 2fm + 4\Theta l + 2\mathsf{A}\varrho - 2Er - 2C\xi + \tfrac{2}{3}\mathsf{A}f\psi = 0. \qquad (2\,3\,6)_3'$$

$(2\,3\,6)_3' - 2\cdot[2\,3\,6]_1$ giebt die rein charakterisirte

$$fm + 2\Theta l - 2S\psi + Er - C\xi - A\tau = 0. \qquad [2\,3\,6]_3$$

$[(al), a]$ giebt eine $(2\,3\,6)_t \equiv \frac{3}{2}\cdot[2\,3\,6]_1 - \frac{1}{2}(2\,3\,6)_3'$; $[(\Theta\psi)a]$ eine $(2\,3\,6)_x \equiv (2\,3\,6)_3' - [2\,3\,6]_1$; $d(1\,4\,6)$ eine $(2\,3\,6)_y \equiv [2\,3\,6]_2 + (2\,3\,6)_x$; $d[2\,3\,6]_2$ eine $(2\,3\,6) \equiv [2\,3\,6]_1 + [2\,3\,6]_3$.

Zur Probe giebt $d[2\,3\,6]_1 \equiv [3\,2\,6]_1$; $d[3\,2\,6]_1 \equiv 0$; $d[326]_2 \equiv [4\,1\,6]$. Es gelang mir nicht Syzygante (2 3 6) mit den Charakteristiken fm und $S\psi$ zu finden.

Ebenso auffallend ist es, dass den Producten (2 2 6): $\varphi\lambda, fl, \Theta\psi$ keine Syzygante entspricht. Wir haben weiter sieben Charakteristiken (2 4 6):

$$\varphi n,\ \nabla\chi,\ \Theta m,\ Sl,\ \mathsf{B}\varrho,\ Cr,\ \Gamma\tau.$$

5 zugehörige Syzyganten erhält man aus:

1) $\sum(\psi l)\alpha = 0$; 2) $[(am)^1\alpha]^1$; 3) $[(\alpha\chi)^1\alpha]^1$;
4) $[(\Theta l)^1\varphi]^1$; 5) $\delta[3\,2\,6]_s$.

Zur Darstellung zweier weiteren gehen wir einmal von den aus $[(\alpha\mu)^1\alpha]^1$ folgenden Syzyganten aus

$$\left.\begin{aligned} &\varphi\nu - \mu\nabla + D\xi + C\varrho - \Gamma r + \tfrac{1}{3}E(\Theta\psi + fl - E\xi - \varphi\lambda) = 0 \\ &fn - m\Delta - D\xi + \Gamma r - C\varrho + \tfrac{1}{3}E(-\Theta\psi + \varphi\lambda + E\xi - fl) = 0. \end{aligned}\right\} \begin{aligned}(3\,3\,6)_3 \\ (3\,3\,6)_4\end{aligned}$$

Diese beiden liefern die schon von Bertini gefundene einfachste Syzygante:

$$\varphi\nu + fn - \mu\nabla - m\Delta = 0. \qquad (3\,3\,6)_x$$

$d(3\,3\,6)_x$ gestattet die Darstellung einer sechsten (2 4 6).

Dann resultiren aus $[(a\lambda)^1\nabla]^1$ zwei weitere (3 3 6):

$$\left\{\begin{aligned} &-\nabla\mu + 2S\lambda + 2fn + \Gamma r - B\tau + \tfrac{1}{3}\mathsf{A}f\lambda + \tfrac{1}{6}A(\mathsf{A}\xi - 2\varphi l) \\ &\qquad + \tfrac{1}{3}E(-E\xi - \varphi\lambda + fl + \Theta\psi) = 0, \qquad (3\,3\,6)_5 \\ &-\Delta m + 2\Sigma l + 2\varphi\nu + C\varrho - \mathsf{B}t + \tfrac{1}{3}A\varphi l + \tfrac{1}{6}\mathsf{A}(-A\xi - 2f\lambda) \\ &\qquad + \tfrac{1}{3}E(E\xi - fl + \varphi\lambda - \Theta\psi) = 0, \qquad (3\,3\,6)_6 \end{aligned}\right.$$

die sich in die einfachere

$$2(\Sigma l + S\lambda) + (fn + \varphi\nu) + (C\varrho + \Gamma r) - (B\tau + \mathrm{B}t) = 0 \qquad (3\,3\,6)_y$$

zusammenziehen lassen. $d(3\,3\,6)_y$ geht sofort in die gesuchte siebente Syzygante (2 4 6) über. Die gefundene (2 4 6) lauten aber

$$6\varphi n - \psi[-3C\varphi + \mathrm{B}f + \mathrm{A}\Theta - E\nabla] + l[-4E\varphi + \mathrm{A}f + 6S] = 0, \qquad (2\,4\,6)_1$$

$$3\varphi n - E\varphi l + 3\Theta m - \mathrm{B}f\psi + \mathrm{A}fl - 3\Gamma\tau + 3Cr - \tfrac{1}{2}\mathrm{A}E\xi + E\nabla\psi = 0, \qquad (2\,4\,6)_2$$

$$\varphi n + 2\nabla\chi - \Gamma\tau + \mathrm{B}\varrho + \tfrac{1}{3}\mathrm{A}(-E\xi + \Theta\psi + fl) = 0, \qquad (2\,4\,6)_3$$

$$\begin{aligned} &-3\varphi n - 6C\varphi\psi + 4E\varphi l - \mathrm{A}\varphi\lambda + \mathrm{A}fl - 6Sl + 12\Theta m + 2\mathrm{A}\Theta\psi \\ &- 2\mathrm{A}E\xi - 9\Gamma\tau + 3\mathrm{B}\varrho + 6Cr + 2E\nabla\psi = 0, \end{aligned} \qquad (2\,4\,6)_4$$

$$\nabla\chi + Sl - Cr + \mathrm{B}\varrho - \tfrac{1}{6}\mathrm{A}(\varphi\lambda - \Theta\psi + E\xi) + \tfrac{1}{3}\mathrm{B}f\psi = 0, \qquad (2\,4\,6)_5$$

$$\begin{aligned} &\varphi n - \Theta m + \nabla\chi + \tfrac{1}{6}f(-\mathrm{B}\psi + \mathrm{A}l) + \tfrac{1}{6}\varphi(\mathrm{A}\lambda - 2El + 3C\psi) \\ &\qquad - \tfrac{1}{6}E\nabla\psi = 0, \end{aligned} \qquad (2\,4\,6)_6$$

$$\varphi n + 2(Cr - Sl) - \Gamma\tau - \mathrm{B}\varrho + \tfrac{1}{3}\mathrm{A}(\varphi\lambda + fl) - \tfrac{2}{3}\mathrm{B}f\psi = 0. \qquad (2\,4\,6)_7$$

Es könnte den Anschein haben, als wenn diesen sieben Syzyganten auch sieben den oben angeführten Producten zugehörige, rein charakterisirte Syzyganten entsprächen. Dieselben sind aber alle Combinationen von nur 4 Grundsyzyganten mit den Charakteristiken:

$$\varphi n,\ Sl,\ \Theta m \text{ und } \nabla\chi.$$

Man findet

$$\tfrac{1}{3}(2\,4\,6)_1 + (2\,4\,6)_7 = [2\,4\,6]_1:$$

$$\begin{aligned} &3\varphi n - \Gamma\tau + 2Cr - \mathrm{B}\varrho + C\varphi\psi - \mathrm{B}f\psi - \tfrac{1}{3}\mathrm{A}\Theta\psi \\ &\quad + \tfrac{1}{3}[E\nabla\psi - 4E\varphi l + 2\mathrm{A}fl + \mathrm{A}\varphi\lambda] = 0; \end{aligned}$$

$$\tfrac{1}{6}(2\,4\,6)_1 - (2\,4\,6)_7 = [2\,4\,6]_2:$$

$$\begin{aligned} &3Sl + \Gamma\tau - 2Cr + \mathrm{B}\varrho \\ &\quad + \tfrac{1}{6}[3C\varphi\psi + 3\mathrm{B}f\psi - \mathrm{A}\Theta\psi + E\nabla\psi - 4E\varphi l - \mathrm{A}fl - 2\mathrm{A}\varphi\lambda] = 0; \end{aligned}$$

$$(2\,4\,6)_2 - [2\,4\,6]_1 = [2\,4\,6]_3:$$

$$\begin{aligned} &3\Theta m - 2\Gamma\tau + Cr + \mathrm{B}\varrho \\ &+ \tfrac{1}{6}[2E\varphi l + 2\mathrm{A}fl - 3\mathrm{A}E\xi + 4E\nabla\psi - 6C\varphi\psi + 2\mathrm{A}\Theta\psi - 2\mathrm{A}\varphi\lambda] = 0; \end{aligned}$$

$$3(2\,4\,6)_5 - [2\,4\,6]_2 = [2\,4\,6]_4:$$

$$3\nabla\chi - \Gamma\tau - Cr + 2\mathsf{B}\varrho$$
$$+\tfrac{1}{6}[-\mathsf{A}\varphi\lambda + 4\mathsf{A}\Theta\psi - 3\mathsf{A}E\xi + 3\mathsf{B}f\psi - 3C\varphi\psi - E\nabla\psi + 4E\varphi l + \mathsf{A}fl] = 0.$$

Die Zerlegung der oben angeführten zusammengesetzten (2 4 6) wird alsdann durch nachfolgende Gleichungen geleistet:

$$(2\,4\,6)_1 = 2\,[2\,4\,6]_1 + 2\,[2\,4\,6]_2;$$
$$(2\,4\,6)_2 = [2\,4\,6]_1 + [2\,4\,6]_3;$$
$$(2\,4\,6)_3 = \tfrac{1}{3}\,[2\,4\,6]_1 + \tfrac{2}{3}\,[2\,4\,6]_4;$$
$$(2\,4\,6)_4 = -\,[2\,4\,6]_1 - 2\,[2\,4\,6]_2 + 4\,[2\,4\,6]_3;$$
$$(2\,4\,6)_5 = \tfrac{1}{3}\,[2\,4\,6]_2 + \tfrac{1}{3}\,[2\,4\,6]_4;$$
$$(2\,4\,6)_6 = \tfrac{1}{3}\left\{[2\,4\,6]_1 - [2\,4\,6]_3 + [2\,4\,6]_4\right\};$$
$$(2\,4\,6)_7 = \tfrac{1}{3}\left\{[2\,4\,6]_1 - 2\,[2\,4\,6]_2\right\}.$$

Unter den (2 5 6) findet sich zum erstenmal eine Syzygante mit der Charakteristik $G_0 \,.\, G_6$, nämlich $D\,.\,\tau$. Jedem der beiden Produkte ∇n und Sm entspricht ebenfalls eine Grundsyzygante. Man findet dieselben aus $[(am)^1\,\nabla]^1$, $\delta\,[1\,5\,6]$, und aus $\sum[(\psi l)\nabla] = 0$ in der Form

$$\nabla n + Sm - D\tau + \tfrac{1}{18}\,\psi(6C\nabla - A^2 f) + \tfrac{1}{3}\,l(\mathsf{B}f - C\varphi)$$
$$+\tfrac{1}{6}\,\xi\,(\mathsf{A}C - 2\,\mathsf{B}\,E) + \tfrac{1}{6}\,\mathsf{A}Er = 0, \qquad (2\,5\,6)_1$$

$$\nabla n - D\tau + \tfrac{1}{3}\,\lambda(\mathsf{B}\varphi - \mathsf{A}\nabla) + \tfrac{1}{3}\,\mathsf{A}\varphi\chi + \tfrac{1}{6}\,\mathsf{A}^2\varrho$$
$$+\tfrac{1}{3}\,\mathsf{B}(-E\xi + fl + \Theta\psi) = 0, \qquad (2\,5\,6)_2$$

$$3\nabla n - \psi\left(\tfrac{1}{12}\,\mathsf{A}^2 f - \tfrac{1}{2}\,\mathsf{A}S - 2C\nabla + \mathsf{B}\Theta\right)$$
$$+\tfrac{1}{2}\,l(-C\varphi + \mathsf{B}f + \mathsf{A}\Theta - 3E\nabla) = 0. \qquad [2\,5\,6]_3$$

Leicht lassen sich die beiden ersten durch successive Elimination von ∇n und Sm in rein charakterisierte verwandeln. Zur Probe der gefundenen (2 5 6) hat man:

$$d(5\,2\,6)_1 = \tfrac{1}{3}\,A(4\,1\,6)\,; \quad d(5\,2\,6)_2 = \tfrac{2}{3}\,A(4\,1\,6)\,; \quad d(5\,2\,6)_3 \equiv 0\,.$$

Wir haben ferner 7 Charakteristiken (336) $G_4 G_2$ und fünf $G_0 G_6$. Bereits haben wir 4 Syzyganten (3 3 6) kennen gelernt. Zwei weitere liefert $\sum[(\psi l)\,\varphi] = 0$. Dieselben lauten:

$$3\varphi\nu+\psi\left[-\psi^2+E\Theta-\tfrac{1}{2}\Gamma\varphi-\tfrac{1}{2}Cf-\tfrac{3}{4}\mathrm{A}\Delta-\tfrac{1}{4}A\nabla\right]_1$$
$$-\tfrac{1}{2}\lambda(\mathrm{A}f+6S)=0, \qquad (3\,3\,6)_1$$

$$3fn-\psi\left[-\psi^2+E\Theta-\tfrac{1}{2}Cf-\tfrac{1}{2}\Gamma\varphi-\tfrac{3}{4}A\nabla-\tfrac{1}{4}\mathrm{A}\Delta\right]$$
$$-\tfrac{1}{2}l(A\varphi+6\Sigma)=0. \qquad (3\,3\,6)_2$$

Aus $[(am)^1a]^1$ folgern wir:

$$\varphi\nu+2fn+2\Theta\chi-D\xi+C\varrho-B\tau-\tfrac{1}{3}\mathrm{A}f\lambda-\tfrac{1}{6}A\mathrm{A}\xi+\tfrac{1}{3}A\nabla\psi=0, \qquad (3\,3\,6)_7$$

$$fn+2\varphi\nu-2\Theta\chi+D\xi+\Gamma r-\mathrm{B}t-\tfrac{1}{3}A\varphi l+\tfrac{1}{6}A\mathrm{A}\xi-\tfrac{1}{3}\mathrm{A}\Delta\psi=0, \qquad (3\,3\,6)_8$$

und in Verbindung mit $(3\,3\,6)_y$ die symmetrische:

$$2(fn+\varphi\nu)-2(\Sigma l+S\lambda)-\tfrac{1}{3}(A\varphi l+\mathrm{A}f\lambda)+\tfrac{1}{3}\psi(A\nabla-\mathrm{A}\Delta)=0. \qquad (3\,3\,6)_x$$

Zur Controlle hat man $d(3\,3\,6)_x=\frac{2}{3}\cdot(4\,2\,6)_1$.

Aus $[(\Theta l)^1 f]^1$ und $[(\nabla\lambda)^1 f]^1$ erhalten wir zwei Paare von Syzyganten $(3\,3\,6)$

$$-\tfrac{1}{2}fn-\Sigma l+2\Theta\chi+\xi\left(\tfrac{1}{2}D-\tfrac{1}{12}A\mathrm{A}-\tfrac{1}{3}E^2\right)-\tfrac{3}{2}\Gamma r+\tfrac{1}{2}\mathrm{B}t$$
$$+C\varrho-\tfrac{1}{6}(\mathrm{A}f\lambda-A\varphi l)+\tfrac{1}{3}E(fl+\Theta\psi-\varphi\lambda)=0, \qquad (3\,3\,6)_9$$

$$-\tfrac{1}{2}\varphi\nu-S\lambda-2\Theta\chi-\xi\left(\tfrac{1}{2}D-\tfrac{1}{2}A\mathrm{A}-\tfrac{1}{3}E^2\right)-\tfrac{3}{2}C\varrho+\tfrac{1}{2}B\tau$$
$$+\Gamma r-\tfrac{1}{6}(A\varphi l-\mathrm{A}f\lambda)+\tfrac{1}{3}E(\varphi\lambda-\Theta\psi-fl)=0, \qquad (3\,3\,6)_{10}$$

$$-fn+2\nabla\mu+2S\lambda+D\xi+\Gamma r-\mathrm{B}t-\tfrac{1}{3}\psi(A\nabla+\mathrm{A}\Delta)+\tfrac{1}{6}A\mathrm{A}\xi=0, \qquad (3\,3\,6)_{11}$$

$$-\varphi\nu+2\Delta m+2\Sigma l-D\xi+C\varrho-B\tau+\tfrac{1}{3}\psi(A\nabla+\mathrm{A}\Delta)-\tfrac{1}{6}A\mathrm{A}\xi=0. \qquad (3\,3\,6)_{12}$$

Zur Probe auf dieselben hat man:

$$(3\,3\,6)_9+(3\,3\,6)_{10}=-\tfrac{1}{2}(3\,3\,6)_y;$$
$$(3\,3\,6)_{11}+(3\,3\,6)_{12}=(3\,3\,6)_y-2(3\,3\,6)_x.$$

Endlich liefert $\delta(2\,3\,6)_3$ noch die zwei überschüssigen $(3\,3\,6)$:

$$-\Delta m-fn+2\Sigma l+2\Theta\chi+C\varrho-\Gamma r+\xi\left(-D-\tfrac{1}{3}A\mathrm{A}+\tfrac{1}{3}E^2\right)$$
$$+\tfrac{1}{3}\psi(\mathrm{A}\Delta-E\Theta)+\tfrac{1}{3}l(2A\varphi-Ef)+\tfrac{1}{3}\lambda(E\varphi-\mathrm{A}f)=0, \qquad (3\,3\,6)_{13}$$

$$-\nabla\mu-\varphi\nu+2S\lambda-2\Theta\chi+\Gamma r-C\varrho-\xi\left(-D-\tfrac{1}{3}A\mathsf{A}+\tfrac{1}{8}E^2\right)$$
$$-\tfrac{1}{3}\psi(A\nabla-E\Theta)+\tfrac{1}{3}\lambda(2\mathsf{A}f-E\varphi)+\tfrac{1}{3}l(Ef-A\varphi)=0; \qquad (3\,3\,6)_{14}$$

deren Summe $(3\,3\,6)_{13}+(3\,3\,6)_{14}\equiv(3\,3\,6)_{8}-(3\,3\,6)_{5}$ giebt.

Es lässt sich nun zeigen, dass diese 14 Syzyganten zunächst auf sieben (3 3 6) mit den Charakteristiken: $\varphi\nu$, $\nabla\mu$, fn, $\Theta\chi$, $S\lambda$, Δm, Σl zurückführbar sind, die ausserdem noch $D\xi$ als accessorisches Glied enthalten und auf eine achte, die endlich dieses allein als bestimmenden Term enthält. Alle aber enthalten nebenbei noch $\mathsf{B}t$, $C\varrho$, Γr und $B\tau$ als accessorische Glieder.

Zur Abkürzung der Elimination stellen wir uns die aus $d[2\,4\,6)_1$ folgende (3 3 6) auf:

$$3(fn+\varphi\nu)-\tfrac{1}{3}(A\varphi l+\mathsf{A}f\lambda)+\tfrac{1}{3}\psi(A\nabla+\mathsf{A}\Delta)$$
$$-B\tau-\mathsf{B}t+C\varrho+\Gamma r=0 \qquad (3\,3\,6)_{\alpha}$$

und bezeichnen das Aggregat $(3\,3\,6)_6-(3\,3\,6)_{12}-3\cdot(3\,3\,6)_4$ mit $(3\,3\,6)_{w}$, so liefert uns $\frac{1}{2}\left((3\,3\,6)_{\alpha}\pm(3\,3\,6)_{w}\right)$ die endgültigen Syzyganten:

$$3\varphi\nu-\mathsf{B}t+2C\varrho-\Gamma r+2D\xi-\tfrac{1}{3}\mathsf{A}(f\lambda+\Delta\psi)$$
$$-\tfrac{1}{8}E(E\xi+\varphi\lambda-fl-\Theta\psi)=0, \qquad (3\,3\,6)_1'$$

$$3fn-B\tau+2\Gamma r-C\varrho-2D\xi-\tfrac{1}{3}A(\varphi l-\nabla\psi)$$
$$-\tfrac{1}{8}E(-E\xi+fl-\varphi\lambda+\Theta\psi)=0. \qquad (3\,3\,6)_2'$$

Zwei weitere resultiren aus

$(3\,3\,6)_1'-(3\,3\,6)_1$, resp. $(3\,3\,6)_2'-(3\,3\,6)_2$:

$$3S\lambda-\mathsf{B}t+2C\varrho-\Gamma r+2D\xi+\tfrac{1}{6}\mathsf{A}f\lambda+\tfrac{5}{12}\mathsf{A}\Delta\psi$$
$$-\tfrac{1}{8}E(E\xi+\varphi\lambda-fl+2\Theta\psi)$$
$$+\psi\left(\psi_*^2+\tfrac{1}{2}\Gamma\varphi+\tfrac{1}{2}Cf+\tfrac{1}{4}A\nabla\right)=0, \qquad (3\,3\,6)_3'$$

$$3\Sigma l-B\tau+2\Gamma r-C\varrho-2D\xi+\tfrac{1}{6}A\varphi l-\tfrac{5}{12}A\nabla\psi$$
$$-\tfrac{1}{8}E(-E\xi+fl-\varphi\lambda-2\Theta\psi)$$
$$-\psi\left(\psi^2+\tfrac{1}{2}Cf+\tfrac{1}{2}\Gamma\varphi+\tfrac{1}{4}\mathsf{A}\Delta\right)=0. \qquad (3\,3\,6)_4'$$

Die beiden folgenden ergeben sich aus $(3\,3\,6)_1' - 3 \cdot (3\,3\,6)_3$, resp. $(3\,3\,6)_2' - 3 \cdot (3\,3\,6)_4$:

$$3\nabla\mu - \mathsf{B}t - C\varrho + 2\Gamma r - D\xi - \frac{1}{3}\mathsf{A}(f\lambda + \Delta\psi)$$

$$- \frac{2}{3}E(\Theta\psi + fl - \varphi\lambda - E\xi) = 0, \qquad (3\,3\,6)_5'$$

$$3\Delta m - B\tau - \Gamma r + 2C\varrho + D\xi - \frac{1}{3}A(\varphi l - \nabla\psi)$$

$$- \frac{2}{3}E(-\Theta\psi + \varphi\lambda - fl + E\xi) = 0. \qquad (3\,3\,6)_6'$$

Aus $2 \cdot (3\,3\,6)_1' + (3\,3\,6)_2' - 3 \cdot (3\,3\,6)_8$ folgern wir schliesslich:

$$6(\Theta\chi) + \mathsf{B}t - B\tau + 3(C\varrho - \Gamma r) - D\xi + \frac{2}{3}(A\varphi l - \mathsf{A}f\lambda)$$

$$+ \frac{1}{3}\psi(A\nabla + \mathsf{A}\Delta) - \frac{1}{3}E(E\xi + \varphi\lambda - fl - \Theta\psi) - \frac{1}{2}A\mathsf{A}\xi = 0. \qquad (3\,3\,6)_7'$$

Die durch $D\xi$ charakterisierte Syzygante aber erhalten wir aus
$2 \cdot (3\,3\,6)_1' - (3\,3\,6)_6' + 2(3\,3\,6)_4' - 3 \cdot (3\,3\,6)$:

$$- D\xi + \mathsf{B}t - B\tau - 3(C\varrho - \Gamma r) + \frac{1}{3}(\mathsf{A}f\lambda - A\varphi l)$$

$$- \frac{7}{6}\psi(A\nabla + \mathsf{A}\Delta) - \frac{1}{3}E(E\xi + \varphi\lambda - fl - 7\Theta\psi)$$

$$+ \frac{1}{2}A\mathsf{A}\xi + 2\psi\left(-\psi^2 - \frac{1}{2}Cf - \frac{1}{2}\Gamma\varphi\right) = 0. \qquad [3\,3\,6]_8$$

Hiermit ist zunächst der Nachweis geliefert, dass alle gefundenen (3 3 6) nur auf 8 unter sich verschiedene Grundsyzyganten führen. Bezeichnen wir $(3\,3\,6)_x'$ der Kürze halber mit X und $(3\,3\,6)_x$ mit (x), so wird die Zerlegung der 15 früheren, unrein charakterisirten (3 3 6) nämlich nach folgendem Schema geleistet:

$$\begin{cases}(1) = (I - III); \\ (2) = (II - IV);\end{cases} \qquad \begin{cases}(3) = \frac{1}{3}(I - V); \\ (4) = \frac{1}{3}(II - VI);\end{cases}$$

$$\begin{cases}(5) = \frac{1}{3}(2 \cdot I - VI + 2 \cdot IV - VIII); \\ (6) = \frac{1}{3}(2 \cdot II - V + 2\,III + VIII);\end{cases}$$

$$\begin{cases}(7) = \frac{1}{3}(I + 2 \cdot II + VII); \\ (8) = \frac{1}{3}(II + 2I - VII);\end{cases}$$

$$\begin{cases}(9) = \frac{1}{3}(II + 2 \cdot IV - 2 \cdot VII - VIII); \\ (10) = \frac{1}{3}(I + 2 \cdot III + 2 \cdot VII + VIII);\end{cases}$$

$$\begin{cases}(11) = \frac{1}{3}(II - 2\cdot III - 2\cdot V - VIII);\\ (12) = \frac{1}{3}(I - 2\cdot IV - 2\cdot VI + VIII);\end{cases}$$

$$\begin{cases}(13) = \frac{1}{3}(II - 2\cdot IV + VI - VII + VIII);\\ (14) = \frac{1}{3}(I - 2\cdot III + V + VII - VIII);\end{cases}$$

$$(\alpha) = I + II.$$

Aus Raumersparniss wollen wir von der Elimination des in I bis VII noch enthaltenen $D\xi$ durch VIII absehen. Nur noch bemerken wollen wir, dass sich das rein charakterisirte $[3\,3\,6]_7$, das man auf diese Weise erhält, direct aus $[(\Theta\psi)^1, \Theta]^1$ ergiebt und dass $d(VIII) \equiv 0$ eine Probe für die Correctheit der zahlreichen Eliminationen liefert.

Die übrigen $(i, k, 6)$ ergeben sich ohne weitere Schwierigkeiten. So finden wir durch die Operationen:

$[(\psi\lambda)\nabla]$; $\delta(3\,4\,6)_1$; $\sum(\alpha\psi)\chi = 0$; $\sum(a\psi)m = 0$; $[(\Delta\, l)\nabla]$ der Reihe nach:

$$6\nabla\nu + \psi(D\varphi - \Gamma\nabla - \mathrm{B}\Delta - \mathrm{A}\Sigma) - \lambda(-C\varphi + \mathrm{B}f + \mathrm{A}\Theta + E\nabla) = 0, \quad [3\,4\,6]_1$$

$$12\Theta n - \psi\left(\frac{1}{3}\mathrm{A}Ef + D\varphi + \mathrm{B}\Delta - 2C\Theta - 3\Gamma\nabla - 2ES - \frac{1}{3}A\mathrm{A}\varphi\right)$$
$$- l(2\Gamma\varphi - 2Cf + 4E\Theta + A\nabla - \mathrm{A}\Delta) = 0, \quad [3\,4\,6]_2$$

$$6S\chi - \mathrm{A}f\chi + \varphi(2C\lambda + 2\Gamma l - Am - \mathrm{A}\mu + 2E\chi)$$
$$+ \psi(\mathrm{B}\Delta + \mathrm{A}\Sigma - D\varphi - \Gamma\nabla) = 0, \quad [3\,4\,6]_3$$

$$3\Sigma m + \frac{1}{2}A\varphi m - f\left(\frac{1}{6}\mathrm{A}E\psi + 2Em - Cl - \mathrm{B}\lambda - \mathrm{A}\chi\right)$$
$$+ \psi(D\varphi - \Gamma\nabla + C\Theta - ES) = 0, \quad [3\,4\,6]_4$$

$$Dr + \nabla\nu - \frac{1}{3}l\left(2\psi^2 - 2E\Theta + \frac{3}{2}A\nabla - \frac{1}{2}\mathrm{A}\Delta + \Gamma\varphi\right) + \frac{1}{3}C(\Theta\psi - E\xi - \varphi\lambda)$$
$$- \frac{2}{3}B\Delta\psi + \frac{1}{6}A(2\mathrm{B}\xi - \mathrm{A}r) = 0. \quad (3\,4\,6)_5$$

Es entsprechen also allen Produkten $(3\,4\,6)$ Syzyganten $(3\,4\,6)$.

$\sum(\alpha\psi)n = 0$ und $\sum(a\psi)n = 0$ geben die letzten und höchststufigen aller $(i, k, 6)$ in der übersichtlich gelassenen Form:

$$\frac{3}{2}Sn + n\left(\frac{1}{4}\mathrm{A}f - \frac{1}{2}E\varphi\right) + \varphi\cdot(\psi n) - \psi\cdot(\varphi n) = 0, \quad [3\,5\,6]$$

$$\frac{3}{2}\Sigma n + n\left(\frac{1}{4}A\varphi - \frac{1}{2}Ef\right) - f\cdot(\psi n) + \psi\cdot(fn) = 0, \quad [4\,4\,6]_1$$

$$\frac{3}{2}S\nu + \nu\left(\frac{1}{4}\mathrm{A}f - \frac{1}{2}E\varphi\right) + \varphi(\psi\nu) - \psi(\varphi\nu) = 0. \quad [4\,4\,6]_2$$

§ 6.

Die Grundsyzyganten (i, k, 8).

Für diese Gruppe von Syzyganten sind die 40 Produkte $G_2 G_6$ und die 28 Terme $G_4 G_4'$ charakteristisch. Von den letzteren sind aber die meisten indifferente oder accessorische Glieder. Den ersteren entspricht dagegen je eine rein charakterisirte Syzygante [i, k, 8]. Da alle G_6 Functionaldeterminanten sind, so führt die Anwendung der Identität

$$\sum (\Phi\Psi) X = 0$$

mit wenigen näher bezeichneten Ausnahmen sofort zur Aufstellung der gesuchten Relationen. Dieselben lauten

$$4\tau\psi - \varphi(C\varphi - \mathsf{B}f - \mathsf{A}\Theta + E\nabla) + \nabla(2E\varphi - \mathsf{A}f - 6S) = 0; \qquad [1\ 4\ 8]$$

$$4\tau l + \varphi\left(\tfrac{1}{6}\mathsf{A}^2 f - \mathsf{A}S - C\nabla + 2\mathsf{B}\Theta\right) - \nabla(\mathsf{B}f + \mathsf{A}\Theta - E\nabla) = 0; \qquad [1\ 5\ 8]$$

$$\begin{aligned}12\tau m &+ \varphi(\varphi[2\mathsf{B}E - \mathsf{A}C] - 2\mathsf{A}E\nabla + \mathsf{A}^2\Theta - 6\mathsf{B}S) \\ &+ 6\nabla(C\nabla - \mathsf{B}\Theta + \mathsf{A}S) = 0;\end{aligned} \qquad [1\ 6\ 8]$$

$$\xi\psi - Ef\varphi + \tfrac{1}{4}(\mathsf{A}f^2 + A\varphi^2) + \tfrac{3}{2}(Sf + \Sigma\varphi) = 0. \qquad [2\ 2\ 8]_1$$

Die doppelte Functionaldeterminante $[(a\Theta)\alpha]$ giebt:

$$\Theta^2 - \xi\psi - \Delta\nabla + \tfrac{1}{2}(Sf + \Sigma\varphi) - \tfrac{1}{12}(\mathsf{A}f^2 + A\varphi^2) = 0. \qquad (2\ 2\ 8)_2$$

$$\begin{aligned}4\xi l &+ f(\mathsf{B}f - 2C\varphi + \mathsf{A}\Theta - E\nabla) \\ &- \varphi\left(2E\Theta - 2\psi^2 - \Gamma\varphi - \tfrac{3}{2}A\nabla - \tfrac{1}{2}\mathsf{A}\Delta\right) = 0;\end{aligned} \qquad [2\ 3\ 8]_1$$

$$4r\psi + f(\mathsf{B}f - C\varphi + \mathsf{A}\Theta - 3E\nabla) + \nabla(A\varphi + 6\Sigma) = 0. \qquad [2\ 3\ 8]_2$$

Aus der Entwickelung von $[(a\Theta)\nabla]$ erhalten wir

$$\begin{aligned}12\Theta S &- f(C\varphi + \mathsf{B}f - 3E\nabla - \mathsf{A}\Theta) - 12r\psi - 6\nabla\Sigma \\ &- \varphi(\mathsf{A}\Delta - 4\psi^2 + E\Theta - 2\Gamma\varphi) = 0.\end{aligned} \qquad (2\ 3\ 8)_3$$

Durch den d Process geht diese in ihr Gegenbild $(3\ 2\ 8)_3$ über. Dagegen giebt $\sum(\varphi\psi)\Theta = 0$ die Summe der beiden letzten.

$$4\tau\lambda + \varphi(D\varphi - \mathsf{B}\Delta - \mathsf{A}\Sigma) + \nabla(2\psi^2 - 2E\Theta + Cf + \tfrac{3}{2}\mathsf{A}\Delta + \tfrac{1}{2}A\nabla) = 0. \qquad [2\ 4\ 8]_1$$

$$2\xi m + f\left(\tfrac{1}{6}\mathsf{A}E\varphi - C\nabla + \mathsf{B}\Theta - \mathsf{A}S\right) - \varphi(D\varphi - \Gamma\nabla + C\Theta - ES) = 0. \qquad [2\ 4\ 8]_2$$

$$\begin{aligned}4rl &+ f\left(\tfrac{1}{6}\mathsf{A}^2 f - \mathsf{A}S - 3C\nabla + 2\mathsf{B}\Theta\right) \\ &+ \nabla\left(2\psi^2 - 2E\Theta + \Gamma\varphi + \tfrac{3}{2}A\nabla + \tfrac{1}{2}\mathsf{A}\Delta\right) = 0.\end{aligned} \qquad [2\ 4\ 8]_3$$

Durch Entwickelung des Quadrats von $(a\psi)^1$ erhält man eine vierte in übersichtlicherer Weise als aus $\sum(\varphi\psi)S=0$ in der Form:

$$\tfrac{1}{2}(2E\varphi - \mathsf{A}f - 6S)^2 + \psi^2\nabla + 2\varphi\psi l + \varphi^2(\psi\psi)^2 = 0. \qquad [2\,4\,8]_4$$

$$24\tau\chi + \varphi\left(\mathsf{A}\Gamma\varphi + \mathsf{A}Cf + \tfrac{1}{2}A\mathsf{A}\nabla - \tfrac{1}{2}\mathsf{A}^2\Delta - 2\mathsf{A}E\Theta - 12\mathsf{B}\Sigma + 2\mathsf{A}\psi^2\right)$$
$$- 6\nabla(D\varphi - \Gamma\nabla + \mathsf{B}\Delta + \mathsf{A}\Sigma] = 0. \qquad [2\,5\,8]_1$$

$$12rm + f(\varphi(2\mathsf{B}E - \mathsf{A}C) - \mathsf{A}E\nabla + \mathsf{A}^2\Theta - 6\mathsf{B}S)$$
$$- 6\nabla(D\varphi - \Gamma\nabla + C\Theta - ES) = 0. \qquad [2\,5\,8]_2$$

Auch (2 6 8) kann in gedrängterer Gestalt als aus $\sum(\varphi\nabla)n=0$ durch Multiplication der beiden Functionaldeterminanten $(\alpha\nabla)$ und (ψl) erhalten werden:

$$3n\tau + \tau(C\psi - El) + l\left(\tfrac{1}{3}\mathsf{A}\varphi\psi - \varphi m - \nabla l\right)$$
$$+ \nabla\psi m + \tfrac{1}{6}\psi^2(\mathsf{A}\nabla - 2\mathsf{B}\varphi) = 0. \qquad [2\,6\,8]$$

$$4\xi\chi - 2Df\varphi - (\Gamma f\nabla + C\varphi\Delta) + \mathsf{B}f\Delta + B\varphi\nabla + \mathsf{A}f\Sigma + A\varphi S = 0. \qquad [3\,3\,8]_1$$

$$4r\lambda + Df\varphi + 2\Gamma f\nabla - B\varphi\nabla - \mathsf{B}f\Delta - A\nabla\Theta + E\Delta\nabla - \mathsf{A}f\Sigma = 0. \qquad [3\,3\,8]_2$$

$$4\varrho l + Df\varphi + 2C\varphi\Delta - \mathsf{B}f\Delta - B\varphi\nabla - \mathsf{A}\Delta\Theta + E\Delta\nabla - A\varphi S = 0. \qquad [3\,3\,8]_3$$

Diese verbinden sich zu der symmetrischen (3 3 8)

$$4(r\lambda - \varrho l) + 2(\Gamma f\nabla - C\varphi\Delta) + \Theta(\mathsf{A}\Delta - A\nabla) + A\varphi S - \mathsf{A}f\Sigma = 0.$$

Neben $\sum(f\psi)S=0$ giebt $(f\psi)\,.\,(\varphi\,\psi)$ eine vierte (3 3 8).

$$\tfrac{1}{8}(2Ef - A\varphi - 6\Sigma)\cdot(-2E\varphi + \mathsf{A}f + 6S) + \psi^2\Theta$$
$$+ \psi(fl - \varphi\lambda) + f\varphi(\psi\psi)^2 = 0. \qquad [3\,3\,8]_4$$

Ferner finden wir leicht:

$$\tau\mu + \tfrac{1}{12}\varphi\left[\Gamma E\varphi + f(\mathsf{A}\Gamma + CE) + \tfrac{E}{2}(A\nabla - A\Delta) + \Theta(12D - 2E^2)\right.$$
$$\left.- 6\Gamma S - 12C\Sigma + 2E\psi^2\right] - \tfrac{\nabla}{2}(Df - C\Delta + \Gamma\Theta - E\Sigma) = 0; \qquad [3\,4\,8]_1$$

$$\xi(C\psi + 3n - El) - f\psi\left(m + \tfrac{1}{6}\mathsf{A}\psi\right) + \varphi(l\lambda + \psi\chi) + fl^2 = 0; \qquad [3\,4\,8]_2$$

$$24r\chi - f\left[\mathsf{A}(\Gamma\varphi + Cf) + \nabla\left(18D + \tfrac{1}{2}A\mathsf{A}\right) - \tfrac{1}{2}\mathsf{A}^2\Delta - 2\mathsf{A}E\Delta\right.$$
$$\left.- 12\mathsf{B}\Sigma + 2\mathsf{A}\psi^2\right] - 6\nabla(C\Delta - B\nabla - \Delta S) = 0; \qquad [3\,4\,8]_3$$

$$12\varrho m + \varphi\Big[CEf + \varphi(AC + \Gamma E) - \tfrac{1}{2}E(\mathrm{A}\Delta + A\nabla) + 2\Theta(6D - E^2)$$

$$- 12\Gamma S - 6C\Sigma + 2E\psi^2\Big] + 6\Delta(C\nabla - B\Theta + \mathrm{A}S) = 0; \quad [3\ 4\ 8]_4$$

$$\tau(\Gamma\psi - 3\nu + E\lambda) - \varphi\psi n - \nabla(l\lambda + \psi\chi) - \varphi\lambda m = 0; \quad [3\ 5\ 8]_1$$

$$r(C\psi + 3n - El) + \tfrac{1}{3}f\psi(\mathrm{A}l - \mathrm{B}\psi) + \nabla(l\lambda + \psi\chi) - flm = 0; \quad [3\ 5\ 8]_2$$

$$\varrho(C\psi + 3n - El) + \varphi(l\mu - \psi\nu) - \Delta l^2 + \Delta\psi\Big(m + \tfrac{1}{6}\mathrm{A}\psi\Big) = 0; \quad [4\ 4\ 8]_1$$

$$r(-\Gamma\psi + 3\nu - E\lambda) + f(\lambda m + \psi n) - \nabla\lambda^2 - \nabla\psi\Big(\mu - \tfrac{1}{6}A\psi\Big) = 0. \quad [4\ 4\ 8]_2$$

§ 7.

Die Grundsyzyganten (i, k, 10).

Ebenso leicht ergeben sich alle Syzyganten (i, k, 10), denen Producte $G_4 \,.\, G_6$ als Charakteristiken zugehören. Nur die Terme $\varphi\tau$, $\varphi\xi$, $\nabla\tau$ und deren Gegenbilder kommen in keiner Relation vor. Die zur Charakteristik $G_6 \,.\, \Sigma$ gehörige Syzygaute entwickeln wir als Produkte der beiden Functionaldeterminanten G_6 und $(a\psi)$, die übrigen mit Hülfe der Identität $\sum (ab)\, c_x = 0$. Man findet:

$$r\cdot\varphi - \tau\cdot f - \xi\cdot\nabla = 0. \quad [1, 3, 10]$$

$$\tau\cdot\Theta - r\cdot\nabla + \tfrac{1}{6}\varphi(\mathrm{A}\xi - 2\varphi l + 2\nabla\psi) = 0. \quad [1, 4, 10]$$

$$\tau\Big(3S - E\varphi + \tfrac{1}{2}\mathrm{A}f\Big) + \varphi^2\Big(m - \tfrac{1}{3}\mathrm{A}\psi\Big) + \nabla^2\psi + \nabla\varphi l = 0. \quad [1, 5, 10]$$

$$\xi\Theta - f\varphi\psi + fr - \varphi\varrho = 0. \quad [2, 2, 10]$$

$$\varrho\nabla - \tau\Delta + \tfrac{1}{3}\varphi(\Theta\psi + fl - E\xi - \varphi\lambda) = 0. \quad [2, 3, 10]_1$$

$$r\Theta - \nabla\varrho + \tfrac{1}{6}f(\mathrm{A}\xi - 2\varphi l - 4\nabla\psi) = 0. \quad [2, 3, 10]_2$$

$$\xi\Big(3S - E\varphi + \tfrac{1}{2}\mathrm{A}f\Big) + \varphi(\Theta\psi - fl - \varphi\lambda) - f\nabla\psi = 0. \quad [2, 3, 10]_3$$

$$r\Big(3S - E\varphi + \tfrac{1}{2}\mathrm{A}f\Big) + f\varphi\Big(m - \tfrac{1}{3}\mathrm{A}\psi\Big) + \nabla(\Theta\psi - \varphi\lambda) = 0. \quad [2, 4, 10]_1$$

$$-\tau\Big(3\Sigma - Ef + \tfrac{1}{2}A\varphi\Big) + f\varphi\Big(m - \tfrac{1}{6}\mathrm{A}\psi\Big)$$

$$+ \nabla(\Theta\psi + fl) - S\varphi\psi = 0. \quad [2, 4, 10]_2$$

$$\varrho\left[3S - E\varphi + \tfrac{1}{2}\mathsf{A}f\right] - \varphi^2\left[\mu + \tfrac{1}{6}A\psi\right] + \psi(\Delta\nabla - \Sigma\varphi) + \Delta\varphi l = 0. \qquad [3, 3, 10]_1$$

$$r\left(3\Sigma - Ef + \tfrac{1}{2}A\varphi\right) - f^2\left(m - \tfrac{1}{6}\mathsf{A}\psi\right) - \psi(\Delta\nabla - Sf) + \nabla f\lambda = 0. \qquad [3, 3, 10]_2$$

§ 8.

Die Grundsyzyganten (i, k, 12).

Diese sind alle durch Producte und Quadrate zweier Functionaldeterminanten G_6 charakterisirt. Als solche ergeben sich dieselben ohne weiteres.

$$12\tau^2 + 6\nabla^3 + \varphi^2(2\mathsf{B}\varphi - 3\mathsf{A}\nabla) = 0. \qquad [0, 6, 12]$$

$$12\xi\tau + \varphi^2(\mathsf{A}f - 6S) + 6\nabla(\varphi\Theta - f\nabla) = 0. \qquad [1, 4, 12]$$

$$6\tau r + \mathsf{B}f\varphi^2 + 3\nabla(\nabla\Theta - S\varphi) = 0. \qquad [1, 5, 12]$$

$$2\xi^2 + f^2\nabla + \varphi^2\Delta - 2f\varphi\Theta = 0. \qquad [2, 2, 12]$$

$$12\xi r + \mathsf{A}f^2\varphi + 6(\varphi\Delta\nabla - f\nabla\Theta - Sf\varphi) = 0. \qquad [2, 3, 12]$$

$$2\tau\varrho + \tfrac{1}{12}\varphi^2(4\psi^2 - 4E\Theta + A\nabla - \mathsf{A}\Delta + 2(Cf + \Gamma\varphi)) + \Delta\nabla^2 - \Sigma\varphi\nabla = 0. \qquad [2, 4, 12]_1$$

$$2r^2 + \tfrac{1}{6}f^2(2\mathsf{B}\varphi - \mathsf{A}\nabla) + \Delta\nabla^2 - 2Sf\nabla = 0, \qquad [2, 4, 12]_2$$

$$2t\tau + \tfrac{1}{12}f\varphi(4\psi^2 - 4E\Theta + A\nabla + \mathsf{A}\Delta + 2(Cf + \Gamma\varphi)) + \Delta\nabla\Theta - \Sigma f\nabla - S\varphi\Delta = 0. \qquad [3, 3, 12]_1$$

$$2r\varrho + \tfrac{1}{6}f\varphi\left[2\psi^2 - 2E\Theta - \tfrac{1}{2}(A\nabla + \mathsf{A}\Delta) + Cf + \Gamma\varphi\right] + \Delta\nabla\Theta = 0. \qquad [3, 3, 12]_2$$

§ 9.

Anzahl der gefundenen Grundsyzyganten.

Von der Invariantenrelation (8, 8, 0) abgesehen ist aus nachfolgender schematischer Uebersicht die Zahl aller Syzyganten geordnet nach Grad und Ordnung zu entnehmen.

Ordnung in den x	Grad in f	Grad in den Coefficienten von φ						
		0	1	2	3	4	5	6
	3					1	1	
2	4				1	1	1	
	5				1	1		
	2				1	2	1	1
	3			1	2	3	2	1
4	4			2	3	4	2	1
	5			1	2	2	1	
	6			1	1	1		
	1					1	1	
	2				3	4	3	
6	3			3	8	5	1	
	4		1	4	5	2		
	5		1	3	1			
	1					1	1	1
	2			2	3	4	2	1
8	3			3	4	4	2	
	4		1	4	4	2		
	5		1	2	2			
	6		1	1				
	1				1	1	1	
	2			1	3	2		
10	3		1	3	2			
	4		1	2				
	5		1					
	0							1
	1					1	1	
	2			1	1	2		
12	3			1	2			
	4		1	2				
	5		1					
	6	1						

Oppenheim, im December 1888.

Entwicklung der Grundsyzyganten der binären Form fünfter Ordnung.

Von

E. Stroh in München.

In Vol. 8 des American Journal of Mathematics hat Herr Hammond eine Tabelle der Grundsyzyganten, welche zu einer binären Form fünfter Ordnung gehören, mitgetheilt. Nach einer in Vol. 7, pag. 343 gemachten Bemerkung wurden dieselben zum Theil durch directe Berechnung auf Grund der Cayley'schen Tabellen, zum Theil auch durch Eliminationsprocesse gewonnen, ein Weg, der sich zunächst darbietet und auch schon von Cayley betreten worden war. Es ist der Zweck nachfolgender Arbeit, zu zeigen, dass alle diese Syzyganten auch mittelst der von Clebsch und Gordan begründeten symbolischen Methode erhalten werden können. Dabei kommt blos eine von mir in diesen Annalen Bd. 33, pag. 96 abgeleitete Syzygante, welche dort durch $[f_1 f_2 f_3 f_4]_i = 0$ bezeichnet war, nebst einigen aus ihr entspringenden Modificationen zur Anwendung. Auch dürfte es als ein Vorzug dieser Methode anzusehen sein, dass jede Syzygante *unabhängig von den übrigen* möglichst direct erhalten wird, so dass eine Controlle für die Richtigkeit derselben leicht vorgenommen werden kann. Für manche Aufgaben, welche innerhalb des Formensystems der binären Form fünfter Ordnung lösbar sind, ist die Kenntniss der Syzyganten unentbehrlich und kann man sich auch von der Richtigkeit jeder einzelnen Syzygante vor deren Anwendung leicht überzeugen, was bei den Hammond'schen Syzyganten nicht gut möglich ist.

§ 1.

Wahl der Grundformen.

Wenn die Grundformen unpassend gewählt sind, dann werden die Grundsyzyganten eine grössere Anzahl von Termen erhalten, als nothwendig wäre, und man sucht daher diesen Missstand möglichst zu vermeiden. Im Allgemeinen gilt nun die Regel, dass die Grundformen so gewählt werden sollen, dass die *fundamentalen* Syzyganten, deren Ableitung diese Annalen Bd. 33, pag. 105 gegeben wurde, eine *möglichst geringe* Gliederzahl enthalten. Andrerseits ist es von Vortheil, jede Grundform als Ueberschiebung darzustellen. Unter Berücksichtigung dieser Gesichtspunkte erhält man dann folgende Tabelle:

Grad 1: f;

„ 2: $(ff)^2 = H$; $(ff)^4 = i$;

„ 3: $T = (fH)$; $q = (fi)$; $j = -(fi)^2$;

„ 4: $m = (iH) = (jf)$; $h = (fj)^2$; $A = (ii)^2$;

„ 5: $r = (jH) = (fh)$; $\varepsilon = (ji)$; $\alpha = -(ji)^2$;

„ 6: $\eta = (hi) = \frac{1}{2}(f\alpha)$; $\tau = (jj)^2 = -(hi)^2$;

„ 7: $n = (f\tau) = (jh)$; $\beta = (i\alpha)$;

„ 8: $\vartheta = (i\tau) = (\alpha j)$; $(B = (i\tau)^2$;

„ 9: $Q = (j\tau)$;

„ 11: $\gamma = (\tau\alpha)$;

„ 12: $C = (\alpha\beta)$;

„ 13: $\delta = (i\gamma)$;

„ 18: $R = (\beta\gamma) = (\delta\alpha)$;

Neben diesen Formen werden der kürzeren Bezeichnung halber noch benützt:

$$n' = (H\alpha) = -n - i\varepsilon,$$

$$C' = (\tau\tau)^2 = \frac{1}{3}(C + 2AB),$$

und

$$k = (iH)^2 = -h - \frac{3}{10} i^2.$$

§ 2.

Die Syzygante $(f_1 f_2 f_3 f_4)_i$ und ihre Modificationen.

Wegen der Beziehung

$$(f_1 f_2 f_3 f_4)_1 = f_1 [f_2(f_3 f_4) - f_3(f_2 f_4) + f_4(f_2 f_3)]$$
$$+ f_3 [f_1(f_2 f_4) - f_2(f_1 f_4) + f_4(f_1 f_2)]$$

kann die Syzygante $(f_1 f_2 f_3 f_4)_1$ *vom Gewichte eins* durch die einfachere

$$(f_1 f_2 f_3) = f_1(f_2 f_3) - f_2(f_1 f_3) + f_3(f_1 f_2) = 0$$

ersetzt werden.

Von den Syzyganten *vom Gewichte zwei* kommen in Anwendung

$$[f_1 f_2 f_3 f_4]_2 = 2(f_1 f_3)(f_2 f_4) + f_1 f_2(f_3 f_4)^2 + (f_1 f_2)^2 f_3 f_4$$
$$- f_1 f_4(f_3 f_2)^2 - (f_1 f_4)^2 f_3 f_2$$

und

$$\{f_1f_2f_3f_4\}_2 = (f_1f_2)(f_3f_4) + (f_2f_3)(f_1f_4) + (f_3f_1)(f_2f_4) = 0,$$

von denen sich die letztere als einfachster Fall der a. a. O. abgeleiteten Syzygante $\{f_1f_2f_3f_4\}_i$ ergiebt.

Vom Gewichte drei sind die Syzyganten

$$\begin{aligned}[f\varphi i i]_3 &= 2(ii)^2(f\varphi) + i^2(f\varphi)^3 - 2(fi)(\varphi i)^2 \\ &\quad + 2(fi)^2(\varphi i) - i\big((fi)^2\varphi\big) + i\big((\varphi i)^2 f\big) \\ &= 2(ii)^2(f\varphi) + i^2(f\varphi)^3 - \varphi(fi^2)^3 + 3(\varphi i)(fi)^2 \\ &\quad - 3(\varphi i)^2(fi) + f(\varphi i^2)^3\end{aligned}$$

ferner

$$\begin{aligned}[f\varphi i\tau]_3 &= 2(i\tau)^2(f\varphi) - 2(fi)(\varphi\tau)^2 + 2(\varphi i)(f\tau)^2 \\ &\quad - \big((fi)^2\varphi\big)\tau + \big((\varphi i)^2 f\big)\tau + i\tau(f\varphi)^3 = 0,\end{aligned}$$

$$\begin{aligned}[fi\tau\vartheta]_3 &= (fi)(\tau\vartheta)^2 - (f\vartheta)(i\tau)^2 + (f\tau)^2(i\vartheta) \\ &\quad - \tau\cdot\big((i\vartheta)f\big)^2 = 0.\end{aligned}$$

Hierin bedeuten i, τ und ϑ quadratische Formen, während f und φ mindestens von der dritten Ordnung sein sollen. Nur in der letzten Syzygante kann f auch von der zweiten Ordnung sein.

Vom Gewichte vier kommt folgende Syzygante zur Anwendung:

$$\begin{aligned}[f\varphi ii]_4 &= 2(ii)^2(f\varphi)^2 + i^2(f\varphi)^4 - 2(fi)^2(\varphi i)^2 + f(\varphi i^2)^4 + \varphi(fi^2)^4 \\ &\quad - 2i\big((fi)^2\varphi\big)^2 - 2i\big((\varphi i)^2 f\big)^2 = 0.\end{aligned}$$

Bezüglich der Ableitung dieser Syzyganten vergleiche man auch die vorausgehende Note über die fundamentalen Syzyganten der binären Form sechster Ordnung.

Aus der Syzygante $[f\varphi i\tau]_3$ folgt die Syzygante $[f\varphi ii]_3$, wenn man $\tau = i$ setzt.

§ 3.

Reduction einiger Ueberschiebungen auf die Grundformen.

Um die im vorigen Paragraphen angegebenen allgemeinen Syzyganten für die binäre Form fünfter Ordnung benützen zu können, ist es erforderlich, zunächst einige Ueberschiebungen der Grundformen zu reduciren. Dieselben können durch Anwendung der Gordan'schen Formel III (Formensystem pag. 11) abgeleitet werden, in besonderen Fällen führt auch eine von mir in diesen Annalen Bd. 31, pag. 448 entwickelte Relation (6) schneller zum Ziele.

1. Ueberschiebungen über f.

Durch die Substitutionen

$$\begin{pmatrix} f & f & f \\ 0 & 3 & 1\end{pmatrix} \quad \begin{pmatrix} f & f & f \\ 0 & 4 & 1\end{pmatrix} \quad \begin{pmatrix} f & f & f \\ 1 & 4 & 1\end{pmatrix}$$

in die Gordan'sche Formel erhält man zunächst

$$(Hf)^2 = \frac{1}{5} fi; \quad (Hf)^3 = -\frac{1}{10} q; \quad (Hf)^4 = \frac{4}{5} j.$$

Ferner ergeben die Substitutionen

$$\begin{pmatrix} f & j & f \\ 2 & 1 & 2 \end{pmatrix}_4, \quad \begin{pmatrix} f & j & f \\ 0 & 3 & 2 \end{pmatrix}, \quad \begin{pmatrix} f & j & f \\ 1 & 3 & 2 \end{pmatrix}:$$

$$(hf)^2 = \frac{1}{6} ij, \quad (hf)^3 = -\varepsilon, \quad (hf)^4 = \frac{1}{2}\alpha.$$

Hieraus können dann auch die entsprechenden Ueberschiebungen über die Form k abgeleitet werden, von denen

$$(kf) = r + \frac{3}{10} iq \quad \text{und} \quad (kf)^2 = \frac{2}{15} ij + \frac{1}{10} fA$$

benützt werden.

Ferner erhält man mittelst

$$\begin{pmatrix} h & i & f \\ 0 & 2 & 2 \end{pmatrix}, \quad \begin{pmatrix} i & j & i \\ 0 & 1 & 1 \end{pmatrix} \quad \text{und} \quad \begin{pmatrix} \varepsilon & i & f \\ 0 & 2 & 1 \end{pmatrix}:$$

$$(\tau f)^2 = -\frac{2}{3} Aj - i\alpha \quad \text{und} \quad (\beta f) = Ah - \alpha j + \frac{3}{2} i\tau.$$

Unter Benützung der Syzyganten $[fhii]_4 = 0$ und $[hhii]_4 = 0$ leitet man ebenso aus

$$\begin{pmatrix} i & \tau & f \\ 2 & 1 & 1 \end{pmatrix}_2, \quad \begin{pmatrix} i & \tau & f \\ 1 & 1 & 1 \end{pmatrix}, \quad \begin{pmatrix} f & i & \tau \\ 0 & 2 & 1 \end{pmatrix}, \quad \begin{pmatrix} \tau & \alpha & f \\ 1 & 1 & 1 \end{pmatrix}_2$$

die Beziehungen ab:

$$(\vartheta f) = h\alpha - \frac{5}{2} j\tau - Bf; \quad (\vartheta f)^2 = (\alpha h) = Q - \frac{2}{3} A\varepsilon + \frac{1}{3} i\beta,$$

$$(\gamma f) = -\frac{3}{2}\tau^2 - Bh.$$

Endlich folgt aus $\begin{pmatrix} \vartheta & \alpha & f \\ 0 & 1 & 1 \end{pmatrix}$ wegen der Beziehung

$$(\vartheta\alpha) = \delta + \frac{B}{2}\alpha$$

die Reductionsformel

$$(f\delta) = B\eta + j\gamma - \frac{3}{2}\tau\vartheta.$$

2. Ueberschiebungen über H.

Durch die Substitutionen

$$\begin{pmatrix} f & f & H \\ 3 & 2 & 1 \end{pmatrix}_4, \quad \begin{pmatrix} f & f & H \\ 4 & 2 & 0 \end{pmatrix}_6, \quad \begin{pmatrix} f & f & j \\ 0 & 3 & 1 \end{pmatrix}, \quad \begin{pmatrix} f & f & j \\ 0 & 3 & 2 \end{pmatrix}$$

erlangt man die Beziehungen

$$(HH)^2 = \frac{1}{3} fj - \frac{1}{10} Hi; \quad (HH)^4 = -\frac{2}{5} h + \frac{1}{25} i^2;$$

$$(jH)^2 = -\frac{2}{15} ij; \qquad (jH)^3 = -\frac{9}{10}\varepsilon.$$

Die Ueberschiebungen über h folgen aus

$$\begin{pmatrix} f & f & h \\ 0 & 2 & 1 \end{pmatrix} \quad \begin{pmatrix} f & f & h \\ 0 & 3 & 1 \end{pmatrix} \quad \begin{pmatrix} f & f & h \\ 1 & 3 & 1 \end{pmatrix} \quad \begin{pmatrix} f & f & h \\ 1 & 3 & 2 \end{pmatrix}$$

nämlich

$$(hH) = -\frac{1}{2} im - \frac{1}{3} jq; \quad (hH)^2 = \frac{1}{3} j^2 + \frac{1}{6} ih;$$

$$(hH)^3 = \frac{1}{10} \eta; \qquad (hH)^4 = -\frac{7}{10} \tau.$$

Hieraus sind dann auch die Ueberschiebungen über k ableitbar, von denen

$$(kH)^2 = \frac{1}{10} AH + \frac{1}{10} ih - \frac{1}{3} j^2 + \frac{9}{100} i^3$$

im Folgenden vorkommen wird.

Weiterhin folgen aus

$$\begin{pmatrix} j & i & H \\ 1 & 1 & 2 \end{pmatrix}_3, \quad \begin{pmatrix} j & j & H \\ 0 & 2 & 1 \end{pmatrix}, \quad \begin{pmatrix} j & j & H \\ 1 & 2 & 1 \end{pmatrix} \quad \text{und} \quad \begin{pmatrix} f & f & \beta \\ 0 & 1 & 2 \end{pmatrix}$$

die Relationen

$$(\alpha H) = n + i\varepsilon; \quad (\tau H) = -\frac{2}{3} j\varepsilon; \quad (\tau H)^2 = \frac{1}{3} j\alpha + \frac{7}{10} i\tau;$$

$$(\beta H) = \frac{1}{2} j\tau - \frac{1}{3} Aij - \frac{3}{4} i^2\alpha - \frac{3}{2} h\alpha;$$

Endlich ergiebt sich aus

$$\begin{pmatrix} i & \tau & H \\ 2 & 1 & 1 \end{pmatrix}_2, \quad \begin{pmatrix} f & f & \vartheta \\ 0 & 2 & 2 \end{pmatrix}, \quad \begin{pmatrix} \tau & \alpha & H \\ 0 & 1 & 1 \end{pmatrix} \quad \text{und} \quad \begin{pmatrix} \tau & \beta & H \\ 0 & 1 & 1 \end{pmatrix}$$

$$(\vartheta H) = -\frac{1}{2} h\tau - \frac{1}{6} ij\alpha - \frac{1}{2} i^2\tau;$$

$$(\vartheta H)^2 = \frac{2}{3} \alpha\varepsilon - \frac{2}{15} i\vartheta;$$

$$(\gamma H) = \frac{2}{3} \varepsilon\vartheta + \frac{1}{6} j\alpha^2 + \frac{5}{12} i\tau\alpha;$$

$$(\delta H) = Bn' - \frac{5}{6} j\alpha\beta - \frac{3}{4} i\tau\beta + \frac{1}{3} jA\vartheta.$$

3. Ueberschiebungen über i.

Da die Mehrzahl dieser Ueberschiebungen als Grundformen definirt wurden, so kommen blos in Betracht:

$$(\vartheta i) = \frac{1}{2} A\tau - \frac{1}{2} Bi \quad \text{aus} \quad \begin{pmatrix} i & \tau & i \\ 2 & 1 & 1 \end{pmatrix}_2,$$

$$(\beta i) = \frac{1}{2} A\alpha; \quad \text{„} \quad \begin{pmatrix} i & \alpha & i \\ 0 & 1 & 1 \end{pmatrix},$$

$$(\delta i) = \frac{1}{2} A\gamma; \quad \text{„} \quad \begin{pmatrix} i & \gamma & i \\ 0 & 1 & 1 \end{pmatrix}.$$

4. Ueberschiebungen über j.

Es werden folgende Ueberschiebungen benützt werden:

$$(Hj)^2 = -\frac{2}{15}\,ij;\quad (Hj)^3 = \frac{9}{10}\,\varepsilon;\quad (hj)^2 = \frac{1}{3}\,Aj + \frac{1}{2}\,i\alpha;\quad (hj)^3 = 0;$$

$$(\varepsilon j) = \frac{1}{3}\,j\alpha + \frac{1}{2}\,i\tau;\quad (\beta j) = \frac{1}{2}\,A\tau - \frac{1}{2}\,Bi - \alpha^2;\quad (\vartheta j)^2 = -\gamma;$$

$$(\gamma j) = \frac{1}{2}\,B\tau - \frac{1}{2}\,C'i;\quad (\delta j) = -\alpha\gamma - \frac{1}{2}\,B\vartheta,$$

welche in derselben Reihenfolge aus den Substitutionen

$$\begin{pmatrix} f' & j & f' \\ 0 & 1 & 3 \end{pmatrix},\ \begin{pmatrix} f' & j & f \\ 0 & 2 & 3 \end{pmatrix},\ \begin{pmatrix} j & j & f' \\ 1 & 2 & 1 \end{pmatrix},\ \begin{pmatrix} j & f & j \\ 2 & 1 & 2 \end{pmatrix},\ \begin{pmatrix} j & i & j \\ 0 & 1 & 1 \end{pmatrix},\ \begin{pmatrix} i & \alpha & j \\ 1 & 1 & 1 \end{pmatrix}_2$$

$$\begin{pmatrix} \tau & i & \gamma \\ 1 & 1 & 1 \end{pmatrix},\ \begin{pmatrix} \tau & \alpha & j \\ 0 & 1 & 1 \end{pmatrix}\ \text{und}\ \begin{pmatrix} i & \gamma & j \\ 1 & 1 & 1 \end{pmatrix}_2$$

erhalten wurden.

5. Ueberschiebungen über h.

Aus den Substitutionen

$$\begin{pmatrix} f & j & h \\ 0 & 2 & 2 \end{pmatrix}\quad \begin{pmatrix} f' & j & h \\ 1 & 3 & 2 \end{pmatrix}\quad \begin{pmatrix} j & f & \alpha \\ 0 & 1 & 2 \end{pmatrix}\quad \begin{pmatrix} j & f & \tau \\ 0 & 1 & 2 \end{pmatrix}\quad \begin{pmatrix} j & h & j \\ 1 & 1 & 2 \end{pmatrix}$$

folgen die Relationen

$$(hh)^2 = \frac{1}{3}\,j\alpha + \frac{1}{2}\,i\tau;\quad (hh)^4 = B;$$

$$(\alpha h) = Q - \frac{2}{3}\,A\varepsilon + \frac{1}{3}\,i\beta;$$

$$(\tau h) = \frac{1}{6}\,i\vartheta - \frac{1}{3}\,\varepsilon\alpha;$$

$$(\tau h)^2 = \frac{1}{3}\,\alpha^2 - \frac{1}{3}\,A\tau - \frac{1}{3}\,Bi.$$

In ähnlicher Weise ergeben sich

$$(\beta h) = \left(\frac{1}{3}\,A^2 - \frac{1}{2}\,B\right)j + \frac{1}{2}\,Ai\alpha - \frac{3}{2}\,\tau\alpha;$$

$$(\vartheta h)^2 = \frac{1}{3}\,A\vartheta - \frac{1}{3}\,\alpha\beta;$$

$$(\gamma h) = \frac{1}{6}\,jC - \frac{1}{2}\,iB\alpha;$$

$$(\delta h) = \frac{1}{6}\,C\varepsilon - \tau\gamma + \frac{1}{6}\,i\beta B$$

nämlich aus den Substitutionen

$$\begin{pmatrix} i & \alpha & h \\ 1 & 1 & 1 \end{pmatrix}_2,\ \begin{pmatrix} i & \tau & h \\ 2 & 1 & 1 \end{pmatrix}_3,\ \begin{pmatrix} \tau & \alpha & h \\ 0 & 1 & 1 \end{pmatrix}\ \text{und}\ \begin{pmatrix} i & \gamma & h \\ 0 & 1 & 1 \end{pmatrix}.$$

6. Ueberschiebungen über α, β, γ, δ.

Die Relationen

$$(\alpha\beta) = 3C' - 2AB = C; \quad (\alpha\gamma) = \frac{1}{2}B^2 - \frac{1}{2}AC';$$

$$(\beta\delta) = \frac{1}{2}A(\alpha\gamma); \qquad (\delta\gamma) = \frac{1}{2}CC' - B(\alpha\gamma)$$

sind bekannt. (Clebsch, binäre Formen pag. 280). Aus

$$\begin{pmatrix} i & \alpha & \tau \\ 1 & 1 & 1 \end{pmatrix}_2, \quad \begin{pmatrix} \tau & \alpha & \tau \\ 0 & 1 & 1 \end{pmatrix}, \quad \begin{pmatrix} \tau & \beta & \tau \\ 0 & 1 & 1 \end{pmatrix}, \quad \begin{pmatrix} f & H & \beta \\ 0 & 1 & 1 \end{pmatrix}, \quad \begin{pmatrix} f & H & \gamma \\ 0 & 1 & 1 \end{pmatrix}$$

folgen ferner:

$$(\tau\beta) = -\delta - B\alpha;$$

$$(\tau\gamma) = -\frac{1}{2}C'\alpha;$$

$$(\tau\delta) = \frac{1}{2}C'\beta - B\gamma;$$

$$(T\beta) = h\eta - jn' - \frac{1}{2}H\vartheta + \frac{1}{2}i^2\eta - \frac{1}{9}fi\beta.$$

$$(T\gamma) = -j\tau\varepsilon - \frac{1}{3}jqB - \frac{1}{2}imB - \frac{1}{9}fi\gamma.$$

Endlich werden noch die Beziehungen benützt:

$$(\vartheta\gamma) = \frac{1}{2}B\gamma - \frac{1}{2}C'\beta;$$

$$(m\gamma) = (\delta H) - \frac{5}{6}k\gamma;$$

$$(m\beta) = \frac{1}{2}An' - \frac{5}{6}k\beta;$$

$$(\eta\gamma) = \frac{1}{4}\tau\gamma - \frac{1}{6}C\varepsilon - \frac{1}{6}i\beta B;$$

$$(\vartheta\delta) = -\frac{1}{2}B\delta - \frac{1}{4}\alpha AC';$$

$$(\vartheta\beta) = \frac{1}{2}A\gamma - \frac{1}{2}B\beta;$$

welche sich aus folgenden Substitutionen

$$\begin{pmatrix} i & \tau & \gamma \\ 0 & 1 & 1 \end{pmatrix}, \quad \begin{pmatrix} i & H & \gamma \\ 0 & 1 & 1 \end{pmatrix}, \quad \begin{pmatrix} i & H & \beta \\ 0 & 1 & 1 \end{pmatrix}, \quad \begin{pmatrix} f & \alpha & \gamma \\ 0 & 1 & 1 \end{pmatrix}, \quad \begin{pmatrix} \vartheta & \alpha & \vartheta \\ 0 & 1 & 1 \end{pmatrix}$$

und $\begin{pmatrix} i & \tau & \beta \\ 0 & 1 & 1 \end{pmatrix}$ entwickeln lassen.

Schliesslich soll noch bemerkt werden, dass die von Clebsch benützte Grundform δ als $(\vartheta\alpha)$ definirt worden war, so dass der Zusammenhang stattfindet:

$$(\vartheta\alpha) = (i\gamma) + \frac{1}{2}B\alpha = \delta + \frac{1}{2}B\alpha.$$

§ 4.

Ableitung der Syzyganten.

Seien M und N zwei Grundformen der binären Form fünfter Ordnung, die nach der in § 1 gemachten Annahme als die Ueberschiebungen

$$M = (f_1 f_2)^\lambda, \quad N = (f_3 f_4)^\mu$$

definirt sind, dann wird die Syzygante

$$[f_1 f_2 f_3 f_4]_{\lambda+\mu} = 0 \quad \text{bez.} \quad [f_1 f_3 f_2 f_4]_{\lambda+\mu} = 0$$

unter ihren Gliedern das Product $M \cdot N$ enthalten. Auf diese Weise kann zu den meisten Producten der Grundformen eine zugehörige Syzygante sofort hingeschrieben werden und die Berechnung wird zeigen, dass nach dieser Methode auch *alle* Grundsyzyganten gewonnen werden können. So gehören beispielsweise zu den Producten

$$\begin{array}{lll} q^2 = (fi)^1 (fi)^1 & \text{die Syzyganten} & [ffii]_2 = 0, \\ q \cdot T = (fi)^1 (fH)^1 & & [ffiH]_2 = 0, \\ H \cdot A = (ff)^2 (ii)^2 & & [ffii]_4 = 0, \\ r \cdot A = (jH)^1 (ii)^2 & \ldots\ldots & [jHii]_3 = 0, \\ T \cdot \delta = (fH)^1 (i\gamma)^1 & \ldots\ldots & \{fHi\gamma\}_2 = 0 \end{array}$$

etc. etc.

Dasjenige Product der Grundformen, welches zur Bildung der Syzygante die Veranlassung gab, wird im folgenden stets an die erste Stelle gesetzt werden. Die *Anordnung* dieser Producte und der daraus gebildeten Syzyganten geschieht nach steigendem Grad und Gewicht. Auch sind manche der direct erhaltenen Syzyganten mit Hilfe vorausgehender Syzyganten auf eine geringere Gliederzahl reducirt worden, ebenso wie auch öfter zur Vermeidung unzweckmässiger Zahlencoefficienten ganze Syzyganten mit passenden Zahlenfactoren multiplicirt wurden.

Grad 5.

$$(fiH) = fm + Hq - iT = 0.$$

Grad 6.

$$[ffHH]_2 = 2T^2 + H^3 - \frac{1}{2} f^2 iH + \frac{1}{3} f^3 j = 0,$$

$$[ffiH]_2 = 2qT + iH^2 + fHj - f^2 h - \frac{1}{2} f^2 i^2 = 0,$$

$$(fjH) = fr - Hm - jT = 0,$$

$$[ffii]_2 = 2q^2 + Hi^2 + 2fij + f^2 A = 0,$$

$$(fji) = f\varepsilon - im - jq = 0,$$

$$[ffii]_4 = HA + fa + 2ih + \frac{1}{2} i^3 - j^2 = 0.$$

Grad 7.

$$[fiHH]_2 = 2Tm - H^2 j + fHh + \frac{1}{3} f^2 ij = 0,$$

$$(fHh) = Th - Hr + \frac{1}{2} fim + \frac{1}{3} fjq = 0,$$

$$[fiiH]_2 = 2qm - Hij - fih - fAH - \frac{1}{2} fi^3 = 0,$$

$$[fHii]_3 = TA + ir + jm + qh + \frac{1}{2} i^2 q = 0,$$

$$(jiH) = jm + H\varepsilon - ir = 0,$$

$$(fih) = qh - ir - f\eta = 0,$$

$$[fHii]_4 = 2jh - H\alpha - f\tau + \frac{1}{3} i^2 j = 0,$$

Grad 8.

$$[fjHH]_2 = 2Tr + H^2 h - \frac{1}{6} fiHj + \frac{1}{3} f^2 j^2 = 0,$$

$$[fjHi]_2 = 2T\varepsilon - fjh + iHh + Hj^2 - \frac{1}{6} f i^2 j = 0,$$

$$[ffih]_2 = 2qr + Hih - f^2 \tau + fjh - \frac{1}{6} fi^2 j = 0,$$

$$\{fjHi\}_2 = m^2 + qr - T\varepsilon = 0,$$

$$(hiH) = hm + H\eta + \frac{1}{8} ijq + \frac{1}{2} i^2 m = 0,$$

$$(fhj) = jr - fn + hm = 0,$$

$$(fH\alpha) = T\alpha - 2H\eta - fn - fi\varepsilon = 0,$$

$$[fjii]_2 = 2q\varepsilon + fjA + fi\alpha + ij^2 + i^2 h = 0,$$

$$[HHii]_4 = h^2 - H\tau - \frac{1}{8} fjA - \frac{1}{2} fi\alpha - \frac{1}{6} ij^2 = 0,$$

$$[jfii]_3 = Am + j\varepsilon - q\alpha - i\eta = 0,$$

$$(fi\alpha) = f\beta - 2i\eta + q\alpha = 0.$$

Grad 9.

$$[jjfH]_2 = 2mr + fH\tau - Hjh + \frac{1}{8} fij^2 = 0,$$

$$\{fHhi\}_2 = T\eta + rm + \frac{1}{8} jq^2 + \frac{1}{2} iqm = 0,$$

$$(Hjh) = Hn - hr - \frac{1}{2} ijm - \frac{1}{3} j^2 q = 0,$$

$$(fH\tau) = T\tau - Hn + \frac{2}{8} fj\varepsilon = 0,$$

$$[jiiH]_2 = 2m\varepsilon - AHj - \frac{3}{2}iH\alpha - \frac{1}{2}fi\tau = 0,$$

$$[fhii]_2 = 2q\eta + \frac{1}{2}iH\alpha + fhA + \frac{3}{2}fi\tau = 0,$$

$$[jHii]_3 = Ar + in + h\varepsilon + m\alpha + \frac{1}{2}i^2\varepsilon = 0,$$

$$(hji) = h\varepsilon - j\eta - in = 0,$$

$$(\alpha iH) = m\alpha - in - H\beta - i^2\varepsilon = 0,$$

$$(f\alpha j) = 2j\eta + m\alpha + f\vartheta = 0,$$

$$(fi\tau) = q\tau - in + f\vartheta = 0,$$

$$[fhii]_4 = 2j\tau - h\alpha + fB + \frac{1}{3}ijA + \frac{1}{2}i^2\alpha = 0.$$

Grad 10.

$$[jjHH]_2 = 2r^2 + H^2\tau + \frac{1}{3}fj^3 + \frac{1}{6}Hij^2 = 0,$$

$$[fjHh]_2 = 2Tn + Hh^2 + \frac{1}{3}fj^3 + \frac{1}{3}fihj - \frac{1}{6}Hij^2 = 0,$$

$$[jjiH]_2 = 2\varepsilon r + iH\tau + \frac{1}{2}Hja - \frac{1}{2}fj\tau = 0,$$

$$[ffi\tau]_2 = 2qn - 3fj\tau + 2fh\alpha - f^2B + Hi\tau = 0,$$

$$\{jfhi\}_2 = m\eta + r\varepsilon - qn = 0,$$

$$\{fHi\alpha\}_2 = T\beta + qn - 2m\eta + iq\varepsilon = 0,$$

$$(H\alpha j) = H\vartheta + r\alpha - jn - ij\varepsilon = 0,$$

$$(iH\tau) = m\tau - H\vartheta + \frac{2}{3}ij\varepsilon = 0,$$

$$(fh\alpha) = r\alpha - 2\eta h - fQ + \frac{2}{3}fA\varepsilon - \frac{1}{3}fi\beta = 0,$$

$$(f\tau j) = nj + m\tau - fQ = 0,$$

$$[Hhii]_4 = \tau h + HB + \frac{4}{3}\varepsilon^2 + \frac{1}{6}i^2\tau = 0,$$

$$[jjii]_2 = 2\varepsilon^2 + 2ij\alpha + i^2\tau + j^2A = 0,$$

$$(fi\beta) = q\beta - \frac{1}{2}fA\alpha + ihA - ij\alpha + \frac{3}{2}i^2\tau = 0,$$

$$(ji\alpha) = \varepsilon\alpha + i\vartheta + j\beta = 0.$$

Grad 11.

$$\{Hihj\}_2 = r\eta + mn + \frac{1}{3}jq\varepsilon + \frac{1}{2}im\varepsilon = 0,$$

$$\{fHi\tau\}_2 = T\vartheta - mn - \frac{2}{3}qj\varepsilon = 0,$$

$$[ijHh]_2 = 2mn + Hj\tau - Hh\alpha + \frac{1}{3}ij^3 + \frac{1}{3}i^2jh = 0,$$

$$[fH\tau i]_3 = TB + HQ + im\alpha + \frac{2}{3}Ajm + \frac{1}{6}iq\tau = 0,$$

$$(f\tau h) = hn - r\tau + \frac{1}{6}fi\vartheta - \frac{1}{3}f\alpha\varepsilon = 0,$$

$$(jH\tau) = r\tau - HQ + \frac{2}{3}j^2\varepsilon = 0,$$

$$\{i\alpha jf\}_2 = m\beta - q\vartheta - 2\eta\varepsilon = 0,$$

$$[jhii]_2 = 2\varepsilon\eta + jhA + 2ih\alpha - ij\tau - fiB = 0,$$

$$[fii\tau]_2 = 2q\vartheta + 2ih\alpha - 5ij\tau - fA\tau - fiB = 0,$$

$$[f\tau ii]_3 = Bq + An + 3\varepsilon\tau - 2\alpha\eta = 0,$$

$$[jhii]_3 = 2An - h\beta - 3\alpha\eta + 3\varepsilon\tau + j\vartheta = 0,$$

$$(hi\alpha) = \alpha\eta + iQ + h\beta - \frac{2}{3}iA\varepsilon + \frac{1}{3}i^2\beta = 0,$$

$$(ji\tau) = \varepsilon\tau - Qi + j\vartheta = 0.$$

Grad 12.

$$[jfH\tau]_2 = 2rn + Hh\tau + \frac{1}{2}fij\tau + \frac{1}{3}fj^2\alpha = 0,$$

$$\{fHj\tau\}_2 = TQ - rn + \frac{2}{3}jm\varepsilon = 0,$$

$$\{fij\tau\}_2 = qQ + m\vartheta - \varepsilon n = 0,$$

$$[jif\tau]_2 = 2m\vartheta + j^2\tau - f\alpha\tau - \frac{2}{3}Aij^2 - i^2j\alpha = 0,$$

$$\{iH\alpha j\}_2 = n\varepsilon + m\vartheta + \beta r + i\varepsilon^2 = 0,$$

$$\{fhi\alpha\}_2 = \beta r + qQ + 2\eta^2 - \frac{2}{3}qA\varepsilon + \frac{1}{3}iq\beta = 0,$$

$$[hhii]_2 = 2\eta^2 + 2ih\tau + h^2A + \frac{1}{3}i^2j\alpha + \frac{1}{2}i^3\tau = 0,$$

$$(f\tau\alpha) = \alpha n - 2\tau\eta + f\gamma = 0,$$

$$(jh\alpha) = h\vartheta + \alpha n - jQ + \frac{2}{3}Aj\varepsilon - \frac{1}{3}ij\beta = 0,$$

$$(hi\tau) = \tau\eta + h\vartheta - \frac{1}{3}i\varepsilon\alpha + \frac{1}{6}i^2\vartheta = 0,$$

$$[Hi\tau i]_3 = Bm - \tau\eta + i\alpha\varepsilon + \frac{2}{3}Aj\varepsilon = 0,$$

$$[hhii]_4 = \tau^2 + Bh - \frac{2}{3}\varepsilon\beta - \frac{1}{6}Ai\tau + \frac{1}{2}i^2B = 0,$$

$$(ji\beta) = \varepsilon\beta - i\alpha^2 + \frac{1}{2}Ai\tau - \frac{1}{2}Aj\alpha - \frac{1}{2}i^2B = 0,$$

Grad 13.

$$[jiH\tau]_2 = 2r\vartheta - H\tau\alpha + jh\tau + i^2j\tau + \frac{1}{3}ij^2\alpha = 0,$$

$$\{hif\tau\}_2 = \eta n + r\vartheta - \frac{1}{3}q\varepsilon\alpha + \frac{1}{6}iq\vartheta = 0,$$

$$\{iHj\tau\}_2 = mQ - r\vartheta + \frac{2}{3} j\varepsilon^2 = 0,$$

$$(hj\tau) = hQ - \tau n - \frac{2}{3} j^2\varepsilon = 0,$$

$$(H\tau\alpha) = \tau n + H\gamma + i\tau\varepsilon + \frac{2}{3} j\alpha\varepsilon = 0,$$

$$[jHi\tau]_3 = Br + \tau n - \frac{1}{3} j\alpha\varepsilon + \frac{3}{10} i\varepsilon\tau = 0,$$

$$(f\alpha\beta) = fC + 2\eta\beta - j\alpha^2 + Ah\alpha + \frac{3}{2} i\tau\alpha = 0,$$

$$[jii\tau]_2 = 2\varepsilon\vartheta - j\tau A - i\tau\alpha + ijB = 0,$$

$$(hi\beta) = \eta\beta - fAB + \frac{1}{2} Ah\alpha - 2Aj\tau - \frac{3}{2} i\tau\alpha - \frac{1}{2} ijB = 0,$$

$$(\tau i\alpha) = \tau\beta - i\gamma - \alpha\vartheta = 0,$$

$$[j\tau ii]_3 = AQ - B\varepsilon + \alpha\vartheta - i\gamma = 0.$$

Grad 14.

$$[jjH\tau]_2 = 2rQ + H\tau^2 + \frac{1}{3} j^3\alpha + \frac{5}{6} ij^2\tau = 0,$$

$$\{f\tau jh\}_2 = n^2 - Qr + \frac{1}{6} im\vartheta - \frac{1}{3} m\varepsilon\alpha = 0,$$

$$\{fH\tau\alpha\}_2 = T\gamma + n^2 + in\varepsilon + \frac{4}{3} j\varepsilon\eta = 0,$$

$$(fi\gamma) = f\delta + q\gamma - \frac{3}{2} i\tau^2 - iBh = 0,$$

$$(H\alpha\beta) = HC + \beta n' - \alpha(H\beta) = 0,$$

$$\{fi\tau\alpha\}_2 = q\gamma - n\beta + 2\vartheta\eta = 0,$$

$$[jji\tau]_2 = 2Q\varepsilon + i\tau^2 + j^2B + j\tau\alpha = 0,$$

$$[hii\tau]_2 = 2\eta\vartheta + ihB - i\tau^2 + \frac{1}{3} i^2A\tau + \frac{1}{3} i^3B - \frac{1}{3} i^2\alpha^2 - h\tau A = 0,$$

$$\{ijh\alpha\}_2 = n\beta + Q\varepsilon - \eta\vartheta - \frac{2}{3} A\varepsilon^2 + \frac{1}{3} i\varepsilon\beta = 0,$$

$$(j\tau\alpha) = \tau\vartheta + j\gamma + \alpha Q = 0,$$

$$[hii\tau]_3 = B\eta - \tau\vartheta - \frac{1}{6} iA\vartheta - \frac{1}{3} A\varepsilon\alpha + \frac{1}{3} i\alpha\beta = 0,$$

$$(i\alpha\beta) = \beta^2 + iC + \frac{1}{2} A\alpha^2 = 0.$$

Grad 15.

$$[fH\tau\tau]_3 = C'T - \frac{3}{2} q\tau^2 - \frac{3}{2} f\tau\vartheta + \frac{2}{3} jmB - 2j\tau\eta + \frac{1}{3} fj\gamma = 0,$$

$$(Hi\gamma) = H\delta - \gamma m + \frac{2}{3} i\varepsilon\vartheta + \frac{1}{6} ij\alpha^2 + \frac{5}{12} i\alpha^2\tau = 0,$$

$$[jih\tau]_2 = 2n\vartheta + j\tau^2 - h\tau\alpha - \frac{1}{3}Aij\tau - \frac{1}{3}i^2jB + \frac{1}{3}ij\alpha^2 = 0,$$

$$\{\tau\alpha jf\}_2 = \gamma m - 2Q\eta - n\vartheta = 0,$$

$$\{jhi\tau\}_2 = \eta Q + n\vartheta - \frac{1}{3}\varepsilon^2\alpha + \frac{1}{6}i\varepsilon\vartheta = 0,$$

$$\{fi\alpha\beta\}_2 = qC + A\alpha\eta + j\alpha\beta - Ah\beta - \frac{3}{2}i\tau\beta = 0,$$

$$(h\tau\alpha) = Q\tau + h\gamma - \frac{2}{3}A\varepsilon\tau + \frac{1}{3}i\tau\beta - \frac{1}{6}i\alpha\vartheta + \frac{1}{3}\alpha^2\varepsilon = 0,$$

$$[fi\tau\tau]_3 = Bn - h\gamma + Bi\varepsilon - \frac{2}{3}Aj\vartheta + \frac{2}{3}j\alpha\beta + \frac{1}{2}i^2\gamma = 0,$$

$$(i\beta\tau) = i\delta - \beta\vartheta + iB\alpha - \frac{1}{2}A\alpha\tau = 0,$$

$$(j\alpha\beta) = jC - \beta\vartheta - \frac{1}{2}iB\alpha + \frac{1}{2}A\alpha\tau - \alpha^3 = 0.$$

Grad 16.

$$\{fHi\gamma\}_2 = T\delta + \frac{2}{3}q\varepsilon\vartheta + \frac{1}{6}qj\alpha^2 + \frac{5}{12}iq\tau\alpha - \frac{3}{2}m\tau^2 - mBh = 0,$$

$$[jjh\tau]_2 = 2nQ + h\tau^2 - \frac{1}{3}j^2A\tau - \frac{1}{3}ij^2B + \frac{1}{3}j^2\alpha = 0,$$

$$\{jH\tau\alpha\}_2 = r\gamma + nQ + iQ\varepsilon - \frac{2}{3}j\varepsilon\vartheta = 0,$$

$$\{jf\alpha\beta\}_2 = mC + j\alpha\vartheta + i\eta B - A\tau\eta - Ah\vartheta - \frac{3}{2}i\tau\vartheta + 2\alpha^2\eta = 0,$$

$$\{fi\beta\tau\}_2 = q\delta + qB\alpha - j\alpha\vartheta + Ah\vartheta + \frac{3}{2}i\tau\vartheta - \frac{1}{2}A\alpha n = 0,$$

$$(j\tau\beta) = j\delta + \vartheta^2 + \frac{1}{2}\alpha^2\tau + \frac{1}{2}j\alpha B = 0,$$

$$(h\alpha\beta) = hC - \alpha(h\beta) + \beta(h\alpha) = 3C'h - \frac{3}{2}i^2C' + 4j\delta + jB\alpha + \frac{9}{2}iB\tau = 0,$$

$$(ji\gamma) = \varepsilon\gamma + j\delta - \frac{1}{2}C'i^2 + \frac{1}{2}Bi\tau = 0,$$

$$\{j\tau i\alpha\}_2 = Q\beta - \varepsilon\gamma + \vartheta^2 = 0,$$

$$[ii\tau\tau]_2 = 2\vartheta^2 + A\tau^2 + C'i^2 - 2i\tau B = 0.$$

Grad 17.

$$[jH\tau\tau]_3 = C'r + \frac{1}{3}j^2\gamma - \frac{1}{2}j\tau\vartheta - \frac{3}{2}\varepsilon\tau^2 = 0,$$

$$\{jfi\gamma\}_2 = m\delta - \frac{3}{2}\varepsilon\tau^2 - \varepsilon hB - \frac{1}{2}q\tau B + \frac{1}{2}iqC' = 0,$$

$$[ij\tau\tau]_2 = 2\vartheta Q - \alpha\tau^2 - j\tau B + ijC' = 0,$$

$$\{h i \tau \alpha\}_2 = \eta\gamma - \vartheta Q - \frac{1}{3}\beta\varepsilon\alpha - \frac{1}{6}i\beta\vartheta + \frac{2}{3}A\varepsilon\vartheta = 0,$$

$$(h i \gamma) = h\delta + \gamma\eta - \frac{1}{2}i^2\alpha B + \frac{1}{6}ijC = 0,$$

$$\{j i \alpha\beta\}_2 = \varepsilon C - \frac{1}{2}A\alpha\vartheta + \frac{1}{2}iB\beta - \frac{1}{2}A\tau\beta + \alpha^2\beta = 0,$$

$$[j i \tau\tau]_3 = \gamma\tau - BQ + \varepsilon C' = 0.$$

Grad 18.

$$\{f h i \gamma\}_2 = r\delta + h\eta B + \frac{3}{2}\eta\tau^2 + \frac{1}{6}qjC - \frac{1}{2}iq\alpha B = 0,$$

$$[j j \tau\tau]_2 = 2Q^2 + \tau^3 + j^2C' = 0,$$

$$\{j h \tau \alpha\}_2 = n\gamma + Q^2 - \frac{1}{3}A\varepsilon Q - \frac{1}{6}i\vartheta^2 - \frac{1}{3}\varepsilon^2 B = 0,$$

$$\{j i \beta\tau\}_2 = \varepsilon\delta - i\alpha\gamma - \frac{1}{2}i\vartheta B - \frac{1}{2}jA\gamma = 0,$$

$$[h i \tau\tau]_3 = C\eta + 2AB\eta + \frac{1}{2}j\beta B + \frac{1}{2}jA\gamma - \frac{3}{2}A\tau\vartheta + \frac{3}{2}\alpha\tau\beta = 0,$$

$$(\alpha i \gamma) = \alpha\delta - \beta\gamma - \frac{1}{2}iB^2 + \frac{1}{6}iAC + \frac{1}{3}iA^2B = 0,$$

$$(\beta\tau\alpha) = \beta\gamma + \alpha\delta + \tau C + \alpha^2 B = 0.$$

Grad 19.

$$\{f \alpha i \gamma\}_2 = 2\eta\delta - \frac{3}{2}\tau^2\beta - h\beta B - q(\alpha\gamma) = 0,$$

$$\{f \tau \alpha\beta\}_2 = nC + 2\eta\delta + 2\alpha\eta B + j\alpha\gamma - hA\gamma - \frac{3}{2}i\tau\gamma = 0,$$

$$(f\delta\alpha) = fR - 2\eta\delta + \alpha B\eta + \alpha j\gamma - \frac{3}{2}\alpha\tau\vartheta = 0,$$

$$(\tau i \gamma) = \tau\delta - \gamma\vartheta + \frac{1}{2}i\alpha C' = 0,$$

$$(\gamma\alpha j) = \gamma\vartheta - \frac{1}{2}\alpha\tau B - \frac{1}{2}jB^2 + \frac{1}{2}i\alpha C' + \frac{1}{2}AC'j = 0.$$

Grad 20.

$$\{f \tau i \gamma\}_2 = n\delta + \frac{1}{2}q\alpha C' - \frac{3}{2}\tau^2\vartheta - h\vartheta B = 0,$$

$$(H\delta\alpha) = HR - \delta n' - \alpha n' B + \frac{5}{6}j\alpha^2\beta + \frac{3}{4}i\alpha\tau\beta - \frac{1}{3}jA\alpha\vartheta = 0,$$

$$(j\tau\gamma) = Q\gamma + \frac{1}{2}B\tau^2 - \frac{1}{2}C'i\tau - \frac{1}{2}C'j\alpha = 0,$$

$$(\beta i \gamma) = \beta\delta - iR + \frac{1}{2}\alpha\gamma A = 0,$$

$$\{i \tau \alpha\beta\}_2 = \vartheta C + \beta\delta + \alpha\beta B - \frac{1}{2}\alpha\gamma A = 0,$$

Grad 21.

$$(T\beta\gamma) = TR + \beta j\tau\varepsilon + \frac{1}{3} j\varrho\beta B + \frac{1}{2} im\beta B + h\gamma\eta - j\gamma n' - \frac{1}{2} H\gamma\vartheta + \frac{1}{2} i^2\eta\gamma = 0,$$

$$\{fi\delta\alpha\}_2 = qR - \eta\beta B - j\beta\gamma + \frac{3}{2}\tau\beta\vartheta - A\eta\gamma = 0,$$

$$\{j\tau\alpha\beta\}_2 = QC - \vartheta\delta + B\alpha\vartheta + \frac{1}{2} i\gamma B - \frac{1}{2} A\tau\gamma + \alpha^2\gamma = 0,$$

$$(\vartheta i\gamma) = \vartheta\delta - iB\gamma + \frac{1}{2} C' i\beta + \frac{1}{2} A\tau\gamma = 0,$$

$$(j\delta\alpha) = jR + \vartheta\delta + \alpha^2\gamma + \frac{1}{2}\alpha B\vartheta = 0.$$

Grad 22.

$$(m\beta\gamma) = mR - \beta(\delta H) + \frac{1}{2} An'\gamma = 0,$$

$$\{j\tau i\gamma\}_2 = Q\delta + \frac{1}{2} C'\varepsilon\alpha - \frac{1}{2} C' i\vartheta + \frac{1}{2} B\tau\vartheta = 0,$$

$$(h\beta\gamma) = hR - \frac{1}{2} i\alpha\beta B + \frac{1}{6} j\beta C + \frac{3}{2}\alpha\tau\gamma - \frac{1}{2} iA\alpha\gamma - \frac{1}{6} j\gamma(2A^2 - 3B) = 0,$$

$$(\gamma\tau\alpha) = \gamma^2 + \frac{1}{2}\tau B^2 - \frac{1}{2} A\tau C' + \frac{1}{2}\alpha^2 C' = 0.$$

Grad 23.

$$\{jH\delta\alpha\}_2 = rR + \frac{1}{2} n' B\vartheta - n'\alpha\gamma - \frac{5}{6} j\alpha\beta\vartheta - \frac{3}{4} i\tau\beta\vartheta + \frac{1}{3} jA\vartheta^2 = 0,$$

$$\{ji\delta\alpha\}_2 = \varepsilon R - \alpha\beta\gamma - \frac{1}{2}\beta\vartheta B + \frac{1}{2} A\vartheta\gamma = 0,$$

$$(\alpha\beta\gamma) = \alpha R + \gamma C - \frac{1}{2}\beta B^2 + \frac{1}{2}\beta AC' = 0.$$

Grad 24.

$$\{hi\delta\alpha\}_2 = \eta R - \beta(h\delta) - \frac{1}{2} A\gamma(h\alpha) = 0,$$

$$\{\tau\alpha i\gamma\}_2 = \gamma\delta + \frac{1}{2}\alpha\beta C' + \vartheta(\alpha\gamma) = 0,$$

$$(\tau\beta\gamma) = \tau R - \gamma\delta + \frac{1}{2}\alpha\beta C' - \alpha\gamma B = 0.$$

Grad 25.

$$\{f\tau\delta\alpha\}_2 = nR - \gamma(f\delta) + 2\eta(\tau\delta) = 0,$$

$$(\beta\delta\alpha) = \beta R + \delta C + \frac{1}{2}\alpha A(\alpha\gamma) = 0.$$

Grad 26.

$$(\vartheta\alpha\delta) = \delta^2 - \vartheta R + \alpha\delta B + \frac{1}{4}\alpha^2 AC' = 0,$$

$$(\vartheta\beta\gamma) = \vartheta R - \beta\gamma B + \frac{1}{2}\beta^2 C' + \frac{1}{2}\gamma^2 A = 0.$$

Grad 27.

$$\{j\tau\delta\alpha\}_2 = QR - \alpha\gamma^2 + \frac{1}{2}B\gamma\vartheta - \frac{1}{2}C'\beta\vartheta = 0.$$

Grad 29.

$$\{\tau\alpha\beta\gamma\}_2 = \gamma R + (\delta + B\alpha)(\alpha\gamma) - \frac{1}{2}CC'\alpha = 0.$$

Grad 31.

$$(\delta\beta\gamma) = \delta R - \frac{1}{2}CC'\beta + B\beta(\alpha\gamma) - \frac{1}{2}A\gamma(\alpha\gamma) = 0.$$

Grad 36.

$$\{\beta\gamma\delta\alpha\}_2 = R^2 + \frac{1}{2}C^2C' - BC(\alpha\gamma) + \frac{1}{2}A(\alpha\gamma)^2 = 0.$$

§ 5.

Erweiterung des Systems der allgemeinen Syzyganten.

Es sind im ganzen blos sechs verschiedene Syzyganten, aus denen das ganze System der Grundsyzyganten entwickelt wurde. Jedoch ist damit nicht ausgeschlossen, dass durch Anwendung anderer Syzyganten, als sie in § 2 angegeben wurden, in besonderen Fällen schneller zu einer bestimmten Relation zu gelangen ist. So lässt sich die Syzygante $[HHii]_4$ vom Grade 8 dadurch schneller berechnen, dass man die allgemeine Syzygante $[ff\varphi\varphi]_4$ für den Fall specialisirt, dass φ von der dritten Ordnung sei.

Man hat zu diesem Zwecke in dem Ausdrucke

$$[ff\varphi\varphi]_4 = \varphi^2(ff)^4 + 6(\varphi\varphi)^2(ff)^2 + (\varphi\varphi)^4 f^2 - 2(f\varphi)^4 f\varphi + 8(f\varphi)^3(f\varphi) - 6(f\varphi)^2(f\varphi)^2$$

den Theil

$$A = (\varphi\varphi)^4 f - 2(f\varphi)^4\varphi$$

derart umzuformen, dass φ nur noch in dritten Ueberschiebungen auftritt. Sei

$$f = a_x^n = b_x^n = \cdots \qquad \varphi = c_x^\nu = \beta_x^\nu = \cdots;$$

dann kann das symbolische Product

$$P = (\alpha\beta)(\alpha a)^3 \alpha_x^{\nu-4} \beta_x^{\nu-1} a_x^{n-3}$$

auf zwei verschiedene Arten dargestellt werden. Indem einmal der Factor $(\alpha\beta)$ in bekannter Weise in $(\alpha\beta)^2$ verwandelt wird, ergiebt sich die Darstellung

$$P = \frac{1}{2}(\alpha\beta)^4 \alpha_x^{\nu-4} \beta_x^{\nu-4} a_x^n + \frac{3}{2}(\alpha\beta)^2 (\alpha a)(\beta a) \alpha_x^{\nu-3} \beta_x^{\nu-3} a_x^{n-2}$$

und wenn andererseits die Beziehung

$$(\alpha\beta) a_x - (\alpha a)\beta_x + (\beta a)\alpha_x = 0$$

zur Anwendung kommt, so folgt

$$P = (\alpha a)^4 \alpha_x^{\nu-4} \beta_x^\nu a_x^{n-4} + (\alpha a)^3 (\alpha\beta) \alpha_x^{\nu-3} \beta_x^{\nu-1} a_x^{n-4}.$$

Durch Gleichsetzen dieser Ausdrücke resultirt alsdann

$$A = 2(\alpha a)^3 (a\beta) \alpha_x^{\nu-3} \beta_x^{\nu-1} a_x^{n-4} - 3(\alpha\beta)^2 (\alpha a)(\beta a) \alpha_x^{\nu-3} \beta_x^{\nu-3} a_x^{n-2}.$$

Wenn dieser Werth in die oben angegebene Syzygante eingeführt wird, so lässt sich aus der ganzen Syzygante der Factor $\alpha_x^{\nu-3} \beta_x^{\nu-3}$ entfernen und setzen wir alsdann

$$\alpha_x{}^3 = \beta_x{}^3 = j,$$

so kommt die specielle Syzygante

$$[ffjj]_4 = j^2 (ff)^4 + 6(jj)^2 (ff)^2 - 2f\big((fj)^3 j\big) - 3f\big((jj)^2 f\big)^2$$
$$+ 8(fj)^3 (fj) - 6(fj)^2 (fj)^2 = 0.$$

In derselben bedeutet j eine *beliebige* Form *dritter* Ordnung. Soll nun j die so bezeichnete Grundform von f sein und letzteres selbst von der fünften Ordnung, so folgt

$$[ffjj]_4 = j^2 i + 6\tau H - 3f(\tau f)^2 - 6h^2 = 0$$

also bis auf einen Zahlenfactor die oben auf anderem Wege entwickelte Grundsyzygante $[HHii]_4$.

München, den 10. Februar 1889.

Zur Wellentheorie gasartiger Mittel.

Von

A. V. Bäcklund in Lund.

Die Frage, wie sich in einer unzusammendrückbaren Flüssigkeit sphärische Körper bewegen, ist vor langer Zeit von Bjerknes behandelt worden. Sehr einfach und bemerkenswerth wird seine Lösung dieser Frage in dem Falle, dass sämmtliche Körper unendlich klein sind und auch die Dichtigkeit der Flüssigkeit in Vergleich mit denen der Körper unendlich klein ist. Von ganz besonderem Interesse wird dabei die weitere Annahme, dass die Geschwindigkeiten, mit denen die Körper ihre Volumina ändern, im Verhältnisse zu den bezüglichen Körpermassen unendlich gross seien wie der reciproke Werth der Quadratwurzel aus der Dichtigkeit der Flüssigkeit, oder auch noch grösser seien als dieser Werth. Denn dann ergeben sich aus dem Drucke der Flüssigkeit Kräfte zwischen den Körpern, die von derselben Grössenordnung werden wie die Newton'schen Kräfte oder wie die elektrischen, und man kann sogar den näheren Verlauf der Volumenänderungen *zweier* der Körper von der Art sich denken, dass man zwischen *ihnen beiden* entweder jene oder diese Kräfte bekommt. Insbesondere gilt, dass, wenn ein Aggregat von unendlich vielen infinitesimalen Kugeln vorliegt und diese sämmtlichen Kugeln in gleichzeitigen Pulsationen (Volumenoscillationen) von derselben unendlich kleinen Zeitperiode begriffen sind, und wenn die Amplituden der Pulsationen, d. h. die Volumenmaxima, dem Producte aus der betreffenden Körpermasse und der Quadratwurzel aus der Dichtigkeit der Flüssigkeit proportional sind, alle Kugeln in solche Bewegungen gerathen, als wenn sie, anstatt in der Flüssigkeit zu sein, im leeren Raume wären, dann aber dem Newton'schen Attractionsgesetze gehorchen. Ich habe dies schon früher hervorgehoben in meiner Abhandlung „Ueber die Bewegung von Körpern mit variablem Volumen, die von einer unzusammendrückbaren Flüssigkeit umgeben sind" (vergl. § 10) *). Dagegen scheint es unmöglich, eine solche Annahme über

*) Bd. XXI der Jahresschrift der Universität zu Lund (1885).

die Volumenänderungen der sphärischen infinitesimalen Körper zu treffen, welche Aggregate von je dreifach unendlich vielen von ihnen vergleichlich zu elektrischen Körpern machen würde. Um etwas derartiges zu erreichen, muss man vielmehr die unzusammendrückbare Flüssigkeit durch ein Gas von doch ebenfalls unendlich kleiner Dichtigkeit ersetzen. Wie dann in der That eine Annahme gewisser stossweise vor sich gehender Volumenänderungen der sphärischen Körper zu solchen Bewegungen für Aggregate von ihnen führt, welche für elektrische Körper, inclusive elektrische Ströme, eigenthümlich sind, habe ich in einigen Aufsätzen gezeigt, die unter dem Titel: „Bidrag till theorien för vagrörelsen i ett gasartadt medium" in der Uebersicht über die Verh. der Acad. d. Wiss. zu Stockholm in den Jahren 1886, 1887 und 1888 veröffentlicht worden sind. Diese Aufsätze werde ich in umgearbeiteter Form hier wiedergeben.

Erster Theil.

Das äussere Mittel besteht aus einem einzigen Gase.

Einleitung (die Wirkung einer unzusammendrückbaren Flüssigkeit betreffend).

Zuerst erledige ich das oben angeführte Problem: die Bewegung zu bestimmen, die infinitesimale Kugeln gewinnen, die von einer in allen Richtungen unendlich weit sich erstreckenden unzusammendrückbaren Flüssigkeit von unendlich kleiner Dichtigkeit umgeben sind und, ohne die Kugelgestalt zu verlassen, ihre Radien mit Geschwindigkeiten ändern, die unendlich klein werden wie die Quadratwurzel aus der Dichtigkeit der Flüssigkeit. — Die Dichtigkeiten der Kugeln sollen alle als endlich angesehen werden und die Volumina derselben im endlichen Verhältnisse zu einander stehen. Mit $S_1, S_2, \ldots$ bezeichne ich die Kugeln, mit $r_1, r_2, \ldots$ ihre Radien, mit $V_1, V_2, \ldots$ ihre Volumina, mit $M_1, M_2, \ldots$ ihre Massen. Es soll ϱ die Dichtigkeit der Flüssigkeit bedeuten, wo dann ϱ unendlich klein ist wie r_1 (bezw. $r_2, r_3, \ldots$). Für die Volumengeschwindigkeiten

$$\frac{dV_1}{dt}, \frac{dV_2}{dt}, \ldots$$

(t ist die Zeit) schreibe ich bez. $-4\pi m_1, -4\pi m_2, \ldots$. Die m müssen dann, nach der obigen Voraussetzung, unendlich klein von derselben Ordnung als $V_1 : \sqrt{\varrho}$ sein. Ueberdies setze ich voraus, dass die Kugeln stets ihre Mittelpunkte zu Schwerpunkten haben.

Es seien ferner $h', h'', \ldots$ die Geschwindigkeiten der Mittelpunkte dieser $S_1, S_2, \ldots$; $r', r'', \ldots$ die von diesen Punkten als Polen ausgehenden Radii vectores des beliebigen Punktes (x, y, z), R_{ik} die Entfernung der Mittelpunkte der S_i und S_k von einander, und als ihre positive Richtung diejenige vom ersten zum zweiten Punkte ausgezeichnet. Dann leuchtet von der Function:

$$\frac{m_1}{r'} + \frac{m_2}{r''} + \cdots + \frac{1}{2}\frac{r_1^3}{r'^2}\left(\frac{m_2}{R_{12}^2}\cos r'R_{12} + \frac{m_3}{R_{13}^2}\cos r'R_{13} + \cdots\right)$$
$$+ \frac{1}{2}\frac{r_2^3}{r''^2}\left(\frac{m_1}{R_{21}^2}\cos r''R_{21} + \frac{m_3}{R_{23}^2}\cos r''R_{23} + \cdots\right) + \text{etc.}$$
$$- \frac{1}{2}h'r_1^3\frac{\cos r'h'}{r'^2} - \frac{1}{2}h''r_2^3\frac{\cos r''h''}{r''^2} - \frac{1}{2}h'''r_3^3\frac{\cos r'''h'''}{r'''^2} - \text{etc.},$$

welche kurz φ genannt werden soll, Folgendes ein: Für alle Punkte der Flüssigkeit wird sie eindeutig und erfüllt ausserdem die Gleichung $\Delta^2\varphi = 0$, wenn, wie gewöhnlich,

$$\Delta^2\varphi = \frac{\partial^2\varphi}{\partial x^2} + \frac{\partial^2\varphi}{\partial y^2} + \frac{\partial^2\varphi}{\partial z^2}$$

und das Coordinatensystem ein im Raume festes, rechtwinkliges, Cartesisches ist. Im Unendlichen wird $\varphi = 0$ und, falls die gegenseitigen Entfernungen der Kugeln alle endlich sind, an der Oberfläche von S_i, wenn von Gliedern von derselben Ordnung als $m_1 r_1$, $h' r_1^3$ abgesehen wird:

$$\text{(a)} \qquad \frac{d\varphi}{dr^{(i)}} = -\frac{m_i}{r_i^2} + h^{(i)}\cos r^{(i)}h^{(i)}. \quad (i = 1, 2, \ldots)$$

Nun nehmen wir an, dass allein durch die Körper S Bewegung in der Flüssigkeit entstanden sein soll. Die Bewegung der Flüssigkeit wird dann durch eine Geschwindigkeitsfunction angegeben. Und diese Function muss genau jenen Bedingungen für die Flüssigkeit und für ihre Grenzen genügen, welche wir eben von φ annäherungsweise erfüllt gesehen haben. Bekanntlich ist auch die Geschwindigkeitsfunction durch diese Bedingungen vollkommen bestimmt. Desshalb stellt für unser Problem φ bis auf Glieder von mindestens der Ordnung von $m_1 r_1^2$ und $h' r_1^4$ diese Function dar.

Die lebendige Kraft der Flüssigkeit wird jetzt

$$-\frac{\varrho}{2}\int \Phi \frac{d\Phi}{dn} ds,$$

wenn über die Oberflächen aller Kugeln S integrirt wird. Mit dn wird dann bezeichnet ein unendlich kleines Stück des nach dem Inneren der Flüssigkeit auf das Element ds des Integrationsgebietes errichteten Perpendikels und mit Φ die wirkliche Geschwindigkeitsfunction der Flüssigkeit. Die lebendige Kraft der Flüssigkeit, T, hat also den Werth:

$$\frac{\varrho}{2}\Sigma_i\int\limits_{(S_i)}\Phi\left(\frac{m_i}{r_i^2}-h^{(i)}\cos r^{(i)}h^{(i)}\right)ds,$$

d. i. wenn hier statt Φ die obige Function φ angewandt wird, unter Vernachlässigung von Grössen von derselben Ordnung als $\varrho h' h'' r_1^6$:

$$\begin{aligned}T = 2\pi\varrho\Big[&\frac{m_1 m_2}{R_{12}} + \frac{m_1 m_3}{R_{13}} + \cdots + \frac{m_1^2}{r_1}\\ &- h' r_1^3\left(\frac{m_2}{R_{12}^2}\cos R_{12}h' + \frac{m_3}{R_{13}^2}\cos R_{13}h' + \cdots\right)\\ &+\frac{1}{6}h'^2 r_1^3 + \frac{m_2 m_1}{R_{21}} + \frac{m_2 m_3}{R_{23}} + \cdots + \frac{m_2^2}{r_2}\\ &- h'' r_2^3\left(\frac{m_1}{R_{21}^2}\cos R_{21}h'' + \frac{m_3}{R_{23}^2}\cos R_{23}h'' + \cdots\right)\\ &+\frac{1}{6}h''^2 r_2^3 + \text{etc.}\Big].\end{aligned}$$

Das Princip der variirenden Wirkung ergiebt nun sofort die Bewegungsgleichungen der Kugeln. Wenn nämlich von nun an Alles auf ein im Raume festes, rechtwinkliges Cartesisches Axensystem bezogen wird und u_i, v_i, w_i die Componenten der Geschwindigkeit $h^{(i)}$ bedeuten ($i = 1, 2, \ldots$), so hat man zufolge des genannten Princips:

$$M_i\frac{du_i}{dt} = \frac{\partial T}{\partial x_i} - \frac{d}{dt}\left(\frac{\partial T}{\partial u_i}\right),$$

$$M_i\frac{dv_i}{dt} = \frac{\partial T}{\partial y_i} - \frac{d}{dt}\left(\frac{\partial T}{\partial v_i}\right),$$

$$M_i\frac{dw_i}{dt} = \frac{\partial T}{\partial z_i} - \frac{d}{dt}\left(\frac{\partial T}{\partial w}\right),$$

x_i, y_i, z_i Coordinaten des Schwerpunktes, d. i. des Mittelpunktes von S_i; und desshalb wegen des obigen Werthes von T:

$$(\text{b})\left\{\begin{aligned}M_i\frac{du_i}{dt} &= 4\pi\varrho\, m_i\sum\frac{m_k}{R_{ik}^2}\cos R_{ik}X + \frac{3}{2}\varrho\,\frac{d}{dt}\left(V_i\sum\frac{m_k}{R_{ik}^2}\cos R_{ik}X\right)\\ &\qquad - \frac{1}{2}\varrho\,\frac{d}{dt}(V_i u_i),\\ M_i\frac{dv_i}{dt} &= 4\pi\varrho\, m_i\sum\frac{m_k}{R_{ik}^2}\cos R_{ik}Y + \frac{3}{2}\varrho\,\frac{d}{dt}\left(V_i\sum\frac{m_k}{R_{ik}^2}\cos R_{ik}Y\right)\\ &\qquad - \frac{1}{2}\varrho\,\frac{d}{dt}(V_i v_i),\\ M_i\frac{dw_i}{dt} &= 4\pi\varrho\, m_i\sum\frac{m_k}{R_{ik}^2}\cos R_{ik}Z + \frac{3}{2}\varrho\,\frac{d}{dt}\left(V_i\sum\frac{m_k}{R_{ik}^2}\cos R_{ik}Z\right)\\ &\qquad - \frac{1}{2}\varrho\,\frac{d}{dt}(V_i w_i),\end{aligned}\right.$$

wo das Summirungszeichen auf alle Kugeln S, ausgenommen S_i, sich bezieht.*)

Wir sahen jedoch alle Kugeln S als endlich entfernt von einander an. Wenn aber ein von dreifach unendlich vielen von ihnen gebildetes Aggregat vorliegt, so finden sich unendlich nahe jeder von diesen Kugeln unendlich viele andere. Um von der Bewegung einer Kugel S_1 des Aggregates Kenntniss zu gewinnen, braucht man also vorab den Effect der zu dieser S_1 unendlich nahen Kugeln zu wissen, aber auch nur hieran hat man besonders zu denken, denn der Effect aller von S_1 endlich entfernten S_k wird durch die obigen Formeln dargestellt.

Was aber die Wirkung auf die Kugel S_1 von Seiten der unendlich benachbarten Kugeln betrifft, so bemerken wir erstens, dass, wenn S_1 dem Inneren des Aggregates zugehört, sie ringsum von benachbarten Kugeln umgeben ist. Und, wenn, wie immer angenommen werden soll, jede der Grössen m_i, r_i, $h^{(i)}$ für je zwei unendlich benachbarte Kugeln nur unendlich wenig verschieden ist, so kann, bei der Frage von der Bewegung von einer inneren S_1, für denjenigen Theil der Geschwindigkeitsfunction, welcher von S_1 und von den ihr unendlich benachbarten Kugeln herrührt, gerade die obige Function φ, über alle diese Kugeln erstreckt, als exacter Ausdruck aufgefasst werden. Denn durch diese Function φ wird, wegen der symmetrischen Lage unserer Kugeln um S_1 herum, für diese selbe Kugel die Grenzbedingung (a) exact befriedigt. Darum gelten die Gleichungen (b) nicht blos für isolirte Kugeln, sondern auch für alle im Inneren unseres Aggregates. Mit den äussersten Kugeln desselben verhält sich die Sache anders; da aber isolirte, äussere, Kugeln demselben Bewegungsgesetze folgen wie die inneren des Aggregates, können diejenigen seiner Oberfläche in ihrer Bewegung nur unendlich wenig von den inneren differiren.

Beiläufig sei bemerkt, dass die bei Weitem meist bedeutenden der Abweichungen der äusseren Aggregatenpunkte folgenderweise zu finden sind. Zu den obigen Gliedern der Geschwindigkeitsfunction fügen wir die der nächsthöheren Ordnung zu. Das werden diese:

$$\frac{1}{4}\frac{r_1^3}{r'^2}\Big[r_2^3 h'' \frac{3\cos r' R_{12} \cos h'' R_{12} - \cos r' h''}{R_{12}^3} + r_3^3 h''' \frac{3\cos r' R_{13} \cos h''' R_{13} - \cos r' h'''}{R_{13}^3} + \cdots\Big]$$

$$+ \frac{1}{4}\frac{r_2^3}{r''^2}\Big[r_1^3 h' \frac{3\cos r'' R_{21} \cos h' R_{21} - \cos r'' h'}{R_{21}^3} + r_3^3 h''' \frac{3\cos r'' R_{23} \cos h''' R_{23} - \cos r'' h'''}{R_{23}^3} + \cdots\Big]$$

$+$ etc.**)

*) Diese Formeln sind genau die von Bjerknes entwickelten Annäherungsformeln für pulsirende Kugeln.

**) Wenn wir noch die Glieder:

Im Verein mit den vorher aufgezeichneten Gliedern von φ führen sie zu diesen neuen von T:

$$+\frac{\pi\varrho}{2} r_1{}^3 h' \left[\frac{r_2{}^3 h''(\cos h'h'' - 3\cos h' R_{12} \cos h'' R_{12})}{R_{12}^3} + \frac{r_3{}^3 h'''(\cos h'h''' - 3\cos h' R_{13} \cos h''' R_{13})}{R_{13}^3} + \cdots\right]$$

$$+\frac{\pi\varrho}{2} r_2{}^3 h'' \left[\frac{r_1{}^3 h'(\cos h''h' - 3\cos h'' R_{21} \cos h' R_{21})}{R_{21}^3} + \frac{r_3{}^3 h'''(\cos h''h''' - 3\cos h'' R_{23} \cos h''' R_{23})}{R_{23}^3} + \cdots\right]$$

$$+ \text{etc.}$$

und vermehren die rechten Seiten der Gleichungen (b), auf S_1 angewandt, um diese Glieder:

$$-2\pi\varrho \frac{\partial}{\partial x_1} \sum_{k=2}^{k=n} \left[h' r_1{}^3 m_k \frac{d}{dh'}\left(\frac{1}{R_{1k}}\right) + h^{(k)} r_k{}^3 m_1 \frac{d}{dh^{(k)}}\left(\frac{1}{R_{k1}}\right)\right]$$

$$-\pi\varrho h' r_1{}^3 \frac{\partial}{\partial x_1} \sum_{k=2}^{k=n} h^{(k)} r_k{}^3 \frac{d}{dh'} \frac{d}{dh^{(k)}}\left(\frac{1}{R_{1k}}\right)$$

$$+\pi\varrho \frac{d}{dt} \frac{\partial}{\partial x_1} \sum_{k=2}^{k=n} h^{(k)} r_k{}^3 r_1{}^3 \frac{d}{dh^{(k)}}\left(\frac{1}{R_{1k}}\right); \quad \text{etc.}$$

von denen die beträchtlichsten unter der Form:

$$\text{(c)} \qquad \frac{\partial P}{\partial x_1}, \quad \frac{\partial P}{\partial y_1}, \quad \frac{\partial P}{\partial z_1},$$

P das magnetische Potential

$$P = \pi\varrho r_1{}^3 \sum_{k=2}^{k=n} \frac{r_k^3 h^{(k)2}}{R_{1k}^3} (1 - 3\cos^2 h^{(k)} R_{1k})$$

bezeichnend, gesetzt werden können*).

$$\frac{1}{3} \frac{r_1{}^5}{r'^3} \left(m_2 \frac{3\cos^2 r' R_{12} - 1}{R_{12}^3} + m_3 \frac{3\cos^2 r' R_{13} - 1}{R_{13}^3} + \cdots\right)$$

$$+\frac{1}{3} \frac{r_2{}^5}{r''^3} \left(m_1 \frac{3\cos^2 r'' R_{21} - 1}{R_{21}^3} + m_3 \frac{3\cos^2 r'' R_{23} - 1}{R_{23}^3} + \cdots\right) + \text{etc.}$$

mitgenommen hätten, so würden alle Glieder von der Geschwindigkeitsfunction berücksichtigt sein, welche $r_i : R_{ik}$ bis zur dritten Potenz inclusive enthalten.

*) Es waren vom Anfange an keine äusseren Kräfte auf die Kugeln wirkend. Sonst würden Glieder mit den Accelerationen als Factoren behaftet, welche von den eben hingeschriebenen neuen Gliedern von T herrühren, nicht nothwendig verschwindend klein in Vergleich zu (c) werden. Wenn es sich z. B. um zwei starre infinitesimale Kugeln S_1, S_2 handelt, deren Mittelpunkte durch irgend eine

Die Kräfte (c) sind diejenigen, welche die fraglichen Abweichungen bewirken. Doch wurde dabei angenommen, wie früher, dass V_i stets in endlichem Verhältnisse zu $m_i \sqrt{\varrho}$ bleibe, und dass R_{ik} gross, wiewohl endlich, in Vergleich zu r_i sei. Aber Alles, was vorher von isolirten Kugeln und von inneren Kugeln eines Aggregates entwickelt worden ist, bewahrt seine Gültigkeit auch dann, wenn m_i selbst mit $V_i : \varrho$ vergleichbar ist. Diese Bemerkung wird uns bald nützlich sein. —

Wenden wir uns jetzt zur Anwendung der Gleichungen (b) und setzen wir erstens

$$m_1 = \varpi_1 \sin nt, \qquad m_2 = \varpi_2 \sin nt, \ldots$$

und lassen n unendlich gross sein wie der inverse Werth von ϱ, ϖ_i unendlich klein wie $V_i : \sqrt{\varrho}$, so finden wir, wenn wir die Gleichungen (b) mit dt multipliciren und nachher über die Zeitperiode $\delta t = 2\pi : n$ integriren, für den Zuwachs während dieser Zeit von u_i den Betrag δu_i, wenn

$$\left(M_i + \frac{2}{3}\pi\varrho r_i^3\right)\frac{\delta u_i}{\delta t} = 2\pi\varrho\frac{\partial}{\partial x_i}\sum_k \frac{\varpi_i \varpi_k}{R_{ik}},$$

das Summirungszeichen des rechten Gliedes über alle Kugeln S, ausgenommen S_i, erstreckt. In ganz derselben Bezeichnung erhalten wir:

$$\left(M_i + \frac{2}{3}\pi\varrho r_i^3\right)\frac{\delta v_i}{\delta t} = 2\pi\varrho\frac{\partial}{\partial y_i}\sum_k \frac{\varpi_i \varpi_k}{R_{ik}},$$

$$\left(M_i + \frac{2}{3}\pi\varrho r_i^3\right)\frac{\delta w_i}{\delta t} = 2\pi\varrho\frac{\partial}{\partial z_i}\sum_k \frac{\varpi_i \varpi_k}{R_{ik}}.$$

---

dazu geeignete äussere Vorrichtung in gleichzeitigen (permanenten) unendlich kurzen Oscillationen erhalten werden, so dass $h' = h_1 \sin nt$, $h'' = h_2 \sin nt$, h_1 und h_2 constant (zur Richtung und Grösse), n unendlich gross, so finden wir als mittleren Betrag der X-, Y-, Z-Componenten der Resultante der Druckkräfte auf S_1, während einer Oscillationsdauer $\delta t\ (= 2\pi : n)$

$$\frac{1}{\delta t}\left[\int_{(\delta t)} \frac{\partial T}{\partial x_1}\,dt - \left|\frac{\partial T}{\partial u_1}\right|\right], \text{ etc.};$$

das wird im gegenwärtigen Falle

$$\frac{\partial \Pi}{\partial x_1}, \text{ etc.,} \quad \text{wo } \Pi = \frac{\pi\varrho}{2} h_1 h_2 \frac{r_1^3 r_2^3}{R_{12}^3}(\cos h'h'' - 3\cos h'R_{12} \cos h''R_{12}),$$

welches das Potential zweier Elementarmagnete bedeutet, die in den Mittelpunkten der Kugeln gelegen sind und die Richtungen von h', h'' als Axenrichtungen besitzen. Die Druckkräfte wirken folglich auf die Kugeln gerade entgegengesetzt wie diese Magnete auf einander, — ein schon längst bekanntes Ergebniss. — Vgl. Nr. 13.

Wenn also

$$\varpi_1 = M_1 \sqrt{\frac{k}{2\pi\varrho}}, \quad \varpi_2 = M_2 \sqrt{\frac{k}{2\pi\varrho}}, \quad \text{etc.},$$

so bestehen für alle isolirten Kugeln sowie für alle Kugeln des Inneren eines Aggregates die folgenden einfachen Bewegungsformeln:

$$\frac{\delta u_1}{\delta t} = k \frac{\partial}{\partial x_1} \sum_{i=2}^{i=n} \frac{M_i}{R_{1i}}, \qquad \frac{\delta v_1}{\delta t} = k \frac{\partial}{\partial y_1} \sum_{i=2}^{i=n} \frac{M_i}{R_{1i}},$$

$$\frac{\delta w_1}{\delta t} = k \frac{\partial}{\partial z_1} \sum_{i=2}^{i=n} \frac{M_i}{R_{1i}}.$$

Also müssen alle Aggregate von je dreifach unendlich vielen von unseren Kugeln sich so gegen einander verhalten wie sie nach dem Newton'schen Gravitationsgesetze thun sollten, falls sie im leeren Raume gewesen wären.) Nur für die Kugeln der Oberflächen der Aggregate würden unendlich kleine Abweichungen von dieser Regel nachgewiesen werden können.*

Ebenso leicht erledigen die Gleichungen (b) den Fall, wo während einer und derselben Zeit τ alle m constant sind. Es soll $V_i : m_i$ fortwährend unendlich klein sein wie $\sqrt{\varrho}$, dann aber nothwendig τ klein von höchstens derselben Ordnung wie $\sqrt{\varrho}$, denn sonst blieben nicht die Kugelradien r_i von der oben festgesetzten Grössenordnung, derselben wie ϱ. Aus (b) folgt jetzt:

$$M_1 \frac{du_1}{dt} = -2\pi\varrho\, m_1 \sum \frac{m_k}{R_{1k}^2} \cos R_{1k} X + 2\pi\varrho m_1 u_1,$$

$$M_1 \frac{dv_1}{dt} = -2\pi\varrho\, m_1 \sum \frac{m_k}{R_{1k}^2} \cos R_{1k} Y + 2\pi\varrho m_1 v_1,$$

$$M_1 \frac{dw_1}{dt} = -2\pi\varrho\, m_1 \sum \frac{m_k}{R_{1k}^2} \cos R_{1k} Z + 2\pi\varrho m_1 w_1.$$

Die letzten Glieder sind unendlich klein wie $M_1 \sqrt{\varrho}$ und bleiben so, wie gross die Anzahl der Kugeln S auch sein möge. Eine dreifach unendliche Anzahl solcher Kugeln würde aber die ersten Glieder der rechten Seiten der Gleichungen mit M_1 vergleichbar machen. Also,

*) Von der Oscillation, während δt, vom Mittelpunkte von S_1, welche dem aus (b) sich ergebenden Theile von u_1:

$$\frac{3}{2}\varrho \frac{V_1}{M_1} \sum \frac{\varpi_i}{R_{1i}^2} \cos R_{1i} X \sin nt,$$

und den ähnlichen Theilen von v_1, w_1 entspricht, wird abgesehen, weil sie niemals eine endliche Lageveränderung von S_1 herbeiführen kann.

wenn, wie forthin, nur solche Glieder berücksichtigt werden, welche, wenn man die Anzahl der Kugeln gehörig vermehrt, etwas Endliches für die Acceleration ergeben, so können wir für irgend zwei von unseren Kugeln S_1, S_2 kurz schreiben:

$$M_1 \frac{du_1}{dt} = -2\pi\varrho \frac{m_1 m_2}{R_{12}^2} \cos R_{12} X, \text{ etc.}$$

$$M_2 \frac{du_2}{dt} = -2\pi\varrho \frac{m_1 m_2}{R_{12}^2} \cos R_{21} X, \text{ etc.}$$

Folglich stossen sich die Kugeln ab, falls $m_1 m_2$ positiv ist, sonst, wenn $m_1 m_2$ negativ, ziehen sie sich an. Doch gilt dies nur für die unendlich kurze Zeit τ, die vergleichbar mit $\sqrt{\varrho}$, oder kleiner, sein soll.

Von einer solchen Beschränkung ist der Fall frei, zu dem ich nun übergehe. Ich nehme von der Volumenänderung von S_1 Folgendes an. Vom Zeitpunkte t_0 bis zu $t_0 + \varepsilon$, wo ε unendlich klein ist wie ϱ, soll das Volumen plötzlich sich vergrössern, von $t_0 + \varepsilon$ bis zu $t_0 + \Theta$, wo Θ unendlich klein ist wie $\sqrt{\varrho}$, mit constanter Geschwindigkeit zu seiner vorigen Grösse, seiner Grösse zur Zeit t_0, wieder abnehmen. Wenn diese constante Volumengeschwindigkeit mit $-4\pi m_1{}^0$ bezeichnet wird, muss also sein:

$$\int_{t_0}^{t_0+\varepsilon} m_1\, dt = -m_1{}^0(\Theta - \varepsilon).$$

Wie früher soll $m_1{}^0$ mit $r_1{}^3 : \sqrt{\varrho}$ vergleichbar sein. Es muss dann während der Zeit ε zu verschiedenen Malen m_1 einen mit $r_1{}^3 : \varrho$ vergleichbaren Werth annehmen*). Dabei werden, wie schon bemerkt, unsere Formeln nicht verletzt. — Beim Zeitpunkte $t_0 + \Theta$ soll ferner die nämliche Volumenänderung von Neuem anfangen, und so fort, so dass S_1 periodisch das Volumen ändert und Θ eben die Zeitperiode misst. In ähnlicher Weise soll das Volumen von S_2 sich ändern und die Zeiten der schnelleren und der langsameren, der uniformen, Aenderungen genau die früheren Beträge ε, $\Theta - \varepsilon$ haben. Doch soll niemals der Anfang einer Volumenänderung der einen Kugel mit dem derjenigen der anderen coincidiren, sondern vielmehr $t_0 + t'$, wo $\Theta > t' > \varepsilon$, den Anfang einer Aenderung des Volumens von S_2 bestimmen. Man hat nun die mittlere Wirkung von S_2 auf S_1, während einer Zeitperiode Θ, wegen (b), ausgedrückt durch die Gleichungen:

*) Während der Zeit von t_0 bis $t_0 + \varepsilon : m_1 = m_1{}^0 - a_1 \sin n(t - t_0)$, $a_1 = \frac{1}{2} n m_1{}^0 \Theta$, $\frac{\pi}{n} = \varepsilon$. Vgl. Nr. 11.

$$M_1\,\delta u_1 = 4\pi\varrho\int\limits_{t_0}^{t_0+\Theta}\frac{m_1 m_2}{R_{12}^2}\cos R_{12}X\,dt + \frac{3}{2}\varrho\,\Big|_{t_0}^{t_0+\Theta} V_1\frac{m_2}{R_{12}^2}\cos R_{12}X$$

$$-\frac{1}{2}\varrho\,\Big|_{t_0}^{t_0+\Theta} V_1 u_1,$$

$$M_1\,\delta v_1 = 4\pi\varrho\int\limits_{t_0}^{t_0+\Theta}\frac{m_1 m_2}{R_{12}^2}\cos R_{12}Y\,dt + \frac{3}{2}\varrho\,\Big|_{t_0}^{t_0+\Theta} V_1\frac{m_2}{R_{12}^2}\cos R_{12}Y$$

$$-\frac{1}{2}\varrho\,\Big|_{t_0}^{t_0+\Theta} V_1 v_1,$$

$$M_1\,\delta w_1 = 4\pi\varrho\int\limits_{t_0}^{t_0+\Theta}\frac{m_1 m_2}{R_{12}^2}\cos R_{12}Z\,dt + \frac{3}{2}\varrho\,\Big|_{t_0}^{t_0+\Theta} V_1\frac{m_2}{R_{12}^2}\cos R_{12}Z$$

$$-\frac{1}{2}\varrho\,\Big|_{t_0}^{t_0+\Theta} V_1 w_1.$$

Weil zu den beiden Grenzzeiten V_1 dasselbe ist, reduciren sich die letzten Glieder dieser Gleichungen auf $-\frac{1}{2}\varrho V_1\,\delta u_1$, $-\frac{1}{2}\varrho V_1\,\delta v_1$, $-\frac{1}{2}\varrho V_1\,\delta w_1$ und müssen somit gegen $M_1\,\delta u_1$, $M_1\,\delta v_1$, $M_1\,\delta w_1$ vernachlässigt werden. Auch m_2 hat zu den beiden Grenzzeiten denselben Werth. Darum fallen noch die nächstletzten Glieder weg. Es ist ferner:

$$\int\limits_{t_0}^{t_0+\Theta} m_1 m_2\,dt = m_2^0\int\limits_{t_0}^{t_0+\varepsilon} m_1\,dt + m_1^0 m_2^0\int\limits_{t_0+\varepsilon}^{t_0+t'} dt + m_1^0\int\limits_{t_0+t'}^{t_0+t'+\varepsilon} m_2\,dt + m_1^0 m_2^0\int\limits_{t_0+t'+\varepsilon}^{t_0+\Theta} dt,$$

d. i. gleich $-m_1^0 m_2^0\Theta$. Daher schliesslich:

$$\text{(d)}\qquad\begin{cases} M_1\,\dfrac{\delta u_1}{\Theta} = -4\pi\varrho\,\dfrac{m_1^0 m_2^0}{R_{12}^2}\cos R_{12}X, \\ M_1\,\dfrac{\delta v_1}{\Theta} = -4\pi\varrho\,\dfrac{m_1^0 m_2^0}{R_{12}^2}\cos R_{12}Y, \\ M_1\,\dfrac{\delta w_1}{\Theta} = -4\pi\varrho\,\dfrac{m_1^0 m_2^0}{R_{12}^2}\cos R_{12}Z. \end{cases}$$

Falls S_1, S_2, statt in der Flüssigkeit zu sein, im leeren Raume gewesen wären und mit einer Kraft $4\pi\varrho\,\frac{m_1^0 m_2^0}{R_{12}^2}$ einander abgestossen hätten, würden die für sie geltenden Bewegungsgleichungen mit diesen (d), nachdem man $\frac{du_1}{dt}$, etc. für $\frac{\delta u_1}{\Theta}$, etc. substituirt hätte, zusammenfallen. Von den Lagen der letzteren fingirten Punkte werden jederzeit die Lagen der obigen S_1, S_2 nur unendlich wenig verschieden. Denn der beträchtlichste Theil der von den Variationen von m_1, m_2 abhängenden Geschwindigkeit des Mittelpunktes von S_1 wird nach (b) mit $\varrho \frac{V_1}{M_1} \cdot \frac{m_2}{R_{12}^2}$ vergleichbar. Das mit dieser Geschwindigkeit während der Zeit Θ beschriebene Linienstück wird mit $\varrho \frac{V_1}{M_1} \frac{m_2{}^0 \Theta}{R_{12}^2}$ vergleichbar. Aber das vom übrigen Theile der Geschwindigkeit herrührende Wegstück wird mit $\varrho \frac{m_1{}^0}{M_1} \cdot \frac{m_2{}^0 \Theta}{R_{12}^2}$ vergleichbar. Letzteres ist unendlichmal grösser als ersteres. Bemerken wir sodann, dass die obigen Werthe u_1, $u_1 + \delta u_1$, etc. der Geschwindigkeitscomponenten zu den Zeiten $t_0 + m\Theta$, $t_0 + (m + 1)\Theta$ mit den thatsächlich vorkommenden übereinstimmen, so wird die Richtigkeit der eben gemachten Behauptung offenbar.

Jene Formeln (d) gelten auch für den Fall, dass die Kugel S_1 während der Zeit ε, anstatt plötzlich sich zu vergrössern, plötzlich sich vermindert, und nachher, während der Zeit $\Theta - \varepsilon$, mit constanter Geschwindigkeit zu ihrem ursprünglichen Volumen zurückkehrt, kurz gesagt, wenn die Volumenänderung der Kugel von der entgegengesetzten Art zu der vorigen ist. Das allein muss bemerkt werden, dass im letzten Falle $m_1{}^0$ negativ, im ersten positiv ausfällt. Die Volumenänderung der Kugel S_2 darf ebenso entweder in einer schnellen Vergrösserung oder in einer schnellen Verkleinerung, mit einer nachfolgenden unendlich langsameren, uniformen Wiederherstellung des Volumens verbunden, bestehen. Nur muss in jenem Falle $m_2{}^0$ positiv, in diesem negativ gezählt werden. Desshalb folgt aus den obigen Gleichungen der Satz:

Die zwei Kugeln stossen sich ab, wenn ihre Volumenänderungen von derselben Art, sie ziehen sich an, wenn jene Aenderungen von entgegengesetzter Art sind. Jedenfalls wirkt die Abstossungs- bez. die Anziehungskraft nach der Verbindungslinie der Kugeln und sie wird dem numerischen Werthe des Productes $m_1{}^0 m_2{}^0$ direct, dem Quadrate der Entfernung invers proportional sein. —

Die nächstfolgenden Ueberlegungen haben zum Zwecke, die gegenseitige Wirkung von Kugeln von der letzteren Art zu bestimmen, wenn das umgebende Mittel ein unendlich dünnes Gas ist.

§ 1.

Wellen in einem gasartigen Mittel von Bewegungen eingetauchter Kugeln erzeugt.

1. Es sei S_1 eine infinitesimale Kugel, die von einem Gase umgeben ist von der Dichtigkeit $\varrho_0(1+\sigma)$, unter ϱ_0 eine constante Grösse verstanden, welche unendlich klein sei wie der Radius der Kugel. Durch diese Kugel und dieses Gas möge der ganze Raum erfüllt sein. Ferner möge einmal Alles in Ruhe gewesen und Bewegung nachher nur aus der Kugel entsprungen sein. Gegenwärtig nehmen wir an, dass der Mittelpunkt der Kugel, der auch ihr Schwerpunkt sei, in Ruhe bleibt, während dagegen die Oberfläche derselben sich ausdehnt oder zusammenzieht, und zwar stets in allen Richtungen vom Mittelpunkte aus gleich viel. Unter r_1 soll der Radius von S_1, unter $-4\pi m_1$ die Geschwindigkeit der Volumenänderung bezeichnet sein. Wir sehen dieses m_1 zwar unendlich klein an, doch nicht kleiner, als dass es in Vergleich mit $r_1^3 : \sqrt{\varrho}$ nicht verschwindend wird. Aus jener Volumenänderung folgt für das Gas eine solche Bewegung, welche vollständig durch eine Geschwindigkeitsfunction definirt wird, sobald, wie vorausgesetzt sei, an den Stellen, wo die Dichtigkeit nicht constant wird, sie als Function vom Drucke und von der Zeit allein darzustellen ist.

2. Die Bewegung, die vom unendlich schnellen Entstehen einer *constanten* Volumengeschwindigkeit $-4\pi m_1$ von Null aus verursacht wird, soll zunächst charakterisirt werden. Zu dem Zwecke wollen wir vorab mit derjenigen Bewegung uns beschäftigen, welcher eine folgenderweise zu bestimmende Geschwindigkeitsfunction entspricht. Wir denken uns concentrisch mit S_1 zwei Kugeln Ω_1 und Ω_2, deren Radien bez. R_1 und R_2 seien. Dabei sei $R_2 > R_1$, doch so, dass $R_2 - R_1$ unendlich klein ist. Statt $m_1 : r$ schreiben wir kurzweg φ, und bezeichnen mit U das Potential sphärischer, homogener Schichten, welche den Raum zwischen Ω_1 und Ω_2 erfüllen und eine gesammte Masse gleich $-m_1$ haben. Es wird dann die Function $U+\varphi$ diejenige sein, von der hier als Geschwindigkeitsfunction die Rede sein soll. Dieselbe hat den Werth Null ausserhalb Ω_2, d. i. im Raume zwischen Ω_2 und ∞, und den variablen Werth $\varphi + \text{Const.}$ im Raume zwischen Ω_1 und S_1. Desshalb findet ausserhalb Ω_2 keine Bewegung statt; zwischen Ω_1 und S_1 bewegt sich das Gas wie eine unzusammendrückbare Flüssigkeit, indem seine Dichtigkeit constant wird; zwischen Ω_1 und Ω_2 dagegen wird seine Dichtigkeit variabel, gleich $\varrho_0(1+\sigma)$, wo σ veränderlich ist. Im letzten Raumgebiete wird nämlich $\Delta^2(U+\varphi)$ von Null verschieden.

Der Druck des Gases wird demgemäss Null zwischen Ω_2 und ∞ und, nach der vorigen N., zwischen Ω_1 und Ω_2 eine Function von σ.

Weil in den folgenden Problemen σ immer unendlich klein ausfallen wird, schreiben wir für letzteres Raumgebiet den Druck p gleich

$$a^2 \varrho_0 \sigma + C,$$

mit C eine Function von der Zeit und mit a eine absolute Constante*) bezeichnend. Uebrigens können wir sogleich $C = 0$ setzen, weil an Ω_2 sowohl p als σ verschwinden soll.

Die Variation von σ ergiebt sich aus der Formel

$$\frac{\partial}{\partial t}(U+\varphi)+\frac{1}{2}\left[\left(\frac{\partial}{\partial x}(U+\varphi)\right)^2+\left(\frac{\partial}{\partial y}(U+\varphi)\right)^2+\left(\frac{\partial}{\partial z}(U+\varphi)\right)^2\right]$$
$$= -\int \frac{dp}{\varrho},$$

deren rechtes Glied gleich $-a^2\int\frac{d\sigma}{1+\sigma} = -a^2\sigma\left(1-\frac{1}{2}\sigma+\cdots\right)+\text{Const.}$ ist. Annäherungsweise können wir schreiben:

$$(1) \qquad \sigma = -\frac{1}{a^2}\frac{\partial}{\partial t}(U+\varphi).$$

Denn da ausserhalb Ω_2 die ersten Differentialquotienten von $U+\varphi$ in Bezug auf x, y, z gleich Null sind, innerhalb Ω_1 gleich den nämlichen Differentialquotienten von φ, und, wegen der Kleinheit von m_1, letztere unendlich klein sind, so genügt die Annahme, es bilde die Bewegung zwischen Ω_1 und Ω_2 irgend einen stetigen Uebergang zwischen der Bewegung innerhalb Ω_1 und der Ruhe ausserhalb Ω_2, um uns zu erlauben, die Quadrate der genannten Differentialquotienten auf der linken Seite der erst geschriebenen Gleichung wegzulassen. Die Integrationsconstante wird Null, weil an Ω_2 $\sigma = 0$. Dies führt zur Gleichung (1). Für σ gilt noch eine zweite Gleichung. Die Continuitätsbedingung für das Gas lautet nämlich

$$\Delta^2 U = -\frac{d\sigma}{dt}(1-\sigma+\cdots),$$

oder annäherungsweise:

$$(2) \qquad \Delta^2 U = -\frac{\partial\sigma}{\partial t}.$$

Durch Elimination von σ zwischen (1) und (2) kommt folgende im ganzen Gasraume geltende Differentialgleichung für $U+\varphi$ heraus:

$$\frac{\partial^2}{\partial t^2}(U+\varphi) = a^2\Delta^2(U+\varphi).$$

Sie lehrt wie U mit der Zeit variirt.

3. Das allgemeine Integral in r und t dieser Gleichung hat die Form:

---

*) a wäre eine Function der Zeit, wenn die Constitution des Gases unabhängig von der Bewegung der Kugel S_1 sich veränderte. (Nach der unten anzugebenden Bedeutung von a).

$$\frac{\Phi(r-at)+\Psi(r+at)}{r}$$

wo der Mittelpunkt von S_1 als Centrum für r gerechnet wird und Φ, Ψ zwei willkürliche Functionen bedeuten. Hierbei gehört das particuläre Integral

$$\frac{\Phi(r-at)}{r}$$

einer Bewegung zu, welche von S_1 nach Aussen sich fortpflanzt, das andere particuläre Integral

$$\frac{\Psi(r+at)}{r}$$

einer Bewegung, die von Aussen nach S_1 kommt. Das obige allgemeinere Integral wird einer Bewegung entsprechen, die aus diesen beiden particulären einfach additiv zusammengesetzt ist.

4. Es ist klar, dass keine Bewegung, die von S_1 allein herrührt, irgend eine particuläre Bewegung der zuletzt erwähnten Art enthalten kann. Dagegen wird durch

$$\frac{\Phi(r-at)}{r}$$

die Geschwindigkeitsfunction einer möglichen, von S_1 ausgehenden Bewegung dargestellt. Um gerade den oben supponirten Bewegungszustand, welcher der Zeit $t=0$ angepasst sein möge, auszudrücken, muss Φ derart gewählt werden, dass $\Phi(z)$ gleich m_1 wird, wenn $z<R_1$, und gleich Null, wenn $z>R_2$*). Uebrigens folgt aus (1) für $t=0$:

$$\sigma_0=\frac{1}{a}\,\frac{\Phi'(R)}{R}; \tag{3}$$

und daraus, wenn für alle Werthe von R zwischen den Grenzen R_1 und R_2 die Verdichtung σ_0 gegeben ist, die in Rede stehende Function Φ.

Denken wir uns die Kugeln Ω_1, Ω_2 zur Zeit $t=0$ unendlich nahe an S_1 gelegen, nehmen wir ferner an, dass vor dem Zeitpunkte $t=-\tau$, wo τ unendlich klein ist**), S_1 unbeweglich geblieben ist, aber von diesem Zeitpunkte an, während der Zeit τ, in gegebener stetiger Weise eine Volumengeschwindigkeit $-4\pi m_1$ erlangt, und

---

*) In Uebereinstimmung hiermit muss man im Raume zwischen Ω_1 und S_1 haben:

$$p=-\varrho_0\frac{\partial\varphi}{\partial t}-\frac{1}{2}\varrho_0\left[\left(\frac{\partial\varphi}{\partial x}\right)^2+\left(\frac{\partial\varphi}{\partial y}\right)^2+\left(\frac{\partial\varphi}{\partial z}\right)^2\right]+K,$$

wo

$$K=\frac{1}{2}\varrho_0\frac{m_1^2}{R_1^4}.$$

**) Wir werden unten τ höchstens mit $\varrho_0:a$ und a mit $1:\sqrt{\varrho_0}$ vergleichbar annehmen.

dass diese nachher constant erhalten wird, so finden wir durch die obige Function

$$\frac{\Phi(r-at)}{r}$$

eben eine Bewegung ausgedrückt, welche sowohl den Grenzbedingungen des Gases als seinem Bewegungszustande zur Zeit $t=0$ Genüge leistet. Es giebt nur eine einzige Bewegung, die dieses thut. Desshalb ist die Bewegung, in welche unsere Kugel das Gas versetzt, gerade die jetzt angeführte. Somit gilt folgender Satz:

Das Entstehen einer constanten Volumengeschwindigkeit $-4\pi m_1$ *der Kugel* S_1 *während der unendlich kurzen Zeit* τ *hat im Gase eine Welle zur Folge, welche mit der constanten Geschwindigkeit* a *von* S_1 *aus sich ausbreitet. Stets bleibt diese Welle von zwei mit* S_1 *concentrischen Kugeln* Ω_1, Ω_2 *begrenzt, deren Radien, mit der constanten Geschwindigkeit* a *sich vergrössernd, die constante Differenz* $a\tau$ *besitzen.* Die Breite der Welle wird daher jetzt überall und immerfort dieselbe, nämlich $a\tau$. *Im Raumgebiete zwischen* S_1 *und* Ω_1 *verhält sich das Gas wie unzusammendrückbar und* $m_1:r$ *stellt die zugehörende Geschwindigkeitsfunction dar. In der Welle hängt die Bewegung vornehmlich von der Art des Entstehens der Volumengeschwindigkeit* $-4\pi m_1$ *von Null aus, während der Zeit* τ, *ab.* $\Phi(r-at):r$ *wird hier die Geschwindigkeitsfunction sein. Das Product* σR *bleibt ungeändert, wenn es immer auf eine und dieselbe Stelle der Welle bezogen wird.* Man hat nämlich nach (3) $\sigma_0 R=\sigma(R+at)$, wo σ_0 der Zeit $t=0$, σ der Zeit t entspricht. *Ausserhalb* Ω_2, *also zwischen dieser Kugel, der äusseren Grenzkugel der Welle, und dem Unendlichen ist das Gas in Ruhe.* Somit scheidet die äussere Begrenzung der Welle die in Bewegung befindliche Parthie des Gases von der ruhenden Parthie ab. Jene bewegte Parthie erweitert sich fortwährend mit der Kugel Ω_2.

Aus der Gleichung (3) folgt:

$$\int_{R_1}^{R_2}\sigma_0 R\,dR=\frac{1}{a}\Big|_{R_1}^{R_2}\Phi,$$

also:

$$\frac{1}{2}(R_1+R_2)(R_2-R_1)\times \text{Mittelwerth von } \sigma_0=-\frac{m_1}{a}.$$

Das heisst, *wenn* m_1 *allmählich von Null aus gewachsen ist, kann*

$$-\frac{m_1}{abR}$$

als mittlerer Werth von σ *angesehen werden.* Das gilt zu jeder Zeit; R soll den Radius der Welle, b ihre unendlich kleine Breite $a\tau$ bedeuten.

5. Hieraus erhellt von selbst, was geschehen muss, falls die oben betrachtete Kugel S_1 ihre beim Zeitpunkte $t = 0$ gewonnene Volumengeschwindigkeit nachher ändert. Wenn z. B. beim Zeitpunkte t' die frühere Geschwindigkeit $-4\pi m_1$ in $-4\pi m_1'$ übergeht, so addirt sich zu der früheren Bewegung des Gases diejenige, welche sonst vom Entstehen beim letzteren Zeitpunkte von einer Geschwindigkeit $-4\pi(m_1'-m_1)$ von Null aus erfolgen würde. Zur Zeit $t > t'$ gilt daher

$$U + U' + \frac{m_1'}{r}$$

als Geschwindigkeitsfunction. U bedeutet dann das frühere Potential sphärischer Schichten von der Masse $-m_1$ in der von Ω_1 und Ω_2 begrenzten Welle, U' ein Potential sphärischer Schichten von der Masse (m_1-m_1'), das in derselben Weise von einer Welle, welche von zwei mit S_1 concentrischen Kugeln Ω_1', Ω_2' begrenzt wird, herrühren soll. Wenn R_2' der Radius der grösseren dieser Kugeln ist, so kommt $R_2' = R_2 - at'$. Ferner ist aus dem angemerkten Charakter der Functionen U und U' ersichtlich, dass ausserhalb Ω_2 das Gas in Ruhe sein muss, und dass in den Gebieten zwischen Ω_1, Ω_2' und zwischen Ω_1', S_1 es als eine unzusammendrückbare Flüssigkeit sich bewegt, mit $m_1 : r$ in jenem, $m_1' : r$ in diesem Gebiete als Geschwindigkeitsfunction. Uebrigens folgt aus dem Schlusse der vorangehenden Nummer, dass man

$$-\frac{m_1'-m_1}{ab'R},$$

mit b' die Breite der neuen Welle bezeichnend, als mittleren Werth der Verdichtung dieser Welle anzusehen hat. Die Welle pflanzt sich eben so wie die vorige mit der Geschwindigkeit a nach Aussen fort.

Dass eine nachmalige plötzliche Veränderung von m_1' in m_1'' zu einer dritten Welle mit

$$-\frac{m_1''-m_1'}{ab''R}$$

zu mittlerer Verdichtung und b'' zu Breite und a zu Fortpflanzungsgeschwindigkeit Anlass giebt, ist nunmehr kaum einer Erwähnung nöthig, wohl aber wird eine hieraus fliessende Consequenz, beliebige continuirliche Aenderungen von m_1 betreffend, sehr beachtenswerth. Wenn wir unendlich viele Aenderungen von m_1 von der obigen Art uns vorstellen und annehmen, dass dieselben dicht nach einander folgen, so lagern sich die entstehenden Wellen an einander ohne Zwischenraum. Wenn alle jene Aenderungen unendlich klein sind und von m_1 schliesslich zu m_1' führen, wo Nichts hindert, dass $m_1' = m_1$ ist, so stellen sie in ihrer Gesammtheit eine continuirliche enderung von m_1 zu m_1' dar. Diese Aenderung wird somit immer einer Welle begleitet, die eine mit S_1 concentrische sphärische

Schicht bildet, welche mit einer radialen Geschwindigkeit a von S_1 aus nach dem Unendlichen hin sich fortpflanzt. *Die Verdichtung in einem Punkte der Welle, der zur Zeit t' die Entfernung R von S_1 hat, wird gleich*

$$-\frac{1}{a^2}\frac{\partial m_1}{\partial t}\frac{1}{R},$$

wo jedoch $\frac{\partial m_1}{\partial t}$ *nicht auf t' sich bezieht, sondern auf die Zeit, wo diejenige Aenderung von m_1 geschah, welche den Theil der Welle, der zur Zeit t' zum betrachteten Punkte gekommen ist, veranlasst hat.* —

6. Bisher haben wir S_1 als einzigen Körper im gasartigen Mittel angesehen. Wenn es aber noch einen zweiten Körper giebt, so wird von diesem die oben beschriebene Bewegung des Gases wesentlich modificirt, da nämlich jede Welle von S_1 aus, wenn sie sich zum zweiten Körper fortgepflanzt hat, in ihrer Bewegung von diesem abgelenkt wird. Denken wir nur an den Fall, dass der neue Körper eine infinitesimale, starre Kugel ist, — wir wollen sie mit S_2 bezeichnen — und dass, wie in Nr. 2—4, bei S_1 zur Zeit $t = 0$ eine Volumengeschwindigkeit $-4\pi m_1$ von Null aus entstanden ist, so erkennen wir erstens, dass bis zur Zeit $R_{12} : a$, unter R_{12} die Entfernung zwischen S_1 und S_2 verstanden, die Kugel S_2 auf die Bewegung des Gases gar keinen Einfluss gehabt hat. Aber zu dieser Zeit ist die aus der Volumengeschwindigkeit von S_1 entsprungene Welle zu S_2 gelangt, und wenn mittelst geeigneter äusserer Kräfte diese Kugel unbeweglich gehalten wird, muss der Erfolg hiervon werden, dass zwar im Grossen jene Welle anscheinend ungestört von S_2 ihren Weg verfolgt, dabei doch eine besondere kleinere Welle ringsum S_2 schickt, welche es möglich macht, dass, wenn ψ die Geschwindigkeitsfunction bedeutet, an S_2 $\frac{d\psi}{dn}$ fortwährend verschwinden könne. Dies ist nämlich von der Unbeweglichkeit von S_2 nothwendigerweise bedingt. Nun hatten wir früher im Raume zwischen S_1 und der Welle, die von S_1 ausgegangen war, eine Bewegung mit $m_1 : r$ als Geschwindigkeitsfunction. *Nachdem diese Welle über S_2 gekommen ist, muss demgemäss in der Nähe der letzten Kugel die Geschwindigkeitsfunction* (ψ) *gleich*

$$\frac{m_1}{r} + \frac{1}{2}\frac{m_1}{R_{12}^2}\frac{r_2^3}{r'^2}\cos r' R_{21}$$

werden. (r_2 ist der Radius von S_2, r' der Radius vector vom Mittelpunkte von S_2). Denn es soll an S_2 $\frac{\partial\psi}{\partial r'} = 0$ werden und, wie erst aus den folgenden Erörterungen deutlich, jetzt in der Nähe von S_2:

$$\Delta^2\psi = 0.$$

Bedeuten o, o' zwei Punkte der Geraden R_{12} am Mittelpunkte von S_2, oo' unendlich klein wie $r_2{}^2$, und liegt von ihnen o am nächsten zu S_1, so kann das neue zu der Geschwindigkeitsfunction hinzugetretene Glied

$$\frac{1}{2}\,\frac{m_1 r_2{}^3}{R_{12}^2}\,\frac{\cos r' R_{21}}{r'^2}$$

als Potential zweier Massen

$$+\frac{1}{2}\,\frac{m_1 r_2{}^3}{oo' R_{12}^2}, \quad -\frac{1}{2}\cdot\frac{m_1 r_2{}^3}{oo' R_{12}^2},$$

in den Punkten o, o' bez. concentrirt gedacht, aufgefasst werden. Denken wir uns sodann die kleinste der Kugeln beschrieben, welche o' zum Mittelpunkte haben und die von S_1 ausgesandte Welle berühren, daneben eine gleich grosse Kugel mit o als Mittelpunkte und fassen sie beide als Träger zweier sphärischer Schichten von den Massen

$$+\frac{1}{2}\,\frac{m_1 r_2{}^3}{oo' R_{12}^2}, \quad -\frac{1}{2}\,\frac{m_1 r_2{}^3}{oo' R_{11}^2}$$

auf, nennen U_1, U_2 ihre bez. Potentiale, und lassen U das früher in der 3. und 4. Nr. besprochene Potential bedeuten, so wird vom Zeitpunkte $t = R_{12} : a$ bis zu $t = 2R_{12} : a$

$$U + U_1 + U_2 + \psi$$

die Geschwindigkeitsfunction des Gases. Jene Schichten sind aber nur fingirt; in der Wirklichkeit stehen an ihren Stellen zwei Wellen des Gases, die wir V bez. V' nennen wollen. Sie bilden zusammen genommen diejenige Welle, die wir oben als ringsum S_2 von der von S_1 ausgehenden Welle, Ω, hervorgebracht bezeichnet haben. Ganz so wie zur Zeit $R_{12} : a$ die Welle Ω das Wellenpaar V, V' veranlasst hat, werden die zwei letzteren Wellen im Zeitpunkte $2R_{12} : a$ eben zwei derartige Wellenpaare rings um S_1 erzeugen, u. s. f. Die mittlere Verdichtung der Wellen V, V' so wie die der nachfolgenden ergiebt sich aus dem letzten Satze der 4. Nr. Unsere sämmtlichen Wellen erweitern sich mit der constanten radialen Geschwindigkeit a. — Auf die weiteren Beziehungen gehen wir in Nr. 9 ein.

7. Wenn, bevor die Kugel S_1 ihr Volumen änderte, das Gas in Bewegung war, wegen anderer Kugeln S_2, S_3, ..., und diese Bewegung durch eine Geschwindigkeitsfunction Φ sich ausdrückt, welche unendlich klein wie das frühere φ ist, so hat das plötzliche Entstehen der constanten Volumengeschwindigkeit $-4\pi m_1$ von S_1 eine Welle zur Folge, durch welche die Bewegung sicher geändert wird; es mag dies so sein, dass hernach $\Phi + U' + \varphi$ die Geschwindigkeitsfunction darstellt. Man hat dann

$$-\int\frac{dp}{\varrho}=\frac{\partial}{\partial t}(\Phi+U'+\varphi)$$
$$+\frac{1}{2}\left[\left(\frac{\partial}{\partial x}(\Phi+U'+\varphi)\right)^2+\left(\frac{\partial}{\partial y}(\Phi+U'+\varphi)\right)^2+\left(\frac{\partial}{\partial z}(\Phi+U'+\varphi)\right)^2\right].$$

Hier ist $\varrho=\varrho_0(1+\sigma)$. Desshalb ist, unter Vernachlässigung des unendlich kleinen $\int\sigma\,dp=a^2\varrho_0\int\sigma\,d\sigma$:

$$\int\frac{dp}{\varrho}=\frac{p}{\varrho_0}+K(t).$$

Folglich annäherungsweise:

$$p=-\varrho_0\frac{\partial}{\partial t}(\Phi+U'+\varphi);$$

andererseits nach der 2. Nr. an Stellen, wo σ von Null verschieden ist:

$$p=a^2\varrho_0\sigma.$$

Bedeutet σ' die Verdichtung, die Statt haben würde, falls m_1 fortdauernd Null gewesen wäre, so hätte man

$$a^2\varrho_0\sigma'=-\varrho_0\frac{\partial\Phi}{\partial t},\quad \Delta^2\Phi=-\frac{\partial\sigma'}{\partial t},$$

und also, wenn man die neu hinzugekommene Verdichtung mit σ' bezeichnet:

(4) $$\sigma=\sigma'+\sigma'',\quad \text{d. i.}\quad \sigma''=-\frac{1}{a^2}\frac{\partial}{\partial t}(U'+\varphi).$$

Weil ausserdem

$$\Delta^2(\Phi+U'+\varphi)=-\frac{\partial\sigma}{\partial t},$$

so kommt

(5) $$\Delta^2(U'+\varphi)=-\frac{\partial\sigma''}{\partial t}.$$

Aus diesen Gleichungen (4) und (5), verglichen mit (1) und (2), folgt, dass U' denselben Werth bekommt wie die Function U in Nr. 4. Somit: *die Welle, die aus S_1 entstanden ist, hat immer dieselbe Gestalt, Verdichtung und Fortpflanzungsgeschwindigkeit, hätte das Gas eine anderswoher gekommene Bewegung oder nicht.*

---

8. Der Fall, dass zu gleicher Zeit wo die Kugel S_1 ihr Volumen ändert, ihr Mittelpunkt in Bewegung ist, soll uns jetzt beschäftigen. Erstens bemerken wir, dass die Einflüsse, welche Volumenänderungen von S_1 und Translationen derselben auf das Gas haben, gewissermassen jeder für sich untersucht werden können, weil jene Einflüsse durch Wellen sich bekunden, die wenigstens in erster Annäherung ziemlich unabhängig von einander sind. Nun besteht während der unendlich kleinen Zeit dt die Bewegung von S_1 in einer Volumenänderung

$-4\pi m_1^0 dt$ und einer Translation $S_1^0 S_1'$, — es stellen dann S_1^0, S_1' die Lagen des Mittelpunktes von S_1 am Anfange und am Ende des betreffenden Zeitintervalles dt dar, — und demgemäss setzt sich die hiervon im Gase hervorgerufene Bewegung aus derjenigen, welche von der Volumengeschwindigkeit $-4\pi m_1^0$ allein, und derjenigen, welche von der Translation $S_1^0 S_1'$ allein erfolgen würde, annäherungsweise additiv zusammen. Die erste dieser Bewegungen wird im allerersten Augenblicke identisch mit derjenigen von S_1^0 ausgehenden Wellenbewegung, welche oben in Nr. 4 besprochen wurde; die zweite ist durch ein Wellenpaar begründet, welches genau so zu S_1 sich verhält wie das Paar V, V' in Nr. 6 zu S_2, im Falle dass $m_1 : R_{12}^2$ gleich $h^0 = S_1^0 S_1' : dt$ ist und R_{12} die Richtung von S_1^0 zu S_1' hat. Denn es soll in Folge dieses Wellenpaares in der Nähe von S_1 die Geschwindigkeitsfunction den Werth annehmen:

$$-\frac{1}{2} h^0 r_1^3 \frac{\cos rh^0}{r^2}. \tag{6}$$

(S_1^0 Centrum für r).

Halten wir uns zunächst bei der Bewegung der ersten Art auf. Sie war am Anfange des betrachteten Zeitintervalles dt in der Nähe von S_1 bestimmt durch

$$-\frac{m_1^0}{\text{rad. vector v. } S_1^0} \tag{7}$$

als Geschwindigkeitsfunction; am Ende desselben Intervalles soll in der Nähe desselben Körpers

$$-\frac{m_1'}{\text{rad. vector v. } S_1'} \tag{8}$$

die Geschwindigkeitsfunction werden, damit nämlich die Bewegung der Oberfläche der Kugel durch die Geschwindigkeitsfunction richtig dargestellt werde. (Mit m_1' ist selbstverständlich der Werth von m_1 am fraglichen Zeitpunkte bezeichnet). Folglich muss jetzt die Bewegung (7) von S_1' entfernt worden sein, was offenbar eine Welle bedingt, welche S_1^0 zum Centrum hat und von entgegengesetzter Art von der, die das Entstehen jener Bewegung (7) begleitete, ist. Diese Welle muss aber dann auch am betrachteten Zeitpunkte über S_1' hinüber gekommen sein. In dieser Weise fortgehend erhalten wir folgende discontinuirliche Bewegung im Gase, von der die in Rede stehende, nämlich die von den Volumenänderungen von S_1 erweckte Bewegung, eine Ausgleichung sein muss:

1⁰ Im Zeitpunkte $\tau = 0$, wo der Mittelpunkt von S_1 die Lage S_1^0 haben möge, tritt rings um S_1 eine sphärische Welle Ω^0 auf, welche vom plötzlichen Entstehen von Null aus von der Volumengeschwindigkeit $-4\pi m_1^0$ erregt wird, der Mittelpunkt der Kugel dabei in S_1^0 ruhend gedacht. Die Welle erweitert sich nachher mit der radialen Geschwindigkeit a;

2° Im Zeitpunkte $\tau = dt$, wo der Mittelpunkt von S_1 die Lage S_1' haben möge, tritt in gleicher Weise rings um S_1' eine Welle Ω' auf, vom Entstehen von Null aus von der Volumengeschwindigkeit $-4\pi m_1'$ erregt, hierbei ebenfalls der Mittelpunkt von S_1 ruhend, in S_1', gedacht. Aber zu derselben Zeit ist rings um S_1^0 eine zweite Welle Ω_1^0 entstanden, als wenn die frühere Volumengeschwindigkeit $-4\pi m_1^0$ wieder plötzlich (von der Kugel in S_1^0) verschwunden wäre. Diese Welle soll aber nicht nur das Gas von S_1^0 als dauerndem Bewegungscentrum befreien, sondern auch von der nächsten Umgebung der Kugel in S_1' die Bewegung (7) entfernen, so dass allein die Bewegung (8) da bleibe. Daher soll die Welle im Abstande $S_1^0 S_1' = h^0 dt$ von S_1^0 gebildet, d. i. gleich mit solchem Radius versehen sein. Von Ω^0 ist dann, für $\tau = 0$, dasselbe anzunehmen, denn diese Welle ist von genau entgegengesetztem Charakter von der letzteren, Ω_1^0. Auch muss aus ähnlichem Grunde Ω' sogleich zur Zeit $\tau = dt$ den Radius $S_1' S_1'' = h' dt$ haben, wo h' die Translationsgeschwindigkeit zu dieser Zeit bedeutet.

3° Im Zeitpunkte $\tau = 2dt$ entstehen gleichfalls zwei Wellen, die eine rings um S_1' mit $S_1' S_1''$ als Radius, von der Nähe der Kugel die frühere Bewegung (8) austilgend, und die zweite rings um S_1'' mit dem Radius $h'' dt$, falls h'' die Translationsgeschwindigkeit zu dieser Zeit $2dt$ ist. In Folge der letzten Welle wird jetzt für die nächste Umgebung der Kugel

$$\frac{m_1''}{\text{rad. vector v. } S_1''}$$

die Geschwindigkeitsfunction; u. s. f. — Die hierbei zu den verschiedenen Zeitpunkten $\tau = 0, dt, 2dt, \ldots$ anzunehmenden Volumina und Lagen der Kugel S sollen mit den zu diesen selben Zeitpunkten thatsächlich vorhandenen Volumina und Lagen des Körpers zusammenfallen.

Das Potential *aller* Wellen $\Omega^0, \Omega_1^0, \Omega', \ldots$, so durch sphärische Schichten ersetzt wie im Anfange der 2. Nr. gesagt wurde, wird in Verbindung mit einem Gliede $m_1 : r$ (Nr. 5) die Geschwindigkeitsfunction für die obige Bewegung darstellen; dies zur Zeit, wo $-4\pi m_1$ die Volumengeschwindigkeit von S_1 ausmacht.

Alle unsere Wellen erweitern sich mit derselben radialen Geschwindigkeit a. (Man vergleiche hierzu die nächstvorangehende Nr.). Wenn also die Translationsgeschwindigkeiten $h^0, h', h'', \ldots$ kleiner als a sind und P irgend einen festen geometrischen Punkt im Gase bedeutet, ferner t die Zeit ist, zu der die Welle Ω^0 zu P gelangt, so wird zur

Zeit $t + dt$ die Welle Ω_1^0 und zur Zeit $t + \left(1 - \frac{h^0}{a} \cos(h^0, S_1^0 P)\right) dt$ die Welle Ω' denselben Punkt erreichen. Der Einfachheit halber wollen wir uns $\cos(h^0, S_1^0 P)$ negativ vorstellen. Dann finden wir in P, so lange es zwischen den zwei Wellen Ω^0 und Ω_1^0 fällt, d. i. während der Zeit von t bis $t + dt$ eine Bewegung mit der Function (7) als Geschwindigkeitsfunction, dagegen im folgenden Zeitraume von $t + dt$ bis $t + \left(1 - \frac{h^0}{a} \cos(h^0, S_1^0 P)\right) dt$, wo P zwischen Ω_1^0 und Ω' liegt, Ruhe daselbst. Wir hätten also im Zeitraume zwischen den Passagen von Ω^0 und Ω' über P

$$(9) \qquad \frac{m_1^0}{S_1^0 P\left(1 - \frac{h^0}{a} \cos(h^0, S_1^0 P)\right)}$$

als mittleren Werth der Geschwindigkeitsfunction zu betrachten. Bemerken wir nun, dass in der That die Volumenänderung von S_1 gar nicht in solchen abrupten, allein zu den Zeiten $\tau = 0, dt, 2dt, \ldots$ vorkommenden plötzlichen Aenderungen, von denen bisher geredet wurde, besteht, sondern dass unaufhörlich Volumenänderung vorhanden ist, so erkennen wir ohne Weiteres, dass in Wirklichkeit anstatt der obigen von einander getrennten Wellen $\Omega^0, \Omega_1^0, \Omega', \ldots$ eine gänzlich zusammenhängende Wellenreihe steht, für deren Beschaffenheit eben das Vorangehende Rechnung tragen muss. Bemerken wir dann noch, dass, weil die Bewegung des Gases nur von der Kugel S_1 verursacht sein soll, diese Bewegung durch eine Geschwindigkeitsfunction vollständig gegeben sein muss, so sehen wir leicht aus dem, was oben vom Ausdrucke (9) bemerkt worden ist, wie diese Geschwindigkeitsfunction beschaffen sei, wenn die Translationsgeschwindigkeit h sehr (unendlich) klein in Vergleich zu a ist und während der Zeit $S_1^0 P : a$ constant zur Richtung und Grösse bleibt. Man hat nämlich dann erstens $S_1^0 P\left(1 - \frac{h^0}{a} \cos(h^0, S_1^0 P)\right) = S_1 P$, wenn S_1 die Lage des Mittelpunktes der Kugel (S_1) bezeichnet zu der Zeit, wo die von S_1^0 ausgeschickte Welle nach P gelangt, und demnach zu eben dieser Zeit

$$(10) \qquad \frac{m_1^0}{r}$$

als Geschwindigkeitsfunction im Punkte P, wobei S_1 Centrum für r ist. Wenn dagegen die Variation von h unendlich schnell vor sich geht und insbesondere so beschaffen ist, dass der Mittelpunkt der Kugel nur eine unendlich kleine Strecke hin und her beschreibt, so ist in der Nähe von P:

$$(11) \qquad \frac{m_1^0}{\left(1 - \frac{h^0}{a} \cos h^0 r\right) r}$$

(auch jetzt S_1 Centrum für r) als Geschwindigkeitsfunction zu betrachten. Es wird in beiden Fällen der Mittelpunkt der Kugel an der Stelle, wo er wirklich am Zeitpunkte, für welchen wir die Geschwindigkeitsfunction aufstellen, sich befindet, als Centrum für r fungiren, denn nur in der Kugel selbst kann ein Unendlichkeitspunkt für diese Function auftreten. Immerhin hat für die Punkte in der unmittelbaren Nähe von S_1 die Geschwindigkeitsfunction die Form:

$$\frac{m_1}{r}. \tag{12}$$

Das Entstehen einer Volumengeschwindigkeit $-4\pi m_1'$ während der Zeit dt wird von einer von Ω^0 und Ω' begrenzten Welle begleitet. Ihre Breite im Punkte P, wenn zu ihm die Welle sich fortgepflanzt hat, wird gleich

$$a\,dt\left(1-\frac{h^0}{a}\cos h^0, S_1{}^0P\right). \tag{13}$$

Aehnlich verhält es sich mit der Bewegung, welche in Folge der Translationsgeschwindigkeiten $h^0, h', h'', \ldots$ allein das Gas bekommt. Wie schon gesagt, das plötzliche Entstehen von Null aus einer Geschwindigkeit h^0 giebt zu zwei Wellen V, W Anlass, von denen die erste o, die zweite o' zum Centrum hat, o, o' unendlich nahe dem Mittelpunkte von S_1 auf einem Diameter gelegen, welcher dieselbe Richtung oo' hat als h^0. Die Verdichtungen der beiden Wellen sind numerisch gleich aber von entgegengesetztem Zeichen. In dem von ihnen gemeinsam umschlossenen Raume hat (6) die Bedeutung der Geschwindigkeitsfunction. Indem wir die obige Betrachtung auf den gegenwärtigen Fall anwenden, finden wir an den Stellen der früheren $\Omega^0, \Omega_1{}^0, \Omega', \ldots$ Wellenpaare V^0, W^0; $V_1{}^0, W_1{}^0$; V', W'; ... und sodann von ihnen eine Wellenreihe erzeugt folgenden Charakters:

Die Welle, die dadurch veranlasst wird, dass während des Zeitintervalles von $\tau = 0$ bis $\tau = dt$ die Translationsgeschwindigkeit h' entsteht, ist von den oben mit Ω^0, Ω' bezeichneten zwei Kugeln begrenzt. Wenn nachher h' ungeändert bleibt, bis S_1 irgend eine Stelle $S_1{}^{(1)}$ erreicht hat und h' ausserdem gegen a unendlich klein ist, so wird während der ganzen Zeit von $\tau = S_1{}^0P : a$ bis $\tau = S_1{}^{(1)}P : a$ die Geschwindigkeitsfunction des Gases im Punkte P gegeben durch

$$-\frac{1}{2}h'r_1{}^3\frac{\cos rh'}{r^2}, \tag{14}$$

wobei S_1 Centrum für r ist. Auf die Wellen $V^0, V_1{}^0, V', \ldots$ einzeln genommen, ebenso auf $W^0, W_1{}^0, W', \ldots$ von den V separirt, kann nämlich das oben von $\Omega^0, \Omega_1{}^0, \Omega', \ldots$ geführte Räsonnement angewandt werden. In der unmittelbaren Nähe von S_1 wird jedenfalls die Geschwindigkeitsfunction von dieser Form sein. —

Nur um die in Rede stehenden Bewegungszustände leichter überblicken zu können, haben wir h kleiner als a und $\cos(h^0, S_1^0 P)$ negativ vorausgesetzt. Denn lassen wir diese Voraussetzungen fallen, so haben wir doch im Falle, dass der Mittelpunkt von S_1 nur zwischen unendlich nahen Grenzen sich bewegt, (11) als Geschwindigkeitsfunction und (13) als Breite der Welle, die vom Entstehen während der Zeit dt von m_1' herrührt, zu zählen, falls immer statt $1 - \frac{h^0}{a} \cos h^0 r$ blos der numerische Werth dieses Ausdruckes eingetragen wird. Wenn übrigens eine Zeit lang $h \cos hr$ positiv und grösser als a ist, so wird der Punkt P von den Wellen von S_1 in umgekehrter Reihenfolge überschritten, so dass diejenigen Wellen, welche am spätesten von S_1 ausgesandt worden sind, am frühesten zu P kommen. Es sei noch bemerkt, dass, wenn P einen materiellen Punkt vorstellt, welcher eine Geschwindigkeit H hat,

$$\frac{b}{a - \mathsf{H} \cos(\mathsf{H}, S_1^0 P)}$$

die Zeit des Durchgangs über P für die Welle (13) wird, falls b die Breite dieser Welle, d. i. den numerischen Werth von (13) bedeutet. Würde $\mathsf{H} \cos(\mathsf{H}, S_1^0 P)$ positiv und grösser als a bleiben, so könnte die Welle keinen Einfluss auf P haben, denn sie käme dann niemals nach P.

Wir haben somit gesehen, dass, wenn während des Zeitverlaufes $S_1^0 P : a$ die Translationsgeschwindigkeit h sehr klein in Vergleich zu a ist und als constant angesehen werden kann, man am Ende dieses Zeitverlaufes die Function (10) zu (14) addirt als Geschwindigkeitsfunction im Punkte P zu betrachten hat. Die Lage des Mittelpunktes der Kugel S_1 am letzteren Zeitpunkte ist Centrum für r, der in (10) auftretende Werth von m_1^0 dagegen derjenige, welcher zu S_1 am Anfange jenes Zeitverlaufes, wo sie in S_1^0 war, gehört. Ferner sahen wir, dass, wenn der Mittelpunkt der Kugel nur zwischen unendlich nahen Grenzen schwankt, man für den von m_1^0 kommenden Theil der Geschwindigkeitsfunction die Function (11) erhält, wobei m_1^0 und h^0 auf die Zeit sich beziehen, wo die Welle ausgesandt wurde, deren Wirkung in P bestimmt werden soll. Der von h^0 herrührende Theil jener Geschwindigkeitsfunction wird

$$-\frac{1}{2} \frac{h^0}{1 - \frac{h^0}{a} \cos h^0 r} \frac{\cos r h^0}{r^2}.$$

An der Oberfläche von S_1 wird immer (12) plus (14) die Geschwindigkeitsfunction darstellen. Eine während der unendlich kurzen Zeit dt geschehene Aenderung der Volumengeschwindigkeit von S_1 giebt zu einer Welle Anlass, welche von zwei Kugeln begrenzt wird, deren Centra die Lagen des Mittelpunktes von S_1 am Anfange und am Ende jenes Zeittheiles ausmachen. Um einen Punkt P, der die Translationsgeschwindigkeit h' hat, zu überschreiten, braucht die Welle die Zeit

$$\frac{a - h^0 \cos h^0 r}{a - h' \cos h' r}\, dt,$$

wobei h^0 und das Centrum für r sich auf den Mittelpunkt von S_1 während der angenommenen Volumenänderung beziehen. Wie insbesondere Alles dieses zu verstehen ist, falls h oder h' grösser als a, ist kurz vorher angemerkt worden.

§ 2.

Von den Druckkräften des Gases.

9. Es folgt unmittelbar aus den drei vorangehenden Nummern, wie, wenn mehrere Kugeln $S_1, S_2, \ldots$ im Gase sind und sie immer unendlich klein und immer sphärisch bleiben, man die im Gase von ihnen hervorgerufene Bewegung herzuleiten hat. Denken wir zunächst an den Fall von nur zwei Kugeln S_1, S_2 und nehmen wir an, dass bis zur Zeit t' die Kugel S_1 eine constante Volumengeschwindigkeit $-4\pi m_1'$ gehabt hat, dass dann aber während der unendlich kleinen Zeit von t' bis $t' + \varepsilon$ das Volumen plötzlich geändert worden und zu gleicher Zeit m_1' in m_1'' übergegangen ist, schliesslich, dass die Mittelpunkte beider Kugeln durch dazu geeignete äussere Kräfte festgehalten werden, so finden wir als Werth der Geschwindigkeitsfunction *in der Nähe von* S_2:

1°. Ehe die Welle, die zufolge der Aenderung von m_1' von S_1 ausgegangen ist, zu S_2 kommt:

$$\frac{m_2}{r'} + \frac{m_1'}{r} + \frac{1}{2}\,\frac{m_1' r_2^3}{R_{12}^2}\,\frac{\cos r' R_{21}}{r'^2}. \tag{15}$$

(S_1 Centrum für r, S_2 Centrum für r');

2°. Während des Durchgangs dieser Welle durch S_2:

$$\begin{aligned}\frac{m_2}{r'} + \frac{m_1}{R_{12}} &+ r'\Big[\cos r'X\,\frac{\partial}{\partial x_2}\Big(\frac{m_1}{R_{12}}\Big) + \cos r'Y\,\frac{\partial}{\partial y_2}\Big(\frac{m_1}{R_{12}}\Big) \\ &\qquad + \cos r'Z\,\frac{\partial}{\partial z_2}\Big(\frac{m_1}{R_{12}}\Big)\Big] \\ &+ \frac{1}{2}\,\frac{r_2^3}{r'^2}\Big[\cos r'X\,\frac{\partial}{\partial x_2}\Big(\frac{m_1}{R_{12}}\Big) + \cos r'Y\,\frac{\partial}{\partial y_2}\Big(\frac{m_1}{R_{12}}\Big) \\ &\qquad + \cos r'Z\,\frac{\partial}{\partial z_2}\Big(\frac{m_1}{R_{12}}\Big)\Big],\end{aligned} \tag{16}$$

wenn für m_1 derjenige Werth gesetzt wird, welcher dem Wellentheile zugehört, den wir gerade für den Augenblick betrachten; dabei ist

$$\frac{\partial m_1}{\partial x_2} = -\frac{1}{a}\frac{\partial m_1}{\partial t}\cos R_{12}X, \qquad \frac{\partial m_1}{\partial y_2} = -\frac{1}{a}\frac{\partial m_1}{\partial t}\cos R_{12}Y,$$

$$\frac{\partial m_1}{\partial z_2} = -\frac{1}{a}\frac{\partial m_1}{\partial t}\cos R_{12}Z,$$

und an den Grenzen der Welle $\frac{\partial m_1}{\partial t}$ Null. Vgl. Nr. 4, 5, 6*). x_2, y_2, z_2 sind Coordinaten des Mittelpunktes von S_2;

3°. Nachdem jene Welle S_2 verlassen hat:

$$(17) \qquad \frac{m_2}{r'} + \frac{m_1''}{r} + \frac{1}{2}\frac{m_1'' r_2^3}{R_{12}^2}\frac{\cos r'R_{21}}{r'^2}.$$

Diese drei Formen werden alle davon bedingt, dass an der Oberfläche von S_2 die Normalcomponente der Geschwindigkeit einfach $-m_2 : r'^2$ sein soll. Der Form (16) liegt die folgende Auffassung von der Wirkung irgend einer von ∂m_1 herrührenden Elementarwelle zu Grunde. Gleich beim ersten Zusammentreffen der Welle mit S_2 wirkt sie als ein Stoss auf diese Kugel. Um die hiervon erfolgende Lagenveränderung dieser zu verhindern, muss natürlich zur selben Zeit ein entgegengesetzter Stoss angebracht werden. Ein solcher hat aber zwei Wellen V, W zu Folge, deren Centra innerhalb S_2 unendlich nahe am Mittelpunkte von S_2 sich befinden (Nr. 8 und 6)**). Das letzte Glied von (16) bezieht sich gerade auf ein derartiges Wellenpaar. Die zwei nächstvorangehenden Glieder desselben Ausdruckes (16) gehören zur genannten ursprünglicheren Elementarwelle, vereint mit einer, welche, ebenfalls gleich bei der Ankunft in S_2 von jener Welle, also gleichzeitig mit V, W, so jenseits S_2 gebildet wird, dass hierdurch jene Elementarwelle, die sonst von diesem Körper abgebrochen sein würde, geschlossen wird.

Unmittelbar nachdem die ganze von S_1 ausgeschickte Welle den zu S_1 nächsten Punkt von S_2 überschritten hat, wird somit ringsum S_2 die Dichtigkeit des Gases constant.

10. Aus der ersten Gleichung der 7. Nr. folgt, dass, wenn die Verdichtung σ stets unendlich klein ist und demzufolge $\int\frac{dp}{\varrho}$ gleich $\frac{p}{\varrho_0}$ zu setzen sein wird, man für den Druck in der Nähe von S_2 die Formel hat:

---

*) Es ist nämlich in der Welle, wenn S_2 nicht zugegen ist, die Geschwindigkeitsfunction gleich $m_1 : r$, und $m_1 = \Phi(r - at')$.

**) Weil sonst jede Verrückung eines Theiles der Fläche von S_2 eine gleiche Verrückung aller anderen Theile derselben Fläche nothwendig mitführte. Aber, da wir immer S_2 als vollkommen sphärisch annehmen und ihre Volumenänderung als unabhängig von S_1 setzen, muss für S_2 jene Eigenschaft Statt haben, — indem sich dann S_2 der Kugel S_1 gegenüber als absolut starr verhält.

(18) $$p = -\varrho_0 \frac{\partial \Psi}{\partial t'} - \frac{1}{2}\varrho_0 \left[\left(\frac{\partial \Psi}{\partial x}\right)^2 + \left(\frac{\partial \Psi}{\partial y}\right)^2 + \left(\frac{\partial \Psi}{\partial z}\right)^2\right] + K,$$

falls für Ψ je nach den Umständen der Werth (15), (16) oder (17) genommen wird*).

Hieraus ist leicht auf die X-Componente derjenigen Bewegungsmenge zu schliessen, welche S_2 während einer gegebenen Zeit vom Drucke des Gases gewinnt. Sie wird

$$-\int\int_{S_2} p \cos r' X \, ds \, dt',$$

unter ds ein Flächenelement von S_2 verstanden.

Es verschwindet

$$\int_{S_2}\left[\left(\frac{\partial \Psi}{\partial x}\right)^2 + \left(\frac{\partial \Psi}{\partial y}\right)^2 + \left(\frac{\partial \Psi}{\partial z}\right)^2\right] \cos r' X \, ds.$$

Desshalb resultirt während einer Zeit Δt vor der Ankunft der Welle von S_1 die folgende Bewegungsmenge in der Richtung der X-Axe:

(19) $$\frac{1}{2}\varrho_0 \int\int \frac{m_1'}{R_{12}^2} \frac{\partial r_2^3}{\partial t'} \cos r' R_{21} \cos r' X \, d\varpi \, dt'$$
$$= \frac{1}{2}\varrho_0 \frac{m_1'(V_2' - V_2^0)}{R_{12}^2} \cos R_{21} X \text{**}),$$

die insbesondere gleich wird

$$-2\pi\varrho_0 \frac{m_1' m_2}{R_{12}^2} \cos R_{21} X \Delta t,$$

wenn während der betrachteten Zeit m_2 constant gewesen ist.

Derselbe Ausdruck gilt natürlich auch für die Zeit Δt nach der Wellenpassage; nur hätte man dann m_1'' statt m_1' zu schreiben. —

Die X-Componente der von der Welle selbst erzeugten Bewegungsmenge wird gleich

$$\varrho_0 \int\int \frac{\partial \Psi}{\partial t'} \cos r' X \, r_2^2 \, d\varpi \, dt',$$

wo nach dem Vorigen die Integrationen nach der Zeit und nach $d\varpi$ unabhängig von einander auszuführen sind. Setzen wir

$$\psi + \frac{m_2'}{r'}$$

statt Ψ, so wird jenes Integral identisch mit

$$\varrho_0 \int\int \frac{\partial \psi}{dt'} \cos r' X \, ds \, dt'.$$

*) Der Werth von K ist für das Folgende von keiner Bedeutung. Sonst nach dem Vorigen $K = 0$.

**) $d\varpi$ ist der Winkel, der am Mittelpunkte von S_2 über ds steht.

dt' bezeichnet die Zeit, welche der von der Aenderung ∂m_1 kommende Wellentheil braucht, um irgend einen Punkt von S_2 zu überschreiten. Bemerken wir jetzt, dass

$$\frac{\partial \Phi}{\partial t'} dt' = \frac{\partial \Phi}{\partial t'} dt' + \frac{\partial \Phi}{\partial r'} dr',$$

weil $\frac{\partial \Phi}{\partial r'}$ Null ist, so wird es klar, dass oben nur von der Aenderung der Geschwindigkeitsfunction während der Zeit dt' die Rede sein kann, in der Weise, dass die bez. Aenderung $\frac{\partial m_1}{\partial t'} dt'$ gerade das frühere ∂m_1 wird.

Die fragliche X-Componente wird somit gleich

$$(20) \qquad \varrho_0 \int\int \frac{\partial}{\partial t'}\left(\frac{\partial}{\partial x_2}\left(\frac{m_1}{R_{12}}\right)\right) r_2 \cos^2 r' X \, ds \, dt'$$
$$+ \frac{1}{2} \varrho_0 \int\int \frac{\partial}{\partial t'}\left(\frac{\partial}{\partial x_2}\left(\frac{m_1 r_2^2}{R_{12}}\right)\right) \cos^2 r' X \, d\varpi \, dt',$$

d. i.

$$\varrho_0 \int V_2 \frac{\partial}{\partial t'}\left(\frac{\partial}{\partial x_2}\left(\frac{m_1}{R_{12}}\right)\right) dt' + \frac{1}{2} \varrho_0 \Big| \frac{\partial}{\partial x_2}\left(\frac{m_1 V_2}{R_{12}}\right),$$

unter V_2 das Volumen von S_2 verstanden. — Durch theilweise Integration folgt:

$$(20') \qquad 4\pi \varrho_0 \int m_2 \frac{\partial}{\partial x_2}\left(\frac{m_1}{R_{12}}\right) dt + \frac{3}{2} \varrho_0 \Big| V_2 \frac{\partial}{\partial x_2}\left(\frac{m_1}{R_{12}}\right),$$

wo das Zeichen der Integration auf den Zeitverlauf der Passage der ganzen Welle von S_1 über einen Punkt von S_2 oder, wenn a unendlich gross wie $1 : \sqrt{\varrho_0}$, m_2 höchstens so gross wie ϱ_0^2 ist, über den Mittelpunkt von S_2, dasjenige der Substitution auf die Endpunkte dieses Zeitverlaufes Bezug haben.

Aehnliche Formeln gelten selbstverständlich für die Y- und Z-Componenten der gesuchten Bewegungsmenge. Wir können daher, indem wir die Ausdrücke (19) und (20') in eins zusammenfassen, den Satz aussprechen:

Während irgend einer gegebenen Zeit, in der entweder die Passage der Welle von S_1 über die Kugel S_2 gänzlich fällt, oder ganz ausserhalb welcher diese Passage ist, bekommt S_2 eine Bewegungsmenge mit den Componenten:

$$\frac{\partial \Omega}{\partial x_2}, \quad \frac{\partial \Omega}{\partial y_2}, \quad \frac{\partial \Omega}{\partial z_2},$$

wobei

$$\Omega = 4\pi \varrho_0 \int \frac{m_1 m_2}{R_{12}} dt + \frac{3}{2} \varrho_0 \Big| V_2 \frac{m_1}{R_{12}},$$

und man die Integration und die Substitution über die ganze in Frage gestellte Zeit erstreckt. Das Coordinatensystem ist ein beliebiges, im Raume festes, rechtwinkliges, Cartesisches Axensystem.

11. Wir wollen nunmehr von den Volumenänderungen von S_1 und S_2 Folgendes voraussetzen. Von t_0 bis $t_0 + \varepsilon$ (ε unendlich klein wie $\varrho_0 : a$) ändert sich das Volumen von S_1 sehr schnell, etwa von ${V_1}^0$ zu V_1', aber von diesem Zeitpunkte $t_0 + \varepsilon$ an bis zu $t_0 + \Theta$, wo Θ unendlich klein ist wie $\sqrt{\varrho_0} : a$, kehrt es von V_1' zur früheren Grösse ${V_1}^0$ zurück und vollführt diese Rückkehr mit constanter Geschwindigkeit $- 4\pi {m_1}^0$. Es soll also sein

$$\int_{t_0}^{t_0+\varepsilon} m_1\, dt = - {m_1}^0 (\Theta - \varepsilon).$$

Ausserdem soll die Variation von m_1 während der ersten Zeit durch die Formel:

(21) $$m_1 = {m_1}^0 - a_1 \sin n(t - t_0)\,{}^{*)}, \qquad a_1 = \frac{1}{2} n {m_1}^0 \Theta, \qquad \frac{\pi}{n} = \varepsilon$$

gegeben sein. Noch mehr, die jetzt beschriebene Volumenänderung während der Zeit von t_0 bis $t_0 + \Theta$ soll unaufhörlich sich wiederholen, so dass Θ die Zeitperiode der jetzt von uns zu betrachtenden periodischen Volumenänderung von S_1 wird. Für S_2 soll Aehnliches gelten. Von t_1 bis $t_1 + \varepsilon$ soll sein

(22) $$m_2 = {m_2}^0 - a_2 \sin n(t - t_1)\,{}^{**)}, \qquad a_2 = \frac{1}{2} n {m_2}^0 \Theta, \qquad \frac{\pi}{n} = \varepsilon,$$

von $t_1 + \varepsilon$ bis $t_1 + \Theta$ m_2 constant $= {m_2}^0$. Es bedeuten hier ε und Θ dieselben Grössen wie vorher. t_1 ist nur bis auf ein ganzzahliges Multiplum von Θ als gegeben zu betrachten.

S_1 möge einem Punktaggregate zugehören, S_2 einem anderen. Unendlich nahe Punkte eines und desselben Aggregates sollen in allen Beziehungen nur unendlich wenig von einander differiren. Wenn daher eine Welle, von einer Kugel S_1 während ihrer schnelleren Volumenänderung ausgeschickt, die Kugel S_2 eben zur Zeit ihrer schnelleren Volumenänderung überschreitet, so giebt es auch unendlich viele andere Wellen, von unendlich nahen Kugeln S_1 kommend, welche, theilweise, das nämliche thun. Betrachten wir insbesondere eine Schaar von solchen Wellen, für welche Gleichungen gelten, die aus (21) durch die Substitutionen 0, $\varepsilon\sqrt{\varrho_0}$, $2\varepsilon\sqrt{\varrho_0}$, $3\varepsilon\sqrt{\varrho_0}, \ldots \varepsilon$ für t_0 erhalten werden, so finden wir, dass, wenn von verhältnissmässig unendlich kleinen Grössen abgesehen wird, die Bewegungsmenge, die S_2 von diesen Wellen gewinnt, nach R_{21} positiv gerechnet, gleich wird

$$4\pi\varrho_0 \sum \int \frac{m_1 m_2}{R_{12}^2}\, dt.$$

---

*) Es muss besonders die Bedingung hinzugefügt werden: für $t = t_0$ und $t = t_0 + \varepsilon$ soll $\frac{\partial m_1}{\partial t} = 0$ sein.

**) Für $t = t_1$ und $t = t_1 + \varepsilon$ soll $\frac{\partial m_2}{\partial t}$ verschwinden.

Sei hier m_2 durch die Gleichung (22) gegeben, wenn $t_1 = 0$ gesetzt wird; so kommt der von einer beliebigen Welle der Schaar herrührende Theil jenes Integrals gleich

$$4\pi\varrho_0 \int_{t_0}^{\varepsilon} \frac{m_1 m_2}{R_{12}^2} dt = \frac{1}{2} \pi \varrho_0 n^2 \Theta^2 \frac{m_1^0 m_2^0}{R_{12}^2} \left[\cos n t_0 (\varepsilon - t_0) + \frac{1}{n} \sin n t_0\right],$$

und desshalb ist, wenn man der Einfachheit wegen setzt

$$\varepsilon = \varrho_0 : a, \quad \Theta = \sqrt{\varrho_0} : a,$$

für die ganze Wellenschaar jenes Integral gleich

$$\frac{4\pi\varrho_0}{\varepsilon\sqrt{\varrho_0}} \int_0^{\varepsilon} dt_0 \int_{t_0}^{\varepsilon} \frac{m_1 m_2}{R_{12}^2} dt = \frac{2\pi\varrho_0}{R_{12}^2} \frac{m_1^0 m_2^0}{a\sqrt{\varrho_0}}.$$

Handelt es sich um die Bestimmung der Wirkung des ganzen Aggregates der Kugeln S_1 auf S_2, so wählen wir S_2 zum Mittelpunkte unendlich vieler an einander liegender Kegel mit unendlich kleinen Winkelöffnungen $d\varpi'$, welche zusammen genommen den ganzen Winkelraum 4π erfüllen. Wir betrachten einen dieser Kegel, welcher das Punktaggregat schneidet, und suchen die Wirkung des hierdurch abgeschnittenen Aggregatentheiles auf S_2. Zu diesem Zwecke zerlegen wir jenen Theil in kleinere Stücke vermittelst Kugeln, die mit S_2 concentrisch sind und in Abständen $\sqrt{\varrho_0}$ einander folgen. Wir betrachten die Punkte S_1 eines solchen kleineren Theils, der zwischen zwei consecutiven Kugeln enthalten ist, als in $1 : \sqrt{\varrho_0}$ ebenen Flächenstücken gelagert, die um ϱ_0 (oder eine hiermit vergleichbare Länge) von einander abstehen. Die Entfernung zweier S_1, welche in einem derartigen Flächenstücke einander am nächsten sind, soll mit ϱ_0 vergleichbar sein, so dass die Anzahl der Punkte S_1 eines und desselben Flächenstückes $1 : \varrho_0$ (oder hiermit vergleichbar) wird. Ferner können wir die letzteren Punkte als in $1 : \sqrt{\varrho_0}$ Reihen, von je $1 : \sqrt{\varrho_0}$ Punkten S_1, geordnet annehmen. Uebrigens sei das grösste dieser Flächenstücke von solchen Dimensionen, dass die Wellen von seinen Punkten, die von den schnelleren Volumenänderungen desselben herrühren, zu S_2 gelangen genau vom Anfange einer der periodischen Volumenänderungen dieser Kugel bis zum Ende, Θ, derselben, und die Ordnung der Reihen der Punkte sei so fixirt, dass die Wellen von den Punkten der ersten Reihe vom Anfange bis zum Ende der Zeit ε der schnelleren Volumenänderung von S_2, die von der letzten Reihe vom Anfange bis zum Ende einer Zeit ε unmittelbar vor der (nächsten) schnelleren Volumenänderung von S_2 zu dieser Kugel kommen. Es ist leicht über die Bewegungsmenge zu entscheiden, welche von Seite des letzteren Flächenstücks die Kugel S_2 während der Zeit Θ gewinnt. Die erste und die letzte Punktreihe desselben ergeben insgesammt diese Bewegungsmenge ($\varepsilon = \varrho_0 : a$, $\Theta = \sqrt{\varrho_0} : a$ gesetzt):

$$+\frac{4\pi\varrho_0}{R_{12}^2}\frac{m_1^0 m_2^0}{a\sqrt{\varrho_0}},$$

welche, wenn positiv, die Richtung von S_2 zum Flächenstücke hat. Von irgend einem anderen Punkte S_1^0 des nämlichen Flächenstücks folgt:

1⁰. zur Zeit, wo S_2 ihre schnellere Volumenänderung ausführt, die Bewegungsmenge (19):

$$+2\pi\varrho_0\frac{m_1^0 m_2^0}{R_{12}^2}\frac{\sqrt{\varrho_0}}{a};$$

2⁰. während die von S_1^0 ausgeschickte Welle über S_2 geht (20'):

$$-4\pi\varrho_0\frac{m_1^0 m_2^0}{R_{12}^2}\frac{\sqrt{\varrho_0}}{a};$$

3⁰. während der von Θ übriggebliebenen Zeit (19):

$$-2\pi\varrho_0\frac{m_1^0 m_2^0}{R_{12}^2}\frac{\sqrt{\varrho_0}}{a}.$$

Alle diese Bewegungsmengen fallen in die Verbindungslinie zwischen S_1^0 und S_2, wobei R_{21} als positive Richtung ausgezeichnet ist. Nun giebt es gerade $1 : \varrho_0$ solche Punkte wie S_1^0. Daher kommt jetzt vom ganzen Flächenstücke gar keine Bewegungsmenge.

Aber im betrachteten Theilchen des Kegels von S_2 aus giebt es Flächenstücke, von deren Punktreihen nur die eine Wellen ausschickt, welche S_2 während ihrer schnelleren Volumenänderung treffen. Ein solches Flächenstück giebt, während einer Zeitperiode Θ, die Bewegungsmenge nach R_{21}:

$$-2\pi\varrho_0\frac{m_1^0 m_2^0}{R_{12}^2}\frac{1}{a\sqrt{\varrho_0}}.$$

Und ein Flächenstück, in dem es keine Punktreihe giebt, deren Wellen S_2 überstreichen, wenn diese Kugel in ihrer schnelleren Volumenänderung inbegriffen ist, giebt die Bewegungsmenge:

$$-4\pi\varrho_0\frac{m_1^0 m_2^0}{R_{12}^2}\frac{1}{a\sqrt{\varrho_0}}.$$

Indem wir zu beachten haben, dass es im Mittel in jedem der von den obigen Kugeln ausgeschnittenen Theilchen des betrachteten conischen Aggregatentheils eben so viele Flächenstücke von jeder der drei genannten Gattungen giebt, finden wir, im Mittel, für die

Bewegungsmenge, welche während einer Zeit Θ ein derartiges Theilchen der Kugel S_2 mittheilt, den Werth:

$$-\frac{2\pi\varrho}{R_{12}^2}\frac{m_1^0 m_2^0}{a\sqrt{\varrho_0}} \text{ Mal die Anzahl der Flächenstücke des Theilchens.}$$

Oder: *das Aggregat der Punkte S_1, fest gehalten, wirkt so auf S_2, fest gehalten, als wenn jeder Punkt S_1 während der Zeitperiode Θ, im Mittel, auf S_2 eine Kraft nach R_{21} gleich*

$$-2\pi\varrho_0\frac{m_1^0 m_2^0}{R_{12}^2}$$

ausübte. Diese Kraft ist eine repulsive, falls m_1^0 und m_2^0 dasselbe Zeichen besitzen, dagegen eine attractive, falls diese Grössen vom entgegengesetzten Zeichen sind.

Dass σ hier an S_2 unendlich klein bleibt, wie oben (Nr. 10) für die Berechnung von p bedingt wurde, ist leicht ersichtlich. Denn nur durch Wellen von äusseren Punkten würde σ zu einem endlichen Werthe wachsen können. Aber die hier vorhandenen äusseren Punkte sind diejenigen, welche im erwähnten Aggregate der S_1 oder in anderen derartigen Aggregaten eingehen. Und jede Welle von einem solchen Punkte besteht aus einem verdichteten und einem in nahezu gleichem Maasse verdünnten Theile. Denn bezeichnet db die Breite $(a\,dt)$ des Wellentheils, der von ∂m_1 herrührt, so hat man jetzt $\int \sigma R\,db = 0$*). Hieraus aber folgt, dass gleichzeitig damit, dass der verdichtete Theil einer Welle von einer Kugel S_1 über einen Punkt von S_2 steht, über demselben Punkt der verdünnte Theil einer Welle von einer Kugel sich findet, welche der früheren S_1 unendlich benachbart ist, wodurch also die von der ersten Welle bewirkte Verdichtung zum unvergleichbar grössten Theile aufgehoben wird. Auf diese Weise erkennen wir, dass gegenwärtig σ weder einen positiven, noch einen negativen endlichen Zahlenwerth erreichen kann.

12. Vom eben erörterten Falle, wo die Mittelpunkte der Kugeln fest blieben, steigen wir jetzt zum allgemeineren auf, wo beliebige äussere Kräfte sie bewegen. Aus der 8. Nr. wissen wir, wie gegebene Translationsgeschwindigkeiten der Kugeln auf die Bewegung des Gases einwirken. So erkennen wir leicht von den zwei in der 9. Nr. betrachteten Kugeln S_1, S_2, dass, wenn ihre Mittelpunkte die Geschwindigkeiten H bez. H′ besitzen und diese sehr klein sind gegen a**) und *nur langsam variiren*, man in der Nähe von S_2 für den Theil der

*) Nämlich $\sigma = -\frac{1}{a^2}\frac{\partial m_1}{\partial t}\frac{1}{R}$. Nr. 5.

**) a soll jetzt und forthin unendlich gross wie $1 : \sqrt{\varrho_0}$ angenommen werden.

Geschwindigkeitsfunction, der von den Volumenänderungen der Kugeln herrührt, eben die Ausdrücke (15), (16), (17) anzuwenden hat, wenn man blos die augenblicklichen Lagen der Mittelpunkte der Kugeln als Centra für r und r', und R_{12} als die Entfernung dieser Lagen betrachtet. Der neue, jetzt hinzutretende, von H, H' explicite abhängige Theil jener Function wird in der Nähe von S_2

$$\frac{1}{2}\frac{\mathsf{H}r_1^3}{R_{12}^2}\cos \mathsf{H}R_{21} - \frac{1}{2}\frac{\mathsf{H}'r_2^3}{r'^2}\cos r'\mathsf{H}'.$$

Der Druck in der Nähe von S_2 wird nach der 7. Nr., so lange σ unendlich klein ist, durch die Formel (18), wo Ψ die ganze Geschwindigkeitsfunction bezeichnet, vollständig bestimmt. Natürlich gilt dabei betreffs der vorgeschriebenen Differentiation in Bezug auf t, dass sie auch die Coordinaten der Mittelpunkte von S_1 und S_2 angehen muss, da ja im vorliegenden Falle diese mit der Zeit variiren. Daher ist, wenn mit u, v, w die Componenten von H, mit u', v', w' die von H' bezeichnet werden, an der Oberfläche von $S_2 (r' = r_2)$:

$$\begin{aligned}
\frac{\partial\Psi}{\partial t'} = \frac{\partial}{\partial t'}\left(\frac{m_1}{R_{12}}\right) + r'\Big[&\cos r'X\frac{\partial}{\partial t'}\left(\frac{\partial}{\partial x_2}\left(\frac{m_1}{R_{12}}\right)\right)\\
&+\cos r'Y\frac{\partial}{\partial t'}\left(\frac{\partial}{\partial y_2}\left(\frac{m_1}{R_{12}}\right)\right)\\
&+\cos r'Z\frac{\partial}{\partial t'}\left(\frac{\partial}{\partial z_2}\left(\frac{m_1}{R_{12}}\right)\right)\Big]\\
+\frac{1}{2}\frac{1}{r'^2}\Big[&\cos r'X\frac{\partial}{\partial t'}\left(\frac{\partial}{\partial x_2}\left(\frac{m_1 r_2^3}{R_{12}}\right)\right)\\
&+\cos r'Y\frac{\partial}{\partial t'}\left(\frac{\partial}{\partial y_2}\left(\frac{m_1 r_2^3}{R_{12}}\right)\right)\\
&+\cos r'Z\frac{\partial}{\partial t'}\left(\frac{\partial}{\partial z_2}\left(\frac{m_1 r_2^3}{R_{12}}\right)\right)\Big]\\
-\frac{3}{2}\Big[u'\frac{\partial}{\partial x_2}\left(\frac{m_1}{R_{12}}\right) &+ v'\frac{\partial}{\partial y_2}\left(\frac{m_1}{R_{12}}\right) + w'\frac{\partial}{\partial z_2}\left(\frac{m_1}{R_{12}}\right)\Big]\\
+\frac{3}{2}\mathsf{H}'\cos\mathsf{H}'r'\Big[&\cos r'X\frac{\partial}{\partial x_2}\left(\frac{m_1}{R_{12}}\right)\\
&+\cos r'Y\frac{\partial}{\partial y_2}\left(\frac{m_1}{R_{12}}\right)\\
&+\cos r'Z\frac{\partial}{\partial z_2}\left(\frac{m_1}{R_{12}}\right)\Big]\\
+\frac{5}{2}\frac{m_2}{r'^2}\mathsf{H}'\cos\mathsf{H}'r' &+ \frac{\partial m_2}{\partial t}\frac{1}{r'} + \frac{1}{2}\frac{\partial}{\partial t'}\left(\frac{\mathsf{H}r_1^3}{R_{12}^2}\cos\mathsf{H}R_{21}\right)\\
-\frac{1}{2}r_2\Big[\frac{du'}{dt}\cos r'X &+ \frac{dv'}{dt}\cos r'Y + \frac{dw'}{dt}\cos r'Z\Big]\\
&+\frac{1}{2}\mathsf{H}'^2(1 - 3\cos^2\mathsf{H}'r').
\end{aligned}$$

Hieraus folgt für die Passage über S_2 der von der Aenderung ∂m_1 kommenden Welle:

$$\iint \frac{\partial \Psi}{\partial t'} \cos r' X ds\, dt' = \int V_2 \frac{\partial}{\partial t'}\left(\frac{\partial}{\partial x_2}\left(\frac{m_1}{R_{12}}\right)\right) dt'$$
$$+ \frac{2\pi}{3} \int \frac{\partial}{\partial t'}\left(\frac{\partial}{\partial x_2}\left(\frac{m_1 r_2^3}{R_{12}}\right)\right) dt'$$
$$+ \frac{10\pi}{3} u' \int m_2 dt' - \frac{2\pi}{3} \int r_2^3 \frac{du'}{dt'} dt'.$$

Ferner:

$$\frac{1}{2}\iint \left[\left(\frac{\partial \Psi}{\partial x}\right)^2 + \left(\frac{\partial \Psi}{\partial y}\right)^2 + \left(\frac{\partial \Psi}{\partial z}\right)^2\right] \cos r' X ds\, dt' = -\frac{4\pi}{3} u' \int m_2 dt'.$$

Folglich:

$$-\iint p \cos r' X ds\, dt' = \varrho_0 \int V_2 \frac{\partial}{\partial t'}\left(\frac{\partial}{\partial x_2}\left(\frac{m_1}{R_{12}}\right)\right) dt'$$
$$+ \frac{1}{2}\varrho_0 \Big| V_2 \frac{\partial}{\partial x_2}\left(\frac{m_1}{R_{12}}\right) - \frac{1}{2}\varrho_0 \int \frac{\partial}{\partial t'} (u' V_2) dt'.$$

Das erste Glied können wir leicht in der früheren Weise umformen. Man bekommt nämlich:

$$\int V_2 \frac{\partial}{\partial t'}\left(\frac{\partial}{\partial x_2}\left(\frac{m_1}{R_{12}}\right)\right) dt' = \Big| V_2 \frac{\partial}{\partial x_2}\left(\frac{m_1}{R_{12}}\right) + 4\pi \int \frac{\partial}{\partial x_2}\left(\frac{m_1}{R_{12}}\right) m_2 dt';$$

wesshalb, da V_2 und m_2 von x_2, y_2, z_2 unabhängig sind:

$$-\iint p \cos r' X ds\, dt' = 4\pi \varrho_0 \int \frac{\partial}{\partial x_2}\left(\frac{m_1 m_2}{R_{12}}\right) dt' + \frac{3}{2}\varrho_0 \Big| \frac{\partial}{\partial x_2}\left(V_2 \frac{m_1}{R_{12}}\right)$$
$$- \frac{1}{2}\varrho_0 \Big| V_2 u'.$$

Durch die zwei ersten Glieder der rechten Seite dieser Gleichung wird diejenige Bewegungsmenge ausgedrückt, welche die Kugel S_2 von der Welle von S_1 empfängt. Das Integrationsgebiet des ersten Integrals wird die Zeit, während der die fragliche Welle, welche S_1, in Folge der angenommenen Aenderung von m_1' zu m_1'', ausgeschickt hat, den Mittelpunkt von S_2 überschreitet. Das Substitutionszeichen der zwei letzten Glieder bezieht sich auf die Endpunkte dieser selben Zeitdauer. Im ersten Integrale steht, nach dem Vorigen, dt' als die Zeit, während welcher der von ∂m_1 herrührende Wellentheil den Mittelpunkt von S_2 passirt, also (Nr. 8):

$$dt' = \frac{1 + \frac{\mathsf{H}}{a} \cos \mathsf{H}\, R_{21}}{1 + \frac{\mathsf{H}'}{a} \cos \mathsf{H}' R_{21}}\, dt.$$

Jener Ausdruck für die Bewegungsmenge der Kugel S_2 gilt offenbar, wie aus seiner Herleitung ersichtlich, für irgend welche Zeit, bei der S_1 und S_2 unendlich klein bleiben, und blos die Passage der Welle von S_1 über S_2 entweder ganz innerhalb oder ganz ausserhalb dieser Zeit geschieht. Demzufolge bekommt man zu jeder solchen Zeit zwischen zwei festen, von x_2, y_2, z_2 unabhängigen, unendlich nahe an einander fallenden Zeitpunkten t_0 und t_1 für die Kugel S_2 die folgenden Gleichungen:

$$(23)\quad \begin{cases} M_2 \Delta u' + \frac{1}{2}\varrho_0 \Big|_{t_0}^{t_1} V_2 u' = \frac{\partial \Omega}{\partial x_2} + \int_{t_0}^{t_1} X dt, \\ M_2 \Delta v' + \frac{1}{2}\varrho_0 \Big|_{t_0}^{t_1} V_2 v' = \frac{\partial \Omega}{\partial y_2} + \int_{t_0}^{t_1} Y dt, \\ M_2 \Delta w' + \frac{1}{2}\varrho_0 \Big|_{t_0}^{t_1} V_2 w' = \frac{\partial \Omega}{\partial z_2} + \int_{t_0}^{t_1} Z dt, \end{cases}$$

wo

$$(24)\quad \Omega = 4\pi\varrho_0 \int_{t_0}^{t_1} \frac{m_1 m_2}{R_{12}} dt' + \frac{3}{2}\varrho_0 \Big|_{t_0}^{t_1} V_2 \frac{m_1}{R_{12}}.$$

Mit X, Y, Z werden die Componentensummen der angenommenen äusseren Kräfte, die auf S_2 wirken, mit M_2 die Masse dieser Kugel bezeichnet. — Die Gleichungen besitzen denselben Grad von Genauigkeit wie die ähnlich lautenden in der Einleitung zu diesem Abschnitte. Grössen von derselben Ordnung als $\varrho_0 \mathsf{H}^2 r_1^3 r_2^3 (t_1 - t_0)$ sowie auch solche Grössen unter dem Integralzeichen, die $\varrho_0 \mathsf{H} r_1^3 m_2$*) als Factor enthalten, sind vernachlässigt worden. Die Werthe von m_1, m_2 sollen mindestens so gross als $r_1^3 : \sqrt{\varrho_0}$ sein. Ein Rückblick auf die Entwickelungen auf S. 374—376 bestätigt, wie sich übrigens unten zeigen wird, alle diese Angaben.

Aus den obigen Formeln erkennen wir, *dass, wenn wir uns die in der nächstvorangehenden Nr. betrachteten Punkte S_1, S_2 sich selbst überlassen denken, dieselben sich so bewegen müssen als wenn sie im leeren Raume wären und mit der in der vorigen Nr. bestimmten Kraft auf einander wirkten.* Wir wenden nämlich auf die Gleichungen (23) dasjenige Räsonnement an, das in der Einleitung betreffend die Gleichungen (d) daselbst geführt ist.

13. Wenn neben H, H' solche Geschwindigkeiten h, h' sich finden, denen unendlich kleine oscillatorische Bewegungen der Mittelpunkte der Kugeln entsprechen, so haben wir erstens in (23) u', v', w' als Componenten der Resultante von H' und h' zu betrachten, ferner dt' gleich

*) Oder $\varrho_0 \mathsf{H}' r_2^3 m_1$.

$$dt' = \frac{1+\frac{h}{a}\cos hR_{21}}{1+\frac{h'}{a}\cos h'R_{21}}\,\frac{1+\frac{\mathsf{H}}{a}\cos \mathsf{H}R_{21}}{1+\frac{\mathsf{H}'}{a}\cos \mathsf{H}'R_{21}}\,dt$$

und μ_1 statt m_1:

$$\mu_1 = \frac{m_1}{1+\frac{h}{a}\cos hR_{21}}$$

zu schreiben (Nr. 8).

Weil die Geschwindigkeiten h, h' sehr schnell variiren, und überdies in der Folge nicht jederzeit unendlich klein in Vergleich zu a angenommen werden, wollen wir, um ihren Einfluss leichter beurtheilen zu können, die oben fortgelassenen Glieder, welche von denen von der nächsthöheren Ordnung in Ψ herrühren, hinschreiben. Die in Frage kommenden Glieder von Ψ werden für die Nähe von S_2 diese:

$$\frac{1}{2}r'^2\left[\cos^2 r'X\frac{\partial^2}{\partial x_2^2}\left(\frac{m_1}{R_{12}}\right)+2\cos r'X\cos r'Y\frac{\partial^2}{\partial x_2\partial y_2}\left(\frac{m_1}{R_{12}}\right)+\cdots\right]$$

$$+\frac{1}{3}\frac{r_2^5}{r'^3}\left[\cos^2 r'X\frac{\partial^2}{\partial x_2^2}\left(\frac{m_1}{R_{12}}\right)+2\cos r'X\cos r'Y\frac{\partial^2}{\partial x_2\partial y_2}\left(\frac{m_1}{R_{12}}\right)+\cdots\right]$$

$$+\frac{1}{2}r'\left[\cos r'X\frac{\partial}{\partial x_2}\left(\frac{hr_1^3\cos hR_{21}}{R_{12}^2}\right)+\cos r'Y\frac{\partial}{\partial y_2}\left(\frac{hr_1^3\cos hR_{21}}{R_{12}^2}\right)\right.$$
$$\left.+\cos r'Z\frac{\partial}{\partial z_2}\left(\frac{hr_1^3\cos hR_{21}}{R_{12}^2}\right)\right]$$

$$+\frac{1}{4}\frac{r_2^3}{r'^2}\left[\cos r'X\frac{\partial}{\partial x_2}\left(\frac{hr_1^3\cos hR_{21}}{R_{12}^2}\right)+\cos r'Y\frac{\partial}{\partial y_2}\left(\frac{hr_1^3\cos hR_{21}}{R_{12}^2}\right)\right.$$
$$\left.+\cos r'Z\frac{\partial}{\partial z_2}\left(\frac{hr_1^3\cos hR_{21}}{R_{12}^2}\right)\right]$$

$$+\frac{1}{4}r'^2\left[\cos^2 r'X\frac{\partial^2}{\partial x_2^2}\left(\frac{hr_1^3\cos hR_{21}}{R_{12}^2}\right)\right.$$
$$\left.+2\cos r'X\cos r'Y\frac{\partial^2}{\partial x_2\partial y_2}\left(\frac{hr_1^3\cos hR_{21}}{R_{12}^2}\right)+\cdots\right]$$

$$+\frac{1}{6}\frac{r_2^5}{r'^3}\left[\cos^2 r'X\frac{\partial^2}{\partial x_2^2}\left(\frac{hr_1^3\cos hR_{21}}{R_{12}^2}\right)\right.$$
$$\left.+2\cos r'X\cos r'Y\frac{\partial^2}{\partial x_2\partial y_2}\left(\frac{hr_1^3\cos hR_{21}}{R_{12}^2}\right)+\cdots\right].$$

Eigentlich steht h als Resultante aus den früheren H und h.

Hiervon in $-\int\int p \cos r' X\, ds\, dt'$*) die Glieder:

$$-2\pi\varrho_0\int\frac{\partial}{\partial x_2}\left[u'\frac{\partial}{\partial x_2}\left(\frac{m_1 r_2^3}{R_{12}}\right)+v'\frac{\partial}{\partial y_2}\left(\frac{m_1 r_2^3}{R_{12}}\right)+w'\frac{\partial}{\partial z_2}\left(\frac{m_1 r_2^3}{R_{12}}\right)\right]dt''$$

$$+2\pi\varrho_0\int\frac{\partial}{\partial x_2}\left(\frac{h r_1^3 m_2 \cos R_{21}h}{R_{12}^2}\right)dt''+\pi\varrho_0\left|\frac{\partial}{\partial x_2}\left(\frac{h r_1^3 r_2^3\cos R_{21}h}{R_{12}^2}\right)\right.$$

$$-\pi\varrho_0\int\frac{\partial}{\partial x_2}\left[u'\frac{\partial}{\partial x_2}\left(\frac{h r_1^3 r_2^3\cos hR_{21}}{R_{12}^2}\right)+v'\frac{\partial}{\partial y_2}\left(\frac{h r_1^3 r_2^3\cos hR_{21}}{R_{12}^2}\right)\right.$$

$$\left.+w'\frac{\partial}{\partial z_2}\left(\frac{h r_1^3 r_2^3\cos hR_{21}}{R_{12}^2}\right)\right]dt''.$$

Es hat dann dt'' dieselbe Bedeutung für die Variation von h wie oben dt' hatte für die Variation von m_1. Wir müssten natürlich, streng genommen, statt h schreiben

$$\frac{h}{1+\frac{h}{a}\cos hR_{21}}$$

(Nach Nr. 8).

Die Componenten der Bewegungsmenge, welche S_2 vom festen Zeitpunkte t_0 bis zum festen t_1 seitens S_1 gewonnen hat, drücken sich also durch die ersten Derivirten der Function $\Omega'+\Omega''$ in Bezug auf x_2, y_2, z_2 aus:

$$(25)\quad \Omega'=4\pi\varrho_0\int_{t_0}^{t_1}\frac{\mu_1 m_2}{R_{12}}dt'+\frac{3}{2}\Big|_{t_0}^{t_1}V_2\frac{\mu_1}{R_{12}},$$

$$(25')\quad \Omega''=2\pi\varrho_0\int_{t_0}^{t_1}\frac{h r_1^3 m_2\cos hR_{21}}{R_{12}^2}dt''+\pi\varrho_0\Big|_{t_0}^{t_1}\frac{h r_1^3 r_2^3\cos hR_{21}}{R_{12}^2}$$

$$-2\pi\varrho_0\int_{t_0}^{t_1}\left(u'\frac{\partial}{\partial x_2}+v'\frac{\partial}{\partial y_2}+w'\frac{\partial}{\partial z_2}\right)\left(\frac{\mu_1 r_2^3}{R_{12}}dt'+\frac{1}{2}\frac{h r_1^3 r_2^3\cos hR_{21}}{R_{12}^2}dt''\right);$$

bei den Differentiationen des letzten Integrals u', v', w' für unabhängig von x_2, y_2, z_2 gerechnet.

14. Wir werden diesen Satz unter folgender Voraussetzung über m und h anwenden. Während der Zeit von $t_0+\varepsilon$ bis $t_0+\Theta$ soll m_1

*) Unter Vernachlässigung von

$$\frac{2\pi\varrho_0}{3}\int^{*}u'\Delta^2\left(\frac{m_1 r_2^3}{R_{12}}\right)dt,\quad \frac{\pi\varrho_0}{3}\int^{*}u'\Delta^2\left(\frac{h r_1^3 r_2^3\cos hR_{21}}{R_{12}^2}\right)dt$$

$$\left[\Delta^2=\frac{\partial^2}{\partial x_2^2}+\frac{\partial^2}{\partial y_2^2}+\frac{\partial^2}{\partial z_2^2}\right].$$

Bei der später in Nr. 16, 17 zu machenden Annahme fallen diese Glieder weg.

constant $= m_1^0$ bleiben, dagegen von $t_0 + \Theta$ bis $t_0 + \Theta + \varepsilon$ plötzlich in $- m_1^0$ übergehen, und dies auf solche Weise, dass:

$$\text{(a)} \qquad \int_{t_0+\Theta}^{t_0+\Theta+\varepsilon} m_1\, dt = + m_1^0(\Theta - \varepsilon).$$

Vom letzten Zeitpunkte bis $t_0 + 2\Theta$ soll wieder m_1 constant bleiben $= - m_1^0$, sodann von $t_0 + 2\Theta$ bis $t_0 + 2\Theta + \varepsilon$ zu $+ m_1^0$ derart sich ändern, dass:

$$\text{(b)} \qquad \int_{t_0+2\Theta}^{t_0+2\Theta+\varepsilon} m_1\, dt = - m_1^0(\Theta - \varepsilon).$$

Und unaufhörlich soll dieses sich wiederholen und auch früher soll m_1 so variirt haben; daher insbesondere:

$$\text{(b}'\text{)} \qquad \int_{t_0}^{t_0+\varepsilon} m_1\, dt = - m_1^0(\Theta - \varepsilon).$$

Im vorliegenden Falle besteht somit die Volumenvariation von S_1 während einer Zeitperiode 2Θ aus zwei schnelleren Aenderungen entgegengesetzter Art, jede derselben verbunden mit gleichförmigem Rückgang des Volumens.

Auch von der Translation von S_1 soll*) angenommen werden, dass sie periodisch wird, mit 2Θ als Zeitperiode. Es soll übrigens h während des erst betrachteten Zeitintervalles, des von $t_0 + \varepsilon$ bis $t_0 + \Theta$, constant$= h_0$ sein, während des darauf folgenden Intervalles ε die Richtung ändern, sagen wir $- h_0$ werden, und dies derart thun, dass

$$\text{(c)} \qquad \int_{t_0+\Theta}^{t_0+\Theta+\varepsilon} h \cos hR_{21}\, dt = - \varkappa h_0 \cos h_0 R_{21} (\Theta - \varepsilon),$$

wo $\varkappa$ irgend eine positive Zahl bedeutet. Im Intervalle von $t_0 + \Theta + \varepsilon$ bis $t_0 + 2\Theta$ soll h constant gleich $- h_0$ bleiben und schliesslich während der hierauf folgenden Zeit ε in der Weise den ersten Werth $+ h_0$ wieder annehmen, wie es die folgende Gleichung lehrt:

$$\text{(d)} \qquad \int_{t_0+2\Theta}^{t_0+2\Theta+\varepsilon} h \cos hR_{21}\, dt = + \varkappa h_0 \cos h_0 R_{21} (\Theta - \varepsilon).$$

In Folge der angenommenen Periodicität muss h nach allen Zeiten 2Θ dasselbe sein, so dass insbesondere

*) Abgesehen von der von H bewirkten.

$$\text{(d')} \qquad \int_{t_0}^{t_0+\varepsilon} h \cos h R_{21}\, dt = + \varkappa h_0 \cos h_0 R_{21} (\Theta - \varepsilon).$$

In ganz derselben Weise sollen die Volumenänderungen und die Translationen von S_2 vor sich gehen und 2Θ soll eben ihre Zeitperiode ausmachen.

Ferner denken wir uns h_0 und h_0' (letzteres zu S_2 zugehörend) unendlich gross wie $a\varrho_0^{\frac{1}{6}}$, d. i. wie $\varrho_0^{-\frac{1}{3}}$; ε wie früher unendlich klein wie $\varrho_0 : a$, Θ unendlich klein wie $\sqrt{\varrho_0} : a$, endlich m_1^0, m_2^0 unendlich klein wie ϱ_0^2.

15. Wir betrachten so den Fall, dass S_2 einmal während der Zeit von $t_0' + \varepsilon$, wo sie ihre schnellere Volumenvergrösserung beendigt haben möge, bis $t_0' + \Theta$, wo ihre schnellere Volumenverkleinerung anfangen wird, von einer und nur einer Welle von S_1 getroffen wird, und dass diese Welle von einer schnelleren Volumenvergrösserung von S_1 herrührt, zu der also eine Gleichung von der Form (b') gehört. Wir finden in diesem Falle, wenn wir Grössen von derselben Ordnung wie $\varrho_0 m_1^0 m_2^0 \Theta \sqrt{\varrho_0}$, d. i. wie $\varrho_0 m_1^0 m_2^0 \varepsilon$, vernachlässigen, für den Theil von Ω', der auf die Passage dieser Welle sich bezieht, den Werth

$$4\pi\varrho_0 \frac{1 + \frac{\mathsf{H}}{a}\cos \mathsf{H} R_{21}}{1 + \frac{\mathsf{H}'}{a}\cos \mathsf{H}' R_{21}} \frac{m_2^0}{1 + \frac{h_0'}{a}\cos h_0' R_{21}} \int\limits_{(\varepsilon)} \frac{m_1\, dt}{R_{12}}$$

$$+ \frac{3}{2}\varrho_0 \frac{m_1^0}{1 + \frac{h_0}{a}\cos h_0 R_{21}} \Bigg|^{\varepsilon_1} \frac{V_2}{R_{12}} + \frac{3}{2}\varrho_0 \frac{m_1^0}{1 - \frac{h_0}{a}\cos h_0 R_{21}} \Bigg|^{\varepsilon_0} \frac{V_2}{R_{12}},$$

da jetzt

$$\mu_1\, dt' = \frac{1 + \frac{\mathsf{H}}{a}\cos \mathsf{H} R_{21}}{1 + \frac{\mathsf{H}'}{a}\cos \mathsf{H}' R_{21}} \frac{m_1\, dt}{1 + \frac{h_0'}{a}\cos h_0' R_{21}}.$$

Hier bedeuten ε_0 die Anfangs-, ε_1 die Endzeit der Passage der Welle über den Mittelpunkt von S_2, dessen Geschwindigkeit aus H' und h' componirt ist. — Wegen (b') wird jener Ausdruck gleich

$$(\alpha) \qquad -\frac{4\pi\varrho_0}{R_{12}} \frac{1 + \frac{\mathsf{H}}{a}\cos \mathsf{H} R_{21}}{1 + \frac{\mathsf{H}'}{a}\cos \mathsf{H}' R_{21}} \frac{m_1^0 m_2^0 \Theta}{1 + \frac{h_0'}{a}\cos h_0' R_{21}}$$

$$+ \frac{3\varrho_0}{R_{12}} \frac{m_1^0}{1 - \frac{h_0^2}{a^2}\cos^2 h_0 R_{21}} \Bigg|^{\varepsilon_0} V_2 - \frac{6\pi\varrho_0}{R_{12}} \frac{m_1^0 m_2^0 (\varepsilon_1 - \varepsilon_0)}{1 + \frac{h_0}{a}\cos h_0 R_{21}}.$$

Der Theil von Ω', der auf die Zeit von t_0' zu $t_0' + \varepsilon$ sich bezieht, wird

$$(\beta)\qquad -\frac{2\pi\varrho_0}{R_{12}}\;\frac{m_1^0 m_2^0 \Theta}{1-\frac{h_0}{a}\cos h_0 R_{21}}.$$

Derjenige Theil derselben Function, welcher für die Zeit von $t_0' + \varepsilon$ bis ε_0 erhalten wird, hat diesen Werth:

$$(\gamma)\qquad +\frac{2\pi\varrho_0}{R_{12}}\;\frac{m_1^0 m_1^0(\varepsilon_0 - t_0')}{1-\frac{h_0}{a}\cos h_0 R_{21}};$$

endlich der auf die Zeit von ε_1 zu $t_0' + \Theta$ bezügliche Theil von Ω' wird

$$(\delta)\qquad -\frac{2\pi\varrho_0}{R_{12}}\;\frac{m_1^0 m_2^0(t_0'+\Theta-\varepsilon_1)}{1+\frac{h_0}{a}\cos h_0 R_{21}}.$$

Die Vereinigung von (α)—(δ) giebt denjenigen Werth von Ω', welcher dem Zeitverlauf Θ von t_0' an entspricht:

$$(26)\qquad \Omega' = -\frac{4\pi\varrho_0}{R_{12}}\;\frac{1+\frac{\mathrm{H}}{a}\cos \mathrm{H} R_{21}}{1+\frac{\mathrm{H}'}{a}\cos \mathrm{H}' R_{21}}\;\frac{m_1^0 m_2^0\Theta}{1+\frac{h_0'}{a}\cos h_0' R_{21}}$$

$$+\frac{3\varrho_0}{R_{12}}\;\frac{m_1^0}{1-\frac{h_0^2}{a^2}\cos^2 h_0 R_{21}}\Bigg|^{\varepsilon_0} V_2 - \frac{4\pi\varrho_0}{R_{12}}\;\frac{m_1^0 m_2^0(t_0'+\Theta-\varepsilon_0)}{1-\frac{h_0^2}{a^2}\cos^2 h_0 R_{21}}$$

$$-\frac{4\pi\varrho_0}{R_{12}}\;\frac{m_1^0 m_2^0(\varepsilon_1-\varepsilon_0)}{1+\frac{h_0}{a}\cos h_0 R_{21}}.$$

In Folge des in Nr. 13 gegebenen Werthes von dt' kommt, mit Berücksichtigung von (d'):

$$(27)\qquad \varepsilon_1 - \varepsilon_0 = \frac{1+\frac{\mathrm{H}}{a}\cos \mathrm{H} R_{21}}{1+\frac{\mathrm{H}'}{a}\cos \mathrm{H}' R_{21}}\;\frac{\varepsilon + \varkappa\frac{h_0}{a}\cos h_0 R_{21}\Theta}{1+\frac{h_0'}{a}\cos h_0' R_{21}}.$$

(Man beachte übrigens hier, wie auch im Folgenden, was vom Falle $h > a$ in Nr. 8 gesagt wurde).

Die Glieder von Ω'' werden alle verschwindend klein gegen obigen Werth (26) von Ω'.

16. Gehört die Kugel S_1 einem ganzen Aggregate von unendlich vielen Kugeln zu, welche alle wie diese S_1 sich ändern und bewegen, so wird sich in einem Abstande von S_1, mit $\sqrt{\varrho_0}$ vergleichbar, eine Kugel S_1' finden, welche bei ihrer schnelleren Volumenverkleinerung eine Welle ausschickt, die S_2 zur Zeit ε_0 (oder zu einer um nur eine mit ε vergleichbare Grösse hiervon verschiedenen Zeit) trifft. Der Werth des Theiles der Function Ω', welcher der obigen Zeit von t_0' bis $t_0'+\Theta$

und der letzten Kugel S_1' entspricht, wird, wenn immer Grössen von derselben Ordnung wie $\varrho_0 m_1^0 m_2^0 \varepsilon$ fortgelassen werden, aus (26) durch blosse Vertauschung von m_1^0, $\cos h_0 R_{21}$ in $-m_1^0$, $-\cos h_0 R_{21}$ erhalten. Derselbe wird folglich gleich

$$(26') \qquad \Omega_1' = \frac{4\pi\varrho_0}{R_{12}} \frac{1+\frac{\mathsf{H}}{a}\cos \mathsf{H} R_{21}}{1+\frac{\mathsf{H}'}{a}\cos \mathsf{H}' R_{21}} \frac{m_1^0 m_2^0 \Theta}{1+\frac{h_0'}{a}\cos h_0' R_{21}}$$

$$-\frac{3\varrho_0}{R_{12}} \frac{m_1^0}{1-\frac{h_0^2}{a^2}\cos^2 h_0 R_{21}} \Big|^{\varepsilon_0} V_2 + \frac{4\pi\varrho_0}{R_{12}} \frac{m_1^0 m_2^0 (t_0'+\Theta-\varepsilon_0)}{1-\frac{h_0^2}{a^2}\cos^2 h_0 R_{21}}$$

$$+\frac{4\pi\varrho_0}{R_{12}} \frac{m_1^0 m_2^0(\varepsilon_1'-\varepsilon_0)}{1-\frac{h_0}{a}\cos h_0 R_{21}},$$

wo

$$(27') \qquad \varepsilon_1' - \varepsilon_0 = \frac{1+\frac{\mathsf{H}}{a}\cos \mathsf{H} R_{21}}{1+\frac{\mathsf{H}'}{a}\cos \mathsf{H}' R_{21}} \frac{\varepsilon - \varkappa \frac{h_0}{a}\cos h_0 R_{21} \Theta}{1+\frac{h_0'}{a}\cos h_0' R_{21}}.$$

Die zwei Kugeln S_1, S_1' liefern somit zusammen genommen während einer Zeit Θ von t_0' an eine Bewegungsmenge für S_2, deren Componenten durch die Differentialquotienten in Bezug auf x_2, y_2, z_2) der folgenden Function Ω auszudrücken sind:*

$$\Omega = \Omega' + \Omega_1' = -\frac{8\pi\varrho_0\varkappa}{R_{12}} \frac{1+\frac{\mathsf{H}}{a}\cos \mathsf{H} R_{21}}{1+\frac{\mathsf{H}'}{a}\cos \mathsf{H}' R_{21}} \frac{h_0}{a}\cos h_0 R_{21} \times$$

$$\times \frac{m_1^0 m_2^0 \Theta}{\left(1+\frac{h_0'}{a}\cos h_0' R_{21}\right)\left(1-\frac{h_0^2}{a^2}\cos^2 h_0 R_{21}\right)},$$

d. i. mit der Annäherung der vorigen Rechnung:

$$(28) \qquad \Omega = -8\pi\varrho_0\varkappa \frac{m_1^0 m_2^0 \Theta}{R_{12}} \frac{1+\frac{\mathsf{H}}{a}\cos \mathsf{H} R_{21}}{1+\frac{\mathsf{H}'}{a}\cos \mathsf{H}' R_{21}} \frac{h_0}{a}\cos h_0 R_{21} \times$$

$$\times \left(1-\frac{h_0'}{a}\cos h_0' R_{21}\right).$$

17. Im Aggregate der Kugeln S_1 wird es unendlich viele unendlich benachbarte Kugeln geben, von denen Wellen, von den Volumenvergrösserungen der Kugeln herrührend, zu S_2 kommen, während

*) Für die Berechnung derselben hat man natürlich nöthig zu wissen, wie die Componenten der Geschwindigkeit h_0' von x_2, y_2, z_2 abhängen.

diese ihre schnellere Volumenvergrösserung ausführt. Es finden sich aber gleich viel andere Kugeln des Aggregates, welche sich so zu den vorigen verhalten wie S_1' zu S_1, so dass sie jenen unendlich nahe liegen und Wellen ausschicken, von den Volumenverkleinerungen herrührend, welche gleichzeitig mit den früheren die Kugel S_2 treffen. Ein Theil des Effectes der ersteren Wellen drückt sich durch die Function

$$\frac{4\pi\varrho_0}{R_{12}}\sum\int\limits_{(s)}\mu_1 m_2 dt' = \frac{4\pi\varrho_0}{R_{12}}\,\frac{1+\frac{\mathsf{H}}{a}\cos \mathsf{H} R_{21}}{1+\frac{\mathsf{H}'}{a}\cos \mathsf{H}' R_{21}}\sum\int\limits_{(s)}\frac{m_1 m_2 dt}{1+\frac{h'}{a}\cos h' R_{21}}$$

aus. Der entsprechende Theil der anderen Wellen wird

$$\frac{4\pi\varrho_0}{R_{12}}\sum\int\limits_{(s)}\mu_1' m_2 dt' = -\frac{4\pi\varrho_0}{R_{12}}\,\frac{1+\frac{\mathsf{H}}{a}\cos \mathsf{H} R_{21}}{1+\frac{\mathsf{H}'}{a}\cos \mathsf{H}' R_{21}}\sum\int\limits_{(s)}\frac{m_1 m_2 dt}{1+\frac{h'}{a}\cos h' R_{21}}$$

und hebt somit den ersten auf. Daher muss der Gesammteffect der besprochenen Kugeln S_1, S_1' eben durch die Function (28), über alle $m_1^0 h_0$ der Kugeln der einen Schaar (S_1) ausgedehnt, dargestellt sein.

18. Weil zwei consecutive Wellen von S_1 nicht nach einer Zeitdifferenz von Θ, sondern eher, wie wenn $h = h' = 0$, von

$$\frac{1+\frac{\mathsf{H}}{a}\cos \mathsf{H} R_{21}}{1+\frac{\mathsf{H}'}{a}\cos \mathsf{H}' R_{21}}\,\Theta$$

zur Kugel S_2 kommen, so kann es geschehen, dass die Kugel S_2 während der Zeit Θ von mehr als einer Welle von S_1 getroffen wird. Weil jedoch H und H' gegen a unendlich klein sein sollen, kann etwas derartiges nur für eine kleinere Zahl von den Kugeln S_1 zutreffen, so dass das Schlussresultat, insofern wir nur an die Wirkung des ganzen Aggregates von den Kugeln S_1 denken, hiervon nicht merklich beeinträchtigt werden kann.

Wir haben hier, wie auch in Nr. 11, — nun aber wegen der gleichzeitigen Anwesenheit von S_1 und S_1', — σ als eine unendlich kleine Grösse angesehen.

§ 3.

Von der Energie einer Welle.

19. Gehen wir zu dem in Nr. 1—5 betrachteten Falle zurück, wo von nur einer Kugel S die Rede war, und fragen wir nach der Energie des Gases, so finden wir diese in der folgenden Weise. Wenn man

mit T die kinetische, mit P die potentielle Energie, mit p den Druck des Gases bezeichnet und mit dn ein Element des in das Gas fallenden Theils des Perpendikels auf das Flächenelement ds von S, so hat man bekanntlich:

$$\frac{dT}{dt} + \frac{dP}{dt} = \int p \frac{dn}{dt} ds. \tag{29}$$

Wenn ferner ψ die Geschwindigkeitsfunction bedeutet, so folgt aus der Formel:

$$\iiint p \Delta^2 \psi \, dx\, dy\, dz = -\int p \frac{d\psi}{du} ds$$
$$-\iiint \left(\frac{\partial p}{\partial x} \frac{\partial \psi}{\partial x} + \frac{\partial p}{\partial y} \frac{\partial \psi}{\partial y} + \frac{\partial p}{\partial z} \frac{\partial \psi}{\partial z} \right) dx\, dy\, dz,$$

wo man die dreifachen Integrale über den ganzen Raum ausserhalb S und das Flächenintegral über die Fläche von S ausdehnt, — unter Berücksichtigung der Bewegungsgleichungen:

$$\frac{\partial p}{\partial x} = -\varrho \frac{du}{dt}, \quad \frac{\partial p}{\partial y} = -\varrho \frac{dv}{dt}, \quad \frac{\partial p}{\partial z} = -\varrho \frac{dw}{dt}, \quad \Delta^2 \psi = -\frac{d\sigma}{dt}$$

[u, v, w sind die Geschwindigkeitscomponenten der Partikel (xyz),
$\varrho = \varrho_0(1+\sigma)$],

dass

$$-\iiint p \frac{d\sigma}{dt} dx\, dy\, dz = -\int_{(S)} p \frac{dn}{dt} ds + \frac{dT}{dt}.$$

Die Vergleichung mit (29) ergiebt

$$\frac{dP}{dt} = \iiint p \frac{d\sigma}{dt} dx\, dy\, dz. \tag{30}$$

Hier nehmen wir an, wie in Nr. 5, dass die Kugel S zur Zeit $t = 0$, während eines unendlich kleinen Zeitverlaufes ε, eine Volumengeschwindigkeit $-4\pi m_1$ plötzlich erhalten und nachher zur Zeit t' eben so plötzlich diese Volumengeschwindigkeit in $-4\pi m_1'$ geändert hat. Möge letztere von da ab unverändert erhalten werden; dann finden sich zu irgend einer Zeit t, nach t', zwei Wellen im Gase, die mit S_1 concentrisch sind und in Folge deren ψ gleich

$$U + U' + \frac{m_1'}{r}$$

wird (Nr. 5). Wir werden diese Wellen Ω bez. Ω' nennen. Ihre äusseren Begrenzungen stehen um at' von einander ab. Ω ist die grössere der Wellen.

Weil

$$T = \tfrac{1}{2} \iiint \varrho \left[\left(\frac{\partial \psi}{\partial x}\right)^2 + \left(\frac{\partial \psi}{\partial y}\right)^2 + \left(\frac{\partial \psi}{\partial z}\right)^2 \right] dx\, dy\, dz,$$

also auch

$$T = -\frac{1}{2}\int_{(S)} \varrho\psi \frac{d\psi}{dn}\, ds$$

$$-\frac{1}{2}\iiint \psi\left[\frac{\partial}{\partial x}\left(\varrho\frac{\partial\psi}{\partial x}\right)+\frac{\partial}{\partial y}\left(\varrho\frac{\partial\psi}{\partial y}\right)+\frac{\partial}{\partial z}\left(\varrho\frac{\partial\psi}{\partial z}\right)\right] dx\,dy\,dz,$$

und, wegen der Continuität des Gases:

$$\frac{\partial}{\partial x}\left(\varrho\frac{\partial\psi}{\partial x}\right)+\frac{\partial}{\partial y}\left(\varrho\frac{\partial\psi}{\partial y}\right)+\frac{\partial}{\partial z}\left(\varrho\frac{\partial\psi}{\partial z}\right) = -\varrho_0\frac{\partial\sigma}{\partial t},$$

so folgt, dass

$$T = -\frac{1}{2}\int_{(S)} \varrho\psi\frac{d\psi}{dn}\, ds + \frac{1}{2}\varrho_0\iiint \psi\frac{\partial\sigma}{\partial t}\, dx\,dy\,dz.$$

Zur Zeit $t > t'$ hat man

$$-\frac{1}{2}\int_{(S)} \varrho\psi\frac{d\psi}{dn}\, ds = 2\pi\varrho_0\frac{m_1'^2}{r_1},$$

wenn r_1 den Radius von S zu dieser Zeit bezeichnet, und

$$\frac{1}{2}\varrho_0\iiint \psi\frac{\partial\sigma}{\partial t}\, dx\,dy\,dz = 2\pi\varrho_0\int_{\Omega}\psi\frac{\partial\sigma}{\partial t} r^2 dr + 2\pi\varrho_0\int_{\Omega'}\psi\frac{\partial\sigma}{\partial t} r^2 dr.$$

Aber für die Welle Ω wird (Nr. 5, 4):

$$\psi = \frac{\Psi(r-at)}{r}, \quad \frac{\partial\sigma}{\partial t} = -\frac{\Psi''(r-at)}{r},$$

also

$$\int_{\Omega}\psi\frac{\partial\sigma}{\partial t} r^2 dr = -\int_{\Omega}\Psi\Psi'' dr.$$

Weil an den Grenzen dieser Welle σ verschwindet, so können wir auch schreiben

$$\int_{\Omega}\psi\frac{\partial\sigma}{\partial t} r^2 dr = \int_{\Omega}[\Psi'(r-at)]^2 dr = a^2\int_{\Omega}\sigma^2 r^2 dr.$$

In derselben Weise folgt

$$\int_{\Omega'}\psi\frac{\partial\sigma}{\partial t} r^2 dr = a^2\int_{\Omega'}\sigma^2 r^2 dr.$$

Desshalb kommt

$$T = 2\pi\varrho_0\frac{m_1'^2}{r_1} + 2\pi\varrho_0 a^2\int_{\Omega}\sigma^2 r^2 dr + 2\pi\varrho_0 a^2\int_{\Omega'}\sigma^2 r^2 dr.$$

Nun wissen wir, dass für eine und dieselbe Welle σr von der Zeit unabhängig ist, und dass gleichfalls die Breite der Welle constant bleibt. Hiernach giebt die letzte Formel für den Zuwachs von T während irgend eines Zeitverlaufes nach t, etwa von t_1 zu t_2, den einfachen Ausdruck:

$$2\pi\varrho_0 m_1'^2 \Big|_{t_1}^{t_2} \frac{1}{r_1}.$$

Wir haben aber, nach dem Zeitpunkte t', an der Oberfläche von S:

$$p = -\frac{1}{2}\varrho_0 \frac{m_1'^2}{r_1^4},$$

folglich

$$\int p \frac{dn}{dt} ds = -2\pi\varrho_0 \frac{m_1'^2}{r_1^2} \frac{dr_1}{dt},$$

und schliessen somit aus (29), dass während jener Zeit $t_2 - t_1$ die potentielle Energie P constant bleibt. Um ihren Werth zu erhalten, haben wir in (30) $p = a^2\varrho\sigma$ zu setzen, wodurch jene Gleichung die Form annimmt:

$$\frac{dP}{dt} = a^2 \int \sigma \frac{d\sigma}{dt} dm,$$

unter dm ein Massenelement des Gases verstanden. Jetzt bemerke man nur, dass dm von der Zeit unabhängig ist, und dass, wenn $t = 0$ war, man überall hatte $\sigma = 0$ und $P = 0$, dann erkennt man, dass die Integration der vorigen Gleichung leistet:

$$P = 2\pi\varrho_0 a^2 \int_{\Omega} \sigma^2 r^2 dr + 2\pi\varrho_0 a^2 \int_{\Omega'} \sigma^2 r^2 dr.$$

Die totale Energie des Gases wird folglich zur Zeit $t > t'$:

$$(31)\quad T + P = 2\pi\varrho_0 \frac{m_1'^2}{r_1} + 4\pi\varrho_0 a^2 \int_{\Omega} \sigma^2 r^2 dr + 4\pi\varrho_0 a^2 \int_{\Omega'} \sigma^2 r^2 dr\text{*}),$$

oder, wenn wir eine Formel haben wollen, welche allgemeinere Aenderungen von m_1 umfasst (Nr. 5), zur Zeit t nach den Aenderungen:

$$(31')\qquad T + P = 2\pi\varrho_0 \frac{m_1'^2}{r_1} + \frac{4\pi\varrho_0}{a} \int_0^t \left(\frac{\partial m_1}{\partial t}\right)^2 dt.$$

20. Das Gas würde, statt der oben betrachteten, von S ausgehenden Wellen, solche von gerade der entgegengesetzten Fortschreitung

---

*) Würde ε in endlichem Verhältnisse zu ϱ_0 stehen, so würden die Breiten der Wellen endliche Verhältnisse zu $a\varrho_0$ haben, und daher würde, wenn noch dazu die Aenderungen von 0 zu m_1 und von m_1 zu m_1' auf kürzestem Wege geschähen, das erste Glied der rechten Seite von (31) unverhältnissmässig grösser werden als die nachfolgenden. Wir haben aber hier stets ε vergleichbar mit $\varrho_0 : a$, oder kleiner, und a mit $1 : \sqrt{\varrho_0}$ vergleichbar.

haben können. Zur Kugel S kann nämlich vom Unendlichen aus eine mit S concentrische sphärische Welle kommen, indem die Radien ihrer Begrenzungskugeln gleichförmig, mit der Geschwindigkeit a, abnehmen. Die Welle kann sogar so beschaffen sein, dass im Gase erst durch sie Bewegung hervorgebracht wird, so dass jede Gaspartikel in Ruhe bleibt, bis die Welle zu ihr gelangt. Aber diese Welle muss dann, wenn ihre Verdichtung überall dasselbe Zeichen aufweist, hinter sich eine dauernde Bewegung hinterlassen. Jedenfalls wird nämlich, wenn der Mittelpunkt von S als Centrum für r gerechnet wird,

$$\frac{\Phi(r+at)}{r}$$

die Geschwindigkeitsfunction für die von der Welle erzeugte Bewegung, und die Verdichtung der Welle gleich

$$-\frac{1}{a}\,\frac{\Phi'(r+at)}{r}\,.$$

(Nach Nr. 3). Wenn also diese Verdichtung überall dasselbe Zeichen besitzt, muss auch $\Phi'(r+at)$ ein und dasselbe Zeichen beständig besitzen, — und die Grenzwerthe von Φ könnten desswegen nicht beide Null sein, wie es geschehen müsste, wenn nur in der Welle allein das Gas in Bewegung wäre.

Nehmen wir insbesondere an, dass die Welle überall verdünnt ist, dass also alle $\Phi'(r+at)$ positiv werden, so finden wir, unter Voraussetzung, dass nicht von sich selbst die Kugel S ihre Oberfläche ändert, zwischen S und der Welle keine Bewegung, dagegen ausserhalb der Welle, d. i. zwischen ihrer grösseren Begrenzungskugel und dem Unendlichen, eine Bewegung, bei der das Gas als eine unzusammendrückbare Flüssigkeit sich verhält und für welche

$$\frac{\mu_1}{r},$$

μ_1 constant und *positiv*, die Geschwindigkeitsfunction darstellt.

Zu irgend einer Zeit, zu der die Radien der Grenzkugeln der Welle R_1, R_2 werden und $R_1 > R_2$, wird nach der nächstvorangehenden Nr. die Energie des Gases

$$(32)\qquad 4\pi\varrho_0 a^2\int_{R_1}^{R_1}\sigma^2 r^2 dr,$$

insbesondere diejenige der Welle

$$(32')\qquad 4\pi\varrho a^2\int_{R_2}^{R_1}\sigma^2 r^2\,dr - 2\pi\varrho_0\,\frac{\mu_1^2}{R_1}\,.$$

Aber, wenn, wie im Folgenden, die Breite der Welle unendlich klein ist im Vergleich mit dem Radius von S, haben wir das letzte Glied verschwindend klein gegen das erste. Die Energie der Welle ist folglich, gleich wie der Ausdruck (32), für constant zu zählen.

21. Mit der Geschwindigkeit a nähert sich die Welle der Kugel S. Wäre S absolut starr, so bliebe die Energie des umgebenden Gases unverändert, und die Welle würde so von S zurückgeworfen, dass an der Oberfläche dieser Kugel die normale Geschwindigkeit verschwände. Daher würde nach der Reflexion der Welle die Geschwindigkeitsfunction des Gases sein

$$-\frac{\Phi(r-at)}{r},$$

hier an der kleineren Grenzfläche der reflectirten Welle $\Phi = 0$, im Raume zwischen ihrer grösseren Grenzfläche und dem Unendlichen $-\Phi = -\mu_1$. Das Zeichen der Verdichtung würde bei der Reflexion bewahrt werden. Die reflectirte Welle wäre somit überall verdünnt und dies in gleichem Maasse wie es die erste, die einfallende Welle war. Mit der Geschwindigkeit a würde sie sich nach dem Unendlichen hin ausbreiten, gerade eben so wie die vorhin betrachteten, aus anderen Gründen von S kommenden Wellen.

22. Wenn S gasartig wäre, so würde die einfallende Welle einen Theil ihrer Energie an S abgeben. Sei ϱ' die Dichtigkeit von S, a' die Fortpflanzungsgeschwindigkeit von Wellen in S und

$$a'^2\varrho' = k' = \text{einem endlichen Werth.}$$

Für das umgebende Mittel haben wir schon (Nr. 12) festgesetzt:

$$a^2\varrho_0 = k = \text{einem endlichen Werth.}$$

Im Inneren von S, an einer Stelle wo σ_1 die Verdichtung ist, wird, in Uebereinstimmung mit Nr. 2, $k'\sigma_1$ den Betrag des Druckes darstellen. Klar ist, dass jetzt die verdünnte Welle, die aus dem Unendlichen zur Kugel S kommt, theilweise von dieser Kugel absorbirt und theilweise von ihr reflectirt wird, hierbei auf S als ein über deren Oberfläche gleichmässig verbreiteter Druck wirkend. Sie verursacht damit eine Erweiterung von S, bis eine so grosse Verdünnung dieses Körpers an der Oberfläche desselben zu Stande gekommen ist, dass der hiervon erfolgende Druck dem äusseren, vom umgebenden Mittel herrührenden, Gleichgewicht hält. Wenn dann σ die Verdichtung der ersten, σ' die Verdichtung der reflectirten Welle und σ_1 die Verdichtung von S, alles an der Oberfläche von S, bedeuten, so muss also

$$k'\sigma_1 = k(\sigma+\sigma'). \tag{33}$$

Jene Verdichtung σ_1 gehört einer verdünnten Welle zu, die nach dem Mittelpunkte von S mit der Geschwindigkeit a' sich fortpflanzt und die in derselben Zeit fertig gebildet wird wie die reflectirte Welle. Wenn wir folglich mit b die (constante) Breite der ersten, der einfallenden Welle, mit b' diejenige der Welle in S, der von S absorbirten, bezeichnen, so muss b' die Gleichung erfüllen:

$$(34)\qquad \frac{b'}{a'} = \frac{b}{a}.$$

Und um nachher die Werthe von σ' und σ_1 zu gewinnen, haben wir nur noch von dem Umstande Gebrauch zu machen, dass die Gesammtenergie von S und vom umgebenden Mittel für beständig eine constante Grösse ausmacht.

Nennen wir r_1 den Radius von S und rechnen b als unendlich klein im Vergleich mit r_1. Dann folgt aus den Gleichungen (32), (32'), dass bei der Ankunft der ersten Welle in S die Energie des äusseren Mittels derjenigen dieser Welle gleich ist und gleich $4\pi k r_1^2 \sigma^2 b$, wenn wir, der leichteren Uebersicht wegen, σ constant annehmen und daher $r_1^2\sigma^2 b$ für $\int \sigma^2 r^2 dr$ schreiben*). Die Energie der reflectirten Welle hat der Werth $4\pi k r_1^2 \sigma'^2 b$ und diejenige der zur selben Zeit erregten Welle in S den Werth $4\pi k' r_1^2 \sigma_1^2 b'$. Der eben bemerkte Satz von der Constanz der Energie giebt uns also die Gleichung:

$$k(\sigma^2 - \sigma'^2) b = k' \sigma_1^2 b',$$

die durch Substitution von $\sigma' = \sigma(1-\delta)$ die Form annimmt:

$$\sigma^2 \delta (2-\delta) = \frac{k'b'}{kb} \sigma_1^2.$$

Hieraus erhalten wir, mit Berücksichtigung von (33), (34):

$$\delta = \frac{2ka'}{ka' + k'a},$$

d. i.

$$\delta = \frac{2a\varrho_0}{a\varrho_0 + a'\varrho'},$$

also, wenn ϱ' sehr gross gegen ϱ_0 ist:

Nur zu einem unendlich kleinen Theile, nämlich nur zu einem $(a'\varrho' : 4a\varrho_0)^{\text{ten}}$ Theile wird die Energie der anfänglichen Welle absorbirt von S, zum übrigen, d. i. zum unvergleichlich grössten Theile wird dieselbe zur Bildung der reflectirten Welle angewandt. Das auf letzte Welle bezügliche Product von Radius und Verdichtung wird

$$r_1 \sigma \left(1 - 2\frac{a\varrho_0}{a'\varrho'}\right).$$

Das nämliche auf die in S erweckte, die absorbirte Welle sich beziehende Product wird $\frac{2k}{k'} r_1 \sigma \left(1 - \frac{a\varrho_0}{a'\varrho'}\right)$. In allen unseren Wellen hat folglich im vorliegenden Falle die Verdichtung dasselbe Zeichen.

---

*) Man beachte, dass das einer bestimmten Welle zugehörige Product σr sich mit der Zeit nicht ändert. Nr. 4.

23. Die Breite b der ersten Welle setzen wir vergleichbar zu $r_1 \sqrt{\varrho_0}$, die Breite b' wird dann, wegen (34), vergleichbar zu $\frac{a'}{a} r_1 \sqrt{\varrho_0}$. Setzen wir ferner fest, dass die Kugel S einen starren, sphärischen Centralkörper hat, concentrisch mit der Oberfläche von S, und mit einem endlichen Bruchtheile von r_1 zum Radius, so dass die Breite der Gasschicht zwischen der Oberfläche von S und dem Centralkörper endlich im Verhältnisse zu r_1 wird, so sehen wir leicht ein, dass diejenige Welle in S, welche die äussere auf S einfallende Welle erregt, mit der Geschwindigkeit a' nach dem Centralkörper sich fortpflanzt, ohne ihre sphärische Gestalt oder ihre Breite zu verändern, und dass sie nachher, durch Reflexion, ohne Aenderung des Zeichens ihrer Verdichtung (Nr. 21), vom Centralkörper nach der Oberfläche von S zurückkehrt. Auch dies geschieht mit der Geschwindigkeit a' und mit Beibehalten der Breite b'. Wesentlich beruht dieser Satz darauf, dass b' unendlich klein gegen r_1 ist, denn sonst würden wir für eine derartige Bewegung der Welle in S nach dem Centralkörper hin fortdauernder äusserer Kräfte nöthig haben. Zu der fraglichen Bewegung der Welle gesellt sich nämlich eine Bewegung der Oberfläche von S, welche eine Aenderung von $(1 : r_1)$ und damit eine Energieänderung von S mitführt, letztere Energieänderung gleich dem Producte aus der genannten Aenderung von $(1 : r_1)$ in $-2\pi\varrho'\mu_1'^2$, falls μ_1' für die hier in Rede stehende Welle dieselbe Bedeutung hat wie in Nr. 20 μ_1 für die dort angenommene, aus dem Unendlichen kommende Welle hatte. Aber jetzt wird stets diese Aenderung der Energie unendlich klein in Vergleich zur ganzen Energie oder zur Energie der Welle. Der oben angegebene Verlauf der Bewegung der Welle muss daher annäherungsweise mit dem thatsächlich sich ergebenden übereinstimmen.

24. Wenn die Welle in S zur Oberfläche dieser Kugel zurückkommt, hat sie wieder σ_1 zur Verdichtung (Nr. 21). Sie wird dann ferner theilweise in S zurückgeworfen, theilweise vom umgebenden Mittel aufgenommen. Bezeichnet man mit σ_1' die Verdichtung der reflectirten, mit s diejenige der im äusseren Mittel gebildeten Welle, wenn dieselben an der Oberfläche von S sich befinden, so bekommt man

$$ks = k'(\sigma_1 + \sigma_1'), \quad ks^2 b = k'(\sigma_1^2 - \sigma_1'^2) b', \quad b'a = ba',$$

und also

$$\sigma_1' = -\sigma_1 \left(1 - 2\frac{a\varrho_0}{a'\varrho'}\right), \qquad s = 2\frac{a'}{a}\sigma_1.$$

Folglich ist nun bei der Reflexion der Welle in S das Zeichen ihrer Verdichtung geändert worden. Dagegen ist die Verdichtung der Welle, die im äusseren Gase von der Welle in S erweckt wurde, von demselben Zeichen wie diese. Nur ein $(a'\varrho' : 4a\varrho_0)^{\text{ter}}$ Theil der Energie von S wird zu jener Welle des äusseren Gases verwendet.

25. Noch erwähne ich den Fall, dass gleichzeitig mit der früheren Welle in S eine Welle von Aussen zur Oberfläche dieser Kugel gelangt. Sei letztere Welle genau eine solche wie die in Nr. 22 betrachtete, so finden wir zur Zeit $b : a$ nach ihrer Ankunft an S zwei Wellen, die eine im äusseren Gase, die andere in S, deren Verdichtungen, sie mögen σ' bez. σ_1' genannt werden, den folgenden zwei Gleichungen genügen:

$$k(\sigma+\sigma') = k'(\sigma_1+\sigma_1'), \quad k(\sigma^2-\sigma'^2) = k'(\sigma_1'^2-\sigma_1^2)\frac{a'}{a}.$$

Wir hatten aber (Nr. 22)

$$\sigma_1 = \frac{2k}{k'}\sigma\left(1-\frac{a\varrho_0}{a'\varrho'}\right).$$

Daher folgt:

$$\sigma_1' = \frac{2a\varrho_0}{a'\varrho'}\sigma_1, \quad \sigma' = \sigma\left(1+2\frac{a\varrho_0}{a'\varrho'}\right).$$

Aus dem Werthe von σ_1' sehen wir, dass jetzt zum allergrössten Theile die vorige Welle in S vernichtet worden ist.

§ 4.

Nachher befolgte Annahme von der Constitution der unendlich kleinen Kugeln $S_1, S_2, \ldots$

26. Wir wollen nunmehr annehmen, dass die Kugel S folgenderweise aus drei Theilen zusammengesetzt sei. Zu äusserst hat sie eine gasartige, sphärische Hülle, deren Dichtigkeit, — ich nenne sie ϱ', — unendlich gross gegen ϱ_0 ist. Die Breite, b', der Hülle ist unendlich klein wie ϱ_0^2. Der Radius der äusseren Grenzfläche derselben heisse r_1. Er soll in endlichem Verhältnisse zu ϱ_0 stehen. Im Inneren des von dieser Hülle umschlossenen Hohlraumes befindet sich eine kugelförmige Partikel, welche mit der Hülle concentrisch und als vollkommen starr zu betrachten ist. Ihr Radius soll ein endlicher Bruchtheil von r_1 sein und ihre Dichtigkeit endlich wie ϱ'. Der Raum zwischen diesem Centralkörper von S und der vorigen Hülle ist von einem Gase erfüllt, welches ganz dieselbe Beschaffenheit hat wie jenes, welches S umgiebt, so dass seine Dichtigkeit ϱ_0, oder wenigstens hiermit vergleichbar wird. Die Breite dieser Gasschicht ist unendlich klein wie r_1. Die Fortpflanzungsgeschwindigkeit von Wellen in ihr sei dieselbe wie im äusseren Mittel, also a; diejenige von Wellen in der äusseren Gashülle sei a'. Es soll $a'^2\varrho'$ endlich sein.

Die unendlich kleine Kugel verhält sich also, nach unserer Annahme, wie eine starre Kugel, die von einer damit concentrischen, sphärischen, scharf begrenzten Gasschicht von einer mit dem Radius der starren Kugel vergleichbaren Breite umschlossen ist.

Der Kürze wegen werde ich im Nächstfolgenden mit S' die äussere, grössere, mit S'' die innere, kleinere Grenzkugel der äusseren Gashülle von der Breite b' bezeichnen.

Wenn jetzt von der Unendlichkeit aus eine mit S concentrische sphärische Welle diesem Körper sich nähert, und die Welle überall verdünnt ist und eine mit $\varrho_0 \sqrt{\varrho_0}$ vergleichbare Breite hat, so wird sie einmal theilweise reflectirt und theilweise absorbirt von S. In Folge der Absorption entsteht in der äusseren Gashülle von S eine Welle, die alternirend verdünnt und verdichtet wird. Als verdünnt pflanzt sie sich von S' zu S'' fort, als verdichtet geht sie in der entgegengesetzten Richtung. Es folgt nämlich aus Nr. 24, dass die Welle sowohl bei der Ankunft zu S'' als hiervon aus zu S' das Zeichen der Verdichtung wechselt, ebenso, dass sie an S'' eine verdünnte Welle in der inneren Gasschicht von S, an S' eine verdichtete Welle im äusseren Mittel erregt. — Wie die erste Welle nach dem starren Centralkörper von S sich fortbewegt und nachher hiervon zurückkehrt, ist unmittelbar aus Nr. 23 zu verstehen. — Weil jedesmal bei der Ankunft zu S'' oder zu S' die genannte Welle in der Hülle einen $(a'\varrho' : 4a\varrho_0)^{\text{ten}}$ Theil ihrer Energie zu einer solchen neuen Welle für die Umgebung verwendet, so folgt, dass schon nach einer Zeit $\frac{a'\varrho'}{4a\varrho_0}\frac{b'}{c_1}$, d. i. $\frac{\varrho_0}{a}$, ein endlicher Theil der Energie, welche die Hülle ursprünglich von der Welle im äusseren Mittel bekam, in dieser Weise verbraucht worden ist. Nach einer derartigen, mit $\varrho_0 : a$ vergleichbaren Zeit wird aber auch die, wie oben gesagt, in der inneren Gasschicht von S zuerst erregte Welle zu S'' zurückgekommen sein. Auch sind in der inneren Gasschicht von S während jener Zeit $\varrho_0 : a$ mehrere, unendlich viele Wellen erzeugt worden, welche, jede Welle von der Breite $\varrho_0\sqrt{\varrho_0}$, um Abstände $2ab' : a'$, d. i. $\varrho_0\sqrt{\varrho_0}$, nach einander folgen. Da sie alle verdünnt sind, bringen sie eine Ausdehnung der inneren Gasschicht und somit eine Erweiterung von S hervor. Dieselben Wellen erregen, wenn sie zu S'' zurückkommen, in der umgebenden Gashülle Wellen, welche als verdünnte von S'' zu S' und hiervon, durch Reflexion, als verdichtete Wellen zu S'' zurückgehen. Weil diese immer, bei jeder derartigen Passage, dem äusseren Mittel einen $(a'\varrho' : 4a\varrho_0)^{\text{ten}}$ Theil ihrer Energie mittheilen, und auch die Wellen in der Gasschicht schwächen, so muss nach einer Zeit, die mit $\frac{a'\varrho'}{4a\varrho_0}\frac{\varrho_0}{a}$, d. i. mit $\frac{1}{a^2}$ oder $\frac{\sqrt{\varrho_0}}{a}$ vergleichbar ist, in dieser Weise ein endlicher Theil von Energie, sowohl von der inneren Gasschicht als von der ganzen Kugel S zum äusseren Mittel abgegeben worden sein.

Wir finden somit, dass die angenommene äussere Welle während einer Zeit $\varrho_0 : a$ eine schnelle Vergrösserung des Volumens von S

veranlasst, und dass darauf während einer nächstfolgenden Zeit, vergleichbar mit $\sqrt{\varrho_0} : a$, dasselbe Volumen zu seiner ursprünglichen Grösse langsam zurückgeht.

Wenn die äussere Welle verdichtet statt verdünnt gewesen wäre, würden wir statt der schnellen Volumenvergrösserung von S eine ebenso schnelle Volumenverkleinerung von S gehabt haben.

Eine verdünnte Welle im äusseren Mittel, welche nicht mit S concentrisch ist, sondern vielmehr so beschaffen wie diejenige, welche von einer anderen infinitesimalen Kugel S_1 ausgeht, wenn für sie plötzlich eine Volumengeschwindigkeit entstanden ist, muss, wenn die Welle zu S kommt, neben der oben betrachteten Volumenänderung von S, eine Translation derselben Kugel veranlassen, als wenn S starr wäre. Von diesem letzten Falle handelte Nr. 6.

Zweiter Theil.

Das äussere Mittel ein Gemisch zweier Flüssigkeiten.

Einleitung.

Sei das äussere Mittel, welches die infinitesimalen Kugeln S umgiebt, ein Gemisch von zwei Gasen, je von unendlich kleiner Dichtigkeit, und sei ϱ die Dichtigkeit des einen Gases, welches das früher betrachtete sein möge, und $\varrho = \varrho_0(1+\sigma)$; sei ferner ϱ' die Dichtigkeit des anderen Gases und $\varrho' = \varrho_0'(1+\sigma')$, ϱ_0' *unendlich klein wie* ϱ_0^2: so wird $\varrho + \varrho'$ die Dichtigkeit des Gemisches, und wenn für das erste Gas a die oben angeführte Bedeutung hat, a' die Fortpflanzungsgeschwindigkeit von Wellen im zweiten Gase bedeutet, und $a'^2\varrho_0'$ endlich ist, so wird a' unendlich gross wie a^2. — Weil jedes der Gase des äusseren Mittels sich so verhält, als wenn der ganze Raum ausserhalb der Kugeln S von ihm allein erfüllt wäre, so erhalten wir die Bewegung des Mittels in der folgenden Weise. Wir bestimmen erstens für das Gas mit der Dichtigkeit ϱ eine Geschwindigkeitsfunction, welche die Bewegung der Grenzflächen des äusseren Mittels vollständig darstellt und ausserdem die Verdichtung σ des fraglichen Gases leistet. Sie heisse φ; φ ist dann genau die oben ermittelte Geschwindigkeitsfunction. Für das Gas mit der Dichtigkeit ϱ' bestimmen wir in gleicher Weise eine Geschwindigkeitsfunction, welche, eben so vollständig wie φ, die Bewegung der Grenzflächen, die von den Kugeln S und dem Unendlichen gebildet sind, darstellt. Wenn diese Function φ' genannt wird, so bekommen wir, unter Voraussetzung, dass σ und σ' unendlich klein seien, die Function

$$\frac{\varrho_0 \varphi + \varrho_0' \varphi'}{\varrho_0 + \varrho_0'}$$

als Geschwindigkeitsfunction des äusseren Mittels. Der Druck des Mittels in irgend einem seiner Punkte (x, y, z) wird demgemäss

$$-\varrho_0 \frac{\partial \varphi}{\partial t} - \varrho_0' \frac{\partial \varphi'}{\partial t}$$

und daher gleich der algebraischen Summe der beiden Gasdrucke in demselben Punkte.

Aus dem eben angegebenen Charakter von φ und φ' folgt, dass jede Aenderung der Volumengeschwindigkeit einer der Kugeln S zu zwei Wellen Veranlassung giebt, von denen die eine mit der Geschwindigkeit a, die andere mit der Geschwindigkeit a' von der Kugel aus sich fortpflanzt. Erstere gehört dem Gase mit der Dichtigkeit ϱ, letztere dem anderen Gase des Mittels zu. Jede der Wellen hat übrigens die vorher beschriebene Gestalt und Verdichtung. Aehnlich verhält es sich mit den Wellen, die von der Aenderung der Translationsgeschwindigkeit einer der Kugeln herrühren. Sie theilen sich in zwei Paare, von denen das eine ausschliesslich dem einen, das andere Paar eben so ausschliesslich dem andern Gase zugehört.

Weil a' unendlichmal grösser ist als a, so wird es möglich, dass, wenn Kugeln S_1 und S_2 vorliegen, welche hinsichtlich Volumenvariation und Gruppirung mit den in Nr. 11 betrachteten Kugeln übereinstimmen, sämmtliche Wellen, welche im Gase von der Dichtigkeit ϱ' von den Kugeln S_1 eines der auf S. 400, 401 betrachteten Aggregattheilchen ausgehen, die Kugel S_2 während ihrer schnelleren Volumenänderung treffen. Dann wird der vom Aggregattheilchen herrührende Theil von

$$-\varrho_0' \int\int_{S_2} \frac{\partial \varphi'}{\partial t} \cos r' \, X \, ds \, dt$$

nach Nr. 11 gleich

$$\frac{2\pi \varrho_0'}{R_{12}^2} \frac{m_1^0 m_2^0}{a \varrho_0} \frac{1}{\sqrt{\varrho_0}}.$$

So gross wird also die Bewegungsmenge, welche während der Zeit $\Theta = \sqrt{\varrho_0} : a$, vom betrachteten Theilchen, das aus $(1 : \varrho_0 \sqrt{\varrho_0})$ Kugeln S_1 besteht, durch das Gas von der Dichtigkeit ϱ' der Kugel S_2 zuertheilt wird. Diese Bewegungsmenge wird folglich, weil ϱ_0' unendlich klein ist wie ϱ_0^2, endlich im Verhältnisse zu

$$2\pi \varrho_0 \frac{1}{\varrho_0} \frac{m_1^0 m_2^0}{R_{12}^2} \frac{\sqrt{\varrho_0}}{a}$$

und damit unendlich klein im Vergleich zur Bewegungsmenge, welche, während Θ, wegen des Gases von der Dichtigkeit ϱ von demselben Aggregatentheilchen erfolgt. Denn diese letztere Bewegungsmenge, die durch

$$-\varrho_0 \int\int_{S_2} \frac{\partial \varphi}{\partial t} \cos r' \, X ds\, dt$$

ausgedrückt wird, wird nach Nr. 11 gleich

$$-2\pi\varrho_0 \frac{1}{\varrho_0 \sqrt{\varrho_0}} \frac{m_1^0 m_2^0}{R_{12}^2} \frac{\sqrt{\varrho_0}}{a}.$$

Von keinem der in Nr. 11 construirten Theilchen des Aggregates der Kugeln S_1 liefert das Gas von der Dichtigkeit ϱ' eine grössere Bewegungsmenge als vom vorigen Theilchen. Also, wenn die Volumenänderungen der infinitesimalen Kugeln von der oben im § 2 erörterten Art sind, so wird das äussere Mittel nur die in jenem Paragraph angegebene Wirkung auf die Kugeln haben, obgleich jetzt jenes Mittel nicht, wie früher, von blos einem Gase ausgemacht wird, sondern von einem Gemische von zwei Gasen, von denen das eine eine Dichtigkeit (ϱ') hat, welche unendlich klein ist wie das Quadrat der Dichtigkeit (ϱ) des anderen.

Dasselbe gilt, wenn, statt des Gases von der kleineren Dichtigkeit (ϱ'), eine unzusammendrückbare Flüssigkeit von der Dichtigkeit ϱ_0' den einen Bestandtheil des Mittels ausmacht. — In diesem Falle kann auch von keiner chemischen Einwirkung der zwei Bestandtheile des Mittels auf einander die Rede sein, wie auch die Möglichkeit einer derartigen gegenseitigen Wirkung von obiger Betrachtung mit Nothwendigkeit ausgeschlossen war. Man hat nur, im Falle des Vorhandenseins einer unzusammendrückbaren Flüssigkeit im äusseren Mittel, die bezügliche Fortpflanzungsgeschwindigkeit a' für unendlich gross zu zählen.

In den im § 2 betrachteten Fällen liefert folglich die unzusammendrückbare Flüssigkeit des äusseren Mittels, im Vergleich zum Gase desselben, keinen merklichen Beitrag zu den Druckkräften auf die infinitesimalen Kugeln S.

Ganz anders verhält sich die Sache, falls die Volumina aller S blos oscilliren, und dies so thun, wie es die folgenden Gleichungen aussagen:

$$(35) \quad \begin{cases} m_1 = \varpi_1 \sin nt, \\ m_2 = \varpi_2 \sin nt, \\ \dots\dots \end{cases} \qquad \frac{2\pi}{n} = \frac{2\varrho_0}{a} = 2\varepsilon$$

$\varpi_1, \varpi_2, \dots$ unabhängig von t. Dann wird das Gas von der Dichtigkeit ϱ nur eine unendlich kleine oscillatorische Bewegung des Mittelpunktes von S_2 hervorbringen können. Denn denken wir an den

Effect, welchen eines der vorhin betrachteten Theilchen des Aggregates der Kugeln S_1 auf S_2 hat. Von den Wellen, welche im Gase von der Dichtigkeit ϱ die Kugeln des Theilchens erregen, giebt es eben so viele, welche zu S_2 kommen, wenn diese Kugel in Volumenvergrösserung als wenn sie in Volumenverkleinerung begriffen ist. Diese Wellen heben daher zu je zweien ihre Wirkungen auf S_2 auf. Demgemäss führt auch die in Nr. 11 angestellte Rechnung, wenn sie auf den vorliegenden Fall angewandt wird, und die betreffenden Integrationen nach t über eine ganze Zeitperiode (2ε) einer Volumenoscillation von S_2 ausgedehnt werden, zu dem Resultate, dass jetzt

$$-\varrho_0 \int\!\!\int_{S_2} \frac{\partial \varphi}{\partial t} \cos r'X \, ds\, dt$$

verschwindet. Dagegen ergiebt sich aus der Rechnung, die in der Einleitung zum vorangehenden Abschnitte geführt wurde und welche eben den Fall der hier angenommenen Werthe von $m_1, m_2, \ldots$ und einer unzusammendrückbaren Flüssigkeit als umgebenden Mittels betrifft, dass

$$-\varrho_0' \int\!\!\int_{S_2} \frac{\partial \varphi'}{\partial t} \cos r'X \, ds\, dt,$$

auf die nämliche Zeitperiode 2ε ausgedehnt, den Betrag hat:

$$2\pi\varrho_0' \frac{\varpi_2 \Sigma \varpi_1}{R_{12}^2} 2\varepsilon,$$

die angedeutete Summirung über alle Kugeln des Theilchens erstreckt. Bemerken wir, dass ϱ_0' unendlich klein ist wie ϱ_0^2, so sehen wir also, dass, *wenn insbesondere die Massen $M_1, M_2, \ldots$ der verschiedenen Kugeln S die Bedingungen erfüllen:*

(35′) $$M_1 = k\varrho_0\varpi_1, \quad M_2 = k\varrho_0\varpi_2, \ldots$$

sämmtliche Kugeln, nach dem Newton'schen Gravitationsgesetze, gerade so auf einander wirken müssen, als wenn im äusseren Mittel das Gas von der Dichtigkeit ϱ fehlte.

§ 5.

Von Aggregaten von ∞^3 unendlich kleinen Kugeln von der in Nr. 26 beschriebenen Zusammensetzung.

27. Betrachten wir ein Aggregat von $1 : \varrho_0^3$ infinitesimalen Kugeln S im letzt besprochenen Mittel, und setzen wir fest, dass die Volumina aller Kugeln auf die durch die Gleichungen (35), (35′) dargestellte Weise (gleichzeitig) oscilliren, so leuchtet sofort aus dem eben Auseinandergesetzten ein, dass die Kugeln des Aggregates sich einander zu nähern streben. Dabei werden die äusseren Kugeln eher als die

inneren zu Contact geführt, denn eine innere Kugel ist symmetrischer von anderen Kugeln des Aggregates umgeben als eine äussere, und die Druckkräfte auf eine innere Kugel heben sich desshalb in bedeutend grösserem Maasse auf als die auf eine äussere. Wenn auch hierbei hauptsächlich blos die unzusammendrückbare Flüssigkeit des Mittels zur Geltung kommt, so bleibt doch keineswegs das Gas von der Dichtigkeit ϱ ganz ohne Einfluss. Es bewirkt nämlich, dass in Folge der Wellen, welche die Kugeln bei den vorgeschriebenen Variationen der m in ihm erregen, der Contact, oder die Stärke des Contactes, periodisch ausfällt. Die Periode $2\varrho_0 : a$ der m wird natürlich auch die Periode des Contactes.

28. Eine fremde Welle wird im Allgemeinen den Contact der Oberflächenkugeln des Aggregates für eine längere Zeit abbrechen. Die Welle muss nämlich, wenn sie eine Kugel S der Oberfläche des Aggregates trifft, dieser Kugel, namentlich dem inneren Gase derselben, eine Wellenbewegung mittheilen, welche, nach Nr. 26, im Allgemeinen erst nach Verlauf einer Zeit $\sqrt{\varrho_0} : a$ für zum grössten Theile wieder nach Aussen abgegeben angesehen werden kann. Die im Gase des äusseren Mittels von den entstandenen Volumenänderungen der Kugeln erweckten Druckkräfte bewirken, dass, während letzter Zeit, welche eben die Zeit einer neuen Volumenänderung von S ist, S in der Regel frei von Contacten mit nächstliegenden Kugeln wird. Diese Wirkung der fremden Welle fängt erst zu einer Zeit $b' : a'$ nach ihrer Ankunft bei S an. $b' : a'$ ist nämlich die Zeit, welche ein äusserer Impuls auf S nöthig hat, ehe er auf das innere Gas von S einige Wirkung äussern kann. Es ist $b' : a'$ äusserst klein, vergleichbar mit $\varrho_0 \sqrt{\varrho_0} : a$.

Aber wenn der Contact der Oberflächenkugeln des Aggregats an einer Stelle gestört wird, so nähern sich nächstliegende innere Kugeln desselben einander, um durch eine neue Fläche den zerstörten Flächentheil zu ergänzen. Im vorliegenden Falle, wo der Contact in der Nähe von S während einer ganzen Zeit $\sqrt{\varrho_0} : a$ gebrochen bleibt, müssen wir für wahrscheinlich oder wenigstens für möglich halten, dass zur Zeit $\sqrt{\varrho_0} : a$ nach der Ankunft der fremden Welle nicht weniger als zwei Flächen im Aggregate auftreten, eine, welche das Aggregat äusserlich begrenzt, und eine, welche wir als die innere auszeichnen wollen, in der Entfernung $\sqrt{\varrho_0}$ von jener. Diese zwei Flächen werden wir übrigens auch vor der Ankunft der fremden Welle finden, wenn wir annehmen, dass die Kugeln des Aggregates, welche, in Contact mit einander, die äussere Begrenzung desselben ausmachen, eine Schicht von der Dicke $\sqrt{\varrho_0}$ bilden*), welche Annahme,

*) oder von einer damit vergleichbaren Dicke.

nach dem in der vorangehenden Nr. Bemerkten, der Wahrheit vielleicht am meisten angemessen ist.

Das Auftreten der inneren Fläche hat zur Folge, dass ein Theil der fremden Welle zwischen den beiden Flächen des Aggregates erhalten wird, indem derselbe Wellentheil abwechselnd von jener oder dieser Fläche zurückgeworfen wird. Seine Breite wird nur $ab' : a'$, d. i. $\varrho_0 \sqrt{\varrho_0}$, sein, in Uebereinstimmung damit, dass der Zusammenhang eines und desselben Stückes der Fläche nur eine Zeit $b' : a'$, d. i. $\varrho_0 \sqrt{\varrho_0} : a$, dauert. Der genannte Wellentheil bewirkt übrigens, dass jener Zusammenhang periodisch nach Zeiten $\sqrt{\varrho_0} : a$, und nur so, zu Stande kommt. Die Reflexion des Wellentheils von den Flächen geschieht, weil ϱ' (Nr. 26) unendlichmal grösser als ϱ ist, ohne Aenderung des Zeichens der Verdichtung. — Offenbar wird der allergrösste Theil der fremden Welle durch das Aggregat hindurchgehen. Dass hierbei allerdings durch Absorption von den ∞^3 Kugeln des Aggregats die Welle geschwächt wird, ist aus Nr. 26 unmittelbar klar. Dasselbe gilt natürlich auch, doch in geringerem Grade, vom Wellentheile, der zwischen den beiden Flächen sich bewegt. Wegen seiner oftmals, nach Zeiten $< \sqrt{\varrho_0} : a$, wiederholten Passage über die Kugeln zwischen den Flächen werden natürlich diese Kugeln, gleich wie die inneren des Aggregates, als immer freie Punkte sich verhalten.

Die Breite der ursprünglichen, fremden Welle darf mit ϱ_0 vergleichbar sein.

29. Wenn die ursprüngliche Welle verdichtet war, wird auch die Welle zwischen den beiden Flächen des Aggregates verdichtet; wenn jene verdünnt war, wird auch diese verdünnt. Nachdem die erste Welle durch das Aggregat gegangen ist, steht im Aggregate vornehmlich nur die angeführte Welle, von der Breite $\varrho_0 \sqrt{\varrho_0}$, zwischen den beiden Flächen zurück. Sie veranlasst für die Kugeln zwischen den Flächen, besonders für die Kugeln dieser Flächen selbst, periodische Volumenänderungen von der in Nr. 26 besprochenen Art. Wenn wir die Geschwindigkeit der langsameren Volumenrückkehr einer Kugel annäherungsweise für constant halten, werden wir demnach bei den äusseren Kugeln des Aggregates, nebst den vorher angenommenen Volumenoscillationen (35), Volumenänderungen finden, die gerade die in Nr. 11 erörterten werden. Wir finden, dass für keine innere Kugel des Aggregates, d. i. für keine Kugel, die nicht der genannten Flächenschicht desselben angehört, in solcher Weise das Volumen periodisch sich ändert.

30. Wenn die ursprüngliche Welle die Breite ϱ_0 hat und aus zwei gleich breiten Schichten besteht, und die eine Schicht verdünnt, die zweite eben so sehr verdichtet ist, und die verdünnte Schicht vor-

angeht, so bekommen wir anfangs an Stellen zwischen den beiden Flächen des Aggregates, welche der ersten Ankunftsstelle der Welle sehr nahe liegen, Verdünnung, weil nämlich die innere Fläche des Aggregates, wenn die Welle ankommt, zusammenhängend ist, und bleibt es eine Zeit gleich $b':a'$ (Nr. 26) nach der Ankunft der Welle, während welcher Zeit ein Theil der Welle und zwar ein Theil von der erst kommenden (d. i. hier der verdünnten Schicht derselben) nach der äusseren Fläche hin reflectirt wird. Durch die nach der genannten Zeit $b':a'$ offen gewordenen und während einer folgenden Zeit $\sqrt{\varrho_0}:a$ offen bleibenden Zwischenräume zwischen den getroffenen Kugeln der inneren Fläche dringt dann eine überwiegend verdichtete Welle ins Innere des Aggregates. Zu irgend einer entfernteren Stelle der inneren Fläche kommt diese Verdichtung früher als die wie erwähnt entstandene Verdünnung zwischen den beiden Flächen, denn letztere pflanzt sich, im Gegensatze zur ersteren, zum Theil durch Reflexion von diesen beiden Flächen fort. Aber die Verdichtung kommt doch nicht, ehe die ursprüngliche, fremde Welle durch ihren vorangehenden Theil den Contact der inneren Fläche an der betrachteten Stelle gebrochen hat. In Folge hiervon wird an entfernteren Stellen der Oberfläche des Aggregates von dessen Innerem Verdichtung zwischen den beiden Flächen sich ansammeln, dagegen von Aussen Verdünnung ins Innere eintreten.

Diese Theilung der äusseren Welle wird insbesondere dann von Bedeutung, wenn es unendlich viele unter sich gleiche Wellen giebt, welche nach Zeiten, die endliche Multipla von $\sqrt{\varrho_0}:a$ sind, eine längere Zeit auf einander folgen. Denn durch die unendlich vielen Wellen wird wenigstens zu Anfang die verschiedenartige Wellenbewegung im Aggregate verstärkt. Später kann es möglich werden, dass jede einzelne Stelle der Oberfläche des Aggregates eine bestimmte, periodische, nach Zeiten $\sqrt{\varrho_0}:a$ wiederkehrende Wellenbewegung aufweist. Vgl. Nr. 32.

31. Unter Σ_1, Σ_2 verstehen wir zwei Körper, die von zwei Kugelaggregaten der obigen Art ausgemacht werden. Wir bringen sie in Contact mit einander. Die Berührungsfläche wird eine zweimal zu zählende innere Fläche der Körper. Nehmen wir nun an, dass eine Welle von der letzt betrachteten Beschaffenheit, d. i. von gleicher Verdichtung als Verdünnung, von Σ_1 nach Σ_2 durch die Berührungsfläche geschickt wird, so folgt aus dem Vorangehenden, dass von dieser Fläche die Welle so afficirt wird, dass sie an Σ_1 eine Verdünnung, an Σ_2 eine eben so grosse Verdichtung abgiebt. Eine Schaar von unendlich vielen Wellen dieser Art, nach Zeiten $\sqrt{\varrho_0}:a$ auf einander folgend, bewirkt, dass in Σ_1 und Σ_2 beständig verdünnte

bez. verdichtete Wellen vorkommen. Letztere Wellen bleiben dann zurück, wenn wir die Körper von einander trennen.

Wäre die Welle von Σ_1 nach Σ_2 von entgegengesetzter Art, d. h. ginge ihr verdichteter Theil voran, so hätte sie einen entgegengesetzten Effect, so dass in Σ_1 eine Verdichtung, in Σ_2 eine Verdünnung des inneren Mittels entsteht.

Wenn die Kugeln der beiden Körper in der Weise verschiedenartig sind, dass ihre äusseren Hüllen (Nr. 26) eine verschiedene Dichtigkeit besitzen, oder wenn nur die Kugeln des einen Körpers näher an einander liegen als die des anderen, so werden durch einen und denselben Impuls auf beide Körper Wellen erzeugt, welche für jene selben Körper von differenter Stärke werden. Sie haben daher, wenn besonders jede Welle in demselben Maasse verdünnt als verdichtet ist, denselben Effect wie eine Schaar von Wellen der obigen Art, welche in einer und derselben Richtung, von einem zum anderen Körper fortgehen.

32. Nachdem der Körper Σ_1 von Σ_2 getrennt worden ist, verhält er sich wie das in Nr. 29 erwähnte Kugelaggregat, indem, wenn nur an den in der vorangehenden Nr. zuerst erwähnten Fall gedacht wird, zwischen seinen beiden Flächen eine allenthalben verdünnte Welle sich hin und her bewegt. Wie schon gesagt, folgt hieraus, dass die Kugeln in und zwischen diesen Flächen, nebst den in Nr. 27 angenommenen Volumenoscillationen (35), annähernd die in Nr. 11 beschriebenen Volumenänderungen erhalten. Hierbei sei bemerkt, dass, weil die Welle jedesmal bei ihrer Reflexion von einer der Flächen einen a^{ten} Theil ihrer Energie verliert, schon nach einer Zeit $\sqrt{\varrho_0}$ ein endlicher Theil derselben zum äusseren Mittel verloren gegangen sein muss. Aber wenn die fragliche Welle durch eine Schaar von unendlich vielen Wellen, durch Σ_1 und Σ_2 von jenem zu diesem Körper fortgehend, hervorgebracht worden ist, so ist sie selbst als eine Vereinigung von unendlich vielen Wellen zu betrachten, und die in Frage kommende Wellenbewegung in Σ_1 kann dann auch eine endliche Zeit bemerkbar werden.

Wir nehmen jetzt an, dass Σ_2 unendlich weit von Σ_1 entfernt wird, dass dagegen ein dritter Körper Σ_3, von derselben Constitution als Σ_1, aber ohne irgend welche Wellenbewegung in seinem Inneren, in die Nähe von Σ_1 gerückt ist. Er wird dann den Wellen ausgesetzt, die von den Volumenänderungen der Flächenkugeln von Σ_1 erfolgen. Betrachten wir die Geschwindigkeit, mit der irgend eine dieser Kugeln, nach ihrer schnelleren Volumenvergrösserung, ihr ursprüngliches Volumen wieder herstellt, als constant, so werden jene Wellen eben die früher in Nr. 11 betrachteten, deren jede aus einem verdichteten Theile und einem verdünnten zusammengesetzt ist. Der verdichtete Theil geht jetzt voran. Die beiden Wellentheile haben dieselbe Breite, vergleichbar mit ϱ_0; der eine Theil ist übrigens in demselben Maasse verdichtet wie der andere verdünnt.

Aus der 30. Nr. ersehen wir nunmehr leicht, wie auf Σ_3 diese Wellen influiren. Zwischen den beiden Flächen von Σ_3 finden wir eine Welle, die an den Stellen, welche Σ_1 am nächsten sind, verdichtet, an den entfernteren Stellen verdünnt wird. Das Innere von Σ_3 wird von jenen zu diesen Stellen von verdünnten, von letzteren zu ersteren Stellen von verdichteten Wellen durchzogen. Die Verdünnung in Σ_3 wird von derselben Grösse wie die Verdichtung. Zufolge der Welle zwischen den Flächen von Σ_3 werden die schnelleren Volumenänderungen derjenigen Flächenkugeln dieses Körpers, welche Σ_1 am nächsten liegen, Verkleinerungen, die Aenderungen von Σ_1 am weitesten entfernter Kugeln Vergrösserungen sein. Die Zeit einer vollständigen Volumenvariation einer Kugel wird für alle Kugeln dieselbe, gleich Θ, vergleichbar mit $\sqrt{\varrho_0} : a$.

Jede der Kugeln im Inneren von Σ_3, d. i. innerhalb der inneren Fläche dieses Körpers, wird, während jedes Zeitraumes Θ, von einer verdichteten und einer verdünnten Welle getroffen, und also wird die zugehörende Volumenänderung aus zwei Veränderungen von unter sich entgegengesetzter Art bestehen.

Die Wellenbewegung in Σ_3, die von den Wellen von Σ_1 entsprungen ist, kann natürlich erst dann stationär werden, d. h. nach Zeiten Θ in ganz derselben Weise sich reproduciren, wenn ihre Energie ein Maximum erreicht hat, so dass während jeder folgenden Zeit Θ der Körper Σ_3 eben so viel von Energie von Σ_1 empfängt, wie er deren an das äussere Mittel verliert. Uebrigens müssen, damit die Wellenbewegung stationär werde, die Kugeln in und zwischen den beiden Flächen von Σ_3 keine endliche Translationsbewegung längs dieser Flächen erhalten, denn sonst würden diese Flächen nicht nach Zeiten Θ in ganz der gleichen Weise sich wieder herstellen, was wir für eine nach diesen Zeiten sich gänzlich wiederholende Wellenbewegung für nöthig halten müssen. Dass das Innere von Σ_3 in demselben Maasse von verdünnten als von verdichteten Wellen erfüllt sei, haben wir schon bemerkt. Analytisch formulirt man diese Bedingungen wie folgt:

Weil immer die Kugeln von Σ_1 und Σ_3 nur sehr kurze Zeiten, $\varrho_0 \sqrt{\varrho_0} : a$, in Contact mit einander sind, so werden ihre gegenseitigen Wirkungen nach den Formeln für vollkommen freie Kugeln zu bestimmen sein. Wir schliessen daher aus Nr. 11, 12, — unter Berücksichtigung dessen, was in der Einleitung zu diesem Abschnitte vom Effecte der Volumenoscillationen (35) auseinandergesetzt wurde, — dass, wenn wir mit $-4\pi m_1$ die constante Volumengeschwindigkeit der Volumenrückkehr einer Kugel S_1 in Σ_3, mit $-4\pi m$ diejenige einer anderen von den Kugeln in Σ_1 und Σ_3 bezeichnen, wir die Componenten der Kraft, der jene S_1 ausgesetzt wird, durch Differentiation in Bezug auf die Coordinaten von S_1 der Function

$$-2\pi\varrho_0 m_1 \sum \frac{m}{R}$$

erhalten müssen. Die Summirung ist selbstverständlich über sämmtliche Kugeln in Σ_1 und Σ_3 auszudehnen. Die Function

$$\sqrt{2\pi\varrho_0} \sum \frac{m}{R},$$

welche wir der Kürze wegen U nennen, spielt hier dieselbe Rolle wie in der Electrostatik das electrische Potential. Weil die inneren Kugeln von Σ_3 in einer und derselben Zeit Θ in demselben Maasse ihre Volumina vergrössern als vermindern, haben wir für sie $m = 0$ zu setzen und bekommen desshalb für das Innere dieses Körpers:

(36) $$\Delta^2 U = 0.$$

Weil die Flächenkugeln keine mit der Zeit wachsende Translation längs der Oberfläche besitzen, muss für die Fläche von Σ_3

(37) $$U = \text{Const.}$$

sein.

Die aus der obigen Definition von U ersichtliche Eindeutigkeit, Endlichkeit und Continuität dieser Function führen dann auch für das Innere von Σ_3 zu derselben Gleichung (37) Aus jenen Gleichungen (36), (37) folgt, *dass U denselben Charakter haben muss wie das electrische Potential von Σ_1 und Σ_3, wenn Σ_3 ein vollkommener electrischer Leiter ist.* Σ_3 war von derselben Constitution wie Σ_1 angenommen. Letzterer Körper muss dann natürlich so von Σ_3 influirt sein, dass auch für sein Inneres U einen constanten Werth aufweist.

Wir hatten hier nur oscillatorische Bewegungen der Kugeln. Diese sind in folgender Weise entstanden. Mit der betrachteten Welle zwischen den Flächen des Aggregates, Σ_3 oder Σ_1, folgt eine zusammengesetzte Welle, die von den Kugeln kommt, welche die erste Welle überschreitet. Diese zusammengesetzte Welle rührt von denjenigen Volumenänderungen der Kugeln her, welche die erste Welle hervorbringt. Damit folgt aus den Entwickelungen der 11. Nr., dass irgend eine Kugel S_1 der äusseren Fläche des Aggregates, während die erste Welle sie in ihre schnellere Volumenveränderung versetzt, von innerhalb der Fläche liegenden $(1 : \sqrt{\varrho_0})$ Kugeln angezogen wird. Später finden wir sie von anderen $(1 : \varrho_0)$ inneren Kugeln und von den naheliegenden Flächenkugeln in der entgegengesetzten Richtung geführt. Dass die Geschwindigkeit dieser Bewegung in der obigen Rechnung nicht mitzunehmen ist, beruht darauf, dass man eben den grössten Werth derselben als endlich zu betrachten hat (Nr. 13).

33. Ein Aggregat von dreifach unendlich vielen unendlich kleinen Kugeln, für welche die Stärke des Contactes mit der Entfernung von der Oberfläche des Aggregats zunimmt, ist offenbar eben so denkbar wie das vorhin betrachtete. In einem solchen Aggregate kann zwar eine Theilung einer äusseren Welle vermittelst der Flächenschicht des Aggregates geschehen, aber es kann keine solche Wellenbewegung wie die eben beschriebene in seinem Inneren auftreten. Denn eine Partie des Inneren ist fortwährend zusammenhängend, wodurch sie den directen Durchgang einer Welle verhindert. Betrachten wir aber eine dieser Partie zugehörende äussere Kugel, die von einer Welle direct getroffen werden kann. Von der Kugel wird ein Theil der ankommenden Welle absorbirt, so dass, wenn die Welle verdichtet ist, durch die Hülle (Nr. 26) der Kugel eine Verdichtung zu deren Innerem geschickt wird, und in entgegengesetzter Richtung eine Verdünnung von der inneren Fläche der Hülle zu ihrer äusseren Fläche (Nr. 26) und somit zu den sie berührenden Kugeln fortgeht. Für erstere Kugel haben wir dann anfangs eine Volumenverkleinerung, für letztere Volumenvergrösserungen. Nur in solcher Weise, durch Leitung zwischen den Hüllen der Kugeln, pflanzt in diesem Falle die äussere Welle ihre Wirkung fort.

§ 6.

Von drahtförmigen Körpern. Analogien zu den electrischen Strömen.

34. *Zwei Kugelaggregate Σ_1, Σ_2 von der in Nr. 27—32 erörterten Beschaffenheit, von denen Σ_1 von einer verdünnten, Σ_2 von einer verdichteten Welle durchlaufen wird, müssen, nach dem Obigen, solche Kräfte auf einander ausüben, als wären sie electrische Leiter, die mit entgegengesetzten Electricitäten geladen sind.* Wenn sie mittelst eines Drahtes mit einander verbunden werden, so wird durch die entstehenden Zwischenräume zwischen den Partikeln der Körper an den Berührungsstellen mit dem Drahte durch diesen eine verdünnte Welle von Σ_1 zu Σ_2, und ebenso vom letzteren zum ersteren Körper eine verdichtete Welle fortgeführt. Wenn durch irgend eine Vorrichtung die Wellenbewegungen in Σ_1 und Σ_2 constant gehalten werden, so wird der Draht dauernd von einer ganzen Schaar von verdünnten Wellen in der Richtung von Σ_1 zu Σ_2 und von einer Schaar von verdichteten Wellen in der entgegengesetzten Richtung durchlaufen. Die Wellen einer und derselben Schaar folgen einander in gleichen Abständen gleich $\sqrt{\varrho_0}$. Um den Einfluss dieser Wellen auf die Partikeln des Drahtes beurtheilen zu können, behandeln wir zuerst den

Fall, dass nur eine, die erst genannte Wellenschaar den Draht durchfliesst.

Mit L bezeichne ich den Draht. Seine Querschnitte mögen Diameter, vergleichbar mit $\sqrt{\varrho_0}$ haben. Die Breite einer jeden der angenommenen, ebenen, verdünnten Wellen sei $\varrho_0 \sqrt{\varrho_0}$. Wenn eine dieser Wellen über eine Kugel des Drahtes passirt, bringt sie eine schnelle Volumenvergrösserung derselben hervor, welche eine Zeit $\varepsilon = \varrho_0 : a$ dauert, und der unmittelbar eine constante, unendlich langsamere Wiederherstellung des Volumens nachfolgt (Nr. 26). Bei der erstgenannten Volumenänderung wird die Kugel der Mittelpunkt einer zusammengesetzten Welle von der Breite ϱ_0. Ein periodisch, nach Zeiten $\sqrt{\varrho_0} : a$ wiederkommender Contact zwischen den Flächenkugeln des Drahtes verhindert den Austritt der einfachen, verdünnten Wellen zum äusseren Raume. Der Contact dauert aber nur, — das werden wir annehmen, — wie früher, eine Zeit $\varrho_0 \sqrt{\varrho_0} : a$ und kann daher dem freien Austritte der zusammengesetzten Wellen von der Breite ϱ_0, welche von den Volumenänderungen der Partikeln des Drahtes herrühren, kein Hinderniss entgegenstellen. Betrachten wir also eine Kugel S_1 des Drahtes und zwei Querschnitte desselben zu beiden Seiten von S_1 in einer Entfernung ϱ_0 von einander. Die Kugeln des einen der Querschnitte und zwar desjenigen, durch welchen die Welle erst passirt, nennen wir $a, b, c, \ldots$; die des anderen Querschnittes $a', b', c', \ldots$.

Sei insbesondere a eine Kugel, die, bei ihrer, von einer der erwähnten verdünnten Wellen verursachten Volumenänderung, eine zusammengesetzte Welle ausschickt, welche zu S_1 kommt in unmittelbarer Folge mit jener verdünnten Welle, so muss deswegen S_1 von a angezogen werden (Nr. 11). Von den Kugeln des anderen Querschnittes mag c' eine sein, von der eine zusammengesetzte Welle ausgeht, welche S_1 trifft, erst wenn eine Zeit nach der Bildung dieser Welle vergleichbar mit $\sqrt{\varrho_0} : a$ verflossen ist, und zwar zur Zeit, wo wieder eine verdünnte Welle zu S_1 gekommen ist. Dann haben wir für S_1 eine Anziehung nach c'. Weil aber $S_1 c' > S_1 a$, nämlich $S_1 c'$ vergleichbar mit $\sqrt{\varrho_0}$, $S_1 a$ vergleichbar mit ϱ_0, so wird (Nr. 11) letztere Anziehung kleiner, unendlichmal kleiner, als erstere. Die Repulsionen, welche (Nr. 11) die Kugeln $b, c, \ldots$ auf S_1 ausüben, besonders zu den Zeiten, wo die von ihnen ausgeschickten Wellen über S_1 passiren, werden schon nach Zeiten, vergleichbar mit ε, von Kugeln $a', b', \ldots$ aufgehoben*). Aber Querschnitte in grösserer Ent-

*) Wir haben dann von derjenigen Verrückung von S_1 abgesehen, welche vom oben nicht berücksichtigten Theile von $\frac{3}{2} \varrho_0 \frac{V_1 m_2}{R_{12}^2}$ der Geschwindigkeit

fernung von S_1 heben nicht so geschwind ihre Repulsionen auf S_1 auf. Wir sehen folglich, dass unmittelbar, nachdem eine Welle der vorausgesetzten Wellenschaar über S_1 gegangen ist und während das Volumen dieser Kugel demzufolge plötzlich sich erweitert, S_1 schnell nach $a, b, c, \ldots$ hin, d. i. von der Welle zurückweicht; nachher setzt dieselbe Kugel ihre Bewegung zwar in derselben Richtung fort, aber mit einer kleineren Geschwindigkeit als derjenigen, welche in der ersteren Bewegung die grösste ist. Die angenommene Wellenschaar bestand aus unendlich vielen Wellen, die in Zeiten $\sqrt{\varrho_0} : a$ auf einander folgen. Demgemäss werden die Volumenänderungen von S_1 periodisch. Sowohl irgend zwei consecutive Flächenkugeln als auch, wegen der Kleinheit der Querschnitte von L, nächstliegende innere Kugeln des Drahtes können in gleicher Weise periodisch in Contact mit einander geführt werden. Wir nehmen an, dass dies geschieht. Wegen der kurzen Zeit des Contactes $(\varrho_0 \sqrt{\varrho_0} : a)$ kann keine solche Ausgleichung der Wellen in den Hüllen der Kugeln und somit von den Volumenänderungen dieser eintreten, wie die in der vorausgehenden Nr. erörterte.

Wir haben jetzt eine ganz entschiedene Fortführung der Kugeln S des Drahtes in der Richtung, welche der Fortschreitung der Wellen entgegengesetzt ist. Aber wenn wir zum erst erwähnten Falle zurückgehen, wo sich zwei Wellenschaaren fanden, von denen die eine aus allenthalben verdünnten, die andere aus allenthalben verdichteten Wellen besteht, kommt keine solche endliche Translation zu Stande. Wir erhalten nämlich für die Partikel S eine Bewegung, die aus zwei nach einander vor sich gehenden Bewegungen zusammengesetzt ist, von denen die eine ähnlich der eben beschriebenen wird, also in einer schnellen Bewegung nach Σ_1 hin, von einer schnellen Volumenvergrösserung von S_1 begleitet, und in einer nachfolgenden langsameren Translation von derselben Richtung, von einer langsamen Volumenrückkehr begleitet, besteht, die andere von entgegengesetzter Art ist, so dass sie in einer schnellen Bewegung nach Σ_2 hin, von einer schnellen Volumenverkleinerung begleitet, und in einer nachfolgenden

des Mittelpunktes von S_1 bedingt wird. Die Verrückung dieser Art, die von $a', b', c', \ldots$ veranlasst wird, wird von entgegengesetzter Richtung zu der von $a, b, c, \ldots$ veranlassten. Letztere wird aber grösser als erstere. Da es sich im Folgenden ausschliesslich um Drähte handelt, die von verdünnten Wellen in der einen und verdichteten Wellen in der anderen Richtung durchflossen werden, so finden wir die Geschwindigkeit jener Verrückung von S_1 gleich in Richtung und Grösse für beide Halbperioden Θ ihrer Volumenänderung. Deswegen fällt diese Geschwindigkeit von selbst aus den folgenden Formeln weg. Für die Partikeln des Drahtes hätten wir, in Folge dieser Verrückungen, eine bestimmte Fortführung (ohne Acceleration) in der Richtung, in welche die verdünnten Wellen fortschreiten.

unendlich langsameren Translation in derselben Richtung, von einer langsamen Volumenrückkehr begleitet, besteht. Jedesmal trägt der genannte Contact mit einer nächstliegenden Kugel zur Richtungsänderung der Translation von S_1 bei, namentlich zum Hemmen der vormaligen Bewegung. Wir bekommen somit als *eine mittlere Bewegung* der Kugeln des Drahtes L die in Nr. 14 geschilderte. Hierbei ist jedoch zu bemerken, dass, damit h_0 von der dort angegebenen Grössenordnung werde, wir m^0 noch grösser setzen müssen, als daselbst geschah, nämlich als vergleichbar mit $\varrho_0{}^2 \varrho_0{}^{-\frac{1}{6}}$.

35. Wenn dann zwei solche Drähte wie L vorhanden sind, und beide in der genannten Weise von Wellen durchlaufen werden, so lehren uns die Entwickelungen der Nr. 16, die zwischen ihnen zu Stande gekommenen Kräfte zu bestimmen. Mit L_1, L_2 bezeichnen wir die beiden Drähte, mit S_1, S_1' die Partikel von L_1, mit S_2, S_2' diejenigen von L_2; übrigens behalten wir die Bezeichnungen der genannten Nr. bei. Die Componenten der Kraft, welche L_1 auf S_2 ausübt, werden, nach der Gleichung (28) Nr. 16, wo jetzt $H = H' = 0$, durch Differentiation der folgenden Function W in Bezug auf die Coordinaten x_2, y_2, z_2 der Kugel S_2 erhalten:

$$(38) \qquad W = -8\pi \varrho_0 \varkappa \sum \frac{m_1{}^0 m_2{}^0}{R_{12}} \frac{h_0}{a} \cos h_0 R_{21} \left(1 - \frac{h_0'}{a} \cos h_0' R_{21}\right).$$

Die angedeutete Summirung soll über alle S_1 (mit positiven $m_1{}^0$ und h_0), oder auch über alle S_1' (mit negativen $m_1{}^0$ und h_0) erstreckt werden. Die Resultate der vorgeschriebenen Differentiationen hängen wesentlich davon ab, wie $h_0' \cos h_0' R_{21}$ mit der Lage (x_2, y_2, z_2) von S_2 variirt.

Schreiben wir

$$(39) \qquad \sqrt{2\pi \varrho_0 \varkappa} \sum m_1{}^0 \frac{h_0}{a} = i\,ds,$$

wo wir die Summirung über alle S_1 eines und desselben Querschnittes von L_1 erstrecken und mit ds ein Linienelement der Längenaxe von L_1 verstehen, dieses positiv gerechnet in der Richtung des Fortschreitens der verdichteten Wellen durch L_1, und insbesondere ds gleich dem Abstande zweier consecutiver S_1 setzen, so wird

$$(40) \qquad W = -4\sqrt{2\pi \varrho_0 \varkappa}\, m_2{}^0 \int i \cos R_{21} ds \left(1 - \frac{h_0'}{a} \cos R_{21} h_0'\right) \frac{ds}{R_{12}},$$

falls die Integration über die ganze Längenaxe von L_1 in der genannten als positiv zu zählenden Richtung ausgedehnt wird.

Hieraus folgt, dass, wenn L_2 unendlich wenig verschoben und deformirt wird, die Kräfte von L_1 auf L_2 die Arbeit verrichten:

$$(41) \qquad \sum \left(\frac{dW}{dx_2} \delta x_2 + \cdots \frac{dW}{dx_2'} \delta x_2' + \cdots\right).$$

Das Summenzeichen betrifft sowohl alle Kugeln S_2 (x_2, y_2, z_2) als alle S_2' (x_2', y_2', z_2'). Es sind $\delta x_2, \delta y_2, \delta z_2$ bez. $\delta x_2', \delta y_2', \delta z_2'$ die Componenten der Verrückungen dieser Punkte. Statt des obigen Differentiales können wir schreiben $\delta W'$, darunter diejenige Aenderung der folgenden Function W' verstanden, welche der angenommenen Aenderung von L_2 entspricht:

$$W' = \Sigma W = -4\sqrt{2\pi\varrho_0\varkappa}\sum m_2{}^0 \int i \cos R_{21}\, ds \left(1 - \frac{h_0'}{a} \cos R_{21}\, h_0'\right) \frac{ds}{R_{12}}.$$

Das Summenzeichen erstreckt sich über alle S_2 und S_2'. Setzen wir

(39′) $$\sqrt{2\pi\varrho_0\varkappa}\sum m_2{}^0 \frac{h_0'}{a} = i' ds',$$

diese Summirung auf alle Kugeln S_2 eines Querschnittes von L_2 beziehend, ds' gleich dem Abstande zweier consecutiver S_2 in der Längenaxe von L_2 und positiv gezählt in der Richtung der Fortschreitung der verdichteten Wellen durch L_2, so wird

(42) $$W' = 8\int\!\!\int i i' \cos R ds \cos R ds' \frac{ds ds'}{R},$$

die Integrationen über die Längenaxen von L_1 und L_2 in deren positiven Richtungen ausgedehnt.

Falls i und i' von s und s' unabhängig sind und auch bei den Verrückungen von L_2 constant bleiben, so kann man, auf Grund der Formel:

$$R \frac{d^2 R}{ds\, ds'} = \cos R ds \cos R ds' - \cos ds ds',$$

statt der Gleichung (42) schreiben:

(43) $$W' = 8 i i' \int\!\!\int \cos ds ds' \frac{ds ds'}{R} + 8 i i' (R_{bd} + R_{ac} - R_{ad} - R_{bc}),$$

wobei mit a, b die Endpunkte von L_1 an Σ_1 resp. Σ_2, mit c, d die entsprechenden Endpunkte von L_2 bezeichnet sind.

Wenn daher ferner bei der Aenderung von L_2 die Endpunkte dieses Drahtes fest gehalten werden, übrigens jene Aenderung eine beliebige Verrückung von L_2 ist, so kann die Arbeit (41) der Kräfte zwischen L_1 und L_2 gleich $\delta W''$ gesetzt werden, wo

(44) $$W'' = 8 i i' \int\!\!\int \cos ds ds' \frac{ds ds'}{R}.$$

Dies gilt auch für den Fall, dass L_2 oder L_1 ringförmig ist. Wenn dies mit beiden Drähten der Fall wird, so stimmt W'' mit der von F. E. Neumann angegebenen Form des Potentiales zweier constanter electrischer Ströme, welche mit den Intensitäten i, i' die Drähte L_1, L_2 durchfliessen, gänzlich überein.

36. Wir werden noch annehmen, dass die Länge von L_2 bei

jeder Verrückung dieses Drahtes ungeändert bleibt. Dann wird es leicht, die oben erwähnten Kräfte von L_1 auf L_2 durch andere zu ersetzen, welche in festen Punkten der Längenaxe von L_2 angreifen. Zu diesem Zwecke brauchen wir nämlich nur die neuen Kräfte so zu bestimmen, dass die Arbeit, welche sie bei einer beliebigen Verrückung der angenommenen Art leisten, mit der oben bestimmten $\delta W''$ identisch ausfällt. Aber, wenn wir mit x, y, z die Coordinaten irgend eines geometrischen, festen Punktes der Längenaxe von L_1, mit x', y', z' die Coordinaten irgend eines geometrischen, gleichfalls festen Punktes der Längenaxe von L_2 bezeichnen, können wir zunächst der Function W'' die Form ertheilen:

$$W'' = 8ii' \int\int \frac{dx\,dx' + dy\,dy' + dz\,dz'}{R},$$

$$R = \sqrt{(x'-x)^2 + (y'-y)^2 + (z'-z)^2},$$

und demgemäss die Aenderung $\delta W''$ so darstellen:

$$\delta W'' = 8ii' \int_{L_1}\int_{L_2} \frac{dx\,\delta dx' + dy\,\delta dy' + dz\,\delta dz'}{R}$$

$$-8ii' \int_{L_1}\int_{L_2} \frac{(dx\,dx' + dy\,dy' + dz\,dz')\big((x'-x)\,\delta x' + (y'-y)\,\delta y' + (z'-z)\,\delta z'\big)}{R_3}.$$

Durch theilweise Integration folgt hieraus:

$$\frac{1}{8ii'}\delta W'' = \int_{L_1}\Big|_{L_2} \frac{dx\,\delta x' + dy\,\delta y' + dz\,\delta z'}{R}$$

$$+\int_{L_1}\int_{L_2} \frac{(\delta x'\,dx + \delta y'\,dy + \delta z'\,dz)\big((x'-x)\,dx' + (y'-y)\,dy' + (z'-z)\,dz'\big)}{R^3}$$

$$-\int_{L_1}\int_{L_2} \frac{(dx\,dx' + dy\,dy' + dz\,dz')\big((x'-x)\,\delta x' + (y'-y)\,\delta y' + (z'-z)\,\delta z'\big)}{R^3}.$$

Das erste Glied verschwindet, weil die Endpunkte von L_2 unbeweglich gehalten worden sind. (Dasselbe Glied verschwindet sonst auch, wenn L_2 ringförmig ist). Daher:

$$\frac{1}{8ii'}\delta W'' = \int\int \delta x' \left\{ dy' \frac{(y'-y)\,dx - (x'-x)\,dy}{R^3} - dz' \frac{(x'-x)\,dz - (z'-z)\,dx}{R^3} \right\}$$

$$+\int\int \delta y' \left\{ dz' \frac{(z'-z)\,dy - (y'-y)\,dz}{R^3} - dx' \frac{(y'-y)\,dx - (x'-x)\,dy}{R^3} \right\}$$

$$+\int\int \delta z' \left\{ dx' \frac{(x'-x)\,dz - (z'-z)\,dx}{R^3} - dy' \frac{(z'-z)\,dy - (y'-y)\,dz}{R^3} \right\}.$$

Bemerken wir noch, dass, nach der obigen Voraussetzung, $\delta ds' = 0$, so finden wir für die in Frage stehenden neuen Kräfte, welche die Punkte (x', y', z'), die Endpunkte der Linienelemente ds', zu Angriffspunkten haben und ein mit dem Systeme der obigen Kräfte von L_1 äquivalentes System bilden sollen, die Componenten X, Y, Z durch folgende Gleichungen bestimmt:

$$(45)\quad \begin{cases} X = 8ii'(C\,dy' - B\,dz') - 8ii'd\left(T\frac{dx'}{ds'}\right), \\ Y = 8ii'(A\,dz' - C\,dx') - 8ii'd\left(T\frac{dy'}{ds'}\right), \\ Z = 8ii'(B\,dx' - A\,dy') - 8ii'd\left(T\frac{dz'}{ds'}\right), \end{cases}$$

wo

$$(45')\quad \begin{cases} A = \int\limits_{L_1}\left\{\frac{\partial}{\partial z}\left(\frac{1}{R}\right)dy - \frac{\partial}{\partial y}\left(\frac{1}{R}\right)dz\right\}, \\ B = \int\limits_{L_1}\left\{\frac{\partial}{\partial x}\left(\frac{1}{R}\right)dz - \frac{\partial}{\partial z}\left(\frac{1}{R}\right)dx\right\}, \\ C = \int\limits_{L_1}\left\{\frac{\partial}{\partial y}\left(\frac{1}{R}\right)dx - \frac{\partial}{\partial x}\left(\frac{1}{R}\right)dy\right\}. \end{cases}$$

Die ersten, von A, B, C abhängigen Theile von X, Y, Z machen genau die Componenten der Kraft aus, durch welche Ampère die Wirkung, die ein electrischer Strom, der mit der constanten Intensität i den Draht L_1 durchfliesst, auf das Stromelement $i'ds'(x'y'z')$ ausübt, dargestellt hat. Die zweiten Theile $-8ii'd\left(T\frac{dx'}{ds'}\right)$, etc. von X, etc. deuten auf eine gewisse Spannung T im Elemente ds' hin. Die ersten Kräfte sind die einzigen, welche durch Anziehungen oder Abstossungen zwischen L_1 und L_2 sich bestätigen können. Also, abgesehen von Kräften auf die Endpunkte von L_2 und von Spannungen in den Linienelementen dieses Drahtes, sind die Kräfte von L_1 aus auf L_2 mit den electrischen Kräften zwischen einem electrischen Strome in L_1 von der Intensität i und einem electrischen Strome in L_2 von der Intensität i' äquivalent. Oder, *die beiden Drähte wirken, wenn sie ringförmig sind, so auf einander, als wenn in den Fortschreitungsrichtungen der verdichteten Wellen constante electrische Ströme von den Intensitäten i bez. i' sie durchflössen.*

§ 7.

Fortsetzung. Analogien zu den electrischen Inductionsströmen.

37. Wenn zwei Paare von verdünnten und verdichteten Wellenschaaren, jedes Paar so beschaffen wie das in den vorangehenden Nummern in L_2 angenommene, in der Weise in entgegengesetztem Sinne den Draht L_2 durchlaufen, dass ihre verdünnten Wellen ent-

gegengesetzte Fortschreitungsrichtungen haben, so gerathen die Partikel des Drahtes in periodische Bewegungen, für welche man als mittlere Bewegung eine zu zählen hat, die aus zwei Bewegungen, von der vorhin angegebenen Beschaffenheit aber zu einander entgegengesetzt orientirt, zusammengesetzt ist. Auch auf diesen Fall können wir die Formel (28) anwenden. Um also die mittlere Kraft zu erhalten, die von L_1 auf eine Kugel S_2 in L_2 ausgeübt wird, brauchen wir nur die Function (38) nach x_2, y_2, z_2 zu differentiiren, nachdem $h' = 0$ gesetzt worden ist. Wir sehen dann aus (41), (42), dass gegenüber L_1 der Draht L_2 sich neutral verhält, wenn er in Ruhe ist, so dass dann L_1 keine Wirkung auf L_2 ausübt. Aber ganz anders verhält sich die Sache, wenn letzterer Draht in Bewegung ist. Sei H' die Geschwindigkeit von S_2, wo H' irgend welche endliche, eindeutige und continuirliche Function von x_2, y_2, z_2 ist, aber in Vergleich zu a unendlich klein wie h_0, so werden nach Nr. 16:

(46) $$\frac{dW'''}{dx_2}, \quad \frac{dW'''}{dy_2}, \quad \frac{dW'''}{dz_2}$$

die Componenten der Kraft darstellen, mit der L_1 auf S_2 wirkt, falls [(28), (40)]:

$$W''' = -4\sqrt{2\pi\varrho_0 \varkappa}\; m_2^0 \int i \cos R_{21}\, ds \left(1 - \frac{H'}{a} \cos R_{21}\, H'\right) \frac{ds}{R_{12}}\,.$$

Wir werden annehmen, dass L_1 ringförmig ist, also:

$$\int_{L_1} \cos R_{21}\, ds\, \frac{ds}{R_{12}} = 0,$$

und dass i constant ist, und bekommen dann

$$W''' = 4\sqrt{2\pi\varrho_0\varkappa}\; m_2^0\, \frac{i}{a} \int_{L_1} H' \cos R H' \cos R ds\, \frac{ds}{R},$$

oder, auf Grund der Formel:

$$R\,\frac{d^2 R}{ds\,dt} = H'\,(\cos R ds \cos R H' - \cos H' ds),$$

für W''' die Form:

(47) $$W''' = 4\sqrt{2\pi\varrho_0\varkappa}\; m_2^0\, \frac{i}{a} \int_{L_1} H' \cos H' ds\, \frac{ds}{R}\,.$$

Die Kraft (46) ändert plötzlich ihre Richtung, wenn die Kugel S_2 das Zeichen ihres m_2^0 ändert. Für zwei Kugeln S_2, S_2' werden daher die bezüglichen Kräfte (46) numerisch gleich aber von der entgegengesetzten Richtung. In Folge der rechtwinkligen Componenten dieser Kräfte nach der Längenaxe von L_2 erleiden S_2, S_2' entgegengesetzte Verrückungen. Wir nehmen, wie früher, an, dass diese Bewegung einer S_2 schon nach einer Zeit $\Theta = \sqrt{\varrho_0} : a$ (vornehmlich) durch den Contact dieser Kugel mit einer in der Längenaxe nächstliegenden gehemmt wird und dass zu gleicher Zeit sowohl das Zeichen von $m_2{}^0$ sich ändert als die Translation in der entgegengesetzten Richtung anfängt. Jedesmal wenn für eine und dieselbe Kugel $m_2{}^0$ dasselbe Zeichen hat, wird sie von einer und derselben Kraft afficirt. Von den obengenannten zwei Bewegungen, welche diese Kugel hatte, wenn $H' = 0$ war, ist also, wenigstens zum Theil, die eine aufgehoben. Daher kommen jetzt für die Kugel S_2 annähernd solche Bewegungen vor, welche die Kugeln in L_1 haben und in den vorigen Nummern auch die in L_2 hatten*), Bewegungen, welche diesen Draht mit einem electrischen Strome vergleichbar machen.

38. Die Kräfte (46) können wir durch andere ersetzen, welche den Draht L_2 in festen Punkten seiner Längenaxe angreifen. Nehmen wir nämlich an, dass durch endliche, äussere Kräfte der Draht L_2 von einer Gleichgewichtslage $L_2{}^0$ in eine andere derartige Lage $L_2{}^{(1)}$ gebracht wird. Dabei mögen $S_2{}^0, \ldots b, b', b'', \ldots S_2{}^{(1)}$ diejenigen Lagen im Raume sein, welche allmählich, nach Zeiten Θ, irgend eine Kugel von L_2 einnimmt. Von diesen Lagen sind, nach dem soeben Auseinandergesetzten, diejenigen verschieden, welche $S_2{}^0$, wenn sie mit der Längenaxe von L_2 fest vereinigt wäre, einnehmen würde. Wir bezeichnen letztere Lagen durch $S_2{}^0, \ldots a, a', a'', \ldots$ Weil aber das m_2 der vorliegenden Kugel S_2 in zwei unmittelbar einander folgenden Zeitintervallen Θ verschiedenes Zeichen besitzt, und demgemäss die Verrückungen derselben Kugel längs der Längenaxe von L_2 in jenen Zeitintervallen einander entgegengesetzt werden, so fällt von irgend zwei auf einander folgenden Lagen b, b' die eine mit einer der Lagen a, a' zusammen. Sei a die Lage, die mit b zusammenfällt, so werden auch a'' mit b'', a^{IV} mit b^{IV}, u. s. w. zusammenfallen. Und wenn die Zeit der Bewegung des L_2 von $L_2{}^0$ zu $L_2{}^{(1)}$ ein ganzes Multiplum von 2Θ ist, so muss $S_2{}^{(1)}$, wie $S_2{}^0$, mit einem Puncte $a^{(i)}$ identisch werden. Dann finden wir die Arbeit, welche, während der Lagenveränderung des L_2 von $L_2{}^0$ zu $L_2{}^{(1)}$, die Kraft (46) auf S_2 verrichtet, gleich der Arbeit derselben Kraft bei den Verrückungen ab', $b'a''$, $a''b'''$, ... Nun ist die Verrückung ab' aus den zwei Verrückungen aa', $a'b'$ zusammengesetzt. Die äusseren Kräfte tragen Nichts zur letzteren Verrückungscomponente bei. Es ist $aa' : \Theta$ die Geschwindigkeit H' (zur Zeit t), von der die Kraft (46) abhängt, die auch allein die Verrückung $a'b'$ verursacht. Sehen wir also von der Arbeitsleistung der Kräfte ab, welche die Geschwindigkeiten H' veranlassen, so haben wir nur die Arbeit der Kräfte (46) bei den Verrückungen $a'b'$, $b'a'$, $a'''b'''$, $b'''a'''$, ...

---

*) Vgl. hierzu Nr. 41.

zu berechnen. Weil man bei den Verrückungen $[aa', a'b']$, $[a''a''', a'''b''']$, .. für m_2^0 dasselbe, etwa das positive Zeichen hat, bei den Verrückungen $[b'a', a'a'']$, $[b'''a''', a'''a^{IV}]$, ... m_2^0 vom entgegengesetzten Zeichen ist, so wird diese Arbeit gleich dem Doppelten der Arbeit bei den Verrückungen $a'b'$, $a'''b'''$, u. s. w. Wir können, da wir die Bewegung von L_2 continuirlich annehmen, $a'a''' : 2\,\Theta$ für H' schreiben. Nennen wir C die Curve $S_2^0 \ldots a'a'''a^V \ldots S_2^{(1)}$, C' die Curve $S_2^0 \ldots b'b'''b^V \ldots S_2^{(1)}$ und betrachten $a'a'''$ ($= ds_1$) als ein Linienelement der ersten Curve und bestimmen i_1 durch die Gleichung:

$$\sqrt{2\pi\varrho_0\varkappa}\, m_2^0 \frac{H'}{a} = i_1 ds_1,$$

so wird, wenn, wie früher, m_2^0 für alle Lagen a, a'', ... als constant gezählt wird, i_1 für alle Punkte von L_2 und ebenso bei der Bewegung von L_2 constant, nämlich gleich

$$\sqrt{2\pi\varrho_0\varkappa}\, \frac{m_2^0}{2a\Theta}.$$

Wir haben nach der Gleichung (47):

$$W''' = 4ii_1 \int\limits_{L_1} \cos ds\, ds_1 \frac{ds\, ds_1}{R};$$

wir setzen

$$W^{IV} = \Sigma W''' = 4ii_1 \int\limits_{C}\int\limits_{L_1} \cos ds\, ds_1 \frac{ds\, ds_1}{R}.$$

Beim Uebergange von C zu C' ändert sich $ds_1 = a'a'''$ zu $ds_1' = b'b'''$, $H' = \frac{a'a'''}{2\Theta} \left(= \frac{aa''}{2\Theta}\right)$ zu $\frac{b'b'''}{2\Theta}$, dagegen wird i_1 nach dem obigen Ausdrucke desselben constant. Folglich wird, nach dem soeben Gesagten, die fragliche Arbeit gleich $2(W_1^{IV} - W^{IV})$, falls

$$W_1^{IV} = 4ii_1 \int\limits_{C}\int\limits_{L_1} \cos ds\, ds_1' \frac{ds\, ds_1'}{R}.$$

Nach Nr. 36 können wir diese Variation $2(W_1^{IV} - W^{IV})$ so schreiben:

$$(48)\quad 2(W_1^{IV} - W^{IV}) = 8ii_1 \Big]_{S_2^0}^{S_2^{(1)}} \left\{ \delta x_1 \int\limits_{L_1} \frac{dx}{R} + \delta y_1 \int\limits_{L_1} \frac{dy}{R} + \delta z_1 \int\limits_{L_1} \frac{dz}{R} \right\}$$
$$+ \sum\nolimits_C [X_1 \delta x_1 + Y_1 \delta y_1 + Z_1 \delta z_1],$$

wo δx_1, δy_1, δz_1 die Componenten der Verrückungen $a'b'$, $a'''b'''$, ... bedeuten. Es werden

$$(49)\quad X_1 = 8ii_1 (C dy_1 - B dz_1), \qquad Y_1 = 8ii_1 (A dz_1 - C dx_1),$$
$$Z_1 = 8ii_1 (B dx_1 - A dy_1),$$

wo A, B, C die Werthe (45') haben. Mit dx_1, dy_1, dz_1 sind die Componenten von ds_1 bezeichnet.

Als Endpunkte der Curve C würden eigentlich nicht die festen Punkte $S_2{}^0$, $S_2{}^{(1)}$ zu nehmen sein, weil jedes derselben ein Paar zusammenfallender Punkte a, b vertritt und nicht ein solcher Punkt wie a' ist. Aber da wir die Bewegung des Drahtes L_2 durch immer endliche Kräfte hervorgebracht haben, und die Endlagen desselben, $L_2{}^0$, $L_2{}^{(1)}$, Ruhelagen sind, müssen die Anfangs- und Endgeschwindigkeiten H' unendlich klein in Vergleich zu der für eine beliebige zwischenliegende Zeit geltenden H' ausfallen, und also die auf die Endpunkte von C bezüglichen Verrückungen unendlich klein von höherer Ordnung werden. In Folge hiervon können wir das mit dem Substitutionszeichen behaftete Glied der Gleichung (48) weglassen. Wir sehen also, dass das System aller Kräfte (46), insofern es auf die Verrückungen der Kugeln S_2 des Drahtes L_2 längs dessen Längenaxe ankommt, mit dem Systeme der Kräfte (49) äquivalent wird. Doch ist dies des Näheren so zu verstehen, dass, wenn $m_2{}^0$ positiv ist, wir eine Kraft gleich der Hälfte von (49) in a haben, dagegen, wenn $m_2{}^0$ negativ ist, eine entgegengesetzte Kraft in a'. *Die rechtwinklige Componente nach der Längenaxe von L_2 jener Kraft in a wird von ganz derselben Form wie diejenige Kraft, welche Wilhelm Weber in seiner Theorie der electrischen Inductionsströme als diejenige electromotorische Kraft bezeichnet hat, welche während der Lagenveränderung von L_2 der electrische Strom von der Intensität i in L_1 verursacht.*

39. Wenn L_2 in Ruhe bleibt, L_1 dagegen sich bewegt, bekommen wir die Wirkung des letzteren Drahtes auf die Punkte S_2 des ersteren einfach durch Betrachtung der Wirkung zweier nächstliegender S_1, S_1' auf S_2. Wenn H die von der Bewegung von L_1 herrührende gemeinsame Geschwindigkeit von S_1, S_1' bedeutet, so folgt aus Gleichung (28) der Nr. 16, dass für die in Frage stehenden Kräfte

$$-4\sqrt{2\pi\varrho_0 x}\, m_2{}^0 i \cos R_{21}\, ds\left(1+\frac{H}{a}\cos R_{21}H\right)\frac{ds}{R_{12}}$$

die Kräftefunction ist, — vorausgesetzt, dass während der Zeit $R_{12}:a$ die Geschwindigkeit H als constant angesehen werden kann. Dieselbe Form finden wir aber auch für den Fall, dass L_1 in Ruhe bleibt, dagegen S_2 die Geschwindigkeit $-H$ hat. Daher wird insbesondere, wenn L_1 blos in Translation begriffen ist, L_2 in derselben Weise afficirt, als wenn ersterer Draht in Ruhe wäre, L_2 dagegen ihre relative Translation zu L_1 als absolute Bewegung hätte.

40. Sei, wie in den drei vorangehenden Nummern, L_1 ringförmig und L_2 so in beiden Richtungen von Wellen durchlaufen wie im Anfange der Nr. 37 angenommen wurde, so haben wir, wie oben bemerkt,

keine Wirkung von L_1 auf L_2, wenn diese Drähte in Ruhe sind. Aber dann wurde stillschweigend vorausgesetzt, dass i keine Aenderung erlitte, d. h. dass die beiden Wellenschaaren in L_1 constant erhalten werden. Eine Aenderung der Intensität, d. i. der Verdichtung dieser Wellen, numerisch gerechnet, bringt nämlich, nach Nr. 34, eine Aenderung von i hervor. Wir wollen hier zeigen, wie hierdurch eine Kraftwirkung auf S_2 von Seiten des Drahtes L_1 entsteht. Zu dem Zwecke bestimmen wir zunächst die Kraft, welche ein Partikelpaar S_1, S_1' von L_1 auf eine Partikel S_2 in L_2 ausübt.

Nach Nr. 16 werden in den Bezeichnungen der Nr. 37, 35 die Componenten dieser Kraft gleich:

$$
(50)\qquad \begin{cases}
-4\sqrt{2\pi\varrho_0\varkappa}\, m_2^0 \cdot \dfrac{di}{dx_2}\cos R_{21}\, ds\, \dfrac{ds}{R_{12}} \\
-4\sqrt{2\pi\varrho_0\varkappa}\, m_2^0 i\, \dfrac{d}{dx_2}\left(\cos R_{21}\, ds\, \dfrac{ds}{R_{12}}\right), \\
-4\sqrt{2\pi\varrho_0\varkappa}\, m_2^0 \dfrac{di}{dy_2}\cos R_{21}\, ds\, \dfrac{ds}{R_{12}} \\
-4\sqrt{2\pi\varrho_0\varkappa}\, m_2^0 i\, \dfrac{d}{dy_2}\left(\cos R_{21}\, ds\, \dfrac{ds}{R_{12}}\right), \\
-4\sqrt{2\pi\varrho_0\varkappa}\, m_2^0 \dfrac{di}{dz_2}\cos R_{21}\, ds\, \dfrac{ds}{R_{12}} \\
-4\sqrt{2\pi\varrho_0\varkappa}\, m_2^0 i\, \dfrac{d}{dz_2}\left(\cos R_{21}\, ds\, \dfrac{ds}{R_{12}}\right).
\end{cases}
$$

Wir brauchen nur an den Erfolg einer während der unendlich kurzen Zeit dt geschehenen Aenderung di von i zu denken, und können dann sogleich die zweiten Glieder der vorangehenden Ausdrücke fortlassen. Denn schliesslich ist auf alle S_1, S_1' Bezug zu nehmen, und man hat, weil L_1 ringförmig ist:

$$\int_{L_1} \cos R\, ds \frac{ds}{R} = 0.$$

Was nun die ersten Glieder jener Ausdrücke (50) anbetrifft, so ist erstens zu bemerken, dass die Aenderung von i, eben so wie die von m_1, im umgebenden Mittel durch sphärische Wellen sich kund giebt, und dass diese Wellen ihre Radien mit der constanten Geschwindigkeit a vergrössern. Desshalb wird, da wir (Nr. 13) nur die Wellen zu berücksichtigen brauchen, welche von den erweckten Aenderungen von m_1 herrühren, für ein und dasselbe Partikelpaar S_1, S_1' und einen und denselben äusseren Punkt $S_2(x_2, y_2, z_2)$ im Abstande R von S_1, die Intensität i:

$$i = F(R - at).$$

Daher kommt

$$\frac{di}{dx_2} = \frac{di}{dR} \cos R_{12} X = \frac{1}{a} \frac{di}{dt} \cos R_{21} X,$$

$$\frac{di}{dy_2} = \frac{di}{dR} \cos R_{12} Y = \frac{1}{a} \frac{di}{dt} \cos R_{21} Y,$$

$$\frac{di}{dz_2} = \frac{di}{dR} \cos R_{12} Z = \frac{1}{a} \frac{di}{dt} \cos R_{21} Z,$$

wo di rechts eben die angenommene Aenderung von i bedeutet.

Die Kraft mit den Componenten

$$-4\sqrt{2\pi\varrho_0 \varkappa}\, m_2^0 \frac{di}{dx_2} \cos R_{21}\, ds \frac{ds}{R_{12}}, \text{ etc.}$$

hat folglich die Richtung R_{12} und ihre rechtwinklige Componente nach ds' die Grösse

$$-4\sqrt{2\pi\varrho_0 \varkappa}\, m_2^0 \frac{1}{a} \frac{di}{dt} \cos R\, ds' \cos R\, ds \frac{ds}{R}.$$

Vom ganzen Drahte L_1 kommt also für S_2 nach der Längenaxe von L_2 die Kraft

(51) $$-4\sqrt{2\pi\varrho_0 \varkappa}\, m_2^0 \frac{1}{a} \frac{di}{dt} \int\limits_{L_1} \cos R\, ds' \cos R\, ds \frac{ds}{R}$$

und für S_2' eine von derselben Grösse aber von der entgegengesetzten Richtung. Durch die Aenderung des i des Drahtes L_1 wird also jetzt jede Kugel von L_2 in eine solche Bewegung versetzt, die am Ende der Nr. 37 zur Sprache kam. *Die Kraft* (51) *ist von derselben Form wie diejenige von Wilhelm Weber hergeleitete electromotorische Kraft, zu der die Aenderung der Intensität i eines constanten electrischen Stromes in L_1 Veranlassung giebt.*

§ 8.

Analogien zu den magnetischen Körpern.

41. Bedenken wir, dass eine Welle, die mit der Geschwindigkeit a sich fortpflanzt, eine $\left(1 + \frac{h}{a}\right)$ mal grössere Zeit erfordert um über eine Kugel S_2 hinüber zu kommen, wenn diese in der Fortpflanzungsrichtung der Welle mit der Geschwindigkeit h sich bewegt, als wenn sie still steht, so leuchtet sofort ein, dass die Bewegungen der Kugeln S_2 des L_2, welche von den in den vorangehenden Nummern erwähnten (electromotorischen) Kräften von L_1 hervorgebracht werden, zu Folge haben müssen, dass von den ursprünglichen zwei Paaren von Wellenschaaren in L_2 das eine Paar in grösserem Maasse absorbirt werde als das andere. Daraus folgt auch, dass die mittlere Bewegung der

S_2 eine derartige Discontinuität darbieten müsse wie die der S_1 in L_1. (Siehe den Schluss der Nr. 34). Doch kann, wenn L_2 eine endliche Länge hat, auch wenn L_2 ringförmig ist, diese Verschiedenheit der Wellenpaare nur eine unendlich kurze Zeit, nachdem H' oder di verschwunden ist, bestehen, weil bald alle Wellen durch Absorption von den Kugeln (als getrennt verdichtete und verdünnte Wellen) verloren gehen. Auch wird aus demselben Grunde eine ununterbrochene äussere Kraftwirkung auf L_1 nöthig, damit in ihm die vorhin betrachtete Wellenbewegung Statt habe. Nur wenn die Länge eines der Drähte (L_1, L_2) unendlich klein wie $\sqrt{\varrho_0}$ und zugleich dieser Draht ringförmig ist, können jene im Drahte einmal erregten zwei Wellenschaaren für sich selbst eine endliche Zeit erhalten bleiben. Vgl. den Anfang der Nr. 32. Der Kürze wegen sage ich von einem Drahte mit derartigen zwei Wellenschaaren, dass durch ihn ein Strom geht. Die Fortschreitungsrichtung der verdichteten Wellen bezeichne ich als die Richtung des Stromes.

In einem unendlich kurzen cylindrischen Körper, dessen Basis einen unendlich kleinen Diameter, vergleichbar mit $\sqrt{\varrho_0}$ hat, und welcher von der in Nr. 28 angegebenen Eigenschaft ist, so dass die Kugeln S der Axe des Cylinders eine zusammenhängende Linie (innere Fläche des Körpers) bilden, kann also ein einmal erregter, um die Axe herumfliessender Strom eine längere Zeit von selbst seine Bewegung bewahren. *Der Körper verhält sich dann*, nach Nr. 36, wie ein Solenoid, d. i. *wie ein Magnet*. Die Axe des Cylinders wird dabei die Axe des Magnets.

Aus der vorangehenden Nr. folgt, dass, wenn ein cylindrischer Körper von der vorigen Beschaffenheit von einem ringförmigen Drahte L_1 von endlicher Länge, in einer Ebene gelegen, die von einer Querschnittsebene des Körpers nur wenig abweicht, umgeben ist, die Entstehung eines Stromes in L_1 zu einem Strome von der entgegengesetzten Richtung im cylindrischen Körper um dessen Axe herum Anlass giebt, welcher, so lange der neue Strom in L_1 nicht verändert wird, selbst für längere Zeit als constant betrachtet werden kann. Der Körper wird also, nach dem eben Gesagten, einem Magnete ähnlich. Wenn er um einen Punkt seiner Axe sich frei bewegen kann, wird er, in Folge der Kräfte von L_1 aus, sich bald so drehen, dass der Strom in seiner cylindrischen Oberfläche dieselbe Richtung bekommt wie die in L_1. Der Strom in L_1 möge jetzt verschwinden; der Strom im cylindrischen Körper wird damit nicht erlöschen, wie es sonst, wenn der Körper seine ursprüngliche Lage inne gehabt hätte, eintreten würde. Der unendlich kleine cylindrische Körper bewahrt daher seinen Character als Magnet fort.

42. Liegt ein Körper von in allen Richtungen endlicher Erstreckung

vor, und ordnen sich seine Kugeln S zu unendlich vielen cylindrischen Partikeln von unendlich kleinen Längen und von Querschnittsdiametern vergleichbar mit $\sqrt{\varrho_0}$ zusammen, und ist jede dieser Partikel um einen Punkt ihrer Axe leicht beweglich, so wird der Effect eines um den Körper herumgeschlungenen Drahtes L_1, in dem ein Strom fliesst, der, dass die Partikel des Körpers, wenn in L_1 der Strom entsteht, zu Magneten werden, welche nachher mit ihren Axen so sich stellen, dass die ihnen zugehörenden Ströme, hinsichtlich der Richtung, mit dem Strome in L_1 so nahe als möglich übereinstimmen. Der Strom in L_1 möge nachher vernichtet werden; der Körper verliert dadurch (während einer endlichen Zeit) seinen magnetischen Charakter nicht.

Noch möchte ich erwähnen, wie sich nach meiner Auffassung die gewöhnliche Wellentheorie des Lichtes in den obigen Betrachtungen einordnen lässt. Neben den Kugeln S, aus denen die hier besprochenen Körper Σ und L gebildet sind, mögen andere Kugeln S' sich finden, die ebenfalls die in Nr. 26 beschriebene Constitution haben, aber von bedeutend kleineren Massen als jene S sind. Auch diese Kugeln S' sollen die Volumenoscillationen (35), (35') besitzen. Auf Grund der Kleinheit ihrer Massen wird ihre Wirkung im Vergleich mit derjenigen der früheren S äusserst klein. Desshalb wird durch diese S' nichts Wesentliches in den Bewegungen und den Wirkungen der Kugeln S der vorigen Körper geändert. Nur hat man jetzt das Mittel, das diese Körper umgiebt, nicht mit einem völlig isolirenden Mittel, sondern vielmehr mit einem Dielectricum zu vergleichen. Dieses äussere Mittel mit seinen unendlich vielen, unendlich nahe zu einander liegenden S' stellt einen solchen elastischen Körper dar, welchen die gewöhnliche Moleculartheorie zur Erklärung der Lichtbewegung sich vorstellt. Auch diejenigen Abstossungen, die, nach der Moleculartheorie, zwischen nächstliegenden Kugeln thätig sein müssen, werden wir hier finden. Denn zwei Kugeln S', die sich aneinander gepresst und dadurch einander abgeplattet haben, werden nachher, während diese Abplattungen fortdauern, einander abstossen. In meiner zu Anfang citirten Abhandlung in T. XXI der Jahresschrift der Universität zu Lund ist dies bewiesen worden. Man sehe die Formel S. 38 der citirten Abhandlung, wo im gegenwärtigen Falle α_2, β_2 negativ werden, oder die Formeln auf S. 49, wo e, e' positiv werden und der Winkel $\Delta G = 90^0$.

Lund, im Februar 1889.

Zum Fundamentalsatz aus der Theorie der algebraischen Functionen.

Von

E. Bertini in Pavia.

(Auszug*) aus einem Schreiben an Herrn M. Noether in Erlangen.)

In meinen Universitätsvorlesungen über Geometrie habe ich die beiden Noten auseinandergesetzt, welche Herr Voss und Sie über die Darstellbarkeit einer ganzen Function f in der Form

$$f \equiv A\varphi + B\psi$$

in den Mathem. Annalen (Bd. 27 und 30) veröffentlicht haben. Bei dieser Gelegenheit habe ich bemerkt, dass der von Ihnen im § 1 Ihrer Note gegebene Beweis in der Weise modificirt werden kann, dass auch der allgemeinste Fall in *rein* algebraischer Form erscheint; dass man nämlich *sowohl im Ausspruch des Satzes als im Beweisgang* jede Reihenbetrachtung eliminiren kann.

Zu diesem Zwecke kann man das Theorem in folgender Form aussprechen:

Wenn für jeden gemeinsamen Punkt der beiden Curven $\varphi = 0$, $\psi = 0$, *der* $\varkappa$*-facher Punkt von* φ, l*-facher von* ψ *ist und der* α $(\geqq \varkappa l)$ *einfache Schnittpunkte der beiden Curven absorbirt, zwei rationale ganze Functionen* A', B' *existiren derart, dass der Ausdruck* f *bis zu den Gliedern* $(\alpha - \varkappa l + \varkappa + l - 2)^{\text{ter}}$ *Dimension inclusive mit* $A'\varphi + B'\psi$ *identisch gemacht werden kann, so wird* f *von der Form* $A\varphi + B\psi$. (Wenn f einen solchen Punkt zum $(\alpha - \varkappa l + \varkappa + l - 1)$-fachen Punkt haben sollte, so sind die Bedingungen an einer solchen Stelle identisch erfüllt.)

Sei in der That das Coordinatendreieck genügend unabhängig von den Curven φ, ψ angenommen, ausser dass der Einfachheit halber die Ecke $x = y = 0$ in einen der im Folgenden zu betrachtenden Punkte gelegt werde; wenn R die Resultante in x von φ und ψ, so leiten Sie im § 1 Ihrer Note aus der Identität

(1) $$R = C\varphi + D\psi$$

---

*) In deutscher Uebertragung.

als nothwendige und hinreichende Bedingung für die Existenz der Relation

(2) $$f = A\varphi + B\psi$$

ab, dass

(3) $$Cf = AR + \mathrm{A}\psi$$

sei, und bemerken weiter, dass $R = 0$, $\psi = 0$ in jedem gemeinsamen Punkte den „einfachen Fall" (s. Ihre Note, a) der Einleitung) darbieten, wonach also der Beweis der Relation (3) nach dem für diesen Fall aufgestellten Criterium (s. Voss, Math. Ann. 27, p. 532) geleistet werden kann. Zur Behandlung von (3) unterscheide ich mit Ihnen zwei Classen von Schnittpunkten von $R = 0$, $\psi = 0$; die eine, für welche $\varphi = 0$, die andere, für welche $\varphi \neq 0$.

Für einen Punkt $x = y = 0$ der ersten Classe, der $\varkappa$-fach für φ, l-fach für ψ und von α-facher Multiplicität für beide Curven ist, habe ich die Existenz von zwei derartigen ganzen Functionen A', A' zu beweisen, dass eine Relation

(4) $$Cf = A'R + \mathrm{A}'\psi$$

bis zu den Gliedern der Dimension $\alpha + l - 2$ incl. stattfindet; denn der betrachtete Punkt ist α-fach für $R = 0$. Nun ist dieser Punkt für $C = 0$ mindestens $(\varkappa l - \varkappa)$-fach: man kann dies auf demselben Wege nachweisen, den Herr Voss im § 2 seiner Note einschlägt [so kann man z. B. aus der Unterdeterminante von R nach dem ersten Element A_0 mit Hülfe der dort pag. 534 angegebenen Operationen den Factor $x^{\varkappa l - \varkappa}$ heraussetzen, da nur die erste durch $x^\varkappa$ theilbare Zeile hier fehlt, etc.]. Da aber nach der Annahme f mit einem Ausdruck

$$A'\varphi + B'\psi$$

bis zu den Gliedern $(\alpha - \varkappa l + \varkappa + l - 2)^{\text{ter}}$ Dimension incl. stimmt, so wird also

$$Cf = A'C\varphi + B'C\psi = A'R + (B'C - A'D)\,\psi$$

mindestens bis zur Dimension $(\alpha - \varkappa l + \varkappa + l - 2) + (\varkappa l - \varkappa) = \alpha + l - 2$ incl. erfüllt sein, wie es für (4) verlangt war.

Für einen Punkt $x = y = 0$ der zweiten Classe, der α-facher Punkt von R, einfacher Punkt von ψ ist, ohne auf φ zu liegen, habe ich die Existenz einer Relation (4) bis zu den Gliedern $(\alpha - 1)^{\text{ter}}$ Dimension incl. nachzuweisen. Geordnet sei

$$\begin{aligned}
R &= r_0 x^\alpha + r_0' x^{\alpha+1} + \cdots, \\
\varphi &= \varphi_0 + \varphi_1 + \varphi_2 + \cdots, \qquad \varphi_0 \neq 0, \\
\psi &= \psi_1 + \psi_2 + \psi_3 + \cdots, \qquad \psi_1 \neq 0, \\
C &= c_0 + c_1 + c_2 + \cdots, \\
D &= d_0 + d_1 + d_2 + \cdots,
\end{aligned}$$

wo die unteren Indices die Dimension der in x, y homogenen Ausdrücke anzeigen. Durch Substitution in (1) folgt $c_0 = 0$, wonach, wenn $\alpha = 1$, die Bedingung für (4) schon erfüllt ist. Wenn $\alpha > 1$, so liefert (1) die Identitäten:

$$(5)\quad \begin{cases} 0 = c_1\varphi_0 + d_0\psi_1, \\ 0 = c_1\varphi_1 + c_2\varphi_0 + d_0\psi_2 + d_1\psi_1, \\ \cdots\cdots\cdots\cdots\cdots\cdots\cdots\cdots \\ 0 = c_1\varphi_{\alpha-2} + c_2\varphi_{\alpha-1} + \cdots + c_{\alpha-1}\varphi_0 + d_0\psi_{\alpha-1} + d_1\psi_{\alpha-2} + \cdots + d_{\alpha-2}\psi_1, \end{cases}$$

und diese geben, nach den c aufgelöst:

$$(6)\quad \begin{cases} -\varphi_0^{\alpha-1}\cdot c_1 = \varphi_0' d_0\psi_1, \\ -\varphi_0^{\alpha-1}\cdot c_2 = \varphi_1' d_0\psi_1 + \varphi_0'(d_0\psi_2 + d_1\psi_1), \\ \cdots\cdots\cdots\cdots\cdots\cdots\cdots\cdots \\ -\varphi_0^{\alpha-1}\cdot c_{\alpha-1} = \varphi_{\alpha-2}' d_0\psi_1 + \varphi_{\alpha-3}'(d_0\psi_2 + d_1\psi_1) + \cdots \\ \qquad\qquad + \varphi_0'(d_0\psi_{\alpha-1} + \cdots + d_{\alpha-2}\psi_1), \end{cases}$$

wo auch die φ_i' homogene Functionen i^{ter} Dimension von x, y bezeichnen [$\varphi_0' = \varphi_0^{\alpha-2}$; $\varphi_1' = -\varphi_1\varphi_0^{\alpha-3}$, etc.]. Setzt man aber

$$\varphi' = \frac{1}{\varphi_0^{\alpha-1}}\{\varphi_0' + \varphi_1' + \cdots + \varphi_{\alpha-2}'\},$$

so sagt (6) aus, dass

$$C = -\varphi' D\cdot\psi,$$

bis zu den Gliedern $(\alpha - 1)^{\text{ter}}$ Dimension inclusive. Daher wird auch

$$Cf = -\varphi' Df\cdot\psi$$

bis zu den Gliedern $(\alpha - 1)^{\text{ter}}$ Dimension incl., was eine Relation der Art (4) ist.

Das im Eingang genannte Theorem ist daher bewiesen, und zwar hat, wie Sie sehen, der Beweis einen ausschliesslich algebraischen Charakter.

Pavia, 8. März 1889.

Zum Fundamentalsatz aus der Theorie der algebraischen Functionen.

Von

M. Noether in Erlangen.

(Auszug aus dem Antwortschreiben auf vorstehenden Brief des Herrn E. Bertini in Pavia.)

... Ihre Forderung, den Ausspruch und den Beweis des Theorems über die Bedingungen der Relation

(1) $$f = A\varphi + B\psi$$

rein algebraisch herzustellen, finde ich durchaus berechtigt und ich stimme derselben völlig bei. Auch ist dieselbe in meiner Note (Annalen 30) schon im Wesentlichen erfüllt, bis auf folgende zwei Punkte:

1) Während ich von einer Entwicklung

(2) $$f = A'\varphi + B'\psi$$

an einer Stelle P bis zu *beliebig* hoher Dimension spreche, beschränken Sie die Vergleichung auf die Grenze $\leqq \alpha - \varkappa l + \varkappa + l - 2$. Diese *bestimmte* Dimensionsangabe ist ein wirklicher *Fortschritt*, obwohl es auch aus meinen Darstellungen hervorging, dass bei der Endlichkeit (α) der für f zu erfüllenden Bedingungsgleichungen die Vergleichung nicht über eine endliche Grenze hinaus stattzufinden hat;

2) die Stellen (Ihre Punkte zweiter Classe), für welche $\varphi \neq 0$, aber $R = 0$, $\psi = 0$, hatte ich einfach durch Division von

(3) $$R = C\varphi + D\psi$$

mit der nicht verschwindenden Function φ behandelt. Dies ist nur der Kürze halber geschehen, da es mir algebraisch zu bekannt schien, dass an einer solchen einfachen Stelle von ψ, wo R einen α-fachen Punkt hat und ψ nur α-punktig trifft, die nach (3) stattfindende α-punktige Berührung von C mit ψ genügt, um C, bis zu den Gliedern $(\alpha - 1)^{\text{ter}}$ oder beliebiger Dimension hin, in die Form zu setzen

$$C = A'R + \mathrm{A}'\psi.$$

Aber es wäre vielleicht besser gewesen, statt dessen eine der Ihrigen analoge Ausführung zu machen. —

Erlauben Sie mir, Ihnen bei dieser Gelegenheit mitzutheilen, wie ich in einer Vorlesung des Wintersemesters 1886/87 den *Restsatz* für *singuläre* Curven abgeleitet habe. Herr Brill und ich haben im Band 7 der Annalen den Restsatz für den Fall des Schnittes einer nicht-singulären Grundcurve mit nicht-singulären Curvenschaaren auf die *identische* Erfüllung der obigen Relation (1) im „einfachen“ Falle zurückgeführt, nämlich darauf, dass f jeden Punkt P, der $\varkappa$-facher Punkt von φ, l-facher von ψ, mit nur $\varkappa l$-facher Multiplicität, ist, zum $(\varkappa + l - 1)$-fachen Punkt haben soll; und der Restsatz für ein singuläres Verhalten wurde dann hinterher durch quadratische Transformation der ganzen Gleichung des Restsatzes aus jenem einfachen Restsatze abgeleitet (vgl. die genauere Ausführung in meiner Abhandlung, Annalen 23). Statt dessen nehme ich jetzt auch im singulärsten Falle sogleich eine solche identische Erfüllung der nach 2) geforderten Relationen für f vor, dass sich dann hieraus der Restsatz direct und wörtlich wie im „einfachen“ Falle ergiebt.

Es möge ein Punkt P für φ ein $\varkappa$-elementiger, für ψ ein l-elementiger sein, mit α-facher Multiplicität des Schnittes. Nach meinen früheren Definitionen (s. z. B. meine Abh. in Math. Ann. 23) sage ich dann, dass $\varkappa l$ der α Schnittpunkte *in* P, $\alpha - \varkappa l$ aber P unendlich benachbart liegen, und zwar dass die in *verschiedenen* Richtungen von P aus liegenden benachbarten Punkte $P_1, P_2, \ldots$ bezüglich die Schnitt-Multiplicitäten $\alpha_1, \alpha_2, \ldots$ haben, wo

$$\alpha_1 + \alpha_2 + \cdots = \alpha - \varkappa l.$$

Ich sage nun: die aus einer Entwicklung (2) in der Nähe von P folgenden Bedingungen für f können dadurch identisch erfüllt werden, dass man f in P einen $(\varkappa + l - 1)$-fachen Punkt giebt und f in $P_1, P_2, \ldots$ noch gewisse weitere $\alpha_1, \alpha_2, \ldots$ Bedingungen erfüllen lässt; z. B. dass man, wenn P_i für φ ein $\varkappa_i$-elementiger, für ψ ein l_i-elementiger Punkt ist, f in P_i einen $(\varkappa_i + l_i - 1)$-fachen Punkt giebt, mit weiteren $\alpha_i - \varkappa_i l_i$ Bedingungen in den $\overline{PP_i}$ successiven Punkten; *speciell dadurch: dass man, wenn die Singularität P völlig aufgelöst ist, in lauter gewöhnliche K_j-fache Punkte von φ, die L_j-fache Punkte von ψ sind, mit Multiplicität $K_j L_j$, der Curve f alle diese Punkte bez. zu $(K_j + L_j - 1)$-fachen Punkten giebt* (s. Annalen 23, § 19 meiner Abhandlung).

Zum Beweise transformire man die Curven f, φ, ψ der Ebene E durch quadratische eindeutige Ebenentransformation, von deren drei Fundamentalpunkten einer in P gelegt ist, die anderen nicht speciell gegen jene Curven liegen. Die Fundamentalpunkte der anderen Ebene E′

seien P', Q', R'; die transformirten Curven f', φ', ψ'. Die Ordnungen von f, φ, ψ seien r, m, n, und f ertheile man einen $(\varkappa+l-1)$-fachen Punkt in P; so hat man für die Ordnungen von f', φ', ψ' und ihre Vielfachheiten in P', Q', R' folgende Tabelle

	Ordn.	P'	Q', R'
f'	$2r-\varkappa-l+1$	r	$r-\varkappa-l+1$
φ'	$2m-\varkappa$	m	$m-\varkappa$
ψ'	$2n-l$	n	$n-l$,

wobei in P', Q', R' der gewöhnliche Fall des Schnittes von φ', ψ' auftritt.

Da nur die Bedingungen bei P zu discutiren sind, so kann ich annehmen, dass in E die für endlich von P verschiedene Punkte sich ergebenden Bedingungen erfüllt sind; dann sind auch in E' an den entsprechenden Stellen, welche alle ausserhalb der Fundamentallinien liegen, die Bedingungen dafür, dass

(4) $$f' = \mathsf{A}\varphi' + \mathsf{B}\psi'$$

werde, erfüllt, da dies genau jene Gleichungen von E sind. Somit bleiben für f', φ', ψ' zur Erfüllung von (4) nur die Punkte P', Q', R' und die Punkte P_1', P_2', ... der Geraden $\overline{Q'R'}$, welche den Punkten P_1, P_2, ... bei P entsprechen, zu betrachten. Nimmt man jetzt an, dass auch in den Punkten P_1', P_2', ... die für (4) hinreichenden Bedingungen erfüllt sind, so handelt es sich nur noch um die Punkte P', Q', R', und diese kann man am kürzesten so erledigen:

Ich betrachte zuerst den Fall, dass $r = m+n-1$ ist. Alsdann liegt nach obiger Tabelle in P', Q', R' der Fall der identischen Erfüllung der Bedingungen von (4) vor, und zwar wird:

	Ordn.	P'	Q', R'
f'	$2(m+n)-\varkappa-l-1$	$m+n-1$	$m+n-\varkappa-l$
φ'	$2m-\varkappa$	m	$m-\varkappa$
ψ'	$2n-l$	n	$n-l$
A	$2n-l-1$	$n-1$	$n-l$
B	$2m-\varkappa-1$	$m-1$	$m-\varkappa$;

denn da jeder der $n-l$ Zweige von ψ' bei Q' durch f' in $m+n-\varkappa-l$ Punkten getroffen wird, muss er nach (4) durch A in $n-l$ Punkten getroffen werden, d. h. A muss Q' zum $(n-l)$-fachen Punkt haben; etc. Transformirt man aber (4) nach E zurück, so hebt sich nun nach dieser Tabelle auf beiden Seiten der Relation derselbe Factor hinweg, und man erhält (1), wobei A, B Curven $(n-1)^{\text{ter}}$, bez. $(m-1)^{\text{ter}}$ Ordnung werden, welche P zum $(l-1)$-fachen, bez. $(\varkappa-1)$-fachen Punkt haben.

Man sieht, dass man f für (1) in P nur einen $(\varkappa+l-1)$-fachen Punkt zu geben braucht, wenn man nur f' in den Punkten $P_1', P_2', \ldots$ von E' so bestimmt, dass in der Nähe *jedes* dieser Punkte Entwicklungen der Art

$$f' = \mathsf{A}'\varphi' + \mathsf{B}'\psi'$$

existiren. Aber für die Ordnungen r', m', n' von f', φ', ψ' wird $r' = m' + n' - 1$. Somit ergiebt sich durch Fortsetzung dieser Schlussweise der zu beweisende Satz, sobald $r = m + n - 1$ ist.

Ist nun $r > m + n - 1$, so ersetze man φ durch eine Curve $C \cdot \varphi$, wo C irgend eine Curve der Ordnung $r - m - n + 1$, welche nicht durch die Fundamentalpunkte von E geht; so haben $C\varphi$ und ψ kein anderes Verhalten in P, als φ und ψ. Aber nun wird nach dem Vorstehenden, sobald f die Bedingungen des Satzes erfüllt, bei P:

$$f = A'C\varphi + B'\psi,$$

was schon die Form (2) hat.

Ist aber $r < m + n - 1$, so ersetze man f zuerst durch eine Curve $C \cdot f$, wo C irgend eine Curve der Ordnung $m + n - r - 1$, welche nicht durch die Fundamentalpunkte von E geht. Wenn nun f die Bedingungen des Satzes erfüllt, gilt dasselbe für Cf, so dass man nach Obigem bei P eine Entwicklung hat:

$$C \cdot f = A''\varphi + B''\psi.$$

Da aber $C \neq 0$ für P, so schliesst man hieraus, vermöge Division durch C oder nach einem Verfahren, welches dem in Ihrem Briefe auf die Punkte zweiter Classe angewandten analog ist, auf eine Relation der Art (2).

Erlangen, 11. März 1889.

Ueber den Söderberg'schen Beweis des Galois'schen Fundamentalsatzes.

Von

O. Hölder in Göttingen.

In meiner Arbeit in diesem Band der Mathematischen Annalen p. 42 Anm. habe ich die Behauptung aufgestellt, dass der von Herrn Söderberg in den Acta Mathematica 11 : 3 gegebene Beweis des Galois'schen Satzes auf der stillschweigenden Voraussetzung beruhe, dass die sämmtlichen Substitutionen, welche eine Function der Wurzeln numerisch ungeändert lassen, eine Gruppe bilden, und dass dieser Beweis desshalb falsch sei. Herr Engel hat die Freundlichkeit gehabt, mich darauf aufmerksam zu machen, dass ich mich hier in einem Irrthum befunden habe.

Ich glaubte jene Voraussetzung liege in der Art, wie Herr Söderberg aus den Lagrange'schen Entwicklungen heraus den Satz bewiesen hat:

(I) „Wenn y und V zwei rationale Functionen der Wurzeln einer gegebenen algebraischen Gleichung sind, und die Function y numerisch ungeändert bleibt bei allen Substitutionen, welche V numerisch ungeändert lassen, so kann die Function y in V rational ausgedrückt werden."

Man vergleiche a. a. O. p. 298 Nr. 3. Die Beweisführung von Herrn Söderberg ist in der That vollkommen exact. Die Entwicklungen von Lagrange, auf welche Herr Söderberg sich stützt, betreffen einen Specialfall des „im Allgemeinen" richtigen, gewöhnlich benutzten Lagrange'schen Satzes, wonach die Function y in V rational ausgedrückt werden kann, wenn die Substitutionen, die V formell nicht ändern, auch y formell nicht ändern. Es wird übrigens an der betreffenden Stelle bei Lagrange ein Grenzübergang gemacht, welcher in der von Lagrange gegebenen Form nicht streng erscheint und auch nicht für alle Fälle durchgeführt ist. Ich möchte desshalb diese

Gelegenheit benutzen, jene Lücke in der Lagrange'schen Deduction auszufüllen.

Lagrange (Oeuvres Bd. I, Paris 1869, p. 374) geht von zwei Functionen y und t der Grössen $x', x'', x''', \ldots$ aus, wobei er annimmt, dass die Function y formell sich nicht ändere bei den sämmtlichen Substitutionen, welche t formell nicht ändern. Er wählt nun aus den Substitutionen der Grössen $x', x'', x''', \ldots$ gewisse aus, welche aus der Function t die sämmtlichen von einander verschiedenen Formen $t', t'', t''', \ldots, t^{(\varpi)}$ ergeben, welche t anzunehmen fähig ist, und zwar jede dieser Formen einmal ergeben. Dieselben Substitutionen mögen aus der Function y die Ausdrücke $y', y'', y''', \ldots, y^{(\varpi)}$ hervorbringen. Jeder Grösse $t^{(\varrho)}$ entspricht also eine gleichbenannte Grösse $y^{(\varrho)}$. Es lässt sich nun $y^{(\varrho)}$ in $t^{(\varrho)}$ rational ausdrücken; die Coefficienten setzen sich aus den Grössen

$$\begin{aligned} -m &= x' + x'' + x''' + \cdots, \\ n &= x'x'' + x'x''' + x''x''' + \cdots, \\ -p &= x'x''x''' + \cdots \end{aligned}$$

zusammen. Die Grössen $t^{(\varrho)}$ ergeben sich aus der Gleichung

$$\Theta = 0,$$

wo

$$\Theta = \prod_{\varrho=1}^{\varrho=\varpi} \left(1 - \frac{t}{t^{(\varrho)}}\right) = 1 + At + Bt^2 + Ct^3 + \cdots + Kt^{\varpi}$$

ist und die Coefficienten $A, B, C, \ldots, K$ auch in $m, n, p, \ldots$ rational sind.

Dies gilt zunächst, wenn $x', x'', x''', \ldots$ willkürliche Veränderliche bedeuten. Wenn die Grössen x specielle sind, z. B. die μ verschiedenen Wurzeln einer gegebenen Gleichung μ^{ten} Grades

$$x^{\mu} + mx^{\mu-1} + nx^{\mu-2} + px^{\mu-3} + \cdots = 0,$$

so muss man den Fall ausschliessen, in welchem die Gleichung

$$\Theta = 0$$

mehrfache Wurzeln besitzt, d. h. man muss annehmen, dass die formell verschiedenen Grössen $t', t'', \ldots, t^{(\varpi)}$ auch numerisch verschiedene Werthe besitzen.*) Dies ist der gewöhnlich citirte Satz von Lagrange, an dessen Beweis nichts ausgesetzt werden kann.

---

*) Ueber die Möglichkeit, dass einige der Formen $t^{(\varrho)}$ oder $y^{(\varrho)}$ vermöge der speciellen Werthe der Grössen x illusorisch werden, soll hier hinweggesehen werden; man könnte sich z. B. auf ganze Functionen t und y beschränken.

Lagrange giebt nun noch die fertigen Ausdrücke. Er setzt

$$\sum_{\varrho=1}^{\varrho=\varpi} t^{(\varrho)\varkappa} y^{(\varrho)} = M_\varkappa$$

für $\varkappa = 0, 1, 2, \ldots, (\varpi - 1)$. Die ϖ Grössen M setzen sich wieder aus $m, n, p, \ldots$ rational zusammen. Dann definirt er noch die Grössen $P, Q, R, \ldots$ durch die Formeln

$$\begin{aligned} P &= M_0 + AM_1 + BM_2 + CM_3 + \cdots, \\ Q &= M_1 + AM_2 + BM_3 + \cdots, \\ R &= M_2 + AM_3 + \cdots \\ &\cdot\ \cdot\ \cdot\ \cdot\ \cdot\ \cdot\ \cdot\ \cdot\ \cdot\ \cdot \end{aligned}$$

und findet schliesslich

$$\text{(II)} \qquad y = -\frac{\frac{P}{t} + \frac{Q}{t^2} + \frac{R}{t^3} + \frac{S}{t^4} + \cdots}{A + 2Bt + 3Ct^2 + 4Dt^3 + \cdots}.$$

Zu jedem Werth $t^{(\varrho)}$ giebt diese Formel das entsprechende $y^{(\varrho)}$.

Lagrange hat nun noch den vorhin ausgenommenen Fall behandelt, in welchem die Gleichung

$$\Theta = 0$$

mehrfache Wurzeln besitzt (vergl. a. a. O. p. 379—382). Es wird für eine solche mehrfache Wurzel der Nenner der Formel (II) zu Null. Lagrange findet die Regel: „Wenn die Grössen $t', t'', \ldots, t^{(r)}$ numerisch gleich sind, so dass t' eine r-fache Wurzel der Gleichung

$$\Theta = 0$$

ist, so differentiire man in der Formel (II) auf der rechten Seite den Zähler und den Nenner je $r-1$ mal nach t, nachher setze man $t = t'$, man erhält dadurch das arithmetische Mittel der r Grössen y, welche den Grössen $t', t'', \ldots, t^{(r)}$ entsprechen."

Hieraus fliesst der Satz, auf welchen Herr Söderberg seinen Beweis gestützt hat. Es sind aber die Ueberlegungen Lagrange's nicht ganz vollständig. Lagrange führt nur den Fall der Doppelwurzel durch. Angenommen, es sei $t' = t''$, so betrachtet Lagrange zuerst t' und t'' als verschieden, setzt $t'' = t' + \omega$, wo ω eine unendlich kleine Grösse bedeutet, und vernachlässigt die unendlich kleinen Grössen zweiter Ordnung. Dieses Verfahren erscheint unsicher schon wegen der Unbestimmtheit der zu Grunde liegenden Vorstellung. Eine der Grössen t' und t'' ist damit jedenfalls als variabel aufgefasst, ohne dass jedoch gesagt wäre, wovon diese Variabilität abhängig gemacht werden soll.

Man bedenke dabei, dass die Grössen $A, B, C, \ldots, K, P, Q, R, \ldots$ nun auch veränderlich sind.

Die besprochene Unbestimmtheit kann gehoben werden. Das Nächstliegende wäre es, die Grössen $x', x'', x''', \ldots$ vorerst als Veränderliche zu betrachten und dann durch einen Grenzübergang in die Wurzeln der gegebenen Gleichung

$$x^\mu + m x^{\mu-1} + n x^{\mu-2} + p x^{\mu-3} + \cdots = 0$$

übergehen zu lassen. Es scheint mir jedoch als ob sich der Durchführung dieser Betrachtung Schwierigkeiten entgegenstellten.

Jedenfalls ist das folgende Verfahren einfacher: Man ersetzt die Function t durch $t + \omega s$, wo s eine Function bedeutet, welche bei denselben Substitutionen wie t formell unverändert bleibt, deren formell verschiedene Werthe $s', s'', s''', \ldots, s^{\varpi}$ aber für die fraglichen Werthe $x', x'', x''', \ldots$ auch numerisch verschieden sind. ω bedeutet einen veränderlichen Parameter, während die Grössen $x', x'', x''', \ldots$ jetzt gleich als specialirt erscheinen.

Man setze

$$\tau = t + \omega s.$$

Für hinreichend kleine Werthe von ω, die von Null verschieden sind, werden die Grössen

$$t' + \omega s', \; t'' + \omega s'', \; t''' + \omega s''', \ldots, t^{\varpi} + \omega s^{\varpi}$$

oder

$$\tau', \quad \tau'', \quad \tau''', \quad \ldots, \quad \tau^{\varpi}$$

verschieden sein. Man hat jetzt den Vortheil, dass alle diese Grössen von der einen Veränderlichen ω linear abhängen.

Die Function τ genügt nun, so lange ω von Null verschieden ist, den nothwendigen Bedingungen und die Formel

$$\text{(III)} \qquad y = -\frac{\frac{\overline{P}}{\tau} + \frac{\overline{Q}}{\tau^2} + \frac{\overline{R}}{\tau^3} + \frac{\overline{S}}{\tau^4} + \cdots}{\overline{A} + 2\overline{B}\tau + 3\overline{C}\tau^2 + 4\overline{D}\tau^3 + \cdots}$$

liefert zu jeder Grösse $\tau^{(\varrho)}$ die entsprechende Grösse $y^{(\varrho)}$. Die Grössen $\overline{A}, \overline{B}, \overline{C}, \ldots, \overline{P}, \overline{Q}, \overline{R}, \ldots$ berechnen sich nach den früheren Formeln, nur hat man immer τ für t zu setzen; diese Grössen hängen von ω ab, können nach positiven*) Potenzen dieser Grösse ω ent-

---

*) Vergl. die Anmerkung auf S. 455; die von Lagrange benutzte Darstellung bringt es mit sich, dass die Grössen $t', t'', \ldots t^{\varpi}$ auch als von Null verschieden angesehen werden müssen. Sind sie es nicht, so addirt man von Anfang an eine passende Zahl zu t hinzu.

wickelt werden und reduciren sich für $\omega = 0$ auf $A, B, C, \ldots$, $P, Q, R, \ldots$.

Man setze jetzt in der Formel (III) den Werth $t^{(\varrho)} + \omega s^{(\varrho)}$ für τ ein und entwickle die ganze rechte Seite nach steigenden Potenzen von ω, wobei eine endliche Anzahl von negativen Potenzen scheinbar mit auftreten könnten. Da aber in Wirklichkeit der Werth $y^{(\varrho)}$, den der ganze Ausdruck besitzt, von ω unabhängig ist, so reducirt sich die ganze Entwicklung auf das von ω freie Glied, welches nach bekannten Regeln gefunden wird. Dasselbe muss sich dann aus $t^{(\varrho)}$ und $s^{(\varrho)}$ und den Grössen $m, n, p, \ldots$ rational zusammensetzen. Man kann aber nur dann behaupten, dass die Grösse $s^{(\varrho)}$ aus dem Ausdruck herausfällt, wenn $t^{(\varrho)}$ eine einfache Wurzel der Gleichung

$$\Theta = 0$$

ist.

Ich nehme nun an, dass $t' = t'' = \cdots = t^{(r)}$, während die übrigen Werthe $t^{(r+1)} \ldots t^{(\varpi)}$ von den r ersten verschieden sein sollen; ϱ sei eine der Zahlen $1, 2, \ldots r$. Es ist

$$\prod_{\alpha=1}^{\alpha=\varpi}\left(1 - \frac{\tau}{\tau^{(\alpha)}}\right) = 1 + \overline{A}\tau + \overline{B}\tau^2 + \overline{C}\tau^3 + \cdots.$$

Also ist der Nenner des Bruchs (III) für $\tau = \tau^{(\varrho)}$:

$$\overline{A} + 2\overline{B}\tau^{(\varrho)} + 3\overline{C}\tau^{(\varrho)^2} + \cdots = -\frac{1}{\tau^{(\varrho)}}\prod_{\beta=1,2,\cdots\varrho-1,\varrho+1,\cdots\varpi}\left(1 - \frac{\tau^{(\varrho)}}{\tau^{(\beta)}}\right).$$

Da nun

$$\tau^{(\varrho)} = t' + \omega s^{(\varrho)},$$
$$\tau^{(\beta)} = t^{(\beta)} + \omega s^{(\beta)}$$

ist, kann man auf der rechten Seite nach steigenden Potenzen von ω entwickeln und erhält

$$(-1)^r \frac{\omega^{r-1}}{(t')^r}\prod_{\alpha=r+1}^{\alpha=\varpi}\left(1 - \frac{t'}{t^{(\alpha)}}\right)\cdot\prod_{\beta=1,2,\cdots\varrho-1,\varrho+1,\cdots r}(s^{(\varrho)} - s^{(\beta)})$$

als erstes von Null verschiedenes Glied der Entwicklung.

Daraus ist ersichtlich, dass in dem Bruch

$$-\frac{\dfrac{\overline{P}}{\tau^{(\varrho)}} + \dfrac{\overline{Q}}{\tau^{(\varrho)^2}} + \dfrac{\overline{R}}{\tau^{(\varrho)^3}} + \cdots}{\overline{A} + 2\overline{B}\tau^{(\varrho)} + 3\overline{C}\tau^{(\varrho)^2} + \cdots}$$

auch die Entwicklung des Zählers mit ω^{r-1} beginnen muss und dass

$$y^{(\varrho)} = (-1)^{r-1} \cdot \frac{(t')^r}{\prod\limits_{\alpha=r+1}^{\alpha=\varpi}\left(1-\frac{t'}{t^{(\alpha)}}\right) \cdot \prod\limits_{\beta=1,2,\dots\varrho-1,\varrho+1,\dots r}(s^{(\varrho)}-s^{(\beta)})}$$
$$\times\left[\frac{\overline{P}}{z^{(\varrho)}} + \frac{\overline{Q}}{z^{(\varrho)^2}} + \frac{\overline{R}}{z^{(\varrho)^3}} + \cdots\right]_{\omega^{r-1}}^{*)}$$

ist. Zur Abkürzung setze man

$$\frac{\overline{P}}{t'+\xi} + \frac{\overline{Q}}{(t'+\xi)^2} + \frac{\overline{R}}{(t'+\xi)^3} + \cdots = F(\omega, \xi),$$

wo ξ eine neue, von ω unabhängige Variable bedeutet. Man kann F nach steigenden Potenzen von ω und ξ entwickeln. Ferner sei

$$\frac{\partial^\nu F(\omega, \xi)}{\partial \xi^\nu} = F_\nu(\omega, \xi)$$

gesetzt.

Wenn man nun in der Formel

$$y^{(\varrho)} = \frac{(-1)^{r-1}(t')^r}{\prod\limits_{\alpha=r+1}^{\varpi}\left(1-\frac{t'}{t^{(\alpha)}}\right) \cdot \prod\limits_{\beta=1,2,\dots\varrho-1,\varrho+1,\dots r}(s^{(\varrho)}-s^{(\beta)})}\,[F(\omega, \omega s^{(\varrho)})]_{\omega^{r-1}}$$

von $\varrho = 1$ bis $\varrho = r$ summirt, erhält man

$$\sum_{\varrho=1}^{r} y^{(\varrho)} = \frac{(-1)^{r-1}(t')^r}{\prod\limits_{\alpha=r+1}^{\varpi}\left(1-\frac{t'}{t^{(\alpha)}}\right)} \cdot \sum_{\varrho=1}^{r}\left[\frac{F(\omega, \omega s^{(\varrho)})}{\prod\limits_{\beta=1,2,\dots\varrho-1,\varrho+1,\dots r}(s^{(\varrho)}-s^{(\beta)})}\right]_{\omega^{r-1}}.$$

Statt aber die Entwicklungscoefficienten zu addiren, addirt man die Functionen und bestimmt dann den Entwicklungscoefficienten. Es ist

$$F(\omega, \omega s^{(\varrho)}) = \sum_{\nu=0}^{\infty} \frac{\omega^\nu s^{(\varrho)\nu}}{\nu!} F_\nu(\omega, 0).$$

Also

$$\sum_{\varrho=1}^{r} \frac{F(\omega, \omega s^{(\varrho)})}{\prod (s^{(\varrho)}-s^{(\beta)})}$$
$$= \sum_{\nu=0}^{\infty}\left\{\frac{\omega^\nu}{\nu!} F_\nu(\omega, 0) \sum_{\varrho=1}^{r} \frac{s^{(\varrho)\nu}}{\prod\limits_{\beta=1,2,\dots\varrho-1,\varrho+1,\dots r}(s^{(\varrho)}-s^{(\beta)})}\right\}.$$

---

*) Dies bedeute den Coefficienten von ω^{r-1} in der Entwicklung der in der Klammer stehenden Grösse nach steigenden Potenzen von ω.

Hierin ist der Coefficient von ω^{r-1} in der Entwicklung nach Potenzen von ω zu suchen. Die Functionen

$$F_\nu(\omega, 0)$$

sind für $\omega = 0$ regulär, sie geben keine negativen Potenzen. Die innere Summe auf der rechten Seite ist vermöge der Euler'schen Formeln gleich Null, wenn $\nu = 1, 2, \ldots r-2$, und gleich 1 für $\nu = r-1$. Demnach ist der gesuchte Entwicklungscoefficient gleich

$$\frac{1}{(r-1)!} F_{r-1}(0, 0).$$

Man findet also

$$\frac{y' + y'' + \cdots + y^{(r)}}{r} = \frac{(-1)^{r-1}(t')^r}{r! \prod_{\alpha=r+1}^{\varpi}\left(1 - \frac{t'}{t^{(\alpha)}}\right)} F_{r-1}(0, 0).$$

In dieser Formel liegt die von Lagrange gegebene Regel, denn die Grösse

$$(-1)^r \frac{r!}{(t')^r} \prod_{\alpha=r+1}^{\varpi}\left(1 - \frac{t'}{t^{(\alpha)}}\right)$$

wird dadurch erhalten, dass man in dem Ausdruck

$$\prod_{\alpha=1}^{\varpi}\left(1 - \frac{t}{t^{(\alpha)}}\right) = 1 + At + Bt^2 + Ct^3 + \cdots$$

r mal nach t differentiirt und dann $t = t'$ einsetzt, d. h. dadurch, dass man den Nenner der Formel (II) $r-1$ mal nach t differentiirt und $t = t'$ setzt. $F_{r-1}(0, 0)$ erhält man, indem man den Zähler der Formel (II) $r-1$ mal nach t differentiirt und dann $t = t'$ setzt. Es liegt nahe zu denken, dass dieser Zähler selbst für $t = t'$ mindestens $r-1$ mal zu Null wird, d. h. dass die Entwicklung von

$$F(0, \mathfrak{x})$$

nach steigenden Potenzen von $\mathfrak{x}$ mit $\mathfrak{x}^{r-1}$ beginnt. Dies ist auch richtig, worauf ich hier nicht eingehe.

Will man nicht die von Lagrange gegebene Regel beweisen, sondern nur zeigen, dass unter den gemachten Voraussetzungen das arithmetische Mittel der Grössen $y', y'', \ldots y^{(r)}$ sich durch t' und die Grössen $m, n, p, \ldots$ rational ausdrücken lässt, so kann man weit einfacher verfahren. Ich nehme an, es seien von den Grössen $t', t'', t''', \ldots t^{\varpi}$ die r ersten einander gleich, die r_1 folgenden seien wieder unter einander gleich aber von den vorhergehenden verschieden, dann wieder die r_2 folgenden einander gleich u. s. f., so dass die Gleichung

$$\Theta = 0$$

im Ganzen σ von einander verschiedene Werthe ihrer Wurzeln aufweist. Man nehme jetzt von den Gleichungen

$$\sum_{\varrho=1}^{\varrho=\varpi} t^{(\varrho)\varkappa}\, y^{(\varrho)} = M_\varkappa$$

die σ ersten. Diese Gleichungen können unter Benutzung der Abkürzungen

$$\sum_{\alpha=1}^{r} y^{(\alpha)} = Y_1, \quad \sum_{\beta=r+1}^{r+r_1} y^{(\beta)} = Y_2, \quad \sum_{\gamma=r+r_1+1}^{r+r_1+r_2} y^{(\gamma)} = Y_3, \ldots$$

in die Form

$$t'^{\varkappa}\, Y_1 + t^{(r+1)\varkappa}\, Y_2 + t^{(r+r_1+1)\varkappa}\, Y_3 + \cdots = M_\varkappa$$

gebracht werden. Diese σ Gleichungen, welche für

$$\varkappa = 0, 1, 2, \ldots \sigma - 1$$

erhalten werden, können nun nach $Y_1, Y_2, \ldots Y_\sigma$ aufgelöst werden, genau so, wie Lagrange seine ϖ Gleichungen aufgelöst hat. Es treten jetzt nur an Stelle der Grössen $A, B, C, \ldots$ die Coefficienten des Ausdrucks

$$\left(1 - \frac{t}{t'}\right)\left(1 - \frac{t}{t^{(r+1)}}\right)\left(1 - \frac{t}{t^{(r+r_1+1)}}\right)\cdots$$
$$= 1 + Ut + Vt^2 + Wt^3 + \cdots + Zt^\sigma.$$

Es braucht nur bewiesen zu werden, dass diese Coefficienten $U, V, W, \ldots$ in den Grössen $m, n, p, \ldots$ sich rational ausdrücken lassen. Vermöge der Sätze über die gemeinsamen Theiler einer Function mit ihren Ableitungen ist man aber bekanntlich im Stande, aus jeder ganzen Function eine andere durch rationale Operationen abzuleiten, welche aus den sämmtlichen Linearfactoren der gegebenen, jeden Linearfactor einmal genommen, besteht. Da nun die Coefficienten der Function Θ in $m, n, p, \ldots$ rational sind, muss dasselbe für die Grössen $U, V, W, \ldots$ gelten.

Man hat also nicht nöthig, einen Grenzübergang oder eine Potenzentwicklung zu machen, um den Nachweis dafür zu führen, dass das arithmetische Mittel der Grössen $y', y'', \ldots y^{(r)}$ in der Grösse

t' und $m, n, p, \ldots$ rational ausgedrückt werden kann. Darauf aber allein hat Herr Söderberg den Beweis des hier mit (I) bezeichneten Satzes gegründet. Man kann also in der That auf einfache Weise von dem Ausgangspunkt von Lagrange aus zur Galois'schen Theorie gelangen.

Göttingen, den 15. Juni 1889.

Ueber elliptische Curven.

[Zusatz zu der gleichnamigen Abhandlung. Math. Ann. Bd. XXXIII, p. 444].

Von

Otto Schlesinger in Basel.

In meiner Abhandlung „Ueber elliptische Curven in der Ebene" wird unter Anderem ein Satz berichtigt, welchen Herr Humbert in den comptes rendus 1883, p. 1136 angegeben hatte. Dabei war mir jedoch eine spätere Arbeit desselben Verfassers*) unbekannt geblieben, auf welche jetzt Herr Nöther mich aufmerksam zu machen die Güte hatte, und in der Herr H. selbst jene Correctur und zugleich den Beweis für den angeführten Satz in dem Umfange, in welchem er gilt, beigebracht hat. Das Resultat stellt sich so dar, dass, wenn bei der Parameterdarstellung einer Curve vom Geschlechte 1 jedem Punkte p Parameter entsprechen, die Curve entweder unicursal ist oder durch elliptische Functionen mit andern Perioden so dargestellt werden kann, dass jedem Punkt nur ein Parameter zugehört. Dieser letztere Fall entspricht in meiner Arbeit genau der auf p. 447 unterschiedenen zweiten Möglichkeit, dass

$$g \gtrless 0$$

ist, wie sofort daraus hervorgeht, dass unter dieser Voraussetzung alle Parameter ein und desselben Punktes die Form

$$v + \frac{\varkappa\omega + \varkappa'\omega'}{p+1}$$

haben. Führt man also

$$\frac{\omega}{p+1}, \quad \frac{\omega'}{p+1}$$

als neue Perioden ein, so kommt man in der That auf den Fall zurück, dass jedem Punkt, von Vielfachen der neuen Perioden abgesehen, nur

---

*) Sur les courbes de genre un. Paris. Gauthier-Villars.

ein Parameter entspricht. Um alsdann die wesentlichen Aufgaben meiner Arbeit, nämlich die Bestimmung der Doppelpunkte, die Ableitung der Curvengleichung etc. zu erledigen, hat man nur von pag. 459 bis zum Schluss überall $p+1$ durch 1 zu ersetzen, wodurch $f(uv)$ in $\vartheta_1(u-v)$ übergeht etc., und die ganze Darstellung sich wesentlich vereinfacht.

Basel, den 15. April 1889.

Die complexe Multiplication der Thetafunctionen.*)

Von

W. Scheibner in Leipzig.

1) Im dritten Bande des Crelle'schen Journals haben Abel (S. 181) und Jacobi (S. 195) fast gleichzeitig (nach des Herausgebers bezüglicher Notiz S. 160 am 12. Februar und S. 192 am 2. April 1828) die Bemerkung gemacht, dass für gewisse Werthe des Moduls die elliptische Differentialgleichung

$$\frac{dy}{\sqrt{\overset{4}{f}y}} = m \frac{dx}{\sqrt{\overset{4}{f}x}}$$

algebraisch integrabel wird, auch wenn der Multiplicator m einen complexen Werth von der Form $a + b\sqrt{-D}$ hat. Zugleich gibt Abel die Anwendung seiner Formeln auf die früher von Gauss (*disquis. arithm.* Art. 335) angekündigte Lemniscatentheilung, worüber Gauss' Werke Bd. III. S. 403 fl. und die Arbeiten von Eisenstein zu vergleichen sind. In Jacobi's Nachlass bezieht sich der Bd. I seiner Werke S. 491—96 publicirte, nach Weierstrass' Vermuthung unmittelbar nach Vollendung der *Fundamenta* entstandene, Aufsatz auf die complexe Multiplication der elliptischen Functionen. In neuerer Zeit ist namentlich von Kronecker und Hermite eine umfassende Theorie entwickelt worden, welche den Mathematikern vielfach Stoff zu einschlagenden Untersuchungen gegeben hat (als neueste grössere Arbeit erwähnen wir die Abhandlung von Sylow im Jahrgang 1887 des Liouville'schen Journals, S. 109—254).

Im Folgenden soll gezeigt werden, wie die complexe Multiplication der elliptischen Thetafunctionen sich sehr einfach ableiten lässt, wenn man zwei quadratische Gleichungen mit einander verbindet, welche der nämlichen Irrationalität entsprechen.

2) Wie schon Jacobi in seinen Königsberger Vorlesungen hervorgehoben hat, bestimmt die doppelte Functionalgleichung

$$fu = \delta f(u + \pi) = \varepsilon q e^{2ui} f(u + h\pi),$$

*) Aus den Berichten der Kgl. Sächs. Ges. d. Wiss. vom 14. Mai 1888.

wo $\delta^2 = \varepsilon^2 = 1$ und $q = e^{h\pi i}$, die vier coordinirten Thetafunctionen $\Theta_\delta^\varepsilon(u, q)$ bis auf einen von u unabhängigen Factor. In der Theorie der Transformation werden Thetafunctionen in Beziehung gesetzt, deren Argumente $q = e^{h\pi i}$, $q' = e^{h'\pi i}$ durch die Gleichung

$$h' = \frac{k' + l'h}{k + lh} \quad \text{oder} \quad h = \frac{-k' + kh'}{l' - lh'}$$

verbunden sind, wo die Coefficienten ganze Zahlen bedeuten. Die complexe Multiplication tritt ein, wenn $h = h'$ oder die quadratische Gleichung

$$lh^2 + (k - l')\,h - k' = 0$$

erfüllt ist. Da der imaginäre Theil von h positiv sein muss, damit q einen absoluten Werth $\bar{q} < 1$ erhalte, so ist vor Allem die Bedingung

$$4(kl' - lk') - (k + l')^2 = D > 0\text{*)}$$

erforderlich, und man bekommt

$$h = \frac{l' - k}{2l} + i\sqrt{\frac{D}{4l^2}}.$$

Bestimmt man nun m durch die quadratische Gleichung

$$m^2 - 2am + N = 0, \quad N = a^2 + b^2 D,$$

in welcher a und b ganze reelle positive oder negative Zahlen bezeichnen, so nehmen die beiden conjugirten Wurzeln die doppelte complexe Form an

$$m = a + bi\sqrt{D} = \alpha + \beta h,$$
$$m' = a - bi\sqrt{D} = \alpha' - \beta h,$$
$$\alpha = a + b(k - l'), \quad \alpha' = a - b(k - l'), \quad \beta = 2bl,$$
$$lN = l\alpha^2 - (k - l')\,\alpha\beta - k'\beta^2 = l\alpha'^2 + (k - l')\,\alpha'\beta - k'\beta^2.$$

Für negative Werthe von l würden m und m' mit einander zu vertauschen sein: übrigens steht Nichts im Wege, das Vorzeichen von l positiv anzunehmen, da offenbar die Vorzeichen der vier Zahlen $klk'l'$ gleichzeitig umgekehrt werden dürfen. Wir wollen ferner der Kürze halber voraussetzen, dass α' und β relative Primzahlen seien, wodurch die Norm $N = mm'$ ungerade wird.

3) Betrachten wir jetzt die Function

$$fu = e^{-\frac{2blu^2 i}{m\pi}} \prod_{p=-\frac{N-1}{2}}^{\frac{N-1}{2}} \Theta_\delta^\varepsilon\left(\frac{u + p\pi}{m}, q\right),$$

---

*) Man sieht, dass $D \equiv 0$ oder $\equiv -1$ mod. 4 sein muss.

so genügt dieselbe zunächst der Bedingung $fu = \delta f(u + \pi)$. Denn

$$\frac{f(u+\pi)}{fu} = e^{-\frac{2bl}{m}(2u+\pi)i}\, \Theta\left(\frac{u + \frac{N+1}{2}\pi}{m}\right) : \Theta\left(\frac{u - \frac{N-1}{2}\pi}{m}\right),$$

wo

$$\frac{u + \frac{N+1}{2}\pi}{m} = \frac{u - \frac{N-1}{2}\pi}{m} + m'\pi.$$

Da nun für $\delta u = (k + lh)\pi$

$$\Theta_\delta^{\bullet}(u) = \delta^k \varepsilon^l q^{ll} e^{2lui} \Theta_\delta^{\bullet}(u + \delta u),$$

so erhält der Quotient der beiden Thetafunctionen den Werth

$$\delta^{\alpha'} \varepsilon^{\beta} q^{-\beta^2} e^{\frac{2\beta}{m}\left(u - \frac{N-1}{2}\pi\right)i} = \delta e^{-\beta(m'+\beta h)\pi i}\, e^{\frac{\beta}{m}(2u+\pi)i}$$
$$= \delta e^{\frac{2bl}{m}(2u+\pi)i},$$

weil β gerade, also α' ungerade und $m' + \beta h = \alpha'$ wird.

In analoger Weise ergeben sich die Werthe der Quotienten

$$\frac{f(u + m\pi)}{fu} = e^{-2bl(2u+m\pi)i}\, \delta^N = \delta e^{-\beta(2u+\beta h\pi)i}$$

$$\frac{f(u + mh\pi)}{fu} = e^{-2bl(2u+mh\pi)hi}\, \varepsilon^N q^{-N} e^{-2N\frac{u}{m}i}$$
$$= \varepsilon e^{-(m'+\beta h)(2u+mh\pi)i} = \varepsilon e^{-\alpha'(2u+\alpha' h\pi)i},$$

weil

$$mh = (\alpha + \beta h)\, h = \{\alpha' + 2b(k - l') + 2blh\}\, h = \alpha' h + 2bk'.$$

Man hat aber

$$f(u + m\pi) = f(u + \alpha\pi + \beta h\pi) = \delta^{\alpha} f(u + \beta h\pi),$$
$$f(u + mh\pi) = f(u + 2bk'\pi + \alpha' h\pi) = f(u + \alpha' h\pi),$$

folglich

$$fu = q^{\beta^2} e^{2\beta ui} f(u + \beta h\pi) = \varepsilon q^{\alpha'^2} e^{2\alpha' ui} f(u + \alpha' h\pi).$$

Bestimmt man nun, da α' und β ohne gemeinschaftlichen Theiler vorausgesetzt worden, zwei ganze Zahlen μ und μ' so, dass $\mu\alpha' + \mu'\beta = 1$, so folgt nicht allein, dass

$$fu = q^{\mu'^2\beta^2} e^{2\mu'\beta ui} f(u + \mu'\beta h\pi) = \varepsilon^{\mu} q^{\mu^2\alpha'^2} e^{2\mu\alpha' ui} f(u + \mu\alpha' h\pi),$$

sondern auch

$$fu = \varepsilon^{\mu} q^{(\mu\alpha'+\mu'\beta)^2} e^{2(\mu\alpha'+\mu'\beta)ui} f\{u + (\mu\alpha' + \mu'\beta)\, h\pi\}$$
$$= \varepsilon q e^{2ui} f(u + h\pi).$$

4) Damit ist das Stattfinden der für $\Theta_\delta^{\bullet} u$ gültigen Functionalgleichung erwiesen und man erhält

$$C_\delta^\varepsilon \Theta_\delta^\varepsilon(u, q) = e^{-\frac{2blu^2 i}{m\pi}} \prod_{-\frac{N-1}{2}}^{\frac{N-1}{2}} \Theta_\delta^\varepsilon\left(\frac{u+p\pi}{m}, q\right)$$

oder

$$C_\delta^\varepsilon \Theta_\delta^\varepsilon(mu, q) = e^{-\frac{2blmu^2 i}{\pi}} \prod \Theta_\delta^\varepsilon\left(u + \frac{p\pi}{m}, q\right)$$

$$= e^{-\frac{2blmu^2 i}{\pi}} \Theta_\delta^\varepsilon u \prod_{p=1}^{\frac{N-1}{2}} \Theta_\delta^\varepsilon\left(u + \frac{p\pi}{m}\right) \Theta_\delta^\varepsilon\left(u - \frac{p\pi}{m}\right),$$

wo die Constante C_δ^ε für $u = 0$ durch

$$C_\delta^\varepsilon = \frac{\prod \Theta\left(\frac{p\pi}{m}, q\right)}{\Theta(0, q)} = \prod_{p=1}^{\frac{N-1}{2}} \left\{ \Theta_\delta^\varepsilon\left(\frac{p\pi}{m}\right)\right\}^2$$

ausgedrückt werden kann. Für $\delta = \varepsilon = -1$ ergibt sich

$$C_{-1}^{-1} = \frac{(-1)^{\frac{N-1}{2}}}{m} \prod_{p=1}^{\frac{N-1}{2}} \vartheta_1^2\left(\frac{p\pi}{m}\right).$$

5) Macht man die Voraussetzung, dass in dem Ausdrucke

$$k'N = k'\alpha^2 - (k - l')\alpha\beta' - l\beta'^2, \quad \alpha \text{ und } \beta' = 2bk'$$

keinen gemeinschaftlichen Factor besitzen, so lässt sich eine ganz ähnliche Rechnung für die Function

$$fu = e^{-\frac{2blu^2 i}{m\pi}} \prod_{-\frac{N-1}{2}}^{\frac{N-1}{2}} \Theta_\delta^\varepsilon\left(\frac{u+ph\pi}{m}, q\right)$$

durchführen. Man findet zunächst

$$\frac{f(u+h\pi)}{fu} = e^{-\frac{\beta h}{m}(2u+h\pi)i}\, \Theta\left(\frac{u+\frac{N+1}{m}h\pi}{m}\right) : \Theta\left(\frac{u-\frac{N-1}{2}h\pi}{m}\right),$$

wo die Argumente der beiden Thetafunctionen sich um

$$m'h\pi = (\alpha h - \beta')\pi$$

unterscheiden. Mithin wird ihr Verhältniss

$$= \varepsilon^\alpha q^{-\alpha^2} e^{-\frac{2\alpha i}{m}\left(u - \frac{N-1}{2}h\pi\right)} = \varepsilon e^{\alpha(m'h - \alpha h)\pi i} e^{-\frac{\alpha}{m}(2u+h\pi)i}$$

$$= \varepsilon e^{-\frac{\alpha}{m}(2u+h\pi)i}$$

und

$$\frac{f(u+h\pi)}{fu} = \varepsilon e^{-(2u+h\pi)i} \quad \text{oder} \quad fu = \varepsilon q e^{2ui} f(u+h\pi).$$

Ferner erhält man eben so wie oben

$$\frac{f(u+m\pi)}{fu} = \delta e^{-\beta(2u+\beta h\pi)i},$$
$$\frac{f(u+mh\pi)}{fu} = \varepsilon e^{-\alpha'(2u+\alpha' h\pi)i}.$$

Da nun

$$f(u+m\pi) = f(u+\alpha\pi+\beta h\pi) = \varepsilon^{\beta} q^{-\beta^2} e^{-2\beta u i} f(u+\alpha\pi)$$
$$= e^{-\beta(2u+\beta h\pi)i} f(u+\alpha\pi),$$
$$f(u+mh\pi) = f(u+\beta'\pi+\alpha' h\pi) = \varepsilon^{\alpha'} q^{-\alpha'^2} e^{-2\alpha' u i} f(u+\beta'\pi)$$
$$= \varepsilon e^{-\alpha'(2u+\alpha' h\pi)i} f(u+\beta'\pi),$$

so folgt

$$f(u+\alpha\pi) = \delta fu \quad \text{und} \quad f(u+\beta'\pi) = fu.$$

Macht man jetzt wieder $\mu\alpha + \mu'\beta' = 1$, da α und β' relative Primzahlen sein sollen, so wird

$$fu = \delta^{\mu} f\{u + (\mu\alpha + \mu'\beta')\pi\} = \delta f(u+\pi).$$

6) Man schliesst daraus, dass

$$C'\Theta u = e^{-\frac{2bl u^2 i}{m\pi}} \prod_{-\frac{N-1}{2}}^{\frac{N-1}{2}} \Theta\left(\frac{u+ph\pi}{m}\right)$$

oder

$$C'\Theta_3^0(mu, q) = e^{-\frac{2blmu^2 i}{\pi}} \prod \Theta_3^0\left(u + \frac{ph\pi}{m}, q\right)$$
$$= e^{-\frac{2blmu^2 i}{\pi}} \Theta_3^0 u \prod_{p=1}^{\frac{N-1}{2}} \Theta_3^0\left(u + \frac{ph\pi}{m}\right) \Theta_3^0\left(u - \frac{ph\pi}{m}\right)$$

nebst

$$C' = \prod_1^{\frac{N-1}{2}} \left\{\Theta_3^0\left(\frac{ph\pi}{m}\right)\right\}^2,$$

mit Ausnahme des Falles $\delta = \varepsilon = -1$, wo wiederum

$$C' = \frac{(-1)^{\frac{N-1}{2}}}{m} \prod \vartheta_1^2\left(\frac{ph\pi}{m}\right).$$

7) Von Interesse sind die beiden speciellen Fälle, in denen $k - l'$, oder a verschwindet, weil alsdann resp. h und m rein imaginär werden. Wenn $l' = k$, so ergibt sich

$$h = \frac{i\sqrt{D}}{2l}, \quad D = -4lk', \quad \text{also} \quad l > 0, \ k' < 0,$$

$$kl' - lk' = k^2 + \frac{1}{4}D, \quad q = e^{-\pi\sqrt{\frac{-k'}{l}}}, \quad m = a + 2bi\sqrt{-lk'},$$

und a relativ prim zu $2bl$ resp. $2bk'$.

Der Fall $a = 0$ dagegen gibt

$$\alpha' = -b(k - l'), \quad \beta = 2bl, \quad \alpha = b(k - l'), \quad \beta' = 2bk',$$

folglich $b = \pm 1$, und $k - l'$ ohne gemeinschaftlichen Theiler mit resp. $2l$ oder $2k'$. Ferner wird

$$N = D = 4n - 1, \quad \pm m = i\sqrt{D} = k - l' + 2lh,$$

$$C_3^8 \Theta_3^8(ui\sqrt{D}) = e^{\frac{2lu^2\sqrt{D}}{\pi}} \prod \Theta_3^8\left(u + \frac{p\pi i}{\sqrt{D}}\right)$$

oder

$$C\Theta_3^8(u\sqrt{D}) = e^{-\frac{2lu^2\sqrt{D}}{\pi}} \prod_{-\frac{D-1}{2}}^{\frac{D-1}{2}} \Theta_3^8\left\{\left(u + \frac{p\pi}{\sqrt{D}}\right)i\right\},$$

wo

$$C = \prod_{p=1}^{2n-1} \left\{\Theta_3^8\left(\frac{p\pi i}{\sqrt{D}}\right)\right\}^2 \quad \text{nebst} \quad C = \frac{i}{\sqrt{D}} \prod \vartheta_1'^2\left(\frac{p\pi i}{\sqrt{D}}\right).$$

Ebenso erhält man

$$C' \Theta_3^8(u\sqrt{D}) = e^{-\frac{2lu^2\sqrt{D}}{\pi}} \prod_{-\frac{D-1}{2}}^{\frac{D-1}{2}} \Theta_3^8\left\{\left(u + \frac{ph\pi}{\sqrt{D}}\right)i\right\}$$

nebst

$$C' = \prod_{p=1}^{2n-1} \left\{\Theta_3^8\left(\frac{ph\pi i}{\sqrt{D}}\right)\right\}^2 \quad \text{resp.} \quad C' = \frac{i}{\sqrt{D}} \prod \vartheta_1'^2\left(\frac{ph\pi i}{\sqrt{D}}\right).$$

8) Für $k' + l = 0$ wird die Norm von h der Einheit gleich. Als einfachste Beispiele kann man die Fälle betrachten, in denen

$$h = e^{\frac{\pi i}{2}}, \quad h = e^{\frac{\pi i}{3}}, \quad \text{und} \quad h = e^{\frac{2\pi i}{3}},$$

wo also h einer vierten, sechsten und dritten Wurzel der Einheit gleich wird. Der erste dieser Fälle führt bekanntlich auf die Theilung der Lemniscate. Man leitet für die vorstehenden Werthe die folgenden Sätze ab:

1) Für

$$k = 0, \quad l = 1, \quad k' = -1, \quad l' = 0$$

findet man

$$D = 4, \quad h = i = e^{\frac{1}{2}\pi i}, \quad q = e^{-\pi},$$

$$m = a + 2bi = \alpha + \beta e^{\frac{1}{2}\pi i}, \quad \alpha = \alpha' = a, \quad \beta = 2b, \quad \beta' = -2b,$$

so dass die ungerade complexe Zahl m keinen reellen Theiler haben darf. Zugleich wird $N = a^2 + 4b^2 = \alpha^2 + \beta^2 \equiv 1 \text{ mod. } 4;$

$$\Theta(mu,\, e^{-\pi}) = c e^{-\frac{2bmu^2 i}{\pi}} \prod \Theta\left(u + \frac{p\pi}{m},\, e^{-\pi}\right)$$
$$= c' e^{-\frac{2bmu^2 i}{\pi}} \prod \Theta\left(u + \frac{p\pi i}{m},\, e^{-\pi}\right).$$

2) Für
$$k = 0, \quad l = 1, \quad k' = -1, \quad l' = 1$$
wird
$$D = 3, \quad h = \frac{1}{2} + i\sqrt{\frac{3}{4}} = e^{\frac{1}{3}\pi i}, \quad q = i e^{-\pi\sqrt{\frac{3}{4}}},$$
$$m = a + bi\sqrt{3} = \alpha + \beta e^{\frac{1}{3}\pi i}, \quad \alpha = a - b, \quad \alpha' = a + b,$$
$$\beta = 2b, \quad \beta' = -2b,$$
mithin sind a und b relative Primzahlen von ungerader Summe, während $N = a^2 + 3b^2 = \alpha^2 + \alpha\beta + \beta^2$ ungerade;
$$\Theta\left(mu,\, i e^{-\pi\sqrt{\frac{3}{4}}}\right) = c e^{-\frac{2bmu^2 i}{\pi}} \prod \Theta\left(u + \frac{p\pi}{m},\, i e^{-\pi\sqrt{\frac{3}{4}}}\right)$$
$$= c' e^{-\frac{2bmu^2 i}{\pi}} \prod \Theta\left(u + \frac{p\pi}{m} e^{\frac{1}{3}\pi i},\, i e^{-\pi\sqrt{\frac{3}{4}}}\right).$$

3) Für
$$k = 0, \quad l = 1, \quad k' = -1, \quad l' = -1$$
wird
$$D = 3, \quad h = -\frac{1}{2} + i\sqrt{\frac{3}{4}} = e^{\frac{2}{3}\pi i}, \quad q = \frac{1}{i} e^{-\pi\sqrt{\frac{3}{4}}},$$
$$m = a + bi\sqrt{3} = \alpha + \beta e^{\frac{2}{3}\pi i}, \quad \alpha = a + b, \quad \alpha' = a - b,$$
$$\beta = 2b, \quad \beta' = -2b,$$
d. h. a und b ohne gemeinschaftlichen Theiler, während ab gerade und die Norm $N = a^2 + 3b^2 = \alpha^2 - \alpha\beta + \beta^2$ ungerade;
$$\Theta\left(mu,\, \frac{1}{i} e^{-\pi\sqrt{\frac{3}{4}}}\right) = c e^{-\frac{2bmu^2 i}{\pi}} \prod \Theta\left(u + \frac{p\pi}{m},\, \frac{1}{i} e^{-\pi\sqrt{\frac{3}{4}}}\right)$$
$$= c' e^{-\frac{2bmu^2 i}{\pi}} \prod \Theta\left(u + \frac{p\pi}{m} e^{\frac{2}{3}\pi i},\, \frac{1}{i} e^{-\pi\sqrt{\frac{3}{4}}}\right).$$

Uebrigens gehen 2) und 3) durch Umkehr der Vorzeichen von b und i in einander über. Auch überzeugt man sich leicht, dass *jede* durch eine reelle Zahl untheilbare complexe Zahl $\alpha + \beta e^{\frac{1}{3}\pi i}$ und $\alpha + \beta e^{\frac{2}{3}\pi i}$ durch Multiplication mit einer sechsten Einheitswurzel auf die Form $a + bi\sqrt{3}$ gebracht werden kann. In der That ist (analog wie bei den ungeraden complexen Zahlen von der Form $\alpha + \beta i$) unter den associirten Zahlen von gleicher Norm stets eine *primäre*, für welche $m \equiv 1$ oder $m \equiv \pm 1 + 2h$ mod. 4. Dass das Product solcher Zahlen (nach Gauss' Forderung in der *theoria resid. biquadr.* Art. 36), und zwar bei beliebiger Wahl des doppelten Vorzeichens, wiederum primär ist, lehrt die Gleichung

$$(\alpha + \beta h)(\alpha_1 + \beta_1 h) = \alpha\alpha_1 + k' \frac{\beta\beta_1}{l} + \left\{\alpha\beta_1 + \alpha_1\beta - (k - l') \frac{\beta\beta_1}{l}\right\} h.$$

Zur Reduction elliptischer, hyperelliptischer und Abel'scher Integrale. Das Abel'sche Theorem für einfache und Doppelintegrale.*)

Von

W. Scheibner in Leipzig.

Wenn es sich um die Zurückführung eines allgemeinen elliptischen oder hyperelliptischen Integrals auf die Normalform handelt, so ist es wesentlich, die darin enthaltenen elementar integrabeln Theile bequem abzutrennen. Einen Beitrag zur Lösung dieser Aufgabe sollen die folgenden Betrachtungen liefern, welche u. A. ein Verfahren entwickeln, um ohne die Auflösung algebraischer Gleichungen die mehrfachen Wurzeln unter dem Integralzeichen zu entfernen. Zugleich wird sich ein enger Zusammenhang mit den allgemeinen von Abel entdeckten Sätzen über algebraische Integrale herausstellen.

1.

Wenn $F(x\xi)$ eine beliebige rationale Function von x und dem Radical $\xi = \sqrt[k]{s(x)}$ bezeichnet, wo die ganze Function s von dem Grade k sei, so erhält das allgemeine hyperelliptische Integral

$$\Omega = \int F(x\xi)\,dx$$

die Form

$$\Omega = \int F_1(x)\,dx + \int F_2(x)\,du = \Omega_1 + \Omega_2,$$

in welcher F_1 und F_2 rational von x abhängen und $du = \frac{dx}{\xi}$ geschrieben ist. Um beide Integrale in ihre einfacheren Bestandtheile zu zerlegen, beginnen wir mit dem Integral der rationalen Function

$$F_1 x = \frac{\varphi x}{f x} \quad \text{oder} \quad \Omega_1 = \int \frac{\varphi x}{f x}\,dx$$

---

*) Aus den Berichten der Kgl. Sächs. Ges. d. Wiss. vom 11. Februar 1889.

und nennen gx den grössten gemeinschaftlichen Theiler von fx und der Derivirten $f'x$. Sei demgemäss

$$f = F \cdot g, \quad f' = F_1 \cdot g,$$

so ergibt sich sogleich

$$F \cdot g' = (F_1 - F')g.$$

Setzt man folglich

$$\Omega_1 = \frac{\chi x}{gx} + \int \frac{\Phi x}{Fx} dx,$$

wo $\frac{\Phi}{F}$ eine ächt gebrochene Function sein soll, so erhält man durch Differentiation

$$\frac{\varphi}{f} = \frac{\chi'}{g} - \frac{\chi g'}{gg} + \frac{\Phi}{F} \quad \text{oder} \quad \varphi = F\chi' + (F' - F_1)\chi + g\Phi.$$

Diese Gleichung ist durch geeignete Bestimmung der ganzen Functionen Φ und χ identisch zu erfüllen. Da zu Ω eine Integrationsconstante c hinzutreten kann, so bleibt χx um $c \cdot gx$ unbestimmt, so dass, wenn gx auf den l^{ten} Grad steigt, der Coefficient von x^l in χ beliebig angenommen und z. B. gleich Null gesetzt werden darf. Seien g f und φ resp. vom Grade l m n, also F und Φ vom Grade $m - l$ resp. $m - l - 1$, so sind in Φ $m - l$ Coefficienten zu bestimmen, während sich im Ganzen $n + 1$ Coefficientengleichungen ergeben, denen genügt werden soll. Nur wenn $n < m - 1$, steigt die Anzahl der Coefficientengleichungen auf m, weil das Product $g\Phi$ vom Grade $m - 1$ ist. In diesem Falle hat man sich in φ die in $x^{n+1} \ldots x^{m-1}$ multiplicirten Glieder mit verschwindenden Coefficienten hinzugefügt zu denken. Hiernach haben wir im Allgemeinen χ vom Grade $n - m + l + 1$ zu nehmen, mit eben so vielen zu bestimmenden Coefficienten, weil der Coefficient von x^l nicht in Betracht kommt. Für $n \leqq m - 1$ steigt aus demselben Grunde χ auf den Grad $l - 1$, mit l Coefficienten, so dass in allen Fällen die Zahl der zu bestimmenden Grössen mit der der linearen Coefficientengleichungen übereinkommt.

Nach Abtrennung des rationalen Theiles $\frac{\chi}{g}$ wird das resultirende Integral

$$\int \frac{\Phi}{F} dx = \sum_p \frac{\Phi p}{F'p} \log(x - p),$$

wenn p die (sämmtlich ungleichen) Wurzeln der Gleichung $Fp = 0$ bezeichnet.*)

---

*) Das vorstehend erörterte Verfahren ist im Wesentlichen bereits von Baltzer in diesen Berichten, 1873, S. 536, angegeben worden.

2.

Wir wenden uns zur Reduction des zweiten Integrals

$$\Omega_2 = \int \frac{\varphi x}{f x}\, du$$

und bringen dasselbe durch Abtrennung des irrationalen Theiles auf die Form

$$\Omega_2 = \frac{\chi x}{g x}\,\xi + \int \frac{\mathrm{X} x}{F x}\, du.$$

Die Differentiation führt auf die Gleichung

$$\frac{\partial \Omega_2}{\partial u} = \frac{\varphi}{f} = \frac{\chi}{g}\,\xi\xi' + \left(\frac{\chi'}{g} - \frac{\chi g'}{g g}\right)\xi\xi + \frac{\mathrm{X}}{F}$$

oder

$$\varphi = F s \chi' + \left[(F' - F_1)\, s + \tfrac{1}{2} F s'\right] \chi + g \mathrm{X}.$$

Wiederum bezeichnen wir durch $k\,l\,m\,n$ den Grad von $s\,g\,f\,\varphi$. Dann können die Functionen χ und X resp. auf den Grad $n - m + l - k + 1$ und $n - l$ steigen, wobei im Ganzen $2n - m - k + 3$ Coefficienten zu bestimmen bleiben. Da nun $n + 1$ Coefficientengleichungen vorhanden sind, so dürfen wir über $n - m - k + 2$ Coefficienten willkürlich verfügen und etwa den Grad von X um eben so viele Einheiten erniedrigen. Nimmt man also für X eine Function vom Grade $m - l + k - 2$, so stimmt die Anzahl der Coefficienten mit der der linearen Gleichungen überein. Eine Ausnahme tritt analog wie im früheren Falle ein, wenn $n < m + k - 2$, alsdann hat man $m + k - 1$ Coefficientengleichungen und χ vom Grade $l - 1$ zu nehmen.

Setzt man

$$\frac{\mathrm{X}}{F} = \Phi_{k-2} + \frac{\Phi}{F},$$

so wird

$$\frac{\mathrm{X}}{F}\, du = \sum_{0}^{k-2} a_i x^i\, du + \sum_{p} \frac{\Phi p}{F' p} \cdot \frac{du}{x - p},$$

die Summe erstreckt über die (ungleichen) Wurzeln der Gleichung

$$F p = 0.$$

3.

Betrachten wir jetzt das Integral $\Omega = \int \frac{\mathrm{X} x}{F x}\, du$ für $k = 2$. Alsdann werden X und F beide vom Grade $m - l$ und

$$\frac{\mathrm{X}}{F} = a_0 + \sum \frac{\mathrm{X} p}{F' p}\, \frac{1}{x - p}.$$

Das Integral Ω lässt sich in diesem Falle bekanntlich durch Logarithmen ausdrücken, da für $\varpi\varpi = ap^2 + 2bp + c = s(p)$

$$\int \frac{dx}{\sqrt{ax^2 + 2bx + c}} = \frac{1}{2\sqrt{a}} \log \frac{ax + b + \xi\sqrt{a}}{ax + b - \xi\sqrt{a}},$$

$$\int \frac{dx}{(x-p)\xi} = -\frac{1}{2\varpi} \log \frac{(ap+b)x + bp + c + \xi\varpi}{(ap+b)x + bp + c - \xi\varpi}.$$

Es fragt sich, ob auch für $k > 2$ solche logarithmische Terme vorhanden sind. Diese Frage ist von Abel untersucht worden, im ersten Theile seines *Précis d'une théorie des fonctions elliptiques*, Crelle's Journal, Bd. IV, S. 236—77 (vergl. Bd. VI, S. 77 flg., sowie im Nachlasse die Abhandlung *Théorie des transcendantes elliptiques*), nachdem er bereits Bd. I, S. 185—221, den Satz bewiesen, dass das Integral $\int \Phi x\, du$, wo Φx eine geeignete *ganze* Function, dann und nur dann durch Logarithmen integrirt werden kann, wenn das Radical ξ in einen periodischen Kettenbruch entwickelbar ist.

Untersuchen wir allgemein ein Aggregat logarithmischer Terme von der Form

$$\sum \lambda \log \psi(x\xi) = \sum \lambda \log (\alpha + \beta\xi),$$

wo ψ rational von x und ξ abhängt, während α und β rationale Functionen von x bezeichnen. Sei nun

$$\int \frac{\chi x}{fx} du = \lambda \log (\alpha + \beta\xi),$$

so erhält man durch Differentiation nach u:

$$\frac{\chi}{f} = \lambda \left(\frac{(\alpha\beta' - \beta\alpha')s + \frac{1}{2}\alpha\beta s'}{\alpha^2 - \beta^2 s} + \frac{\alpha\alpha' - \beta\beta' s - \frac{1}{2}\beta^2 s'}{\alpha^2 - \beta^2 s}\xi \right).$$

Damit rechts der irrationale Term verschwinde, muss

$$\frac{\alpha\alpha' - \beta\beta' s - \frac{1}{2}\beta^2 s'}{\alpha^2 - \beta^2 s} = 0$$

sein, integrirt

$$\alpha^2 - \beta^2 s = \text{const.}$$

Mithin wird

$$\int \frac{\chi}{f} du = \frac{1}{2}\lambda \log (\alpha + \beta\xi)^2 = \frac{1}{2}\lambda \log \frac{(\alpha+\beta\xi)^2}{\alpha^2 - \beta^2 s} = \frac{\lambda}{2} \log \frac{\alpha + \beta\xi}{\alpha - \beta\xi}.$$

Umgekehrt führt jeder Ausdruck $\log \frac{\alpha+\beta\xi}{\alpha-\beta\xi}$ auf ein Integral von der vorgelegten Form, ohne dass eine besondere Form von s dazu erforderlich wäre, wie die gefundene Gleichung $\alpha^2 - \beta^2 s = \text{const.}$ anzudeuten scheint. Der scheinbare Widerspruch erklärt sich durch die einfache Betrachtung, dass

$$\log \frac{(\alpha+\beta\xi)^2}{\alpha^2-\beta^2 s} = \log \frac{\alpha^2+\beta^2 s+2\alpha\beta\xi}{\alpha^2-\beta^2 s} = \log(\alpha_1+\beta_1\xi),$$

und hier ist $\alpha_1{}^2 - \beta_1{}^2 s = 1$ oder

$$(\alpha^2+\beta^2 s)^2 - 4\alpha^2\beta^2 s = (\alpha^2-\beta^2 s)^2$$

offenbar eine *identische* Gleichung. Zugleich erhellt, dass man in dem Quotienten $\frac{\alpha+\beta\xi}{\alpha-\beta\xi}$ für α und β nur *ganze* Functionen von x zu betrachten braucht.

4.

Wir schliessen jetzt, dass das Integral

$$\int \frac{\mathsf{X}x}{Fx}\,du = \sum \frac{\lambda}{2} \log \frac{\alpha+\beta\xi}{\alpha-\beta\xi}$$

durch Logarithmen ausgedrückt werden kann, wenn $\frac{\mathsf{X}}{F}$ die Form hat

$$\frac{\mathsf{X}}{F} = \sum \lambda \frac{(\alpha\beta'-\beta\alpha')s+\frac{1}{2}\alpha\beta s'}{\alpha^2-\beta^2 s} = \sum \lambda \frac{\sigma\alpha'-\frac{1}{2}\alpha\sigma'}{\beta\sigma},$$

wo

$$\sigma = \alpha^2 - \beta^2 s,$$

und der Nenner β nur scheinbar vorkommt, weil identisch

$$\sigma\alpha' - \frac{1}{2}\alpha\sigma' = \beta\left[(\alpha\beta'-\beta\alpha')s + \frac{1}{2}\alpha\beta s'\right].$$

Setzt man

$$\frac{\alpha}{\beta} = q,$$

so wird

$$\frac{\mathsf{X}}{F} = \sum \frac{\lambda}{2} \frac{qs'-2sq'}{q^2-s} = \sum \frac{\lambda}{2}\left(2q' - q\frac{\sigma'}{\sigma}\right),$$

während

$$\sigma = q^2 - s,$$

und q eine beliebige *rationale* Function von x ausdrückt. Es lässt sich aber zeigen, dass auch hier die Wahl einer *ganzen* Function ausreicht, mit anderen Worten, dass man ohne Beschränkung der Allgemeinheit $\beta = 1$ nehmen darf*).

Schreibt man nämlich

$$(\alpha+\beta\xi)(q-\xi) = \alpha_1 + \beta_1\xi$$

und bildet das recurrirende Gleichungensystem

$$\alpha = q\beta - \beta_1, \quad \alpha_1 = q\alpha - \beta s = q_1\beta_1 - \beta_2,$$
$$\alpha_2 = q_1\alpha_1 - \beta_1 s = q_2\beta_2 - \beta_3, \quad \text{u. s. w.,}$$

so stellen die Grössen $\beta\,\beta_1\,\beta_2 \cdots$ als Divisionsreste eine Reihe von

---

*) Letzteres hat schon Abel hervorgehoben (Crelle, Bd. I, S. 202), jedoch ohne von dieser Bemerkung ausreichenden Nutzen zu ziehen.

Functionen abnehmenden Grades dar, so dass $\beta_m = 0$ gesetzt werden darf. Damit wird

$$\frac{\alpha+\beta\xi}{\alpha-\beta\xi} = \frac{q+\xi}{q-\xi}\cdot\frac{\alpha_1+\beta_1\xi}{\alpha_1-\beta_1\xi} = \frac{q+\xi\cdot q_1+\xi\cdots q_{m-1}+\xi}{q-\xi\cdot q_1-\xi\cdots q_{m-1}-\xi},$$

$$\log\frac{\alpha+\beta\xi}{\alpha-\beta\xi} = \sum\log\frac{q+\xi}{q-\xi}$$

und

$$\int\frac{\mathrm{X}}{F}\,du = \sum\frac{\lambda}{2}\log\frac{q+\xi}{q-\xi}$$

nebst

$$\frac{\mathrm{X}}{F} = \sum\frac{\lambda}{2}\cdot\frac{qs'-2sq'}{q^2-s} = \sum\frac{\lambda}{2}\left(2q'-q\frac{\sigma'}{\sigma}\right),$$

wenn $\sigma = q^2 - s$, und die Grössen q beliebige *ganze* Functionen bedeuten.

Aus dem Quotienten $\frac{\sigma'}{\sigma}$ können nur Partialbrüche mit linearem Nenner hervorgehen, also sind auch hier mehrfache Wurzeln des Nenners Fx ausgeschlossen.

Wenn

$$\sigma(p) = 0, \quad q(p) = r = \sqrt{s(p)},$$

so wird

$$\frac{\sigma'}{\sigma} = \sum_p\frac{1}{x-p}, \quad q\frac{\sigma'}{\sigma} = \sum_p{}'\frac{q-r}{x-p} + \sum_p\frac{r}{x-p},$$

und hier stellt die Summe Σ' eine *ganze* Function von x dar, deren Coefficienten als symmetrische Functionen der Wurzeln p sich rational durch die Coefficienten in σ ausdrücken. Man kann daher schreiben

$$\log\frac{q+\xi}{q-\xi} = \int\psi x\,du - \sum_p\int\pm\frac{\sqrt{s(p)}\,dx}{(x-p)\xi},$$

wo die ganze Function

$$\psi x = 2q' - \sum_p\frac{q-r}{x-p},$$

und das doppelte Vorzeichen sich darnach richtet, ob für die betreffende Wurzel p von $\sigma = (q-\xi)(q+\xi)$ der erste oder der zweite Factor verschwindet.

Sei q vom Grade l, so kann $2q' - q\frac{\sigma'}{\sigma}$ die Dimension $l-1$ nicht übersteigen; sobald $2l > k$, sinkt die Dimension von $\frac{qs'-2sq'}{q^2-s}$ auf $k-l-1$, so dass in jedem Falle die Dimension des Quotienten $\frac{\mathrm{X}}{F}$ den Werth $\frac{k-2}{2}$ nicht überschreitet, was natürlich auch von der ganzen Function ψx gilt.

5.

Um ein bestimmtes Beispiel vor Augen zu haben, setzen wir $k = 3$. Dann wird

$$\frac{X}{F} = a_0 + \sum_p \frac{r_p}{x-p},$$

$$\int \frac{X}{F} du = a_0 u + \sum_p r_p w_p = \sum \frac{\lambda}{2} \log \frac{q+\xi}{q-\xi},$$

wo $w_p = \int \frac{du}{x-p}$ jetzt ein elliptisches Integral dritter Gattung bezeichnet. Abel hebt das Fehlen eines Terms von der Form $v = \int x\,du$ mit den Worten hervor: „*il est remarquable, que la fonction de la seconde espèce n'entre point dans cette relation*" (Crelle Bd. IV, S. 275).

Setzt man

$$s = x^3 + lx^2 + mx + n, \quad q = \lambda x + \mu,$$

so werden $p_1\, p_2\, p_3$ die Wurzeln der Gleichung

$$\varpi^2 = p^3 + lp^2 + mp + n = (\lambda p + \mu)^2,$$

also

$$p_1 + p_2 + p_3 = \lambda^2 - l, \quad p_1 p_2 + p_2 p_3 + p_3 p_1 = m - 2\lambda\mu,$$
$$p_1 p_2 p_3 = \mu^2 - n.$$

Nach Elimination von λ und μ ergibt sich die zwischen den drei Parametern stattfindende Relation, welche in der rationalen Form

$$\frac{1}{4}\Big(m - \sum p_1 p_2\Big)^2 = (l + p_1 + p_2 + p_3)(n + p_1 p_2 p_3)$$

geschrieben werden kann.

Durch Differentiation derselben erhält man ohne Mühe

$$\sum (\lambda p_2 + \mu)(\lambda p_3 + \mu) dp_1 = \sum \pm \varpi_2 \varpi_3 dp_1 = 0,$$

mithin auch

$$\frac{dp_1}{\varpi_1} + \frac{dp_2}{\varpi_2} \pm \frac{dp_3}{\varpi_3} = 0$$

neben

$$\log \frac{\lambda x + \mu + \xi}{\lambda x + \mu - \xi} = \int \Big(2\lambda - \sum_p \frac{\lambda x + \mu}{x - p}\Big) du$$
$$= -\lambda u - \sum_p (\lambda p + \mu) \int \frac{du}{x-p}.$$

Diese Gleichungen enthalten das Additionstheorem der elliptischen Integrale erster und dritter Gattung in Bezug auf den Parameter.

6.

Schreibt man

$$q = q_0 x^l + q_1 x^{l-1} \cdots \quad \text{also} \quad r = q_0 q^l + q_1 p^{l-1} \cdots.$$

$$\sigma = q^2 - s = \sigma_0 x^n + \sigma_1 x^{n-1} + \cdots,$$

so bestimmen sich die n Wurzeln p der Gleichung

$$\sigma(p) = rr - s(p) = 0$$

als algebraische Functionen der $l+1$ Coefficienten $q_0\, q_1 \ldots q_l$, mithin werden $n-l-1$ algebraische Bedingungsgleichungen zwischen den Wurzeln p stattfinden, welche sich durch Elimination der q_i aus den n Gleichungen $r = \sqrt{s(p)}$ oder den äquivalenten:

$$\sum p_1 = -\frac{\sigma_1}{\sigma_0}, \quad \sum p_1 p_2 = \frac{\sigma_2}{\sigma_0} \cdots p_1 p_2 \cdots p_n = (-1)^n \frac{\sigma_n}{\sigma_0}$$

ergeben. Folglich sind $n-l-1$ Wurzeln durch die übrigen $l+1$ bestimmt.

Abel und Jacobi haben gezeigt, dass diese Bedingungsgleichungen sehr einfach in transscendenter Form aufgestellt werden können.

Differentiirt man nämlich die Gleichung $\sigma(p) = 0$, so ergibt sich

$$\sigma'(p)\, dp + 2r\, d'r = 0,$$

wenn unter d' die Differentiation nach den variabeln Coefficienten q_i verstanden wird, also $d'r = p^l dq_0 + p^{l-1} dq_1 \cdots$ Setzt man

$$r = \pm \sqrt{s(p)} = \pm \varpi,$$

so wird

$$\frac{s'(p)\, dp}{\pm \varpi} = -2 d'r;$$

durch Multiplication mit $\frac{\varrho(p)}{\sigma'(p)}$ geht hieraus

$$\frac{\varrho\, dp}{\pm \varpi} = -2 \frac{\varrho(p)}{\sigma'(p)} d'r$$

hervor, wo

$$\varrho(p) = r_0 p^m + r_1 p^{m-1} + \cdots$$

Bildet man nun die Summe über die sämmtlichen Wurzeln p, so folgt

$$\sum \frac{\varrho\, dp}{\pm \varpi} = -2 \sum \frac{\varrho\, d'r}{\sigma'(p)}.$$

Da hier der Zähler vom Grade $l+m$, der Nenner vom Grade $n-1$ ist, so verschwindet nach einem bekannten Satze die Summe auf der rechten Seite für $m < n-l-1$ und man erhält einfach

$$\sum \frac{\varrho\, dp}{\pm \varpi} = 0.$$

Setzt man $\varrho = p^m$, so ergeben sich die gesuchten $n-l-1$ transscendenten Gleichungen in der integrabeln Form

$$\sum_p \frac{p^m dp}{\pm \varpi} = 0 \quad \text{für} \quad m = 0, 1, \cdots, n - l - 2.$$

Man kann folglich schreiben

$$\sum_{i=1}^{n-l} \int^{p_i} \frac{p^m dp}{\pm \varpi} = \gamma_{m+1} - \sum_{i=n-l+1}^{n} \int^{p_i} \frac{p^m dp}{\pm \varpi} = c_{m+1},$$

wenn man die l unabhängigen Wurzeln $p_{n-l+1} \cdots p_n$ als willkürliche Constanten betrachtet, die mit den Integrationsconstanten γ_{m+1} sich vereinigen. Auf diese Weise werden die algebraischen Bedingungsgleichungen durch $n - l - 1$ transscendente Gleichungen mit eben so vielen willkürlichen Constanten $c_1\, c_2 \cdots c_{n-l-1}$ ersetzt, und können desshalb als vollständige algebraische Integralgleichungen des Systems Differentialgleichungen $\sum_{i=1}^{n-l} \frac{p_i^m dp_i}{\pm \varpi_i} = 0$ angesehen werden. In der That enthalten die algebraischen Gleichungen nach Elimination der q_i die l Wurzeln $p_{n-l+1} \cdots p_n$ als willkürliche Constanten, und diese reichen für die vollständige Integration aus, sobald $l \gtreqless n - l - 1$.

Sei z. B. $k = 3$, $l = 1$, so wird $n = 3$ und es ergibt sich

$$\int \frac{dp_1}{\pm \varpi_1} + \int \frac{dp_2}{\pm \varpi_2} = c_1,$$

äquivalent den algebraischen Gleichungen

$$\pm \varpi_1 = q_0 p_1 + q_1, \quad \pm \varpi_2 = q_0 p_2 + q_1, \quad \pm \varpi_3 = q_0 p_3 + q_1,$$

wo $\varpi\varpi = p^3 + lp^2 + mp + n$, oder in rationaler Form, nach Elimination von q_0 und q_1, wie Art. 5 gezeigt worden:

$$\frac{1}{4}\left(m - \sum p_1 p_2\right)^2 = (l + p_1 + p_2 + p_3)(n + p_1 p_2 p_3).$$

Man sieht, dass p_3 einfach an die Stelle der willkürlichen Constante getreten ist.

7.

Die Coefficienten q_i können wir uns auf rationale Weise abhängig denken von irgend welchen unabhängigen Variabeln $\varrho_0, \varrho_1, \cdots$, alsdann werden auch die Coefficienten σ_i in σ rationale Functionen der ϱ_i, und die Wurzeln p algebraische Functionen der ϱ_i. Im Falle die Gleichung für σ reductibel ist, also in irreductible Factoren

$$\sigma = \sigma^{(1)} \sigma^{(2)} \cdots$$

zerfällt, so zerfallen auch die Wurzeln p in mehrere Classen, so dass die symmetrischen Functionen der Wurzeln jeder Classe rational von den Variabeln ϱ_i abhängen. Auch kann der Fall eintreten, dass ein Factor $\sigma^{(1)}$ mit seinen Wurzeln von ϱ ganz unabhängig wird.

Um ein einfaches Beispiel zu haben, nehmen wir

$$r = \lambda\varrho + \mu = \pm\varpi$$

von *einer* unabhängigen Variablen ϱ linear abhängig, während $\lambda\,\mu\,\nu$ ganze Functionen l^{ten} Grades in p bezeichnen sollen.

Setzt man nun

$$s(p) = \mu^2 - \lambda\nu = \varpi^2 = s_0 p^{2l} + s_1 p^{2l-1} \ldots,$$

so wird

$$\sigma(p) = (\lambda\varrho + \mu)^2 - (\mu^2 - \lambda\nu) = \lambda(\lambda\varrho^2 + 2\mu\varrho + \nu),$$

also

$$\sigma^{(1)} = \lambda = \lambda_0 p^l + \lambda_1 p^{l-1} \ldots,$$

$$\sigma^{(2)} = \lambda\varrho^2 + 2\mu\varrho + \nu = \sigma_0 p^l + \sigma_1 p^{l-1} \ldots$$

Hier ist $n = 2l$, aber während die Wurzeln von $\sigma^{(2)}$ Functionen der Variablen ϱ sind, bleiben die Wurzeln von $\sigma^{(1)}$ Constanten.

Man erhält folglich durch Differentiation der Gleichung

$$\lambda\varrho^2 + 2\mu\varrho + \nu = \sigma = 0:$$

$$\sigma'(p)dp + 2(\lambda\varrho + \mu)\,d\varrho = 0$$

oder

$$\frac{\sigma'(p)\,dp}{\pm\varpi} = -2d\varrho.$$

Daraus entspringt für die l Wurzeln von $\sigma = \sigma^{(2)}$ die Proportion

$$dp_1 : dp_2 \cdots : dp_l : d\varrho = \frac{\pm\varpi_1}{\sigma'(p_1)} : \frac{\pm\varpi_2}{\sigma'(p_2)} \cdots : \frac{\pm\varpi_l}{\sigma'(p_l)} : -\frac{1}{2}.$$

Hier ist

$$\sigma'(p_i) = \sigma_0(p_i - p_1)(p_i - p_2) \cdots (p_i - p_l) = \lim_{p = p_i} \frac{\sigma(p)}{p - p_i}$$

nebst

$$\sigma_0 = \lambda_0\varrho^2 + 2\mu_0\varrho + \nu_0.$$

Das gefundene System totaler Differentialgleichungen ist offenbar äquivalent mit dem Jacobi'schen *hyperelliptischen* System*)

$$\sum_p \frac{p^m dp}{\pm\varpi} = 0 \quad \text{für} \quad m = 0, 1, \ldots, l-2,$$

in Verbindung mit der Gleichung

$$\sum \frac{p^{l-1}dp}{\pm\varpi} = -2d\varrho \sum \frac{p^{l-1}}{\sigma'(p)} = -\frac{2d\varrho}{\lambda_0\varrho^2 + 2\mu_0\varrho + \nu_0}.$$

Die transscendenten Integralgleichungen

$$\sum \int \frac{p^m dp}{\pm\varpi} = c_{m+1}$$

und

$$\sum \int \frac{p^{l-1}dp}{\pm\varpi} = c_l + \frac{1}{\sqrt{s_0}} \log \frac{\lambda_0\varrho + \mu_0 + \sqrt{s_0}}{\lambda_0\varrho + \mu_0 - \sqrt{s_0}}$$

*) Crelle's Journal Band 32, Seite 220.

aber entsprechen den algebraischen Gleichungen

$$\sum p_1 = -\frac{\sigma_1}{\sigma_0}, \quad \sum p_1 p_2 = \frac{\sigma_2}{\sigma_0}, \cdots, p_1 p_2 \cdots p_l = (-1)^l \frac{\sigma_l}{\sigma_0},$$

wo

$$\sigma_i = \lambda_i \varrho^2 + 2\mu_i \varrho + \nu_i.$$

Die letzteren können auch ersetzt werden durch die l Gleichungen

$$\pm \varpi_i = (\lambda_0 p_i^l + \lambda_1 p_i^{l-1} + \cdots + \lambda_l)\varrho + \mu_0 p_i^l + \mu_1 p_i^{l-1} + \cdots + \mu_l.$$

8.

Die Anzahl der willkürlichen Constanten ist bei den verschiedenen Formen der Integralgleichungen die nämliche, da den Constanten $c_1 c_2 \cdots c_l \lambda_0 \mu_0 s_0 s_1 \cdots s_{2l}$ einerseits, die $3l + 3$ Coefficienten $\lambda_i \mu_i \nu^i$ andererseits entsprechen. Bei der Elimination von ϱ fällt einfach die letzte transscendente Gleichung mit den drei Constanten $\lambda_0 \mu_0 c_l$ weg, also müssen auch in den algebraischen Systemen zugleich mit ϱ drei Constanten von selbst fortgehen. Jacobi zeigt in seiner eben citirten Abhandlung über die Integration der hyperelliptischen Differentialgleichungen, dass, wenn man mittelst einer linearen Substitution ϱ durch $\bar\varrho$ ersetzt, die Gleichung

$$\lambda \varrho^2 + 2\mu\varrho + \nu = 0 \quad \text{in} \quad \bar\lambda \bar\varrho^2 + 2\bar\mu\bar\varrho + \bar\nu = 0$$

übergeht, während

$$\mu^2 - \lambda\nu = \bar\mu^2 - \bar\lambda\bar\nu = s(p).$$

In der That ergeben sich für

$$(\varrho + \alpha)(\bar\varrho + \beta) = \gamma,$$

wo $\alpha\beta\gamma$ drei beliebige Constanten bedeuten, die bei der Elimination von ϱ oder $\bar\varrho$ von selbst weggehen, die identischen Formeln:

$$\frac{\lambda\varrho^2 + 2\mu\varrho + \nu}{\varrho + \alpha} = \frac{\bar\lambda\bar\varrho^2 + 2\bar\mu\bar\varrho + \bar\nu}{\bar\varrho + \beta},$$

$$\mu^2 - \lambda\nu = \bar\mu^2 - \bar\lambda\bar\nu,$$

wo

$$\gamma\bar\lambda = \alpha^2\lambda - 2\alpha\mu + \nu, \qquad \gamma\lambda = \beta^2\bar\lambda - 2\beta\bar\mu + \bar\nu,$$

$$\gamma\bar\mu = \beta(\alpha\beta - \gamma)\lambda - (2\alpha\beta - \gamma)\mu + \beta\nu, \qquad \gamma\mu = \beta(\alpha\beta - \gamma)\bar\lambda - (2\alpha\beta - \gamma)\bar\mu + \alpha\bar\nu,$$

$$\gamma\bar\nu = (\alpha\beta - \gamma)^2\lambda - 2\beta(\alpha\beta - \gamma)\mu + \beta^2\nu, \qquad \gamma\nu = (\alpha\beta - \gamma)^2\bar\lambda - 2\alpha(\alpha\beta - \gamma)\bar\mu + \alpha^2\bar\nu.$$

Für $l = 2$, $m = 0$ erhält man

$$\int \frac{dp_1}{\pm\varpi_1} + \int \frac{dp_2}{\pm\varpi_2} = c_1,$$

$$\int \frac{p_1\, dp_1}{\pm\varpi_1} + \int \frac{p_2\, dp_2}{\pm\varpi_2} = c_2 + \frac{1}{\sqrt{s_0}} \log \frac{\lambda_0\varrho + \mu_0 + \sqrt{s_0}}{\lambda_0\varrho + \mu_0 - \sqrt{s_0}}$$

nebst

$$p_1 + p_2 = -\frac{\lambda_1\varrho^2 + 2\mu_1\varrho + \nu_1}{\lambda_0\varrho^2 + 2\mu_0\varrho + \nu_0}, \quad p_1p_2 = \frac{\lambda_2\varrho^2 + 2\mu_2\varrho + \nu_2}{\lambda_0\varrho^2 + 2\mu_0\varrho + \nu_0}$$

oder

$$\pm\varpi_1 = (\lambda_0p_1^2 + \lambda_1p_1 + \lambda_2)\,\varrho + \mu_0p_1^2 + \mu_1p_1 + \mu_2,$$
$$\pm\varpi_2 = (\lambda_0p_2^2 + \lambda_1p_2 + \lambda_2)\,\varrho + \mu_0p_2^2 + \mu_1p_2 + \mu_2.$$

Um hieraus die Euler-Lagrange'sche Form des algebraischen Integrals der elliptischen Differentialgleichung abzuleiten, schreiben wir für $p_1 + p_2 = x$

$$(\lambda_0x + \lambda_1)\,\varrho^2 + 2(\mu_0x + \mu_1)\,\varrho + \nu_0x + \nu_1 = 0$$

oder

$$[(\lambda_0x + \lambda_1)\,\varrho + \mu_0x + \mu_1]^2 = (\mu_0x + \mu_1)^2 - (\lambda_0x + \lambda_1)(\nu_0x + \nu_1)$$

und bemerken, dass

$$(\pm\varpi_1) - (\pm\varpi_2) = (\lambda_0\varrho + \mu_0)(p_1^2 - p_2^2) + (\lambda_1\varrho + \mu_1)(p_1 - p_2)$$
$$= (p_1 - p_2)\,[(\lambda_0x + \lambda_1)\,\varrho + \mu_0x + \mu_1]$$
$$s_0 = \mu_0^2 - \lambda_0\nu_0, \quad s_1 = 2\mu_0\mu_1 - \lambda_0\nu_1 - \lambda_1\nu_0.$$

Damit folgt ohne Weiteres

$$\left(\frac{(\pm\varpi_1) - (\pm\varpi_2)}{p_1 - p_2}\right)^2 = s_0x^2 + s_1x + C_1$$

mit der einzigen Integrationsconstante

$$C_1 = \mu_1^2 - \lambda_1\nu_1.$$

Mithin sind bei der Elimination von ϱ *drei* Constanten fortgefallen.

9.

Der eben entwickelten Form der algebraischen Integralgleichung lässt sich eine zweite, analoge zur Seite stellen. Wir setzen $p_1p_2 = y$ und erhalten ähnlich wie im vorigen Art.

$$[(\lambda_0y - \lambda_2)\,\varrho + \mu_0y - \mu_2]^2 = (\mu_0y - \mu_2)^2 - (\lambda_0y - \lambda_2)(\nu_0y - \nu_2)$$
$$= s_0y^2 + (C_1 - s_2)\,y + s_4,$$

weil

$$s_2 = \mu_1^2 - \lambda_1\nu_1 + 2\mu_0\mu_2 - \lambda_0\nu_2 - \lambda_2\nu_0 \quad \text{und} \quad s_4 = \mu_2^2 - \lambda_2\nu_2.$$

Andererseits ergeben die Werthe von ϖ_1 und ϖ_2

$$\frac{\varpi_1p_2 - \varpi_2p_1}{p_1 - p_2} = (\lambda_0\varrho + \mu_0)\,y - \lambda_2\varrho - \mu_2$$

und quadrirt

$$\left(\frac{\varpi_1p_2 - \varpi_2p_1}{p_1 - p_2}\right)^2 = s_0y^2 + (C_1 - s_2)\,y + s_4.$$

Wenden wir uns zum Falle $l = 3$, so sind die beiden transscendenten Integralgleichungen

$$\sum \int \frac{dp}{\varpi} = c_1, \quad \sum \int \frac{p\,dp}{\varpi} = c_2$$

durch zwei algebraische zu ersetzen, die durch Elimination von ϱ aus den drei Gleichungen

$$\varpi = (\lambda_0 p^3 + \lambda_1 p^2 + \lambda_2 p + \lambda_3)\,\varrho + \mu_0 p^3 + \mu_1 p^2 + \mu_2 p + \mu_3,$$

oder den rationalen

$$\sigma_0(p_1 + p_2 + p_3) + \sigma_1 = 0, \quad \sigma_0(p_2 p_3 + p_3 p_1 + p_1 p_2) = \sigma_2,$$
$$\sigma_0 p_1 p_2 p_3 + \sigma_3 = 0$$

hervorgehen. Man erhält ohne Schwierigkeit

$$\frac{\Sigma \varpi_1 (p_2 - p_3)}{\Sigma p_1^2 (p_2 - p_3)} = (\lambda_0 \varrho + \mu_0)\, x + \lambda_1 \varrho + \mu_1,$$

$$\frac{\Sigma \varpi_1 (p_2^2 - p_3^2)}{\Sigma p_1^2 (p_2 - p_3)} = (\lambda_0 \varrho + \lambda_0)\, y - \lambda_2 \varrho - \mu_2,$$

nebst

$$[(\lambda_0 x + \lambda_1)\,\varrho + \mu_0 x + \mu_1]^2 = s_0 x^2 + s_1 x + \mu_1^2 - \lambda_1 \nu_1,$$
$$[(\lambda_0 y - \lambda_2)\,\varrho + \mu_0 y - \mu_2]^2 = s_0 y^2 + (\mu_1^2 - \lambda_1 \nu_1 - s_2)\, y + \mu_2^2 - \lambda_2 \nu_2,$$

wo zur Abkürzung

$$x = p_1 + p_2 + p_3, \quad y = p_2 p_3 + p_3 p_1 + p_1 p_2.$$

Damit folgt sogleich

$$\frac{\Sigma \varpi_1 (p_2 - p_3)}{\Sigma p_1^2 (p_2 - p_3)} = s_0 x^2 + s_1 x + C_1,$$

$$\frac{\Sigma \varpi_1 (p_2^2 - p_3^2)}{\Sigma p_1^2 (p_2 - p_3)} = s_0 y^2 + (C_1 - s_2)\, y + C_2,$$

wo also

$$C_1 = \mu_1^2 - \lambda_1 \nu_1 \quad \text{und} \quad C_2 = \mu_2^2 - \lambda_2 \nu_2$$

die beiden Integrationsconstanten geworden sind.

10.

Mit der Ausdehnung des Abel'schen Theorems auf mehrfache Integrale haben sich Jacobi (Crelle Bd. VIII, S. 415) und Rosenhain (Crelle Bd. XL, S. 329, 359) beschäftigt.

Um von einem einfachen Falle auszugehen, seien

$$\sigma(p q \varrho \varrho_1) = 0 \quad \text{und} \quad \sigma_1(p q \varrho \varrho_1) = 0$$

zwei algebraische Gleichungen, durch welche die Variabeln p und q als algebraische Functionen von ϱ und ϱ_1 bestimmt werden. Nun ist aus der Theorie der Doppelintegrale bekannt, dass

$$\frac{\partial(\sigma \sigma_1)}{\partial(p q)}\, dp\, dq = \frac{\partial(\sigma \sigma_1)}{\partial(\varrho \varrho_1)}\, d\varrho\, d\varrho_1$$

oder

$$\varphi\, dp\, dq = \varphi\, \frac{\partial(\sigma \sigma_1)}{\partial(\varrho \varrho_1)}\, \frac{d\varrho\, d\varrho_1}{\dfrac{\partial(\sigma \sigma_1)}{\partial(p q)}}.$$

Setzt man

$$\sigma = r^2 - s, \quad \sigma_1 = r_1^2 - s_1,$$

wo ausser den Variabeln p und q, in r und r_1 auch ϱ und ϱ_1 vorkommen, und $\sigma\sigma_1$ in Bezug auf p und q von der Dimension n resp. n_1 sein sollen, so erhält man

$$r = \pm\sqrt{s} = \pm\varpi, \quad r_1 = \pm\sqrt{s_1} = \pm\varpi_1$$

und

$$\frac{\partial(\sigma\sigma_1)}{\partial(\varrho\varrho_1)} = 4rr_1\frac{\partial(rr_1)}{\partial(\varrho\varrho_1)},$$

folglich

$$\frac{\varphi\,dp\,dq}{\pm\varpi\varpi_1} = \frac{4\varphi}{\frac{\partial(\sigma\sigma_1)}{\partial(pq)}}\frac{\partial(rr_1)}{\partial(\varrho\varrho_1)}\,d\varrho\,d\varrho_1.$$

Summirt man über die simultanen Wurzeln $p_i q_i$ der Gleichungen $\sigma = \sigma_1 = 0$, so ergibt sich

$$\sum_{pq}\frac{\varphi}{\frac{\partial(\sigma\sigma_1)}{\partial(pq)}}\frac{\partial(rr_1)}{\partial\varrho\varrho_1)} = 0,$$

wenn die Dimension des Zählers $\varphi\frac{\partial(rr_1)}{\partial(\varrho\varrho_1)}$ in p und q niedriger ist als die des Nenners $\frac{\partial(\sigma\sigma_1)}{\partial(pq)}$. Setzt man z. B.

$$r = \lambda\varrho + \mu, \quad r_1 = \lambda_1\varrho_1 + \mu_1, \quad \frac{\partial(rr_1)}{\partial(\varrho\varrho_1)} = \lambda\lambda_1,$$

wo λ und μ in Bezug auf p und q die Dimension l, λ_1 und μ_1 die Dimension l_1 haben mögen, so erhält man für $\varphi = p^m q^{m_1}$

$$\sum_{pq}\frac{p^m q^{m_1}}{\pm\varpi\varpi_1}\,dp\,dq = 0, \quad \text{wenn} \quad m + m_1 < n + n_1 - l - l_1 - 2.$$

Sei insbesondere

$$\sigma = \lambda\varrho^2 + 2\mu\varrho + \nu, \quad s = \mu^2 - \lambda\nu = \varpi^2, \quad \pm\varpi = \lambda\varrho + \mu,$$
$$\sigma_1 = \lambda_1\varrho_1^2 + 2\mu_1\varrho_1 + \nu_1, \quad s_1 = \mu_1^2 - \lambda_1\nu_1 = \varpi_1^2, \quad \pm\varpi_1 = \lambda_1\varrho_1 + \mu_1,$$

so geht die Gleichung

$$\frac{\partial(\sigma\sigma_1)}{\partial(pq)}\,dp\,dq = \frac{\partial(\sigma\sigma_1)}{\partial(\varrho\varrho_1)}\,d\varrho\,d\varrho_1$$

über in

$$\varphi\frac{\partial(\sigma\sigma_1)}{\partial(pq)}\,dp\,dq = 4\varphi(\lambda\varrho + \mu)(\lambda_1\varrho_1 + \mu_1)\,d\varrho\,d\varrho_1,$$

also erhält man für $\varphi = \frac{p^m q^{m_1}}{\varpi\varpi_1}$:

$$\pm\frac{p^m q^{m_1}}{\varpi\varpi_1}\,dp\,dq = 4\frac{p^m q^{m_1}}{\frac{\partial(\sigma\sigma_1)}{\partial(pq)}}\,d\varrho\,d\varrho_1,$$

und nach der Summation über die simultanen Wurzeln von σ und σ_1:

$$\sum_{pq} \pm \frac{p^m q^{m_1}}{\varpi \varpi_1} dp\, dq = 0, \quad \text{wenn } m + m_1 < l + l_1 - 2.$$

Setzt man dagegen

$$\sigma = r^2 - s, \quad \sigma_1 = r_1 - s_1,$$

so wird

$$\frac{\varphi\, dp\, dq}{\pm \varpi} = \frac{2\varphi}{\frac{\partial(\sigma \sigma_1)}{\partial(pq)}} \frac{\partial(r r_1)}{\partial(\varrho \varrho_1)} d\varrho\, d\varrho_1,$$

und weiter für $m + m_1 < n + n_1 - l - l_1 - 2$:

$$\sum_{pq} \frac{p^m q^{m_1}}{\pm \varpi} dp\, dq = 0.$$

Sei nun wieder

$$\sigma = \lambda \varrho^2 + 2\mu\varrho + \nu, \quad r = \lambda\varrho + \mu = \pm \varpi, \quad \varpi^2 = \mu^2 - \lambda\nu,$$

während

$$\sigma_1 = \lambda_1 \varrho_1 + \mu_1,$$

so folgt

$$\frac{\partial(\sigma \sigma_1)}{\partial(pq)} dp\, dq = 2(\lambda\varrho + \mu)\, \lambda_1\, d\varrho\, d\varrho_1$$

oder

$$\frac{\varphi\, dp\, dq}{\pm \varpi} = \frac{2\varphi\lambda_1}{\frac{\partial(\sigma \sigma_1)}{\partial(pq)}} d\varrho\, d\varrho_1,$$

mithin für $\varphi = p^m q^{m_1}$:

$$\sum_{pq} \frac{p^m q^{m_1}}{\pm \varpi} dp\, dq = 0, \quad \text{wenn } m + m_1 < l - 2,$$

und für $\varphi = \frac{p^m q^{m_1}}{\lambda_1}$:

$$\sum_{pq} \frac{p^m q^{m_1}}{\pm \lambda_1 \varpi} dp\, dq = 0, \quad \text{wenn } m + m_1 < l + l_1 - 2.$$

11.

Wir kehren zur Gleichung

$$\frac{dp}{\pm \varpi} = -\frac{2 d' r}{\sigma'(p)}$$

des Art. 6 zurück und leiten aus derselben mit Abel einen neuen Ausdruck für $\log \frac{q + \xi}{q - \xi}$ ab. Summirt man nach Hinzufügung des Divisors $x - p$, so folgt

$$\sum_p \frac{\pm dp}{(p - x)\varpi} = 2 \sum \frac{d' r}{(x - p)\sigma'(p)}.$$

Da hier der Zähler vom Grade l, der Nenner dagegen vom Grade $2l$ resp. $k > 2l$ ist, so hat die Summe der Partialbrüche auf der rechten Seite den Werth $\frac{d'q}{\sigma(x)}$ und man erhält die Gleichung

$$\sum_p \frac{\pm dp}{(p-x)\varpi} = 2\frac{d'q}{\sigma(x)}$$

oder

$$\sum_p \frac{\pm dp}{\left(1-\frac{p}{x}\right)\varpi} = \frac{2xd'q}{s-q^2}.$$

Für wachsende Werthe von x wird $\sum \frac{dp}{\pm\varpi} = 0$ (weil $\frac{1}{x^{l-1}}$ oder $\frac{1}{x^{k-l-1}}$ — mit Ausnahme der Fälle $l=0$, $k=1$ und $l=1$, $k=2$, — sich der Null unbegrenzt nähert), im Einklange mit den früher abgeleiteten Resultaten*).

Die Integration aber ergibt ohne Schwierigkeit

$$\sum_p \int \frac{\pm \xi dp}{(p-x)\varpi} = 2\xi \int \frac{d'q}{q^2-s} = \varphi x - \log\frac{q+\xi}{q-\xi},$$

wo die Integrationsconstante φ unabhängig von q als Function von x zu bestimmen ist. Diese Gleichung enthält das von Abel entwickelte *théorème fondamental*, welches er an die Spitze seiner Theorie der elliptischen Functionen stellt**).

12.

Die Vergleichung der beiden Ausdrücke

$$\log\frac{q+\xi}{q-\xi} = \int \psi x du - \sum_p \int \frac{\pm \varpi dx}{(x-p)\xi}$$

$$= \varphi x - \sum_p \int \frac{\pm \xi dp}{(p-x)\varpi}$$

lässt auf einen directen Zusammenhang der Integrale $\int \frac{\varpi dx}{(x-p)\xi}$ und $\int \frac{\xi dp}{(p-x)\varpi}$ schliessen. Derselbe wird vermittelt durch die von Abel und Jacobi bewiesene Formel***)

---

*) Durch Entwickelung nach den absteigenden Potenzen von x erhält man auch den Werth der Summen $\sum \frac{p^m dp}{\pm\varpi}$, also das Additionstheorem für die Integrale zweiter Gattung.

**) Crelle Band IV, Seite 245.

***) In der nachgelassenen Abhandlung Abel's *sur une propriété remarquable d'une classe très-étendue de fonctions transscendantes* und Jacobi in Crelle's Journal Band 24, S. 178 und 185 f.

$$\int^{\cdot} \frac{\xi\, dp}{(p-x)\,\varpi} - \int^{\cdot} \frac{\varpi\, dx}{(x-p)\,\xi} =$$

$$= \sum_{mn} \frac{1}{2}\,(m-n)\, s_{k-m-n-2} \int \frac{p^m\, dp}{\varpi} \int \frac{x^n\, dx}{\xi},$$

welche das *Theorem von der Vertauschung von Parameter und Amplitude* enthält, während

$$\xi\xi = s_0 x^k + s_1 x^{k-1} \cdots, \qquad \varpi\varpi = s_0 p^k + s_1 p^{k-1} \cdots .$$

ist.

Man braucht bloss nach den beiden Variabeln p und x zu differentiiren, um sich von der Richtigkeit der Formel zu überzeugen. Wenn Δ die Differenz der beiden Integrale bezeichnet, so wird

$$\varpi\xi \frac{\partial^2 \Delta}{\partial p\, \partial x} = \frac{\xi^2 - \varpi^2}{(x-p)^2} - \frac{\xi\xi' + \varpi\varpi'}{x-p} = \sum_{mn} (m, n)\, p^m x^n$$

und hier findet man ohne Schwierigkeit

$$(m, n) = \frac{1}{2}\,(m-n)\, s_{k-m-n-2}.$$

13.

Wie die Formel für $\sum_p \int^{\cdot} \frac{\pm\varpi\, dx}{(x-p)\,\xi}$ das Additionstheorem der hyperelliptischen Integrale dritter Gattung in Bezug auf den Parameter, so enthält die für $\sum_p \int^{\cdot} \frac{\pm\xi\, dp}{(p-x)\,\varpi}$ gefundene Gleichung den betreffenden Additionssatz in Bezug auf die Amplitude. Um die Anwendung auf elliptische Integrale zu machen, setzen wir $k = 3$ resp. $k = 4$.

Für

$$s = x^3 + lx^2 + mx + n, \qquad q = \lambda x + \mu,$$

$$\pm\varpi_1 = \lambda p_1 + \mu, \qquad \pm\varpi_2 = \lambda p_2 + \mu$$

erhält man

$$\sum_p \int^{\cdot} \frac{\pm\xi\, dp}{(p-x)\,\varpi} = \varphi x - \log \frac{\lambda x + \mu + \xi}{\lambda x + \mu - \xi},$$

wo x an die Stelle des Parameters getreten ist, während die Wurzeln $p_1 p_2 p_3$ von $s = q^2$, welche jetzt die Amplituden der Integrale werden, den gleichen Bedingungen, wie Art. 5 die Parameter, unterworfen sind.

Analog ergibt sich für $k = 4$:

$$s = Ax^4 + 4Bx^3 + 6Cx^2 + 4Dx + E, \qquad q = ax^2 + 2bx + c,$$

$$r^2 = (ap^2 + 2bp + c)^2 = Ap^4 + 4Bp^3 + 6Cp^2 + 4Dp + E = \varpi^2,$$

$$r = \pm \varpi, \quad \sum_p \frac{dp}{\pm \varpi} = 0,$$

$$\sum_p \int \frac{\pm \xi dp}{(p - x)\varpi} = \varphi x - \log \frac{ax^2 + 2bx + c + \xi}{ax^2 + 2bx + c - \xi},$$

während nach dem Früheren, wegen

$$p_1 + p_2 + p_3 + p_4 = 4 \frac{ab - B}{A - a^2}:$$

$$\log \frac{ax^2 + 2bx + c + \xi}{ax^2 + 2bx + c - \xi} = \int (a_0 + a_1 x)\, du - \sum_p r \int \frac{dx}{(x - p)\xi}$$

oder

$$\sum_p \int \frac{\pm \varpi dx}{(x - p)\xi} = 4 \frac{aB - bA}{A - a^2} u - \log \frac{ax^2 + 2bx + c + \xi}{ax^2 + 2bx + c - \xi}.$$

Für $a = \sqrt{A}$ wird eine Wurzel p_4 unendlich, und wegen

$$p_1 + p_2 + p_3 = \frac{ac + 2b^2 - 3C}{2(B - ab)} = \frac{c\sqrt{A} + 2b^2 - 3C}{2(B - b\sqrt{A})}:$$

$$\sum_p \int \frac{\pm \varpi dx}{(x - p)\xi} = \sqrt{A} \int x du -$$

$$- \frac{Ac + 4Bb - (2b^2 + 3C)\sqrt{A}}{2(B - b\sqrt{A})} u - \log \frac{x^2\sqrt{A} + 2bx + c + \xi}{x^2\sqrt{A} + 2bx + c - \xi}.$$

Für $b = \frac{B}{\sqrt{A}}$ wird auch p_3 unendlich, und wegen

$$p_1 + p_2 = 2 \frac{bc - D}{3C - 2b^2 - ac} = 2 \frac{cB\sqrt{A} - AD}{3AC - 2B^2 - c\sqrt{A^3}}:$$

$$\sum_p \int \frac{\pm \varpi dx}{(x - p)\xi} = 2\sqrt{A} \int x du -$$

$$- 2A \frac{cB - D\sqrt{A}}{3AC - 2B^2 - c\sqrt{A^3}} u - \log \frac{Ax^2 + 2Bx + (c + \xi)\sqrt{A}}{Ax^2 + 2Bx + (c - \xi)\sqrt{A}}.$$

Für $c = \frac{3AC - 2B^2}{\sqrt{A^3}}$ wird auch p_2 unendlich, und wegen

$$p_1 = \frac{c^2 - E}{4(D - bc)} = \frac{(3AC - 2B^2)^2 - A^3E}{4A(A^2D - 3ABC + 2B^3)}:$$

$$\int \frac{\pm \varpi_1 dx}{(x - p_1)\xi} = 3\sqrt{A} \int x du -$$

$$- \frac{9A^2C^2 + 12AB^2C - 12B^4 - A^3E - 8A^2BD}{4\sqrt{A}(A^2D - 3ABC + 2B^3)} u$$

$$- \log \frac{(Ax + B)^2 - 3(B^2 - AC) + \xi\sqrt{A^3}}{(Ax + B)^2 - 3(B^2 - AC) - \xi\sqrt{A^3}}.$$

Auch dieser Ausdruck wird unendlich, wenn

$$3ABC - A^2D - 2B^3 = i_0$$

verschwindet. In diesem Falle erhält man wegen

$$\frac{\pm\varpi}{x-p} = -\left(\frac{1}{p} + \frac{x}{p^2} + \cdots\right)\left(p^2\sqrt{A} + \frac{2B}{\sqrt{A}}p + \frac{3AC-2B^2}{A\sqrt{A}}\right):$$

$$\log\frac{(Ax+B)^2 - 3(B^2-AC) + \xi\sqrt{A^3}}{(Ax+B)^2 - 3(B^2-AC) - \xi\sqrt{A^3}} = 4\sqrt{A}\int x\,du + 4\frac{B}{\sqrt{A}}u.$$

14.

Allgemeinere Sätze über die Integralsumme

$$\sum_p \int \frac{\pm f(p)\,dp}{(p-x)\,\varpi},$$

wo p die Wurzeln einer Gleichung von der Form $\alpha^2 s_1 = \beta^2 s_2$ durchläuft, während $s = s_1 s_2$ und $\alpha\beta f$ ganze Functionen bedeuten, finden sich in Crelle's Journal Bd. III, S. 313—323*), auch behandelt Abel Bd. VI, S. 78 Integralsummen von der Form

$$\sum\int\frac{dp}{(p-x)\,\varpi^n},\quad \text{wo}\quad \varpi^m = s(p)$$

und

$$\sigma(p) = \prod\left(r_0 + \alpha^k r_1\varpi + \alpha^{2k} r_2\varpi^2 \cdots + \alpha^{(m-1)k} r_{m-1}\varpi^{m-1}\right) = 0,$$

während $\alpha^m = 1$ und $r_0 r_1 \ldots r_{m-1}$ ganze Functionen von p mit variabeln Coefficienten bezeichnen**).

Aber weit umfassender war die der Pariser Academie im October 1826 vorgelegte Untersuchung Abel's „*Mémoire sur une propriété générale d'une classe très-étendue de fonctions transscendantes*" (*Mém. prés.* T. VII, 1841, vergl. auch den eben so kurzen wie berühmten Aufsatz in Crelle's Journal Bd. IV, S. 200 und aus dem Nachlass die Abhandlung *Sur la comparaison des fonctions transscendantes*) über Integralsummen von der Form

$$\sum_p \int F(p\varpi)\,dp,$$

wo an die Stelle der Gleichungen

$$\varpi^2 = s(p) \quad\text{und}\quad \varpi = \pm r$$

die allgemeinen algebraischen Gleichungen

---

*) Vergl. Jacobi, Crelle Band 9, Seite 99; Poisson, Crelle Band 12, Seite 89—104.

**) Vergl. Ramus, Crelle Band 24, Seite 69—79.

(1) $$f\binom{m\ \mu}{p\ \varpi} = s_0\varpi^{\mu} + s_1\varpi^{\mu-1} + s_2\varpi^{\mu-2}\dots = 0$$
und

(2) $$g(p\varpi) = r_1\varpi^{\mu-1} + r_2\varpi^{\mu-2} + \cdots \quad = 0$$

getreten sind. Hier bezeichnen die Coefficienten s und r ganze Functionen von p, und die Summe ist auszudehnen über die gemeinschaftlichen Wurzeln von (1) und (2), mit anderen Worten über die Wurzeln der Gleichung $\sigma(p) = 0$, welche durch Elimination von ϖ aus f und g erhalten wird.

Dadurch bestimmen sich die Wurzeln p als Functionen der in den Grössen r vorkommenden Coefficienten q_i, oder unabhängigen Variabeln ϱ_i, und es ist zu zeigen, dass

$$\sum_p F(p\varpi)\,dp = \underset{\varrho}{S}\,\Phi(\varrho_0\varrho_1\cdots)\,d\varrho$$

wird, wenn F und Φ *rationale* Functionen ihrer Argumente ausdrücken.

Man leitet zunächst durch Differentiation der Gleichung $\sigma(p) = 0$ den Ausdruck ab

$$\sigma'(p)\,dp + d'\sigma = 0$$

oder

$$dp = \underset{\varrho}{S}\,\varphi(p\ \varrho_0\varrho_1\cdots)\,d\varrho,$$

also auch

$$F(p\varpi)\,dp = \underset{\varrho}{S}\,\psi(p\ \varrho_0\varrho_1\cdots)\,d\varrho,$$

weil ϖ vermöge (1) und (2) rational durch p und ϱ bestimmt wird. Summirt man über sämmtliche Wurzeln p, so folgt

$$\sum_p F(p\varpi)\,dp = \underset{\varrho}{S}\,d\varrho\sum_p \psi(p\varrho_0\varrho_1\cdots) = \underset{\varrho}{S}\,\Phi(\varrho_0\varrho_1\cdots)\,d\varrho,$$

weil die symmetrische Summe $\sum_p \psi$ rational durch die Coefficienten in σ gegeben ist, welche mit den Coefficienten q_i rational von den Variabeln ϱ_i abhängen. Mithin werden die Functionen $F\varphi\psi$ und Φ gleichzeitig *rational*, und es ergibt sich nunmehr, da beide Seiten der Gleichung zugleich vollständige Differentiale enthalten, durch Integration das berühmte *Abel'sche Theorem*, dass

$$\sum_p \int F(p\varpi)\,dp = u + \sum k\log v,$$

wo u und v rationale Functionen der ϱ und die Coefficienten k Constanten bedeuten.

15.

Riemann hat später bewiesen (Crelle Bd. 54, S. 131), dass

$$\sum F(p\varpi)\,dp = 0,$$

wenn das Product $F(p\varpi)\frac{\partial f}{\partial \varpi} = G\binom{m-2\ \mu-2}{p\ \ \varpi}$ eine *ganze* Function von p und ϖ ausdrückt, deren Grad in Bezug auf jedes der beiden Argumente um mindestens zwei Einheiten niedriger ist, als der Grad von f. Ueberhaupt ist seit Abel und Jacobi durch die Arbeiten von Mathematikern wie Göpel, Rosenhain, Hermite, Weierstrass, Riemann, Clebsch, Neumann und vielen Anderen die Theorie der Integrale algebraischer Functionen und deren Umkehrung mit Hülfe der Thetafunctionen mehrerer Variabeln wesentlich weiter gefördert worden.

Zur Ausdehnung des allgemeinen Abel'schen Theorems auf Doppelintegrale gehen wir von zwei algebraischen Gleichungen

$$f(pq\varpi\varpi_1) = 0, \quad g(pq\varpi\varpi_1) = 0$$

aus, wodurch ϖ und ϖ_1 algebraische Functionen von p und q werden. Wenn dann

$$\varpi = r(pq\varrho_0\varrho_1\cdots) = r(pq\varrho_i), \quad \varpi_1 = r_1(pq\varrho_i)$$

als rationale Functionen der unabhängigen Veränderlichen $\varrho_0\varrho_1\ldots$ eingeführt werden, so gehen f und g über in

$$\sigma(pq\varrho_i) = 0 \quad \text{und} \quad \sigma_1(pq\varrho_i) = 0,$$

und es wird

$$F(pq\varpi\varpi_1)\,dp\,dq = \underset{ik}{S}\frac{F(pqrr_1)}{\frac{\partial(\sigma\sigma_1)}{\partial(pq)}}\frac{\partial(\sigma\sigma_1)}{\partial(\varrho_i\varrho_k)}\,d\varrho_i\,d\varrho_k.$$

Summirt man nun über die gemeinschaftlichen Wurzeln der Gleichungen $\sigma = \sigma_1 = 0$, deren Coefficienten von den ϱ_i rational abhängen, so erhält man

$$\sum_{pq} F(pq\varpi\varpi_1)\,dp\,dq = \underset{ik}{S}\,\Phi_i^k(\varrho_0\varrho_1\cdots)\,d\varrho_i\,d\varrho_k,$$

wo die rationale Function

$$\Phi_i^k(\varrho_0\varrho_1\cdots) = \sum_{pq}\frac{F(pqrr_1)}{\frac{\partial(\sigma\sigma_1)}{\partial(pq)}}\frac{\partial(\sigma\sigma_1)}{\partial(\varrho_i\varrho_k)}.$$

Bei der Integration bleibt natürlich im gegebenen Falle der Integrationsbereich einer näheren Untersuchung zu unterwerfen.

Ueber den Zusammenhang der Thetafunctionen mit den elliptischen Integralen.*)

Von

W. Scheibner in Leipzig.

1.

Die im Folgenden benutzte Bezeichnung der coordinirten Thetafunctionen gründet sich auf die Functionalgleichung

$$\Theta_\delta^\varepsilon(u, h) = \delta\Theta(u+\pi) = \varepsilon q e^{2ui}\Theta(u+hi),$$

in welcher $q = e^{-h}$, $\delta^2 = \varepsilon^2 = 1$ gesetzt ist. In Verbindung mit der partiellen Differentialgleichung

$$\frac{\partial^2\Theta}{\partial u^2} = 4\frac{\partial\Theta}{\partial h} \quad \text{oder} \quad \Theta''u = 4\frac{\partial\Theta u}{\partial h}$$

sind dadurch bis auf einen numerischen Factor die vier Jacobi'schen Functionen bestimmt:

$$\Theta_1^1(u, h) = \vartheta_3(u, q) = \sum_{-\infty}^{\infty} q^{m^2} e^{2mui},$$

$$\Theta_1^{-1}(u, h) = \vartheta\ (u, q) = \sum (-1)^m q^{m^2} e^{2mui},$$

$$\Theta_{-1}^1(u, h) = \vartheta_2(u, q) = \sum q^{\left(m+\frac{1}{2}\right)^2} e^{(2m+1)ui},$$

$$\Theta_{-1}^{-1}(u, h) = \vartheta_1(u, q) = \frac{1}{i}\sum (-1)^m q^{\left(m+\frac{1}{2}\right)^2} e^{(2m+1)ui},$$

deren gegenseitiger Zusammenhang durch die Formel

$$\Theta_\delta^\varepsilon(u) = \varepsilon^{\frac{\delta-1}{2}}\,\Theta_\delta^{-\varepsilon}\left(u+\frac{\pi}{2}\right) = \frac{1}{\sqrt{\varepsilon}}\, q^{\frac{1}{4}} e^{ui}\, \Theta_{-\delta}^\varepsilon\left(u+\frac{hi}{2}\right)$$

$$= \varepsilon^{\frac{\delta}{2}} q^{\frac{1}{4}} e^{ui}\, \Theta_{-\delta}^{-\varepsilon}\left(u+\frac{\pi+hi}{2}\right)$$

---

*) Aus den Berichten der Kgl. Sächs. Ges. d. Wiss. vom 4. März und 3. Juni 1889.

ausgedrückt wird. Der absolute Werth von q wird < 1, der reelle Theil von h mithin als positiv vorausgesetzt.

2.

Um die Beziehung dieser Functionen zu den elliptischen Integralen abzuleiten*), gehen wir von der Additionsformel

(A) $$\vartheta^2 \vartheta_1(u+v)\,\vartheta_1(u-v) = \vartheta_1^2 u\,\vartheta^2 v - \vartheta^2 u\,\vartheta_1^2 v$$

aus. Setzt man hier $u - v = w$, so wird

$$\vartheta^2 \vartheta_1(2u-w)\,\vartheta_1 w = \vartheta_1^2 u\,\vartheta^2(u-w) - \vartheta^2 u\,\vartheta_1^2(u-w).$$

Bei der Entwickelung nach den Potenzen von w erhält man sogleich

$$\vartheta^2 \vartheta_1' \vartheta_1(2u) w \cdots = \left\{\vartheta^2 u \frac{d}{du}\vartheta_1^2 u - \vartheta_1^2 u \frac{d}{du}\vartheta^2 u\right\} w \cdots$$

also

(B) $$\vartheta^2 \vartheta_1' \vartheta_1(2u) = \vartheta^2 u \frac{d}{du}\vartheta_1^2 u - \vartheta_1^2 u \frac{d}{du}\vartheta^2 u$$
$$= 2\vartheta^2 \vartheta u\,\vartheta_1 u\,\vartheta_2 u\,\vartheta_3 u.$$

Aendert man u und v um $\frac{\pi}{2}$, so kehrt die linke Seite von (A) ihr Vorzeichen um, mithin folgt

$$\vartheta^2 u\,\vartheta_1^2 v - \vartheta_1^2 u\,\vartheta^2 v = \vartheta_2^2 u\,\vartheta_3^2 v - \vartheta_3^2 u\,\vartheta_2^2 v,$$

und durch Aenderung der Argumente um $\frac{\pi}{2}$ resp. $\frac{i}{2}\log\frac{1}{q} = \frac{hi}{2}$:

$$\vartheta^2 u\,\vartheta_2^2 v - \vartheta_2^2 u\,\vartheta^2 v = \vartheta_1^2 u\,\vartheta_3^2 v - \vartheta_3^2 u\,\vartheta_1^2 v,$$
$$\vartheta^2 u\,\vartheta_3^2 v - \vartheta_3^2 u\,\vartheta^2 v = \vartheta_1^2 u\,\vartheta_2^2 v - \vartheta_2^2 u\,\vartheta_1^2 v,$$
$$\vartheta^2 u\,\vartheta^2 v - \vartheta_1^2 u\,\vartheta_1^2 v = \vartheta_3^2 u\,\vartheta_3^2 v - \vartheta_2^2 u\,\vartheta_2^2 v.$$

Diese Gleichungen werden erfüllt durch die Werthe $v = 0$,

$$\frac{\vartheta_3}{\vartheta_2}\frac{\vartheta_1 u}{\vartheta u} = \sin\varphi, \quad \frac{\vartheta}{\vartheta_2}\frac{\vartheta_2 u}{\vartheta u} = \cos\varphi, \quad \frac{\vartheta_3}{\vartheta}\frac{\vartheta_1 u}{\vartheta_2 u} = \operatorname{tang}\varphi,$$

während

$$\vartheta\vartheta_3 \frac{\vartheta_3 u}{\vartheta u} = \sqrt{\vartheta_3^4 \cos^2\varphi + \vartheta^4 \sin^2\varphi},$$

oder nach Legendre's Bezeichnung

$$\frac{\vartheta}{\vartheta_3}\frac{\vartheta_3 u}{\vartheta u} = \Delta\varphi = \sqrt{1 - \frac{\vartheta_2^4}{\vartheta_3^4}\sin^2\varphi}.$$

---

*) Der Verf. hat sich bemüht, aus der Theorie der elliptischen Thetafunctionen nur die elementarsten Sätze, welche aus der Definition dieser Functionen durch die bekannten Exponentialreihen folgen, zu Hülfe zu nehmen, um die Prämissen der Rechnung nach Möglichkeit zu vereinfachen, und für eine ähnliche Behandlung der hyperelliptischen Thetafunctionen in ihrer Beziehung zu den mehrfachen Integralen den Weg zu bahnen.

Die Substitution in (B) liefert durch eine leichte Rechnung die Gauss'sche Form des *elliptischen Integrals erster Gattung:*

$$u = \int_0^\varphi \frac{d\varphi}{\sqrt{\vartheta_3^4 \cos^2\varphi + \vartheta^4 \sin^2\varphi}} \text{ neben } \varphi = \vartheta\vartheta_3 \int_0^u \frac{\vartheta_3 u}{\vartheta u}\, du,$$

wo u und φ gleichzeitig die vier Quadranten durchlaufen.

3.

Die nämlichen Gleichungen werden ferner erfüllt durch die Werthe

$$v = 0, \quad \frac{\vartheta_3}{\vartheta}\frac{\vartheta_1 u}{\vartheta_2 u} = i \sin\varphi', \quad \frac{\vartheta_2}{\vartheta}\frac{\vartheta u}{\vartheta_2 u} = \cos\varphi',$$

$$\frac{\vartheta_3}{\vartheta_2}\frac{\vartheta_1 u}{\vartheta u} = i \operatorname{tang}\varphi', \quad \vartheta_2\vartheta_3 \frac{\vartheta_3 u}{\vartheta_2 u} = \sqrt{\vartheta_3^4 \cos^2\varphi' + \vartheta_2^4 \sin^2\varphi'},$$

Damit folgt aus (B)

$$i\,d\varphi' = \vartheta_2\vartheta_3 \frac{\vartheta_3 u}{\vartheta_2 u}\, du.$$

Die Variable φ' ist imaginär für reelle Werthe von u und umgekehrt. Vertauscht man desshalb u mit $u'i$, so bleiben

$$\vartheta(u'i), \quad \frac{1}{i}\vartheta_1(u'i), \quad \vartheta_2(u'i), \quad \vartheta_3(u'i)$$

reell und man erhält das Gleichungensystem:

$$\sin\varphi' = \frac{\vartheta_3}{\vartheta}\frac{\vartheta_1(u'i)}{i\vartheta_2(u'i)}, \quad \cos\varphi' = \frac{\vartheta_2}{\vartheta}\frac{\vartheta(u'i)}{\vartheta_2(u'i)}, \quad \operatorname{tg}\varphi' = \frac{\vartheta_3}{\vartheta_2}\frac{\vartheta_1(u'i)}{i\vartheta(u'i)},$$

$$\vartheta_2\vartheta_3 \frac{\vartheta_3(u'i)}{\vartheta_2(u'i)} = \sqrt{\vartheta_3^4 \cos^2\varphi' + \vartheta_2^4 \sin^2\varphi'},$$

$$u' = \int_0^{\varphi'} \frac{d\varphi}{\sqrt{\vartheta_3^4 \cos^2\varphi + \vartheta_2^4 \sin^2\varphi}}, \quad \varphi' = \vartheta_2\vartheta_3 \int_0^{u'} \frac{\vartheta_3(ui)}{\vartheta_2(ui)}\, du.$$

Hier wird $u' = \frac{1}{2}h$ für $\varphi' = \frac{1}{2}\pi$. Man wird folglich $u' = \frac{uh}{\pi}$ zu setzen haben, damit

$$u = \frac{\pi}{h}\int_0^{\varphi'} \frac{d\varphi}{\sqrt{\vartheta_3^4 \cos^2\varphi + \vartheta_2^4 \sin^2\varphi}}$$

mit

$$\varphi' = \vartheta_2\vartheta_3 \frac{h}{\pi}\int_0^u \frac{\vartheta_3(u'i)}{\vartheta_2(u'i)}\, du$$

gleichzeitig die vier Quadranten durchläuft.

Selbstverständlich sind noch andere Integralformen für u zulässig. So kann man auch setzen

$$\sin\psi = \frac{\vartheta}{\vartheta_2}\,\frac{\vartheta_1 u}{\vartheta_3 u},\quad \cos\psi = \frac{\vartheta_3}{\vartheta_2}\,\frac{\vartheta_2 u}{\vartheta_3 u},\quad \operatorname{tg}\psi = \frac{\vartheta}{\vartheta_3}\,\frac{\vartheta_1 u}{\vartheta_2 u},$$

$$\vartheta\vartheta_3\,\frac{\vartheta u}{\vartheta_3 u} = \sqrt{\vartheta^4\cos^2\psi + \vartheta_3^4\sin^2\psi},$$

$$u = \int_0^{\psi}\frac{d\varphi}{\sqrt{\vartheta^4\cos^2\varphi + \vartheta_3^4\sin^2\varphi}},\quad \psi = \vartheta\vartheta_3\int_0^u \frac{\vartheta_3 u}{\vartheta u}\,du.$$

Ferner

$$\sin\psi' = \frac{\vartheta_2}{\vartheta}\,\frac{\vartheta_1(u'i)}{i\vartheta_3(u'i)},\quad \cos\psi' = \frac{\vartheta_3}{\vartheta}\,\frac{\vartheta(u'i)}{\vartheta_3(u'i)},\quad \operatorname{tg}\psi' = \frac{\vartheta_2}{\vartheta_3}\,\frac{\vartheta_1(u'i)}{i\vartheta(u'i)},$$

$$\vartheta_2\vartheta_3\,\frac{\vartheta_2(u'i)}{\vartheta_3(u'i)} = \sqrt{\vartheta_2^4\cos^2\psi' + \vartheta_3^4\sin^2\psi'},$$

$$u' = \frac{hu}{\pi} = \int_0^{\psi'}\frac{d\varphi}{\sqrt{\vartheta_2^4\cos^2\varphi + \vartheta_3^4\sin^2\varphi}},$$

$$\psi' = \vartheta_2\vartheta_3\int_0^{u'}\frac{\vartheta_3(ui)}{\vartheta_2(ui)}\,du.$$

4.

Durch directe Multiplication der Thetareihen erhält man sogleich die Formel

(C)
$$\vartheta_3(u,q)\,\vartheta_3(v,q) = \\ = \vartheta_3(u+v,q^2)\,\vartheta_3(u-v,q^2) + \vartheta_2(u+v,q^2)\,\vartheta_2(u-v,q^2),$$

aus welcher die specielleren Gleichungen hervorgehen:

(C*)
$$\begin{cases} \vartheta_3^2 u + \vartheta^2 u = 2\vartheta_3(q^2)\,\vartheta_3(2u,q^2), \\ \vartheta u\,\vartheta_3 u = \vartheta(q^2)\,\vartheta(2u,q^2), \\ \vartheta_3^2 u + \vartheta_2^2 u = \vartheta_3\left(q^{\frac12}\right)\vartheta_3\left(u,q^{\frac12}\right), \\ \vartheta_2 u\,\vartheta_3 u = \frac12\vartheta_2\left(q^{\frac12}\right)\vartheta_2\left(u,q^{\frac12}\right). \end{cases}$$

Diese Ausdrücke enthalten für $u=0$ den Satz, dass $\vartheta_3^2(q^2)$ das arithmetische und $\vartheta^2(q^2)$ das geometrische Mittel aus ϑ_3^2 und ϑ^2 darstellt, ebenso wie resp. $\frac12\vartheta_3^2\left(q^{\frac12}\right)$ und $\frac12\vartheta_2^2\left(q^{\frac12}\right)$ die betreffenden Mittel aus ϑ_3^2 und ϑ_2^2.

Das von Gauss erfundene *arithmetisch-geometrische* Mittel aus ϑ_3^2 und ϑ^2, welches durch fortgesetzte Wiederholung des Ueberganges von q zu q^2 erhalten wird, ist folglich für $\nu = 2^n$

$$\lim_{n=\infty}\vartheta_3(q^\nu) = \lim\vartheta(q^\nu) = 1.$$

Schreibt man daher mit Gauss

$$m = \mu \vartheta_3^2, \quad n = \mu \vartheta^2,$$

so stellt μ das arithmetisch-geometrische Mittel aus m und n dar, so dass

$$u = \mu \int_0^\varphi \frac{d\varphi}{\sqrt{m^2 \cos^2 \varphi + n^2 \sin^2 \varphi}}.$$

Ebenso wird das betreffende Mittel aus ϑ_3^2 und ϑ_2^2 durch den Uebergang von q zu $\sqrt{q}$ gefunden und liefert

$$\lim_{n=\infty} \frac{1}{\nu} \vartheta_3^2 \left(q^{\frac{1}{\nu}}\right) = \lim \frac{1}{\nu} \vartheta_2^2 \left(q^{\frac{1}{\nu}}\right).$$

Zur Aufsuchung dieses Grenzwerthes setzen wir für $q = e^{-h}$

$$\frac{1}{\sqrt{\nu}} \vartheta_2 \left(q^{\frac{1}{\nu}}\right) = \sum_{-\infty}^{\infty} \frac{1}{\sqrt{\nu}} e^{-\left(m+\frac{1}{2}\right)^2 \frac{h}{\nu}},$$

$$\frac{1}{\sqrt{\nu}} \vartheta_3 \left(q^{\frac{1}{\nu}}\right) = \sum_{-\infty}^{\infty} \frac{1}{\sqrt{\nu}} e^{-m^2 \frac{h}{\nu}},$$

und für $\frac{h}{\nu} = \pi \delta^2$:

$$\frac{1}{\sqrt{\nu}} \vartheta_2 \left(q^{\frac{1}{\nu}}\right) = \sqrt{\frac{\pi}{h}} \sum \delta e^{-\left(m+\frac{1}{2}\right)^2 \pi \delta^2},$$

$$\frac{1}{\sqrt{\nu}} \vartheta_3 \left(q^{\frac{1}{\nu}}\right) = \sqrt{\frac{\pi}{h}} \sum \delta e^{-m^2 \pi \delta^2}.$$

Da für wachsende Werthe von ν δ ohne Grenze abnimmt, so wird

$$\lim_{\delta=0} \sum \delta e^{-\left(m+\frac{1}{2}\right)^2 \pi \delta^2} = \lim \sum \delta e^{-m^2 \pi \delta^2} = \int_{-\infty}^{\infty} e^{-\pi x^2} dx = 1,$$

und das gesuchte arithmetisch-geometrische Mittel $= \frac{\pi}{h}$.*)

5.

Dieser Satz gibt das Mittel zur Berechnung von q aus m und n. Denn setzt man

$$m^2 = n^2 + n'^2, \quad \text{so folgt} \quad n' = \mu \vartheta_2^2,$$

und das arithmetisch-geometrische Mittel aus m und n' wird $\mu' = \frac{\mu \pi}{h}$. Daraus geht

*) Die Vieldeutigkeit des arithmetisch-geometrischen Mittels findet sich im Jahrgang 1862 der Berichte der K. S. Ges. d. Wiss., S. 123, erörtert.

$$q = e^{-h} = e^{-\frac{\mu\pi}{\mu'}}$$

hervor. Sei jetzt

$$q' = e^{-\frac{\mu'\pi}{\mu}} = e^{-\frac{\pi^2}{h}},$$

so gelten die analogen Gleichungen

$$m = \mu'\vartheta_3^2(q'), \quad n = \mu'\vartheta_2^2(q'), \quad n' = \mu'\vartheta^2(q'),$$

folglich

$$\frac{\pi}{h} = \frac{\mu'}{\mu} = \frac{\vartheta_3^2 q}{\vartheta_3^2 q'} = \frac{\vartheta^2 q}{\vartheta_2^2 q'} = \frac{\vartheta_2^2 q}{\vartheta^2 q'}.$$

Damit verwandelt sich der Art. 3 gefundene Ausdruck

$$u = \frac{\pi}{h}\int_0^{\varphi'} \frac{d\varphi}{\sqrt{\vartheta_3^4 \cos^2\varphi + \vartheta_2^4 \sin^2\varphi}}$$

in

$$u = \int_0^{\varphi'} \frac{d\varphi}{\sqrt{\vartheta_3^4(q')\cos^2\varphi + \vartheta^4(q')\sin^2\varphi}},$$

so dass φ und q gleichzeitig in φ' und q' übergehen, wenn u unverändert bleiben soll. Folglich erhält man gleichzeitig

$$\sin\varphi' = \frac{\vartheta_3 q'}{\vartheta_2 q'}\,\frac{\vartheta_1(u, q')}{\vartheta(u, q')} = \frac{\vartheta_3}{\vartheta}\,\frac{\vartheta_1(u'i, q)}{i\vartheta_2(u'i, q)},$$

$$\cos\varphi' = \frac{\vartheta q'}{\vartheta_2 q'}\,\frac{\vartheta_2(u, q')}{\vartheta(u, q')} = \frac{\vartheta_2}{\vartheta}\,\frac{\vartheta(u'i, q)}{\vartheta_2(u'i, q)},$$

$$\Delta(\varphi', q') = \frac{\vartheta q'}{\vartheta_3 q'}\,\frac{\vartheta_3(u, q')}{\vartheta(u, q')} = \frac{\vartheta_2}{\vartheta_3}\,\frac{\vartheta_3(u'i, q)}{\vartheta_2(u'i, q)}.\text{*)}$$

---

*) Schreibt man zur Abkürzung neben

$$u' = \frac{uh}{\pi} = u\frac{\vartheta_3^2 q'}{\vartheta_3^2 q}, \quad u'' = \frac{u\pi}{h} = u\frac{\vartheta_3^2 q}{\vartheta_3^2 q'},$$

so ergeben sich ferner die Gleichungen:

$$\sin\varphi = \frac{\vartheta_3}{\vartheta_2}\,\frac{\vartheta_1 u}{\vartheta u} = \frac{\vartheta_3 q'}{\vartheta q'}\,\frac{\vartheta_1(u''i, q')}{i\vartheta_2(u''i, q')},$$

$$\cos\varphi = \frac{\vartheta}{\vartheta_2}\,\frac{\vartheta_2 u}{\vartheta u} = \frac{\vartheta_2 q'}{\vartheta q'}\,\frac{\vartheta(u''i, q')}{\vartheta_2(u''i, q')},$$

$$\Delta(\varphi, q) = \frac{\vartheta}{\vartheta_3}\,\frac{\vartheta_3 u}{\vartheta u} = \frac{\vartheta_2 q'}{\vartheta_3 q'}\,\frac{\vartheta_3(u''i, q')}{\vartheta_2(u''i, q')};$$

$$\sin\varphi'' = \frac{\vartheta_3 q'}{\vartheta_2 q'}\,\frac{\vartheta_1(u'', q')}{\vartheta(u'', q')} = \frac{\vartheta_3}{\vartheta}\,\frac{\vartheta_1(ui)}{i\vartheta_2(ui)},$$

$$\cos\varphi'' = \frac{\vartheta q'}{\vartheta_2 q'}\,\frac{\vartheta_2(u'', q')}{\vartheta(u'', q')} = \frac{\vartheta_2}{\vartheta}\,\frac{\vartheta(ui)}{\vartheta_2(ui)},$$

$$\Delta(\varphi'', q') = \frac{\vartheta q'}{\vartheta_3 q'}\,\frac{\vartheta_3(u'', q')}{\vartheta(u'', q')} = \frac{\vartheta_2}{\vartheta_3}\,\frac{\vartheta_3(ui)}{\vartheta_2(ui)},$$

Hieraus entspringt die Proportion

$$\frac{\vartheta(u'i, q)}{\vartheta_2(u, q')} = \frac{\vartheta_1(u'i, q)}{i\vartheta_1(u, q')} = \frac{\vartheta_2(u'i, q)}{\vartheta(u, q')} = \frac{\vartheta_3(u'i, q)}{\vartheta_3(u, q')} = f(u, h),$$

wo $f(0, h) = \sqrt{\frac{\pi}{h}}$ (mit positivem reellen Theile) gefunden worden ist. Im Folgenden (Art. 11) wird sich der Werth

$$f(u, h) = e^{\frac{uu'}{\pi}} \sqrt{\frac{\pi}{h}}$$

ergeben.

6.

Weitere Formen für u erhält man, wenn man die Quotienten der Thetafunctionen oder ihrer Quadrate direct als Integrationsvariable einführt. Für

$$x = \frac{\vartheta_1^2 u}{\vartheta^2 u}$$

wird

$$u = \int_0^x \frac{dx}{\sqrt{4x(\vartheta_2^2 - x\vartheta_3^2)(\vartheta_3^2 - x\vartheta_2^2)}},$$

mit den Invarianten*)

$$g_2 = \frac{4}{3}(\vartheta_3^8 - \vartheta^4\vartheta_2^4), \quad g_3 = \frac{4}{27}(\vartheta^4 - \vartheta_2^4)(2\vartheta_3^8 + \vartheta^4\vartheta_2^4),$$

folglich

$$g_2^3 - 27g_3^2 = 16\vartheta^8\vartheta_2^8\vartheta_3^8 = 16\vartheta_1'^8,$$

während für

$$x_1 = \frac{\vartheta_1 u}{\vartheta u}, \quad u = \int_0^{x_1} \frac{dx}{\sqrt{(\vartheta_2^2 - x^2\vartheta_3^2)(\vartheta_3^2 - x^2\vartheta_2^2)}}$$

die Werthe der Invarianten folgen:

$$g_2 = \frac{1}{12}(\vartheta^8 + 16\vartheta_2^4\vartheta_3^4), \quad g_3 = \frac{1}{216}(\vartheta_2^4 + \vartheta_3^4)(\vartheta^8 - 32\vartheta_2^4\vartheta_3^4),$$

nebst der Discriminante

$$g_2^3 - 27g_3^2 = \frac{1}{16}\vartheta^{16}\vartheta_2^4\vartheta_3^4 = \left\{\frac{1}{2}\vartheta_1'\left(q^{\frac{1}{2}}\right)\right\}^8,$$

In den betrachteten Fällen besitzt das Radical unter dem Integralzeichen vier reelle Wurzeln. Setzt man dagegen

---

nebst

$$u\vartheta_3^2 q = u''\vartheta_3^2 q' = \int_0^\varphi \frac{d\varphi}{\Delta(\varphi, q)} = \int_0^{\varphi''} \frac{d\varphi}{\Delta(\varphi, q')}.$$

*) Nach Weierstrass bezeichnet man die Invarianten des Polynoms $f = ax^4 + 4bx^3 + 6cx^2 + 4dx + e$ durch $g_2 = ae - 4bd + 3cc$ und $g_3 = ace + 2bcd - ad^2 - b^2e - c^3$.

$$x_2 = \frac{\vartheta_1 u}{\vartheta_2 u}, \quad u = \int_0^{x_2} \frac{dx}{\sqrt{(\vartheta_3^2 + x^2\vartheta^2)(\vartheta^2 + x^2\vartheta_3^2)}},$$

so hat man zwei conjugirte Wurzelpaare und die Invarianten

$$g_2 = \frac{1}{12}(\vartheta_2^8 + 16\,\vartheta^4\vartheta_3^4),$$

$$g_3 = \frac{1}{216}(\vartheta^4 + \vartheta_3^4)(32\,\vartheta^4\vartheta_3^4 - \vartheta_2^8),$$

$$g_2^3 - 27\,g_3^2 = \frac{1}{16}\,\vartheta^4\vartheta_2^{16}\vartheta_3^4 = 16\,\{\vartheta_1'(q^2)\}^8.$$

Endlich wird für

$$x_3 = \frac{\vartheta_1 u}{\vartheta_3 u}, \quad u = \int_0^{x_3} \frac{dx}{\sqrt{(\vartheta^2 + x^2\vartheta_2^2)(\vartheta_2^2 - x^2\vartheta^2)}},$$

$$g_2 = \frac{1}{12}(\vartheta_3^8 - 16\,\vartheta^4\vartheta_2^4),$$

$$g_3 = \frac{1}{216}(\vartheta^4 - \vartheta_2^4)(\vartheta_3^8 + 32\,\vartheta^4\vartheta_2^4),$$

$$g_2^3 - 27\,g_3^2 = -\frac{1}{16}\,\vartheta^4\vartheta_2^4\vartheta_3^{16} = \left\{\frac{1}{2}\,\vartheta_1'\left(iq^{\frac{1}{2}}\right)\right\}^8.$$

Im letzteren Falle besteht die Ungleichung $g_2^3 < 27\,g_3^2$, weil die Function $(\vartheta^2 + x^2\vartheta_2^2)(\vartheta_2^2 - x^2\vartheta^2)$ zwei reelle und zwei imaginäre Wurzeln besitzt.

7.

Wir wenden uns jetzt zur logarithmischen Differentiation der Formel (A). Dieselbe ergibt

$$\frac{\vartheta_1'(u+v)}{\vartheta_1(u+v)} + \frac{\vartheta_1'(u-v)}{\vartheta_1(u-v)} - 2\,\frac{\vartheta_1' u}{\vartheta_1 u} = \frac{d}{du}\log\left(1 - \frac{\vartheta^2 u\,\vartheta_1^2 v}{\vartheta_1^2 u\,\vartheta^2 v}\right)$$

$$= \frac{\vartheta_1^2 v}{\vartheta_1^2 u}\;\frac{\vartheta^2 u\,\frac{d}{du}\,\vartheta_1^2 u - \vartheta_1^2 u\,\frac{d}{du}\,\vartheta^2 u}{\vartheta_1^2 u\,\vartheta^2 v - \vartheta^2 u\,\vartheta_1^2 v}$$

$$= \frac{\vartheta_1'\,\vartheta_1^2 v\,\vartheta_1(2u)}{\vartheta_1^2 u\,\vartheta_1(u+v)\,\vartheta_1(u-v)}.$$

Entwickelt man nach den Potenzen von v, so folgt

$$v^2\left(\frac{d}{du}\right)^3 \log\vartheta_1 u \cdots = v^2\,\frac{\vartheta_1'^3\,\vartheta_1(2u)}{\vartheta_1^4 u}\cdots,$$

mithin

$$\text{(D)} \qquad \left(\frac{d}{du}\right)^3 \log\vartheta_1 u = \vartheta_1'^3\,\frac{\vartheta_1(2u)}{\vartheta_1^4 u} = 2\,\vartheta_1'^2\,\frac{\vartheta u\,\vartheta_2 u\,\vartheta_3 u}{\vartheta_1^3 u}.$$

Die gefundene Gleichung ist von fundamentalem Charakter und

liefert zugleich Formen der elliptischen Integrale *erster* und *zweiter* Gattung*).

Durch Aenderung des Arguments um $\frac{\pi}{2}$ resp. $\frac{hi}{2}$ ergibt sich:

$$\left(\frac{d}{du}\right)^3 \log \vartheta_2 u = -\vartheta_1'^3 \frac{\vartheta_1(2u)}{\vartheta_2^4 u} = -2\vartheta_1'\vartheta_1' \frac{\vartheta u\, \vartheta_1 u\, \vartheta_3 u}{\vartheta_2^3 u},$$

$$\left(\frac{d}{du}\right)^3 \log \vartheta u = -\vartheta_1'^3 \frac{\vartheta_1(2u)}{\vartheta^4 u} = -2\vartheta_1'\vartheta_1' \frac{\vartheta_1 u\, \vartheta_2 u\, \vartheta_3 u}{\vartheta^3 u},$$

$$\left(\frac{d}{du}\right)^3 \log \vartheta_3 u = \vartheta_1'^3 \frac{\vartheta_1(2u)}{\vartheta_3^4 u} = 2\vartheta_1'\vartheta_1' \frac{\vartheta u\, \vartheta_1 u\, \vartheta_2 u}{\vartheta_3^3 u},$$

so dass man kürzer schreiben kann

$$(\mathrm{D}^*) \qquad \Theta^4 u \left(\frac{d}{du}\right)^3 \log \Theta_\delta^* u = \delta \varepsilon \vartheta_1'^3 \vartheta_1(2u).$$

Integrirt man diese vier Formeln zwischen den geeigneten Grenzen, so erhält man die den zwölf Quotienten der vier Thetafunctionen entsprechenden Ausdrücke von vier neuen coordinirten Functionen:

$$\eta u = \left(\frac{d}{du}\right)^2 \log \vartheta u = \frac{\vartheta''}{\vartheta} - \vartheta_2^2 \vartheta_3^2 \frac{\vartheta_1^2 u}{\vartheta^2 u}$$
$$= \frac{\vartheta_2''}{\vartheta_2} + \vartheta^2 \vartheta_3^2 \frac{\vartheta_2^2 u}{\vartheta^2 u} = \frac{\vartheta_3''}{\vartheta_3} + \vartheta^2 \vartheta_2^2 \frac{\vartheta_3^2 u}{\vartheta^2 u},$$

$$\eta_1 u = \left(\frac{d}{du}\right)^2 \log \vartheta_1 u = \frac{\vartheta''}{\vartheta} - \vartheta_2^2 \vartheta_3^2 \frac{\vartheta^2 u}{\vartheta_1^2 u}$$
$$= \frac{\vartheta_2''}{\vartheta_2} - \vartheta^2 \vartheta_3^2 \frac{\vartheta_2^2 u}{\vartheta_1^2 u} = \frac{\vartheta_3''}{\vartheta_3} - \vartheta^2 \vartheta_2^2 \frac{\vartheta_3^2 u}{\vartheta_1^2 u},$$

$$\eta_2 u = \left(\frac{d}{du}\right)^2 \log \vartheta_2 u = \frac{\vartheta''}{\vartheta} - \vartheta_2^2 \vartheta_3^2 \frac{\vartheta_3^2 u}{\vartheta_2^2 u}$$
$$= \frac{\vartheta_2''}{\vartheta_2} - \vartheta^2 \vartheta_3^2 \frac{\vartheta_1^2 u}{\vartheta_2^2 u} = \frac{\vartheta_3''}{\vartheta_3} - \vartheta^2 \vartheta_2^2 \frac{\vartheta^2 u}{\vartheta_2^2 u},$$

$$\eta_3 u = \left(\frac{d}{du}\right)^2 \log \vartheta_3 u = \frac{\vartheta''}{\vartheta} - \vartheta_2^2 \vartheta_3^2 \frac{\vartheta_2^2 u}{\vartheta_3^2 u}$$
$$= \frac{\vartheta_2''}{\vartheta_2} + \vartheta^2 \vartheta_3^2 \frac{\vartheta^2 u}{\vartheta_3^2 u} = \frac{\vartheta_3''}{\vartheta_3} + \vartheta^2 \vartheta_2^2 \frac{\vartheta_1^2 u}{\vartheta_3^2 u}.$$

Hier ist $\frac{\vartheta''}{\vartheta} = \frac{\partial \log \vartheta^4}{\partial h}$ u. s. w. geschrieben, weil allgemein $\vartheta'' u = 4 \frac{\partial \vartheta u}{\partial h}$. Die zwölf Quotienten der Thetafunctionen werden durch Gleichungen von der Form

$$\vartheta_2 \vartheta_3 \frac{\vartheta_1 u}{\vartheta u} = \sqrt{\frac{\vartheta''}{\vartheta} - \eta u}, \quad \vartheta \vartheta_3 \frac{\vartheta_2 u}{\vartheta u} = \sqrt{\eta u - \frac{\vartheta_2''}{\vartheta_2}},$$

$$\vartheta \vartheta_2 \frac{\vartheta_3 u}{\vartheta u} = \sqrt{\eta u - \frac{\vartheta_3''}{\vartheta_3}},$$ u. s. w., ausgedrückt.

*) Abhandlungen der K. Sächs. Gesellsch. Bd. XX, S. 148, *Zur Reduction elliptischer Integrale in reeller Form*, 1879, S. 92.

8.

Hieraus entspringen die Differentialformeln

$$\eta'(u)\eta'(u) = 4\left(\frac{\vartheta''}{\vartheta} - \eta u\right)\left(\eta u - \frac{\vartheta_2''}{\vartheta_2}\right)\left(\eta u - \frac{\vartheta_3''}{\vartheta_3}\right),$$

$$\eta_1'u\,\eta_1'u = 4\left(\frac{\vartheta''}{\vartheta} - \eta_1 u\right)\left(\frac{\vartheta_2''}{\vartheta_2} - \eta_1 u\right)\left(\frac{\vartheta_3''}{\vartheta_3} - \eta_1 u\right),$$

$$\eta_2'u\,\eta_2'u = 4\left(\frac{\vartheta''}{\vartheta} - \eta_2 u\right)\left(\frac{\vartheta_2''}{\vartheta_2} - \eta_2 u\right)\left(\frac{\vartheta_3''}{\vartheta_3} - \eta_2 u\right),$$

$$\eta_3'u\,\eta_3'u = 4\left(\frac{\vartheta''}{\vartheta} - \eta_3 u\right)\left(\eta_3 u - \frac{\vartheta_2''}{\vartheta_2}\right)\left(\eta_3 u - \frac{\vartheta_3''}{\vartheta_3}\right),$$

welche die *Integrale erster Gattung* in der Form liefern:

$$u = \int_{\eta}^{\frac{\vartheta''}{\vartheta}} \frac{d\eta}{\sqrt{4\left(\frac{\vartheta''}{\vartheta} - \eta\right)\left(\eta - \frac{\vartheta_2''}{\vartheta_2}\right)\left(\eta - \frac{\vartheta_3''}{\vartheta_3}\right)}}, \quad d\eta = -\vartheta_1'^3 \frac{\vartheta_1(2u)}{\vartheta^4 u} du,$$

$$u = \int_{-\infty}^{\eta_1} \frac{d\eta}{\sqrt{4\left(\frac{\vartheta''}{\vartheta} - \eta\right)\left(\frac{\vartheta_2''}{\vartheta_2} - \eta\right)\left(\frac{\vartheta_3''}{\vartheta_3} - \eta\right)}}, \quad d\eta_1 = \vartheta_1'^3 \frac{\vartheta_1(2u)}{\vartheta_1^4 u} du,$$

$$u = \int_{\eta_2}^{\frac{\vartheta_2''}{\vartheta_2}} \frac{d\eta}{\sqrt{4\left(\frac{\vartheta''}{\vartheta} - \eta\right)\left(\frac{\vartheta_2''}{\vartheta_2} - \eta\right)\left(\frac{\vartheta_3''}{\vartheta_3} - \eta\right)}}, \quad d\eta_2 = -\vartheta_1'^3 \frac{\vartheta_1(2u)}{\vartheta_2^4 u} du,$$

$$u = \int_{\frac{\vartheta_3''}{\vartheta_3}}^{\eta_3} \frac{d\eta}{\sqrt{4\left(\frac{\vartheta''}{\vartheta} - \eta\right)\left(\eta - \frac{\vartheta_2''}{\vartheta_2}\right)\left(\eta - \frac{\vartheta_3''}{\vartheta_3}\right)}}, \quad d\eta_3 = \vartheta_1'^3 \frac{\vartheta_1(2u)}{\vartheta_3^4 u} du.$$

Das Radical H unter dem Integralzeichen aber ist gegeben durch den Ausdruck

$$\mathsf{H}_\delta^2 = \vartheta_1'^3 \frac{\vartheta_1(2u)}{\Theta^4 u}.$$

Schreibt man ui für u, so erhält man für imaginäre Werthe des Arguments

$$\bar{\eta} = \eta(ui) = \left(\frac{d}{dui}\right)^2 \log \vartheta(ui) = \frac{\vartheta''}{\vartheta} + \vartheta_2^2\vartheta_3^2 \left(\frac{\vartheta_1(ui)}{i\vartheta(ui)}\right)^2,$$

$$\eta'(ui) = -\vartheta_1'^3 \frac{\vartheta_1(2ui)}{\vartheta^4(ui)} \quad \text{oder} \quad d\bar{\eta} = \vartheta_1'^3 \frac{\vartheta_1(2ui)}{i\vartheta^4(ui)} du,$$

und quadrirt

$$\bar\eta'(u)\bar\eta'(u) = 4\left(\bar\eta - \frac{\vartheta''}{\vartheta}\right)\left(\bar\eta - \frac{\vartheta_2''}{\vartheta_2}\right)\left(\bar\eta - \frac{\vartheta_3''}{\vartheta_3}\right) = \bar{\mathrm{H}}^2;$$

ferner

$$\bar\eta_1 = \eta_1(ui) = \frac{\vartheta''}{\vartheta} + \vartheta_2^2\vartheta_3^2\left(\frac{i\vartheta(ui)}{\vartheta_1(ui)}\right)^2,$$

$$\bar\eta_2 = \eta_2(ui) = \frac{\vartheta_2''}{\vartheta_2} + \vartheta^2\,\vartheta_3^2\left(\frac{\vartheta_1(ui)}{i\vartheta_2(ui)}\right)^2,$$

$$\bar\eta_3 = \eta_3(ui) = \frac{\vartheta_3''}{\vartheta_3} - \vartheta^2\,\vartheta_2^2\left(\frac{\vartheta_1(ui)}{i\vartheta_3(ui)}\right)^2,$$

so dass die Integralformen hervorgehen:

$$u = \int_{\frac{\vartheta''}{\vartheta}}^{\bar\eta} \frac{d\eta}{\sqrt{4\left(\eta - \frac{\vartheta''}{\vartheta}\right)\left(\eta - \frac{\vartheta_2''}{\vartheta_2}\right)\left(\eta - \frac{\vartheta_3''}{\vartheta_3}\right)}}, \quad d\bar\eta = \vartheta_1'^3\,\frac{\vartheta_1(2ui)}{i\vartheta^4(ui)}\,du,$$

$$u = \int_{\bar\eta_1}^{\infty} \frac{d\eta}{\sqrt{4\left(\eta - \frac{\vartheta''}{\vartheta}\right)\left(\eta - \frac{\vartheta_2''}{\vartheta_2}\right)\left(\eta - \frac{\vartheta_3''}{\vartheta_3}\right)}}, \quad d\bar\eta_1 = -\vartheta_1'^3\,\frac{\vartheta_1(2ui)}{i\vartheta_1^4(ui)}\,du,$$

$$u = \int_{\frac{\vartheta_2''}{\vartheta_2}}^{\bar\eta_2} \frac{d\eta}{\sqrt{4\left(\frac{\vartheta''}{\vartheta} - \eta\right)\left(\eta - \frac{\vartheta_2''}{\vartheta_2}\right)\left(\frac{\vartheta_3''}{\vartheta_3} - \eta\right)}}, \quad d\bar\eta_2 = \vartheta_1'^3\,\frac{\vartheta_1(2ui)}{i\vartheta_2^4(ui)}\,du,$$

$$u = \int_{\bar\eta_3}^{\frac{\vartheta_3''}{\vartheta_3}} \frac{d\eta}{\sqrt{4\left(\frac{\vartheta''}{\vartheta} - \eta\right)\left(\eta - \frac{\vartheta_2''}{\vartheta_2}\right)\left(\frac{\vartheta_3''}{\vartheta_3} - \eta\right)}}, \quad d\bar\eta_3 = -\vartheta_1'^3\,\frac{\vartheta_1(2ui)}{i\vartheta_3^4(ui)}\,du,$$

in denen das Radical unter dem Integralzeichen durch

$$\mathrm{H}_\delta^\epsilon = \vartheta_1'^3\,\frac{\vartheta_1(2ui)}{i\Theta^4(ui)}$$

ausgedrückt wird.

9.

Die Gleichung (D*)

$$\Theta^4 u \left(\frac{d}{du}\right)^3 \log \Theta_\delta^\epsilon(u) = \delta\varepsilon\vartheta_1'^3\vartheta_1(2u)$$

liefert zugleich die Differentialgleichung dritter Ordnung, welcher die Thetafunctionen genügen. Eine leichte Rechnung ergibt

$$2z'^3 - 3zz'z'' + z^2z''' = 2\delta\varepsilon\sqrt{\Pi\left(\frac{\vartheta''}{\vartheta}z^2 + z'z' - zz''\right)},$$

oder quadrirt:

$$zz''^3 - \frac{3}{4}z'^2z''^2 + z'^3z''' - \frac{3}{2}zz'z''z''' + \frac{1}{4}z^2z'''^2$$

$$= \frac{\vartheta''\vartheta_2''\vartheta_3''}{\vartheta_1'^3}z^4 + \frac{1}{3}\left\{\left(\frac{\vartheta_1'''}{\vartheta_1'}\right)^2 - \vartheta_3^8 + \vartheta^4\vartheta_2^4\right\}z^2(z'z' - zz'') + \frac{\vartheta_1'''}{\vartheta_1'}(z'z' - zz'')^2.$$

Diese Gleichung kann als Seitenstück zu der von Jacobi gegebenen (Crelle Band 36, Seite 103) angesehen werden

$$30y'^3 - 15yy'y'' + y^2y''' = \pm(3y'y' - yy'')\sqrt{y^{10} + 96y'y' - 32yy''},$$

bei welcher h als die unabhängige Variable zu nehmen ist, während $u = 0$ gesetzt worden ist.*)

Die Invarianten des Polynoms

$$\mathsf{H}^2 = 4\left(\frac{\vartheta''}{\vartheta} - \eta\right)\left(\frac{\vartheta_2''}{\vartheta_2} - \eta\right)\left(\frac{\vartheta_3''}{\vartheta_3} - \eta\right)$$

$$= 4\left(\frac{1}{3}\frac{\vartheta_1'''}{\vartheta_1'} - \eta\right)^3 - g_2\left(\frac{1}{3}\frac{\vartheta_1'''}{\vartheta_1'} - \eta\right) - g_3$$

sind von den früher für $x = \frac{\vartheta_1^2 u}{\vartheta^2 u}$ berechneten, wie schon aus dem linearen Zusammenhange zwischen η und x erhellt, nicht verschieden, nämlich

$$g_2 = \frac{4}{3}(\vartheta_3^8 - \vartheta^4\vartheta_2^4), \quad g_3 = \frac{4}{27}(\vartheta^4 - \vartheta_2^4)(2\vartheta_3^8 + \vartheta^4\vartheta_2^4).$$

Für $\overline{\mathsf{H}}$ kehrt g_3 das Vorzeichen um.

Aus der Gleichung

$$\vartheta_1'\vartheta_1(2u) = 2\vartheta u\,\vartheta_1 u\,\vartheta_2 u\,\vartheta_3 u$$

folgt nicht allein $\vartheta_1' = \vartheta\vartheta_2\vartheta_3$, sondern durch logarithmische Differentiation nach h auch

$$\frac{\partial}{\partial h}\lg\vartheta_1'^4 = \frac{\vartheta_1'''}{\vartheta_1'} = \frac{\vartheta''}{\vartheta} + \frac{\vartheta_2''}{\vartheta_2} + \frac{\vartheta_3''}{\vartheta_3},$$

wo

$$\frac{\vartheta''}{\vartheta} = \frac{2}{\pi}\vartheta_2^4\int_0^{\frac{\pi}{2}}\sin^2\varphi\,du, \quad \frac{\vartheta_2''}{\vartheta_2} = -\frac{2}{\pi}\vartheta_3^4\int_0^{\frac{\pi}{2}}\Delta^2\varphi\,du,$$

und

$$\frac{\vartheta_3''}{\vartheta_3} = -\frac{2}{\pi}\vartheta_2^4\int_0^{\frac{\pi}{2}}\cos^2\varphi\,du.$$

---

*) Vergl. auch die in den Berichten der K. S. Ges. der Wiss., Jahrgang 1862, S. 115/6 aufgestellten Differentialformeln.

Die Relationen

$$\frac{\vartheta''}{\vartheta} - \frac{\vartheta_2''}{\vartheta_2} = \vartheta_3^4, \quad \frac{\vartheta''}{\vartheta} - \frac{\vartheta_3''}{\vartheta_3} = \vartheta_2^4, \quad \frac{\vartheta_3''}{\vartheta_3} - \frac{\vartheta_2''}{\vartheta_2} = \vartheta^4$$

zeigen, dass

$$\frac{\vartheta''}{\vartheta} > \frac{\vartheta_3''}{\vartheta_3} > \frac{\vartheta_2''}{\vartheta_2};$$

η und η_3 liegen für reelle Werthe von u zwischen $\frac{\vartheta''}{\vartheta}$ und $\frac{\vartheta_3''}{\vartheta_3}$, während η_1 und η_2 kleiner sind als $\frac{\vartheta_2''}{\vartheta_2}$, dagegen werden für imaginäre Argumente $\eta(ui)$ und $\eta_1(ui)$ grösser als $\frac{\vartheta''}{\vartheta}$, während $\eta_2(ui)$ und $\eta_3(ui)$ zwischen $\frac{\vartheta_3''}{\vartheta_3}$ und $\frac{\vartheta_2''}{\vartheta_2}$ enthalten sind.

Der Zusammenhang der coordinirten Etafunctionen ist durch die Gleichungen

$$\eta u = \eta_3\left(u + \frac{\pi}{2}\right) = \eta_1\left(u + \frac{hi}{2}\right) = \eta_2\left(u + \frac{\pi + hi}{2}\right)$$

gegeben: dieselben sind folglich doppelt periodisch mit den Perioden π und hi.

10.

Von Interesse sind die Entwickelungen der Etafunctionen nach den Potenzen des Arguments u. Mittelst der stets convergirenden Reihen

$$\vartheta u = \vartheta\left(1 + \frac{1}{2}\frac{\vartheta''}{\vartheta}u^2 + \frac{1}{24}\frac{\vartheta^{IV}}{\vartheta}u^4 \cdots\right),$$

$$\vartheta_1 u = \vartheta_1'\left(u + \frac{1}{6}\frac{\vartheta_1'''}{\vartheta_1'}u^3 + \frac{1}{120}\frac{\vartheta_1^{V}}{\vartheta_1'}u^5 \cdots\right),$$

$$\vartheta_2 u = \vartheta_2\left(1 + \frac{1}{2}\frac{\vartheta_2''}{\vartheta_2}u^2 + \frac{1}{24}\frac{\vartheta_2^{IV}}{\vartheta_2}u^4 \cdots\right),$$

$$\vartheta_3 u = \vartheta_3\left(1 + \frac{1}{2}\frac{\vartheta_3''}{\vartheta_3}u^2 + \frac{1}{24}\frac{\vartheta_3^{IV}}{\vartheta_3}u^4 \cdots\right)$$

folgt nach einer leichten Rechnung:

$$\eta u = \frac{\vartheta''}{\vartheta} - \alpha_2 u^2 + \alpha_3 u^4 \cdots,$$

$$\alpha_2 = \vartheta_2^4\vartheta_3^4, \quad \alpha_3 = \frac{1}{3}\alpha_2(\vartheta_2^4 + \vartheta_3^4),$$

$$\eta_1 u = -\frac{1}{u^2} + \frac{1}{3}\frac{\vartheta_1'''}{\vartheta_1} - \beta_2 u^2 - \beta_3 u^4 \cdots,$$

$$\beta_2 = \frac{1}{20}g_2, \quad \beta_3 = \frac{1}{28}g_3,$$

$$\eta_2 u = \frac{\vartheta_2''}{\vartheta_2} - \gamma_2 u^2 - \gamma_3 u^4 \cdots,$$

$$\gamma_2 = \vartheta^4\vartheta_3^4, \quad \gamma_3 = \frac{1}{3}\gamma_2(\vartheta^4 + \vartheta_3^4),$$

$$\eta_3 u = \frac{\vartheta_3''}{\vartheta_3} + \delta_2 u^2 + \delta_3 u^4 \cdots,$$

$$\delta_2 = \vartheta^4 \vartheta_2^4, \qquad \delta_3 = \frac{1}{3}\,\delta_2(\vartheta_2^4 - \vartheta^4).$$

Durch Integration der vorstehenden Gleichungen erhält man die Entwickelungen der logarithmischen Differentialquotienten oder Integrale *zweiter* Gattung:

$$\frac{\vartheta' u}{\vartheta u} = \frac{\vartheta''}{\vartheta} u - \frac{1}{3}\,\alpha_2 u^3 + \frac{1}{5}\,\alpha_3 u^5 \cdots,$$

$$\frac{\vartheta_1' u}{\vartheta_1 u} = \frac{1}{u} + \frac{1}{3}\,\frac{\vartheta_1'''}{\vartheta_1'} u - \frac{1}{3}\,\beta_2 u^3 - \frac{1}{5}\,\beta_3 u^5 \cdots,$$

$$\frac{\vartheta_2' u}{\vartheta_2 u} = \frac{\vartheta_2''}{\vartheta_2} u - \frac{1}{3}\,\gamma_2 u^3 - \frac{1}{5}\,\gamma_3 u^5 \cdots,$$

$$\frac{\vartheta_3' u}{\vartheta_3 u} = \frac{\vartheta_3''}{\vartheta_3} u + \frac{1}{3}\,\delta_2 u^3 + \frac{1}{5}\,\delta_3 u^5 \cdots,$$

woraus durch abermalige Integration die Potenzreihen für die Logarithmen der Thetafunctionen hervorgehen:

$$\log \frac{\vartheta u}{\vartheta} = \frac{1}{2}\,\frac{\vartheta''}{\vartheta} u^2 - \frac{1}{12}\,\alpha_2 u^4 + \frac{1}{30}\,\alpha_3 u^6 - \frac{1}{56}\,\alpha_4 u^8 \cdots,$$

$$\log \frac{\vartheta_1 u}{\vartheta_1'} = \log u + \frac{1}{6}\,\frac{\vartheta_1'''}{\vartheta_1'} u^2 - \frac{1}{12}\,\beta_2 u^4 - \frac{1}{30}\,\beta_3 u^6 - \frac{1}{56}\,\beta_4 u^8 \cdots,$$

$$\log \frac{\vartheta_2 u}{\vartheta_2} = \frac{1}{2}\,\frac{\vartheta_2''}{\vartheta_2} u^2 - \frac{1}{12}\,\gamma_2 u^4 - \frac{1}{30}\,\gamma_3 u^6 - \frac{1}{56}\,\gamma_4 u^8 \cdots,$$

$$\log \frac{\vartheta_3 u}{\vartheta_3} = \frac{1}{2}\,\frac{\vartheta_3''}{\vartheta_3} u^2 + \frac{1}{12}\,\delta_2 u^4 + \frac{1}{30}\,\delta_3 u^6 + \frac{1}{56}\,\delta_4 u^8 \cdots.$$

Das Convergenzgebiet der bisher entwickelten Reihen erstreckt sich bis zu der dem Nullpunkte zunächst liegenden Wurzel der Gleichung $\vartheta_i u = 0$, während sich durch den Uebergang von den Logarithmen zu den Zahlen stets convergirende Reihen ergeben müssen. So wird

$$\vartheta u = \vartheta e^{\frac{1}{2}\frac{\vartheta''}{\vartheta} u^2 - \frac{1}{12}\alpha_2 u^4 \cdots} = \vartheta e^{\frac{1}{2}\frac{\vartheta''}{\vartheta} u^2}\, \zeta u,$$

wo

$$\zeta u = 1 - \frac{1}{12}\,\alpha_2 u^4 + \frac{1}{30}\,\alpha_3 u^6 - \frac{1}{8}\left(\frac{1}{7}\,\alpha_4 - \frac{1}{36}\,\alpha_2^2\right) u^8 \cdots,$$

$$\vartheta_1 u = \vartheta_1' e^{\frac{1}{6}\frac{\vartheta_1'''}{\vartheta_1'} u^2}\, u \cdot \zeta_1 u,$$

$$\zeta_1 u = 1 - \frac{1}{12}\,\beta_2 u^4 - \frac{1}{30}\,\beta_3 u^6 - \frac{1}{8}\left(\frac{1}{7}\,\beta_4 - \frac{1}{36}\,\beta_2^2\right) u^8 \cdots,$$

$$\vartheta_2 u = \vartheta_2 e^{\frac{1}{2}\frac{\vartheta_2''}{\vartheta_2} u^2}\, \zeta_2 u,$$

$$\zeta_2 u = 1 - \frac{1}{12}\,\gamma_2 u^4 - \frac{1}{30}\,\gamma_3 u^6 - \frac{1}{8}\left(\frac{1}{7}\,\gamma_4 - \frac{1}{36}\,\gamma_2^2\right) u^8 \cdots,$$

$$\vartheta_3 u = \vartheta_3 e^{\frac{1}{2}\frac{\vartheta_3''}{\vartheta_3}u^2}\zeta_3 u,$$

$$\zeta_3 u = 1 + \frac{1}{12}\delta_2 u^4 + \frac{1}{30}\delta_3 u^6 + \frac{1}{8}\left(\frac{1}{7}\delta_4 + \frac{1}{36}\delta_2^2\right)u^8 \cdots .$$

Die Reihen für ζu, $\zeta_2 u$ und $\zeta_3 u$ sind von Jacobi gefunden worden (Crelle Band 54, Seite 97), dessen nachgelassene Abhandlung *Darstellung der elliptischen Functionen durch Potenzreihen* Borchardt herausgegeben hat. In Weierstrass' *Theorie der Abel'schen Functionen* (Bd. 52, S. 344, 357, vergl. auch Bd. 47, S. 291, 300) erscheint die Reihe für $\zeta\left(\frac{u}{\vartheta_3^2}\right)$ unter der Bezeichnung Al $(u, \varkappa)$, weil schon Abel den Satz aufgestellt hatte (Crelle Bd. IV, S. 244; Bd. VI, S. 76), dass für

$$x = \int_0^y \frac{dy}{\sqrt{(1-y^2)(1-\varkappa^2 y^2)}}, \qquad y = \frac{\varphi x}{f x},$$

$$\varphi x = x + A_1 x^3 + A_2 x^5 \cdots, \qquad f x = 1 + B_2 x^4 + B_3 x^6 \cdots,$$

$$\varphi(u\vartheta_3^2 q) = A e^{a u^2}\vartheta_1(u, q) \quad , \quad f(u\vartheta_3^2 q) = B e^{a u^2}\vartheta(u, q)$$

$$\varphi(u\vartheta_3^2 q') = A' e^{a' u^2}\vartheta_1(ui, q') \quad , \quad f(u\vartheta_3^2 q') = B' e^{a' u^2}\vartheta(ui, q') \quad .$$

Borchardt bemerkt a. a. O., dass auch

$$\zeta_2\left(\frac{u}{\vartheta_3^2}\right) = \mathrm{Al}(ui, \varkappa') \quad \text{und} \quad \zeta_3\left(\frac{u}{\vartheta_3^2}\right) = \mathrm{Al}\left(\varkappa' u, \frac{\varkappa i}{\varkappa'}\right)^{*)}.$$

Die Function

$$u\zeta_1\left(\frac{u}{\vartheta_3^2}\right) = \sigma u$$

endlich hat Herr Weierstrass in seinen späteren Arbeiten über elliptische Functionen in die Theorie eingeführt und durch das unendliche Doppelproduct definirt:

$$\zeta_1 u = \prod_{pp'}\left(1 - \frac{u}{\omega}\right)e^{\frac{u}{\omega} + \frac{1}{2}\left(\frac{u}{\omega}\right)^2},$$

wo $\omega = p\pi + p'hi$, und die Indices pp' alle ganzen Zahlen zwischen $\pm\infty$ durchlaufen, mit einziger Ausnahme von $\omega = 0$.**)

*) Die Herren Briot und Bouquet definiren in ihrer *Théorie des fonctions elliptiques*, 2. éd. p. 465, Al als »*initiales du mot* alle«!

**) Vergl. die von H. A. Schwarz herausgegebenen *Formeln und Lehrsätze zum Gebrauche der elliptischen Functionen*, nach K. Weierstrass, 1885, S. 5. Uebrigens stellt der unbedingt convergirende Weierstrass'sche Productenausdruck

$$\prod_{pp'}\left(1 - \frac{u}{\omega}\right)e^{\frac{u}{\omega} + \frac{1}{2}\left(\frac{u}{\omega}\right)^2} = \prod_{pp'}\left(1 + \frac{u}{\omega}\right)e^{-\frac{u}{\omega} + \frac{1}{2}\left(\frac{u}{\omega}\right)^2}$$

nicht bloss die Function $\zeta_1 u$, sondern auch die übrigen coordinirten Functionen ζu, $\zeta_2 u$, $\zeta_3 u$ dar, wenn respective

11.

Für die *elliptischen Integrale zweiter Gattung* von der Form $v = \int \eta\, du$ ergeben sich die einfachen Ausdrücke:

$$\frac{\vartheta' u}{\vartheta u} = \int_0^u \eta\, du = \int_\eta^{\frac{\vartheta''}{\vartheta}} \frac{\eta\, d\eta}{\mathsf{H}},$$

$$= -\int_u^{\frac{\pi}{2}} \eta\, du = -\int_{\frac{\vartheta_3''}{\vartheta_3}}^{\eta} \frac{\eta\, d\eta}{\mathsf{H}},$$

$$\frac{\vartheta_1' u}{\vartheta_1 u} = -\int_u^{\frac{\pi}{2}} \eta_1\, du = -\int_{\eta_1}^{\frac{\vartheta_2''}{\vartheta_2}} \frac{\eta\, d\eta}{\mathsf{H}},$$

$$\frac{\vartheta_2' u}{\vartheta_2 u} = \int_0^u \eta_2\, du = \int_{\eta_2}^{\frac{\vartheta_2''}{\vartheta_2}} \frac{\eta\, d\eta}{\mathsf{H}},$$

$$\frac{\vartheta_3' u}{\vartheta_3 u} = \int_0^u \eta_3\, du = \int_{\frac{\vartheta_3''}{\vartheta_3}}^{\eta_3} \frac{\eta\, d\eta}{\mathsf{H}},$$

$$= -\int_u^{\frac{\pi}{2}} \eta_3\, du = -\int_{\eta_3}^{\frac{\vartheta''}{\vartheta}} \frac{\eta\, d\eta}{\mathsf{H}},$$

nebst den Werthen

$$\int_{\frac{\vartheta_3''}{\vartheta_3}}^{\frac{\vartheta''}{\vartheta}} \frac{d\eta}{\mathsf{H}} = \int_{-\infty}^{\frac{\vartheta_2''}{\vartheta_2}} \frac{d\eta}{\mathsf{H}} = \int_0^{\frac{\pi}{2}} du = \frac{1}{2}\pi,$$

$$\int_{\frac{\vartheta_3''}{\vartheta_3}}^{\frac{\vartheta''}{\vartheta}} \frac{\eta\, d\eta}{\mathsf{H}} = \int_0^{\frac{\pi}{2}} \eta\, du = \int_0^{\frac{\pi}{2}} \eta_3\, du = 0.$$

$$\omega = p\pi + \left(p' + \frac{1}{2}\right) hi, \quad \omega = \left(p + \frac{1}{2}\right)\pi + p' hi,$$

und

$$\omega = \left(p + \frac{1}{2}\right)\pi + \left(p' + \frac{1}{2}\right) hi$$

gesetzt wird, während p und p' ohne Einschränkung alle ganzen Zahlen zwischen $\pm\infty$ durchlaufen. Eine „*genaue Untersuchung der elliptischen unendlichen Doppelproducte*“ von der Form $\prod\prod_{pp'} \left(1 - \frac{u}{\alpha p + \beta p' + \gamma}\right)$ hat bekanntlich Eisenstein im 35. Bande des Crelle'schen Journals S. 153—274 geliefert.

Analog erhält man die Gleichungen

$$\frac{1}{i}\,\frac{\vartheta'(ui)}{\vartheta(ui)} = \int_{\frac{\vartheta'}{\vartheta}}^{\bar\eta} \frac{\eta\,d\eta}{\mathrm{H}},$$

$$\frac{1}{i}\,\frac{\vartheta_1'(ui)}{\vartheta_1(ui)} = -1 - \int_{\frac{\vartheta'}{\vartheta}}^{\bar\eta_1} \frac{\eta\,d\eta}{\mathrm{H}},$$

$$\frac{1}{i}\,\frac{\vartheta_2'(ui)}{\vartheta_2(ui)} = \int_{\frac{\vartheta_2''}{\vartheta_2}}^{\bar\eta_2} \frac{\eta\,d\eta}{\mathrm{H}} = -1 - \int_{\eta_1}^{\frac{\vartheta_3''}{\vartheta_3}} \frac{\eta\,d\eta}{\mathrm{H}},$$

$$\frac{1}{i}\,\frac{\vartheta_3'(ui)}{\vartheta_3(ui)} = \int_{\eta_3}^{\frac{\vartheta_3''}{\vartheta_3}} \frac{\eta\,d\eta}{\mathrm{H}} = -1 - \int_{\frac{\vartheta_2''}{\vartheta_2}}^{\bar\eta_3} \frac{\eta\,d\eta}{\mathrm{H}},$$

nebst

$$\int_{\frac{\vartheta_2''}{\vartheta_2}}^{\frac{\vartheta_3''}{\vartheta_3}} \frac{d\eta}{\mathrm{H}} = \int_{\frac{\vartheta'}{\vartheta}}^{\infty} \frac{d\eta}{\mathrm{H}} = \frac{1}{2}\,h, \qquad \int_{\frac{\vartheta_2''}{\vartheta_2}}^{\frac{\vartheta_3''}{\vartheta_3}} \frac{\eta\,d\eta}{\mathrm{H}} = -1.$$

Man beweist jetzt durch eine leichte Rechnung für $u' = \frac{uh}{\pi}$ die Gleichungen

$$\begin{aligned} h^2\eta\;(u'i, q) + \pi^2\eta_2(u, q') + 2h &= 0, \\ h^2\eta_1(u'i, q) + \pi^2\eta_1(u, q') + 2h &= 0, \\ h^2\eta_2(u'i, q) + \pi^2\eta\;(u, q') + 2h &= 0, \\ h^2\eta_3(u'i, q) + \pi^2\eta_3(u, q') + 2h &= 0, \end{aligned}$$

woraus durch Integration

$$0 = h^2\int_0^u \eta_3\left(\frac{uhi}{\pi}\right) du + \pi^2\int_0^u \eta_3(u, q')\,du + 2hu$$

$$= \pi^2\left\{\frac{\vartheta_3'(u, q')}{\vartheta_3(u, q')} - \frac{hi}{\pi}\,\frac{\vartheta_3'(u'i)}{\vartheta_3(u'i)}\right\} + 2hu.$$

Die nochmalige Integration liefert

$$hu^2 + c = \pi^2 \log\frac{\vartheta_3(u'i, q)}{\vartheta_3(u, q')} = \pi^2\log f(u, h),$$

mithin

$$f(u, h) = \sqrt{\frac{\pi}{h}}\,e^{\frac{hu^2}{\pi^2}} = \sqrt{\frac{\pi}{h}}\,e^{\frac{uu'}{\pi}},$$

wie bereits im Art. 5 bemerkt wurde.

Hiermit ergeben sich die Transformationsformeln:

$$\vartheta\,(u'i,q) = \sqrt{\frac{\pi}{h}}\, e^{\frac{uu'}{\pi}}\, \vartheta_2(u,q'),$$

$$\frac{1}{i}\,\vartheta_1(u'i,q) = \sqrt{\frac{\pi}{h}}\, e^{\frac{uu'}{\pi}}\, \vartheta_1(u,q'),$$

$$\vartheta_2(u'i,q) = \sqrt{\frac{\pi}{h}}\, e^{\frac{uu'}{\pi}}\, \vartheta\,(u,q'),$$

$$\vartheta_3(u'i,q) = \sqrt{\frac{\pi}{h}}\, e^{\frac{uu'}{\pi}}\, \vartheta_3(u,q'),$$

nebst

$$\frac{1}{i}\,\frac{\vartheta'(u'i)}{\vartheta(u'i)} + \frac{\pi}{h}\,\frac{\vartheta_2'(u,q')}{\vartheta_2(u,q')} + \frac{2u}{\pi} = 0,$$

$$\frac{1}{i}\,\frac{\vartheta_1'(u'i)}{\vartheta_1(u'i)} + \frac{\pi}{h}\,\frac{\vartheta_1'(u,q')}{\vartheta_1(u,q')} + \frac{2u}{\pi} = 0,$$

$$\frac{1}{i}\,\frac{\vartheta_2'(u'i)}{\vartheta_2(u'i)} + \frac{\pi}{h}\,\frac{\vartheta'(u,q')}{\vartheta(u,q')} + \frac{2u}{\pi} = 0,$$

$$\frac{1}{i}\,\frac{\vartheta_3'(u'i)}{\vartheta_3(u'i)} + \frac{\pi}{h}\,\frac{\vartheta_3'(u,q')}{\vartheta_3(u,q')} + \frac{2u}{\pi} = 0.$$

Von Interesse sind auch die Ausdrücke der Differenzen

$$\eta u - \eta v = \vartheta_2^2\vartheta_3^2\left(\frac{\vartheta_1^2 v}{\vartheta^2 v} - \frac{\vartheta_1^2 u}{\vartheta^2 u}\right) = -\,\vartheta_1'^2\,\frac{\vartheta_1(u+v)\,\vartheta_1(u-v)}{\vartheta^2 u\,\vartheta^2 v},$$

$$\eta_1 u - \eta_1 v = \vartheta_1'^2\,\frac{\vartheta_1(u+v)\,\vartheta_1(u-v)}{\vartheta_1^2 u\,\vartheta_1^2 v},$$

$$\eta_2 u - \eta_2 v = -\,\vartheta_1'^2\,\frac{\vartheta_1(u+v)\,\vartheta_1(u-v)}{\vartheta_2^2 u\,\vartheta_2^2 v},$$

$$\eta_3 u - \eta_3 v = \vartheta_1'^2\,\frac{\vartheta_1(u+v)\,\vartheta_1(u-v)}{\vartheta_3^2 u\,\vartheta_3^2 v},$$

nebst den entsprechenden Formeln für $\eta_k u - \eta_l v$.

12.

Es handelt sich noch um die *elliptischen Integrale dritter Gattung* von der Form $w = \int \frac{du}{\eta - p}$, welche gleichfalls mit Hülfe der Gl. (A) des Art. 2 abgeleitet werden können.

Differentiirt man dieselbe logarithmisch nach v, so folgt:

$$\frac{\vartheta_1'(u+v)}{\vartheta_1(u+v)} - \frac{\vartheta_1'(u-v)}{\vartheta_1(u-v)} = 2\,\frac{\vartheta_1' v}{\vartheta_1 v} + \frac{d}{dv}\log\left(\frac{\vartheta^2 v}{\vartheta_1^2 v} - \frac{\vartheta^2 u}{\vartheta_1^2 v}\right)$$

$$= 2\,\frac{\vartheta' v}{\vartheta v} + \frac{d}{dv}\log\left(\frac{\vartheta_1^2 u}{\vartheta^2 u} - \frac{\vartheta_1^2 v}{\vartheta^2 v}\right),$$

oder

$$\frac{d}{du}\log\frac{\vartheta_1(u+v)}{\vartheta_1(u-v)} = 2\frac{\vartheta_1'v}{\vartheta_1 v} + \frac{d}{dv}\log(\eta_1 u - \eta_1 v)$$
$$= 2\frac{\vartheta' v}{\vartheta v} + \frac{d}{dv}\log(\eta v - \eta u).$$

Aendert man u und v um $\frac{\pi}{2}$, so erhält man analog:

$$\frac{d}{du}\log\frac{\vartheta_1(v+u)}{\vartheta_1(v-u)} = 2\frac{\vartheta_2'v}{\vartheta_2 v} + \frac{d}{dv}\log(\eta_2 u - \eta_2 v)$$
$$= 2\frac{\vartheta_3'v}{\vartheta_3 v} + \frac{d}{dv}\log(\eta_3 v - \eta_3 u).$$

Schreibt man

$$\eta v = p,\quad \eta_1 v = p_1,\quad \eta_2 v = p_2,\quad \eta_3 v = p_3$$

und integrirt nach u zwischen den Grenzen 0 und $u < v$, damit das Integral endlich bleibe, so ergeben sich hieraus die Gleichungen:

$$\log\frac{\vartheta_1(v+u)}{\vartheta_1(v-u)} = 2u\frac{\vartheta' v}{\vartheta v} + \vartheta_1'^3\frac{\vartheta_1(2v)}{\vartheta^4 v}\int_0^u\frac{du}{\eta - p}$$
$$= 2u\frac{\vartheta_1'v}{\vartheta_1 v} - \vartheta_1'^3\frac{\vartheta_1(2v)}{\vartheta_1^4 v}\int_0^u\frac{du}{\eta_1 - p_1}$$
$$= 2u\frac{\vartheta_2'v}{\vartheta_2 v} + \vartheta_1'^3\frac{\vartheta_1(2v)}{\vartheta_2^4 v}\int_0^u\frac{du}{\eta_2 - p_2}$$
$$= 2u\frac{\vartheta_3'v}{\vartheta_3 v} - \vartheta_1'^3\frac{\vartheta_1(2v)}{\vartheta_3^4 v}\int_0^u\frac{du}{\eta_3 - p_3}.$$

Durch Aenderung von v um $\frac{\pi}{2}$ gehen für $u < \frac{1}{2}\pi - v$ die Ausdrücke hervor:

$$\log\frac{\vartheta_2(v+u)}{\vartheta_2(v-u)} = 2u\frac{\vartheta_3'v}{\vartheta_3 v} - \vartheta_1'^3\frac{\vartheta_1(2v)}{\vartheta_3^4 v}\int_0^u\frac{du}{\eta - p_3}$$
$$= 2u\frac{\vartheta_2'v}{\vartheta_2 v} + \vartheta_1'^3\frac{\vartheta_1(2v)}{\vartheta_2^4 v}\int_0^u\frac{du}{\eta_1 - p_2}.$$
$$= 2u\frac{\vartheta_1'v}{\vartheta_1 v} - \vartheta_1'^3\frac{\vartheta_1(2v)}{\vartheta_1^4 v}\int_0^u\frac{du}{\eta_2 - p_1}$$
$$= 2u\frac{\vartheta' v}{\vartheta v} + \vartheta_1'^3\frac{\vartheta_1(2v)}{\vartheta^4 v}\int_0^u\frac{du}{\eta_3 - p}.$$

Ebenso wird durch Substitution von $v + \frac{hi}{2}$ für v:

$$\log \frac{\vartheta_3(v+u)}{\vartheta_3(v-u)} = 2u \frac{\vartheta_2'v}{\vartheta_2 v} + \vartheta_1'^3 \frac{\vartheta_1(2v)}{\vartheta_2^4 v} \int_0^u \frac{du}{\eta - p_2}$$

$$= 2u \frac{\vartheta_3'v}{\vartheta_3 v} - \vartheta_1'^3 \frac{\vartheta_1(2v)}{\vartheta_3^4 v} \int_0^u \frac{du}{\eta_1 - p_3}$$

$$= 2u \frac{\vartheta'v}{\vartheta v} + \vartheta_1'^3 \frac{\vartheta_1(2v)}{\vartheta^4 v} \int_0^u \frac{du}{\eta_2 - p}$$

$$= 2u \frac{\vartheta_1'v}{\vartheta_1 v} - \vartheta_1'^3 \frac{\vartheta_1(2v)}{\vartheta_1^4 v} \int_0^u \frac{du}{\eta_3 - p_1},$$

nebst

$$\log \frac{\vartheta(v+u)}{\vartheta(v-u)} = 2u \frac{\vartheta_1'v}{\vartheta_1 v} - \vartheta_1'^3 \frac{\vartheta_1(2v)}{\vartheta_1^4 v} \int_0^u \frac{du}{\eta - p_1}$$

$$= 2u \frac{\vartheta'v}{\vartheta v} + \vartheta_1'^3 \frac{\vartheta_1(2v)}{\vartheta^4 v} \int_0^u \frac{du}{\eta_1 - p}$$

$$= 2u \frac{\vartheta_3'v}{\vartheta_3 v} - \vartheta_1'^3 \frac{\vartheta_1(2v)}{\vartheta_3^4 v} \int_0^u \frac{du}{\eta_2 - p_3}$$

$$= 2u \frac{\vartheta_2'v}{\vartheta_2 v} + \vartheta_1'^3 \frac{\vartheta_1(2v)}{\vartheta_2^4 v} \int_0^u \frac{du}{\eta_3 - p_2}.$$

13.

Eine Zusammenstellung der sechszehn verschiedenen Formen der elliptischen Integrale dritter Gattung hat bekanntlich zuerst Jacobi in seiner Abhandlung über die Rotation (*Sur la rotation d'un corps*, in Band 39 des Crelle'schen Journals) gegeben. Er hat zugleich darauf aufmerksam gemacht, dass die von Legendre eingeführte Unterscheidung der *logarithmischen* und *trigonometrischen* Integrale auf dem Umstande beruht, dass der Parameter p auch für imaginäre Werthe des Argumentes v reell wird, so dass, wenn p alle reellen Werthe durchlaufen soll, v sowohl reell als imaginär genommen werden muss.

Setzt man demgemäss für $v = v'i$

$$\bar{p} = \eta(v'i), \quad \bar{p}_1 = \eta_1(v'i), \quad \bar{p}_2 = \eta_2(v'i), \quad \bar{p}_3 = \eta_3(v'i),$$

so erhält man z. B. die von η_1 abhängigen Integrale:

$$\frac{1}{2i}\log\frac{\vartheta_1(v'i+u)}{\vartheta_1(v'i-u)} = u\,\frac{\vartheta_1'(v'i)}{i\vartheta_1(v'i)} - \vartheta_1'^3\,\frac{\vartheta_1(2v'i)}{2i\vartheta_1^4(v'i)}\int_0^u \frac{du}{\eta_1-\bar p_1},$$

$$\frac{1}{2i}\log\frac{\vartheta_2(v'i+u)}{\vartheta_2(v'i-u)} = u\,\frac{\vartheta_2'(v'i)}{i\vartheta_2(v'i)} + \vartheta_1'^3\,\frac{\vartheta_1(2v'i)}{2i\vartheta_2^4(v'i)}\int_0^u \frac{du}{\eta_1-\bar p_2},$$

$$\frac{1}{2i}\log\frac{\vartheta_3(v'i+u)}{\vartheta_3(v'i-u)} = u\,\frac{\vartheta_3'(v'i)}{i\vartheta_3(v'i)} - \vartheta_1'^3\,\frac{\vartheta_1(2v'i)}{2i\vartheta_3^4(v'i)}\int_0^u \frac{du}{\eta_1-\bar p_3},$$

$$\frac{1}{2i}\log\frac{\vartheta(v'i+u)}{\vartheta(v'i-u)} = u\,\frac{\vartheta'(v'i)}{i\vartheta(v'i)} + \vartheta_1'^3\,\frac{\vartheta_2(2v'i)}{2i\vartheta^4(v'i)}\int_0^u \frac{du}{\eta_1-\bar p},$$

wo die einschränkenden Bedingungen $u < v$ resp. $u < \frac{\pi}{2} - v$ in den beiden ersten Gleichungen für reelle Werthe von u jetzt wegfallen. Dagegen ist zu bemerken, dass von den (reellen) vieldeutigen Werthen von $\frac{1}{2i}\log = \operatorname{arc\,tg}$ derjenige zu nehmen ist, der mit u verschwindet, dass aber die beiden Ausdrücke

$$\frac{1}{2i}\log\frac{\vartheta_1(v'i+u)}{\vartheta_1(v'i-u)} \quad\text{und}\quad \frac{1}{2i}\log\frac{\vartheta_2(v'i+u)}{\vartheta_2(v'i-u)}$$

die Periode π *nicht* besitzen, weil bei einer *stetigen* Aenderung von u um π nicht der nämliche Werth des Logarithmus wiedererhalten wird*).

Da bei der Berechnung reeller elliptischer Integrale auch (conjugirte) complexe Werthe des Parameters p auftreten können, so ist es nöthig, die Integrale dritter Gattung auch für complexe Werthe des Arguments $v + v'i$ zu untersuchen. Schon Legendre hat erkannt, dass hierbei eine Reduction auf die getrennten Argumente v und $v'i$ möglich ist, mit anderen Worten, dass die reellen und imaginären Theile der Integrale mit *complexem* Parameter selbst wieder von solchen mit *reellem* Parameter abhängig gemacht werden können. Die betreffende Reduction findet sich in meiner Abhandlung *über die Reduction elliptischer Integrale in reeller Form* S. 188—97 näher auseinandergesetzt.

Es möge hier noch bemerkt werden, dass die *Vieldeutigkeit* der elliptischen Integrale der drei Gattungen eine wesentlich verschiedene ist. Während die Integrale u der *ersten* Gattung *doppelt* vieldeutig, also die umgekehrten Functionen ηu *doppelt periodisch* sind, erhält man für die Integrale *zweiter* Gattung nur *einfache*, bei denen der *dritten* Gattung dagegen *dreifache* Vieldeutigkeit. In der That ergibt sich sogleich, dass wenn man u und v mit $u + m\pi + nhi$ und resp.

*) Jacobi, a. a. O. S. 329. Vergl. die Abhandlung *zur Reduction elliptischer Integrale*. Suppl. S. 165—166.

$v + m'\pi + n'hi$ vertauscht, wobei η und p ungeändert bleiben, sich die logarithmischen Differentialquotienten $\frac{\Theta' u}{\Theta u} = \lambda(u)$ um $2ni$, die Werthe der Integrale

$$\frac{1}{2}\,\vartheta_1'^3\,\frac{\vartheta_1(2v)}{\Theta^4 v}\int\frac{du}{\eta - p}$$

dagegen, mit Rücksicht auf die Vieldeutigkeit des Logarithmus, um

$$l\pi i + m\pi\lambda(v) + ni(2v + h\lambda v)$$

ändern. Drückt man η als Function von λ aus, so wird diese Function periodisch wie $e^{\lambda\pi} + e^{-\lambda\pi}$, folglich ist für $\bar\lambda = \frac{1}{i}\,\lambda(ui)$ $\bar\eta$ periodisch wie $\cos\bar\lambda\pi$. Es werden hierbei die von Herrn Weierstrass im *Berliner Monatsbericht* vom Februar 1866 gelehrten Entwickelungen mit Vortheil Anwendung finden.

14.

Da für reelle Werthe von q die Wurzeln des Radicals H reell sind, so wollen wir, um auch den Fall zu behandeln, in welchem zwei Wurzeln von H conjugirt complex werden, qi statt q setzen. Alsdann wird

$$\vartheta(u, qi) = \vartheta_3(2u, q^4) - i\vartheta_2(2u, q^4),$$

$$\vartheta_3(u, qi) = \vartheta_3(2u, q^4) + i\vartheta_2(2u, q^4),$$

$$\vartheta_1(u, qi) = 2i^{\frac{1}{4}}\,q^{\frac{1}{4}}\left\{\sin u + q^2\sin 3u - q^6\sin 5u - q^{12}\sin 7u\cdots\right\},$$

$$\vartheta_2(u, qi) = 2i^{\frac{1}{4}}\,q^{\frac{1}{4}}\left\{\cos u - q^2\cos 3u - q^6\cos 5u + q^{12}\cos 7u\cdots\right\},$$

so dass von den zwölf Quotienten der Thetafunctionen nur

$$\frac{\vartheta_1(u, qi)}{\vartheta_2(u, qi)} \quad \text{und} \quad \frac{\vartheta_2(u, qi)}{\vartheta_1(u, qi)}$$

reell bleiben. Mittelst der Multiplicationsformel (C) des Art. 4 leitet man leicht die Ausdrücke ab:

$$\vartheta_1^2(u, qi) = \sqrt{i}\left\{\vartheta_2(q^2)\,\vartheta(2u, q^2) - \vartheta(q^2)\,\vartheta_2(2u, q^2)\right\},$$

$$\vartheta_2^2(u, qi) = \sqrt{i}\left\{\vartheta_2(q^2)\,\vartheta(2u, q^2) + \vartheta(q^2)\,\vartheta_2(2u, q^2)\right\},$$

welche eine einfachere Gestalt annehmen, wenn man u statt $2u$ und q statt q^2 schreibt.

Wir führen mithin als Argumente $\frac{1}{2}\,u$ statt u und $i\sqrt{q}$ statt q, oder $\frac{h - \pi i}{2}$ statt h ein, wodurch

$$\frac{\vartheta_1^2\left(\frac{1}{2}u,\, i\sqrt{q}\right)}{\vartheta_2^2\left(\frac{1}{2}u,\, i\sqrt{q}\right)} = \frac{\vartheta_2\vartheta u - \vartheta\vartheta_2 u}{\vartheta_2\vartheta u + \vartheta\vartheta_2 u} = \left\{\frac{\vartheta_1\left(\frac{1}{2}u\right)\vartheta_3\left(\frac{1}{2}u\right)}{\vartheta\left(\frac{1}{2}u\right)\vartheta_2\left(\frac{1}{2}u\right)}\right\}^2$$

$$= \frac{1-\cos\varphi}{1+\cos\varphi} = \mathrm{tg}^2\,\frac{1}{2}\,\varphi$$

hervorgeht. Zugleich wird

$$\vartheta\left(\frac{1}{2}u,\, i\sqrt{q}\right)\vartheta_3\left(\frac{1}{2}u,\, i\sqrt{q}\right) = \vartheta_3\vartheta_3 u,$$

$$\vartheta_1\left(\frac{1}{2}u,\, i\sqrt{q}\right)\vartheta_2\left(\frac{1}{2}u,\, i\sqrt{q}\right) = \sqrt{i}\,\vartheta_3\vartheta_1 u,$$

sowie

$$\vartheta_2\,(i\sqrt{q})\,\vartheta_1\left(\frac{1}{2}u,\, i\sqrt{q}\right) = 2\sqrt{i}\;\;\vartheta_1\left(\frac{1}{2}u\right)\vartheta_3\left(\frac{1}{2}u\right),$$

$$\vartheta_2\,(i\sqrt{q})\,\vartheta_2\left(\frac{1}{2}u,\, i\sqrt{q}\right) = 2\sqrt{i}\;\;\vartheta\left(\frac{1}{2}u\right)\vartheta_2\left(\frac{1}{2}u\right).$$

Schreibt man nunmehr

$$\eta_4 u = \frac{1}{4}\,\eta_1\left(\frac{1}{2}u,\, i\sqrt{q}\right) = \left(\frac{d}{du}\right)^2 \lg\vartheta_1\left(\frac{1}{2}u,\, i\sqrt{q}\right)$$

$$= \frac{1}{4}\,\frac{\vartheta_2''(i\sqrt{q})}{\vartheta_2(i\sqrt{q})} - \frac{1}{4}\,\vartheta_3^4\,\frac{\vartheta_2^2\left(\frac{1}{2}u,\, i\sqrt{q}\right)}{\vartheta_1^2\left(\frac{1}{2}u,\, i\sqrt{q}\right)},$$

$$\eta_5 u = \frac{1}{4}\,\eta_2\left(\frac{1}{2}u,\, i\sqrt{q}\right) = \left(\frac{d}{du}\right)^2 \lg\vartheta_2\left(\frac{1}{2}u,\, i\sqrt{q}\right)$$

$$= \frac{1}{4}\,\frac{\vartheta_2''(i\sqrt{q})}{\vartheta_2(i\sqrt{q})} - \frac{1}{4}\,\vartheta_3^4\,\frac{\vartheta_1^2\left(\frac{1}{2}u,\, i\sqrt{q}\right)}{\vartheta_2^2\left(\frac{1}{2}u,\, i\sqrt{q}\right)},$$

wodurch η_4 und η_5 die Perioden 2π und $\pi + hi$, also auch $2hi$ erhalten, und setzt zur Abkürzung

$$\frac{1}{4}\,\frac{\vartheta_2''(i\sqrt{q})}{\vartheta_2(i\sqrt{q})} = \frac{1}{4}\left(\frac{\vartheta_1'''}{\vartheta_1'} - \frac{\vartheta_3''}{\vartheta_3}\right) = \frac{1}{4}\left(\frac{\vartheta''}{\vartheta} + \frac{\vartheta_2''}{\vartheta_2}\right) = \varepsilon',$$

so folgt

$$\eta_4 u = \varepsilon' - \frac{1}{4}\,\vartheta_3^4\cot^2\frac{1}{2}\,\varphi, \qquad \eta_5 u = \varepsilon' - \frac{1}{4}\,\vartheta_3^4\,\mathrm{tg}^2\,\frac{1}{2}\,\varphi,$$

und durch Differentiation:

$$\eta_4' u = \frac{1}{4}\,\vartheta_3^4\,\frac{\cos\frac{1}{2}\varphi}{\sin^3\frac{1}{2}\varphi}\,\frac{d\varphi}{du} = \frac{1}{4}\,\vartheta_3^4\,\frac{\cot\frac{1}{2}\varphi}{\sin^2\frac{1}{2}\varphi}\sqrt{\vartheta_3^4\cos^2\varphi + \vartheta^4\sin^2\varphi}$$

$$= \mathsf{H}_4 = \sqrt{(\varepsilon' - \eta_4)\left[\left(\frac{\vartheta_3''}{\vartheta_3} - 2\eta_4\right)^2 + \vartheta^4\vartheta_2^4\right]},$$

$$\eta_5' u = -\frac{1}{4}\,\vartheta_3^4\,\frac{\operatorname{tg}\frac{1}{2}\varphi}{\cos^2\frac{1}{2}\varphi}\,\sqrt{\vartheta_3^4\cos^2\varphi + \vartheta^4\sin^2\varphi}$$

$$= -\,\mathsf{H}_5 = -\sqrt{(\varepsilon' - \eta_5)\left[\left(\frac{\vartheta_3''}{\vartheta_3} - 2\eta_5\right)^2 + \vartheta^4\vartheta_2^4\right]}.$$

15.

Hieraus entspringen die Formeln

$$u = \int_{-\infty}^{\eta_4}\frac{d\eta}{\mathsf{H}} = \int_{\eta_5}^{\varepsilon'}\frac{d\eta}{\mathsf{H}}, \qquad \pi = \int_{-\infty}^{\varepsilon'}\frac{d\eta}{\mathsf{H}},$$

$$d\eta_4 = \left\{\frac{1}{2}\,\vartheta_1'\left(iq^{\frac{1}{2}}\right)\right\}^3 \frac{\vartheta_1\left(u, iq^{\frac{1}{2}}\right)}{\vartheta_1^4\left(\frac{1}{2}u, iq^{\frac{1}{2}}\right)}\,du,$$

$$d\eta_5 = -\left\{\frac{1}{2}\,\vartheta_1'\left(iq^{\frac{1}{2}}\right)\right\}^3 \frac{\vartheta_1\left(u, iq^{\frac{1}{2}}\right)}{\vartheta_2^4\left(\frac{1}{2}u, iq^{\frac{1}{2}}\right)}\,du,$$

$$\sqrt{\varepsilon' - \eta_4} = \frac{1}{2}\,\vartheta_3^2\cot\frac{1}{2}\varphi = \frac{1}{2}\,\vartheta_3^2\,\frac{\vartheta_2\left(\frac{1}{2}u, iq^{\frac{1}{2}}\right)}{\vartheta_1\left(\frac{1}{2}u, iq^{\frac{1}{2}}\right)},$$

$$\sqrt{\varepsilon' - \eta_5} = \frac{1}{2}\,\vartheta_3^2\operatorname{tg}\frac{1}{2}\varphi = \frac{1}{2}\,\vartheta_3^2\,\frac{\vartheta_1\left(\frac{1}{2}u, iq^{\frac{1}{2}}\right)}{\vartheta_2\left(\frac{1}{2}u, iq^{\frac{1}{2}}\right)},$$

$$\vartheta_1^4\left(\frac{1}{2}u, iq^{\frac{1}{2}}\right)\mathsf{H}_4 = \vartheta_2^4\left(\frac{1}{2}u, iq^{\frac{1}{2}}\right)\mathsf{H}_5 = \left\{\frac{1}{2}\,\vartheta_1'\left(iq^{\frac{1}{2}}\right)\right\}^3\vartheta_1\left(u, iq^{\frac{1}{2}}\right).$$

Setzt man

$$\mathsf{H}^2 = 4(\varepsilon' - \eta)(\varepsilon'' - \eta)(\varepsilon''' - \eta) = 4(\varepsilon_0 - \eta)^3 - g_2(\varepsilon_0 - \eta) - g_3,$$

so wird

$$\varepsilon'' = \frac{1}{2}\left(\frac{\vartheta_3''}{\vartheta_3} + i\vartheta^2\vartheta_2^2\right), \qquad \varepsilon''' = \frac{1}{2}\left(\frac{\vartheta_3''}{\vartheta_3} - i\vartheta^2\vartheta_2^2\right),$$

$$\varepsilon_0 = \frac{1}{12}\,\frac{\vartheta_1'''\left(iq^{\frac{1}{2}}\right)}{\vartheta_1'\left(iq^{\frac{1}{2}}\right)} = \frac{1}{12}\left(\frac{\vartheta_1'''}{\vartheta_1'} + 3\,\frac{\vartheta_3''}{\vartheta_3}\right) = \frac{1}{3}\left(\varepsilon' + \frac{\vartheta_3''}{\vartheta_3}\right),$$

während die Invarianten

$$g_2 = \frac{1}{12}\left(\vartheta_3^8 - 16\,\vartheta^4\vartheta_2^4\right), \qquad g_3 = \frac{1}{216}\left(\vartheta^4 - \vartheta_2^4\right)\left(\vartheta_3^8 + 32\,\vartheta^4\vartheta_2^4\right)$$

die nämlichen Werthe wie Art. 6 für $x_3 = \frac{\vartheta_1 u}{\vartheta_3 u}$ annehmen, wofür

$$g_2^3 - 27g_3^2 = \left\{\frac{1}{2}\,\vartheta_1'\left(iq^{\frac{1}{2}}\right)\right\}^8 = -\frac{1}{16}\,\vartheta^4\vartheta_2^4\vartheta_3^{16}$$

gefunden wurde.

Lässt man jetzt auch das Argument u imaginär werden und schreibt

$$\bar{\eta}_4 = \eta_4(ui), \qquad \bar{\eta}_5 = \eta_5(ui),$$

$$\overline{\mathsf{H}}^2 = (\bar{\eta} - \varepsilon')\left[\left(2\bar{\eta} - \frac{\vartheta_3''}{\vartheta_3}\right)^2 + \vartheta^4\vartheta_2^{\,4}\right],$$

so ergeben sich die Gleichungen

$$u = \int_{\bar{\eta}_4}^{\infty} \frac{d\eta}{\overline{\mathsf{H}}} = \int_{\varepsilon'}^{\bar{\eta}_5} \frac{d\eta}{\overline{\mathsf{H}}}, \qquad h = \int_{\varepsilon'}^{\infty} \frac{d\eta}{\overline{\mathsf{H}}},$$

$$d\bar{\eta}_4 = -\left\{\frac{1}{2}\,\vartheta_1'\left(iq^{\frac{1}{2}}\right)\right\}^3 \frac{\vartheta_1\left(ui, iq^{\frac{1}{2}}\right)}{i\vartheta_1^{\,4}\left(\frac{1}{2}\,ui, iq^{\frac{1}{2}}\right)}\,du,$$

$$d\bar{\eta}_5 = \left\{\frac{1}{2}\,\vartheta_1'\left(iq^{\frac{1}{2}}\right)\right\}^3 \frac{\vartheta_1\left(ui, iq^{\frac{1}{2}}\right)}{i\vartheta_2^{\,4}\left(\frac{1}{2}\,ui, iq^{\frac{1}{2}}\right)}\,du,$$

$$\sqrt{\bar{\eta}_4 - \varepsilon'} = \frac{1}{2}\,\vartheta_3^{\,2}\,\frac{i\vartheta_2\left(\frac{1}{2}\,ui, iq^{\frac{1}{2}}\right)}{\vartheta_1\left(\frac{1}{2}\,ui, iq^{\frac{1}{2}}\right)},$$

$$\sqrt{\bar{\eta}_5 - \varepsilon'} = \frac{1}{2}\,\vartheta_3^{\,2}\,\frac{\vartheta_1\left(\frac{1}{2}\,ui, iq^{\frac{1}{2}}\right)}{i\vartheta_2\left(\frac{1}{2}\,ui, iq^{\frac{1}{2}}\right)},$$

$$\vartheta_1^{\,4}\left(\frac{1}{2}\,ui, iq^{\frac{1}{2}}\right)\overline{\mathsf{H}}_4 = \vartheta_2^{\,4}\left(\frac{1}{2}\,ui, iq^{\frac{1}{2}}\right)\overline{\mathsf{H}}_5 = \left\{\frac{1}{2}\,\vartheta_1'\left(iq^{\frac{1}{2}}\right)\right\}^3 \frac{1}{i}\,\vartheta_1\left(ui, iq^{\frac{1}{2}}\right),$$

während g_3 sein Vorzeichen umkehrt.

Die entsprechenden Integrale zweiter Gattung endlich nehmen die Form an:

$$\frac{1}{2}\,\frac{\vartheta_1'\left(\frac{1}{2}\,u, iq^{\frac{1}{2}}\right)}{\vartheta_1\left(\frac{1}{2}\,u, iq^{\frac{1}{2}}\right)} = -\int_{\eta_4}^{\varepsilon'} \frac{\eta\,d\eta}{\mathsf{H}}, \qquad \frac{1}{2}\,\frac{\vartheta_2'\left(\frac{1}{2}\,u, iq^{\frac{1}{2}}\right)}{\vartheta_2\left(\frac{1}{2}\,u, iq^{\frac{1}{2}}\right)} = \int_{\eta_5}^{\varepsilon'} \frac{\eta\,d\eta}{\mathsf{H}},$$

$$\frac{1}{2i}\,\frac{\vartheta_1'\left(\frac{1}{2}\,ui, iq^{\frac{1}{2}}\right)}{\vartheta_1\left(\frac{1}{2}\,ui, iq^{\frac{1}{2}}\right)} = -1 - \int_{\varepsilon'}^{\bar{\eta}_4} \frac{\eta\,d\eta}{\overline{\mathsf{H}}}, \qquad \frac{1}{2i}\,\frac{\vartheta_2'\left(\frac{1}{2}\,ui, iq^{\frac{1}{2}}\right)}{\vartheta_2\left(\frac{1}{2}\,ui, iq^{\frac{1}{2}}\right)} = \int_{\varepsilon'}^{\bar{\eta}_5} \frac{\eta\,d\eta}{\overline{\mathsf{H}}},$$

16.

Nachdem im vorigen Artikel die gleichen Invarianten wie für $x_3 = \frac{\vartheta_1 u}{\vartheta_3 u}$ erhalten worden sind, wollen wir, um analog zu den Invarianten für $x_2 = \frac{\vartheta_1 u}{\vartheta_2 u}$ und $x_1 = \frac{\vartheta_1 u}{\vartheta u}$ zu gelangen, in die Gleichungen des Art. 7 *erstens* q^2 statt q, und *zweitens* $\frac{1}{2}u$ statt u, so wie $\sqrt{q}$ statt q, oder $\frac{1}{2}h$ statt h einführen. Damit wird

*erstens**)

$$\eta u = \left(\frac{d}{du}\right)^2 \lg \vartheta(u, q^2) = \frac{\vartheta''(q^2)}{\vartheta(q^2)} - \vartheta_2^2(q^2)\,\vartheta_3^2(q^2)\,\frac{\vartheta_1^2(u, q^2)}{\vartheta^2(u, q^2)}$$
$$= \varepsilon_1 - \frac{1}{4}\vartheta_3^4\left(\frac{1-\Delta\varphi}{\sin\varphi}\right)^2,$$

$$\eta_1 u = \left(\frac{d}{du}\right)^2 \lg \vartheta_1(u, q^2) = \frac{\vartheta''(q^2)}{\vartheta(q^2)} - \vartheta_2^2(q^2)\,\vartheta_3^2(q^2)\,\frac{\vartheta^2(u, q^2)}{\vartheta_1^2(u, q^2)}$$
$$= \varepsilon_1 - \frac{1}{4}\vartheta_3^4\left(\frac{1+\Delta\varphi}{\sin\varphi}\right)^2,$$

$$\eta_2 u = \left(\frac{d}{du}\right)^2 \lg \vartheta_2(u, q^2) = \frac{\vartheta''(q^2)}{\vartheta(q^2)} - \vartheta_2^2(q^2)\,\vartheta_3^2(q^2)\,\frac{\vartheta_3^2(u, q^2)}{\vartheta_2^2(u, q^2)}$$
$$= \varepsilon_1 - \frac{1}{4}\vartheta_3^4\left(\frac{\Delta\varphi + \varkappa'}{\cos\varphi}\right)^2,$$

$$\eta_3 u = \left(\frac{d}{du}\right)^2 \lg \vartheta_3(u, q^2) = \frac{\vartheta''(q^2)}{\vartheta(q^2)} - \vartheta_2^2(q^2)\,\vartheta_3^2(q^2)\,\frac{\vartheta_2^2(u, q^2)}{\vartheta_3^2(u, q^2)}$$
$$= \varepsilon_1 - \frac{1}{4}\vartheta_3^4\left(\frac{\Delta\varphi - \varkappa'}{\cos\varphi}\right)^2,$$

mit den Perioden π und $2hi$;

*zweitens**)

$$\eta u = \left(\frac{d}{du}\right)^2 \lg \vartheta\left(\frac{1}{2}u, \sqrt{q}\right) = \frac{1}{4}\frac{\vartheta_2''(\sqrt{q})}{\vartheta_2(\sqrt{q})} + \frac{1}{4}\vartheta^2(\sqrt{q})\,\vartheta_3^2(\sqrt{q})\,\frac{\vartheta_3^2\left(\frac{1}{2}u, \sqrt{q}\right)}{\vartheta^2\left(\frac{1}{2}u, \sqrt{q}\right)}$$
$$= \varepsilon_3 + \frac{1}{4}\vartheta_3^4(\Delta\varphi + \varkappa\cos\varphi)^2,$$

---

*) Man kann bemerken, dass die Fälle 1) und 2) die beiden Transformationen enthalten, welche die Namen von Gauss und von Landen tragen und nach Jacobi's Bezeichnung supplementär sind (*supplementariae ad duplicationem*). In der That wird für

$$\frac{\vartheta_3(q^2)}{\vartheta_2(q^2)}\,\frac{\vartheta_1(u, q^2)}{\vartheta(u, q^2)} = \sin\varphi_1, \qquad \frac{\vartheta_3(\sqrt{q})}{\vartheta(\sqrt{q})}\,\frac{\vartheta_1\left(\frac{1}{2}u, \sqrt{q}\right)}{\vartheta_2\left(\frac{1}{2}u, \sqrt{q}\right)} = \operatorname{tg}\varphi' :$$

$$\frac{1-\varkappa'}{1+\varkappa'}\sin^2\varphi_1 = \frac{1-\Delta\varphi}{1+\Delta\varphi}, \qquad \frac{1-\varkappa}{1+\varkappa}\operatorname{tg}^2\varphi' = \frac{\Delta\varphi - \cos\varphi}{\Delta\varphi + \cos\varphi}.$$

Von den mannichfachen Formen, welche man diesen Relationen geben kann, mögen hier nur die folgenden angeführt werden:

$$\operatorname{tg}^2\frac{1}{2}\left(\frac{1}{2}\pi + \varphi\right) = \frac{\operatorname{tg}^2\frac{1}{2}\left(\frac{1}{2}\pi + \varphi_1\right) + \varkappa'}{\operatorname{tg}^2\frac{1}{2}\left(\frac{1}{2}\pi - \varphi_1\right) + \varkappa'},$$

$$\operatorname{tg}(\varphi - \varphi') = \frac{1-\varkappa}{1+\varkappa}\operatorname{tg}\varphi', \qquad \sin(2\varphi' - \varphi) = \varkappa\sin\varphi,$$

wo bekanntlich $\varkappa = \left(\frac{\vartheta_2}{\vartheta_3}\right)^2$, $\varkappa' = \left(\frac{\vartheta}{\vartheta_3}\right)^2$ geschrieben sind.

$$\eta_1 u = \left(\frac{d}{du}\right)^2 \lg \vartheta_1\left(\frac{1}{2}u, \sqrt{q}\right) = \frac{1}{4}\frac{\vartheta_2''(\sqrt{q})}{\vartheta_2(\sqrt{q})} - \frac{1}{4}\vartheta^2(\sqrt{q})\vartheta_3^2(\sqrt{q})\frac{\vartheta_2^2\left(\frac{1}{2}u, \sqrt{q}\right)}{\vartheta_1^2\left(\frac{1}{2}u, \sqrt{q}\right)}$$

$$= \varepsilon_3 - \frac{1}{4}\vartheta_3^4\left(\frac{\Delta\varphi + \cos\varphi}{\sin\varphi}\right)^2,$$

$$\eta_2 u = \left(\frac{d}{du}\right)^2 \lg \vartheta_2\left(\frac{1}{2}u, \sqrt{q}\right) = \frac{1}{4}\frac{\vartheta_2''(\sqrt{q})}{\vartheta_2(\sqrt{q})} - \frac{1}{4}\vartheta^2(\sqrt{q})\vartheta_3^2(\sqrt{q})\frac{\vartheta_1^2\left(\frac{1}{2}u, \sqrt{q}\right)}{\vartheta_2^2\left(\frac{1}{2}u, \sqrt{q}\right)}$$

$$= \varepsilon_3 - \frac{1}{4}\vartheta_3^4\left(\frac{\Delta\varphi - \cos\varphi}{\sin\varphi}\right)^2,$$

$$\eta_3 u = \left(\frac{d}{du}\right)^2 \lg \vartheta_3\left(\frac{1}{2}u, \sqrt{q}\right) = \frac{1}{4}\frac{\vartheta_2''(\sqrt{q})}{\vartheta_2(\sqrt{q})} + \frac{1}{4}\vartheta^2(\sqrt{q})\vartheta_3^2(\sqrt{q})\frac{\vartheta^2\left(\frac{1}{2}u, \sqrt{q}\right)}{\vartheta_3^2\left(\frac{1}{2}u, \sqrt{q}\right)}$$

$$= \varepsilon_3 + \frac{1}{4}\vartheta_3^4(\Delta\varphi - \varkappa\cos\varphi)^2,$$

mit den zugehörigen Perioden 2π und hi.

Durch Differentiation erhält man hieraus

$$\eta' u \cdot \eta' u = \mathsf{H}^2 = 4(\varepsilon_1 - \eta)(\varepsilon_2 - \eta)(\varepsilon_3 - \eta), \quad \varepsilon_1 > \varepsilon_2 > \varepsilon_3$$
$$= 4(\varepsilon_0 - \eta)^3 - g_2(\varepsilon_0 - \eta) - g_3, \quad \varepsilon_0 = \frac{1}{3}(\varepsilon_1 + \varepsilon_2 + \varepsilon_3)$$

und zwar wird im Fall 1):

$$\mathsf{H}^2 = (\varepsilon_1 - \eta)\left[\left(\frac{\vartheta_2''}{\vartheta_2} - 2\eta\right)^2 - \vartheta^4\vartheta_3^4\right],$$

$$\varepsilon_1 = \frac{\vartheta''(q^2)}{\vartheta(q^2)} = \frac{1}{4}\left(\frac{\vartheta_1'''}{\vartheta_1'} - \frac{\vartheta_2''}{\vartheta_2}\right) = \frac{1}{4}\left(\frac{\vartheta''}{\vartheta} + \frac{\vartheta_3''}{\vartheta_3}\right),$$

$$\varepsilon_2 = \frac{\vartheta_3''(q^2)}{\vartheta_3(q^2)} = \frac{1}{2}\left(\frac{\vartheta_2''}{\vartheta_2} + \vartheta^2\vartheta_3^2\right), \quad \varepsilon_3 = \frac{\vartheta_2''(q^2)}{\vartheta_2(q^2)} = \frac{1}{2}\left(\frac{\vartheta_2''}{\vartheta_2} - \vartheta^2\vartheta_3^2\right),$$

$$\varepsilon_0 = \frac{1}{3}\frac{\vartheta_1'''(q^2)}{\vartheta_1'(q^2)} = \frac{1}{12}\left(\frac{\vartheta_1'''}{\vartheta_1'} + 3\frac{\vartheta_2''}{\vartheta_2}\right) = \frac{1}{3}\left(\varepsilon_1 + \frac{\vartheta_2''}{\vartheta_2}\right),$$

$$g_2 = \frac{1}{12}(\vartheta_2^8 + 16\vartheta^4\vartheta_3^4), \quad g_3 = \frac{1}{216}(\vartheta^4 + \vartheta_3^4)(32\vartheta^4\vartheta_3^4 - \vartheta_2^8),$$

$$g_2^3 - 27g_3^2 = 16\{\vartheta_1'(q^2)\}^8 = \frac{1}{16}\vartheta^4\vartheta_2^{16}\vartheta_3^4;$$

im Falle 2) dagegen:

$$\mathsf{H}^2 = (\varepsilon_3 - \eta)\left[\left(\frac{\vartheta''}{\vartheta} - 2\eta\right)^2 - \vartheta_2^4\vartheta_3^4\right],$$

$$\varepsilon_1 = \frac{1}{4}\frac{\vartheta''(\sqrt{q})}{\vartheta(\sqrt{q})} = \frac{1}{2}\left(\frac{\vartheta''}{\vartheta} + \vartheta_2^2\vartheta_3^2\right), \quad \varepsilon_2 = \frac{1}{4}\frac{\vartheta_3''(\sqrt{q})}{\vartheta_3(\sqrt{q})} = \frac{1}{2}\left(\frac{\vartheta''}{\vartheta} - \vartheta_2^2\vartheta_3^2\right),$$

$$\varepsilon_3 = \frac{1}{4}\frac{\vartheta_2''(\sqrt{q})}{\vartheta_2(\sqrt{q})} = \frac{1}{4}\left(\frac{\vartheta_1'''}{\vartheta_1'} - \frac{\vartheta''}{\vartheta}\right) = \frac{1}{4}\left(\frac{\vartheta_2''}{\vartheta_2} + \frac{\vartheta_3''}{\vartheta_3}\right),$$

$$\varepsilon_0 = \frac{1}{12}\frac{\vartheta_1'''(\sqrt{q})}{\vartheta_1'(\sqrt{q})} = \frac{1}{12}\left(\frac{\vartheta_1'''}{\vartheta_1'} + 3\frac{\vartheta''}{\vartheta}\right) = \frac{1}{8}\left(\varepsilon_3 + \frac{\vartheta''}{\vartheta}\right),$$

$$g_2 = \frac{1}{12}(\vartheta^8 + 16\vartheta_2^4\vartheta_3^4), \quad g_3 = \frac{1}{216}(\vartheta_2^4 + \vartheta_3^4)(\vartheta^8 - 32\vartheta_2^4\vartheta_3^4),$$

$$g_2^3 - 27g_3^2 = \left\{\frac{1}{2}\vartheta_1'\left(q^{\frac{1}{2}}\right)\right\}^8 = \frac{1}{16}\vartheta^{16}\vartheta_2^4\vartheta_3^4.$$

17.

Als die zugehörigen Integrale gehen die Ausdrücke hervor:

$$u = \int_\eta^{\varepsilon_1}\frac{d\eta}{\mathsf{H}} = \int_{-\infty}^{\eta_1}\frac{d\eta}{\mathsf{H}} = \int_{\eta_3}^{\varepsilon_2}\frac{d\eta}{\mathsf{H}} = \int_{\varepsilon_3}^{\eta_2}\frac{d\eta}{\mathsf{H}},$$

nebst

$$\int_{\varepsilon_2}^{\varepsilon_1}\frac{d\eta}{\mathsf{H}} = \int_{-\infty}^{\varepsilon_3}\frac{d\eta}{\mathsf{H}} = \frac{\pi}{2}$$

im ersten, und

$$\int_{\varepsilon_2}^{\varepsilon_1}\frac{d\eta}{\mathsf{H}} = \int_{-\infty}^{\varepsilon_3}\frac{d\eta}{\mathsf{H}} = \pi$$

im zweiten Falle.

Hier liegen η und η_3 zwischen ε_1 und ε_2, η_1 und η_2 aber sind kleiner als ε_3. Bei Einführung imaginärer Werthe von u dagegen sind $\overline{\eta}_2$ und $\overline{\eta}_3$ zwischen ε_2 und ε_3 enthalten, während $\overline{\eta}$ und $\overline{\eta}_1$ grösser als ε_1 werden. Dann hat man

$$u = \int_{\varepsilon_1}^{\overline{\eta}}\frac{d\eta}{\overline{\mathsf{H}}} = \int_{\overline{\eta}_1}^{\infty}\frac{d\eta}{\overline{\mathsf{H}}} = \int_{\varepsilon_3}^{\overline{\eta}_2}\frac{d\eta}{\overline{\mathsf{H}}} = \int_{\overline{\eta}_3}^{\varepsilon_2}\frac{d\eta}{\overline{\mathsf{H}}},$$

sowie

$$\int_{\varepsilon_3}^{\varepsilon_2}\frac{d\eta}{\overline{\mathsf{H}}} = \int_{\varepsilon_1}^{\infty}\frac{d\eta}{\overline{\mathsf{H}}} = h \quad \text{und resp.} \quad = \frac{1}{2}h,$$

je nachdem der erste oder der zweite Fall betrachtet wird. Zugleich gelten die resp. Gleichungen:

$$\Theta^4(u, q^2)\,\mathsf{H}_\delta^2 = \{\vartheta_1'(q^2)\}^3\,\vartheta_1(2u, q^2),$$

$$\Theta^4(ui, q^2)\,\overline{\mathsf{H}}_\delta^2 = \{\vartheta_1'(q^2)\}^3\,\frac{1}{i}\,\vartheta_1(2ui, q^2),$$

$$\Theta^4\left(\frac{1}{2}u, \sqrt{q}\right)\mathsf{H}_\delta^2 = \left\{\frac{1}{2}\vartheta_1'(\sqrt{q})\right\}^3\vartheta_1(u, \sqrt{q}),$$

$$\Theta^4\left(\frac{1}{2}ui, \sqrt{q}\right)\overline{\mathsf{H}}_\delta^2 = \left\{\frac{1}{2}\vartheta_1'(\sqrt{q})\right\}^3\frac{1}{i}\,\vartheta_1(ui, \sqrt{q}).$$

Es handelt sich noch um die Werthe der Integrale *zweiter* Gattung. Diese werden im *ersten* Falle

$$\frac{\vartheta'(u, q^2)}{\vartheta(u, q^2)} = \int_{\eta}^{e_1} \frac{\eta\, d\eta}{\mathrm{H}} = -\int_{e_2}^{\eta} \frac{\eta\, d\eta}{\mathrm{H}},$$

$$\frac{\vartheta_1'(u, q^2)}{\vartheta_1(u, q^2)} = -\int_{\eta_1}^{e_3} \frac{\eta\, d\eta}{\mathrm{H}},$$

$$\frac{\vartheta_2'(u, q^2)}{\vartheta_2(u, q^2)} = \int_{\eta_2}^{e_3} \frac{\eta\, d\eta}{\mathrm{H}},$$

$$\frac{\vartheta_3'(u, q^2)}{\vartheta_3(u, q^2)} = \int_{e_2}^{\eta_3} \frac{\eta\, d\eta}{\mathrm{H}} = -\int_{\eta_3}^{e_1} \frac{\eta\, d\eta}{\mathrm{H}},$$

$$\int_{e_2}^{e_1} \frac{\eta\, d\eta}{\mathrm{H}} = 0;$$

$$\frac{1}{i}\,\frac{\vartheta'(ui, q^2)}{\vartheta(ui, q^2)} = \int_{e_1}^{\bar{\eta}} \frac{\eta\, d\eta}{\overline{\mathrm{H}}},$$

$$\frac{1}{i}\,\frac{\vartheta_1'(ui, q^2)}{\vartheta_1(ui, q^2)} = -1 - \int_{e_1}^{\bar{\eta}_1} \frac{\eta\, d\eta}{\overline{\mathrm{H}}},$$

$$\frac{1}{i}\,\frac{\vartheta_2'(ui, q^2)}{\vartheta_2(ui, q^2)} = \int_{e_3}^{\bar{\eta}_2} \frac{\eta\, d\eta}{\overline{\mathrm{H}}} = -1 - \int_{\bar{\eta}_2}^{e_2} \frac{\eta\, d\eta}{\overline{\mathrm{H}}},$$

$$\frac{1}{i}\,\frac{\vartheta_3'(ui, q^2)}{\vartheta_3(ui, q^2)} = \int_{\bar{\eta}_3}^{e_2} \frac{\eta\, d\eta}{\overline{\mathrm{H}}} = -1 - \int_{e_3}^{\bar{\eta}_3} \frac{\eta\, d\eta}{\mathrm{H}},$$

$$\int_{e_3}^{e_2} \frac{\eta\, d\eta}{\overline{\mathrm{H}}} = -1.$$

Dagegen ergeben sich im *zweiten* Falle:

$$\frac{1}{2}\,\frac{\vartheta'\left(\frac{1}{2}u, \sqrt{q}\right)}{\vartheta\left(\frac{1}{2}u, \sqrt{q}\right)} = \int_{\eta}^{e_1} \frac{\eta\, d\eta}{\mathrm{H}} = -\int_{e_2}^{\eta} \frac{\eta\, d\eta}{\mathrm{H}},$$

$$\frac{1}{2}\,\frac{\vartheta_1'\left(\frac{1}{2}u, \sqrt{q}\right)}{\vartheta_1\left(\frac{1}{2}u, \sqrt{q}\right)} = -\int_{\eta_1}^{e_3} \frac{\eta\, d\eta}{\mathrm{H}},$$

$$\frac{1}{2}\frac{\vartheta_2'\left(\frac{1}{2}u, \sqrt{q}\right)}{\vartheta_2\left(\frac{1}{2}u, \sqrt{q}\right)} = \int_{\eta_3}^{e_3} \frac{\eta\, d\eta}{H},$$

$$\frac{1}{2}\frac{\vartheta_3'\left(\frac{1}{2}u, \sqrt{q}\right)}{\vartheta_3\left(\frac{1}{2}u, \sqrt{q}\right)} = \int_{e_2}^{\eta_3} \frac{\eta\, d\eta}{H} = -\int_{\eta_3}^{e_1} \frac{\eta\, d\eta}{H},$$

$$\int_{e_2}^{e_1} \frac{\eta\, d\eta}{H} = 0\,;$$

$$\frac{1}{2i}\frac{\vartheta'\left(\frac{1}{2}ui, \sqrt{q}\right)}{\vartheta\left(\frac{1}{2}ui, \sqrt{q}\right)} = \int_{e_1}^{\bar{\eta}} \frac{\eta\, d\eta}{\overline{H}},$$

$$\frac{1}{2i}\frac{\vartheta_1'\left(\frac{1}{2}ui, \sqrt{q}\right)}{\vartheta_1\left(\frac{1}{2}ui, \sqrt{q}\right)} = -\frac{1}{2} - \int_{e_1}^{\bar{\eta}_1} \frac{\eta\, d\eta}{\overline{H}},$$

$$\frac{1}{2i}\frac{\vartheta_2'\left(\frac{1}{2}ui, \sqrt{q}\right)}{\vartheta_2\left(\frac{1}{2}ui, \sqrt{q}\right)} = \int_{e_3}^{\bar{\eta}_2} \frac{\eta\, d\eta}{\overline{H}} = -\frac{1}{2} - \int_{\bar{\eta}_2}^{e_2} \frac{\eta\, d\eta}{\overline{H}},$$

$$\frac{1}{2i}\frac{\vartheta_3'\left(\frac{1}{2}ui, \sqrt{q}\right)}{\vartheta_3\left(\frac{1}{2}ui, \sqrt{q}\right)} = \int_{\bar{\eta}_3}^{e_2} \frac{\eta\, d\eta}{\overline{H}} = -\frac{1}{2} - \int_{e_3}^{\bar{\eta}_3} \frac{\eta\, d\eta}{\overline{H}},$$

$$\int_{e_3}^{e_2} \frac{\eta\, d\eta}{\overline{H}} = -\frac{1}{2}.$$

18.

Die Herren **Hermite**, **Cayley** und **Aronhold***) haben für das elliptische Differential die Form

$$\frac{dp}{\sqrt{4p^3 - g_2 p - g_3}}$$

aufgestellt, welche sich namentlich durch die Untersuchungen von Herrn **Weierstrass** als besonders vortheilhaft erwiesen hat. Der enge Zusammenhang mit den Formeln der Artt. 8, 15, 16 liegt auf der Hand. Denn setzt man dort

$$\frac{1}{3}\frac{\vartheta_1'''}{\vartheta_1'} - \eta = e_0 - \eta = p$$

*) **Hermite**, Crelle Band 52, Seite 8; **Cayley**, Crelle Band 50, S. 287, Band 55, S. 24; **Aronhold** im Berliner Monatsbericht 1861, S. 463.

und bezeichnet man mit Weierstrass durch $e_1 > e_2 > e_3$ die Wurzeln der cubischen Resolvente*)

$$4z^3 = g_2 z - g_3,$$

während für $g_2^3 - 27 g_3^2 < 0$ e die einzige reelle Wurzel sei, so wird

$$\frac{dp}{du} = -\sqrt{4p^3 - g_2 p - g_3} = -\sqrt{P},$$

$$u = \int_{e_1}^{p} \frac{dp}{\sqrt{P}} = \int_{p}^{\infty} \frac{dp}{\sqrt{P}} = \int_{e}^{p} \frac{dp}{\sqrt{P}} = \int_{p_1}^{\infty} \frac{dp}{\sqrt{P}} = \int_{p_1}^{\infty} \frac{dp}{\sqrt{P}} = \int_{e}^{\infty} \frac{dp}{\sqrt{P}}.$$

Für die Wurzelwerthe ergeben sich die Ausdrücke:

$$e_1 = \frac{1}{3} \frac{\vartheta_1'''}{\vartheta_1'} - \varepsilon_3 = \frac{1}{3} (\vartheta^4 + \vartheta_2^4),$$

$$e_2 = \frac{1}{3} \frac{\vartheta_1'''}{\vartheta_1'} - \varepsilon_2 = \frac{1}{3} (\vartheta_2^4 - \vartheta^4),$$

$$e_3 = \frac{1}{3} \frac{\vartheta_1'''}{\vartheta_1'} - \varepsilon_1 = -\frac{1}{3} (\vartheta_2^4 + \vartheta_3^4),$$

$$e = \varepsilon_0 - \varepsilon = \frac{1}{12} \left\{\vartheta^4(i\sqrt{q}) + \vartheta_3^4(i\sqrt{q})\right\} = \frac{1}{6} (\vartheta^4 - \vartheta_2^4),$$

während in den beiden Fällen des Art. 16:

1) $$e_1 = \varepsilon_0 - \varepsilon_3 = \frac{1}{3} \left\{\vartheta^4(q^2) + \vartheta_3^4(q^2)\right\} = \frac{1}{12} (\vartheta^4 - \vartheta_3^4 + 6\vartheta^2\vartheta_3^2),$$

$$e_2 = \varepsilon_0 - \varepsilon_2 = \frac{1}{3} \left\{\vartheta_2^4(q^2) - \vartheta^4(q^2)\right\} = \frac{1}{12} (\vartheta^4 + \vartheta_3^4 - 6\vartheta^2\vartheta_3^2),$$

$$e_3 = \varepsilon_0 - \varepsilon_1 = -\frac{1}{3} \left\{\vartheta_2^4(q^2) + \vartheta_3^4(q^2)\right\} = -\frac{1}{6} (\vartheta^4 + \vartheta_3^4) \quad ;$$

2) $$e_1 = \frac{1}{12} \left\{\vartheta^4(\sqrt{q}) + \vartheta_3^4(\sqrt{q})\right\} = \frac{1}{6} (\vartheta_2^4 + \vartheta_3^4)$$

$$e_2 = \frac{1}{12} \left\{\vartheta_2^4(\sqrt{q}) - \vartheta^4(\sqrt{q})\right\} = -\frac{1}{12} (\vartheta_2^4 + \vartheta_3^4 - 6\vartheta_2^2\vartheta_3^2) \quad ,$$

$$e_3 = -\frac{1}{12} \left\{\vartheta_2^4(\sqrt{q}) + \vartheta_3^4(\sqrt{q})\right\} = -\frac{1}{12} (\vartheta_2^4 + \vartheta_3^4 + 6\vartheta_2^2\vartheta_3^2).$$

Für imaginäre Werthe der Amplitude hat man

$$\bar{p} = \bar{\eta} - \frac{1}{3} \frac{\vartheta_1'''}{\vartheta_1'} = \bar{\eta} - \varepsilon_0$$

zu schreiben und erhält analog:

*) Strehlke, Crelle Band 12, Seite 358; Aronhold, Crelle Band 39, Seite 158.

$$\frac{d\bar{p}}{du} = \delta\varepsilon\sqrt{4\bar{p}^3 - g_2\bar{p} - g_3} = \delta\varepsilon\bar{P},$$

$$u = \int_p^{e_3}\frac{dp}{P} = \int_{-\infty}^{\bar{p}_1}\frac{dp}{P} = \int_{p_2}^{e_1}\frac{dp}{P} = \int_{e_2}^{\bar{p}_3}\frac{dp}{P} = \int_{-\infty}^{\bar{p}_4}\frac{dp}{P} = \int_{\bar{p}_5}^{e}\frac{dp}{P}.$$

Bekanntlich gebraucht Herr Weierstrass die Bezeichnung

$$\wp u = -\left(\frac{d}{du}\right)^2 \log\sigma u = \frac{1}{\vartheta_3^4}\, p_1\left(\frac{u}{\vartheta_3^2}\right).$$

19.

Die bisher benutzten Werthe der Invarianten g_2 und g_3 hängen allein von dem Argumente q ab, es ist aber leicht, durch Einführung eines geeigneten Factors μ zu zwei beliebig gegebenen Invarianten G und H, sei es mit positiver oder mit negativer Discriminante, zu gelangen.

In der That erhält man für

$$\eta u = \mu^2\left(\frac{d}{du}\right)^2 \lg\vartheta u, \quad \text{u. s. w.}$$

mittelst einer leichten Transformation aus den Formeln des Art. 8:

$$u = \mu\int_\eta^{\mu^2\frac{\vartheta'}{\vartheta}}\frac{d\eta}{\mathsf{H}} = \mu\int_{-\infty}^{\eta_1}\frac{d\eta}{\mathsf{H}} = \mu\int_{\eta_2}^{\mu^2\frac{\vartheta_2''}{\vartheta_2}}\frac{d\eta}{\mathsf{H}} = \mu\int_{\mu^2\frac{\vartheta_3''}{\vartheta_3}}^{\eta_3}\frac{d\eta}{\mathsf{H}}$$

$$= \mu\int_{\mu^2\frac{\vartheta'}{\vartheta}}^{\bar{\eta}}\frac{d\eta}{\bar{\mathsf{H}}} = \mu\int_{\eta_1}^{\infty}\frac{d\eta}{\bar{\mathsf{H}}} = \mu\int_{\mu^2\frac{\vartheta_2''}{\vartheta_2}}^{\bar{\eta}_2}\frac{d\eta}{\bar{\mathsf{H}}} = \mu\int_{\bar{\eta}_3}^{\mu^2\frac{\vartheta_3''}{\vartheta_3}}\frac{d\eta}{\bar{\mathsf{H}}},$$

$$\mathsf{H}^2 = 4\left(\mu^2\frac{\vartheta''}{\vartheta} - \eta\right)\left(\mu^2\frac{\vartheta_2''}{\vartheta_2} - \eta\right)\left(\mu^2\frac{\vartheta_3''}{\vartheta_3} - \eta\right),$$

$$\bar{\mathsf{H}}^2 = 4\left(\bar{\eta} - \mu^2\frac{\vartheta''}{\vartheta}\right)\left(\bar{\eta} - \mu^2\frac{\vartheta_2''}{\vartheta_2}\right)\left(\bar{\eta} - \mu^2\frac{\vartheta_3''}{\vartheta_3}\right),$$

wodurch

$$\Theta^4 u\,\mathsf{H}_\delta^2 = \mu^3\vartheta_1'^3\vartheta_1(2u), \qquad \Theta^4(ui)\bar{\mathsf{H}}_\delta^2 = \mu^3\vartheta_1'^3\frac{1}{i}\vartheta_1(2ui),$$

$$\mu\vartheta_2\vartheta_3\frac{\vartheta_1 u}{\vartheta u} = \sqrt{\mu^2\frac{\vartheta''}{\vartheta} - \eta}, \qquad \mu\vartheta\vartheta_3\frac{\vartheta_2 u}{\vartheta u} = \sqrt{\eta - \mu^2\frac{\vartheta_2''}{\vartheta_2}},$$

$$\mu\vartheta_2\vartheta\frac{\vartheta_3 u}{\vartheta u} = \sqrt{\eta - \mu^2\frac{\vartheta_3''}{\vartheta_3}}, \qquad \mu\vartheta_2\vartheta_3\frac{\vartheta_1(ui)}{i\vartheta(ui)} = \sqrt{\bar{\eta} - \mu^2\frac{\vartheta''}{\vartheta}},$$

u. s. w. Für die Integrale *zweiter* Gattung folgt ebenso

$$\mu\frac{\vartheta' u}{\vartheta u} = \int_\eta^{\mu^2\frac{\vartheta'}{\vartheta}}\frac{\eta\, d\eta}{\mathsf{H}}, \quad \text{u. s. w.}$$

Die zugehörigen Invarianten werden

$$G = \mu^4 g_2, \quad H = \mu^6 g_3, \quad G^3 - 27H^2 = \mu^{12}(g_2^3 - 27g_3^2),$$

während die Wurzeln der cubischen Resolvente

$$4\lambda^3 = G\lambda + H$$

ihrer Grösse nach durch

$$\lambda_1 = \mu^2 e_1, \quad \lambda_2 = \mu^2 e_2, \quad \lambda_3 = \mu^2 e_3$$

ausgedrückt werden. Die Gleichungen

$$\mu^2\left(\frac{\vartheta_3''}{\vartheta_3} - \frac{\vartheta_2''}{\vartheta_2}\right) = \mu^2(\varepsilon_2 - \varepsilon_3) = \mu^2(e_1 - e_2) = \lambda_1 - \lambda_2 = \mu^2\vartheta^4,$$

$$\mu^2\left(\frac{\vartheta''}{\vartheta} - \frac{\vartheta_3''}{\vartheta_3}\right) = \mu^2(\varepsilon_1 - \varepsilon_2) = \mu^2(e_2 - e_3) = \lambda_2 - \lambda_3 = \mu^2\vartheta_2^4,$$

$$\mu^2\left(\frac{\vartheta''}{\vartheta} - \frac{\vartheta_2''}{\vartheta_2}\right) = \mu^2(\varepsilon_1 - \varepsilon_3) = \mu^2(e_1 - e_3) = \lambda_1 - \lambda_3 = \mu^2\vartheta_3^4$$

liefern sogleich die Werthe von μ und q. Denn μ bestimmt sich als das arithmetisch-geometrische Mittel aus

$$m = \sqrt{\lambda_1 - \lambda_3} \quad \text{und} \quad n = \sqrt{\lambda_1 - \lambda_2},$$

während $\mu' = \frac{\mu\pi}{h}$ das entsprechende Mittel aus

$$m = \sqrt{\lambda_1 - \lambda_3} \quad \text{und} \quad n' = \sqrt{\lambda_2 - \lambda_3}$$

darstellt. Damit wird $q = e^{-\frac{\mu\pi}{\mu'}}$.

20.

Analoge Resultate erhält man für negative Discriminanten aus den Formeln des Art. 15. Es wird

$$u = \mu\int_{-\infty}^{\eta_4}\frac{d\eta}{\mathsf{H}} = \mu\int_{\eta_5}^{\mu^2\varepsilon'}\frac{d\eta}{\mathsf{H}} = \mu\int_{\eta_4}^{\infty}\frac{d\eta}{\overline{\mathsf{H}}} = \mu\int_{\mu^2\varepsilon'}^{\overline{\eta}_5}\frac{d\eta}{\overline{\mathsf{H}}}.$$

Hier ist

$$\mathsf{H}^2 = (\mu^2\varepsilon' - \eta)\left[\left(\mu^2\frac{\vartheta_3''}{\vartheta_3} - 2\eta\right)^2 + \mu^4\vartheta^4\vartheta_2^4\right],$$

$$\overline{\mathsf{H}}^2 = (\overline{\eta} - \mu^2\varepsilon')\left[\left(2\overline{\eta} - \mu^2\frac{\vartheta_3''}{\vartheta_3}\right)^2 + \mu^4\vartheta^4\vartheta_2^4\right],$$

$$\sqrt{\mu^2\varepsilon' - \eta_4} = \frac{1}{2}\mu\vartheta_3^2\frac{\vartheta_2\left(\frac{1}{2}u, iq^{\frac{1}{2}}\right)}{\vartheta_1\left(\frac{1}{2}u, iq^{\frac{1}{2}}\right)}, \quad \text{etc.}$$

$$\sqrt{\overline{\eta}_4 - \mu^2\varepsilon'} = \frac{1}{2}\mu\vartheta_3^2\frac{i\vartheta_2\left(\frac{1}{2}ui, iq^{\frac{1}{2}}\right)}{\vartheta_1\left(\frac{1}{2}ui, iq^{\frac{1}{2}}\right)}, \quad \text{etc.}$$

Da jetzt

$$G = \frac{1}{12}\mu^4(\vartheta_3^8 - 16\vartheta^4\vartheta_2^4), \qquad G^3 - 27H^2 = -\frac{1}{16}\mu^{12}\vartheta^4\vartheta_2^4\vartheta_3^{16} < 0,$$

und die Resolvente eine einzige reelle Wurzel

$$\lambda' = \mu^2 e' = \frac{1}{6}\mu^2(\vartheta^4 - \vartheta_2^4)$$

besitzt, so setzen wir, um die zugehörigen Werthe von μ und q zu finden,

$$\varrho'\varrho' = 12\lambda'\lambda' - G = 4(\lambda' - \lambda'')(\lambda' - \lambda''').$$

Dann wird

$$\mu^2\vartheta^4 = \varrho' + 3\lambda', \qquad \mu^2\vartheta_2^4 = \varrho' - 3\lambda', \qquad \mu^2\vartheta_3^4 = 2\varrho',$$

mithin ist μ das arithmetisch-geometrische Mittel aus

$$m = \sqrt{2\varrho'} \quad \text{und} \quad n = \sqrt{\varrho' + 3\lambda'}.$$

Dagegen wird μ' das entsprechende Mittel aus

$$m = \sqrt{2\varrho'} \quad \text{und} \quad n' = \sqrt{\varrho' - 3\lambda'},$$

womit unsere Aufgabe auch für den Fall einer negativen Discriminante gelöst ist.

Die beiden Fälle des Art. 16 lassen sich ganz ähnlich behandeln. Setzt man

$$u = \mu\int_{\eta}^{\mu^2\varepsilon_1}\frac{d\eta}{\mathsf{H}} = \mu\int_{-\infty}^{\eta_1}\frac{d\eta}{\mathsf{H}} = \mu\int_{\eta_2}^{\mu^2\varepsilon_2}\frac{d\eta}{\mathsf{H}} = \mu\int_{\mu^2\varepsilon_2}^{\eta_2}\frac{d\eta}{\mathsf{H}},$$

so ergibt sich im *ersten* Falle

$$\mathsf{H}^2 = (\mu^2\varepsilon_1 - \eta)\left[\left(\mu^2\frac{\vartheta_2''}{\vartheta_2} - 2\eta\right)^2 - \mu^4\vartheta^4\vartheta_3^4\right],$$

$$G = \frac{1}{12}\mu^4(\vartheta_2^8 + 16\vartheta^4\vartheta_3^4), \qquad \varrho_3^2 = 12\lambda_3\lambda_3 - G,$$

$$\lambda_3 = \mu^2 e_3 = \mu^2(\varepsilon_0 - \varepsilon_1) = -\frac{1}{6}\mu^2(\vartheta^4 + \vartheta_3^4),$$

$$\mu^2\vartheta^4 = -3\lambda_3 - \varrho_3, \qquad \mu^2\vartheta_2^4 = 2\varrho_3, \qquad \mu^2\vartheta_3^4 = -3\lambda_3 + \varrho_3;$$

also μ das Gauss'sche Mittel aus

$$m = \sqrt{-3\lambda_3 + \varrho_3} \quad \text{und} \quad n = \sqrt{-3\lambda_3 - \varrho_3},$$

und μ' dasselbe aus

$$m = \sqrt{-3\lambda_3 + \varrho_3} \quad \text{und} \quad n' = \sqrt{2\varrho_3}.$$

Im *zweiten* Falle hat man

$$\mathsf{H}^2 = (\mu^2\varepsilon_3 - \eta)\left[\left(\mu^2\frac{\vartheta''}{\vartheta} - 2\eta\right)^2 - \mu^4\vartheta_2^4\vartheta_3^4\right],$$

$$G = \frac{1}{12}\mu^4(\vartheta^8 + 16\vartheta_2^4\vartheta_3^4), \qquad \varrho_1^2 = 12\lambda_1\lambda_1 - G,$$

$$\lambda_1 = \mu^2 e_1 = \mu^2(\varepsilon_0 - \varepsilon_1) = \frac{1}{6}\mu^2(\vartheta_2^4 + \vartheta_3^4),$$

$$\mu^2\vartheta^4 = 2\varrho_1, \quad \mu^2\vartheta_2^4 = 3\lambda_1 - \varrho_1, \quad \mu^2\vartheta_3^4 = 3\lambda_1 + \varrho_1,$$

$$m = \sqrt{3\lambda_1 + \varrho_1}, \quad n = \sqrt{2\varrho_1}, \quad n' = \sqrt{3\lambda_1 - \varrho_1}.^{*)}$$

21.

Die im Vorhergehenden entwickelten Formeln reichen aus, um elliptische Integrale von der Form

$$\Omega = \int \frac{\overset{n}{\varphi\eta}}{\underset{m}{f\eta}} \frac{d\eta}{\mathrm{H}},$$

wo f und φ ganze Functionen bedeuten, durch Thetafunctionen auszudrücken. Man hat hierzu (siehe S. 475 dieses Bandes) einen irrationalen Theil $\frac{\overset{k}{\chi\eta}}{\underset{l}{g\eta}}\mathrm{H}$ abzutrennen, dessen Nenner $g\eta$ den grössten gemeinschaftlichen Theiler l^{ten} Grades von $f\eta$ und $f'\eta$ bezeichnet, während der Grad des Zählers $\chi\eta$ entweder durch
$k = n - m + l - 2$, oder wenn $n < m + 1$, durch $k = l - 1$
zu bestimmen ist. Schreibt man

$$\Omega = \frac{\chi}{g}\mathrm{H} + \int \frac{\mathrm{X}}{F}\frac{d\eta}{\mathrm{H}},$$

wo $F = \frac{f}{g}$ eine ganze Function vom Grade $m - l$ wird, deren sämmtliche Wurzeln ungleich sind, so ergibt sich der Grad des Zählers X gleich $m - l + 1$, so dass bei der Zerlegung in Partialbrüche

$$\frac{\mathrm{X}}{F} = a + b\eta + \sum \frac{c}{\eta - p}$$

gesetzt werden darf. Damit ist

$$\Omega = \int \frac{\varphi}{f} du = \frac{\chi}{g}\mathrm{H} + au + bv + \sum c_p w_p$$

auf die früher betrachteten Normalintegrale der drei Gattungen u, v, w zurückgeführt.

---

*) Bei einer Vergleichung mit den in meiner früheren Abhandlung Seite 85/141 enthaltenen Resultaten ist zu beachten, dass dort unter λ die reelle Wurzel der Resolvente verstanden wird, welche mit der Invariante H von gleichem Vorzeichen ist; die beiden anderen Wurzeln sind durch $\frac{1}{2}(\nu - \lambda)$ und $-\frac{1}{2}(\nu + \lambda)$ gegeben, wenn $\nu^2 = \lambda^2 - \frac{H}{\lambda} = G - 3\lambda^2$ geschrieben wird. Während jetzt $\lambda_1 > \lambda_2 > \lambda_3$ sein soll, ist dort $\lambda^2 > \lambda_1^2 > \lambda_2^2$ vorausgesetzt.

Die Werthe der Parameter p ergeben sich als Wurzeln der Gleichung $F=0$, während die Ermittelung der Functionen g, χ und X nur auf linearen Gleichungen beruht.

In der That erhält man durch Differentiation nach u:

$$\frac{\varphi}{f}=\frac{\chi}{g}\,\mathsf{H}\mathsf{H}'+\left(\frac{\chi'}{g}-\frac{\chi g'}{gg}\right)\mathsf{H}^2+\frac{\mathsf{X}}{F},$$

und für

$$f'=gF_1,\qquad g'F=(F_1-F')g:$$

$$\varphi=F\mathsf{H}\mathsf{H}'\chi+(F'-F_1)\mathsf{H}^2\chi+F\mathsf{H}^2\chi'+g\mathsf{X}.$$

Diese identisch zu erfüllende Gleichung liefert die zur Bestimmung der Coefficienten in χ und X erforderlichen linearen Relationen.

22.

Es handelt sich jetzt noch darum, ein elliptisches Integral von der allgemeinen Form

$$\int_{x_0}^{x}\frac{\varphi x}{fx}\,\frac{dx}{X},$$

wo

$$X^2=Ax^4+4Bx^3+6Cx^2+4Dx+E$$

ein beliebiges Polynom vierten Grades bezeichnet, auf die Normalform des Integrals Ω zu reduciren.

Hierzu bedienen wir uns des folgenden Satzes*): „Wenn das Polynom

$$\mathfrak{A}y^4+4\mathfrak{B}y^3+6\mathfrak{C}y^2+4\mathfrak{D}y+\mathfrak{E}=Y^2$$

dieselben Invarianten G und H wie X^2 besitzt, so äquivalirt die Integralgleichung

$$\int_{x_0}^{x}\frac{dx}{X}=\pm\int_{y_0}^{y}\frac{dy}{Y}$$

der algebraischen Gleichung

$$\frac{X_1X_2^0+X_2X_1^0}{x-x_0}=\pm\frac{Y_1Y_2^0+Y_2Y_1^0}{y-y_0}.\text{“}$$

Hier ist $X=X_1X_2$, $Y=Y_1Y_2$ geschrieben, wo

$$X_1^2=l_1x^2+2m_1x+n_1,\qquad X_2^2=l_2x^2+2m_2x+n_2,$$
$$m_1m_2=C+\lambda,$$

und analog

$$Y_1^2=\mathfrak{l}_1y^2+2\mathfrak{m}_1y+\mathfrak{n}_1,\qquad Y_2^2=\mathfrak{l}_2y^2+2\mathfrak{m}_2y+\mathfrak{n}_2,$$
$$\mathfrak{m}_1\mathfrak{m}_2=\mathfrak{C}+\lambda,$$

*) *Zur Reduction elliptischer Integrale*, 1879, Seite 6/62.

während λ eine Wurzel der cubischen Resolvente

$$4\lambda^3 = G\lambda + H \quad \text{oder} \quad 0 = \begin{vmatrix} A & B & C-2\lambda \\ B & C+\lambda & D \\ C-2\lambda & D & E \end{vmatrix}$$

darstellt. Für positive Werthe der vorkommenden Radicale correspondiren einander die doppelten Vorzeichen der obigen Gleichungen. Die drei Wurzeln λ entsprechen den drei möglichen Zerlegungen von X und Y, von denen entweder nur eine oder alle drei reell sind.

Wir setzen

$$\frac{X_1X_2^0 + X_2X_1^0}{2(x-x_0)} = \varpi(x, \lambda), \qquad \frac{Y_1Y_2^0 + Y_2Y_1^0}{2(y-y_0)} = \chi(y, \lambda)$$

und bezeichnen die den drei Wurzeln oder Zerlegungen entsprechenden Werthe durch $\varpi\,\varpi'\,\varpi''$ resp. $\chi\,\chi'\,\chi''$.

23.

Die hier eingeführte Function $\varpi(x, \lambda)$ besitzt, wie a. a. O. gezeigt, bemerkenswerthe Eigenschaften. Setzt man

$$\varpi\varpi = p(x) - \lambda, \qquad XX = f(x),$$

so wird

$$p = \frac{1}{2}\,\frac{X_0X + f_0}{(x-x_0)^2} + \frac{1}{4}\,\frac{f_0'}{x-x_0} + \frac{1}{24}f_0''\,{}^{*)}$$
$$= \left(\frac{1}{2}\,\frac{X+X_0}{x-x_0}\right)^2 - \frac{1}{4}A(x+x_0)^2 - B(x+x_0) - C$$

---

*) Nach der Terminologie der neueren Algebra würde das Aggregat

$$F(xx_0) = f_0 + \frac{1}{2}f_0'(x-x_0) + \frac{1}{12}f_0''(x-x_0)^2 = f - \frac{1}{2}f'(x-x_0) + \frac{1}{12}f''(x-x_0)^2$$

als zweite Polare von fx zu bezeichnen sein. Diese von Herrn F. Klein (Math. Ann. Bd. 27, S. 454) gemachte Bemerkung glaube ich hier hervorheben zu sollen, da Herr Pick (Annalen Bd. 28, Seite 309) darüber sagt: *Formeln, welche dieses wenigstens zum Theil* (?) *leisten* (sc. *die elementaren elliptischen Functionen als explicite Ausdrücke in den Grenzen und Constanten des Integrals darzustellen*), *sind seit längerer Zeit bekannt für die Form des elliptischen Differentials* $\dfrac{dx}{\sqrt{fx}}$, *und zwar aus den Untersuchungen von Herrn* Weierstrass (*in dessen zu Berlin gehaltenen Vorlesungen*) *und von Herrn* Scheibner (*Abhandlungen der Kgl. Sächs. Gesellschaft der Wissenschaften* 1879). *Allein erst von Herrn* Klein (*Annalen* 27, § 12) *ist dieses Formelsystem vervollständigt und was wichtiger ist, den Ausdrücken eine Schreibweise ertheilt worden, welche ihr wahres Bildungsgesetz aufdeckt* u. s. w.

Herr Halphen sagt im 2. Bande seines *Traité des fonctions elliptiques*, Seite 359: *D'après M.* Felix Klein (a. a. O. S. 457) *il paraît y avoir incertitude sur le premier inventeur de cette belle formule* (sc. $\dfrac{XX_0 + F(xx_0)}{2(x-x_0)^2}$), *qu'il faut, sans doute, attribuer à* M. Weierstrass. In meiner Abhandlung Seite 12/68

von der Wurzel λ unabhängig. Folglich wird

$$2\varpi\varpi'\varpi'' = P = \sqrt{4p^3 - Gp - H}.$$

Durch Elimination des Radicals $X_0 X$ geht eine in Bezug auf p und auf $x - x_0$ quadratische Gleichung hervor, welche in der Form

$$(12p^2 - f_0''p + g_0'' - G)(x - x_0)^2 - 6(f_0'p - g_0')(x - x_0) - 12(f_0 p - g_0) = 0$$

geschrieben werden kann, wenn

$$g = \frac{1}{16} f'f' - \frac{1}{12} ff'' = \frac{1}{12} X^2(X'X' - 2XX'')$$

die biquadratische Covariante von f bezeichnet.

Jede derartige Gleichung führt nach einem bekannten Euler'schen Satze zu einer Gleichung zwischen elliptischen Differentialen, und zwar ergibt die directe Rechnung

$$\left(\frac{dx}{X}\right)^2 = \left(\frac{dp}{P}\right)^2.$$

Die Auflösung der quadratischen Gleichung aber liefert *identisch*

$$x - x_0 = 4\,\frac{f_0 p - g_0}{\pm 2X_0 P - f_0'p + g_0'},$$

mithin

$$\pm P = \frac{2}{X_0}\,\frac{f_0 p - g_0}{x - x_0} + \frac{f_0'p - g_0'}{2X_0}.$$

Durch Substitution der Werthe von p und g kann man diesem Ausdruck die Form geben

$$\pm P = \frac{f_0 X + f X_0}{(x - x_0)^3} + \frac{f_0'X - f'X_0}{4(x - x_0)^2} = -X\frac{dp}{dx}$$

oder

$$\frac{dx}{X} = \mp\frac{dp}{P} = \mp\frac{d\varpi}{\varpi'\varpi''},$$

im Einklange mit der obigen Differentialrelation. Durch Integration folgt

$$\int_{x_0}^{x}\frac{dx}{X} = \pm\int_{p}^{\infty}\frac{dp}{P},$$

wo für positive Werthe der Radicale X und P, welche wir stets voraus-

---

habe ich Biermann's *Dissert. inaugur. Berlin* 1865 citirt, der sich ausdrücklich auf die Methoden seines Lehrers Weierstrass beruft. Im Uebrigen ist mir der Inhalt der Weierstrass'schen Vorlesungen, wie ich in der Vorrede vom Mai 1879 bemerkte, bis zur Veröffentlichung durch Herrn H. A. Schwarz (Göttingen 1885) unzugänglich geblieben. Zur Vergleichung füge ich noch hinzu, dass in der früheren Abhandlung $\xi\,\eta\,X\,Y\,X_1\,Y_1$ an Stelle von $\pm X \pm Y\ pq \equiv \Upsilon$ geschrieben, und die Vorzeichen der Radicale $\xi = py + p_1$, $\eta = qy + q_1$ so beschaffen sind, dass stets $\frac{dx}{\xi} + \frac{dy}{\eta} = 0$ wird.

setzen wollen, das doppelte Vorzeichen gilt, je nachdem $x > x_0$ oder $x < x_0$.*)

Auf demselben Wege erhält man

$$\frac{dy}{Y} = \mp \frac{d\chi}{\chi'\chi''}, \quad \int_{y_0}^{y} \frac{dy}{Y} = \pm \int_{q}^{\infty} \frac{dq}{Q},$$

wenn

$$q = \frac{1}{2} \frac{Y_0 Y + \mathfrak{f}_0}{(y - y_0)^2} + \frac{1}{4} \frac{\mathfrak{f}_0'}{y - y_0} + \frac{1}{24} \mathfrak{f}_0'',$$

$$\mathfrak{f} = YY, \quad \pm Q = \frac{\mathfrak{f}_0 Y + \mathfrak{f} Y_0}{(y - y_0)^3} + \frac{\mathfrak{f}_0' Y - \mathfrak{f}' Y_0}{4(y - y_0)^2},$$

$$QQ = 4q^3 - Gq - H, \quad \chi\chi = q(y) - \lambda$$

geschrieben werden.

24.

Die Gleichung

$$\varpi(x) = \pm \chi(y),$$

welche der elliptischen Transformationsformel

$$\int_{x_0}^{x} \frac{dx}{X} = \pm \int_{y_0}^{y} \frac{dy}{Y}$$

entspricht, kann folglich ersetzt werden sowohl durch

$$p(x) = q(y),$$

als auch durch $P = Q$, wofür man auch schreiben kann

$$\Xi(x) = \pm \Upsilon(y),$$

wenn zur Abkürzung eingeführt wird:

$$\Xi(x) = \frac{f_0 X + f X_0}{(x - x_0)^3} + \frac{1}{4} \frac{f_0' X - f' X_0}{(x - x_0)^2} = - X p'(x),$$

$$\Upsilon(y) = \frac{\mathfrak{f}_0 Y + \mathfrak{f} Y_0}{(y - y_0)^3} + \frac{1}{4} \frac{\mathfrak{f}_0' Y - \mathfrak{f}' Y_0}{(y - y_0)^2} = - Y q'(y).$$

---

*) Die quadratische Gleichung ändert sich nicht, wenn man das Vorzeichen des Radicals $X_0 X$ umkehrt. In der That kann man

$$\varpi = \frac{X_1 X_2^0 - X_2 X_1^0}{2(x - x_0)}, \quad p = \frac{1}{2} \frac{f_0 - X X_0}{(x - x_0)^2} + \frac{1}{4} \frac{f_0'}{x - x_0} + \frac{1}{24} f_0''$$

setzen und die analogen Resultate wie oben ableiten, nur ergibt jetzt die Integration der Gleichung

$$\frac{dx}{X} = \pm \frac{dp}{P}$$

$$\int_{x_0}^{x} \frac{dx}{X} = \pm \int_{p_0}^{p} \frac{dp}{P}, \quad \text{wo } p_0 = \frac{g_0}{f_0}$$

geschrieben und das Vorzeichen von $(x - x_0) \cdot (p - p_0)$ zu wählen ist.

Hierbei ist überall das Vorzeichen des Productes $(x-x_0)(y-y_0)$ *zu wählen.*

Substituirt man diese Werthe in den identischen Ausdruck des vorigen Art. für $x-x_0$, so erhält man

$$x - x_0 = 4\,\frac{f_0 q - g_0}{\pm 2X_0\Upsilon - f_0' q + g_0'},$$

nebst

$$y - y_0 = 4\,\frac{\mathfrak{f}_0 p - \mathfrak{g}_0}{\pm 2Y_0\Xi - \mathfrak{f}_0' p + \mathfrak{g}_0'}.$$

Die vorstehende Gleichung findet sich S. 18/74 meiner Abhandlung auf die Gestalt gebracht

$$x - x_0 = \frac{2k_0X_0(y-y_0) + \alpha(y-y_0)^2}{\pm k_0(Y+Y_0) + 2\beta(y-y_0) + \gamma(y-y_0)^2},$$

wo die Constanten $\alpha\,\beta\,\gamma$ die Form

$$\alpha = \alpha_1 X_0 \pm \alpha_2 Y_0, \quad \beta = \beta_1 X_0 \pm \beta_2 Y_0, \quad \gamma = \gamma_1 X_0 \pm \gamma_2 Y_0$$

haben, während

$$k = \mathfrak{f}g - f\mathfrak{g}$$

gesetzt ist. Man erhält

$$\alpha_1 = \frac{1}{2}\frac{\partial k_0}{\partial y_0}, \quad \alpha_2 = h_0$$

$$\beta_1 = -\frac{1}{4}\frac{\partial k_0}{\partial x_0}, \quad \beta_2 = \frac{1}{4}\frac{\partial k_0}{\partial y_0},$$

$$\gamma_1 = -\frac{1}{8}\frac{\partial^2 k_0}{\partial x_0 \partial y_0}, \quad \gamma_2 = \frac{1}{12}\frac{\partial^2 k_0}{\partial y_0^2} - \frac{1}{6}\frac{\partial h_0}{\partial x_0},$$

wenn

$$h = \frac{1}{2}(f'g - fg') = \frac{1}{12}X^5X'''$$

die Covariante sechsten Grades von f bezeichnet.

25.

Wenn für $\mathfrak{A} = 0$

$$Y^2 = 4\mathfrak{B}(y-\varepsilon_1)(y-\varepsilon_2)(y-\varepsilon_3)$$

nur vom dritten Grade ist, also

$$\mathfrak{C} = -\frac{2}{3}\mathfrak{B}(\varepsilon_1+\varepsilon_2+\varepsilon_3) = -2\mathfrak{B}\varepsilon_0,$$

und man setzt

$$Y_1^2 = 2\mathfrak{m}_1(y-\varepsilon_1), \quad Y_2^2 = \mathfrak{l}_2(y-\varepsilon_2)(y-\varepsilon_3),$$

$$\mathfrak{m}_1\mathfrak{m}_2 = -\mathfrak{B}(\varepsilon_2+\varepsilon_3) = \mathfrak{C} + \lambda,$$

so ergibt sich der zugehörige Wurzelwerth der Resolvente

$$\lambda = \mathfrak{B}(\varepsilon_1 - \varepsilon_0).$$

Weiter hat man

$$(y - y_0)\chi = \sqrt{\mathfrak{B}(y - \varepsilon_1)(y_0 - \varepsilon_2)(y_0 - \varepsilon_3)} + \sqrt{\mathfrak{B}(y_0 - \varepsilon_1)(y - \varepsilon_2)(y - \varepsilon_3)},$$

$$q = \chi^2 + \lambda = \frac{1}{2}\,\frac{Y_0 Y + \mathfrak{f}_0}{(y - y_0)^2} + \frac{1}{4}\,\frac{\mathfrak{f}_0'}{y - y_0} + \frac{1}{24}\,\mathfrak{f}_0'',$$

$$\Upsilon = \frac{\mathfrak{f}_0 Y + \mathfrak{f} Y_0}{(y - y_0)^3} + \frac{1}{4}\,\frac{\mathfrak{f}_0' Y - \mathfrak{f}' Y_0}{(y - y_0)^2}.$$

Diese Ausdrücke nehmen für $y_0 = \varepsilon_1$, wie für $y = \pm\infty$ eine besonders einfache Gestalt an. Man erhält im ersteren Falle

$$(y - \varepsilon_1)\chi = \sqrt{\mathfrak{B}(y - \varepsilon_1)(\varepsilon_1 - \varepsilon_2)(\varepsilon_1 - \varepsilon_3)},$$

also für $\mathfrak{B} = -1$

$$\chi = -\sqrt{\frac{(\varepsilon_1 - \varepsilon_2)(\varepsilon_1 - \varepsilon_3)}{\varepsilon_1 - y}},$$

und für $\mathfrak{B} = 1$

$$\chi = \sqrt{\frac{(\varepsilon_1 - \varepsilon_2)(\varepsilon_1 - \varepsilon_3)}{y - \varepsilon_1}};$$

ferner

$$q = \mathfrak{B}\left(\frac{(\varepsilon_1 - \varepsilon_2)(\varepsilon_1 - \varepsilon_3)}{y - \varepsilon_1} + \varepsilon_1 - \varepsilon_0\right),$$

$$\Upsilon = \mathfrak{B}\,Y\,\frac{(\varepsilon_1 - \varepsilon_2)(\varepsilon_1 - \varepsilon_3)}{(y - \varepsilon_1)^2}.$$

Für unendliche Werthe von y_0 dagegen wird, je nach dem Vorzeichen von $\mathfrak{B}$:

$$\chi = \mp\sqrt{\mathfrak{B}(y - \varepsilon_1)},$$

$$q = \mathfrak{B}(y - \varepsilon_0),$$

$$\Upsilon = -\mathfrak{B}\,Y,$$

folglich

$$x - x_0 = 4\,\frac{\mathfrak{B} f_0(y - \varepsilon_0) - g_0}{\pm 2\mathfrak{B} X_0 Y - \mathfrak{B} f_0'(y - \varepsilon_0) + g_0'},$$

$$y = \varepsilon_0 + \frac{p}{\mathfrak{B}}.$$

Für $y_0 = \varepsilon_2$ endlich ergibt sich

$$(y - \varepsilon_2)\chi = \sqrt{\mathfrak{B}(\varepsilon_2 - \varepsilon_1)(y - \varepsilon_2)(y - \varepsilon_3)},$$

mithin für $\mathfrak{B} = 1$, $y < \varepsilon_2$:

$$\chi = -\sqrt{(\varepsilon_1 - \varepsilon_2)\frac{y - \varepsilon_3}{\varepsilon_2 - y}},$$

und für $\mathfrak{B} = -1$, je nachdem $y > \varepsilon_2$ oder $y < \varepsilon_2$:

$$\chi = \pm\sqrt{(\varepsilon_1 - \varepsilon_2)\frac{y - \varepsilon_3}{y - \varepsilon_2}}\,;$$

ferner

$$q = \mathfrak{B}\left(\frac{(\varepsilon_1 - \varepsilon_2)(\varepsilon_2 - \varepsilon_3)}{\varepsilon_2 - y} + \varepsilon_2 - \varepsilon_0\right),$$

$$\Upsilon = -\mathfrak{B}\,Y\frac{(\varepsilon_1 - \varepsilon_2)(\varepsilon_2 - \varepsilon_3)}{(y - \varepsilon_2)^2}.$$

26.

Als Beispiel setzen wir

$$X^2 = 4(\varepsilon_1 - x)(\varepsilon_2 - x)(\varepsilon_3 - x), \quad Y^2 = 4(\varepsilon_1 - y)(\varepsilon_2 - y)(\varepsilon_3 - y),$$

$$x_0 = \varepsilon_1, \quad y_0 = -\infty, \quad \mathfrak{B} = -1,$$

so wird

$$p = -\left(\frac{(\varepsilon_1 - \varepsilon_2)(\varepsilon_1 - \varepsilon_3)}{x - \varepsilon_1} + \varepsilon_1 - \varepsilon_0\right),$$

$$y = \varepsilon_0 - p = \frac{(\varepsilon_1 - \varepsilon_2)(\varepsilon_1 - \varepsilon_3)}{x - \varepsilon_1} + \varepsilon_1,$$

oder

$$(\varepsilon_1 - x)(\varepsilon_1 - y) = (\varepsilon_1 - \varepsilon_2)(\varepsilon_1 - \varepsilon_3).$$

Analog erhält man für $x_0 = \varepsilon_2$ resp. $x_0 = \varepsilon_3$

$$(x - \varepsilon_2)(\varepsilon_2 - y) = (\varepsilon_1 - \varepsilon_2)(\varepsilon_2 - \varepsilon_3),$$

$$(\varepsilon_3 - x)(\varepsilon_3 - y) = (\varepsilon_1 - \varepsilon_3)(\varepsilon_2 - \varepsilon_3).$$

Hieraus gehen für

$$\varepsilon_1 = \mu^2\frac{\vartheta''}{\vartheta}, \quad \varepsilon_2 = \mu^2\frac{\vartheta_3''}{\vartheta_3}, \quad \varepsilon_3 = \mu^2\frac{\vartheta_2''}{\vartheta_2}, \quad y = \eta_1, \quad Y = \mathsf{H}_1$$

die Relationen hervor:

$$x = \eta\,, \quad \left(\mu^2\frac{\vartheta''}{\vartheta} - \eta\right)\left(\mu^2\frac{\vartheta''}{\vartheta} - \eta_1\right) = \mu^4\vartheta_2^4\vartheta_3^4 = 3\lambda_3^2 - \frac{1}{4}G,$$

$$x = \eta_3, \quad \left(\eta_3 - \mu^2\frac{\vartheta_3''}{\vartheta_3}\right)\left(\mu^2\frac{\vartheta_3''}{\vartheta_3} - \eta_1\right) = \mu^4\vartheta^4\vartheta_2^4 = \frac{1}{4}G - 3\lambda_2^2,$$

$$x = \eta_2, \quad \left(\mu^2\frac{\vartheta_2''}{\vartheta_2} - \eta_2\right)\left(\mu^2\frac{\vartheta_2''}{\vartheta_2} - \eta_1\right) = \mu^4\vartheta^4\vartheta_3^4 = 3\lambda_1^2 - \frac{1}{4}G.$$

Durch Elimination von η_1 ergeben sich ferner:

$$\left(\mu^2\frac{\vartheta''}{\vartheta} - \eta_2\right)\left(\mu^2\frac{\vartheta''}{\vartheta} - \eta_3\right) = \mu^4\vartheta_2^4\vartheta_3^4 = 3\lambda_3^2 - \frac{1}{4}G,$$

$$\left(\eta - \mu^2\frac{\vartheta_3''}{\vartheta_3}\right)\left(\mu^2\frac{\vartheta_3''}{\vartheta_3} - \eta_2\right) = \mu^4\vartheta^4\,\vartheta_2^4 = \frac{1}{4}G - 3\lambda_2^2,$$

$$\left(\eta - \mu^2\frac{\vartheta_2''}{\vartheta_2}\right)\left(\eta_3 - \mu^2\frac{\vartheta_2''}{\vartheta_2}\right) = \mu^4\vartheta^4\,\vartheta_3^4 = 3\lambda_1^2 - \frac{1}{4}G.$$

27.

Vorstehende sechs Gleichungen, welche leicht direct verificirt werden können, enthalten die Transformationsformeln, durch welche die Integrale *erster* Gattung

$$u = \mu \int_{\eta}^{\mu^2 \frac{\vartheta''}{\vartheta}} \frac{d\eta}{\mathsf{H}} = \mu \int_{-\infty}^{\eta_1} \frac{d\eta}{\mathsf{H}} = \mu \int_{\eta_2}^{\mu^2 \frac{\vartheta_2''}{\vartheta_2}} \frac{d\eta}{\mathsf{H}} = \mu \int_{\mu^2 \frac{\vartheta_3''}{\vartheta_3}}^{\eta_3} \frac{d\eta}{\mathsf{H}}$$

in einander übergehen. Wir wollen diese Formeln noch anwenden, um die Art. 11 gefundenen Werthe der Integrale *zweiter* Gattung oder der logarithmischen Differentialquotienten der Thetafunctionen zu transformiren.

Man erhält dadurch die Ausdrücke*):

$$\frac{\vartheta' u}{\vartheta u} = u \frac{\vartheta''}{\vartheta} - \vartheta_2{}^4 \vartheta_3{}^4 \int_0^u \frac{du}{\frac{\vartheta''}{\vartheta} - \eta_1} = u \frac{\vartheta_2''}{\vartheta_2} + \vartheta^4 \vartheta_3{}^4 \int_0^u \frac{du}{\eta_3 - \frac{\vartheta_2''}{\vartheta_2}}$$

$$= u \frac{\vartheta_3''}{\vartheta_3} + \vartheta^4\, \vartheta_2{}^4 \int_0^u \frac{du}{\frac{\vartheta_3''}{\vartheta_3} - \eta_2},$$

$$\frac{\vartheta_2' u}{\vartheta_2 u} = u \frac{\vartheta''}{\vartheta} - \vartheta_2{}^4 \vartheta_3{}^4 \int_0^u \frac{du}{\frac{\vartheta''}{\vartheta} - \eta_3} = u \frac{\vartheta_2''}{\vartheta_2} - \vartheta^4 \vartheta_3{}^4 \int_0^u \frac{du}{\frac{\vartheta_2''}{\vartheta_2} - \eta_1}$$

$$= u \frac{\vartheta_3''}{\vartheta_3} - \vartheta^4\, \vartheta_2{}^4 \int_0^u \frac{du}{\eta - \frac{\vartheta_3''}{\vartheta_3}},$$

$$\frac{\vartheta_3' u}{\vartheta_3 u} = u \frac{\vartheta''}{\vartheta} - \vartheta_2{}^4 \vartheta_3{}^4 \int_0^u \frac{du}{\frac{\vartheta''}{\vartheta} - \eta_2} = u \frac{\vartheta_2''}{\vartheta_2} + \vartheta^4 \vartheta_3{}^4 \int_0^u \frac{du}{\eta - \frac{\vartheta_2''}{\vartheta_2}}$$

$$= u \frac{\vartheta_3''}{\vartheta_3} + \vartheta^4\, \vartheta_2{}^4 \int_0^u \frac{du}{\frac{\vartheta_3''}{\vartheta_3} - \eta_1},$$

denen wegen

$$0 = \vartheta'\left(\frac{\pi}{2}\right) = \vartheta_1'\left(\frac{\pi}{2}\right) = \vartheta_3'\left(\frac{\pi}{2}\right),$$

$$\vartheta_1' = -\vartheta_2'\left(\frac{\pi}{2}\right) = \frac{1}{i} q^{\frac{1}{4}} \vartheta'\left(\frac{hi}{2}\right)$$

die folgenden zur Seite stehen:

---

*) Vergl. S. 92/148 der Abhandlung *Zur Reduction elliptischer Integrale.*

$$\frac{\vartheta' u}{\vartheta u} = -\left(\frac{\pi}{2} - u\right)\frac{\vartheta''}{\vartheta} + \vartheta_2^4 \vartheta_3^4 \int\limits_u^{\frac{1}{2}\pi} \frac{du}{\frac{\vartheta''}{\vartheta} - \eta_1}$$

$$= -\left(\frac{\pi}{2} - u\right)\frac{\vartheta_2''}{\vartheta_2} - \vartheta^4\, \vartheta_3^4 \int\limits_u^{\frac{1}{2}\pi} \frac{du}{\eta_3 - \frac{\vartheta_2''}{\vartheta_2}}$$

$$= -\left(\frac{\pi}{2} - u\right)\frac{\vartheta_3''}{\vartheta_3} - \vartheta^4\, \vartheta_2^4 \int\limits_u^{\frac{1}{2}\pi} \frac{du}{\frac{\vartheta_3''}{\vartheta_3} - \eta_2},$$

$$\frac{\vartheta_1' u}{\vartheta_1 u} = -\left(\frac{\pi}{2} - u\right)\frac{\vartheta''}{\vartheta} + \vartheta_2^4 \vartheta_3^4 \int\limits_u^{\frac{1}{2}\pi} \frac{du}{\frac{\vartheta''}{\vartheta} - \eta}$$

$$= -\left(\frac{\pi}{2} - u\right)\frac{\vartheta_2''}{\vartheta_2} + \vartheta^4\, \vartheta_3^4 \int\limits_u^{\frac{1}{2}\pi} \frac{du}{\frac{\vartheta_2''}{\vartheta_2} - \eta_2}$$

$$= -\left(\frac{\pi}{2} - u\right)\frac{\vartheta_3''}{\vartheta_3} + \vartheta^4\, \vartheta_2^4 \int\limits_u^{\frac{1}{2}\pi} \frac{du}{\eta_3 - \frac{\vartheta_3''}{\vartheta_3}},$$

$$\frac{\vartheta_3' u}{\vartheta_3 u} = -\left(\frac{\pi}{2} - u\right)\frac{\vartheta''}{\vartheta} + \vartheta_2^4 \vartheta_3^4 \int\limits_u^{\frac{1}{2}\pi} \frac{du}{\frac{\vartheta''}{\vartheta} - \eta_2}$$

$$= -\left(\frac{\pi}{2} - u\right)\frac{\vartheta_2''}{\vartheta} - \vartheta^4\, \vartheta^{34} \int\limits_u^{\frac{1}{2}\pi} \frac{du}{\eta - \frac{\vartheta_2''}{\vartheta_2}}$$

$$= -\left(\frac{\pi}{2} - u\right)\frac{\vartheta_3''}{\vartheta_3} - \vartheta^4\, \vartheta_2^4 \int\limits_u^{\frac{1}{2}\pi} \frac{du}{\frac{\vartheta_3''}{\vartheta_3} - \eta_1}.$$

Diese Formeln lehren, dass die Integrale *zweiter* Gattung als *Grenzfälle* auf solche der *ersten* und *dritten* Gattung zurückgeführt werden können, deren Parameter $p = \eta v$ die drei Werthe $\frac{\vartheta''}{\vartheta}$, $\frac{\vartheta_2''}{\vartheta_2}$ und $\frac{\vartheta_3''}{\vartheta_3}$ annehmen. Da

$$\eta 0 = \frac{\vartheta''}{\vartheta}, \quad \eta\left(\frac{\pi}{2}\right) = \frac{\vartheta_3''}{\vartheta_3}, \quad \eta_1 0 = -\infty, \quad \eta_1\left(\frac{\pi}{2}\right) = \frac{\vartheta_2''}{\vartheta_2},$$

$$\eta_2 0 = \frac{\vartheta_2''}{\vartheta_2}, \quad \eta_2\left(\frac{\pi}{2}\right) = -\infty, \quad \eta_3 0 = \frac{\vartheta_3''}{\vartheta_3}, \quad \eta_3\left(\frac{\pi}{2}\right) = \frac{\vartheta''}{\vartheta},$$

so hat man in den Integralen dritter Gattung $v = 0$ oder $v = \frac{\pi}{2}$ zu setzen. Will man z. B. die Gleichung

$$\frac{\vartheta' u}{\vartheta u} = u \frac{\vartheta''}{\vartheta} - \vartheta_2^4 \vartheta_3^4 \int_0^u \frac{du}{\frac{\vartheta''}{\vartheta} - \eta_1}$$

verificiren, so setze man etwa in der Gleichung

$$\lg \frac{\vartheta_3(v+u)}{\vartheta_3(v-u)} = 2u \frac{\vartheta_3' v}{\vartheta_3 v} - \vartheta_1'^3 \frac{\vartheta_1(2v)}{\vartheta_3^4 v} \int_0^u \frac{du}{\eta_1 u - \eta_3 v}$$

des Art. 12 $v = \frac{\pi}{2} + w$ und entwickle auf beiden Seiten die in w multiplicirten Glieder, wodurch der obige Werth von $\frac{\vartheta' u}{\vartheta u}$ hervorgeht.

28.

In gleicher Weise erhält man:

$$\frac{1}{i} \frac{\vartheta'(ui)}{\vartheta(ui)} = \frac{\vartheta''}{\vartheta} u + \vartheta_2^4 \vartheta_3^4 \int_0^u \frac{du}{\bar{\eta}_1 - \frac{\vartheta''}{\vartheta}} = \frac{\vartheta_2''}{\vartheta_2} u + \vartheta^4 \vartheta_3^4 \int_0^u \frac{du}{\bar{\eta}_3 - \frac{\vartheta_2''}{\vartheta_2}}$$

$$= \frac{\vartheta_3''}{\vartheta_3} u + \vartheta^4\, \vartheta_2^4 \int_0^u \frac{du}{\frac{\vartheta_3''}{\vartheta_3} - \bar{\eta}_2},$$

$$\frac{1}{i} \frac{\vartheta_2'(ui)}{\vartheta_2(ui)} = \frac{\vartheta''}{\vartheta} u - \vartheta_2^4 \vartheta_3^4 \int_0^u \frac{du}{\frac{\vartheta''}{\vartheta} - \bar{\eta}_3} = \frac{\vartheta_2''}{\vartheta_2} u + \vartheta^4 \vartheta_3^4 \int_0^u \frac{du}{\bar{\eta}_1 - \frac{\vartheta_2''}{\vartheta_2}}$$

$$= \frac{\vartheta_3''}{\vartheta_3} u - \vartheta^4\, \vartheta_2^4 \int_0^u \frac{du}{\bar{\eta} - \frac{\vartheta_3''}{\vartheta_3}},$$

$$\frac{1}{i} \frac{\vartheta_3'(ui)}{\vartheta_3(ui)} = \frac{\vartheta''}{\vartheta} u - \vartheta_2^4 \vartheta_3^4 \int_0^u \frac{du}{\frac{\vartheta''}{\vartheta} - \bar{\eta}_2} = \frac{\vartheta_2''}{\vartheta_2} u + \vartheta^4 \vartheta_3^4 \int_0^u \frac{du}{\bar{\eta} - \frac{\vartheta_2''}{\vartheta_2}}$$

$$= \frac{\vartheta_3''}{\vartheta_3} u - \vartheta^4\, \vartheta_2^4 \int_0^u \frac{du}{\bar{\eta}_1 - \frac{\vartheta_3''}{\vartheta_3}},$$

und wegen

$$\bar{\eta}\left(\frac{h}{2}\right) = \infty, \quad \bar{\eta}_1\left(\frac{h}{2}\right) = \frac{\vartheta''}{\vartheta}, \quad \bar{\eta}_2\left(\frac{h}{2}\right) = \frac{\vartheta_3''}{\vartheta_3}, \quad \bar{\eta}_3\left(\frac{h}{2}\right) = \frac{\vartheta_2''}{\vartheta_2},$$

$$\frac{1}{i}\,\frac{\vartheta_1'\left(\frac{1}{2}hi\right)}{\vartheta_1\left(\frac{1}{2}hi\right)} = \frac{1}{i}\,\frac{\vartheta_2'\left(\frac{1}{2}hi\right)}{\vartheta_2\left(\frac{1}{2}hi\right)} = \frac{1}{i}\,\frac{\vartheta_3'\left(\frac{1}{2}hi\right)}{\vartheta_3\left(\frac{1}{2}hi\right)} = -1:$$

$$1 + \frac{1}{i}\,\frac{\vartheta_1'(ui)}{\vartheta_1(ui)} = -\left(\frac{h}{2} - u\right)\frac{\vartheta''}{\vartheta} - \vartheta_2^4\vartheta_3^4\int_u^{\frac{1}{2}h}\frac{du}{\bar{\eta} - \frac{\vartheta''}{\vartheta}}$$

$$= -\left(\frac{h}{2} - u\right)\frac{\vartheta_2''}{\vartheta_2} - \vartheta^4\,\vartheta_3^4\int_u^{\frac{1}{2}h}\frac{du}{\bar{\eta}_2 - \frac{\vartheta_2''}{\vartheta_2}}$$

$$= -\left(\frac{h}{2} - u\right)\frac{\vartheta_3''}{\vartheta_3} - \vartheta^4\,\vartheta_2^4\int_u^{\frac{1}{2}h}\frac{du}{\frac{\vartheta_3''}{\vartheta_3} - \bar{\eta}_3},$$

$$1 + \frac{1}{i}\,\frac{\vartheta_2'(ui)}{\vartheta_2(ui)} = -\left(\frac{h}{2} - u\right)\frac{\vartheta''}{\vartheta} + \vartheta_2^4\vartheta_3^4\int_u^{\frac{1}{2}h}\frac{du}{\frac{\vartheta''}{\vartheta} - \bar{\eta}_3}$$

$$= -\left(\frac{h}{2} - u\right)\frac{\vartheta_2''}{\vartheta_2} - \vartheta^4\,\vartheta_3^4\int_u^{\frac{1}{2}h}\frac{du}{\bar{\eta}_1 - \frac{\vartheta_2''}{\vartheta_2}}$$

$$= -\left(\frac{h}{2} - u\right)\frac{\vartheta_3''}{\vartheta_3} + \vartheta^4\,\vartheta_2^4\int_u^{\frac{1}{2}h}\frac{du}{\bar{\eta} - \frac{\vartheta_3''}{\vartheta_3}},$$

$$1 + \frac{1}{i}\,\frac{\vartheta_3'(ui)}{\vartheta_3(ui)} = -\left(\frac{h}{2} - u\right)\frac{\vartheta''}{\vartheta} + \vartheta_2^4\vartheta_3^4\int_u^{\frac{1}{2}h}\frac{du}{\frac{\vartheta''}{\vartheta} - \bar{\eta}_2}$$

$$= -\left(\frac{h}{2} - u\right)\frac{\vartheta_2''}{\vartheta_2} - \vartheta^4\,\vartheta_3^4\int_u^{\frac{1}{2}h}\frac{du}{\bar{\eta} - \frac{\vartheta_2''}{\vartheta_2}}$$

$$= -\left(\frac{h}{2} - u\right)\frac{\vartheta_3''}{\vartheta_3} + \vartheta^4\,\vartheta_2^4\int_u^{\frac{1}{2}h}\frac{du}{\bar{\eta}_1 - \frac{\vartheta_3''}{\vartheta_3}}.$$

Ferner ergeben sich die Formeln

$$\eta_4 0 = -\infty, \quad \eta_4 \pi = \varepsilon', \quad \eta_5 0 = \varepsilon', \quad \eta_5 \pi = -\infty,$$

$$\bar{\eta}_4 h = \varepsilon', \qquad \bar{\eta}_5 h = \infty, \quad \frac{1}{2i} \frac{\vartheta_1'\left(\frac{1}{2} hi, i\sqrt{q}\right)}{\vartheta_1\left(\frac{1}{2} hi, i\sqrt{q}\right)} = -1,$$

$$\frac{1}{2} \frac{\vartheta_1'\left(\frac{1}{2} u, i\sqrt{q}\right)}{\vartheta_1\left(\frac{1}{2} u, i\sqrt{q}\right)} = -(\pi - u)\varepsilon' + \frac{1}{16}\vartheta_3^8 \int_u^\pi \frac{du}{\varepsilon' - \eta_5},$$

$$\frac{1}{2} \frac{\vartheta_2'\left(\frac{1}{2} u, i\sqrt{q}\right)}{\vartheta_2\left(\frac{1}{2} u, i\sqrt{q}\right)} = \varepsilon' u - \frac{1}{16}\vartheta_3^8 \int_0^u \frac{du}{\varepsilon' - \eta_4},$$

$$\frac{1}{2i} \frac{\vartheta_1'\left(\frac{1}{2} ui, i\sqrt{q}\right)}{\vartheta_1\left(\frac{1}{2} ui, i\sqrt{q}\right)} = -1 - (h - u)\varepsilon' - \frac{1}{16}\vartheta_3^8 \int_u^h \frac{du}{\bar{\eta}_5 - \varepsilon'},$$

$$\frac{1}{2i} \frac{\vartheta_2'\left(\frac{1}{2} ui, i\sqrt{q}\right)}{\vartheta_2\left(\frac{1}{2} ui, i\sqrt{q}\right)} = \varepsilon' u + \frac{1}{16}\vartheta_3^8 \int_0^u \frac{du}{\bar{\eta}_4 - \varepsilon'},$$

denen man ähnliche Ausdrücke für die Fälle des Art. 17 zur Seite stellen kann.

29.

Substituirt man nunmehr in die Formeln des Art. 25 $y = \eta$ und $Y = \mathsf{H}$, so ergibt eine leichte Rechnung die Ausdrücke:

$$\mu\vartheta_2\vartheta_3 \frac{\vartheta_1 u}{\vartheta u} = \sqrt{\mu^2 \frac{\vartheta''}{\vartheta} - \eta} = \frac{\mu^2\vartheta_2^2\vartheta_3^2}{\varpi(x, \lambda_3)} = \frac{\sqrt{3\lambda_3^2 - \frac{1}{4} G}}{\varpi_3},$$

$$\mu\vartheta\vartheta_2 \frac{\vartheta_2 u}{\vartheta u} = \sqrt{\eta - \mu^2 \frac{\vartheta_3''}{\vartheta_3}} = \mu\vartheta_2^2 \frac{\varpi(x, \lambda_1)}{\varpi(x, \lambda_3)} = \sqrt{\lambda_2 - \lambda_3}\,\frac{\varpi_1}{\varpi_3},$$

$$\mu\vartheta\vartheta_3 \frac{\vartheta_3 u}{\vartheta u} = \sqrt{\eta - \mu^2 \frac{\vartheta_2''}{\vartheta_2}} = \mu\vartheta_3^2 \frac{\varpi(x, \lambda_2)}{\varpi(x, \lambda_3)} = \sqrt{\lambda_1 - \lambda_3}\,\frac{\varpi_2}{\varpi_3},$$

nebst

$$\mathsf{H} = 2\left(3\lambda_3^2 - \frac{1}{4} G\right)\frac{\varpi_1\varpi_2}{\varpi_3^3} = \frac{3\lambda_3^2 - \frac{1}{4} G}{\varpi_3^4} P,$$

$$\sin\varphi = \frac{\sqrt{\lambda_1 - \lambda_2}}{\varpi_3}, \quad \cos\varphi = \frac{\varpi_1}{\varpi_3}, \quad \Delta\varphi = \frac{\varpi_2}{\varpi_3},$$

$$\operatorname{tg}\varphi = \frac{\sqrt{\lambda_1 - \lambda_3}}{\varpi_1}, \quad \frac{\sin\varphi}{\Delta\varphi} = \frac{\sqrt{\lambda_1 - \lambda_3}}{\varpi_2}.$$

Ferner erhält man:

$$\mu\vartheta_2\vartheta_3\,\frac{\vartheta u}{\vartheta_1 u}=\sqrt{\mu^2\,\frac{\vartheta''}{\vartheta}-\eta_1}=\varpi_3,$$

$$\mu\vartheta_2\vartheta\,\frac{\vartheta_3 u}{\vartheta_1 u}=\sqrt{\mu^2\,\frac{\vartheta_3''}{\vartheta_3}-\eta_1}=\varpi_2,$$

$$\mu\vartheta\vartheta_3\,\frac{\vartheta_2 u}{\vartheta_1 u}=\sqrt{\mu^2\,\frac{\vartheta_2''}{\vartheta_2}-\eta_1}=\varpi_1,$$

$$\mathrm{H}_1=2\varpi_1\varpi_2\varpi_3=P;$$

$$\mu\vartheta_2\vartheta_3\,\frac{\vartheta_3 u}{\vartheta_2 u}=\sqrt{\mu^2\,\frac{\vartheta''}{\vartheta}-\eta_2}=\sqrt{\lambda_1-\lambda_3}\,\frac{\varpi_2}{\varpi_1},$$

$$\mu\vartheta\vartheta_2\,\frac{\vartheta u}{\vartheta_2 u}=\sqrt{\mu^2\,\frac{\vartheta_3''}{\vartheta_3}-\eta_2}=\sqrt{\lambda_1-\lambda_2}\,\frac{\varpi_3}{\varpi_1},$$

$$\mu\vartheta\vartheta_3\,\frac{\vartheta_1 u}{\vartheta_2 u}=\sqrt{\mu^2\,\frac{\vartheta_2''}{\vartheta_2}-\eta_2}=\frac{\sqrt{3\lambda_1^2-\frac{1}{4}G}}{\varpi_1},$$

$$\mathrm{H}_2=\frac{3\lambda_1^2-\frac{1}{4}G}{\varpi_1^4}\,P;$$

$$\mu\vartheta_2\vartheta_3\,\frac{\vartheta_2 u}{\vartheta_3 u}=\sqrt{\mu^2\,\frac{\vartheta''}{\vartheta}-\eta_3}=\sqrt{\lambda_2-\lambda_3}\,\frac{\varpi_1}{\varpi_2},$$

$$\mu\vartheta\vartheta_2\,\frac{\vartheta_1 u}{\vartheta_3 u}=\sqrt{\eta_3-\mu^2\,\frac{\vartheta_3''}{\vartheta_3}}=\frac{\sqrt{\frac{1}{4}G-3\lambda_2^2}}{\varpi_2},$$

$$\mu\vartheta\vartheta_3\,\frac{\vartheta u}{\vartheta_3 u}=\sqrt{\eta_3-\mu^2\,\frac{\vartheta_2''}{\vartheta_2}}=\sqrt{\lambda_1-\lambda_2}\,\frac{\varpi_3}{\varpi_2};$$

$$\mathrm{H}_3=\frac{\frac{1}{4}G-3\lambda_2^2}{\varpi_2^4}\,P.$$

Die vorstehenden Gleichungen beziehen sich auf reelle Werthe der Wurzeln $\lambda_1\,\lambda_2\,\lambda_3$, während für $G^3<27H^2$ nur *eine* reelle Wurzel λ' der Gleichung $P=0$ existirt. Alsdann hat man für $\varepsilon'=\frac{1}{4}\,\frac{\vartheta_2'(i\sqrt{q})}{\vartheta_2(i\sqrt{q})}$ zu setzen:

$$\frac{1}{2}\mu\vartheta_3^2\,\frac{\vartheta_2\left(\frac{1}{2}u,\,iq^{\frac{1}{2}}\right)}{\vartheta_1\left(\frac{1}{2}u,\,iq^{\frac{1}{2}}\right)}=\sqrt{\mu^2\varepsilon'-\eta_4}=\frac{1}{2}\mu\vartheta_3^2\cot\frac{1}{2}\varphi=\varpi(x,\,\lambda'),$$

$$\frac{1}{2}\mu\vartheta_3^2\,\frac{\vartheta_1\left(\frac{1}{2}u,\,iq^{\frac{1}{2}}\right)}{\vartheta_2\left(\frac{1}{2}u,\,iq^{\frac{1}{2}}\right)}=\sqrt{\mu^2\varepsilon'-\eta_5}=\frac{1}{2}\mu\vartheta_3^2\operatorname{tg}\frac{1}{2}\varphi=\frac{\sqrt{3\lambda'^2-\frac{1}{4}G}}{\varpi(x,\,\lambda')},$$

$$\operatorname{tg}\frac{1}{2}\varphi=\frac{\sqrt[4]{3\lambda'^2-\frac{1}{4}G}}{\varpi(x,\,\lambda')},\quad \mathrm{H}_4=P,\quad \mathrm{H}_5=\frac{3\lambda'^2-\frac{1}{4}G}{\varpi^4(x,\,\lambda')}\,P.$$

Diesen Formeln reihen sich nicht allein die entsprechenden für imaginäre Argumente ui an, wodurch η in $\bar{\eta}$ übergeht, sondern es können auch die Fälle des Art. 16 ganz analog behandelt werden. Indessen wollen wir der Kürze halber von dem Hinschreiben der betreffenden Formeln hier absehen.

30.

Zum Schluss sei mir die Bemerkung gestattet, dass wenn es sich um die Zurückführung eines elliptischen Integrals auf Thetafunctionen zum Behufe der praktischen Anwendung handelt, der Durchgang durch die Sigmafunctionen bei dem Reductionsgeschäfte meines Erachtens keine wesentliche Abkürzung gewährt. Es liegt auf der Hand, da beide Functionen sich nur um einfache Exponentialfactoren unterscheiden, dass die analytische Rechnung ebensowohl mit den einen, wie mit den anderen geführt werden kann: dennoch wird man als das directere Verfahren dasjenige zu bezeichnen haben, welches die Functionen, deren man sich für die numerische Auswerthung am Schlusse der Rechnung zu bedienen genöthigt ist, im ganzen Verlaufe derselben beibehält.

Ich kann desshalb nicht den gegentheiligen Behauptungen beipflichten, die sich z. B. in dem so reichhaltigen und schätzbaren Werke von Hrn. Halphen an verschiedenen Stellen finden. So beginnt z. B. Capitel 8 des I. Bandes, S. 239 mit folgendem „*Avertissement. On trouvera, dans ce Chapitre, la représentation des fonctions elliptiques par les belles séries dont Jacobi doit être considéré comme l'inventeur, séries éminemment utiles pour les applications. Elles ne doivent être, en général, introduites qu'à la fin des calculs. Pour cette raison, les formules nombreuses et un peu compliquées qui vont être développées sont destinées à être consultées seulement. Il serait inutile de les retenir de mémoire; il suffit d'en bien connaître la nature.*“ Oder Band I, Seite 208: „*Dans tous les anciens Traités, on procède à une réduction des intégrales elliptiques, pour les ramener à trois espèces caractéristiques. Ces considérations ont de l'intérêt pour l'histoire des fonctions elliptiques, mais dans notre mode d'exposition, elles sont dénuées d'utilité, tant pour la théorie que pour les applications et nous n'en parlerons pas.*“ — während doch selbstverständlich auf Seite 207 die von den drei Functionen $\wp(u-v)$, $\zeta(u-v)$ und $\lg\sigma(u-v)$ abhängigen Glieder als Repräsentanten der drei *espèces caractéristiques* auftreten. Ganz abgesehen davon, dass bei der oben entwickelten Reductionsmethode des Art. 21 die l. c. von den Derivirten

$$m_s\wp^{(s-1)}(u-v)+m_{s-1}\wp^{(s-2)}(u-v)+\cdots$$

abhängigen Glieder überhaupt nicht erscheinen, weil die mehrfachen Wurzeln des Nenners auf algebraischem Wege entfernt worden sind.

Es ist ja an sich leicht erklärlich, dass das Studium der Sigmafunctionen, deren Einführung in die Analysis durch Herrn Weierstrass in so vielen Beziehungen sich als wichtig und fruchtbar erwiesen, seit dasselbe den Mathematikern in grösseren Kreisen zugänglich geworden und ihr Interesse in Anspruch genommen hat, eine Zeitlang auf Kosten der länger bekannten Jacobi-Abel'schen Thetafunctionen in den Vordergrund getreten ist. Im umgekehrten Falle würde es sich vermuthlich gerade umgekehrt verhalten haben, während wir doch froh sein dürfen, dass für die Erfordernisse der Theorie, wie der Praxis, dem Mathematiker nach doppelter Richtung so interessante Functionen zu Gebote stehen.

Ueber die Convergenz der hypergeometrischen Reihen zweier und dreier Veränderlichen.

Von

J. Horn in Rehbach (Odenwald).

§ 1.

Einleitung.

Die Gauss'sche hypergeometrische Reihe ist für die Theorie der linearen Differentialgleichungen von Bedeutung, weil ihre Theorie die der allgemeinen linearen Differentialgleichungen vorbereitet hat und weil mit ihrer Hilfe eine gewisse lineare Differentialgleichung zweiter Ordnung in vollkommener Weise integrirt werden kann. Man hat unter dem Namen „höhere hypergeometrische Reihen" solche Potenzreihen

$$\sum_{\lambda=0}^{\infty} A_\lambda x^\lambda \quad (\lambda = 0, 1, \cdots \infty)$$

betrachtet, bei welchen der Quotient

$$\frac{A_{\lambda+1}}{A_\lambda}$$

eine rationale Function höherer Ordnung von λ ist, während er bei der Gauss'schen Reihe von der zweiten Ordnung war. Alle diese Reihen genügen linearen homogenen Differentialgleichungen, welche von den Herren Thomae (Math. Ann. Bd. 2), Goursat (Ann. de l'Éc. Norm. 1883), Pochhammer (Crelle's Journ. Bd. 102) behandelt worden sind. Ferner hat Herr Appell (Liouv. Journ. 1882) vier Potenzreihen zweier Veränderlichen eingeführt, welche ebenfalls eine Verallgemeinerung der Gauss'schen Reihe bilden, nämlich Reihen

$$\sum A_{\lambda\mu}\, x^\lambda y^\mu \quad (\lambda, \mu = 0, 1, \cdots \infty),$$

bei welchen die beiden Quotienten

$$\frac{A_{\lambda+1,\mu}}{A_{\lambda\mu}}, \quad \frac{A_{\lambda,\mu+1}}{A_{\lambda\mu}}$$

rationale Functionen zweiten Grades von λ, μ sind. Jede dieser Reihen genügt einem System linearer partieller Differentialgleichungen von der Form

$$a_{11}\frac{\partial^2 z}{\partial x^2}+a_{12}\frac{\partial^2 z}{\partial x\,\partial y}+a_{22}\frac{\partial^2 z}{\partial y^2}+a_1\frac{\partial z}{\partial x}+a_2\frac{\partial z}{\partial y}+a_0 z=0,$$

$$b_{11}\frac{\partial^2 z}{\partial x^2}+b_{12}\frac{\partial^2 z}{\partial x\,\partial y}+b_{22}\frac{\partial^2 z}{\partial y^2}+b_1\frac{\partial z}{\partial x}+b_2\frac{\partial z}{\partial y}+b_0 z=0$$

mit drei bezw. vier linear unabhängigen Integralen; die Coefficienten a und b sind rationale Functionen von x und y.

Wenn man derartige Differentialgleichungensysteme nach dem von Herrn Fuchs gegebenen Vorbilde integriren will (vgl. Appell, sur les fonctions hypergéométriques de deux variables, Liouv. Journ, 1882; Picard, sur une extension aux fonctions de deux variables du problème de Riemann concernant les fonctions hypergéométriques, Ann. de l'Éc. Norm. 1881, sowie die Arbeit des Verfassers über ein System linearer partieller Differentialgleichungen, Act. Math. Bd. 12), so ist es von Werth, interessante Beispiele solcher Differentialgleichungensysteme zu haben, wie sie eben durch die hypergeometrischen Reihen geliefert werden.

Im Folgenden *wird eine Potenzreihe zweier Veränderlichen*

$$H(x,y)=\sum A_{\lambda\mu}\,x^\lambda y^\mu \quad (\lambda,\ \mu=0,1,\cdots\infty)$$

dann eine hypergeometrische Reihe genannt, wenn die beiden Quotienten

$$f(\lambda,\mu)=\frac{A_{\lambda+1,\mu}}{A_{\lambda\mu}},\quad g(\lambda,\mu)=\frac{A_{\lambda,\mu+1}}{A_{\lambda\mu}}$$

rationale Functionen von λ, μ sind. Aehnliches gilt für jede beliebige Anzahl unabhängiger Veränderlichen. So verstehen wir unter *einer hypergeometrischen Reihe dreier Veränderlichen eine Potenzreihe*

$$H(x,y,z)=\sum A_{\lambda\mu\nu}\,x^\lambda y^\mu z^\nu \quad (\lambda,\mu,\nu=0,1,\cdots\infty),$$

aus welcher sich für die drei Quotienten

$$f(\lambda,\mu,\nu)=\frac{A_{\lambda+1,\mu,\nu}}{A_{\lambda\mu\nu}},$$

$$g(\lambda,\mu,\nu)=\frac{A_{\lambda,\mu+1,\nu}}{A_{\lambda\mu\nu}},$$

$$h(\lambda,\mu,\nu)=\frac{A_{\lambda,\mu,\nu+1}}{A_{\lambda\mu\nu}}$$

rationale Functionen von λ, μ, ν ergeben. Es ist nun vor allem die Frage zu lösen, *welchen Bedingungen die rationalen Functionen $f(\lambda,\mu)$, $g(\lambda,\mu)$ genügen müssen, damit die Reihe $H(x,y)$ convergirt, und welche Bedingungen $f(\lambda,\mu,\nu)$, $g(\lambda,\mu,\nu)$, $h(\lambda,\mu,\nu)$ erfüllen müssen,* *damit die Reihe* $H(x, y, z)$ *convergirt;* sodann ist, falls die Bedingungen der Convergenz erfüllt sind, *der Convergenzbezirk der Reihe* $H(x, y)$ *bezw.* $H(x, y, z)$ *wirklich zu ermitteln.*

Die hypergeometrische Reihe einer Veränderlichen

$$H(x) = \sum_{\lambda=0}^{\infty} A_\lambda x^\lambda,$$

bei welcher die rationale Function

$$h(\lambda) = \frac{A_{\lambda+1}}{A_\lambda}$$

im Zähler vom Grade m, im Nenner vom Grade n sein möge — es wird immer vorausgesetzt, dass keiner der Coefficienten A_λ $(\lambda = 0, 1, 2, \ldots)$ unendlich wird — ist, wie man leicht erkennt, divergent, wenn $m > n$ ist; sie convergirt für $|x| < 1$, wenn $m = n$, und für alle Werthe von x, wenn $m < n$ ist. Es ergiebt sich dies aus dem bekannten Satze, nach welchem aus dem Verhalten des Quotienten

$$\frac{U_{\lambda+1}}{U_\lambda}$$

auf die Convergenz oder Divergenz der unendlichen Reihe $\sum_{\lambda=0}^{\infty} U_\lambda$ geschlossen wird. Will man in ähnlicher Weise die Convergenz der hypergeometrischen Reihe zweier Veränderlichen $H(x, y)$ untersuchen, so muss man die beiden oben eingeführten rationalen Functionen $f(\lambda, \mu)$, $g(\lambda, \mu)$ betrachten; wir werden im Folgenden ein Verfahren gewinnen, das unter Umständen die *Convergenz oder Divergenz einer zweifach unendlichen Reihe*

$$\sum U_{\lambda\mu} \quad (\lambda, \mu = 0, 1, \cdots \infty)$$

an dem Verhalten der beiden Quotienten

$$\frac{U_{\lambda+1,\mu}}{U_{\lambda\mu}}, \quad \frac{U_{\lambda,\mu+1}}{U_{\lambda\mu}}$$

zu erkennen gestattet, und das auf die hypergeometrischen Reihen anwendbar ist. Nachdem wir auf diesem Wege eine Regel für die Bestimmung des Convergenzbezirks der hypergeometrischen Reihen zweier Veränderlichen erlangt haben, wird noch kurz angedeutet, wie die entsprechende Untersuchung für Reihen dreier Veränderlichen geführt werden kann. Auf die hypergeometrischen Reihen einer beliebigen Anzahl von Veränderlichen gehen wir nicht ein; es würden zwar zur Untersuchung der Convergenz derselben die nämlichen Principien anwendbar sein, aber einzelne Entwicklungen grössere Schwierigkeiten bieten.

Wenn man auch von der Bedeutung der hypergeometrischen Reihen mehrerer Veränderlichen für die Theorie der Systeme linearer Differentialgleichungen ganz absieht, so dürften doch die folgenden Untersuchungen insofern einiges Interesse bieten, als sie ein Hilfsmittel zur Untersuchung der Convergenz mehrfach unendlicher Reihen liefern und zur Ermittelung des Convergenzbezirks von Potenzreihen mehrerer Veränderlichen führen — ein Gegenstand, über welchen noch wenige Untersuchungen vorhanden zu sein scheinen.

§ 2.

Hypergeometrische Reihen zweier und dreier Veränderlichen.

Wir leiten zunächst aus den Coefficienten der hypergeometrischen Reihen einige Ausdrücke ab, von welchen wir später bei der Untersuchung der Convergenz Gebrauch zu machen haben. Wir beginnen mit der Reihe zweier Veränderlichen

$$H(x, y) = \sum A_{\lambda\mu}\, x^\lambda y^\mu$$

und benutzen wie oben die Bezeichnung

$$f(\lambda, \mu) = \frac{A_{\lambda+1,\mu}}{A_{\lambda\mu}}, \quad g(\lambda, \mu) = \frac{A_{\lambda,\mu+1}}{A_{\lambda\mu}},$$

wo $f(\lambda, \mu)$ und $g(\lambda, \mu)$ rationale Functionen von λ, μ sind. Da

$$\frac{A_{\lambda+1,\mu+1}}{A_{\lambda\mu}} = \frac{A_{\lambda+1,\mu}}{A_{\lambda\mu}} \cdot \frac{A_{\lambda+1,\mu+1}}{A_{\lambda+1,\mu}}$$
$$= \frac{A_{\lambda,\mu+1}}{A_{\lambda\mu}} \cdot \frac{A_{\lambda+1,\mu+1}}{A_{\lambda,\mu+1}}$$

ist, so *müssen die beiden Functionen* $f(\lambda, \mu)$, $g(\lambda, \mu)$ *der Bedingung*

$$f(\lambda, \mu) \cdot g(\lambda + 1, \mu) = g(\lambda, \mu) \cdot f(\lambda, \mu + 1)$$

genügen. Ist diese Bedingung erfüllt und *haben* $f(\lambda, \mu)$ *und* $g(\lambda, \mu)$ *für alle ganzen positiven Werthe* (*einschl.* 0) *von* λ, μ *endliche und bestimmte Werthe* — was im Folgenden immer vorausgesetzt wird — so sind, wenn man z. B. $A_{00} = 1$ annimmt, durch die Recursionsformeln

$$A_{\lambda+1,\mu} = f(\lambda, \mu) \cdot A_{\lambda\mu},$$
$$A_{\lambda,\mu+1} = g(\lambda, \mu) \cdot A_{\lambda\mu}$$

sämmtliche Coefficienten $A_{\lambda\mu}$ der Reihe eindeutig bestimmt und endlich. Die Convergenz der hypergeometrischen Reihe einer Veränderlichen

$$H(x) = \sum_{\lambda=0}^{\infty} A_\lambda x^\lambda$$

hängt, wenn man

$$h(\lambda) = \frac{A_{\lambda+1}}{A_\lambda}$$

setzt, von der Grösse des Grenzwerthes

$$\lim_{\lambda=\infty} h(\lambda)$$

ab. Dementsprechend führen wir auch bei der Reihe $H(x, y)$ gewisse aus den rationalen Functionen $f(\lambda, \mu)$, $g(\lambda, \mu)$ abgeleitete Grenzausdrücke ein, durch die, wie wir später sehen werden, die Convergenz der Reihe bedingt ist. Wir setzen nämlich

$$\Phi(\lambda, \mu) = \lim_{t=\infty} f(\lambda t, \mu t),$$
$$\Psi(\lambda, \mu) = \lim_{t=\infty} g(\lambda t, \mu t)$$

oder, was dasselbe ist,

$$\Phi(\lambda, \mu) = \lim f(l, m),$$
$$\Psi(\lambda, \mu) = \lim g(l, m)$$

für

$$\lim l = \infty, \quad \lim m = \infty$$
$$\lim l : \lim m = \lambda : \mu.$$

$\Phi(\lambda, \mu)$ und $\Psi(\lambda, \mu)$ sind rationale Functionen des Verhältnisses $\lambda : \mu$, die auch durchweg null oder unendlich sein können und deren Berechnung für das Folgende erforderlich ist. Der Zähler der rationalen Function $f(\lambda, \mu)$ sei vom Grade p, der Nenner vom Grade p'; die Glieder höchsten Grades in Zähler und Nenner seien bezw. $P(\lambda, \mu)$ und $P'(\lambda, \mu)$, so dass $P(\lambda, \mu)$, $P'(\lambda, \mu)$ ganze homogene Functionen von λ, μ von den Graden p und p' sind. In ähnlicher Weise sei der Zähler von $g(\lambda, \mu)$ vom Grade q, der Nenner vom Grade q'; die Glieder höchsten Grades in Zähler und Nenner seien bezw. $Q(\lambda, \mu)$ und $Q'(\lambda, \mu)$. Hiernach kann man schreiben

$$f(\lambda, \mu) = \frac{P(\lambda, \mu) + \cdots}{P'(\lambda, \mu) + \cdots},$$
$$g(\lambda, \mu) = \frac{Q(\lambda, \mu) + \cdots}{Q'(\lambda, \mu) + \cdots},$$
$$\Phi(\lambda, \mu) = \lim_{t=\infty} t^{p-p'} \cdot \frac{P(\lambda, \mu)}{P'(\lambda, \mu)},$$
$$\Psi(\lambda, \mu) = \lim_{t=\infty} t^{q-q'} \cdot \frac{Q(\lambda, \mu)}{Q'(\lambda, \mu)}.$$

Hiernach ist

$$\Phi(\lambda, \mu) = \infty, \quad = 0, \quad = \frac{P(\lambda, \mu)}{P'(\lambda, \mu)},$$

je nachdem $p > p'$, $p < p'$, $p = p'$,

$$\Psi(\lambda, \mu) = \infty, \quad = 0, \quad = \frac{Q(\lambda, \mu)}{Q'(\lambda, \mu)},$$

je nachdem $q > q'$, $q < q'$, $q = q'$ *ist.*

Wir leiten nun aus der zwischen f und g bestehenden Relation eine Beziehung zwischen $\frac{P}{P'}$ und $\frac{Q}{Q'}$ ab, die, falls $p = p'$, $q = q'$ ist, eine Relation zwischen Φ und Ψ darstellt. Die Relation zwischen f und g nimmt, wenn man

$$f = \frac{F(\lambda, \mu)}{F'(\lambda, \mu)}, \quad g = \frac{G(\lambda, \mu)}{G'(\lambda, \mu)},$$
$$F(\lambda, \mu + 1) = F(\lambda, \mu) + \frac{\partial F(\lambda, \mu)}{\partial \mu} + \cdots,$$
$$G(\lambda + 1, \mu) = G(\lambda, \mu) + \frac{\partial G(\lambda, \mu)}{\partial \lambda} + \cdots$$

u. s. w. setzt, die Form

$$FG'\left(G \frac{\partial F'}{\partial \mu} + F' \frac{\partial G}{\partial \lambda} + \cdots\right)$$
$$= GF'\left(F \frac{\partial G'}{\partial \lambda} + G' \frac{\partial F}{\partial \mu} + \cdots\right)$$

an, aus welcher man durch Vergleichung der Glieder vom Grade $p + p' + q + q' - 1$ die Relation

$$PQQ' \frac{\partial P'}{\partial \mu} + PP'Q' \frac{\partial Q}{\partial \lambda}$$
$$= PQP' \frac{\partial Q'}{\partial \lambda} + QP'Q' \frac{\partial P}{\partial \mu}$$

oder

$$PP'\left(Q' \frac{\partial Q}{\partial \lambda} - Q \frac{\partial Q'}{\partial \lambda}\right) = QQ'\left(P' \frac{\partial P}{\partial \mu} - P \frac{\partial P'}{\partial \mu}\right)$$

erhält, welche man leicht in

$$\frac{P}{P'} \frac{\partial}{\partial \lambda} \frac{Q}{Q'} = \frac{Q}{Q'} \frac{\partial}{\partial \mu} \frac{P}{P'} \quad .$$

überführt. *Im Falle $p = p'$, $q = q'$ kann man dieser Gleichung die Form*

$$\Phi \frac{\partial \Psi}{\partial \lambda} = \Psi \frac{\partial \Phi}{\partial \mu}$$

geben, die auch bestehen bleibt, wenn man Φ und Ψ durch ihre absoluten Beträge ersetzt. Aus der Gleichung zwischen f und g ergiebt sich

$$|f(\lambda, \mu)| \cdot \left(|g(\lambda + 1, \mu)| - |g(\lambda, \mu)|\right)$$
$$= |g(\lambda, \mu)| \cdot \left(|f(\lambda, \mu + 1)| - |f(\lambda, \mu)|\right)$$

und hieraus, wenn man λ durch λt und μ durch μt ersetzt und auf beiden Seiten durch $\frac{1}{t}$ dividirt,

$$|f(\lambda t, \mu t)| \cdot \frac{\left|g\left(\left(\lambda + \frac{1}{t}\right)t, \mu t\right)\right| - |g(\lambda t, \mu t)|}{\frac{1}{t}}$$

$$= |g(\lambda t, \mu t)| \cdot \frac{\left|f\left(\lambda t, \left(\mu + \frac{1}{t}\right)t\right)\right| - |f(\lambda t, \mu t)|}{\frac{1}{t}}$$

und schliesslich, wenn man auf beiden Seiten $t = \infty$ setzt,

$$|\Phi| \cdot \frac{\partial |\Psi|}{\partial \lambda} = |\Psi| \cdot \frac{\partial |\Phi|}{\partial \mu};$$

auf ähnliche Weise hätte sich auch die obige Relation zwischen Φ und Ψ ableiten lassen. —

Die Quotienten

$$\xi = \frac{P}{P'}, \quad \eta = \frac{Q}{Q'}$$

sind als rationale homogene Functionen von λ, μ von der Form

$$\xi = \prod_i (u_i' \lambda + v_i' \mu)^{u_i},$$

$$\eta = \prod_i (u_i' \lambda + v_i' \mu)^{v_i},$$

wo u_i, v_i positive oder negative ganze Zahlen mit Einschluss der Null sind, welche den Bedingungen

$$\sum_i u_i = p - p', \quad \sum_i v_i = q - q'$$

genügen. Nun ist

$$\frac{\frac{\partial \xi}{\partial \mu}}{\xi} = \sum_i \frac{u_i v_i'}{u_i' \lambda + v_i' \mu},$$

$$\frac{\frac{\partial \eta}{\partial \lambda}}{\eta} = \sum_i \frac{v_i u_i'}{u_i' \lambda + v_i' \mu};$$

da die beiden Ausdrücke übereinstimmen müssen, so ist

$$u_i v_i' = v_i u_i'$$

oder

$$u_i' = \varrho_i u_i, \quad v_i' = \varrho_i v_i.$$

Daher wird

$$\xi = A \prod_i (u_i \lambda + v_i \mu)^{u_i},$$

$$\eta = B \prod_i (u_i \lambda + v_i \mu)^{v_i},$$

wenn man

$$A = \prod_i \varrho_i^{u_i}, \quad B = \prod_i \varrho_i^{v_i},$$

setzt. Im Falle $p = p'$ geht ξ in Φ und im Falle $q = q'$ geht η in Ψ über; *es ist also im ersten Falle*

$$\Phi = A \prod_i (u_i\lambda + v_i\mu)^{u_i}, \quad \sum_i u_i = 0,$$

im zweiten

$$\Psi = B \prod_i (u_i\lambda + v_i\mu)^{v_i}, \quad \sum_i v_i = 0.$$

In allen anderen Fällen sind die Ausdrücke Φ und Ψ nach dem Obigen 0 oder ∞.

Für hypergeometrische Reihen dreier Veränderlichen

$$H(x, y, z) = \sum A_{\lambda\mu\nu}\, x^\lambda y^\mu z^\nu$$

gelten entsprechende Entwicklungen. Setzt man

$$f(\lambda, \mu, \nu) = \frac{A_{\lambda+1, \mu, \nu}}{A_{\lambda\mu\nu}},$$

$$g(\lambda, \mu, \nu) = \frac{A_{\lambda, \mu+1, \nu}}{A_{\lambda\mu\nu}},$$

$$h(\lambda, \mu, \nu) = \frac{A_{\lambda, \mu, \nu+1}}{A_{\lambda\mu\nu}},$$

so bestehen zwischen den rationalen Functionen f, g, h die Relationen

$$g(\lambda, \mu, \nu) \cdot h(\lambda, \mu + 1, \nu) = h(\lambda, \mu, \nu) \cdot g(\lambda, \mu, \nu + 1),$$
$$h(\lambda, \mu, \nu) \cdot f(\lambda, \mu, \nu + 1) = f(\lambda, \mu, \nu) \cdot h(\lambda + 1, \mu, \nu),$$
$$f(\lambda, \mu, \nu) \cdot g(\lambda + 1, \mu, \nu) = g(\lambda, \mu, \nu) \cdot f(\lambda, \mu + 1, \nu);$$

wir setzen voraus, dass *die drei Functionen f, g, h für alle ganzzahligen positiven Werthe von λ, μ, ν (einschl. 0) endliche und bestimmte Werthe haben*, so dass alle Coefficienten $A_{\lambda\mu\nu}$ endlich und bestimmt sind.

Wir leiten nun ähnlich wie oben aus unseren drei rationalen Functionen drei Grenzausdrücke

$$\Phi(\lambda, \mu, \nu) = \lim_{t=\infty} f(\lambda t, \mu t, \nu t),$$

$$\Psi(\lambda, \mu, \nu) = \lim_{t=\infty} g(\lambda t, \mu t, \nu t),$$

$$X(\lambda, \mu, \nu) = \lim_{t=\infty} h(\lambda t, \mu t, \nu t)$$

ab, die wir später zur Untersuchung der Convergenz verwenden werden. Die Zähler der rationalen Functionen f, g, h seien bezw. von den Graden p, q, r, die Nenner von den Graden p', q', r'; die Glieder höchsten Grades der Zähler mögen mit

$$P(\lambda, \mu, \nu), \quad Q(\lambda, \mu, \nu), \quad R(\lambda, \mu, \nu),$$

die der Nenner mit

$$P'(\lambda, \mu, \nu), \quad Q'(\lambda, \mu, \nu), \quad R'(\lambda, \mu, \nu)$$

bezeichnet werden, so dass

$$f(\lambda, \mu, \nu) = \frac{P(\lambda, \mu, \nu) + \cdots}{P'(\lambda, \mu, \nu) + \cdots},$$
$$g(\lambda, \mu, \nu) = \frac{Q(\lambda, \mu, \nu) + \cdots}{Q'(\lambda, \mu, \nu) + \cdots},$$
$$h(\lambda, \mu, \nu) = \frac{R(\lambda, \mu, \nu) + \cdots}{R'(\lambda, \mu, \nu) + \cdots}$$

ist. *Es ist nun*

$$\Phi(\lambda, \mu, \nu) = \infty, \quad = 0, \quad = \frac{P(\lambda, \mu, \nu)}{P'(\lambda, \mu, \nu)},$$

je nachdem $p > p'$, $p < p'$, $p = p'$,

$$\Psi(\lambda, \mu, \nu) = \infty, \quad = 0, \quad = \frac{Q(\lambda, \mu, \nu)}{Q'(\lambda, \mu, \nu)},$$

je nachdem $q > q'$, $q < q'$, $q = q'$,

$$X(\lambda, \mu, \nu) = \infty, \quad = 0, \quad = \frac{R(\lambda, \mu, \nu)}{R'(\lambda, \mu, \nu)},$$

je nachdem $r > r'$, $r < r'$, $r = r'$ *ist.*

Aus den drei Relationen zwischen f, g, h gehen, wenn man

$$\xi = \frac{P}{P'}, \quad \eta = \frac{Q}{Q'}, \quad \zeta = \frac{R}{R'}$$

setzt, die drei Gleichungen

$$\eta \frac{\partial \zeta}{\partial \mu} = \zeta \frac{\partial \eta}{\partial \nu},$$
$$\zeta \frac{\partial \xi}{\partial \nu} = \xi \frac{\partial \zeta}{\partial \lambda},$$
$$\xi \frac{\partial \eta}{\partial \lambda} = \eta \frac{\partial \xi}{\partial \mu}$$

hervor. *Ist* $p = p'$, $q = q'$, $r = r'$, *so bestehen die beiden Gleichungensysteme*

$$\Psi \frac{\partial X}{\partial \mu} = X \frac{\partial \Psi}{\partial \nu},$$
$$X \frac{\partial \Phi}{\partial \nu} = \Phi \frac{\partial X}{\partial \lambda},$$
$$\Phi \frac{\partial \Psi}{\partial \lambda} = \Psi \frac{\partial \Phi}{\partial \mu}$$

und

$$|\Psi| \cdot \frac{\partial |X|}{\partial \mu} = |X| \cdot \frac{\partial |\Psi|}{\partial \nu},$$
$$|X| \cdot \frac{\partial |\Phi|}{\partial \nu} = |\Phi| \cdot \frac{\partial |X|}{\partial \lambda},$$
$$|\Phi| \cdot \frac{\partial |\Psi|}{\partial \lambda} = |\Psi| \cdot \frac{\partial |\Phi|}{\partial \mu}.$$

Die Ausdrücke ξ, η, ζ können als rationale Functionen von $\lambda : \mu : \nu$ in der Form

$$\xi = \prod_i \mathfrak{g}_i(\lambda, \mu, \nu)^{u_i},$$

$$\eta = \prod_i \mathfrak{g}_i(\lambda, \mu, \nu)^{v_i},$$

$$\zeta = \prod_i \mathfrak{g}_i(\lambda, \mu, \nu)^{w_i}$$

geschrieben werden, wo $\mathfrak{g}_i(\lambda, \mu, \nu)$, $i = 1, \ldots m$, irreductible ganze homogene Functionen von λ, μ, ν und die Exponenten u_i, v_i, w_i positive oder negative ganze Zahlen einschliesslich der Null sind, welche die Bedingungen

$$\sum_i u_i = p - p', \quad \sum_i v_i = q - q', \quad \sum_i w_i = r - r'$$

erfüllen. Nun ist

$$\frac{\frac{\partial \xi}{\partial \mu}}{\xi} = \sum_i \frac{u_i \frac{\partial \mathfrak{g}_i}{\partial \mu}}{\mathfrak{g}_i}$$

u. s. w. und folglich wegen der Relationen zwischen ξ, η, ζ

$$\sum_i \frac{w_i \frac{\partial \mathfrak{g}_i}{\partial \mu}}{\mathfrak{g}_i} = \sum_i \frac{v_i \frac{\partial \mathfrak{g}_i}{\partial \nu}}{\mathfrak{g}_i},$$

$$\sum_i \frac{u_i \frac{\partial \mathfrak{g}_i}{\partial \nu}}{\mathfrak{g}_i} = \sum_i \frac{w_i \frac{\partial \mathfrak{g}_i}{\partial \lambda}}{\mathfrak{g}_i},$$

$$\sum_i \frac{v_i \frac{\partial \mathfrak{g}_i}{\partial \lambda}}{\mathfrak{g}_i} = \sum_i \frac{u_i \frac{\partial \mathfrak{g}_i}{\partial \mu}}{\mathfrak{g}_i},$$

oder, wenn man

$$\varphi_i(\lambda, \mu, \nu) = w_i \frac{\partial \mathfrak{g}_i}{\partial \mu} - v_i \frac{\partial \mathfrak{g}_i}{\partial \nu},$$

$$\psi_i(\lambda, \mu, \nu) = u_i \frac{\partial \mathfrak{g}_i}{\partial \nu} - w_i \frac{\partial \mathfrak{g}_i}{\partial \lambda},$$

$$\chi_i(\lambda, \mu, \nu) = v_i \frac{\partial \mathfrak{g}_i}{\partial \lambda} - u_i \frac{\partial \mathfrak{g}_i}{\partial \mu}$$

setzt,

$$\sum_i \frac{\varphi_i}{\mathfrak{g}_i} = 0, \quad \sum_i \frac{\psi_i}{\mathfrak{g}_i} = 0, \quad \sum_i \frac{\chi_i}{\mathfrak{g}_i} = 0.$$

Multiplicirt man die erste der drei Gleichungen mit $\mathfrak{g}_1 \ldots \mathfrak{g}_m$, so erhält man

$$\sum_i \mathfrak{g}_1 \ldots \mathfrak{g}_{i-1}\varphi_i \mathfrak{g}_{i+1} \ldots \mathfrak{g}_m = 0;$$

alle Glieder dieser Summe mit Ausnahme des i^{ten} enthalten den Factor $\mathfrak{g}_i$, folglich muss auch

$$\mathfrak{g}_1 \ldots \mathfrak{g}_{i-1}\varphi_i \mathfrak{g}_{i+1} \ldots \mathfrak{g}_m$$

durch $\mathfrak{g}_i$ theilbar sein, was nur möglich ist, wenn φ_i den Factor $\mathfrak{g}_i$ enthält, da $\mathfrak{g}_1, \ldots, \mathfrak{g}_{i-1}, \mathfrak{g}_{i+1}, \ldots, \mathfrak{g}_m$ von $\mathfrak{g}_i$ verschiedene irreductible Functionen sind. Da aber φ_i von geringerem Grade ist als $\mathfrak{g}_i$, so muss φ_i identisch verschwinden; dasselbe gilt für ψ_i und χ_i. Man hat daher

$$\frac{\frac{\partial \mathfrak{g}_i}{\partial \lambda}}{u_i} = \frac{\frac{\partial \mathfrak{g}_i}{\partial \mu}}{v_i} = \frac{\frac{\partial \mathfrak{g}_i}{\partial \nu}}{w_i} = f_i(\lambda, \mu, \nu),$$

wo f_i eine ganze homogene Function bedeutet. Da auch $\mathfrak{g}_i$ eine ganze homogene Function ist, deren Grad k_i heissen möge, so ist

$$\begin{aligned} k_i \mathfrak{g}_i &= \lambda \frac{\partial \mathfrak{g}_i}{\partial \lambda} + \mu \frac{\partial \mathfrak{g}_i}{\partial \mu} + \nu \frac{\partial \mathfrak{g}_i}{\partial \nu} \\ &= (u_i \lambda + v_i \mu + w_i \nu)\, f_i(\lambda, \mu, \nu). \end{aligned}$$

Da aber $\mathfrak{g}_i$ als irreductibel vorausgesetzt wurde, so muss f_i eine Constante und folglich, wenn man $f_i = k_i c_i$ setzt,

$$\mathfrak{g}_i(\lambda, \mu, \nu) = c_i(u_i \lambda + v_i \mu + w_i \nu)$$

sein. Man findet also, wenn man

$$A = \prod_i c_i^{u_i}, \quad B = \prod_i c_i^{v_i}, \quad C_i = \prod_i c_i^{w_i}$$

setzt, für ξ, η, ζ die Ausdrücke

$$\xi = A \prod_i (u_i \lambda + v_i \mu + w_i \nu)^{u_i},$$

$$\eta = B \prod_i (u_i \lambda + v_i \mu + w_i \nu)^{v_i},$$

$$\zeta = C \prod_i (u_i \lambda + v_i \mu + w_i \nu)^{w_i}.$$

Daher ist im Falle $p = p'$

$$\Phi(\lambda, \mu, \nu) = A \prod_i (u_i \lambda + v_i \mu + w_i \nu)^{u_i}, \quad \sum_i u_i = 0,$$

im Falle $q = q'$

$$\Psi(\lambda, \mu, \nu) = B \prod_i (u_i \lambda + v_i \mu + w_i \nu)^{v_i}, \quad \sum_i v_i = 0,$$

im Falle $r = r'$

$$X(\lambda, \mu, \nu) = C \prod_i (u_i\lambda + v_i\mu + w_i\nu)^{w_i}, \quad \sum_i w_i = 0;$$

in allen anderen Fällen sind Φ, Ψ, X null oder unendlich.

Wir werden nun einige hypergeometrische Reihen aufstellen und dabei, wenn m eine positive ganze Zahl bedeutet, die Bezeichnung

$$(a, m) = a(a+1)\cdots(a+m-1), \quad (a, 0) = 1$$

anwenden. Als einfachsten Fall haben wir die bereits von Herrn Appell betrachteten Reihen

$$F_1(x, y) = \sum \frac{(a, \lambda+\mu)(b, \lambda)(b', \mu)}{(c, \lambda+\mu)(1, \lambda)(1, \mu)} x^\lambda y^\mu,$$

$$F_2(x, y) = \sum \frac{(a, \lambda+\mu)(b, \lambda)(b', \mu)}{(c, \lambda)(c', \mu)(1, \lambda)(1, \mu)} x^\lambda y^\mu,$$

$$F_3(x, y) = \sum \frac{(a, \lambda)(a', \mu)(b, \lambda)(b', \mu)}{(c, \lambda+\mu)(1, \lambda)(1, \mu)} x^\lambda y^\mu,$$

$$F_4(x, y) = \sum \frac{(a, \lambda+\mu)(b, \lambda+\mu)}{(c, \lambda)(c', \mu)(1, \lambda)(1, \mu)} x^\lambda y^\mu,$$

bei welchen die beiden rationalen Functionen $f(\lambda, \mu)$, $g(\lambda, \mu)$ der Reihe nach die Werthe haben:

$$f_1 = \frac{(a+\lambda+\mu)(b+\lambda)}{(c+\lambda+\mu)(1+\lambda)}, \qquad g_1 = \frac{(b+\lambda+\mu)(b'+\mu)}{(c+\lambda+\mu)(1+\mu)},$$

$$f_2 = \frac{(a+\lambda+\mu)(b+\lambda)}{(c+\lambda)(1+\lambda)}, \qquad g_2 = \frac{(a+\lambda+\mu)(b'+\mu)}{(c'+\mu)(1+\mu)},$$

$$f_3 = \frac{(a+\lambda)(b+\lambda)}{(c+\lambda+\mu)(1+\lambda)}, \qquad g_3 = \frac{(a'+\mu)(b'+\mu)}{(c+\lambda+\mu)(1+\mu)},$$

$$f_4 = \frac{(a+\lambda+\mu)(b+\lambda+\mu)}{(c+\lambda)(1+\lambda)}, \qquad g_4 = \frac{(a+\lambda+\mu)(b+\lambda+\mu)}{(c'+\mu)(1+\mu)}.$$

Für $\Phi(\lambda, \mu)$, $\Psi(\lambda, \mu)$ ergeben sich die Ausdrücke

$$\Phi_1 = 1, \qquad \Psi_1 = 1,$$

$$\Phi_2 = \frac{\lambda+\mu}{\lambda}, \qquad \Psi_2 = \frac{\lambda+\mu}{\mu},$$

$$\Phi_3 = \frac{\lambda}{\lambda+\mu}, \qquad \Psi_3 = \frac{\mu}{\lambda+\mu},$$

$$\Phi_4 = \left(\frac{\lambda+\mu}{\lambda}\right)^2, \qquad \Psi_4 = \left(\frac{\lambda+\mu}{\mu}\right)^2.$$

Eine Reihe, welche die vier Appell'schen Reihen als Specialfälle umfasst, ist die folgende:

$$F(x, y) = \sum A_{\lambda\mu} x^\lambda y^\mu,$$

$$A_{\lambda\mu} = \frac{(a_1, \lambda+\mu)\cdots(a_n, \lambda+\mu)\cdot(b_1, \lambda)\cdots(b_p, \lambda)}{(a_1', \lambda+\mu)\cdots(a_{n'}', \lambda+\mu)\cdot(b_1', \lambda)\cdots(b_{p'}', \lambda)}$$

$$\cdot \frac{(c_1, \mu)\cdots(c_q, \mu)}{(c_1', \mu)\cdots(c_{q'}', \mu)},$$

bei welcher

$$f(\lambda,\mu)=\frac{(a+\lambda+\mu)\cdots(a_n+\lambda+\mu)\cdot(b_1+\lambda)\cdots(b_p+\lambda)}{(a_1'+\lambda+\mu)\cdots(a_{n'}'+\lambda+\mu)\cdot(b_1'+\lambda)\cdots(b_{p'}'+\lambda)},$$

$$g(\lambda,\mu)=\frac{(a_1+\lambda+\mu)\cdots(a_n+\lambda+\mu)\cdot(c_1+\mu)\cdots(c_q+\mu)}{(a_1'+\lambda+\mu)\cdots(a_{n'}'+\lambda+\mu)\cdot(c_1'+\mu)\cdots(c_{q'}'+\mu)}$$

ist. In dem Falle $n+p=n'+p'$, $n+q=n'+q'$, der uns besonders interessirt, ist

$$\Phi(\lambda,\mu)=(\lambda+\mu)^{n-n'}\,\lambda^{p-p'},$$

$$\Psi(\lambda,\mu)=(\lambda+\mu)^{n-n'}\,\mu^{q-q'}.$$

Noch allgemeiner ist die Reihe

$$G(x,y)=\sum A_{\lambda\mu}\,x^\lambda\,y^\mu$$

$$A_{\lambda\mu}=\frac{\prod\limits_i(a_i,\,u_i\lambda+v_i\mu)}{\prod\limits_k(b_k,\,u_k'\lambda+v_k'\mu)},$$

worin u_i, v_i, u_i', v_i' ganze positive Zahlen (einschl. 0) sind (vgl. Act. Math. Bd. 12, S. 174). Hier ist

$$f(\lambda,\mu)=\frac{\prod\limits_i(a_i+u_i\lambda+v_i\mu,\,u_i)}{\prod\limits_k(a_k'+u_k'\lambda+v_k'\mu,\,u_k')},$$

$$g(\lambda,\mu)=\frac{\prod\limits_i(a_i+u_i\lambda+v_i\mu,\,v_i)}{\prod\limits_k(a_k'+u_k'\lambda+v_k'\mu,\,v_k')}$$

und im Falle

$$\sum_i u_i=\sum_k u_k',\qquad \sum_i v_i=\sum_k v_k',$$

$$\Phi(\lambda,\mu)=\frac{\prod\limits_i(u_i\lambda+v_i\mu)^{u_i}}{\prod\limits_k(u_k'\lambda+v_k'\mu)^{u_k'}},$$

$$\Psi(\lambda,\mu)=\frac{\prod\limits_i(u_i\lambda+v_i\mu)^{v_i}}{\prod\limits_k(u_k'\lambda+v_k'\mu)^{v_k'}}.$$

Die Reihe $G(x,y)$ lässt sich weiter verallgemeinern, wenn man für u, v, u', v' auch negative ganze Zahlen zulässt und das Zeichen $(a,\,m)$ für negative $m=-n$ in folgender Weise definirt:

$$(a,\;-n)=\frac{1}{(a-1)\cdots(a-n)}=\frac{(-1)^n}{(1-a,\;n)}.$$

Die Formeln

$$(a, m+1) = (a, m)(a+m),$$
$$(a, m+n) = (a, m)(a+m, n)$$

gelten dann nicht nur für positive, sondern auch für negative Werthe von m und n. *Man gelangt so zu der Reihe*

$$H(x, y) = \sum A_{\lambda\mu} x^\lambda y^\mu,$$
$$A_{\lambda\mu} = \prod_i (a_i, u_i\lambda + v_i\mu),$$

wo u_i, v_i *positive oder negative ganze Zahlen (einschl.* 0) *sind.*

Für die Reihe $H(x, y)$ ist

$$f(\lambda, \mu) = \prod_i (a_i + u_i\lambda + v_i\mu, u_i),$$
$$g(\lambda, \mu) = \prod_i (a_i + u_i\lambda + v_i\mu, v_i);$$

der Grad des Zählers der rationalen Function f ist gleich der Summe der positiven u, der des Nenners gleich der Summe der absoluten Beträge der negativen u; Aehnliches gilt für g. Die Functionen f und g sind im Zähler und Nenner von demselben Grade, wenn

$$\sum_i u_i = 0, \quad \sum_i v_i = 0$$

ist; in diesem Falle ist

$$\Phi(\lambda, \mu) = \prod_i (u_i\lambda + v_i\mu)^{u_i},$$
$$\Psi(\lambda, \mu) = \prod_i (u_i\lambda + v_i\mu)^{v_i}.$$

Wir sind somit zu den Ausdrücken gelangt, die wir eben als allgemeinste Form der Functionen $\Phi(\lambda, \mu)$ und $\Psi(\lambda, \mu)$ gefunden hatten, da die dort noch auftretenden Factoren A, B unwesentlich sind.

Analoge Reihen lassen sich im Falle dreier Veränderlichen bilden. *Der zuletzt betrachteten Reihe entspricht die Reihe*

$$H(x, y, z) = \sum A_{\lambda\mu\nu} x^\lambda y^\mu z^\nu,$$
$$A_{\lambda\mu\nu} = \prod_i (a_i, u_i\lambda + v_i\mu + w_i\nu),$$

wo u_i, v_i, w_i *positive oder negative ganze Zahlen oder auch theilweise gleich Null sind.* Hieraus gehen die rationalen Functionen

$$f(\lambda, \mu, \nu) = \prod_i (a_i + u_i\lambda + v_i\mu + w_i\nu, u_i),$$

$$g(\lambda, \mu, \nu) = \prod_i (a_i + u_i\lambda + v_i\mu + w_i\nu, v_i),$$

$$h(\lambda, \mu, \nu) = \prod_i (a_i + u_i\lambda + v_i\mu + w_i\nu, w_i)$$

hervor, und im Falle

$$\sum_i u_i = 0, \quad \sum_i v_i = 0, \quad \sum_i w_i = 0$$

ist

$$\Phi(\lambda, \mu, \nu) = \prod_i (u_i\lambda + v_i\mu + w_i\nu)^{u_i},$$

$$\Psi(\lambda, \mu, \nu) = \prod_i (u_i\lambda + v_i\mu + w_i\nu)^{v_i},$$

$$X(\lambda, \mu, \nu) = \prod_i (u_i\lambda + v_i\mu + w_i\nu)^{w_i}.$$

Die Reihe $H(x, y, z)$ liefert also die allgemeinsten Ausdrücke für Φ, Ψ, X, welche aus einer hypergeometrischen Reihe hervorgehen können.

Wir müssen übrigens bei allen diesen Reihen die Voraussetzung machen, dass $f(\lambda, \mu)$, $g(\lambda, \mu)$ bezw. $f(\lambda, \mu, \nu)$, $g(\lambda, \mu, \nu)$, $h(\lambda, \mu, \nu)$ für ganze positive Werthe (einschl. 0) von λ, μ bezw. λ, μ, ν nicht unendlich werden, damit alle Coefficienten $A_{\lambda\mu}$ bezw. $A_{\lambda\mu\nu}$ endlich sind. Es dürfen z. B. in der Reihe $F(x, y)$ die Grössen a', b', c' weder gleich Null noch gleich negativen ganzen Zahlen sein, und ähnliche Voraussetzungen sind bei allen diesen Reihen zu machen.

§ 3.

Zur Convergenz der zweifach unendlichen Reihen.

Die einfach unendliche Reihe

$$\sum_{\lambda=0}^{\infty} |U_\lambda|$$

convergirt bekanntlich, wenn

$$\left|\frac{U_{\lambda+1}}{U_\lambda}\right| < \alpha, \quad \alpha < 1$$

ist, sobald $\lambda > l$ ist; sie divergirt aber, wenn

$$\left|\frac{U_{\lambda+1}}{U_\lambda}\right| > 1$$

ist, sobald λ eine gewisse Grenze übersteigt. Wenn wir jetzt einen entsprechenden Satz für zweifach unendliche Reihen ableiten, begnügen wir uns damit, denselben in einer solchen Form aufzustellen, wie wir ihn nachher für die Untersuchung der Convergenz der hypergeometrischen Reihen brauchen. Es handelt sich darum, die Convergenz oder Divergenz der zweifach unendlichen Reihe

$$\sum_{\lambda\mu} U_{\lambda\mu} \quad (\lambda, \mu = 0, 1, \cdots \infty)$$

an der Grösse der Quotienten

$$\frac{U_{\lambda+1,\mu}}{U_{\lambda\mu}}, \qquad \frac{U_{\lambda,\mu+1}}{U_{\lambda\mu}}$$

für die ganzzahligen Werthsysteme (λ, μ) zu erkennen.

Wir denken uns nun die Glieder der zweifach unendlichen Reihe $\sum U_{\lambda\mu}$ so in einer Ebene angeschrieben, dass dem Punkte mit den rechtwinkligen Coordinaten (λ, μ) das Reihenglied $U_{\lambda\mu}$ entspricht,

$$\begin{matrix} \cdot & \cdot & \cdot & \cdot\,\cdot \\ \cdot & \cdot & \cdot & \cdot\,\cdot \\ U_{02} & U_{12} & U_{22} & \cdot\,\cdot \\ U_{01} & U_{11} & U_{21} & \cdot\,\cdot \\ U_{00} & U_{10} & U_{20} & \cdot\,\cdot, \end{matrix}$$

so dass also der von der positiven λ-Axe und der positiven μ-Axe gebildete Quadrant dergestalt mit Reihengliedern angefüllt ist, dass in jeden Punkt desselben mit ganzzahligen positiven Coordinaten ein Reihenglied zu stehen kommt. In Fig. 1 sei OL die λ-Axe, OM die μ-Axe, OP und OQ zwei Strahlen, die einen Winkelraum $\mathfrak{S}$ bilden. Wenn im Folgenden von Punkten gesprochen wird, sind darunter Punkte mit ganzzahligen positiven Coordinaten (einschl. 0) verstanden.

Ist für alle Punkte (λ, μ) des Winkelraums $\mathfrak{S}$, für welche $\lambda > l$, $\mu > m$ ist, gleichzeitig

$$\left|\frac{U_{\lambda+1,\mu}}{U_{\lambda\mu}}\right| > 1, \qquad \left|\frac{U_{\lambda,\mu+1}}{U_{\lambda\mu}}\right| > 1,$$

so ist die Reihe

$$\sum_{\lambda\mu} |U_{\lambda\mu}|$$

divergent.

Man kann nämlich in dem Gebiete $\mathfrak{S}$ eine unendliche Reihe von Punkten (λ_i, μ_i), $i = 0, 1, 2, \ldots$, so annehmen, dass für irgend ein i entweder

$$\lambda_{i+1} = \lambda_i + 1, \quad \mu_{i+1} = \mu_i$$

oder

$$\lambda_{i+1} = \lambda_i, \quad \mu_{i+1} = \mu_i + 1$$

ist. Sobald i eine gewisse Grenze n übersteigt, ist $\lambda_i > l$, $\mu_i > m$. Die einfach unendliche Reihe

$$\sum_i |U_{\lambda_i, \mu_i}|$$

divergirt, da der Quotient

$$\frac{U_{\lambda_i+1, \mu_i+1}}{U_{\lambda_i, \mu_i}}$$

welcher für manche Werthe von i gleich

$$\frac{U_{\lambda_i+1, \mu_i}}{U_{\lambda_i, \mu_i}},$$

für andere gleich

$$\frac{U_{\lambda_i, \mu_i+1}}{U_{\lambda_i, \mu_i}}$$

ist, dem absoluten Betrage nach grösser als 1 ist, sobald $i > n$ wird. Wenn aber die Reihe $\sum_i |U_{\lambda_i, \mu_i}|$, welche einen Theil der zweifach unendlichen Reihe $\sum_{\lambda\mu} |U_{\lambda\mu}|$ bildet, keinen endlichen Werth hat, so kann auch $\sum_{\lambda\mu} |U_{\lambda\mu}|$ nicht endlich sein.

Bezeichnet man den Winkelraum zwischen der λ-Axe und dem Strahl OP mit $\mathfrak{P}$, denjenigen zwischen der μ-Axe und dem Strahl OQ mit $\mathfrak{Q}$ und treten die Strahlen in der Reihenfolge OL, OQ, OP, OM auf, so haben *die beiden Gebiete* $\mathfrak{P}$ *und* $\mathfrak{Q}$ den von OP und OQ eingeschlossenen *Winkelraum* $\mathfrak{S}$ *gemein.* Dann gilt der Satz:

Ist im Gebiete $\mathfrak{P}$

$$\left|\frac{U_{\lambda+1, \mu}}{U_{\lambda\mu}}\right| < \alpha, \quad \alpha < 1,$$

im Gebiete $\mathfrak{Q}$

$$\left|\frac{U_{\lambda, \mu+1}}{U_{\lambda\mu}}\right| < \beta, \quad \beta < 1,$$

sobald $\lambda > l$, $\mu > m$ *ist, so convergirt die Reihe*

$$\sum_{\lambda\mu} |U_{\lambda\mu}|.$$

Zum Beweise kann man annehmen, dass l und m ganze Zahlen sind und dass der Punkt (l, m), der C heissen möge (Fig. 1), innerhalb des Gebietes $\mathfrak{S}$ liegt. Durch die zu den Axen parallelen Geraden AA' und BB' wird der ganze Quadrat in vier Gebiete zerlegt: $\mathfrak{A}(OACB)$, $\mathfrak{B}(LACB')$, $\mathfrak{C}(MBCA')$, $\mathfrak{D}(B'CA')$. Das Gebiet $\mathfrak{A}$ enthält eine endliche Anzahl von Reihengliedern $|U_{\lambda\mu}|$, denen eine endliche Summe zukommt. Auf der Strecke AC liegen Punkte in endlicher Anzahl; ist (l, μ) ein solcher Punkt, so ist die Summe der Reihenglieder, welche auf der durch diesen Punkt parallel zur λ-Axe gezogenen Geraden liegen,

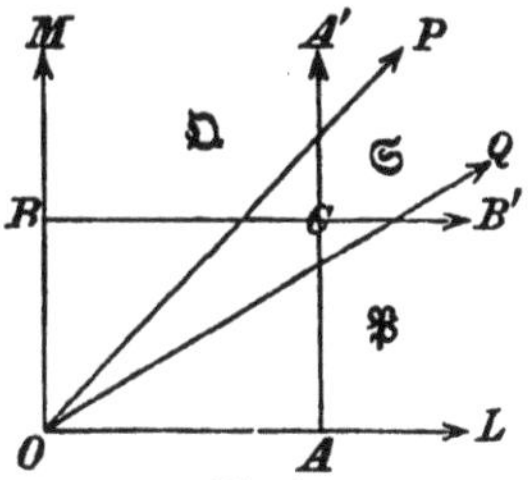

Fig. 1.

$$|U_{l,\mu}| + |U_{l+1,\mu}| + |U_{l+2,\mu}| + \cdots < \frac{|U_{l,\mu}|}{1-\alpha},$$

weil im ganzen Gebiete $\mathfrak{B}$

$$\left|\frac{U_{\lambda+1,\mu}}{U_{\lambda\mu}}\right| < \alpha$$

ist. Somit hat die Summe der im Gebiete $\mathfrak{B}$ liegenden Reihenglieder einen endlichen Werth; dasselbe gilt für $\mathfrak{C}$. Wenn man l und m hinreichend gross nimmt, so kann man von dem Punkte (l, m) zu jedem im Gebiet $\mathfrak{D}$ gelegenen Punkt $(l+\lambda, m+\mu)$ so gelangen, dass man dazwischen $\lambda+\mu$ Punkte (λ_i, μ_i) in der Weise einschaltet, dass $\lambda_{i+1} = \lambda_i + 1$, $\mu_{i+1} = \mu_i$ ist, wenn (λ_i, μ_i) im Winkelraum $\mathfrak{P}$ liegt, dagegen $\lambda_{i+1} = \lambda_i$, $\mu_{i+1} = \mu_i + 1$, wenn (λ_i, μ_i) im Winkelraum $\mathfrak{Q}$ liegt; gehört (λ_i, μ_i) dem Winkelraum $\mathfrak{S}$ an, so besteht entweder die erste oder die zweite Beziehung. Da im ersten Falle

$$\left|\frac{U_{\lambda_i+1,\mu_i}}{U_{\lambda_i,\mu_i}}\right| < \alpha,$$

im zweiten Falle

$$\left|\frac{U_{\lambda_i,\mu_i+1}}{U_{\lambda_i,\mu_i}}\right| < \beta$$

ist und da beim Uebergang von (l, m) zu $(l+\lambda, m+\mu)$ der erste Fall λ-mal, der zweite Fall μ-mal vorkommt, so ist

$$\left|\frac{U_{l+\lambda,m+\mu}}{U_{l,m}}\right| < \alpha^\lambda \beta^\mu$$

und folglich die Summe der auf das Gebiet $\mathfrak{D}$ bezüglichen Reihenglieder

$$\sum_{\lambda=0}^{\infty}\sum_{\mu=0}^{\infty} |U_{l+\lambda,m+\mu}| < |U_{lm}| \cdot \sum_{\lambda\mu} \alpha^\lambda \beta^\mu = \frac{|U_{lm}|}{(1-\alpha)(1-\beta)}.$$

Hiermit ist die Endlichkeit der ganzen zweifachen Summe $\sum_{\lambda\mu} |U_{\lambda\mu}|$ bewiesen.

Dieser Satz lässt sich noch verallgemeinern. Der von der positiven λ-Axe und der positiven μ-Axe gebildete Quadrant wird durch die Strahlen $OR', OR'', \ldots, OR^{(n-1)}$ in n Gebiete $\mathfrak{R}_1, \ldots, \mathfrak{R}_n$ zerlegt. Im Gebiete $\mathfrak{R}_i$, welches von den Strahlen $OR^{(i-1)}$ und $OR^{(i)}$ begrenzt wird, seien die Strahlen OP_i und OQ_i so gezogen, dass die vier Strahlen in der Reihenfolge $OR^{(i-1)}, OQ_i, OP_i, OR^{(i)}$ auftreten.

Bezeichnet man den Winkelraum zwischen $OR^{(i-1)}$ und OP_i mit $\mathfrak{P}_i$, denjenigen zwischen $OR^{(i)}$ und OQ_i mit $\mathfrak{Q}_i$, so haben die beiden Gebiete $\mathfrak{P}_i$ und $\mathfrak{Q}_i$ den von OP_i und OQ_i eingeschlossenen Winkelraum $\mathfrak{S}_i$ gemein.

Die Begrenzung eines Gebietes denken wir uns immer als zum Gebiete gehörig.

Ist nun im Gebiete $\mathfrak{P}_i$

$$\left|\frac{U_{\lambda+1,\mu}}{U_{\lambda\mu}}\right| < \alpha_i, \quad \alpha_i < 1$$

und im Gebiete $\mathfrak{Q}_i$

$$\left|\frac{U_{\lambda,\mu+1}}{U_{\lambda\mu}}\right| < \beta_i, \quad \beta_i < 1,$$

so lange $\lambda > l$, $\mu > m$ ist, so haben die im Winkelraum $\mathfrak{R}_i$ gelegenen Reihenglieder $|U_{\lambda\mu}|$ eine endliche Summe, was man ähnlich wie oben beweist, indem man auf die ausserhalb $\mathfrak{R}_i$ gelegenen Reihenglieder keine Rücksicht nimmt. Man kann somit folgenden Satz aussprechen:

Sind die Gebiete $\mathfrak{P}_i, \mathfrak{Q}_i (i=1, \ldots, n)$ in der obigen Weise definirt und ist im Gebiete $\mathfrak{P}_i$

$$\left|\frac{U_{\lambda+1,\mu}}{U_{\lambda\mu}}\right| < \alpha_i, \quad \alpha_i < 1$$

und im Gebiete $\mathfrak{Q}_i$

$$\left|\frac{U_{\lambda,\mu+1}}{U_{\lambda\mu}}\right| < \beta_i, \quad \beta_i < 1,$$

*so lange $\lambda > l_i$, $\mu > m_i$ ist, so ist die zweifach unendliche Reihe $\sum U_{\lambda\mu}$ unbedingt convergent.**)

*) Ich habe hier absichtlich nicht die *Grenzwerthe* der Quotienten aufeinander folgender Reihenglieder eingeführt, wie man dies bei dem entsprechenden Satze für einfach unendliche Reihen gewöhnlich thut, sondern ich gehe erst bei den hypergeometrischen Reihen zu den Grenzwerthen über, weil dieser Uebergang bei mehrfach unendlichen Reihen nur unter gewissen Bedingungen zulässig ist. Auf die Unzulässigkeit einer allgemeinen Einführung der Grenzwerthe bin ich durch Herrn Pringsheim aufmerksam gemacht worden.

Es ist zu beachten, dass bei dieser Gebietseintheilung ein Gebiet $\mathfrak{P}$ an die λ-Axe, ein Gebiet $\mathfrak{Q}$ an die μ-Axe angrenzt.

Wir sind nun im Stande, die Convergenz der hypergeometrischen Reihen selbst zu untersuchen.

§ 4.

Die Bedingungen für die Convergenz der hypergeometrischen Reihen zweier Veränderlichen.

Wenn die hypergeometrische Reihe

$$H(x, y) = \sum A_{\lambda\mu} x^\lambda y^\mu$$

für ein gewisses Werthsystem (x, y) convergirt, so muss sie auch für $(x, 0)$ und $(0, y)$ convergent sein, d. h. es convergiren auch die beiden hypergeometrischen Reihen einer Veränderlichen

$$H(x, 0) = \sum_{\lambda=0}^{\infty} A_{\lambda 0} x^\lambda, \qquad H(0, y) = \sum_{\lambda=0}^{\infty} A_{0\mu} y^\mu.$$

Hierzu ist aber erforderlich, dass

$$\left|\lim_{\lambda=\infty} f(\lambda, 0)\right| \cdot |x| \leqq 1,$$
$$\left|\lim_{\mu=\infty} g(0, \mu)\right| \cdot |y| \leqq 1$$

ist; wir müssen daher die beiden Ausdrücke

$$\lim_{\lambda=\infty} f(\lambda, 0), \qquad \lim_{\mu=\infty} g(0, \mu)$$

näher betrachten. Setzt man

$$P(\lambda, \mu) = a_0 \lambda^p + a_1 \lambda^{p-1} \mu + \cdots,$$
$$P'(\lambda, \mu) = a_0' \lambda^{p'} + a_1' \lambda^{p'-1} \mu + \cdots,$$
$$Q(\lambda, \mu) = b_0 \mu^q + b_1 \lambda \mu^{q-1} + \cdots,$$
$$Q'(\lambda, \mu) = b_0' \mu^{q'} + b_1' \lambda \mu^{q'-1} + \cdots,$$

so sind die vier Coefficienten a_0, a_0', b_0, b_0' stets von Null verschieden, wie man in folgender Weise erkennt: Wir fanden früher

$$\frac{P(\lambda, \mu)}{P'(\lambda, \mu)} = \prod_i (u_i \lambda + v_i \mu)^{u_i},$$

$$\frac{Q(\lambda, \mu)}{Q'(\lambda, \mu)} = \prod_i (u_i \lambda + v_i \mu)^{v_i},$$

wobei

$$\sum_i u_i = p - p', \quad \sum_i v_i = q - q'$$

war.

Die Zahlen u sind, soweit sie nicht 0 sind, theils positiv, theils negativ. Nennt man diejenigen Indices i, für welche u_i positiv ist, α, dagegen α' die Indices i, für welche u_i negativ ist, und setzt man $u_{\alpha'} = - u'_{\alpha'}$, so wird

$$\frac{P(\lambda, \mu)}{P'(\lambda, \mu)} = \frac{\prod_\alpha (u_\alpha \lambda + v_\alpha \mu)^{u_\alpha}}{\prod_{\alpha'} (-u'_{\alpha'} \lambda + v_{\alpha'} \mu)^{u'_{\alpha'}}};$$

da nun rechts im Zähler sowohl als im Nenner eine ganze Function steht, so ist

$$P(\lambda, \mu) = \prod_\alpha (u_\alpha \lambda + v_\alpha \mu)^{u_\alpha},$$

$$P'(\lambda, \mu) = \prod_{\alpha'} (- u'_{\alpha'} \lambda + v_{\alpha'} \mu)^{u'_{\alpha'}}.$$

Bezeichnet man alle diejenigen i, für welche v_i positiv ist, mit β, diejenigen, für welche v_i negativ ist, mit β', so ist, wenn man $v_{\beta'} = - v'_{\beta'}$ setzt,

$$Q(\lambda, \mu) = \prod_\beta (u_\beta \lambda + v_\beta \mu)^{v_\beta},$$

$$Q'(\lambda, \mu) = \prod_{\beta'} (u_{\beta'} \lambda - v'_{\beta'} \mu)^{v'_{\beta'}}.$$

Daher sind

$$a_0 = P(1, 0) = \prod_\alpha u_\alpha^{u_\alpha},$$

$$a_0' = P'(1, 0) = \prod_\alpha (- u'_{\alpha'})^{u'_{\alpha'}},$$

$$b_0 = Q(0, 1) = \prod_\beta v_\beta^{v_\beta},$$

$$b_0' = Q'(0, 1) = \prod_{\beta'} (- v'_{\beta'})^{v'_{\beta'}}$$

sämmtlich endlich und von Null verschieden, dasselbe gilt somit im Falle $p = p'$, $q = q'$ für

$$\Phi(1, 0) = \frac{a_0}{a_0'} = \prod_i u_i^{u_i},$$

$$\Psi(0, 1) = \frac{b_0}{b_0'} = \prod_i v_i^{v_i}.$$

Mithin ist

$$\lim_{\lambda = \infty} f(\lambda, 0) = \infty, \ = 0, \ = \Phi(1, 0),$$

je nachdem $p > p'$, $p < p'$, $p = p'$,

$$\lim_{\mu=\infty} g(0, \mu) = \infty, \ = 0, \ = \Psi(0, 1),$$

je nachdem $q > q'$, $q < q'$, $q = q'$ ist. Hieraus geht hervor, dass *die Reihe* $H(x, y)$ *im Falle* $p > p'$, $q > q'$ *ausser für* $x = 0$, $y = 0$ *nicht convergiren kann, und dass, falls* $p = p'$ *ist, die Reihe nicht für*

$$|x| > \frac{1}{|\Phi(1, 0)|}$$

und, falls $q = q'$, *nicht für*

$$|y| > \frac{1}{|\Psi(0, 1)|}$$

convergirt. In den beiden letzten Fällen ist der Convergenzbezirk der Reihe jedenfalls beschränkt, während sie im Falle $p < p'$, $q < q'$ möglicherweise für alle Werthsysteme (x, y) convergiren kann.

Wir können nun im Falle $p = p'$, $q = q'$, in welchem die Reihe jedenfalls nur für

$$|x| \leqq \frac{1}{|\Phi(1, 0)|}, \qquad |y| \leqq \frac{1}{|\Psi(0, 1)|}$$

oder, was dasselbe ist, nur für

$$|x| \leqq \prod_i |u_i|^{-u_i}, \qquad |y| \leqq \prod_i |v_i|^{-v_i}$$

convergiren kann, noch weitere nothwendige Bedingungen für die Convergenz aufstellen. Eine hypergeometrische Reihe einer Veränderlichen kann nicht convergiren, wenn

$$\left|\lim_{\lambda=\infty} h(\lambda)\right| . |x| > 1$$

ist; dem entspricht der Satz, dass die hypergeometrische Reihe zweier Veränderlicher $H(x, y)$ für das Werthsystem (x, y) nicht convergiren kann, wenn für irgend einen positiven Werth des Verhältnisses $\lambda : \mu$ gleichzeitig

$$|\Phi(\lambda, \mu)| \cdot |x| > 1, \qquad |\Psi(\lambda, \mu)| \cdot |y| > 1$$

ist. Da nach dem Früheren die Reihe nicht convergirt, wenn Φ oder Ψ durchweg unendlich ist, und da die beiden Ungleichungen nicht gleichzeitig bestehen können, wenn $\Phi = 0$ oder $\Psi = 0$ ist, so brauchen wir nur den Fall $p = p'$, $q = q'$ zu behandeln. Der angeführte Satz geht aus dem ersten Satze des vorhergehenden Paragraphen in folgender Weise hervor. Es sei $\lambda_0 : \mu_0$ die Stelle, an welcher die beiden obigen Ungleichungen bestehen.

Ist $\Phi(\lambda_0, \mu_0)$ endlich, so kann man durch zwei auf beiden Seiten der Geraden $\lambda : \mu = \lambda_0 : \mu_0$ in hinreichender Nähe gezogene Strahlen OP und OQ einen Winkelraum $\mathfrak{S}$ so abgrenzen, dass, wenn λ eine hinreichend grosse Zahl übersteigt, innerhalb $\mathfrak{S}$

$$|f(\lambda, \mu) - \Phi(\lambda, \mu)| < \delta$$

ist, wo δ eine beliebig klein angenommene Zahl bedeutet, wie man sich durch Betrachtung der Differenz $f - \Phi$ leicht überzeugt. Dann ist

$$|\Phi(\lambda, \mu)| - \delta < |f(\lambda, \mu)| < |\Phi(\lambda, \mu)| + \delta.$$

Da nach der Voraussetzung

$$|\Phi(\lambda, \mu)| > \frac{1}{|x|}$$

ist, so kann man es durch geeignete Wahl von l und $\mathfrak{S}$ erreichen, dass im Gebiete $\mathfrak{S}$, sobald $\lambda > l$ ist, auch

$$|f(\lambda, \mu) > \frac{1}{|x|}$$

oder

$$|f(\lambda, \mu)| \cdot |x| > 1$$

ist.

Ist $\Phi(\lambda_0, \mu_0)$ unendlich, so existirt wieder ein die Gerade $\lambda:\mu = \lambda_0:\mu_0$ enthaltender Winkelraum $\mathfrak{S}$ von der Beschaffenheit, dass in demselben $|f(\lambda, \mu)|$ eine beliebig angenommene Grenze übersteigt, wenn λ hinreichend gross genommen wird, so dass auch dann

$$|f(\lambda, \mu)| \cdot |x| > 1$$

wird. Analoges gilt für g.

Man kann also, wenn die beiden obigen Ungleichungen bestehen, einen Winkelraum $\mathfrak{S}$ so annehmen, dass in demselben, sobald $\lambda > l$, $\mu > m$ ist, gleichzeitig

$$|f(\lambda, \mu)| \cdot |x| > 1, \qquad |g(\lambda, \mu)| \cdot |y| > 1,$$

oder dass, wenn

$$U_{\lambda\mu} = A_{\lambda\mu} x^\lambda y^\mu$$

gesetzt wird, gleichzeitig

$$\left| \frac{U_{\lambda+1,\mu}}{U_{\lambda\mu}} \right| > 1, \qquad \left| \frac{U_{\lambda,\mu+1}}{U_{\lambda\mu}} \right| > 1$$

ist. Dann ist aber nach § 3 die Reihe

$$\sum U_{\lambda\mu} = H(x, y)$$

nicht convergent.

Da sich dasselbe, falls nicht $p = p'$, $q = q'$ ist, noch leichter beweisen lässt, so können wir den folgenden Satz aussprechen:

Ist entweder

$$|x| > \frac{1}{|\Phi(1, 0)|}$$

oder

$$|y| > \frac{1}{|\Psi(0, 1)|}$$

oder ist für einen positiven Werth von $\lambda : \mu$ gleichzeitig

$$|x| > \frac{1}{|\Phi(\lambda, \mu)|}, \quad |y| > \frac{1}{|\Psi(\lambda, \mu)|},$$

so ist die Reihe $H(x, y)$ divergent.

Wir fügen zu den gefundenen nothwendigen Convergenzbedingungen noch hinreichende hinzu, so dass es uns gelingt, die Convergenzgrenze aufzufinden. Wir beweisen zu diesem Zwecke den Satz:

Sind die beiden Bedingungen

$$|x| < \frac{1}{|\Phi(1, 0)|}, \quad |y| < \frac{1}{|\Psi(0, 1)|}$$

gleichzeitig erfüllt und ist, wie man auch den positiven Werth $\lambda : \mu$ wählen mag, entweder

$$|x| < \frac{1}{|\Phi(\lambda, \mu)|}$$

oder

$$|y| < \frac{1}{|\Psi(\lambda, \mu)|},$$

so ist die Reihe $H(x, y)$ unbedingt convergent.

Man kann die Voraussetzungen dieses Satzes auch so aussprechen. Ist OP irgend ein im positiven Quadranten verlaufender Strahl, so ist auf demselben entweder

$$|\Phi(\lambda, \mu)| \cdot |x| < 1$$

oder

$$|\Psi(\lambda, \mu)| \cdot |y| < 1;$$

auf der λ-Axe ist

$$|\Phi(1, 0)| \cdot |x| < 1$$

und auf der μ-Axe

$$|\Psi(0, 1)| \cdot |y| < 1.$$

Da Φ und Ψ rationale Functionen sind, so lässt sich der positive Quadrant in eine endliche und zwar gerade Anzahl von Winkelräumen $\mathfrak{P}_1, \mathfrak{Q}_1; \mathfrak{P}_2, \mathfrak{Q}_2; \cdots; \mathfrak{P}_n, \mathfrak{Q}_n$ so zerlegen, dass $\mathfrak{P}_1$ an die λ-Axe, $\mathfrak{Q}_n$ an die μ-Axe angrenzt und dass in jedem Gebiete $\mathfrak{P}$ (die Begrenzung immer mit einbegriffen) $|(\Phi(\lambda, \mu)| \cdot |x| < 1$, in jedem Gebiete $\mathfrak{Q}$ $|\Psi(\lambda, \mu)| \cdot |y| < 1$ ist. Wegen der Stetigkeit von Φ und Ψ kann man auch annehmen, dass die Gebiete $\mathfrak{P}_i$ und $\mathfrak{Q}_i$ $(i = 1, \ldots, n)$ sich theilweise überdecken, so dass die jetzige Gebietseintheilung mit der am Ende von § 3 eingeführten vollständig übereinstimmt. Man kann Zahlen α_i, β_i, die sämmtlich kleiner als 1 sind, so annehmen, dass im Gebiete $\mathfrak{P}_i$

$$\left|\frac{A_{\lambda+1,\mu}}{A_{\lambda\mu}}\right| \cdot |x| < \alpha_i,$$

im Gebiete $\mathfrak{Q}_i$

$$\left|\frac{A_{\lambda,\mu+1}}{A_{\lambda\mu}}\right| \cdot |y| < \beta_i$$

ist, so lange $\lambda > l_i$, $\mu > m_i$ ist, so dass sich aus dem letzten Satze des § 3 die Convergenz der hypergeometrischen Reihe $\sum A_{\lambda\mu} x^\lambda y^\mu$ für das angenommene Werthsystem (x, y) ergiebt. Da im Falle $p < p'$, $q < q'$ die Functionen $\Phi(\lambda, \mu)$ und $\Psi(\lambda, \mu)$ durchweg 0 sind, so sind die Voraussetzungen des Satzes für jedes Werthsystem (x, y) erfüllt, die Reihe $H(x, y)$ ist also unbeschränkt convergent. Im Falle $p < p'$, $q = q'$ ist $\Phi(\lambda, \mu) = 0$, es ist also an jeder Stelle $\lambda : \mu$ $|\Phi| \cdot |x| = 0$, es braucht nur noch $|\Psi(0, 1)| \cdot |y| < 1$ zu sein, so dass also die Reihe für alle Werthe von x convergirt, wenn nur

$$|y| < \frac{1}{|\Psi(0, 1)|}$$

angenommen wird. Im Falle $p = p'$, $q = q'$ muss vor allem gezeigt werden, dass, welchen positiven Werth von $\lambda : \mu$ man auch wählen möge, für hinreichend kleine Werthe von $|x|$ und $|y|$ einer der beiden Ausdrücke

$$|\Phi(\lambda, \mu)| \cdot |x|, \qquad |\Psi(\lambda, \mu)| \cdot |y|$$

kleiner als 1 ist. Zunächst geht aus der Form der Functionen Φ und Ψ

$$\Phi(\lambda, \mu) = A \prod_i (u_i \lambda + v_i \mu)^{\kappa_i},$$

$$\Psi(\lambda, \mu) = B \prod_i (u_i \lambda + v_i \mu)^{\nu_i}$$

hervor, dass $\Phi(\lambda, \mu)$ und $\Psi(\lambda, \mu)$ für einen positiven Werth von $\lambda : \mu$ nicht gleichzeitig unendlich werden können. $\Phi(\lambda, \mu)$ kann nur dann unendlich werden, wenn $u_i \lambda + v_i \mu = 0$, u_i negativ und v_i positiv ist, dann verschwindet aber $\Psi(\lambda, \mu)$. Man theilt nun den Quadranten in der oben beschriebenen Art in $2n$ Gebiete $\mathfrak{P}_1, \mathfrak{Q}_1; \mathfrak{P}_2, \mathfrak{Q}_2; \ldots; \mathfrak{P}_n, \mathfrak{Q}_n$ und zwar beliebig mit der einzigen Beschränkung, dass in keinem Gebiet $\mathfrak{P}$ $\Phi(\lambda, \mu)$ und in keinem Gebiet $\mathfrak{Q}$ $\Psi(\lambda, \mu)$ unendlich wird. Ist dann $\mathfrak{p}$ die obere Grenze von $|\Phi(\lambda, \mu)|$ in sämmtlichen Gebieten $\mathfrak{P}$, $\mathfrak{q}$ die obere Grenze von $|\Psi(\lambda, \mu)|$ in sämmtlichen Gebieten $\mathfrak{Q}$ und nimmt man

$$|x| < \frac{1}{\mathfrak{p}}, \qquad |y| < \frac{1}{\mathfrak{q}}$$

an, so ist in sämmtlichen Gebieten $\mathfrak{P}$ $|\Phi(\lambda, \mu)| \cdot |x| < 1$, in sämmtlichen Gebieten $\mathfrak{Q}$ $|\Psi(\lambda, \mu)| \cdot |y| < 1$, so dass also die Reihe $H(x, y)$ für die angenommenen Werthe von x und y convergirt. Die Reihe convergirt also im Falle $p = p'$, $q = q'$ für hinreichend kleine Werthe von x und y; die wirkliche Entwicklung ihres Convergenzbezirks bildet den Gegenstand des nächsten Paragraphen. Bis jetzt haben wir folgende Resultate:

Die Reihe $H(x, y)$ convergirt im Falle $p < p'$, $q < q'$ für alle Werthe von x und y; im Falle $p < p'$, $q = q'$, wenn x beliebig,

$$|y| < \frac{1}{|\Psi(0,1)|},$$

im Falle $p = p'$, $q < q'$, wenn y beliebig und

$$|x| < \frac{1}{|\Phi(0,1)|};$$

auch im Falle $p = p'$, $q = q'$ ist die Reihe stets für hinreichend kleine Werthe von $|x|$ und $|y|$ convergent.

§ 5.

Geometrische Darstellung des Convergenzbezirks der hypergeometrischen Reihen zweier Veränderlichen.

Da die Convergenz der Potenzreihe zweier Veränderlichen $H(x, y)$ von der Grösse der absoluten Beträge $|x|$, $|y|$ abhängt, so ordnen wir dem Werthsystem $(|x|, |y|)$ den Punkt der Ebene mit den rechtwinkligen Coordinaten $(|x|, |y|)$ zu; wir haben dann zu untersuchen, in welchem Theile des von den positiven Axen gebildeten Quadranten die Reihe convergirt, und wir haben namentlich, falls die Reihe überhaupt, aber nicht im ganzen Quadranten convergirt, die Convergenzgrenze aufzusuchen, d. h. die Linie, welche das Gebiet der Convergenz vom Gebiete der Divergenz trennt. Sind (ξ', η') und (ξ'', η'') zwei Punkte dieser Linie, und ist $\xi'' > \xi'$, so muss $\eta'' \leqq \eta'$ sein; denn wäre auch $\eta'' > \eta'$, so müsste, weil (ξ'', η'') ein Punkt der Convergenzgrenze ist, die Reihe an allen Punkten $(|x|, |y|)$, für welche $|x| < \xi''$, $|y| < \eta''$ ist, also innerhalb des ganzen Rechtecks, welches von den durch den Punkt (ξ'', η'') zu den Axen gezogenen Parallelen und den Axen selbst gebildet wird, convergiren, der Punkt (ξ', η') würde innerhalb dieses Rechtecks liegen und könnte nicht der Convergenzgrenze angehören. Im Falle $p < p'$, $q < q'$, wo die Reihe $H(x, y)$ für alle Werthsysteme (x, y) convergirt, ist der Convergenzbezirk durch den ganzen von der $|x|$-Axe und der $|y|$-Axe gebildeten Quadranten dargestellt. Im Falle $p < p'$, $q = q'$ existirt eine der $|x|$-Axe parallele Gerade

$$|y| = \left|\prod_i v_i^{-v_i}\right|,$$

und im Falle $p = p'$, $q < q'$ eine der $|y|$-Axe parallele Gerade

$$|x| = \left|\prod_i u_i^{-u_i}\right|,$$

so dass im ersten Falle der Convergenzbezirk durch den von der $|x|$-Axe und der zu ihr parallelen Geraden gebildeten Streifen und im zweiten Falle durch den Streifen zwischen der $|y|$-Axe und der zu dieser parallelen Geraden gebildet wird.

Eine eingehendere Betrachtung erfordert der Fall $p = p'$, $q = q'$. Die Geraden

$$|x| = \frac{1}{|\Phi(1,0)|}, \quad |y| = \frac{1}{|\Psi(0,1)|},$$

die wir mit $\mathfrak{A}$ und $\mathfrak{B}$ bezeichnen, bilden mit den Coordinatenaxen ein Rechteck, ausserhalb dessen die Reihe nicht convergirt; wir haben gesehen, dass weder $\mathfrak{A}$ noch $\mathfrak{B}$ ins Unendliche fallen kann, dass also der Convergenzbezirk jedenfalls eine endliche Grösse besitzt. Um die Bedeutung der weiteren Bedingung, dass für keinen positiven Werth $\lambda : \mu$ gleichzeitig

$$|x| > \frac{1}{|\Phi(\lambda,\mu)|}, \quad |y| > \frac{1}{|\Psi(\lambda,\mu)|}$$

sein darf, besser zu erkennen, untersuchen wir die durch die Gleichungen

$$|x| = \frac{1}{|\Phi(\lambda,\mu)|}, \quad |y| = \frac{1}{|\Psi(\lambda,\mu)|}$$
$$(\lambda : \mu = 0 \cdots + \infty)$$

dargestellte Curve, die $\mathfrak{C}$ heissen möge. Es sei ausdrücklich bemerkt, dass wir unter der Curve $\mathfrak{C}$ die Gesammtheit der Werthsysteme $(|x|, |y|)$ verstehen, welche die beiden Gleichungen für sämmtliche *positiven* Werthe von $\lambda : \mu$ (einschl. 0 und ∞), aber *nur* für positive Werthe dieses Verhältnisses liefern. Suchen wir zunächst den Anfangs- und Endpunkt der Curve (d. h. die zu $\frac{\mu}{\lambda} = t = 0$ und $t = \infty$ gehörigen Punkte) und ihre unendlich fernen Punkte. Führt man für Φ und Ψ die früher gefundenen Ausdrücke ein, so ist die Curve dargestellt durch

$$|x| = \left|\prod_i (u_i\lambda + v_i\mu)^{-u_i}\right|,$$
$$|y| = \left|\prod_i (u_i\lambda + v_i\mu)^{-v_i}\right|$$

oder

$$|x| = \left|\prod_i (u_i + v_i t)^{-u_i}\right|,$$
$$|y| = \left|\prod_i (u_i + v_i t)^{-v_i}\right|$$
$$(t = 0 \cdots + \infty).$$

Es ist erlaubt, anzunehmen, dass u_i und v_i keinen gemeinschaftlichen Factor besitzen, da andernfalls derselbe entfernt werden könnte; falls $u_i = 0$ ist, muss also $v_i = \pm 1$, und wenn $v_i = 0$ ist, $u_i = \pm 1$ sein.

Es sei für α' Werthe des Index i $u_i = 0$, $v_i = +1$, für α'' Werthe $u_i = 0$, $v_i = -1$, ebenso sei für β' Werthe von i $u_i = +1$, $v_i = 0$ und für β'' Werthe von i $u_i = -1$, $v_i = 0$; setzt man $\alpha = \alpha'' - \alpha'$, $\beta = \beta'' - \beta'$, so können α und β irgend welche positive und negative ganze Zahlen oder auch Null sein. Hiernach ist für $t = 0$

$$|x| = a, \qquad |y| = a' t^\alpha + \cdots$$

und für $t = \infty$

$$|x| = b'\left(\frac{1}{t}\right)^\beta + \cdots, \quad |y| = b,$$

wo a, b, a', b' von Null verschiedene ganze positive Zahlen sind. Sind nun weiter u_α, v_α von Null verschieden und von entgegengesetztem Vorzeichen, so gelten, wenn für s_α Werthe des Index i $u_i = u_\alpha$, $v_i = v_\alpha$ ist und wenn man

$$-\frac{u_\alpha}{v_\alpha} = \tau_\alpha$$

setzt, so dass also τ_α eine positive Zahl bedeutet, Entwicklungen von der Form

$$|x| = |A_\alpha(t - \tau_\alpha)^{-s_\alpha u_\alpha} + \cdots|,$$
$$|y| = |B_\alpha(t - \tau_\alpha)^{-s_\alpha v_\alpha} + \cdots|;$$

falls u_α negativ, v_α positiv ist, ist hiernach $|x| = 0$, $|y| = \infty$, während im Falle u_α positiv, v_α negativ $|x| = \infty$, $|y| = 0$ ist. Aus der zwischen $|\Phi|$ und $|\Psi|$ bestehenden Differentialgleichung geht folgende Differentialgleichung zwischen $|x|$ und $|y|$ hervor:

$$|x| \cdot \frac{\partial |y|}{\partial \lambda} = |y| \cdot \frac{\partial |x|}{\partial \mu}$$

oder

$$\frac{d|y|}{d|x|} = -t\,\frac{|y|}{|x|}.$$

Hiernach ist, wenn man von $t = 0$, τ_1, τ_2, $\cdots$, ∞ absieht, für alle positiven Werthe von t die Richtungsconstante der Curve $\mathfrak{C}$ negativ, d. h. wenn an einer bestimmten Stelle eine der Coordinaten $|x|$ oder $|y|$ zunimmt, so nimmt die andere ab. Es ist allerdings möglich, dass die Curve bei gewissen positiven Werthen τ_1', τ_2', ... von t Rückkehrpunkte besitzt, in deren jedem die Curve aber nur eine einzige Tangente haben kann, da für jeden solchen Werth τ' $\frac{d|y|}{d|x|}$ einen einzigen bestimmten Werth hat. Wenn dem Parameterwerthe $t = \tau'$ ein im Endlichen gelegener Rückkehrpunkt entspricht, so besitzen nicht nur

$$|x| = \left|\prod_i (u_i + v_i t)^{-u_i}\right|, \quad |y| = \left|\prod_i (u_i + v_i t)^{-v_i}\right|,$$

sondern auch

$$\prod_i (u_i + v_i t)^{-u_i}, \quad \prod_i (u_i + v_i t)^{-v_i}$$

beide für $t = \tau'$ extreme Werthe; es sind daher

$$\frac{d}{dt}\prod_i (u_i + v_i t)^{-u_i}, \quad \frac{d}{dt}\prod_i (u_i + v_i t)^{-v_i}$$

für $t = \tau'$ gleich Null; da aber

$$\prod_i (u_i + v_i t)^{-u_i}, \quad \prod_i (u_i + v_i t)^{-v_i}$$

für positive Werthe von t, welche von den schon betrachteten $0, \tau_1, \tau_2, \cdots \infty$ verschieden sind, weder Null noch unendlich werden können, so müssen die logarithmischen Ableitungen der beiden Producte verschwinden, d. h. es muss

$$\sum_i \frac{u_i v_i}{u_i + v_i t} = 0,$$

$$\sum_i \frac{v_i^2}{u_i + v_i t} = 0$$

sein. Führt man statt t wieder $\frac{\mu}{\lambda}$ ein und fügt man die weitere Gleichung hinzu, die sich ergeben hätte, wenn man $\frac{\lambda}{\mu}$ anstatt $\frac{\mu}{\lambda}$ eingeführt hätte, so sieht man, dass die drei Gleichungen

$$\sum_i \frac{u_i^2}{u_i \lambda + v_i \mu} = 0,$$

$$\sum_i \frac{u_i v_i}{u_i \lambda + v_i \mu} = 0,$$

$$\sum_i \frac{v_i^2}{u_i \lambda + v_i \mu} = 0$$

für jede Stelle (λ, μ) bestehen müssen, welcher ein im Endlichen gelegener Rückkehrpunkt der Curve $\mathfrak{C}$ entspricht. Durch diese endlichen Rückkehrpunkte, welche den Parameterwerthen $t = \tau_1', \tau_2', \ldots$ entsprechen, und durch diejenigen Punkte, die eine unendliche und eine verschwindende Coordinate haben, und die ebenfalls Rückkehrpunkte sind, wird die Curve $\mathfrak{C}$ in eine endliche Anzahl von Abschnitten derart zerlegt, dass, wenn (ξ', η') und (ξ'', η'') zwei beliebige Punkte eines und desselben Abschnittes sind, entweder

$$\xi'' > \xi', \ \eta'' > \eta' \quad \text{oder} \quad \xi'' < \xi', \ \eta'' < \eta'$$

ist. In jedem der endlichen Rückkehrpunkte hat die Curventangente eine von Null und Unendlich verschiedene Richtungsconstante; in dem dem Werthe τ_α entsprechenden unendlichen Rückkehrpunkte ist

$$\frac{d|y|}{d|x|} = |\,C(t - \tau_\alpha)^{s_\alpha(u_\alpha - v_\alpha)} + \cdots|,$$

im Falle u_α positiv, v_α negativ, also $|x| = \infty$, $|y| = 0$ ist dieser Ausdruck für $t = \tau_\alpha$ gleich 0, während er für τ_α unendlich wird, wenn u_α negativ, v_α positiv und folglich $|x| = 0$, $|y| = \infty$ ist.

Wir suchen nun die Curve $\mathfrak{C}$ und die Geraden $\mathfrak{A}$, $\mathfrak{B}$ für einige einfache hypergeometrische Reihen auf. Bei den vier Appell'schen

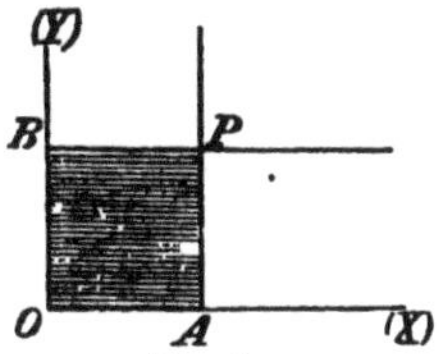

Fig. 2.

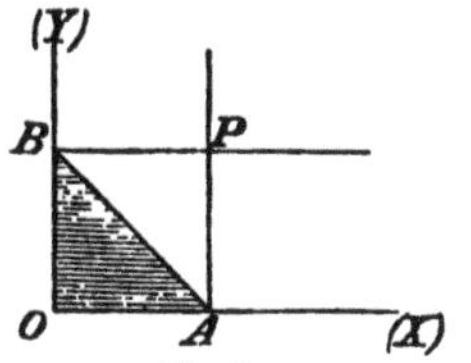

Fig. 3.

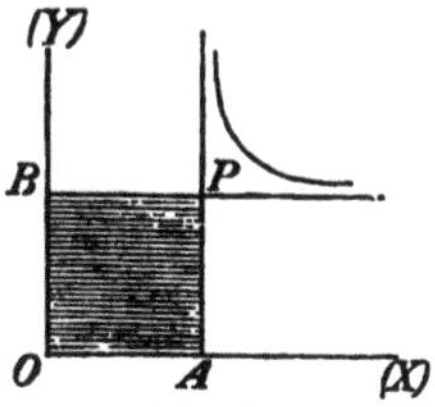

Fig. 4.

Reihen $F_1(x, y)$, $F_2(x, y)$, $F_3(x, y)$, $F_4(x, y)$ ist die Curve $\mathfrak{C}$ bezw. dargestellt durch

$$|x| = 1, \qquad |y| = 1,$$

$$|x| = \frac{\lambda}{\lambda + \mu}, \qquad |y| = \frac{\mu}{\lambda + \mu},$$

$$|x| = \frac{\lambda + \mu}{\lambda}, \qquad |y| = \frac{\lambda + \mu}{\mu},$$

$$|x| = \left(\frac{\lambda}{\lambda + \mu}\right)^2, \qquad |y| = \left(\frac{\mu}{\lambda + \mu}\right)^2,$$

während die Geraden $\mathfrak{A}$ und $\mathfrak{B}$ jedesmal $|x| = 1$, $|y| = 1$ sind. Zeichnet man für jede der vier Reihen die Geraden $\mathfrak{A}$ und $\mathfrak{B}$ und die Curve $\mathfrak{C}$, so ergeben sich die Figuren 2, 3, 4, 5, in welcher die Convergenzbezirke schraffirt sind.

In keinem Falle kann die Reihe ausserhalb des Quadrats $AOBP$ convergent sein, für die Reihen F_1 und F_3 bildet dieses Quadrat den Convergenzbezirk, da für F_1 die Curve $\mathfrak{C}$ aus den Geraden $\mathfrak{A}$ und $\mathfrak{B}$ besteht und für F_3 die Curve $\mathfrak{C}$ ganz in einem Gebiete verläuft, in welchem die Reihe sicher divergirt. Weiter sieht man, dass die Reihe F_2 nicht ausserhalb des Dreiecks AOB und die Reihe F_4 nicht ausserhalb des von $\mathfrak{C}$ und den Axen begrenzten Gebiets convergirt und dass in diesen beiden Fällen die Linie $\mathfrak{C}$ wirklich die Convergenzgrenze bildet.

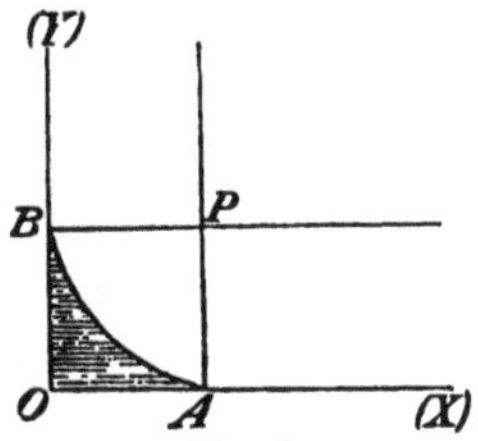

Fig. 5.

Aus der in § 2 eingeführten Reihe $F(x, y)$ geht folgende Curve $\mathfrak{C}$ hervor:

$$|x| = (\lambda + \mu)^{n' - n} \lambda^{p' - p},$$

$$|y| = (\lambda + \mu)^{n' - n} \mu^{q' - q},$$

die Geraden $\mathfrak{A}$ und $\mathfrak{B}$ sind wieder $|x| = 1$, $|y| = 1$. Ist

$$n' - n = p - p' = q - q' = 0,$$

so zerfällt $\mathfrak{C}$ wie bei F_1 in die Geraden $\mathfrak{A}$ und $\mathfrak{B}$; falls

$$n' - n = p - p' = q - q' = d$$

positiv ist, liegt $\mathfrak{C}$

$$|x| = \left(\frac{\lambda+\mu}{\lambda}\right)^d, \qquad |y| = \left(\frac{\lambda+\mu}{\mu}\right)^d$$

wie bei der Appell'schen Reihe F_3 ganz ausserhalb des von den Geraden $|x| = 1$, $|y| = 1$ und den Axen gebildeten Quadrats, während im Falle $n - n' = p' - p = q' - q = c$ positiv die Curve $\mathfrak{C}$

$$|x| = \left(\frac{\lambda}{\lambda+\mu}\right)^e, \qquad |y| = \left(\frac{\mu}{\lambda+\mu}\right)^e$$

ähnlich wie bei F_2 innerhalb des Quadrats $OAPB$ verläuft. In den beiden ersten Fällen bildet eben jenes Quadrat den Convergenzbezirk, im letzten Falle stellt die Curve $\mathfrak{C}$ die Convergenzgrenze dar. Durch Elimination von $\lambda : \mu$ erhält man für $\mathfrak{C}$ die Gleichung

$$|x|^{\frac{1}{e}} + |y|^{\frac{1}{e}} = 1,$$

bei den Appell'schen Reihen F_2 und F_4 ist bezw. $e = 1$ und $e = 2$.

Mit $F(x, y)$ verwandt ist die Reihe

$$\mathfrak{F}(x, y) = \sum A_{\lambda\mu} x^\lambda y^\mu,$$

$$A_{\lambda\mu} = (a_1, \lambda - \mu) \ldots (a_n, \lambda - \mu) \cdot (a_1', \mu - \lambda) \ldots (a_{n'}', \mu - \lambda)$$
$$\times (b_1, \lambda) \ldots (b_p, \lambda) \cdot (b_1', -\lambda) \ldots (b_{p'}', -\lambda)$$
$$\times (c_1, \mu) \ldots (c_q, \mu) \cdot (c_1', -\mu) \ldots (c_{q'}', -\mu),$$

bei welcher

$$f(\lambda, \mu) = \frac{(a_1+\lambda-\mu)\cdots(a_n+\lambda-\mu)(b_1+\lambda)\cdots(b_p+\lambda)}{(a_1'-1+\mu-\lambda)\cdots(a_{n'}'-1+\mu-\lambda)(b_1'-1-\lambda)\cdots(b_{p'}'-1-\lambda)},$$

$$g(\lambda, \mu) = \frac{(a_1'+\mu-\lambda)\cdots(a_{n'}'+\mu-\lambda)(c_1+\mu)\cdots(c_q+\mu)}{(a_1-1+\lambda-\mu)\cdots(a_n-1+\lambda-\mu)(c_1'-1-\mu)\cdots(c_{q'}'-1-\mu)}$$

und, wenn $n + p = n' + p'$, $n' + q = n + q'$

$$\Phi(\lambda, \mu) = \pm (\lambda - \mu)^{n-n'} \lambda^{p-p'},$$
$$\Psi(\lambda, \mu) = \pm (\lambda - \mu)^{n'-n} \mu^{q-q'}$$

ist. Die Geraden $\mathfrak{A}$ und $\mathfrak{B}$ sind wie früher

$$|x| = 1, \qquad |y| = 1,$$

die Curve $\mathfrak{C}$ ist

$$|x| = |\lambda - \mu|^{n'-n} \lambda^{p'-p},$$
$$|y| = |\lambda - \mu|^{n-n'} \mu^{q'-q}.$$

Im Falle dass

$$n - n' = p' - p = q - q' = e$$

positiv ist, wird die Curve $\mathfrak{C}$

$$|x| = \left(\frac{\lambda}{|\lambda - \mu|}\right)^e, \qquad |y| = \left(\frac{|\lambda - \mu|}{\lambda}\right)^e,$$

durch Figur 6 dargestellt.

$$\begin{array}{llll} \text{Für } \frac{\lambda}{\mu} = 0 & \text{ist} & |x| = 0, & |y| = 1, \\ \;,, \quad \frac{\lambda}{\mu} = 1 & ,, & |x| = \infty, & |y| = 0, \\ \;,, \quad \frac{\lambda}{\mu} = \infty & ,, & |x| = 1, & |y| = \infty. \end{array}$$

Die Curve $\mathfrak{C}$ besteht hiernach aus zwei Zweigen, deren erster den Werthen $\frac{\lambda}{\mu} = 0 \ldots 1$, deren zweiter den Werthen $\frac{\lambda}{\mu} = 1 \cdots \infty$ entspricht; der den Werthen $\frac{\lambda}{\mu} = 0 \cdots \frac{1}{2}$ entsprechende Theil BC des ersten Zweiges liegt innerhalb des Quadrats $OABP$; aus den oben aufgestellten Bedingungen für die Convergenz folgt, dass das schraffirte Gebiet $OACB$ den Convergenzbezirk der Reihe

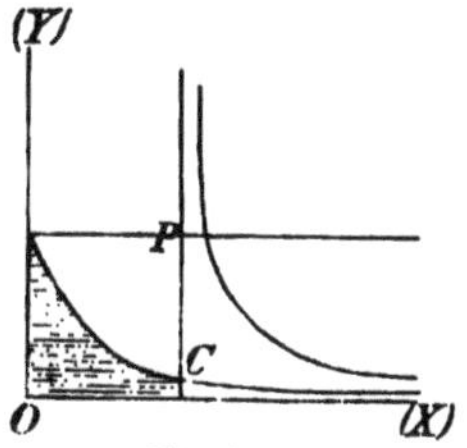

Fig. 6.

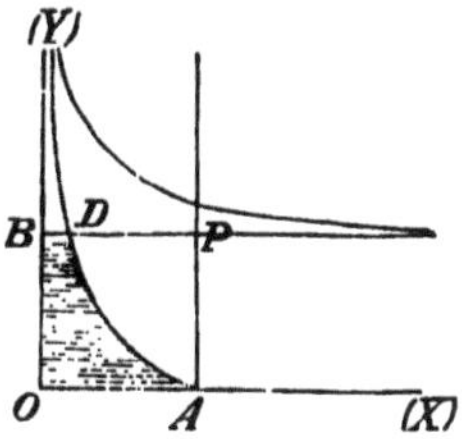

Fig. 7.

$\mathfrak{F}(x, y)$ bildet. Die Gleichung des ganzen ersten Zweiges erhält man, indem man $\lambda : \mu$ aus

$$|x|^{\frac{1}{e}} = \frac{\lambda}{\mu - \lambda}, \qquad |y|^{\frac{1}{e}} = \frac{\mu - \lambda}{\mu}$$

eliminirt, in der Form

$$\frac{1}{|y|^{\frac{1}{e}}} - |x|^{\frac{1}{e}} = 1;$$

die Reihe $\mathfrak{F}(x, y)$ kann nicht convergiren, wenn

$$\frac{1}{|y|^{\frac{1}{e}}} - |x|^{\frac{1}{e}} < 1, \qquad |y| < 1$$

ist. Ist

$$n' - n = p - p' = q' - q = d$$

positiv, so tritt an Stelle der eben betrachteten Curve die folgende:

$$|x| = \left(\frac{|\lambda - \mu|}{\lambda}\right)^d, \qquad |y| = \left(\frac{\mu}{|\lambda - \mu|}\right)^d,$$

deren Verlauf durch Fig. 7 dargestellt wird. — Für die Reihe

$$H_1(x, y) = \sum_{\lambda\mu} (a_0, \lambda+\mu)\,(a_1, \lambda-2\mu)\,(a_2, \mu-2\lambda)\,x^\lambda y^\mu$$

ist die Curve $\mathfrak{C}$

$$|x| = \frac{(2\lambda-\mu)^2}{|\lambda-2\mu|\cdot(\lambda+\mu)},$$

$$|y| = \frac{(\lambda-2\mu)^2}{|2\lambda-\mu|\cdot(\lambda+\mu)},$$

die Geraden $\mathfrak{A}$ und $\mathfrak{B}$ sind

$$|x| = 4 \quad \text{und} \quad |y| = 4.$$

Für $\frac{\lambda}{\mu} = 0, \frac{1}{2}, 2, \infty$ erhält man für $(|x|, |y|)$ die Werthsysteme $\left(\frac{1}{2}, 4\right)$, $(0, \infty)$, $(\infty, 0)$, $\left(4, \frac{1}{2}\right)$; die Curve $\mathfrak{C}$ (Fig. 8) besteht aus drei Zweigen; der erste, der von $\left(\frac{1}{2}, 4\right)$ nach $(0, \infty)$, und der dritte, der von $(\infty, 0)$ nach $\left(4, \frac{1}{2}\right)$ geht, verlaufen ausserhalb des von den Linien $\mathfrak{A}$, $\mathfrak{B}$ und den Coordinatenaxen gebildeten Quadrats. Die aus den Geradenstücken AC, BD und dem Curvenstück CD zusammengesetzte Linie stellt die Convergenzgrenze der Reihe dar. — Die Reihe

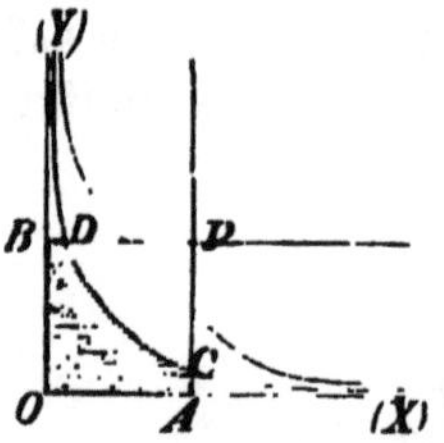

Fig. 8.

$$H_2(x, y) = \sum_{\lambda\mu} (a, 2\lambda-\mu)\,(b, -\lambda+2\mu)\,(c, -\lambda)\,(d, -\mu)\,x^\lambda y^\mu$$

liefert die Curve $\mathfrak{C}$

$$|x| = \frac{\lambda\cdot|\lambda-2\mu|}{(2\lambda-\mu)^2}, \qquad |y| = \frac{\mu\cdot|2\lambda-\mu|}{(\lambda-2\mu)^2}$$

und die Geraden $\mathfrak{A}$, $\mathfrak{B}$

$$|x| = \frac{1}{4}, \qquad |y| = \frac{1}{4}.$$

Für $\frac{\lambda}{\mu} = 0, \frac{1}{2}, 2, \infty$ ergeben sich die Curvenpunkte $\left(0, \frac{1}{4}\right)$, $(\infty, 0)$, $(0, \infty)$, $\left(\frac{1}{4}, 0\right)$; die Curve besteht aus drei Zweigen, von denen zwei durch das von den Geraden $\mathfrak{A}$, $\mathfrak{B}$ und den Coordinatenaxen gebildete Quadrat gehen. Die beiden Curvenstücke AE, BE (Fig. 9) grenzen ein Flächenstück (in der Figur schraffirt) ab, welches den Convergenzbezirk der Reihe bildet.

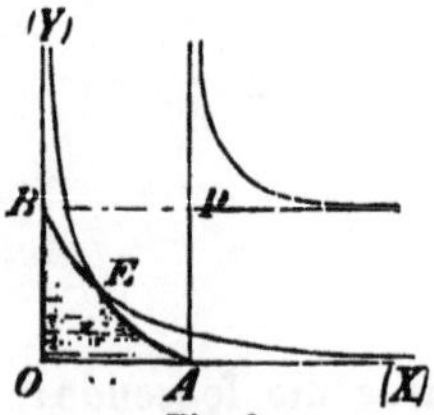

Fig. 9.

Um auch den Fall, wo ein Rückkehrpunkt auftritt, zu illustriren, betrachten wir schliesslich noch die Reihe

$$K(x, y) = \sum_{\lambda\mu} A_{\lambda\mu} x^\lambda y^\mu,$$

$$A_{\lambda\mu} = 4^{\lambda-\mu}(a, 2\lambda - \mu)(b, \lambda - 2\mu)$$
$$\times (c, -\lambda)(c', -\lambda), (c'', -\lambda)$$
$$\times (d, \mu)(d', \mu), (d'', \mu),$$

aus welcher die Curve $\mathfrak{C}$

$$|x| = \frac{4\lambda^3}{(2\lambda-\mu)^2 \cdot |\lambda - 2\mu|}, \qquad |y| = \frac{(2\mu-\lambda)^2 \cdot |\mu - 2\lambda|}{4\mu^3}$$

hervorgeht; die Geraden $\mathfrak{A}$, $\mathfrak{B}$ sind $|x| = 1$, $|y| = 1$. Setzt man für $\lambda : \mu$ der Reihe nach $0, \frac{1}{2}, 2, \infty$, so erhält man die Curvenpunkte $(0, 1)$, $(\infty, 1)$, $(\infty, 0)$, $(1, \infty)$. Versucht man hiernach die Curve aufzuzeichnen, so sieht man, dass einem zwischen $\frac{1}{2}$ und 2 liegenden Werthe von $\frac{\lambda}{\mu}$ ein Rückkehrpunkt entsprechen muss, dieser Werth $\lambda : \mu$ genügt nach dem Obigen den Gleichungen

$$\frac{4}{2\lambda - \mu} + \frac{1}{\lambda - 2\mu} - \frac{3}{\lambda} = 0,$$
$$-\frac{2}{2\lambda - \mu} - \frac{2}{\lambda - 2\mu} = 0,$$
$$\frac{1}{2\lambda - \mu} + \frac{4}{\lambda - 2\mu} + \frac{3}{\mu} = 0,$$

welche die gemeinsame Wurzel $\lambda : \mu = 1 : 1$ liefern, welcher der Rückkehrpunkt $\left(|x| = 4,\ |y| = \frac{1}{4}\right)$ zugehört. Die Gestalt der Curve wird durch Fig. 10 angedeutet. Die Reihe $K(x, y)$ convergirt überall innerhalb, aber nirgends ausserhalb des Gebiets $OACB$.

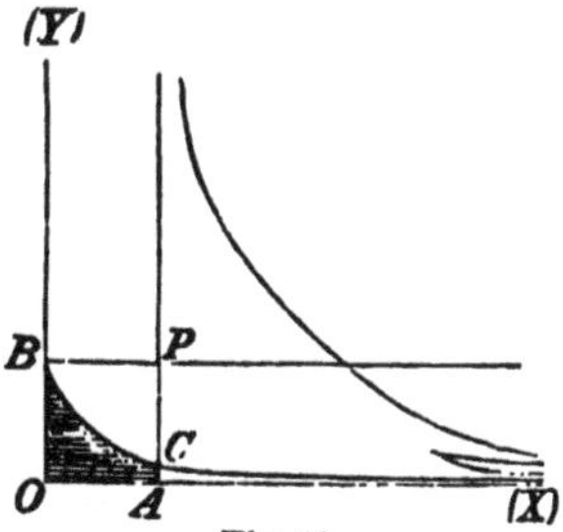

Fig. 10.

In allen behandelten Beispielen liess sich aus Theilen der Curve $\mathfrak{C}$ und der Geraden $\mathfrak{A}$ und $\mathfrak{B}$ eine Linie zusammensetzen, welche den Quadranten in einen endlichen und in einen unendlich grossen Theil so zerlegte, dass die Reihe im ersteren convergirte, im letzteren divergirte. Dass in allen Fällen in ähnlicher Weise eine solche Linie gebildet werden kann und dass diese Linie die Convergenzgrenze darstellt, ergiebt sich in folgender Weise. Dass eine solche Linie existirt, folgt schon daraus, dass die Reihe für hinreichend kleine Werthe von $|x|$ und $|y|$, aber nicht unbeschränkt convergirt. Die Convergenzgrenze ist die Gesammtheit derjenigen Werthsysteme (ξ, η), welche so beschaffen sind, dass die Reihe für $|x| < \xi$, $|y| < \eta$ convergirt, während sie divergirt, wenn $|x| > \xi$ oder $|y| > \eta$ ist.

Wenn die Stelle $(|x|, |y|)$ an der Grenze des Convergenzbezirks liegt, so liegt sie entweder auf der Geraden $\mathfrak{A}$, der Geraden $\mathfrak{B}$ oder der Curve $\mathfrak{C}$. Denn liegt ein Punkt $(|x|, |y|)$ auf keiner dieser Linien, so liegt er entweder innerhalb oder ausserhalb des von den Geraden $\mathfrak{A}$, $\mathfrak{B}$ und den Coordinatenaxen gebildeten Rechtecks; liegt $(|x|, |y|)$ ausserhalb, so divergirt die Reihe sowohl an dieser Stelle als auch an allen benachbarten Stellen, die Stelle $(|x|, |y|)$ kann also nicht der Convergenzgrenze angehören. Liegt die Stelle $(|x|, |y|)$ zwar innerhalb dieses Rechtecks, aber nicht auf der Curve $\mathfrak{C}$, so sind folgende Möglichkeiten vorhanden: 1) es ist für einen positiven Werth $\lambda : \mu$

$$|\Phi| . |x| > 1, \qquad |\Psi| . |y| > 1;$$

dann ist die Reihe nicht nur an der Stelle $(|x|, |y|)$, sondern auch an allen benachbarten Stellen divergent; 2) es ist für einen Werth von $\lambda : \mu$

$$|\Phi| . |x| = 1, \quad |\Psi| . |y| > 1$$

oder

$$|\Phi| . |x| > 1, \quad |\Psi| . |y| = 1,$$

so ist für einen benachbarten Werth von $\lambda : \mu$

$$|\Phi| . |x| > 1, \quad |\Psi| . |y| > 1,$$

und wir sind auf den ersten Fall zurückgeführt; 3) nach Ausschluss dieser beiden Fälle bleibt, wenn $(|x|, |y|)$ nicht auf der Curve $\mathfrak{C}$ liegt, nur noch die Möglichkeit, dass für jeden positiven Werth von $\lambda : \mu$ entweder

$$|\Phi| . |x| < 1$$

oder

$$|\Psi| . |y| < 1;$$

dann gilt dasselbe nicht bloss an der Stelle $(|x|, |y|)$, sondern auch an allen benachbarten Stellen; die Reihe convergirt desshalb für $(|x|, |y|)$ und für alle benachbarten Punkte, so dass $(|x|, |y|)$ nicht der Convergenzgrenze angehören kann. Da hiermit das *Vorhandensein einer aus Theilen der Linien* $\mathfrak{A}$, $\mathfrak{B}$, $\mathfrak{C}$ *bestehenden Convergenzgrenze nachgewiesen* ist, ist es auch leicht, dieselbe zu finden, nachdem diese drei Linien aufgezeichnet sind. Man geht auf derjenigen Linie, welche die $|x|$-Axe am nächsten beim Coordinatenanfang trifft, fort; jedesmal wenn man an eine Stelle kommt, von welcher mehrere Linienstücke ausgehen, geht man auf demjenigen, dessen Anfangsrichtung die $|y|$-Axe am nächsten beim Coordinatenanfang treffen würde, nach der $|y|$-Axe zu weiter, bis man schliesslich zur $|y|$-Axe selbst gelangt. Die Gesammtheit der so beschriebenen Linienstücke bildet die Convergenzgrenze. Ob auf der Convergenzgrenze selbst die Reihe convergirt oder divergirt, lässt sich mit unseren Hilfsmitteln nicht entscheiden.

§ 6.

Die Differentialgleichungensysteme der hypergeometrischen Reihen zweier Veränderlichen.

Da die hypergeometrische Reihe $H(x, y)$, wie im Vorhergehenden gezeigt wurde, in manchen Fällen einen beschränkten Convergenzbezirk besitzt, so bietet sich die Aufgabe dar, die durch Fortsetzung der hypergeometrischen Reihen entstehenden analytischen Functionen zu untersuchen, welche hypergeometrische Functionen genannt werden mögen. Wir wollen nicht auf eine nähere Untersuchung der hypergeometrischen Functionen eingehen; es möge nur eine Frage gelöst werden, welche mit der im Bisherigen ausgeführten Bestimmung der Convergenzgrenze der hypergeometrischen Reihen in engem Zusammenhange steht. Dass die hypergeometrischen Reihen unter Umständen eine im Endlichen gelegene Convergenzgrenze haben, hat seinen Grund darin, dass die hypergeometrischen Functionen singuläre Stellen besitzen, über die hinaus sich der Convergenzbezirk der entsprechenden hypergeometrischen Reihen nicht erstrecken kann. Wir wollen nun diejenigen singulären Gebilde (wegen dieses Ausdrucks vgl. die Arbeiten des Verf. Act. Math. Bd. 12 und Math. Ann. Bd. 33) der hypergeometrischen Functionen zu ermitteln suchen, durch welche jene Begrenzung des Convergenzbezirks der Reihen bedingt wird.

Jede hypergeometrische Reihe $H(x, y)$ genügt einem System linearer Differentialgleichungen, welches in folgender Weise ermittelt wird. Wir machen immer die Voraussetzung, dass im Nenner der rationalen Function $f(\lambda, \mu)$ der Factor $1 + \lambda$, im Nenner von $g(\lambda, \mu)$ der Factor $1 + \mu$ enthalten sei; sind diese Factoren nicht von vornherein vorhanden, so fügen wir sie im Zähler und Nenner der betreffenden rationalen Functionen zu, wodurch der Grad von Zähler und Nenner um 1 erhöht, im übrigen aber an den hier geführten Entwicklungen nichts geändert wird.

Künftig denken wir uns die Zahlen p, p', q, q' immer erst nach Hinzufügung der Factoren $1 + \lambda$, $1 + \mu$ bestimmt.

Sucht man dem Differentialgleichungensystem

$$\sum_{\alpha\beta}(a_{\alpha\beta}x^{\alpha}y^{\beta} - a'_{\alpha\beta}\,x^{\alpha-1}y^{\beta})\frac{\partial^{\alpha+\beta}z}{\partial x^{\alpha}\,\partial y^{\beta}} = 0$$

$$\sum_{\alpha\beta}(b_{\alpha\beta}x^{\alpha}y^{\beta} - b'_{\alpha\beta}\,x^{\alpha}\,y^{\beta-1})\frac{\partial^{\alpha+\beta}z}{\partial x^{\alpha}\,\partial y^{\beta}} = 0,$$

zu welchem man durch Verallgemeinerung der von Herrn Goursat für die höheren hypergeometrischen Reihen einer Veränderlichen aufgestellten Differentialgleichung (Ann. de l'Ec. Norm. 1883) gelangt — es ist hierin $a'_{0\beta} = 0$ und $b'_{\alpha 0} = 0$ anzunehmen — durch eine Potenzreihe

$$z = \sum A_{\lambda\mu} x^\lambda y^\mu$$

zu genügen, so erhält man durch Einsetzung von

$$x^\alpha y^\beta \frac{\partial^{\alpha+\beta} z}{\partial x^\alpha \partial y^\beta} = \sum_{\lambda\mu} [\lambda, \alpha] [\mu, \beta] A_{\lambda\mu} x^\lambda y^\mu,$$

$$x^{\alpha-1} y^\beta \frac{\partial^{\alpha+\beta} z}{\partial x^\alpha \partial x^\beta} = \sum_{\lambda\mu} [\lambda+1, \alpha] [\mu, \beta] A_{\lambda\mu} x^\lambda y^\mu,$$

$$x^\alpha y^{\beta-1} \frac{\partial^{\alpha+\beta} z}{\partial x^\alpha \partial y^\beta} = \sum_{\lambda\mu} [\lambda, \alpha] [\mu+1, \beta] A_{\lambda\mu} x^\lambda y^\mu$$

in die Differentialgleichungen und durch Nullsetzung des Coefficienten von $x^\lambda y^\mu$ auf der linken Seite der Differentialgleichungen die folgenden Recursionsformeln für die Coefficienten $A_{\lambda\mu}$

$$\frac{A_{\lambda+1,\mu}}{A_{\lambda\mu}} = \frac{\sum\limits_{\alpha\beta} a_{\alpha\beta} [\lambda, \alpha] [\mu, \beta]}{\sum\limits_{\alpha\beta} a'_{\alpha\beta} [\lambda+1, \alpha] [\mu, \beta]},$$

$$\frac{A_{\lambda,\mu+1}}{A_{\lambda\mu}} = \frac{\sum\limits_{\alpha\beta} b_{\alpha\beta} [\lambda, \alpha] [\mu, \beta]}{\sum\limits_{\alpha\beta} b'_{\alpha\beta} [\lambda, \alpha] [\mu+1, \beta]},$$

wobei die Bezeichnung:

$$[a, m] = a(a-1) \ldots (a-m+1); \quad [a, 0] = 1$$

angewandt ist. Sind die Zahlen $a_{\alpha\beta}$, $a'_{\alpha\beta}$, $b_{\alpha\beta}$, $b'_{\alpha\beta}$ so beschaffen, dass die beiden Recursionsformeln mit einander vereinbar sind, so wird dem angeschriebenen Differentialgleichungensystem formell durch eine hypergeometrische Reihe genügt, da sich

$$\frac{A_{\lambda+1,\mu}}{A_{\lambda\mu}}, \quad \frac{A_{\lambda,\mu+1}}{A_{\lambda\mu}}$$

als rationale Functionen von λ, μ ergeben, in deren Nenner bezw. die Factoren $1+\lambda$, $1+\mu$ enthalten sind. Da $a'_{0\beta} = 0$, $b'_{\alpha 0} = 0$ ist, kann man nämlich schreiben:

$$\sum_{\alpha\beta} a'_{\alpha\beta} [\lambda+1, \alpha][\mu, \beta] = (1+\lambda) \sum_{\alpha\beta} a'_{\alpha\beta} [\lambda, \alpha-1] [\mu, \beta],$$

$$\sum_{\alpha\beta} b'_{\alpha\beta} [\lambda, \alpha][\mu+1, \beta] = (1+\mu) \sum_{\alpha\beta} b'_{\alpha\beta} [\lambda, \alpha] [\mu, \beta-1].$$

Ist $a_{\alpha\beta} = 0$, sobald $\alpha+\beta > p$, $a'_{\alpha\beta} = 0$, sobald $\alpha+\beta > p'$, $b_{\alpha\beta} = 0$, sobald $\alpha+\beta > q$, $b'_{\alpha\beta} = 0$, sobald $\alpha+\beta > q'$ ist, so sind die beiden rationalen Functionen

$$\frac{A_{\lambda+1,\mu}}{A_{\lambda\mu}}, \quad \frac{A_{\lambda,\mu+1}}{A_{\lambda\mu}}$$

im Zähler von den Graden p und q, im Nenner von den Graden p' und q'. ·Damit die sich ergebende Reihe convergirt, muss $p \leqq p'$, $q \leqq q'$ angenommen werden.

Ist nun eine hypergeometrische Reihe $H(x, y)$ gegeben, bezeichnet man wie früher

$$\frac{A_{\lambda+1,\mu}}{A_{\lambda\mu}} = f(\lambda, \mu), \quad \frac{A_{\lambda,\mu+1}}{A_{\lambda\mu}} = g(\lambda, \mu)$$

und nimmt man an, dass im Nenner von $f(\lambda, \mu)$ bez. $g(\lambda, \mu)$ der Factor $1 + \lambda$ bezw. $1 + \mu$ enthalten sei, so kann man die Coefficienten des Differentialgleichungensystems so bestimmen, dass demselben durch die gegebene Reihe genügt wird. Zu dem Zwecke muss, wenn man

$$f(\lambda, \mu) = \frac{F(\lambda, \mu)}{F'(\lambda, \mu)}, \quad g(\lambda, \mu) = \frac{G(\lambda, \mu)}{G'(\lambda, \mu)}$$

setzt,

$$\begin{aligned}
\sum_{\alpha\beta} a_{\alpha\beta}[\lambda, \alpha]\,[\mu, \beta] \quad &= F(\lambda, \mu), \\
\sum_{\alpha\beta} b_{\alpha\beta}[\lambda, \alpha]\,[\mu, \beta] \quad &= G(\lambda, \mu), \\
\sum_{\alpha\beta} a'_{\alpha\beta}[\lambda, \alpha-1]\,[\mu, \beta] &= \frac{F'(\lambda, \mu)}{1+\lambda}, \\
\sum_{\alpha\beta} b'_{\alpha\beta}[\lambda, \alpha]\,[\mu, \beta-1] &= \frac{G'(\lambda, \mu)}{1+\mu}
\end{aligned}$$

sein. Entwickelt man z. B.

$$\sum_{\alpha\beta} a_{\alpha\beta}[\lambda, \alpha]\,[\mu, \beta]$$

nach Potenzen von λ, μ, so dass es in der Form

$$\sum_{\varrho\sigma} k_{\varrho\sigma}\lambda^{\varrho}\mu^{\sigma}$$

erscheint, so ergiebt die Ausrechnung $k_{\varrho\sigma}$ als lineare homogene Function mit ganzzahligen Coefficienten derjenigen $a_{\alpha\beta}$, für welche $\alpha \geqq \varrho$, $\beta \geqq \sigma$ ist. Berechnet man aus den so entstehenden linearen Gleichungen die $a_{\alpha\beta}$, so erhält man $a_{\alpha\beta}$ als lineare homogene Function mit ganzzahligen Coefficienten derjenigen $k_{\varrho\sigma}$, für welche $\varrho \geqq \alpha$, $\sigma \geqq \beta$ ist. Denkt man sich unter $k_{\varrho\sigma}$ die Coefficienten der ganzen Function $F(\lambda, \mu)$, so sieht man, dass, wenn $z = H(x, y)$ dem Differentialgleichungensystem genügt, sich die $a_{\alpha\beta}$ linear und homogen mit ganzzahligen Coefficienten durch die Coefficienten von $F(\lambda, \mu)$ ausdrücken lassen; in ähnlicher Weise erkennt man, dass die $b_{\alpha\beta}$ durch die Coefficienten von $G(\lambda, \mu)$, die $a'_{\alpha\beta}$ durch die Coefficienten von $F'(\lambda, \mu)$, die $b'_{\alpha\beta}$ durch die Coefficienten von $G'(\lambda, \mu)$ linear und homogen ausdrückbar sind. Da, wenn die Reihe $H(x, y)$ convergirt, $p' \geqq p$, $q' \geqq q$ sein muss, so ist die erste Differentialgleichung vom Grade p', die zweite vom Grade q'. Da die durch Fortsetzung der hypergeometrischen Reihe $H(x, y)$ entstehende analytische Function diesem Differentialgleichungensystem genügt, so müssen die oben erwähnten singulären Gebilde der hypergeometrischen Function unter den singulären Gebilden des Differentialgleichungensystems enthalten sein. Nach dem in der Note des Verfassers „über die singulären Stellen der Integrale einer linearen partiellen Differentialgleichung" (Math. Ann. Bd. 33) bewiesenen Satze muss jedes singuläre Gebilde $\psi(x, y) = 0$ eines gemeinsamen Integrals der beiden Differentialgleichungen

$$\sum_{\alpha\beta} A_{\alpha\beta} \frac{\partial^{\alpha+\beta} z}{\partial x^\alpha \partial y^\beta} = 0 \quad (\alpha+\beta \leqq p),$$

$$\sum_{\alpha\beta} B_{\alpha\beta} \frac{\partial^{\alpha+\beta} z}{\partial x^\alpha \partial y^\beta} = 0 \quad (\alpha+\beta \leqq q)$$

den Bedingungen

$$\left.\begin{array}{l} \sum\limits_{\alpha+\beta=p} A_{\alpha\beta} \left(\frac{\partial \psi}{\partial x}\right)^\alpha \left(\frac{\partial \psi}{\partial y}\right)^\beta \equiv 0 \\ \sum\limits_{\alpha+\beta=q} B_{\alpha\beta} \left(\frac{\partial \psi}{\partial x}\right)^\alpha \left(\frac{\partial \psi}{\partial y}\right)^\beta \equiv 0 \end{array}\right\} \text{mod. } \psi$$

genügen.

Da im Falle $p < p'$, $q < q'$ die Reihe $H(x, y)$ unbeschränkt convergirt, so sind die drei Fälle

1) $p = p'$, $q < q'$;
2) $p < p'$, $q = q'$;
3) $p = p'$, $q = q'$

zu betrachten. Wir werden uns auf den dritten, der das meiste Interesse bietet, beschränken, die beiden ersten würden ähnlich zu behandeln sein. Die singuläre Curve $\psi(x, y) = 0$ genügt, wenn $p = p'$, $q = q'$ ist, den Bedingungen

$$\left.\begin{array}{l} \sum\limits_{\alpha+\beta=p} (a_{\alpha\beta} x^\alpha y^\beta - a'_{\alpha\beta} x^{\alpha-1} y^\beta) \left(\frac{\partial \psi}{\partial x}\right)^\alpha \left(\frac{\partial \psi}{\partial y}\right)^\beta \equiv 0, \\ \sum\limits_{\alpha+\beta=q} (b_{\alpha\beta} x^\alpha y^\beta - b'_{\alpha\beta} x^\alpha y^{\beta-1}) \left(\frac{\partial \psi}{\partial x}\right)^\alpha \left(\frac{\partial \psi}{\partial y}\right)^\beta \equiv 0 \end{array}\right\} \text{mod. } \psi,$$

die wegen

$$\sum_{\alpha+\beta=p} a_{\alpha\beta} \lambda^\alpha \mu^\beta = P(\lambda, \mu),$$

$$\sum_{\alpha+\beta=q} b_{\alpha\beta}\,\lambda^\alpha\mu^\beta = Q(\lambda,\mu),$$
$$\sum_{\alpha+\beta=p} a'_{\alpha\beta}\,\lambda^\alpha\mu^\beta = P'(\lambda,\mu),$$
$$\sum_{\alpha+\beta=q} b'_{\alpha\beta}\,\lambda^\alpha\mu^\beta = Q'(\lambda,\mu)$$

in der Form

$$\left.\begin{aligned} P\left(x\frac{\partial\psi}{\partial x},\ y\frac{\partial\psi}{\partial y}\right) - \frac{1}{x}P'\left(x\frac{\partial\psi}{\partial x},\ y\frac{\partial\psi}{\partial y}\right) \equiv 0 \\ Q\left(x\frac{\partial\psi}{\partial x},\ y\frac{\partial\psi}{\partial y}\right) - \frac{1}{y}Q'\left(x\frac{\partial\psi}{\partial x},\ y\frac{\partial\psi}{\partial y}\right) \equiv 0 \end{aligned}\right\} \text{mod. } \psi$$

oder, wenn man unter (x, y) eine Stelle der Curve $\psi(x, y) = 0$ versteht, in der Form

$$P(xdy,\ -ydx) - \frac{1}{x}P'(xdy,\ -ydx) = 0,$$

$$Q(xdy,\ -ydx) - \frac{1}{y}Q'(xdy,\ -ydx) = 0$$

geschrieben werden können.

Dieselben werden zunächst befriedigt durch $x = 0$ und durch $y = 0$; dann durch

$$x = \frac{P'(1,0)}{P(1,0)},$$

falls $Q(1,0) = 0$, $Q'(1,0) = 0$ ist, d. h. falls $Q(\lambda,\mu)$ den Factor μ enthält, und durch

$$y = \frac{Q'(1,0)}{Q(1,0)},$$

falls $P(\lambda,\mu)$ durch λ theilbar ist.

Ferner kann, wenn $P(\lambda,\mu)$, $P'(\lambda,\mu)$, $Q(\lambda,\mu)$, $Q'(\lambda,\mu)$ einen Factor $u_i\lambda + v_i\mu$ gemein haben (d. h. wenn neben dem Werthsystem (u_i, v_i), wo u_i, v_i beide als von Null verschieden vorausgesetzt werden, auch $(-u_i, -v_i)$ unter den Constanten der Reihe vorkommt) durch

$$u_i x dy - v_i y dx = 0$$

eine singuläre Curve bestimmt werden, die von der Form

$$a x^{v_i} + b y^{u_i} = 0$$

sein muss. Alle singulären Curven, die fernerhin noch vorhanden sein können, sind in der Form

$$x = \frac{P'(xdy, -ydx)}{P(xdy, -ydx)},$$
$$y = \frac{Q'(xdy, -ydx)}{Q(xdy, -ydx)}$$

darstellbar und daher auch in der Form

$$x = \frac{P'(\lambda, \mu)}{P(\lambda, \mu)} = \prod_i (u_i\lambda + v_i\mu)^{-u_i},$$

$$y = \frac{Q'(\lambda, \mu)}{Q(\lambda, \mu)} = \prod_i (u_i\lambda + v_i\mu)^{-v_i}$$

enthalten, wenn für $\lambda : \mu$ alle möglichen reellen und complexen Werthe zugelassen werden. Setzt man $\frac{\mu}{\lambda} = t$, so nehmen die beiden Gleichungen die Form

$$x = \varphi(t), \quad y = \psi(t)$$

an, wo $\varphi(t)$, $\psi(t)$ rationale Functionen von t sind. Wegen der Differentialgleichung

$$x\,dy = -\,t\,y\,dx,$$

die aus der bekannten Relation zwischen Φ und Ψ hervorgeht, müssen x, y entweder beide von t abhängig oder beide von t unabhängig sein. Im letzteren Falle hat man ausser den früher mit $\mathfrak{A}$ und $\mathfrak{B}$ bezeichneten Geraden keine weitere Curve $\mathfrak{C}$; der Convergenzbezirk der Reihe $H(x, y)$ ist das von den Geraden $\mathfrak{A}$, $\mathfrak{B}$ und den Coordinatenaxen $|x| = 0$, $|y| = 0$ bestimmte Rechteck. Es ist nun leicht zu sehen, dass

$$x = \frac{P'(1, 0)}{P(1, 0)} = a, \qquad y = \frac{Q'(1, 0)}{Q(1, 0)} = b$$

wirklich singuläre Linien sind. Denn versteht man unter η irgend eine Grösse so, dass $|\eta| < |b|$ ist, so hat $H(x, \eta)$ als Potenzreihe von x betrachtet die Convergenzgrenze $|x| = |a|$ und auf derselben eine singuläre Stelle, die keine andere als $x = a$ sein kann. So ersieht man, dass $x = a$ und $y = b$ die singulären Linien der hypergeometrischen Function sind, welche die Convergenzgrenze der Reihe $H(x, y)$ bedingen. Sind $\varphi(t)$ und $\psi(t)$ beide von t abhängig, so wird durch

$$x = \varphi(t), \quad y = \psi(t)$$

eine irreductible algebraische Curve vom Geschlecht 0 dargestellt. Es sind hier wieder zwei Fälle zu unterscheiden: entweder liegt die Curve $\mathfrak{C}$

$$|x| = |\varphi(t)|, \quad |y| = |\psi(t)|$$

ganz oder theilweise innerhalb des von den früher mit $\mathfrak{A}$, $\mathfrak{B}$ bezeichneten Geraden und den Coordinatenaxen $|x| = 0$, $|y| = 0$ gebildeten Rechtecks oder ganz ausserhalb desselben. Im zweiten Falle bilden eben die Geraden $\mathfrak{A}$ und $\mathfrak{B}$ die Convergenzgrenze, man erkennt, wie oben, dass

$$x = \prod_i u_i^{-u_i}, \qquad y = \prod_i v_i^{-v_i}$$

die beiden auf der Convergenzgrenze liegenden singulären Linien sind. Liegt die Curve $\mathfrak{C}$ ganz oder theilweise innerhalb des Rechtecks, so sei τ ein reeller positiver Werth von t, welchem ein auf der Convergenzgrenze gelegener Punkt $(|\xi|, |\eta|)$ der Curve $\mathfrak{C}$ entspricht. Die Potenzreihe von x, $H(x, \eta)$, hat die Convergenzgrenze $|x| = |\varphi(\tau)|$; die Reihe $H(x, y)$ muss deshalb eine singuläre Stelle $x = a$, $x = b$ so haben, dass $|a| = |\varphi(\tau)| = \pm \varphi(\tau)$, $b = \psi(\tau)$, und auch so, dass $a = \varphi(\tau)$, $|b| = \pm \psi(\tau)$ ist. Die so sich ergebenden singulären Stellen können auf keinem anderen singulären Gebilde als $x = \varphi(t)$, $y = \psi(t)$ liegen. Für den Fall, dass Theile der Geraden $\mathfrak{A}$ und $\mathfrak{B}$ auf der Convergenzgrenze liegen, sind auch

$$x = \prod_i u_i^{-u_i} \quad \text{und} \quad y = \prod_i v_i^{-v_i}$$

singuläre Gebilde.

Somit entsprechen den Geraden $\mathfrak{A}$ und $\mathfrak{B}$

$$|x| = \left|\prod_i u_i^{-u_i}\right|, \quad |y| = \left|\prod_i v_i^{-v_i}\right|$$

und der Curve $\mathfrak{C}$

$$|x| = \prod_i |u_i\lambda + v_i\mu|^{-u_i}, \quad |y| = \prod_i |u_i\lambda + v_i\mu|^{-v_i}$$

$$(\lambda : \mu \text{ reell positiv})$$

die Gebilde

$$x = \prod_i u_i^{-u_i}, \quad y = \prod_i v_i^{-v_i}$$

und

$$x = \prod_i (u_i\lambda + v_i\mu)^{-u_i}, \quad y = \prod_i (u_i\lambda + v_i\mu)^{-v_i}$$

in der Weise, dass, wenn ein Theil einer der ersteren Linien auf der Convergenzgrenze der hypergeometrischen Reihe liegt, das entsprechende Gebilde ein singuläres Gebilde der hypergeometrischen Function darstellt.

Auf diejenigen singulären Gebilde der hypergeometrischen Function, welche nicht mit der Convergenzgrenze der Reihe $H(x, y)$ in Zusammenhang stehen, gehen wir nicht ein.

Zur Fortsetzung der hier begonnenen Untersuchungsrichtung dürfte sich zunächst die Behandlung der Differentialgleichungensysteme derjenigen hypergeometrischen Reihen empfehlen, für welche $p = 2$, $q = 2$, $p' = 2$, $q' = 2$ ist. Alle zu dieser Categorie gehörigen hypergeometrischen Reihen sind, wenn man von den beiden Reihen

$$\sum_{\lambda\mu} \mathfrak{G}(\lambda, \mu) \cdot x^\lambda y^\mu,$$

(wo $\mathfrak{G}(\lambda, \mu)$ eine ganze Function zweiten Grades von λ, μ bedeutet), und

$$\sum_{\lambda\mu} \frac{a\lambda + b\mu + c}{a'\lambda + b'\mu + c'} x^\lambda y^\mu$$

absieht, in der Form

$$\sum_{\lambda\mu}\left\{\prod_i (a_i,\ u_i\lambda + v_i\mu)\right\} x^\lambda y^\mu$$

enthalten. Da aber, damit die Ordnung der Differentialgleichungen nicht grösser als 2 wird, der Nenner von $A_{\lambda\mu}$ die Factoren $(1, \lambda)\ (1, \mu)$ enthalten muss, wie wir am Anfang dieses Paragraphen gesehen haben, so kommen hier ausser den vier von Herrn Appell eingeführten Reihen noch folgende in Betracht:

1) die drei Reihen

$$G_1(x, y) = \sum_{\lambda\mu} \frac{(a,\ 2\lambda - \mu)\ (b,\ 2\mu - \lambda)}{(1, \lambda)\ (1, \mu)}\ x^\lambda y^\mu,$$

$$G_2(x, y) = \sum_{\lambda\mu} \frac{(a,\ \lambda + \mu)\ (b,\ \lambda - \mu)\ (c,\ \mu - \lambda)}{(1, \lambda)\ (1, \mu)}\ x^\lambda y^\mu,$$

$$G_3(x, y) = \sum_{\lambda\mu} \frac{(a, \lambda)\ (a', \mu)\ (b,\ \lambda - \mu)\ (c,\ \mu - \lambda)}{(1, \lambda)\ (1, \mu)}\ x^\lambda y^\mu,$$

welche einen symmetrischen Charakter in Bezug auf x und y tragen,
2) sieben unsymmetrische Reihen von der Art der folgenden:

$$\mathfrak{F}(x, y) = \sum_{\lambda\mu} \frac{(a,\ 2\lambda - \mu)\ (b,\ \mu - \lambda)}{(1, \lambda)\ (1, \mu)\ (c, \lambda)\ (c', \mu)}\ x^\lambda y^\mu.$$

Aus jeder dieser 7 Reihen kann man durch Vertauschung von x und y, sowie von λ und μ eine neue Reihe ableiten, die wir aber nicht als wesentlich verschieden von der ursprünglichen ansehen.

Die Gesammtzahl der Reihen von der Charakteristik ($p = 2$, $q = 2$, $p' = 2$, $q' = 2$), deren Differentialgleichungen von der Ordnung 2 sind, ist hiernach gleich 14.

§ 7.

Ueber die Convergenz der hypergeometrischen Reihen dreier Veränderlichen.

Die bisher über die hypergeometrischen Reihen zweier Veränderlichen abgeleiteten Resultate lassen sich auf hypergeometrische Reihen mit einer beliebigen Anzahl von Veränderlichen ausdehnen, wenn man eine Potenzreihe von n Variablen

$$H(x_1,\ \cdot\cdot,\ x_n) = \sum_{(\lambda)} A_{\lambda_1, \ldots, \lambda_n}\, x_1^{\lambda_1} \cdots x_n^{\lambda_n}$$

dann eine hypergeometrische Reihe nennt, wenn die n Quotienten

$$h_i(\lambda_i, \cdots, \lambda_n) = \frac{A_{\lambda_1, \ldots, \lambda_i + 1, \ldots, \lambda_n}}{A_{\lambda_1, \ldots, \lambda_n}} \quad (i = 1, \cdots, n)$$

rationale Functionen von $\lambda_1, \cdots, \lambda_n$ sind. Wie sich die bisherigen Sätze verallgemeinern lassen, ist schon im Falle $n = 3$ hinreichend zu erkennen, welcher überdies mit Hilfe der geometrischen Darstellung leichter zu behandeln ist als der allgemeine Fall. Indessen sollen die auf hypergeometrische Reihen dreier Veränderlichen bezüglichen Entwicklungen mehr angedeutet als durchgeführt werden.

Will man die in § 3 für zweifach unendliche Reihen $\sum_{\lambda\mu} U_{\lambda\mu}$ bewiesenen Sätze auf dreifach unendliche Reihen

$$\sum_{\lambda\mu\nu} U_{\lambda\mu\nu} \quad (\lambda, \mu, \nu = 0, 1, \cdots, \infty)$$

ausdehnen, so ist es zweckmässig, sich die dreifach unendliche Reihe so im Raume angeschrieben zu denken, dass dem Raumpunkte mit den rechtwinkligen Coordinaten (λ, μ, ν) das Reihenglied $U_{\lambda\mu\nu}$ entspricht, so dass also der von den positiven Coordinatenaxen gebildete Raumoctant mit Gliedern der Reihe angefüllt ist. Denkt man sich in diesem Octanten durch den Coordinatenanfang O einen Strahl OP gezogen und denselben durch eine Kegelfläche $\mathfrak{K}$ mit dem Scheitel O umhüllt, so *divergirt die Reihe*

$$\sum_{\lambda\mu\nu} |U_{\lambda\mu\nu}|,$$

wenn im Innern dieser Kegelfläche gleichzeitig

$$\left|\frac{U_{\lambda+1,\mu,\nu}}{U_{\lambda\mu\nu}}\right| > 1, \quad \left|\frac{U_{\lambda,\mu+1,\nu}}{U_{\lambda\mu\nu}}\right| > 1, \quad \left|\frac{U_{\lambda,\mu,\nu+1}}{U_{\lambda\mu\nu}}\right| > 1$$

ist, sobald $\lambda > l$, $\mu > m$, $\nu > n$ ist. Man kann nämlich dann aus der dreifach unendlichen Reihe eine im Innern jenes Kegels gelegene einfach unendliche Reihe so aussondern, dass der Quotient zweier auf einander folgenden Glieder dem absoluten Betrage nach grösser als 1 ist.

Um nun hinreichende Bedingungen für die Convergenz dreifach unendlicher Reihen, wie wir sie nachher für die hypergeometrischen Reihen brauchen, aufstellen zu können, haben wir den positiven Raumoctanten durch Kegelflächen mit dem Scheitel O in Theilgebiete zu zerlegen. Um uns derartige Zerlegungen leicht verdeutlichen zu können, betrachten wir den Schnitt unserer räumlichen Figur mit einer Ebene, welche die positiven Theile der drei Coordinatenaxen schneidet. Dann entspricht dem Raumoctanten ein Dreieck, jedem durch O gehenden im positiven Raumoctanten verlaufenden Strahl ein Punkt im Innern dieses Dreiecks, jeder durch O gehenden Ebene eine Gerade und jeder Kegelfläche mit dem Scheitel O eine Curve. Wir bezeichnen im Folgenden die räumlichen Gebilde und ihre Schnitte mit der Ebene der Zeichnung mit den nämlichen Buchstaben.

Wir ziehen (Fig. 11) — indem wir unter Strahl immer eine durch den Coordinatenanfang O gehende Gerade verstehen — im Innern des positiven Octanten die Strahlen $\mathfrak{l}$, $\mathfrak{m}$, $\mathfrak{n}$, in den drei Coordinatenebenen die Strahlen $\mathfrak{f}'$, $\mathfrak{f}''$; $\mathfrak{g}'$, $\mathfrak{g}''$; $\mathfrak{h}'$, $\mathfrak{h}''$ und betrachten die drei Raumgebiete

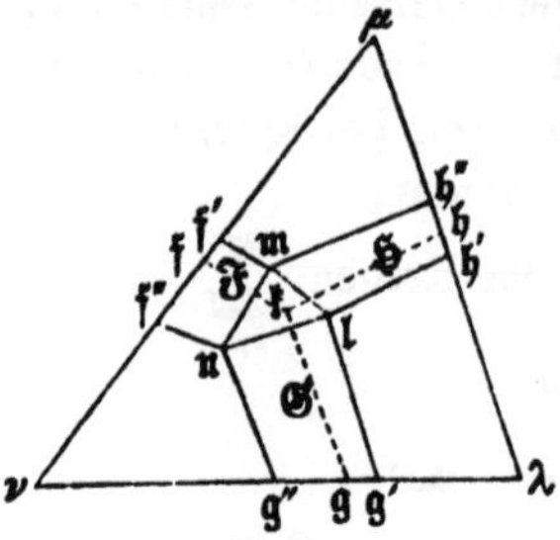

Fig. 11.

$$\mathfrak{P}(\lambda\,\mathfrak{g}''\,\mathfrak{n}\,\mathfrak{m}\,\mathfrak{h}''\,\lambda), \quad \mathfrak{Q}(\mu\,\mathfrak{h}'\,\mathfrak{l}\,\mathfrak{n}\,\mathfrak{f}''\,\mu),$$
$$\mathfrak{R}(\nu\,\mathfrak{f}'\,\mathfrak{m}\,\mathfrak{l}\,\mathfrak{g}'\,\nu).$$

Die Gebiete $\mathfrak{Q}$ und $\mathfrak{R}$ haben ein Gebiet $\mathfrak{F}$, $\mathfrak{R}$ und $\mathfrak{P}$ ein Gebiet $\mathfrak{G}$, $\mathfrak{P}$ und $\mathfrak{Q}$ ein Gebiet $\mathfrak{H}$ und die drei Gebiete $\mathfrak{F}$, $\mathfrak{G}$, $\mathfrak{H}$ ihrerseits wieder ein Gebiet $\mathfrak{K}$ gemein. Ist nun im Gebiet $\mathfrak{P}$

$$\left|\frac{U_{\lambda+1,\mu,\nu}}{U_{\lambda\mu\nu}}\right| < \alpha \qquad (\alpha < 1),$$

im Gebiet $\mathfrak{Q}$

$$\left|\frac{U_{\lambda,\mu+1,\nu}}{U_{\lambda\mu\nu}}\right| < \beta \qquad (\beta < 1),$$

im Gebiet $\mathfrak{R}$

$$\left|\frac{U_{\lambda,\mu,\nu+1}}{U_{\lambda\mu\nu}}\right| < \gamma \qquad (\gamma < 1),$$

sobald $\lambda > l$, $\mu > m$, $\nu > n$ ist, so convergirt die Reihe

$$\sum_{\lambda\mu\nu} |U_{\lambda\mu\nu}|.$$

Man beweist zuerst unter Benutzung der drei Ungleichungen, die im Gebiete $\mathfrak{K}$ gleichzeitig bestehen, die Endlichkeit der auf $\mathfrak{K}$ bezüglichen Summe $\sum |U_{\lambda\mu\nu}|$, dann unter Benutzung der zweiten und dritten Ungleichung, die im Gebiete $\mathfrak{F}$ zugleich bestehen, die Endlichkeit der auf $\mathfrak{F}$ bezüglichen Summe $\sum |U_{\lambda\mu\nu}|$ u. s. w. Aus der Endlichkeit der Summe der in $\mathfrak{G}$ und $\mathfrak{H}$ gelegenen Glieder $|U_{\lambda\mu\nu}|$ und der in $\mathfrak{P}$ geltenden ersten Ungleichung ergiebt sich, dass die Summe aller in $\mathfrak{P}$ gelegenen Glieder $|U_{\lambda\mu\nu}|$ einen endlichen Werth hat.

Wir denken uns jetzt eine complicirtere Gebietseintheilung $\mathfrak{P}_1, \ldots, \mathfrak{P}_p$; $\mathfrak{Q}_1, \ldots, \mathfrak{Q}_q$; $\mathfrak{R}_1, \ldots, \mathfrak{R}_r$, *wobei an die $\mu\nu$-Ebene nur Gebiete $\mathfrak{Q}$ und $\mathfrak{R}$, an die $\nu\lambda$-Ebene nur Gebiete $\mathfrak{R}$ und $\mathfrak{P}$, an die $\lambda\mu$-Ebene nur Gebiete $\mathfrak{P}$ und $\mathfrak{Q}$ anstossen, wo die λ-Axe einem Gebiete $\mathfrak{P}$, die μ-Axe einem Gebiete $\mathfrak{Q}$, die ν-Axe einem Gebiete $\mathfrak{R}$ angehört;* die Begrenzungen der Gebiete brauchen nicht durch O gehende Ebenen, sondern können irgend welche Kegelflächen mit dem Scheitel O sein.

Zwei benachbarte Gebiete sollen nicht in einer Fläche an einander angrenzen, sondern längs derselben einen Raumtheil gemein haben (ähnlich wie in dem vorhin betrachteten speciellen Falle Fig. 11); drei in einem Strahle zusammentreffende Gebiete sollen ebenfalls längs desselben einen Raum (wie in Fig. 11 die Gebiete $\mathfrak{P}$, $\mathfrak{Q}$, $\mathfrak{R}$ den Raum $\mathfrak{K}$) gemeinschaftlich haben. Figur 12 giebt den Schnitt eines so getheilten Raumes mit einer Ebene an; die nicht punktirten Linien im Innern des Dreiecks sollen die Flächen vorstellen, welche den je zwei benachbarten Raumgebieten gemeinsamen Raumtheilen in der Schnittfigur entsprechen. Es gilt nun der Satz:

Ist in sämmtlichen Gebieten $\mathfrak{P}$

$$\left|\frac{U_{\lambda+1,\mu,\nu}}{U_{\lambda\mu\nu}}\right| < \alpha \qquad (\alpha < 1),$$

in sämmtlichen Gebieten $\mathfrak{Q}$

$$\left|\frac{U_{\lambda,\mu+1,\nu}}{U_{\lambda\mu\nu}}\right| < \beta \qquad (\beta < 1),$$

in sämmtlichen Gebieten $\mathfrak{R}$

$$\left|\frac{U_{\lambda,\mu,\nu+1}}{U_{\lambda\mu\nu}}\right| < \gamma \qquad (\gamma < 1),$$

sobald λ, μ, ν *gewisse Grenzen übersteigen, so ist die Reihe*

$$\sum_{\lambda\mu\nu} |U_{\lambda\mu\nu}|$$

convergent.

Zum Beweis des Satzes unter Zugrundlegung der in Fig. 12 angedeuteten Gebietseintheilung kann man folgenden Gang einschlagen: man beweist zunächst die Endlichkeit der Summe derjenigen Glieder $|U_{\lambda\mu\nu}|$, welche in dem den Strahl $\mathfrak{k}$ umgebenden Raume liegen, dann ergiebt sich dasselbe für die Reihenglieder, welche längs der drei von $\mathfrak{k}$ ausgehenden Ebenen $\mathfrak{k}\mathfrak{f}$, $\mathfrak{k}\mathfrak{h}'$, $\mathfrak{k}\mathfrak{k}''$ ausgebreitet sind; nun ergiebt sich auch, dass sämmtliche in den Räumen $\mathfrak{k}\mathfrak{h}'\mathfrak{h}''\mathfrak{l}\mathfrak{k}''\mathfrak{k}$ ($\mathfrak{l}$ liegt mit $\mathfrak{h}''$ und λ in einer Geraden), $\mathfrak{k}\mathfrak{f}\mu\mathfrak{h}'\mathfrak{k}$ und $\mathfrak{k}\mathfrak{f}\nu\mathfrak{g}\mathfrak{k}'\mathfrak{k}$ gelegenen Glieder $|U_{\lambda\mu\nu}|$ eine endliche Summe besitzen. Dann beweist man nach einander, dass die Reihenglieder eine endliche Summe besitzen, welche liegen längs der Ebene $\mathfrak{h}''\mathfrak{h}'''$, in den Gebieten $\mathfrak{h}''\mathfrak{h}'\mu\mathfrak{h}'''\mathfrak{h}''$ und $\mathfrak{h}''\mathfrak{h}'''\mathfrak{h}''''\mathfrak{l}\mathfrak{h}''$, weiter in der Umgebung von $\mathfrak{k}'$ und infolge dessen längs der Ebenen $\mathfrak{k}'\mathfrak{k}''$, $\mathfrak{k}'\mathfrak{h}$, $\mathfrak{k}'\mathfrak{g}$ und schliesslich auch in den Räumen $\mathfrak{Q}'$, $\mathfrak{P}$ und $\mathfrak{k}'\mathfrak{g}\nu\mathfrak{k}''\mathfrak{g}'$.

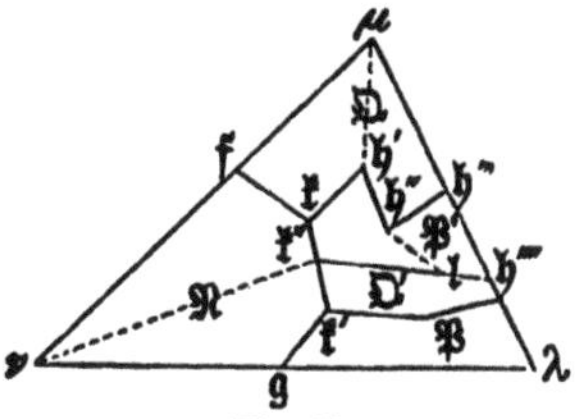

Fig. 12.

Da die genaue Auseinandersetzung viel Raum beanspruchen, aber wenig Interesse bieten würde, so wollen wir uns auf die soeben gemachten Andeutungen beschränken. In ganz derselben Weise, wie aus den Sätzen des § 3 diejenigen von § 4, ergeben sich aus den eben angegebenen Sätzen über dreifach unendliche Reihen Sätze über hypergeometrische Reihen dreier Veränderlichen, denen die in § 2 eingeführten Bezeichnungen zu Grunde gelegt werden.

Wenn die hypergeometrische Reihe $H(x, y, z)$ für ein Werthsystem (x, y, z) convergirt, so convergiren auch die Reihen $H(x, 0, 0)$, $H(0, y, 0)$, $H(0, 0, z)$ und $H(0, y, z)$, $H(x, 0, z)$, $H(x, y, 0)$.

Die Betrachtung der hypergeometrischen Reihen einer Veränderlichen

$$H(x, 0, 0) = \sum_{\lambda} A_{\lambda 00} x^{\lambda},$$

$$H(0, y, 0) = \sum_{\mu} A_{0\mu 0} y^{\mu},$$

$$H(0, 0, z) = \sum_{\nu} A_{00\nu} z^{\nu}$$

ergiebt, dass, wenn eine der drei Ungleichungen

$$|x| > \frac{1}{|\Phi(1, 0, 0)|}, \quad |y| > \frac{1}{|\Psi(0, 1, 0)|}, \quad |z| > \frac{1}{|\Psi(0, 0, 1)|}$$

besteht, die Reihe $H(x, y, z)$ divergirt. Man erkennt ähnlich wie oben, dass $\Phi(1, 0, 0)$ im Falle $p < p'$ verschwindet, im Falle $p > p'$ unendlich und im Falle $p = p'$ endlich und von Null verschieden ist; das Analoge gilt für $\Psi(0, 1, 0)$ und $X(0, 0, 1)$. Im Falle $p > p'$ kann hiernach die Reihe ausser für $x = 0$ nicht convergiren, im Falle $p = p'$ divergirt sie sicher, wenn $|x|$ eine gewisse Grenze übersteigt, während sich im Falle $p < p'$ aus dem Bisherigen keine Beschränkung für $|x|$ ergiebt. Zu weiteren Bedingungen führt die Betrachtung der drei hypergeometrischen Reihen zweier Veränderlichen

$$H(0, y, z) = \sum_{\mu\nu} A_{0\mu\nu} y^{\mu} z^{\nu},$$

$$H(x, 0, z) = \sum_{\lambda\nu} A_{\lambda 0\nu} x^{\lambda} z^{\nu},$$

$$H(x, y, 0) = \sum_{\lambda\mu} A_{\lambda\mu 0} x^{\lambda} y^{\mu},$$

deren Convergenz von den aus den rationalen Functionen

$$g(0, \mu, \nu), \quad h(0, \mu, \nu),$$
$$f(\lambda, 0, \nu), \quad h(\lambda, 0, \nu),$$
$$f(\lambda, \mu, 0), \quad g(\lambda, \mu, 0)$$

hergeleiteten Ausdrücken

$$\begin{array}{ll} \Psi(0, \mu, \nu), & X(0, \mu, \nu), \\ \Phi(\lambda, 0, \nu), & X(\lambda, 0, \nu), \\ \Phi(\lambda, \mu, 0), & \Psi(\lambda, \mu, 0) \end{array}$$

abhängt. Es ist zunächst zu zeigen, dass z. B. in der rationalen Function

$$f(\lambda, \mu, \nu) = \frac{P(\lambda, \mu, \nu) + \cdots}{P'(\lambda, \mu, \nu) + \cdots}$$

weder der Grad p des Zählers noch der Grad p' des Nenners vermindert wird, wenn man entweder μ oder ν gleich 0 setzt, oder was dasselbe ist, dass beispielsweise $P(\lambda, \mu, 0)$ und $P'(\lambda, \mu, 0)$ nicht identisch verschwinden können. Nach § 2 ist

$$\frac{P(\lambda, \mu, \nu)}{P'(\lambda, \mu, \nu)} = \prod_i (u_i \lambda + v_i \mu + w_i \nu)^{u_i}, \qquad \sum_i u_i = p - p';$$

sind alle u_α positiv, alle $u_{\alpha'}$ negativ und setzt man $u_{\alpha'} = -u'_{\alpha'}$, so ist

$$\sum u_\alpha = p, \quad \sum u'_{\alpha'} = p'$$

und

$$P(\lambda, \mu, 0) = \prod_\alpha (u_\alpha \lambda + v_\alpha \mu)^{u_\alpha},$$

$$P'(\lambda, \mu, 0) = \prod_{\alpha'} (-u'_{\alpha'} \lambda + v_{\alpha'} \mu)^{u'_{\alpha'}}.$$

Man sieht, dass keiner dieser beiden Ausdrücke identisch verschwindet. Die hypergeometrische Reihe $H(0, y, z)$, aus welcher die rationalen Functionen $g(0, \mu, \nu)$, $h(0, \mu, \nu)$ hervorgehen, deren Zähler von den Graden q und r, deren Nenner von den Graden q' und r' sind, kann nach § 4 an der Stelle (y, z) nicht convergiren, wenn für einen positiven Werth $\mu : \nu$ gleichzeitig

$$|y| > \frac{1}{|\Psi(0, \mu, \nu)|}, \qquad |z| > \frac{1}{|X(0, \mu, \nu)|}$$

ist. Aus den beiden anderen Reihen $H(x, 0, z)$ und $H(x, y, 0)$ ergeben sich ähnliche Bedingungen. Aus dem ersten der im gegenwärtigen Paragraphen über dreifach unendliche Reihen ausgesprochenen Sätze ergiebt sich weiter, dass für kein positives Werthsystem $\lambda : \mu : \nu$ gleichzeitig

$$|x| > \frac{1}{|\Phi(\lambda, \mu, \nu)|}, \qquad |y| > \frac{1}{|\Psi(\lambda, \mu, \nu)|}, \qquad |z| > \frac{1}{|X(\lambda, \mu, \nu)|}$$

sein darf.

Wir können also folgenden Satz aussprechen:

Die Reihe $H(x, y, z)$ divergirt an der Stelle (x, y, z), wenn eine der drei Ungleichungen

$$|x| > \frac{1}{|\Phi(1, 0, 0)|}, \quad |y| > \frac{1}{|\Psi(0, 1, 0)|}, \quad |z| > \frac{1}{|X(0, 0, 1)|}$$

besteht, wenn für einen positiven Werth $\mu : \nu$ gleichzeitig

$$|y| > \frac{1}{|\Phi(0, \mu, \nu)|}, \quad |z| > \frac{1}{|X(0, \mu, \nu)|},$$

wenn für einen positiven Werth $\lambda : \nu$ gleichzeitig

$$|x| > \frac{1}{|\Phi(\lambda, 0, \nu)|}, \quad |z| > \frac{1}{|X(\lambda, 0, \nu)|},$$

wenn für einen positiven Werth $\lambda : \mu$ gleichzeitig

$$|x| > \frac{1}{|\Phi(\lambda, \mu, 0)|}, \quad |y| > \frac{1}{|\Psi(\lambda, \mu, 0)|}$$

und schliesslich auch, wenn für ein positives Werthsystem $\lambda : \mu : \nu$ gleichzeitig

$$|x| > \frac{1}{|\Phi(\lambda, \mu, \nu)|}, \quad |y| > \frac{1}{|\Psi(\lambda, \mu, \nu)|}, \quad |z| > \frac{1}{|X(\lambda, \mu, \nu)|}$$

ist.

Aus dem oben ausgesprochenen Satze über die Convergenz dreifach unendlicher Reihen ergeben sich hinreichende Bedingungen für die Convergenz der hypergeometrischen Reihen dreier Veränderlichen in der nämlichen Weise, wie das entsprechende Resultat für hypergeometrische Reihen zweier Veränderlichen in § 4 abgeleitet wurde.

Die Reihe $H(x, y, z)$ convergirt unbedingt an der Stelle (x, y, z), wenn gleichzeitig

$$|x| < \frac{1}{|\Phi(1, 0, 0)|}, \quad |y| < \frac{1}{|\Psi(0, 1, 0)|}, \quad |z| < \frac{1}{|X(0, 0, 1)|},$$

wenn eine der beiden Ungleichungen

$$|y| < \frac{1}{|\Psi(0, \mu, \nu)|}, \quad |z| < \frac{1}{|X(0, \mu, \nu)|}$$

besteht, welchen positiven Werth man auch für $\mu : \nu$ nehmen mag, wenn weiter für jeden positiven Werth von $\lambda : \nu$ eine der Ungleichungen

$$|x| < \frac{1}{|\Phi(\lambda, 0, \nu)|}, \quad |z| < \frac{1}{|X(\lambda, 0, \nu)|}$$

und für jeden positiven Werth von $\lambda : \mu$ eine der beiden Ungleichungen

$$|x| < \frac{1}{|\Phi(\lambda, \mu, 0)|}, \quad |y| < \frac{1}{|\Psi(\lambda, \mu, 0)|}$$

besteht und wenn schliesslich für jedes positive Werthsystem $\lambda : \mu : \nu$ eine der drei Ungleichungen

$$|x| < \frac{1}{|\Phi(\lambda, \mu, \nu)|}, \quad |y| < \frac{1}{|\Psi(\lambda, \mu, \nu)|}, \quad |z| < \frac{1}{|X(\lambda, \mu, \nu)|}$$

erfüllt ist.

Ist $p > p'$ oder $q > q'$ oder $r > r'$, so kann die Reihe nur bezw. für $x = 0$, $y = 0$, $z = 0$ convergiren, so dass wir diesen Fall ausser Acht lassen können. Im Falle $p < p'$, $q < q'$, $r < r'$ ist

$$\frac{1}{|\Phi|} = \infty, \quad \frac{1}{|\Psi|} = \infty, \quad \frac{1}{|X|} = \infty,$$

die Reihe ist für alle Werthe von x, y, z convergent. Dass, wenn $p = p'$, $q = q'$, $r = r'$ ist, die Reihe stets für hinreichend kleine Werthe von $|x|$, $|y|$, $|z|$ convergirt, wird wie der entsprechende Satz für Reihen zweier Veränderlichen erkannt; im Falle $p = p'$, $q = q'$, $r < r'$ convergirt die Reihe für alle Werthe von y, z, wenn $|x|$ hinreichend klein genommen wird, und im Falle $p = p'$, $q = q'$, $r < r'$ für alle Werthe von z, wenn man $|x|$ und $|y|$ hinreichend klein annimmt. Es handelt sich jetzt um die wirkliche Aufstellung des Convergenzbezirks.

Zu diesem Zweck bedienen wir uns wieder einer geometrischen Darstellung, indem wir dem Werthsystem $(|x|, |y|, |z|)$ den Punkt des Raumes mit den rechtwinkligen Coordinaten $(|x|, |y|, |z|)$ zuordnen. Die Grenze des Convergenzbezirks einer beschränkt convergenten Reihe ist dann eine Fläche, die so beschaffen ist, dass, wenn (ξ', η', ζ') und (ξ'', η'', ζ'') zwei ihrer Punkte sind, nicht gleichzeitig $\xi'' > \xi'$, $\eta'' > \eta'$, $\zeta'' > \zeta$ sein kann.

Dann ist der Convergenzbezirk im Falle $p < p'$, $q < q'$, $r < r'$ durch den ganzen positiven Raumoctanten dargestellt; im Falle $p = p'$, $q < q'$, $r < r'$ convergirt die Reihe stets, wenn

$$|x| < \frac{1}{|\Phi(1, 0, 0)|}$$

ist, die Convergenzgrenze ist eine im Abstand

$$\frac{1}{|\Phi(1, 0, 0)|}$$

parallel zur Ebene $|x| = 0$ gelegte Ebene. Im Falle $p = p'$, $q = q'$, $r < r'$ convergirt die Reihe für alle Werthe von z, wenn x und y den Bedingungen

$$|x| < \frac{1}{|\Phi(1, 0, 0)|}, \quad |y| < \frac{1}{|\Psi(0, 1, 0)|}$$

genügen und für jeden positiven Werth von $\lambda : \mu$ entweder

$$|x| < \frac{1}{|\Phi(\lambda, \mu, 0)|} \quad \text{oder} \quad |y| < \frac{1}{|\Psi(\lambda, \mu, 0)|}$$

ist, da die anderen Convergenzbedingungen hier von selbst erfüllt sind. Bestimmt man wie in § 5 die Curve in der xy-Ebene, welche die Convergenzgrenze der Reihe $H(x, y, 0)$ bildet, so stellt die zur xy-Ebene senkrechte Cylinderfläche, welche diese Ebene in der gefundenen Curve schneidet, die Convergenzgrenze der Reihe $H(x, y, z)$ dar. Diese Convergenzgrenze ist also aus Theilen der beiden Ebenen

$$|x| = \frac{1}{|\Phi(1, 0, 0)|} \quad \text{und} \quad |y| = \frac{1}{|\Psi(0, 1, 0)|}$$

und der Cylinderfläche

$$|x| = \frac{1}{|\Phi(\lambda, \mu, 0)|}, \qquad |y| = \frac{1}{|\Psi(\lambda, \mu, 0)|}$$

zusammengesetzt.

Eine eingehendere Erörterung erfordert der Fall $p = p'$, $q = q'$, $r = r'$, in welchem in Betracht zu ziehen sind die drei Ebenen

$$|x| = \frac{1}{|\Phi(1, 0, 0)|}, \qquad |y| = \frac{1}{|\Psi(0, 1, 0)|}, \qquad |z| = \frac{1}{|X(0, 0, 1)|},$$

die mit $\mathfrak{A}$, $\mathfrak{B}$, $\mathfrak{C}$ bezeichnet werden mögen, die drei Cylinderflächen $\mathfrak{P}$, $\mathfrak{Q}$, $\mathfrak{R}$

$$|y| = \frac{1}{|\Psi(0, \mu, \nu)|}, \qquad |z| = \frac{1}{|X(0, \mu, \nu)|},$$

$$|z| = \frac{1}{|X(\lambda, 0, \nu)|}, \qquad |x| = \frac{1}{|\Phi(\lambda, 0, \nu)|},$$

$$|x| = \frac{1}{|\Phi(\lambda, \mu, 0)|}, \qquad |y| = \frac{1}{|\Psi(\lambda, \mu, 0)|},$$

und die Fläche $\mathfrak{F}$

$$|x| = \frac{1}{|\Phi(\lambda, \mu, \nu)|}, \qquad |y| = \frac{1}{|\Psi(\lambda, \mu, \nu)|}, \qquad |z| = \frac{1}{|X(\lambda, \mu, \nu)|}.$$

Wir verstehen unter der Fläche $\mathfrak{F}$ die Gesammtheit derjenigen Werthsysteme $(|x|, |y|, |z|)$, welche sich aus diesen Gleichungen für *positive* (einschl. 0) Werthe $\lambda : \mu : \nu$ ergeben, ebenso werden in den Gleichungen der Cylinderfläche $\mathfrak{P}$ nur positive Werthe von $\mu : \nu$ zugelassen u. s. w. Die Schnittcurven der Cylinderflächen mit den Ebenen, auf welchen sie senkrecht stehen, werden wie in § 5 untersucht; man kennt also auch die Gestalt der Cylinderflächen $\mathfrak{P}$, $\mathfrak{Q}$, $\mathfrak{R}$. Aus den in § 2 aufgestellten Differentialgleichungen zwischen $|\Phi|$, $|\Psi|$, $|X|$ gehen, wenn man unter $(|x|, |y|, |z|)$ die Coordinaten eines Punktes der Fläche $\mathfrak{F}$ versteht, die folgenden hervor:

$$\frac{\partial |z|}{\partial |x|} = -\frac{\lambda}{\nu} \cdot \frac{|z|}{|x|},$$

$$\frac{\partial |z|}{\partial |y|} = -\frac{\mu}{\nu} \cdot \frac{|z|}{|y|}.$$

Hiernach sind, wenn man von gewissen Flächenpunkten absieht,

$$\frac{\partial |z|}{\partial |x|}, \quad \frac{\partial |z|}{\partial |y|}$$

negativ, d. h. es können im Allgemeinen in der Umgebung eines Flächenpunktes die drei Coordinaten $|x|$, $|y|$, $|z|$ nicht gleichzeitig zu- oder abnehmen. Die Fläche $\mathfrak{F}$ zerfällt in eine Anzahl Theile $\mathfrak{F}_1, \mathfrak{F}_2, \ldots$, so dass, wenn (ξ', η', ζ') und (ξ'', η'', ζ'') zwei beliebige Punkte eines und desselben Flächenstücks $\mathfrak{F}_i$ sind, nicht gleichzeitig $\xi'' > \xi'$, $\eta'' > \eta'$, $\zeta'' > \zeta'$ ist. Dass die Reihe $H(x, y, z)$ im vorliegenden Falle $(p = p', q = q', r = r')$ eine Convergenzgrenze besitzt, geht daraus hervor, dass sie zwar für kleine, aber nicht für alle Werthe von $|x|$, $|y|$, $|z|$ convergirt. Man zeigt, dass jeder Punkt der Convergenzgrenze auf einer der sieben Flächen $\mathfrak{A}$, $\mathfrak{B}$, $\mathfrak{C}$; $\mathfrak{P}$, $\mathfrak{Q}$, $\mathfrak{R}$; $\mathfrak{F}$ liegen muss, so dass man sicher ist, dass sich aus Theilen dieser sieben Flächen eine Fläche zusammensetzen lässt, welche die Eigenschaften einer Convergenzgrenze besitzt.

Die Bestimmung der Convergenzgrenze möge an zwei Beispielen erläutert werden. Aus der Reihe

$$F(x, y, z) = \sum A_{\lambda\mu\nu} x^\lambda y^\mu z^\nu,$$

$$A_{\lambda\mu\nu} = \frac{(a_1, \lambda + \mu + \nu) \cdots (a_n, \lambda + \mu + \nu)}{(a_1', \lambda + \mu + \nu) \cdots (a_{n'}', \lambda + \mu + \nu)} \times$$

$$\times \frac{(b_1, \lambda) \cdots (b_p, \lambda) \cdot (c_1, \mu) \cdots (c_q, \mu) \cdot (d_1, \nu) \cdots (d_r, \nu)}{(b_1', \lambda) \cdots (b_{p'}', \lambda) \cdot (c_1', \mu) \cdots (c_{q'}', \mu) \cdot (d_1', \nu) \cdots (d_{r'}', \nu)}$$

gehen unter der Voraussetzung

$$n + p = n' + p', \quad n + q = n' + q', \quad n + r = n' + r'$$

für Φ, Ψ, X die Ausdrücke

$$\Phi(\lambda, \mu, \nu) = (\lambda + \mu + \nu)^{n-n'} \lambda^{p-p'},$$
$$\Psi(\lambda, \mu, \nu) = (\lambda + \mu + \nu)^{n-n'} \mu^{q-q'},$$
$$X(\lambda, \mu, \nu) = (\lambda + \mu + \nu)^{n-n'} \nu^{r-r'}$$

hervor. Ist zunächst

$$n - n' = p' - p = q' - q = r' - r = e$$

positiv, so ist die Fläche $\mathfrak{F}$

$$|x| = \left(\frac{\lambda}{\lambda + \mu + \nu}\right)^e, \quad |y| = \left(\frac{\mu}{\lambda + \mu + \nu}\right)^e, \quad |z| = \left(\frac{\nu}{\lambda + \mu + \nu}\right)^e,$$

die Cylinderflächen $\mathfrak{P}, \mathfrak{Q}, \mathfrak{R}$

$$|y| = \left(\frac{\mu}{\mu+\nu}\right)^e, \quad |z| = \left(\frac{\nu}{\mu+\nu}\right)^e,$$
$$|z| = \left(\frac{\nu}{\nu+\lambda}\right)^e, \quad |x| = \left(\frac{\lambda}{\nu+\lambda}\right)^e,$$
$$|x| = \left(\frac{\lambda}{\lambda+\mu}\right)^e, \quad |y| = \left(\frac{\mu}{\lambda+\mu}\right)^e$$

und die Ebenen $\mathfrak{A}, \mathfrak{B}, \mathfrak{C}$

$$|x| = 1, \quad |y| = 1, \quad |z| = 1.$$

In Fig. 13 denken wir uns die xy-Ebene um die x-Axe und die xz-Ebene um die z-Axe gedreht, bis beide Ebenen mit der xz-Ebene zusammenfallen, und zeichnen nun in jeder der drei Ebenen die Linien, in welchen sie von den Flächen $\mathfrak{A}, \mathfrak{B}, \mathfrak{C}, \mathfrak{P}, \mathfrak{Q}, \mathfrak{R}, \mathfrak{F}$ geschnitten wird; dann sind die in der xy-Ebene gezeichneten Geraden die Schnittlinien der Ebenen $\mathfrak{A}$ und $\mathfrak{B}$, AB ist sowohl die Schnittlinie der Cylinderfläche $\mathfrak{R}$ als auch der Fläche $\mathfrak{F}$. Entsprechendes gilt für die beiden anderen Coordinatenebenen. Man sieht so, dass die drei Ebenen und die drei Cylinderflächen ganz ausserhalb des von den drei Coordinatenebenen und der Fläche $\mathfrak{F}$ begrenzten endlichen Raumes liegen, welcher also die Convergenzgrenze bildet. — Ist

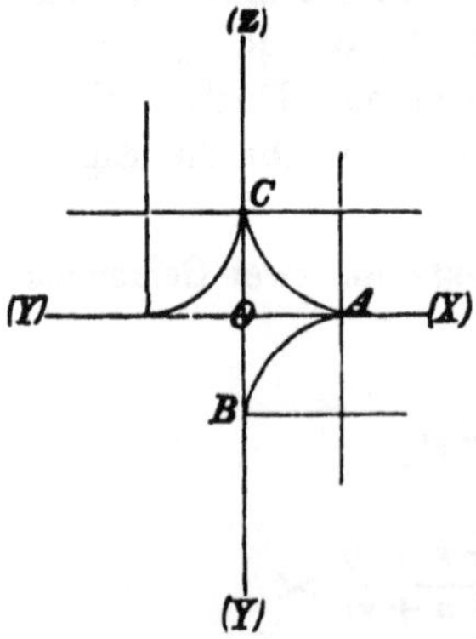

Fig. 13.

$$n' - n = p - p' = q - q' = r - r' = d$$

positiv, so ist die Fläche $\mathfrak{F}$

$$|x| = \left(\frac{\lambda+\mu+\nu}{\lambda}\right)^d,$$
$$|y| = \left(\frac{\lambda+\mu+\nu}{\mu}\right)^d,$$
$$|z| = \left(\frac{\lambda+\mu+\nu}{\nu}\right)^d,$$

die Ebenen $\mathfrak{A}, \mathfrak{B}, \mathfrak{C}$ sind

$$|x| = 1, \quad |y| = 1, \quad |z| = 1$$

und die drei Cylinderflächen $\mathfrak{P}, \mathfrak{Q}, \mathfrak{R}$ sind ebenfalls leicht zu bilden. Da sowohl die Fläche $\mathfrak{F}$ als auch die drei Cylinderflächen ausserhalb des von den Coordinatenebenen und den Ebenen $\mathfrak{A}, \mathfrak{B}, \mathfrak{C}$ begrenzten Würfels liegen, so stellt dieser Würfel den Convergenzbezirk der Reihe dar.

Weiter werde die Reihe

$$\mathfrak{F}(x, y, z) = \sum A_{\lambda\mu\nu}\, x^{\lambda} y^{\mu} z^{\nu},$$

$$\begin{aligned} A_{\lambda\mu\nu} = {} & (a_1, \lambda+\mu-\nu)\cdots(a_n, \lambda+\mu-\nu)\cdot(a_1', \nu-\lambda-\mu)\cdots(a_{n'}', \nu-\lambda-\mu) \\ & \times (b_1, \lambda)\cdots(b_p, \lambda)\cdot(b_1', -\lambda)\cdots(b_{p'}', -\lambda) \\ & \times (c_1, \mu)\cdots(c_q, \mu)\cdot(c_1', -\mu)\cdots(c_{q'}', -\mu) \\ & \times (d_1, \nu)\cdots(d_r, \nu)\cdot(d_1' -\nu)\cdots(d_{r'}', -\nu) \end{aligned}$$

betrachtet, für welche

$$\begin{aligned} \Phi(\lambda, \mu, \nu) &= (-1)^{n'+p'}(\lambda+\mu-\nu)^{n-n'}\lambda^{p-p'}, \\ \Psi(\lambda, \mu, \nu) &= (-1)^{n'+q'}(\lambda+\mu-\nu)^{n-n'}\mu^{q-q'}, \\ X(\lambda, \mu, \nu) &= (-1)^{n'+r'}(\lambda+\mu-\nu)^{n-n'}\nu^{r-r'} \end{aligned}$$

ist. Ist zunächst

$$n - n' = p' - p = q' - q = r' - r = e$$

positiv, so ist die Fläche $\mathfrak{F}$

$$|x| = \left(\frac{\lambda}{|\lambda+\mu-\nu|}\right)^e, \quad |y| = \left(\frac{\mu}{|\lambda+\mu-\nu|}\right)^e, \quad |z| = \left(\frac{\nu}{|\lambda+\mu-\nu|}\right)^e,$$

die drei Cylinderflächen $\mathfrak{P}$, $\mathfrak{Q}$, $\mathfrak{R}$ sind

$$\begin{aligned} |y| &= \left(\frac{\mu}{|\mu-\nu|}\right)^e, & |z| &= \left(\frac{|\mu-\nu|}{\nu}\right)^e, \\ |z| &= \left(\frac{|\nu-\lambda|}{\nu}\right)^e, & |x| &= \left(\frac{\lambda}{|\lambda-\nu|}\right)^e, \\ |x| &= \left(\frac{\lambda}{\lambda+\mu}\right)^e & |y| &= \left(\frac{\mu}{\lambda+\mu}\right)^e \end{aligned}$$

und die drei Ebenen

$$|x| = 1, \quad |y| = 1, \quad |z| = 1.$$

Die in Fig. 14 in den drei Coordinatenebenen gezeichneten Curven stellen die Durchschnitte der drei Cylinderflächen mit den entsprechenden Coordinatenebenen dar; die Fläche $\mathfrak{F}$ schneidet die Ebenen xz und yz ebenfalls in den in diesen Ebenen gezeichneten Curven, während sie die xy-Ebene im Endlichen nicht trifft. Da ausserhalb des von den Ebenen $\mathfrak{A}$, $\mathfrak{B}$, $\mathfrak{C}$ und den drei Coordinatenebenen gebildeten Würfels die Reihe sicher nicht convergirt, so sind nur die innerhalb dieses Würfels liegenden Theile der Cylinderfläche $\mathfrak{R}$ in Betracht zu ziehen. Die innerhalb des Würfels liegenden Theile der Flächen $\mathfrak{F}$ und $\mathfrak{R}$ schneiden sich in einer Linie, die jede der beiden Flächen in einen endlichen und einen unendlichen Theil zerlegt. Die beiden endlichen

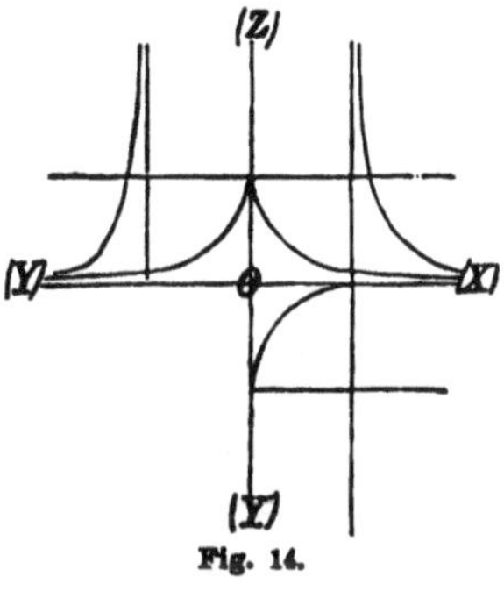

Fig. 14.

Flächenstücke begrenzen mit Theilen der Ebenen $\mathfrak{A}$ und $\mathfrak{B}$ und mit den drei Coordinatenebenen einen Raumtheil, welcher den Convergenzbezirk bildet. Falls

$$n' - n = p - p' = q - q' = r - r' = d$$

positiv ist, wird die Fläche $\mathfrak{F}$

$$|x| = \left(\frac{|\lambda + \mu - \nu|}{\lambda}\right)^d, \quad |y| = \left(\frac{|\lambda + \mu - \nu|}{\mu}\right)^d, \quad |z| = \left(\frac{\nu}{|\lambda + \mu - \nu|}\right)^d,$$

die Cylinderflächen $\mathfrak{P}$, $\mathfrak{Q}$, $\mathfrak{R}$

$$|y| = \left(\frac{|\mu - \nu|}{\mu}\right)^d, \quad |z| = \left(\frac{\nu}{|\mu - \nu|}\right)^d,$$

$$|z| = \left(\frac{\nu}{|\nu - \lambda|}\right)^d, \quad |x| = \left(\frac{|\nu - \lambda|}{\lambda}\right)^d,$$

$$|x| = \left(\frac{\lambda + \mu}{\lambda}\right)^d, \quad |y| = \left(\frac{\lambda + \mu}{\mu}\right)^d$$

und die Ebenen $\mathfrak{A}$, $\mathfrak{B}$, $\mathfrak{C}$

$$|x| = 1, \quad |y| = 1, \quad |z| = 1.$$

Die in Fig. 15 in den drei Coordinatenebenen gezeichneten Curven stellen die Durchschnitte der Coordinatenebenen mit den auf ihnen senkrecht stehenden Cylinderflächen dar. Die Fläche $\mathfrak{F}$ trifft die Ebene $|z| = 0$ ebenfalls in der in dieser Ebene gezeichneten Curve, während sie die beiden anderen Ebenen im Endlichen nicht schneidet; die Fläche $\mathfrak{F}$ liegt, wenn man von dem Punkte $(1, 1, 1)$ absieht, ganz ausserhalb des von den Ebenen $\mathfrak{A}$, $\mathfrak{B}$, $\mathfrak{C}$ und den Coordinatenebenen gebildeten Würfels, braucht also nicht weiter in Betracht gezogen zu werden; dasselbe gilt für die Cylinderfläche $\mathfrak{R}$. Der von den innerhalb des Würfels gelegenen Theilen der Cylinderflächen $\mathfrak{P}$, $\mathfrak{Q}$ und der Ebene $\mathfrak{C}$ abgegrenzte Theil des positiven Raumoctanten stellt den Convergenzbezirk der Reihe dar.

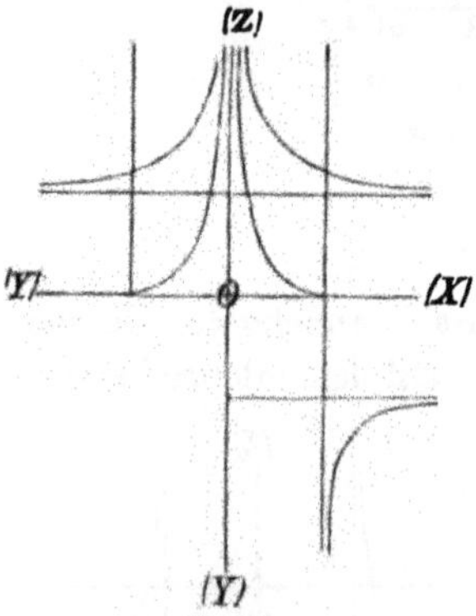

Fig. 15.

In keinem Falle kann mit unseren Hilfsmitteln über das Verhalten der Reihe auf der Grenze des Convergenzbezirks etwas ausgesagt werden.

Es möge beiläufig bemerkt werden, dass die Anwendung der Gauss'schen Reihe zur Berechnung der Periodicitätsmoduln eines elliptischen Integrals ein Analogon findet in der Darstellung der Periodicitätsmoduln eines hyperelliptischen Integrals vom Geschlecht 2 durch eine gewisse hypergeometrische Reihe dreier Veränderlichen. Nimmt man nämlich ein hyperelliptisches Integral erster Gattung in der Richelot'schen Form

$$\int \frac{dz}{\sqrt{z(1-z)(1-\alpha^2 z)(1-\beta^2 z)(1-\gamma^2 z)}},$$

so genügen die vier Periodicitätsmoduln desselben dem Differentialgleichungensystem der hypergeometrischen Reihe

$$F_1(x, y, z) = \sum_{\lambda\mu\nu} \frac{(a, \lambda+\mu+\nu)(b, \lambda)(b', \mu)(b'', \nu)}{(c, \lambda+\mu+\nu)(1, \lambda)(1, \mu)(1, \nu)} x^\lambda y^\mu z^\nu,$$

wenn man darin

$$x = \alpha^2, \quad y = \beta^2, \quad z = \gamma^2$$

setzt und für die Constanten der Reihe bestimmte Zahlenwerthe nimmt.

Schliesslich sei noch erwähnt, dass die in der Arbeit des Verfassers Act. Math. Bd. 12, S. 175 ausgesprochene Behauptung, dass die hypergeometrische Reihe von n Veränderlichen

$$F(x_1, \cdots x_n) = \sum_{(\lambda)} A_{\lambda_1, \ldots, \lambda_n} x_1^{\lambda_1} \cdots x_n^{\lambda_n},$$

$$A_{\lambda_1, \ldots, \lambda_n} = \frac{\prod_\alpha (a_\alpha, u_{\alpha 1}\lambda_1 + \cdots + u_{\alpha n}\lambda_n)}{\prod_\beta (b_\beta, v_{\beta 1}\lambda_1 + \cdots + v_{\beta n}\lambda_n)}$$

unter der Voraussetzung

$$\sum_\alpha u_{\alpha 1} = \cdots = \sum_\alpha u_{\alpha n} = \sum_\beta v_{\beta 1} = \cdots = \sum_\beta v_{\beta n}$$

— unter u und v sind positive ganze Zahlen verstanden — für hinreichend kleine Werthe von $|x_1|, \cdots, |x_n|$ convergire, begründet werden kann, ohne dass die Theorie der Convergenz der hypergeometrischen Reihen von n Veränderlichen so weit entwickelt zu werden braucht, wie es in der vorliegenden Arbeit für $n = 2$ geschehen ist. Es genügt zu diesem Zwecke ein Satz, der für $n = 2$ mit dem ersten speciellen Convergenzsatz übereinstimmt, der in § 2 aufgestellt wurde.

„Lassen sich positive Zahlen

$$l_1, \cdots l_n \quad \text{und} \quad m_{ik} (i = 1, \cdots n;\ k = 1, \cdots, i-1,\ i+1, \cdots n),$$

welche letztere, wenn $\alpha, \beta, \gamma \ldots \varepsilon$ irgend welche Zahlen aus der Reihe $1, \ldots n$ sind, der Bedingung

$$m_{\alpha\beta}\, m_{\beta\gamma} \ldots m_{\varepsilon\alpha} > 1$$

genügen, in der Weise angeben, dass für $i = 1, \ldots n$

$$\left| \frac{U_{\lambda_1, \cdots \lambda_i + 1, \cdots \lambda_n}}{U_{\lambda_1, \cdots \lambda_n}} \right| < \alpha_i \qquad (\alpha_i < 1)$$

ist, sobald $\lambda_i > l_i$ und

$$\frac{\lambda_k}{\lambda_i} < m_{ik} \quad (k = 1, \cdots i - 1, i + 1, \cdots n),$$

so ist die n-fach unendliche Reihe

$$\sum_{(\lambda)} |U_{\lambda_1, \cdots \lambda_n}|$$

convergent."

In ähnlicher rein arithmetischer Form würde sich im Falle $n = 2$ auch der allgemeinere in § 2 angegebene Convergenzsatz ausdrücken und beweisen lassen; da aber die Beseitigung des dort benutzten geometrischen Gewandes keine principiellen Schwierigkeiten bietet, so glaubte ich dasselbe der Anschaulichkeit wegen beibehalten zu dürfen.

Berichtigung:

Seite 396, Zeile 5 von unten lies „Wenn" statt „Weil".